行動生物学辞典

編 集
上田恵介　岡ノ谷一夫　菊水健史
坂上貴之　辻　和希　友永雅己
中島定彦　長谷川寿一　松島俊也

東京化学同人

本辞典は行動生物学を直接学ぶ研究者や学生はもちろん，生物学に関心のあるすべての方々に有用な情報を提供できると信じている．また，全部とは言えないものの大半の項目は，生物を学ぶ高校生にも理解できることを想定して執筆された．伴侶動物やペットと暮らしていたり，バードウォッチングを楽しみにしたり，動物園や水族館で動物観察が好きだったり，動物番組にはまったりするたくさんの生物好きの皆様にも読んでいただけたらと願っている．

　もう一つ付け加えるならば，本辞典は人間を科学的に理解したい人文・社会系の読者にも役立つであろう．人も，生物としてはヒトであり，人間行動や人間心理は，他の動物と共通する部分が少なくない．本辞典では，人間の行動・心理に関する事項も多く立項されている．動物を鏡として，人間（我が身）を見つめ直すことは，ヒトが一介の生物でありながらきわめて特異な生物であることを理解するうえで重要であろう．

　本辞典の企画にあたっては編集委員だけでなく日本学術会議行動生物学分科会委員の方々から貴重な提言を多くいただいた．また価格を抑えるために，執筆者諸氏にはボランティアといってもよい条件で原稿を書いていただいた．これらの皆様に御礼を申し上げると共に，行動生物学の科学者コミュニティが一体となって本書が創られたことを嬉しく思う．

　本辞典が，広く読まれ，しっかりと使い込まれることにより，行動生物学がますます発展することを願って巻頭のご挨拶としたい．

　　2013 年 10 月

編集委員を代表して
長 谷 川 寿 一

序

　行動生物学は，動物の行動（心理も含む）を研究対象とする生物学の総称で，国内の学会レベルでの領域としては，動物行動学，応用動物行動学，動物心理学，行動分析学，比較認知科学，神経行動学，行動薬理学，行動遺伝学，人と動物の関係学などを含む．動物行動というと一般の方には身近なテーマであるにもかかわらず，専門家の間ではこれまで領域を超えた横のつながりは必ずしも十分ではなかった．2006年，日本学術会議は20期のスタートを契機に，審議組織を全面的に見直し，その過程で"行動生物学分科会"が誕生した．

　行動生物学分科会では，行動研究を領域を超えて一体的に発展・推進させること，社会に対して行動研究の成果をわかりやすく発信していくことを活動目標に掲げ，その中で本辞典の発刊の構想が浮上した．

　上にあげた研究領域間では，現象面では同じ動物行動を扱いつつも，学術用語が違っていることも少なくなかった．そこで各領域をリードする研究者からなる編集委員会を組織したうえで，動物行動研究の用語を入念に抽出し，最適な執筆者を選定し，執筆された項目を丁寧に査読し，調整が必要な場合には議論を重ねることによって本辞典を作り込んできた．東京化学同人からは2010年に上梓された『生物学辞典』の主力編集スタッフが引き続き本辞典の編集作業を支えた．学術と出版の専門家同士が協働し，誕生したのがわが国初の『行動生物学辞典』であり，ここにわが国の行動生物学の土俵（インフラストラクチャ）が築けたといっても過言ではない．

　生物学あるいは生命科学は，分子生物学に代表されるように20世紀後半以降驚異的な進展を続けているが，動物たちが示す多様な行動は，観察しやすさもあって生命現象のいわば表看板の一つである．言い換えると，生物にかかわる無数の問いかけは動物行動を入口として発せられる．その行動はどう記載されるべきか，その行動を支える生理メカニズムや遺伝的基盤はどうなっているのか，その行動の背景にはどのような一般原理が存在するのか，そもそもなぜそのような行動が進化してきたのか，その行動は集団や生態系のなかでどのような意味をもっているのか等々，行動研究はさまざまな生物研究が行き交う大きな交差点あるいは十字路なのである．

編 集 [専門分野]

上田恵介　[動物生態学，行動学，鳥類社会学]
岡ノ谷一夫　[生物心理学]
菊水健史　[動物行動学，行動神経科学]
坂上貴之　[行動分析学，実験心理学]
辻　和希　[社会生物学，進化生態学]
友永雅己　[比較認知科学，霊長類学]
中島定彦　[学習心理学，動物心理学，行動分析学]
長谷川寿一　[動物行動学，人間行動進化学]
松島俊也　[神経行動学]

執筆者

二郎　淳太郎　夢朗　悦行　礼雅　圭吾　恭祐　和夫　一昇子　紘英一浩　雅治　貞夫　亨宏　友三子　慈之　貴緑　和俊　幸祐　正和　陽子　伸一　圭三　阿貴樹　美泰　見興　祐二　啓太

山謙　安部　蟻川謙　池渕万季　伊藤　今井　岩﨑　植松　大河原　大野　大岡ノ谷　奥田　香川　粕谷野　狩川崎　岸原　清黒谷　河野　小齋　齋坂上　佐倉　笹原　澤嶋田正　杉山(矢崎)　関　髙須賀　髙橋　髙橋　髙見　髙竹ノ下　田中

志磨香　沼田　仁幾明　池田　黒原　石巖佐　上原隆　海老原史樹　大坪庸介　大岡野淳一　小川　小野正人　風間健太郎　兼子峰伸　川窪光史　菊水健介　木村　㭍田正和　久保後藤典宏　小汐今野　酒井　佐倉　佐々木正　更科　實森　杉田　鈴木　髙槻　髙林　澤田　實澤　杉山陽子　関伸一　髙須圭三　髙橋　髙見　髙竹内　田中

哉比志　木直呂　青木浅　見崇　天野上高　石井井拓入江尚高　上野　江口敏和　上原隆　大坪庸介　大岡川園　小田川亮　小笠原里　金森朝里奈　菅川野康　北村　久保拓哉　小香田汐千彦　近藤保伯大輔　佐久間康夫　鮫島和行　椎名佳研美　菅原研　鈴木研太　髙木　髙田壮則雄　髙橋畑内秀晴　髙立

鶴一　田信達　木元　秋野口善　天井澤栄正　石井　伊澤正知　伊藤村知　上田宏　漆原宏次代　大谷伸良隆　岡　岡部祥太こ　尾崎まみ　陰山大　金森　狩野賢司　川森愛郎　北村美一郎　工藤慎一郎　小出　剛　五箇公一生　近藤倫也　斎藤成吾　坂田省顕　佐々木　暢哉　佐藤　暢哉　座馬耕一郎　新村雄毅　鈴木邦雅代二　相馬雅孝一男磨　髙田孝一佑　髙橋　岳　瀧本　亮　橘　

青木　青山部　阿井鷺　井東綱　今福道　上田恵　牛谷智一之　大串隆一二　大場裕雄　大岡久　小柿木隆介　片平健太郎　上沖正欣香　川原玲理　北出　沓掛展之生　桑村哲哉　古賀庸憲太馬　小林耕　齋藤武菊　坂口菊志　櫻井健暁子　佐竹　澤井哲人　下鶴倫江　菅理義正　関　髙砂美樹周　髙橋晃周　髙橋満彦　瀧本彩加子　多田多恵子

幸人人晴司男　重真真竹裕綱道恵智隆裕久匡隆健正玲　出掛村賀林藤口井竹井鶴　理義砂橋橋本田

種子田春彦　辻井（藤原）直和　東樹宏介　冨菜雄之介　中垣俊之　中田兼之　中道正之　中村雅彦　西野浩史　野田隆史　長谷川眞理子　林　美里　平石　界　藤崎憲治　細　将貴　堀江明香　柾木隆寿　松阪　崇　松本晶子　的場知之　水波　誠　南　正人　村田浩一　森　哲哉　守田昌肇　山内裕美　山梨裕美　横須賀誠　吉村仁　和多和宏

成郎　嘉敬一　田辻敬一　鶴井香織　土畑重人　長尾隆司　中島定彦　中丸麻由子　中村哲之　西成活裕　西沼田英治　長谷川寿一　早川美徳　日室千尋　福井（安田）晶子　北條賢　堀　道雄　牧野崇司　松尾亮太　松永英治　松脇貴志　三上かつら　三上信宏　南　徹弘　村上正志　望月　要　森阪匡通　安田弘法　山﨑由美子　山本直之　吉田正俊　若村定男

明希　暢和　中辻和高彦　田辻宜江　永井幸志　中嶋康辰也　長濱哲也　中村義郎　西田恵太郎　長谷川雄央　服部裕子　樋口広芳　平田　聡　古市剛史　堀　耕治　本間光一二　松浦健二　松田裕之　松本　幸　三上　修　三中信宏　三和政史　中和月敦久雄　森　貴行　安井行生　山口典則男　山村丈人　山田依田綿　田綿貫豊

吏行伸　泉野貴　田丹恒徳　中松田誠望　永井誠美保　泉澤美真人　務中村玄功　中西海拓祐　長谷川英祐　服部達哉　東　正剛　平﨑鋭矢　藤田一昌　堀田昌伸　本間　淳　松井正也　松島俊也　松本有記雄　三浦徹　三谷曜子　宮竹貴久孝　三茂木一紘　森　千尋八　尾泉　生人　山口哲道真人　山吉田重裕之守

二郎一治誉己　田丹恒徳直　泉野松徳直永中　田丹恒徳直　中松田誠望　中村玄功　中西海森拓祐長谷川英祐　服部達哉　東　正剛　平﨑鋭矢　藤田一昌　堀田昌伸　本間　淳　松井正也　松島俊也　松本有記雄　三浦徹　三谷曜子　宮竹貴久孝　三茂木一紘　森　千尋八　尾泉　生人　山口哲道真人　山吉田重裕之守

中安田浩伸雅己秀尚和義剛洋洋修恭介隆介弘儀晋哲忠恭元直穂一元真正潤崇茂　

田陀土土友中永中那西箱八伴平藤細本松松松三溝宮村森森山山横吉渡

付録1. さまざまな動物の脳神経系図譜
　　執筆：松島俊也　水波　誠
　　協力：池田　譲　伊澤栄一　金子武嗣　菊水健史
　　　　　佐久間康夫　中川秀樹　藤田一郎　山本直之
付録2. 行動生物学年表　　鈴木光太郎

凡　例

1. 見出し語の配列は五十音順とした．長音符号(ー)は無視して配列した．

2. 主見出し語は原則として以下のような文部科学省，各学会による学術用語集などに従った．ただし，用語集によって異なるもの，慣用と著しく異なるものなどは慣用に従った．

    文部科学省　学術用語集　動物学編（増訂版）　　日本動物学会
    文部科学省　学術用語集　遺伝学編（増訂版）　　日本遺伝学会
    文部科学省　学術用語集　医　学　編　　　　　　日本医学会
    英和・和英　生化学用語辞典（第2版）　　　　　日本生化学会

3. 見出し語における括弧類の使用
   a. 見出し語が同じであるが，内容が異なる場合，(1)，(2)などを用いて区別した．
   b. 見出し語で，難解な漢字，読みが紛らわしい漢字には〖　〗内に読みを付した．また，常用漢字の制約により仮名を用いた見出し語にはその漢字を〖　〗内に併記したものもある．
      例：**揺籃**〖ようらん〗，**はやにえ**〖早贄〗
   c. 見出し語が限定した範囲で用いられている場合には，見出し語の後の（　）内にそれを示した．
      例：**結晶化**(歌の)
   d. 見出し語のうち，一部分が省略可能な場合，その部分を（　）で囲んだ．
      例：**中枢**(性)**脳地図**

4. 外国人名を仮名書きするときは原則として出生地の発音に近いものにした．その際，慣用と著しく異なるものは慣用に従った場合もある．

5. 化合物名において，結合位置を表す α-, β-, γ- などは配列上無視した．
      例：γ-アミノ酪酸 → アミノ酪酸として配列

6. 欧文一字の読みは下記によった．

A	エー	B	ビー	C	シー	D	ディー	E	イー	F	エフ
G	ジー	H	エッチ	I	アイ	J	ジェー	K	ケー	L	エル
M	エム	N	エヌ	O	オー	P	ピー	Q	キュー	R	アール
S	エス	T	ティー	U	ユー	V	ブイ	W	ダブリュー	X	エックス
Y	ワイ	Z	ゼット								

7. 外 国 語
   a. 見出し語の後の［　］内の外国語は原則として英語である．主見出し語が略号の場合は，［　］内にそのフルネーム(正式名)を示した．
   b. 米つづりと英つづりが異なる場合には，原則として米つづりを採用した．
        例：behavior(米つづり)，behaviour(英つづり)
   c. 複数形でしか用いないなど特別な場合を除き，英語は原則として単数形とした．また特に必要な場合 *pl.* の後に複数形をあげた．

8. 説明文中の記号
   a. 内容を分けて説明する必要のある場合には，［1］，［2］などを用いて区切った．
   b. 見出し語だけの項目(見よ見出し)において，＝は記号の後の語と同義であることを示し，⇌は記号の後の項目中にその説明があることを示す．
   c. 説明文中，術語の右肩につけられた＊は，その語が別項目として収録されており(語尾が異なる場合がある)，その項目を参照することが望ましいことを示す．
   d. 記述の途中または末尾に(⇌○○)とあるときは，その項目に関連して，特に○○の語も参照することが望ましいことを示す．

9. 🎥マークを付けた項目は，インターネット上で有用な関連動画を見ることができる．詳細は巻末付録3."関連動画一覧"を参照．

ア

愛［love］　愛は非常に多義的で複雑な概念であり，普遍的な定義をすることは困難であるが，国語辞書的には，親兄弟の慈しみ合う心，人間や他の生き物への思いやり，それらを大切にしたいと思う心，子供や動物をかわいがること，美しいものをめでることなどと定義される一連の感情群である．愛は自分自身（自己愛），母から子へ（母性愛），家族（家族愛），友人（友愛），さらには人類愛・郷土愛と，さまざまな対象に向けられるが，一言で言えば，自分にかかわりのある対象を相対化し，その中で他のものよりも，特定の対象に対して精神的により近い距離を感じる感情であるといえる．愛の中でも性欲（繁殖本能）に根ざした同種の異性への肉体的接近・接触を求める愛着の感情を性愛（＝恋愛感情）とよぶ．つまり性欲に愛が強く結びついた感情が性愛だが，それは人間社会ではしばしば恋とよばれ，文学的な文脈で用いられることが多い．性愛は異性間だけで発生するもの（異性愛）ではなく，同性間の同性愛もあるし，相手の性にかかわらない両性愛もありえる．さらに人間以外の対象に向けられることもある．

アイ（チンパンジーの名）　⇒言語訓練
愛玩動物　⇒伴侶動物
アイコン［icon］　⇒記号
アイ・コンタクト［eye contact］　⇒視線
挨拶行動［greeting behavior］　群れ生活を営む動物で，ある期間離れていたメンバー同士が出会ったときに行う相互交渉．挨拶の交換は，友好的な場合もそうでない場合もある．挨拶の型や強さは，社会的・環境的な変数によって変わるが，最も重要なのは個体間の関係，気分，離れていた期間とされる．挨拶行動は服従*行動，敵対行動*，元気づけ行動，性行動*の要素から構成されている．服従行動では，一般に，劣位*の方が信号を用いて相手が自分より高順位であると再認識したことを示す．ヒトの挨拶行動は，頭を下げるなど自分に攻撃の意思がないことを相手に伝える動作が儀式化*したものといわれている．

愛着［attachment］　アタッチメントともいう．広義には個体が特定の対象との間に築く緊密な情緒的な結びつきをいう．生物個体間でみられる，親を呼ぶために泣く，抱きつくなどの行動をさす．愛着行動は飢えなどの一次的欲求を満たすための二次的要求や獲得要求とは別の，親和的な関係性を築く生物共通の生得的なものであるとされる．J. Bowlbyは，危機的な状況に際して特定の対象との近接を求め，維持しようとする傾性，という狭義の定義を提唱している．Bowlbyはそもそも，ヒト幼児における母性剝奪による影響のメカニズムを説明するうえで，刷込みなどの生得的プログラムを発見した動物行動学*を参考にしており，生物学的にはこの狭義の定義を理解する必要がある．愛着行動には，特定の対象に触れる，近くにいること以外にも愛着対象を呼び寄せるために鳴く（泣く）という行動も含まれる．さらにヒトの幼児では，目を合わせることや，ほほえむことも生得的な愛着行動と考えられる．ヒト幼児の愛着のパターンは，M. Ainsworthによって開発されたストレンジ・シチュエーション法（strange situation procedure）によって測ることができる．これは新奇環境下において，幼児が養育者を安全基地（secure base）としてどのように利用するかを観察するものである．（⇒愛着対象，きずな）

愛着行動　⇒愛着
愛着対象［attachment figure］　危機的な状況において，個体がネガティブな情動状態を軽減させるために近接する特定の対象をいう（⇒愛着）．母子間の関係性をもつ生物の特性として，最も代表的な愛着対象は母親であるが，生物学的な母親に限らず，養育者あるいは保護者がその対象になりえる．愛着対象が保護–被保護という縦の関係に限られるのか，あるいは仲間などの横の関係においても成立するのかは議論の分かれるところである．ヒト幼児においては，愛着対象からの分離時において，抗議→絶望→脱愛着という一連の反応がみられるといわれている．これらは愛着対象の呼び戻し，消耗や捕食者による発見の回避，新たな愛着関係の構築という生存のための適応的反応と考えられる．

アイヒマン実験　⇒ミルグラムの服従実験
青写真［blueprint］　自己組織化*の対立概念として，システムが示す大域パターンの成立に与

えられる説明の一つ．人間の建築物のように，すでに存在する全体の見取り図に基づいて組織化が行われることをさす．類似の説明として，全体を知るリーダーの存在，共有された作業工程書の存在，既存の鋳型の存在があげられる．生物における実際の大域パターン形成においては，これらは自己組織化とあわせて用いられることが多い．

アーカイバルタグ［archival-tag］⇌ データロガー

赤ちゃん言葉［motherese］⇌ 言語の獲得

赤の女王仮説［Red Queen's hypothesis］　生物がある状態を維持するためには進化し続けなければならないという仮説で，L. Van Valen により提案された (1973年)．L. Carroll の小説『鏡の国のアリス』中の登場人物にちなんで赤の女王という名前でよばれる．この仮説は，進化し続けない者すなわち立ち止まる者は，状態を維持できずに，絶滅に至ったり適応的に不利な状態になったりすることを意味する．種の絶滅や種間関係への適用とともに，W. D. Hamilton* らによる有性生殖の進化の説明において使われた．

飼い主のあくび (上) に追随してあくびをするイヌ (下)

悪意行動［spiteful behavior］＝意地悪行動

あくび［yawning］　口をゆっくりと大きく開けて呼気を深く吸入し，それを短く吐き出すという一連の不随意的な呼吸運動．哺乳類だけでなく，鳥類，爬虫類，魚類においても観察されることから，系統発生的に古い生理反応と推測されている．覚醒と睡眠の前後に生じることが多く，視床下部の室傍核 (paraventricular nucleus) が関与している．あくびの原因や機能はよくわかっていないが，脳内の酸素濃度や体内温度の調節作用があるという仮説がいくつかある．ヒトやその他の霊長類，イヌなどでは，他個体のあくびを見たりその音を聞いたりすることによってその個体のあくびも誘発されることが知られており，これをあくびの伝染 (contagious yawning) とよぶ (図)．伝染性のあくびは行動の同期化 (⇌ 同調化現象) など社会的同調機能と関連するため，他者への共感* を担う神経基盤が関与しているという考えもある．

あくびの伝染［contagious yawning］⇌ あくび

Akeakamai（ハンドウイルカの名）⇌ 言語訓練

アゲハチョウ［Japanese yellow swallowtail］
学名 *Papilio xuthus*．チョウ目 (鱗翅目) アゲハチョウ科アゲハチョウ族アゲハ属に属す．ナミアゲハあるいはアゲハも，本種の和名として定着している．黄色と黒の段だら模様が特徴的．幼虫は柑橘類の葉を食し，さなぎで越冬する．本土では 5 月初旬に休  眠蛹から春型が羽化する．春型個体の生んだ卵は約 50 日で夏型の成虫となる．休眠の臨界日長は約 12.5 時間である．大型のため，野外での調査・観察ばかりでなく，神経行動学や分子生理学などの実験的研究にも適し，色覚行動，複眼構造，産卵行動の分子機構などについては非常に深く研究されている．色素や光学的構造による翅色，紋様パターンなどに関する知見も多い．ゲノムプロジェクトが進行中で，ショウジョウバエやミツバチなどにつづくモデル生物として期待される．日本にはアゲハチョウ族のほか，タイスアゲハ族，ウスバアゲハ族，ジャコウアゲハ族，アオスジアゲハ族が生息する．それぞれに生息域や寄生植物が異なるなど，行動や生理が多様で興味深いグループである．

アゴニスト［agonist］　作動薬，活性薬ともい

う．受容体に結合して，ホルモンや神経伝達物質*などの生体内物質(リガンド)と同様の作用をひき起こす薬物．リガンドが特定の受容体に選択的に結合するように，多くのアゴニストも特定の受容体に結合し作用する．リガンドよりも選択性が高いアゴニストもあり，たとえば GABA 受容体のアゴニストの一つのムシモールは $GABA_A$ 受容体サブタイプのみに作用する．このような選択性の高いアゴニストを用いることで，特定の受容体サブタイプが，ある特定の行動に重要な役割を果たすのかを調べることができる．フルアゴニスト(full agonist，完全作動薬)は，濃度を上げるとリガンドと同様に受容体を完全に活性化させるものをさす．部分的アゴニスト(partial agonist，部分作動薬)は受容体を部分的に活性化させるが，いくら濃度を上げても完全な活性には到達しないものをいう．(⇌ アンタゴニスト)

あざむき [deception] ＝だまし

アザラシ ⇌ 鰭脚(ききゃく)類

足跡 [print] ⇌ フィールドサイン

アシナガバチ [paper wasp] 昆虫綱ハチ目スズメバチ科アシナガバチ亜科に属する昆虫の総称である．日本に分布する代表的な種としてフタモンアシナガバチやセグロアシナガバチがある．狭義にはアシナガバチ亜科のうち Polistes 属に属するものをさすこともある．英名は，巣が，植物の組織などからつくられる紙のような素材でできていることに由来する．肉食性の真社会性昆虫である．繁殖カーストである女王と労働カーストであるワーカーの間に明瞭な形態的差がなく，原始的真社会性昆虫(primitively eusocial insect)に含められる．アシナガバチではニワトリなどと並んで，つつきの順位に基づく順位制*がごく初期に発見された．また，巣が外被を欠き観察が比較的容易であり一つの巣の個体数が少ない種も多いことから，社会行動*を中心とした研究の対象とされている．ヨーロッパや米国の種では複数の雌が一緒に一つの巣をつくることを利用して，利他性の進化の研究に用いられた．

亜社会性 [subsociality] 親による子の保護*を伴う繁殖様式をもち，社会的な相互作用が親と未熟な子の間に限られる社会形態．真社会性*へ至る社会性の進化系列の一段階としてみたもので，この亜社会性の成立後に親の保護が延長し，子は成熟しても親元にとどまり弟妹の保護を行うようになり，ついには子が不妊となって真社会性を獲得するという進化史(亜社会性ルート*)が想定されている．通常，無脊椎動物，特に節足動物に対して用いられる用語で，膜翅目，甲虫目や半翅目などの昆虫綱をはじめクモ綱などにも広く知られている．

亜社会性ルート [subsocial route] アリなどの不妊のカースト*をもつ昆虫の真社会性*には，その前段階として親が子を保護する亜社会性*があったとする仮説．W. M. Wheeler が 1923 年に提唱した．まずは母親に子どもの成長場所である巣を作る行動が進化する．次に母による子の世話が長期化し母娘成虫が巣に共存するようになる．そして娘のなかに母の子育てに協力するヘルパー*が生じ，最後にこのヘルパーが自身では繁殖しないワーカーカーストへと進化し，繁殖する母女王との分業が成立するという道筋である(図)．シロアリ*も，亜社会性ゴキブリ類との比較から，類似の過程(両親と子の共同生活が不妊カースト進化に先がけて存在した)を経たのではと考えられている．Wheeler は，主として狩りバチ類(肉食性のハチ)の生活を比較しこの説を導いたが，のちに C. D. Michener は花バチ類(花粉食性のハチ)においてはこれとは異なる経路が存在したとする仮説を提唱している(⇌ 側社会性ルート)．

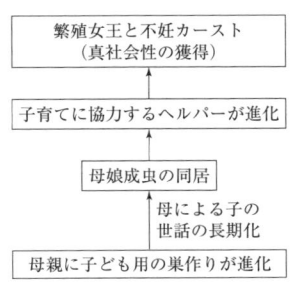

亜社会性ルート

アジリティトレーニング [agility training] アジリティ競技のための訓練．アジリティ競技とは犬と人(ハンドラーとよぶ)のペアで行う障害物競技で，コース内にあるシーソー，ハードル，トンネルなどの障害を決められた時間内にクリアしていく．もともとこの競技はさまざまな障害物を切り抜ける犬の知性と機敏性を評価するものである．犬の制御はハンドラーの声，動き，ジェスチャーに限られるため，犬とハンドラーが集中した注意を互いに払い，調和した動きが求められる．

具体的には，バーを落とさずにジャンプする，テーブルで決められた時間じっとする，シーソーやドッグウォークの規定の場所（コンタクトゾーン）を必ず踏むといった訓練をいう．ほかにもフリスビー競技（図）やジャンプを競うような犬と人のスポーツも盛んになってきた．アジリティ競技は世界中で競技人口が増えており，日本でもさまざまな団体が訓練や競技を実施している．

フリスビー競技．飼い主の背中から空中のフリスビーをキャッチする．

アスペクト多様性［aspect diversity］　同じ生息場所にすむ隠蔽色*の生物が，互いに異なる色彩や模様などの外観をもつこと．異なる種である場合も種内の多型の場合もある．シタバガ類の前翅の色彩や模様はその例である．警告色に関するミュラー型擬態*にみられる収れんと対照をなす現象である．アスペクト多様性は，捕食者が探索像を形成し，一度捕えた餌と同じ外観の餌を発見する率が高い場合に起こると考えられている．このような捕食者による選択は，種内の多型の場合には少数者が相対的に有利な頻度依存選択になることがあり，apostatic selection とよばれる．

アセチルコリン［acetylcholine］　中枢神経，運動神経，自律神経の副交感神経で働く神経伝達物質*．受容体は，イオンチャネル型でニコチンに親和性をもつニコチン性受容体と，毒キノコの毒素であるムスカリンに親和性をもつ代謝型のムスカリン性受容体に大別される．脳内では，記憶形成にかかわる長期増強*を促すことで，記憶・学習に寄与していると考えられる．エピソード記憶*に障害がみられるアルツハイマー型認知症患者の脳では，アセチルコリン量が減少しており，その分解を抑えるドネペジルが，初期治療薬として用いられる．そのほか，弁別行動や行動の決定，社会認知にもかかわりが深い．

遊び［play］　遊び行動（play behavior）．哺乳類や鳥類においておもに社会化期*や若年期にみられる，目的が不明瞭な複雑で予期できない行動の組合わせ．同種他個体や他動物，物を対象として，攻撃行動や性行動*，狩猟行動*などに類似した行動要素が，断片的に脈絡なく発現するのが特徴である．なかでも，同種間で認められる闘争に似た遊び行動を遊び攻撃行動*とよぶ．遊びは特定の目的を伴わないため短期的には個体にとっての利益を生じないが，身体的能力を獲得したり，同種他個体とのコミュニケーション手段を学び，種に特有の社会行動様式を獲得するうえで重要な役割を担うと考えられる．一般的に遊び行動は性成熟*を境に減るが，ヒトをはじめとした霊長類や，幼形成熟*（ネオテニー）の顕著なイヌなどの伴侶動物*においては性成熟後もしばしば観察される（図）．

社会性の高い動物では，遊びは同種個体とのコミュニケーション手段を学ぶ重要な行動の一つである．

遊び攻撃行動［play fighting］　闘争遊び，遊びの闘争行動ともいう．哺乳類や鳥類においておもに社会化期*や若年期にみられる遊び*の一様式で，相手を噛む・つつく・押し倒すなど，攻撃行動に似た行動が，敵対的な関係性を伴わずに生じる．攻撃の強度は弱く，攻撃/防御側がたびたび入れ替わること，また食物やなわばり*などをめぐる他個体との競合とは無関係に行われることが特徴である．遊び攻撃行動様式は，多くの動物種においては種に特有の攻撃行動様式に似るが，種によっては性行動*や捕食*行動のようなものが観察され，行動様式や発現頻度に種差がある．たとえばラットにおいては，相手の首周辺を軽く噛むのが典型的な遊び攻撃行動様式であるが，これはおもに相手の臀部を攻撃対象とする攻撃行動様式と異なる．ラットにおける遊び攻撃行動は，攻撃行動よりもむしろ性行動様式との類似性が高い

と考えられている．類義語として rough-and-tumble play という言葉もよく用いられる．遊び攻撃行動は性成熟*前の時期に最も頻繁にみられ，性成熟を迎えるとともに減少する．

遊び行動［play behavior］ → 遊び
遊びの闘争行動 → 遊び攻撃行動
アタッチメント［attachment］ ＝愛着
アドホック［ad hoc］ → 節約
アドリブサンプリング［ad libitum sampling］
行動の観察・記録方法の一つで，あらかじめ計画するのではなく，観察のタイミングや継続時間，対象を，研究者の任意で決めるサンプリング方法．アドリブサンプリングは制約が小さく実行しやすいが，観察者の注意を引きやすい行動や，目立つ個体や，観察者の前に現れやすい個体に記録が偏る可能性がある．この偏りは確かな結論を導く際の障害となるが，アドリブサンプリングの結果から偏りを取除くことは難しい．対象に対する前知識が不足している場合や，明確な研究目的がまだないなどといった場合に行う予備的調査の際に有用で，他の系統的なサンプリング方法を併用すれば，欠点を補うことができる．またアドリブサンプリングには，まれにしか生じない行動を記録しやすいという利点がある．（→ 行動のサンプリング法）

アドリブ体重［ad libitum weight］ ＝自由摂食時体重

アドレナリン［adrenaline］ エピネフリン (epinephrine) ともいう．ノルアドレナリン*から合成されるモノアミン神経伝達物質*の一種で，カテコールアミン*に分類される．ノルアドレナリンと類似した機能をもち，受容体やトランスポーターもアドレナリンとノルアドレナリンを区別しない．受容体はα受容体とβ受容体に大別される．神経系ではおもにノルアドレナリンが使われているが，末梢では副腎髄質でアドレナリンが合成され，ホルモンとして働く．ノルアドレナリン同様，個体にストレス*がかかると分泌され，速やかに"闘争/逃走"のための警戒・興奮状態を誘起する．そのほか喜びや楽しみの情動の誘起にも関与する．ただしアドレナリンをヒトに投与すると，中枢の興奮や身体の緊張が高まるが，それに伴う情報は不安や喜びであるなど文脈によって変化する．

アナフィラキシー［anaphylaxis］ → アレルギー
穴掘り行動［digging］ 多くの動物種においてみられる行動であるが，哺乳類の場合は，両前肢を交互または同時に動かし，地面の土を掘り起こして穴を掘る（図）．穴を掘る目的の多くは，巣穴や食物の探査であり，タヌキやウサギなどでは，体温を調節するために穴を掘って休息場所を作ったり，繁殖時には地面に巣穴を作ったりする．オオカミなどは，小動物を捕えるために地面を掘ることもある．イヌにおいても，掘る強い欲求が内在しており，掘ることのできる地面などがない場合には，穴掘りの欲求が他の物に向けられ，畳やソファーなどをかきむしるような転嫁行動*がみられる．穴掘り行動は鳥類でもみられ，カワセミ類やハチクイ類，ショウドウツバメは土の崖にくちばしを使って穴を掘って巣にする．キツツキ類も鋭いくちばしを使って木の幹に巣穴をうがつ．アリなどの昆虫類も穴掘りは口で（大顎で土をはさみ）行う．

穴を掘るモグラ．モグラのように地中生活をする動物では，穴を掘るための手足の進化が著しく，前足の掌部は平たく大きくなり，鋭い爪が存在する．

アナロジー［analogy］ 相似ともいう．系統進化的にみると同じでない体の部分が，同じ機能をもつために類似の形態をもつようになること．たとえば，鳥類の翼と昆虫の翅，サツマイモの芋（塊根）とジャガイモの芋（塊茎）などがアナロジーである．つまりアナロジーとは，異なる動物の異なる器官が同一の機能をもつことであり，相同（ホモロジー*）と区別することを R. Owen は提唱したが（1843年），厳密には相同の反義語ではない．同じ機能をもつかどうかにかかわらず，共通祖先からの由来に基づかない類似を意味する非相同同形（ホモプラシー*）が相同の反義語である．ある遺伝子座において祖先の塩基配列が違うのに，偶然同じ配列をもつ2種がいたとすると，その場合，非相同同形といえるが，アナロジーとはいわない．

アニマルウェルフェア［animal welfare］ ＝動物福祉
アノマリー［anomaly］ → 行動経済学

アブラムシ［aphid］　半翅目アブラムシ科の昆虫で，日本からは約700種，世界中から約5000種が知られている．寄主植物の師管液を吸汁し，春から秋にかけて無性生殖*（単為生殖*，クローン増殖）によって増殖する．寄主植物上で多数の個体からなるコロニーを形成することが多い．農作物の害虫として知られる一方，兵隊アブラムシによるコロニー防衛，虫こぶ*の形成，虫こぶ形成場所をめぐる闘争行動，虫こぶ乗っ取り行動，虫こぶ修復，雌に偏った性比，細胞内共生細菌との相利共生関係など，行動学的にも興味深い現象がつぎつぎに明らかにされてきた．兵隊階級がアブラムシのコロニー内に存在することは，青木重幸によって世界で初めて発見され，以来，一部のアブラムシ（ヒラタアブラムシ亜科やワタムシ亜科）は亜社会性*昆虫とみなされるようになった．アブラムシはクローン増殖する世代を含むため，クローン仲間の血縁度*は1となり，クローン内で血縁選択*が働きやすい．自己犠牲によってコロニーを防衛する兵隊アブラムシの存在は，血縁選択説の好例となっている．

アブラヨタカ［oilbird］　ヨタカ目アブラヨタカ科に属する鳥類．学名 *Steatornis caripensis*．南米北部に分布し，山岳地帯の洞窟や海岸の海食洞に生息する．昼間は洞窟で休息し，夜間，外に出て果実を食べる．洞窟内では反響定位*を行うが，コウモリと異なり，可聴域の音声を用いる．アブラヨタカのほか，洞窟性のアナツバメでも同様の反響定位が知られている．

アフリカツメガエル　［African clawed frog, African clawed toad, Common Platanna］　学名 *Xenopus laevis*．ピパ（コモリガエル）科に属し，アフリカ大陸南部から中部にかけて分布する．飼育下での繁殖が容易であることから，動物生理学や発生生物学などではモデル動物としてよく利用されている．

後肢の3本の指にはケラチン質の黒い爪がある．完全な水中性で，濁った池などにすむ．水が干上がると，別の水場へ向かって陸上を移動したり，池の底の泥の中で休眠*したりする．雌雄ともに水中で鳴き，耳や喉頭は水中での発声や音の変換に適応した構造になっている．左右の体側には，水中の振動を感じとる特殊な感覚器があり，濁った水中でも獲物を捕らえることができる．体表からは数種のペプチド類を含む有害な粘液を分泌する．異所的に分布するヘビ類に本種を食べさせると，いったんくわえた後に放し，高いところに登り始めるなどの特異的な行動が起こる．体表粘液をこれらのヘビに経口投与すると，筋失調により呼吸停止して死亡する場合もある．

アヘン［opium］　⇌ オピオイド

アポトーシス［apoptosis］　遺伝的プログラムで制御された細胞死で，プログラム細胞死（programmed cell death）ともいう．細胞の生命維持が困難になった場合に，細胞自身が死滅に向かう一連の細胞死シグナルを発動する．最終的にDNAが断片化され，マクロファージにシグナルを提示し，貪食される．さまざまな神経変性疾患にみられるような神経の脱落は，細胞ストレスが原因で起こったアポトーシスによる場合が多い．また，通常の発生過程での形態形成にも寄与する．ヒトにおいても，発生過程で指の間に水かきのような構造ができるが，アポトーシスによって分離した指となる．また，シナプスをつくることができなかった神経はアポトーシスによって消去され，これにより神経回路は厳選され，成熟する．つまり，脳の形成はまず多くの回路を作り，不必要な神経細胞をアポトーシスで脱落させる刈り込みで成り立っている．

アポミクシス［apomixis］　⇌ 単為生殖

網　クモや造網性トビケラの幼虫が，みずから分泌する絹糸を組合わせて作る建築物で，もっぱら採餌に用いられるものをさす．オオヘビガイなどムカデガイ科の腹足類が摂餌のために広げるシート状または糸状の粘液も網とよぶ場合がある．英語では，クモの網はweb，トビケラ*ではnet，オオヘビガイではmucus sheet，mucus net，またはmucus trapという．トビケラやオオヘビガイは網に付着した有機物を集めて食べる．このとき，網はフィルターとして機能する．一方，生きた餌を捕えるクモの網はトラップとして機能する．円網では横糸に粘着性があり，クモは放射状に張られた粘着性のない縦糸を伝って網上を移動する．また，縦糸や横糸は光反射を少なくすることで網の視認性を下げ餌が網を回避することを妨げたり，逆に紫外線領域の光を強く反射する糸で網を飾って光るものにひかれる餌を誘引したり，食べ残しを網に飾って腐敗臭にひかれる餌を誘引したりす

るなどの仕組みが進化している．クモでは，糸を弾いて振動させることで求愛ディスプレイを行う種がみられる．このとき，網はコミュニケーションの場としても機能している．一度建築された網がどの程度の期間保持されるかはさまざまである．たとえば円網を張るクモでは一日から数日で網を張り替え，その際に網のサイズや形状を調整する．

網そうじ [web cleaning behavior]　クモが網*に付着した植物体やゴミなどを取除く行動．造網性のクモは目が悪い．そのため，衝突したときの振動や，網から逃げようともがくときに生じる振動を検知すること，またみずから網糸を引っ張って揺らすことによって餌がかかったことを知る．振動はクモが位置する網の中心に向かって集まる縦糸を通して伝わる．網の上に餌以外の物体が存在すると，その外側に生じる振動の伝播に影響する．

γ-アミノ酪酸 [γ-aminobutyric acid, GABA]　4-アミノ酪酸．GABA(ギャバ)と略称でよばれることが多い．哺乳類の中枢神経系のおもな抑制性伝達物質であるアミノ酸．シナプス*においてグルタミン酸*から合成される．合成を行うグルタミン脱炭酸酵素(GAD)には，GAD65とGAD67の2種類がある．GABAを合成する神経をGABA作動性神経(GABAergic neuron)とよび，そのほとんどは介在神経であるが，小脳プルキンエ細胞のように投射神経もある．GABA受容体は大きく三つのタイプ(A, B, C)に分かれ，GABA$_A$受容体とGABA$_C$受容体は塩化物イオン(Cl^-)チャネル，GABA$_B$受容体は代謝型受容体(Gタンパク質(Gi/o)共役)である．いずれの受容体も，GABAが結合することで神経活動を抑制する．アルコールや麻酔薬のなかにはGABAに作用し，中枢神経を抑制するものもある．抗不安薬のベンゾジアゼピンの作用受容体でもある．

アミロイドβペプチド [amyloid β peptide, Aβ]　認知症の一種であるアルツハイマー型認知症*で脳内に蓄積される老人斑内に多く認められる．老人斑ではまずアミロイドβペプチドが細胞外に蓄積し，つづいてτ(タウ)というタンパク質が細胞内に蓄積する過程を経て，最終的に細胞死がひき起こされ，アルツハイマー病の発症に至ると考えられている．家族性アルツハイマー病変異をもつアミロイドβペプチドの前駆体を過剰発現させた遺伝子改変マウスでは記憶障害と並行して神経細胞の脱落もみられる．

アメフラシ [sea hare]　アメフラシ科に属する生物の総称．形態はナメクジに似るが大きく，数百gから種により数kgにも成長する．日本には数種が生息し，アメフラシ *Aplysia kurodai* とアマクサアメフラシ *A. juliana* が実験によく用いられる．世界的には米国カリフォルニア沿岸に生息する *A. californica* を用いた実験がほとんど．比較的浅瀬に生息し，海藻を食べるが好みは種により異なる．驚かすと防御反応として紫色(アマクサアメフラシは白色)の汁を背から放出して，目くらましとする(図)．寿命は約1年．雌雄同体*で交尾後，糸状の卵を塊状に岩に産みつける．見た目から海ソウメンとよばれる．*A. californica* の卵は形状は同じだが，黄緑色．海産動物で背にえらをもち，この部分の引っ込め反射(⇌ えら引っ込め反射)にかかわる学習の研究が行われたことで有名．単純な神経系をもち，細胞レベルで電気生理学，生化学，分子生物学的実験が容易にできるため，行動の発現機構の解明にかかわる神経科学研究のモデル動物として幅広く用いられている．(⇌ アメフラシの学習)

目くらましとなる紫色の汁を放出するアメフラシ

アメフラシの学習 [learning in *Aplysia*]　E. R. Kandelは，アメフラシ*のえら引っ込め反射*でみられるさまざまな学習の分子メカニズムを明らかにし，2000年ノーベル生理学・医学賞を受賞した．学習の研究は哺乳類を中心に進展したが，海馬*をはじめとする脳の構造があまりに複雑であるために，哺乳類を用いて分子機構を解析することは大変に困難だった．Kandelは単純な神経系をもつアメフラシを研究対象に選び，動物の種類によらず共通する学習*の分子機構を解明することに成功したのである．ニューロン数が非常に少ないアメフラシでも，哺乳類と同様の鋭敏化*や古典的条件づけ*のような学習が可能である．それらの学習が，水管感覚ニューロンから

えら運動ニューロンへつながる反射弓＊の，シナプス伝達効率の増大として説明できることを明らかにした．1) 鋭敏化では，尾部への侵害刺激の情報を受けた促通性介在ニューロンがセロトニン＊を放出する．セロトニンはシナプス前の水管感覚ニューロン軸索末端へ作用し，アデニル酸シクラーゼを活性化し，細胞内のサイクリックAMP (cAMP) 濃度を上昇させる．2) 一方，古典的条件づけでは，まず水管刺激により，水管感覚ニューロンの軸索末端では脱分極により Ca^{2+} の細胞内流入が起こり，カルモジュリン (CaM) を介して Ca^{2+}/CaM依存性プロテインキナーゼ (CaMK) を活性化する．その結果，アデニル酸シクラーゼがリン酸化され，つづいて尾部への連合刺激により，1) の機構も加わり非常に大量のcAMPがつくられる．3) これらcAMPはcAMP依存性プロテインキナーゼA (PKA) を活性化して細胞膜上の K^+ チャネルをリン酸化し，活動電位の持続時間を増大させる．この結果，1回の活動電位当たりに放出される神経伝達物質の量が増して，シナプス伝達効率の増大が起こる．アメフラシで見つかったこれらの分子機構は，その後，昆虫や哺乳類の学習でも重要な働きをもつことが判明した．

アメリカウミザリガニ [American lobster, American clawed lobster]　食材としてオマールエビ，ロブスターの名でも知られる．学名 *Homarus americanus*．十脚目アカザエビ科に属す．カナダ〜カリブ海原産．水産学的に重要な種であり，生態・行動・生理まで調査がなされてきた．寿命は数十年と長寿である．ザリガニ＊との形態学的差異は左右非対称に発達した大鋏であり，貝割り行動に適したcrusherと鋭利で素早い運動をするcutterをもつ．左右性＊の発達に関する研究も進められてきた．また，GABA (γ-アミノ酪酸＊) を神経伝達物質として同定した研究や，闘争行動における生体アミンの役割の解析，口胃神経節＊の同定ニューロン＊を利用した中枢性パターンジェネレーター＊の解析など先駆的な研究が展開されてきた．近年では物をはさむ行動を餌によって強化したオペラント条件づけ＊が開発され，鋏力の分化強化や光強度に対する弁別学習＊が報告された．神経活動の記録が可能な拘束条件下 (体軸がぶれないように器具で体を固定) で課題遂行が可能であり，サルの認知神経科学研究にならった研究も見込まれる．飼育難易度は高いが，大型で長寿であることや鋏行動を活かしたユニークな研究が可能である．(⇌ 口胃神経節[図])

アメリカザリガニ [red swamp crayfish, Louisiana crayfish, mudbug]　十脚目アメリカザリガニ科に属す．学名 *Procambarus clarkii*．アメリカ南部原産であるが，世界各地に外来種として生息域を拡大させた．半世紀以上にわたり，動物行動の基盤となる神経機構の研究モデルとして使われてきた．その理由は，比較的単純な神経系をもち，神経活動の記録も容易なためである．神経科学の基礎概念 (側方抑制＊，司令ニューロン仮説など) の確立にも寄与してきた．ザリガニ＊が示す定型的な逃避行動は，感覚入力から行動発現に至る神経路が最も詳細に理解された系の一つである．近年では，ザリガニの自発的歩行に着目した研究により，行動の自発性の神経機構が解明されつつある．行動開始に先行する中枢神経活動の存在は哺乳類でも報告があるが，同定ニューロン＊レベルでの解析はザリガニが初である．行動の自発性という観点から無脊椎動物の"認知過程"を神経生理学的に解明するためのモデルとして注目されている．

アモーダル補間 [amodal completion]　網膜に映った物理的な形そのままではなく，認知的に形を補って知覚する視覚現象を補間 (completion) とよび，大きく分けてモーダル補間 (modal completion) とアモーダル補間がある．図(a)を観察したとき，それが二次元の画像であることを知りながら，中心角270°の扇形ではなく完全な円の一部が四角形に隠されているように見える．これがアモーダル補間とよばれる現象の例であり，補われた部分 (ここでは円の90°部分) は別の物体 (ここでは四角形) の背後にあるように認識され，その補われた形状は知覚されるものの，背景とコントラストのついた輪郭や面が知覚されるわけではない．これに対してモーダル補間の例は，カニッツァ錯視 (Kanizsa illusion) で，図(b)のように，物理的には存在しない四角形の輪郭が背景とコントラストがついた形で明瞭に知覚でき，またその内部も背景より明るく知覚される．三次元空間では，観察対象の物体の一部が手前の物体に隠されて見えない場合が多い．アモーダル補間はそのような視覚情報の欠落を補う機能を担っており，ほかの動物にも共有されている可能性が高い．実際，チンパンジーやフサオマキザルといった霊長類がアモーダル補間を経験しているという肯定的な報告や，ニワトリの雛やジュウシマツの成鳥でも肯

定的な報告がある．ハトでは，アモーダル補間をしていないという否定的な報告が多数ある一方，特殊な刺激や特殊な訓練による肯定的な報告があり，結論が出ていない．

(a) アモーダル補間の例　(b) カニッツァ錯視の例

(a)では，扇形が扇形ではなく"真円が隠されている"と知覚される．(b)では，存在しない四角形の輪郭をはっきり知覚する．いずれも，見えない部分を補って知覚する機能である．

アラタ体［corpora allata］ ⇒ 幼若ホルモン

アリ［ant］　ハチ目（膜翅目）アリ科に属する昆虫．二次的にカースト*を失った社会寄生種などを除き，すべて真社会性*である．世界で約1万種が知られ，未記載種を含めればゆうに2万種を超えると想像される．温帯地域では地中営巣性の捕食者ないし雑食者という印象が強いが，食性や社会構造も含め生活史は多様である．特に熱帯地域には特徴的な種が多い．ハリウッド映画"黒い絨毯"でも登場した放浪性で集団狩猟するグンタイアリ，樹上に幼虫の糸で植物の生葉を接着して巣を作るツムギアリの仲間（⇒ 造巣［図］），外敵に襲われると自爆死し相手に粘液を浴びせるジバクアリ*，採集した植物体上にキノコを育てて食べる農業害虫のハキリアリ*がその例である．ハチの仲間であるので毒針を保持する種も多く，オーストラリアのキバハリアリ（ブルアント）や世界的な侵略的外来種のヒアリでは，刺された人が死亡する場合もある．さまざまな生物と共生関係を結ぶことでも知られる．温帯域ではヤマアリやケアリの仲間はアブラムシ類に随伴し，それらの排泄物である甘露*を餌とする見返りに天敵からそれらを保護する．ハキリアリ類の菌類との共生はヒト以外が行う"農業"の実例である．アリの行動に関しては，血縁選択*理論の実証研究や，道しるべフェロモン*や血縁認識*に関する化学的コミュニケーション，サバクアリやムネボソアリなどでナビゲーション*研究などが盛んである．また，その集団行動の支える力学的な機構として

の自己組織化*や自律分散制御*はロボット工学をはじめとしたバイオミメティクス（生物模倣学*）の研究でも近年注目されている．

🎥 **蟻浴び**［anting］　広義には，ギ酸のような刺激性の物質およびそれを分泌する生物を自身の体に塗る行動全般をさす．カケス類やカラス類など200種類ほどの鳥類や，フサオマキザル（図）やリス類など少数の哺乳類で観察されている．羽づくろいまたは毛づくろい行動の一つであり，刺激性物質を塗ることで，体表面にすむシラミやダニなどの寄生者を除去する効果がある．アリ以外にも，カメムシ，ヤスデなど刺激性の物質を出す節足動物，またはライムやクルミなどの植物が用いられることもある．狭義には，鳥が，アリの巣の上にうずくまり，翼や尾の羽毛を広げて，アリが全身にたかるに身を任せたり，くちばしでアリを羽毛に擦りつけたりすることをさす．

(a) アリ塚をこわしてアリを浴びる

(b) 木の上などに登って，体についたアリを払いのける

アリー効果［Allee effect］　社会性をもつ動物種などでは，個体群密度が低すぎると繁殖相手が見つからなかったり個体間の協力が得られなくなり，不都合が生じる可能性がある．個体群密度が高まることで増殖率や生存率が高まる正の密度効果*が発揮されることがあり，これをアリー効果とよぶ．シカゴ学派の提唱者 W. C. Allee にちなむ（1920〜30年代）．図の点線のように，ロジスティック方程式*など種内競争を含む一般的な個体群動態モデルでは，個体群密度が低いと種内競争による密度効果が軽減されて増加率が上がり，

個体群密度が高くなると密度効果が効いて増加率が下がる．よって，個体群密度(N)に対して個体当たりの増加率$\left(\frac{1}{N}\cdot\frac{dN}{dt}\right)$を縦軸にとると，右下がり直線が得られる(負の密度効果)．一方，個体群密度が低すぎると不利益の多い生物種では，低密度領域では個体群密度が低下するに従って個体当たりの増加率は低下し(極端な低密度では個体群が消滅)，密度が増加するに従って個体当たりの増加率が高まるので，右上がり傾向になる(図の実線)．この領域でみられるのが正の密度効果である．

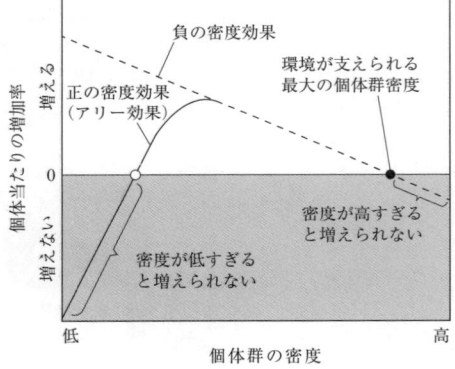

蟻コロニー最適化アルゴリズム [ant colony optimization] アリが短い経路を集団で見いだせることにヒントを得た最適化法の一つ．アリは揮発性の道しるべフェロモン*を用いて餌場と巣の間に経路を形成する．経路が複数ある場合，経路が短いほど揮発せずに残るフェロモンの量が多

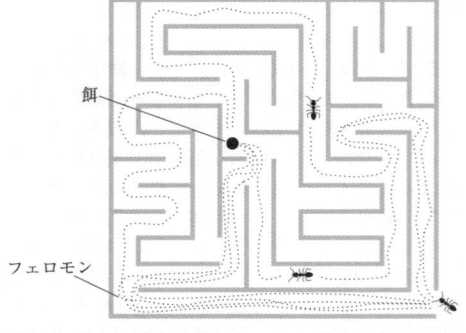

餌までの道のりが短いほど，残っている道しるべフェロモンの量が多くなり，さらに多くのアリが通るようになる．

くなり，さらに多くのアリがその経路を選ぶようになる(図)．このように自己増殖的に最短経路を見つける仕組みを仮想個体(エージェント)群に適用したものがこのアルゴリズムである．経路問題を解くことができるほか，スケジューリングや作業割り当てなどの問題における最適化にも応用されている．

アリ塚 [ant mound, ant hill] ⇀ 塚
アリーナ [arena] ⇀ レック

R 高度な機能と強力な作図能力をもつ統計ソフトウェア．1993年に開発され，近年になって多くの学術分野で使用されるようになったフリーのソフトウェアなので，誰でも無料で入手可能であり，しかも内部でどのようにデータが操作されているのかも完全に公開されている．また拡張性にすぐれ，それぞれの学術分野で必要とされる機能を提供する拡張パッケージが，その分野の研究者たちによって作成され公開されている．

RNA リボ核酸(ribonucleic acid)の略．リボース，リン酸，塩基から構成されるヌクレオチドで，核酸塩基としてアデニン(A)，グアニン(G)，シトシン(C)，ウラシル(U)をもつ．RNAは，DNAを鋳型としてRNAポリメラーゼによって合成される(転写)．RNAには，タンパク質の配列情報をコードするメッセンジャー RNA(messenger RNA; mRNA)のほかに，タンパク質の配列情報をコードしないノンコーディング RNA(non-coding RNA; ncRNA)がある．真核生物のmRNAは，5'末端にキャップ構造，3'末端にポリ(A)鎖が付加されるほか，多くの場合不要部分を取除くスプライシングを受けて成熟したmRNAとなる．また，真核生物のmRNAのほとんどは単一のタンパク質のみをコードする(monocistronic mRNA)．一方，原核生物のmRNAの多くは複数のタンパク質をコードする(polycistronic mRNA)．ncRNAには，リボソームにおける翻訳反応において，アミノ酸を運んでポリペプチドに加える役のアダプターとして機能する**転移 RNA**(transfer RNA; tRNA)や，リボソームを構成する**リボソーム RNA**(ribosomal RNA; rRNA)，mRNA様の構造をもちながらタンパク質をコードしないmRNA型ncRNA，mRNAと相補的に結合し，その機能を抑制する**マイクロ RNA**(micro RNA; miRNA)などがある．また，RNAのなかには，単体で他のRNA分子の切断などの反応を触媒するものがあり，このような酵素活性をもつ

RNAをリボザイム(ribozyme)とよぶ．また，エイズウイルスを含む多くのウイルスはRNAをゲノムとしてもつことからRNAウイルスとよばれる．

ROC曲線 ⇄ ROC(ロック)曲線

r-K選択説[r-K selection]　R. H. MacArthurとE. O. Wilson* が島嶼生物地理学の理論モデルとして1967年に提唱した生活史の進化の学説．変動する環境では密度独立的な死亡要因が強くかかり個体数が激減しやすい．そのため環境変動の好機が来ると繁殖力の旺盛さで個体群を増やすという方向に，つまり内的自然増加率*(r)を高める形質として，小卵多産，体サイズの小型化，短命，短い世代時間，一回繁殖などの方向に自然選択がかかる(表)．これをr選択(r-selection)という．逆に，安定した環境あるいは周期的な環境では，生物の個体群は環境収容力*(K：その種が一定レベルで維持できる上限の個体群密度)の付近にいつもあると考えられる．この場合は密度効果が強く種内競争が激しくなり，環境収容力を増し競争力を高める形質(大卵少産，体サイズの大型化，長命，長い世代時間，多回繁殖，親による子の保護など)に自然選択がかかることになる．これをK選択(K-selection)という(表)．

r選択[r-selection] ⇄ r-K選択説

アルツハイマー型認知症[Alzheimer dementia, AD]　アルツハイマー病(Alzheimer's disease)ともいう．認知機能の障害(認知症)の一つで，進行はゆっくりだが時間経過とともに徐々に悪化していく．初期段階は短期記憶*の障害がみられるが，過去の記憶の想起には問題がない．症状が進行するにつれ，計算能力低下，空間の配置を正しく理解できなくなる(視空間失認)，知っている場所がわからなくなる(地誌的失認)，習慣的な運動や動作が再現できなくなる(概念運動失行)などの障害がみられる．覚醒レベルや運動能力への影響は，症状が最も進行するまでみられない．進行期には，筋肉が持続的に収縮し，運動障害がみられ，最終的には身動き一つせず言葉も発しない寝たきりの状態(失外套症候群)となり，発症から6～12年で死に至る．アルツハイマー型認知症は，脳の神経細胞の脱落と大脳皮質の委縮，そして神経伝達物質*(特にアセチルコリン)の減少によって特徴づけられる．主要な病理学的変化には，脳内の老人斑と神経原線維変性がある．老人斑は，アミロイドβペプチド*というタンパク質が互いに凝集して脳内に蓄積することによって形成され，その毒性のある凝集体が神経細胞の変容・脱落をひき起こすことでアルツハイマー型認知症となると考えられている．

アルツハイマー病[Alzheimer's disease] ⇄ アルツハイマー型認知症

アルドステロン[aldosterone]　副腎皮質の球状帯で合成されるステロイドホルモン*であるミネラルコルチコイド*のうち最も強い活性をもつ．強い電解質代謝作用をもち，腎臓の遠位尿細管に作用してナトリウムイオンや塩化物イオンの再吸収とカリウムイオンや水酸化物イオンの排泄を促進する．レニン-アンギオテンシン系により分泌が制御されている．腎臓から分泌されるレニンにより血中のアンギオテンシノーゲンから置換されたアンギオテンシンIがさらにアンギオテンシン置換酵素によりアンギオテンシンIIとなり，副腎からのアルドステロン分泌を誘起する．

アルファ[α, alpha] ⇄ 順位制

アルファ個体[α individual, alpha individual] ⇄ 順位制

アルファシンドローム[alpha-syndrome] ⇄ 優位性攻撃行動

	r選択	K選択
気候	変化に富み，またはそれに加えて不規則に変化する．	安定しているか，またはそれに加えて規則的に変化する．
死亡	密度に依存せず，気候の変動などで壊滅的に起こることが多い．	密度に依存し，厳しい種内競争で死ぬことが多い．
個体数	変化がはなはだしく，平衡がなく，通常環境収容力よりずっと低密度にある．飽和していない生物群集中にあり，毎年再侵入がある．	安定しており，平衡状態で，環境収容力に近い高密度．生物群集は飽和していて，再侵入なしに個体群を保つ．
種内競争・種間競争	通常は穏やかなことが多い．	通常厳しい．
選択形質	1. 速い発育 2. 高い内的自然増加率 3. 早い繁殖 4. 小さい体 5. 1回の産卵で全部の卵を産む 6. 小さい子を多く産む 7. 短い生存期間(1年以下が多い)	1. 遅い発育 2. 高い競争能力 3. 遅い繁殖 4. 大きい体 5. 何回にも分けて少しずつ繁殖する 6. 大きい子を少し産む 7. 長い生存期間(1年以上が多い)
生態遷移の段階	初期段階	後期段階，極相

アレキサンダー ALEXANDER, Richard Dale 1929. 11. 18〜　米国の行動生態学者．系統，生態，進化，行動など自然史*に関する博学を駆使し，昆虫，ウマからヒトにいたるまでの動物行動の自然選択理論による解明を目指した．特に真社会性*の進化機構として血縁選択*説の対立仮説である親による操作*説を提唱したことで有名(1974年)．不妊カーストの進化における3/4仮説*には批判的な立場をとり，代わりに生態学的条件の重要性を論じた．彼が提示した想像上の真社会性脊椎動物が示す生態的な条件に関する予測は，のちのハダカデバネズミ*の真社会性の発見においてほぼ完全に的中したといえる．1956年にオハイオ州立大で鳴く昆虫類の研究で博士号を取得，退職までミシガン大学で40年以上教鞭をとり，M. J. West-Eberhard, P. Sherman, N. Moran, D. C. Queller などの多数の弟子を育てた．著書に『ダーウィニズムと人間の諸問題』(1979年, 邦訳1988年), 『The Biology of Moral Systems (道徳システムの生物学)』(1987年)などがある．

Alex (オウムの名)　⇒オウム

アレルギー [allergy]　特定の異物(抗原)が繰返し身体に接触，侵入することにより生じる免疫反応(⇒免疫系)のうち，局所性または全身性の過剰な炎症反応や組織障害を伴う反応．**過敏症** (hypersensitivity)ともよばれる．病原体などから生体を保護する免疫応答と本質的な反応機序は同じであるが，生体にとって好ましくない過剰な反応を伴うものをさす．アレルギーをひき起こす抗原をアレルゲン(allergen)といい，代表的なものとして花粉，真菌，食物，金属などがあげられる．アトピー性皮膚炎のように，アレルゲンに対する抗体が反応の主体となって短時間で生じる即時型アレルギーと，ツベルクリン反応のようにリンパ球の一種であるT細胞が主体となって一定時間経過後に生じる遅延型アレルギーとに大別される．アレルゲンにさらされ，急性の全身性の過敏性応答を示す状態をアナフィラキシー(anaphylaxis)とよぶ．アレルゲンにより多くの免疫因子が血中を回り，血管拡張や肺の気管支を収縮させ，場合によっては死に至る．

アレルゲン [allergen]　⇒アレルギー

アレロケミカル [allelochemical] ＝種間作用物質

アレロパシー [allelopathy]　H. Molisch によって1937年に提唱された生物間の化学相互作用のこと．わが国では他感作用と訳され，セイタカアワダチソウ(図)が根や落ち葉から出す化学物質が他の植物の発芽や成長を抑制する現象が，広く知られている．一般には"植物が放出する化学物質が他の植物に阻害的な作用を及ぼす現象"とされているが，最近は微生物や動物と植物の相互作用を含め，また促進的作用も含めて，より広義に"生物が体外に放出する化学物質が，同種を含む他の生物個体の行動や成長や繁殖，あるいはその要因となる生理・生化学的機構に影響を及ぼす現象"として理解されている．フィトンチッドの森林浴も，樹木から出る揮発性化学物質の殺菌作用の応用で，これもアレロパシーの一部である．農作物の連作障害にもアレロパシーが関与する．イモムシにかじられて植物体が傷つくと揮発性の"SOS物質"が産生されて天敵の肉食昆虫を呼び寄せるのも，広い意味ではアレロパシーに含められる．

セイタカアワダチソウ．北米原産のキク科の多年草．わが国のアレロパシー研究の火つけ役となった．放棄水田や河原に入り込むと，旺盛な繁殖力でたちまち一面を覆い尽くす．

アレン則 [Allen's rule]　恒温(定温)動物では一般に，寒冷な地域に生活するものが，温暖な地域に生息するものよりも，四肢，耳，尾，くちばしなどの突出部が小さくなる傾向がみられること．アレンの規則ともいう．J. A. Allen が提唱したもので，体表面からの放熱に関係した体温調節の適応現象と考えられている．突出部分が小さければ体表面積を減少させ放熱を抑えられるので，凍傷にもかかりにくい．一方，突出部分が大きければ暑いときに放熱量を増やすことができる．ニホンザル*はヒトを除いた霊長類*のなかで最も北方に分布する種であり，同じマカカ属の他種と比較するとこの法則に合致する(図)．この傾向は同種内でもみられる．なお形態形質は気温だけではなく他の環境要因や配偶者選択なども関係して

変化することが予測され，注意深く検討する必要がある．

ニホンザル（左）とタイワンザル（右）の尾の長さの比較．温暖な台湾に生息するタイワンザルの尾は顕著に長く，寒冷期が比較的長い日本に生息するニホンザルの尾は顕著に短い．

アレンの規則［Allen's rule］ ＝アレン則

アロザイム多型［allozyme polymorphism］ ⇌ 遺伝マーカー

アロスタシス［allostasis］ 動的適応ともいう．生体の恒常性を乱す外的刺激に対して，神経内分泌系や免疫系の因子が変動することで新たな恒常性を確立して変化に適応すること，またはその適応能力．恒常性を意味するホメオスタシス*から派生して1980年代に生み出された新たな概念である．allo は"多様な" stasis は"状態，とどまること"，homeo は"同じ"を意味するギリシャ語である．ホメオスタシスが内的環境を一定の範囲に維持している状態なのに対し，アロスタシスは外的環境からの刺激後，それに適応すべく内的環境の恒常性すなわちホメオスタシスそのものが新たに構築されることを意味する．ストレス*刺激が強すぎる場合や長期にわたる場合には，継続して起こるアロスタシスそのものが神経内分泌系を摩耗させる負荷となる．これをアロスタシス負荷（allostatic load もしくはアロスタティック負荷）とよぶ．うつ病患者やストレス症候群の患者では神経内分泌系の異常が認められ，アロスタティック負荷状態であるとされる．

アロスタシス負荷［allostatic load］ ⇌ アロスタシス

アロスタティック負荷［allostatic load］ ⇌ アロスタシス

アロステリック部位［allosteric site］ ⇌ アンタゴニスト

アロマターゼ［aromatase］ エストロゲン合成酵素（estrogen synthase）で，雄性ホルモンのアンドロゲン*を芳香化して雌性ホルモンのエストロゲン*を合成する．脳の性分化にもかかわっており，ラットなどでは，精巣から分泌されたアンドロゲンが脳内でエストロゲンに変換され，エストロゲンが脳を雄性化する．これをアロマターゼ仮説という．（⇌ 脳の性分化）

アロマターゼ仮説［aromatase hypothesis］ ⇌ 脳の性分化

アロメトリー［allometry］ 相対成長ともいう．生物において，身体の各部分のサイズや代謝率は，身体全体のサイズの変化とは異なる成長率を示す．たとえば，体重は身長の3乗に，体表面積は身長の2乗に比例する．アロメトリーとは，そのような法則性や，それを調べる研究領域のことである．一般に，二つの指標を x, y とすると，y は x のべき乗，つまり x を繰り返し掛け合わせたものに比例する，という式で表現される．x と y を対数に変換すると，両者は線形関係となる（図）．（⇌ べき乗則）

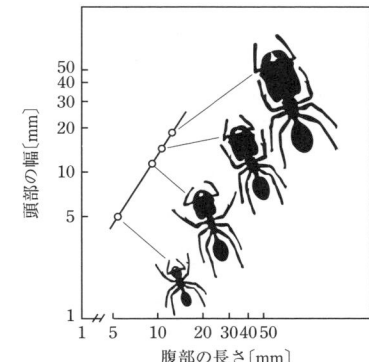

オオズアリの一種の腹部の長さと頭部の幅にみられる関係

アロモン［allomone］ 異種の2個体の間で作用する種間作用物質*の一つで，受容者にひき起こされる変化が放出者にとっては適応上有利であるが，受容者にとっては適応的でないもの（不利な場合と中立な場合の両方を含む）．オフリス属のランは蜜を生産せず，その代わりに，この花の送粉者 *Andrena* 属ハナバチの性フェロモン*に類似した成分を生産，放出し，雄バチを誘引する．間違って誘引された雄によって花粉が運ばれる．この場合，この性フェロモン類似物質は放出者であるランにとっては適応的であるが，受容者であ

るハナバチは単にだまされているため適応的とはいえずアロモンと考えることができる．(⇌ シノモン，カイロモン，アンタイモン)

アロ養育［alloparent, alloparental behavior, allomothering］　子守り行動ともいう．母親以外の個体が，幼い個体の保護や世話をする行動．幼若期個体や血縁個体でよく観察され，総じてヘルパー*ともよばれる．allo はギリシャ語(*allos* 他の)に由来し，ここでは親とは"異なる"の意味．授乳以外のほとんどの養育行動を示すことが知られており，一夫一妻*制の繁殖形態をもつ動物種や，集団で子育てをする動物種，たとえば霊長類やゾウなどの哺乳類，鳥類で観察されている．真社会性生物の示すカースト的養育行動とは区別する．たとえば兄や姉によるアロ養育行動はよく知られており，生後 24～28 日程度の幼若期のラットでは雌雄とも子に興味を示し，しばらくすると巣戻し行動などの養育行動を示す．アロ養育行動の生物学的意義については，親個体の子育ての補助や成長後の円滑な養育行動の発現による繁殖効率の上昇などが報告されつつあり，結果として養育の成功がみずからの包括適応度*の向上に結びつく．(⇌ 協同繁殖)

泡巣［bubble nest］　⇌ ベタ

暗間隔［blackout］　オペラント条件づけ*の実験において，実験箱内の照明を暗黒にすること．暗間隔は，被験体が反応を行っても無効とする消去*の手続きと併用されることが多い．たとえば，離散試行型の実験では，反応を要求する試行*と，反応を要求しない試行間間隔*を分離する必要がある．そこで，試行中には照明を点灯して反応を有効にし，試行間間隔中には暗間隔を適用して反応を無効にする，という手続きがよく用いられる．また，強化子の遅延が行動に及ぼす効果の研究(⇌ 強化遅延)では，被験体が反応を行ってから強化子が与えられるまでの遅延時間中に，暗間隔を設定することもある．一般に，遅延が学習に及ぼす効果は，遅延中に提示される刺激の影響を受ける．そのような刺激の影響を最小限に抑えるために，刺激のない暗間隔を用いる．さらに，誤反応*に対して，強化される機会のない時間を提示するために，暗間隔を用いることもある．この場合の暗間隔は，強化の機会を一定時間与えないタイムアウト*と手続き的に等しいが，暗間隔は，被験体に与えられているさまざまな刺激を一時的に奪うという点でさらに嫌悪的である．

安全基地［secure base］　⇌ 愛着

アンタイモン［antimone］　異種の2個体の間で作用する種間作用物質*の一つで，受容者にひき起こされる変化が放出者，受容者にとってともに適応上有利でないもの(不利な場合と中立な場合の両方を含む)．たとえば，ヤガ科のアワヨトウ幼虫に寄生するカリヤサムライコマユバチは，アワヨトウ体表のワックス成分が産卵刺激となっている．この場合ワックス成分はカイロモン*(受容者に有利な種間作用物質)である．ところが，近縁種のスジシロヨトウにも同じワックス成分があり，カリヤサムライコマユバチは寄生できないスジシロヨトウ幼虫にも間違って産卵してしまう．この場合，放出者(スジシロヨトウ幼虫)，受容者(カリヤサムライコマユバチ)を媒介するワックス成分は，どちらにも適応上有利に働かないため，アンタイモンと考えられる．同一物質であっても，放出者がアワヨトウ幼虫であれば，カイロモンとなる点に注意．同じ化合物が異なった文脈で異なった呼称を得る例である．(⇌ シノモン，アロモン)

アンタゴニスト［antagonist］　拮抗薬，遮断薬(blocker)ともいう．受容体に結合してもそれ自体では何の作用ももたないが，生体内物質(リガンド)やアゴニスト*の受容体への作用を阻害する薬物．競合的アンタゴニストと非競合的アンタゴニストがある．競合的アンタゴニストは，ある受容体の結合部位に対してアゴニストとほぼ同じ親和性をもち，競合的に結合部位を奪い合う．そのためアンタゴニストが存在するとアゴニストの結合が減るが，アゴニストの濃度を上げれば，可逆的に結合したアンタゴニストは追い出されて再びアゴニストが結合できるため，最大反応は100％になる．一方，非競合的アンタゴニストには，1) アゴニストと同じ結合部位にほぼ不可逆的に結合するものと，2) アゴニストの結合部位とは異なる部位(アロステリック部位，allosteric site)に結合することでアゴニストの作用を抑制するものがある．いずれもアゴニストの濃度を上げても受容体から外れないので，最大反応が100％にならない．

安定化選択［stabilizing selection］　⇌ 自然選択

安定同位体分析［stable isotope analysis］　元素の同位体のうち放射性崩壊を起こさず安定に存在するものを安定同位体とよび，この存在比を用

いて餌の起源や物質の流れを研究する手法．炭素(C)，窒素(N)の安定同位体がよく用いられるが，水素(H)，酸素(O)，硫黄(S)の同位体比も用いられている．炭素を例にとると，天然には^{12}Cが約98.89％，^{13}Cが約1.11％存在するが，生物によってわずかに異なる．安定同位体比は国際標準物質の同位体比からの偏差を用いて表現される．たとえば炭素同位体比は炭素の国際標準物質(VPDB)を用いて，

$$\delta^{13}C = [^{13}C/^{12}C]_{試料}/[^{13}C/^{12}C]_{VPDB} - 1$$

と定義され，千分率(‰)で表現される．栄養段階(食物連鎖のレベル)が上がっても，δ^{13}Cはあまり変化しないのに対し，δ^{15}Nは一段階ごとに約3.4‰上昇することから，食物網関係を明らかにすることができる．なお，微量に存在する安定同位体を多量に与えることで，危険な放射性同位体*の代わりにトレーサーとして用いる場合もある．

アンドロゲン［androgen］　雄性ホルモン(male sex hormone，男性ホルモン)ともいう．行動や体つきを雄らしくさせるステロイドホルモン*の総称．おもに精巣*から分泌される性腺ホルモン*でもあり，代表的なものにテストステロン*がある．動物種によって時期は異なるが，胎生期から出生直後にかけて精巣決定遺伝子により生殖原基から精巣がつくられると，アンドロゲンシャワーとよばれる一過性の大量のアンドロゲン分泌が起こる時期がある．これが脳に作用することで，将来雄としての行動を発現できる脳に性分化*すると考えられている(⇌脳の性分化)．哺乳類におけるアンドロゲン分泌は再び性成熟期*から高まり，骨格や筋肉を発達させ，精子形成も促す．脳にも作用し，たとえば齧歯類の雄では，雄型の性行動であるマウント行動*を促進する．また，多くの種の雄では攻撃行動も促進するため，性成熟期以降の雄では攻撃性が高まる(⇌雄性攻撃行動)．霊長類では副腎由来のアンドロゲンも多く分泌され，その量に雌雄差はない．

安寧効果［calming effect］　＝沈静効果

安寧フェロモン［calming pheromone］　⇌沈静効果

アンフェタミン［amphetamine］　フェネチルアミン系の合成覚醒剤．覚醒剤取締り法の対象．覚醒，気分高揚，集中力の亢進，活動量の増加，疲労回復に加え，食欲抑制効果をもつ．注意欠陥多動障害*，ナルコレプシー*，肥満などの治療薬として有効である．アンフェタミン類には強力な依存性があり，耐性*や離脱症状*が生じる．特に脳内報酬系における強い作用が多幸感を生み出す．また攻撃性の増加や統合失調症様の症状を一時的にひき起こす．作用機序は多岐にわたり，1) モノアミン神経伝達物質*をシナプス内へと回収するトランスポーターを阻害する，もしくは逆流させる，2) シナプス小胞に作用してモノアミン放出を誘導する，などが知られている．メタンフェタミンは体内で脱メチル化されてアンフェタミンになる．

アンブレラ種［umbrella species］　⇌保全

安楽殺［euthanasia］　安楽死ともいう．生命倫理や動物福祉*の観点から，動物の生命を奪うこと．侵襲的かつ不可逆的な実験処置を施した実験動物の苦痛の除去や，外来種による環境攪乱の防止，伝染病の感染拡大の予防などさまざまな目的で実施される．対象動物の福祉のために行われるべきであり，飼養者の利益のために実施することは好ましくない．慎重な判断に基づき不要な安楽殺をなくすことや，動物に与える身体的な痛みや心理的な苦痛をできる限り減らすことが欠かせない．

安楽死［euthanasia］　＝安楽殺

イ

イエイヌ［dog, domestic dog］　学名 *Canis lups familiaris*．食肉目イヌ科に属す．*Canis familiaris* とも表記されるが，イヌはタイリクオオカミの亜種であるという説により *Canis lups familiaris* とよばれるようになってきた．他のイヌ科動物と区別するためにイエイヌともいう．最古の家畜化動物であると考えられるが，家畜化*の時期や経緯に関してはいまだ定説はない．オオカミと同様の行動表現型を示すといわれているが，イヌでは頭蓋骨や歯牙のサイズの縮小が認められ，嗅覚などの知覚能力に差をもたらしていると考えられる．ローマ時代にはすでに，イヌのもつさまざまな能力を特化した現在のおもだった犬種が作出され，中世ヨーロッパにおいて狩猟の獲物やタイプに合わせて多くの犬種が作出されたと考えられる．イヌの最大の特徴は，人との親密な関係構築が可能なことであろう．古くから"人間の友"として他の家畜動物とは異なった存在とされ，人とイヌとの親和関係は逸話的に語られることが多かった．しかし，家畜化された動物であるという理由から，このようなイヌの特徴は科学的研究対象とされてこなかった．近年，人とのコミュニケーション場面において，チンパンジー*やオオカミ*よりも優れた能力を発揮することが示されたことから，イヌのもつ社会的認知能力をはじめ，その進化過程に大きな関心が寄せられるようになってきた．また，現在では 400 を超える犬種があり，サイズや形態，被毛などのバラエティに富んでいる．わずか数百年でこれだけの変化を遂げた動物はほかにはおらず，このような遺伝的多様性を利用して，体のサイズの違いを規定する遺伝子の特定や遺伝疾患モデルとしての利用など，遺伝子学的研究対象にもなっている．

イエネコ［domestic cat］　学名 *Felis catus*．食肉目ネコ科に属す．世界各地で伴侶動物*として飼育されている．日本での飼育頭数は推計約一千万匹．化石記録により，9500 年前頃から人と共生しているとされるが，その繁殖の多くは人によって強く制御されていないことから，家畜化は完了していないともされる．イヌと異なり完全な肉食で，近年キャットフードの質が向上されるまでは，人の与える餌だけでは必須の栄養素が摂取できなかった．そのため，狩猟行動という野生の行動を残しており，狩猟の技術は，母親が子どもに生きた餌を持ってきて教えるとされる．祖先種とされるリビアヤマネコは単独性だが，ネコは人の与える餌に依存するようになった結果，柔軟に社会構造を変化させるようになった．食糧が豊富にある場合には，成体雌個体とその子どもたちによって核となる集団が形成され，複数の核となる集団に成体雄個体が加わって群れが形成されることが多い．血縁関係にある雌同士が協同繁殖*を行うこともある．ネコ同士のコミュニケーションには嗅覚(排泄物，皮膚腺のにおい)，聴覚(鳴き声)，視覚(姿勢，表情)，触覚(体のこすりつけなど)が用いられるが，人に対しても，頭を差し出す，わき腹をこすりつける，尾を上げるなど，ネコ同士の親和的文脈でみられる行動を示す．マタタビ*に対して特有の反応を示す．

イカ［cuttlefish, squid］　頭足類の一群で，角質環を有する吸盤がついた 10 本の腕をもつ．コウイカ目とダンゴイカ目はおもに底生性であり，ツツイカ目は遊泳性である．スルメイカやアカイカのように群れをつくり外洋域を大回遊するもの，アオリイカやヤリイカのように沿岸域にとどまるもの，ダイオウイカのように深海をすみかとするもの，ホタルイカやミミイカのように発光するものなど，熱帯から寒帯，浅海から深海にいたる海洋のさまざまな場で多様な行動を示す．寿命はおおむね 1 年と短い．スルメイカなど外洋性の種は巨大な球形卵塊を産んで水中に漂わせ，コウイカやジンドウイカなど沿岸性の種は小型の卵塊を海草やサンゴなどに産みつける．また，テカギイカのように球形卵塊を腕に抱き，ふ化時まで世話するものもいる．変態せず，ふ化時から親のミニチュアの姿をしている．瞬時の体色変化*とボディーパターンにより海底の模様に同化する隠蔽*や，威嚇や求愛などのコミュニケーションを行う．巨大な脳とヒトに酷似したレンズ眼をもつが，ホタルイカを除き色覚を欠く．古典的条件づけ*が可能であり，つぎのような刷込み*学習も確認されている．ヨーロッパコウイカはふつうヨ

コエビ類を好んで捕食するが，ふ化間近の胚にカニ類を提示し続けると，ふ化後にカニ類を選択的に捕食するようになる．透明な卵膜を通してカニ類を見続けたことで，それに対する嗜好性が視覚的に刷込まれたのである．（⇌ タコ）

威嚇［threat］ ＝威嚇行動

威嚇行動［threat behavior］ 単に威嚇（threat）ともいう．同種他個体もしくは他の動物種に対して，攻撃する意志を示す行動．敵対行動*の一つで，実際の攻撃行動に先行してみられるが，一方が引き下がるもしくは服従*の姿勢をとれば，多くの場合それ以上の争いには発展せず，敵対的関係は終了する．威嚇行動様式は種によって異なるが，多くの動物ではみずからの体を大きくみせ，牙など攻撃の武器となるものを誇示するとともに，うなるなど独特の発声を行う．威嚇には攻撃的な威嚇と防御的な威嚇があり，使われる姿勢や表情は異なる．たとえば攻撃的な威嚇を行うネコは相手と直面してにらみつけ，後肢や背中をまっすぐ伸ばし，身体を斜めにする．瞳孔は収縮し，耳は立っている．一方防御的な威嚇の際には，全身の毛を逆立てながら背を弓なりにして，相手に横を向く．耳は後ろに倒し，口を大きく開けて歯をむき出す（図）．

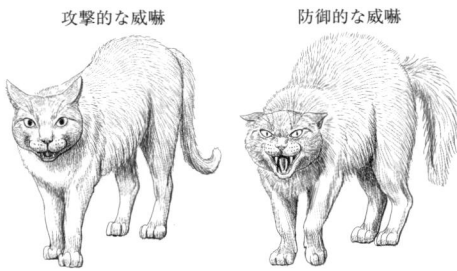

攻撃的な威嚇　　　防御的な威嚇

鋳型［template］ テンプレートともいう．広くは，入力された感覚情報を弁別*する際に基準となるものをさす概念．鳴禽類のさえずり学習*においては，個体が内的に保持するさえずり*の記憶をさす．さえずりの学習では，感覚学習期*と感覚運動学習期*において二つの鋳型が機能すると考えられている．感覚学習期では，自種のさえずりの特徴をもった生得的なさえずりの記憶を鋳型とよぶ．この生得的な記憶に基づいて，耳に入ってくるさまざまな音声の中からさえずりを選び，お手本となる聴覚記憶を形成する．感覚運動学習期になると幼鳥は自身で歌をうたい始める．幼鳥は，自分が発声した歌を聴覚フィードバック*を介してお手本の聴覚記憶と照合し，ずれを修正しながら，徐々にお手本の歌に近づけていく．生得的なさえずりの鋳型は，P. R. Marler*らの研究によって示されたが，聴覚フィードバックを介した聴覚記憶を鋳型として参照する学習系を"鋳型仮説"として小西正一*がまとめている．

遺棄［desertion］ ⇌ 育児拒否

閾刺激［threshold stimulus］ 閾値刺激ともいう．感覚の知覚の鋭敏さを測る指標．意識的に検出できる最小限の強さの刺激を閾刺激もしくは絶対閾（absolute threshold）とよぶ．視覚・聴覚・化学感覚・体性感覚を問わない．通常，微弱な刺激から徐々に強い刺激を断続的に与えたときに被験者が気づく段階を調べて，感覚の鋭敏さの指標とする．これに対して，変化を検出する能力をもって，感覚の鋭敏さを測ることも行われる．十分に知覚できる強度（I）の刺激を連続的に与えておき，それをほんのわずか強めてΔIだけ増やしたとき，被験者がその変化に気づくかどうかを，同様にさまざまなΔIで調べるのである．このΔIを弁別閾（differential threshold）とよんでいる．最小の変化量ΔIをIで割った比は，Iの値が大きくとも小さくとも一定になることが経験的に知られている．強い刺激ほど大きな変化がなければ気づかれず，小さな刺激なら小さな変化でも変化に気づく．この経験則をウェーバーの法則（Weber's law，またはウェーバー・フェヒナーの法則 Weber's-Fechner's law）とよび，感覚受容器の神経応答の段階から，ヒトの知覚上の気づき，そして金銭的価値の評価についても広く成立することが知られている．このことは，物理的にはIという量の刺激を与えても，動物やヒトが受取る感覚の強さは，その対数値$\log I$になることを示している．つまり，われわれは刺激の強さを桁数でとらえている．実際，音の強さ（音圧）を測るときにdB（デシベル）という単位を用いるが，これも音の振幅の対数表示である．

閾値［threshold, threshold value］ 神経細胞*の活動電位*の発生に関しては閾電位*を参照．感覚知覚やウェーバーの法則については閾刺激*を参照．

閾値刺激［threshold stimulus］ ＝閾刺激

閾電位［threshold potential］ 神経細胞など，興奮性をもつ細胞に活動電位*を生じさせるために必要な，最小の脱分極の大きさ．また，神経細

胞に電気を流して実験的に刺激する場合，また感覚ニューロンを本来の生理的刺激で興奮させる場合，対象とする細胞集団の半数に活動電位をひき起こす刺激の大きさを，閾刺激*または閾値とよぶこともある．閾値は細胞固有の値ではなく，条件によって変化する．たとえば過分極性の電流注入を加えたときでも，注入を終了した瞬間に活動電位が生じる．これを陽極開放電位(anode break response)とよぶが，これは過分極によってNa^+チャネルの不活性化レベルが低下し，神経細胞が興奮しやすくなることが原因である．一般に，外からの刺激を受けて膜が脱分極されるとNa^+の透過性は上がるが，同時にK^+の流出も増大するので，膜電位は一定のレベルに復帰しようとする．しかし閾値の近くでは，このバランスが非常に不安定で，わずかな量のNa^+が余分に流入しても（あるいはK^+が流出しても），"全か無か"の法則*に従って，活動電位の発生に至ることになる．

育児寄生[nest parasitism] ⇒ 托卵
育仔拒否[maternal rejection] ＝育児拒否
育児拒否[maternal rejection] 育仔拒否とも書く．成熟個体が子の養育を拒否，忌避，場合によっては攻撃行動を示すこと．通常，養育行動は妊娠・出産に伴う内分泌ホルモン濃度の変動や養育経験により獲得される．しかし初産の個体の一部は，自身の子にさえも適切な養育行動を示さない．ほかにも食物資源の低下，感染症，ハレム形態をもつ動物種における優位雄の入れ替わりの際に，母親が育児拒否することがある．鳥類では親鳥が巣と雛を放棄することがあり，**遺棄**(desertion)とよばれる．育児拒否の生物的意義として，1) 自己の生存と子の生存のトレードオフ*，2) 優秀な雄との子をより多く，早く残す，などが考えられている．また動物園動物や家畜などでは飼育環境のストレスによる育児拒否がみられるが，この場合は異常行動または問題行動としてとらえて対処すべきである．

育種価[breeding value] ⇒ 遺伝率
異系交配[outbreeding] ⇒ 外交配
異系交配弱勢[outbreeding depression] ⇒ 外交配
異型配偶[anisogamy] 有性生殖*のうち，受精して接合体をつくる二つの配偶子に何らかの違いがあるものをさす．配偶子の違いは大きさの差を含むことが多い．典型的には，精子（大きさが小さい）と卵（精子と比べてはるかに大きい）が受精して受精卵（接合体）ができる場合である．異型配偶を異型配偶子接合ともよび，異型配偶する配偶子を**異型配偶子**(anisogamete)という．異型配偶に対して，二つの配偶子に違いがなく同じ型である場合を**同型配偶**(isogamy)あるいは同型配偶子接合といい，同型配偶する配偶子を同型配偶子(isogamete)とよぶ．異型を異形，同型を同形と表記することもある．異型配偶は，同型配偶する祖先から，配偶子の大きさに対する分断選択(⇒ 自然選択)により進化したと考えられている．

異型配偶子[anisogamete] ⇒ 異型配偶
異型配偶子接合[anisogamy] ＝異型配偶
移行期[transition period] 母親に完全に依存した状態から多少独立した状態へ変化する時期で，感覚器ならびに運動機能が発達する．たとえばイヌでは生後2～3週齢で，眼瞼（まぶた）が開いて光や動く刺激に反応するようになり，外耳道が開いて大きな音に反応し始める．排泄の自発的制御や運動能力の向上もみられ，同腹仔との遊び*などもみられるようになる．ラットやマウスなども，生後8～14日の移行期に母親に依存した内分泌制御から，自身の独立した制御系へ移行するようになる．

イサゴムシ ⇒ トビケラ
異嗜[pica] 異食ともいう．動物が食べ物以外の異物を摂食する行動．食べる対象は，自然界では糞や木の枝，石，砂などである．人間社会の広がりとともにビニール，紙，布，ペットシーツ，おもちゃ，観葉植物などさまざまであるが，食べた結果，腸閉塞や中毒を起こすこともある．伴侶動物*であるイヌやネコでは異常行動*の一つである異常反応に分類される．異嗜のなかでも糞食*は，イヌの異嗜行動の代表例としてあげられる．自分の糞だけでなく，同種あるいは異種の動物の糞を食べることもある．糞食の多くは，空腹時だけでなく，遊び*や学習*，あるいはイヌが飼い主の注意を自分に向けさせるためであるといわれている．異嗜の原因として，不安障害(⇒ 不安)や常同障害のほか，栄養不足や摂食量自体の低下などが考えられているものの，詳細なメカニズムや効果的な治療方法は明らかにされていない．

意識[consciousness] 知覚や情動，思考など個人の精神に生じる感覚や経験を総称して意識という．個々人の意識内容を他者が直接観察することは不可能であり，意識の自然科学的な解明は

あまり進んでいない．しかし，心理学的な研究から，基本的な反射運動から高次の意思決定*にわたって，多様な認知機能が意識経験を伴わないまま実行可能であることが知られている．神経活動およびそれに伴う情報処理過程のほとんどが無意識的に行われ，意識にのぼることはない．意識の関与が必須となるのは，"数秒以上にわたり情報を保持し，ふだん慣れていないことを行う場合"であるとする考えがある．また，報告可能な意識が成立するためには"刺激*の十分な強度(視覚であれば十分な光量)"と，"その対象に注意*を向けること"の二つの条件が必要であるという説が提唱されている．なお，意識の内容そのものを認識の対象にできる状態を"気づき(awareness)がある"と表現する場合がある．意識の生物学的な解明に向けて，意識と相関する神経活動は何か，という問題がある．たとえば，図のような図形(ネッカーキューブ Necker cube とよばれる)を見るとき，どちらの角が手前に見えるだろうか．意識の仕方でどちらとも見えるだろう．重要なのは，変化するのは主観であり，図形の物理的特性は一定であることだ．このとき，主観的な知覚の変化と相関する神経活動は何か，あるいは常に図形の物理的な特性を反映している活動は何かを調べることができる．このように意識脳連関を調べる研究から，意識が生じる神経機構の実証的な理解が進むと期待されている(⇄基底活動回路網)．

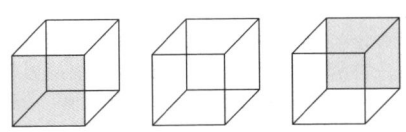

ネッカーキューブ．真ん中の立方体の角は，意識の仕方で手前にも奥にも見える．

意志決定［decision making］＝意思決定

意思決定［decision making］　意志決定とも書く．動物が環境中のさまざまな情報のなかから重要な情報を選び出し，複数の選択肢のなかから特定のものを選択すること．行動生物学においては，採食場面における餌場の選択，配偶者選択，活動時間配分といったさまざまな場面での意思決定のプロセスが研究されている．行動生物学における意思決定は，必ずしも"意識的"なものを意味しない．何らかの形で選択肢の一つが選択されれば，それを意思決定とよぶ．例としては動物の性決定*(性比調節や性転換など)があげられる．たとえば，グラナリアコクゾウムシの幼虫に寄生するコクゾウコバチは，雌は体が大きいほど多くの卵を産めるが，雄の大きさは繁殖成功にあまり影響しないため，大きい宿主には雌の子を，小さい宿主には雄の子を産みつける．動物の意思決定については，感覚器や神経系といったそれにかかわる構造の側面と，刻々と変化する状況への応答という実行の側面を分けて考える必要がある．自然選択*の影響を受けた構造が，その時々の条件に応じて機能し実行された結果として意思決定がなされる．ある状況におかれた動物はそのなかで最も合理的な意思決定をするという前提から理論やモデルを構築することができ，そこから最適採餌理論などが提唱されている(⇄採餌理論)．一方，意思決定は必ずしも合理的ではなく，さまざまな認知バイアス*や方略*によるものであるとする考え方が，特にヒトを対象とする意思決定研究において提唱されており，その代表的なものとしてプロスペクト理論*がある．ヒトについては，fMRI(機能的磁気共鳴画像法*)などの非侵襲的脳機能画像の隆盛により，意思決定にかかわる神経基盤を解明しようとする研究が盛んになっている．

異時性［heterochrony］　⇄個体発生

維持性般化勾配［maintained generalization gradient］　⇄弁別後般化勾配

異質項選択課題［oddity task］　同時に提示された三つまたはそれ以上の複数の刺激の中から，一つだけ異なる刺激(仲間はずれ)を選択する課題．訓練に使用しなかった新しい刺激を用いても仲間はずれを選択できるなら，同時に提示された複数の刺激間の同異関係に従った弁別が形成されたといえる．

正刺激

4選択肢の異質項選択課題．負刺激の明るさを変化させて選択が困難になる刺激強度を測定すれば，明るさの弁別閾(⇄閾刺激)を求めることができる．正刺激の位置は毎回変化する．

異時点間選択［intertemporal choice］　⇄遅延割引

異シナプス促通［heterosynaptic facilitation］⇄促通

移住個体プールモデル［migrant pool model］⇄群選択モデル

異種間攻撃行動［inter-species aggression］　⇌ 同種間攻撃行動

異種見本合わせ［oddity matching-to-sample, oddity MTS, oddity-from-sample, OFS］　見本刺激と物理的に異なる性質を有する比較刺激に対する反応が求められる見本合わせ課題．ただし比較刺激の中に見本刺激と同一の刺激を必ず含んでいる点で，恣意的見本合わせ*とは異なる．図は，見本刺激が赤または緑で，比較刺激として赤と緑が提示されるハトのゼロ遅延手続き*を用いた異種見本合わせである．見本刺激が赤なら緑の比較刺激を選択し，見本刺激が緑なら赤の比較刺激を選択しなければならない．正しい比較刺激を選択した正答率が弁別*の指標として用いられる．見本刺激を提示したまま比較刺激を提示する（同時見本合わせ）こともあるが，この場合，選択時点における刺激布置がたとえば赤（正しくない比較刺激）赤（見本刺激）緑（正しい比較刺激）のようになってしまうので，見本刺激を手がかりにしなくても，異質項選択課題のように異質な刺激（仲間外れ）を選択すれば正答することができる．（⇌ 同一見本合わせ，遅延見本合わせ）

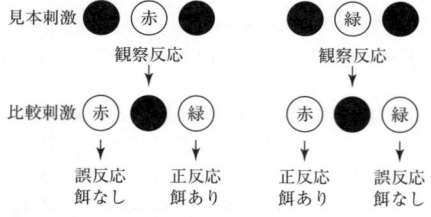

異種見本合わせ課題の例．実験装置に取付けられた三つの反応キーに刺激が提示される．中央キーの色が見本刺激であり，左右キーの色が比較刺激である．左右のキーの"位置"が手がかりにならないように，どちらのキーに正しい比較刺激が提示されるかは試行ごとに変化．

異常行動［abnormal behavior］　本来その動物種に自然状態ではみられない様式の行動，あるいは行動様式自体は本来みられるがそれを向ける対象またはその頻度や強度が正常から逸脱している行動．原因として，中枢神経系の損傷や疾病，行動発達過程での異常，長期間にわたる不適切な環境での飼育などが考えられている．家畜を長期間刺激が少ない環境下で飼育すると，刺激に対して反応しなくなる学習性無力感*となることがある．また，飼育環境下にある動物には，常同行動*（たとえば動物園のトラが同じ場所を無目的に往復するような行動）もよく観察される異常行動である．また，ブタの尾かじり（tail biting［図］）などの転嫁行動*は，本来みられる環境探査行動が飼育環境下では行えないため，対象を他のブタの尾に変えて起こる異常行動とされている．異常行動は集団生活や人間との共生生活上問題となる問題行動（⇌ 行動障害）とは異なるが，異常行動の多くは重大な問題行動となりうる．

他のブタの尾をかじるブタ．尾かじりは飼育下でみられる異常行動の一つである．

異　食［pica］　＝異嗜

異所種［allospecies］　⇌ 姉妹種

異所性［allopatry］　同種内あるいは近縁種間で，生物の2集団が地理的に異なる場所に分布する現象，あるいはその状態をいう．近縁種間の異所的な分布パターンは地理的隔離に起因する種分化*の結果として，あるいは競争的排除による地理的置換の結果として生じる．特に2種がモザイク状の分布を示す場合には後者の可能性が示唆される．異所的種分化（allopatric speciation）の理論では，ある集団が生息地の分断や新天地への分散によって異所性を獲得することが種分化の発端になると考える．

異所対応種［vicarious species］　＝姉妹種

異所的種分化［allopatric speciation］　⇌ 種分化，異所性

意地悪行動［spiteful behavior］　自己の適応度を下げてまで他個体の適応度を下げる行動．悪意行動，スパイト行動，嫌がらせ行動ともいう．コストをかけて他個体を"罰する"機能をもつ処罰*行動も，意地悪行動と考えることができる．この場合，意地悪行動は協力の進化を考えるうえで重要な行動である．毒素を出して他の細菌を殺すが自分も死んでしまう細菌から，無脊椎動物，脊椎動物まで，多くの生物でみられる．経済活動を含むヒトの社会行動の見地からも意地悪行動は

研究されている．直接的・短期的には自己の適応度を下げる行動なので，その意味では一見非合理的(利他的)であるが，他個体に対する社会的な行動であるので，他個体の適応度が下がることで相対的に自己(および血縁個体)の適応度が上がる，他個体の協力を得られるようになることで長期的には自己の適応度が上がるなどの利益があれば，適当な条件のもとでは適応的な行動として進化しうると考えられている．(⇌ 警察行動)

異性間選択 [intersexual selection] ⇌ 性選択

位相コーディング仮説 [phase coding hypothesis] ⇌ 神経符号化

居候 ＝サテライト

依存 [addiction] ⇌ 嗜癖

依存順位 [dependent rank] ⇌ 順位制

痛み [pain]　痛み(痛覚)は体性感覚*の一種で，何らかの侵害刺激に対して感じる不快な感情．痛覚と温度覚は，同じ末梢神経，脊髄を上行し，脳内でも類似の部位が活動するため，温痛覚と称される場合がある．熱さや冷たさが強烈な場合に痛みを感じるのはそのためである．かゆみも痛覚と類似の情報処理がされるが，痛覚とは異なる独立した感覚であることが証明された．痛み刺激に対しては，大脳辺縁系といわれる情動に関連した脳部位が活動する．痛み刺激が強い場合には，単なる痛み感覚だけではなく，不安や恐怖を覚えるのはこのためである．動物が痛みを感じているかどうかは興味深いが，実験が困難なため結論はまだ出ていない．侵害刺激を与えられた動物が何らかの行動を起こしても，痛いのか，不快なのか，逃避行動にすぎないのかがわからないからである．組織を調べて，ヒトの痛点に類似したものがあるかどうかで判断しようとする研究も行われている．高等動物には存在するが，境界に位置するのは魚類である．魚類にも痛点らしきものは存在するが，はたしてそれが痛みをひき起こすかどうかは不明である．

一塩基多型 [single nucleotide polymorphism, SNP] ⇌ 遺伝マーカー

一次強化子 [primary reinforcer] ⇌ 無条件強化子

イチジクコバチ [fig-wasp]　ハチ目コバチ上科イチジクコバチ科に属する体長1.5～2 mm程度の小型の昆虫で，全世界の亜熱帯から熱帯を中心に数百種が知られている．イヌビワコバチはイヌビワのみの，ガジュマルコバチはガジュマルのみの送粉昆虫となっているように，イチジク属植物 (Ficus spp., クワ科) 各種の種特異的な送粉昆虫として知られている．顕著な性的二型*を示し，雌は一般的なコバチ類の形態であるが，雄は翅が退化し，触角*や複眼が縮退する一方で，前後脚および腹部が発達している(図)．雄は飛ぶことができず，一生をイチジク属植物の中で過ごす．雌はイチジク属植物の花嚢内に潜り込んで，柱頭先端から産卵管を挿して雌花の子房内に産卵する．同時に雌花に授粉を行い，幼虫は授粉によって発達する種子を餌に成長する．成虫は花嚢内で交尾し，雌のみが花粉を伴って別の花嚢に卵を産みに飛んでゆく．花粉を保持する特殊な構造をもつ種が多い．イチジク属植物の花は閉じた花嚢の内側についているため，イチジクコバチがいなければ受粉ができない．幼虫の餌となる種子を報酬として送粉を行う特殊な昆虫で，植食性のコバチ類から進化し，イチジク属植物と長い共進化*の歴史をもつと考えられる．

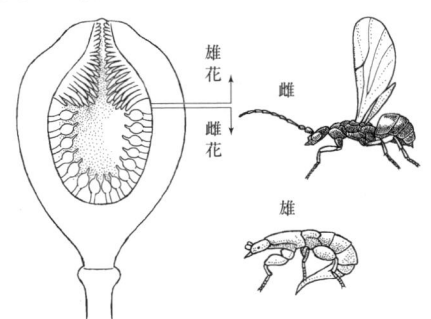

イチジクの花嚢とイチジクコバチ．雄は翅も眼もなく，一生をイチジクの中で過ごす．

一試行学習 [one-trial learning] ⇌ 学習の連続説

一次性強化子 [primary reinforcer] ⇌ 無条件強化子

一次性形質 [primary sexual trait] ＝一次性徴

一次性徴 [primary sexual characteristic, primary sex characteristic]　一次性形質(primary sexual trait)ともいう．雌雄異体の動物について，個体が雄であるか雌であるかを特徴づける形質のうち，生殖腺自体による特徴をさす．すなわち，雄の精巣，雌の卵巣．

一次性比 [primary sex ratio] ⇌ 性比

一次多女王性 [primary polygyny] ⇌ 多女王性

一時的社会寄生［temporal social parasitism］
膜翅目昆虫における社会寄生*の一つで，コロニーの創設時に一時的に宿主を利用する寄生形態．創設行動の一つとも解釈される．この寄生行動を示す種では，創設女王が交尾後に宿主となる種の巣に侵入し，宿主の女王を殺して排除する．その後，自身の卵を産み，宿主のワーカーにその卵や幼虫を養育させる．自種のワーカーが羽化してくると，宿主のワーカーとともに生活し続けるが，この寄生種と宿主のワーカーが共存する段階は混合コロニーともよばれる．最終的には増加した寄生種のワーカーと宿主のワーカーはすべて入れ代わり，コロニーは乗っ取られる．そのため捕食型の寄生に近い．奴隷制*のアリの女王もこの一時的社会寄生によるコロニーの創設を行う．またアリの一時的社会寄生種では女王は宿主の巣へ侵入するときに，ワーカーからの妨害や排除を回避するため，ワーカーの死体を持って巣に入り込む特殊な擬態*行動をすることが知られている．

一次動機づけ［primary motivation］ ⇌ 動機づけ

位置習性［position habit］ ＝位置偏好

1-0 サンプリング［one-zero sampling］ ⇌ 行動のサンプリング法

異地的［allotopic］ ⇌ 同所性

位置偏好［position preference］ 位置習性（position habit）ともいう．手がかり刺激に基づいて右と左のどちらかを選択するような課題において，個体によって右方向ばかりに反応したり，左方向ばかりに反応するなどの空間的な偏向が生じること．学習が困難な状況でよくみられ，特にラットやマウスのような齧歯類で多くみられる．たとえば"音刺激に対しては右レバー，光刺激に対しては左レバーに反応"という訓練をしたいときに，位置偏好が強くて"絶えず右に反応する"といった場合には学習の獲得ができないこともある．こうしたときには，右への反応のみが可能な状況において反応に対して報酬を与える，左への反応のみが可能な状況で反応に報酬を与える，といった試行を訓練段階において導入することによって，空間的な偏好を取除くとよい．

移調［transposition］ 刺激の絶対値ではなく，刺激の相対的関係に基づいて行動が生じること．たとえば大きさの異なる二つの円図形 A, B を同時に動物に見せ，より大きい B を選ぶように訓練した後に，A, B いずれの刺激よりも大きい C と訓練済みの B の間で選択を求めたとする．動物が B を選べば，B の絶対的な大きさを手がかりとして行動が生じたことになるが，C を選べば，大きさという刺激次元のうえで，より大きい方を選ぶという，2刺激の相対的関係に基づいた行動が生じたことになる．先駆的研究として，ニワトリやチンパンジーを用いて明度の次元などでこのような行動が生じることを示した W. Köhler* の実験が有名である．彼は，キーを変えて音楽を演奏すると，音楽を構成する一音一音の絶対的な高さは変化しているのに，メロディーは変わらないことになぞらえて，このような現象を移調とよんだ．(⇌ 頂点移動)

一要因理論［one-factor theory］ オペラント条件づけ*の過程を重視して回避学習*を説明する理論．回避学習の場面において，被験体の特定の反応（たとえば移動反応）が電気ショックのような嫌悪刺激を回避するのに有効であれば，その反応の生起率が上昇すると考える．つまり，嫌悪刺激の回避という結果そのものが反応の強化機能をもつと仮定している．O. H. Mowrer の二要因理論*とは異なり，回避学習に古典的条件づけ*の過程が必要だとは考えない．電気ショックの到来が警告刺激によって予告されないシドマン型回避*の課題においても良好な回避反応が獲得されるという実験事実はこの理論と整合する．

一回繁殖［semelparity, monocarpy］ 生涯一回繁殖ともいう．生物が，生涯の一時期にのみ繁殖して死亡する繁殖様式．複数の繁殖期にわたり繁殖する多回繁殖*と対比される．一回繁殖戦略をとる生物（多くの昆虫や一年生草本，タケやサケなど）は栄養成長に生涯の大半を費やし，最後にすべての資源を投じて爆発的に繁殖して死亡する．一般に，繁殖せずに栄養成長に投資すれば急速に体サイズを増やすことができる．いったん繁殖すると親の生存率が著しく低下する場合に，一回繁殖が進化しやすい．将来の繁殖のための生存・成長と，現時点での繁殖とに投資できる資源量にはトレードオフ*があると考えられる．この仮定が正しければ，生存・成長（将来の繁殖）への資源の投資を増やすよりも現在の繁殖への投資を増やしたほうが適応度が高くなる生物で，一回繁殖が進化すると予測される．すなわち，一回繁殖は，将来の生存・繁殖の機会が確約されにくい条件のもとで r 選択*を受けて進化したセミやクモなどの生活史に特徴的である．なお，monocarpy

は植物学分野で使われる用語である．

一括給餌 [mass provisioning] ⇌ 給餌

一妻多夫 [polyandry] 配偶システム*の一様式．ある繁殖期において，雄は一頭の雌との間に子を残すが，雌は二頭以上の雄との間に子を残す．雄が残す子の遺伝的母親は単一であるが，雌が残す子の遺伝的父親は複数になる．つがいのきずな*，巣作りや子の養育といった繁殖に関連したみかけ上の社会関係に基づいて，社会的一妻多夫が定義される．社会的一妻多夫には，雌が広いなわばりを保持するなどして，複数雄とのつがい関係を同時期に維持し，繁殖を進行させる同時一妻多夫（アメリカレンカクなど）と，ある雄とのつがい関係をあるタイミングで解消し，別の雄とつがい関係をもつことを繰返す連続的一妻多夫（タマシギなど）がある．連続的一妻多夫は，雌の立場でそれぞれの繁殖に着目すると一夫一妻にみえるため，連続的単婚と表現されることもある．一妻多夫の鳥の多くは雌の方が雄より大きく，色彩も美しい．また求愛ディスプレイも雌から雄に向けて行われる（図）（⇌ 一夫多妻，多夫多妻）

タマシギの雌から雄への求愛ディスプレイ．一妻多夫の鳥の多くは雄よりも雌の方が大きく美しい．

一酸化窒素 [nitrogen monoxide] 酸化窒素 (nitric oxide). NO. 窒素原子と酸素原子が一つずつ結合した分子．車の排気ガスなどから出る有害な大気汚染物質の一つであり，酸化されると二酸化窒素になる．一方，一酸化窒素は生体内でもつくられ，重要なシグナル分子として働いている．血管内皮細胞，神経細胞，マクロファージなどでつくられており，一酸化窒素合成酵素(NOS)によりL-アルギニンから産生される．血管内皮細胞では，一酸化窒素は血管平滑筋を弛緩させることで血管を拡張させる．神経細胞では，記憶や学習に関連した長期増強*や長期抑圧を誘導すると考えられている．そのほかにも，免疫反応や陰茎勃起などさまざまな生理機能にかかわる．一酸化窒素はグアニル酸シクラーゼを活性化して，GTPからサイクリックGMP(cGMP)を生成する．このcGMPがセカンドメッセンジャーとなり，イオンチャネル，ホスホジエステラーゼ，プロテインキナーゼなどに結合して，血圧の調節や神経伝達などの機能をつかさどる．

一致検出器 [coincidence detector] ＝同時検出器

五つの自由 [five freedoms] 動物福祉を尊重するうえで実現するべき基本的な枠組み．動物の基本的な要求と福祉の適切なレベルを示す指針である．1965年に英国でR. Brambellが家畜の福祉に配慮する飼育方法についてまとめたブランベルレポートで，もととなる概念が提示された．その後修正が加えられ，現在では1992年に英国政府の畜産動物福祉委員会が提案したものが畜産関係者を中心に，動物園関係者や実験動物関係者，獣医学関係者にも受入れられている．動物飼育において，以下の五つの基準を実現すべきとする．1) 飢えや渇き，栄養失調からの自由．2) 不快からの自由．3) 痛みや怪我，疾病からの自由．4) 自然な行動を発現する自由．5) 恐怖と苦悩からの自由．五つの自由を実現するための具体的な課題として，獣医学的な問題や栄養学的な問題，環境の問題，行動学的な問題などに取組むべきである．

一般化線形混合モデル [generalized linear mixed model, GLMM] 一般化線形モデル*を拡張し，個体差・実験ブロック差などランダム効果*(変量効果)によるばらつきも考慮する統計モデル．たとえば，ある種の動物個体の行動の回数を測定するとしよう．一般化線形モデルでは全個体が均質であると仮定するが，一般化線形混合モデルでは個体差があるので個体ごとに異なるポアソン分布に従うとする統計モデルをデータに当てはめ，これによって偏りのある推定を回避できる．

一般化線形モデル [generalized linear model, GLM] データ解析のための統計モデルの一つ．統計モデルでは複数の変数間の関係をデータから見いだすという作業がしばしば行われる．統計モデルのうち，ある変数が与えられたとき，その変数の値から別の変数の値を予測・説明するという目的で使うものを回帰(regression)とよぶ．このとき予測に用いる変数を説明変数とよび，予測される変数を応答変数とよぶ．伝統的な直線回帰や

分散分析で使われている統計モデルも一般化線形モデルの一部であり，それらではデータのばらつきは分散一定の正規分布と仮定し，その平均が説明変数と係数(coefficient)の積の合計(線形予測子 linear predictor)に等しいとしている．さまざまな種類のデータに対処するために，広い意味での一般化線形モデルでは正規分布以外の確率分布も使用し，平均はリンク関数とよばれる線形予測子の関数として与えられる．このような一般化によって，カウントデータなどが正規分布に従うといった無理な仮定を避けて統計モデルを設計できる．たとえば，ある観測時間内に N 回の行動が観測されたという場合には，データの分布はポアソン分布，その平均を対数リンク関数と線形予測子で与える一般化線形モデルを当てはめることができる．この操作はポアソン回帰(Poisson regression)とよばれる．また観察している N 個体のうち K 個体で応答が観察されるようなデータに対しては，二項分布とロジットリンク関数を組合わせた一般化線形モデルすなわち，ロジスティック回帰(logistic regression)を適用できる．当てはめによるパラメータ推定では，最尤推定法が使用される(図)．

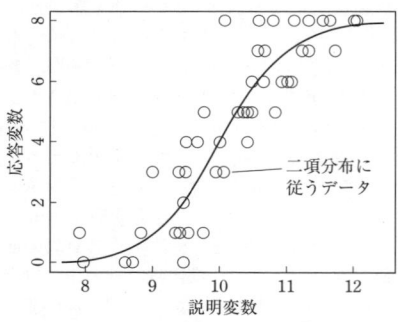

ロジスティック回帰の例．横軸は説明変数，縦軸は応答変数で0〜8までの値をとり，これは8個のサンプルのうち，いくつで注目している事象が生じたかを表す．横軸の値に依存して変化する事象生起数の期待値を表す曲線を描いている．たとえば横軸は架空の昆虫の重量(g)，縦軸は各個体に8個の餌を与えて10秒以内にそのうちいくつを食べたのかを示している．さまざまな体重の50個体について調べたところ，体重が増加するとともに餌を処理する速度の向上が示された．なお，この架空の例では実験個体の体重に違いはあるが，それ以外の個体差はないものとしている．

一般活動性［general activity］ ⇌ 欲求性の行動
一般化マッチング法則［generalized matching law］ ⇌ マッチング法則

一夫一妻［monogamy］ 配偶システム*の一様式．ある繁殖期において，雌雄ともに，特定の一匹の異性との間に子を残す(単婚ともいう)．哺乳類では一夫一妻はリカオンやオオカミなどのイヌ科動物とテナガザル類などにみられるにすぎないが，鳥類ではその92％が一夫一妻だといわれる(D. L. Lack* による)．雌が生産する同腹の子の遺伝的父親は単一で，雄は一つの同腹子のみで父性*を獲得する．これを特に**遺伝的一夫一妻**(genetic monogamy)という．また，つがいの関係，なわばり所有，巣の所有や子の共同養育といった社会的関係に基づき，父性とは無関係に社会的一夫一妻が定義される．晩成性*の鳥種では，両親による子の養育が繁殖の成功に大きな影響をもつため，社会的一夫一妻であることが多い．またワシ類，ツル類，ガン類など大型で長寿命の鳥では，同一の相手と何年にもわたって社会的一夫一妻の関係を続ける．一方，スズメ目など小型の鳥類では，社会的には一夫一妻を維持しつつ，雌雄がつがい以外の個体とも配偶する行動がみられる．このような行動を特に，**つがい外交尾**＊という．この場合，社会的には一夫一妻であるにもかかわらず，ある雄が複数雌の子の遺伝的父親となると同時に，ある雌の同腹の子に複数の父性が存在し，遺伝的には複婚*となる．(⇌ 一夫多妻，一妻多夫，多夫多妻)

オシドリのつがいは"おしどり夫婦"とよばれるが，つがいの関係は一繁殖期だけのことが多い．

一夫多妻［polygyny］ 配偶システム*の一様式．雌は一匹の雄との間に子を残すが，雄は二匹以上の雌との間に子を残す．同腹子の遺伝的父親は単一となる．配偶のタイミングで区別すると，雄がつがう雌の繁殖がほぼ同時に進行する同時的一夫多妻と，雄が異なる雌との配偶をつぎつぎと行い，各雌の繁殖が非同時に進む連続的一夫多妻に分けられる．資源防衛*の視点からは以下のように分けられる．雄が，餌や営巣場所などが良好

な空間をめぐって競争し，質の高い空間を占有した雄が複数の雌を獲得する資源防衛型一夫多妻．雄が雌そのものをめぐって争い，勝者が複数雌を獲得する雌防衛型一夫多妻．これは特にハレム(harem, harem polygyny)と表現されることがある(図)．雄がアリーナとよばれる"踊り場"に集

オットセイのハレム．一頭の雄が数十頭の雌を従えることもある．

合して雌に選ばれる繁殖形態の種では，餌や営巣場所，雌そのものといった資源をめぐる雄間競争はみられず，複数の雌が特定の雄を選ぶことで一夫多妻が成立する．これをレック*型の一夫多妻という．雄が出会った雌と交尾を繰返すスクランブル型一夫多妻でも，雄による資源防衛は行われない．なお英語の polygyny は社会性昆虫ではコロニーに複数の女王が存在する多女王性*の意味で用いられており注意が必要である．(→一夫一妻，一妻多夫，多夫多妻)

一夫多妻の閾値モデル ＝複婚の閾値モデル

遺伝［inheritance, heredity］　親の形質が子に伝わる現象．1865 年，G. J. Mendel はエンドウマメの対立形質についての交配実験から，形質を決定する 1 対の粒子を想定し，配偶子に分離した粒子の組合わせによって子孫の形質が決まると推定した．これをメンデルの法則(Mendel's law)という．また形質の単位となる粒子を想定するため**粒子遺伝**(particulate inheritance)ともいう．メンデル以前では，両親の形質が混ざり合って子に伝わるとする融合遺伝(blending inheritance)が想定されていたが，融合遺伝が繰返されるならば集団内の遺伝変異が少数の世代で消失するため，選択*が働くことができなくなる．これに対して粒子遺伝の場合には集団内の遺伝変異が保持され，そこに選択が働くことで進化的適応が生じることができる．

遺伝暗号［genetic code］　遺伝コードともいう．DNA に書かれた遺伝情報は，三つの塩基が一つのアミノ酸を指定するようになっているが，その対応関係のこと．DNA は A(アデニン)，C(シトシン)，G(グアニン)，T(チミン)のいずれかの塩基をもつ 4 種類のデオキシヌクレオチドが鎖状につながったものである．DNA が転写されて，メッセンジャー RNA がつくられる．このメッセンジャー RNA では，DNA のチミンが，U(ウラシル)に置き換わる．リボソームにおいて，三つの塩基の並びが一つのアミノ酸に対応するように，アミノ酸の鎖が合成され，これがタンパク質となる．三つの塩基の組がアミノ酸を指定するので，これをコドン(codon)とよぶ(表)．遺伝暗

遺 伝 暗 号 表 (→遺伝暗号)

		U	C	A	G
U		UUU Phe(フェニルアラニン) UUC Phe(フェニルアラニン) UUA Leu(ロイシン) UUG Leu(ロイシン)	UCU Ser(セリン) UCC Ser(セリン) UCA Ser(セリン) UCG Ser(セリン)	UAU Tyr(チロシン) UAC Tyr(チロシン) UAA 終止 UAG 終止	UGU Cys(システイン) UGC Cys(システイン) UGA 終止 UGG Trp(トリプトファン)
C		CUU Leu(ロイシン) CUC Leu(ロイシン) CUA Leu(ロイシン) CUG Leu(ロイシン)	CCU Pro(プロリン) CCC Pro(プロリン) CCA Pro(プロリン) CCG Pro(プロリン)	CAU His(ヒスチジン) CAC His(ヒスチジン) CAA Gln(グルタミン) CAG Gln(グルタミン)	CGU Arg(アルギニン) CGC Arg(アルギニン) CGA Arg(アルギニン) CGG Arg(アルギニン)
A		AUU Ile(イソロイシン) AUC Ile(イソロイシン) AUA Ile(イソロイシン) AUG Met(メチオニン)または開始	ACU Thr(トレオニン) ACC Thr(トレオニン) ACA Thr(トレオニン) ACG Thr(トレオニン)	AAU Asn(アスパラギン) AAC Asn(アスパラギン) AAA Lys(リシン) AAG Lys(リシン)	AGU Ser(セリン) AGC Ser(セリン) AGA Arg(アルギニン) AGG Arg(アルギニン)
G		GUU Val(バリン) GUC Val(バリン) GUA Val(バリン) GUG Val(バリン)	GCU Ala(アラニン) GCC Ala(アラニン) GCA Ala(アラニン) GCG Ala(アラニン)	GAU Asp(アスパラギン酸) GAC Asp(アスパラギン酸) GAA Glu(グルタミン酸) GAG Glu(グルタミン酸)	GGU Gly(グリシン) GGC Gly(グリシン) GGA Gly(グリシン) GGG Gly(グリシン)

号はほとんどすべての遺伝子で共通であるが，一部には変形した遺伝暗号を用いるものもある．4種類の塩基三つの組合わせは$4^3=64$通りあるが，この数は，アミノ酸が20種類で，アミノ酸に対応しない終止コドンなどを含めた数よりずっと多いために，複数のコドンが一つのアミノ酸と対応していることが多い．

遺伝因子［genetic factor］ ⇌ 遺伝子

遺伝学［genetics］　生物学の分野の中で，遺伝現象の機構解明を目的とするもの．1905年，W. Bateson が提唱した語．遺伝学は，G. J. Mendel が遺伝法則を発見し（1865年），1900年にそれが再発見されたことから始まった．1902年，W. S. Sutton はバッタの細胞分裂時の染色体の挙動から，メンデルの想定した遺伝子が染色体上にあるとする説を提唱し，T. H. Morgan らによるショウジョウバエを用いた研究によりこれが確立した．細胞の分裂や染色体のふるまいとの関連で遺伝様式を解明する学問は細胞遺伝学とよぶ．他方で，生物集団が保有する遺伝的組成の維持と変化を研究する集団遺伝学* が1930年代に確立され，生物進化を遺伝学を基盤に論じられるようになった．1940年代に突然変異を人為的に誘発できることに注目が集まり，世代時間の短い微生物を用いて形質発現を生化学的，生理学的に解明する遺伝生化学や生理遺伝学が発展した．そして遺伝子の本体が核酸であることが確認され，1953年に J. D. Watson と F. H. C. Crick により DNA の立体構造の二重らせんモデルが提案された．その後は遺伝現象の分子レベルの解明が進み，分子遺伝学とよばれている．以上のような遺伝子の実態を解明する研究分野の一方で，野外における進化，特に自然選択や遺伝的浮動の働きを考えるうえでの遺伝的変異のあり方を理解する場合には，親子やきょうだいの形質相関から遺伝的成分やその環境影響との関連を統計解析する研究が重要であり，量的遺伝学* とよばれる．

遺伝コード［genetic code］ ＝遺伝暗号

遺伝子［gene］　遺伝因子（genetic factor）ともいう．生物の遺伝情報を構成する機能単位．G. J. Mendel が想定した粒子は，のちに W. Bateson (1905年)，W. Johannsen (1909年) によって遺伝子と名づけられた．遺伝子の本体は DNA などの核酸の特定の領域であり，その塩基配列によって個々の遺伝子の機能が規定される．遺伝子とは，狭義には，タンパク質やリボソーム RNA，転写 RNA などの一次構造を規定する構造遺伝子のことをさす．広義には，遺伝子発現を制御するさまざまな調節領域を遺伝子に含める．20世紀後半には遺伝暗号* が解明され，遺伝子の発現や調節の機構が明らかになり，遺伝情報の読取り技術が進歩したことにより，現在では遺伝子の研究が生命科学のほぼすべての分野の基礎となっている．

遺伝子改変［gene modification］　標的となる遺伝子を人為的にデザインした形の遺伝子に改変すること．受精卵への外来 DNA の注入や，ウイルスを用いた感染による外来 DNA の組込みなどの方法が用いられ，**遺伝子ターゲティング**（gene targeting）法ともいわれる．この手法を用いて遺伝子工学的に改変したマウスはトランスジェニックマウス（transgenic mouse，**遺伝子導入マウス**）とよばれ，これまで行動や脳の機能の解明に利用されてきた．代表的なものとして，目的の遺伝子の機能を失わせる遺伝子改変を遺伝子ノックアウト* といい，細胞レベルから個体作成まで応用されている．遺伝子欠損だけでなく，ある遺伝子の発現量が行動に影響を与えると推測される場合，遺伝子改変技術を用いて，その遺伝子を導入して数を増やすことで，過剰発現の効果を調べることもできる．また，標的遺伝子にレポーター（可視化するための目印となるタンパク質をつくる遺伝子）をつけたものを導入することで，その遺伝子がどの発達段階で発現するか，身体のどこで発現するかも観察できる．

遺伝子型［genotype］　生物個体の遺伝子構成．実際には，注目する形質に影響を与える限られた数の遺伝子についての状態を記述する．生物個体によって示された形質は表現型* というが，それは個体の遺伝子型に生育環境の影響が加わって生じると考えられる．遺伝子型は正常型からのずれを示す突然変異の記号を用いて表し，対立遺伝子の優劣関係や異なる遺伝子座にあることがわかるように工夫されている．二倍体の生物で一遺伝子座に A と a との対立遺伝子があるとすると，個体には AA, Aa, aa の三つの遺伝子型がある．また集団の中のある遺伝子をもつ個体の頻度を**遺伝子頻度**（gene frequency）または対立遺伝子頻度* という．たとえば A の遺伝子頻度は AA の頻度に Aa の頻度の半分を加えたものである．遺伝的組換えを考慮する場合には，複数の**遺伝子座**（genetic loci）の間に組換えが生じると考える．

遺伝子型解析［genotyping］ ＝遺伝子型決定

遺伝子型決定［genotyping］　遺伝子型判定，遺伝子型同定，遺伝子型解析などともいう．同じ生物種集団内で遺伝子配列が異なる部分について，個体の遺伝子型を決定することをさす．たとえば，ある部位が A から G に置換する一塩基多型の場合，対立遺伝子の組合わせから AA, AG, GG の 3 種類の遺伝子型が存在するが，そのいずれのタイプであるかを決定することである．遺伝子多型には，一塩基多型のほか，挿入欠失多型，数塩基の繰返し回数の違いによるマイクロサテライトなどがある．個体の遺伝子型を決定することにより，個体識別や系統解析だけでなく，疾患関連遺伝子と同様に，気質関連遺伝子の探索が行われている．イヌ，ウマ，ニワトリなどでは，気質や行動特性との関連が示唆された遺伝子多型が報告されている．

遺伝子型同定［genotyping］　=遺伝子型決定

遺伝子型特異的多型［genotype-specific polymorphism］　⇌ 遺伝的多型

遺伝子型による性決定［genotypic sex determination, GSD］　動物の性決定*には，遺伝子型によるものと環境によるものがある．遺伝子型による性決定は，哺乳類，大部分の甲虫目，ハエ目に代表される雄ヘテロ型（多くは雄 XY，雌 XX），鳥類，ヘビ類，チョウ目に代表される雌ヘテロ型（多くは雌 ZW，雄 ZZ），ハチ目，アザミウマ目，コナジラミ，カイガラムシ，一部のダニに代表される単数倍数性（雄 n，雌 $2n$）に大別できる（⇌ 相補的性決定）．たとえば，雄ヘテロ型のトンボ目やバッタ目の雄には Y 染色体がなく，XO である．線虫でも XO は雄だが，XX は雌雄同体となる．アマミトゲネズミとトクノシマトゲネズミは Y 染色体を二次的に消失しており，雌雄ともに XO 型で，性決定機構はわかっていない．カモノハシのように，複数の X 染色体や Y 染色体をもつ動物も数例見つかっている．チョウ目でも W 染色体がなく雌が ZO の種や，複数の Z 染色体や W 染色体をもつ種もわずかに見つかっている．チョウ目と共通の祖先由来と考えられている毛翅（トビケラ*）目には W 染色体がなく，雌は ZO である．性を決める遺伝子型が同じようにみえても，その性決定機構には違いもある．たとえばマウスとショウジョウバエは雄ヘテロ型で，XY は雄，XX は雌となる．しかし，まれにみられる XXY はマウスでは雄，ショウジョウバエでは雌となり，XO はマウスでは雌，ショウジョウバエでは雄となる．これは，哺乳類では Y 染色体が雄決定の第一義的要因であるのに対し，ショウジョウバエでは X 染色体の数と常染色体のセット数の比 X：A（X–A 比）が性決定要因となっているからである．

遺伝子型判定［genotyping］　=遺伝子型決定

遺伝子–環境相互作用［gene-environment interaction］　⇌ 反応基準

遺伝子欠損マウス［knockout mouse］　⇌ 遺伝子ノックアウト

遺伝子交流［gene flow］　=遺伝子流動

遺伝子座［genetic locus, *pl.* loci］　⇌ 遺伝子型

遺伝子座間性的対立［interlocus sexual conflict］　⇌ 性的対立

遺伝子座内性的対立［intralocus sexual conflict］　⇌ 性的対立

遺伝子ターゲティング［gene targeting］　⇌ 遺伝子改変

遺伝子導入マウス［transgenic mouse］　⇌ 遺伝子改変

遺伝子のせめぎ合い［genetic conflict］　=ゲノム内対立

遺伝子ノックアウト［gene knockout］　遺伝子改変*の技術を用いて，その遺伝子の機能を失わせる（ノックアウトする）こと．多くの場合，いくつかのエキソン*を欠失させることによって，機能的な遺伝子産物（タンパク質）をつくれないようにする．たとえば，ゲノム中の遺伝子の数と同じだけの部品で車ができていると仮定して，その車の部品を一つ取除いたとしよう．サイドミラーが一つなくなっても，通常の走行には影響を与えない．しかしエンジンやタイヤなどがなくなれば，車は走れなくなってしまう．このように，ある遺伝子(X)の機能をなくすことによって，生体の特定な機能（たとえば行動）に影響が出た場合，X はその行動を正常に示すために必要であるといえる．代表的な**遺伝子欠損マウス**（knockout mouse, ノックアウトマウス）の実験として，記憶増強にかかわるカルシウム／カルモジュリン依存性プロテインキナーゼⅡを欠損させたマウスでは記憶学習能が障害された．また，親和性やきずなに関与するオキシトシン*を欠損したマウスでは個体弁別ができなくなる．このように，役割がわかっていない遺伝子の機能を調べるのに，遺伝子ノックアウトは有効な手法である．ただし，もしその遺伝子が初期発生に関与する場合は，正常な発生ができずに個体が死んでしまうことも少なくない．

このような場合，発達期や成長期などの時期の特異性や脳や心臓などの臓器特異性をもたせて，遺伝子の機能を欠損させる方法を用いる．つまり，遺伝子の機能を特定の時期・部位においてのみ障害して，その役割を検討するのである．これを条件的遺伝子ノックアウトといい，この方法を使って遺伝子をノックアウトしたマウスを条件的遺伝子ノックアウトマウス（conditional knockout mouse）とよぶ．また，一般的には生体には補償作用が存在するため，ある遺伝子が欠損しても，他の遺伝子の発現が変化してその欠落を補い，一見正常な機能を示すようにみえる場合もある．

遺伝子発現［gene expression］　遺伝子のもつ情報が形質として現れること．通常は，遺伝子DNAのもつ配列情報はメッセンジャーRNAに転写され，タンパク質のアミノ酸配列へと翻訳される．タンパク質はその後，翻訳後修飾を受けることがある．その構造に基づいて，酵素や構造体としての機能を発揮する．この過程を通じて遺伝子の配列情報が形質情報へと変化する．また転写調節，翻訳調節，翻訳後調節などさまざまな段階での調節機構がある．

遺伝子頻度［gene frequency］　⇌ 遺伝子型
遺伝子プール［gene pool］　⇌ 対立遺伝子頻度
遺伝子変異マウス［mutant mouse］　遺伝子の塩基配列の偶発的あるいは人為的な変化によって，表現型に変化が生じることを，遺伝子変異（遺伝子突然変異）という．遺伝子突然変異は自然集団に偶発的に生じる自然突然変異によるものと，人為的に変異を誘発する遺伝子改変によるものの両方をさす．自然突然変異により行動に変化を起こした遺伝子変異マウスの一つの例として，くるくると旋回行動をするwaltzer変異体があり，カドヘリン遺伝子*Cdh23*における突然変異がその原因として同定されている．また，N-エチル-N-ニトロソウレアという化学変異原を投与した遺伝子変異マウスから概日リズム*の制御にかかわる*Clock*遺伝子が同定された．

遺伝子流［gene flow］　＝遺伝子流動
遺伝子流動［gene flow］　遺伝子流，遺伝子交流ともいう．集団間で遺伝子が移動すること．個体や種子が集団から集団へ移動したり，集団を構成する個体が外部から花粉や精子などの配偶子を受入れ，受精することで集団間の遺伝子流動が起こる．集団内に保持されている遺伝的多様性は，遺伝的浮動*や方向性選択（⇌自然選択）などによって低下するが，集団内で突然変異によって生じる新たな対立遺伝子と，遺伝子流動によって外部からもたらされる対立遺伝子によって増大する．また，遺伝子流動によって集団間の対立遺伝子頻度は互いに似てくる．孤立した小集団では，遺伝的浮動によって世代を経るごとに遺伝的多様性の低下や遺伝的分化が起こるが，外部からの遺伝子流動によって効果的に緩和される．遺伝マーカーを用いた親子解析によって，集団内の子の親の位置を特定することで，遺伝子流動の距離と量に関する直接的な解析も行われている．この場合，子の親が集団内に存在しないとき，集団外からの遺伝子流動が判明する．

遺伝相関［genetic correlation］　量的遺伝学で，二つの形質間における遺伝子型*の値（相加的遺伝子型値）の相関のこと．遺伝相関が生じる理由は，遺伝子の多面発現*もしくは連鎖不平衡であると考えられている．一般的に，遺伝相関の高い形質同士は独立に進化することができず，他の形質に作用した自然選択にも応答して進化する．遺伝的に相関した適応形質の進化を予測するうえで，遺伝相関はなくてはならない遺伝パラメータである．遺伝相関を量的遺伝モデル*に組込めば，形質間のトレードオフ*が適応進化に与える影響を予測できることから，生活史進化，性選択，表現型可塑性など，進化生態学や行動学の多くの分野で遺伝相関を組込んだ進化モデルが研究されてきた．

遺伝的アルゴリズム［genetic algorithm, GA］　ある問題に対し，さまざまな解の候補を"個体"に見立て，その集団に進化の原理を働かせて優れた解を選抜することで，近似的に最適解を求める方法のこと．最適解に近い個体ほど次世代に多くの子孫を残せるよう"自然選択"を導入する．また，解法に微小な変更を加える"突然変異"や，二つの解法を組合わせて新しい解法を生成する"遺伝的組換え"は，アルゴリズムを局所最適解ではなく真の最適解に収束させるのに役立つ．

遺伝的一夫一妻［genetic monogamy］　⇌ 一夫一妻

遺伝的組換え［genetic recombination］　染色体間あるいはDNA鎖間のDNA塩基配列の交換により，遺伝情報の再編成が起こること．一般的なものとして，減数分裂時における相同染色体の交差による組換えがあげられるが，体細胞における組換えも知られている．また細菌では，外部か

らDNA断片を取込むことでも組換え体となり, 形質転換が起こることがある. 人工的に異なったDNAを組合わせて, 新たなDNA鎖を得ることも遺伝的組換え(遺伝子組換え)という. 減数分裂時の組換えは, 通常, 相同性のあるDNA塩基配列間で起こり, これを**相同組換え**(homologous recombination)という. この場合, 一つの染色体上に座位する遺伝子間の距離と組換えの頻度には正の相関が生じるので, 同じ染色体上にある二つの遺伝子座間で組換えが起こる確率(組換え価)から遺伝子間の位置を推定することができる. 相同ではない場所で起こった交差(不等交差)による組換えを**不等組換え**(unequal recombination)とよぶ. 不等組換えは, 遺伝子の重複や欠失をもたらす.

遺伝的血縁度 [genetic relatedness] ＝血縁度

遺伝的浸透 [genetic introgression] 種内の遺伝的構造の異なる集団間, もしくは異なる種の集団間で交雑*が生じて, 一方の遺伝子が, 他方の遺伝子プールに拡散していくこと. 集団間の交雑によって雑種(hybrid)の個体が生じて, その個体が, 一方の親集団個体と交雑するという戻し交雑が繰返されることにより, 他集団の遺伝子が集団中に拡散していく. 遺伝的浸透をもたらす交雑を浸透性交雑という. 生物の自然集団では, 遺伝的浸透は遺伝的多様性*の重要な発生要因であり, 適応や種分化にも重要な役割を果たす. たとえば, 島間で隔離されていた集団同士が, 海抜が低下して接触できるようになり, 遺伝的浸透が生じて, その結果, 新しい環境により適応した遺伝子プールをもつ集団が形成されるなど, 遺伝的浸透は進化の原動力とみなすことができる. 一方, 人為的に移送された外来生物集団が, 移送先の在来生物集団との間に浸透交雑を生じて, 在来生物集団の遺伝子プールを改変するケースが近年, 保全生態学の観点から問題とされている. 外来生物による遺伝的浸透は生物集団の遺伝的固有性を損なう人為改変として, 遺伝子汚染とよばれることもある. (⇒DNA, 集団遺伝学)

遺伝的多型 [genetic polymorphism] 遺伝的多型には, 塩基配列の変異による**遺伝子型特異的多型** (genotype-specific polymorphism)と, 塩基配列の変異を伴わないエピジェネティック多型 (epigenetic polymorphism)がある (⇒多型). 行動学では性的二型*や色彩多型, 左右性*, 主要組織適合遺伝子複合体(MHC)多型などが含まれる遺伝子型多型の研究が盛んである. これらは, 環境の異質性による選択圧の時空間的変動, あるいは分断選択や超優性選択, 負の頻度依存選択*などの平衡選択*によって集団中に進化的に維持される.

遺伝的多様性 [genetic diversity] 遺伝子*の多様性ともいう. ある一つの生物種の中に遺伝子の変異が存在する状態をさす. すなわち, 同一種の個体間で, 遺伝子の本体であるDNA*の塩基配列に差があることを意味し, DNAの突然変異によって生み出される. 遺伝的多様性は集団内の個体間にも存在し, 集団間にも存在する. 集団内の, 特に適応形質に関する遺伝的多様性は, その集団の環境変化に対する適応において重要な要素となる. すなわち遺伝的多様性が高ければ, 環境が変化した場合でも適応できる遺伝子が含まれる確率が高く, 集団が生き残る確率も高くなる. 一方, 遺伝的多様性が低い集団では, 環境変化に適応できず絶滅*するリスクが高くなる. 集団間の遺伝的多様性は, 異なる生息環境による選択圧の差が異なる遺伝子構成を形成することによって生じる場合と, 集団が地理的な障壁によって分断された際に偶然異なる遺伝子構成の集団が形成されることによって生じる場合, あるいは両方が組合わさって生じる場合がある. 集団間の遺伝的多様性も, その種全体の存続確率にかかわる重要な要素となる. (⇒遺伝的変異, 自然選択, 中立説, 保全遺伝学)

遺伝的適応度 ⇒適応度

遺伝的適合性 [genetic compatibility] 有性生殖において, 接合する二つの配偶子(精子と卵)に含まれている核内・核外の遺伝子が接合後に協調的に機能し, 胚発生や個体の発育が正常に進むこと. 配偶者選び*において, 雌が適応度関連遺伝子座におけるヘテロ接合性が高い子孫をつくるために自分とは異なる対立遺伝子をもつ雄個体を選択する, または多回交尾*して卵と適合性が高い精子を選択しているという仮説が遺伝的適合性説である(近親交配*の回避もこれに含まれる).

遺伝的同化 [genetic assimilation] 環境刺激で誘導された可塑的な表現型*が, 自然選択により集団中に固定する過程のこと. 環境の傾度に沿った反応基準*の傾きが, 自然選択により小さくなる過程と考えることもできる. C. H. Waddingtonによって定義され, 彼の実験により最初にその効果が示された. Waddingtonは, キイロショウジョウバエ*の幼虫に熱ショックを与

えると，成虫の翅脈で横脈が欠失する，"横脈欠失"とよばれる可塑的な表現型が誘導されることを発見した．この横脈欠失に人為選択をかけ続けると，熱ショックがなくても横脈欠失が現れ，最初は熱ショックによる刺激で誘導された可塑的形質が選択により集団中に固定したのである．野生の生物において，遺伝的同化による進化が証明された事例はまだないが，カリブ海の島々に生息するアノールトカゲは，その可能性が示唆されている代表的な例である．アノールトカゲは樹上の生息環境に適応した肢長をもつことが知られており，広い樹幹にすむ種は長い肢で素早く移動するのに対して(図下)，細い小枝にすむ種では短い肢による繊細な歩行を行う(図上)．肢の長さが発育環境

アノールトカゲ．広い樹幹にすむ種は肢が長く素早いが(下)，細い枝にすむ種の肢は短く動きもゆっくりである．

により可塑的に変化する種が存在することから，野外で観察される肢長の種間変異は，遺伝的同化による適応進化の結果ではないかと考えられている．遺伝的同化の実例は形態形質に関するものが多いが，環境刺激によって可塑的な行動形質が誘導される例も多数知られているため，行動形質についても遺伝的同化が起こる可能性は高いと考えられる．

遺伝的認識システム［genetic recognition system］ ⇒ 緑ひげ遺伝子

遺伝的瓶首効果［genetic bottleneck effect］ = 瓶首効果

遺伝的浮動［random genetic drift, random drift］ ランダムドリフトともいう．個体数が有限であるために生じる確率性*によって，遺伝子頻度が確率的に変動すること．個体群生態学*における人口学的確率性(demographic stochasticity)と本質的に同じである．遺伝子頻度について考えると，親の世代での頻度に適応度の違いがもたらす選択，突然変異，遺伝的組換え，移入移出などのプロセスを経て，その結果を平均値としてもつ確率変数で子の世代の遺伝子頻度が決まるというライト-フィッシャーモデル(Wright-Fisher model)が用いられる．体長や羽化日，体色などの量的形質*の進化を考える場合には，親世代の集団の遺伝子型値の分布に自然選択や突然変異などの効果を考慮したあとで，その分布に従って有限個の個体をランダムにサンプルすることによって子の世代が形成されると考える．その結果，次世代の形質の分散が狭くなるとともに，平均値が確率的にばらつく．このような確率性は，小さな集団において特に重要で，個体数が増えるにつれ影響は小さくなる．また集団に生じた突然変異が，適応度が高くともこの確率性によって絶滅する．逆に適応度を下げる有害突然変異も集団全体に広がることがある．

遺伝的変異［genetic variation］ 個体間あるいは個体群(集団)間で遺伝子の構成に違いがあること．遺伝的変異が生じるメカニズムは，DNA*の塩基配列に違いが生じる突然変異*および染色体構造に異常が生じる染色体変異から始まり，これら変異の生じた遺伝子をもつ個体が集団内に発生することで，集団内における個体間の遺伝的変異が生じる．そして，集団ごとに変異した遺伝子をもつ個体の比率に違いが生じることで，集団間の遺伝的変異が生じる．個体間および集団間の遺伝的変異量は，いずれも種内の遺伝的多様性の実体をさし示し，遺伝的変異の量が多くなると，遺伝的多様性*が高くなる．遺伝的変異によって，個体間の適応度に差が生じた場合，自然選択*によって集団内の遺伝子構成に変化が生じる．また，異なる遺伝子をもつ個体間で適応度に差がない場合でも，遺伝的浮動*によって，集団内の遺伝子構成は変化する．また集団間の遺伝子流動*によっても，集団内の遺伝的変異は変化する．(⇒中立説，集団遺伝学)

遺伝分散［genetic variance］⇌ 量的遺伝学
遺伝マーカー［genetic marker］　個体，家系，系統などの遺伝的性質を識別しうる特徴や形質をさす．G. J. Mendel が交配実験に用いたエンドウの花色や種子形態のような表現型も遺伝マーカーである．一般には，タンパク質の多型を識別する**アロザイム多型**(allozyme polymorphism)や，遺伝物質である DNA の塩基配列における差異が遺伝マーカーとして用いられているが，後者の例としては，制限酵素による DNA 分子の切断様式から塩基配列の差異を解析する**制限酵素断片長多型**(restriction fragment length polymorphism, RFLP)，短い塩基配列モチーフの反復数の差異をみる**マイクロサテライト遺伝マーカー**(⇌ マイクロサテライト解析)，1 塩基レベルの塩基差異を解析する**一塩基多型**(single nucleotide polymorphism, SNP)などがある．遺伝マーカーを利用することで，親子解析，血縁度の推定，遺伝的多様性の評価，染色体上における遺伝子座の位置の推定などが行える．

遺伝率［heritability］　形質の個体間変異のうち，遺伝的要因によって決定される割合を示す尺度のこと．たとえばコオロギの一種では，雌を誘引する雄の鳴き声の長さの遺伝率は 0.7 であり，個体間の違いの約 70% が遺伝的に決定されることがわかっている．行動特性など，量的な形質の多くは，多数の遺伝子の量的な作用によってコントロールされていると考えられている．個々の遺伝子の作用が総和となって現れる効果のことを**育種価**(breeding value, または相加的遺伝子型値)という．また，育種価の個体間のばらつき(分散)を**相加遺伝分散**(additive genetic variance)という．遺伝率は相加遺伝分散の表現型分散に対する比率である．**表現型分散**(phenotypic variance)は遺伝的要因と環境要因によって生じる分散の総和なので，遺伝率の値は理論上 0 と 1 の間にある．形質の違いに基づいて個体間に自然選択が作用すると，選択された個体の育種価の違いだけが子世代に伝わるので，遺伝率の大きさは，選択による形質進化のポテンシャルを表す．遺伝分散には，相加遺伝分散のほかに，対立遺伝子の優性によって生じる優性分散や遺伝子座間の相互作用によって生じる**エピスタシス分散**(epistatic variance)があり，これらを総和した全遺伝分散の表現型分散に対する比率を広義の遺伝率といい，相加遺伝分散だけの比率を示す狭義の遺伝率と区別する場合がある．広義の遺伝率は，形質がどの程度遺伝的支配を受けているかを示し，狭義の遺伝率は，小進化*に寄与する遺伝変異量を示す．

意　図　⇌ 意図性
移動活動［locomotor activity］⇌ 活動性
移動分散［dispersal］⇌ 分散
意図されない受信者［unintended receiver］
⇌ 信号傍受者
意図(性)［intention, intentionality］　ある個体が何らかの目的に向けた行動を"計画する"こと．実際に行動を起こすために筋肉の動かし方を決めることなどとは区別される．行動選択では実際に行動が行われるが，意図では必ずしも実際に行動を遂行するとは限らない．行為者にとっての意図とは，自分がその行動を行った原因のことであり，主観的な経験とその報告を前提とするため，この意味での意図はヒトでのみ議論することが可能となる．しかし行為の観察者から見た意図としては，自然選択の結果として非自発的な行動がひき起こされた際の原因としてとらえることができる．動物行動学*では，ある行動を行う際にそれに先立っていつも行われる運動のことを意図行動とよぶ．たとえば，オオカミが咬みつくという行動をする前に牙をむいて見せるという運動をする．この意図行動は他のオオカミが次に起こる行動を推測するシグナルとして働く．このようにして動物コミュニケーションや心の理論*の文脈で，意図や意図性が動物でも議論されている．

イナゴ　⇌ トノサマバッタ
イ ヌ［dog］⇌ イエイヌ
イヌ攻撃行動［canine aggression］　イヌが同種他個体やヒトを含む他種個体に対して，威嚇したり襲いかかったりする敵対行動*．捕食行動とは異なる．唸る・歯をむき出すなど相手に威嚇の信号を発する行動と，咬みつく・飛びかかるなど直接相手に危害を加える行動がある．他のイヌに対する攻撃，すなわちイヌ同種間攻撃行動(dog-dog aggression)は，なわばり*や居住空間の防衛，食物の獲得，子イヌや群れの仲間の保護といった資源の競合場面のほか，個体間の優劣関係の確認や繁殖の場面においても観察される．他の動物と同様，同種間の攻撃は抑制されているが，飼育下のイヌの攻撃が見知らぬイヌやヒトに対して向けられる場合，深刻な咬傷事故に発展することもある．イヌの攻撃性は家畜化*に伴って減衰してきたという仮説がある反面，護衛犬や闘犬な

ど攻撃行動を増強する方向に育種されてきた犬種もある．個体の攻撃性の程度には遺伝要因と環境要因が複合的に関与している．

イヌ同種間攻撃行動［dog-dog aggression］ ⇌ イヌ攻撃行動

イヌの仕事　イヌは人社会の残飯処理，狩猟の手伝い，侵入者(動物)を防ぐ(番犬)といった目的から最も古く家畜化*された動物である．現在では，牧羊犬，牧畜犬，警察犬，警備犬，軍用犬，追跡犬，探知犬(地雷，爆発物，麻薬，銃器，検疫，腫瘍，シロアリ，ナンキン虫，カビなどを探知する．災害救助犬も含まれる)，そり犬，獣猟犬，鳥猟犬，盲導犬などのサービスドッグ(⇌ 介助動物)など，イヌの仕事は多岐にわたる．そのほか一般的なイヌは人の伴侶(コンパニオン)としての役割を果たしている(⇌ 伴侶動物)．たとえば米国では，アルツハイマー型認知症*，自閉症*，外傷後ストレス障害*(PTSD)，うつ病患者のメンタルサポートを果たすイヌもいる．いずれもイヌがもつ優れた嗅覚，訓練性，社会認知能力などの特性を利用したものといえる．

イベント記録器［event recorder］ ＝イベントレコーダー

イベントレコーダー［event recorder］　イベント記録器ともいう．行動やその他の出来事が起こったことを記録するための装置．行動を時間軸上の出来事として記録するので，記録の対象となる行動の起こりやすさ(生起頻度)に応じて，まず記録用紙を送る速度を決める．たとえば1分間に1 cmの速度で記録用紙を送り出すと，30分間の行動記録が30 cmの長さの記録用紙に記録されることになる．記録には，この時間軸と行動の生起を表す反応記録用ペンの動きを用いる．行動の頻度が高いときは，反応記録用ペンの動きの間隔が短くなり，行動の頻度が低いときは，間隔が長くなる．図中Aに示したように，このような反応記録用ペンの動作パターンから，行動の変化を読み取ることができる．なお，行動を累積的に記録する装置(図中B)は累積記録器*とよばれる．

今西錦司(いまにし きんじ)　1902. 1. 6～1992. 6. 15　日本の生態学者，霊長類学者，登山家．京都生まれ．京都帝国大学卒業．生態学者としての主要な業績は，生物種は相互に排他的なニッチ*を占めるようになるというすみわけ*理論の提唱である．これは，生物の進化を競争原理ではなく協調原理から説明する，いわゆる今西進化論の理論的基盤ともなった．今西はまた，生物現象の基本を種社会と想定し，各個体は環境と主体的に相互作用を行い，種ごとに独自の社会を形成しているとみなした．その実態を解明するため，今西の研究は霊長類の社会学的研究へと展開することになる．オーガナイザーとして抜群の才能を発揮し，日本モンキーセンター(1956年)，京都大学霊長類研究所(1967年)の創設に貢献したほか，学術探検隊も数多く組織している．一方で，その科学的業績の多くは，過去のものになった．主著『生物の世界』(1941年)，『生物社会の論理』(1949年)，『人間以前の社会』(1951年)，『自然学の提唱』(1984年)．

意味記憶［semantic memory］　長期記憶*の一種で，普遍的な事実や概念の記憶のこと．一般的には，"平成元年は西暦1989年にあたる""水は水素と酸素から構成されている"のような，知識にあたる記憶である．個人的な体験など出来事の記憶(エピソード記憶*)は含まれない．つまり，ある特定の時間や空間に依存しない記憶である．記憶した情報は，時間的・空間的に特定されるエピソード記憶から，あらゆる時間・空間的文脈で思い出されることにより，意味記憶となっていくと考えられている．

意味規則［semantic rules］ ⇌ 統語法

イモ洗い行動［sweet potato washing］ ⇌ 文化伝達

嫌がらせ行動［spiteful behavior］ ＝意地悪行動

イルカ ⇌ クジラ類

イルカ介在療法　［dolphin-assisted therapy, DAT］　イルカ・セラピー，ドルフィン・セラピーともいう．イルカを用いた動物介在療法*の一つ．発達障害(精神発達遅滞，広汎性発達障害など)，ダウン症候群，脳性麻痺など身体的・精

神的疾患患者を対象に，イルカと触れ合ったり一緒に泳いだりすることでその効果が得られる．1978年に米国のD. Nathansonにより始められ，オーストラリア，日本，パラオ，ウクライナなどで行われている．発表されている論文の被験者数が少ない，実験デザインに不備があるなど，科学的に認められないとする声も多い．さらに，米国におけるイルカ介在療法の先駆者，B. Smithは野生動物を用いる倫理的理由から，現在ではイルカ介在療法から撤退している．
イルカ・セラピー［dolphin-assisted therapy］
⇌ イルカ介在療法
色空間［color sphere］⇌ 色覚型
色順応［chromatic adaptation, color adaptation］環境光のスペクトルに対し，色覚が順応すること．物体の色彩を知覚する際，光受容体が受取る光のスペクトルは，光源である環境光のスペクトルの影響を受ける．たとえば日中の屋外と室内の蛍光灯下では光源のスペクトルが異なる（図）ので，受容体が物体から受取るスペクトルも異なる．この

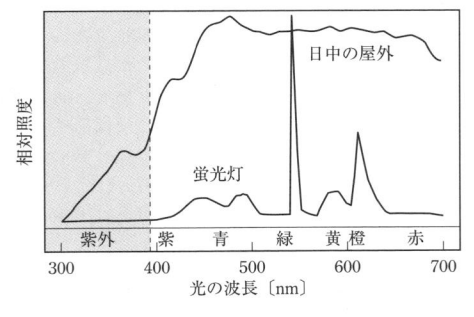

正味の入力をそのまま色情報として処理すると，環境光によって同じ色でも異なって見えてしまい，物体の認識に不都合が生じる．色順応はこれを避けるためのメカニズムであり，その結果眼が慣れれば知覚される色に違いはほとんど感じられない．環境光スペクトルが変化しても知覚される色があまり変化しないことを**色の恒常性**（color constancy）という．物体の色は背景色との対比で知覚されるため，色順応とは背景色に対して起こる馴化といえ，対象物の色は背景色の補色の色味が増すように調整される．
色の恒常性［color constancy］⇌ 色順応
陰 影［shading］⇌ 奥行き知覚
因果関係［causal relationship］原因と結果の間の関係のこと．**因果性**（causation）や**因果律**

（causality）ともいう．生物の行動を結果として位置づけ，その原因を探求することは行動生物学の基本課題の一つである．言い換えれば，生物の行動に因果的説明を与えることが，行動生物学の目標の一つである．因果的説明を生物学の中心に置く考え方は19世紀のC. R. Darwin*以降のものであり，それ以前はラマルキズム*に代表される目的論的説明も重要な位置を占めていた．20世紀のE. Mayrは，生物学における原因について，近因と遠因（究極原因）の区別を定式化した．近因は行動の遺伝的プログラムの復号，遠因はその遺伝的プログラムの世代を越えた変化（進化*），およびその変化の理由（自然選択*）に関連するものとされる．この区別はしばしばティンバーゲンの四つの問い*に関連づけられる．その際，近因には生理学的メカニズムや発生・発達*，遠因には適応価や進化史が含められる．Mayrによれば，近因に訴えた説明と遠因に訴えた説明は相補的であり，十分な生物学的説明にはその両者が必要である．このような原因に関する区別は定着しているが，近年ではそれを強調することに対して反論も提出されている．そのなかでは，発生・発達は進化の結果であるだけでなく，進化を促す原因でもあるということが強調されている．
因果性［causation］⇌ 因果関係
因果律［causality］⇌ 因果関係
因子分析［factor analysis］⇌ 多変量解析
飲 水［drinking water］水分摂取（water intake, water consumption）のこと．生物が生きるためには例外なく水分が必要で，飲水とは，狭義には液体の水を口腔から取込む行動である．口腔から取込んだ水は，消化管，特に大腸から吸収される．哺乳類では飲水の強い動機は"喉の渇き"であるが，実際に咽頭部が乾燥しているわけではない．渇きの感覚は，血液の浸透圧の上昇あるいは血液量の減少が，アンギオテンシン，バソプレッシン*，心房性ナトリウム利尿ペプチドなどのホルモンを介して，"渇きの中枢"とされる脳弓下器官や第三脳室前腹部などを刺激することによってひき起こされる（⇌渇き）．生肉や生草，果実など水分含量が多い食物を食べる動物は，食物から十分な水分が摂取できるため，必ずしも飲水をする（液体の水を口腔より摂取する）必要はない．両生類は，口腔からでなく皮膚から水分を摂取している．淡水にすむ魚類は，体液の浸透圧が周りの水よりも高いために，えらから受動的に水

を摂取してしまうので，余分な水分を薄い尿として常に排出し，ナトリウムイオンなどミネラルの減少を抑えている．また，代謝に伴うさまざまな化学反応の過程で生じる代謝水も，体に必要な水分として使用される．カンガルーネズミなど砂漠にすむ動物のなかには，水を飲まなくても，代謝水のみで必要な水分を補うことができるものもいる．

インセスト回避［incest avoidance］ ⇌ 近親交配回避

インデックス［index］ ⇌ 記号

インテリジェントデザイン説［intelligent design, ID］ 生物の精巧な適応形質は自然選択*によって進化したのではなく，知的な何者かによって意図的に設計されたとする説．生物だけでなく，宇宙や地球も同様にして創造されたとする．ID と略称される．米国では1970年代から聖書原理主義者たちによって，神が生物を造ったとする創造論が勃興し，公教育に浸透する動きがあった．しかし1980年代後半に創造論への再批判が強まったため，特定の宗教との結びつきを弱めた印象を与えるべく，キリスト教の神を明示しない形での ID 説が唱えられるようになった．科学的には論評に値するものではないが米国では一定の社会的影響力をもっており，カルト教団やブッシュ(子)元大統領も支持している一方，ID を批判するパロディも出現している．近年はオーストラリアや韓国でも影響力を高めるなど，世界的に勢力を拡大しているともみられ，日本の状況も楽観は禁物である．

イントロミッション［intromission］ 雄のペニスが，雌の膣内へ挿入されている状態をさす．発情した雌に出会った雄は，雌から受容してもらうよう種それぞれに特徴的なディスプレイを示す．雌に受容してもらった雄はまずマウント行動*を示し，そこから自身の腰部を前後へ動かすスラスト運動に移行，つづいてペニスが挿入されると腰部の前後運動に一定のリズムが観察されるようになる．マウント行動，スラスト運動，イントロミッションの連続した三つの行動は，射精*が起こるまで繰返される．射精に至るまでのイントロミッションの時間は，数秒のもの(ウシ，ウマなど)から数分(イヌ)，数十分(イタチ類)まで動物によって多様である．

イントロン［intron］ 介在配列(intervening sequence)ともいう．生物の一つの遺伝子の配列は，最終的にタンパク質に翻訳される配列(エキソン*)の間に，翻訳されないヌクレオチドが挿入されているものが多い．この翻訳されない部分をイントロンとよぶ．イントロンは遺伝子配列が転写された前駆体 RNA からスプライシング(splicing)によって除去される(図)．真核生物の

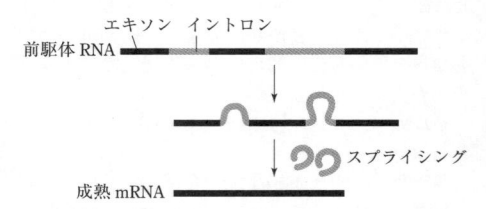

多くの遺伝子の転写領域はエキソンがイントロンにより分断されており，その境界には短い共通の配列が存在している．イントロンの数は下等真核生物では少なく，酵母ゲノムの6000遺伝子全体に含まれるイントロンがたった239個あるだけなのに対し，哺乳動物の多くの遺伝子には個々に50個以上のイントロンが含まれる．しかしこの一般化には異論もあり，たとえば原核生物にはイントロンは存在しないとされてきたが，類似の構造は細菌にもみられるとする見解もある．同じ遺伝子を近縁種間で比較すると，同じ位置にイントロンが存在する場合もあればそうでなく個々の種に特有の位置にある場合もあり，種分化という進化の時間スケールの中で，イントロンは出現と消失を繰返していると想像される．

インパルス［impulse］ ⇌ 活動電位

インプリンティング［imprinting］ ＝刷込み

隠蔽［crypsis］ ⇌ 隠蔽色

隠蔽(心理)［overshadowing］ 二つ以上の条件刺激*を一度に与え古典的条件づけ*を行った場合には，条件刺激を一つだけ用いて条件づけを行った場合よりも，それぞれの条件刺激に対する条件反応*が弱くなる現象．たとえばイヌに，無言で頭をなでて(条件刺激)おやつ(無条件刺激*)をあげることを繰返すと，なでられることに対する古典的条件づけが生じ，頭をなでられることがイヌにとっての"ごほうび"になる．しかし，毎回"お利口"というほめ言葉(条件刺激)をかけながら頭をなでておやつをあげることを繰返した場合には，ほめ言葉による隠蔽が生じ，頭をなでられることに対する古典的条件づけが弱くなるため，イヌは頭をなでられるのをそれほど喜ばなくなる．

(⇌ ブロッキング)

隠蔽種［cryptic species］　形態が似ているために一つの種として分類されてきたもののなかには，鳴き声や繁殖時期，繁殖場所などの行動や生態が異なり，遺伝的な交流がない複数の種が存在することがある．そのような種を隠蔽種とよぶ．ヒキガエルとナガレヒキガエル，トノサマガエルとトウキョウダルマガエルなどはその代表例といえる（表）．隠蔽種は，DNAの塩基配列によって

	トノサマガエル	トウキョウダルマガエル	ナゴヤダルマガエル
非繁殖期の生活場所	水場からかなり離れた場所も利用	水場からあまり離れない	水場の近くのみ
鳴き声	短いグルルル…	長いンゲゲゲ…	長く続くギギギギ…ないしギャーウ
繁殖期	4月から6月の間の短期間にいっせいに産卵	4月から7月の間にだらだらと産卵．雌の一部は二度産卵．	4月から7月の間にだらだらと産卵．雌の一部は二度産卵．
卵	こぶし状の塊を産卵	小さな塊をばらばらに産卵する．こぶし状の塊を産卵することもある	小さな塊をばらばら産卵
成体雌雄の体色	顕著に異なる	差はあまりない	差はあまりない

種が同定できるようになってますます多く発見されるようになっている．日本の鳥では従来メボソムシクイの三つの亜種とされていたものが，DNA解析によってそれぞれが別の種であることがわかった．また北米の亜熱帯域に生息する *Astraptes fulgerator* というチョウは，食草の違いなどによって10種以上もの隠蔽種に分けられることがDNAバーコーディング＊によって明らかになった．

隠蔽色［cryptic coloration］　保護色（protective coloration, protecting color）ともいう．カモフラージュ＊のための色や模様．物陰に隠れるなどせず体全体が見えている状況において，捕食者による視覚的な"検出"を妨げる（背景から見分けにくくする）．砂に潜るなどして隠れる行動は，隠蔽色により身を守る隠蔽（crypsis）には含まない．また，被食者を餌であると"認識"しにくくする仮装＊とも，カモフラージュするメカニズムが異なるため区別される．"隠蔽色"という用語は，古くから背景同調＊と同義として扱われてきた．しかし近年，隠蔽色に関する研究の進展とともに用語の整理が進み，隠蔽色は，背景同調に加え，カウンターシェイド＊，分断色＊などに分類されるようになった．

隠蔽的擬態［mimesis, protective mimicry］
⇌ 仮装

ウ

羽衣［plumage］　鳥類の全身を包む羽のこと．羽毛のまとまりとしての意味や，全身の色や模様の様子を表すなど，広く用いられる．鳥類は成長段階や季節に合わせて換羽*を行い，全身の羽毛を入れ替えている．一般的に，卵からふ化する前後の雛の段階では初毛羽（natal plumage）が生える．これは綿羽に似た羽毛である．また，ふ化後に生える綿羽を幼綿羽という．その後，育雛期の途中から巣立ち前後に幼羽（juvenile plumage）へと換羽する．幼羽は正羽であるが，その多くは成鳥の正羽とは色彩や構造が大きく異なるため，幼羽とよばれる．幼羽を経て成鳥になると成鳥羽（adult plumage，婚衣ともいう）となる．成鳥の正羽には繁殖期の羽衣（繁殖衣 breeding plumage）と非繁殖期の羽衣（non-breeding plumage）があり，繁殖期に合わせて繰返される．鳥種によって換羽の時期や部位，期間は異なり，年齢や段階によってこれらの羽衣は混在して存在する．

Viki（チンパンジーの名）　⇒ 言語訓練

ヴィジランス［vigilance］　= 見張り行動

ヴィジランスコスト［vigilance cost］　⇒ 見張り行動

ウィスコンシン一般テスト装置　［Wisconsin General Test Apparatus, WGTA］　Wisconsin 大学の H. F. Harlow* らが 1930 年代に開発した，主としてヒト以外の霊長類を対象に視覚的な物体弁別を行うための装置（図）．サルが入ったボックスの前に台を設置し，そこに複数の物体を置く．サルが特定の物体をどけると，その下に食物報酬が置かれており，それを食べることができる．弁別刺激そのものが操作対象となっているため，比較的学習が容易に成立する．この装置を用いて，Harlow らはルール学習の一種である"学習に対する構え（⇌ 学習セット）"の形成の研究などを精力的に行った．

羽衣成熟遅延［delayed plumage maturation］　⇌ 体色変化

ウィーゼル　**WIESEL**, Torsten Nils　⇒ ヒューベル

ウィリアムス　**WILLIAMS**, George Christopher　1926. 3. 12〜2010. 9. 8　米国の進化生物学者．カリフォルニア大学ロサンゼルス校で博士号を取得し，ニューヨーク州立大学ストーニーブルック校で教鞭をとった．種を単位として適応を考えることや，群選択*を重視する考えに対して，厳しく否定する議論を展開した．それはのちに，R. Dawkins* によって利己的遺伝子* など，より明確なメッセージとして結晶した．また 1957 年の論文で Williams は生活史進化や老化の進化* についてトレードオフ* に基づくものとして論じたが，W. D. Hamilton* による数理解析のさきがけであった．主著に『適応と自然選択（Adaptation and Natural Selection）』（1966 年），『生物はなぜ進化するのか』（1997 年，邦訳 1998 年）．

ウィルソン(1)　**WILSON**, Edward Osborne　1929. 6. 10〜　米国アラバマ州バーミングハム生まれ．少年の頃から昆虫学への興味をもち続けたナチュラリスト．社会生物学* の創始者．アラバマ大学で学んだ後，ハーバード大学へ移り，1955 年に博士号を取得．1956 年に同大学の講師となり，1964 年には動物学教授となった．1967 年に R. H. MacArthur と著した『The Theory of Island Biogeography（島の生物地理学）』は種数平衡理論や r-K 選択* 説を提唱し，生物地理学や群集生態学の分野に大きな影響を与えた．日本でも多くの生態学の若手研究者がこの本から薫陶を受けている．ついで Wilson は 1975 年に大著『社会生物学』（邦訳 1983〜85 年）を著した．彼はこれを"あらゆる社会行動の生物学的基盤の体系的な研究"と定義し，1970 年代までの個体群生態学*，集団遺伝学*，動物行動学* の知識を統合

不透明スクリーン

刺激提示台

した"新たな総合(New Synthesis)"と位置づけた．そして社会性昆虫の行動を説明するために用いられた血縁選択*理論をヒトを含めた動物の社会行動に適用し，社会生物学を新たな科学の分野として成立させた．Wilsonの社会生物学は生物学上の新しい発見というわけではないが，動物の行動・生態・進化に関する過去の膨大な研究を個体選択と血縁選択という柱のもとにまとめあげ，生物学の強固なパラダイムを確立した．彼はヒトも含めたあらゆる動物の行動は，遺伝と環境双方の影響によって形づくられるもので，人間の自由意思や文化決定論は幻想であり，文化は遺伝子の制約を受けて生物学的な基盤をもつと主張した．彼の主張は，これまで広く信じられていた人間の心についての人々の考えを大きく覆すものであった．社会生物学の主張は，それまでの"人は白紙の心(タブラ・ラサ*)のまま生まれてきて，文化が人の知識を増加させ，生存と成功を援助する機能をもつ"という考えが間違いであるという言明だったからである．社会生物学を人間に応用する試みは，のちに進化心理学*として確立された．さらに彼は1998年に『知の挑戦：科学的知性と文化的知性の統合(Consilience：the unity of knowledge)』(邦訳2002年)で，人が到達した異なる専門化された分野の知識の統合を，consilience(W. Whewellによる造語)という単語を用いて語った．『知の挑戦』は自然科学から社会科学まで，人間に関するすべての学問分野を生物学のもとに統合しようという，野心的で壮大な試みである．このように華々しく論争を展開した理論家としての側面もあるが，Wilsonはもともとアリの分類学者であり，1976年に『昆虫の社会』を出版している．またB. Hölldoblerとともに，アリとアリの行動についての体系的な研究を行い，アリの行動，機能，生態，生理に関する百科辞典的な大著『The Ants』(1990年)を出版した．この本は1991年にピューリッツァー賞を受賞した．受賞は1979年の『人間の本性について』(1978年，邦訳1980年)に続いて2回目である．1996年にハーバード大学を定年退職し，現在，ペレグリノ特別教授職にある．

ウィルソン(2) **WILSON**, David Sloan 1949年～　　米国の進化生物学者．行動生態学*の台頭でいったんは退けられた群選択*理論を1970年代にいち早く擁護した代表的論客の一人．当時，群選択ではない個体選択的な考えとされた血縁選択*や局所的配偶競争*が，群選択あるいは複数レベル選択という枠組みでも理解可能であることを明らかにした．その深い思想は，哲学者E. Soberとの共著『Unto Others：the evolution and psychology of unselfish behavior』(1998年)や，単著『Evolution for Everyone：how Darwin's theory can change the way we think about our lives』(2007年)などで読むことができる．自然選択*理論が動物の利他行動*からヒトの宗教や倫理にいたるまでを理解する強力な武器になるという立場での啓蒙活動は，群選択と利己的遺伝子*という表面的な見解の対立を超え英国のR. Dawkins*のそれに近い．Wilsonはさらに踏み込んで日常の問題解決のための自然選択理論の実用性を論じている．ビンガムトン大学の教授で，父は作家のSloan Wilson．

win-shift lose-stay 方略(心理学)　　得移失在方略，得移失留方略ともいう．意思決定*場面やゲーム*場面において用いられる方略*もしくは戦略の一つ．最初の選択*は任意に行い，その選択が満足をもたらす場合は別の選択に切替え，満足をもたらさない場合は同じ選択を繰返す方略である．たとえば，並列VI VIスケジュールのような二つの選択肢が変動時隔スケジュール*(変動する時間経過後の初発反応に対して強化子を提示するスケジュール)で提供される実験場面においては，一方の選択肢で強化子が提示された後，強化子が提示されなかったもう一方の選択肢へと反応を切り替える方略が，獲得強化量を最大化するために有効である．反対的な方略にwin-stay lose-shift 方略がある．選択が満足をもたらす場合は同じ選択を繰返し，満足をもたらさない場合は別の選択に切替える方略で，**得在失移方略**または**得留失移方略**ともいう．(⇒パブロフ戦略)

win-stay lose-shift　　⇒ win-shift lose-stay 方略，パブロフ戦略

飢え[hunger]　　飢えとは，食物の欠如によって起こる空腹の状態をいう．動物では，食物のにおいや見た目などの外因性の情報と，体の中の血糖値や胃の充満の程度といった内因性の要因の情報とが，脳幹，視床などを経て大脳辺縁系および視床下部で処理され，複合感覚として空腹感が生じる．この空腹感に基づき，動物は食物を探し，食べる．この，口に入れて食べるという最終的な行動は，視床下部外側野に存在する摂食中枢によって制御されており，逆に視床下部腹内側野

に存在する満腹中枢は，摂食行動を抑制している．摂食行動の1日のパターンは，その生物が適応している食物によって決まる．草食動物は，栄養素の少ない植物を大量に食べる必要がある．貧弱な草原に生息しているウマなどは，1日の約9割を摂食に費やす．摂食行動のパターンは食物に大きく依存している．一方，肉食動物は豊富な栄養素を含む動物を食べる量は少ない．ヘビなどは，数日に1回摂食するだけなので，摂食行動のパターンは比較的食物に依存しにくい．いずれの食性*においても，多くの場合摂食パターンには日内リズムや季節変動がある．野外で飼育されたショウジョウバエや野鶏などでは，日の出と日の入りに摂食が多くなるという日内リズムが観察され，1日の摂食量は夏に多く，冬に少ないという季節変動をみせる．

ウェスターマーク効果［Westermarck effect］ 負の性的刷込み (negative sexual imprinting, reverse sexual imprinting) ともいう．発達期に親密な個体間相互作用のあった異性個体について性的関心を失うこと．人類学者の E. A. Westermarck によって提唱されたことによる名称である．ヒトのような生活史形態をもつ動物は，発達初期に，親からの世話を受けきょうだいとともに暮らすというように，血縁の濃い個体に囲まれて育つことになる．血縁個体との交配は，近交弱勢* によって著しく非適応的な結果をもたらすため，それを忌避するメカニズムの一つとして存在すると考えられている．ヒトを対象とした社会調査や齧歯類の里子実験によって，血縁ではない子同士が一緒に育つような場合にも認められる現象であることから，性的刷込みと同様に学習獲得される行動とされている．ただし，その方向性は性的刷込みとは逆である．

ウェーバーの法則［Weber's law］ ⇌ 閾刺激
ウェーバー・フェヒナーの法則　［Weber's-Fechner's law］ ⇌ 閾刺激
ウェルニッケ野［Wernicke's area］ ⇌ 脳の言語システム
ウォーミング・アップ［warm-up］　実験セッション* 始めの行動の頻度が，セッション後半での頻度に比べて低い場合，最初の部分から徐々に頻度が高まっていく過程．たとえば，ラットにオペラント実験箱* の中でレバーを押して餌粒を得るようオペラント条件づけ* の訓練を施した場合，1時間程度の実験セッションの中で，最初の数分間はレバーを押す頻度が低いが，やがてその頻度が高まり，十数分後にはピークを迎え，それから徐々に頻度が低下していくという経過をたどることが多い．この最初の部分がウォーミング・アップに当たる．ウォーミング・アップは餌粒のような正の強化子を用いた場合だけでなく，電気ショックのような負の強化子を用いた実験においてもみられる．ウォーミング・アップも含め，セッション全体での反応頻度の変化をセッション内変動 (within-session change) として研究対象にすることがある．

ウォレス　**WALLACE**, Alfred Russel　1823.1.8〜1913.11.7　英国の博物学者，生物地理学者．13歳から見習い測量士として働く．正式に生物学の教育を受けたことはないが，図書館などにおいて独学で知識を身に付け，T. R. Malthus の『人口論』も読んだ．そのころ，アマチュア昆虫学者の H. W. Bates と出会い，昆虫採集を始めた．職を転々としたが，1848年，25歳のときに Bates とともにブラジルに行き，昆虫標本の採集を始める．1854年からはマレー諸島を探検し，これらの地域で集めた標本を英国の博物館などに売ることで生計を立てつつ，さまざまな博物学的研究を行った．マレー諸島では12万体以上の標本を採集し，そのうちの1000体以上が新種であった．バリ島とロンボク島の間で動物相が異なることを発見し，その境界はのちにウォレス線と名づけられた．1858年にボルネオのサラワクで自然選択* の理論を考えつき，その内容を，すでに博物学者として有名であった C. R. Darwin* 宛の手紙に書いた．Darwin は，みずからが発展させていた未発表の考えと酷似していることに驚き，その年のリンネ学会で，自然選択の考えを，Darwin と Wallace の共同論文という形で発表した．生涯にわたって，自然選択による進化の理論を擁護する立場をとって活動し，1869年に出版された『マレー諸島』（邦訳1991年）は，探検記，博物記として絶大な人気を博し，J. Conrad などの文学者にも影響を与えた．しかし，人間の進化に関しては考えを保留し，晩年は心霊主義に傾倒していった．ほかに，『動物の地理的分布』(1876年)，『熱帯の自然』(1878年) がある．

ウォレス効果［Wallace effect］ ⇌ 生殖隔離の強化説
"氏か育ちか"論争［nature versus nurture controversy］　"生まれか育ちか"論争ともいう．

動物が生成する行動が生まれつき、つまり生得的にプログラムされているのか（⇌本能）、それとも育った環境やその生育過程における学習によって獲得されるのかを論じる際に使われてきた用語である。"育ち"の環境には、出産・ふ化前の母体内・卵内環境も含まれる。この問題は動物行動にとどまらず、生物のもつ多様性・種特異性・可塑性を議論することにも直結し、これまで生物学分野のみならず、心理認知・教育分野で長く議論されてきた。"生まれ"はその生物としての種特異的な遺伝情報、つまりゲノムDNAによって制御される形質としての意味で使われ、"育ち"は生育環境からのさまざまな刺激入力によるゲノムDNAからの遺伝子発現変化、およびこの変化による行動形質への影響として使われることが多い。エピジェネティクス*研究（ゲノムDNA配列自体は変えずに、環境からの刺激によってゲノムDNAからの遺伝子発現を制御することで、生まれもったゲノムDNA情報をどのように読み出すかを制御するメカニズムの研究）の進展により、生まれだけでもなく、育ちだけでもなく、生まれを介した育ち（nurture via nature）という概念が提唱されてきている。

うすめ効果［dilution effect］　希釈効果ともいう。対捕食者効果による動物の群れ形成の利益の一つ。捕食者が1回の攻撃で1個体を捕獲する場合、N個体の群れのある1個体が捕獲される確率は$1/N$であり、群れサイズ（N）が大きくなるほど、ある個体にとっての食われる確率は小さくなる。この場合、群れに参加した方が有利である。マイワシに食べられる海棲アメンボで実証例がある。アメンボの群れが大きいほど1匹当たりの被攻撃回数も犠牲者数も少なかった。大きな群れは捕食者に見つかりやすく、捕食者はより大きな群れを選択的に襲うこともあるので、$1/N$ルールが常に成り立つわけではないが、自然でもうすめ効果は機能していそうである。うすめ効果の極端な例は、コウモリの大群がいっせいに飛び出すことや周期ゼミ*の大発生があげられる。これらは捕食者が一度に捕らえきることができないほどの数の群れになることで、1頭当たりの被捕食率を下げる効果があり、**捕食者飽食**（predator swamping）とよばれる。（⇌群れ生活）

ウズラ［Japanese quail］　学名 *Coturnix japonica*. ニワトリと同様にキジ目キジ科に属する鳥類である。室町時代から武士の間で"鳴き鶉"として飼いならされており、わが国で家畜化された唯一の動物種とされている。ウズラは成鳥でも全長20 cm程度と比較的小型なため、小さなスペースで飼育が可能である。また、ふ化日数が17日で、ふ化後6週齢で産卵を開始するため、1年間に6世代を回転させることができる。羽色や卵殻色などの突然変異を中心に多数の系統が樹立されている。2013年、ウズラゲノムの配列が報告されたことから、遺伝解析が加速することが期待されている。行動学の分野ではウズラとニワトリのキメラ*の解析から、鳴き声は中脳で、頭を振る動きは脳幹で制御されていることが明らかにされた。また、ウズラは長日性季節繁殖動物であり、繁殖活動を行う春から秋にかけては生殖腺を大きく発達させるが、非繁殖期の冬には著しく退縮させる。このように日照時間の変化に急速かつ劇的な反応を示す性質を利用して、脊椎動物が季節の変化を感知する仕組みが明らかにされてきた。

歌［song］　いくつかの動物種において、おもに雄が求愛やなわばりの主張のために、数種類の音を使って連続的にリズミカルに発する音声のことを歌とよぶ。鳥の歌はさえずり*ともよばれる。求愛に用いられるものを**求愛歌**（courtship song）といい、雄が交尾を有利に進めるための手段、雌が適切な相手を選ぶための手がかりとして機能すると考えられている。歌をもつ動物として、多くの昆虫（コオロギ、セミ、スズムシなど）、カエル、鳴禽類（スズメ目）、オウム目、ハチドリ類、コウモリ、マウス、デグー、ハダカデバネズミ、クジラ、テナガザル、ヒトなどが知られている。また、求愛の際に発せられるハエの翅の振動やガの発す

(a) C57/BL6系統の雄のソナグラム

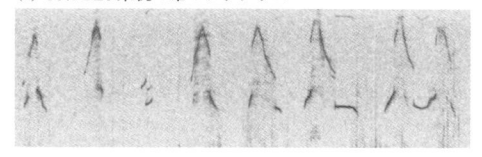

(b) BALB/c系統の雄のソナグラム

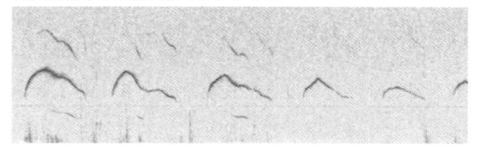

マウスの雄の求愛歌のソナグラム。C57/BL6では比較的高い周波数でジャンプを含む音が多く、BALB/cでは山の波形の長い音が多い。

る超音波も求愛歌とよばれる．マウスやガの歌はヒトには聞こえない高い超音波領域の音が使われている(図)．動物の歌は，ヒトや鳴禽などのように音声学習によって獲得されるもの(⇌さえずり学習)と学習を必要としないものがある．一部の鳥類やテナガザルなどは，雌も歌をうたい，雄と雌が二重唄(デュエット*)をする場合もある．

歌学習［song learning］＝さえずり学習
歌システム＝歌神経系
歌神経核(脳の)［song nuclei］　鳴禽類*の歌神経系*を構成する神経核(神経細胞が高密度に集合している部位，図)．その多くについては，体積や細胞の性質において性差があり，雄の方が発達している．歌神経核の細胞の多くは，さえずり*の際に活動し，自己のさえずりへの聴覚応答を示す．脳切片上では適切な染色により周辺から明瞭に区別できる．生理実験の結果から，それぞれの神経核の機能についての研究も進んでいる．これらの理由で，脳断面の模式図もしくは脳標本の写真そのものがダイアグラムとして用いられ，個々の歌神経核をモジュールとした情報処理モデルの例とされることもある．オウム目やハチドリの仲間の脳にある相同部位には別名称が与えられていることもある．(⇌高次発声中枢，エリアX)

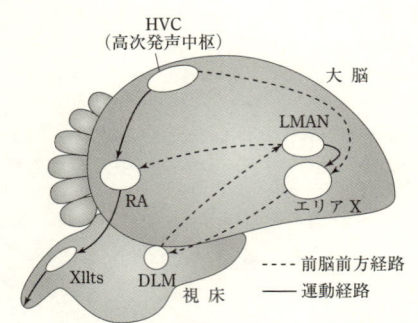

鳴禽類の歌神経核．HVC, LMAN, RA は哺乳類の皮質にあたる部位に，エリア X は大脳基底核の一部にあたる部位，DLM は視床にある．

歌神経系［song system］　歌システムともいう．鳴禽類*は，発声学習*能力をもつ．この神経基盤となるのが皮質，視床，基底核にある複数の歌神経核*から構成される歌神経系である．この系は"運動経路"と"前脳前方経路"の二つに大別される．システム全体として，発声器官の制御に必要な運動指令を送るのみならず，聴覚情報を受取り，みずからの発声をモニターし，発声に適度な揺らぎを与えながらさえずりの音響的性質を調整することで，発声の学習およびさえずり*の適正な維持を可能にする．また，この系は動機づけにかかわるとされるドーパミン*や性ホルモンによっても制御されており，その神経活動は他個体との関係や求愛などの行動の影響を受ける．発声学習能力をもつオウム目やハチドリの仲間の脳にも類似した神経機構がみられ，ハトやニワトリその他の発声学習能力をもたない鳥の脳にはこのような系はみられない．

歌鳥［songbird］　⇌鳴禽類
うつ病［major depression］　⇌気分障害
ウマ［horse］　学名 *Equus caballus*．ウマ目(奇蹄目)ウマ科に属す．草食性で，面長の顔とたてがみ，長い毛に覆われた尾をもつ．視野は 350 度にも及ぶ．社会性が強く，群れをなす．約 6000 年前に家畜化*されて以来，使役家畜として活躍してきた．数百もの品種*があり，体高や体形・毛色はさまざまである．平均寿命は 25～30 年．ウマの野生種はすでに絶滅し，存在しない(なお，現在，再野生化が進められているモウコノウマ *Equus przewalskii* は，ウマと染色体数が異なり，ウマの直接の祖先ではない．ただし，種間の雑種が妊性をもつため，かなりの近縁種であることは確か)．半野生馬の群れの種類は大別すると 2 種類．一つは繁殖単位であるハレム群で，大人の雄 1 頭と雌数頭，その子どもからなる(⇌一夫多妻)．ただし，まれに 2 頭の雄が連合*してハレムを形成することもある．もう一つは若い雄からなる群れである．コミュニケーションは多様にみられる．たとえば，しばしば，互いの鼻を突き合わせてにおいを嗅ぎ合ったり，相互グルーミング*をしたりする．状況に合わせて異なる種類の音声を発する．若いうちは他個体と並走したり，役割交代のあるけんかごっこをしたりして遊ぶ．子どもは，口をパクパクとさせる独特の視覚的シグナル(スナッピング)を示し，他者からの攻撃を回避する．なお，近年，その社会的認知能力は，同種個体間だけでなく，ヒトとのやりとりにおいても注目されている．イヌと同様，ヒトと密接にかかわり合いながら暮らすなかで，社会的認知能力を独自に発達させてきた可能性が考えられる．

"生まれか育ちか"論争＝"氏か育ちか"論争
生まれを介した育ち［nurture via nature］　⇌"氏か育ちか"論争

ウムヴェルト [Umwelt]　J. von Uexküll が提唱した，それぞれの種が独自にもっている知覚世界のこと．um(ウム)は"周りの"，welt(ヴェルト)は"世界"，という意味のドイツ語であり，日高敏隆*によって**"環世界"**と訳された．物理的な時間や空間も，それぞれの種によっては独自の時間・空間として知覚されている．つまり，環境は客観的に存在しているものだが，そのなかにいる動物は，環境のなかから自分に関係のある，意味のあるものだけを選び出して自分の世界をつくっている．たとえばヒトにとってはさまざまな花が咲いている野原も，蜜が欲しいミツバチにとっては開いている花しか意味をもたない空間としてとらえられていると考えられる．同じ野原を，ヒトとミツバチとでそれぞれ異なる環世界としてとらえているのである．行動生物学とは，さまざまな種の環世界を理解しようという試みであるともいえる．

埋め込み [filling-in]　網膜上の盲点に映りこんだ光学像を，その周囲の網膜領域の受取った情報をもとに補てんする現象．脊椎動物の網膜には視神経や血管が貫通する領域があり，視細胞が欠損しているため**盲点**(blind spot)となっている．たとえば右眼を手で押さえ，左眼で図の右上の十字を見よ．紙面と眼の距離を調整すると，左上の円板が消失するところが見つかる．この位置を保ったまま，注視点を右下の十字に移せ．左下の線分の間隙が消え，あたかも一本の線のように知覚されるだろう．あるはずの円板がないように感じるのが盲点の現象であるが，ないはずの線分があるように感じるのも，まったく同じ現象である．どちらの場合でも，網膜での情報の欠損を埋め合わせし，その周囲から見て最も妥当な知覚を脳が生成するのである．

左眼だけで右の十字を見よ．左の円板や線分はどう見えるか．

うろこ食い [scale eater]　⇌ スケールイーター

運動活性 [motor activity]　⇌ 活動性

運動準備電位 [readiness potential]　今まさに運動しようとしてはいるが，まだ運動を開始していない状態で，脳内の特定部位で起こる電気活動の変化のこと．H. Kornhuber と L. Deecke が1965年，手足を随意的に動かす被験者の頭部の正中心部から導出した脳波記録において，運動開始より1秒以上先行する陰性の皮質緩電位を発見し，これをドイツ語で Bereitschaftpotential (準備電位)とよんだ．電位発生から運動遂行までの潜時が長いことから，この電位は運動を直接に司令するものではなく，運動を遂行する準備のためのものと考えられた．その後，サルのレバー操作運動を用いた動物実験で，大脳皮質の運動前野，補足運動野など，さらに大脳基底核の線条体などのニューロンが，随意運動開始に先行してスパイク活動を増加させることが判明した．また，無脊椎動物(甲殻類，ザリガニなど)の脳においても，自発的な行動の開始に数秒以上先行して活動を始める中枢神経系のニューロンが特定されている．いずれの場合も外からの刺激に対する反応ではない．自発的な運動の企画や意図に関係する高次機能を反映していると考えられるが，その機能的意義は明らかではなく，解明は今後の課題である．

運搬共生 [phoresy]　⇌ 偏利共生

エ

衛星追跡［satellite-tracking］　人工衛星を利用して動物の移動を追跡すること．1990年前後から，鳥類や哺乳類，ウミガメ類などを対象に行われている．衛星追跡には，2種類ある．一つは，アルゴスシステムとよばれる位置測定・データ収集システムを利用する方式，もう一つは，全地球測位システム（GPS*）を利用する方式である．アルゴスシステム方式では，動物に装着した送信機から送られる電波を気象衛星ノアの受信機で受信する．衛星はこのときに計測された周波数のずれや受信時刻など，位置計算に必要な情報を地上の受信局に再送信する．その後，世界情報処理センターで緯度と経度の位置情報などに変換される．これらの情報は，インターネットなどを通じて研究者のもとに送られる．GPS方式では，衛星からの電波を受信することによって位置を測定する．装着する機器は受信機である．位置測定はいわゆる三角測量の原理を利用し，三つないし四つの衛星を基準点として使用する．最近では，GPSとアルゴスシステムを組合わせた追跡機器が開発されている．GPSがため込んだ精度の高い位置データをアルゴスシステムによって定期的に送信するものである．

営　巣［nesting］　⇌ 造巣

永続的社会寄生［inquilinism］　アリなどのハチ目昆虫の社会寄生*の一つ．この寄生行動を示す種は，おもに繁殖を行う女王と雄で構成され，労働カーストであるワーカーはほとんど生産されないか，消失している．女王は宿主の巣に侵入して産卵し，卵や幼虫をそのワーカーに養育させ，新成虫を生産する．多くの場合，寄生種の女王は宿主の女王と共存し，一つの巣に複数の女王個体が寄生することもある（⇌ 多女王性）．しかし，一部の種では宿主の女王を排除し，コロニーを乗っ取る行動もみられる．E. O. Wilson* はこうした社会寄生は労働寄生*の一つであるすみ込み寄生や盗食寄生から進化したという仮説を提出している．永続的社会寄生種の女王では，通常のコロニー繁殖のための特徴や行動が退化し，代わりに寄生に特殊化した特徴が発達している．短期間で多くの新成虫を生産するため，極端に卵巣が発達した種や，体サイズや胸部形態の縮小化によって生産コストを低下させている種がいる．また宿主の巣からの排除を防ぐため，侵入したコロニーの巣仲間認識物質を獲得するなどの化学擬態*も行っている．

鋭敏化［sensitization］　敏感化ともいう．刺激が誘発する生得的行動*がしだいに増強すること．鋭敏化は他の新しく注意をひく刺激に対しても波及する．たとえば，強い恐怖を喚起する刺激を経験した直後では，かすかな物音も恐怖をひき起こすことがある．鋭敏化は経験によって生じる行動変化であるので，非連合学習*の一つとされることが多いが，上述のように刺激特定性がないことや，持続時間が短いことなどから，一時的に喚起された興奮状態であり，学習現象とはいえないとする研究者もいる．なお，薬の繰返し投与によって薬理作用が増強するようなときは，感作という訳語が用いられることが多い．

栄養カスケード［trophic cascade］　ある栄養段階の生物が二つ以上離れた栄養段階の他の生物に与える間接効果*（図）．上位の栄養段階の生物が下位の栄養段階の生物に与える効果をトップダウン栄養カスケード，下位の生物が上位の生物に与える効果をボトムアップ栄養カスケードとよぶ．トップダウン栄養カスケードの例として，クモがバッタを食べることで数を減らし，バッタに食べられる植物の被食量が減る，という密度を介した捕食者から植物への効果や，クモがいるだけでバッタは隠れたり食べる時間を短くするため（非

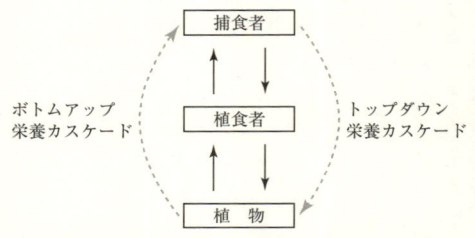

植物が植食者を介して捕食者に与える間接効果（ボトムアップ栄養カスケード：左）と，捕食者が植食者を介して植物に与える間接効果（トップダウン栄養カスケード：右）．実線は直接効果，破線は間接効果を表す．

消費効果*），植物の被食量が減る，という行動を介した捕食者から植物への効果が知られている．ボトムアップ栄養カスケードの例として，植物の遺伝子型や被食による表現型の変化（表現型可塑性*）が植食者の個体数や種数を変え，さらにそれに依存している捕食者の個体数や種数を変える，という植物から捕食者への効果が知られている．

栄養交換［torphallaxis］　いったん食べた食物やそれを代謝した栄養物を吐き戻し，口から口へ，あるいは尾部（糞または卵の形で）から口へと，群れの他個体に分け与える行動．個体間の栄養的な相互依存が昆虫類の真社会性の進化の要因だと主張した W. M. Wheeler によって提唱された用語．真社会性昆虫であるシロアリ*，アリ*，ハチ*に一般的にみられるが，子への餌の吐き戻しによる給餌はオオカミ*などの食肉目やウなどの鳥などでもみられる．アリやハチでは素嚢（crop）が社会の胃袋（⇒ 蜜胃）として栄養交換される液体をためる器官として機能している．ハチ目社会性昆虫では，食用に特殊化した発生しない栄養卵（trophic egg）を栄養交換に使うものもいる．たとえばアシジロヒラフシアリでは成虫間の栄養交換にも幼虫への給餌にもすべてこの栄養卵が用いられる．栄養以外にもシロアリでは共生微生物が，アリでは同巣者認識に使われる化学標識（⇒ 血縁認識）が栄養交換行動で伝達されることが知られている．

栄養生殖［vegetative reproduction］　栄養繁殖（vegetative propagation）ともいう．植物個体の繁殖様式の一つで種子（胚）を経由せずに根，茎，葉などの栄養器官から，次世代の個体が生まれるクローン*生殖である．植物の7割以上がこの能力を潜在的にもつとされる．多細胞動物では，ふつう分化の進んだ体細胞や組織から個体を成長させることはできず，したがって栄養生殖は不可能である．切断された部分が個体に成長できるヒトデやプラナリアの分裂は，動物における例外的な栄養生殖である．

栄養段階［trophic level, trophic position］　⇒ 食物連鎖

栄養繁殖［vegetative propagation］　⇒ 栄養生殖

栄養卵［trophic egg］　⇒ 栄養交換

エインズリーラックリン理論［Ainslie-Rachlin theory］　自己制御選択*と衝動性選択*を，強化子の遅延割引*の仕組みを使って説明する理論．1970年代半ばに G. Ainslie や H. Rachlin が提案した．遅延割引とは，実際に強化子を得られる時点が遠いほど現時点でのその強化子の価値が低くなる（割り引かれる）ことで，価値の割り引かれ方は一定ではなく，遅延が短いときに大きく割り引かれ，遅延がさらに長いときの割り引かれ方は緩やかである．オペラント実験箱*で，すぐ（1秒後）にレバーを押すと1粒の餌が出る衝動性選択肢と，10秒待ってからレバーを押すと3粒の餌が出る自己制御選択肢をラットに選ばせる．待ち時間の違う二者から選ばせるため，これを異時点間選択（⇒ 遅延割引）［図］とよぶ．現在が図の A の点にある場合，1秒後の1粒の方が価値が高いため衝動性選択が起こりやすい．しかし B の点が現在である場合，20秒後の3粒の方が価値が高くなり，自己制御選択が起こりやすくなる（図中 B）．このように選好逆転をうまく説明するのがエインズリーラックリン理論である．（⇒ 先行拘束法）

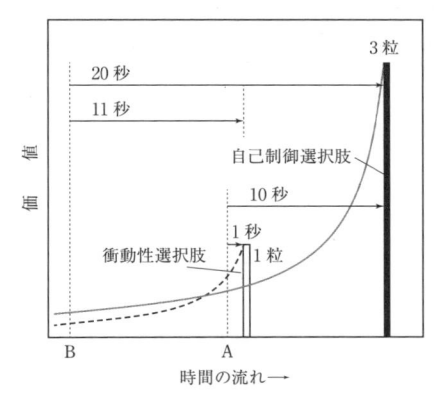

黒い棒は3粒が手に入る自己制御選択肢，白い棒は1粒が手に入る衝動性選択肢を表し，それぞれからの曲線は選択肢からの時間が左の方へ遠くなる（遅延時間が長くなる）に従って価値が減少することを示している．時点 A では衝動性選択肢まで1秒，自己制御選択肢まで10秒で，ここで曲線を比較すると，衝動性選択肢の方が価値が高い．一方，それより10秒遅延が長くなる時点 B では，曲線は自己制御選択肢の方が価値が高くなっている．

絵かき虫［leaf miner］　字かき虫，潜葉性昆虫ともいう．植食性昆虫による植物の利用様式の一つに，幼虫が葉の中に潜って葉肉組織を食べて成育する潜葉性（leaf mining）がある．潜葉性は双翅目のハモグリバエ科をはじめ，チョウ目のホソガ科，甲虫目のゾウムシ科，タマムシ科，ハムシ科，ハチ目のハバチ科にみられる．幼虫の摂食痕（食痕*・移動痕）は坑道（mine）とよばれ，坑道部

分の葉肉組織は空なので，葉の表面に白っぽく字や絵を描いたように見える（図）．幼虫は葉の内部にいるので，気象条件の影響やジェネラリスト*の天敵は回避しやすいが，スペシャリスト*の天敵には見つかりやすい傾向がある．植物が絵かき虫のいる葉を選択的に落葉させるといった植物による被食防御も死亡原因となる．産卵された葉から幼虫が別の葉へ移動することはなく，1枚の葉に複数の幼虫がいると資源をめぐる競争が起こることがある．

ハマギク（キク科）の葉に記されたハモグリバエ幼虫の食痕．掘り進んだトンネルが白い線となり，あたかも絵を描いたように見える．

エキスパートシステム［expert system］ ⇒ 人工知能

液性免疫［humoral immunity］ ⇒ 免疫系

エキゾチックアニマル［exotic animal］ エキゾチック（exotic）という言葉には"外国産の"，"珍しい"といった意味があるが，"エキゾチックアニマル"という言葉に明確な定義は存在せず，イヌやネコ，家畜以外のペットおよび飼育動物をさす言葉として用いられることが多い．代表的な動物として，ウサギ，フェレット，ハムスター，リスザル，インコ，カメ，イグアナなどがあげられる．また，希少動物や動物園動物，野生動物や実験動物が含まれる場合もある．

エキソン［exon］ エクソンともいう．生物の一つの遺伝子の配列は，最終的にタンパク質に翻訳されるヌクレオチド配列の間に，翻訳されない配列（イントロン*）が挿入されているものが多い．翻訳される部分をエキソンとよぶ．転写された前駆体RNAのうちスプライシングを経て成熟mRNAとして残る部分ともいえる（⇒ イントロン［図］）．特に真核生物においては，多くの遺伝子*の転写領域はエキソンがイントロンにより分断された構造をとる．スプライシングにより複数のエキソンが連結して生じるmRNAは一つとは限らず，異なるエキソンの組合わせによって互いに似ているが異なるmRNAが生じ，複数のタンパク質が合成される遺伝子もある（**選択的スプライシング** alternative splicing）．

役畜［draft animal］ ⇒ 使役動物

エクジステロイド［ecdysteroid］ ⇒ 幼若ホルモン

エクジソン［ecdysone］ ⇒ 幼若ホルモン

エクソン［exon］ ＝エキソン

餌乞い［begging］ 親が子の世話をする動物において，子側が親の給餌行動をひきだすために行う行動全般をさす．たとえば，鳥類の雛が親に向かって鳴き声を出しながら翼や体を持ち上げる行動などである（図）．餌乞い行動の研究は鳥類で

餌乞いするツバメの雛．口内は鮮やかな黄色をしており，親に対する視覚的刺激となっている．

盛んに行われてきたが，哺乳類・両生類などの他の脊椎動物や，節足動物などの無脊椎動物も含め，親が子の世話をする動物において広く一般的にみられる行動である．たとえばモンシデムシ類では幼虫が頭を上げて足を波打たせるように動かし，親からの吐き戻しを要求する．この行動は，給餌量をめぐる親子間の対立を解消する手段として進化した，子の状態を伝える信号だと考えられてきた．一方で，きょうだい間の対立*による子同士の競争によってもこの行動が進化すると考えられている．子が餌乞いに用いる信号には，聴覚的刺激・視覚的刺激・触覚的刺激・化学的刺激などのさまざまなものが含まれ，複合的に利用する場合もある．特に，聴覚的刺激のなかで，子が声を発する場合，その声を餌乞い声（begging call）とよぶ．

餌乞い声［begging call］ ⇒ 餌乞い

餌乞い姿勢 ⇒ 求愛給餌

餌台［feeder］ 動物に餌づけ*を行う際に

用いられる道具．庭先などに鳥を誘引し，観察する目的で用いられることが多い．簡素な台状のものから，網袋の中に種子などを入れるもの，ハチドリなど吸蜜する鳥種に用いる自動給水器のようなものなど，さまざまな形状がある．

餌場選択［foraging site selection, foraging habitat selection］　採餌場選択，採食地選択ともいう．動物がどのような場所で採食を行うかという，行動生態学における基本的な問題．森林，草地，河川など異なる環境からどこを選んで採食を行うのか，またある環境の中でどの場所を選んで採食を行うのかなどについて，個体当たりの利用頻度や利用個体数を餌場間で比較することで明らかにできる．動物の餌場選択には，各餌場で時間当たりに得られる食物の量や，天敵に捕食される危険性，餌場に到達するまでにかかる時間や労力など，さまざまな要因が影響を及ぼす．これらの要因による利益と損失を総合的に考慮して，動物の餌場選択を行動生態学的に理解するために，採餌理論*や社会採餌理論がよく用いられる．たとえば，各餌場で時間当たりに得られる食物の量を動物が事前に知っており，餌場間を移動するためにかかる時間の影響を無視できるとすると，各餌場を選択する動物の個体数は，その餌場で時間当たりに得られる食物の量に比例することが採餌理論によって予測される．（⇒最適採餌理論，行動経済学）

エージェントベースモデル［agent-based model］　=個体ベースモデル

S-R 習慣［S-R habit］　⇒S-R 連合

S-R 理論［S-R theory］　刺激-反応理論 (stimulus-response theory)の略称．広義には，人間を含む動物の行動を，刺激と反応の言葉で記述しようとする立場をさし，行動主義*とほぼ同義に使われることがある．狭義には，条件づけ*手続きによって形成される学習は，刺激と反応の連合(S-R 連合)であるとする見解をいう．行動主義を提唱した J. B. Watson* や新行動主義者の C. L. Hull* らは S-R 連合論者であるが，同じ新行動主義であっても，E. C. Tolman* は，刺激(信号，手段)と刺激(指示対象，目標)の連合を主張する S-S 連合論者であり，B. F. Skinner* は連合という説明概念そのものを否定するので，彼らの理論は狭義には S-R 理論ではない．

S-R 連合［S-R association］　刺激-反応連合 (stimulus-response association)の略．古典的条件づけ*や道具的条件づけ*において動物が学習*し，学習行動をつくり出すうえで機能する知識であり，動物の中枢神経系(あるいは心の中)に形成される刺激と反応の結合(⇒連合学習)．刺激-反応習慣(stimulus-response habit, S-R 習慣)ともよばれる．たとえばイヌに音と食物を対提示する古典的条件づけでは，音(刺激)と唾液分泌(反応)の間に新たに形成される連合である．条件づけが進行すると，音は S-R 連合を通じて直接イヌの唾液分泌反応をひき起こす．ラットを被験体とし，食物を報酬*としてレバー押しを訓練する道具的条件づけでは，レバーを押すときにラットが知覚する状況の全体(レバーの見た目や感触，またそのときに聞こえた音や嗅いだにおい)が刺激となり，レバー押し(反応)と連合する．条件づけが進行すると，この状況がレバー押し反応を直接ひき起こす．過去には，古典的条件づけと道具的条件づけの両者において動物が学習する唯一の連合と考えられたこともあった(⇒S-R 理論)が，近年では，古典的条件づけでは条件刺激*と無条件刺激*の連合(⇒S-S 連合)が，道具的条件づけでは刺激-結果連合および反応-結果連合が，S-R 連合と同時に形成されると考えられている．学習行動をつくり出すうえで S-R 連合の貢献度が他の連合よりも際立って大きいと考えられている事態として，古典的高次条件づけ*における条件反応*(たとえば，イヌに音と食物を対提示した後に光と音を対提示した結果，光に対してイヌが示す唾液分泌反応)や，過剰学習*により習慣化した道具的行動*があげられる．

SS 選択［SS selection］　=衝動性選択

S-S 連合［S-S association］　刺激-刺激連合 (stimulus-stimulus association)の略．古典的条件づけ*において動物が学習*し，学習行動がつくり出されるときに機能する知識であり，ヘッブ則*に従って動物の中枢神経系(あるいは心の中)に形成される条件刺激*と無条件刺激*の連合(⇒連合学習)．たとえばイヌに音と食物を対提示する古典的条件づけでは，音と食物の間に新たに形成される連合である．条件づけが進行すると，音は形成された S-S 連合を通じて"食物の到来に対する予期"をつくり出すようになり，動物はこの予期の強さと価値に応じた強度の唾液分泌を条件反応*として表出する．S-S 連合と S-R 連合*(刺激-反応連合)は相互に排他的なものではなく，同時に形成される可能性がある．条件反応をつくり出すうえで S-S 連合がどの程度貢献し

ているのかを調べるために，無条件刺激の価値低下法(outcome devaluation)が考案された．この方法では，条件づけの初期，中期，あるいは完成の後などのさまざまな時点で無条件刺激の価値を低下させる．具体的には，味覚嫌悪学習*や飽和化*を用いて，無条件刺激を目の前にしても動物がこれに反応しない状態にする(たとえば無条件刺激が食物の場合，自発的な摂取反応が起こらない状態にする)．この状態で動物に条件刺激を提示し，条件反応の強さが変化したかを調べる．S-S連合がS-R連合よりも卓越していれば，条件反応をつくり出すうえで重要な"無条件刺激の予期"がもはや価値をもたないため，条件反応は大幅に低下する．逆にS-R連合がS-S連合よりも卓越している場合には，条件刺激は条件反応を直接ひき起こすことができるため，条件反応はほとんど変化しない．無条件反応の価値低下に伴う条件反応の低下は，さまざまな動物種の多岐にわたる事態で観察されることから，S-S連合は古典的条件づけにおいて動物が学習する最も基本的な連合であると考えられている．

SN比，S/N比 ＝信号対雑音比

エスケープ [escape (from natural predation)] 多数個体が発生を同調させることで捕食を回避する適応的行動．たとえば周期ゼミ*の成虫の同調発生やフタバガキ科植物の一斉開花と結実には捕食者に対するそのようなエスケープの効果があるといわれる．ただし異論もあり，これら同調現象が捕食回避だけで説明できるわけではない．エスケープは，餌密度が短時間に増加していくとやがて捕食者の1個体当たり餌当たりの捕食効率が低下する機能の反応(食い切れなくなること)を餌生物が利用した性質と考えられる．利己的な群れ(⇨利己的集団仮説，うすめ効果)が局所的に高密度な空間をつくることで捕食を回避するのに対し，エスケープは密度を一時的に急上昇させることで捕食回避効果を導くものである．

エストラジオール [estradiol] 卵巣から分泌される黄体ホルモン*とならびに代表的な雌性ホルモン．通常はエストラジオール-17βをさす(図)．体内での産生量が最も多く，代表的なエストロゲン*である．発育および発情周期*，雌性行動*に関与する．

エストロゲン [estrogen] おもに卵巣や胎盤で産生される雌性ステロイドホルモン．卵胞ホルモン(folicle hormone)ともいう．エストロゲンは，エストロン，エストラジオール*，エストリオールの3種に区別することができる．雌性副生殖器(卵管，子宮，膣など)の発育促進，二次性徴の発現などの作用をもつ．また，卵巣周期とともに血中エストロゲン濃度が変動し，排卵前の卵巣からは大量のエストロゲンが分泌される．高濃度のエストロゲンによって下垂体前葉からの黄体形成ホルモン*(LH)の一過性大量分泌(LHサージ)がひき起こされ，このLHサージによって排卵が誘起される．エストロゲン受容体*はα型とβ型に大別され，これらは脳内にも広く分布している．脳内でのエストロゲンの作用としては雌の発情つまり雄を受入れる行動を誘起することがよく知られており，ギリシャ語のestrus(発情)と-gen(生じる)が名前の由来である．そのほか，記憶学習能，うつ病，不安，性的嗜好性*との関連性も明らかとなってきた．

エストロゲン受容体 [estrogen receptor] ステロイド受容体ファミリーに属する核内受容体．全身のさまざまな器官に存在する．異なる独立した遺伝子から転写・翻訳される二つのアイソフォームが存在し，エストロゲン受容体α，βとよばれる．特に脳内に存在するこれら二つの受容体の作用は大きく異なり，たとえばネズミの脳の性差*形成に関与する代表的な性的二型核であるSDN-POA(視索前野)の性差形成にはα型が関与し，AVPV(前腹側脳室周囲核)ではαとβの分布に性差がある．またマウスではα型を遺伝子操作により欠損させると，雄型の性行動であるマウント行動*は減少するものの多少発現し，イントロミッション*や射精*行動には大きな障害が観察される．一方でβ型をノックアウトすると，雄マウスは正常な性行動を示すが，雌では不安行動の上昇が観察される．そのほか，記憶学習，摂食，運動活性などの機能と深いかかわりをもつ．

エソグラム [ethogram] 行動目録ともいう．対象となる動物種の行動に客観的な表現でラベルづけ(名前をつける)し，それらを一覧できるよう目録としたもの．客観性を保つため，ラベルには"脅かす"といった主観的な解釈や推論の加わった表現ではなく"立ち上がる"，"口を開ける"といった表現を使う．動物の行動には単発的にではなく，つぎつぎと出現するものもある．エソグラ

ムはこのような行動連鎖*においてその順序規則などを記述するのにも有用である．たとえば，タンチョウの雄と雌のダンスにおいては，同じ運動パターンがいろいろな順番で出現する．それら一連の行動のおのおのに，"伸び上がり"，"前かがみ"，"おじぎ"，"背まげ"などとラベルづけできる．このようにすることで，その出現の規則性を解析すると複雑な行動の時系列分析が可能になる．

エソロジー［ethology］ ⇌ 動物行動学

餌づけ［feeding］ 野生動物に人為的に給餌を行うこと．また，動物をそれに慣れさせること．飼育下では，本来生き餌しか食べない動物を，人工飼料に慣らすこともさす．野生動物に対しては，観察・保護・観光などを目的に行われるが，過度の餌づけは本来の生態や個体群動態にさまざまな悪影響を及ぼすため，問題視される．

H.M. の症例［Case of H. M.］ 海馬*損傷の結果，エピソード記憶*の深刻な障害を示す例として広く知られる症例．1926年に英国に生まれ，1953年には重篤なてんかん発作を外科的に治療する目的で，左右の側頭葉内側部の海馬を含む領域を切除する手術を受けた．その後てんかん発作はおさまったが，著しい記憶障害が出現し，術前約2年間のエピソード記憶の想起とともに，術後の経験を陳述性の長期記憶として形成し想起する能力をすべて，生涯にわたって失った．さっき読んだ新聞の内容，かかりつけの医師の顔や名前，自分のしたこと，親しかった親族の死の知らせなどを，いずれも数分のうちに忘却する．H. M. のイニシャルでよばれて，カナダの B. Milner らによって集中的な研究が行われ，失った記憶能力がエピソード記憶形成に限定されていること，すでに形成されていた記憶の想起は健常であること，手続き記憶やプライミング記憶など多くの記憶が保たれていること，などが見いだされた．ヒトの記憶が単一の現象ではなく，脳内の責任部位が異なるいくつもの要素から成り立つ複合的なものであることを示す例として注目を集めた．H. M. は2008年に死去，死後実名（Henry Gustav Molaison）が公開された．

HPA 軸［HPA axis］ ＝視床下部-下垂体-副腎軸

HPG 軸［HPG axis］ ＝視床下部-下垂体-性腺軸

HVC［higher vocal center］ ＝高次発声中枢

越冬［wintering］ 生物が冬を乗り切ること．冬には気温や水温が下がり，餌が不足するため，さまざまな越冬の様式が進化している．移動性の高い渡り鳥などは温暖な低緯度地域へ移動して越冬する（⇌ 渡り）．哺乳類や両生類，爬虫類では心拍数が極端に下がり，代謝を大幅に低下させ冬眠*する．昆虫では越冬卵，幼虫越冬，越冬蛹，成虫越冬など種・個体群によってさまざまな形態で冬を越すがいずれも休眠状態となる．低温条件下で生息する生物は行動だけでなく，体内の成分組成の変化が必須であり，構成脂肪酸中の不飽和脂肪酸の割合を上げる，分子組成を変化させるなどの生理的な変化を伴う．通常，越冬は生物にとって苛酷なステージだと考えられるが，正常に発生するために冬期の低温を経験する必要がある卵やさなぎも知られている．

NMDA 型受容体［NMDA receptor］ NMDA は N-methyl-D-aspartate の略．イオンチャネル型のグルタミン酸受容体*で，Na^+，K^+ のほかカルシウムイオン（Ca^{2+}）を細胞内に流入させる．グルタミン酸*は中枢神経系における主要な神経伝達物質*であり，NMDA 受容体による Ca^{2+} 流入が，神経伝達のための神経発火やシナプスの長期増強*の引き金となる．また，NMDA 型受容体が高活性化されると細胞内 Ca^{2+} が過多になりアポトーシス*が誘導される．感覚や運動の制御にも大きくかかわる受容体．

エネルギー［energy］ すべての生物は，その生存そして生殖のために環境からエネルギーを獲得している．たとえば，植物は光エネルギーを使用して光合成を行い，動物は有機物を摂食してその中の化学エネルギーを得ている．微生物では硫化水素やメタンなどの還元型無機化合物のエネルギーを得るものがいる．得られたエネルギーは生物体内で代謝活動によって使用され，最終的には熱エネルギーとして環境に戻っていく．摂食活動などによる生物間のエネルギーの移動を，生態系におけるエネルギーの流れ（energy flow）という．

エネルギー経費則［energy budget rule］ ⇌ リスク感受性

エネルギー消耗戦モデル［energetic war of attrition］ ⇌ 資源占有能力

ABA デザイン ⇌ 単一被験体法

エピジェネティクス［epigenetics］ epi（外，上）と genetics（遺伝学）の造語．DNA の配列に変化が生じることなく，遺伝子の発現変化を制御する DNA やクロマチンの化学的修飾の総称．どの

細胞も核に含まれるDNAの配列は同じだが，組織ごとに発現するタンパク質は大きく異なり，分化している．この分化にはエピジェネティクスが大きくかかわる．DNAのメチル化，およびヒストンのアセチル化やメチル化といった修飾が知られている．ラットやヒトでは，養育環境などの経験，さらには記憶の形成時にもエピジェネティックな変化が起こり，それにより遺伝子発現が変化し，行動表現型が変容することが知られており，経験依存的な行動変化や精神疾患研究において注目されている．

エピジェネティック多型［epigenetic polymorphism］ ⇌ 遺伝的多型

エピスタシス分散［epistatic variance］ ⇌ 遺伝率

エピソード記憶［episodic memory］ 長期記憶*の一種で，個人的に体験した出来事の記憶のこと．"昨日の昼は食堂でカレーライスを食べた" "先週末に友人と映画館に行き映画を見た" などのように，"なに（what）" が "どこ（where）" で "いつ（when）" 起こったのかという出来事の記憶である（WWW記憶）．意味記憶*とは対照的であり，時間的・空間的に特定される記憶である．この意味に加えて，想起した記憶表象と現在の知覚表象を区別するという心的過程（自己作用的意識）も含まれるようになり，その意味では記憶というよりも記憶システムとしてとらえられている．後者の観点からは，ヒトに特有とされることもあるが，前者の観点からは，動物も同様の記憶をもつと考えられている．たとえば，N. ClaytonとA. Dickinsonは，余った餌を隠しておく "貯食*" の習性のあるカケスを対象として，動物にもエピソード記憶と同様の記憶（エピソード様記憶 episodic-like memory）があることを実験的に示した（1998年）．大好物だが時間経過によって腐ってしまう餌と，あまり好きではないが腐らない餌を隠させる実験を行い，カケスが適切な時期に適切な餌を取出すことから，それらの餌を（つまり "なに" を），"いつ" "どこ" に隠したかを記憶していたことを示した．

エピソード様記憶［episodic-like memory］ ⇌ エピソード記憶

エピネフリン［epinephrine］ ＝アドレナリン

FIスケジュール ＝固定時隔スケジュール

FRスケジュール ＝固定比率スケジュール

fMRI ⇌ 機能的磁気共鳴画像法

FTスケジュール ＝固定時間スケジュール

エボデボ［evo-devo］ evolutionary developmental biologyの略語で，日本語では "進化発生学" "進化発生生物学" とよばれる生物学の一分野．かつては比較発生学とよばれていた分野で，異なる系統の生物の発生過程を比較することにより，共有する祖先形質や新規に獲得された形質について議論する分野．さらには，胚発生・後胚発生の過程のいかなる進化的修飾が体制（ボディープラン）の進化をもたらすかを議論する．また，新規形質の獲得過程や表現型進化における可塑性の役割，異所性や異時性などの発生過程の変更なども，この分野の対象となる．ヘッケルの反復説にみられるように，19世紀には発生過程と進化との関連について考察され始めていた．20世紀後半になり，分子遺伝学的知見の蓄積に伴い，Hox遺伝子をはじめとするツールキット遺伝子がモデル生物を中心に同定されると，それらの発現動態とボディープランとの相関に関する研究が一気に蓄積し，ゲノム中の遺伝子構成と発生過程，ボディープランの進化についてよりいっそう理解が深まった．

エミュレーション［emulation］ ⇌ 社会的学習

MHC［major histocompatibility complex］ ⇌ 主要組織適合遺伝子複合体

エメリーの法則［Emery's rule］ 社会寄生*において，寄生種とその宿主である種が系統的に近縁である法則性．たとえばハキリアリの一種 *Acromyrmex echinatior* には近縁の *Acromyrmex insinuator* が寄生する．1909年にC. Emeryが昆虫類の社会寄生で提唱したが，その後，他の動物の社会寄生や菌や植物の寄生にも当てはまる事例が見つかった．寄生種にとって，宿主とする種が近縁であれば，形態や行動，生活史の特徴が類似しており利用しやすいため，こうした関係が進化すると考えられる．この関係性の進化の過程として，ある種の集団中に他個体の資源や労働力を利用する個体が生じ，そうした集団が寄生種として分化した過程と，ある種が系統的に近縁な別種の集団の資源や労働力を利用し始め，寄生種として分化した過程が仮説として提出されている．

エライオソーム［elaiosome］ ⇌ 種子散布

えら引っ込め反射［gill-withdrawal reflex］ 動物の水管に水流刺激や触刺激を与えるとえらが引っ込む反射*（図）．E. R. Kandelが，海産の軟体動物アメフラシ*のえらの引っ込め反射に関す

る学習*の研究を行ったことで有名．刺激を繰返し行うと反射応答が小さくなる馴化*や，繰返し刺激の途中に頭や尾へ強い侵害刺激を与えるとこの反射応答が増大する鋭敏化*などの単純学習が成立する．また，水管への刺激を条件刺激*，尾部への刺激を無条件刺激*として連合刺激を行うと，水管への刺激だけでも大きなえら引っ込めが起こる連合学習*が成立する．Kandel はこのような学習が腹部神経節内の水管感覚ニューロンからえら運動ニューロンへのシナプス伝達効率の変化（シナプス可塑性 synaptic plasticity）で説明できることを示した．さらにシナプス伝達効率の増大は，促通性介在ニューロン*によるシナプス前末端への異シナプス促通（⇌促通，長期促通）によることも示した．

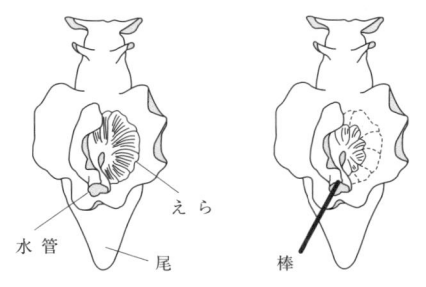

(左)背部から見たアメフラシの外観
(右)水管を棒でつつくとえらを引っ込める

エリア X［Area X］　鳴禽類の歌神経核の一つ．大脳の線条体とよばれる領域にあり，哺乳類の大脳基底核に分類される線条体と淡蒼球にみられる神経細胞と類似した細胞により構成されている．エリア X は，大脳皮質の一部に相同する神経核 HVC からの神経投射を受け，視床の一部である DLM へ投射を送るが，DLM からの投射を受けた皮質の一部である LMAN から再び投射を受ける（⇌歌神経核［図］）．エリア X が損傷を受けると，発声学習*能力が損なわれるが，一度獲得したさえずり*をうたうことには大きな影響はない．また，エリア X の神経細胞にはさえずりの際に活動パターンを著しく変化させるものがあり，それらの細胞は，単独でさえずるときと雌に対してさえずるときで異なる活動パターンを示す．エリア X の神経細胞は強いドーパミン入力を受けており，繁殖にかかわる状況や他個体との関係により，その活動パターンが修飾されると考えられる．

LL 選択［LL selection］　＝自己制御選択

エルデシュ数［Erdös number］　数学者 Paul Erdös は，その生涯において約 500 人の研究者と約 1500 本の論文を発表した．研究者を頂点（ノード），共同で論文を発表したことがある関係を辺とするネットワーク（共著ネットワーク）を描くと，研究者と Erdös の関係がグラフ上の距離（必要とする辺すなわちリンクの数）で表せる（図）．これをエルデシュ数とよんだ．たいていの研究者がエルデシュ数 5 か 6 以内に収まることが知られる．これは人間関係のネットワークのスモールワールド性の一例と考えられる（⇌社会ネットワーク理論）．

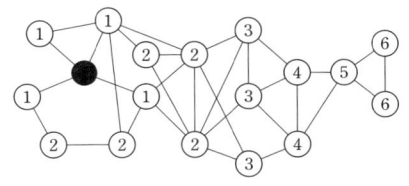

数字は●からのエルデシュ数

エルデシューレニィモデル［Erdös-Rényi model］　⇌ランダムネットワーク

エルドリッジ　**ELDREDGE**, Niles　1943.8.25〜　古生物学者．三葉虫など無脊椎動物を専攻する．コロンビア大学を卒業したのち，アメリカ自然史博物館に入り，キュレーターとして勤務する．1972 年，古生物学者 S. J. Gould* とともに，断続平衡説*を提唱し，古生物学データに基づく新たな進化理論の構築をもくろみ，大きな論争に発展した．その後，分岐学の中心的研究者としても活動し，系統学に基づく大進化理論の枠組みを構想する．また，進化学や系統学に関する一般向けの著作がきわめて多い．

エレクトロコミュニケーション［electrocommunication］　＝電気コミュニケーション

エレメント［element］　⇌シラブル

演繹法［deductive method, deduction］　前提または仮定をもとに結果を推論（inference）または予測（prediction）すること．三段論法は，二つの前提から結論を導く演繹である．たとえば，大前提"生物の体は細胞でできている"および小前提"ダニは生物である"から"ダニは細胞でできている"と結論できる．このように，演繹された結論は，前提が正しい限り正しい．このため，演繹は，確立された原理を立証する実験結果の予測に

も用いられる．たとえば，メンデルの分離法則から，ヘテロ接合体の掛け合わせで得られる遺伝子型または表現型の分離比を演繹できる．もし演繹された分離比から予測される期待値・個体数と実験結果とが異なれば，それは，実験操作の誤りか，たとえば遺伝子型の間でのふ化率の差異など，既知・未知の要因の存在を追究する根拠となる．演繹と対をなす推論が帰納である（⇌帰納法）．

円形ダンス［round dance］　⇌ミツバチのダンス

遠心性コピー信号［efference copy］　脳内で運動中枢から感覚中枢へ直接に送られる指令信号のコピー．**随伴発射**(corollary discharge)ともいう．眼球が眼窩の中で静止しているとき，外界に動く物体があると，網膜に映る像は物体に合わせて動く．眼球を能動的に動かしたときでも，同様の動きが網膜上の像に生じるわけだが，この場合にはわれわれは物体が動いたと知覚することはない．目を動かし視線を動かしただけである．ところが，まぶたの上から眼球を指で触って，強制的に眼を動かしてやると，今度は世界が動いたかのように知覚する．このことは，感覚を処理する機構（感覚中枢）が，感覚器から受取る信号だけを使って知覚を生成しているわけではないことを意味する．感覚中枢は運動を指令する中枢からも，これから起こる運動に関する信号のコピーを直接に受取っていて，感覚器からの情報を補正しているのである．自分で自分をくすぐっても，くすぐったくないのも，遠心性コピー信号の働きによる．しかし視覚・体性感覚どちらの場合も，遠心性コピー信号の実体は長く不明だった．その神経メカニズムはモルミリ目の弱電気魚*（エレファントノーズ）で詳細に解析された．この魚の体表には，**クノレン器官**(Knollenorgan)と**モルミロマスト**(mormyromast)の2種類の**電気受容器**(electroreceptor)があり，いずれも自己の発電と他の魚の発電の両方を受容する．しかしながら発電指令の信号が脳内で分岐し遠心性コピー信号として後脳の一次電気感覚中枢へ送られ，クノレン器官からの感覚信号を抑制，モルミロマストからの信号を増強する．そのためクノレン器官とモルミロマストの中枢では，他魚からの電気コミュニケーション*の信号と，自己の発電による電気定位*のための信号がそれぞれ独立に処理される．

延滞［delay］　⇌遅延

延滞条件づけ［delayed conditioning］　まず条件刺激*を与え始め，その最中に無条件刺激*を与えるという形で，二つの刺激を経験させる古典的条件づけ*手続き．順行条件づけ*の一種である．一般に無条件刺激の終了の前または無条件刺激の終了と同時に条件刺激を終了する．古典的条件づけの成立には，条件刺激が無条件刺激に時間的に先行し，かつ両刺激が時間的に接近*していることが重要で，この手続きはこれら二つの要素を併せもっているため，効果的に条件づけを形成できる．野生の動物は，夕立ちやにわか雨の際，空が急に暗くなり（条件刺激），その後激しく雨が降る（無条件刺激）ことを繰返し経験し，その結果，急に空が暗くなると雨を避けるために巣に急ぐようになるが，これは延滞条件づけの一例といえる．なお，この手続きで条件づけを形成する場合に，条件刺激の開始から無条件刺激の開始までの間隔を非常に長くとると，**延滞制止**＊が生じることがある．（⇌逆行条件づけ，同時条件づけ，痕跡条件づけ）

延滞制止［inhibition of delay］　古典的条件づけ*の形成に順行条件づけ*手続きを用いる際，条件刺激*を与え始めてから無条件刺激*を与えるまでの時間を非常に長くあけると，経験を重ねるにつれ，条件刺激の前半部分では条件反応*が起こらなくなり，やがて制止条件づけ*が形成される現象．たとえば，ペットのイヌに，5分間のブラッシング（条件刺激）の後にごはん（無条件刺激）を与えることを毎日繰返すと，最初のうちは，ブラッシングの最中ずっと（おそらくごはんを期待して）喜び興奮するようになる．しかしさらに繰返すと，徐々に，長いブラッシングの最初の方はあまり興奮せず，むしろ落ち着き，終わる頃だけ興奮し喜ぶようになる．（⇌延滞条件づけ）

円ダンス［round dance］　⇌ミツバチのダンス

延長された表現型［extended phenotype］　個体を遺伝子を運ぶ乗り物にたとえたR. Dawkins*の利己的遺伝子*の概念の延長にある考えで，同名の著書で提唱された．遺伝子が発現することで直接変化するのは細胞であり個体の表現型*である．しかし，そのような個体の変化により改変された周囲の環境もまた当該遺伝子の表現型とみなすことができるとし，"延長された表現型"とよんだ．たとえば，ビーバーのダム（図）や植物にできた虫こぶ*もまた，それぞれビーバーと寄生性昆虫の遺伝子の延長された表現型であり，遺伝子

の生存機会の最大化のために役立つ装置とみなせるとする．このような考えの背景にある哲学的な意図は，遺伝子中心主義的な観点から，生物学ではその自明性が疑われることがほとんどない"個体"という概念を解体再構築することにある．Dawkinsのこの一連の主張に対する反論の重要なものに，個体の表現型ですらゲノム内のさまざまな遺伝子の利害対立の産物であるのだから，延長された表現型においては単一遺伝子の適応度最大化が実現する状況はまれであるとするものがある．

ビーバーは巨大なダムを作る．このような行動も，遺伝子の支配を受けているので"延長された表現型"といえる．

エンドマイトシス［endomitosis］ ⇨ 単為生殖

エンドルフィン［endorphin］ いわゆる脳内モルヒネとして知られるオピオイド*の一種．エンドルフィンは数種類あるが，βエンドルフィンが最もよく知られる．βエンドルフィンは視床下部の弓状核や下位脳幹の孤束核で多く産生される．前駆体はプレプロオピオメラノコルチンである．鎮痛，鎮静や嗜癖，報酬行動，さらには常同行動*などにかかわることが知られている．ヒトでは多幸感などの精神活動を誘起する．

エントロピー［entropy］ システムの乱雑性・無秩序さを表す指標．統計物理学では気体分子がとりうる場合の数の対数に相当する．気体分子がある体積の中に存在する場合，ある小さな領域にかたまっている状態よりも，均等に存在する方がエントロピーは高い．系から熱の出入りがないときには，エントロピーは時間とともに増加する．すなわち，気体分子がどこかに偏って存在していたとしても，外部からエネルギーを与えずに時間がたてば，分子はより乱雑な一様に分布する状態へと変化してゆく．情報科学では，この具体的な物理現象から一般化し，ある確率変数の分布が与えられたとき，その確率変数を送受信する際の単位時間当たりの平均的な情報量(乱雑さ・無秩序さの解消)と考えることができる．ここで情報量とは，ある変数を受信したときの"驚き"に相当する量であり，変数xの確率が非常に低い場合には高く，確率が1であればまったく驚きがない量であり，$-\log_2 p(x)$で定義される．この変数を複数回送受信した際の情報の平均量は，分布$p(x)$に関しての期待値であるから，確率変数xのエントロピーは$H(x)=-\Sigma \log_2 p(x)$で定義される．

円舞［round dance］ ⇨ ミツバチのダンス

オ

横臥 [lie, lateral recumbent] 四肢で立つ哺乳類において，立位(standing)ではない状態を横臥または伏臥(sternal recumbent)という．伏臥位は，四肢を曲げて体幹に沿うように置き，胸部と腹部を地につけた状態(図a)．前肢は片方を前方へ伸ばすこともある．頸はたいてい立っているが，ヤギやヒツジでは，頸部を曲げて頭部を体幹に乗せる，あるいは頸部を前方に伸ばし顎を地につけることもある．一方，横臥位は，体側の片方を，頭部も含めて地につけ，四肢を伸ばし"横倒し"になる状態である(図b)．横臥位はウマやブタにおいてはよく観察されるが，反芻動物ではめったに観察されない．これは，体幹の横倒しが反芻胃の内容物の逆流をまねくためかもしれない．多くの動物種において，睡眠*時を含めた休息時にこの姿勢をとることが多い．一般に飼育動物は，野生状態よりは伏臥位あるいは横臥位になる時間帯が長い．

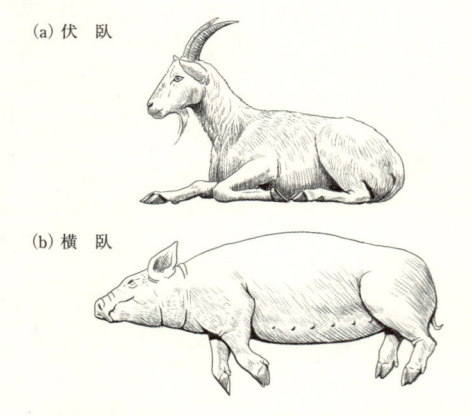

(a) 伏　臥

(b) 横　臥

黄体 [corpus luteum] 排卵後の卵巣で卵胞*の顆粒層細胞と卵胞膜細胞が変化してつくられる組織塊．妊娠*の成立・維持に働くホルモンである黄体ホルモン*を産生する．ヒトやウシ，ウマ，イヌなどでは黄色，ヤギ，ブタなどではピンク色を呈する．妊娠が成立しなかった場合，黄体細胞はしだいに変性消失して(黄体退行)黄体期*が終了し，新たに卵胞期に入り卵胞の発育が開始する．霊長類やヒツジ，ウシなどの卵胞は交尾の有無にかかわらず卵胞期と黄体期からなる完全性周期を反復する一方，ラットやマウスなどの齧歯類では交尾刺激がない場合機能化された黄体が形成されないため，卵巣は短い卵胞期のみを繰返す．妊娠時には黄体は妊娠黄体となり，血中のプロゲステロンを主とする黄体ホルモン濃度を高値に保つ．黄体ホルモンは子宮内膜の増殖や子宮筋の自発運動の抑制，基礎体温の亢進などをひき起こす．

黄体化ホルモン [luteinizing hormone] ＝黄体形成ホルモン

黄体期 [luteal phase] 排卵周期*のうち，排卵*後に黄体*が形成・活動している時期．黄体は排卵後，卵胞の顆粒層細胞と卵胞膜細胞から形成される(黄体化)．黄体期には，黄体から黄体ホルモン*(プロゲステロン)が分泌される．

黄体形成ホルモン [luteinizing hormone, LH] 黄体化ホルモンともいう．下垂体前葉から分泌される性腺刺激ホルモン*の一つ．視床下部で生成される性腺刺激ホルモン放出ホルモン*が下垂体門脈により下垂体へ運ばれ，黄体形成ホルモンの分泌を誘起する．雌雄に共通のパルス状(LHパルス)と雌特有のサージ状(LHサージ)という2種類の分泌様式があり，前者は性腺*機能の維持に，後者は排卵*誘起に働く．LHパルスはストレス*刺激によって抑制されやすく，この状態が続くと性腺機能が低下する．LHサージは十分に発達した卵胞*から分泌されるエストロゲン*が脳に作用することでひき起こされるため，性腺機能が低下したストレス状況ではLHサージも抑制される．齧歯類では発情前期の暗期開始の数時間前にLHサージが起こり，その後の排卵と交尾とが同期することで合目的的な生殖戦略をとっていると理解されている．雄では精巣の間細胞に働くため，**間細胞刺激ホルモン** (interstitial cell-stimulating hormone)とよばれる．

黄体刺激ホルモン [luteotropic hormone] 催乳ホルモン(lactogen)，乳腺刺激ホルモン(mammotropin, mammotropic hormone)，プロラクチン(prolactin)ともいう．おもに下垂体前葉から分泌され，泌乳や妊娠維持に働くホルモン．下垂体

以外にも乳腺上皮細胞，子宮，リンパ細胞などでも生成され，乳汁や卵胞液にも含まれる．視床下部から分泌される黄体刺激ホルモン抑制因子と黄体刺激ホルモン放出因子によって分泌が制御されている．黄体刺激ホルモン抑制因子の主要なものとしては視床下部から下垂体門脈に流れ込むドーパミン*が同定されている．乳腺では他のホルモンと協調して乳腺細胞の増殖や乳汁の合成，黄体では黄体ホルモン*生成の促進による黄体機能の維持，血中では免疫系の活性化など多様な働きをもつ．また，ストレス刺激によっても黄体刺激ホルモンの分泌が亢進することや，黄体刺激ホルモンが脳内でエストロゲン*およびプロゲステロン（黄体ホルモン）との協調作用により母性行動*を誘起することなどが明らかになってきている．

黄体ホルモン［corpus luteum hormone］ 黄体から分泌されるホルモンの総称．主要成分のプロゲステロン（progesterone）は，妊娠の成立と維持に必須なステロイドホルモン*で，ステロイド合成経路においてエストロゲン*やアンドロゲン*，副腎皮質ステロイドの前駆物質でもある．プロゲステロンは胎盤や副腎皮質からも分泌され，おもな作用は子宮内膜の着床性増殖，子宮筋自発運動の抑制，妊娠維持，乳腺の発達促進，体温上昇などである．さらに，高濃度のプロゲステロンは視床下部に働いて性腺刺激ホルモン放出ホルモン*の分泌，さらにその下流の性腺刺激ホルモン*を抑制するという負のフィードバック作用をもつ．エストロゲンのもつ雌の発情誘起作用に対して拮抗的に働くとされているが，イヌやヒツジ，ウシ，齧歯類などでは逆にプロゲステロンがエストロゲンによる発情行動，雄の許容などに必須もしくは増強する効果をもつ．

横断的研究［cross-sectional study］ 発達研究においては，異なる年齢グループを対象に実験や調査を行い，グループ間で比較する方法をいう．それに対し，子どもの発達を一個体ずつ継続的に調べる方法を**縦断的研究**（longitudinal study）といい，それぞれに長所と短所がある．横断的研究では，各年齢グループの一般的な特徴をより効率的に引き出すことができる反面，発達的変化の連続性をとらえることが難しい．縦断的研究では，個人ごとの変化を連続的に追跡することができるが，結果を得るのに多大な労力や時間を必要とする．

嘔吐［vomit］ 胃の内容物が食道を逆流し，口から吐出される反射*である．悪心（おしん）（emesis, nausea）の結果として起こる．ウシやシカの反芻*や，鳥類の親が食物を一度飲み込んだ後に雛に与える吐き戻し（regurgitation）は嘔吐ではない．嘔吐が起こる要因と経路には，以下の三つがある（図）．1）毒物を取込んだ結果，これが延髄最後野に存在する化学受容器引き金帯（chemoreceptor trigger zone, CTZ）に作用して，嘔吐中枢へ入力する経路，2）咽頭への物理的刺激や消化管内の異常が舌咽神経，迷走神経を介して入力する経路，3）不規則な振動などによる平衡感覚の撹乱が，半規管を介して起こる経路（動揺病 motion sickness）．ラットやマウスなどの齧歯目は嘔吐ができないが，悪心を感じているときはカオリン（kaolin，ケイ酸塩鉱物の一種で瀬戸物の原料）を食べる異味症（→異嗜）を示す．同様のカオリン摂取行動は，刺激の強い植物を食べたチンパンジーでも観察される．

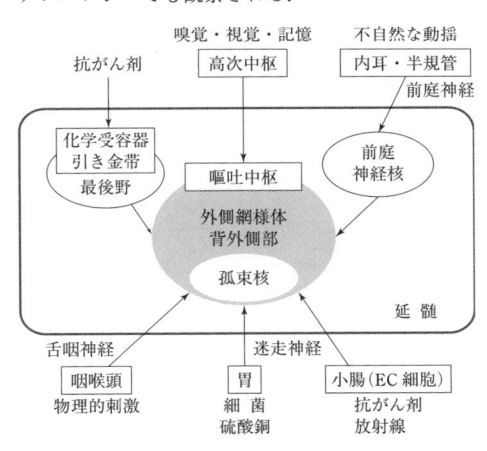

王 乳 →ローヤルゼリー

オウム〖鸚鵡〗［parrot］ オウム目（オウム科およびインコ科）に属する鳥類の総称．対趾足（足の指が前後2本ずつに分かれている），湾曲したくちばしなどの特徴がある．一般的にはインコ類はオウム類よりも体が小さいが，該当しないものも多種いる．高い社会性をもつ種，数十年という非常に寿命の長い種が多い．オウム目の鳥は多くの生態学研究があるほか，音声学習をする数少ない動物種であることからしばしばヒトの言語学習のモデル動物として用いられる．なかでも言葉を憶えるだけではなく意味を理解し利用するこ

とが可能なヨウム(African gray parrot, *Psittacus erithacus*)の Alex(アレックス),リズムをとることのできるアルーキバタン(Eleonora cockatoo, *Cacatua galerita eleonora*)の Snowball(スノーボール)が有名である.また,愛玩動物としてオウム目の多くの種が飼育されており,色変わりの作成などの品種改良が行われている.その反面,乱獲などの影響で個体数が減少し,保護が必要となるケースも多い.オウム目のなかで唯一飛べずかつ唯一レック*で繁殖する夜行性のカカポ(フクロウオウム kakapo, *Strigops habroptilus*)は保全活動でもよく知られている.

ヨウムの Alex(下)とキバタンの Snowball(右)

オウム返し方略 [tit for tat] ＝しっぺ返し戦略

応用行動分析学 [applied behavior analysis] ⇌ 行動修正

オオアリ釣り ⇌ 文化的行動

尾追い [tail chasing] 動物が回りながら自分の尾を追いかける行動.重篤化すると一日に何度も尾追いを繰返し,尾が傷つき,骨が露出したりする.まれに尾を噛みちぎってしまうこともある.異常行動*の一つである常同行動*に分類される.犬では吠えや唸り,甲高い発声を伴う場合がある.また尾追いには犬種差があり,頻発する家系が存在する.なかでも,柴犬で多く,約 60% で回る行動が観察され,約 30% では回りながら唸ったり,尾をかじるなどの重篤な症状がみられる.尾追いが生じる詳細なメカニズムはわかっておらず,改善のための方策なども明らかにされていない.

オオカミ [wolf] 学名 *Canis lups*.食肉目イヌ科に属す.通常,ハイイロオオカミ(gray wolf)のことをさす.イヌ科の最大種.胴長約 100〜160 cm,体重約 20〜50 kg.以前は北半球全域に分布していたが,現在は北アメリカ大陸およびユーラシア大陸の一部の山間部や原野にのみ生息する.体サイズは地域個体群や亜種により異なる.毛色は灰褐色が多いが,白,褐色,黒の毛をもつ個体もいる.雌雄の繁殖ペアとその子どもたちを中心としたパック(pack)とよばれる群れを形成する.各群れは約 30〜最大 6000 km^2 に及ぶなわばり*をもち,尿や糞によるにおい付け,地面の引っかき痕,遠吠え*を使って他の群れのなわばりと重複することを避ける.肉食性で,シカ,ヘラジカ,イノシシなどの獲物を群れで追跡して狩る.個体間のコミュニケーションを図る際には,さまざまなボディーランゲージ*や音声が用いられる.たとえば優位個体は姿勢を高くして体毛を逆立てたり,耳,尾を上げたりするのに対して,劣位個体は低い姿勢のまま耳や尾を下げる.オオカミはイエイヌ*の祖先種であるため,両者の比較を通じて,イヌの遺伝,生理,行動が家畜化によってどのように変容したのかという問題が調べられている.近縁種として,アメリカアカオオカミ,コヨーテ,キンイロジャッカルなどがあげられる.

尾かじり [tail biting] ⇌ 異常行動

丘直通(おか なおみち) 1909. 1. 27〜1991. 9. 16 動物心理学者.動物学者の丘浅次郎の五男にあたる.東京帝国大学理学部に学び,1933 年の動物心理学会(現在の日本動物心理学会)の創設時から会員となる.1952 年から東京文理科大学(のちの東京教育大学)で比較心理学を教えるかたわら,ヤマガラの形態知覚の研究を行う.主著に『動物の習性』(1951 年),共訳書に C. J. Warden ら『生物心理学概論』(原著 1934 年,邦訳 1936 年)や K. Z. Lorenz*『動物行動学』全 4 巻(原著 1965 年,邦訳 1977〜1980 年)がある.

オキシトシン [oxytocin] 哺乳類の雌に特有な分娩*や授乳*といった生理機能を活性化するホルモン.脳内の視床下部にあるニューロンで産生され,下垂体後葉から全身血中に分泌される.分娩時にはオキシトシンが子宮に作用することで子宮筋が収縮し,胎仔の排出が促進される.授乳

時には仔が乳首に吸いつく刺激によりオキシトシンが分泌され，これにより乳腺が収縮して乳汁が射出される．脳内にも受容体があり，母性を高め，養育行動を促進する作用がある．また，近年では雌だけに限らない中枢作用が注目されており，たとえば遺伝的にオキシトシンを欠損させたマウスは他個体を認知し記憶する能力が障害される．ヒトでは他人への信頼を高める作用も報告されているなど，個体同士の社会的なつながりを強めるホルモンだともいえる．

奥行き知覚［depth perception］　物体の立体的な形や対象までの距離など，三次元の空間的な広がりをとらえること．網膜像は二次元にもかかわらず，われわれは，奥行きを伴った三次元世界の構造を知覚することができる．このような印象は，さまざまな奥行き手がかり(depth cue)によって生じる．たとえば，ヒトの左右の眼の中心は約6cm離れているため，両眼で見ると，それぞれの網膜像に映る物体の位置は微妙に異なる．このような網膜像のズレを両眼視差(binocular disparity)といい，霊長類で特に発達した代表的な両眼性の手がかりである．両眼視差に基づき，物体の相対的な距離が知覚される．一方，写真や映像を片眼で観察したときにも奥行きが知覚される．このような単眼性の手がかりには，陰影(shading)，線遠近法(linear perspective)，大気遠近法(aerial perspective)，相対的大きさ(relative size)などがある．

奥行き手がかり［depth cue］　⇒奥行き知覚

悪心［emesis, nausea］　⇒嘔吐

雄間競争［male contest, male-male competition］　⇒雄間攻撃行動

雄間攻撃行動［male-male aggression］　動物の雄が同種他個体の雄に対して威嚇したり襲いかかったりする敵対行動*．通常は儀式的あるいは威嚇的なディスプレイ*から始まり，場合によっては四肢や角，歯牙を用いた身体的接触を伴う闘争に発展する(図)．おもに雄-雄間における生態内(群れ内)の地位をめぐる争いの場面で多く観察される．一連の敵対的交渉はどちらかの個体がその場から逃走したり服従*の姿勢をみせたりすることで終息する．闘争は当事者の双方に苦痛や傷害をもたらすことがあるが，死に至ることはほとんどない．配偶相手の獲得をめぐって成熟した雄同士が争う場合，**雄間闘争**(male contest, male-male competition, **雄間競争**)ともよばれ，性選択*の構成要素の一つになる．ゆえに，雄同士の攻撃行動は起こる頻度が高く，より深刻になる種が多い．

アカシカの雄は雌をめぐって角を突き合わせ激しく争う

雄間闘争［male contest, male-male competition］　⇒雄間攻撃行動

雄の選り好み［male choice, male preference］　⇒雌の選り好み

雄の質［quality］　⇒優良遺伝子仮説

オセロ症候群［Othello syndrome］　⇒嫉妬

オッカムの剃刀［Ockham's razor, Occam's razor］　⇒節約

オットセイ　⇒鰭脚(ききゃく)類

尾つながり［tandem］　⇒タンデム飛行

脅しのディスプレイ［threat display］　出会った他者に対して示す脅しの行動．他の個体やグループと遭遇した際に，それ以上の干渉を受ければ攻撃する意思があることを相手に示すために行う．クマが後脚で立ち上がる，ネコが毛を逆立てる(⇒威嚇行動［図］)，カマキリが前脚を広げる，イヌが歯を見せてうなる，スズメバチが大顎をカチカチ鳴らすなど，体を大きく見せる，武器を見せる，音を出すなどの方法がある．自分の力を見せつける示威行動(ゴリラのドラミング* など)も一種の脅しである．

オトシブミ［leaf-rolling weevil］　コウチュウ目オトシブミ科 Attelabidae に属する種の総称．通常，オトシブミ，アシナガオトシブミ，チョッキリゾウムシの3亜科に分けられ，前二者を総称してオトシブミ類，最後の群をチョッキリ類とよぶ．オトシブミ類は全種の，チョッキリ類は一部の種の雌成虫が，寄主植物の葉を加工して"ゆりかご(⇒揺籃［図］)"とよばれる葉巻状の巣を作る環境エンジニア*の典型的グループ．日本には，オトシブミ類は約25種，ゆりかごを作るチョッキリ類は約10種が知られている．体長は3～10mm内外．食性は単食性から非常な広食性まで，

種によって多様である．代表的なものには以下のような種がある(表)．

種名	おもな宿主
エゴツルクビオトシブミ	エゴノキ属
ヒメクロオトシブミ	バラ科，マメ科など
ナミオトシブミ	ブナ科
ゴマダラオトシブミ	ブナ科
アシナガオトシブミ	ブナ科
カシルリオトシブミ	マメ科，タデ科など
イタヤハマキチョッキリ	カエデ科
マルムネチョッキリ	カバノキ科

オートポイエーシス [autopoiesis]　H. R. Maturana と F. Varela によって 70 年代に提唱された生命のシステム論．システムの作用が要素を規定し，要素が作用を規定する，というウロボロス的な関係によって意味がつくり出される．細胞内部の代謝反応とそれを閉込める細胞膜のつくる細胞のふるまい，免疫系の抗原抗体反応と個体の自己と非自己の区別，脳内の神経細胞のネットワークがつくり出す意識構造などが具体的な例となる．昨今は，L. Luisi や菅原正らによって，自己組織化する脂質分子の小胞の実験が可能となり，オートポイエーシスは哲学的問題から具体的な研究テーマとなっている．また Varela によって，初期にはブラウン代数(区別と区別を区別する，という操作からつくる演算)を用いた，オートポイエーシスの演算的閉包という形式化が試みられた．しかし後期には神経現象学という分野をつくり，第一人称(主観的経験)と第三人称(客観的な状態変化)を接続するオートポイエーシスを意識科学に展開した試みがなされている．

オートミクシス [automixis]　⇌ 単為生殖

おばあさん仮説 [grandmother hypothesis]　おばあちゃん仮説ともいう．ヒトの女性の閉経が血縁選択*の結果生じたという立場から説明を試みる一連の仮説．ヒトの女性は 50 歳前後で閉経を迎え，繁殖能力を失った後も長生きするが，これは他の類人猿の雌にはみられない現象であり，適応度*に貢献しないはずの閉経の進化は謎であった．そこで，繁殖を終えた女性が孫の育児などの利他行動*により包括適応度*を大幅に高めた結果，閉経が進化したという仮説が立てられた．実証研究においても，現存する狩猟採集社会での調査や，18〜19 世紀の人口調査記録の解析などから，知識や経験を蓄えた高齢の女性の存在が食料の調達や育児などの場面で役立ち，包括適応度へ大きく貢献すること(おばあさん効果)が示唆されている．ヒトの知性*および長寿との進化的関連も指摘されており，ヒトと類人猿との共通祖先からどのようなコスト*およびベネフィット*のもとで進化しうるのか，同じく閉経後に長生きするクジラ類*との比較などから研究が進められている．シャチでは，年長者が経験に基づいて狩りの教育を行うと考えられており，生存データの解析から繁殖を終えた雌がいる群れでは子の生存率が高いという相関関係が示されている．

おばあちゃん仮説 [grandmother hypothesis] ＝おばあさん仮説

オピオイド [opioid, opiate]　ケシから取られるアヘン(opium)由来の物質，もしくは，アヘンが結合するオピオイド受容体に作用する内因性・外因性物質の総称．外因性オピオイドの代表的なものにモルヒネ*やヘロインがある．オピオイドは鎮痛作用があるため，痛みの治療に用いられる一方，多幸感をもたらし強い依存性がある．内因性オピオイドは，生体内でつくられるオピオイドペプチドで，エンドルフィン*，エンケファリン，ダイノルフィンなどがある．内因性オピオイドはストレスなどに応答して放出されることで，鎮痛や鎮静に加えて多幸感をひき起こすことから，ときに脳内麻薬(endogenous opioid)ともよばれる．オピオイド受容体には多数のタイプがあり，モルヒネやエンドルフィンが強い親和性をもつ μ 受容体，ダイノルフィン親和性の κ 受容体，エンケファリン親和性の δ 受容体などがある．

オプシン [opsin]　ロドプシン*など，視物質*のタンパク質部分．視物質には多くの種類があり，それぞれで光の吸収特性が異なる．これは，オプシンの一次構造によって決定されている．桿体*のオプシンをスコトプシン(scotopsin)，錐体*のオプシンをフォトプシン(photopsin)とよぶ．ヒトでは 3 種のフォトプシンがあり，吸収波長は短波長側からそれぞれ S, M, L と呼称される．これら 3 種により三原色に基づく色覚が成り立つ．

オプトジェネティクス [optogenetics] ＝光遺伝学

尾振り行動 [tail wagging]　動物が尾を水平または垂直方向に動かす行動．両生類，爬虫類，鳥類，哺乳類を含む脊椎動物において観察される．尾の挙動は移動や歩行に付随する運動であるが，個体の姿勢や興奮，攻撃性の衝動など，身体的・心理的状態を反映するため，同種間コミュニケーションの場面で社会的信号(社会シグナル*)の役

割を果たす．尾を振るパターンや尾が振られる場面(状況)は種によって異なる．オオカミ，イヌ，キツネを含むイヌ科動物は，興奮時や友好的な接近場面で尾を激しく左右に振ることが知られている．イヌの尾は飼い主のヒトを見たときは大きく右側に，見知らぬイヌを見たときは左側に振られるという報告があり，尾振りの大きさの左右差は，感覚から運動の出力へつながる大脳半球の左右の機能の優位性を反映していると考えられている．両生類や爬虫類では，イモリの求愛ディスプレイ*(図)，ワニの威嚇行動*，トカゲ類の捕食行動*など，さまざまな場面で尾が振られる．鳥類ではヒタキ科やセキレイ科などで上下の尾振りが頻繁にみられるが，その機能はよくわかっていない．

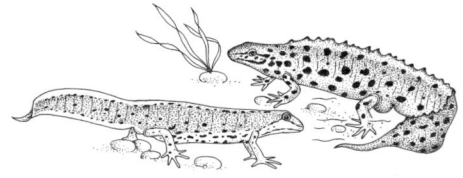

アカハライモリの尾振り行動．雄(右)は雌(左)の鼻先で尾をひらひらと揺らして求愛する．

オペランダム［operandum］　オペラント条件づけ*の実験において，反応の対象となる操作体*の総称．一般には，ラットやサルではレバー，ハトではキー，ヒトではパソコン画面上に表示されたボタン(カーソルを合わせたうえでのマウスクリックが反応となる)やキーボードが用いられる．近年ではタッチパネルを使用した研究も増えている．また異なるオペラント反応間の比較を行いたい場合には，ラットでは鎖，ハトでは足元のレバーなどが第二のオペランダムとして用いられている．オペランダムへの反応を検出する際，その反応型*は一般には問題とされない．たとえばラットのレバーでは，レバーを片手で押す，両手で押す，頭をのせて首を下げる，レバーを噛んで首を下げる，といったさまざまな反応型が想定されるが，これらはオペランダムに対する反応として等しく扱われる．(⇌ オペラント実験箱［図］)

オペラント［operant］　⇌ オペラント行動

オペラント行動［operant behavior］　オペラント反応(operant response)あるいは単にオペラント(operant)ともいう．環境に働きかけ(図①)，その結果によって変容する(図②)反応のこと．刺激といえば反応が対になるように，反応にとってそれに先行する刺激の存在は必須と考えられている．B. F. Skinner* は，先行する刺激によってこのような反応の変容や出現が，支配されている反応クラス*(たとえば餌によって唾液分泌が誘発される)をその応答的な性質からレスポンデント行動* とよんだ(⇌ 古典的条件づけ)．その一方で，必ずしも特定の先行刺激がなくても自発される反応があり，先行するというよりはむしろ後続する刺激によってその反応の変容や出現が支配される反応がある．彼はこうした反応に，環境に働きかけるという意味合いからオペラント(operate "操作する" より)という用語をあてた．より厳密には，行動が環境を変化させ，かつ，その後続した環境の変化によって，その後の当該行動の変容が支配される反応クラスをいう．たとえばラットがレバーを押すと，ラットに餌粒が与えられるような実験手続きのもとでラットのレバー押し行動の自発頻度がしだいに増加すればオペラント行動といえるが，出てきた餌粒がラットのレバー押し行動の頻度を変容させないならば，そのレバー押し行動はオペラント行動ではない．

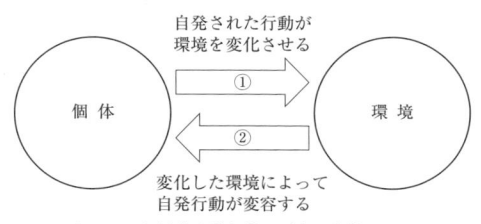

オペラント行動は①と②の両方で定義される

オペラント実験箱［operant experimental chamber］　スキナー箱(Skinner box)ともいう．B. F. Skinner* が開発した行動実験に用いる箱型の実験装置(図)．走路や迷路を用いた実験では，実験個体は1回の試行が終了するたびに実験者によって試行開始時点に戻されるが，こうした手続きのもとでは実験者が個体の反応機会を制限することになる．これに対して，オペラント実験箱を用いた実験では，実験個体は実験時間中に自由に何度でも反応することができる．また，反応の検出や強化子の提示はコンピュータで制御されているため，実験中に実験者の介入を必要とせず，実験を自動化できる利点もある．ハト用実験箱には，つつき反応を検出するための反応キーが，ラット用実験箱には，レバー押し反応を検出するための反応レバーが設置されている．また，キーやレバー

の上部には，弁別刺激*として，赤，緑，白などに点灯するランプが設置されている．実験箱中央下部には餌粒を提示するための開口部があり，個体の反応に対して強化子*である餌粒が提示される．

ハト(上)とラット(下)のオペラント実験箱

オペラント条件づけ [operant conditioning]

行動変容をもたらす随伴性*操作の一つ．たとえばラットのレバー押し反応が起こるたびに餌粒を提示すると反応が増える．逆にレバー押し反応が起こるたびに電気ショックを与えれば反応が減る．このように，そのあとに起こった刺激によって反応の頻度や行動型が変容する場合，その反応はオペラント条件づけされたという．一般には三つの実験フェーズを通して条件づけの成立を確認する(図)．目的とする行動の反応形成*がなされていない場合は，実験の対象となる行動の条件づけに先立って一定程度の出現頻度を確保する必要がある．なお，このときの出現頻度を時間当たりの反応数，すなわち反応率で表したもの，いわば初期の反応の出現ラインをオペラントレベル*とよぶ．第一のフェーズ(ベースラインフェーズ)では当該行動(たとえばレバー押し)のオペラントレベルのみが測定され，環境の操作は行わない．安定したオペラントレベルが得られたところで第二フェーズ(介入フェーズ)に移行する．介入フェーズでは，当該行動に環境事象(たとえば餌粒を与える)を随伴させ，行動変容を調べる．この第二フェーズでオペラントレベルと確実に区別される行動変容が安定して観察されたところで，第三フェーズ(ベースラインフェーズ)に移行する．ここでは第二フェーズでの当該行動への環境事象の随伴を元に戻し，第一フェーズと同様に当該行動には一切の環境事象を随伴させない．上の例では，レバーを押しても餌粒を与えない操作を行うことになる．それにより，第二フェーズでの行動変容が元のベースラインに戻るかを確認する．この確認により，当該行動がオペラントであることと，オペラント条件づけの随伴操作である，当該行動と後続環境の操作が確定する．

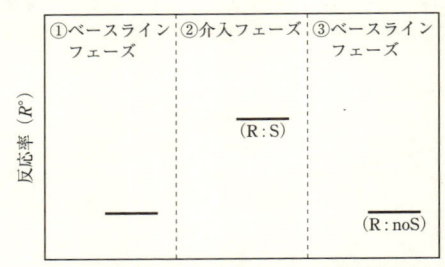

① ある反応 R の単位時間当たりの出現頻度すなわち反応率(R)を観察する．この反応率をベースライン反応率とよぶ．

② R に，ある刺激 S を随伴させる．その結果反応率(R)が変容するかを観察する．

③ 随伴させていた刺激 S を取去る．その結果反応率(R)が①と同じレベルに戻るかを観察する．

オペラント箱 [operant chamber]　＝オペラント実験箱

オペラント反応 [operant response]　＝オペラント行動

オペラントレベル [operant level]　オペラント行動*が訓練を施す前に自発的に生じる頻度．オペラントレベルは行動の種類や個体の状態などさまざまな変数によって異なる値をとる．たとえばラットをオペラント実験箱*の中に入れると，特別な訓練をしなくても，1時間の間に数回程度，レバーを押す．この頻度がオペラントレベルである．その後，レバーを押せば餌粒を与える訓練を施すことによって，行動の頻度が1時間に数十回程度から場合によっては数百回程度まで増加する．オペラント条件づけ*においては，このように行動の頻度がオペラントレベルから変化したことをもって，訓練の効果を確認することが多い．上の例のように，オペラントレベルは，行動の変化を

みるための安定した行動の基準である**行動基線**（ベースライン baseline）としてしばしば用いられる．なお，常にオペラントレベルが行動基線として用いられるとは限らず，訓練の結果得られた安定した行動の頻度が行動基線として用いられることもある．

親子間の刷込み［filial imprinting］　ニワトリやアヒル，カモなどの動物は，ふ化後数時間で眼が開き，歩き回ることができる．雛はふ化後に最初に見た動く物体を追いかけて歩くという行動を獲得し，野生環境内では，多くの場合親鳥を追従することになる（⇌追従反応）．この行動は親への刻印づけともよばれる．D. Spalding によって報告されたのち，K. Z. Lorenz* によって詳細に研究がなされた．親子間の刷込みは，必ずしも同種他個体に対してのみ生じるものではなく，おもちゃなどの人工物に対しても形成することが可能である．ただし，あまりに大きな移動物体に対しては形成されず，野生環境内において親以外の動物に対して追従行動が形成されることを防いでいる．また親とは大きく異なった外見の人工物に対して刷込みを行ったのちに，より親の姿に近い物体に対して刷込みの効果を置き換えることもある程度可能である．

親子の葛藤　＝親子の対立

親子の対立［parent-offspring conflict］　親子の葛藤ともいう．投資する側の親と投資を受ける子の間で利害が一致しない状況のこと．R. L. Trivers* が 1974 年に発表した理論に基づく用語．二倍体生物で両親が同じ兄弟姉妹では，親から見るとどの子も血縁度* は等しく価値は同じだが，子からみた兄弟姉妹の価値は自分自身の半分でしかない．片親だけが同じ兄弟姉妹では，自身と兄弟姉妹との価値の差はさらに広がることになる．したがって，子の生存・発育に影響する行動の包括適応度* からみた損益は，子と親で食い違うと考えられる．たとえば，ある子が親による保護を独占しようとする行動は，その子自身の適応度を上げるが兄弟姉妹の適応度を下げてしまう．このような行動の最適値は親よりも子の方が高くなり，子にとっては有利だが親にとっては不利な行動になる可能性がある．哺乳類の離乳や鳥類の巣立ちをめぐる親子の対立は，この理論によって説明できる．また，鳥類をはじめ親が子に給餌を行う動物に広くみられる，子による餌乞い* は，親子の対立によって進化が促された形質とみなされている．

"おや，何だ？" 反射［what-is-it response］　＝定位反射

親による子の保護［parental care］　子の世話，子の養育，子育て，単に養育（保育，nursing, care giving）ともいう．巣の構築，捕食者や寄生者からの防衛，給餌，胎生，温度や湿度など物理的環境の改善など，子の適応度を増加させると期待される，あらゆるタイプの親の行動をいう．哺乳類をはじめ，昆虫・甲殻類などでもみられる．一般的には受精卵あるいはふ化後の子に対する親の行動をさすが，産卵場所の選択や確保，さらには大型卵の生産など配偶子に対する投資を含めることもある（⇌親の投資）．つがい外交尾* や托卵* の結果，片親あるいは両親と血縁のない子が保護を受けることもある（実子以外の保護 alloparental care）．哺乳類の場合，95%以上の種で父親は直接には子の養育を行わないが，一部の霊長類や齧歯類，食肉類などの種においては父個体も母個体同様に授乳以外の養育を行う．親の保護は，しばしば子の生存だけでなく表現型にも影響する（⇌親の効果）．親による子の保護の形態は，分類群間で大きく異なる．子の保護に従事するのは片親と両親の場合があり，保護を行う親の数や性と配偶システム* との間には，しばしば密接な関係がある（⇌片親による子の保護，両親による子の保護）．種内の個体群間や個体群内でも異なることがあり，さらに同一親個体が自身の齢，子の数や齢，子との血縁度*，配偶相手の質（⇌差別的投資説）など状況の変化に応じて保護の内容や程度を調節することも多い．子の保護に伴う包括適応度上の利害は家族内で必ずしも一致せず，兄弟姉妹間，父親母親間そして親子間（⇌親子の対立）にも潜在的な対立が存在すると考えられる．さらに，子の保護は性選択* とも密接に関係しており，家族メンバー間のさまざまな相互作用が子の保護の適応度収支に影響を与えている．養育行動の発現には出産や育児を介したホルモン分泌や記憶が関与する（⇌母性経験）．養育行動の神経機序については齧歯類を用いた研究が進められており，養育の制御を担う最も重要な領域として視床下部内側視索前野が指摘されている．この領域を破壊することにより養育，特に巣戻し行動が特異的に障害されることや，子と接触することで神経細胞の活性が上昇すること，エストロゲン* や黄体刺激ホルモン* など出産・授乳に重要なホル

モンの受容体が豊富に発現していて，これらのホルモン投与により巣戻しが上昇することなどが報告されている．

親による操作［parental manipulation］　産卵(産子)の仕方や子の保護を通じて親が子の発育途中の環境を変え，親自身に有利となるように子の表現型を変化させること．もともと W. D. Hamilton* の血縁選択説に代わる利他的行動の進化メカニズムの一つとして，R. D. Alexander* が1974年に提唱したもの．彼は，"親が子の保護を通じて子を不妊となるよう操作し，親の繁殖を手助けするよう強いることによって真社会性* が進化した"と主張したが，子の側からの対抗適応が生じないことを説明できない，などの批判がある．

親の効果［parental effect］　子の表現型に影響を与える親世代の諸要因のうち，非遺伝的なものに由来する効果の総称．たとえば，親が経験した環境の効果，親による産卵(産子)場所選択や保護に由来する子の環境の効果，親から子に渡される(遺伝子以外の)物質の効果などがある(⇌ 母性効果)．

親の投資［parental investment］　親が保持する資源* を，ある特定の子の適応度* を上昇させるために配分すること．親自身の将来の繁殖期待値(残存繁殖価)を低下させる程度で定量される．大きな配偶子の生産(精子より卵の方が大きい)や親による子の保護* は，子の生存や発育を高める一方で，時間やエネルギーなどの資源の消費を伴い，親自身の将来の配偶や繁殖の機会を減らすコストになると考えられる(⇌ トレードオフ)．これらのコストを伴う親から子への働きかけを一般的・定量的に表現する概念として，1972年に R. L. Trivers* が提唱したもの．親の投資は個々の子への働きかけを表すもので，すべての子に対する親の投資の総計は**親の努力**(parental effort)とよび，配偶努力と合わせてその個体の繁殖努力を構成している．ただし，これらの区別はいつも明瞭とは限らない．たとえば，求愛のために雄が雌に提供する栄養物は一般に配偶努力とみなされるが，同時に子の生存・発育にも寄与する場合がある．

親の努力［parental effort］　⇌ 親の投資
親への刻印づけ　＝親子間の刷込み
女形(おやま)仮説　＝雌擬態
オランウータン［orangutan］　サル目(霊長目)ヒト科オランウータン属．スマトラ島にスマトラオランウータン *Pongo abelii*，ボルネオ島にボルネオオランウータン *P. pygmaeus* の2種が生息する．雌雄の体格差は大きく，雄の体重は雌の約2倍以上になる．子ども個体は眼や口の周囲が白く，成体になるにつれ黒くなる．雄の一部には性的に成熟すると顔の両側にフランジ(flange)とよばれる大きな頬のひだが現れる(図)．フランジは最も優位な雄だけに発達する．これをもつ雄が不在になると，つぎに優位な雄にフランジが1年以内に発現する．雌の出産は，通常1子，出産は6～9年に一度である．野生下での寿命はよくわかっていないが，60歳以下と推測されている．単独性が強く，母親は最低3～5歳までは子どもと行動するが，それ以外は互いに距離を保って接触を避けあうようになる．樹上で生活し，毎夕，木の上に新しい巣(ベッド)を作って眠る．おもに果実，葉，樹皮，昆虫などを食べる．

フランジのあるオランウータンの雄

オルトキネシス［orthokinesis］　⇌ 動性
オルトン迷路［Olton maze］　＝放射状迷路
音響スペクトログラム［sound spectrogram］＝ソナグラム
音響生物学［bioacoustics］　＝生物音響学
音響模倣［acoustic imitation］　⇌ 模倣
温血動物［warm-blooded animal］　＝恒温動物
音源定位［sound localization］　聴覚を使って，音を出す対象物の位置あるいは音の方向を知ること．獲物，交尾相手，危険を察知するうえで重要な機能である．視覚は視野の制限を受けるが，音源定位は全方位に対して行うことができ，しかも物陰の対象にも適用できる．メンフクロウ* は，動物界で最も正確な音源定位能力をもち，ノイズ

音(複数の周波数成分を含む音)に対する定位誤差は，水平・垂直方向とも角度にして1〜2°である．写真のように，完全暗黒下でも獲物(マウス)の体の長軸に合わせて足の指を開くことができる．ヒトも水平方向の定位は同程度の精度をもつが，垂直方向の正確さはメンフクロウの3分の1である．メンフクロウは，左右の耳に達する音の時間差で音源の水平位置を，強度差で垂直位置を特定する．ヒトは時間差，強度差両方を用いて水平位置を知り，垂直位置の検出は音が含む周波数成分分布(周波数スペクトル)を手がかりとしている．コウモリが自身の音声の反響に基づき対象物の方向や距離を知る能力は反響定位*(こだま定位)とよばれる．小西正一*らは，メンフクロウの音源定位の神経機構について，脳内の局所回路の計算特性を電気生理学的に解明した．

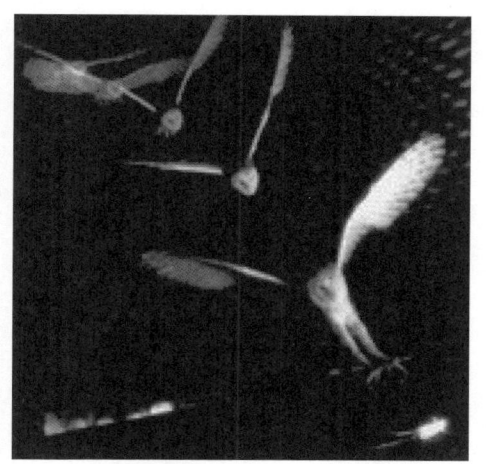

完全暗黒下におけるメンフクロウの狩猟行動

音声学習 [auditory learning] ⇌ 発声学習
音声コミュニケーション [sound communication] ⇌ 音声伝達
音声伝達 [sound transmission] 音声が空気や水などの振動(音波)として伝達されること．音の伝わる速度は媒質によって異なる．空気中では340 m/秒であり，水中では1500 m/秒である．音は同心球状に広がるので，音の大きさは音源からの距離の二乗に反比例して減衰する．つまり，距離が2倍になると，音の大きさは1/4になる．受け手は聴覚器*である耳を用いて音声を感知する．可聴域は動物種によってさまざまである．ヒトの場合20 Hz〜20 kHz，イヌの場合15 Hz〜50 kHz，コウモリの場合1 kHz〜120 kHzの周波数帯域を知覚することができる．ヒトが感知できない20 kHz以上の周波数帯域を超音波*とよぶ．動物の発する音声には，求愛に用いるさえずり*や，群れの結束を保つコンタクトコール(⇌ ホイッスル)，天敵の危険を示す警戒声*などがあり，これらは受け手にさまざまな情報を伝えうる(音声コミュニケーション sound communication)．また，コウモリやアブラヨタカ*は音の反響を受け止め，周囲の状況を把握する反響定位*を行う．さらに，鳥類には，音声をよりよく伝播するために，騒音を感知すると音声の高さを上げる種類もいる．

音 節 =シラブル
音 素 [phoneme] ⇌ 言語音
温痛覚 ⇌ 痛み
温度依存型の性決定 [temperature-dependent sex-determination, TSD] ⇌ 環境による性決定
温度走性 [thermotaxis] ⇌ 走性

カ

外陰部 [vulva] ⇌ 生殖器
外役カースト [forager] ⇌ 内勤カースト
外温性 [ectothermy] ⇌ 恒温動物
回 帰(1) [regression] ⇌ 一般化線形モデル
回 帰(2) [recursion] ＝再帰
回帰移動 [recurrent migration] ⇌ 回遊
回帰血縁度 [regression relatedness] ⇌ 血縁度, 同祖性血縁度

回帰性 [homing ability] 帰巣性ともいう. 自分の巣, 行動圏あるいは採食場所など, 同じ場所に戻る性質. アリが餌場から巣に戻る行動や, 渡り鳥が毎年同じ繁殖地に戻ること, また, ハトやイヌなどが自分の巣やなわばりから離れた場所にもっていかれても, 元に戻る行動をさす. 移動距離は, 餌場と巣などのように数メートルから数キロメートル, または鳥の渡り*のように繁殖地から巣場所までの毎年の数千キロに及ぶ季節移動*までスケールはさまざまである. 海鳥では回帰性と繁殖成績に正の相関があり, 巣立った雛は自分が生まれたコロニーに何年後かに戻って繁殖することが多い. アリやハト, サケの回帰行動については多くの実験的研究が行われ, 磁気コンパス, 体内時計と太陽コンパス*, においや視覚が重要な働きを果たしていると考えられているが, 実際に野外でどういった情報を利用しているのかは十分にはわかっていない. 帰巣本能*などと, 生まれつき備わった性質であるといわれることもあるが, どの程度学習によるのかはわかっていない.

階 級 [caste] ＝カースト

階級分化フェロモン [caste-regulatory pheromone] カースト制御フェロモン, カーストフェロモン(caste pheromone)ともいう. 社会性昆虫*ではコロニー内の分業が発達しており, それぞれの役割(カースト*)に応じて特徴的な形態や行動がみられる. おもなカーストには, 生殖を担う女王*(シロアリ*では王も存在する), さまざまな労働を担うワーカー*, 防衛に特化した兵隊などがある. コロニー内の, それぞれのカーストの比率は, コロニーの維持と成長にとって適切なレベルに保たれている. ある特定のカーストの個体は, そのカーストに特異的な化学物質を分泌しており, その物質を認識した個体が, そのカーストに分化することを抑制することでカースト比率が一定に保たれている. 階級分化フェロモンは, 受容した個体の生殖器官の発達や形態形成に影響を与えることから, プライマーフェロモン*に区分される. これまでに同定された階級分化フェロモンは少ないが, 代表的なものに, ミツバチの女王大顎腺フェロモン, ヤマトシロアリの女王フェロモン, テングシロアリ属の一種の兵アリ分化抑制フェロモン, ケアリ属の一種の女王フェロモンなどがある.

外勤カースト [forager] ⇌ 内勤カースト
外向性 [extraversion] ⇌ 気質

外交配 [outbreeding] 異系交配ともいう. 血縁関係にない個体間での交配. 血縁関係にある個体間で交配が行われる近親交配*では, 劣性有害遺伝子が発現することにより, 適応度*の低い子が生まれる可能性が高くなり, 集団の活力が低下する. このような集団に外部から血縁関係にない個体を導入し外交配を行うことで, 適応度を回復させることができる. 一方, 遺伝的に遠縁の集団に由来する個体が交配すると, 局所環境に適応した遺伝子の組合わせが攪乱されるなどの理由で子の適応度が低下する現象も知られている(**外交配弱勢**, **異系交配弱勢**, outbreeding depression). アラビアオリックスにおいて繁殖事業中にその実例が確認された. 近交弱勢も外交配弱勢も生じないような最適値があるとする説を**最適外交配理論** (optimal outbreeding theory)とよぶ. (⇌ 生殖隔離)

外交配弱勢 [outbreeding depression] ⇌ 外交配

カイコガ [silkworm moth] チョウ目(鱗翅目)カイコガ科に属す. 学名 *Bombyx mori*. まゆから絹糸をとる目的で古くから日本や中国などで飼育されてきた. その過程で完全に家畜化*され, 野生には生息しない. 幼虫は桑の葉のみを食草とする一方で, 成虫は口器が退化しており餌を食べない. 成虫は生殖機能に特化しており, 配偶行動と産卵を除きほとんど行動を示さない. 配偶行動

において，雄が雌の放出する性フェロモン*に対して発現する定型的なフェロモン源探索行動は，刺激と行動がきわめて明確に対応するため，感覚入力から適応的な行動を生成する脳の情報処理機構をシステマティックに解明する格好のモデルとして研究が進められている．これまでに遺伝子‐神経細胞‐神経ネットワーク‐行動の各階層からの生物学的分析の情報を統合した神経回路モデルが構築されている．さらに，カイコガの神経回路の挙動を大規模コンピューターでシミュレートする研究や，その一部あるいは全部を電子回路に置き換えたサイボーグ・ロボットを開発する研究が進んでいる．

回顧的再評価 [retrospective revaluation] ⇄ コンパレータ仮説

回顧的符号化 [retrospective coding] どのような形で記憶が保存・利用されるか(符号化されるか)に関する仮説の一つで，展望的符号化*と対比される．回顧的符号化では出来事がほぼそのままの形でコード化され，展望的符号化では出来事に基づいて何をするかという形でコード化される．たとえば，ハトを遅延象徴見本合わせ課題で訓練するとしよう．赤または青の光が点灯し，それが消えてからしばらくして二つの図形(○と△)が与えられる．赤い光のときには○，青い光のときには△を選ぶと餌粒がもらえ，間違った図形を選ぶと餌粒が与えられないという訓練を受けたハトがいるとする．光が消えて図形が与えられるまでの間，光が何色だったかを憶えているなら，回顧的符号化である．これに対して，選ぶべき図形を憶えているなら展望的符号化である．ラットの放射状迷路*課題(八つの選択肢のすべてに餌粒が置かれており，それらを全部食べ終えることが求められる)の場合であれば，どの選択肢で餌粒を食べたかを憶えるのが回顧的符号化で，どの選択肢に餌粒が残っているか(これからどの選択肢に向かわねばならないか)を憶えるのが展望的符号化になる．この課題でラットは，4～5番目の選択肢で餌粒を食べた頃に，回顧的符号化から展望的符号化に切り替えることが，誤りの分析などから明らかになっている．

介在ニューロン [interneuron] 神経細胞をその機能に基づいて大まかに分類したときに，感覚ニューロンと運動ニューロンを除くすべての神経細胞をさす．感覚ニューロンは特定の刺激を生理的な範囲の中で受容する細胞であり，運動ニューロンは筋に接続して制御する(収縮，または弛緩させる)細胞である．これらのように明確な機能を介在ニューロンに求めることは難しいが，感覚入力を運動出力へ受け渡す単なる中継(リレー)役にとどまるものではない．情報を統合する系として，行動の発現と制御において中心的な役割を担う．中枢神経系(脊椎動物の脳・脊髄，無脊椎動物の神経節・腹髄)を構成する神経細胞の大部分は，介在ニューロンである．なお，特定の領域に局所的にとどまる短い軸索をもつニューロンをよぶ場合もあり，固有ニューロン(intrinsic neuronまたは局所介在ニューロン local interneuron)ともよばれている．固有ニューロンに対して，ある領域から別の領域へ軸索を長く伸ばす介在ニューロンは，投射ニューロン*とよばれる．

介在配列 [intervening sequence] ＝イントロン

概日時計 [circadian clock] 周期が約24時間の生物リズム(図)を発振する時計機構をいう．生物時計*あるいは体内時計と同義で使われるこ

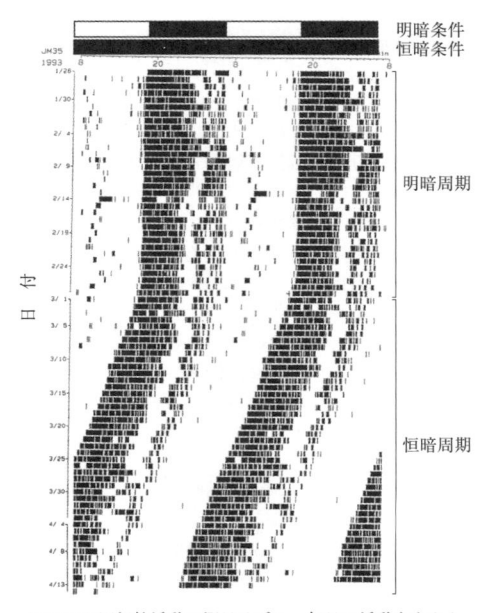

マウスの回転輪活動の概日リズム．毎日の活動を上から順に並べ，また活動リズムの連続性がわかるように左右に同じ記録を表示した．黒いバーが活動していることを示す．マウスは，明暗条件に同調して24時間リズムを示すが，恒暗条件にすると同調が外れて24時間より短い自律振動性のフリーランニングが現れる．

がある．哺乳類では脳の視床下部に存在する視交叉上核が行動リズムを制御する概日時計として働いている．鳥類や爬虫類では，松果体や網膜も行動リズムの制御に関与している．哺乳類の概日時計は視交叉上核で，神経活動は明確な概日リズム*を刻む．この神経活動もメラトニン*の分泌量の示すリズムも，哺乳類一般で共通しており，行動上の昼行性・夜行性を問わず差がない．これまでのところ，昼行性動物あるいは夜行性動物に特有なメカニズムは見つかっておらず，昼行性・夜行性を決めている仕組みは不明である．一方，生体の末梢組織にも概日リズムを発振する自律振動体が存在する．これら末梢の振動体も概日時計とよばれるが，主時計である視交叉上核の影響を受けて，生体全体の生理機能が調和するようにそれぞれの組織のリズムの位相調整が行われている．概日時計は単一の細胞内に存在する．視交叉上核を構成する**時計細胞**(clock cell)は，それぞれの時計細胞のリズムがバラバラにならないように細胞間相互作用により位相調節が行われている．時計細胞では，複数の時計遺伝子の相互作用により概日リズムがつくられる．

概日時計遺伝子［circadian clock gene］ ⇨ 時計遺伝子

概日リズム［circadian rhythm］ 動物を光や温度などの変動のない恒常環境に置いて活動リズムを観察すると，外界の昼夜リズムとは無関係に内因性の約24時間のリズム*が現れる．これを概日リズムあるいはサーカディアンリズムとよび，環境サイクルに反応して現れる外因性のリズムと区別する．概日リズムには，すべての生物に共通する三つの特徴(自律振動性，同調性，温度補償性)がある．自律振動性は約24時間の内因性リズムを発振する性質であり，同調因子のない恒常環境下で観察することができる．このリズムを**自由継続リズム**(free-running rhythm)とよび，その周期をフリーラン周期あるいは概日周期という．フリーランニングリズムは，明暗などの環境サイクルに対して同調することができる．これを同調性という．概日周期は，温度の影響をほとんど受けることがなく，Q_{10}値(温度変化に伴う反応速度の変化を表す温度係数)は1に近い．

解釈項［interpretant］ ⇨ 記号

回収リスク仮説［collection risk hypothesis］ ⇨ 遅延割引

外受容器［exteroceptor］ ⇨ 自己受容器

外傷後ストレス障害［posttraumatic stress disorder, PTSD］ 心的外傷後ストレス障害ともいう．幼少時の虐待や大規模な自然災害，大きな事故など精神的に強い衝撃を受ける体験による心の傷が長期間にわたって残り(⇨心的外傷)，精神にさまざまな障害をひき起こす疾患のこと．典型的な症状としては原因となった出来事の突然かつ鮮明な想起(フラッシュバック)や悪夢，その出来事と類似した状況，関連する物事に対する回避行動，日常生活における過度の緊張や不安状態とそれによる不眠などがあげられる．PTSD患者の脳では学習や記憶，情動などをつかさどる海馬の体積減少などの器質的な変化が起こることも報告されている．米国において多くのベトナム帰還兵がこのような精神疾患を訴えたことから，精神的な障害としてPTSDが研究されるようになった．

外傷性授精［traumatic insemination］ ⇨ 皮下授精

塊状分布［contagious distribution］ ⇨ 分布様式

介助犬［service dog］ ⇨ 介助動物

介助動物［service animal］ サービス動物ともいう．障害をもつ人の日常生活の助けとなる動物をいう．代表的なものに目の不自由な人を誘導する**盲導犬**(guide dog)，生活の音に反応して耳の不自由な人に知らせる**聴導犬**(hearing dog)，身体の不自由な人の立ち上がり，落ちたものを拾う，ドアの開閉などの動作の補助をする**介助犬**(service dog)がある．米国では限定された人に限り利用できる盲導馬(ミニチュアホース)や身体障害者を助けるヘルパーモンキー(ノドジロオマキザル)がいる．国により若干定義が異なり，日本では**補助犬**(assistant dog．盲導犬，介助犬，聴導犬)をさす．米国では米国障害者法により盲導犬，聴導

盲導犬

犬，そして障害をもつ人を補助するよう訓練された動物とされており，2010年9月には米国司法省により，身体的，感覚的，精神的，知的障害者のために訓練された犬のみ（場合によってはミニチュアホース）が介助動物と定義された．

外制止［external inhibition］ ⇒ 制止

階層 ⇒ グループ，選択のレベル

外側巨大介在ニューロン［lateral giant interneuron］＝外側巨大神経繊維．（⇒ 司令ニューロン）

外側巨大神経繊維［lateral giant fiber, LG］⇒ 司令ニューロン

海賊行動［piracy］　狭義の労働寄生*の一つで，盗賊寄生，略奪行動，盗み寄生ともいう．異種または同種の他個体が得た餌や巣材などの資源を横取りすること．狭義にはハイエナがライオンから獲物を横取りするなど別種の生物が獲得した餌を奪う行動をさすが，広義には他者が努力して獲得した餌や巣材などの資源を横取りする行動をいう．海産無脊椎動物，クモや昆虫（図），貝類，

ゴミグモの巣にかかった餌を
横取りするヤマトシリアゲ

魚類，爬虫類，鳥類でも観察される．海賊行動によって個体は資源獲得にかかる時間やエネルギーを減らし，木の中にいる虫や水中の魚など自身では獲得できない資源を得ることができる．一方，宿主*は労力を払って獲得した資源を奪われる不利益を被る．トウゾクカモメ類は，その名の通り餌のほとんどを他の海鳥から横取りしている．小鳥のオウチュウ類は多種の鳥類に対して非常に高い確率で海賊行動を成功させるほか，ハイエナは餌資源の20%程度を海賊行動により獲得している．海賊行動には対象個体の反撃による負傷のリスクが伴うため，海賊行動を行う個体が常に大きな利益を得られるとは限らない．アリなどの奴隷使用も広義には海賊行動に含まれる（⇒ 奴隷制）．

外適応［exadaptation］ ⇒ 前適応

回転かご［activity wheel, running wheel］ ⇒ 輪回し行動

外套［pallium］ ⇒ 大脳皮質

外套下［subpallium］ ⇒ 大脳基底核，大脳皮質

概念形成［concept formation］　行動を自発する手がかりとなる弁別刺激*は必ずしも単一の刺激である必要はなく，複数の異なる刺激からなる刺激クラス*を形成する場合がある．刺激間のどのような関係によって刺激クラスが形成されるかはいろいろだが，個々の刺激が相互に独立に同じ反応をひき起こす場合と区別して，概念形成とよばれることがある．図(a)は，R. G. Cookがハトの同異概念の研究に用いた刺激例である（1997年）．上段と下段のように異なるタイプのさまざまな刺激に含まれる要素がすべて同じ刺激と一つだけ異なる刺激との"同じ/違う"の弁別をハトは学習した．図(b)は，R. J. Herrnstein*らが"内側/外側"概念形成でハトに用いた刺激例である（1989年）．ドットが閉じられた領域の内側にあるか外側にあるかの弁別が要求された．いずれ

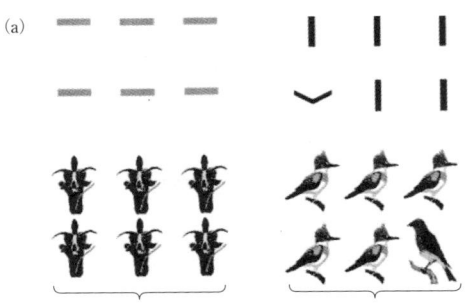

(a)

"同じ"刺激要素　　　"違う"刺激要素
からなる刺激　　　　を含む刺激

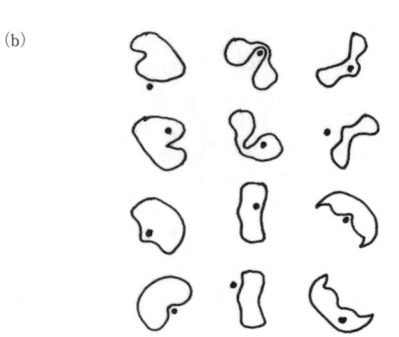

(b)

の場合も，同様のさまざまな新奇刺激にも弁別が維持されることが確認され，個々の刺激を別個に学習して反応しているわけではないことが示された．刺激間の類似性によって刺激クラスが形成される場合は，特にカテゴリ化(categorization)とよばれる．ただし，すべての刺激が同じように類似している必要はなく，たとえば刺激1と2が類似し，刺激2と3が類似していれば，刺激1と3が類似していない場合でも，三つの刺激は同じクラスのメンバーになることができる．Herrnstein と D. H. Loveland の先駆的研究では，膨大なカラースライド写真を用いて，ハトが"さまざまな人が写っている写真と写っていない写真"などをカテゴリ化して弁別できることが示された(1964年)．一方，まったく類似性がない物理的な刺激(赤や△など)も，同一の反応や他の同一の刺激や同一の報酬と結びつける訓練によって，同一クラスのメンバーになることができる．たとえば，恣意的見本合わせ*課題で，複数の見本刺激にある特定の比較刺激を結びつける訓練をあらかじめ行っておく．次に，その一つだけを新たな比較刺激と結びつける訓練をすると，他の見本刺激もこの新しい比較刺激と即座に結びつく．このとき，同一の比較刺激とあらかじめ結びついたことによって，これらの刺激は等価性を獲得したという．

概念細胞［concept cell］　⇒脳-機械界面
概念的行動主義［conceptual behaviorism］　⇒行動主義
概年リズム［circannual rhythm］　生物が示す約1年周期の内因性のリズム．概年時計をもつ動物においては，明暗周期，気温などを一定に保った恒常条件下においても概年リズムが継続する．ホシムクドリの生殖腺の発達や換羽(春に交尾，産卵をすませると，羽が生え変わる)，あるいはシマリスの冬眠*や体重の変化，ヒメマルカツオブシムシの蛹化などの概年リズムがよく知られている．概年時計は季節変化のない熱帯地方で越冬*した鳥が高緯度地方に戻る際に渡り*の時期やその方角を決定したり，1年中環境変動の少ない地中で冬眠している動物が冬眠から覚める時期を決定したりする際に必要である．アフリカとヨーロッパのノビタキは異なる概年周期をもち，両者の F_1 交雑個体はその中間の周期を示すことから，概年リズムは遺伝子によって規定されていると考えられるが，概年時計が脳のどこにあるのか，また発振機構は謎に包まれている．

快の情動［hedonics］　⇒欲求
海馬［hippocampus］　有羊膜類(爬虫類・鳥類・哺乳類)の大脳にあって，新皮質(あるいはその相同領域)と広く相互の神経連絡を備え，エピソード記憶*や空間記憶*の座として機能すると考えられている脳部位．魚類・両生類にも相同部位があるという主張があるが，完全な合意は得られていない．ヒトの場合，側頭葉の内側に左右に一対あり，タツノオトシゴ(海馬)に類似した構造をとる．その吻側端に扁桃体*があるが，海馬と扁桃体の機能は独立性が高い．その損傷によってエピソード記憶，特に個々の経験からエピソードに関する長期記憶を形成する能力が阻害されることが知られている．これに対応して，活動に依存するシナプス伝達の長期増強が最初に見いだされた脳領域である．さらに海馬では，成体でも神経細胞が新しく生まれて既存の回路に組込まれること(ニューロン新生)が見つかっている．ロンドンのタクシー運転手を対象とした研究では，勤続年数が長いほど海馬吻側部のサイズが大きいという有意な相関があると報告されている．ラット・マウス・コウモリを用いた研究では，自由に行動する条件下で単一ニューロン活動を解析することにより，現在位置を符号化するニューロン(場所細胞*)が備わっていることが発見された．海馬はエピソード記憶と場所の再認を結びつけていると考えられている．また，鳥類の脳にも哺乳類と相同な海馬があり，これを損傷するとハトの帰巣やヒヨコの空間課題の成績が劣化する．さらに一部のカラなど貯食する鳥の海馬が貯食しない近縁種の海馬より大きい，とも報告されている．しかし鳥類の海馬では，哺乳類のような場所細胞は確認されておらず，カケスなどで見いだされているエピソード様記憶との関係も示されていない．このように，海馬は認知神経科学の発展にとってきわめて重要な指針を提供し続ける重要な脳部位である．しかし，長期増強と記憶形成の間の因果関係など，多くの基本的な課題が未解決である．(⇒ H. M. の症例，長期増強，辺縁系)

灰白質［gray matter］　⇒大脳皮質
解発因［releaser］　＝解発刺激
解発刺激［releasing stimulus］　解発因(releaser，解発体)ともいう．本能行動をひき起こす刺激．この刺激が引き金(リリーサー)となって動物の中に隠れていた行動を解発した(解き放った)，と考える．古典的な動物行動学では，行動

を外部刺激に対する反応とみなし，反射学な枠組みによって理解しようとする．このような歴史的背景のもとで，N. Tinbergen* らによって提案された，本能行動を説明する中心概念である(『本能の研究』，1951年)．たとえば成熟した雄のトゲウオ* は，同様に成熟して腹部に赤い婚姻色をもつ雄が現れると，攻撃行動を発現する．初めて見るトゲウオの雄の姿であっても有効であり，生後の学習* に依存しない．そのため，生得的解発機構* が解発刺激を受取って，鍵と鍵穴のような特異的反応をひき起こすと考える．解発刺激は一般に多くの感覚要素(トゲウオの例であれば，形・色・動きなど)をもつが，そのすべてが必要であるわけではない．解発に必要十分な最小限の要素を鍵刺激* という．同種の他個体が発してつがいや社会的地位* の維持や形成などにかかわる場合，この信号を特に社会的解発刺激とよぶことがあるが，これは個体同士のコミュニケーションに用いられる信号* と同義である(⇌ 儀式化)．

解発体 [releaser] ＝解発刺激

外発的強化子 [extrinsic reinforcer] 強化子*のうち，特に行動に随伴して提示される外的な刺激*．一方，行動そのものが強化子になることを内発的強化子(⇌ 自動的強化)という．H. F. Harlow* が行った実験では，掛け金や留め金でできたパズルをサルに与えるとサルはパズルを解くことを学習した．パズルを解く行動に対して餌を与えたときに，パズルを解く行動の頻度が増加したならば，餌は外発的強化子といえる．一方，パズルを解く行為そのものが強化的ならば，それは内発的強化子となる．

外発的動機づけ [extrinsic motivation] ⇌ 動機づけ

解発フェロモン [releaser pheromone] ⇌ フェロモン

回避 [avoidance] ⇌ 逃避

回避学習 [avoidance learning] 嫌悪的な刺激や場面を予測して，その到来を中止あるいは延期させるために必要な反応が適切にとれるようになること．たとえば，多くの動物は，天敵との遭遇を繰返すうちに，彼らのにおいや足音を敏感に察知し，いち早くその場を離れたり巣穴に隠れたりして天敵との鉢合わせを回避するようになる．実験場面では，被験体は，電気ショックのような嫌悪刺激を回避するために，訓練を経て，実験者が求める特定の反応を効率的にとるようになる．回避学習は，動物に要求する反応の質によって能動的回避* と受動的回避* に大別される．嫌悪事象を回避するための反応が，所定の場所への移動やレバー押しといった能動的・積極的な反応である場合を能動的回避，これに対し，特定の反応の抑制やじっとして動かないといった受け身の対処である場合を受動的回避という．

回避パラドックス [avoidance paradox] 回避学習* を単純な強化理論で説明しようとする際に生じる矛盾．たとえば，電気ショックの到来が音や光といった警告刺激によって信号される弁別型の回避学習の場面では，訓練が進むにつれて，警告信号が提示されると，すぐさま回避反応が生じるようになる．いったん獲得されたこのような回避反応はしばしば頑健に維持されるが，被験体は，回避に成功し続ける限り電気ショックを経験する機会がない．つまり，回避反応の前後に，その回避反応を獲得させる原因となったはずの電気ショックの提示や除去といった刺激環境の変化が伴わないことになるため，その回避反応は，一体何によって強化され，維持されているのかといった疑問が生じる．この疑問は回避学習を説明する諸理論の発展を促した．

外部寄生 [ectoparasitism] ⇌ 寄生

開放型学習能力 [open-ended learning] 行動生物学では音声学習において，学習できる期間が限定されていないことをさす．鳴禽類* の多くは，さえずり* の学習が幼鳥期に限られている．ふ化後数カ月から1年以内(最初の繁殖シーズン)までに限られており，一度学習したさえずりを生涯うたう．一方，開放型学習能力をもつとされるのは，カナリアやホシムクドリ，ナイチンゲールといった鳥たちで，毎年さえずりが変化する．お手本のさえずりを憶える感覚学習期* とお手本に合わせて練習をする感覚運動学習期* があるが，開放型学習能力のある鳥たちが，感覚学習期を何度も迎えているのかどうかは，議論の余地がある．今までと異なる要素を加えることで，幼鳥期に聞いて憶えたお手本からさえずりが変わっていく可能性も示唆されている．

開放経済的実験環境 [open economy] 実験で獲得した強化子* 以外に，それと同じか，または，それと代替可能な別の強化子をコスト* なしで動物に与える実験環境のこと．それらをまったく与えない封鎖経済的実験環境* と対比される．典型的なオペラント実験では，実験セッション内

の強化子の効力を一定に保つために, 実験終了後の動物の体重が一定水準(たとえば, 自由摂食時体重* の 80%水準)に満たない場合に付加給餌を行うので開放経済的実験環境となっている. 開放環境と封鎖環境を比較した行動経済学* 研究によると, 一般に, コストが増加すると獲得した食物の量と反応率はともに減少するが, 不労で食物を与える開放環境の方が, 封鎖環境に比べて減少の度合いが大きい(⇌ 弾力的需要).

回遊 [migration]　動物の多くは, 種の生存と繁殖のため, 単独または群れとなって生息場所を移動する. 動物が元の生息場所へ戻る移動を回帰移動(recurrent migration)といい, 鳥類では渡り*, 水生動物(魚類・ウミガメ・クジラ)では回遊という. 魚類の一般的な回遊は, 稚魚の生育場から成体の成育場までの補充, 成体の成育場から親魚の産卵場までの移動, 産卵後に生き残った個体(spent, 大西洋サケの場合は kelt)の成育場までの流れに従う移動, 稚魚の産卵場から生育場までの移動, に分けられ, **回遊環**(migration loop)を形成する(図). 回遊魚は, 海と川を行き来する通し回遊魚(diadromous fish)と海水または淡水のみを回遊する非通し回遊魚(non-diadromous fish)に分類される. 通し回遊魚の生活史は, ふ化・成長・産卵を河川と海洋のどちらで行うかで, **降河回遊**(catadromy, 海で生まれ川で育ち, 産卵のために海に降りる. たとえばウナギ), **遡河回遊**(anadromy, 川で生まれ海で育ち, 産卵のために川を遡る. たとえばサケ)および**両側回遊**(amphidromy, 海か川で生まれ海と川の両方で育ち, 産卵のため海か川へ移動する. たとえばスズキのような海水型とアユのような淡水型)に分類される.

回遊環 [migration loop]　⇌ 回遊
外抑制 [external inhibition]　⇌ 制止
外来種 [alien species]　外来生物ともいう. 人為的に本来の生息地から, 異なる地域に移送された生物個体もしくは集団. 法的には, 国境線を越えて持ち込まれた生物を外来種として定義しているが, 生物地理環境界線を越えて人間が移動させた場合は, たとえ国内であっても外来種とみなされる. 逆に, 国境線を越えて移動した生物でも, 自然の流れや自力で移動してきたものは外来種とは定義しない.

外来生物 [alien species]　＝外来種
快楽中枢 [pleasure center]　⇌ 報酬系
カイロモン [kairomone]　異種の 2 個体の間で作用する種間作用物質* の一つで, 受容者にひき起こされる変化が受容者にとっては適応上有利であるが, 放出者にとっては適応上有利でないもの(不利な場合と中立な場合の両方を含む). 幼虫寄生バチ* が寄主幼虫を探索する場合, 寄主の残した糞, 脱皮殻などに含まれる化学物質を感知すると, その周辺の集中的な探索を開始し, 寄主を発見する場合が数多く報告されている. この場合, 放出者である寄主幼虫にとってこのような化学物質は適応上の利益はなく, 受容者である寄生バチにとっては寄主発見効率を高められるので有利であり, カイロモンと考えることができる. (⇌ シノモン, アロモン, アンタイモン)

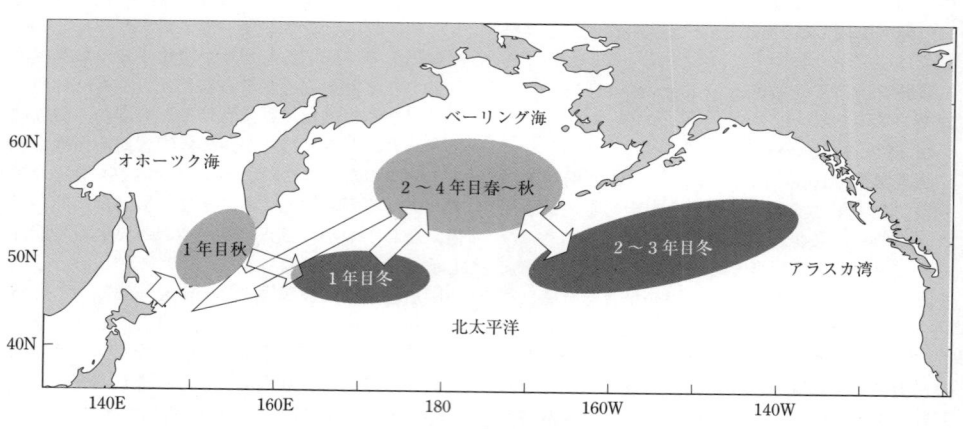

日本系サケの北太平洋における回遊経路(⇌ 回遊)

ガウゼ GAUSE, Georgyi Frantsevich 1910. 12.27〜1986.5.2 ロシアの生態学・微生物学者．モスクワ大学で学んだ．1920年代後半，フィールドでバッタ目の分布と生息場所の関係などを研究．その後，室内実験に転じ，おもに酵母と繊毛虫類を対象に密度調節機構，種間競争，捕食-被食相互作用についての研究を行い，ロトカ・ボルテラモデルの実験検証を進めた．これらの研究の集大成は主著『生存競争』（1934年，邦訳1981年）として出版され，個体群生態学*の指導書として長く世界の生態学者に読まれた．その後は抗生物質の開発研究に転じ，1942年にはロシア（当時ソ連）で初めて新たな抗生物質（グラミシジンS）を発見するなどの業績をあげた．生態学分野における最も著名な功績は，"同じ生態的地位を占める2種は同じ場所には共存できない"という競争排除則*の理論的実証的証拠を示したことである．それゆえ競争排除則はガウゼの法則ともよばれる．

ガウゼの法則 [Gause's law of competitive exclusion] ＝競争排除則

カウンターシェイド [counter-shading] 逆影，自己影(self-shadow)ともいう．体の中で光によく照らされる側（多くは背側や上面）の方が逆側（腹側や下面）より暗い色をしている配色のこと．暗色部分と明色部分の境界が明瞭なものとグラデーションになっているものがある．隠蔽色*の一つとされる．隠蔽の原理としては，1)一方向から当たる光による陰影を打ち消す．2)陰影を打ち消すことで立体感をなくす(obliterative shading)．3)背景同調の一つ，4)輪郭の検出を妨げる，などが提唱されている．スズメガ類の幼虫（図）や青背の魚，カモメ類やペンギン類など，陸系・水系を問わず幅広い分類群における腹側が白い生物のほとんどや，発光により自分の体にできた陰影を打ち消すホタルイカもカウンターシェイドの例とされる．また，カウンターシェイドの機能は隠蔽

のほかに，紫外線防御，体温調節，摩耗防止などの仮説がある．

カウンターマーキング [counter marking] ⇌ マーキング行動

カウンティング [counting] 計数行動(counting behavior)ともいう．ハトやラットなどの動物が，より多い（より少ない）といった数の相対的判断ができることは，野外観察などによって古くから知られている．一方，物体を一つ一つ数えて，その絶対数を計測できることも，実験室的な行動研究によって明らかになった．たとえばハトは少なくとも1〜8まで計測できる．R. GelmanとC. R. Gallistelは，カウンティング行動を以下のように定義している（1978年）．1)対象物の一つ一つに重複することなくタグがつけられる（1対1対応）．たとえば鳥類なら個々の対象物を順次つつくなどの行動が外から観察できるタグづけに対応する．2)タグづけられる対象物の順序は不定で，どのような順序でもタグづけすることができる．3)対象物の大きさや形やその他の特徴にかかわらず，等しくタグがつけられる．4)タグづけによって生じた心的表象（ニューメロン numeron とよばれる観察不可能な事象）は，物体1→物体2→物体3のように順序づけられなければならない．5)最後にタグづけされた物体の心的表象が計数になる．このような行動的定義を満たすカウンティング行動は，チンパンジーやラットやハトなどで見いだされている．

カエル合戦 [explosive breeding assemblage] カエルの多くの種では，雄が肢を使って雌の体を抱えた**抱接**(amplexus)の状態で，産卵される卵に精子を放出して体外受精が起こる．ヒキガエルのような繁殖シーズンが短いカエル(explosive breeder)では，繁殖場所で，多くの雄が雌との抱

背を下側にした姿勢をとることが多いシモフリスズメの幼虫の体色は，背側が明るく腹側が暗いカウンターシェイドとなっており，背側にできる影を打ち消しているとされている．

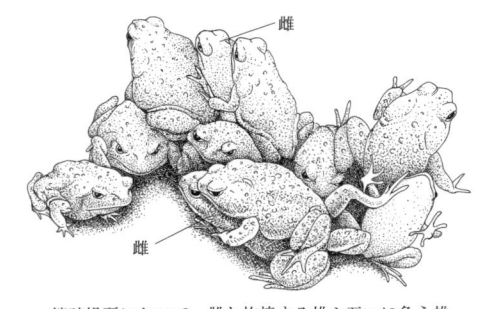

繁殖場所において，雌と抱接する雄や互いに争う雄

接をめぐって争うことがみられ，カエル合戦とよばれる(→レック).

カオス [chaos]　力学モデルが示す，規則的でもランダムでもないある種の挙動．時間変動のデータの特性の一つであり，平衡点に収束したり周期軌道をもたず，また，ノイズをもたずに簡単な決定論的モデルで書けるにもかかわらず，複雑な動態特性をもつ．最初は20世紀初頭の数学(J. H. Poincaré)や20世紀後半の物理学(E. N. Lorenz, 1972)で研究が始まった．生態学では，動物の個体数変動で R. May が簡単な変形差分ロジスティック方程式でカオスが出ることを示し(1975年)，また，カオスの挙動をもつ動物個体群の存在可能性が示唆されたことで注目を集めた．1990年頃からフラクタル幾何学や大自由度相互作用系と関連して複雑系科学として大きく発展しつつある．カオスは時系列データが以下の性質をもつときに確定できる．1) 決定論的な系なのに予測が不可能である(予測不確実性)．2) わずかな初期値の違いが大きな差を生む(初期値依存性)．3) 相図を描くとストレンジアトラクタをもち，それより外側の空間へは飛び出さずに戻ってくる動態(boundedな動態)である．4) 最大リアプノフ指数が正となる．ここでリアプノフ指数とは，力学系でごく近接した軌道が時間とともに離れていくか否かの度合いを表す統計物理の指標である．実際の時系列データを用いてカオスを判定するときにはいくつかの専用ソフトウェアがある．その方法でカオスが検出された事例として，ノルウェーのスカンジナビア半島のチャイロタビネズミの大発生があげられる．北部の地域個体群では3年から5年ごとの大発生がみられるが，その大発生の年が予測できず複雑な時間変化になっており，カオスであると判定された.

カオリン [kaolin]　→嘔吐

花外蜜 [extrafloral nectar]　花の内部以外の植物体にある花外蜜腺(extrafloral nectary)から分泌される糖液(蜜)．花外蜜腺は，花の萼(がく)の外側などのほか，比較的若い葉の縁や，葉がつく茎の周辺に生じることが多く，その発生部位や規模は植物種によって異なる．花蜜*が花粉媒介*を担う多様な動物への報酬とみなされるのに対して，花外蜜は葉などを食害する植食性動物を追い払ってくれるアリ類などへの報酬として位置づけられている．日本の暖温帯に分布するアカメガシワ(トウダイグサ科)をはじめ，熱帯・亜熱帯で多様化している各種のトウダイグサ科やマメ科植物は，花外蜜腺を葉の根元側の縁に二つ備えている場合が多く，アリ類が頻繁に吸蜜*に訪れ，多数個体が植物体上を徘徊しているのがよくみられる．しかし，他のハチ目，ハエ目の昆虫やクモ類なども花外蜜を吸うので，その果たしている生態的役割は花蜜に比べてまだ不明な点が多い.

花外蜜腺 [extrafloral nectary]　⇌花外蜜

化学擬態 [chemical mimicry]　生物間のコミュニケーションに用いられる化学物質を利用した擬態*で，他の生物種や他個体によって発せられる情報化学物質をもつことにより，個体がその存在を周囲の環境に紛れ込ませたり，他種や他個体，他の性に模倣する現象．ハチやアリなどの化学物質によるコミュニケーションが発達した昆虫類や，それらと相互関係をもつ生物種に多くみられる．擬態の対象がもつ情報化学物質を自身で生化学的に合成する場合と，擬態の対象から直接物理的に獲得する場合とに大別される．化学擬態のモデルとなる情報化学物質は元来，採餌や生殖，個体認識に深くかかわる機能をもつ場合が多く，そのため，餌のにおい，性フェロモン*や巣仲間認識*物質などがモデルとなるケースが多い.

化学受容 [chemoreception]　味覚*と嗅覚*の総称．この二種の感覚を区別するものは，受容器が体のどこにあるか，脳内のどこの部位が感覚情報の処理にあずかるか，のみであって，本質的な違いはない．動物によって物質を感じ取る能力は多様である．昆虫は触角に化学受容器を備える．カイコガの性フェロモン*のように空気中を漂う揮発性の高い(分子量の小さい)物質を捕らえるだけではなく，アリのように体表面のワックス(揮発性の低い物質)を直接触れることで受容し，巣仲間の識別に用いている場合もある(→巣仲間認識)．魚類の場合には，アミノ酸などの水溶性の分子を嗅覚系でも受容する．またナマズは味覚系が体表面全域に広がっており，嗅覚系と同じ機能も果たしている．受容細胞の表面には，特定の化学物質と結合する受容体タンパク質があり，細胞の種類を決めている．この結合の特異性に応じて，受容細胞はスペシャリスト・ジェネラリストと区別される．受容細胞の反応は著しい馴化*(脱感作)を示すため，急速な濃度変化を検出するために有利である.

化学的防御 [chemical defense]　化学物質により，捕食や攻撃から身を守る防御の総称．悪臭

や有毒物質を噴射したり，体内に有毒物質を蓄積するなど，生物種によって多様化している．マダラチョウ科の幼虫やウミウシ類のように固い殻や武器などで身を守らない生物が，食物中に含まれる微量な毒素を体内に蓄積濃縮する例は有名で，目立つ色彩（警告色*）とともに天敵からの捕食を回避する効果を高めていると考えられている．毒素の由来に関しては，植物が体内で合成したものを食物連鎖の中で生物濃縮して利用する上記の例のほかに，共生微生物が関与するもの，自身で合成するものなどもある．化学的防御の具体例として，体表に毒を保有するタイプ（スグモリモズ，ヤドクガエルなど）や，毒や悪臭を吹きかけるタイプ（ドクフキコブラ，サソリモドキ，スカンクなど）がある．ミイデラゴミムシのように別々の分泌腺に蓄積した複数の化学物質を噴射し空中で混合させることで100℃以上に達する高温を生みだして捕食者を撃退する方法をとる生物もいる．真社会性昆虫のスズメバチのようにワーカーの噴射する毒液の中に警報フェロモン*を同在させて集団の防御効果を高める例なども報告されている．大顎や刺針から注入するタイプ（ムカデ，クモ，サソリ，サシガメ，ハチ，ヘビなど）の毒は，クモや毒ヘビのようにもともとは獲物をすばやく麻痺させたり消化の補助を担う化学物質であり，それが敵に対する毒物質として二次的に防御の働きをもったものである．化学的防御は多くの生物の系統群で独立に進化した普遍的な防衛戦略である．

鍵刺激　［key stimulus］　サイン刺激（sign stimulus）ともいう．解発刺激*の必須な要素．現実には鍵刺激だけからなる解発刺激は存在しない．研究者が解発刺激の中から要素を抽出し，模型などの代理物をつくって実験的に本能行動をひき起こそうと試みることで明らかとなる．成熟した雄のトゲウオ*の攻撃行動をひき起こすのは，他個体の雄だが，同様の攻撃行動は赤い板を見せるだけで十分である．この場合，雄のトゲウオが解発刺激で，赤という色が鍵刺激となる．実際にはこのように単純な鍵刺激は例外的で，多くの場合，色と形，さらに動きなど，いくつかの要素を組合わせたものである．解発刺激として有効なものを探索していくと，研究者はしばしば，現実には存在しない極端な鍵刺激を見いだすことがある．たとえば，抱卵中のハイイロガン*は巣の外に卵を見つけると，活発にその卵を引き戻そうと試みる（⇌定型的運動パターン）．着色した卵の模型をさまざまな大きさで用意すると，ハイイロガンは現実には存在しない巨大な卵に最大の応答を示す．このような刺激を超正常刺激*とよぶ（図）．

セグロカモメに自分の卵よりも大きな擬卵を与えると，それを最初に抱こうとする．

過寄生　［superparasitism］　一つの寄主上あるいは寄主内で正常に発育できる捕食寄生者幼虫数よりも過大な卵数が産みつけられた状態のこと．通常は，同種複数個体が同じ寄主個体に産卵することによって生じ，これを同種内過寄生とよぶ．一方，捕食寄生者*の雌が一度自分で産卵した寄主に再び追加産卵することを，同母過寄生や自己過寄生といい，同種内過寄生とは区別する．前者と後者では適応的な解釈が大きく異なるからである．多寄生性捕食寄生者では，過寄生の程度により幼虫の死亡率が上昇したり小型化するなどの適応度の減少が生じる．これは幼虫間に共倒れ型競争*が起こるからである．一方，単寄生者であれば勝ち抜き型競争が幼虫間に勃発し，ただ1個体のみが寄主を独占し発育を完了する．異種の捕食寄生者間において寄主同一個体に重複寄生が生じた場合，これを過寄生といわず**共寄生**（multiparasitism）とよぶ．共寄生は珍しい現象ではない．共寄生時にはどちらか一方の種のみが勝ち残る場合が多いが，両種とも発育を完了できる例も知られている．前者の場合は種間競争の一つの形であるとみなせる．過寄生や共寄生は，捕食寄生者の雌がすでに寄生された寄主を識別できない場合か，認識できたとしても積極的に産卵することを選択した場合に起こる．後者のような意思決定は背景依存（寄主密度など）であり，一見すると非適応的にみえる過寄生が捕食寄生者の柔軟な行動意思決定に基づく適応的な行動であると理解できる場合が多い（⇌寄主識別）．

蝸　牛　［cochlea］　⇌内耳

拡散方程式　［diffusion equation］　⇌フィックの法則

核磁気共鳴　⇌磁気共鳴画像法

核磁気共鳴画像法 [nuclear magnetic resonance imaging] ⇌ 磁気共鳴画像法

学習 [learning] 経験が行動の基礎過程に及ぼす長期間の効果をいう。成熟や老化のように、経験によらないもの、疲労や情動のように一時的なものは学習とはよばない。また、外傷や筋力トレーニングによって身体能力が変化し、結果的に行動に影響するような場合も学習には含めない。なお、行動の遂行には、学習以外の要因(たとえば動機づけ*)が影響するため、観察された行動の変容(たとえば成績向上)は必ずしも学習そのものとは一致しない。(⇌ 連合学習、非連合学習、条件づけ)

学習曲線 [learning curve] 経験の量(時間や回数)を横軸に、成績を縦軸にしたグラフに示された行動の変化曲線をいう。新しい行動を獲得する場合、反応の頻度や正答率は右上がりの曲線となり、反応までの所要時間(潜時*)や誤答率は、右下がりの曲線となる。学習曲線の途中に進歩がみられない時期があるとき、この停滞期をグラフの形状から高原(プラトー plateau)とよぶ(図)。

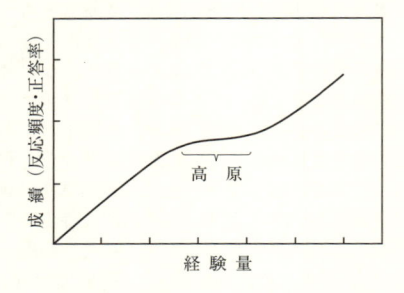

なお、行動成績は学習*以外の要因(たとえば動機づけ)によっても影響を受けるため、学習曲線は学習を純粋に反映したものではない。

学習することの学習 [learning to learn] ＝学習セット

学習性攻撃行動 [operant aggression, learned aggression, conditioned aggression] 攻撃行動を起こした結果、嫌な状態から解放されることによる攻撃行動の強化(⇌ 負の強化)。もしくは攻撃行動自体が強化子*となり、オペラント行動*が強化されること。動物やヒトにおいて攻撃行動には報酬効果があることが知られており、一度攻撃行動を経験すると、次の攻撃行動の出現確率が増加する。また、条件性場所選好テストにおいて、過去に攻撃行動を起こした場所を好むことも知られている。魚やマウスは、攻撃の対象となる相手を得たり見たりするために、障壁を動かすことさえも学習する。このことから、対戦相手と出会う機会自体が強化子として働くと考えられる。雄のニワトリやラットでも、攻撃の機会を強化子としてオペラント行動を強化することができる。

学習性絶望 [learned helplessness] ＝学習性無力感

学習性無力感 [learned helplessness] 学習性絶望ともいう。対処不可能な嫌悪事象を経験した動物は、その後与えられる学習課題において著しい獲得の困難を示すという現象。M. E. P. Seligman*らによって見いだされた。彼らは、連結制御手続き*によって2群に分けたイヌに電気ショックを与えた。逃避可能群に割り当てられたイヌは、自力で電気ショックを停止させることができた。一方、逃避不可能群に割り当てられたイヌは、自身の反応とは関係なく電気ショックを経験した。その後、両群のイヌを別の実験場面へ移し、回避学習*の訓練を行った。逃避可能群のイヌは、電気ショックを経験していないイヌと同等の良好な学習を示したが、逃避不可能群のイヌは、電気ショックを逃避することも回避することも学習できなかった。対処不可能な電気ショックの経験によって、自身の反応と逃避・回避の成否とが無関係であること、つまり"何をしても無駄だ"という無力感が学習されたためだと解釈される。Seligmanらの研究以降、さまざまな動物種や実験事態で同様の現象が確認され、理論的な研究も進められた。うつ病の動物モデルとして知られる。(⇌ 無関係性の学習、対処可能性)

学習セット [learning set] 学習することの学習(learning to learn)ともいう。H. F. Harlow*が導入した概念で、弁別学習*などにおいて長期間の訓練を行うとヒトや動物は課題を解決するための"構え"を獲得し、後の学習を促進することが知られている。たとえば2種類の物体の弁別学習をサルに行わせ、一方の物体を選べば報酬を与え、他方を選ぶと与えないという訓練をすると、サルは正解の物体を選択するようになる。その後、物体の種類を変えるとサルはまた誤反応を繰返すが、訓練が進むにつれて正解を選択するようになる。このような課題を物体の種類を変えて長期間繰返すと、サルは新しい物体に対しても1,2回で正解を学習するようになる。最初に選んだものが正解であればその後もそれを選び、最初に選ん

だものが誤りであればもう一方を選ぶようにすればよいからである．つまり，"2種類の物体の一方が正解である"という課題を解決するための学習セットが獲得されたのである．ほかにも，弁別学習において正解と不正解が学習完成後に逆転するような連続逆転課題*においても，学習セットの影響をみることができる．

学習の生物学的制約［biological constraints on learning］　動物が学習する内容には，その種に特有の制限や困難さがあるということ．動物の学習に関する研究は，伝統的に，学習の一般法則を見いだそうとするアプローチをとってきた．しかし1960年代から70年代にかけて，動物種によって得意，不得意な学習があるといった，一般法則に当てはまらない事例が多く報告され，この伝統的なアプローチは疑問視されることとなった．たとえば，古典的条件づけ*では味覚嫌悪学習*，道具的条件づけ*では，レバー押し反応による回避学習*や，Breland夫妻による本能的逸脱*の報告などがある．これらの事実を説明するために，M. E. P. Seligman*は準備性*の概念，R. C. Bollesは種特異的防御反応*の考えなどを提唱した．現在の学習研究では，この学習の生物学的制約の概念が導入されており，進化や生態学的な知見を考慮したものとなっている．（⇒ 行動システム分析，誤行動，生得的行動）

学習の転移［transfer of learning］　ある学習経験が，その後の別の学習に対して影響を与えること．学習の転移には良い面と悪い面があり，先に行った学習経験によって後の学習の成績が改善することを正の転移（positive transfer），逆に後の学習が進まないような影響があることを負の転移（negative transfer）とよぶ．たとえば，軟式テニスの練習経験があると，後の硬式テニスの練習効果がまったくの初心者よりも高くなるような場合には正の転移が生じたと解釈される．負の転移としては，努力によっても課題を達成できないような経験をした後には，簡単に解決できる課題に対しても学習成績が向上しないという学習性無力感*などがある．一般に，課題間で用いる刺激や環境に類似点があるか，あるいは課題間で抽象的あるいは概念的な構造・規則が共有されていると転移が生じやすい．（⇒ 学習セット）

学習の連続説［continuity view of learning］　経験の量に応じて徐々に学習*が進むとする考え．これに対して，経験量がある値を超えたときに，学習がゼロから最大にいきなり変化するというのが非連続説（noncontinuity view）であり，その最も極端な場合が，1回で学習が完成されるとする一試行学習（one-trial learning）である．（⇒ 学習曲線）

学習理論［learning theory］　行動が経験によってどのように変容するか（学習*）に関するさまざまな概念や原理の総称．動物行動の場合は，条件づけ*による行動変容に関する理論（条件づけ理論 conditioning theory）とほぼ同義である．また，その多くは，行動主義*の立場に基づくので，行動主義的学習理論（behavior learning theory）あるいは行動理論（behavior theory）ともよばれる．C. L. Hull*，E. C. Tolman*，B. F. Skinner*らは，行動変容の過程と内容に関する包括的で体系的な学説（大理論）をそれぞれ提唱した．（⇒ 社会的学習）

学習臨界期［critical period］　⇒ 感受期

獲得免疫［acquired immunity］　⇒ 免疫系

撹乱(1)［disturbance］　生存環境の急激な劣化を，生態学ではこうよぶ．ふつう，予測不能なものをさすが，台風のように季節性があっても，時期を正確に予期できないものも含む．原因により，非生物的と生物的，自然と人為という分類がされる．非生物的自然撹乱には台風，野火，乾燥，洪水，噴火，土石流などがあり，生物的自然撹乱には天敵や病気の大発生などがある．人為撹乱には土地開発（非生物的）や，外来生物の侵略（生物的）などがある．自力で移動できない植物は，生活史*全般を改変することで撹乱に適応している．台風で木がなぎ倒された跡地のような撹乱後の競争が緩和された環境で優勢になるパイオニア植物には，早い成長速度や高い種子分散力が発達している．しかし，時間の経過とともに，これらは耐陰性があるいわゆる競争力の強い植物に置き換わる（遷移 succession）．撹乱が適度な頻度で起こる環境では，両者が共存し種多様性が上がると考えられる（中程度の撹乱説）．自力で移動できる動物にも，撹乱に対する適応的な行動がみられる．高密度で長距離移動するバッタなどの相変異*は過密による生物的撹乱への反応で，乾燥耐性のある休眠卵を産むミジンコは非生物的撹乱への反応の例である．

撹乱(2)［confusion］　生物の適応的な認知やコミュニケーションを阻害する行動や形態を撹乱形質とよぶことがある．（⇒ 撹乱効果）

撹乱効果［confusion effect］　捕食者が餌となる生物を襲う際，単独でいる個体を襲うより，群れの中にいる一個体を標的に絞り追跡して襲う方が難しい．このように，群れることで捕食者の注意が撹乱され，捕食回避の可能性が高まる効果をいう．群れが大きくなるほど，撹乱効果によって捕食者の攻撃成功率が低下することが実験的に確かめられている．群れでいることにより，ある一個体が捕食者に襲われる確率が単純に減少するうすめ効果*とはメカニズムが異なる．撹乱効果に対抗し，捕食者が標的個体を群れから引き離して捕食する行動や，群れの中で出現頻度の低い目立つ個体を標的とする行動（odd prey effect）が知られている．

隔　離［separation］　⇌ 社会的孤立

隔離機構［isolating mechanism, isolation］　交雑を妨げるように働く生物学的特性．地理的隔離は生物の特性ではなく，外部要因であるので，隔離機構には含めない．E. Mayr は交尾前隔離機構と交尾後隔離機構とに大別した．交尾前隔離機構には生態的隔離（交尾場所や食草，寄主などの違い），時間的隔離（繁殖期や交尾時間帯の違い），行動的・性的隔離*（配偶行動の違い），機械的隔離（交尾器などの形状の違い）などがあり，交尾後隔離機構には配偶子の死亡，雑種の生存力低下，雑種の不妊や妊性の低下などがある．隔離機構は通常，生物が交雑を避けるように進化した結果ではなく，集団間の遺伝子流動の低下による遺伝的分化の結果として，副次的に生じる．地理的隔離により交配後隔離が多少生じている2集団が，互いに分布を広げて再び接触した場合，最初は交雑が起こるが，時間が経つにつれて自然選択（または性選択）によって生殖隔離*の強化が起こり，種の分化が進むことがある．また逆に集団が溶け合ってしまうこともある．

隔離飼育［isolated rearing］　動物を他個体から隔離して飼育すること．もともと群れやペアで暮らしている動物種についていう場合が多い．一個体のみで飼育する場合は単独飼育ともいう．けがや病気の治療，検疫，感染実験などのために実施される．動物にとってストレスとなり，行動や発達に悪影響を及ぼすので，動物福祉*の観点からはできるだけ避けること，また期間を短くすることが望ましい．物理的な接触を制限する場合でも，声が聞こえる，見えるなど感覚的な接触を維持することが望ましい．（⇌ 母子分離）

隔離ストレス［isolation stress］　⇌ 群れ

確率性［stochasticity］　環境が確率的に変化したり（⇌ リスク感受性），行動が確率的に発現する（⇌ 行動の確率性）こと．

確立操作［establishing operation］　ある事物あるいは事象の強化子*としての効力を変化させる操作のこと．たとえば，小さな餌粒を強化子として用いて，ラットのレバー押し行動を条件づける場合には，典型的にはラットに与える餌の量を制限しておく．これにより餌粒の強化子としての効力は強まる．これは，遮断化*とよばれる確立操作の例である．このような操作は，空腹という動因*を操作する動因操作*とよぶことが多かったが，動因という内的状態は本来直接には観察できない．そのため行動分析学*においてはこのような用語を避けて確立操作とよぶ．また，餌の量の制限による遮断化は，動物に栄養の欠乏状態を生じさせ，それにより強化子の効力が変わると考えられるが，確立操作において重要なのは，実際にその操作が強化子の効力を変化させたかどうかである．餌を24時間抜いて欠乏状態を生じさせても，それによって餌の効力が変化しなければ，この操作は確立操作としては成立していないことになる．（⇌ 飽和化）

確率的行動［stochastic behavior］　⇌ 行動の確率性

隠れ家［shelter］　動物が危険を察知した際，その危険を回避するために逃げ込む安全な場所．あるいは，非活動時に安全に過ごすための特別な場所．類義語として，すみか，巣穴*，避難場所．活動時に回避する危険としては，干潟に巣穴を

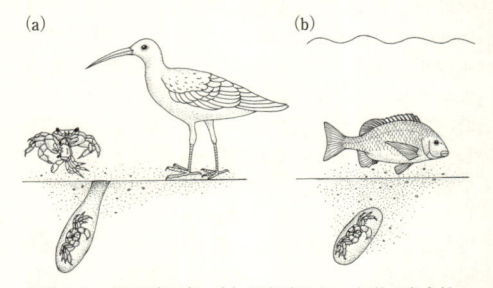

小型のカニ類の隠れ家．(a) 干潮時には，中型の肉食性カニ類や，シギチドリ類のうち小型のカニ類を好んで捕食するチュウシャクシギやシロチドリなどからの避難場所（隠れ家）として，巣穴は有効である．(b) 満潮時には汽水・海水の侵入を防ぐため，巣穴の入口を閉じて巣穴の中で過ごすが，もし巣穴をもたずに地表をうろついていたら，チヌなどの魚類にたやすく捕食されるだろう．

掘って生活し，干潮時に地表で摂食・配偶活動などを行う小型のカニ類では，捕食者からの攻撃や，同種または他種の他個体からの威嚇や攻撃を避けるために巣穴に逃げ込む(図)．昼行性の動物であれば夜間の安全な休息場所として，また夜行性の動物にとっては昼間の休息場所になる．チョウ目幼虫のなかには，昼間は木の下に積もった枯葉や土の中に身を隠し，夜になると茎や幹を登って枝先まで摂食に移動する種類もいる．外温動物の昆虫類などの無脊椎動物やクマやリスなどの哺乳類では，冬の低温条件時に冬眠用に巣穴やさまざまなタイプの隠れ家が利用される．（⇒ 塚, 可携巣, リーフシェルター）

隠れた選り好み［cryptic female choice］ ⇌ 交尾後性選択

隠れマルコフモデル［hidden Markov model］ 確率過程モデルの一つ．時系列の発生システムが"隠された"状態をもちその状態がマルコフ過程*に従うとする確率過程．観測データは隠れた状態から確率的に生成され，またその状態は複数存在しそれらの間でマルコフ過程に従って遷移する．状態遷移確率はマルコフ性によって各状態間のリンクで表すことができ，観測データは各状態ノードからの生成確率のリンクで表現される．観測データがこのような隠れた状態から確率的に生成されていると仮定し，隠れた状態を推定すると同時に，隠れた状態の遷移確率，状態からの観測確率を推定する必要がある．確率過程のモデルであるため，ベイズ推定などの確率論を用いた推定アルゴリズムなどが提案されている．ヒトの音声認識，形態素解析や，鳥のさえずりなどの音声時系列の分離などに応用されている．

家系図［pedigree］ ⇌ 血統

可携巣(トビケラの)［caddisfly case, portable case, caddis case］ 携帯巣ともいう．川や湖などにすむトビケラ*幼虫が作る，ヤドカリやみの虫*のような持ち運び式の巣(図)．周りの巣材を，口から出す絹糸でつづりあわせて作る．使う巣材は種によって異なり，砂粒，落ち葉片のほかに，樹皮，小枝，木の実，水草，苔，貝殻などを使う．形も多くは筒形だが，種によってはドーム形，眼鏡サック形，小判形，カタツムリ形などのユニークな巣を作る．さらには，成長段階や外環境によって巣材や形を変化させる種もいる．このように多様性が非常に高いことから，巣を見ればたいていは科・属まで知ることができる．巣のおもな機能は，捕食者や撹乱から身を守る役割であると考えられる．また，幼虫は腹部を波状にくねらせ，巣の中に酸素を取込むが，巣はこの酸素交換を効率良くするような構造になっているとされる．トビケラの巣作り(造巣*)は古典的な自然史・行動研究によって知見が得られてきたが，近年では生息地の改変を通じて他の生物に与える影響(ニッチ構築*)も注目されている．

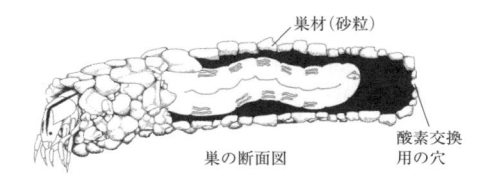

巣材(砂粒)
巣の断面図
酸素交換用の穴

下喉頭［inferior larynx］ ⇌ 鳴管

過去の競争の亡霊［ghost of competition past］ ⇌ ニッチ分割

重ね合わせ法［super imposition method］ ⇌ 溶化手続き

仮死［suspended animation］ 外見上は生活現象が認められないが，実際は生きている状態をさす．水や二酸化炭素による窒息，温度の急激な低下，感電などがしばしば誘発因となる．仮死中には，呼吸運動と心拍動の両方あるいは一つが止まるか，弱まるため，脳への酸素供給が滞り，自発行動が停止する．通常意識はなく，筋肉は弛緩した状態となる．擬死*と混同されやすいが，擬死はさまざまな動物が自然な範囲の感覚刺激に対して起こす防御行動であり，自発的に元の状態に戻る．仮死は環境要因によって代謝が極端に低下している状態なので，酸素補給などの適切な処置をとらないとそのまま死んでしまうこともある．（⇒ 休眠, 冬眠）

賢いハンス［clever Hans］ ⇌ 実験者効果

過剰飲水［polydipsia］ ＝多飲行動

過剰学習［overlearning］ ある課題に対する動物の学習*が完成した後も訓練を継続することを過剰訓練(overtraining)といい，過剰訓練における動物の学習を過剰学習という．動物の学習実験では，あらかじめ達成基準を設け，その達成をもって学習の完成とみなすことが多い(たとえば3回連続して90％以上の正答率)．この基準に到達した時点で訓練を打ち切った動物と，さらに過剰訓練した動物を比較すると，われわれの直感と矛盾するような差がみられることがある．たとえ

ば，T迷路でラットに明暗の同時弁別を訓練する（例：分岐点でラットが白いドアを選択して通路を進むと報酬*として餌粒を与えるが，黒いドアでは与えない）．この学習が完成した後に逆転学習（reversal learning）を訓練する（今度は黒いドアが正解で，白いドアは不正解となる）．すると，最初の学習が完成した直後に逆転学習を行ったラットよりも，過剰訓練後に逆転学習を行ったラットの方がより速やかに新しいルールを学習する場合があり，これを過剰訓練逆転効果（overtraining reversal effect）という．同様の効果に過剰訓練消去効果（overtraining extinction effect）がある．これは，たとえばラットに直線走路の走行などのオペラント行動*を連続強化*で訓練し，その後消去*するとき，はじめの連続強化訓練が過剰になるとオペラント行動が消去されやすくなることである（⇒消去抵抗）．また，動物の道具的行動は一般に，過剰訓練によってその目標志向性（goal-directedness）が失われ，自動的・反射的なものに変化する．過剰訓練に伴う目標志向性の喪失を習慣形成（habit formation）とよぶ．

過剰グルーミング［excessive grooming, over grooming］　時間的・量的に過剰なグルーミング*を行うこと．飼育環境でみられることが多く，異常行動*の一つとされる．自己グルーミング*が過剰となる場合も，他個体とのグルーミングのやりとりが過剰となる場合もある．心因性のストレスや皮膚疾患，自然な行動をとれず時間をもて余すことなどが原因となる．ニホンザルよりもアカゲザルでよくみられるなど，近縁な動物種でも発現のしやすさは異なる．毛がはげて，皮膚を傷つけることもある．ストレスの原因の除去や投薬により改善できる場合もあるが，一度癖になってしまうと治療は難しくなるため，予防や早期の治療が大切である．

過剰訓練［overtraining］　⇒過剰学習
過剰訓練逆転効果［overtraining reversal effect］　⇒過剰学習
過剰訓練消去効果［overtraining extinction effect］　⇒過剰学習

過小マッチング［undermatching］　二つの操作体*に対する反応を，それぞれ強化率*の異なる変動時隔スケジュールに従って強化する並立スケジュール*の場面において，各操作体への反応率の比が，それらから得られる強化率の比よりも小さくなる現象のこと．たとえば，左レバーへの反応に対する強化率（r_L）が1強化/分，右レバーへの反応に対する強化率（r_R）が2強化/分である（すなわち，強化率の比が1：2である）場合に，左レバーへの反応率（R_L）と右レバーへの反応率（R_R）の比が1：1.4程度にしか分化しないことがこれに相当する．マッチング法則*に従えば，$R_R/R_L = (r_R/r_L)^a$においてaの値が1より小さく（先の例では$a = 0.5$程度に）なることに相当する．この場合，aの値が小さいほど，過小マッチングの程度が大きいことになる．過小マッチングは，選択肢間の弁別が不十分である場合や，選択肢間の切替えにかかるコスト（選択変更後遅延*の長さなど）が小さすぎる場合などに出現することが知られている．（⇒過大マッチング）

過剰予期効果［overexpectation effect］　二つの条件刺激*について，一つずつ個別に無条件刺激*と一緒に与えることを繰返すと，各条件刺激に対し古典的条件づけ*が十分に形成される．こうして各条件刺激に対し十分な条件反応*が生じるようになった後で，二つの条件刺激を一緒にして無条件刺激とともに与えることを繰返すと，各条件刺激に対する条件反応が弱くなる．これが過剰予期効果である．たとえば，ペットのイヌに，頭をなでて（条件刺激）おやつ（無条件刺激）を与えること，"お利口"という言葉（条件刺激）をかけおやつを与えることをそれぞれ繰返すと，頭をなでることも，"お利口"という言葉もイヌにとって"ごほうび"となる．この後，"お利口"という言葉と同時に頭をなで，おやつを与えることを繰返すと，"お利口"という言葉も，頭をなでることも，"ごほうび"としての力が弱まる．この現象を最初に予測したレスコーラ・ワグナーモデル*は，以下のように説明する．条件刺激への個別の条件づけの結果，各条件刺激が一つの無条件刺激を十分に予測するようになり，これら二つを同時に与えると，合わせて二倍の無条件刺激を予測するようになる．一方で，二つの条件刺激を同時に与える際に実際に与えられる無条件刺激は変わらず一つであるため，現実の無条件刺激（一つ）に対し過剰な予期（二つ）が生じ，この予測と実際の無条件刺激の食い違いが各条件刺激に対する学習を弱める．

数［number］　大きさや密度，長さなどの連続量ではなく，物体の個数や事象が起こる回数といった離散的な量のこと．ヒトにおいては離散量としての"数"の認識は発達のきわめて初期から

成立する．1歳に満たない乳児でも3個と4個を区別でき，また，1+1＝2程度の演算を理解することができる．しかし，その認識能力は4程度に限定されている．それ以上の数を数えたり演算したりするためには記号システムとしての数の獲得が必要であると考えられている．ヒトは6歳から7歳にかけてこのようなシステムを獲得する．成人においては，4～5程度までの数については，いちいち数え上げる（カウンティング*）ことなく即座にその数を把握することができる．このような現象をサビタイジング（subitizing，直観的把握）とよぶ．それより大きい数になると一つずつ数え上げなくてはならない．また，ヒト以外の動物においても，たとえば，図に示す"相対的数判断課題"などを用いて，連続"量"ではなく離散的な"数"を手がかりとして判断を行えることが，ネズミ，イヌ，イルカ，アシカ，ウマ，ゾウ，サル，大型類人猿などの哺乳類から，ハト，カラス，オウムなどの鳥類，さらには，魚類，両生類，昆虫など，多様な種で報告されている．

ハンドウイルカによる相対的な数判断課題の遂行の様子．たとえば数の少ない方に口でタッチをすると報酬を得る．

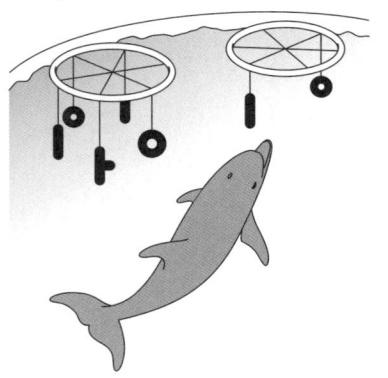

カースト［caste］　階級ともいう．社会性昆虫*の行動または形態によりいくつかに分類される同種個体のタイプのこと，またはタイプが存在する状態をいう．行動・役割に基づく分類では，**生殖カースト**（reproductive caste）と**非生殖カースト**（non-reproductive caste）に分けるのが通例である（図）．生殖階級として，ハチ目では女王*が，

シロアリ目では女王と王がいる．非生殖階級には，役割に応じワーカー*（働きアリ，働きバチ）や兵隊（ソルジャー）などがある．完全変態するハチ目ではカーストは成虫のみだが，不完全変態のシロアリや真社会性アブラムシ*では若い成長ステージの個体（幼虫）もカーストに分類される．ハチ目とアブラムシでは非生殖階級はすべて雌である．シロアリでは雌雄ともに非生殖階級がある．シロアリやアリでは種によっては非生殖階級がさらに細かく分かれ，それらを**サブカースト**（subcaste）とよぶこともある．たとえば，働きアリのなかでも防衛の役に特化した兵隊サブカーストがある．ハチ目昆虫のワーカーでは一般に羽化後の日齢により役割が変わる．この現象を**時間カースト**（temporal caste）または齢差分業とよぶ（→行動多型）．形態による分類でも同様にカーストやサブカーストが定義できる（図）．たとえばアリで

兵隊アリ　働きアリ　　　　　　　　雄
（メジャー　（マイナー
ワーカー）　ワーカー）　　　　　女王（ただし，翅は
　　　　　　　　　　　　　　　　落とされている）
←―非生殖カースト―→　←―生殖カースト―→

オオズアリの仲間のカースト

は，羽化時に翅をもつ雌を女王，無翅で生まれてくる雌をワーカーとよぶ．後者の場合は大型のサブカーストをメジャーワーカー（major worker），小型のサブカーストをマイナーワーカー（minor worker）とよぶことが多い．カーストが形成されるプロセスを**カースト分化*** といい，階級分化フェロモン* が関与する．種にもよるが非生殖階級には多少とも生殖能力を残すものが多く，どの程度の個体差があればカーストとよべるのかの議論がある．昆虫以外にもデバネズミやテッポウエビなどにカーストがある（→ハダカデバネズミ）．

カースト制御フェロモン　［caste-regulatory pheromone］　＝階級分化フェロモン

カーストフェロモン［caste pheromone］　＝階級分化フェロモン

カースト分化［caste differentiation］　社会性昆虫*（あるいは社会性動物）において，コロニー内で異なるタスク（仕事）を担う個体をカースト*といい，発生過程でカーストが分化することを"カースト分化"という（図）．ほとんどの場合において，カーストの運命は生まれてからの環境要因により決定されるとされるが，遺伝子の支配を受ける例もいくつか知られている．ミツバチやアリ，シロアリなどのカーストは，後胚発生の過程で受ける栄養条件や個体間相互作用により決定される場合が多く，ミツバチではローヤルゼリー*という特殊な餌を与えられた個体が女王*となる．多くの場合，同じカーストが必要以上に分化してしまうことを防ぐため，フェロモンなどの作用によりフィードバックが働くことが予測されており，いくつかの種では物質も同定されている．カースト分化は，同じゲノム情報を保有していても異なる表現型を発現する表現型多型*の一例であり，近年では分子レベルでの遺伝子発現解析も行われている．

数の反応［numerical response］　⇌ 食うもの−食われるものの関係

仮説検定法［hypothesis testing］　⇌ 統計学的検定

仮装［masquarade］　隠蔽的擬態（mimesis, protective mimicry）ともいう．捕食者に獲物であると認識されないことで捕食を逃れる防衛方法．餌ではない物体に体の色や形状，質感などを似せることで捕食者を欺く．擬態*の一種．捕食者からの検出を妨げる隠蔽の原理（⇌ 隠蔽色）とは区別されることに注意が必要で，捕食者は背景から被食者の外形を検出できたとしても，餌として認

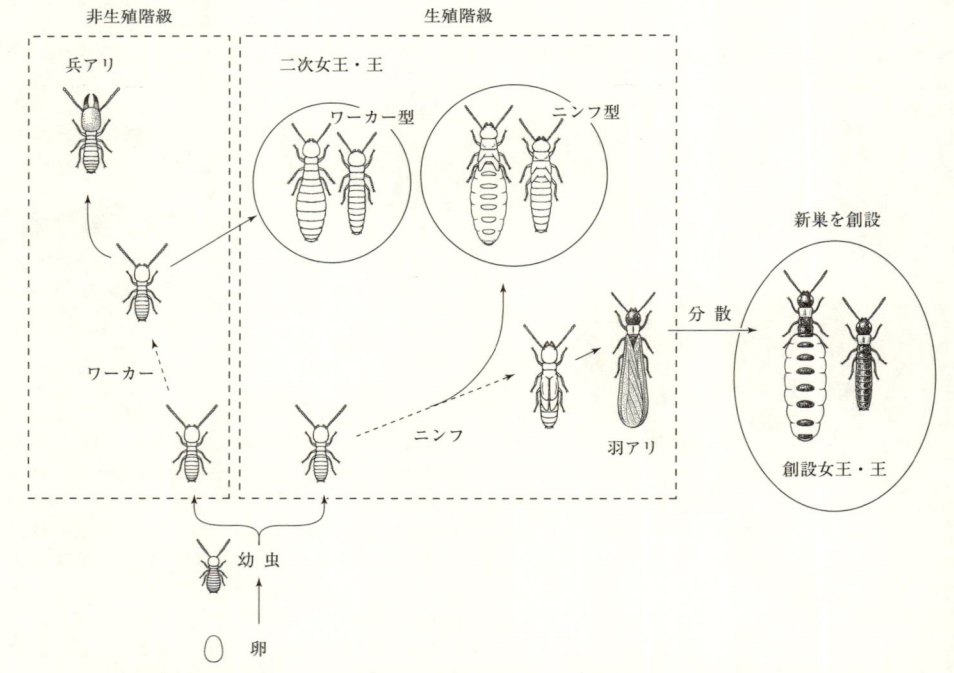

ヤマトシロアリのカースト分化経路　発育経路は大きく，労働カースト経路と繁殖カースト経路の二つに分けられる．卵からふ化した幼虫は，1齢，2齢の若齢幼虫期を過ごした後，ワーカー経路とニンフ経路に分かれる．このときワーカーに分化した個体はワーカーとして脱皮をしながら齢を重ね，老齢のワーカーの一部が兵アリに分化する．ワーカーは非生殖階級として，採餌および生殖虫，兵アリ，幼虫などへの給餌，巣作り，清掃，ときには防衛にも携わる．一方，ニンフとなった個体は，将来の羽の元になる翅芽を有しており，脱皮ごとに翅芽を大きくしながら成長し，最終的には羽アリとなる．羽アリは巣を飛び立ち，新たな巣を創設し，新巣の創設王や創設女王となる．創設王や創設女王が死亡した場合や，労働力に対して繁殖能力が不足する場合には，巣の中のメンバーから補充生殖虫が分化する．ヤマトシロアリの場合，ニンフがいればニンフから優先的に補充生殖虫が分化する．ニンフが不在の場合などはワーカーも補充生殖虫への分化が可能であるが，自然巣でワーカー型の補充生殖虫が見つかることはほとんどない．

識できない(たとえば,白いベンチの上に茶色いシャクトリムシが落ちていた場合,シャクトリムシは白い背景から容易に検出される.しかし,それをイモムシではなく枯れ枝と思うだろう).岩などの無生物または葉や枝などの植物に仮装するものが多い.例としては海藻に仮装するタツノオトシゴ類や植物の葉に仮装するバッタ・キリギリス類など数多くが知られるが,その防衛効果はごく近年まで科学的な証明はされておらず,2010年に初めて木の枝に仮装するシャクトリムシについて実験的に確かめられた(図).

海藻に仮装したリーフィーシードラゴン

葉に仮装したコノハムシ

枝に仮装したシャクトリムシ.体を伸ばして静止することによりさらに"枝らしく"なる.

仮想呼吸［fictive respiration］ ⇌ 仮想遊泳
仮想歩行［fictive locomotion］ ⇌ 仮想遊泳
仮想遊泳［fictive swimming］ 筋肉や骨格系から切り離された中枢神経系(*in vitro* 標本)が,遊泳(あるいは歩行・呼吸)のように周期的な運動と対応した神経活動を生成するとき,その神経活動を仮想遊泳(あるいは**仮想歩行** fictive locomotion, **仮想呼吸** fictive respiration)とよぶ.仮想遊泳を実験的に起こせることは,その運動が中枢性パターンジェネレーター*(CPG)によってつくられており,末梢からのフィードバックを必要としないことの強い根拠となる.同時に,CPGのメカニズムを神経細胞や伝達物質のレベルで詳細に研究するための手段となる.下等脊椎動物魚類(ヤツメウナギの成魚や,ゼブラフィッシュ・アフリカツメガエルの幼生など)の脊髄を摘出して人工的な脳脊髄液に浸し,運動ニューロンから活動電位を記録すると,電気的・薬理的な刺激に応じて左右で交番する周期的なバースト活動を発生する.同様に出生直前のマウス・ラットの胎児,ニワトリ雛の幼生の延髄からも,自発的な仮想歩行や仮想呼吸を記録することができる.

家族集団［family group］ ⇌ グループ
可塑性 ⇌ 行動の可塑性,脳の可塑性
課題［task］ ⇌ 手続き
過大マッチング［overmatching］ 二つの操作体*に対する反応を,それぞれ強化率*の異なる変動時隔スケジュール*により強化する並立スケジュール*の場面において,各操作体への反応率の比が,それらから得られる強化率の比よりも大きくなる現象のこと.たとえば,左レバーへの反応に対する強化率(r_L)が1強化/分,右レバーへの反応に対する強化率(r_R)が2強化/分である(すなわち,左右の強化率の比が1:2である)場合に,左レバーへの反応率(R_L)と右レバーへの反応率(R_R)の比が1:4になることをいう.マッチング法則*に従えば,$R_R/R_L=(r_R/r_L)^a$ において a の値が1より大きく(先の例では $a=2$ に)なることに相当する.このとき,a の値が大きいほど,過大マッチングの程度が大きいという.過大マッチングは,選択肢間の切替えにかかるコスト(選択変更後遅延*など)が大きすぎる場合などに出現するとされている.(⇌ 過小マッチング)

片親による子の保護［uniparental care］ 雌親あるいは雄親のどちらか一方のみが子の保護を行うこと.片親による子の保護の知られる動物では,雌親が保護を担当する分類群が圧倒的に多く,これらは一夫多妻*の配偶システムをもつことが多い.一方,雄親による子の保護は魚類や両生類で比較的多く,一部の鳥類(シギ科やレンカク科の一部など)や一部の節足動物(ウミグモ目やコオイムシ科など)でも知られている.これらの分類群では,一妻多夫あるいは多夫多妻*の配偶システムが多く,しばしば性役割*の逆転が生じている.保護者の数や性を決める進化要因・メカニズムには諸説あり,現在も論争が続いている.子の適応度上の利益と親自身の将来の生存・繁殖におけるコストとのバランスに基づく自然選択に基礎をおく仮説・理論のほか,雄親による子の保護は配偶相手の雌に直接的利益を与えるため,雌による配偶者選択によって進化する可能性も指摘されている.(⇌ 親による子の保護)

カタストロフ［catastrophe］ ⇌ 履歴効果

カタプレキシー［cataplexy］ ⇌ ナルコレプシー

カタレプシー［catalepsy］ ⇌ 擬死

価値［value］ 餌や金銭的利益，配偶者つがいあるいは交尾対象，営巣場所や生息域あるいは帰属集団など，動物やヒトは多くの局面で，行為（採るか採らないか）あるいは対象（これを採るかあれを採るか）の選択を行う．選択行動を定量的に記載していくと，その個体が何を重視し，何を良しとするかを推定することができる．行動から推定された行為や対象の良さが推移律を満たしている場合，つまり "A＜B かつ B＜C ならば，いつでも A＜C の関係が成り立つ" 場合，価値に基づく選択であると考え，これを価値関数*として記述することが可能となる．価値を測る単位を通貨（currency）とよぶが，採餌行動では，時間当たりのカロリー摂取量や，コスト（カロリー支出量）に対する利益（カロリー収量）の比など，適応度（繁殖成功度）を代替する変数が用いられている．しかし，現実の選択行動では複数の要因が絡むために，一元的な価値を一つだけ想定することが困難な場合が多い．

価値関数［value function］ 強化学習*の理論において，制御系が最大化させなくてはならない値を数学的に定義したもの．"将来に得られる報酬の総和" を価値として設計する場合が一般的である．現在の状態 s の関数の場合には状態価値関数（state value）$V(s)$，状態に加えて行動 a の関数となる場合には行動価値関数（action value）$Q(s, a)$ という．将来に得られる報酬の期待値は，報酬の出現確率と量の分布から求められる．一般に，報酬の出現確率は行動方策によって生成される行動列に依存する．強化学習法の一つとして，"ある方策のもとでの価値関数を求め，その価値関数がより大きくなるような方策を求め，さらにその方策のもとでの価値関数を求め，その価値関数が…" という反復法を用いて，将来得られる報酬を最大化する最適価値関数と最適方策を学習することができる．また，将来に得られる報酬を時間に応じた "割引き" を行った総和を価値関数として求めることで，複数の時間遅れのある報酬に対する選択（intertemporal choice）をモデル化することができる．神経系では線条体や前頭眼窩皮質から価値関数に相関する神経活動が報告されている．

家畜［domestic animal］ 英語では "domestic animal（家の動物，馴致*された動物）"，"farm animal（農用動物，産業動物）"，"livestock（生きた貯蔵物）" が該当するが，わが国では "その繁殖がヒトに管理されている動物" と定義されている．一般的な産業動物であるウシ，ウマ，ブタのほかに，ミツバチやカイコなどの昆虫，完全養殖下にある魚類や貝類，イヌやネコなどの伴侶動物*，ラットなどの実験動物も家畜に含まれる．

家畜化［domestication］ もともと野生動物であった種の生活をヒトの管理下に置き，特定の形質をもつ個体を選択的交配*によって遺伝的に改変していく過程．単に野生動物の特定の個体を捕獲あるいは保護し，馴らすことは，家畜化とはよばない．最も早くに家畜化された動物種はイヌと考えられており，約1万5千年〜5万年前，オオカミから家畜化された．ネコのような例外もあるが，概して家畜化に成功したイヌ，ウシ，ウマ，ヒツジなどは，野生では群れ*で生活する動物種が多い．この群れる習性のために，ヒトとかかわることも比較的容易に受入れられるようになったと考えられている．家畜化された後も先祖種の行動特性を明確に残している例もあるが，本来生存に必要不可欠な行動が消失した例もある．たとえばケージで飼育されている産卵鶏は，営巣行動などの母性行動*を失っており，自分の産んだ卵を気にしない（図）．野生植物の栽培植物化も英語で domestication という．

自分の産んだ卵を気にしない産卵鶏

勝ちぐせ負けぐせ［winner-loser effect］ 戦いに勝った者は次の戦いで勝ちやすくなり，負けた者は次も負けやすくなる現象．広く動物でみられる．単純に勝者は強いから勝者となったのであり，それゆえに次の戦いでも勝つ確率が高いということではなく，戦いの結果ひき起こされるテストステロン*などのホルモン*レベルの変化が攻

撃性に影響して起こる．負けた者は他の個体に出会っても戦いを避けて逃げ回るようになり，昆虫などでこれらの効果が数日間続くことが確認されている．勝ちぐせ負けぐせは同じ場所（同じ相手）で戦う場合に，すでに優劣がはっきりしている相手との戦いのコストを避けるための適応と考えられ，敗者が負けた場所から遠くへ飛んで逃げた場合，逃げた先では負けぐせの効果がリセットされる例も知られる．勝者にとっては過去の戦いに勝ったという事実から自分は相対的に強い確率が高いので，勝ちぐせによって攻撃的になることで，より資源獲得のチャンスが広がる．

価値低下法〔outcome devaluation〕 ⇨ S-S 連合

勝ち抜き型競争〔contest competition〕 ⇨ 共倒れ型競争

ガチョウ ⇨ ハイイロガン

滑空〔gliding〕 翼を羽ばたかせることによる動力を得ずに空中を飛行すること．一般に，飛行中の降下角度が45°以内（一定時間内の水平移動距離が落下距離よりも大きい場合）を滑空とよび，降下角度が45°以上であるパラシューティング*と区別する．ただし，降下角度が45°以上であっても，能動的に飛行方向を制御する場合，広義の滑空とみなすこともある．多くの鳥類やトンボ，チョウなどの昆虫類では，羽ばたきによる飛翔中の合間に滑空を行う．滑空のみによる飛行は脊椎動物において少なくとも30の系統で独立に進化した．哺乳類ではムササビを含む齧歯目，ヒヨケザルを含む皮翼目，フクロモモンガを含む有袋類で，爬虫類ではトビトカゲ類，トビヤモリ類，トビヘビ類で，両生類ではトビガエル類で滑空が進化している（図）．これらの動物は，滑空をする際に翼として利用する飛膜を備えているが，その形態や構造はさまざまである．ムササビ類では体の左右それぞれに，前肢と後肢の間および後肢と尾の付け根の間に飛膜がある．ヒヨケザルでは後肢と尾の間の飛膜はさらに大きく，尾端まで達する．トビトカゲ類も左右の体側に飛膜をもつが，四肢とはつながっておらず，6本前後の肋骨が飛膜の軸となっている．トビガエル類やトビヤモリ類は指の間の膜や体側のひだを飛膜として利用する．哺乳類やトビトカゲ類は日常的な移動に滑空を用い，高所から跳び立てば，数十メートルは滑空できる．その操縦性も高く，トビトカゲ類ではなわばり雄が侵入雄を滑空によって追跡することもある．トビウオやトビイカも水中から飛び上がって空中を数十メートル滑空する．

カッコウ〔common cuckoo〕 学名 *Cuculus canorus*．カッコウ目カッコウ科に属す全長約33 cm，体重120 g 弱の中型の鳥．自身では子育てをせず，他種の巣に卵を産み込んで子を育てさせる托卵*鳥として有名である．分布はユーラシア大陸の北部ほぼ全域と，北アフリカ・インドの一部から日本に至る非常に広範囲に及んでいる宿主は10〜50 g ほどのスズメ目の草原性の小鳥が主で，その数は優に100種を超える．托卵の習性は古くから知られており，アリストテレスもその習性に言及している．近代においても生物学者の関心をひきつけており，ふ化後に宿主の雛を背中に乗せて落とす行動を発見したのは，ワクチンを発明した E. Jenner である．行動は托卵に特化しており，行動生態学では軍拡競争*共進化研究のモデル生物となっている．宿主の産卵期間中，不在時を見計らって巣に忍び寄り，宿主の卵を1個抜き取り，自分の卵を1個産み込む．これにかかる時間は10秒程度である．卵は多くの場合，宿主卵に擬態しているが，卵斑は母系遺伝するため，特定の宿主に対応した雌のみの系統が形成されている（⇨ 卵斑［図］）．雛はふ化後しばらくすると宿主の卵や雛を背中に乗せて巣の外に落とし，巣を独占する．これにより，宿主の養育を独占するだけでなく，宿主が自身の雛と見分けることを困難にし，排除されることを防いでいると考えられている．大きく育った雛は，宿主雛の何倍も激し

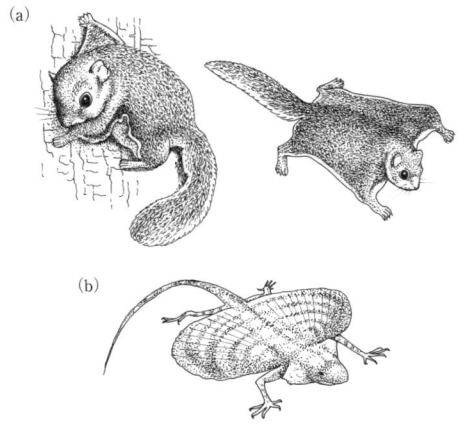

(a) 通常時（左）と滑空中（右）のモモンガ．滑空するときは四肢を左右に広げて，体側の飛膜を大きく広げる．(b) トビトカゲ．肋骨の軸で支えられた飛膜を広げて滑空する．

く鳴くことで，自身の要求に見合う量の餌を宿主から与えられる．近年では，おそらく環境変動の影響で個体数を減らしている．（→マフィア仮説）

活性薬［agonist］ ＝アゴニスト

葛藤［conflict］ コンフリクトともいう．動物が複数の行動を同時に行うように動機づけ*られ，行動選択，すなわち意思決定*が困難な状態．K. Lewin は葛藤を解消方法が異なる三つの型に分類した．接近-接近型は，動物にとって近づきたい対象が同時に複数存在する場合に起こる．たとえば，空腹のラットが二つの餌場のいずれに向かうか迷って，その中間点で立ちすくんでいる状態がこれに相当する．この釣り合った状態から，いずれかの餌場に少しでも近づくと，一気にそちらの目標に近づこうとする傾向が強まり，葛藤は解消する．回避-回避型は，避けたい対象が同時に複数存在する場合に起こる．2匹のネコに挟まれた状態のラットがこの例である．理論的には，一方を避けようとすると他方に近づいてしまうので，釣り合った状態に絶えず戻そうとする負のフィードバック*が機能しているように思われる．回避対象が2点ならば，これらを結んだ線と直角方向に逃げることで葛藤は容易に解消する．接近-回避型は単一の対象に対して接近欲求と回避欲求の両方がある場合に起こる．たとえば公園の池で，手に持ったパンくずをアヒルに差し出した場合，アヒルはパンくずには接近したいが，それを持つ人間は避けたい．したがって，1) 遠くからパンくずを見たアヒルはある距離までは人間に近づくが，2) そこからは前進と後退を繰返す（均衡点），ときには，頭はパンくずの方向，爪先は逆方向を向いている，ということもある．つまり，均衡点を挟んで接近傾向と回避傾向が綱引きの状態になる．

葛藤解決［conflict resolution］ →和解行動

葛藤後行動［post-conflict behavior］ 攻撃行動後に起こる社会交渉の総称．社会性哺乳類（特に霊長目）や鳥類において研究されている．攻撃行動後には，攻撃によって生じた社会的ストレス（図）や攻撃が再発する可能性が上昇する．これらの社会的コストに対する対処として，攻撃行動に関係した個体がさまざまな行動を示す．代表例として，攻撃個体と被攻撃個体の間の親和行動（和解行動），被攻撃個体による第三者個体（攻撃に参与しなかった個体）への攻撃（八つ当たり行動），第三者個体から攻撃個体への親和行動（なだめ行動*），第三者個体から被攻撃個体への親和行動（なぐさめ行動*）などがあげられる．これらの行動のなかには，和解行動のように葛藤そのものを解決するものもあれば，八つ当たり行動のように攻撃によって生じた社会的コストを拡大させるものもある．また，葛藤後行動は当事者個体同士のみならず，第三者個体間でも起こりうる．たとえば，攻撃が血縁集団間の敵対関係に発展し，攻撃個体と被攻撃個体それぞれの血縁個体間で攻撃が起こることも観察されている．

野生のチンパンジーでの攻撃後の様子．被攻撃個体が歯をむき出している表情が恐怖の表情で，攻撃後の緊張状態が感じられる．

活動性［activity］ 運動活性（motor activity），移動活動（locomotor activity），自発活動性（spontaneous activity），活動量などともいう．場所の移動を伴う運動をひき起こす活性．自然下の動物では移動を伴う動き回りが観察されるが，飼育動物も飼育ケージの中で歩き回ったり天井にぶら下がったりと常に活動している．この活動性は概日リズム*量によって制御されている．日中の活動量の高い動物を昼行性*，夜間の活動量の高い動物を夜行性*という．覚醒剤などの興奮性の薬物は活動量を増加させるが，活動性の障害である注意欠陥多動障害*患者においては，逆に多動を抑制する．活動性は動物種や個体の発達などに伴って大きく変化する．

活動電位［action potential］ 興奮性細胞の膜電位が，静止電位*から急激に脱分極し，つづいて速やかに再分極する現象．脱分極時にはゼロレベルを越えて，プラス数十 mV にまで上昇する．このプラスの部分をオーバーシュートとよぶ．再分極時には，一過性に静止電位レベルよりも大きな過分極*を示すが，これを後過分極とよぶ．その後緩やかに静止電位まで回復する．この過程は通常の神経細胞では数ミリ秒以内に完了する（図）．

膜電位の急上昇は，脱分極によって電位依存性Na^+チャネルが開き，細胞内に向かうNa^+電流が自己再生的に増大することによって起こる（⇌"全か無か"の法則）．ピークの後の再分極は，電位依存性K^+チャネルがNa^+チャネルより遅れて開き（遅延整流性K^+チャネル），細胞外に向かうK^+電流が増大することによって起こる．これと同時にNa^+チャネルはつぎつぎと不活性化し始めるので，内に向かうNa^+電流が急速に減少していく．神経細胞の軸索に沿って伝導していく

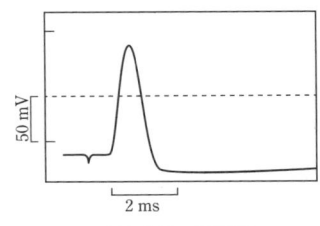

イカ巨大神経の活動電位

間に，活動電位は基本的に消失したり変形したりしないので，体内の離れた部位へ情報を正確に伝えることができる．微小電極を使って記録した活動電位のことを，オシロスコープの画面に表示された波形の形から**スパイク**（spike），**インパルス**（impulse）ともいう．ニューロンの活動電位をスピーカーにつないで流すと，火花放電や鉄砲に似た音として聞こえることから，**放電**（discharge）とか**発火**（firing）ともよばれる．研究者の習慣的な表現で，どれも活動電位を表すものである．1個のニューロンから記録された活動電位の場合には，特に**ユニット発火**（unitary discharge）あるいは**単一ユニット**（single unit）という．いくつかのニューロンや筋繊維の活動電位が混じり合って区別できない場合，**マルチユニット活動**（multi-unit activity）という．筋電図は典型的なマルチユニット活動である．これに対して，脳波や機能的磁気共鳴画像法*によって記録されるBOLD信号は，ニューロンの活動電位に起因するものではあっても，活動電位そのものではない．脳波は多数のニューロンの活動電位に付随して発生するシナプス伝達を反映するものであるし，BOLD信号は活動電位の結果生じる血流量や酸化ヘモグロビン比率の変化を反映する．

カテコールアミン［catecholamine］　カテコール核をもつモノアミン神経伝達物質*の3種（ドーパミン*，ノルアドレナリン*，アドレナリン*）の総称．主要な神経伝達物質*であり，ノルアドレナリンとアドレナリンは副腎髄質ホルモンでもある．脳では神経伝達物質として作用し，末梢でも血圧，心拍数などに作用する．

カドヘリン［cadherin］　細胞膜表面に存在するタンパク質で，体のさまざまな組織に存在し，細胞と細胞を結びつける（細胞接着）分子．同じタイプのカドヘリン分子同士は結合するが，異なるタイプのカドヘリン分子同士は多くの場合結合しない．この性質により，特定の細胞同士だけを結びつける．脳・神経系では，神経細胞のシナプスなどに存在し，同じタイプのカドヘリンをもつ神経細胞同士をつないで機能的な神経ネットワークを形成するものと考えられている．現在では，100種類以上が同定されており，カドヘリンスーパーファミリーとよばれる．カドヘリン遺伝子やその近傍でみられる遺伝子多型と自閉症や統合失調症をはじめとする精神疾患との相関が報告されており，高次脳機能における役割も注目されている．

カニッツァ錯視［Kanizsa illusion］　⇌アモーダル補間

カーネマン　KAHNEMAN, Daniel　1934. 3. 5～　テルアヴィヴ（現イスラエル）に生まれる．幼少期はフランスのパリで育つ．1948年当時の英国委任統治領パレスチナ（現イスラエル）に移住し，1954年にヘブライ大学卒業．主専攻は心理学，副専攻は数学であった．兵役に就いたのち1958年カリフォルニア大学バークレー校に留学，1961年同大学で博士号取得．同年よりヘブライ大学に戻り，78年までそこで研究と教育に従事．その後，ブリティッシュ・コロンビア大学，カリフォルニア大学バークレー校，プリンストン大学の教授を歴任．1968年，A. Tverskyと出会い，以降両者によって精力的な共同研究が開始される．その代表的な業績は1974年の共著論文『Judgment under uncertainty：Heuristics and biases（不確実状況下での判断：ヒューリスティクスとバイアス）』（*Science*誌）と1979年の共著論文『Prospect theory：An analysis of decision under risk（プロスペクト理論：リスク下での意思決定分析）』（*Econometrica*誌）であり，H. A. Simonが先鞭をつけたヒューリスティクス研究をさらに推し進め，伝統的な経済学に意思決定にかかわる心理学的方法論とその結果を持ち込むことで，**行動経済学***とよばれる新しい分野の成立に

寄与した．2002 年ノーベル経済学賞受賞．
蚊柱［mosquito swarming］　カやユスリカなど比較的小型のハエ目昆虫が群がって飛翔し，人間の目には，縦に長く，柱状になった群れが空中を漂っているように見える状態（図）．明け方や夕

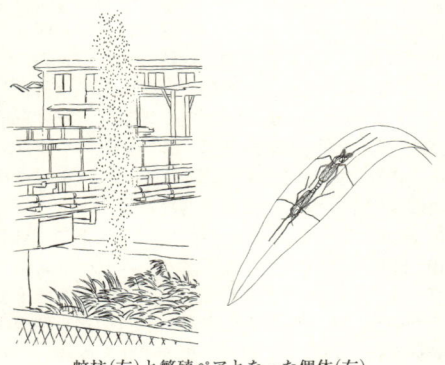

蚊柱（左）と繁殖ペアとなった個体（右）

暮れに，特定の場所で生じることが多い．原則として，50 頭から数百頭の雄からなる繁殖集団．この群れに雌が飛び込むと，直ちに連結して飛翔を停止するので，雌雄は群れの直下へと落下し，それから適当な場所へ飛んで，交尾・産卵を行う．この飛翔行動は，ペアが他の雄からの干渉を避ける適応行動と考えられている．

カハール　RAMÓN Y CAJAL, Santiago　1852. 5. 1〜1934. 10. 18　スペインの組織・解剖学者．神経系の構造に関する卓越した研究の功績により，ノーベル生理学・医学賞を，同じ解剖学者でイタリア人の C. Golgi（1843〜1926）とともに受賞した（1906 年）．Cajal は，Golgi が開発したゴルジ染色とよばれる神経細胞染色法（渡銀法）などを用い，網膜や嗅球，脊髄，海馬，小脳など多種多様な神経組織を光学顕微鏡で詳細に観察した（図）．Cajal は，"個々の神経細胞は独立の存在であり，細胞膜同士は非連続で，互いに融合することはない"とするニューロン説（neuron doctrine）を提唱した．これに対し Golgi は，"神経細胞同士は軸索の細胞膜が互いに融合して巨大なネットワークをつくり機能する"との網状説（reticular doctrine）を唱え，Cajal と対立した．19 世紀末においてすでに Cajal は，光学顕微鏡による詳細な観察と論理的推察から，単一ニューロン内の機能局在までをも看破していた．1894 年，英国王立協会の招待講演で，一つの神経細胞においては，樹状突起と細胞体が情報の受け手であり，軸索が送り手であると述べ，さらに軸索終末と樹状突起の接合部（シナプス*）が興奮伝達の場であることを示した．また同講演中で，神経系の可塑性についても言及し，学習*は樹状突起や軸索末端の発芽（sprouting）により生じるとの仮説を提唱した．この概念は，のちの D. O. Hebb*による学習則へと継承されている．Cajal はその功績により，"神経科学の父"とも称されている．

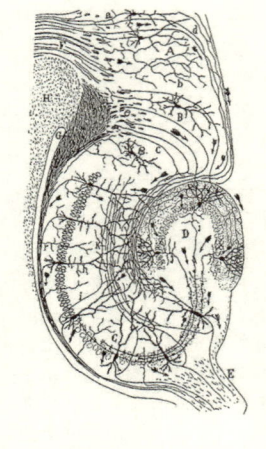

Cajal の描いた海馬の神経回路．彼はゴルジ染色で染め出された個々のニューロンの形態の観察から，きわめて正確な神経回路を描き出している．

過敏症［hypersensitivity］　＝アレルギー
過敏性攻撃行動［irritable aggression］　刺激反応性攻撃行動（stimulus-induced aggression）ともいう．動物が病的な状態あるいはストレス*を受けている状態で，攻撃の閾値が下がることにより容易に生じる攻撃行動をさす．特に，独りでいたいにもかかわらず，交流を求められた際に生じやすい．人間においても，頭痛や歯痛などの痛み刺激が攻撃性を誘起しやすくし，レストランで泣き叫ぶ子どもや突然割り込むドライバーのような，ふだんは何ともないことが耐えられなくなる．イヌの攻撃行動の 7% は過敏性攻撃行動がかかわっているとの報告もあり，攻撃性が増した場合には，外からは検知しにくい疾病に罹患している可能性を考える必要がある．具体的には，ノミの寄生などによる皮膚疾患や，潰瘍，尿路疾患などの痛みを伴うものが中心となる．これらによるかゆみや痛みを取去るあるいは軽減する方法を見つけることが攻撃行動の治療となり，抗炎症剤，鎮痛剤の投与や動物が落ち着ける静かな場所の提供が勧められる．

下部喉頭［inferior larynx］ ⇌ 鳴管

カブトムシ［Japanese horned beetle］ 学名 *Trypoxylus dichotomus septentrionalis*. コウチュウ目コガネムシ科に属す. 日本では非常に馴染み深い大型の甲虫. 身近な雑木林に生息し, 幼虫は腐葉土, 成虫はクヌギやコナラの樹液を餌とする. 6月から8月にかけて出現する. 性的二型＊が顕著な昆虫で, 雄成虫のみ長大な角をもつ. 雄には形態の多型がみられ, 大型と小型, 二つのグループに分けられる(二型). 大型の雄と小型の雄では角の発達が大きく異なり, 小型個体では最先端の二股はほぼ消失する(図). これらの角は同性内選択＊によって進化したもので, 雄同士は餌場や雌をめぐって闘争する. かつては, この形態の多型に対応した代替戦術＊の存在が信じられてきた. つまり, 大型は闘争に勝つことで雌を獲得する戦術をとる一方, 小型は代替戦術を使って雌を狙うと考えられていた. しかしながら, 近年の研究から, 大型と小型の間には明確な行動の違いがみられないことが明らかになった. たとえば, 闘争行動のルールには形態間に違いがなく, 大型も小型も相手とのサイズ差しだいで激しく闘争する. また, 小型による明確な代替戦術の存在も確認できていない. このように, 雄の多型の適応的意義についてはまだまだ未解決な部分も多い. 一方, さなぎが体の振動を使ってコミュニケーションをとるというユニークな行動もわかってきている.

カブトムシの性的二型と雄の二型. 左から雌, 大型雄, 小型雄

過分極［hyperpolarization］ 細胞内外の電位差が大きくなること. 静止状態の神経細胞膜は内部がマイナス, 外部がプラスに分極している(⇌ 静止電位). この静止電位を基準として, よりマイナス側に振れることを過分極とよび, よりプラス側に振れることを脱分極とよぶことが一般的である. 生理的な条件下では, 神経伝達物質やセカンドメッセンジャーによって膜のイオン透過性が変化し, それが原因となって過分極が生じる. 中枢神経系のニューロンでは, 抑制性の神経伝達物質によってCl^-の透過性が上昇すること(またはK^+の透過性が上昇すること)で過分極が生じる. 他方, 脊椎動物の網膜視細胞では, 細胞内のcGMP濃度が上昇することによって細胞膜のNa^+の透過性が減少し, その結果として過分極が生じる. また, どのような細胞でも, 微小電極を細胞内に刺入し陰イオンを注入することで, 膜電位を実験的に過分極させることができる.

過分散［overdispersion］ ⇌ ランダム効果

花粉媒介［pollination］ ポリネーション, 送粉, 受粉, 送受粉ともいう. 種子植物の雄性配偶体である花粉が柱頭などの雌性器官に到達することをさす. 花粉媒介の様式には風媒(wind pollination, anemophily), 水媒(water pollination, hydrophily), そして動物の体に花粉を付けて運ばせる動物媒(animal pollination, zoophily)などがある. 花粉の運び手となる動物は送粉者(pollinator, 花粉媒介者)とよばれ, これまでに昆虫類(ハナバチ, チョウ, ハナアブ, 甲虫など), 鳥類(ハチドリなど), 哺乳類(コウモリなど)といった動物が知られている. 動物媒花の多くは目立つ色や形, 強い香りなどによって送粉者を誘引し, 送粉の報酬として蜜や花粉などを提供する. また花粉の受け渡しをより確実にするよう, 送粉者の姿勢や行動を制御する花の構造をもつ例もある(左右相称花や長い花筒など. 図). 一方食物資源の大部分を花からの報酬に頼っている動物では, それらを集めるのに効率的な器官が発達している. たとえば昆虫や鳥の一部は吸蜜＊に特化した細長い口器をもち, ハナバチは後脚や腹部に花粉を付着させて運ぶための特殊な毛をもつ. ただし, 送粉に対する

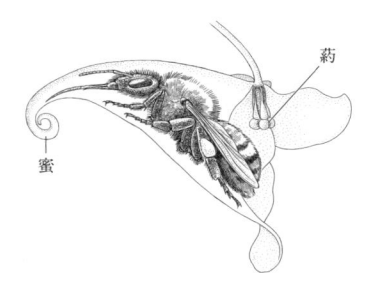

ツリフネソウの花から吸蜜するトラマルハナバチ(断面図). 渦巻き状になった距の奥に蜜があり, 花に出入りするハチの背中に葯や柱頭が触れて, 花粉の授受が行われる.

報酬の提供という相利的な関係が常に成り立つとは限らない．たとえば動物媒花のなかには送粉者にまったく報酬を提供しないものが存在する．このような無報酬花は，報酬を提供する別種の花への擬態や目立つ色形によって報酬があるかのように見せかけたり，雌の昆虫のような形態と性フェロモン様物質によって雄の昆虫をだましたりすることで送粉者を誘引する（⇌だまし）．後者の場合，だまされた雄の昆虫が花と擬似交接をする過程で花粉の受渡しが行われる（繁殖擬態）．また動物側による裏切りとしては盗蜜＊があげられる．

花粉媒介者［pollinator］ ⇌ 花粉媒介
加法混色［additive color mixing］ ⇌ 混色
カミカゼ精子 ⇌ 兵隊精子
花 蜜［floral nectar］ 多くの種子植物において，花の内部の蜜腺＊から分泌される糖液（蜜）．花蜜を求めて，多様な昆虫類，鳥類，哺乳類などの動物が訪花＊，吸蜜＊する．吸蜜の際に動物の体に花粉が付着し運搬されて他の花との授受粉が成立する（花粉媒介＊）ので，花蜜はその報酬と理解されている．花蜜は，水を溶媒として，豊富な糖類（スクロース，グルコース，フルクトース），窒素性成分（各種アミノ酸，ある種の酵素タンパク質など）ほか，多様な微量成分の溶質を含んでおり，吸蜜する動物にとって重要なエネルギー資源であると同時に多様な栄養源でもある．花蜜の質は，有効な花粉媒介者の摂食嗜好の多様性に対応して変化に富み，また花蜜分泌量も，花粉媒介者の訪花頻度に対応して変化することが知られている．

過 密［overcrowding］ 過密度ともいう．動物実験において，動物を管理する単位面積当たりの動物個体数を密度といい，混み合いの程度を示す際に用いられる．過密とは，この程度が過剰になった状態をいう．過密状態では，個体間の接触頻度が高まり，餌などの資源に対する競争も頻発する．結果として敵対行動＊やストレスホルモンの分泌が増加し，けがをしたり健康状態が悪化する．特に家畜では，生産性を向上させるため飼育密度を高くすることが目論まれるが，過密になると摂食量の減少や敵対行動の増加によって肉や卵などの生産量が低下するほか，圧死したり，極端な場合には，共食い＊などにも発展する．動物福祉＊の観点から，マウスなどの実験動物だけでなく家畜においても適切な飼育密度が定められている．（『アニマルウェルフェアの考え方に対応した家畜の飼養管理指針』）

咬みつき［biting, snapping］ 動物が対象物や他個体めがけて上顎と下顎を開けてそれを急激に閉じることにより標的を捕捉したり傷つけたりする行動．クモや昆虫などの節足動物，魚類，ヘビやワニなどの爬虫類，ヒトを含む哺乳類など，多くの種で観察される．咬みつきを行う種は一般的に歯牙が発達している．特に食肉目や霊長目は犬歯（canine tooth）とよばれる大きく鋭利な歯や強靱な咬筋および側頭筋をもち，咬みつくことで相手に深刻な損傷を与えることができる（図）．同

イヌやオオカミなどの食肉目は発達した犬歯で咬みついて相手を傷つける

様に齧歯目は発達した切歯（incisor tooth）を用いて標的に咬みつく．ヒト幼児や未就学児においては他者に咬みつく行動が問題行動として取上げられる場合もある（⇌ 行動障害）．

花蜜腺［floral nectary］ ⇌ 蜜腺
過密度［overcrowding］ ⇌ 過密
夏 眠［aestivation, estivation］ 動物が高温や乾燥に耐えるために代謝や活動を抑制した状態．休眠＊の一種．暑くて乾燥した季節の存在する熱帯，亜熱帯の動物に多くみられる．狭義の冬眠＊は恒温（内温）動物のものをさし，その生理学的特徴は明瞭であるが，夏眠には明瞭な特徴がなく幅広く使われてきた．代表例として，カタツムリが

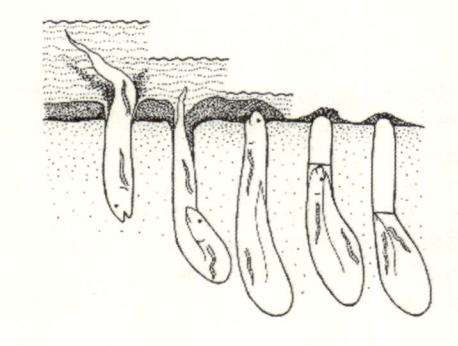

乾燥時に殻の入り口をふさいで不活発になった状態や，アフリカ産ハイギョが粘液と泥で作ったまゆの中で，乾季の間じっとして過ごす状態などが知られる（図）．コロンビアジリスは，夏から翌年の春まで長く不活発な状態を保つが，これは夏眠と冬眠が連続しているものと考えられる．昆虫の休眠のうち夏にみられるものを夏眠とよぶことも多い．

カーミング・シグナル [calming signal] 人やイヌからの脅威を避けたり，不安，恐怖，喧噪，不快なことを鎮めるためにイヌが出すボディーランゲージをいう．ノルウェーのドッグトレーナーで行動学者でもある T. Rugaas が名づけた．カーミング・シグナルには顔の向きを変える，和らいだ目つきをする，体の向きを変える，鼻をなめる，凍ったように動きを止める，ゆっくり歩いたりゆっくりとした動きをする，遊び*の姿勢をとる，座る，伏せる，あくびをする，においを嗅ぐ，カーブを描いて歩く，あいだに割って入る，尻尾を振る，子犬のような行動をとる（自分を小さく見せようとする，顔をなめようとする，まばたきする，前脚を上げ下げする）などがある．イヌの群れの社会構造の維持と群れの中で起こる対立の解決と回避に用いられるイヌの行動シグナルである．イヌが出すこのシグナルを人が正しく理解することが，イヌと人のより良いコミュニュケーションにつながる．

カメラ眼 [camera eye] 基本構造がカメラと類似した眼の総称．一般には，脊椎動物と頭足類のイカやタコなどの，比較的大きな眼球をさす．脊椎動物と頭足類では発生過程，網膜の構成，視細胞*の構造などがまったく異なるが，眼球自体を数対の動眼筋で動かすことができ，焦点調節機構を備えたレンズをもつという共通性がある．レンズと網膜の間にはガラス体で満たされた空間があり，網膜には多数の視細胞が配列する．それぞれの視細胞の光受容部位は基本的には独立した光学素子で，網膜上に結ばれた像を二次元情報として視覚中枢に送る．系統的に大きく離れた動物群でよく似た動眼機構と焦点調節機構が存在するのは，カメラ眼が大きく，かつレンズの作動距離が長くなったため，網膜上に安定した像を常にシャープに結ばせるための必然と考えられている．

カメレオン [chameleon] 有鱗目カメレオン科に属するトカゲ類の総称．約200種からなり，ほとんどの種はアフリカ大陸とマダガスカルに分布する．世界最小級の爬虫類である全長 3 cm に満たない種（*Brookesia micra*）から，全長 70 cm ちかくに達するパーソンカメレオンまで含む．ヒメカメレオン属などは基本的には地上性であるが，多くは樹上性で，枝をつかむために対向した指や，枝に巻き付けることができる長い尾をもつ（図）．

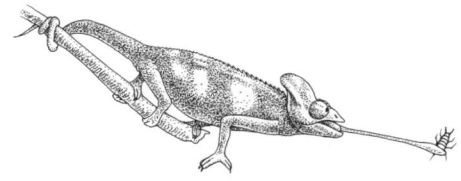

長い舌を伸ばして餌の虫を捕らえるカメレオン

おもに昆虫食で，素早く伸縮できる特殊化した舌を使って，最大で自分の体長の2倍くらい離れたところにいる獲物を瞬時に捕らえる．典型的な待ち伏せ型捕食者*と考えられていたが，実際には，ゆっくりと移動しながら餌を探し回ることが多く，ウスタレカメレオンは果実などの動かない植物を食べることもある．卵生の種も胎生の種も存在する．卵生種では，産卵からふ化までに半年以上かかる場合があり，卵内の胚は厳しい環境の乾季などには発生が停止し，休眠する．陸上脊椎動物のなかで最も寿命が短いとされるラボードカメレオンは2カ月足らずで性成熟し，4～5カ月で死亡する．雄は頭部に角や突起物などの顕著な性的二型*を示すことがある．体色を素早く変える能力をもつ種が知られ，その体色変化*は求愛や雄間闘争における信号や対捕食者への防御として用いられる．

カモフラージュ [camouflage] 対捕食者防衛戦略の一つ．一般に，捕食者に視覚的に見つからないようにすることで捕食を回避する方法．カモフラージュを担うのはおもに生物の体色である（⇌ 隠蔽色．聴覚や嗅覚を頼りに獲物を探索する捕食者に対するカモフラージュもあるが，研究例は少ない）．カモフラージュの効果は古くから狩猟服や軍隊の迷彩服に取入れられてきたが，原理が科学的に検討され始めたのは20世紀半ばである．カモフラージュ効果を生む原理は大きく分けて二つある．一つは視覚的な検出を妨げる隠蔽である．もう一つは，餌であると認識しにくくする仮装*である．

カラス [crow] カラス属 *Corvus* の鳥類の総称．多くの種で明瞭な性的二型*がなく，雌雄と

も全身真っ黒であるが，頭部や胸部が灰色の種もいる．極地と南米を除く世界中に分布域をもつ．一夫一妻*が繁殖の基本形態であるが，なわばり，営巣コロニー，繁殖ヘルパーなど，繁殖システムは種内でも種間でも多様である．果実，昆虫から小動物まで，腐肉を含め広い食性（雑食性）をもつ．しばしば，ヒトやオオカミなどの捕食者が捕えた餌を集団で横取りする海賊行動*を行う．このような他種とかかわる生態が，都市にみられる人間環境への適応の一因であることが指摘されている．鳥類のなかでも顕著に大きな大脳をもち，道具使用や個体間の駆け引きなど，複雑な認知や行動に関する多くの論文が発表されている．形態や遺伝に関する研究も多く，さまざまなアプローチによって，行動や認知の進化を理解するモデル動物として興味深い．

ガラパゴスフィンチ ⇌ ダーウィンフィンチ

カラム構造［column structure］ ＝コラム構造

仮親実験［cross-fostering experiment］ 里親実験ともいう．出生後の新生個体を親個体から隔離し，生みの親個体とは異なる同種または別種個体（仮親）に育てさせる実験．注目する形質が出生前までに備わっているものか，あるいは学習によって後天的に獲得する形質なのかを区別するための実験手法の一つ．通常，仮親には親個体とは異なる形質をもつ個体を選ぶ．仮親実験の結果，仮親ではなく生物学的な親個体と同じ形質を獲得した場合，その形質は遺伝的に決定されていたといえる．一方，親個体ではなく仮親と同じ形質を獲得した場合，その形質は後天的に獲得するといえる．たとえば鳴禽類*などの一部の動物種は仮親実験により仮親に部分的に似たさえずりを獲得するため，さえずりの獲得に学習がかかわっていることがわかる．そのほかにもラットでは新生個体の受けた母性行動の多少に応じてストレスなどを調節する遺伝子の発現がエピジェネティックに制御され，成長後の不安行動の低下や，母性行動の活性化に関与することが知られている．生みの親と育ての親が異なるという現象は自然界ではカッコウなどの鳥類や魚類，昆虫類の托卵*でみられるが，人為的に行う仮親実験とは区別される．

ガルシア効果［Garcia effect］ ⇌ 味覚嫌悪学習

加齢［aging］ ⇌ 老化

カロテノイド［carotenoid］ カロチノイドともいう．テトラテルペン系の天然色素の総称．$C_{40}H_{56}$ の基本構造をもつ．炭素と水素のみからなるカルテノイドの総称をカロテン類，カルボニル基，ヒドロキシ基，エポキシドなどの形で酸素を含むものをキサントフィル類という．多くの野菜にはカロテン類が豊富に含まれている．カロテン類には α-カロテン，β-カロテン（図），リコピンなどがある．これらは動物に摂取されるとレチノール（ビタミンA）となる．レチノールが酸化されたレチナールは，光受容をはじめさまざまな生理機能にかかわっている（⇌ ロドプシン）．一方，キサントフィル類にはアスタキサンチン，カンタキサンチンなどが存在する．フラミンゴは藻類などの食物からキサントフィル類を取込み，羽毛のピンク色をつくり出している．

β-カロテン

渇き［thirst］ 渇きとは，水分の欠如によって起こる飲水*行動の動機づけ*の状態をいい，哺乳類では口渇感のことをさす．渇きには，一次渇きと二次渇きがあり，これらによって飲水行動が生じる．一次渇きとは，体内の組織中の脱水状態を感知する機構をさす．具体的には，組織中の水分の減少により浸透圧が変化し，さらに血液の体積の変化が生じる．これらの変化が，飲水の中枢と考えられている視床下部外側野の摂食中枢に隣接した部位で感知される．二次渇きとは心理的なものをさし，将来的に脱水を生じることが予想された場合に生じる渇きをいう．たとえば多くの哺乳類や鳥類は，摂食後に水を飲むことが多い．これは，食物を食べるとそれを代謝するために体内の水分を使うので，将来的に脱水が生じることが予想されるためと説明することができる．同様に，哺乳類と鳥類では，気温の上昇に伴い飲水行動が増加することが観察されている．これは，気温の上昇により，やはり将来的な脱水を予測し，体温調節に必要な水を飲んでいると考えられる．

カワスズメ［cichlid］ シクリッドともいう．カワスズメ科魚類の総称．おもにアフリカや中南米に広く分布する淡水魚．保育行動，社会行動や認知能力が発達しており，古くから動物行動学での研究対象となる．近年，隣人効果*や推移的推察なども報告されている．アフリカの地溝帯湖などでは適応放散*しており，群集構造や種分化*

の研究でも有名.繁殖様式は口内保育*と基質産卵に大別されるが,いずれも親は子が独立するまで保護する.保護様式の違いに伴い配偶システム*や社会構造*が多様である.タンガニーカ湖にすむ基質産卵型のカワスズメ科のランプロロギニ族(単系統群,約80種)は,両親保護の場合は一夫一妻,雌保護の場合はハレム型一夫多妻が多い.例数は少ないが,雄保護の場合は,大型雌が支配するハレム型(古典的)一妻多夫も生じる.血縁ヘルパーを伴う協同的繁殖*は魚類では本族のみで知られ,族内で複数回独立に進化したと考えられる.鳥類(ガラパゴスノスリなど)で知られる共同的一妻多夫も複数種で知られ,ここでは雌が,父性の操作をはじめこの配偶様式の形成・維持で大きな役割を果たしている.このように多様な配偶システムが小さな単系統群でみられている.

換羽[molt] 鳥の羽が季節や繁殖段階,年齢に応じて生え換わること.換羽様式は種ごとにほぼ決まっており,一年に1〜2回換羽する種が多い.換羽の際に風切羽が一気に抜けて飛翔能力を一時的に失う種もいるが,多くの場合は換羽中も飛行できるよう,左右対称に段階的に生え換わる.

眼窩回皮質[orbitofrontal cortex] ⇌ 報酬系

感覚運動学習期[sensorimotor learning phase] 鳴禽類*などの歌をうたう鳥の幼鳥期に行うさえずり学習*の過程のうち,感覚学習期*に学習の手本(鋳型)として記憶した,父親など同種の雄(チューター)のさえずりの音声パターンをもとに,発声の練習を通じて自分の発声するさえずりをその記憶した手本に似せながら獲得していく時期のこと.自分の発声するさえずりの聴覚フィードバック*により,自分の発声する未熟なさえずりと手本のさえずりとの誤差を少なくするように修正し,徐々にさえずりを洗練させていく.キンカチョウ*のさえずり学習の感覚運動学習期は,歌をうたい始める生後30日から歌が結晶化*する90日くらいとされている.こうした感覚系と運動系を訓練,練習を通じて協調させ,運動技能を獲得していく学習を一般に感覚運動学習とよび,ヒトにおける言語,楽器演奏,スポーツなどの学習もその例である.

感覚学習期[sensory learning phase] 鳴禽類*などの歌をうたう鳥が,幼鳥期に行うさえずり学習*の過程のうち,父親などの同種の雄(チューター tutor)の歌を聴いて,その音声パターンを学習の手本(鋳型*)として記憶する期間のこと.鳥の歌学習は,この感覚学習期と感覚運動学習期*の二つの過程からなる.これらのタイミングは種によって異なり,二つの過程の期間が重なっている場合や完全に分離している場合などがある.研究に多く用いられているキンカチョウ*の感覚学習期は,生後20日弱〜60日くらいとされている.聴覚的に隔離された状況で育てられた鳥は,この感覚学習期が通常よりも延びることが報告されている.

感覚間相互作用 ⇌ 多感覚知覚
感覚搾取[sensory drive] =感覚便乗
感覚質[qualia] =クオリア
感覚受容[sensory reception] 電磁波(光・赤外線),電場,磁場,温度,機械的変位,化学物質など,さまざまな刺激を受取って,神経の活動電位*に符号化するまでの最初の過程.生体にとって重要な刺激をその物理化学的性質に応じて分類したもの(光,音,化学物質など)をモダリティー(modality)とよぶ.それぞれのモダリティーに応じて特殊化した細胞を感覚受容器(sensory receptor)として備え,それぞれ特定の物理量を神経細胞*の活動電位*に符号化することが一般的である.刺激に対する受容器の細胞膜の電位変化を受容器電位(receptor potential)とよび,受容器電位発生の初期過程を信号変換(signal transduction)とよぶ.物理量に対する活動電位の発生頻度は,一般に対数関数で近似される場合が多く,その結果広いダイナミックレンジを実現している.刺激の強さが変化したときだけ活動電位を発生させる場合を相動性反応(phasic response)とよび,刺激の強さが活動電位に持続的に反映する場合を持続性反応(tonic response)とよぶ.刺激が繰返されるたびに応答が弱くなる場合,これを順化あるいは馴化*(脱感作)とよび,逆に強くなる場合には鋭敏化*(感作)あるいは促通*とよぶ.感覚受容は受動的な過程だと考えられることが多いが,これらの機構によって反応は時々刻々と変化するだけでなく,中枢からの遠心性信号によって特定の刺激に対する感度が動的に調整されている.

感覚受容器[sensory receptor] ⇌ 感覚受容
感覚順応[sensory adaptation] ある刺激が一定の強さで続いているにもかかわらず,感覚受容器の感度が低下し,感覚が減弱すること.単に順応(adaptation)ともいう.順応という語は一般的

には動物の環境変化に対する体の調節という意味で使われるが，生理学では上述の現象をさす．暗い室内から晴天の屋外に出ると，その瞬間はまぶしくて周りの物がよく見えないが，やがてまぶしさは感じられなくなる．これは視細胞の順応による．順応は動物の感覚受容器に一般にみられる性質であり，たとえば一定のにおいにさらされているとそのにおいへの受容器の応答が弱まることが，線虫やショウジョウバエ，ミツバチ，ゼブラフィッシュなどでも知られている．順応と類似した現象として，刺激の繰返し提示による行動応答の減弱である馴化*があるが，馴化は非連合学習の一種であり，中枢神経系の変化により起こる点で順応と区別される．

間隔スケジュール［interval schedule］⇌時隔スケジュール

感覚性強化［sensory reinforcement］　動物の行動が，感覚刺激を報酬として強化される現象．動物にとって食物や飲み物が無条件強化子*として働き，行動を強化することができることはよく知られている．それらに加え，さまざまな感覚刺激も無条件強化子として働き，動物の行動を強化することができる．たとえば，個別ケージで隔離飼育*されているニホンザル*にとって，同種他個体を被写体とした映像は無条件強化子として機能し，映像を再生させるためにタッチパネルに触れる行動を強化することができる．こうした感覚性強化は食物などを報酬とする場合に比べ強化する機能が弱く，感覚刺激を提示する頻度や強度によっては嫌悪刺激*として働き反応を消去*することもある．感覚性強化の手法を用いてさまざまな感覚刺激がもつ強化力を比較することで，提示する感覚刺激に対して動物がもつ概念形成*や選好性の違いを調べることができる．

感覚トラップ［sensory trap］＝感覚便乗
感覚バイアス［sensory bias］＝感覚便乗
感覚皮質［sensory cortex］　哺乳類の大脳新皮質において，視覚（vision），聴覚（audition），体性感覚*に特化した領域を，それぞれの感覚皮質（視覚野，聴覚野，体性感覚野）とよぶ．これらを総称して感覚野とよぶこともある．どの場合も，一次感覚野と二次以下の高次感覚野に分けられる．一次感覚野は視床から直接の軸索投射を受け，一つの感覚モダリティー，たとえば視覚なら視覚の刺激にしか応答を示さない．情報処理も比較的単純で，一次視覚野では特定の傾きをもった線分の提示に対して大きな応答を示すニューロンがコラム構造*をつくっている．これに対し高次感覚野は，それぞれの感覚のサブモダリティー，たとえば特定の図形特徴の組合わせだけに特異的な応答を示すニューロンからなる．さらに複数のモダリティー（視覚と聴覚など）にまたがって応答するニューロンをもつ領域もある．他方，嗅覚*は梨状様皮質（piriform cortex）ともよばれる嗅覚皮質（olfactory cortex）で処理されるが，これは3層の細胞構築を備え，新皮質とは区別される．（⇌投射性脳地図，大脳皮質，ホムンクルス，連合皮質）

感覚便乗［sensory exploitation］　感覚搾取（sensory drive），感覚バイアス（sensory bias），感覚トラップ（sensory trap）ともいう．信号の受信者が他の目的で進化させた反応性を信号の発信者がその信号で誤作動させることで，発信者に都合の良い反応を受信者から引き出す信号システムのこと．ソードテイル類の雄がもつ，下部が剣状に伸びた尾びれは，感覚便乗で進化した形質の代表的な例である（図）．この尾びれにより雄の体は実際より大きく錯視され，雌は剣状の長い雄を好む．雄が剣状のひれをもたない近縁種でも，雌は人工的に装着された剣状ひれをもつ雄を好むことから，雌の選好性はより大きな雄を選ぶための前適応*として存在していた可能性が高い．

ソードテイル類の雌（左）は尾びれの長い雄（右上）を好む

感覚毛［sensory hair］　昆虫では，嗅覚，味覚，触覚をつかさどる感覚器官が，体表面から生えた毛の形をしている場合があり，これを感覚毛とよぶ．感覚毛の外壁は絶縁性に富むクチクラでできており内部に感覚受容神経がいくつか組になって格納されている．通常，感覚受容神経は細胞体を毛の基部にもち，毛の中を通って末梢側に感覚受容突起を，脳へ向かう中枢側には軸索を伸ばす双極神経細胞である．感覚毛の外部形態を微細に観察すると，嗅覚感覚毛ではクチクラ壁に多数の小孔がみられ，味覚感覚毛は先端に一つ穴をもち，それぞれにおいや味の化学分子が通過して

内部へ侵入する入り口となっている．触覚感覚毛はそのような分子を通すための穴をもたず根元にソケット構造をもつことから比較的簡単に区別できる．感覚毛の内部は常にリンパ液で満たされており，それによって受容体タンパク質が局在する感覚受容突起は直接外気にさらされることなく保護されている．しかしこのことが嗅覚受容にとってはにおい物質受容の障害となっており，嗅覚感覚毛のリンパ液中にはにおい物質結合タンパク質とよばれる水溶性低分子の疎水性物質運搬タンパク質が高濃度に存在する．

感覚野 ⇌ 感覚皮質
眼窩前頭皮質〔orbitofrontal cortex〕⇌ 辺縁系
眼球外光受容系〔extraocular photoreceptive system, EOP〕＝非視覚光受容系
環境エンジニア〔ecosystem engineer〕 生態系エンジニアともよばれる．環境を改変して物理構造をつくり出すことで他の生物の資源利用に影響を及ぼす生物のこと．樹木やサンゴのようにみずからの物理構造が他生物の資源となる生物はautogenic ecosystem engineer（空間資源生産エンジニア，自成型の生態系エンジニア），植物体などの既存の空間構造を加工して，空間資源の利用性を変化させる生物は allogenic ecosystem engineer（空間資源加工エンジニア，生成型の生態系エンジニア）と定義される．後者の例として，ダム状の巣を作るビーバー，樹洞を掘るキツツキ類，糸を紡いで葉を巻くハマキガ類（⇌ 葉巻虫），寄主植物の葉を巻いて独特の揺籃*を作るオトシブミ類*，アリ塚を作るシロアリ類，土壌の団粒構造を変えるミミズ類や土壌動物などがある．環境エンジニアによる資源利用への影響の空間的規模はミクロレベルから地理的なレベルまで多様であり，時間的スケールもまた多様である．

環境エンリッチメント〔environmental enrichment〕 動物の飼育環境を改善するための実践的な工夫．動物を何もない檻に閉じ込め単調な生活を強いることが，苦痛を与え異常行動を発現させる．こうした指摘を受け，1980年代から環境エンリッチメントとして数々の試みが動物園でなされるようになった．多様な環境エンリッチメントが考案されているが，機能や形態から，採食エンリッチメント*・物理エンリッチメント・社会エンリッチメント・感覚エンリッチメント・認知エンリッチメント*の五つに分類される．具体例としては，動物の飼育室を広くしたり，三次元構造物を増やしたりして動物が利用できる空間を広げることは物理エンリッチメントであり，それにより他個体との接触の機会を増やすことができれば社会エンリッチメントとしても機能する．映像や音楽を再生し飼育環境における感覚刺激の多様性を増すことは感覚エンリッチメントとされる．対象とする動物の種特異的な行動特性や生態，飼育環境，個性などに応じて，適切な環境エンリッチメントは異なる．科学的な知見に基づいて実施し，その効果も科学的に評価する必要がある．（⇌ 行動展示，生態展示）

環境収容力〔carrying capacity, environmental capacity〕 一定量の空間，生活場，食物などにおいて，持続的に支えうる単一種の最大の生物個体数または生物量（バイオマス）．個体群生態学*では環境が収容できるレベルを意味し，これは生物種間の相互作用で決まる個体群の平衡レベルとは異なる．個体数の成長を示すロジスティック方程式*では，上限の漸近値（K）として示され，環境収容力より低い密度からスタートすれば時間とともに増加するが，環境収容力より高い密度からスタートすれば減少することで，いずれも K に漸近する（図）．高密度環境では，個体密度は環境収容力（K）に近いと考えられるため，K をより高めるように選択圧が働くという仮説を K 選択*説という．

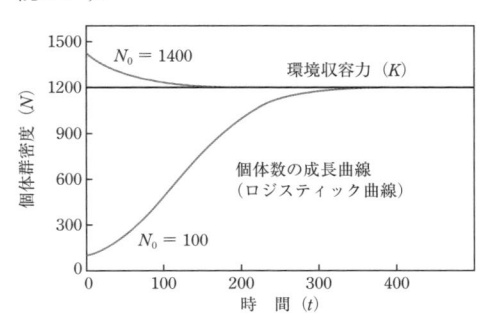

環境多型〔environment-induced polymorphism〕⇌ 表現型多型

環境による性決定〔environmental sex determination, ESD〕 動物の性決定*には，遺伝子型によるものと環境によるものがある（⇌ 遺伝子型による性決定）．環境による性決定の代表的な例は，ワニ，多くのカメやトカゲに代表される**温度依存型の性決定**（temperature-dependent sex-determination, TSD）である．たとえばアカウミ

ガメでは温度約29℃を境として，卵がその温度以下で発生すると雄になり，それ以上で発生すると雌になる．逆にアリゲーターでは低温で雌，高温で雄となり，カミツキガメでは低温と高温で雌，中間の温度で雄となる．トカゲでも低温雄高温雌型と低温雌高温雄型がみられる．恒温動物である鳥類や哺乳類では，抱卵＊や妊娠の期間中，胚が一定温度に保たれるため，温度による性決定はみられない．海産動物ユムシの仲間であるボネリムシでは，浮遊性幼生が単独で定着すると雌となり，すでに近くに雌がいると雄として発生して雌に寄生する．このように，まわりに多い性とは反対の性として発生しやすいという例はいくつかの動物で報告されている．性転換＊する種の多くも環境による性決定の例と考えられ，温度のほかに生育段階，栄養状態，卵の大きさなどが決定要因として考えられている．

環境ホルモン [environmental hormone, endocrine disrupter] われわれを取巻く環境中に存在するさまざまな化学物質（防腐剤，難燃剤，樹脂原料など）の中には，体内に取込まれた後に，本来は内分泌腺で合成され血中に放出されて標的器官に特定の生理的作用を及ぼす化学物質であるホルモン＊と同様な作用をひき起こすものがある．そのなかでも，生殖機能をはじめとして，生体のもつ本来の内分泌機能に重篤な影響を及ぼす，すなわち内分泌撹乱作用をひき起こす物質は，外因性内分泌撹乱物質とよばれ，その通称として環境ホルモンという用語が広く用いられている．環境ホルモンとして特に注目されているのは，精巣（アンドロゲン＊）や卵巣（エストロゲン＊，プロゲステロン）から分泌されるステロイドホルモン＊や，アミンホルモンの一つである甲状腺ホルモン＊と構造の類似した物質である．これらのホルモンは，脳内のさまざまな領域に局在するおのおのの受容体への作用を介して，脳の性分化や，情動性，社会性，記憶・学習機能など，さまざまな行動を制御して，外因性内分泌撹乱物質への曝露も，生殖機能ばかりでなく，脳機能や行動発達にも影響を及ぼす可能性がある．妊娠期，授乳期の母親への曝露により世代を越えた影響を及ぼしうること，また，多くの化学物質において低濃度での曝露でも影響がみられることなどの特徴をもつ．代表的なものに，ビスフェノールA，ポリ塩化ビフェニル（PCB）などがある．

間欠(的)強化 [intermittent reinforcement] 間歇(的)強化とも書く．＝部分強化

眼瞼 [eyelid] ⇒瞬目

感作 [sensitization] ⇒鋭敏化

間細胞刺激ホルモン [interstitial cell-stimulating hormone] ⇒黄体形成ホルモン

観察学習 [observational learning] 他者の行動を行うのを観察することによって，その行動を学習すること．カナダの心理学者 A. Bandura が，社会的学習理論の枠組みで行った論考が著名である．それによると，観察学習には四つのプロセスが重要である．第一は注意＊(attention)である．観察する対象に注意を向けることをさす．第二は保持(retention)であり，注意を向けた対象を憶えていることである．象徴的符号化や心的イメージによって，注意を向けた対象が記憶として保持される．第三は再生＊(reproduction)である．記憶した内容をみずからの行動として再現することをさす．第四は動機づけ＊(motivation)である．動機づけは，上述の三つの要素が体現されるにあたって根本をなすものであり，観察学習が行われるために最も重要な要因ともいえる．このように，Bandura の観察学習に関する論考は，もっぱらヒトの行動を念頭に置いたものである．したがって，ヒト以外の動物の研究にそのまま当てはめることは難しく，観察学習という用語はヒト以外の動物を対象とした研究で用いられることはまれである．ヒト以外の動物が他個体の行動を観察することによって何かを学習する場合には，社会的学習＊という用語によって論じられることが一般的である．

観察条件づけ [observational conditioning] ⇒代理的条件づけ

観察反応 [observing response] レバーを押したり（ラット），キー（反応検出用装置）をつついたり（ハト）した結果として，弁別刺激＊の正刺激と負刺激（たとえば，赤色と緑色）を生み出す反応．観察反応は，弁別刺激の提示によりその条件強化子＊としての働きによって維持される．日常場面において，テレビのリモコンを押して画面上の番組表からその番組を表示させることや，パソコンのアイコンをクリックしてその内容を表示させることは，観察反応の例である．ハトを対象とした実験手続きでは，二つの反応用キーの片方を観察反応用として，このキーをつつくと，もう一方のキーに弁別刺激が提示される．提示された弁別刺激に応じて，正刺激であればキーをつつき，反応は強化子の提示により強化されることになる．負

刺激であれば，反応しても強化子は提示されない．このように，観察反応用キーへの反応は，弁別刺激(条件強化子)の提示により強化され，弁別刺激が提示された反応用キーへの反応は，無条件強化子*(食物)の提示により強化される．観察反応が維持されるのは，観察反応の結果として提示される弁別刺激のうち，負刺激ではなく正刺激が提示されるためであり，正刺激が条件強化子として働くことによると考えられる．

Kanzi(ボノボの名) ⇌ 言語訓練

感受期[sensitive period] 感受性期，敏感期ともいう．生後発達における経験や学習に応じて，脳の神経回路の形成，修飾，再構築が盛んに行われる社会化期*に含まれる時期であり，行動の発達と形成をもたらす影響が最も強くなる特定の限られた時期をいう．この一定の時期に獲得したものは生涯にわたって継続的に効果をもつが，この期間までに獲得しないと，獲得のメカニズムが退化して発動しなくなってしまうことがある．たとえば，感受期に片方の眼を閉じてしまうと，開いている方の眼からの情報を多く受取るように視覚野の神経細胞の特性が変化し，閉じた方の眼の著しい視力低下(弱視)が生じる(眼優位可塑性*)．感受期を過ぎた後では，片眼を遮断してもこうした可塑性は生じない．鳥類の雛は生後，最初に見た動くものを親と思って後を追う刷込み*が起こる時期が決まっている．鳴禽類*がさえずりを憶えられるのは幼鳥期の特定の時期であること(⇌さえずり学習)などがよく知られている．ほかにも哺乳類や鳥類で成長後の異性の好みを獲得する性的刷込みがある．比較的期間が短く，厳密な場合を**学習臨界期**(critical period)，期間がそれほど厳密でなく，より緩やかで長い場合は，感受期とよばれることが多い．

感受性期[sensitive period] ＝感受期

干 渉(記憶の)[interference] ある記憶を思い出すことが，それとは別の記憶によって妨害されること．記憶している事柄の間の類似度が高いほど妨害の程度は大きくなる．類似した内容ほど区別がつきにくくなるからである．忘却の原因の一つとされる．過去の記憶によって，新しいことを憶えることが妨害される順向性干渉*と，新しく憶えたことによって，過去の記憶が妨害される逆向性干渉*がある．

感 情[emotion] ⇌ 情動

干渉型競争[interference competition] ⇌ 消費型競争

感情障害[mood disorder] ＝気分障害

眼状紋[eye-spot] ＝目玉模様

関心を求める行動[attention seeking] 問題行動の診断名の一つで，他個体の関心をひこうとする行動(⇌行動障害)．身近なものでは，イヌの飼い主に対して吠える，前足でつつくなどの明らかに飼い主に向けられた行動や，常同行動*(自身の尾を追いかけて回るなど)，幻覚的な行動(まるで虫でもいるかのように宙を見つめるなど)，医学的疾患の徴候(足が痛いかのように歩行異常を示すなど)といった行動も含まれる．オウム目の一部の鳥類でも認められる．動物をかまう時間が少ないなど飼い主の関心が不十分なために，動物が示した何らかの行動に飼い主が関心を払うことが報酬*となり，動物の行動が強化*される．動物によっては叱ることも関心となりうる．診断には，これらの行動を示す可能性のある医学的疾患や常同障害との類症鑑別をし，飼い主の不在時には行動が発現せず，飼い主が関心を払うことによってその後行動が発現しやすくなることを確認する必要がある．治療には，運動や遊びなどで十分に動物を満足させたうえで，問題の行動に対して社会罰(無視あるいは退室)を実施するとともに，望ましい行動を強化する．

関数分析[functional analysis] ＝機能分析

感性予備条件づけ[sensory preconditioning] 古典的条件づけ*において，二つの条件刺激*を一緒に与えることを十分に繰返してから，そのうちの一つを無条件刺激*と一緒に繰返し与え，古典的条件づけを形成すると，無条件刺激と一緒に与えられなかった他方の条件刺激に対しても条件

【第1段階】
ハーネスをつける(条件刺激2) → 車に乗せる(条件刺激1)

【第2段階】
車に乗せる(条件刺激1) → 注 射(無条件刺激) → 嫌がる

【テスト】
ハーネスをつける(条件刺激2) → 嫌がる

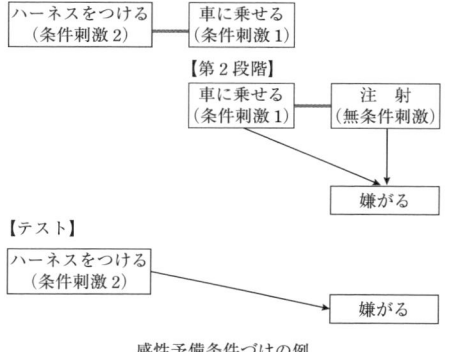

感性予備条件づけの例

反応*が生じるようになる現象．たとえば，ペットのイヌに，ハーネス（条件刺激1）をつけて車に乗せ（条件刺激2）外出することを何度も繰返した後，イヌを（ハーネスをつけずに）車に乗せ，動物病院に連れて行き痛い注射を経験させる（無条件刺激）とする．そうすると，その後，車に乗ること（条件刺激2）だけではなく，ハーネスをつけられること（条件刺激1）も嫌がるようになるだろう（図）．この手続きは，二次条件づけ*で用いられる二段階の手続きの順序を逆にしたものだととらえることができる．（⇌ 高次条件づけ）

慣性リズム [rhythmic inertia] 一定間隔で与えられる外部からの（視覚・聴覚などの）刺激に同調して，リズミカルに手や足などを動かし続けていると，その刺激が止まった後も，その運動が同じリズムで続くことがある．これを慣性リズムという．このような運動が生じるのは，リズミカルな運動を繰返しているうちにそのリズムが記憶され，それに基づいて次の刺激の出現を予想して運動しているためであると考えられる．これは刺激が与えられたことに応答して動くという受動的なものではなく，能動的に刺激のリズムに同調する能力によるため，同調リズム*と密接な関係がある．

環世界 ⇌ ウムヴェルト

間接効果 [indirect effect] 二者間の関係が第三者の介在によって，関係の強さや方向などが変化する効果．ここで二者とは，種間関係では2種の生物種を，個体間関係では2個体をさす．三者以上の相互作用系を特徴づけるものである．間接効果には，個体群の密度変化を介するものと，行動・生理・形態など個体の形質変化を介するものがある（図）．密度を介する間接効果には，同じ資源を共有する捕食者同士が負の影響を与え合う消費型競争*，同じ捕食者を共有する被食者同士が負の影響を与え合う見かけの競争*，被食者の種多様性を変えるキーストーン捕食（keystone predation），捕食者が植食者を介して植物に影響するトップダウン栄養カスケードなどがある．形質を介する間接効果には，植食者が誘導する植物の形質変化を介する"植食者間の間接相互作用"，捕食者の非消費効果*による植物へのトップダウン栄養カスケード，植物の遺伝子型や表現型可塑性による植食者を介した捕食者へのボトムアップ栄養カスケードなどがある．間接効果は群集ネットワークの分野で解明が進んでいるが，三者の相互作用系では普遍的に生じるため，個体間関係の理解にも不可欠である．同種他個体の貢献を取入れた包括適応度*，なわばり維持と繁殖成功とのトレードオフ*，複数個体による配偶者選び*，配偶システム*の進化など，数多くの例が想定される．

間接互恵性 [indirect reciprocity] 互恵性*の一形態で，自分が協力を与える相手と，自分に協力を与えてくれる相手が異なる場合をさす．他者に対して利他的にふるまった個体はその行動のコストを負うが，その行為が誰かに観察され，良い個体であるという評判が得られれば，後に評判を介して第三者から協力を受けることができる．行動実験において，人間は評判の良い個体に選択的に協力することが明らかになっており，ヒトの協力の進化を説明するうえで重要な機構である．

間接的適応度 [indirect fitness] ⇌ 血縁選択
間接的利益 [indirect benefit] ⇌ 雌の選り好み
完全作動薬 [full agonist] ⇌ アゴニスト
完全性周期 [complete estrus cycle] 霊長類やヒツジ，ウシなどの卵巣は非交尾時にも卵胞期と黄体期からなる完全性周期を反復する．一方，齧歯類では交尾刺激がない場合は機能化された黄体が形成されないため，卵巣は短い卵胞期のみを繰返す．**不完全性周期**（incomplete estrous cycle）とよばれるこの卵巣周期は，妊娠しなかった場合に次の交尾，妊娠の機会を早めるという生殖戦略上の意義をもつと理解されている．黄体期には黄体から黄体ホルモン*が分泌され，子宮内膜の増殖や子宮筋の自発運動の抑制，基礎体温の亢進などをひき起こす．妊娠が成立しなかった場合，黄体細胞はしだいに変性消失して（黄体退行）黄体期が終了し，新たに卵胞期に入り卵胞の発育が開始する．

完全な種 [good species] ⇌ 同所性

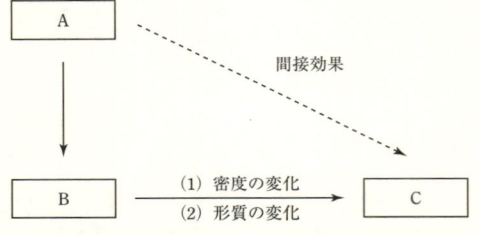

（AからCへの）密度を介する間接効果と形質を介する間接効果．実線は直接効果，破線は間接効果を表す．

完全変態［holometabolism, complete metamorphosis］⇒ 変態

桿体［rod］ 動物の眼の網膜内において光を受容する視細胞の一種．桿体は錐体*と比べ光の感度が高く，弱光下でも反応するため暗所での視力を担っている．桿体中にはロドプシン*が存在し，特定の波長への感度特性をもつ．

カンナビノイド［cannabinoid, CB］ テトラヒドロカンナビノール（tetrahydrocannabinol, Δ^9-THC）に代表され，大麻に含まれる化学物質の総称．大麻由来のマリファナ摂取による高揚感，食欲亢進，不安軽減，鎮痛，幻覚，自発性・集中力・思考能力低下などの精神神経作用は，

Δ^9-テトラヒドロカンナビノール

Δ^9-THC が脳内のカンナビノイド受容体に作用することで発現する．現在二つの受容体（CB_1, CB_2）が同定されており，いずれも7回膜貫通型のGタンパク質共役型受容体である．CB_1 受容体はおもに中枢神経系の細胞に，CB_2 は免疫系細胞に発現している．カンナビノイド受容体の主要な内因性リガンドとして，アナンダミドと2-アラキドノイルグリセロール（2-AG）が同定されている．これらのリガンドは酵素反応により細胞膜のリン脂質から産生され，加水分解により代謝される．中枢神経系で 2-AG は，シナプス前細胞終末に存在する CB_1 受容体を介して，逆行性シグナル分子*として働くことがわかっている．

完璧なしっぺ返し［perfect tit-for-tat］＝パブロフ戦略

幹母［fundatrix, stem mother］ 越冬した受精卵からふ化した最初の世代のアブラムシ．幹母はすべて雌で，芽吹き直前の葉のつぼみに数十匹のコロニーを形成し，約2週間で成虫になる．通常，幹母は無翅型だが，種によっては有翅型が出現する．成虫は雄との交尾を行わず，胎生*で20〜30匹の幼虫を数日に分けて産む．これらの幼虫も約2週間で成虫になり，単為生殖*を始める．樹木の芽吹き時期は同樹種間でも木々ごとにばらつきがあり，幹母のふ化時期が寄主植物の芽吹きとタイミングがずれると幹母の死亡率が上昇する．そのため木々内の幹母の集団に選択圧がかかり，幹母はそれぞれの木々の芽吹き時期と同調してふ化するように進化してきたと考えられる．

γ-アミノ酪酸 ⇒ アミノ酪酸

換毛［molting］ 体毛が生え変わること．換毛は，その季節に合った毛質に変えて体温の維持にかかるコストを下げる機能や，動物によってはカモフラージュのための色彩や柄を替える機能（ウサギ，テン，シカなど）がある（⇒ 体色変化）．ヒツジのように換毛しない動物もいるが，野生動物ではふつうは年2回の換毛が起こる．換毛期が数日程度の短い動物（アザラシなど）や数カ月かかる動物（アシカなど）がいる．

眼優位可塑性［ocular dominance plasticity］
大脳一次視覚野両眼視領域の神経細胞が視覚経験に依存して，その左右の眼に対する優位性を，刺激をより多く受けられる方向へと変化すること．哺乳類の大脳一次視覚野両眼視領域の神経細胞は左右どちらの眼への視覚刺激にも反応するが，どちらかの眼により強い反応を示す．つまり左右どちらかからの入力に優位性を示す（眼優位性 ocular dominance）．ネコやサルなどでは同じような優位性をもった神経細胞が集まり，コラム構造*を形成していること（眼優位性コラム ocular dominance column）が知られている．生後発達の特定の時期，臨界期においては片方の眼からの視覚刺激を遮断することにより，この眼優位性が視覚野全体として開いている方の眼に優位性が大きくなる方向に移行する．これが眼優位可塑性であり，長期的には開いている眼からの入力の神経軸索の分布が大きくなり，閉じている眼からの分布は小さくなるなど形態的な変化が伴うことが知られている．これら一連の仕事は D. H. Hubel* と T. N. Wiesel のネコにおける研究で発見され，この業績において彼らはノーベル賞を受賞した．ヒトでも眼優位可塑性はみられ，これを用いて行っているのが，健常な眼をアイパッチで覆うことにより弱視の眼の視力を回復させる弱視の治療である．8歳くらいまでが有効（つまり臨界期）であるといわれている．

眼優位性［ocular dominance］⇒ 眼優位可塑性
眼優位性コラム［ocular dominance column］
⇒ 眼優位可塑性

完了反応［consummatory response］ ある特定の目標に動機づけ*られている動物は欲求性の行動*を行うことで目標に到達しようとする．目標に到達したときに動物が最後に示す行動が完了反応であり，動因*の低下（欲求*の満足）と直接結びついている．たとえば，摂食に動機づけられ

たラットが食物を"食べる",運動に動機づけられたイヌが"散歩する",性的に動機づけられたネコが"交尾する",などである.欲求性の行動にはバラエティに富んださまざまな行動が含まれるのに対し,完了反応は単純で,状況の変化に応じた変化が表れにくい紋切り型の行動であることが多い.一般に,完了反応の持続時間や強度は動機づけの強さに依存するが,学習にも影響される.たとえば,空腹のラットに音を聞かせて食物を与える古典的条件づけ*を行い,その後に満腹にする(⇌飽和化).この状態でラットに食物を与えてもほとんど食べようとしないが,条件づけで用いた音を聞かせると食べ始める.また,あるにおいと高カロリーの食物を対提示する古典的条件づけを行い,その後このラットが通常の餌を食べているときにそのにおいを嗅がせると,ラットはあまり食べなくなる.古典的条件づけにおいては,動物が完了反応の特徴を色濃くもった条件反応を獲得することも多く,このような条件反応を**条件性の完了反応**(conditioned consummatory response)という.条件性の完了反応として次のような例がある.イヌに音と食物の対提示を繰返すと,音を単独で提示しただけでイヌは唾液分泌を示すようになる.また,雄ウズラにぬいぐるみを見せてから雌との交尾機会を与える,という訓練を繰返すと,雄ウズラはぬいぐるみを見るとすぐに交尾行動をみせるようになる.しかし,生得的行動である無条件性の完了反応が動因の低下を導くのに対し,習得的行動である条件性の完了反応はそれを行っただけでは(目標に到達したことにならないので)動因の低下は起こらない.

甘 露[honeydew] アブラムシ,カイガラムシ,ツノゼミなど植物の師管液を吸汁する昆虫の肛門から排出される透明な液体状の排泄物.甘露には糖類やアミノ酸が含まれており,アリ・ハチ・ハエ・鳥などに餌として利用され,生物の群集構造の要になっている.甘露内に含まれる三糖類のメレジトース(melezitose)は,植物体内では検出されないが,ある種のアブラムシの甘露内に多量に含まれているためにその役割が注目されてきた.アリと共生するアブラムシの甘露に比較的多く含まれていることから,アブラムシがアリを誘引するために生合成しているという説がある.アブラムシが排出する甘露の量は,季節進行による寄主植物の栄養劣化に伴ってしだいに減少する.また共生アリの有無によって甘露排出行動が変化するアブラムシも知られている.アリがいると,アブラムシは小さな甘露粒を速い速度で排出するが,アリがいなくなると,大きな甘露粒をゆっくりとした速度でつくり,後脚で蹴り飛ばす行動に変化する(図).

アリがいると,アブラムシは小さな甘露粒をお尻につけたままアリに渡すが,アリがいなくなると,約2倍の甘露をつくり,後脚で蹴り飛ばすようになる.これらの行動は可逆的である.

キ

キイロショウジョウバエ［fruit fly］　学名 *Drosophila melanogaster*．ハエ目（双翅目）ショウジョウバエ科に属す．キイロショウジョウバエは，実験室でも容易に飼育でき，一世代期間も短いことから，20世紀初頭から遺伝学のモデル動物として用いられてきた．1960年代に，変異原を用いて作製した突然変異体から，行動異常を示すものを探索する研究が始められると，1971年に，R. Konopka と S. Benzer によって，行動の概日リズム*に異常を示す *period* 突然変異体（⇒時計遺伝子）が報告された．これは，単一遺伝子座の変異によって，行動が大きく変化することを明らかにした先駆的な報告であった．その後，求愛行動，においや味に対する応答などの本能的行動や連合学習の行動突然変異体が多数単離され，その表現型を担う遺伝子の解析が進められた．一方で，2000年にゲノム塩基配列が解読されると，ゲノム塩基配列から行動に関与する遺伝子の探索が行われ，においや味に対する応答行動に必須な嗅覚受容体や味覚受容体などの遺伝子が同定された．キイロショウジョウバエは，このように遺伝子と行動を結びつける研究においてきわめて重要なモデル動物であったが，さらに近年は，特定の神経細胞に神経機能を活性化/阻害する遺伝子や神経活性を可視化する遺伝子を発現させることで，さまざまな行動の発現を担う神経回路を調べるためにも用いられるようになった．また，2007年までに，ショウジョウバエ12種のゲノム塩基配列が解読されたことから，今後は，ショウジョウバエ種間の求愛行動や食性の相違を生み出す遺伝的要因が調べられることで，行動進化の研究のモデルとしても用いられることが期待されている．

記憶［memory］　ある事柄を憶えておき，それを思い出すこと．過去に経験した出来事を思い出すことだけではなく，未来に必要になる情報を，その時まで保持しておくことも含まれる．情報を憶える記銘（符号化），憶えておく保持（貯蔵），思い出す想起（検索）の三つの段階からなる．どのくらいの時間憶えているのかという保持間隔の観点と，どのくらいの情報を憶えられるのかという記憶容量の観点から，さまざまな形に分類されている．（⇒意味記憶，エピソード記憶，空間記憶，作業記憶，参照記憶，宣言的記憶，非宣言的記憶，短期記憶，長期記憶，手続き記憶，脳の可塑性，メタ記憶，連合記憶）

機会コスト［opportunity cost］　＝機会費用

機械受容［mechanoreception］　細胞に加わった変形を物理的な刺激とする感覚受容*．聴覚（音を受容するもの）・体性感覚*（触覚ともいう．皮膚や毛，ヒゲに加わる接触や変位，圧力を受容するもの）・自己受容感覚*（関節や腱に受容器をもち，自己の姿勢や筋骨格系に加わる張力や長さなど力学的状態をモニターするもの）・平衡感覚*（重力が体軸に対してどのように加わっているかをモニターするもの）と多岐にわたる．いずれも細胞膜に埋め込まれたチャンネル分子が，膜に加わる変形に応じて開閉確率を変化させることで信号変換を行う点で共通する．しかし機械的変形をどのように符号化するか，これは受容器に応じて実に多様である．

機会設定子［occasion setter］　⇒場面設定子

機会的托卵性［facultative brood parasitism］　⇒托卵

機会費用［opportunity cost］　機会コストともいう．もともと経済学における用語であり，経済学では，ある経済行動（A）をとることによって，失ってしまう投資量をさす．その行動をとらなければ，別の機会に投資することができることから"機会"と形容され，別の機会に用いた結果得られる便益（効果，ベネフィット*）として算出される．一方，経済行動Aを行うことによって得られるベネフィットも存在するので，コストベネフィット解析*では，そのベネフィットと機会コストを比較することによって，経済行動Aを行うかどうかを決定する．

利き手［handedness］　ある行動に対して優位に利用される左右どちらか一方の手のこと．利き目，利き耳，利き足などもある．ヒトにおいて，多くの人の利き手は右である．利き手は遺伝的，社会的要因の両方の影響を受け，ヒトの利き手が右となるのは社会的要因の影響も大きい．また，大脳半球の機能的非対称性（左右の機能分化*）と

関連があるといわれている．たとえば，多くの人で言語野は左半球にあるが，右利きで左半球に損傷を受けた場合よりも左利きで左半球に損傷を受けた場合の方が言語に障害が生じる割合が低い．動物にも利き手(足, 目)がある．数種の霊長類や原猿類，インコ類において，一方の手(足, 目)を優位に利用することがわかっている．ただし，個体ごとに左右が決まっているという報告が多い．

蟻 客［myrmecophiles］ ⇒ 托卵

鰭脚〖ききゃく〗類［pinniped］　学名 Pinnipedia. 食肉目に属し，アザラシ科，アシカ科，セイウチ科がある．繁殖や換毛，休息を陸上で，採餌を水中で行う水陸両棲の哺乳類であり，すべての海域に生息し，数種は淡水域にも生息する．四肢がひれ状で，アザラシ科やセイウチはおもに後びれを左右に振り，アシカ科は前びれを上下に羽ばたかせることによって遊泳する．陸上では，アザラシ科は前びれを使って芋虫のように這い，アシカ科やセイウチは四肢で歩く．アザラシ科はアシカ科よりも深く長い潜水を行い，ミナミゾウアザラシの最大潜水深度の記録は 2000 m を超える．オキアミや魚類，頭足類，底生動物を捕食するが，ヒョウアザラシやセイウチはアザラシなども食べる．暗い海の中では，餌の泳ぐ水流をひげで感知する．繁殖システムは一夫多妻*，および連続的単婚である．アシカ科とゾウアザラシ類，ハイイロアザラシは性的二型*が著しく，闘争に勝った雄がハレムをつくる．その他の多くのアザラシやセイウチでは，雄が水中で鳴音を発することにより，テリトリーを主張したり雌に求愛することが知られている．成熟雌は 1 年に 1 頭の子を陸上や氷上で出産する．出産後すぐに交尾するが，数カ月は着床遅延が起こるため，実際の妊娠期間は約 8 カ月である(オーストラリアアシカとセイウチの妊娠期間は着床遅延を入れて 17 カ月，15 カ月と長い)．アザラシ科の授乳期間は数日から数週間であり，雌はその間，絶食する種がほとんどである．アシカ科やセイウチの授乳期間は数カ月以上であり，雌は子を置いて数日間の採餌旅行に出かける．多くの種が繁殖・換毛期後に回遊を行うことが知られているが，雌の多くは生まれた場所に帰る．キタオットセイなどアシカ科の数種では半球睡眠(unihemispheric sleep)が確認されており，水面で片方のひれをあげて，もう片方のひれで水をかく休息行動がみられる．一方，半球睡眠はアザラシ科では確認されておらず，回遊中のゾウアザラシ類は潜水の途中で休息する．

危急種［vulnerable, VU］ ⇒ 絶滅危惧種

キクガシラコウモリ［horse-shoe bat］　学名 *Rhinolophus ferrumequinum*．コウモリ目キクガシラコウモリ科に属す．西ヨーロッパ，地中海沿岸からインド北部，中国，日本にかけて広く分布する．この仲間は，コウモリのなかでも最も洗練された反響定位*を行う．数十ミリ秒ほどの断続的な超音波(パルス)を鼻から発する．名前の由来でもある特徴的な形の鼻葉は，パルスをサーチライトのように収束させる音響レンズになっている．本種のパルスは，周波数が一定の CF パルス(constant frequency pulse)である(厳密には，周波数が変動する成分が前後には付随する)．CF パルスは獲物の昆虫から反射したエコーの周波数や振幅の変化により，昆虫の大きさや羽ばたきの回数を探知できる．野外研究によると，実際に獲物の種類と大きさを選んで狩っている．驚くべきことにドップラーシフト補償により周囲との相対的速度を精密に探知することができる．コウモリのドップラー効果利用の例は，キクガシラコウモリ科と独立に CF パルスを進化させたパーネルケナシコウモリ(ヒゲコウモリ)でも知られる．

危険率［significance level］ ⇒ 統計学的検定

記 号［sign］　ある事物・事象をさし示す知覚可能な媒体のこと．サイン．文字や交通標識，印などは記号の代表的な例であるが，雨を予感させる雨雲なども記号となりうる．米国の記号学者 C. S. Peirce は記号が対象物(object)と，記号媒体(sign vehicle)，そしてその解釈項(interpretant)の三項関係から構成されるとした．そのうえで記号媒体には，記号媒体の性質と指示対象の性質との類似性によって指示を行うアイコン(icon)，記号媒体と指示対象との間における相関性によって指示を行うインデックス(index)，特定の記号の体系における位置を示すことによって，相同性をもった指示対象体系の特定の位置を示すシンボル(象徴*)の三つに分類した．考古学や一般的用法によっては"シンボル"が"記号"と同義に扱われるが，厳密にはシンボルは記号のなかに含まれる部分的な概念である．また，一般的な理解として記号媒体と指示対象との間が恣意的な場合，記号をシンボルであるとするケースが多い．しかし，Peirce によればこのような恣意性は指示対象における性質であるとされている．

擬　攻　[mobbing]　＝モビング
擬攻撃　[mobbing]　＝モビング
記号着地　[symbol grounding]　⇌　人工知能
記号媒体　[sign vehicle]　⇌　記号
ギ　酸　[formic acid]　⇌　毒針
偽産卵　[pseudospawning]　⇌　擬似産卵
擬　死　[death feigning, feigning death, apparent death, playing possum, thanatosis]　死にまねともいう．物理的な拘束や音，振動，光のような刺激に対して，突然凍りついたように動かなくなる行動．テントウムシやゾウムシ，コメツキムシなどの甲虫類で特になじみ深いが，類似の行動は無脊椎動物から脊椎動物にいたるまで広い動物種で見いだされる（図）．家禽や哺乳動物が示す擬死様の行動を動物催眠 (animal hypnosis) とよんで区別する場合がある．擬死は数秒から数時間持続し，自発的に解除される．擬死中の姿勢は動物によってさまざまであるが，刺激時のままの姿勢を保持することが多い．昆虫の擬死には視覚依存性の捕食者の攻撃本能をそらしたり，目をくらます機能があり，適応的な行動であることが明らかとなっている．擬死中の動物は接触や光刺激に対する反応性が低下し，呼吸運動も低下する傾向がある．また，擬死中のナナフシやコオロギの肢関節を第三者が強制的に伸展（あるいは屈曲）させると，動かしている間に，関節を元の位置に戻そうとする抵抗反射 (resistance reflex) が筋肉に生じるが，この反射は急速に減衰し，新たに与えられた関節位置を擬死中ずっと保持し続ける．この現象は催眠中のヒトにも観察される現象で，カタレプシー (catalepsy) とよばれる．類似の現象は擬死の誘発過程でも起こるため，あらゆる姿勢で擬死が起こることをよく説明する．よって，擬死の本来の機能は，物理的な拘束に対する無駄な抵抗をやめることで，エネルギーの消耗や体の損傷を防ぐことにあるという見解も妥当であろう．

儀式化　[ritualization]　定型的運動パターン*が本来の解発刺激*から離れて，異なる状況のもとで異なる刺激によって発現し，まったく異なる機能を備えるに至ること．N. Tinbergen*は本能行動が進化する過程の一つとして着目し，これを儀式化とよんだ．たとえば，成熟した雄のトゲウオ*は営巣し，巣の周囲になわばりをつくって守る．このとき，なわばりの周辺に他個体の雄が侵入しても，激しい攻撃行動を示すことはない．その代わりに，吻部を水底に押し当てる動作を繰返すが，これは営巣期の初期に発現する巣作りの動作と同一である（図）．侵入者はこれを見て，なわばりから離脱する．なわばりの周辺では，攻撃衝動と回避衝動が同じくらい強く働くために，葛藤*による転移行動*として営巣行動が現れる．これが進化の過程で，二次的に威嚇行動*の機能を獲得した，と Tinbergen は考えた．彼は儀式化された営巣行動を社会的解発刺激とよび，動物のコミュニケーション*に転用されると議論した．そして，コミュニケーションの信号が種ごとに比較的速やかに進化を遂げる理由は，儀式化によるところが大きいと考えた．

擬似交接　[pseudocopulation]　＝擬似交尾
擬似交尾　[pseudocopulation]　擬似交接，擬似繁殖ともいう．一見，交尾（交接）に見える行動のことで，おもに3種類が知られている．1) おもにカエルなどの体外受精の動物が行う，放精の際の配偶者防衛行動．雄は雌にマウントし，他雄の精子が雌の卵を受精させることを防ぐが，生殖器の接触はない．2) ある種のランの花冠に対し，

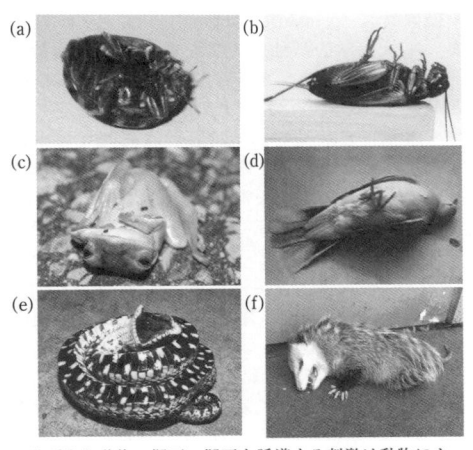

さまざまな動物の擬死．擬死を誘導する刺激は動物によってさまざまである．テントウムシ(a)は振動や接触によって，コオロギ(b)は前肢を前胸部と一緒に側面から軽く拘束すると擬死をする．カエル(c)やハト(d)は仰向けに拘束して無理な体勢をとらせるとそのまま不動化する．シシバナヘビ(e)やオポッサム(f)は捕食者である大型肉食獣に捕り押さえられると擬死を起こす．

ハチの雄が見せる交尾の試み．ランは花冠の外見とにおいをハチの雌の外見やフェロモンに擬態させており，ハチの雄をおびき寄せる（⇒ 繁殖擬態［図］）．そして，交尾を試みる雄に花粉を付着させ，花蜜のような報酬なしに送粉を行わせる．3) 交雑によって出現する，雄のいないトカゲの一種（*Cnemidophorus neomexicanus* など）が，雌同士で行う交尾に似た行動．このトカゲは単為生殖によって繁殖するが，雌同士の擬似交尾により産卵が誘発される．単為発生のギンブナの雌が行う，同種または他種の雄との交尾も広義には3)に含まれる．雄の精子は遺伝的には貢献しないが，クローン卵が発生を開始するのに必要な刺激を与える．

擬似産卵［pseudospawning］　偽産卵ともいう．実際の産卵行動* とほとんど同じであるが，放卵* を伴わない行動．スズメダイ類，カワスズメ科，ベラ類など多くの魚類でみられる．異性間のペアで行われるだけでなく，雄同士など同性個体間でも行われたり，非繁殖期や巣が完成する前など，実際の産卵が行われる時期以外にも観察される場合がある．配偶相手の査定や個体間関係の維持，あるいは同性個体へのだまし* などの機能が考えられるが，詳しいことはほとんどわかっていない．

擬似条件づけ［pseudo-conditioning］　鋭敏化* によって，実際に古典的条件づけ* が生じていないにもかかわらず，条件刺激* への反応がみられること．たとえば，電撃などの無条件刺激* を与えた後に純音などの中性刺激* を与えると，電撃がひき起こしたものと類似の恐怖反応* が誘発されることがある．これは電撃という強い刺激によって，被験体が環境変化に敏感になったために生じると解釈されている．条件刺激と無条件刺激を用いて古典的条件づけを実施する場合は，前者に対するみかけ上の反応の増大が擬似条件づけではないことを，何らかの方法で証明する必要がある．（⇒ 分化条件づけ，ランダム統制群，真にランダムな統制）

気質［temperament］　行動，感情（⇒ 情動），動機づけ*，生理反応などにおける個体の性質や傾向のこと．一般に，遺伝的に制御され，生涯を通じて変化しにくいような個体の特性をさす．似た概念に**性格**（personality）があるが，性格は，気質に基づいて後天的に獲得され，その個体を特徴づけるような行動，感情，態度，思考の一貫したパターンのことをいう．気質や性格はおもにヒトの心理学において各研究者が独自の理論に基づいて研究を進めてきたため，その定義や内容に関する統一的な見解は確立されていない．従来の気質研究では，外向性や親和性などポジティブな感情や接近傾向，神経症傾向などネガティブな感情や回避傾向，衝動性など興奮・抑制機能に関連した行動特性を中心に研究が進められてきた．他方，ヒトの性格研究では，統合的な理論枠組みとして，**外向性**（extraversion），**神経症傾向**（neuroticism），**協調性**（agreeableness），**誠実性**（conscientiousness），**経験への開放性**（openness to experience）といった**主要5因子性格モデル**（five-factor model, big five）が性格特性として提唱されている．行動生態学や動物行動学では，性格や気質のほかに，**行動シンドローム*** という概念も使われる．行動シンドロームは複数の状況下で観察される行動特性と定義される．たとえば採食や繁殖，対捕食者防衛，なわばり防衛といった異なった状況下においても，ある程度一貫した行動傾向とその個体差のことをいう．たとえばイトヨの一種では，同種他個体に対して攻撃的な個体は捕食者に対しても大胆であり，逆に他個体への攻撃性が低い個体は捕食者にも回避的にふるまうことがわかっている．

擬似繁殖［pseudocopulation］　＝擬似交尾

擬似反復［pseudoreplication］　測定・観測において統計学的に独立ではない対象から複数のデータをとること．例をあげて反復（replication）と擬似反復の違いを説明する．たとえば，ある処理によって実験動物個体で行動Aの発生確率が変化するとしよう．この処理を施した50個体で行動Aの発生の有無を測定した合計50個のデータは50回の反復である．これに対して，10個体それぞれで5回の処理・観測を繰返して得た合計50個のデータは，各個体5回の擬似反復となる．データ内の擬似反復の有無によって，解析で使用する統計モデルを変えなければならない．この例でいうと，前者のように擬似反復がない場合，実験動物の個体差つまりランダム効果* がみえなくなるデータ構造なので，個体差を考慮しない一般化線形モデル* を使える．一方で，後者の擬似反復をもつデータ構造の場合，10個体の個体差がデータに表れるので，個体差の効果を含む一般化線形混合モデル* などを使って，処理の効果を推定することになる．

希釈効果［dilution effect］ ＝うすめ効果

寄　主［host］ ⇌ 宿主

寄主識別［host discrimination］　捕食寄生者*が既寄生と未寄生の寄主を区別し，未寄生寄主とは異なる反応を既寄生寄主に示すことであり，さまざまな捕食寄生者で確認されている．雌の捕食寄生者が既寄生寄主に対して産卵を回避する行動や多寄生性の種が既寄生寄主に対して通常より少ない数の卵を追加産卵するような事例が含まれる．一般に，過寄生*を避けるための適応的な行動である．注意すべきは，回避しなかったといって識別能がないとはいえない点である．たとえば，未寄生寄主が十分にある環境では寄主識別は適応的であるが，未寄生寄主が少ない環境下では既寄生寄主を認識したとしてもむしろ積極的に利用した方が繁殖成功度が高くなるような状況が生じる．識別対象は，同じ雌個体が以前に寄生した寄主，同種他個体が産卵した寄主，異なる種が寄生した寄主，の3タイプに分けることができ，それらの識別行動を自己寄生寄主識別，同種内寄主識別，異種間寄主識別とよぶ．既寄生寄主は物理的なマーカーやマーキングフェロモンのような化学物質により認識される．通常は同種内において有効で，フェロモンと介した異種間寄主識別は一般にまれである．ただし幼虫間競争において劣位にある捕食寄生者が優位な種のマーキングフェロモンを認識し，共寄生を積極的に避ける事例がある．自己寄生寄主識別においては，自分が産卵した寄主そのものを雌が記憶していることにより新規に遭遇した寄主と区別できるという例が報告されている．

寄主制御［host regulation］ ⇌ 宿主操作

寄主摂食［host feeding］ ⇌ 寄生バチ

記述統計学［descriptive statistics］ ⇌ 推測統計学

擬　傷［broken winguse, broken wing behavior, distraction display, injury feigning, broken wing display］　子育て中の親鳥が，傷を負ったようなふりをして捕食者を巣や雛などから遠ざける行動．親鳥は，片翼あるいは両翼をけがしているかのように飛翔したり地面を走ったりして，捕食者の注意をひく．地面で行う場合は，途中で止まってあたかも羽が傷ついて動けないかのようにふるまい，捕食者を近づかせてから一気に飛んで逃げる．迫真の演技にもかかわらず巣や雛が捕食者に襲われることもある．ふつうは片親だけだが，両親がともに行うこともある．チドリ類でよく知られているが(図)，系統的にはかなり離れたホオジロやヤブサメでもみられる．擬傷行動をするのは，地上あるいは藪(やぶ)に単独で巣をかまえる鳥であり，カモメ類やアジサシ類など，地上に集団で営巣する鳥でみられないのは，積極的に集団で防衛することができるからだろう．鳥類だけでなく魚類(トゲウオ*科)でも，巣を襲ってくる同種に対して痙攣したかのように動いて，巣から遠ざけることが知られている．

天敵の注意をひいて巣から遠ざけるために，翼をけがしたように見せかけているシロチドリの親．

擬人主義［anthropomorphism］　ヒトの心的過程からの推察を，正当な理由もなく他の動物に当てはめて解釈することをいう．C. R. Darwin*は，進化論に基づき，ヒト以外の動物もヒト同様の意図や感情をもっていると考えた．Darwinと親交のあったG. J. Romanesは，動物の知的行動に関する逸話を収集し，それらの行動をヒトの心的過程になぞらえて解釈し，ヒトとヒト以外の動物の心的過程には進化的連続性があることを示そうとした．このような擬人主義は，客観性を欠くという批判を受けたために，その後の動物行動学や比較心理学では，観察可能な行動に基づく現象だけを扱う"行動主義*"が主流となった．しかし1970年代に，D. R. Griffinはすべての動物にヒト同様の意識があるという認知行動学*を提唱し，動物の心を擬人的に解釈することの正当性を主張した．Griffinの認知行動学は当時の研究者にはほとんど支持されなかったが，動物における心的過程に関する研究が再評価される契機となった．(⇌ 人間中心主義)

キーストーン種［keystone species］ ⇌ 保全

キーストーン捕食［keystone predation］ ⇌ 間接効果

きずな［bond, bonding］ 社会的きずな（social bonding）ともいう．個体間において，特に強い親和関係が結ばれること．愛着*ときわめて類似しているが，愛着が特定の対象との近接によってネガティブな情動を軽減するための行動システムであるのに対し，きずなは愛着行動によって成立した保護-被保護者関係の状態をさす．親子間に最もよく観察されるが（⇌母子間のきずな），雌雄間や雌同士の間でも形成されることがある（⇌つがいのきずな）．きずな対象は特定の他個体である．社会的きずなが形成されることにより，多くの時間を共に過ごし，常に相手の存在を把握するようになる．生物学的にきずなが形成されているとするには，特定の対象を認識すること（個体弁別，社会的合図の理解）と，特定の対象との分離および再会時に特異的な反応を示すことが最低限の条件と考えられる．きずなの形成は以下の点で評価可能である．1）分離時のストレス反応や特異的な苦痛を伴うような行動を示す．2）分離時に相手に向かった接近行動を示し，再開時に得意な興奮や喜び行動を示す．3）分離時にストレス内分泌学的な変化を伴う．たとえば，ラットやアカゲザルの子は母親から引き離されると急激にコルチゾール*値が上昇し，再会後に低下することが示されている（⇌社会緩衝作用）．また，きずな対象とグルーミング*や接触によってオキシトシン*などのホルモン分泌が認められる．現在，きずな形成にはオキシトシン，ドーパミン*，オピオイド*の関与が明らかにされてきた．

寄生［parasitism］ 寄生とは，他の生物（宿主*）の資源や栄養を奪取して子孫を増やす生活様式をさし，この様式で子孫を増やす生物を寄生者*という．マダニやシラミなどによる宿主の体表での寄生を**外部寄生**（ectoparasitism），サナダムシや吸虫などによる宿主体内での寄生を**内部寄生**（endoparasitism），細菌やウイルスなどによる細胞に感染する寄生を**細胞内寄生**（intracellular parasitisum）という．生物種間の関係において，一方が利益を得て，一方が損失を被る関係として，捕食*と寄生があるが，捕食者が被食者を殺して栄養として一瞬のうちに利用するのに対し，寄生者は宿主からより持続的な搾取を行う．なお，寄生バチ*や寄生バエ*の幼虫は宿主を体内から食って成長するが，これは寄生的な面と捕食的な面の両方の特徴をもつため捕食寄生とよばれる．寄生者の生活環が複数の宿主にまたがるとき，一時的に滞在して生育し無性生殖を行う宿主を**中間宿主**（intermediate host），生活環の主要なステージを過ごし可能であれば有性生殖も行う宿主を**終宿主**（definitive host）という．睡眠病の病原体，トリパノソーマ原虫にとって，ヒトや家畜は中間宿主であり，終宿主はツェツェバエである．寄生による宿主の適応度の低下が，病気による死亡や消耗による場合，寄生者を病原体という．寄生による宿主の適応度の減少の程度（毒性）は，炭疽病やエボラ出血熱などのようにきわめて重篤な場合から，ほとんど無害に近い場合までさまざまである．毒性が高く，宿主をすぐに殺してしまうことは寄生者にとっても損失となるが，毒性の強さは感染力の強さなどとも関連するため（トレードオフ*），中程度あるいはきわめて強毒な寄生者も進化しうる．寄生が社会的関係を通じて行われる場合を社会寄生*ともいう．たとえばカッコウ*は自分では巣を作らず，他の種の巣に産卵して宿主に子を育てさせる（托卵*）．托卵は口内保育*するカワスズメ*でも知られている．コロニー性の鳥類では，種内托卵も多くみられる．寄生者による宿主への依存性の高さと宿主による防御機構の進化によって，寄生者と宿主の関係は種特異性の高い敵対的相互作用となり，これが群集の種多様性を促進させたり（ジャンセン・コンネル仮説），有性生殖の進化を促進させたりする（赤の女王仮説*）可能性が示唆されている．

寄生者［parasite］ 他の生物（宿主*）の体表に付着し，あるいは体内に入り，資源や栄養を搾取して子孫を増やす生物を寄生者という．動物の体表について吸血するノミやダニ*，腸内で栄養分を搾取するカイチュウやサナダムシ，血中で増殖するトリパノソーマ，細胞に感染するエボラ出血熱ウイルスや狂犬病ウイルスなどは，動物やヒトを宿主とする寄生者の例である．特にカイチュウなどの内部寄生者は寄生虫とよばれることがあるが，生物学的な用語ではない．寄生者の多くは宿主の栄養や資源に強く依存して生存・生殖するため，宿主を離れて独立生活するための機能を失っている．そのため次の宿主に移動するために媒介者を必要とするものも多い．たとえばマラリア原虫はハマダラカを媒介者としてヒトからヒトへ伝わる．ただし独立生活ステージをもつ寄生者も多く，たとえば炭疽菌は，宿主を離れても土壌中で

独立栄養的に増え，また耐久性の高い芽胞のかたちで土壌中に待機する．寄生者は宿主の形態や生殖サイクル，行動を改変することもある（宿主操作*）．甲殻類に寄生するフクロムシは，宿主の生殖を抑制して成長に資源を投資させたり，雄を雌化したりすることで寄生の効率を上げる．植物に寄生する昆虫や菌類には，植物の組織の発生を改変して虫こぶ*を作り内部で生育するものもいる．また，吸虫のロイコクロデリウムは寄生したカタツムリの触角の色や動きをイモムシのように変え，終宿主の鳥に捕食されやすくする．

寄生性［parasitic］ ⇒ 食性

寄生虫 ⇒ 寄生者

寄生的コロニー創設［parasitic colony founding］ ⇒ コロニー創設

寄生バエ［parasitoid fly］ 捕食寄生性ハエ目のことで，ヤドリバエともよばれる．ヤドリバエ科とほぼ同義になっている場合もあるが，分類学的にはハエ目の他の科が含まれるため注意が必要である．ヤドリバエ科の大多数は昆虫に寄生するが，クロバエ科の一部にはミミズや陸生の貝類の捕食寄生者*が含まれ，カエルキンバエはカエル類に寄生する．ニクバエ科にもさまざまな捕食寄生者を含み，なかにはカメの卵に寄生する種類もある．ノミバエ科にもアリなど昆虫の寄生者となる種が含まれている．雌は産卵管をもたないため，寄主体表上に産卵するか，寄主の生息環境に卵（あるいは幼虫）を産むか，になる．後者の産卵様式では，微小卵（ミクロタイプ）とよばれる非常に小さな卵を大量生産し寄主の餌を通して経口で寄主体内へ侵入する，という例が知られる．ごく一部の種では産卵管に似た構造をもつ器官を発達させ寄主体内へ直接卵を産みつける．卵胎生*の種では寄主の周辺に幼虫を産下し，幼虫が寄主を探し出す．いずれの様式にしても，すべて内部寄生者である．なお，寄生バチ*に比べ単食性のスペシャリスト*が相対的に少ない．そのほか，ハエ目にはメバエ科，ツリアブ科，アタマアブ科，コガシラアブ科，デガシラバエ科などが捕食寄生者となる種を含む．なお，ニクバエ科のヤドリニクバエ類では労働寄生*者として認知される種類が含まれる．

寄生バチ［parasitic wasp, parasitoid wasp］ 寄生蜂（きせいほう）ともよぶ．捕食寄生者*であるハチ目の一般的な名称．分類学的には，ヒメバチ上科（ヒメバチ科，コマユバチ科）とコバチ上科（コガネコバチ科，クロバチ科，ヒメコバチ科など）に属するハチが大部分を占めるが，ヤドリキバチ科，カマバチ科，セイボウ科，ツチバチ科なども捕食寄生性ハチ目である．大多数が昆虫を寄主とするが，一部にダニやクモに寄生するグループがある．通常，発育完了までに1個体の寄主のみに寄生するが，卵嚢に寄生するものでは複数の卵を食べたのちに発育を完了し捕食者的な側面をもつ．種によって寄生する寄主の範囲，発育段階，寄生部位などが決まっており，それらの特徴に応じてたとえば，広食性卵寄生バチ，狭食性幼虫寄生バチ，内部蛹寄生バチ，などとよばれる．飼い殺し（koinobiont）型寄生バチでは狭食性の種が多く，寄生後（産卵後）も寄主が一見正常に発育し続け，ハチ幼虫にとって十分な資源量が確保できた発育段階に達すると，寄主を一気に食い殺す．このため，産卵が寄主若齢に行われたとしてもハチ幼虫の成熟が完了するのは寄主の蛹化後，といった場合が出てくる．一方，殺傷（idiobiont）型寄生バチは広食者も多く，産卵前後に毒液を用いて寄主を完全永久麻酔するため，寄主が発育を継続することはない．寄主に依存するのは幼虫発育の資源だけでなく，雌成虫が卵生産のための資源を寄主から摂取する（**寄主摂食**，host feeding）種も多い．さらに飼い殺し型寄生バチでは，胚発生に必要な栄養素すら寄主から摂取する．このような飼い殺し型では卵に卵黄がほとんど含まれておらず，小さな卵を大量に生産することが可能となっている．多くの種が半倍数性*の性決定機構をもち，産卵時に精子放出を制御することで雌は容易に次世代の性比*調整をすることができる．このため最適性配分に関する分野において重要なモデル生物となっている．また最適採餌理論*や寄主選択理論のモデルとしても頻繁に使われている．

季節移動［seasonal migration］ 季節の推移に伴って毎年繰返される移動のこと．分散*と違って，季節ごとに同じルートで，一定距離を移動してほぼ同じ地域に戻ること（回帰性*）をさし，その距離は時には数千キロにも及ぶ渡り*も季節移動の一つである．繁殖場所と非繁殖期間中に過ごす場所の間の季節的な移動をさすことが多い．キョクアジサシ（北極と南極），トナカイ（ツンドラ地帯と温帯林）など一生の間に繰返す場合が多いが，オオカバマダラ（北米中部とメキシコ）のように一部の世代だけが行う場合や，スルメイカ（東シナ海と西部北太平洋および日本海北部・オ

ホーツク海南部)のように一生に1回の移動もある．餌の利用可能性や生息場所としての好適さの季節性と関係している．陸域では，高緯度地方では寒暖の変化や光の強度，低緯度地方では乾季・雨季といった降水量による一次生産の季節性などがあげられる．海域では，水温や塩分などの物理環境の季節変化による，卵や子育てに適した海域への移動や夏場の高水温を避けるための移動も知られている．夏に標高の高い所で繁殖し冬は低地で過ごす鳥類や，冬は深海で過ごし夏に表層の餌が多くなると浮上する魚類やプランクトンのように，鉛直的な移動もある．その進化的な起源については，氷河説，大陸移動説，分散と侵入からの進化説などいくつかある．

季節多型 [seasonal polyphenism, seasonal polymorphism] 　表現型多型*の一つ．種内において，季節により異なる表現型が観察される現象．異なる表現型は環境要因に反応して発現する．体サイズや体色などにみられ，チョウにおける"春型・夏型"の例がよく知られる．異なる季節型は，それぞれ異なる季節への適応と考えられている(図)．季節を感受する手がかり(cue)は，日長や温度などである場合が多い．実験室内では，同一の親から生まれた遺伝的に同質なきょうだい間でも，異なる環境条件にさらされることで異なる表現型が発現する．

低温型
高温型

サカハチチョウ：春に羽化した春型(上)の子どもが夏型(下)になり，夏型の子が越冬して翌年春型になる

ライチョウ：同一個体が冬羽(上)と夏羽(下)を繰返す

季節的単為生殖 [seasonal parthenogenesis] ⇒ 単為生殖

帰先遺伝 [reversion] ＝先祖返り

帰巣性 [homing ability] ⇒ 回帰性

帰巣本能 [homing instinct] 　巣やなわばりへ，遠く離れた場所から正確に戻ること(回帰性*)を，遺伝的にプログラムされた行動(本能*)であるとする考え方．繁殖地と越冬地を行き来する鳥類が，生まれて初めての渡り*でも定まった越冬場所に行くことや，レースバトが巣から遠く離れた場所に運ばれても，巣に戻ってくるなどの現象がそうであるといわれることがあった．コウノトリでは，その年に生まれた幼鳥を東西方向へ移動させて秋に放したところ，本来の南北方向の渡りコースに平行に南に渡った，という実験例がある．しかし，自分の位置を見つけ，方向やルートを探すための感覚器や脳の構造は確かに遺伝的であろうが，その能力自体が遺伝的であるかはわかっていない．また，これらの結果としての渡りや回帰性が本能行動であるのか，それとも学習*や経験によるのか，十分検証されているわけではない．たとえば，経験の浅い若鳥は渡りの航路に迷うことがある．

擬態 [mimicry] 　ある生物が，他の生物やその一部，あるいは物体などに似た形質(色や形，におい，音，行動など)をもつことで，適応度*(生存や繁殖)上の利益を得る現象に対する総称．擬態は，擬態する対象としてのモデル(model，被擬態者)，擬態する主体であるミミック(mimic，擬態者)，そして擬態信号の受信者の三者から成る．ミミックは，モデルの形質を模倣する(mimic)ことにより，信号*の受信者がモデルに対して示す反応を引き出すことで利益を得る．なお，擬態は自然選択*による進化*の結果生じたものであり，"模倣"という表現を使っていても，生物が意図的に何かをまねしようとしていることを意味しない．擬態にはさまざまなタイプ(図)があるが，以下におもな擬態の例をあげる．警告色擬態は，被食者(ミミック)が警告色*をもつ他の被食者(モデル)と類似の体色をもつことで捕食者(受信者)による攻撃を避ける．ベイツ型擬態*やミュラー型擬態*が代表的な例である．また，単に擬態という場合に警告色の擬態を意味することも多い．隠蔽擬態(仮装*)は，被食者(ミミック)が，捕食者(受信者)にとって価値のない生物や物体(モデル)に似ることで捕食を回避する．攻撃擬態*は，捕食者(ミミック)が，被食者(受信者)にとって危険でない，あるいは利益をもたらす生物や物体(モデル)に似ることで被食者への接近を容易にし，捕食の成功率を上げる(ただし，より高位の捕食者に対しては隠蔽効果を併せもつこともある)．繁殖擬態*では，受け手がミミックの形質をモデルのそれと混同することで，ミミックが

繁殖上の利益を得る．自己擬態*は，自身の体の一部を別の部分に似せることをさし，モデルとミミックは同一個体である．ちなみに，種内擬態*というまったく異なる現象に対しても，英語ではautomimicryという同様の名称が用いられているので注意が必要である．種内擬態は，警告色をもつ種において，"まずさ"や防御の程度が個体間で異なる現象をさす．モデルとミミックは同一種であるが，別の個体である．(⇒目玉模様)

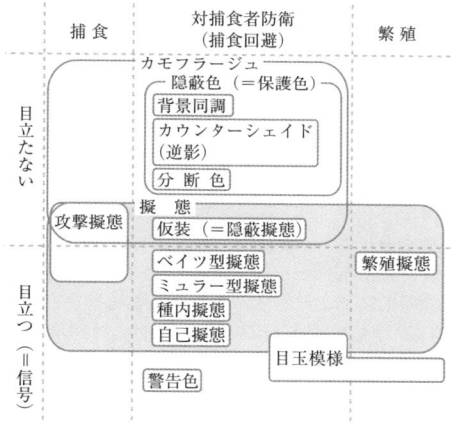

```
                捕食    対捕食者防衛        繁 殖
                        (捕食回避)
                        カモフラージュ
                        ─隠蔽色(＝保護色)
                         ├背景同調
          目              ├カウンターシェイド
          立              │ (逆影)
          た              └分 断 色
          い     ┌─擬  態
                 │   ├仮装(＝隠蔽擬態)
          ─ ─攻撃擬態 ─────────────────
                     ├ベイツ型擬態
                     ├ミュラー型擬態    繁殖擬態
          目         ├種内擬態
          立         └自己擬態          目玉模様
          つ
          (=信号)  └警告色
```

気づき［awareness］⇒意識

拮抗条件づけ［counter-conditioning］ 逆条件づけ，反対条件づけともいう．すでに獲得した条件反応*とは相反するような反応を，新たに条件づけること．たとえば，音と電撃を一緒に与えることで音への恐怖反応*をラットに形成した後，音に対して電撃の代わりに餌粒を与えるという操作を行うと，音への恐怖反応は速やかに消失する．こうした拮抗条件づけの原理は，恐怖症の治療に応用されるなど行動療法との関連が深く，消去*と同様に主要な反応除去法の一つに数えられている．なお，拮抗条件づけの手続きによって，条件反応だけでなく無条件反応をも弱めることもできる．たとえば，電撃を餌粒とともに与えることを繰返すと，電撃に対する恐怖反応は徐々に減弱する．このことは，拮抗条件づけが刺激のもつ価値を変える方法としても有効であることを意味している．

拮抗的共進化［antagonistic coevolution］ 被食者と捕食者，寄主と寄生者，雌と雄といった密接な生物間相互作用をもつもの同士の間で完全に利害が一致しない場合に起こる敵対的な共進化*．一方が他方を利用しようと操作的な形質を進化させた結果，もう一方が対抗的な形質を進化させる．たとえば，被食者が捕食者から逃れるために，擬態*や毒などの形質を進化させるのに対し，捕食者はこれに対抗適応し，識別能力や解毒物質を進化させる．また，雌雄で繁殖をめぐる最適戦略が異なる場合に生じる性的対立*の結果，雌雄の形質に拮抗的共進化が起こる．マメゾウムシの仲間では，雄が鋭い棘を備えた交尾器をもっており，交尾時に雄の棘が雌の交尾嚢に突き刺さっていかりの役割を果たすことで，雄は十分な精子を雌に送り込むことができる．しかし，雄の棘は雌の交尾嚢を傷つけてしまう．そこで，雌は交尾嚢を厚くすることで対抗適応している．このような拮抗的共進化により，雌雄の形質に進化的な軍拡競争*が起こることがある．

拮抗的選択［balancing selection］＝平衡選択

拮抗的多面発現［antagonistic pleiotropy］⇒トレードオフ

拮抗薬［antagonist］＝アンタゴニスト

基底活動回路網［default mode network］ 特定の活動にかかわっていないときでも脳は活動している．この際の脳活動は，脳内のさまざまな活動を同調させるためのアイドリング(無負荷運転)状態と考えられたためデフォルト・モード・ネットワークとよばれた．しかしこれに関与する脳部位から，この活動はむしろ内省的な自己意識を反映しているとも考えられる．中心的な部位は，前頭葉内側面，後部帯状回，楔前部，頭頂連合野の後半部，中側頭回などである．これらの部位の一部には，視点転換を可能にする座標変換システムや，ミラーニューロン*も存在する．ヒト，マカクザル，ラットにおいてこれらの部位の活動が確認されているが，内省的な自己意識との関連はヒト以外では不明である．

基底膜［basilar membrane］⇒内耳

亀頭球［bulbus glandis］⇒交尾結合

起動フェロモン［primer pheromne］⇒フェロモン

偽妊娠［pseudo pregnancy］ 哺乳類の雌において，妊娠*の成立なしに妊娠初期の徴候がみられること．卵巣に黄体*が形成され，黄体ホルモン*が分泌されて生殖器官に妊娠様の変化が起こるが，通常の妊娠時の黄体と比べると短期間で機能が消失する．ヒトやサルでは偽妊娠黄体の退行によって月経がひき起こされることがある．マウ

スやラットのように性周期*に黄体期がない動物では，排卵期に人為的に交尾刺激あるいは子宮頸管に機械刺激を加えると黄体が形成され偽妊娠が誘導される．偽妊娠ネズミの子宮に同時期のネズミ胚を移植すると着床して妊娠が可能となる．分子生物学で重要なノックアウトマウス*は，目的に応じた相同組換えES細胞を注入した胚盤胞を偽妊娠マウスの子宮に移植することで作製する．交尾排卵動物（⇌排卵周期）のネコでは，交尾の後に妊娠しなかった場合にはしばしば偽妊娠が起こる．イヌが偽妊娠を起こすと，子宮の肥大や乳腺の発達，乳汁分泌や巣作り行動を示すことがある．なお，ヒトの想像妊娠（pseudocyesis）は，心理的な要因による卵巣機能不全症と自律神経失調症であり，偽妊娠とは異なる現象である．

機能耐性 [functional tolerance] ⇌ 耐性

機能的 MRI [functional MRI] ＝機能的磁気共鳴画像法

機能的円柱構造 [functional column structure] ＝コラム構造

機能的近赤外分光法 [functional near-infrared spectroscopy, fNIRS] 近赤外光を用いて脳内の血流変化を計測することで脳活動を調べる方法．単に近赤外分光法（near-infrared spectroscopy, NIRS），または光トポグラフィー（optical topography）とよばれることも多い．近赤外光は身体組織を透過するが血中のヘモグロビンには吸収されやすい．この性質を利用して体内の血流変化を調べることができる．頭皮上に送光プローブと受光プローブを数cm離して設置し，送光プローブから照射した近赤外光が，脳組織内を乱反射して受光プローブに入射するまでに，どの程度減衰したかを調べる．また，波長ごとの吸収率が酸化ヘモグロビンと還元ヘモグロビンとで異なるため，異なる波長の光を複数用いて，酸化・還元ヘモグロビンそれぞれの量を測定することができる．他の脳活動計測法に比べて計測装置を小型化しやすいため，臨床や運動中の計測に適している．ただし，プローブ位置のずれなどによる光路長の変化の影響を受けやすく，また，脳活動とは直接関係のない頭皮や頭蓋骨内の血流変化による信号が混入しやすいという問題点もある．

機能的磁気共鳴画像法 [functional magnetic resonance imaging, fMRI] MRI装置を利用して，脳内の神経活動に伴う局所的な血流変化を非侵襲的に計測する手法（⇌磁気共鳴画像法）．脳機能にかかわる生理学的情報を画像化することから機能的MRI（functional MRI）とよばれる．局所的な血中酸素濃度の変化を反映するBOLD信号（blood oxygen level dependent signal）を検出することで，神経活動の生起を推定する．BOLD信号は断層画像の各画素のわずかな信号値の変動（たかだか数％）として観測される．BOLD信号は神経活動の生起から約6秒後に最大となり，20秒以降に元に戻ると見積もられる．これをとらえるため，全脳を数秒に1回撮像できる高速撮像法（echo planar imaging, EPI法）を用いる．また，他の非侵襲的脳活動測定法に比べて空間解像度が高い．一般に1画素が30〜50 mm^{3}となるような撮像を行う．

機能の反応 [functional response] ⇌ 食うもの-食われるものの関係

機能分化（左右の） ⇌ 左右の機能分化

機能分析 [functional analysis] 関数分析ともいう．標的の行動とそれを取巻く環境事象との機能（関数）的関係を分析するために，環境事象を実験的に操作して調べること．具体的には環境事象（先行事象と結果事象）を反転法や条件交代法といった単一被験体法*により系統的に変化させた場合に，標的行動が生じるかどうかや，それらが標的行動にどのような影響を与えるかを検討する．行動の生起にかかわる弁別刺激*や強化子*が何であるかを特定するために用いられることも多い．たとえば，あるイヌの攻撃的な行動は，飼い主からの注目（正の強化*）によって維持されているのかもしれないし，嫌悪的な状況からの逃避（負の強化*）によって維持されているのかもしれない．飼い主の注目や嫌悪的な状況がある場合とない場合に攻撃行動が生じるかどうかを調べることによって，攻撃という問題行動のもつ機能を明らかにすることができる．

帰納法 [inductive method, induction] 観察を積み重ねることにより結論を導き，個別の観察結果を一般化すること．たとえば，"ヒトは細胞でできている．イネは細胞でできている．細菌は細胞でできている．ゆえに，生物は細胞でできている．"と一般化する手法が帰納法である．したがって，観察事例・データが多ければ多いほど，一般化した結論の確かさが増すことになる．生物個体の学習は帰納により進行する．しかし，帰納した結論は，帰納法だけでは正しいことを証明できない．このため，結論した事象がどれほど一般

的であるか(再現性があるか),および結論に反する事例がどれほど少ないか,その両者を問う統計的手法により,帰納された結論を仮説として検証する手法(abduction)が採用される.観察・調査・実験の結果から帰納し,仮説を立てて検証することは,未知の問題を発掘し,至近・究極要因(⇒ティンバーゲンの四つの問い)を新規に追究するうえで不可欠の手法である.その結果として当該の事象がどのようにして成り立つかを説明する原理・理論が確立されてはじめて,帰納と対をなす演繹が可能になる.(⇒演繹法)

キノコ体[mushroom body] ⇌ 昆虫の神経系,吻伸展反応

規範的理論[normative theory] ⇌ プロスペクト理論

気分障害[mood disorder] 感情障害,情動障害(affective disorder)ともいう.気分の変調をおもな特徴とするヒトの精神障害.通常,情動*の状態は実際に起こっていることを反映するが,情動障害の人は,現実に起こっていることとそぐわないほど極端な高揚感(躁),あるいは絶望感(うつ)をもつ.これらの気分の変調により,苦痛を感じるあるいは日常生活に支障をきたす場合に用いる.気分障害には,躁とうつを繰返す双極性障害*と,躁の期間をもたずにうつが継続するうつ病(major depression)がある.躁状態のヒトは,場違いなほどの多幸感をもち,開放的になったり,いらだったりする.自己評価が高く,多弁になり,長い間眠らずに活動し続けたりする.うつ状態の人は,気分が沈み,あらゆる活動に対する興味や喜びを感じられなくなる.食欲が著しく増加,あるいは減少し,不眠または睡眠過剰になったり,運動や会話が緩慢になったりする.そのほか,薬物やアルコールなどの摂取による気分障害がある.

偽ペニス[pseudopenis] ⇌ ハイエナ

偽報[false alarm] [1]存在していない脅威があたかも迫っているかのように警戒行動を行うことで,他個体に逃避もしくは隠匿行動をとらせること.集団採食をするフサオマキザルは,優位個体が餌を独占すると,劣位個体が捕食者を知らせる警戒声を発し,優位個体を餌の近辺から排除する.混群*で採食するカラ類やアリドリ類といった鳥類でも,この行動が知られている.タイワンリスの雄は交尾直後,哺乳類捕食者に対する警戒声をしきりに発することで他個体を萎縮して動かなくさせ,交尾した雌が他の雄と交尾するまでの時間を稼ぐ.[2]信号(標的刺激)の有無を答える課題において,信号が存在しないときに,誤ってそれがあったと判断すること.信号検出理論*で扱われる概念である.

基本ニッチ[fundamental niche] ⇌ ニッチ分割

帰無仮説[null hypothesis] ⇌ 統計学的検定,有意差

木村資生(きむら もとお) 1924.11.13〜1994.11.13 日本の遺伝学者,分子進化学者.愛知県岡崎市に生まれ育ち,京都帝国大学理学部で植物学を学んだ.卒業後に京都大学農学部で助手を務めた後,1949年に設立されたばかりの国立遺伝学研究所に移り,死去するまでそこで研究を続けた.1950年代に米国に留学し,その間に遺伝子頻度の確率的挙動を近似する拡散方程式の厳密解を導くことに成功した.1968年に中立進化理論(中立説*)を提唱し,1983年にケンブリッジ大学出版会から『The Neutral Theory of Molecular Evolution』(邦訳1986年『分子進化の中立説』)を刊行した.1980年には,転位と転換の塩基置換頻度を区別する2変数を用いて塩基置換数の推定を行う方法を開発した.1976年に文化勲章を,1992年にダーウィンメダルを受章.2005年には木村の功績をたたえ公益信託進化学振興木村資生基金が設立された.

記銘 ⇌ 母川回帰

キメラ[chimera, chimeric animal] 複数の個体からの細胞が混在して1個体となっている動物.キメラとは,ギリシャ神話に登場する,ライオンの頭に羊の胴体,蛇の尻尾をもつ怪物の名に由来する.生物個体は,一つの受精卵が分裂・分化してつくられるので,本来ならばすべての細胞

カシワマイマイ(上)とニワトリ(右)の雌雄モザイク

が同じ遺伝子組成をもつ．一方，キメラ動物は，異なる遺伝子組成をもつ二つの系統，もしくは異なる動物種に由来する細胞からなる．たとえば鳥では，雌と雄のキメラが自然発生することが知られている．雌雄モザイク（gynandromorph，性モザイク．前ページ図）とよばれている動物種間のキメラの一例としては，ウズラの胚組織をニワトリの胚に移植したキメラの解析を行うことで，鳴き声の違いにかかわる脳領域が中脳にあることが示された．

逆影［counter-shading］　＝カウンターシェイド

逆共感［reverse empathy］　⇌ 情動伝染

逆条件づけ［counter-conditioning］　＝拮抗条件づけ

逆転学習［reversal learning］　⇌ 過剰学習

逆転の促進現象［progressive improvement］　⇌ 連続逆転課題

逆転弁別課題［discrimination reversal task］　反応が強化される正刺激と反応が強化されない負刺激の弁別学習＊が完成した後，それまで正刺激だった刺激のもとでの反応の強化を中止し，それまで負刺激だった刺激のもとでの反応を強化する課題を逆転弁別課題という．一般に逆転が確立されるまでには，最初の学習（原学習）よりはるかに多くの訓練を必要とするが，原学習の過剰訓練の後はむしろ逆転弁別学習が早く，これは過剰訓練逆転効果として知られている（⇌ 過剰学習）．また，逆転を何度も繰返して学習すると（連続逆転弁別学習），ついには逆転を数試行もしくは1回経験しただけで，逆転が完成する．（⇌ 学習セット）

逆向干渉［retroactive interference］　＝逆向性干渉

逆向健忘［retrograde amnesia］　過去の経験が思い出せないこと．これと反対に，新しいことが憶えられなくなることを前向健忘という．健忘は事故や病変，老化，極度のストレスなどによって生じる記憶障害であり，単なる忘却＊とは異なる．（⇌ 前向健忘）

逆行条件づけ［backward conditioning］　古典的条件づけ＊を形成する際に，条件刺激＊を無条件刺激＊の後に与える手続き．この手続きによって条件刺激に対して条件反応＊を形成するのは非常に難しく，場合によっては制止条件づけ＊が生じる．たとえば，ペットのイヌに，餌を食べ終えた後にほめ言葉をかけることを繰返しても，そのほめ言葉はイヌにとっての"ごほうび"にはならない．この事実は I. P. Pavlov＊による古典的条件づけ発見時に明らかにされており，古典的条件づけ形成に必要なのは条件刺激と無条件刺激の単純な時間的接近だけではないことを裏付ける現象であるととらえられてきた．ただし，その後の研究により，この逆行条件づけ手続きによっても，訓練回数がごく少数であるなどの特定の状況下では，条件反応を形成することがわかっている．（⇌ 延滞条件づけ，痕跡条件づけ，順行条件づけ，同時条件づけ）

逆向(性)干渉［retroactive interference, RI］　時間の流れとは逆方向に干渉＊が生じること．つまり，新たに憶えたことにより，過去に憶えたことが思い出しにくくなることである．逆向抑制（retroactive inhibition）ともいう．たとえば，新たに英語配列キーボードのキー打ちを習得したことによって，以前に憶えた日本語配列キーボードのキー打ちがうまくできなくなることや，英語の後に国語の勉強をしたことによって，先に勉強した英語の内容を忘れてしまうことなどをさす．（⇌ 順向性干渉）

逆行性シグナル分子［retrograde signal］　シナプス後細胞からシナプス前細胞終末に逆行的にシグナル伝達を行う分子．通常，シナプス＊では，シナプス前細胞終末から神経伝達物質＊が放出され，シナプス後細胞の受容体に作用する（順行性シグナル伝達）．逆行性シグナル分子は，シナプス後細胞で産生されてシナプス間隙を拡散し，シナプス前細胞終末に存在する受容体に作用することで，シナプス前細胞終末からの神経伝達物質の放出を抑制する．代表的な逆行性シグナル分子として，一酸化窒素＊(NO)や内因性のカンナビノイド＊が知られている．特に内因性のカンナビノイドは，その受容体が大脳皮質，海馬，扁桃体，小脳など脳の広範囲にわたって存在していることから，記憶・情動といった脳の高次機能や運動制御に深くかかわっているものと考えられている．

逆向抑制［retroactive inhibition］　＝逆向性干渉

逆向連鎖［backward chaining］　＝逆行連鎖

逆行連鎖［backward chaining］　逆向連鎖とも書く．行動連鎖＊の訓練手続きの一つ．最終的に成立させたい行動連鎖に対して，訓練時にはまず

強化子*が直接伴う反応の訓練から始め，そこから一つ前の反応の訓練に移り，さらに一つ前に遡るというように逆順に行動をつくり上げていくこと(⇌ 反応形成)．ラットがトンネルをくぐり抜けて滑り台を下り，レバーを押すという行動連鎖の場合，まず，レバー押し反応を形成し，次に滑り台を下りてレバーを押す反応の訓練を行う．そして最後にトンネルをくぐり抜けて滑り台を下り，レバーを押す反応の訓練を行う．レバーを押すと餌が出る条件を十分に訓練した場合，押すことを可能にするレバーの出現自体が，その前の反応を維持する刺激(⇌ 条件強化子)となり，また，その刺激の存在が餌を獲得するために行うべき反応を明示する弁別刺激*の機能も併せもつと解釈されている．

ギャップ結合［gap junction］　隣り合った細胞の細胞質を連絡して，イオンや低分子を通過させる細胞間の結合．神経細胞*の間で広くみられる．ギャップ結合によって，活動電位*が二つの細胞で双方向に伝わる場合，電気的な結合(electrical coupling)とよばれる．これに対し，活動電位の伝導が一方的で，どちらかの方向にしか伝わらない場合，電気シナプス*とよんで区別する．

キャノン・バード説［Cannon-Bard theory］　⇌ 情動

GABA［γ-aminobutyric acid］　＝γ-アミノ酪酸

キャラバン［caravanning］　⇌ スンクス

求　愛［courtship］　⇌ 求愛行動

求愛歌［courtship song］　⇌ 歌，求愛さえずり

求愛給餌［courtship feeding］　おもに鳥類にみられる，求愛*やつがい維持のために餌を受け渡す行動．昆虫にみられる婚姻贈呈*とは区別されることが多い．雌は雛と同様な餌乞い姿勢(begging)を示して餌を受取ることから，求愛給餌の多くは，雛への給餌が儀式化*したものと考えられている．一方，アジサシ類(図)のように，

コアジサシの求愛給餌．雄が持って来た小魚を雌が気に入ればつがいが成立する．

求愛給餌行動は養育時の雄の雛への給餌能力の指標となっている．また，モズのように，産卵する雌への実質的な栄養源として重要であるという報告もある．

求愛(**行動**)［courtship (behavior)］　配偶者を誘引して交尾を促したり，つがいを維持し，養育行動を引き出したりするための誇示行動(ディスプレイ*)を伴うすべての行動をさす．雄から雌への求愛が一般的であるが，チョウやガの仲間では，雌が雄を誘引する際にみられる化学的誘引物質(フェロモン*)を使用する．イワヒバリの総排泄孔*誇示行動のように雌が雄に対して行う種や一妻多夫*のタマシギのように性役割が逆転している種もある．また，アホウドリのくちばしたたき*やクビナガカイツブリのダンス(図)，ホタル

クビナガカイツブリの求愛ディスプレイ

類の発光パターンなどのように両性が一緒に行う種もある．求愛行動にはさまざまな様式がある．視覚的信号としては鳥類の飾り羽，トゲウオ類やオイカワの赤い腹部やひれなど体の各部に現れる鮮やかな婚姻色*や鳥類のさえずり(⇌ 求愛さえずり)，カエル類やコオロギ類の音声信号など，雄はさまざまな手段で雌を誘引する．さらに，多くの鳥類やトゲウオ類にみられる求愛ダンス*，鳥類の求愛給餌*，昆虫類の婚姻贈呈*など，雌の選り好みを引き出すさまざまな行動様式が存在する．ニワシドリ類の雄はあずまやとよばれる求愛のための構造物を建築する．シオマネキ類の雄は巣穴の入り口近くに柱状の泥の構造物を作るが，これはウェイビング(雌に向かって大鉗脚(はさみ)を上下するディスプレイ)する雄の目印となっている．求愛ディスプレイは交尾を誘引するだけではなく，交尾後に行われて，雌の育児投資を引き出す機能ももつ．これは交尾後性的ディスプレイとよばれ，ムジホシムクドリの巣へのハーブ運

び込み行動やクロサバクヒタキの小石運びなどが含まれる．（⇌性選択，配偶者選び）

求愛行動の連鎖［courtship chain］　雄の求愛行動*が雌の性行動をひき起こし，さらにそれによって雄が次の求愛行動に移るというように，一連の求愛行動が連鎖的に進行すること．ニワトリの求愛行動の連鎖は，好例．雄鶏が誇示行動（⇌ディスプレイ）をとりながら雌鶏に接近する．それに反応して，雌鶏がそれを許容する姿勢である性的うずくまりをみせれば，雄鶏が雌鶏の背の上に乗る．つぎに雌鶏が尾を上げて総排泄腔を翻転させると，雄鶏も総排泄腔を翻転させて雌鶏の総排泄腔に接触させ，最終的に交尾に至る．この連鎖は必ずしもそのように進行するわけではなく，誇示行動をとりながら接近して来た雄鶏に対して，雌鶏が逃避あるいは無視することも多い．その場合，次の段階である雄鶏が雌鶏の背の上に乗ることはなく，それ以上連鎖反応が生じることはない．このように，異性の一方の反応は，他方にとって次の段階に移るために必要な要素ということになる．

求愛さえずり［courtship song］　求愛歌ともいう．昆虫，両生類，鳥類にみられる配偶者誘引や求愛の機能をもつ音声やさえずり*．昆虫や両生類の音声は比較的単純であるが，鳥類のさえずりは性選択*を通じて複雑なものへと進化する傾向がある（⇌音声伝達，レパートリー）．ヤブモズ類のように雌雄でデュエット*をするものもいる．昆虫や両生類では音声発生は寄生者や捕食者を誘引するなどコストが生じることから，音声発生を行わないスニーカー（⇌サテライト）が存在する．

求愛ダンス［courtship dance］　配偶相手への求愛のために行う行動の一種．求愛ディスプレイ．同種他個体に対して，鳥類では羽を広げて前後左右に飛び跳ねたり，イルカ類などでは遊泳中に体の向きを突然変えることを繰返したり，配偶相手と並んで泳いだりする．ダンスは種に特有な行動パターンがある．たとえばタンチョウの求愛ダンスでは，雄と雌が向き合って羽を広げてくちばしを空に向け，互いに社交ダンスのようなステップを踏んだり，ぴょんぴょん跳ねたりしながら鳴き合う．同じ鳥類でもウロコフウチョウの求愛ダンスは，雄が雌に対して羽を大きく広げて，両脚をそろえて前後左右にステップする（図）．こうしたダンスは，他個体に向けて発信する情報が記号化されていないという点でミツバチのダンス*とは本質的に異なる．ある行動パターンをダンスに分類するための明確な定義はなく，発見者の命名によるところが大きい．（⇌ディスプレイ，求愛行動）

ウロコフウチョウの求愛ダンス

求愛ディスプレイ［courtship display］　⇌ディスプレイ

嗅覚［olfaction］　化学物質を受容器で受取ることで生じる感覚．味覚*も化学感覚であるが，対象との接触によって生じる点で嗅覚と区別される．陸生脊椎動物では，空気中の揮発性物質（におい分子）は，鼻腔の嗅上皮（olfactory epithelium）にある嗅細胞（嗅覚受容細胞）で受容される．嗅細胞はにおい分子と結合する嗅覚受容体をもつ．R. AxelとL. B. Buckは分子生物学的な手法によりマウスの嗅覚受容体の分子的な実体を明らかにし，2004年ノーベル生理学・医学賞を受賞した．嗅覚は，多くの動物で，食物や交尾の相手の発見に主要な役割を果たす．たとえば，雌のカイコガの触角には性フェロモン*を受容する嗅細胞があり，雌が放出する性フェロモンを手がかりに雌を探りあてて交尾を行う．マウスでも性フェロモンは交尾の促進に重要な役割を果たす．マウスなど多くの哺乳類は，嗅上皮とは別に，フェロモン*受容に特化した器官である鋤鼻器*をもつ．

嗅覚仮説［olfactory hypothesis］　⇌母川回帰

嗅覚受容体［olfactory receptor, OR］　⇌フェロモン受容体

嗅覚皮質［olfactory cortex］　⇌感覚皮質

嗅球［olfactory bulb］　脊椎動物の嗅神経（olfactory nerve，第一脳神経）が投射する前脳（大脳）の一番先に突出した球状の構造．大脳皮質と

同様，明瞭な層状構造をもつ．食物をはじめさまざまなにおいの受容にかかわる嗅上皮（⇒嗅覚）から入力を受ける**主嗅球**（main olfactory bulb）と，鋤鼻器*から入力を受ける**副嗅球**（accessory olfactory bulb）からなり，異なる役割を果たしている．**僧帽細胞**（mitral cell）とよばれる大型の細胞が嗅球の出力細胞であるが，その樹状突起が集まって**糸球体**（glomerulus）という構造体をなし，これがにおい情報処理の重要な単位となっている．嗅球の回路は比較的単純である．顆粒細胞というGABA（γ-アミノ酪酸*）を伝達物質とする介在ニューロン*があり，これが僧帽細胞と互いにシナプス接続をもつが，顆粒細胞には軸索がなく，活動電位も発生しない．互いに樹状突起同士を接続させて，僧帽細胞からはグルタミン酸を，顆粒細胞からはGABAを放出し合う，独特の樹状突起間シナプスを備えている．嗅上皮からの嗅細胞の軸索は糸球体に入り，そこで僧帽細胞と興奮性シナプス*をつくる．嗅細胞の寿命は短く，常に新しい細胞と入れ替わっているのに対し，僧帽細胞は入れ替わることがない．細胞はターンオーバーしていながら，なぜにおいの記憶が何年も保存されるのか，これはサケ科魚類の母川水記銘の最大の謎の一つである．

究極要因［ultimate factor, ultimate cause］進化的要因ともいう．生物の性質が生じる原因を，歴史的な観点から説明したもの．ティンバーゲンの四つの問い*のうち至近要因*でない説明．生物がその性質をもたない祖先状態からそれをもつにいかに至ったのか，進化すなわち世代を超えたスケールにおける因果関係から説明するもの．行動生態学では究極要因は適応上の意義と同義で使われることが多いが，これは性質が自然選択により進化したものであることを仮定している．P. MartinとP. Batesonのたとえでは，"自動車の運転者が赤信号で停止するのはどうしてか"という問いに対する"赤で止まるという規則が歴史上つくられ運転者の社会にまで広まったから"（系統）とする説明や，"危ないから""警察に捕まるから"（適応価）とする説明．

球形嚢［saccule］ ⇒耳石器

休止［quiescence］ ⇒休眠

給餌［feeding, provisioning］ 一般的には親から子へ餌を与える行動をさす．哺乳類，鳥類ではほとんどの種で行われ，血縁関係のあるヘルパー*が親に代わって給餌を行うこともある．両生類，爬虫類ではまれだが，アシナシイモリでは，母親が自身の表皮を子に与えることが知られている．昆虫でも給餌行動の例があり，カメムシ類，コウチュウ目（シデムシ類，フンチュウ類）などで知られている．給餌行動は，子の生存率を上げるので，親による子の保護行動の一部ととらえることもできる．一方，社会性昆虫*では多くの種が給餌行動を示す．特にハチ目では，社会性の発達段階に応じて，給餌方法と産卵のタイミングに対応関係があり，**一括給餌**（mass provisioning）と**随時給餌**（progressive provisioning）に分けられる．一括給餌とは，子の成長に必要な量の餌を卵の段階でまとめて与えておくことで，餌となる花粉のだんごや麻酔をかけたイモムシやクモを巣穴に入れ，その上に卵を産む（図a, b）．その後は餌を付加することはない．随時給餌は子の成長に合わせて随時餌を与えることで，より社会性が高い．随時給餌を行う種では，世代重複が起こるのが一

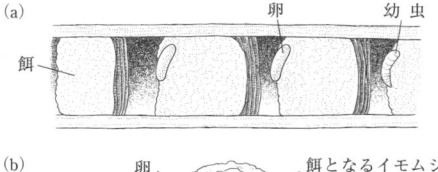

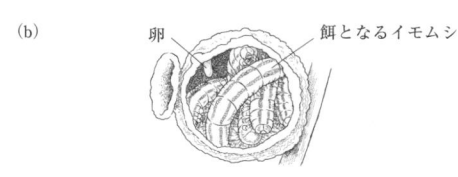

(a) 竹筒に産卵されたヒメハキリバチの卵．(b) 母親の作ったトックリ状の巣に産卵されたトックリバチの卵．ヒメハキリバチ(a)は花バチでトックリバチ(b)は狩りバチであるが，どちらも一括給餌をする．(c) 肉塊を分割するフタモンアシナガバチ．肉塊を持ち帰った個体と，巣にいた個体が肉塊を分割し，その後幼虫に随時給餌する．

般的であり，これは真社会性の定義にかかわる重要な形質である．

給餌器［feeder］　オペラント条件づけ*の実験などで，動物実験を行う実験箱に備え付けられた餌提示用の装置．餌はマガジン（餌箱）から餌出口に運ばれる．餌箱に慣れさせる訓練をマガジン訓練*とよぶ．一般に，ハト用の給餌器では穀物の粒を，ラット用の給餌器では球状の餌粒（ペレット）を用いる．ハト用給餌器は，グレイン・フィーダー（grain feeder），ラット用給餌器はペレット・ディスペンサー（pellet dispenser）ともよばれる（図）．これらの給餌器では使えない大きさや形状が不定形な餌（果物など）を使いたい場合は，**万能給餌器**（universal feeder）を利用する．万能給餌器は一般に円形の回転盤上に餌を載せ，それをはけで掃き出すことによって餌を出す．（⇌ オペラント実験箱）

給餌装置訓練　＝マガジン訓練
嗅上皮［olfactory epithelium］　⇌ 嗅覚
嗅神経［olfactory nerve］　⇌ 嗅球
急性中毒［acute poisoning, acute intoxication］　⇌ 薬物中毒
急速眼球運動［rapid eye movement］　⇌ 睡眠
吸蜜［sucking nectar, drinking nectar］　植物の蜜腺*から分泌された糖液（蜜）を摂取すること．蜜腺は，植物体表のさまざまな部位に生じ，昆虫類，鳥類，哺乳類などの動物が訪れ，吸蜜の場となる．特に，種子植物の有性繁殖器官である花から分泌される花蜜*を動物が吸蜜する行動は，花粉媒介*（動物媒）としてよく知られている．植物が多様な動物種にエネルギー価の高い蜜を提供する背景には，動物の吸蜜で付随的に生じる現象が，植物にとって利益となり，その報酬として蜜が機能するという相利的関係がある．植物は花からばかりでなく，葉や茎などからも蜜を分泌し，それは花外蜜*とよばれる．花外蜜は，アリ類などを呼び寄せ，チョウ類幼虫などによる葉食する動物の排除や，それらの食害を減少させ，植物にとって防衛的効果があるといわれる．

休眠［dormancy, diapause］　生物が成長や活動を抑制した状態．一般に，通常の状態よりも低温や高温，乾燥などの過酷な環境条件に対する耐性が高い．低温の直接的影響によって変温（外温）動物の成長や活動が低下した状態である**休止**（quiescence）とは区別する．多くの動物の冬眠*や夏眠*のほか，生息環境が悪化した場合の線虫にみられる耐性幼虫*，乾燥時のクマムシにみられるクリプトビオシス*を含むこともある．非常に小さい恒温（内温）動物には，1日のうちに休眠をもつことによって冬眠のように体温を低下させ，エネルギー消費を節約しているものがいる．これをデイリートーパー*とよぶ．昆虫では，内分泌系が関与した，成長や生殖の抑制である休眠（diapause）が広く知られており，光周性*によって誘導されることが多い．昆虫の休眠のうち冬にみられるものを冬眠，夏にみられるものを夏眠とよぶことがあるが，いずれも恒温動物のものとは生理学的にまったく異なる．

鏡映像自己認識［mirror self-recognition］　⇌ 自己認識

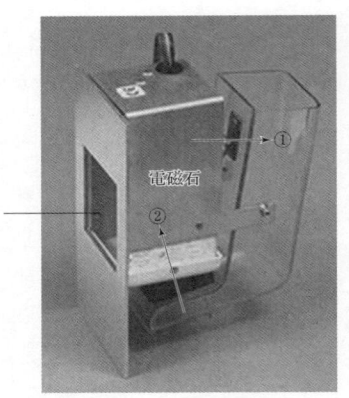

ハト用給餌器．透明の箱に穀物を入れる．餌を提示するときは，中にある電磁石で箱を①の方向へ押すと，②の方向へ持ち上がるので，その状態でハトが頭を入れて，穀物を食べる．

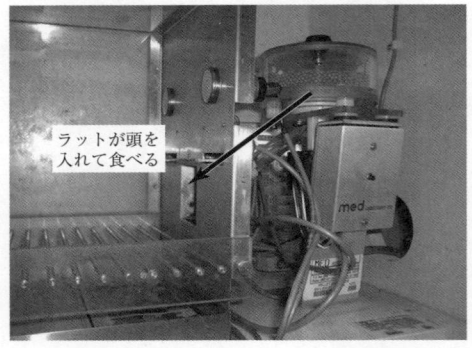

ラット用給餌器．上の円筒が回って，餌が一粒落ちてきて，透明のチューブを通って，皿に落ち（写真では皿は見えていない），ラットが頭を入れて食べる．

強化［reinforcement］　オペラント行動*に環境事象を随伴させた結果，その後のオペラント行動の出現頻度が元のオペラントレベル*と比較して増加した場合，そのような手続きもしくは現象を強化とよび，随伴された環境事象は強化子*とよばれる．定義上，強化と対称の位置にあるのが弱化*である．このような定義は強化の記述的定義とよばれる．しかしその後，行動の増加の理由を"強化されたため"と説明に用いることで循環論になってしまうことが指摘されたり，強化子であるはずの環境事象がオペラント行動の出現頻度を増加させない場合があることが発見されたために，より厳密な定義として，反応遮断化*理論による強化の相対的定義がなされている．

強化学習［reinforcement learning］　広義には，強化*による学習全般をさすが，狭義にはそうした学習について，工学的視点からとらえた場合に，この用語を使うことがある．つまり，ロボットや動物などの行動主体(agent)が環境と相互作用することによって目的を達成することを学習する問題，その定式化とフレームワークをいう．行動主体は環境の状態 s を観測し，行動 a を出力することによって環境状態 s を変更させると同時に報酬 r を得る．強化学習における行動主体の目的は，この相互作用と試行錯誤を通じて，長時間にわたる報酬の総和を最大化するような行動方策 $a=\pi(s)$ を学習することである．このフレームワークそのものをさす場合は強化学習問題ともいう．この問題を解く具体的アルゴリズムや方法を強化学習アルゴリズム，強化学習法などとよぶ．具体的なアルゴリズムとしては，将来にわたる報酬の和の期待値を価値関数*として近似し，試行錯誤と近似した価値関数の時間差分を報酬予測誤差*として学習する方法(temporal difference method)などがある．

強化確率　［probability of reinforcement, reinforcement probability］　⇒強化率

強化間隔［interreinforcement interval］　⇒走行反応率

驚愕反射［startle reflex］　＝驚愕反応

驚愕反応［startle response］　驚愕反射(startle reflex)ともいう．突然の音や刺激に驚いた動物が瞬時に示す反射的防御反応のこと．目を閉じ，"ビクッ"と体を震わせる，首をすくめるなどの行動があげられる．ヒトからマウスまで多くの動物に共通する身体反応で，音刺激に対する反応を特に聴覚性驚愕反射(acoustic startle reflex)という．この反応は無条件の反射反応であるが，刺激提示の直前に微弱な刺激を提示すると反応は減弱する(プレパルス抑制 prepulse inhibition)．また，動物の情動状態により驚愕反応の強度が変化することが知られている．たとえば，暗い部屋に入れられて不安を感じているヒトでは刺激に対してより強い驚愕反応を示し，反対に抗不安薬*を投与された場合は反応が減弱する．このことから，精神薬理学的研究分野においては，個体の不安状態を反映する行動指標として用いられている．

強化後休止［postreinforcement pause, PRP］　オペラント反応が強化*された後で，次に同様な反応が起こるまでの反応休止期間．たとえば，オペラント実験箱*でラットのレバー押しを餌粒で強化した場合，餌粒を与えてから次のレバー押しが起こるまでが強化後休止期間にあたる．強化後休止が生じることは，餌粒(強化子*)の消費に時間がかかることや，餌粒の消費によって一時的に動因が弱くなることだけでは説明できない．強化後休止の長さは強化スケジュール*の設定内容に影響されるからである．固定比率スケジュール*を使って強化までに多数回の反応が必要となるように設定した場合，強化後休止の期間が長くなる傾向がある．また，固定時隔スケジュール*のもとでは強化間間隔の長さに強化後休止の長さが比例する．そのため，強化後休止の長さは強化間間隔についての時間弁別*の指標として用いられることもある．

強化子［reinforcer］　反応の後に与えたり除去したりすることで，反応の生起頻度を増加させる刺激．反応の後に与えることで反応を増加させる刺激を正の強化子(positive reinforcer)，反応の後に除去することで反応を増加させる刺激を負の強化子(negative reinforcer)という．強化子は，反応の直後であるほどその効果は大きく，不確実であったり，遅れたりするとその効果は低下する．強化子には，水，食物，性的快楽や痛みを伴う刺激のように，生まれつき強化子としての役割を果たす無条件強化子*と，餌粒と同時に提示される光や音，ヒトにとってのお金などのように，過去の経験から強化子としての役割を果たすようになる条件強化子*がある．

強化真価　［essential value of reinforcement］　強化子*の真の価値を表すために，S. R. Hursh

と A. Silberberg が提案した行動経済学*の一指標のこと．具体的には，オペラント行動実験で，行動価格（⇌コスト）の関数として得られた個体の消費量データに対して，$\log Q = \log Q_0 + k(e^{-\alpha \cdot P_s} - 1)$ という需要関数を当てはめたときに，事後的に推定される指数 α が強化真価を表す．この式で，$\log Q$ は個体の消費量の自然対数を，Q_0 は行動価格 P が 0 であるときの消費量の水準を表す．また，e は自然対数の底で，Ps は $Q_0 \times C$（強化子を獲得するために必要な反応数や時間のコスト）と等しく，標準化した価格を表す．加えて k は消費量のデータの範囲を特定する定数であることから，需要関数の傾き（価格弾力性）の変化は，α で決定され，その値が大きいほど強化子の価値は低くなる．たとえば，食物に比べてコカインの α の値は大きくなり，後者の価値の方が低くなる事実がラットを用いた実験で報告されている．強化真価は，最大反応率価格*とともに，強化子の価値を測る有力な指標と目されている．

強化随伴性［contingency of reinforcement］⇌三項強化随伴性

強化スケジュール［schedule, schedule of reinforcement, reinforcement schedule］　ある部品を 100 個作るごとに報酬が支払われるとしよう．このような，行動（部品製作）と後続する事象（報

要素スケジュール（⇌強化スケジュール）

反応と後続事象の関係	おもなスケジュール	例
(1) 反応と後続事象は独立	時間スケジュール*	キーのつつき方(反応)に関係なく 10 秒ごとに餌(後続事象)が出る＝固定時間 10 秒スケジュール
	消去スケジュール*	キーをどんなにつついても餌が出ない
(2) 反応に後続事象が依存（偏依存）	比率スケジュール*	キーを 10 回つつくごとに餌が出る＝固定比率 10 スケジュール
	時隔スケジュール*	餌が出てから 10 秒以上たってキーがつつかれると餌が出る＝固定時隔 10 秒スケジュール
	分化強化スケジュール*	餌が出てから 10 秒以上キーをつつかないと餌が出る＝他行動分化強化 10 秒スケジュール
(3) 反応と後続事象は互いに依存	相互依存型スケジュール*	キーを 10 回つついた後，水を 10 秒間飲むと，再びキーをつつくことができる

構成スケジュール

構成の方法	おもなスケジュール	例
(4) 継時的スケジュール	多元スケジュール*	赤ランプでは固定比率 10，緑ランプでは固定時隔 10 秒スケジュールを満たすとそれぞれで餌が出る
	混合スケジュール*	同一の赤ランプのままで，固定比率 10，固定時隔 10 秒のスケジュールを交互に行い，それぞれのスケジュールを満たすと餌が出る
	連鎖スケジュール*	赤ランプで固定比率 10 を満たすと緑ランプがつき，そこで固定時隔 10 秒スケジュールを満たすと餌が出る
	連接スケジュール*	赤ランプで固定比率 10 を満たすと，ランプの色はそのままで固定時隔 10 秒が始まり，それを満たすと餌が出る
(5) 同時的スケジュール	並立スケジュール*	二つのキーのそれぞれに固定比率 10 と固定時隔 10 秒が割り当てられ，独立に働いている二つのスケジュールのもとで餌を得る
	共立スケジュール*	一つのキーに固定比率 10 と他行動分化強化 10 秒スケジュールの両方が独立に働いており，それぞれで餌を得る
(6) 論理的・条件的スケジュール	論理和スケジュール*	固定比率 10 と固定時隔 10 秒の二つのスケジュールの両方を満たすと餌が出る
	論理積スケジュール*	固定比率 10 と固定時隔 10 秒の二つのスケジュールのどちらか一つを満たすと餌が出る
	調整スケジュール*	二つのキーのどちらに反応するかによって一方のキーの比率値が増えたり減ったりする＝滴定スケジュール

*は本辞典中に項目のあるもの

酬の支払い)との関係を決めた規則(100個製作で報酬の支給)は,強化スケジュールとよばれる.ハトが100回反応すると餌を1粒出すという規則は,この例を動物実験に置き直したものであるが,いずれも同じ比率の固定比率スケジュール*下での行動として共通の分析対象とすることができ,これまでの研究から,個体や種の違いを越えた行動パターンの類似性が見いだされてきた.強化スケジュールは,その要素(すなわち反応と後続事象*との関係)により(1)〜(3)の3種類に分かれる(前ページ表).また,これらの強化スケジュールをどのように組合わせるかを示す規則もまた強化スケジュールとよばれ,構成の方法から(4)〜(6)の3種類に分けられる.このうち(4)と(5)は複合スケジュール*,(6)は複雑スケジュール*とよばれてきたが,最近ではいずれも複合スケジュール*とよばれることが多い.こうした随伴のさせ方や組合わせ方は無限に考えられるので,強化スケジュールの種類は無限にあるといってよく,オペラント研究におけるコンピュータを用いた行動の精緻な制御の発展とともに,これまでの伝統的な強化スケジュールでは記述の難しい,高度に洗練された複雑な強化スケジュールが開発されてきた.A. G. Snapperらによって提案された状態表記システム*は,基本的には,複数の刺激状態と,それらの状態間での移行に必要な反応出現数あるいは経過時間(もしくはその両方)によって表記される,こうした複雑な強化スケジュールの柔軟な記述法の一つである.強化スケジュールは,あるオペラント行動の随伴性を探る,行動分析学における重要な実験法であるが,行動生態学や行動経済学*における採餌理論や選択行動の研究にも利用されてきた.

強化相対性[reinforcement relativity]　二つのオペラント反応があるとき,一方が他方を強化したり弱化したりする関係は,各反応の生起確率と各反応の組合わせを決める制約スケジュールの二つに依存して相対的に決定されるとする考え方.従来の強化の記述的定義は,反応に随伴する後続刺激によって反応率が増加したという結果に基づくものであり,何が強化子となるかを事前に予測できない問題点があった.強化相対性はこれを克服する考え方であり,プレマックの原理*や反応遮断化*理論で採用されている.

強化遅延[delay of reinforcement, reinforcement delay]　オペラント条件づけ*において反応が生じてから強化子*が与えられるまでの時間を強化遅延という.条件刺激が条件反応*を誘発する力や強化子*が反応を維持する力は,強化遅延が長いほど弱くなる.強化遅延は,時間知覚研究や選択行動研究における重要な独立変数である.選択行動研究では,強化遅延が選好に強く影響することが知られており,強化遅延が長くなるほどその選択肢への選好は弱まる.また,長い遅延の後に多量の強化子が得られる選択肢と,短い遅延の後に少量の強化子が得られる選択肢間の選択場面において,前者への選好を自己制御*,後者への選好を衝動性(⇨衝動性選択)とよび,自己制御選択を記述する数理モデルの検討がなされている.また強化遅延による強化子の主観的な価値の低下を記述する遅延割引*関数や,強化量と強化遅延の次元に拡張した一般化マッチング法則が提案されている(⇨マッチング法則).

強化遅延勾配[delay of reinforcement gradient]　オペラント条件づけ*において強化遅延を延長すると反応率*が低下するが,その様子を示したものが強化遅延勾配である(図).オペラント条件づけに基づく選択行動研究では,ある選択肢への選択反応から強化までの遅延時間が延長すると,その選択肢の選択率は低下するが,その様子は強化遅延勾配として表される.さらに,たとえば,遅延後に得られる20個の餌粒との間で選好が無差別(選択率が0.5)となる,すぐに得られる餌粒の数(無差別点)を複数の遅延条件において測定すると,強化遅延の延長に伴い無差別点は低下する.横軸に強化遅延,縦軸に無差別点をとると,強化遅延によって20個の餌の主観的な価値が低下する遅延割引*の様子を描くことができる.遅延割引も含め,典型的な強化遅延勾配は,遅延時間の短い部分では急な変化を,長い部分では緩やかな変化を示す.

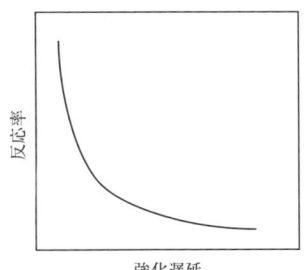

強化密度[reinforcement density]　⇨全体強

化率

強化モデル［reinforcement model］ ⇒ 反応閾値モデル

強化率［rate of reinforcement］ オペラント条件づけ*における，単位時間（たとえば1分や1時間）当たりの強化回数．なお，強化回数を反応回数で割ったものは**強化確率**(probability of reinforcement, reinforcement probability)とよび，強化率とは異なる．強化率は，オペラント反応を強化・維持するための重要な要因である．一般に，強化率の高い場合の方が低い場合に比べて反応率*は高くなるが，強化率が等しくても強化スケジュール*が異なると反応率は異なる．たとえば，強化率を等しくした変動比率スケジュール*と変動時隔スケジュール*では，前者の方が高い反応率となる．強化率の算出には，強化スケジュールの値に基づいて計算されるスケジュール値と，その強化スケジュール下での実際の強化回数に基づいて計算される実現値の2種類があるが，これらは必ずしも一致しない．たとえば，変動時隔30秒スケジュールが作動しているときの強化率は，動物の反応率が高い場合には1分当たり平均2回となるが，反応率が低い場合にはこれよりも低くなる．

共 感［empathy］ 何らかの情動*が生じる状況において，他者に生じた情動が自身に伝達されることをいう．ただし，情動の身体的伝播をいう場合と，相手の情動の表出を自身の過去の経験などと照らし合わせたうえで共有するという認知的側面があり，その定義は分野によって異なるため，用法には注意が必要である．一般に，共感する能力には自己認知や心の理論*などの高度な認知レベルが必要だと考えられ，ヒトのみがもつといわれてきたが，近年では霊長類をはじめとして，齧歯類においてもその存在が指摘されている．霊長類では争いに負けたチンパンジーに対してなぐさめ行動*がみられ，齧歯類では仲間の苦痛を見ることで自身も苦痛の行動を示す，あるいは拘束された仲間を解放するなどが報告されている．F. de Waalは情動の伝播という狭義においては，共感は種を越えて多くの動物に存在すると述べており，共感の神経科学的基盤の研究が進められている．たとえば，島皮質や前部帯状回皮質など，大脳皮質*にはみずからに加わる痛み*に対して活動を高める領域がある．直接の身体的痛みだけではなく，電気ショックを予告する信号を見た時点でも，また，グループからのけ者にされるなどの社会的な痛みに対しても活動度が高まる．これらの領域はまた，他者に加わる痛みに対しても反応することから，共感を与える基盤の一つだと考えられている．

共感覚［synesthesia］ ある刺激に対して，通常の感覚と同時に異なる感覚をも知覚する特殊な知覚現象をさす．たとえば，アルファベットなどの文字に色が見える共感覚や，音を聞いたときに色が見える共感覚などがある．こうした共感覚をもつ人の割合は，2000人に1人程度であるとする報告もあるが，人口比はまだはっきりとはしていない．また，共感覚の知覚様式には共通性は認められず，個人差が大きい．なお，共感覚者の一親等以内には40％以上の確率でもう1人共感覚者がいることが報告されており，遺伝的要因があることが考えられている．

共寄生［multiparasitism］ ⇒ 過寄生

狂犬病［rabies］ ラブドウイルス科リッサウイルス属の狂犬病ウイルスを病原体とし，重篤かつ致死性のウイルス性灰白脳炎が起こる人獣共通感染症であり，ヒトを含めたすべての哺乳類が感染する．ヒトでは，水を恐れるという特徴的な症状があるため，恐水病または恐水症ともよばれる．イヌにおいても，異常な恐怖，不安感，攻撃性，刺激に対する過敏な反応，多量のよだれを流すなどが認められる．一般には狂犬病ウイルスに感染した動物に咬まれたりなめられた際に，傷口や眼・唇など粘膜部より唾液を介してウイルスが感染する．ヒトへの感染源の多くはイヌである．日本では1950年の狂犬病予防法施行による飼い犬の登録とワクチン接種の義務化，徹底した野犬の駆除によって，1956年以来，イヌ，ヒトともに狂犬病の発生はなく狂犬病清浄国となっている．しかし，海外との交流が容易になっている現代，国内に狂犬病が持込まれる危険性は潜んでおり，特にイヌと野生動物との接触には十分注意を払うべきである．

競合(生態学) ＝競争

競合性攻撃行動［competitive aggression］ 食物や居心地の良い巣穴，配偶相手などの限られた資源をめぐって，あるいは群れの中での順位（⇒順位制）をめぐって動物は互いに競い合い，どちらかが譲らなければ攻撃行動へと発展する．原則的には，同じ資源をめぐる同種における他個体間でみられる攻撃行動であり，特に同性の間で起こ

りやすい．社会性*の高い動物種では，集団内におけるこのような争いを避けるために序列が存在し，それに伴う明瞭な威嚇行動*と服従*行動が存在するため，通常は相手を傷つけるような攻撃に発展することは少ない．一方，社会性が比較的低いネコのような動物種では明瞭な優劣関係や序列がないために，身体的な咬み行動へ発展することがある．ただし，たとえばネコの場合には，資源の優先権は先着順で決まるようで，後から来たネコが譲ることによって，攻撃が回避されることもしばしば観察されている．

教授行動 [teaching] "教える"という行動はヒトに特有な高度なこととされ，ヒト以外の動物については教授行動の有無を検討する素地がなかった．T. M. Caro と M. D. Hauser が，機能的な側面から教授行動を定義し，ヒト以外の動物において観察可能な行動から議論する基盤を整えた．それによると，つぎのような条件がそろったときに教授行動が起こったといえる．① ある個体A（先生）が，無知もしくは未習熟な個体B（生徒）のいる前で行動を変化させる．② その行動の変化は，個体Bがいるときにのみ生じる．③ そのことにより個体Aに何らかのコストがかかる，あるいは少なくとも個体Aに直接の利益がない．④ 個体Aの行動により，個体Bの何らかの行動が促進される，もしくは罰せられる．あるいは，個体Aの行動が個体Bに経験を与えたり，例となる事象を提供したりする．⑤ その結果として，個体Bは知識を得たり技能を習得したりする．そうした個体Bの学習は，個体Aの行動がなければ成り立たない，または個体Aの行動がない場合よりある場合の方が素早く生じるものである．これに従うと，いくつかの動物種で教授行動に当てはまる行動を見いだすことができる．たとえば，食物を見つけたアリが他のアリをその場所に導くように行動する，といった行動の場合である．

狭食性 [oligophagous] ⇌ 食性

共進化 [coevolution] 相互作用のある生物学的実体間，おもに種間や雌雄間において，一方に起こった進化が選択圧となって連鎖的に他方の対抗的な進化（⇌ 対抗進化）を促進するという過程が，連鎖的に両者の間で交互に繰返されること．種間の共進化では，両者の関係は，一方が他方にとっての資源（被食者など），競争者，外敵（捕食者や寄生者など），片利共生者のいずれかの立場に相当する．甘露*を提供するアブラムシと外敵からアブラムシを守るアリのような，互いの存在によって両者ともに利益を享受することのできる関係を相利共生*とよび，その維持機構を探る研究が共進化研究の中でも近年特に盛んである．共進化の概念を初めて着想したのは C. R. Darwin* である．彼はマダガスカル島産着生ランの異様に長い距（きょ）を見て，本種の距から吸蜜するために長い口吻を進化させてきたガが花粉を媒介するであろうと予言した（図）．この予言は見事に実証

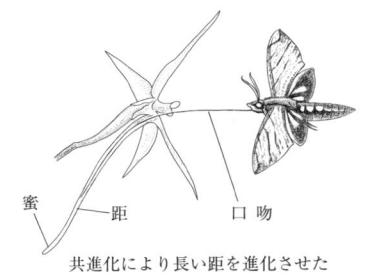

共進化により長い距を進化させた
ランと，長い口吻を進化させたガ

され，そのガは亜種名にプレディクタと付けられた．その後，共進化の概念はさまざまに一般化された．なかでも，植物のつくる有害物質が植食者の食性幅を狭め，両者の間に毒性の強化と解毒能力の強化という軍拡競争*が起こった結果として現在の多様性が生じたとする P. R. Ehrlich と P. H. Raven の仮説（1965 年）は，その後の共進化研究に大きな影響を及ぼした．このほか，ベイツ型擬態*，ミュラー型擬態*，托卵*などに共進化の典型例がみられる．

恐水症 [rabies] ＝狂犬病
恐水病 [rabies] ＝狂犬病

共生 [symbiosis] 2種類以上の生物が相互作用しながら共に生活すること．生物種間の関係が相利共生*，偏利共生*，寄生*などのあらゆる場合を包含するが，特に相利共生の場合のみをさして使われることもある．共生相手なしの単独状態では生存できない場合を必須共生あるいは絶対的共生（obligate symbiosis）といい，共生相手なしでも生活できる場合を任意共生あるいは条件的共生（facultative symbiosis）という．ただしこれらはおのおのの共生系について使われるのではなく，共生系を構成する各生物種について使われるものである．たとえばクロシジミの幼虫はクロオオアリと地中の巣内で共生している（図）．クロシジミにとってはクロオオアリから吐き戻し物をもらわ

なければ生存できないので絶対的共生であり，クロオオアリにとってはクロシジミがいなくても正常に生活できるので条件的共生である．体のサイズが相対的に小さい生物種が大きい生物種の体表や体内で生活している場合，小さい方を共生者(symbiont)あるいは寄生者*，大きい方を宿主*とよぶことがある．宿主の行動を操作することによって自身の適応度*を高める寄生者(manipulative parasite⇌宿主操作)が細菌，線虫，鉤頭虫などで知られており，行動生物学におけるトピックの一つになっている．

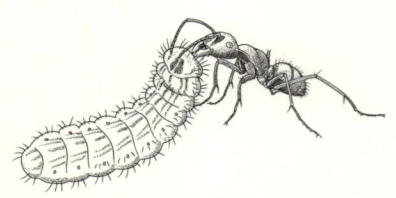

クロシジミの幼虫はクロオオアリから吐き戻し物をもらって成長する

強制交尾[coercive sex, forced copulation] 雄または雌が，異性個体の利害に反して強制的に交尾を行うこと．通常，雄の最適交尾回数が雌のそれを上回るため雄が雌に対して行うことが一般的である．強制交尾は交尾または交尾回数をめぐる性的対立*の表れである．一方で雌は強制交尾への対抗策を進化させており，一夫一妻*のつがいのきずな*の形成はペア雄による他雄からの保護を期待する雌の戦略であり，また強制交尾で得られた精子を排出・消化して受精には用いない戦略もある．

強制試行[forced trial] 学習実験において動物個体に強制的にある対象を経験させる試行のこと．実験心理学*において多用され，自由試行(free trial)と対置される．特に複数の選択肢を選択させる実験において，それぞれの選択肢にどのような条件が付与されているのかを個体に経験させるために，実験の予備段階として強制的に一つの選択肢だけを提示する試行をさす．たとえば，T迷路*におけるアームの選択や，オペラント実験箱*におけるレバーや反応キーなど操作体*の選択といった実験場面において，それぞれの選択肢だけを予備段階で一定回数経験させる．予備段階後に本実験が行われ，そこでは通常，複数の選択肢を選択可能な自由試行となる．

共生者[symbiont] ⇌共生

強制巣立ち[premature fledging, forced fledging] 巣立ち前の雛が，何らかの刺激により未熟なまま巣を出ること．特に晩成性*の鳥では，ふ化から巣立ちまでの日数は種ごとにある程度決まっているが，巣が壊れてしまったり，人や捕食者が接近した際に危険を回避するために強制巣立ちが起こる．通常通り巣立った雛に比べて，強制巣立ちした雛では移動能力や採餌能力が劣るため，その後の生存率が低下する可能性が高くなる．

矯正手続き[correction procedure] 広義には，学習実験においてある決められた反応(多くは誤反応*)が生じたとき，あるいはまったく反応が生じなかったとき，同じ刺激状況を与え続けることと定義される．たとえば正反応が少ない状態で，二つのレバーのうち誤反応となるレバーを押すともう一度その試行をやり直すことになる．その際，同じ試行を何度も繰返す方法(自由矯正手続き)と，誤反応となるレバーを引っ込め，正反応となるレバーだけを出して必ず反応させる方法(ガイダンス矯正手続き)とがある．一方，誤反応に対して矯正手続きを行わず，試行を終える方法を非矯正手続き(non-correction procedure)という．誤反応以外にも反応に偏りがある場合などにも用いられる．矯正手続きは，見本合わせ*課題の成績や確率学習における選択行動に大きく影響する．

競争[competition] 共通する資源をめぐる個体間の争いのこと．行動学では，個体間の直接的行動に着目し，競争によって個体が効率的に資源を獲得できなくなることを意味するのが通例である．これに対して，生態学では個体の属する集団の増殖率に着目するのがふつうで，集団の増殖率の低下を競争の基準にすることが多い．資源として想定されるのは，餌，なわばり，営巣場所など，ある個体が利用すると他の個体が利用できなくなる性質のものである．資源を消費することで，相手個体の得る資源の量を間接的に減らす消費型競争*と，干渉行動によって直接的に減らす干渉型競争に大別される．また，競争する相手個体が同種か別種かによって，種内競争と種間競争に分けられる．配偶行動*のように，異性の獲得をめぐって同種の個体間に争いがあるときも競争とよばれる．しかし，異性が近縁の別種であるときは共通する資源とはみなさないので，繁殖干渉*とよばれ，競争とは別に扱われる場合が多い．

競争曲線[competition curve] ⇌共倒れ型競争

競争排除則［competitive exclusion principle］
安定な環境では，同じニッチ*をもつ複数の種は長くは共存できないという群集生態学の原則．G. F. Gause*が種間競争に関するロトカ・ボルテラ方程式*から導いた予測で，**ガウゼの法則**（Gause's law of competitive exclusion）ともよばれる．実際の生物群集ではニッチが似通っているにもかかわらず複数の種が共存する場合がほとんどなので，この法則の前提条件には疑義が向けられることが多い．たとえば，ロトカ・ボルテラ方程式の競争係数などに実際の生物のパラメータ値を当てはめ計算すると，同じニッチをもつ一方の種が他方の種を排除するまでにはふつうそれなりの時間を要する．しかし，実際の群集ではそれより短い時間に環境変化（モデルのパラメータ値を変化させるような）を経験することも多いため，モデルの前提条件を満たさない．洪水などの撹乱*は密度に依存しない死亡を起こす環境変化の典型である．これら議論の延長に，適度な撹乱を伴う環境では，競争力の強い種と競争力は弱いが増殖力や移動力などの他の能力に長けた複数の生物種が共存しやすく，種多様度が最も高くなるとする**中規模撹乱説**（intermediate disturbance hypothesis）があるが，これは生態学において最も成功した学説の一つとされる．

きょうだい間の対立［sibling conflict］　親が一度に複数の子を育てて世話を行う動物において，子の間で親からもらう資源をめぐり競争が生じることがあるが，これをきょうだい間の対立とよぶ．一般的な有性生殖を行う二倍体の生物において，きょうだい同士の血縁度*は常に1を下回ることになり，ある子の視点に立った際に自身に対する親からの世話の価値は，きょうだいに対する親からの世話の価値と比較して常に低くなる．この結果，子は互いに自身への世話が他のきょうだいよりも多くなるような競争的な行動をとることが最適な戦略となり，一般的に子の間の競争は激化する．親は一腹の子に対してふつうより多くの子が生き残るように資源を配分することが最適となるが，子にとってはきょうだい間の対立のためこのような親の行動は必ずしも適応的ではない．すなわち，きょうだい間の対立は親子間の対立も生む．

きょうだい殺し［siblicide, fratricide, cainism］
血縁関係にあるきょうだいを積極的に攻撃し，殺すこと．節足動物や脊椎動物など動物界に広くみられる．環境の差異にかかわらず，個体群のほぼすべてのきょうだい間で必ず起こる場合は**無条件的きょうだい殺し**（obligate siblicide），状況に応じて頻度が変わる場合は**条件的きょうだい殺し**（facultative siblicide）と分類される．いくつかのきょうだい殺しは，利用可能な資源や親からの世話をめぐるきょうだい間の競争が大きい際に（⇒きょうだい間の対立），それらを独占しようとして起こる．カツオドリやイヌワシでは必ず二つの卵が産まれるが，あとからふ化した小さな雛が殺されて，1羽しか育たないが，サギ類やタカ類などの鳥類では，巣内のより大きく強い雛たち（先にふ化した雛）が，一番小さな雛を積極的に攻撃して殺し餌を独占しようとする（図）．昆虫類や両生類などでは，殺したきょうだいを餌として

アオサギでは餌が不足すると一番下の雛が年上のきょうだいにつつかれて死亡する．餌が豊富なときは全部の雛が巣立つ（条件的きょうだい殺し）．

カツオドリでは必ず二つの卵が産まれるが，あとからふ化した小さな雛が殺されて，1羽しか育たない（無条件的きょうだい殺し）．

利用する共食い*に発展することが多い．また，一部の社会性昆虫*などでは，きょうだい殺しは自身の繁殖機会を増やすために行われる．イチジクの実の内部で生まれ，そこで交配するイチジクコバチ*の一種では，同性のきょうだいを殺すことで，繁殖の機会を独占する（⇌局所的配偶競争）．

協調性 [agreeableness] ⇌気質
協調的アルゴリズム [cooperative algorithm]
＝調和的アルゴリズム
共同 ⇌協同
協同 [cooperation] 協同行動ともいう．複数個体が共通の利益と目的のもとに，ある程度の役割分担を行いながら協力して行動すること．日本語では，共同と表記する場合に厳密には主たる行為者に対する従たる行為者からの利益供与を伴う協力の意味を含まず，同じ立場の複数個体が同時に同じ場で行動することを表す．協同は群れ形成に伴って生じることが多く，ハイイロオオカミ，リカオン，ペリカンなどの狩りの協力，小型鳥類のモビング*による対捕食者行動，群れなわばりの防衛，協同繁殖*種におけるヘルパー*の手伝い行動 (helping)，ライオン*やミーアキャット*などの協同保育，アリ・ハチの一部でみられる多雌創設（共同穴掘りなど．⇌コロニー創設）などさまざまな状況でみられる．しかし，群れ形成が採餌や対捕食者防衛の機能を果たしていても，単に個体の模倣（⇌情報センター仮説）や数の効果，うすめ効果*に基づくなど個体間に協力的な行動が観察されない場合は協同とはいわない．協同や協力は，血縁個体同士の場合は血縁選択*を通じて，非血縁個体同士の場合は互恵的利他性（相互利他性）により進化してきたと考えられる（⇌互恵的利他行動）．

共同営巣 [joint nesting, communal nesting]
[1] ミゾハシカッコウやドングリキツツキなど，おもに協同繁殖*する鳥類において，複数の雌が同一の巣に卵を産み込む営巣形態．ダチョウやレア（アメリカダチョウ）でも同一巣に複数の雌が産卵する．このような場合も共同営巣という用語が使われるが，同一巣営巣 (joint nesting) の呼称の方が適切である．雌間では卵の放り出しや卵破壊など，個体の適応度をめぐる激しい競争がみられる．[2] シャカイハタオリドリのように大きな巣体の中に複数の独立した巣室があり（共同巣 communal nest)，それぞれを異なるペアが占有する形態（図）．ヘルパーはいない．造巣は共同で行われることから，集団営巣*と区別して，共同営巣とよばれる．オキナインコやウシハタオリなど協同繁殖種もいる．

シャカイハタオリドリの巣．巨大な巣の中に独立した多くの部屋があり，各つがいが1部屋ずつ使用する．上の図は抱卵中を示す．

協同行動 ⇌協同
共同授乳 [allolactating, allosucking] 親以外の雌による授乳行動．コウモリ，シカ，アザラシ，ネズミ，ライオン*など多様な哺乳類においてみられる（協同繁殖する種に限らない）．種間で比較すると，一回の出産子数が多い種において頻繁にみられる．その適応的意義は多岐であり，種によって異なると考えられている．血縁個体間で共同授乳がみられる場合，血縁選択*によって進化した可能性が考えられる．ライオンの母親個体が，血縁関係にある子へ授乳を行っている結果も血縁選択仮説と合致する．協同繁殖するコビトマングースやミーアキャット*では，繁殖が抑制されている劣位雌が，生理的変化により授乳が可能となり，優位雌の子に授乳する．また，本来，自分の子へ向けられるべき世話が，誤って他の子に向けられている可能性もある．ゾウアザラシでは，母乳を飲む子を押しのけて他の子が母乳を盗むこ

とがある．母乳が盗まれていることに母親個体が気がつかない場合も多いが，気がついた場合，母親はその子を追い払う．

共同巣［communal nest］⇌ 共同営巣

共同注意［joint attention］　特にヒトにおいて顕著に認められる，社会的交渉の様式とそれを可能にする能力．ヒトでは，生後2カ月頃になると養育者との間のアイコンタクト（⇌ 視線）が成立し，二者間関係（dyadic relationship）に基づく社会交渉が出現する．その後，約9カ月齢を前後に，みずからの興味や注意の対象を他者との間で共有できるようになっていく．このような能力を大きく"共同注意"とよぶ．共同注意は，行動的には，他者の視線や指さしに応じてその方向にみずからの視線を向けるという形で表れる．また，左-右といった大まかな注意の方向の認識から出発し，自分の視野外の空間へと注意を向けることができるより表象的なメカニズムへと発達的に変化していく．このような共同注意を基盤として"わたし-あなた-もの"といった三項関係的（triadic relationship）な社会交渉が可能となり，このような社会的な場を通してヒトの子どもは言葉を獲得し，他者の心的状態を理解するようになっていく．また，自閉症*における中心的障害としてこの共同注意の欠如が指摘されることもある．

共同繁殖［communal breeding］⇌ 協同繁殖

協同繁殖［cooperative breeding］　所属する集団内で，自分自身の子ではない個体の世話が存在する繁殖様式．両親（ペア）以外に，自分自身では繁殖しないヘルパー*が参加して複数個体で子を世話する繁殖システム．ヘルパーが成熟個体であるか，未成熟個体であるかは問題とされない．この繁殖システムは特に鳥類でよく知られており，現生種の9％にあたる84科852種に及ぶとみられる．鳥以外では，カワスズメ科の魚類，哺乳類ではセグロジャッカルやリカオンなどのイヌ科動物，ミーアキャットやブチハイエナなどでみられる．子への給餌における繁殖個体の手助け（手伝い行動）が注目されることが多いゆえに，協同保育と訳されることも多いが，造巣，抱卵，雛への給餌など繁殖に直接かかわる行動以外にも，なわばり防衛，対捕食者防衛などへの参加も協同繁殖に含まれる．ヘルパーは繁殖個体にとって血縁者であることが多いので，ヘルパーとなることの適応的意義は包括適応度における間接的利益であると解釈されることが多い．しかし，非血縁個体が

ヘルパーであることもある．それゆえ，鳥類では若い個体がヘルパーとなることで，長期的にはなわばりを継承するチャンスや自身の生存率が向上するなど，直接的な適応度（生涯繁殖成功度）を増加させる行動として進化したと考える意見もある．類義語に共同繁殖（communal breeding）があるが，これは非繁殖ヘルパーの存在で厳密に定義された協同繁殖よりも少し広い概念で，繁殖ペア以外に繁殖するヘルパーがいるシステムで，allomaternal care（母親以外の繁殖雌による世話）が認められる（ライオンのプライド*に象徴されるような繁殖システム）．また時には複数の繁殖個体が同一巣を用いて繁殖する共同営巣*（ヘルパーはいない）と混同されることもある．

協同保育［cooperative breeding］⇌ 協同繁殖

共同防衛［communal defense］　共通の外敵（他者）に対し複数の個体が同時に自分自身や子，食物，なわばりなどの資源を防衛する行動の総称．社会性を発達させた動物（昆虫，鳥類，哺乳類など）でみられる．一般に，共同防衛は単独で行う防衛よりも効果が高く，すべての行為者に相利的な利益をもたらす．また，行為者は共同防衛を行うことで，防衛に必要なエネルギーコストを減らしたり，攻撃を受ける確率を減らすことができる（うすめ効果*）．

恐　怖［fear］⇌ 不安，恐怖反応

恐怖攻撃行動［fear-induced aggression］　防御性の攻撃行動（defensive aggression）ともいう．動物が恐怖を感じ，逃走を試みながらも，それができない場合には，自分の身を守るために攻撃行動に転じる．"窮鼠（きゅうそ）猫を咬む"である．動物が生き延びるために必要な行動であるため，あらゆる動物に備わり，雌雄差はなく，不安や恐怖が高まった状態でひき起こされやすい．攻撃の前には，恐怖を示す姿勢（図）を伴う防御的な威嚇行動*がみられ，ときに排尿，排便，肛門腺分泌

恐怖を示す姿勢．イヌでは，耳は後ろに引かれ，尾は足の間に入り，背中は丸まる．

物の排出のような過度の興奮が観察される．攻撃により，恐怖対象を追い払うことができたという経験を繰返すことにより，攻撃行動は自己強化*されるとともに，威嚇を省略して咬みつき*を示すこともある．伴侶動物*においては，もともと臆病であることだけでなく，幼い頃の恐怖体験や社会化*の不足が影響する．また，不適切な罰が要因となっていることも多い．恐怖対象やきっかけとなる刺激・状況に対する系統的脱感作*および拮抗条件づけ*を行うことが治療の中心となる．

恐怖症［phobia］ ⇌ 恐怖反応

恐怖条件づけ［fear conditioning］ 恐怖の古典的条件づけ(classical fear conditioning)，パブロフ型恐怖条件づけ(Pavlovian fear conditioning)ともいう．古典的条件づけの一つの形態であり，条件反応*として恐怖反応*を条件づけることをいう．恐怖条件づけでは，適度な強度の音もしくは光といった元来動物に恐怖状態をひき起こさない刺激に続けて，電気ショックなどのそれ自体が恐怖状態をひき起こす嫌悪刺激*を与える．すると，通常は嫌悪刺激に対して生じる恐怖反応が，条件刺激*に対しても生じるようになる．なお，恐怖の学習(fear learning)という用語を使う場合は，恐怖条件づけに加えて，逃避学習や回避*学習などの嫌悪刺激を用いた道具的条件づけ*も含むことが多い．(⇌ 嫌悪条件づけ，オペラント条件づけ)

胸部神経節［thoracic ganglion］ ⇌ 昆虫の神経系

恐怖の学習［fear learning］ ⇌ 恐怖条件づけ

恐怖の古典的条件づけ［classical fear conditioning］ ＝恐怖条件づけ

恐怖反応［fear response］ 動物に恐怖状態をひき起こす嫌悪刺激*を与えたときに生じる反応．恐怖症(phobia)と表現されることもある．なお，嫌悪刺激には天敵や電気ショックなど生得的に恐怖状態をひき起こすものと，学習によって恐怖状態をひき起こすようになったものがある．たとえばマウスなどの齧歯類が恐怖状態にあるときの反応には，逃げる，すくむ，攻撃する，がある．血圧や心拍も嫌悪刺激により変化する．また，副腎皮質ホルモンの分泌増加といった内分泌反応も恐怖反応として生じる．これらの自動的に生じる恐怖反応以外にも，嫌悪刺激を与えた後に別の刺激を与えることでひき起こされる反応にも恐怖の指標とみなされているものがある．たとえば，嫌悪刺激によって恐怖状態にあるときに，大きな音を突然提示すると四肢の筋肉の反射的な収縮が起こる．このいわば"ビクッ"とする聴覚性の驚愕反応*の強度が恐怖の状態に応じて増強する．このほかにも，嫌悪刺激後に痛み刺激を与えても痛みを感じにくくなる**痛覚脱失**(analgesia)も恐怖の指標とみなされている．(⇌ 不安，恐怖条件づけ，種特異的防御反応)

共分散構造［covariance structure］ ⇌ 構造方程式モデル

共役スケジュール［conjugate reinforcement］ 強化子*の質的または量的特性が，反応の特性(強度や持続時間など)に応じて変化する強化スケジュール*．当初ヒトを対象にした測定で考案されたが，動物を対象としても十分に検討可能である．たとえば，サルを用いて実施した固定時隔スケジュール*において，各試行で遂行される固定時隔スキャロップ*の勾配の険しさに応じて，その試行後に与える餌の種類があまり好まれないもの(たとえばキュウリ)であったり，より好ましいもの(たとえばブドウ)であったりと変化する場合や，別例として，ハトを用いて変動時隔スケジュール*を実施し，個体が示した反応率に応じて餌箱が提示される秒数が変化する場合などがある．また，より好ましい強化子特性を得続けるために，反応を持続的に一定に維持することに注がれる"注意"能力の評価への利用や，強化子特性を高めるための努力をどの程度行ったかという点から，どの程度までは努力を要しても欲するのか，どのあたりで"妥協"を行うのかを検討することに用いることができる．

共有原始形質［symplesiomorphic character］ ⇌ 共有派生形質

共有祖先形質［symplesiomorphy］ ⇌ 祖先形質

共有地の悲劇［the tragedy of the commons］ コモンズの悲劇，共有の悲劇ともいう．ある資源を多数者が使う場合，誰かが乱獲すると資源が枯渇して皆が持続的に利用できなくなること．1968年に G. Hardin が提唱した．逆に資源を少数者が利用する場合，利用する量を制限すれば資源の枯渇が避けられ，持続的に利用でき，長期的に多くの利益を得られるだろう．すなわち，乱獲する方が短期的な利益は高くなるが，長期的には不利である．しかし，多数者が利用する場合，誰かが乱獲すれば，乱獲した者が短期的利益を得，他の者

は長期的利益をも得られない．よって，他人に乱獲されるくらいなら，自分も乱獲する方が得になり，誰でも自由に使える資源では乱獲に陥りやすくなる．多数者が利用できる資源を共有地という．ただし，社会の限られたメンバーだけが利用できる土地や資源（ローカル・コモンズ）もあり，その場合，抜け駆けしたものが共同体の中で罰を受ける仕組みがあれば，共有地の悲劇は生じないだろう．生物の例では，同じ宿主に単一の病原体が感染したときには慢性疾患で"持続的"に宿主を搾取し続けるが，複数の病原体が重複感染したときには急性疾患をひき起こすことが知られている．（⇌ 互恵的利他行動，公共財ゲーム）

共有の悲劇 ＝共有地の悲劇

共有派生形質［synapomorphic character］　派生的（＝子孫的）な形質状態を複数の生物が共有すること．形質状態が原始的か派生的かは系統樹を描くときに外群比較などを用い極性（どちらからどちらの方向に変化したか）を推定することで判断される．分岐分類学を提唱したドイツの動物分類学者 W. Hennig（1949年）による造語で，共有派生形質だけが系統関係を推定する情報を与えるとされる．推定された派生形質を共有する種群の直接の祖先を仮定できるからである．共有派生形質は単系統群（完系統群）を構築する手がかりとなる．対して，**共有原始形質**（symplesiomorphic character）は原始的（＝祖先的）と判断された形質状態を複数の生物が共有することで，分岐分類学上は系統関係を推定する情報を与えないとされる．共有派生形質であるという仮説の妥当性は，最節約原理に基づいて推定された分岐図＊との整合性によって検証されうる．たとえば，トカゲ，ヘビ，ワニ，鳥の系統は図のように推定されており，ト

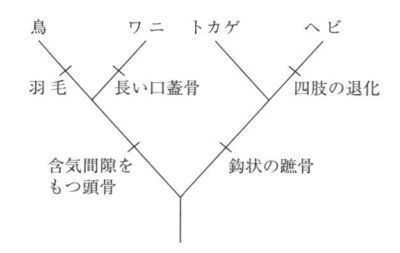

カゲとヘビにみられる鉤状の踵骨や鳥とワニにみられる含気間隙をもつ頭骨は共有派生形質であるが，鳥以外に共通してみられる外温性やヘビ以外に共通してみられる四肢は共有原始形質である．

共立スケジュール［conjoint schedule］　単一のオペランダム＊に対して，複数の強化スケジュールが同時に作動しているような強化スケジュール．conjt. と略．並立スケジュールでは，同時に作動する各強化スケジュールごとに異なるオペランダム（反応キーなど）を割り当てる点が共立スケジュールと異なっている．共立スケジュールでは，たとえば，1回のレバー押し反応により，餌が提示されると同時に，電気ショックを回避できるというように，強化子＊が強化スケジュール間で異なることもある．

協力［cooperation］　⇌ 社会行動

局所介在ニューロン［local interneuron］　⇌ 介在ニューロン

局所強化率［local reinforcement rate］　オペラント条件づけ＊を用いた研究において，試行や強化スケジュール，オペランダムごとに算出される強化率のこと．これに対し，実験セッション全体を通して算出されるものを全体強化率＊という．選択行動研究では，全体強化率と局所強化率のどちらが動物の選択行動を規定するのかが問題とされてきた．たとえば，二つの強化スケジュールを配置した並立スケジュール＊を用いて各強化スケジュール（選択肢）への行動配分を測定した場合，各選択肢で費やした時間の比が，各選択肢における強化頻度の比に一致することを予測するマッチング法則＊が提案されている．マッチング法則が成立する原因として，強化頻度をその選択肢の選択に費やした時間で割ることで算出される局所強化率が，選択肢間で等しくなるように行動配分がなされるためとする逐次改良理論＊が提案されている．

局所強調［local enhancement］　⇌ 社会的学習

局所相互作用［local interaction］　短距離相互作用（short-range interaction）ともいう．細胞間（あるいは個体間）の相互作用で，2者間の距離に応じて作用の質や大きさが変わるとき，近い距離で働く相互作用を局所相互作用とよぶ．反対に遠い距離であっても働く作用を，**長距離相互作用**（long-range interaction）もしくは**大局相互作用**（global interaction, 大域的相互作用）とよぶ．細胞相互作用に関しては，細胞膜表面の分子（リガンド，受容体）を介するような最近接細胞間でしか働きえないもの，細胞突起を介した数細胞長程度まで及ぶもの，ホルモンなど液性因子を介した長距離で働くものが，実際に知られている．数

局所的資源競争 [local resource competition]
一方の性の個体の分散性が弱いために，その性の血縁個体同士で生じる限られた資源をめぐる競争のこと．この競争を避けるためには，分散性が高い方の性に偏った性比*で産むことが適応的と考えられる．霊長類のオオガラゴの子では，雄は分散するのに対し，雌は母親のもとにとどまる．このため，果実などの餌資源をめぐって，姉妹間，母娘間に競争関係が生じるが，この種は雄に偏った性比で出産する．他の霊長類，有袋類，鳥類，アリの仲間などでも，この理論に合う性比調節がみられる．一方，片方の性の子が親元にとどまり，親の繁殖をヘルパー*として手伝う場合は，**局所的資源増進**(local resource enhancement)とよばれる．ヘルパーが少ないときはその性を高い割合で産むことが予測され，セーシェルヨシキリなどの鳥類でそのような性比調節が確認されている．(⇌ フィッシャー性比，局所的配偶競争)

局所的資源増進 [local resource enhancement] ⇌ 局所的資源競争

局所的配偶競争 [local mate competition] 雄の分散性が低いために，兄弟間で生じる交配相手をめぐる競争のこと．この競争を避け，息子の交配相手を増やすためには，雌に偏った性比*で産むことが適応的と考えられる．一つの寄主から複数の個体が羽化する多寄生バチの仲間では，雄が分散せず，同じ寄主から羽化した個体同士で交尾することが多い．このような種では，一つの寄主に産卵する母バチの数が少ないほど，雌に偏った性比で産むという，状況に応じた性比調節が知られている(⇌ トリヴァーズ-ウィラードの理論)．ほかにも，原生生物から，線虫，昆虫，クモ，魚類，哺乳類などの動物，植物にいたるさまざまな分類群において，雄の分散性が低い種ほど雌に偏った性比を示すことが確認されている．(⇌ フィッシャー性比，局所的資源競争)

局所反応率 [local response rate] 比較的短い時間範囲における単位時間当たりの反応数．たとえば，二つの反応レバー(A，B)を備えたオペラント実験箱*を用いた行動実験において，ラットが反応レバーAを1時間当たり80回押したとする．このときのレバーAに対する全体反応率*は80回/1時間となる．しかし，実際には80回のレバー押しは1時間のうち20分間のみでみられ，残りの40分間はレバーBを押していたならば，実質的な反応率は80回/20分(または240回/1時間)となる．このように限定された時間範囲内における反応率を局所反応率といい，独立変数*を操作したときに行動がどのように変化するかを調べる測度として用いられる．

曲鼻猿類 [strepsirrhine] ⇌ 霊長類

巨視的分析 [molar analysis] 分析の時間枠をさす用語．たとえば，左右に二つ並んだ選択肢の選択を50回続けたとする．このとき，50回中左を何回選んだかという全体的な行動傾向に注目するのが巨視的分析である．これに対し，その傾向が具体的にどのような行動パターンによりもたらされているのかを，たとえば左から右，右から左といった選択変更のパターンの分析を通して明らかにするのが**微視的分析**(molecular analysis)である．(⇌ 巨視的理論)

巨視的理論 [molar theory] 時間的・空間的に大きな単位で行動をとらえる諸理論を巨視的理論と総称する．これに対し，時間的・空間的に小さな単位で行動をとらえる諸理論を**微視的理論**(molecular theory)と総称する．たとえば巨視的最大化理論は，個体は1日の報酬量を最大化するように行動を決定していると説明するが，微視的最大化理論は，個体は時々刻々に報酬がより得られやすい方へと行動を変化させていると説明する．人の日常場面でたとえてみると，月給制と日雇い即日払いの仕事があり，1カ月の総報酬量では前者の方が勝っているとするとき，巨視的最大化理論では前者が，微視的最大化理論では後者が選好されると予測する．(⇌ 最大化，巨視的分析)

居住者-侵入者テスト [resident-intruder paradigm] ⇌ 社会的敗北

去 勢 [castration] 精巣*および精巣上体を含む生殖腺を外科的に取除くこと．ペット動物では，無用な繁殖や問題行動を防ぐ目的で行われる．精巣からのテストステロン*分泌が消失することで，性成熟期以前に去勢すると体重，体長が，未処置動物に比べ小さくなる．また，性成熟後の雄での去勢は雄特有の行動を消失させる．たとえば，ネコやラットでは他の雄への咬みつき*行動に代表される攻撃性，雌へのマウント行動*に代表される性行動が，ほとんど観察されなくなる．一方，イヌやマウスでは去勢前に性経験や攻撃経験をもつと，去勢してもこれらの行動は完全には消失せ

ず, 去勢の影響には種差がある.

距　離 ⇌ 社会ネットワーク理論
距離法 [distance method] ⇌ 系統学
擬　卵 [model egg] 模擬卵 (artificial egg) ともいう. おもに鳥の人工卵. 家禽や害鳥に対して産子(卵)数の管理に用いられる. 鳥の雌が一度に産む卵数(一腹卵数)は, 環境収容力や親の養育能力に応じて最適化されており, 間引くために卵を減らすと雌が産み足してしまうことがある. 対象種の卵の大きさや形に似せて人工卵と入替えることで, 産み足しを避けることができる. 着色を施すことで, 特に托卵*鳥の宿主に対し, 卵の色や模様, 大きさなどの識別実験にも使われる.

切り上げ決定 [giving-up decision] 滞在中の餌場(パッチ)を離れて他の餌場へ移動すべきかどうかの意思決定. 最適採餌理論*から求められる. マルハナバチなどは花を回って蜜を集めるが, たとえばアジサイのような複数の花の集まり(これを花序とよぶ)において一つの花から得られる蜜量がある閾値を下回ると別の花序へ移動する行動を示す. (⇌ パッチモデル)

切替えキー手続き [changeover-key procedure] 被験体に二つの強化スケジュール間の選択をさせる場合には, 実験箱内に二つの操作体*を設置して, それらに対する反応を異なる強化スケジュールにより強化する手続きが一般的である. たとえば, 左右のキーへの反応をそれぞれ異なる強化スケジュールに従って強化する並立スケジュール*がこれに相当する. このとき, 被験体はキーの間を移動することにより選択肢を切替えることになる. 一方, 二つの操作体*の一方を反応専用とし, もう一方を強化スケジュール切替え専用としても, 同様の手続きを実現することができる. たとえば, 左のキーへの反応が二つの強化スケジュールのどちらかにより強化され, 右のキーへの反応が左のキーに適用される二つの強化スケジュール(AとB)をつぎつぎに切替える手続きがこれに相当する(図). このように, 切替え専用のキーを用いて反応専用のキーに適用されるスケジュールを切替える手続きを, 切替えキー手続き, あるいは, **フィンドレイ型手続き**(Findley procedure)という. この手続きには, 切替え反応とオペラント反応が分離されている, 位置についてのバイアス*の影響を受けにくい, などの利点がある. フィンドレイ型手続きでは, 二つのスケジュール間の選好を分析するための指標として, 相対反応率*と相対消費時間が用いられる. ここで, 相対消費時間とは, 二つのスケジュールへの反応に費やされた時間の割合である.

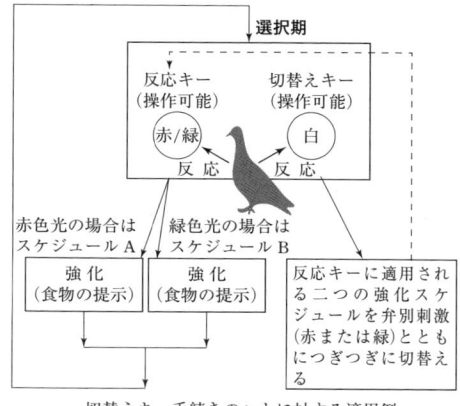

切替えキー手続きのハトに対する適用例

切替え率 [changeover rate] ⇌ 反応切替え率
ギルド [guild] 同じニッチ*を占める生物種の集合. "ギルド" は中世ヨーロッパで発達した, 商工業者の同業組合である. ニッチの定義にもよるが, 食物網*上の関係だけに注目し, 同一あるいは近い栄養段階に属し, ある共通の餌資源に依存して生活している複数の種または個体群をさす場合が多い. ギルドは同所的に存在するものの集合をさし, 異なる群集すなわち別所的に存在するものは生態的同位種とよぶ.

ギルド内捕食 [intraguild predation] 同じ資源を利用する2種の一方が他方を食うこと. 食う方をギルド内捕食者, 食われる方をギルド内被食者とよぶ. 共通の資源をめぐって競争関係にある2種の間で起こる捕食という意味合いをこめて, "ギルド内" の捕食と形容される. 広義には, 餌だけでなく生息空間も共通資源とすることもある. 餌が共通資源の場合, ギルド内捕食者は異なる栄養段階に属する2種(餌種とギルド内被食者)を利用することになり, ギルド内捕食は雑食の一形態と考えられる. 1990年頃, G. A. Polisが, 砂漠の食物網を詳細に調べ, ギルド内捕食が普遍的にみられることを指摘し, 自然界では雑食が少ないとする当時の食物網理論を批判した. ギルド内捕食系の単純な数理モデルから, 系の安定共存のためにはギルド内被食者が資源競争に秀でている必要があり, その場合でも安定共存のための条件は

厳しいという予測が導かれる．しかし野外ではギルド内捕食が頻繁にみられることから，単純なモデルでは考慮されない他種との相互作用や生息場所の空間構造が安定共存のために重要だと考えられている．

キンチョウ〔錦花鳥，錦華鳥〕[zebra finch, Australian zebra finch] 学名 *Taeniophygia guttata castanotis*. スズメ目カエデチョウ科に属する体長10〜11 cm，体重12 g程度の一夫一妻*制の鳥．赤いくちばしと足，頭部から背中にかけて灰色，くちばし周辺と目の下から頬にかけて黒い線，尾羽は黒に白の斑．羽色に性的二型があり，雄には英名の由来となる黒白の縞模様，頬はオレンジチーク，横腹には鹿の子斑がある．くちばしや足は雄の方が赤い．雄特有の羽色は紫外線下ではより際立ち（図），雌にとって魅力的なものとなる．また，くちばしや足の赤さは性選択の基準にもなっている．さらに赤い足輪を装着した雄は雌に好まれ，黒い足輪を装着した雌は雄に好まれることもわかっている．オーストラリアに広く分布するとともに，ヨーロッパや日本などで飼い鳥としての歴史も長い．生態・行動・神経科学など幅広い分野で，野外・実験室内の双方にて活発に研究されている．2010年にはニワトリに続き鳥類で2番目に全ゲノムが解読された．東チモールなどに亜種のチモールキンカチョウがいる．オーストラリアのキンカチョウよりも体サイズは一回り小さく，声が高く，雄の胸元の縞模様が薄い．

近交系[inbred strain] ⇌ 系統(2)

近交係数[inbreeding coefficient] 近親交配*の程度を示す値．ある二倍体個体の任意の遺伝子座には父親と母親由来の対立遺伝子が合計2個存在するが，それらが共通祖先の同一対立遺伝子に由来する確率．両親にまったく血縁関係がない場合は0，親子間の交配で生まれた子で0.25となる．近親交配が行われると集団内のヘテロ接合度が低下するので，その値を，任意交配を想定した場合のヘテロ接合度と比較することで，家系図のない野生生物でも近交係数が推定できる．

近交系統[inbred strain] ⇌ 系統(2)

近交弱勢[inbreeding depression] 近親交配*によって生まれた子の適応度*が低下する現象．一般に生物のゲノム内には多くの劣性有害遺伝子が保持されているが，通常はヘテロ接合の状態で発現が抑えられている．近親交配で生まれた子では，劣性有害遺伝子がホモ接合する確率が高まり，その発現によって適応度が低下する．ゲノム内に保持されている劣性有害遺伝子の量は，種や集団の履歴等によって異なるため，近親交配したときの近交弱勢の強さは種や集団により異なっている．

近親交配[inbreeding] 血縁関係にある個体間で交配すること．最も著しい近親婚は，同一個体が生産した雌性配偶子と雄性配偶子が受精する**自殖**(selfing)である．近親交配によって生まれた子は，ホモ接合度が高くなるため，劣性有害遺伝子の発現によって適応度*が低下する(⇌ 近交弱勢)．近親交配，特に自殖には劣性有害遺伝子の発現という不利な点はあるが，その反面，より確実に受精が達成できるため，多くの植物では自殖による繁殖も高頻度で行われている．動物で自殖はきわめてまれだが，自殖と似た効果をもたらすオートミクシスという単為生殖*が多くの分類群でみられる．

近親交配回避[incest avoidance] インセスト回避，近親婚回避(inbreeding avoidance)ともいう．近親交配を避けること．近親交配によって近交弱勢*が生じる場合，ふつう近親交配を避ける方が適応的である．一方または両方の性の個体が分散して配偶相手を見つけるか，近親者を識別して配偶相手を見つけることで回避する．前者については，群れ生活をする動物の多くは，思春期に達した雄や雌が自分の生まれ育った集団を離脱したり，

(a) 可視光下

(b) 紫外光下

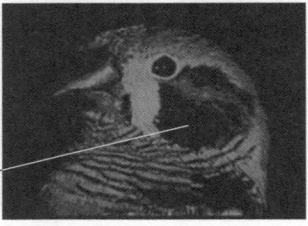

ほおの模様が際立つ

キンカチョウの雄の頬には紫外線を強く反射する部位がある．

加入した集団を再び離脱したりして，血縁関係にない異性と交配する．後者については，両生類，鳥類，齧歯類では，形，声，においを手がかりに生得的に近親者を識別できることが知られている．ヒトでは，幼年時に共に育った個体や親を配偶相手として避けるウェスターマーク効果*が知られており，ヒト以外の哺乳類でも報告されているものがある．ウズラによる実験では，近親個体だけでなく，非血縁の個体も配偶相手として避けられており，いとこを最も好むという結果が出ている．

近親婚回避［inbreeding avoidance］ ＝近親交配回避

近赤外分光法 ［near-infrared spectroscopy, NIRS］ ⇀機能的近赤外分光法

近接性 ⇀接近

近接要因［proximate factor］ ⇀至近要因

禁断症状［abstinence symptom］ ＝離脱症状

筋電図［electromyogram, EMG］ 筋が収縮するときに筋繊維の膜に生じる活動電位*，または運動ニューロンが筋繊維と接合する部位(シナプス)が発生した電位を，細胞外に置いた電極で記録したもの．多数の筋繊維や運動ニューロンの活動を集合的に反映する．臨床検査の場面だけでなく，動物行動や運動制御を定量的に解析する場合にも重要な基礎技術である．侵襲的な方法として針筋電図法，非侵襲的な方法として表面筋電図法がある．前者では電極を筋内に直接刺すことで，少数の筋繊維から活動を計測することも可能である．後者では皮膚表面に電極を置き，筋全体の活動を集合的に計測する．筋電図を解析することによって，ビデオカメラでは運動として観察できない筋収縮を記録することも可能となる．バッタのジャンプやヤゴの捕食行動の場合，拮抗筋同士が同時に収縮して体表クチクラにゆっくりと弾性エネルギーを蓄積し，それを一気に放出する．その準備運動は動きとしてはほとんど現れないが，筋電図をとることで初めて明らかとなる．

均等分布［regular distribution］ ⇀分布様式

筋紡錘［muscle spindle］ ⇀自己受容器

近隣結合法［neighbor-joining method］ ⇀系統学

ク

空間学習 [spatial learning]　生活環境に存在する巣や餌場、あるいは自宅や職場などさまざまな物体・場所の空間関係に関する知識を獲得し、それに合わせて行動を変化させていく過程。ランドマーク*と目的地との空間関係、あるいはランドマーク間の空間関係を学習することで、これらを統合したより大きな認知地図*を動物が形成できる可能性がさまざまな研究から示唆されている。空間関係は、方向と距離をもった量としてベクトルで記述することができ、ベクトルの計算として空間学習を説明することもある一方で、複数のランドマークが形成する幾何学情報が形態的な手がかりとして学習されるとする研究もある。なお、ランドマークなどの空間関係を学習していなくとも、"右に曲がる""左に曲がる"といったように特定の反応のみを学習する反応学習*によって説明可能な現象もあり、空間学習と異なる場合がある。(⇒ 空間記憶、場所学習)

空間記憶 [spatial memory]　対象間の方向や距離などの空間情報に関する記憶。空間に関する行動の基礎となるような記憶をさし、認知地図*の形成に重要である。オープンフィールドや放射状迷路*、モリス型水迷路(⇒ 迷路)などさまざまな実験状況において検討されるばかりでなく、実環境におけるフィールド研究なども行われている。たとえばハイイロホシガラスは、夏の終わりに餌を数千箇所に埋め、冬には雪に覆われた上から餌を掘り出すことが知られており、驚くべき空間記憶能力をもっている(図)。しかし、放射状迷路*におけるハイイロホシガラスの記憶保持能力は特別に優れているとはいえず、空間記憶についてはその動物の生態によって得意・不得意があること

ハイイロホシガラスは、夏の終わりに埋めた数千箇所もの餌の場所を、冬に雪の上から見つけ出すことができる。

がわかる。(⇒ 空間学習、ランドマーク)

偶発的強化 [adventitious reinforcement]　反応と強化の間に因果関係がないにもかかわらず、ある反応の後に偶然、強化子*が提示されたために、その反応の生起頻度が増加すること。偶発的強化によって維持される反応と強化の関係を偶発的随伴性とよぶ。迷信行動*はこうした偶発的強化によって維持されていると考えられている。また、実験的には、行動に関係なく時間経過に従って強化子が提示される時間スケジュール*により、偶発的強化をつくり出すことができる。たとえば、B. F. Skinner*による迷信行動*の実験でハトが示す個体ごとに異なるさまざまな行動は、餌粒が提示される直前にたまたまとった行動が強化されたためであると解釈される。

偶発的単為生殖 [tychoparthenogenesis]　⇒ 単為生殖

食うもの-食われるものの関係 [predator-prey interaction]　捕食者-被食者相互作用ともいう。捕食*という相互作用において、食われるもの(被食者)の密度に対する食うもの(捕食者*)の反応は、数の反応(numerical response)と機能の反応(functional response)に分けられる。数の反応は、被食者の密度に対する捕食者の移動や増殖による密度の変化を表す。機能の反応は、被食者の密度に対する捕食者1個体当たりの捕食量の変化を表し、その関係は餌の処理時間の有無や、複数の餌の中から相対的に多いものを集中して狙う切替え(switching)によって変化する。多くの場合、餌密度の増加とともに捕食者1個体当たりの捕食量の増加は頭打ちになる(飽食 satiationの効果)。数の反応と機能の反応を掛け合わせることで、被食者密度に対して総捕食量がどのように変化するか知ることができる。これらを理論化したものにC. S. Hollingの円盤方程式がある。また、捕食から逃れることの成否は適応度*に大きな影響を与えるため、被食者は捕食を阻止するためのさまざまな対捕食者戦略(anti-predator strategy)を進化させてきた。そのなかには、捕食者をいち早く察知するための警戒行動(⇒ 見張り行動)、捕食者から離れた場所へ逃げる逃避行動、モビング*、

群れ*の形成などが含まれる.

クオラムセンシング［quorum sensing］ ＝定足数感知

クオリア［qualia］ 感覚質ともいう．太陽のまぶしさ，ラー油の辛さ，恋のせつなさなど，じかに体験する感覚の質のこと．クオリアはそれを体験する自己を必要とするため，そして自己の自己感は本人に閉じられた感覚であるため，クオリアの本質を客観的に理解することは，原理的に不可能である．たとえば，色覚をもたない宇宙生物が，人間が感じる赤の赤さを解明するためにあらゆる生化学的・生理学的実験を行い，赤を感じているときの人間の脳状態について完璧な記述を得たとしても，この記述には赤を感じている本人のクオリアは含まれない．したがって，クオリアの解明には科学的な方法はふさわしくない．科学者個人は自分自身のクオリアが脳の状態を操作することでどう変化するかを研究することは可能であるし，そうした科学者の集団がクオリアについて語り合うことは可能だが，これは科学ではなく現象学である．

楔形飛翔隊形［wedge flight formation］ ＝V字型飛翔隊形

櫛 爪［pectinate nail］ サギやヨタカの仲間など，一部の鳥類にみられる特徴的な爪．第3趾の爪の縁に櫛状の溝があり，羽毛を整えたり，粉綿羽*の粉を効率的に羽に行き渡らせたりする役割があると考えられている．

ゴイサギの櫛爪

クジャク［peafowl］ インドクジャクとマクジャク（クジャク属），コンゴクジャク（コンゴクジャク属）の3種の総称．単にクジャクという場合は，インドクジャクをさすことが多い．いずれの種も青や緑の金属光沢のある羽衣をもつ．クジャク属2種は性的二型*が特に顕著であり，繁殖期になると雄は派手な目玉模様のある発達した上尾筒を扇状に広げて，鳴きながら雌に誇示するディスプレイ*を行う（⇌性的飾り［図］）．一夫多妻の婚姻形態をもち，異性間選択研究のモデル生物として多くの研究が行われている．その極端に長い飾り羽がどのように進化したのか，目玉模様の数や雄の体サイズ・声の大きさなど，雌の選好性が調べられているが，個体群によってさまざまな結果が出ており，見解は一致していない．コンゴクジャクはアフリカのコンゴにのみ生息し，クジャク属のように派手な上尾筒の飾り羽はなく，雄は尾羽を使ったディスプレイを行う．コンゴクジャクの婚姻形態は一夫一妻で，分子系統解析からクジャク属の祖先種であることがわかっている．

クジラ類［cetacean］ 学名 *Cetacea*．鯨偶蹄目に属する哺乳類の系統（下目）．現生種はすべて水中生活に完全に適応し，生涯上陸しない．日本語ではイルカとクジラは別の動物群として区別されてきたが，生物学的にはこの区別には意味がないことから，"クジラ類"としてまとめられた．現生種には，水中での採餌適応が異なるヒゲクジラ類（上科，約15種）とハクジラ類（上科，約73種）の二つの系統が含まれる．ヒゲクジラは，大量に存在する小型で栄養段階が低位の動物を，特異な摂食器官であるクジラヒゲを用いて沪過摂食する．ハクジラは，それより高位の動物を反響定位*により発見し，一つ一つ捕獲する．この採餌における差異は，回遊*や採餌における共同や知識の重要性を通して，両者の種多様性，生活史，行動，社会に大きな差異をもたらしている．ヒゲクジラは高緯度の採餌海域と低緯度の繁殖海域の間を季節回遊する．基本的に単独で採餌し，1年を超える育児を行わないため，長期的な個体間関係は生じにくい．繁殖にかかわるさまざま音声コミュニケーションを行うことが知られ，なかにはザトウクジラの歌*のように，複雑で新奇なパターンが水平伝播して，繁殖海域の雄間で共有される例もある．外洋性のハクジラは比較的表層で群集性の餌生物を採餌するものと，潜水能力を進化させ，中深層に豊富に存在する餌生物を採餌するものに分けられる．外洋性の種では採餌における共同に加えて対捕食者戦略としての群れ形成とその維持が重要であり，その結果，発達した社会性を示すものがある．それらの種では，複雑な個体間関係（たとえばハンドウイルカの雄の階層的な同盟関係）とそれを維持する行動（たとえば胸びれで相手をこするラビング*などの親和行動，個体特有の音声であるシグネチャーホイッスル），社会的学

習により垂直・水平伝播される文化的な行動パターン（たとえばハンドウイルカにおける道具を利用した採餌法），高度な知能の発達（たとえば脳の大型化，鏡による自己認識能力，統語能力）がみられる．さらにコビレゴンドウやシャチなど母系を基礎とする安定した群れをつくる種には，閉経した高齢雌が存在し，その雌のもつ知識が血縁集団である群れの生存を助けているものと考えられる（⇒ おばあさん仮説）．

ぐぜり鳴き　⇒ サブソング

くちばし合わせ［bill scissoring］　＝ くちばしたたき

くちばしたたき［billing, bill fencing, bill clapping, bill clattering］　くちばし合わせ（くちばしはさみ bill scissoring）ともいう．ペンギン類，コウノトリ，アホウドリなどにみられる，くちばしを開閉して音を発したり，雌雄でくちばしを触れ合ったり，挟んだり，打ち合わせる行動．求愛やつがいのきずな*を深める機能をもつ．コウノトリではつがい相手の前で首を後ろにそらせてくちばしを激しく開閉して大きな音を出す．くちばし合わせやくちばしはさみ行動などは，雛の餌ねだりと雛への給餌に由来し，求愛給餌*を経て発展したものと考えられ，雌雄で行うくちばしたたきは攻撃行動となだめ行動*から由来したものとも考えられている．

アホウドリのくちばしたたきはつがいの間でみられ，互いのくちばしをすばやくカチカチとたたき合う．

くちばしはさみ［bill scissoring］　＝ くちばしたたき

掘削刃［lancets］　⇒ 毒針

グッピー［guppy］　学名 *Poecilia reticulata*. トリニダード島や周辺の南米地域を原産とするカダヤシ科魚類の一種．卵胎生*で，雄はゴノポディウムとよばれる尻びれが変形した器官を用いて雌と交尾する．顕著な性的二型*を示し，雄はオレンジ色や黒色の斑紋（スポット）をもち，背びれや尾びれが伸長する．比較的短い時間で環境に適応することができ，生息地の捕食圧などの違いにより，成熟するまでの日数や成熟時の体サイズ，子に対する雌の投資量などの生活史形質が数年程度で変化することが野外の移入実験で示されている．また，性選択*，特に配偶者選択研究のモデル種の一つであり，多くの個体群で雌はオレンジ色のスポットが大きく鮮やかな派手な雄を配偶相手として好むことが知られている．オレンジ色のスポットの大きさは息子へと遺伝することから，派手な雄を選ぶことで息子の性的魅力が向上し，さらに雄の派手さと子の捕食回避能力や採餌能力が関連していることから，雌は派手な雄を選ぶことでさまざまな間接的利益を得ていると考えられている．グッピーは精子競争*の研究にも用いられており，オレンジ色のスポットが派手な雄の精子は生存力や遊泳速度に優れ，受精能力が高いことが知られている．

グーテンベルグ・リヒター則　［Gutenberg-Richter law］　⇒ べき乗則

グドール　GOODALL, Jane　1934. 4. 3～
英国の霊長類学者．化石人類学者の L. S. B. Leakey に見いだされて，野生チンパンジーの研究を行った．1960年7月14日に当時のタンガニーカ（現在のタンザニア）のゴンベストリーム保護区で始めた長期継続研究である．野生チンパンジーの行動と生態についての新発見が数多くなされた．細い草の茎などをシロアリ塚の穴に差込んでシロアリを釣る道具使用*がある．出会いのときに抱き合う，キスをする，くすぐる，少しかすれた声をたてて笑う，といった人間しかしないと思われていた行動もある．植物食だと思われていたが，アカコロブス（サルの一種）などを捕まえて食べる肉食性もある．赤ん坊を殺し，仲間を殺す，といった行動も報告した．最初の5年間の研究をR. A. Hinde* の指導でまとめ，ケンブリッジ大学から博士学位を得た．1974年にみずからの名前を冠した研究所を設立して研究を続け，1991年に始めたルーツ・アンド・シューツという環境教育運動を世界的に展開し，国連平和大使を務めている．

クノレン器官［Knollenorgan］　⇒ 遠心性コピー信号

クマノミ［anemonefish］　スズキ目スズメダイ科 *Amphiprion* 属に属する全長10～15 cm 未満

の小型魚類で，インド太平洋の熱帯サンゴ礁から約30種が報告されている．日本には沖縄を中心にクマノミ，カクレクマノミなど6種が生息している．イソギンチャクの触手には有毒の刺胞細胞があるが，クマノミ類は刺胞の発射を抑制する体表粘液をもつことにより，イソギンチャクを安全な隠れ家*として利用している（図）．また，隣接した岩に産みつけられたクマノミの卵は，イソギンチャクの触手によって，卵捕食者から守られる．一方イソギンチャクは，体内に共生する褐虫藻の光合成産物に依存して生きているが，触手を食べるチョウチョウウオ類などをクマノミが追い払ってくれることにより，日中も触手を広げることができ，共生藻の光合成が促進される．クマノミ類は一夫一妻*で雄性先熟の性転換*を行うことでも有名である．一つのイソギンチャクでは1ペアしか繁殖できず，最大個体が雌，第2位が雄，第3位以下は未熟な両性生殖腺をもつ．雌が死ぬと，雄が雌に性転換し，第3位が雄として成熟する．ペアのうち大きい個体が雌になったほうが多くの卵を産め，雄は小さくても卵を保護可能であることから，雄性先熟が進化したと考えられている．共生と性転換の両面で多くの行動学的研究がなされてきた．

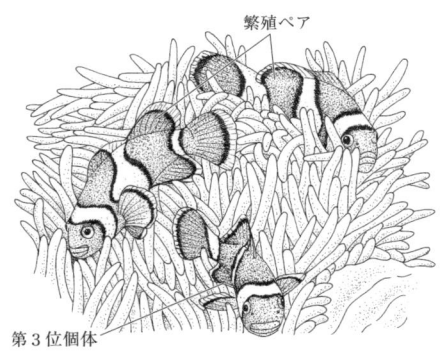

イソギンチャクに隠れるカクレクマノミ．繁殖ペアの大きい方が雌．雌が死ぬと第2位だった雄が雌に性転換し，第3位の個体が雄として成熟する．

クモ［spider］ クモ目に属する節足動物で，四対の歩脚，一対の触肢と鋏角を備えた頭胸部と，出糸突起を備えた腹部からなる体をもつ．陸上環境に広く分布しており，ほぼすべてのクモが昆虫・クモなどの生きた餌を捕まえる待ち伏せ型捕食者*である．毒を用いて餌を麻痺させ，また消化液を餌に注入し，溶かしてできた液体を吸い取る体外消化を行うため，みずからの体サイズより大きな餌を食べることも可能で，大型のクモでは小鳥やコウモリを食べた例も報告されている．クモを他の節足動物と分ける重要な特徴は，タンパク質でできた最大7種類の糸を，移動，造巣，採餌，繁殖といったさまざまな局面で用いることである．移動では，高い所から糸でぶら下がったり，糸を風に流して遠くに付着させその上を歩いたり，糸が風に引っ張られる力でみずからも空を飛んで分散するバルーニング（ballooning）を行うなどする．採餌では，糸を平面的・立体的に組上げて網*を作ったり，餌を糸で巻き上げて動きを封じる．また，巣の周りに張った糸や網の糸は，餌が触れた際にその振動をクモに伝えるセンサーとして機能する．繁殖では，糸で卵を覆って卵嚢を作ったり，交尾の際に雄が雌を糸で巻き上げて動きを封じる．クモでは一般に，雄が雌より小さい性的二型*がみられ，性的共食い*を行う種もある．ヒメグモやコモリグモでは親による子の保護*がみられ，熱帯では集団で造網し協力して採餌を行う社会性の種も知られている．これら興味深い行動の研究に加えて，網の形を調べることが容易な造網性のクモでは，詳細かつ定量的な造網行動の研究が行われている．また，コモリグモやハエトリグモでは視覚・振動覚を用いたディスプレイ*の研究が盛んである．

クライン［cline］ ある生物種の分布域の一部または全域において，形質が連続的に変化すること．地理的傾斜，地理的勾配，形質傾斜（morphological cline）ともいう．J. Huxleyが分類学的形質の評価に関する概念として提唱した（1938年）．クラインは，体サイズや体色などの形質や，対立遺伝子頻度*，遺伝的多様性*といった，遺伝形質などで認められる．ある種の分布域において，気温や湿度などの環境勾配が存在する場合，選択圧にも勾配が生じるので，それに沿った形質のクラインがみられる．たとえば恒温動物でよく知られている，生態地理学的な規則として有名なベルグマン則*では，寒冷地域の系統や種ほど体サイズが大きくなる．日本に生息する鳥類のカワラヒワの個体群では，南から北に向かって連続的な体サイズの増加がみられる（図）．また，気温に加えて湿度が関係するグロージャー則*では，冷涼で乾燥した地域のものほど体色が淡色化する．そのほか，生活史形質のクラインもある．鳥類では一般的に同一種内でも緯度によって一腹卵数*

の勾配があり，低緯度地域ほど卵数が少ない傾向がある．これらのクラインの傾斜の度合いは，遺伝子流動*(移住)と選択圧の強さがおもに関係し，遺伝子流動が低い場合や急激な選択圧の変化がある場合，クラインは急勾配となり，その逆の状況では勾配は緩やかになる．

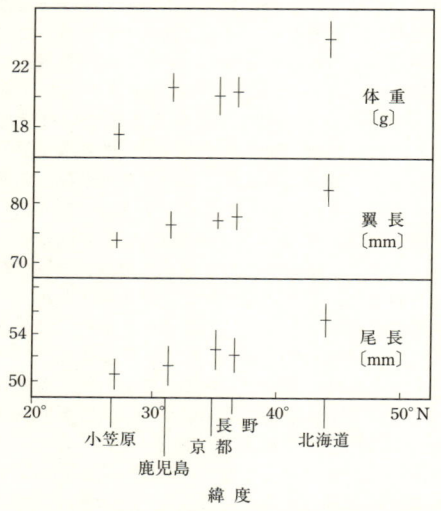

在しないグラフを**単純グラフ**(simple graph)とよぶ．たとえば図(a)は $V=\{v_1, v_2, v_3, v_4\}$, $E=\{(v_1, v_2), (v_2, v_3), (v_3, v_1), (v_3, v_4)\}$ の単純グラフである．グラフの辺が頂点の非順序対であるのに対し，辺を順序対で定義したものを**有向グラフ**(directed graph, digraph)とよぶ．(v_i, v_j) は頂点 v_i から v_j へ辺(**弧** arc ともよばれる)で，矢印で表示される．図(b)は $V=\{v_1, v_2, v_3, v_4\}$, $E=\{(v_1, v_2), (v_2, v_3), (v_3, v_1), (v_1, v_3), (v_4, v_3)\}$ の有向グラフである．

(a) 単純グラフの例

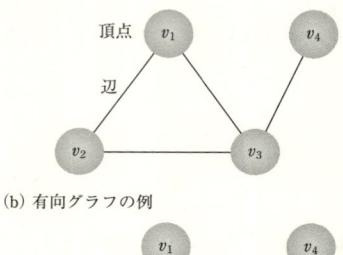

(b) 有向グラフの例

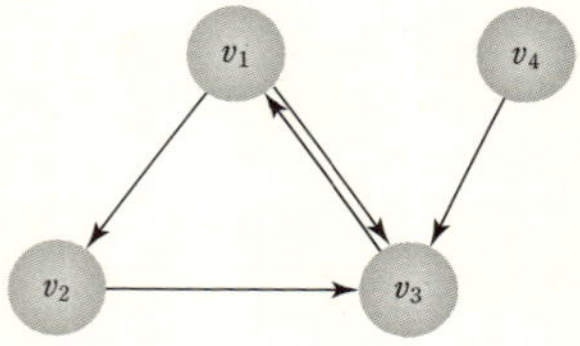

カワラヒワの体の各部位の計測値と緯度の関係．北の個体群ほど，計測値(体サイズ)が大きい．

クラスター係数 [cluster coefficient]　ネットワーク(⇌グラフ)中に三角形が密集している度合い．頂点 v の局所クラスター係数は，頂点 v と辺をもつ二つの頂点が互いの間にも辺をもつ(v を含めた三角形を形成する)確率で与えられる．ネットワークのクラスター係数はすべての頂点の局所クラスター係数の平均値で与えられる．現実世界のネットワーク，特に人間関係のネットワークはクラスター係数が高いとされる．同様の量に，社会学で用いられる**推移性**(transitivity)があるが規格化の仕方が若干異なる．

クラッチ [clutch]　＝一腹卵数

グラフ(グラフ理論の) [graph]　ネットワーク(network)ともいう．頂点数 N, 辺数 M のグラフは頂点(vertex)の集合 $V=\{v_1, v_2, \cdots, v_N\}$ と辺(edge)の集合 $E=\{e_1, e_2, \cdots, e_M\}$ で定義される．頂点は**節点**(node), **サイト**, 辺は**リンク**, **ボンド**, **紐帯**とよぶこともある．各辺 e_k は 2 頂点の非順序対 (v_i, v_j) で定義される．特に**ループ**(同じ頂点を結ぶ辺)や**多重辺**(2 頂点間に複数本の辺)が存

クラン [clan]　⇌ハイエナ

繰返し交尾　＝多回交尾(ペア内の)

クリッカー・トレーニング [clicker training]　動物の訓練技法の一つで，"カチッ"と音の出るクリッカーという道具(手の平に収まる大きさの小箱で，金属片を押すと音が鳴る)を使うことから，この名がある．家庭犬の訓練方法として普及しているが，他の動物にも適用できる．家庭犬の訓練で用いる場合，まずクリッカーを鳴らして餌を与える操作を繰返し行い，クリッカー音を餌の信号にする(対提示期)．つぎに，イヌがたとえば"伏せ"のような決まった行動(標的行動)を自発した直後にクリッカーを鳴らして，標的行動を形成する(反応強化期)．クリッカー音の反応強化力を維持するため，反応強化期でもクリッカーを鳴らした後には餌を与えることが一般的である．オペラント条件づけ*の条件強化*の原理に基づいて考案されたもので，イルカ芸の訓練で使われるホイッスル*もクリッカーと同じ働きをする．

クリック [click]　⇌ホイッスル

グリッド細胞 [grid cell]　格子細胞ともいう．動物が空間内を移動する際に，神経細胞の発火頻

度が移動空間の複数の場所で増大し，しかもその場所同士が一定の距離で分布するという特徴をもつ．平面上では発火が増大する場所が三角形の格子（グリッド）のように分布することから，このように命名された（図）．Moser らによって**内側嗅内皮質**（medial entorhinal cortex）で発見された（2004年）．海馬*の場所細胞*と同様に，グリッド細胞の格子状の受容野は動物が新しい環境に遭遇すると再形成される．グリッド細胞の神経軸索は内側嗅内皮質から海馬へ投射する有孔質経路を形成することから，海馬の場所細胞の形成に関与する情報を運んでいると考えられた．しかし海馬を損傷させるとグリッド細胞の受容野も不安定になること，また海馬から内側嗅内皮質へのシナプス入力が存在することから，海馬と内側嗅内皮質の相互作用によってそれぞれの空間情報が形成・安定化されると考えられている．

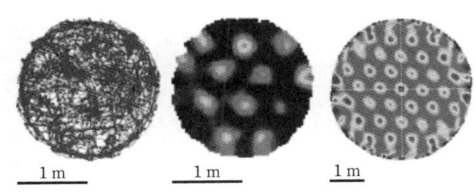

直径2メートルの円形のアリーナの中をくまなく歩き回るラットの軌跡（左）と，その内側嗅内皮質から記録された一つの格子細胞の活動（中央）．白で示した場所で高い活動が生じた．統計処理（空間的自己相関解析）をしたところ，数十センチの距離で，活動がピークになる場所がグリッド状に分布していることがわかった（右）．

クリーニング・ステーション［cleaning station］⇌ そうじ行動

クリノキネシス［klinokinesis］ ⇌ 動性

クリプトクロム［cryptochrome］ ⇌ 磁気感覚

クリプトビオシス［cryptobiosis］ 生物が乾燥や低温など厳しい環境条件にさらされたときに誘導される，代謝がほぼ完全に停止し，生命活動の兆候がほとんどみられない状態．ギリシャ語で隠されたという意味の crypto と生命活動の biosis を合わせてこうよばれる．クマムシやワムシでは通常の活動状態の個体を，ミジンコやカブトエビでは卵を，アフリカの半乾燥地帯にすむネムリユスリカでは幼虫をゆっくりと乾燥させるとクリプトビオシスに入る．そして，これらはいずれも著しく低い水分含量をもつとともに，体内にトレハロースを蓄積しており，著しいストレス耐性を示す．ネムリユスリカの場合，クリプトビオシスに入った幼虫は，100 ℃以上の高温，-190 ℃の低温，100%エタノール中でも耐えられるほか，自然界ではありえないような高線量の放射線照射や真空状態にも耐えられる．このほか，菌類の胞子や植物の種子もクリプトビオシスに入ることがある．（⇌ 休眠）

グリマス［grimace, grin, silent bared-teeth display］ グリメイスともいう．口角を後方に引いて歯列を露出させる表情で，多くの霊長類にみられる（⇌ 笑い［図］）．ニホンザルなどでは，劣位個体が優位個体に対して見せる恐怖・服従の表情である．トンケアンマカクやチンパンジーなどでは優位個体から劣位個体に向けられることもあり，出会いや求愛におけるなだめの機能をもつとされる．チンパンジーやボノボは，食物を見つけたときや交尾の際にもこの表情を見せることがある．J. van Hooff は，霊長類のグリマスはヒトのスマイルと相同の行動だと論じている（⇌ ホモロジー）．

グリメイス［grimace］ ＝グリマス

クリューバー・ビューシー症候群［Klüver-Bucy syndrome］ 扁桃体*を含む脳領域の損傷（病変や外科的な切除）により生じる症状で，情動行動の欠損を主とするもの．1938 年 H. Klüver と P. Bucy は認知機能を調べる目的でサルの側頭葉を大きく損傷させた．術後のサルは著しく穏やかになり，術前に顕著であった人間への恐怖や攻撃的な行動が消失した．これとともに，さまざまな物を口に入れる行動，糞など通常は摂食の対象としない物体を食べること，高頻度のマウンティングなど性行動の亢進が認められることなどが特徴的症状として見いだされ，これらを包括して**精神的盲目**（psychic blind）とよぶようになった．その後の研究で，同様の症状を再現するためには側頭葉の新皮質を壊す必要はなく，その内部に位置する扁桃体に限局した破壊で十分であること，また同様の症状がアルツハイマー症候群などを呈するヒトのなかにも起こることなどが判明し，ヒトについてもこの語が用いられるようになった．

グルココルチコイド［glucocorticoid］ 糖質コルチコイドともいう．副腎皮質の束状帯と球状帯で合成されるステロイドホルモン*で，糖質やタンパク質の分解を促進する作用をもつ．ストレス内分泌を制御する HPA 軸の最終生理活性物質であり，下垂体からの副腎皮質刺激ホルモン*によって合成が制御されている．生体の恒常性維持

のためのストレス*反応の中心的な役割を担っており，ストレスがかかるとグルココルチコイドの合成・分泌が一過性に高まる．副腎を摘出されて内因性のグルココルチコイドをもたない動物は，ストレスに弱くなり，軽度のストレス条件下でも容易に死に至る．一方で，高濃度のグルココルチコイドは神経細胞死をひき起こすことが知られている．特に海馬ではグルココルチコイド受容体が豊富で感受性が高く，強度のストレス刺激により高濃度のグルココルチコイドに長時間さらされた脳では多数の神経細胞死による海馬の萎縮がみられる．このことは長期ストレスによる記憶障害，認知障害とかかわることが知られる．

グルココルチコイド受容体［glucocorticoid receptor, GR］　グルココルチコイド*と結合して作用を発現する受容体でⅠ型とⅡ型がある．リガンド非結合時には細胞質に存在する割合が高いが，結合後は核内に移行して転写調節因子として働く（核内受容体）．ミネラルコルチコイド*にも結合し，それぞれの分子に対する選択性に違いがあるⅠ型はミネラルコルチコイドと高い親和性を示すのでミネラルコルチコイド受容体とよばれ，Ⅱ型はグルココルチコイドと高い親和性を示すため狭義のグルココルチコイド受容体とよばれる．Ⅰ型の受容体はミネラルコルチコイドだけでなく低濃度のグルココルチコイドでも十分に作用を発現するため，血中グルココルチコイド濃度が低い安静時におもに機能している．一方，Ⅱ型受容体はストレス時などの血中グルココルチコイド濃度が高い条件下で重要になると考えられている．生体内の組織に広く分布しており，脳内にも豊富に存在する．グルココルチコイド受容体の長期的な高い活性化はうつ病や認知障害の原因と考えられている．また幼少期のストレス状態，母から受けた母性行動の良し悪しでもエピジェネティックな発現変化が認められる．

グルタミン酸［glutamic acid］　脳の情報伝達における主要な神経伝達物質*として働く興奮性アミノ酸．中枢神経内に豊富に存在する．シナプスの35～40%がグルタミン酸を神経伝達物質として用いているといわれる．神経細胞内でグルタミン酸合成酵素によってグルタミンから合成されて小胞に蓄積され，神経の興奮時に神経終末からシナプスに放出される．グルタミン酸は受容体をもつ神経細胞に対し興奮性に働くが，過剰に放出されたグルタミン酸は神経細胞死をひき起こす．脳出血などの神経細胞死はこれにあたる．動物実験では少量で神経の興奮誘起に，多量で脳内の限局的な破壊に利用する．グルタミン酸はうま味調味料の主成分と同一の物質であるが，経口的に摂取しても，血液脳関門（blood-brain barrier）にさえぎられて，神経細胞に届くことはない．しかし脳内の神経伝達物質と同じであるという理由から，かつて"頭の良くなる成分"として粉ミルクに加えて販売されたことがある．抑制性伝達物質の一つGABA（γ-アミノ酪酸*）の名を冠した食品と同様，脳科学に便乗した商品であって，意義はない．

グルタミン酸受容体［glutamate receptor］　グルタミン酸*をおもに受容する受容体で，グルタミン酸の結合による構造の変化でイオンチャネルが開口して膜電位が反応するイオンチャネル共役型受容体と，Gタンパク質を介してグルタミン酸の情報を伝達する代謝型受容体に大別される．イオンチャネル型はさらにNMDA（N-メチル-D-アスパラギン酸）型，AMPA（α-アミノ-3-ヒドロキシ-5-メチル-4-イソオキサゾールプロピオン酸）型，グルタミン酸型に分けられる．脳内に広く分布しており作用も多岐にわたるが，近年シナプス可塑性や記憶*・学習*に果たす役割が注目されている．また，NMDA受容体の異常が認知症の発症に関与しているという仮説もあり，NMDA受容体の拮抗薬が臨床で利用され始めている．

グールド　GOULD, Stephen Jay　1941. 9. 10～2002. 5. 20　古生物学者．陸産貝類を主たる研究対象とした．コロンビア大学を卒業後，ハーバード大学比較動物学博物館に入り，死ぬまでアレクサンダー・アガシ教授職にあった．古生物学者N. Eldredge*とともに1972年に提唱した断続平衡説*は，古生物学の知見に基づく新たな大進化理論として提唱された学説で，大きな論争を巻き起こした．科学史ならびに科学哲学にも通じていたGouldは，現代進化論の思想史的基盤を常に考察し続け，『個体発生と系統発生』（1977年，邦訳1987年）など生物学と生物学史を結びつける数多くの専門書を出版した．個体レベルや遺伝子レベルの自然選択のみに基づく進化学に対しては常に批判的で，遺著となった『進化理論の構造』（2002年）では階層的に拡張された自然選択理論の必要性を強調した．それと同時に，アメリカ自然史博物館の雑誌 Natural History 誌において科学エッセイの記録的な長期連載を達成した．これら

の連載はつぎつぎと単行本化され，米国内で多くの一般読者を獲得した（『ダーウィン以来』，『パンダの親指』など，そのすべてに邦訳がある）．さらに，創造説論争，IQ論争，優生学問題などの社会問題にも積極的にかかわった．

グループ［group］　進化生物学における，群選択*の単位となる個体の集合のこと．ふつう個体と種の間の階層にあたる同種個体の集合である**家族集団**(family group)，**群れ***，**個体群**(population)，社会性昆虫*のコロニー*などをさす．メンバーの固定性，遺伝的類似性，境界の明確さや機能的統合の程度などに関連し，これらグループを自然選択*の単位とみなすべきかどうかにはさまざまな見解があるが，群選択の理論上はグループは任意に定義できる．この自由さは生物学的な階層についても同様で，個体を細胞や遺伝子のグループとしたり，群集を種や個体のグループとするなど，個体と種の間の階層以外にもグループの概念を当てはめる場合もある．これとは別に進化生物学では，構成メンバーの適応度に非加算的な影響を与えるメンバー間相互作用(相乗効果)を**グループの効果**(group effect)とよぶことがある（たとえば，モリバトでは群れが大きいほどより離れたところから捕食者であるタカを見つけ逃げることができる）．ロボット工学などのバイオミメティックス(生物模倣学*)関連分野では，グループは多少とも協調的に行動する個体の集合と定義され，この場合は鳥類の混群*のように異種個体を含む場合がある．このようなグループの機能がいかに創発するのかに関する至近的メカニズムが研究上の焦点である．

グループ選択［group selection］　＝群選択

グループ動員［group recruitment］　⇌ 動員行動

グループの効果［group effect］　⇌ グループ

グルーミング［grooming］　毛づくろい，身づくろいともいう．体表の手入れをする行動．ヒトを含む哺乳類から昆虫まで広くみられる．機能は多義的で，シラミやダニなどの外部寄生虫や体表の汚れを除去する衛生的な機能，緊張や興奮をしずめる生理的な機能，他個体とのきずな*をつくったり，敵対的交渉の後に和解をするために行うといった社会的な機能があるとされる．実際の動作は種によってさまざまである．たとえばニホンザルなどの真猿亜目では，手や指を使って体毛をかき分け指や口でシラミの卵などを取除く一連の動作のことをさす．ハツカネズミなどの齧歯目やインパラなどの偶蹄目，チャイロキツネザルなど原猿亜目の一部では，櫛状に特殊化した下顎の切歯で体毛をすく動作をグルーミングとよぶ．また，ネコは舌を使ってなめ，ウマは上顎の切歯を使う．昆虫では脚を使って自分の触角，頭部，翅，脚などをこする．ミツバチは他個体についたダニを咬んで取除く．自分の体に対して行うものを**自己グルーミング***，他個体の体に対して行うものを**社会的グルーミング***とよぶ．同様の行動に，鳥類でみられる羽づくろい*や鯨類でみられるラビング*がある．他個体に対して行う場合は，相手が同種であることがほとんどであり，異種に対して行うことはまれである．

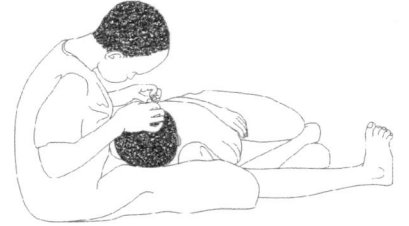

ヒトのグルーミング

クレイシ［crèche］　鳥類のコロニー(集団繁殖地)で，雛たちが1箇所に集まって形成される保育集団のこと．この集団をクレイシ(crèche，仏語で保育所の意)とよび，ペンギン類(アデリーペンギン［図］やコウテイペンギン)，フラミンゴ類，アジサシ類などでみられる．クレイシは血縁，非血縁に関係なく形成される．雛が集まることの利点は群れを形成する利点と同様であり，親は原則として自分の子以外に給餌などの世話をすることはない(自分の子以外の世話をする個体がいる協同繁殖*とは区別される)．

寄り集まってクレイシ(保育所)を形成するアデリーペンギンの雛．

グレイン・フィーダー［grain feeder］ ⇌ 給餌器

クレーター錯視［crater illusion］ 二次元的な図形特徴に基づく物体の奥行き（凸凹）の知覚が，図形を上下逆転することによって反転する現象．K. von Fieandt は 1949 年，立体感や奥行きの知覚が，両眼視差や運動視差によってだけではなく，片眼だけ動かずに見ているときでも二次元的図形特徴に大きく依存することを報告した．図に示した二つの写真はまったく同じものであるが，左に示した図ではへこんで（凹に）知覚されるが，上下逆転するだけで出っ張って（凸に）知覚される．壁面に立てて上から照明を当てると，凹面の上には影が生じ下は光が当たって明るい．同様に，凸面の上は明るく下には影ができる．ヒトの視覚系はその履歴（進化的背景と個体発生の過程）を通して，この単純な光学的な一般則のもとにさらされてきたため，蓋然性のより高い知覚像を選び取るように進化的選択圧を受けてきたと議論されている．（⇌ サッチャー錯視，相貌失認）

左右の写真は同じものを上下にひっくり返しただけである．しかし，左は凹んで見えるが，右は凸に見える．

クレブス KREBS, John Richard 1945. 4. 11〜 N. B. Davies* とともに，英国における行動生態学の創始者の一人．1970 年にオックスフォード大学で理学博士号を取得した後，カナダのブリティッシュコロンビア大学に移ってアオサギの採餌生態を研究し，その後，オックスフォード大学に戻った．鳥の行動生態学者で，シジュウカラ* をおもな材料とした採餌理論* やさえずり* の進化の研究で有名である．特に E. L. Charnov とともに最適採餌理論* を発展させたことは大きな業績といえる．そのほか群れの効果としての情報センター仮説* の検証，警戒声の利他的性質の問題，シジュウカラのさえずりのレパートリー* の意味についての仕事など，研究にスマートな野外実験を取込んだ彼の論文は，現在でも多くの研究者に引用されている．Davies との共著になる論文集『Behavioural Ecology: An Evolutionary Approach』（1978 年）と『行動生物学を学ぶ人に（An Introduction to Behavioural Ecology）』（1981 年，邦訳 1984 年）は行動生態学の世界的教科書として版を重ね，世界中で生態学を志す学生に広く読まれている．最近は研究分野を神経生物学の方へ移し，鳥のさまざまな能力が脳のどの領域と結びついているのかを含め，鳥の記憶能力などについての神経行動学的な仕事をしているが，こちらの分野での評価はまだ定まっていない．2000〜2005 年まで英国食糧標準庁の初代長官，2007 年にはオックスフォードのワイタムの森（シジュウカラの調査地）の男爵に任命された．現在はオックスフォード大学ジーザスカレッジの学長を務めている．

グロージャー則［Gloger's rule］ 一般に同種，近縁種間で温暖湿潤な地域に生息しているものは，冷涼乾燥な地域のものよりも，体色が濃くなる傾向があること．1833 年にドイツの鳥類学者 C. W. L. Gloger が提唱した現象．グロージャーの規則ともいう．フクロウ類を例にすると，冷涼なツンドラ地帯で繁殖するシロフクロウは白色の羽衣をもっている．熱帯に生息する小型のフクロウの多くは濃色である．また北海道に生息するフクロウは九州に生息するものより白く見える．この法則を支持する傾向が認められる一方で，メンフクロウは中緯度帯に広く分布しているが気温や湿度に対応した地理的勾配（クライン*）を示さない．この規則を説明する機能については不明な点が多い．

グロージャーの規則 ［Gloger's rule］ ＝ グロージャー則

黒田亮（くろだ あきら） 1890. 1. 30〜1947. 1. 5 心理学者．1914 年に東京帝国大学を卒業し，1920 年 8 月に新潟高等学校に移ってから動物実験を始めた．脊椎動物のうちでも爬虫類や両生類，さらには魚類の聴覚に関心をもち，これらの種における聴覚の存在を呼吸の変化を記録することによって検証した．これらの研究は海外の Journal of Comparative Psychology 誌に 2 編，Comparative Psychology Monographs 誌に 50 ページのレビュー論文として掲載された．留学経験がないにもかかわらず，カニクイザルの研究も加えて，海外の学術誌に 4 編もの英文論文が掲載された．1926 年

からは朝鮮半島にあった京城帝国大学法文学部に赴任し，1942年に退職するまで精力的に実験研究を行った．主著の一つの『勘の研究』(1933年)はこうした実験研究の体験の中から生まれたものである．また，1939年に発表されたサルの音源定位*の研究は世界に先駆けたものであるといわれる．主著に『動物心理学』(1936年)があり，これは戦前の比較心理学の集大成である．

クローン［clone］　無性生殖*などの増殖により生じた，遺伝子組成がまったく同一である個体や個体群，細胞，DNA*をいう．植物では挿し木・接ぎ木により生じた植物体，動物では単為生殖するアブラムシの母子，分裂で増えたヒトデの分身など．また植物体細胞を培養して生じた細胞塊（カルス）から再生した植物体はクローンである．分裂によって増える微生物や，動物の培養細胞など，単一の細胞から分裂により生じた細胞集団もクローンである．動物においては発生工学の進歩により，人為的なクローンの作製が可能になった．受精卵から分裂した初期段階の細胞の核を，除核した未受精卵に移植すると，遺伝子組成が同一のクローンを作出できる．これを受精卵クローンとよぶ．1996年，受精卵のような未分化の細胞ではなく，体を構成する分化した細胞の核を除核未受精卵に移植することによる体細胞クローンの作出に成功し，クローンヒツジ"ドリー"が誕生した．一卵性双生児もクローンである．遺伝子レベルでは，あるDNA断片の分子集団を(DNA)クローンとよぶ．遺伝子組換え技術により，DNAの特定の領域を自己増殖可能なクローニングベクターに組込み，大腸菌などの宿主細胞に導入，培養して増やし，DNAクローンを得ることができる(DNAクローニング)．得られた大量の均質なDNAを用いて，含まれる遺伝子の機能解析など，さまざまな研究に用いることができる．

軍拡競争［arms race］　軍拡競走とも書く．**進化的軍拡競争**(evolutionary arms race)ともいう．2種以上の生物の間で，相手側の形質(表現型)に対する対抗適応が繰返され，それぞれの種の形質が"軍備拡張的"に進化を続ける過程．共進化*とよばれる現象のなかでも，形質のサイズや強度がしだいに大きくなる拡張型の事例をさす．もともとは政治学の用語である．かつて米国とソ連の間で繰広げられた核開発競争のような過程を，生物種間の共進化過程に当てはめたものである．軍拡競争を起こしうる形質は，物理的なもの("矛"と"盾"の関係など，図)や化学的なもの(被食者がもつ毒と捕食者の耐性など)に限らず，行動に関連するものがある．たとえば，カッコウは宿主となる鳥類の巣に宿主の卵に似せた卵を産むが，宿主側に働く自然選択*によって，やがて識別されてしまうようになる．そのため，カッコウの卵の形態や模様と，宿主の識別能力の間で軍拡競争が起こってきたと考えられている．いったん軍拡競争が始まると，相手の形質が時とともに変化(進化)するため自身も進化を続ける必要に迫られる．

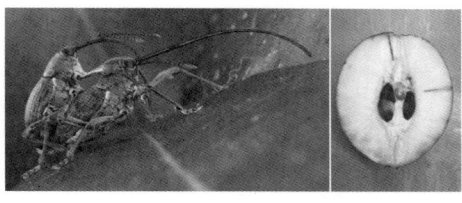

ツバキシギゾウムシの雌(左図下)は雄(左図上)に比べて圧倒的に長い口吻をもつ．この長い口吻は，寄主植物であるヤブツバキの果実(右図に断面図)に穴を開け，中の種子に産卵するために進化した形質である．"矛"である雌ゾウムシの口吻と，"盾"であるツバキの果皮(種子を囲む部分)で軍拡競争が進行し，長い口吻と厚い果皮が進化してきたと考えられている．

群居性［group living］　⇌ 群れ生活
群生相［gregarious phase］　⇌ 相変異
群選択［group selection］　群淘汰，集団選択，グループ選択などともいう．集団内の個々の個体の適応度の差ではなく，集団の絶滅率や増殖率の違いにより生じる自然選択圧またはそれによる進化のこと．この考えを数理化したものを群選択モデル*という．たとえばタビネズミにみられるような密度増加に伴う移動など個体適応度上のコストを伴う利他的行動は，個体でなく集団の利益のため進化したとする群選択説は1962年にV. C. Wynne-Edwardsによって明言されたとされるが，実はそれ以前にも厳密な議論がないまま生物学者の間ではよく受入れられた考えだった．しかし，G. C. Williams*が1966年の著書『適応と自然選択』のなかで，個体の世代交代が種などの集団の交代(絶滅と移住で起こる)より圧倒的に速いことを理由に，群選択による進化が拮抗する個体選択を乗り越えて進むことはないと主張して以来，行動生態学者の間では群選択は誤った考えとして

いったんは退けられた．しかし，1970年代中頃からその妥当性が再検討され始めた．ここでの群（グループ）は種や個体群のような大きなものから家族のように小さなものや一過性のものまで幅広い．また群選択が働く機会を絶滅に限定せず，群れの個体数増加も加味している点などが特徴的である．群選択の論客の D. S. Wilson* は，個体が一生の一時期に群れをつくりそこでの相互作用が個体の適応度を左右する状況を想定した新しい群選択モデル（形質グループ群選択モデル trait group selection model）を提唱し，群選択で利他行動が進化しうることを示した．しかしこれは血縁選択*と同じであるゆえに不要な概念であるとする意見もあり，現在も議論が続いている．数理的には同じ現象（集団構造下での個体間相互作用）が血縁選択モデルでも群選択モデルでも記述できることがわかっており，ある進化現象が血縁選択か群選択かという論争は，データにより経験的に実証できる類のものではないことも多い（→選択のレベル）．

群選択モデル［group selection model］　群選択*による進化機構を理論モデル化したもの．さまざまなものが提唱されているが，通常は同種の集団（個体群，デームともよぶ）が内部で複数の小集団にさらに分割される状況を仮定する．混乱を避けるためここでは全体をメタ集団（metapopulation），それを分けたものを分集団（subpopulation）とよぶ．群選択モデルの焦点は，分集団内の遺伝子頻度が分集団の絶滅率や増殖率の違いをもたらすとき，それがメタ集団全体の遺伝子頻度にどう影響するかの解明である．利他性の進化の文脈では，利他的な個体は分集団内の個体選択では不利だが，利他的個体の頻度が高い分集団ほど絶滅率が低いかあるいは増殖率が高いと仮定される．群選択モデルの分析結果は，分集団がいかに形成されるのか，分集団の寿命は個体の寿命より長いのか短いのか，メタ集団の個体数調節がいつどのように起こるのかなどの仮定に大きく影響される．一般に分集団間の遺伝的変異が分集団内の遺伝的変異に比べ大きいほど群選択による進化が起こりやすいが，この遺伝的変異の比率（分集団間/分集団内）は，血縁度とふつう正の相関関係がある．新しい分集団の形成様式については，各分集団から分散した個体がメタ集団でいったんプールされた後で新分集団に再配置されるとする移住個体プールモデル（migrant pool model）と，新分集団は同じ分集団出身者から形成されるとするむかごモデル（propagule pool model）があるが，後者の方が親分集団の遺伝的特徴を子分集団が継承しやすくなるため，分集団間の遺伝的変異は上昇しやすい．移住個体プールモデルにおいて群選択が強く働くための条件は，新分集団を構成する創設者個体数が少ない，遺伝的に似た者同士がグループを組みやすいなどがある．個体と分集団の寿命については，個体が各分集団に一生のうち一時的に所属するとするデーム内群選択モデル（intrademic model）に対し，個体の寿命が分集団の寿命よりずっと長いものをデーム間群選択モデル（interdemic model）とよぶ．特にデーム内群選択モデルでは，どんな遺伝子頻度の分集団に属すかで同じ遺伝子型であっても適応度が変化してしまう**群れの効果**（group effect）が議論の焦点である．一方，個体数調節が各分集団内で起こる状況を**緩い選択**（soft selection），メタ集団全体で起こる状況を**激しい選択**（hard selection）とよぶが，分集団の絶滅がなければ前者においては分集団間の遺伝子頻度の変異にかかわらず群選択の働く余地はなくなり，利他行動は進化しない．血縁選択の働きを阻む**集団の粘性**（population viscosity）とはこの状況をさす．群選択を定量する方法に G. R. Price* の共分散分割法が，群の効果を定量する方法にはコンテクスト分析（contextual analysis）がある．

群知能［swarm intelligence］　比較的単純な個体の集団が，個体同士あるいは環境との相互作用によって，個体単体では実現できない高度な秩序や機能を自己組織的に発現すること．ただし，厳密な定義はなく，"単純""高度"が示す意味も曖昧である．個体集団によってつくり出される秩序や機能に対する用語であり，いわゆる"知能"とは性質の異なる概念である．例として"魚の群れ"や"アリの採餌行動"があげられる．前者は，個体間の単純な相互作用から集団の秩序だった構造や行動が発現する例である．後者は，個体間の相互作用によって秩序や行動が発現されることに加え，それが改めて個体のふるまいに影響を与えるといった相互依存関係になっている例である．群知能は人工知能*やロボティクス*などの工学分野で使用される用語であった．この言葉を最初に使った G. Beni は群知能をロボティクスの文脈で以下のように説明している．"N 台のロボットが分散的かつ非同期的に作業しているシステムにおいて，N がその臨界値 $N_c(>1)$ より大きい場合

にのみシステム全体が有効な機能を示す．これが群知能の基本的な特性である．"これは物理学における"相転移現象"にも通じる見方であるが，前述したように，生物の行動に多く見いだすことができる．生物の群れ，社会性昆虫の集団行動などが例としてよく取上げられるほか，細胞内ネットワークや脳の高次機能なども"群知能"とみなすことができる．（⇌集合知）

群淘汰［group selection］＝群選択

群　飛［swarming］　　昆虫や鳥が多数群れて飛翔すること．昆虫では，1) アリやシロアリなどの社会性昆虫のコロニーから多数の雄と雌の有翅虫（羽アリ）がいっせいに飛び立つ現象（婚姻飛行*）．2) ミツバチなど真社会性*のハチの一部でみられ，女王が多数のワーカー*を引き連れて元のコロニーから分裂し，新たなコロニーが形成される現象（分封*）．3) カゲロウなどの水生昆虫が交尾のために集団で飛翔すること．ユスリカの雄成虫は集団で雌を待ち伏せするレック*を形成する（いわゆる蚊柱*）．4) ワタリバッタ類，オオカバマダラなどが集団で大移動する現象．ワタリバッタ類では，幼虫期の高密度によって群生相（⇌相変異）がひき起こされ，大集団を形成して長距離移動する（飛蝗）．鳥では，ツバメやムクドリがねぐら*に入る前に何百，何千もの群れがいっせいに舞い上がって渦を巻くように旋回してまたねぐらに収まる．この行動も群飛ということがある（⇌集団顕示行動）．

訓　練［training］　　反復練習により一定の行動反応を身につけること．動物では通常，人間からの指示に従って望ましい行動をとらせるため，あるいは実験心理学の研究における手続きへの訓化のために行うが，たとえば野生に戻すために狩猟技術を向上すべく練習することも訓練に含まれる．イヌでは，飼い主が"座れ""伏せ""待て""来い""付け"などをイヌに指示する服従訓練が一般的に行われ，これにより問題行動が予防あるいは治療できるという認識が広まっている．訓練を行う際は，学習理論*における正の強化*（望ましい行動に対して報酬*を与えることにより，その行動の発現頻度が高まる）に基づくことが勧められるが，正の弱化*や負の強化*を使用する方法もいまだに多く使われている．特に複雑な行動を訓練する場合は反応形成*の手法を用いる．

訓練の転移［transfer of training］　　一般に，ある学習訓練が別の学習訓練へ影響を与える場合に訓練の転移，特に促進的な影響の場合には正の転移（positive transfer）とよぶ．刺激の弁別*や技能の学習などでみられる．たとえば，オペラント実験箱*内でハトに図形の弁別訓練を行うとする．ハトは円の場合はつつき，楕円の場合はつつかなければ餌粒がもらえる．円と楕円を十分に弁別できるようになった後，正方形と長方形の弁別訓練に移行する．完全な転移が起きたならば，移行後の訓練でも移行直後から円の場合に匹敵するほど正確に弁別するであろう．これは，刺激がともに図形の縦横比の次元に関係すること，あるいは，どちらも縦横比の弁別訓練であったという随伴性*が共通していることで生じると解釈される．また，転移をより積極的に利用して訓練を円滑に行う技法は溶化手続き*とよばれている．（⇌刺激般化）

訓練用具［training device］　　訓練*を行う際に，補助的に使われる用具をさす．イヌでは，服従訓練や散歩時に使えるさまざまな商品が開発されている．たとえば，チョークカラーという鎖を用いた首輪は，イヌがリードを引っ張ったりイヌの望ましくない行動に対し飼い主がリードを引くことで首輪が締まり，"付け"をしたり飼い主がリードを引くのを中止すれば首輪は緩む．つまり負の強化*に役立つ首輪だが，使用法を誤ると咽喉や咽頭，視覚を損傷するリスクがある．ジェントルリーダー（図）は，顎の下あたりにリードをつなげることにより，マズル（母イヌが子イヌを叱る際にくわえる部位）と首の後ろ（耳に近い高い位置，母イヌが子イヌを運ぶ際にくわえる部位）に力がかかるため，自然なイヌと同じ方法で罰することができ，かつ落ち着きやすくなる．また，リードを引くとイヌは飼い主の方を振り返るので，

ジェントルリーダー

コミュニケーションをとりやすい状態になる．正しい装着が必須であり，使用初期は馴らしが必要なことも多い．そのほかウマでは負の強化のためのムチ，イルカやアシカなどではトレーナーに対する注意を向けるためのターゲット棒（鼻先に向ける）がよく用いられる（→プロンプト［図］）．

群ロボット［swarm robotics］　ロボットの集団を協調的に動作させることで複雑な課題に対応するロボット研究の一分野である．この際に，個体のロボットの機能が単純であるかは問題にならない．この分野では，ロボットシステムの拡張性が重要視されており，膨大な数のロボットを実際の環境下に投入しても全体のシステムとして，目的のタスクを解決できることが求められる．無限のロボットを同時に動作させると，無線帯域の問題からロボット間の個体間通信を無線技術で実現することができない．そこで，ロボットにアリのフェロモン・コミュニケーションのように環境に情報源を残す間接的コミュニケーション機能を導入することで解決できないかが研究されている．この研究分野の共通した課題として，設計対象はロボット個体であるが，評価対象が群れのパフォーマンスであるというギャップ問題が指摘されている．

ケ

系 [line] ＝系統(2)
警戒音 [alarm call] ＝警戒声
警戒色 ⇌ 警告色
警戒信号 [alarm signal, warning signal] 動物が危険を感知し，警戒した際に発する信号*．視覚刺激や聴覚刺激，嗅覚刺激が含まれる．警戒信号はふつう捕食者*の出現に対して発せられるが，一部の動物では寄生者*など他の天敵に対しても発せられる．警戒信号は，社会性*を発達させた動物においてよく発達している．たとえば，多くの鳥類や哺乳類は捕食者を発見すると警戒の鳴き声(警戒声*)を発する．群れ*の仲間は警戒声を聞くことで，捕食者の存在に気づき，適切な回避行動をとることができる．また，社会性昆虫*であるミツバチは，天敵による妨害を受けると警報フェロモン*を発し，ほかのミツバチの攻撃行動を促すことが知られている．警戒信号は，ときに天敵そのものにメッセージを伝える信号としても機能する．たとえば，トムソンガゼルはブチハイエナなどの捕食者を見つけると逃げずにその場でジャンプする(跳び跳ね行動*)．この行動は捕食者に対して自身の逃避能力を誇示するもので，捕食者に追跡をあきらめさせる効果をもつ．

警戒声 [alarm call] 警戒音，警告声(warning call, 警告音)ともいう．被食者が捕食者*に遭遇した際に発する特徴的な鳴き声．社会性を発達させた鳥類，哺乳類でみられる．捕食者との遭遇時に音声を発することは，信号発信者にとってコスト*であるようにみえる．しかし，子を守ったり，群れの中での血縁を守ったりすることによって，この行動は行為者に適応度上の利益をもたらす．飛翔中の猛禽類に対する典型的な警戒声は"スィー"もしくは"ヒィー"と聞こえる音声で，5～7 kHzと周波数帯の狭い構造になっており，この特徴は系統関係にかかわらず，広い分類群で類似する．一方，捕食者を追い払おうとする(モビング*)際に発する警戒声の音響構造は種によってさまざまである．警戒声は単に捕食者の接近を知らせるだけでなく，捕食者の種類や距離，行動に関する複雑な情報を伝達する(図)．さらに，これらの情報は同種のみならず，共通の捕食者によって捕食される他種によってもしばしば利用され，捕食回避*に役立てられる．(⇌ 見張り行動)

経験への開放性 [openness to experience] ⇌ 気質

警告音 [warning call] ＝警戒声

警告刺激 [warning stimulus] 回避学習*の実験場面において，電気ショックの到来を被験体に信号するために，電気ショックに先行させて与える弁別刺激*．通常，ランプの点灯・消灯によって規定される視覚刺激やブザー音などの聴覚刺激が用いられる．古典的条件づけ*の用語法に従えば，警告刺激は，電気ショックという無条件刺激*に先行対提示される条件刺激*ということになる．

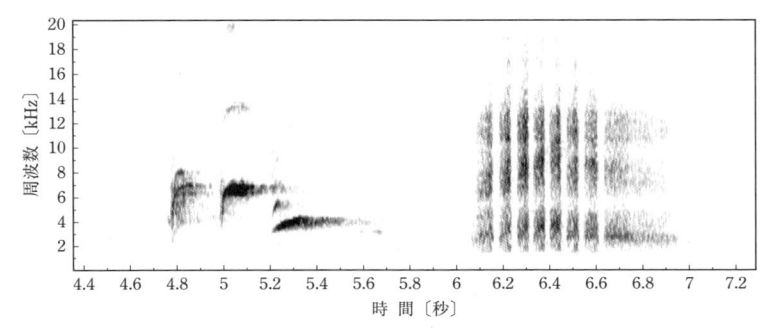

シジュウカラの2種類の警戒声．捕食者の種類に応じて鳴き声の波形を変え，その情報を伝えている．カラスに対する警戒声(左)とヘビに対する警戒声(右)．

警告色［aposematic coloration, warning coloration, aposematism］　捕食者にとって有害,あるいはひどく味の悪いような防御(以下,"まずい"とよぶ)を備えた被食者は,しばしばよく目立つ体色をしている.ハチやドクチョウ,ヤドクガエルの仲間などにみられる,赤や黄色と黒の組合わさった体色パターンが典型的な例である(図).

黒と黄色が派手なキオビヤドクガエル.毒をもつヤドクガエルの仲間は鮮やかな体色で,捕食者に自身の"まずさ"を知らせている.

このような体色が,捕食者に対する一種の**警告信号**(warning signal)であると最初に指摘したのはA. R. Wallace*で,1866年にC. R. Darwin*からの手紙に答えて提唱した概念.のちにE. Poultonがこの現象をaposematismと名づけた.**警戒色**と訳されることもあるが,本来の意味からするとあまり望ましくない.一般に捕食者は,採餌経験によってさまざまな餌の質を学習する(条件づけ*).警告色の被食者に対しては,その過程でそのまずさ(無条件刺激*)と体色(条件刺激*)とを連合学習*し,やがて体色を見ただけで避けるようになる.目立つ体色は地味な場合に比べて捕食者に見つかりやすいけれども,捕食者によるまずい餌の学習はより速やかに起こり,連合記憶*も持続しやすい(消去*が起こりにくい).そのうえ,他の被食者との識別(弁別*)もしやすいことから,質の高い別の被食者と取違えて食われる確率も低くなることが実験的に明らかになっている.また,上述の典型的な警告色パターンに対して,生得的に忌避反応を示す捕食者もいる.警告色は捕食回避*に有利なため,実際には防御形質をもたないにもかかわらず,他種の警告色を模倣する生物もよくみられる(ベイツ型擬態*).一方で,隠蔽色*から警告色がどのようにして進化してきたのかを説明するのは容易ではない.警告色は,それをもつ個体の数が増えるほど各個体の被食リスクが低下する(正の頻度依存選択*).しかし,進化の初期においては,隠蔽色の集団に生じた警告色の変異体は数が少ないためにこの効果は弱く,逆に体色が目立つために捕食者に発見されやすいという不利益の方が上回ってしまう.したがって,変異体が集団内に広がるためには,個体数がこの不利益を上回る値(閾値)を超える必要があり,そのためには何らかの特別なメカニズムが必要になる.おもなものとして,血縁選択*を介した包括適応度*の増加,捕食者の新奇恐怖*による被食リスクの一時的低下,遺伝的浮動*などによる偶然の個体数増加,などがあげられる.(⇄古典的条件づけ,生得的行動,ミュラー型擬態,種内擬態)

警告信号［warning signal］　⇄警告色
警告声［warning call］　＝警戒声
警察行動［policing］　取締まり,ポリシングともいう.群れで生活する動物において,群れのメンバーが利己的にふるまわないよう監視や妨害をする行動や性質のすべて.たとえば,ブタオザルでは群れ内の特に若い個体の間で頻繁にけんかが生じるが,多くの場合,大人の個体が当事者の間に立ちはだかるなどして制止される.警察行動により,必ずしも血縁度が高くない個体間で,協力行動や利他行動が血縁選択*を通し進化するとされている.処罰*と似た概念だが,処罰は利己的行動*を起こした個体の再犯防止がその機能であるのに対し,警察行動は利己的行動の未然防止も含む概念である.警察行動が進化するには行為者の包括適応度*を向上させる必要があるが,直接的適応度の上昇にはつながらない場合だけを真の警察行動とみなす,すなわち警察行動は"弱いスパイト"行動(⇄意地悪行動)であるとする考えが一般的である.ワーカーが他のワーカーが産んだ卵を破壊したり,卵巣を発達させたワーカーを攻撃するといった,社会性ハチ目昆虫のワーカーポリシング*行動はよく知られた実例であるが,実際ミツバチなどでは自分自身では産卵しない個体がこれを行う.これはふつう優位個体が劣位個体に対して行う順位行動とは異なる(⇄社会的抑制).社会性昆虫の研究分野では,警察行動は"他個体の直接繁殖に対する妨害"と定義されることもある.この定義では,親による操作*,優位性攻撃行動*,処罰など,行為者の直接適応度の上昇につながる行動も含む概念になるが,社会性昆虫の研究以外では本定義の採用はまれである.

計算性脳地図［computational map］＝中枢性脳地図

計算論的神経科学［computational neuroscience］⇌ 混信回避行動

計時［timing］　時間を計ること．計時能力は多くの動物にとって生存に不可欠のものであり，無駄な行動を省き，効率的に行動することが可能となる．たとえば，飼育下の動物に5分間隔で餌を与えると，動物は餌が与えられてからしばらくの間は餌場以外の場所を巡回・探索し，5分近くになると餌場に近づいたり，唾液を流したりするようになる．なお，動物がもつ体内時計の一つとして概日リズム*がよく知られているが，概日リズムは1日の"時刻"に関するものであり，計時はそれよりも短い"間隔時間"の認知である．（⇌ 時間弁別，ピーク法，時間条件づけ，行動的計時理論）

継時遅延見本合わせ［successive delayed matching-to-sample］　遅延見本合わせ*課題の中でも特に継時遅延見本合わせとよばれる課題では，遅延時間の後に，第二の刺激として単一の比較刺激が一定時間提示される．たとえば赤の見本刺激への反応（観察反応）の後に赤，緑の見本刺激への反応の後に緑が提示される一致試行では，比較刺激提示中の反応が強化される．赤の見本刺激の後に緑，緑の見本刺激の後に赤が提示される不一致試行では，比較刺激提示中の反応は強化されない（消去*）．図は比較刺激の提示時間が10秒の継時遅延見本合わせの例である．訓練が進むと，一致試行の比較刺激への反応数が増加し，不一試行の比較刺激への反応数が減少する．すべての比較刺激提示中の反応数に対する一致試行での反応数の割合（弁別率）が弁別*の指標として用いられる．見本と合う比較刺激を選択させる一般的な遅延見本合わせと比べて，比較刺激提示位置の偏好による効果を受けない．

形　質［trait］　⇌ 表現型

形質グループ群選択モデル［trait group selection model］　⇌ 群選択

形質傾斜［morphological cline］＝クライン

形質置換［character displacement］　近縁の2種の分布域が一部で重なっている場合に，2種が共存する地域では，2種間の形質の差が大きくなり，一方それぞれの種が単独で分布する地域間では，2種間の形質の差がより小さくなる現象．形質置換は二つのタイプに分けられる．一方は，限られた資源，特に，食物をめぐる種間競争を避けるための適応として種間差が増大した場合で，これを**生態的形質置換**（ecological character displacement）とよぶ．これに対して，種間交雑を避けるための適応として，共存域において繁殖にかかわる形質の種間差が増大した場合を**生殖的形質置換**（reproductive character displacement）とよぶ．後者は，生殖隔離の強化とよばれることもある（⇌ 生殖隔離の強化説）．形質置換は，W. L. BrownとE. O. Wilson*によって初めて明確に主張され（1956年），その後，数多くの事例が鳥類，肉食性哺乳類，両生類，魚類で見いだされてきた．生態的形質置換の例として，カナダ産のイトヨ種群では，近縁な2種が共存する湖では，湖面近くで摂食する種と湖底で摂食する種に分かれる（図）．湖面生息種は，動物プランクトンを摂取し，小型でほっそりしており，鼻が突き出している．一方，湖底生息種は，湖底や水草上の無脊椎動物（ヤゴなど）を捕食し，大型でがっしりしており，鼻は突き出さない．両者の交雑個体（ハイブリッド）は

(a) 一致試行

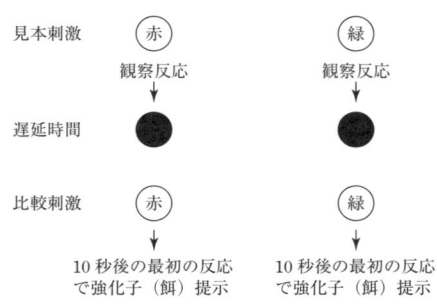

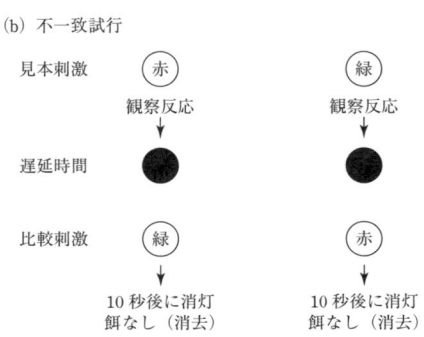

見本刺激　赤　　　　　緑
　　　　　↓観察反応　↓観察反応
遅延時間　●　　　　　●
比較刺激　赤　　　　　緑
　　　　　↓　　　　　↓
　10秒後の最初の反応　10秒後の最初の反応
　で強化子（餌）提示　で強化子（餌）提示

(b) 不一致試行

見本刺激　赤　　　　　緑
　　　　　↓観察反応　↓観察反応
遅延時間　●　　　　　●
比較刺激　緑　　　　　赤
　　　　　↓　　　　　↓
　10秒後に消灯　　　　10秒後に消灯
　餌なし（消去）　　　餌なし（消去）

比較刺激提示時間10秒の継時遅延見本合わせ課題の例．最初に提示される色が見本刺激であり，そのキーに次に提示される色が比較刺激である．

非適応的で，選択を受ける．一方，それぞれの種が単独で生活する湖の集団は，中間的な形態を示し，種間差は小さい．形質置換の事例とされたものには，その後の研究で厳密な再評価が必要とされたものも多い．

湖面生息種(動物プランクトンを食べる)

湖底生息種(ヤゴなど無脊椎動物を食べる)

カナダ産のイトヨ．同じ湖に共存する2種は，湖面と湖底に分かれ，それぞれの餌に応じた形質を進化させた．

継時弁別 [successive discrimination] ⇌ 継時弁別手続き

継時弁別手続き [successive discrimination procedure] 複数の刺激を一つずつ提示し，ある刺激のもとでは反応を強化し(たとえば，空腹の動物に強化子として餌粒を与える)，他の刺激のもとではその反応を強化しない(あるいは別の反応を強化する)弁別手続きを継時弁別手続きという．たとえば，赤色では反応を強化し，緑色では反応を強化しない(消去*)(図)．このとき前者を正刺

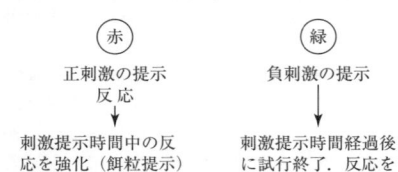

```
    (赤)                    (緑)
     ↓                      ↓
  正刺激の提示           負刺激の提示
    反応                
     ↓                      ↓
  刺激提示時間中の反       刺激提示時間経過後
  応を強化(餌粒提示)       に試行終了．反応を
                          消去
```

赤を正刺激，緑を負刺激とする継時弁別手続きの例(赤もしくは緑の刺激を一つずつ提示する)

激(positive stimulus)，後者を**負刺激**(negative stimulus)とよび，正刺激と負刺激への反応出現傾向(反応率)の差が大きくなることを**継時弁別**(successive discrimination)という．継時弁別が形成される過程で，負刺激への反応が減少するとともに，それとは対比的に正刺激への反応が増加する現象は行動対比*としてよく知られている．たとえばそれまで誤って強化されていた子どもの家の中でのいたずらを消去したために，外でのいたずらが逆に増える場合などである．(⇌ 弁別学習，同時弁別手続き，go/no-go型弁別手続き)

計数行動 [counting behavior] ＝カウンティング

携帯巣 [portable case] ＝可携巣

形態的学習 [configural learning] ある結果の手がかりとして複数の刺激が与えられた場合，その複数の刺激が一つの統合的な刺激として知覚され，それが結果と結びつく，といった学習のこと．複数の刺激それぞれが独立して結果と結びつく場合は**要素的学習**(elemental learning)という．たとえば，刺激Aと刺激Bにはそれぞれ餌粒が伴うが，二つの刺激を同時に与えた場合(複合刺激AB)には餌粒が伴わない，という訓練を動物に繰返すとする．動物が要素的学習を行ったのであれば，刺激Aと刺激Bに対して餌粒を求める反応を示し，さらに複合刺激ABに対しても餌粒を求める反応を示す．しかし，形態的学習を行った場合は，刺激Aと刺激Bに対しては反応を示すが，複合刺激ABに対しては反応を示さなくなる．これは，複合刺激ABを，その要素である刺激Aと刺激Bがただ単に組合わさったものではなく，別の新しい一つの刺激として動物が処理するようになったためである．形態的学習の存在は連合学習理論の発展に貢献しただけでなく，知覚学習の領域にも影響を及ぼしている．(⇌ 風味嫌悪学習，要素間連合)

系 統(1) [phylogeny] 現在地球上には多種多様な種が存在するが，時間を遡ればすべての種は共通した一つの祖先種に行きつく(**共通祖先** common ancestor)．共通祖先から種分化*して現生種に至る過程は1本の樹木のように図示することができる．この図は**系統**，または**系統樹**(phylogenetic tree)とよばれる(図)．根元にある祖先種を**ルート**(root)，祖先種から子孫につながる1本1本を**枝**(branch)，枝の分かれ目を**内部節**(internal node)とよぶ．子孫のつながりのない枝先端部は**外部節**(tip)とよばれ，現生種あるいは絶滅種が入る．分子生物学的手法の発達により，現在では生物のDNAを用いた系統解析が可能となり，種が分岐した順番や，**枝長**(branch length)を精密に推定することができる．ルートや内部節の形質は化石から推定できることもあるが，化石に残りにくい形質(軟部組織，体色，行動，生態など)を知ることは難しい．そのため，現生種の情報から統計学的に祖先種の形質を推定する方法がとられる(⇌系統種間比較法)．系統樹作成や祖先形質*の推定は**系統再構築**(phylogenetic reconstruction)と総称される．これらの手法により再構築された種の歴史は**系統史**(phylogenetic history)とよばれ，あらゆる種が独自の系統史をもつ．それぞれの種が進化により獲得できる形質や表現型の範囲は無制限ではなく，系統史による制約を受ける(**系統的制約***)．なぜなら，変異として生じない形質は獲得できないし，変異はあっても発生過程で矛盾が生じるような形質も獲得できないためである．

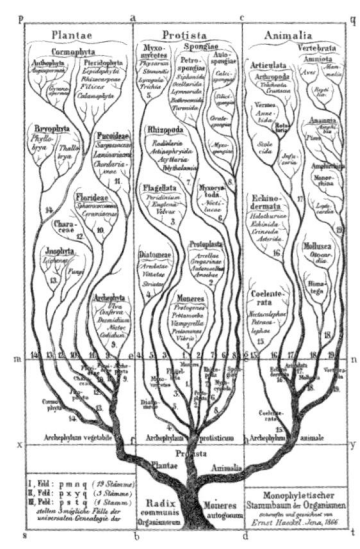

Haeckel による全生物の系統樹

系　統(2) [strain]　**系**(line)，**ストック**(stock)ともいう．同じ種の中で，表現型によって他と区別することができる，遺伝的に近い個体群．本来は，遺伝的にホモ接合体である集団(**純系** pure line)をさし，**近親交配***によって作出される．遺伝学の実験でよく用いられる**近交系**(inbred strain, 近交系統)は，兄妹や姉弟同士の交配を 20 世代以上継続することで，そこから生まれた子孫のすべての個体が，99％以上同じゲノムをもつようになった系統である．同じ環境で飼育した二つの近交系を比較したときに，ある行動に違いがみられた場合，遺伝的素因の違いがその行動に影響を与えることがわかる．近交系は，マウスやラット，メダカなどで作出されている．ただし，系統は純系でない場合もさすことがあり，たとえば二つの近交系をかけ合わせた**交雑系**(hybrid，ハイブリッド，F_1)，ある遺伝子に自然にもしくは人為

的に生じた変異をもつ**突然変異***系統，ある一定の遺伝的なばらつきを維持しているクローズドコロニー系統などがある．

経頭蓋磁気刺激法 [transcranial magnetic stimulation, TMS]　外部から急激な磁界の変化を与えることで脳を局所的に刺激する方法．脳の異なる場所を刺激して運動や認知処理への影響をみることで，脳内の機能分布を調べることができる．急激な磁界変化をつくり出すために誘導コイルを用いる．コイルを頭皮表面と平行に設置して大きな電流を瞬間的に流すと，電磁石の原理によりコイルの近傍に磁界の変動が生じる．この磁界変動は脳内に誘導起電力を生じさせ，強制的に神経細胞を興奮させる．単発あるいは 2 連発の刺激を与える方法と，複数回反復して刺激を与える方法がある．前者では比較的強い磁場変動を発生させて，一度の刺激で短い神経活動を誘発させる．後者は**反復 TMS**(repetitive TMS，rTMS)といい，比較的弱い刺激を高頻度で連続的に与える．刺激の繰返し頻度によって刺激領域の興奮しやすさを持続的に上昇させたり，低下させたりすることができる．

系統学 [phylogenetics]　生物の系統発生を推定するための理論と方法を研究する学問分野．過去のさまざまな進化事象により生じた生物間の系統関係を直接観察することはほとんど不可能である．しかし分子系統学の進展により，形態などの形質情報とともに，分子レベルの DNA 塩基配列などに基づき，系統関係に関する仮説すなわち系統樹あるいは**分岐図***をテストすることが可能になった．系統学が推定しようとするパラメータとしては樹形・枝長・祖先形質の状態などがある．分析手順の違いによりいくつかの方法が用いられている．1) **最節約法**は，観察された形質データに対して**ホモプラシー***(収れん・平行進化・逆転)が最も少なくなる最短の系統樹を構築する．2) **距離法**(distance method)：**近隣結合法**(neighbor-joining method)に代表される距離法は生物間の全体的類似度行列に基づく逐次クラスター化を行い，その結果を樹形図として表示する．3) **最尤法**(maximum likelihood method)は，塩基配列やアミノ酸配列データに対して用いられる手法で，ある分子進化確率モデルのもとで，観察データの得られる確率の積(**尤度** likelihood という)が最も大きくなるように系統樹を構築する．4) **ベイズ法**(Bayesian method)：尤度に加えてパ

ラメータに関する事前確率を考慮した事後確率に基づく系統推定を行う．最尤法よりも計算量が増大するが，マルコフ連鎖モンテカルロ法(Markov chain Monte Carlo method；MCMC)による高速計算アルゴリズムを用いて解を求める．

系統再構築［phylogenetic reconstruction］ ⇌ 系統(1)

系統史［phylogenetic history］ ⇌ 系統(1)

系統樹［phylogenetic tree］ ⇌ 系統(1), 分岐図

系統種間比較法［phylogenetic comparative method］ 種間の系統関係を考慮したうえで，複数種間の形質を比較し，形質の進化に関する適応的仮説の検証を行う分析方法の総称．省略して比較法(comparative method)ともよぶ．近縁種は共通祖先までの進化の歴史を共有しており，互いに似ている傾向がある．そのような系統の影響を統計学的に排除したうえで，ある一形質の進化の推測(進化の様態や速度，祖先形質*の推定)や，複数形質間の相関進化の考察(形質同士がどのように関連して進化したか)を行う．その代表的な方法が独立対比*である．なお，進化的な推論を行わずに単に複数の種の性質を比べることも，種間比較(interspecific comparison)とよばれることがあるが，その場合には比較法とはよばないことが多い．

系統的慣性［phylogenetic inertia］ ＝系統的制約

系統的制約［phylogenetic constraint］ 系統発生の過程ですでに獲得された形質がその後の進化的変化の速度や方向性を決定づけること．系統的慣性(phylogenetic inertia)ともいう．たとえば，昆虫類にみられる翅は系統発生的にみれば有翅昆虫の進化的出現とともに生じた形態的形質である．翅は現存する多くの有翅昆虫に共有される系統的慣性であり，その進化および生態を考察するときに重要な要因となる．ただし，過去に生じた系統的慣性と，現在進行中の進化プロセス(たとえば自然選択*)の結果を明確に区別することは単純ではない．ある特定の形質進化に対する系統的制約の影響の大きさは，推定された系統樹の上でその形質の形質状態をマッピング(祖先復元，ancestral reconstruction)し，単系統群における形質状態のばらつき(ホモプラシー*)の程度を調べることで推論できる．形態的形質と行動的形質のホモプラシーに関するメタ分析を行ったP. H. Wimberger と A. de Queiroz の研究によれば，両者の間に有意な違いは検出されず，制約(慣性)の大きさは個々の形質ごとに異なることが示されている．

系統的脱感作［systematic desensitization］ J. Wolpe が考案した，行動療法の一技法．字義通りにいえば，少しずつ刺激に慣らしていくことであるが，拮抗条件づけ*の過程を含めてこうよぶことが多い．一般に，1) 恐怖や不安*を喚起する刺激*の順位づけ(不安階層表の作成)，2) 脱感作(馴化*)による筋弛緩などの拮抗反応の形成，3) 順位づけた刺激と拮抗反応の対提示，で構成される．3)の手続きで，最も弱いものから徐々に刺激の強さを上げていくことがその名の由来であり，イメージによって架空の刺激にさらす場合と，現実の刺激にさらす場合とを含む．たとえば，家族など特定のメンバーに対して吠えるなどの攻撃行動を示すイヌには，その反応を示さない十分離れたところから少しずつ餌を投げ与え，その距離を少しずつ近づけていく，などの処置がとられることがある．この場合は家族という実際の刺激にさらしながら，餌を食べることによるリラックスの状態を拮抗反応として設定していることになる．

系統的浮動［phylogenetic drift］ ⇌ 種選択

軽度懸念種［last concern, LC］ ⇌ 絶滅危惧種

警報フェロモン［alarm pheromone］ 集団生活する動物の巣や生活空間が侵入者などにより侵犯された場合，侵犯を受けた動物が自分の巣や周囲の仲間に危険を伝えて，逃避あるいは攻撃を誘導するために使うフェロモン*．ミツバチ，アリ，シロアリなどの社会性昆虫*，アブラムシやカメムシのように集団生活する昆虫では，侵入者を認識した個体が大顎腺や肛門腺などから低分子の揮発性物質を分泌して，仲間に素早い逃避や攻撃行動を誘因する．哺乳類でも，電気ショックのような強い身体的ショックを受けたラットの肛門周囲部から放出される水溶性のにおい物質が，他のラット個体に体温上昇や緊張性行動を誘発する現象がある．これは，危険に遭遇した個体が仲間に危険回避を促す警報フェロモンの一種と考えられる．そのほか，ウミウシ，ミミズ，ダニ類，集団性の魚などでも警報フェロモンの存在が見つかっている．

契約理論［transactional theory］ ⇌ 繁殖の偏り

系列位置曲線〔serial position curve〕 被験体に連続して与えたさまざまな刺激(刺激系列)の順序を横軸に,成績を縦軸にしたグラフで示された記憶成績の変化をいう.一般に,系列の冒頭と末尾に提示した刺激の成績はそれ以外(たとえば,中央部)よりも良く,U字型の形状をとることが多い(図).前者は初頭効果*,後者は新近性効果*とよばれており,これらを含む刺激の提示順序による影響を総称して,**系列位置効果**(serial position effect)とよぶこともある.再認*や再生*をはじめ,記憶を測るさまざまなテストでみられ,これまでにチンパンジーやイルカ,ラット,ハトなど,多くの種で報告されている.系列位置曲線の形状は刺激の提示時間やテストまでの遅延時間の影響を受け,短期記憶*と長期記憶*という二つの貯蔵庫の機能を反映しているとの説がある.

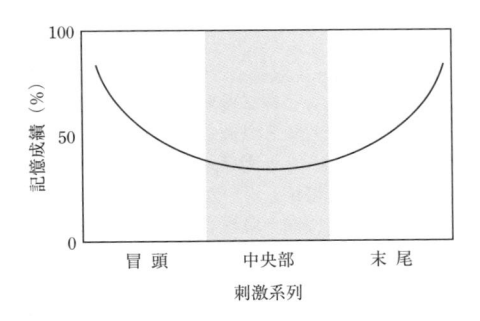

系列位置効果〔serial position effect〕 ⇒系列位置曲線

系列学習〔serial learning〕 =系列順序学習

系列順序学習〔serial order learning〕 系列学習(serial learning)ともいう.時間的な順序を伴って起こる出来事に関してその順序を学習したり,あるいは適切な反応を所定の順序で遂行するよう学習すること.齧歯類を用いた直線走路状況での報酬量に関する系列の学習や,ハトを用いた反応系列の学習などが古くから知られている.直線走路の報酬系列学習では,たとえばゴール地点に置かれる報酬量が第1走行では14個,第2走行では7個,第3走行では3個,第4走行では1個,第5走行では0個と徐々に減少していくような状況を設定する.すると,被験体が直線走路を走行する速度は走行ごとに遅くなる.このときに被験体が学習した知識に関しては,"7個の報酬を得たら次は3個"というように系列内の各項目が次の反応の手がかりとなるような項目間連合や,"3試行目には3個の報酬がもらえる"といったように各項目の系列内での位置が重要であるとする系列位置学習など,さまざまな知見が報告されている.

系列プローブ再認課題〔serial probe recognition task〕 動物の再認*記憶を調べる方法の一つで,複数の刺激項目を順に与え(これを刺激リストという),その後にテスト刺激を与えて,それが刺激リストに含まれていたかどうかを尋ねるもの(図a).サルやハトを対象に,写真画像などを刺激として実施することが多い.たとえば,この課題でサルを訓練する場合,テスト刺激が刺激リストに含まれていればレバーをある方向に,そうでなければ逆方向に押すと餌が与えられる.横軸に刺激リストにおける項目位置,縦軸に正答率(再認率)をとってグラフを描くと系列位置曲線*を得ることができる(図b).サルやハトでは刺激リストを見せてからテスト刺激を見せるまでの遅延時間が短いとリスト末尾の項目の成績がよく(新近性効果*,図b上),遅延時間が長いとリスト冒頭の項目の成績がよい(初頭効果*,図b下).適度な遅延時間では,新近性効果と初頭効果が同時に生じてU字型の系列位置曲線が得られる(図

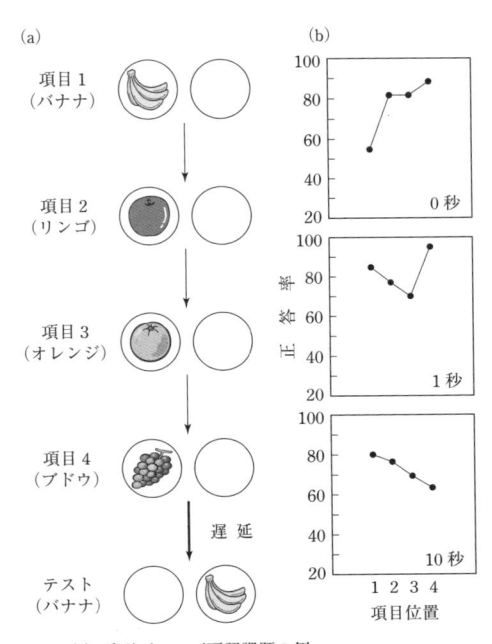

(a) 系列プローブ再認課題の例
(b) ハトにおける遅延時間ごとの系列位置曲線

b 中央).

激越 [agitation] 焦燥，興奮(excitement)ともいう．精神的に活動性*が高まった状態．動揺，不安，緊張の高まり，もしくはいらだちにより，自発*活動が亢進する．激越は非意図的で目的のない一連の動作をひき起こし，部屋の中を無意味に動き回ったり，かじったり，吠えるなどの発声も起こる．過剰な興奮によって常同行動*がひき起こされ，過剰な毛づくろいや咬みつき*などによって自己の身体を傷つける行動がみられることもある（⇌自己指向性行動）．また他個体に向けての攻撃性も上がる．ヒトでも，激越により対物・対人への攻撃が増加し，また爪や唇の周りの皮膚を出血するまで剝いだり噛んだりし続けるなどの自傷行為につながる．激越は，自閉症*，大うつ病や強迫性障害，双極性障害*の躁病相などでみられる特徴的な症状であり，覚醒剤の摂取でも同様の症状がみられることがある．

激怒症候群 [rage syndrome] ⇌特発性攻撃行動

ゲシュタルト心理学 [Gestalt psychology] 精神や行動は，部分や要素の加算的集合とは異なる全体性（ドイツ語で Gestalt）や構造があると考える心理学派．構成主義や要素主義の心理学が，精神や行動を，それらを構成する個々の要素や部分に還元として理解しようとするのに対して，ゲシュタルト心理学は，全体は部分の集合体とは異なる非加算的なものであると考える．たとえば，映画を複数の静止画が連続映写されていると見るのではなく，動きがある動画として見るのは，ゲシュタルト性質の例である．

K 選択 [K-selection] ⇌r-K 選択説

血液脳関門 [blood-brain barrier] ⇌グルタミン酸

血縁関係 [kinship] 生物学的には，異なる個体が祖先個体を共有すること．すなわち"血のつながった"関係をさし，婚姻で生じる義理の姻戚関係や継母-継子などの関係は含まない．血縁選択*を考えるときには，ふつう親や祖父母などのごく近い先祖までしか遡らない．それは，任意交配する大きな集団では，通常それ以上遡った共通祖先をもつことでは血縁度がほとんど上昇しないからである．一方，系統分類学の文脈で，姉妹種*とよぶ場合の祖先とは，集団を単位とし分岐前の共通祖先集団をさす．人類学では，社会的なつながりも含めたこれらよりさらに広い観点からのさまざまな定義がある．

血縁識別 [kin discrimination] ＝血縁認識

血縁者びいき [nepotism] 血縁度の高い他個体に対し，低い個体よりも親和的にふるまうなどで，前者の適応度向上に貢献する行動．nepotism は血縁関係に限らず姻戚関係者も含めた縁者びいきをさすが，行動生態学では上記のように定義する．もし血縁認識*が可能であれば，そのような行動は血縁選択*上有利であるため進化するだろうと予測されるが，親による子の保護*に関連する行動や社会性昆虫*以外では実例は多くない．ベルディングジリスは，捕食者が接近したとき周囲に実子以外の血縁者がいるときにも利他的な警戒声*を高頻度に発する．亜社会性*のイワガネグモ科 Stegodyhus 属のクモの一種ではきょうだいと網を共有したとき，非血縁者と網を共有したときより捕食行動がより協力的になり摂食効率が増す．

血縁選択 [kin selection] 血縁淘汰ともいう．形質が，それをもつ個体自身ではなく血縁者の適応度を向上させることで働く正の選択圧，またはそれによる進化．たとえば，社会性昆虫*のワーカーは自身では繁殖しないが，母である女王の繁殖を助けることで働く血縁選択により維持されていると考えられる．自然選択の一種だが，個体自身の適応度を下げてしまう利他行動*のように，自然選択では一見理解が困難な現象を説明するため，W. D. Hamilton*が提唱した考え．本学説は（利他）形質をコードする遺伝子の進化条件を集団遺伝学的観点から説明するものだが，遺伝子そのものは特定されていなくても検証可能な仮説であるため，おもに表現型レベルの研究を行う社会生物学・行動生態学の中心概念としてその発展に大きく貢献した．血縁選択による進化はハミルトン則*($br-c>0$)を条件とする．c は形質が発現した個体の適応度の減少分（利他行動のコスト），b はそのおかげで増加した他個体の適応度（利他行動の間接的利益），r は血縁度*である．ハミルトン則は，援助によって血縁者が新たに得た子ども(b)は適度に重み(r)をつければ**間接的適応度**(indirect fitness)として，自分自身が子ども(c)を残すことで得られる**直接的適応度**(direct fitness)と等価に扱いうると換言できる．ここで個体間の相互作用（上記の援助する・される）がなくても得られる適応度の期待値 W_0 をハミルトン則の左辺に加えたもの W_0+br-c を包括適応度*とよぶ．

血縁選択の観点からは"自然選択は包括適応度を最大化するよう進む"と一般化できる．ハミルトン則と包括適応度はしばしば誤用される．間接的利益であるbに代入すべきなのは血縁者の適応度そのものではない．注目する個体から受けた利他行動による適応度の増加分(受益分)である．受益分でなく血縁者全員の全適応度をbに入れてしまうのは単純加重和(simple weighted sum)とよばれ，誤用として戒められている．

血縁度 [relatedness]　遺伝的血縁度(genetic relatedness)，血縁度係数(coefficient of relatedness)ともいう．血縁選択*の条件であるハミルトン則*のパラメータの一つ．ふつう記号rで表す．一般化された定義は，社会的相互作用をコードするある対立遺伝子に注目し，相互作用の担い手がその遺伝子を集団平均よりΔp高頻度にもち，相互作用の受け手が同じ遺伝子を集団平均よりΔq高頻度にもつとき，比率$\Delta q/\Delta p$を血縁度とするもの．これ以外にもさまざまな近似的定義があるが，血縁度とよばれるのは血縁関係*に注目すれば選択圧が弱いなどの一定の仮定のもとその期待値が近似計算できるからである．すなわち特定の血縁者間においては，集団内に多型の存在するすべての遺伝子座上の遺伝子において$\Delta q/\Delta p$の期待値が一つの値をとることを利用している．近似的定義では同祖性(identical by decent)，すなわち血縁者が近い共通の祖先からうまれた突然変異型の遺伝子をともに受け継ぐこと，の確率に注目する(⇌同祖性血縁度)．回帰血縁度(regression relatedness，相互作用の受け手がもつまれな遺伝子のうち担い手のもつものと同じである率)や生存置換血縁度(life for life relatedness，相互作用の担い手がもつまれな遺伝子のうち受け手がもつものと同じである率)などがそれに相当し，これらは家系図の情報やマイクロサテライトなどの選択上中立な集団内塩基変異を標識にしても推定できる．血縁度は行動生態学の中心概念の一つだが誤解も多い．その理由は血縁関係(ここでは生物学的な定義をさす)が絶対的概念なのに対し，血縁度は背景集団に対する相対的な概念であることによることが多い．たとえば，次世代の集団が同じ父母由来の兄弟姉妹だけから構成されるような極度に移動が制限された状況(集団の粘性の存在下)では，兄弟姉妹間の血縁度は1/2でなく0になる．なぜなら背景集団の個体すべてが兄弟姉妹でありΔqが0となるからだ．同様に，ヒトとチンパンジーは(絶対的基準では)ゲノムの98%以上が相同だからその間の血縁度も0.98と考えるのは誤りである．固定した遺伝子はそれ以上頻度を増さない(ΔpもΔqも0)ので，血縁度概念の対象外である．

血縁淘汰 [kin selection]　=血縁選択

血縁度係数 [coefficient of relatedness]　=血縁度

血縁度非対称性 [relatedness asymmetry]　半倍数性*の生物の異性の血縁者間において，どちらの側からみるか(どちらを相互作用の担い手とするか)で血縁度*が異なる現象．たとえば，きょうだい間の血縁度(以下では生存置換血縁度を採用)は雌からみたとき雄は0.25だが，雄からみると雌は0.5である．親子関係では母親からみた息子は0.5だが息子にとって母親は1になる．一方，半倍数下であっても同性の血縁者間にこのような非対称性はない．たとえば，母娘間では0.5，同父母姉妹間は0.75，兄弟間では0.5，父息子間では0とどちらの側からみても同じである．性比進化の研究では，血縁度非対称性は雌からみた養育する雌の血縁度と養育する雄の血縁度の比率と，定量的に定義されることがある．この定義では，血縁度非対称性は両親を共有する兄弟姉妹を養育する場合は0.75/0.25＝3だが，雌の多回交尾*の傾向が強まるにつれ低下する．血縁度非対称性は血縁選択*理論ではハチ目社会性昆虫の利他行動*や雌に偏った性比を進化させた原動力であると議論されている(⇌3/4仮説)．血縁度非対称性は，性染色体上の遺伝子においては雌雄倍数の生物でも生じうる．

血縁認識 [kin recognition]　血縁認知，血縁識別(kin discrimination)ともいう．個体が他個体の血縁度*ないし血縁関係*を認識する能力．アリはふつう血縁者である巣仲間には協力的にふるまうが，非血縁個体である他巣の個体には攻撃的にふるまう．また多くの動物は，近親者との交配を避ける．血縁認識は，このような血縁者に向けた利他行動*や近親交配回避*の背後にある至近要因*とされる．血縁識別行動の理論モデルはふつう，1) 標識(label)または合図(cue)，2) 神経鋳型(neural template)，3) 行動的反応(behavioral response)の三つの要素で構成される．すなわち，動物個体は他個体がもつ標識を，自身の脳などの神経組織に記憶された鋳型と照合し，合致の程度によりとるべき行動的反応を決めるとする．

血縁認識していても個体が行動的反応を示さないときには，ふつう観察者にはその存在が判断不能なので，血縁度ないし血縁関係に依存し行動的反応に差がみられる場合だけを血縁識別とみなす研究者も多い．血縁選択説の提唱者であるW. D. Hamilton*は，利他行動が血縁者に向けられることを保証する血縁認識の存在が，血縁選択による利他行動進化の必須条件と考えた．しかし現実には，兵隊アブラムシのように強い利他行動が進化しているにもかかわらず，いまだ血縁識別の存在が示されていない分類群もある．社会性昆虫や脊椎動物では，巣仲間や自分自身がもつ化学物質などの表現型情報を学習して血縁識別を行うと考えられており，特にアリでは体表炭化水素*がこの情報の実体であるとする研究者が多い．表現型情報にはふつう遺伝的なものと環境由来のものの両方が存在するため，血縁識別には誤りが生じることもある．たとえばサムライアリに奴隷使用されたクロヤマアリは，血縁者に向けるのと同様の養育行動を異種の社会寄生者に示す．それゆえ，学習が介在するものは厳密には血縁識別とはよべないとする研究者もいる．学習なしに血縁識別が行われる（厳密な血縁識別の）例は群体ホヤの仲間のコロニー形成時やキイロタマホコリカビの集合形成時の行動にみられるがまれである．

血縁認知［kin recognition］＝血縁認識
毛づくろい＝グルーミング
月経周期［menstrual cycle］⇒排卵周期
結婚飛行［nuptial flight］＝婚姻飛行
結晶化（歌の）［crystallization］　さえずり学習*において，発達の初期段階では歌の構造が不安定であるが，成熟に伴って歌に含まれる音節（シラブル*）の特徴が固まり，さらに歌全体の特徴もしだいに固定化すること．溶液中の分子が徐々に集団をつくり，核をつくり，しだいに結晶が成長して，規則的な結晶構造を形づくることに似ていることから，歌の学習における歌の特徴の固定化のことを歌の結晶化とよぶ．結晶化までの過程は段階的なものばかりではなく，一度固まったように見えたのが，再び崩れたり，退化したりすることもある．

結晶化ソング［crystallized song］　結晶化したさえずりともいう．幼鳥の不安定なさえずり*（歌）の構造が，成熟と学習の進行によってしだいに安定し，学習の臨界期（⇒感受期）を越えて，さえずりの学習が終了した後の完成された歌のこと．幼鳥期の不安定だった個々の音節（シラブル*）の特徴とシラブルの配列パターンが固定され，定型的になる．一般的に成鳥になって完成したさえずりは，その後，その構造が変化することはない．しかし，完成後の結晶化したさえずりも聴覚を奪うとさえずりの構造が崩れるため，その構造は完全に固定化されているものではなく，聴覚フィードバック*によって，感受学習期*に学習された手本となる歌（鋳型*）にマッチするように常に維持されており，誤差が生じた場合はそれを修正することによって歌が結晶化*した状態に保たれていると考えられている．

血体腔授精［hemocoelic insemination］⇒皮下授精

血統［pedigree］　祖先個体から続いている血縁系統樹．家系図ともいう．それを表す書類を血統書あるいは血統証明書とよぶ．特に競走馬やイヌでは血統書がしばしば作成される．血統を調べることで，その動物種の遺伝的特性を明確に知ることができる．血統の解析は，望まれる形質（たとえばウマでは走る速度，イヌでは毛並みなど）をより強く残すための選択交配の際に活用されてきた．近年は疾患の発生状況と照らし合わせることによる遺伝様式の推測などが可能となり，遺伝性疾患の蔓延防止や原因遺伝子の探索に役立つことが期待されている．すでにジャパンケネルクラブ（JKC）による血統書では，代表的な遺伝性疾患である股関節・肘関節形成不全に対し関節評価スコアを記載し，繁殖の指針として活用できるようにしている．

ゲノム［genome］　ある生物のもつ遺伝情報の全体．真核生物のゲノムは核ゲノム，ミトコンドリアゲノム，葉緑体ゲノム（光合成生物）からなる．ある生物のゲノムの全塩基配列を解読し，その働きを明らかにしようとするゲノムプロジェクトが1990年代から始まり，2001年にはヒトゲノムの概要配列が公開された．ヒト以外の生物でもゲノム配列の解読が進められ，近年の配列決定技術の発達もあって現在では真核生物において100種以上の生物種のゲノム配列が解読されている．一方，ミトコンドリアゲノムは核ゲノムよりも速やかに塩基置換を累積するという特徴から，配列情報をもとにした分子系統学的解析などに用いられている．多くの生物ではDNA*からなるゲノムをもつが，ウイルスのなかにはRNAからなるゲノムをもつものもいる．RNAが触媒活性をも

つことが発見されたことから，ゲノムの起源は自己複製と単純な生化学的反応を触媒できる RNA であったと考えられている．

ゲノムインプリンティング　[genomic imprinting]　＝ゲノム刷込み

ゲノム刷込み　[genomic imprinting]　ゲノムインプリンティングともいう．哺乳類において，子の体内での二つの対立遺伝子のうち，父親に由来するものと母親に由来するものとが区別され，その片方だけが発現し他方は発現しない（もしくは発現量が少ない）現象．胎盤形成や胚や子の成長に影響する遺伝子にしばしばみられる．たとえば Igf2 は胎盤の形成に重要であり，その過剰発現は大きな胎盤を形成させ，母親からより多くの栄養の供給をもたらす．Igf2 はマウスでもヒトでも父親由来の対立遺伝子だけが発現し，母親由来の対立遺伝子は発現されない．それらの区別は精子形成と卵形成において DNA のメチル化パターンが異なり，それに基づいて遺伝子発現が行われるためである．受精卵が正常に発生するためには父親由来と母親由来の遺伝子を1セットずつもたねばならない．母親由来の遺伝子が2セットあっても正常に発生できないために，哺乳類においては単為生殖＊が成功しない（⇋二母性マウス）．雌は生涯の間には複数の雄を受入れる可能性がある．すると同じ母親から生まれたきょうだいは，父親由来の遺伝子の共有率が母親由来の遺伝子の共有率よりも低い．そのため母親を同じくするきょうだいとの間での血縁度は父親由来の対立遺伝子では母親由来の対立遺伝子よりも低い．その結果，母親からの資源（栄養や世話）の最適要求量は，父親由来の対立遺伝子の方が母親由来の対立遺伝子の最適要求よりも高くなる．そのために Igf2 のような母親からの栄養要求量を増やす遺伝子は，父親由来のときだけに発現し母親由来のときには発現しないように進化する結果をもたらす．哺乳類のゲノム刷込みが遺伝子間の利害対立から進化したとするのがコンフリクト説 (conflict theory) である．同様のコンフリクトは，父親由来の遺伝子共有率が母親由来のより高い半倍数性生物（アリなど）の姉妹間でも予測されている（⇋進化的利害対立）．

ゲノム突然変異　[genomic mutation]　⇋突然変異

ゲノム内対立　[intragenomic conflict]　遺伝子のせめぎ合い (genetic conflict) ともいう．一つのゲノム内にある遺伝子群の間の衝突のこと．たとえばウイルスのゲノムが，ヒトの中で病気を起こしながら，複製して子孫ウイルスをつくり出す場合である．このように，ゲノムの他の部分よりも自分の伝達を優先して促進する利己的遺伝子＊としては，トランスポゾンなどの動く遺伝子，プラスミド（染色体外遺伝因子），ウイルス，細菌，ミトコンドリアなどの細胞小器官が知られている．同じ座にある父親由来染色体の遺伝子と母親由来染色体の遺伝子の間の利害の対立が，発現の違いをもたらす場合もある．"遺伝子のせめぎ合いこそが進化における革新の原動力であり，有性生殖＊やミトコンドリアの母性遺伝などの，さまざまな遺伝システムを成立させた"という考え方がある．ゲノム内対立の研究は，"進化の単位は，個々の遺伝子であり，それらが協力したり対立したりすることによって，一つの生命体・ゲノムが成り立っている"という"遺伝子の社会としてのゲノム"という生命観を支持している．

ゲーム理論　[game theory]　必ずしも利害の一致しない複数の行動主体のそれぞれが自己の利益を最大化しようとふるまうときに，どのような帰結が得られるかを数理的・論理的に探る理論のこと．利害対立の状況をさしてゲームとよぶ．ゲームにおける行動主体は"プレイヤー"とよばれ，個人や組織，あるいは国家である場合などさまざまである．各プレイヤーがとりうる方策のことを"戦略 (strategy，または方略＊)"とよび，各プレイヤーが結果の良さを評価するために用いる数値を"利得"とよぶ．1944年に J. von Neumann と O. Morgenstern によって生み出され経済学に導入された．おもに非協力ゲームと協力ゲームの二つに大別される．非協力ゲームの理論では，独立に利得の最大化を目指す個々のプレイヤーの分析に主眼が置かれ，最終的にゲームの結果はナッシュ均衡＊に落ち着くと予測される．一方，協力ゲームの理論では，それぞれのプレイヤーは自己の利得最大化を図る目的で他のプレイヤーと提携を組むことが許されており，分析の主眼は提携内での利得の分配などにある．ゲーム理論を初めて進化生物学に応用したのは J. Maynard Smith＊であり，タカハトゲーム＊の分析を通して動物における儀礼的な闘争の起源を明らかにした．ゲーム理論に進化の要素を取入れ，優れた戦略ほど多くの子孫を残すという仮定のもとで戦略頻度の時間変化を分析する枠組みを進化ゲーム理論 (evolutionary game theory）とよぶ．

ケーラー　KÖHLER, Wolfgang　1887. 1. 21～1967. 6. 11　ドイツの心理学者．ドイツ人の両親の間にエストニアで生まれ，6歳で帰国．テュービンゲン大学，ボン大学，ベルリン大学で学び，1909年に聴覚（心理音響学）の研究で博士号を取得．同年，フランクフルトの心理学研究所の助手．同僚であったM. WertheimerやK. Koffkaとともに，心を要素の集合ではなく全体としてとらえるゲシュタルト心理学＊を提唱．プロイセン科学アカデミーがカナリア諸島のテネリフェ島に設置した類人猿研究所の所長を1913年から7年間務め，研究成果を『類人猿の知恵試験』（1917年，英訳1925年，邦訳1936年／新訳1962年）として出版．チンパンジーは試行錯誤ではなく，洞察＊によって問題解決を行うと論じた．帰国後ベルリン大学心理学研究所の教授となったが，ナチスに反対して，1934年に米国に渡り各地の大学で心理学を講義．翌1935年に職を辞して米国に移住，スワスモア大学教授として20年以上勤務し，ゲシュタルト心理学の普及に努めた．1959年，米国心理学会会長．主著に前掲書のほか，『物理的ゲシュタルト』（1920年），『ゲシュタルト心理学』（1929年，邦訳『ゲシタルト心理学』1930年），『心理学における力学説』（1940年，邦訳1951年）などがある．

原猿類［prosimian］　⇌ 霊長類

嫌悪刺激［aversive stimulus］　動物は，不快な刺激から逃避する行動や不快な刺激が到来するのを回避する行動をとることがある．また，不快な事態をまねく行動をとらない傾向がある．このような行動の頻度を上げる負の強化子や，行動の頻度を下げる不快な刺激を嫌悪刺激とよぶ．恐怖状態をひき起こす刺激を嫌悪刺激とよぶ研究者もいる．代表的な嫌悪刺激は痛み刺激である．これは動物の身体の表面に直接与えられる電気ショックや温度（熱や冷），刺す・切るなどの物理的刺激であり，すべての動物に対して共通の嫌悪刺激と考えられている．20世紀の中頃に，これらの物理刺激の嫌悪性を調べた実験が行われ，ミミズにおいても電気ショックに対する嫌悪性が示されている．一方，種に特有な嫌悪刺激もある．たとえば，ネコはラットにとって嫌悪刺激であり，捕食者のにおい（predator odor）や毛だけでも恐怖状態をひき起こすことができる．（⇌ 逃避学習，回避学習，負の強化，弱化，恐怖条件づけ，嗜好性刺激）

嫌悪条件づけ［aversive conditioning］　嫌悪刺激＊を用いた条件づけ学習を総称して嫌悪条件づけという．電気ショックなどの嫌悪刺激を用いた恐怖条件づけ＊は嫌悪条件づけの一つである．また，ある溶液を摂取した後に塩化リチウムなどの毒物を投与して内臓の不快感をひき起こすと，その溶液を忌避する味覚嫌悪学習＊も嫌悪条件づけに含まれる．嫌悪刺激を用いた古典的条件づけ以外にも，嫌悪刺激から逃げる行動や嫌悪刺激を事前に避ける行動を学習する逃避学習＊・回避学習＊や，ある行動をすると嫌悪刺激を提示することでその行動の生起頻度を減少させる弱化＊などの道具的条件づけ＊も嫌悪条件づけに含まれる．（⇌ 負の強化，正の強化，負の弱化，オペラント条件づけ）

嫌悪制御［aversive control］　＝嫌悪性制御

嫌悪性強化子［aversive reinforcer］　嫌悪的強化子ともいう．強化子＊のうち嫌悪情動（不快情動）をひき起こすものをいう．一般に，そうした刺激は負の強化子として作用する．すなわち，その除去や延期，あるいは減少という負（マイナス）の変化によって反応を強化する．たとえば，自然界における天敵動物は，捕食される動物に不安や恐怖といった嫌悪情動をひき起こすだけでなく，その場面から逃避し，事前に回避する行動を強化する．

嫌悪（性）制御［aversive control］　嫌悪情動をひき起こす刺激（嫌悪刺激）による行動のコントロールをいう．嫌悪刺激は生得的な行動と習得的な行動を制御する．生得的な行動の嫌悪性制御とは，嫌悪刺激が恐怖や不安のような情動反応や撤退反応を誘発することである．習得的な行動の嫌悪性制御には，嫌悪刺激を無条件刺激＊とした古典的条件づけによって，来るべき嫌悪刺激（たとえば電撃）を知らせる刺激（たとえば音）が恐怖・不安反応をひき起こす（条件性情動反応＊を誘発する）ことが含まれる．また，オペラント条件づけ＊の負の強化（嫌悪刺激を避ける逃避学習＊や，それを信号する刺激を避ける回避学習＊）と，正の罰（嫌悪刺激を与えることによって生じる行動の低下）も習得的な行動の嫌悪性制御である．なお，負の罰（結果刺激の撤去によって生じる行動の低下）についても，そうした撤去が嫌悪情動を生むと考えられる場合には，これに含めることがある．

嫌悪的強化子〔aversive reinforcer〕 ＝嫌悪性強化子

限界値定理〔marginal value theorem〕 ⇨ 最適採餌理論

言語〔language〕 狭義には言語規則や語彙などのヒトのコミュニケーションに使用される記号体系，およびそれをつかさどる認知能力をさすが，広義には特定の言語コミュニティーにおける会話や読み書きなどの言語活動やその結果，さらには動物のコミュニケーション行動を意味する場合もある．19世紀までの言語学は記号体系と認知能力を厳密に意識することはなかったが，20世紀初めに現代言語学の礎を築いた Ferdinand de Saussure は，前者をラング，後者をパロールとよんで区別した．Saussure はラングを文化のようにある一定のコミュニティー内で共有された規約の集合とみなしたが，現代言語学の主流理論である生成文法＊では，それが個々人における言語知識という認知システムそのものであるとみなした．

言語遺伝子〔language gene〕 ヒトの言語能力に大きな影響を与えると考えられる遺伝子．現在までのところ，FOXP2 とよばれる遺伝子がヒトの言語能力にかかわる可能性があることが報告されている．英国の KE とよばれる家系では，少なくとも三世代にわたって同家系に特異的に言語障害が発症することが観察されていた．その発症パターンは典型的なメンデル遺伝であり，何らかの遺伝的要因が関与していると考えられる．この家系の遺伝子解析により，言語障害を発症したメンバーだけが突然変異をもつ遺伝子が第7染色体上に見つかり，FOXP2 と名づけられた．その後の研究により FOXP2 は転写因子の一種であり，言語以外にも多様な生理機能に影響を及ぼすことが知られている．そのほか，マイクロセファリン(microcephalin)のように脳の大きさを制御する遺伝子や細胞接着をつかさどるカドヘリン＊などの遺伝も言語能力にかかわる可能性がある．このように，"○×の遺伝子"という表現は，あくまで当該遺伝子が対象となる生理事象に影響をもたらしているという程度の意味であり，その遺伝子が事象に対して直接的な因果関係をもつわけではないという理解が必要である．

言語運用 ⇨ 言語の生成

言語音〔speech sound〕 ヒトがつくり出すことのできる音のうち，言語に使用される音を言語音とよぶ．各個別言語の中での最小の言語音単位は音素(phoneme)とよばれる．言語音は喉頭や咽頭，口腔などを含む声道の形状を変化させることで生成する(これを調音 articulation とよぶ)が，声帯のふるえを伴う空気の流れが舌や歯，唇といった口腔内の調音器官の妨害を受けない母音(vowel)と，調音器官の閉鎖や狭さくなどの妨害を受ける子音(consonant)に大きく分けられる．音は物理的には連続であるが，ヒトは言語音を離散的に認識している．たとえば日本語の母語話者は閉じた両唇が開くタイミングと，声帯がふるえ始めるタイミングの違いという連続の音空間を，"パ(唇が先)"と"バ(声帯が先)"の2音素に弁別＊するが，タイ語話者は3音素に弁別する．このような言語音の離散性から，任意の音素について調音の有無を表した弁別素性による解析が可能である．

言語獲得装置〔language acquisition device〕 言語の獲得＊に必要とされる脳内の機能のこと．あくまで機能的な概念であり，脳の一部に局在することを示唆するものではない．この概念を提唱する生成文法＊によれば，第一言語学習者は学習に際し，身の回りの会話などの間接的な刺激にしか接しないが，このような刺激は獲得する言語知識の複雑さに照らし合わせて，質・量とも絶対的に不十分とされる．したがって，同理論では学習者側に言語獲得のための特別な脳機能が生得的に備わっていると考える．これが言語獲得装置である．その初期状態，すなわち生得的な状態を普遍文法＊とよぶ．普遍文法および言語獲得装置の中身に関する具体的理論として，全個別言語に共通で学習の必要ない"原理"部分と，言語刺激を受けてあらかじめ決められた範囲から値を決定する"パラメータ"部分からなる，"原理とパラメータ"理論(the principles and parameters theory)がある．たとえば，言語に主語，述語，目的語があることは原理だが，それらの順番は個別言語によって異なるのでパラメータである．

言語訓練(動物の)〔language training in nonhuman animals〕 ヒト以外の動物に人間の言語を教える科学的な試みは，1940年代後半の米国で Hayes 夫妻が行った人工哺育のチンパンジー Viki (ヴィキ)にヒトの音声言語を教える試みが端緒といってよい．Viki は "Mama"，"Cup" などきわめて限定された単語しか発することができなかった．これは，認知能力の問題ではなく，発声器官の形態学的制約であることがわかっている．その

後，1960～1970年代にかけて，音声ではなく視覚を利用した言語訓練が数多くなされるようになった．この流れは，Gardner夫妻らによるチンパンジーWashoe(ワシュー)やF. Pattersonによるゴリラのkoko(ココ)などを対象とした手話を用いた研究や，Premack夫妻のチンパンジーSarah(サラ)，Rumbaugh夫妻らによるチンパンジーLana(ラナ)，E. S. Savage-Rumbaughによるボノボのkanzi(カンジ)，そして京都大学霊長類研究所の室伏靖子，松沢哲郎らによるチンパンジーのアイを対象とした幾何学図形をシンボル(単語)として用いる研究などが有名である．手話の研究では語彙獲得や文の生成に関する知見が数多く蓄積されたが，その後，大型類人猿が学習した言語は人間の言語が備える階層的な文の構造(統語構造 syntax)などをもたないため，"言語"とはよべないという批判的な意見が大勢となり，1980年代に入って急速に減退した．なお，大型類人猿以外の言語の研究としては，L. M. Hermanによるハンドウイルカのakeakamai(アケアカマイ)など，I. M. Pepperbergによるヨウムのalex(アレックス)(⇌ オウム)，マックスプランク研究所によるイヌのrico(リコ)などがあげられる．21世紀に入って，言語を訓練するのではなく，**言語を可能にする能力**(faculty of language)という観点からあらためて動物の認知能力を検討しようとする流れが起こりつつある．

言語システム(脳の) ⇌ 脳の言語システム
言語能力 ⇌ 言語の生成
言語の獲得［language acquisition］　ヒトが言語知識およびその運用能力を獲得する過程のこと．言語学では母語の習得を特に言語の獲得とよぶ．これは言語知識が他の認知システムと比肩できないほど複雑なだけでなく，その過程自体が非常に特異であることによる．たとえば，第二言語学習では十分な教育を施してもその達成度合に大きな個体差が生じるが，母語獲得では学習者に認知的なハンディキャップがない限りそのような個体差は発生しない．このように，得られる刺激の量や質と言語知識の複雑さ，そして獲得の完全性とのギャップを言語獲得の"刺激の貧困(poverty of stimulus)"問題とよぶ．この問題に対し生成文法*は，子どもが言語獲得に特化した強力な脳機能を生得的に備えていると仮定する(⇌ 言語獲得装置，普遍文法)．一方，認知言語学では，親などからの"赤ちゃん言葉(motherese)"とよばれる，強調された抑揚やジェスチャーなど非言語的な刺激の存在を重視し，刺激は必ずしも貧困ではなく，言語に特化した生得的な脳機能の必要性を否定している．

言語の進化［evolution of language］　ヒトという種が認知能力としての言語*を得るに至った過程．古典的な歴史言語学が個別言語内における文法化や語族間の系統的変化を扱うのに対し，言語の進化研究は言語を受容する脳の生物学的進化や，言語獲得によって次世代に複製される言語知識のミーム*的な変容を扱う(⇌ 文化進化)．また両者の相互作用を考える脳・言語共進化などさまざまな領域を包含している．さらに，ヒトの近縁種におけるコミュニケーション能力やその進化，相似性が想定される非近縁種を含む生物に関する同様の研究も言語の進化研究に重要な知見を与える研究と考えられている．また，ティンバーゲンの四つの問い*にあるように，言語の進化に関する研究は，現在のヒトの言語知識がなぜ特定の形式をもち，それ以外の形式ではなかったかについて原理的な説明を加えるものと期待されている．

言語の生成［language production］　ヒトの言語活動において，思考における発話内容の概念的形成から発話自体までの包括的な行為を言語の生成とよぶ．生成文法*においては，言語は文法や音声といったいくつかの異なる処理システムで別々に処理され，最終的に思考と相互作用していると考えられている．同理論によれば，これらの処理システムは他の認知システムから自律しており，全体として言語に特化した認知システムを形成している．しかし，実際の言語生成では，言いかけや言い間違いといった，客観的に見れば非文法的と思えるような例が数多く見受けられる．これは言語処理システムだけが実際の発話に関与しているというよりも，同システムが生成した言語形式を，他の認知システム(たとえば記憶や社会的配慮など)が受取り，そのうえで発話が行われていると考えるのが自然である．このことから言語研究の場合，言語生成に直接的にかかわる認知システムを**言語能力**(competence)とよび，他の認知システムが関与したうえでの最終的な発話を**言語運用**(performance)の結果とし区別している．

言語野［language area］　⇌ 脳
言語を可能にする能力［faculty of language］
⇌ 言語訓練
顕在的記憶［explicit memory］　⇌ 宣言的記憶

顕在的行動［overt behavior］　他の個体が観察できる行動をいう．動作，表情，発声・発話などがこれにあたる．動物は顕在的行動を行うことによって，他の個体も含めて周囲の環境に対して影響を及ぼすことができる．一方，他の個体が観察できない行動は潜在的行動*とよばれる．しかし，これら二つを分ける基準は必ずしも明確ではない．たとえば特別な装置を使用しなければ観察できない行動（筋電図*をとってはじめて確認できるような微弱な筋活動など）は，少なくとも肉眼では観察できない以上，装置による可視化にかかわりなく一貫して潜在的行動であると考えることもできれば，装置で観測し，存在を確認できた時点で顕在的行動となると考えることもできる．後者の立場からは，fMRI*など，近年の可視化技術のめざましい発達は，従来潜在的行動とされてきた活動を，部分的にもせよ，顕在的行動に転化してきたといえる．

犬　歯［canine tooth］　⇒咬みつき

原始的真社会性昆虫［primitively eusocial insect］　⇒アシナガバチ

検出力［power, statistical power］　⇒統計学的検定

減数分裂［meiosis］　⇒細胞分裂

限性遺伝［sex-limited inheritance］　性染色体上に位置する遺伝子座に支配されるのが伴性遺伝（⇒性連鎖）であるが，そのなかで表現型*が雌雄いずれかの性にのみ限定して現れるのが限性遺伝である．たとえば，哺乳類では雌がX染色体を2本，雄がX染色体とY染色体を1本ずつもつので，Y染色体上のみに存在する遺伝子は雄に限性遺伝する．また，X染色体上の遺伝子に支配される形質でも限性遺伝するものがあり，雄の三毛猫がめったにいないのはその好例である．ネコには，毛の色を黒色または茶色にする遺伝子がX染色体上に存在する．そのため，X染色体を1本しかもたない雄ネコは，黒と茶，両方の体毛をもつことはない．雌ネコでは，2本のX染色体上にそれぞれ黒と茶の対立遺伝子があれば，両方の体色をもった個体が生まれる．ただし，雄に比べて2倍量存在するX染色体の発現量を調整するために，発生初期に片方のX染色体が細胞単位で不活性化され，細胞分裂と表皮組織の発達を経て，黒と茶の毛が斑状に発現する．これが三毛猫である．

限性形質［sex-limited trait］　雌雄どちらかの性に特異的に発現する形質．発生の過程で雌雄どちらかの性でのみ発現する遺伝子の産物であるが，実際の発現メカニズム（⇒性特異的遺伝子発現）は，その生物の性の発現メカニズムや形質に応じて多様である．限性形質は，性的二型*をもたらすとともに，雌雄間の遺伝子座内性的対立の行方に影響を及ぼす．また，限性形質は，その形質を発現しない性を通じて選択の様相にも影響すると考えられている．

懸濁物食者［suspension feeder］　⇒沪過摂食

検定統計量［test statistic］　⇒統計学的検定

賢馬ハンス［clever Hans］　⇒実験者効果

減法混色［substractive color mixing］　⇒混色

嫌リスク［risk aversion］　一般には，リスク選択肢（リスク*の含まれている選択肢）よりも，リスクレス選択肢（リスクの含まれていない確実な選択肢）を選ぶことをさす．リスク嫌悪あるいはリスク回避ともよばれる．一方，リスク選択肢を選ぶことは好リスク*またはリスク志向とよぶ．動物個体が嫌リスクを示すさまざまな状況が明らかにされている．たとえば，行動生態学で研究されているリスク感応型採餌場面において，動物は餌が潤沢にある場合（餌遮断化の程度が低い場合）には，多量であるが餌の提示確率が不確実なリスク選択肢よりも，少量であるが餌の提示確率が1（必ず餌にありつける）のリスクレス選択肢を選ぶ傾向にある．またプロスペクト理論*において，意思決定者は利得場面においては，同じ期待値であってもリスクレス選択肢を選ぶ．たとえば1万円を得る確率が50％であるような選択肢と，確実に5000円を得ることのできる選択肢では，後者の方が好まれる．

"原理とパラメータ"理論　［the principles and parameters theory］　⇒言語獲得装置

コ

コイタルロック［coital lock］　＝交尾結合

行為［performance］　⇌ 遂行

口胃神経節［stomatogastric ganglion］　節足動物に特有の神経節であり，他の神経節とともに口胃神経系を構成し，食道と胃の運動制御を担う．特にオマールエビ(アメリカウミザリガニ*)・イセエビ・カニなど大型の十脚甲殻類の口胃神経節は，約50年にわたり中枢性パターンジェネレーター*の研究材料として用いられてきた．十脚類の胃は，噴門部・胃歯部・幽門部からなる(図)．食物は食道の蠕動運動により噴門に運ばれ，胃歯の咀嚼運動により細かく砕かれ，幽門部で圧搾・沪過を受けて腸に至る．口胃神経系はそれらの運動パターンのリズム生成・協調を行う．少数かつ比較的大型の同定ニューロン*から構成され，神経標本を生理食塩水中で生かしたまま個々の細胞から膜電位の同時記録・操作を容易に行える．その利便性を活かし，神経回路網の挙動をシミュレーションする研究や新規の実験手法の確立なども盛んに行われてきた．R. M. Harris-Warrick は1986年，この神経節にアミン類(セロトニン*，ドーパミン*，オクトパミン)を投与すると，さまざまに異なるパターンのリズムが生成することを見いだした．たとえ構成は単純であっても，神経回路網は多型的であって，動的に挙動を変えること(多型的神経回路網)の実例として注目を集めた．神経回路網における個々の細胞の役割と細胞同士の協調関係が最も詳細に解析された系の一つである．

捕食中のアメリカウミザリガニ

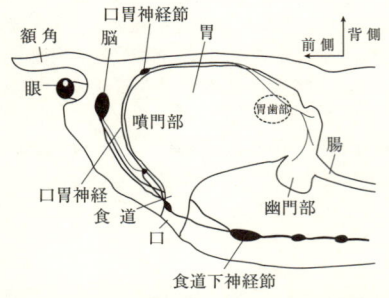

口胃神経節は眼あるいは額角付け根のやや後方，背甲部正中線上の胃の上に位置する(上図の矢印)．下図は頭部の矢状断面を拡大したもの．

抗うつ薬［antidepressant drug, antidepressant］　うつ病の代表的な症状である，抑うつ気分(落ち込む)，興味喪失(何も興味がわかない)，食欲不振，不眠などの改善のために処方される向精神薬．多くの抗うつ薬は，モノアミン神経伝達物質*(特にセロトニン*とノルアドレナリン*)の受容体への作用や代謝を調節する．1950年代に，結核の治療薬のイプロニアジドと，抗ヒスタミン剤として開発されたイミプラミンに，ともに抗うつ作用が見つかったことから，抗うつ薬の開発が始まった．イプロニアジドは，モノアミンを分解する酵素(モノアミンオキシターゼ，MAO)の働きを抑えるMAO阻害剤で，イミプラミンはモノアミンの再取込みを抑制する三環系抗うつ薬であり，いずれもシナプス間のモノアミン量を増やすことで作用する．その後，より特異的にセロトニンやノルアドレナリンの再取込みを阻害する薬物(選択的セロトニン再取込み阻害薬*)など，さまざまな抗うつ薬が開発されている．抗うつ薬は効果が出るまでに数週間という長期の投与が必要である．

恒温動物［homeotherm, homoiotherm］　内温動物(endotherm)，温血動物(warm-blooded animal)ともいう．分類体系上の動物群ではない．外界の温度や運動熱にかかわらず体温を一定に保つ動物をいい，鳥類，哺乳類が含まれる．絶滅した恐竜の一部も恒温動物であった可能性がある．高い基礎代謝により，体内エネルギーを利用して熱産生を行うとともに，効率の良い熱放散(運動

時)や断熱のための機能(外界が冷感の場合)を備えもつ．このような代謝熱によって体温を調節する特性を**内温性**(endothermy)という．これに対して外界の温度に依存して体温を変化させる動物を**変温動物**(poikilotherm, allotherm, または**冷血動物** cold-blooded animal)とよぶ．多くの爬虫類，両生類，魚類がこれに相当する．恒温動物にみられるような精密な温度産生と遮熱のシステムをもたないが，能動的な行動によってある程度の体温調節を行う．外界の温度によって体温を管理する性質は**外温性**(ectothermy)とよばれる．たとえばガラパゴスウミイグアナは海中で捕食行動を終えると体温が20℃程度まで低下するが，その後暖かい浜辺や海岸岩の上で日光浴を行い，体温を回復させる．亀の甲羅干しにも体温調節の機能がある．このような体温調節のための行動を**行動性体温調節***という．

降河回遊［catadromy］ ⇌ 回遊

効果の大きさ［effect size］ ⇌ 統計学的検定

効果の法則［law of effect］ 19世紀末，米国の心理学者 E. L. Thorndike* は，問題箱*に空腹のネコを入れ，そこから出るまでの時間を測定した．箱の外には餌が置かれ，外に出れば食べられるが，外に出るには，ネコは一定の順序で箱の中に設置された事物を操作する必要があった．このような試行を繰返した結果，ネコが箱から出るまでの所要時間がだんだん短くなることを見いだした（⇌ 試行錯誤学習）．その原因として，彼は，ネコは最初のうちは外に出ることと関係のない行動を多くとっていたが，試行が進むにつれて，外に出ることに結びつく行動のみをとるようになったためと考えた．そこから，彼は，"満足をもたらす反応は以後より生じやすくなり，不満足をもたらす反応は以後より生じにくくなる"という効果の法則を提案した．すなわち，行動の生起はその結果によって大きく影響を受けることを示している．その後，R. J. Herrnstein* は，ある反応の生起頻度は，その反応から得られる強化と，それ以外の反応から得られる強化の割合によって定まるとし，単一反応の生起頻度を予測する関数を提案した．この理論は，**量的効果の法則**(quantitative law of effect)とよばれている．

睾丸［testis］ ＝精巣

交感神経系［sympathetic nervous system］
自律神経系*の一つ．副交感神経と拮抗して心臓や血管，消化器官やその他の臓器の働きを制御している．交感神経は脊髄から左右に出て神経節*とよばれる神経細胞体の集まりで神経を乗換え（⇌ シナプス），ここから各臓器に神経繊維を伸ばしている．神経節ではアセチルコリン*が，神経節から各臓器に分布している節後繊維の終末からはノルアドレナリン*が放出され，伝達物質として神経の興奮を伝える．交感神経系が活性化すると瞳孔拡大，心拍数増加，血管収縮，血圧上昇，気管支拡張，発汗など体が活発な状態になる．通常は相反作用をもつ副交感神経とのバランスで全身の恒常性を保っているが，極度の緊張状態や動物が外敵を前にした"戦うか逃げるか（⇌ 闘争か逃走か）"の緊急時などには交感神経系の興奮が特に高まる．これは筋肉への血流量増加，血糖値上昇などによって素早い動きを可能にするためと理解されている．

工業暗化［industrial melanism］ 英国などヨーロッパでの工業の発展に伴い19世紀から20世紀にかけて都市部でガなどに体色が黒い個体の頻度が増加した現象や，そのような頻度の増加の説明として提案された，選択による進化をさす．特に，詳しく研究された，シャクガの一種であるオオシモフリエダシャクでの研究内容をさすこともある．工業暗化では，体色が黒い個体の頻度の増加は，工業が発達した地域はばい煙により木などが黒くなっており黒い個体の方が捕食を受けにくいために有利であることによる，と考える．もしそうであれば，オオシモフリエダシャクでは体色の違いは単純な遺伝的変異であるから，黒い個体の頻度の増加は，遺伝的変異があるときに選択が作用して有利な対立遺伝子の頻度が増加するという選択による進化の一例である．H. B. D. Kettlewell が体色により捕食される率が異なることを示した後，オオシモフリエダシャクの工業暗化は選択による進化の実例として教科書などにもよく取上げられた．その後，データの取扱いや実験方法などに対する批判があったが，M. E. N. Majerus などによる再実験も行われ，環境の変化による捕食の効果が体色により異なるという選択に基づく進化という基本的な点は正しいと評価されている．工業暗化は，また，人間の活動が環境の変化を通じて生物の性質に影響を与える例でもある．

公共財ゲーム［public good provision game］
ゲーム理論*において，各プレイヤーからの拠出によって形成された共有物(公共財)を各プレイ

ヤーに均等配分するときに生じる利害対立の状況のこと．全員にとって最適な行動と個体にとって最適な行動とが一致しない典型例であり，二人ゲームである囚人のジレンマ*の多人数版である．ゲームの初期状態では各プレイヤーは等量の資源をもち，その中からどれだけの割合を公共財として拠出するかが戦略となる．また，拠出された資源は公共財となるときにその全体量が増加すると仮定される．したがって，もしプレイヤー全員が手持ちの資源をすべて拠出したならば，この"協力"戦略によって各プレイヤーの利得は最大となる．しかし，公共財は拠出量にかかわらず均等に配分されるため，個々のプレイヤーからすると，他のプレイヤーからの拠出が少しでもある状況では，資源を手元に残したまま公共財の恩恵にあずかるという"ただ乗り"戦略が，他より常に有利である．その結果，このゲームのナッシュ均衡*は，全員がまったく拠出しない状態になってしまうが，これを公共財ジレンマ（public goods dilemma）とよぶ（共有地の悲劇*はその特殊例）．ヒトをプレイヤーとした実験によると，ナッシュ均衡の予測に反して，ヒトは一定割合の資源を公共財として拠出することが知られている（⇌ 実験経済学）．ヒト以外の生物が示す協同*行動や相利共生*も，公共財ゲームにおける協力戦略からなるとみなすことができ，この性質が進化の過程でいかに獲得されたかが盛んに研究されている．

公共財ジレンマ［public goods dilemma］⇌ 公共財ゲーム

後屈労働供給曲線［backward-bending labor supply curve］ 所得と余暇の2財間の選択場面において，賃金率（労働時間当たりの所得）を変化させたときの選択点を結ぶと**労働供給曲線**（labor supply curve）が得られる．図の破線のように，賃金率の上昇（A→E）とともに右上がりの曲線が途中で折り返し，左上がりに変化する曲線を後屈労働供給曲線という．この曲線は，賃金率の制約下において，労働者の所得と余暇の組合わせの効用最大化（⇌ 効用最大化理論）を想定するミクロ経済学の労働供給理論から生み出される．図の横軸の労働時間は総生活時間から余暇時間を引いた時間を，また，選択点に接する曲線は無差別曲線（効用が等しい組合わせ）を表す．理論上，左上に位置する無差別曲線ほど少ない労働時間で高い所得が得られることから効用は高くなる．賃金率を比率スケジュールで設定し，労働量（反応率）と所得量（強化率）の関係をラットやハトで調べた行動経済学*の研究で，賃金率がD, Eのように高くなると，動物は，ヒトと同様に，労働量を減らし余暇量を増やすことが報告されている．

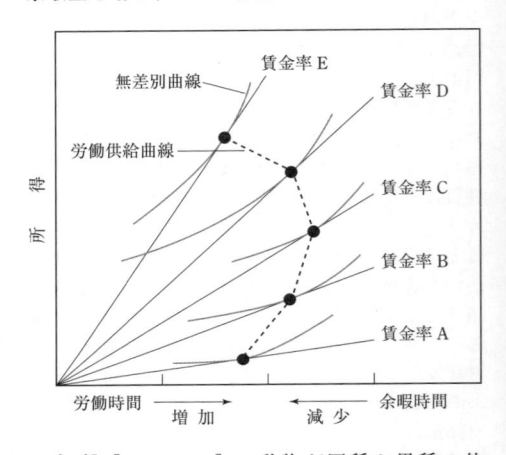

攻撃［aggression］ 動物が同種や異種の他個体に襲いかかって身体的損傷を与えようとしたり，威嚇したりする行動．身体に対する物理的な攻撃だけでなく，音声やにおいなどを用いた攻撃もある．獲物に対する捕食行動*は一般的には攻撃には含めない．攻撃には，同種内におけるなわばりや食物，配偶者や順位といった生存・繁殖にかかわる競争的資源の獲得や確保を目的とした攻撃と，自己防衛のための攻撃がある．同種内の資源をめぐる相互的な攻撃（⇌ 闘争）はしばしば儀式化*し，身体的攻撃が回避される．攻撃の儀式化について，K. Z. Lorenz*は種（集団）の維持のために進化したと論じたが，今日ではタカハトゲーム*に代表されるゲーム理論*により進化的安定戦略*（ESS）として説明される．攻撃には季節変動，性差，年齢差がみられることが多い．人間行動における攻撃の社会的機能としては，強制，防衛，制裁，報復，自己顕示などがあげられる．

攻撃擬態［aggressive mimicry］ 捕食者や寄生者（ミミックすなわち擬態者）が，被食者や宿主（信号の受信者）にとって危険でない，あるいは利益をもたらす生物や物体（モデルすなわち被擬態者）に似る擬態*の一種．相手への接近を容易にし，捕食（や寄生）の成功率を上げる．たとえば，ハナカマキリの仲間の体色は白地に薄くピンクがのっており，脚にも花びらに似た形の付属物があ

る．そのため，ランの花に効果的に紛れ込むことができ，訪花する昆虫を待ち伏せして捕食する（図）．鳥類では，北米のオビオノスリは無害なトビの群れに紛れ込んで獲物に近づく．米国の博物学者 Peckham 夫妻にちなんで，ペッカム型擬態（Peckhamian mimicry）とよばれることもある．

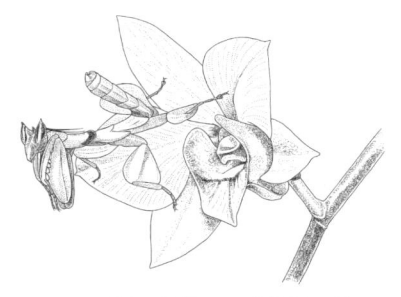

ランの仲間に擬態して，花を訪れる昆虫を待ち伏せするハナカマキリの幼虫

交雑［hybridization］　雑種形成ともいう．異なる種間で交配し子孫を残すこと．交雑の結果生まれた雑種個体は生殖能力（稔性）をもたないことが多いので，種間における遺伝子流動*が妨げられるが，戻し交配*などによって他種のゲノムの一部を含んだ個体が安定して存続することもある．たとえば，ヒトでは，現生個体の大部分が過去の交雑の痕跡としてネアンデルタール人の遺伝子を保有していることが知られている．植物では交雑の結果生じた雑種個体が正常に有性生殖できない場合でも，受精を伴わない種子生産（無融合種子）や，多様な無性生殖で雑種集団が維持されることがある．また，異なったゲノムをもつ交雑個体が倍数化（異質倍数体）することによって，減数分裂時に染色体の正常な対合が可能になり稔性を獲得することも多い．この場合，親種との生殖隔離*が成立しており，新たな種が形成されたことになる．陸上植物の種は，このような交雑と倍数化に由来するものも少なくないと考えられている．

交雑系［hybrid］　→系統(2)

交雑帯［hybrid zone］　遺伝的にある程度分化した集団が出会い，交雑が生じることで，各集団の遺伝組成を共有する子孫が生まれる場所をさす．形成の過程によって，一次的交雑帯と二次的交雑帯に分けて考えることができ，比較的移動能力の低いバッタやカエルなどを材料に研究が進められてきた．一次的交雑帯は，側所的に分布する集団が，場所によって少しずつ異なる環境からの選択圧に従ってそれぞれが遺伝的分化を遂げ，それらが分布を拡大して重複した場所で生じるとされる．二次的交雑帯は，異所的に隔離された地域で遺伝的分化を遂げた集団が二次的に分布を拡大させ，それらの分布が重なった地域で生じる．つまり一次的交雑帯では，選択を受ける遺伝形質には環境勾配に沿った地理的な傾斜（クライン*）が観察されるが，選択的に中立な遺伝形質では集団間の地理的距離と相関した変異を示さないと考えられる．二次的交雑帯では，集団ごとに生じた適応遺伝子の連鎖不平衡*が交雑で解消されるため，交雑帯で生じる雑種個体の適応度は親集団と比べてしばしば低下する．雑種個体が自然選択を受ける結果，複数の遺伝形質ではほぼ一致した場所に地理的傾斜が観察される．地理的傾斜の幅は雑種個体に対する選択圧の強さと，親集団からの遺伝子流動*の規模との釣り合いによって決まり，シグモイド曲線で傾斜の形状を近似できる．しかし実際には，生息場所の選好性の違いや遺伝的浮動*などのさまざまな生態学的・遺伝学的要因が地理的な傾斜の形状をいっそう複雑にするため，交雑帯の形成過程の正確な推定は必ずしも容易ではない．（→種分化，生殖隔離）

格子細胞［grid cell］　＝グリッド細胞

高次条件づけ［higher-order conditioning］　古典的条件づけ*は基本的に，ある条件刺激*を無条件刺激*と一緒に与えることにより形成される．しかし，二次条件づけ*や感性予備条件づけ*などにみられるように，直接無条件刺激と一緒に経験されていない条件刺激であっても，条件づけの結果，条件反応*をひき起こすようになった別の条件刺激を介して，条件反応をひき起こすことが可能である．条件刺激と無条件刺激が直接一緒に経験された結果生じる条件づけを一次条件づけとよび，二次条件づけや感性予備条件づけなど，一次条件づけの結果条件反応をひき起こすようになった条件刺激を介して別の条件刺激に対して生じる条件づけを総称して高次条件づけとよぶ．われわれの日常や野生動物が暮らす自然環境などでは，生まれつき無条件刺激として機能するような刺激は限られているため，古典的条件づけが一次条件づけの形で行動に影響を及ぼすことはさほど多くはないが，この高次条件づけのメカニズムを通じて，古典的条件づけは多彩な行動に広く関与していると考えられている．

高次スケジュール［higher-order schedule］
複数のスケジュールを階層的に組合わせ，下位のスケジュール成分に統制される行動を，一つの単位とみなし，それを上位のスケジュールにより統制するスケジュール．2階層のものは二次スケジュール(second-order schedule)とよぶ．たとえば固定時隔30秒スケジュール(FI 30秒)を4回繰返す二次スケジュールでは，FI 30秒に統制される反応全体を一つの行動単位と考え，それに対して固定比率4スケジュール(FR 4)を適用し，FI 30秒を4回反復したとき初めて強化子を提示する．FR 4(FI 30秒)と表記することもある．下位の成分が1回完了するたびに，たとえば給餌器の照明だけを短時間点灯するなど，微弱な条件強化子*を提示する場合と，一切刺激変化がない場合では，行動には異なる特徴が生じることから，さまざまな刺激の条件強化子としての効果を研究するために用いられる．

鉱質コルチコイド［mineralocorticoid］ ＝ミネラルコルチコイド

高次発声中枢［higher vocal center, HVC］
歌神経系の運動経路と前脳前方経路の上流にあり，聴覚情報を受取り，運動指令を出す歌神経核*．さえずり*のシラブル*出力の順序やタイミングを制御しており，たとえば，特殊な装置を使ってHVCを冷却するとさえずりの速度が低下する．さえずる際に活動するHVCニューロンの一部は，聴覚刺激として同一のさえずりが提示されても同じ活動パターンで応答するミラーニューロン*である．HVCという名は，この神経核が，かつて線条体最上部(hyperstriatum)とみなされていた領域の腹側に位置していたため，hyperstriatum ventrale caudaleとされたことに由来する．しかしその後，この領域を線条体とよぶのは適切でないことがわかり，HVCはhigher vocal centerの略称とされ，さらに，国際的な鳥類の脳部位名称改訂に伴い，"HVC"が正式名称となった．(⇒歌神経核［図］)

向社会行動［prosocial behavior］ 他者や所属するコミュニティー全体に利益を与える行動のこと．協力行動，分配行動，援助行動などが含まれる．行動の動機は利他的な場合(他者への共感など)も利己的な場合(将来の見返りに対する期待など)も含まれる．1970年代に社会科学者が"反(非)社会行動"の反意語として用いたのが始まりだといわれている．代表的な向社会行動として，ヒトでは募金や献血があげられる．2000年以降，おもに実験的手法を用いてヒト以外の霊長類の向社会行動についての研究が行われてきた．たとえば被験体に二つの選択肢を提示し，一方を選択すると被験体とパートナー両方が餌を手に入れられ，もう一方を選ぶと被験体だけが餌を手に入れるという状況で，パートナーへの利益を考慮した選択(other-regarding preference)がみられるかなどが調べられているが，今のところ一貫した傾向は示されていない．(⇒利他行動)

光周性［photoperiodism］ 日照時間(日長)の変化に対して，休眠，渡り，繁殖活動，換羽*(毛)，代謝など，さまざまな行動や生理機能が変化する現象をさす．熱帯以外の地域では季節によって気温や降水量も変化するが，ほとんどの生物において日長の変化が最も重要な環境因子である．気温や降水量は年ごとの変動が大きいが，日長の変化は毎年正確に繰返されるため，生物が日長の情報をカレンダーとして利用しているのは合理的である．日長の測定には概日時計*が関与している．また哺乳類ではメラトニン*が，鳥類では脳深部の光受容器が明暗の情報を仲介しており，両者とも甲状腺ホルモン*が光周性の制御に重要な役割を果たしている．高緯度地域では特定の季節にうつ病を発症する季節性感情障害という疾患がある．冬季にうつ病を発症することが多いため冬季うつ病ともよばれ，この治療には高照度光を使った光療法の有効性が示されている．

甲状腺ホルモン［thyroid hormone］ 甲状腺から分泌されるアミノ酸誘導体ホルモン．全身の成長促進や基礎代謝，糖代謝の亢進などの作用をもつ．下垂体前葉から分泌される甲状腺ホルモン放出ホルモンにより，その分泌が促進される．食物から摂取されたヨウ素が血流によって甲状腺に集められ，チロシンと結合することで甲状腺ホルモンが生成される．分子中にチロシンを三つもつトリヨードチロニン(T_3)と四つもつチロキシン(T_4)という2種類の形で甲状腺内に蓄積されている．血中に存在する甲状腺ホルモンの大部分を占めるのはT_4だが，生理活性はT_3の方が強く，T_4の大部分がT_3に変換された後に作用を発揮する．受容体はほぼ全身に発現しており，全身にさまざまな作用をもつため，甲状腺ホルモンが過剰(甲状腺機能亢進症)な場合も不足(甲状腺機能低下症)している場合も全身性の重篤な疾患となる．

交信 [intercommunication] ⇒ コミュニケーション

口唇窩 [labial pit] ⇒ ピット器官

公正 [fairness] 公平ともいう．一定量の資源の分配が，ある基準に照らして妥当なものである場合，それを公正な分配とよぶ．心理学では，全員に資源を等しく分配する平等分配，貢献量に応じて分配する衡平分配などが公正な分配とされている．経済学では，人間には**不公平回避**(inequity aversion)の傾向(選好*)があるというモデルが提唱されている．具体的には，誰かと資源を分け合うときに，自分への配分が相手より多くても少なくても不満の原因になるというものである．自分が不利な扱いを受ける場合の不公平回避は動物にもみられる．オマキザルを対象とした実験では，コインとキュウリを交換するという課題を学習したオマキザルに，隣で別の個体が何の苦労もせずにより魅力的な餌(ブドウ)をもらっているところを見せた(不公平を知覚させた)．すると，それまではキュウリを喜んで食べていたのに，コインとの交換を拒否したり，渡されたキュウリを実験者に投げつけるなど，不公平を拒む行動に出た．(⇒ 最後通告ゲーム，独裁者ゲーム)

向性 [tropism] 光や重力などの外部刺激に対して近づく，あるいは遠ざかるといった自動的，機械的な動きのこと．たとえば，光に向かってガが飛んでいくような行動．19世紀終わりから20世紀はじめにかけてJ. Loebは，動物が示す多くの行動をこのような意識や知性を必要としない動きで説明しようとした．動性*と走性*の上位概念とみなす考えもある．

構成論的アプローチ [constructive approach] ⇒ ロボティクス

交接 [copulation, coitus, mating] ＝交尾

交接器 [copulatory organ] ⇒ 生殖器

構造色 [structural coloration] 光を反射する物質の微細構造によって生じる色彩．光の波長と同等かそれ以下の微細構造により，光の波長には，散乱や回折，干渉といった現象が発生する．これにより，光源の光の波長とは異なる状態が生じ，発色が起こる．タマムシなどの甲虫にみられる金属様の光沢色や，クジャクの羽に代表される角度による変化を伴う発色，モルフォチョウなどの青系統の色がその代表例である．これに対して，色素による発色は，メラニンやカロテノイドといった色素が光の波長の一部を吸収し，残りの光が反射されることにより成り立つ．構造色は特定の色素物質によらない．

構造方程式モデル [structural equation model, SEM] 統計モデルの一種であり，回帰と同じく観測されたデータ間の関係を特徴づけるものであるが，構造方程式モデルでは複数の観測変数を同時に扱い，さらに一般的には，これらの背後にある共通の要因を**潜在変数**(latent variable)と設定し，観測変数間の共分散構造(covariance structure)が推定できるようになる．また複数の潜在変数を用意し，それらの相関も仮定する場合もある．たとえば訪花昆虫が訪問花を決定するにあたって，花色・花香それぞれに対する種特異的な選好性が重要であるとしよう．このような選好性を潜在変数で表し，色・香の異なる花への訪問頻度を観測変数とする構造方程式モデルを構築して観測データに当てはめると，訪花行動に影響する種特異的な選好性の構造や選好性間の相関関係が推定できる．構造方程式モデルのうち潜在変数をもたないものは**パス解析**(path analysis)の統計モデルとよばれることがある．

後続事象 [consequence] ある二つの事象が継時的に前後して何度も観察されると，その二つの事象間に何らかの関係性を私たちはみる．"努力の結果"とか"悪いことの予兆"といった表現は，後続する事象や先行する事象について述べた関係性の例である．後続事象とは，こうした関係性を日常的な用法から切り離して，単なる時間的前後関係や事象間の生起確率として記述するための用語であり，いわゆる結果(result)とか出力(output)といった文脈*の背後にある因果性を暗示する用語を避けるために採用された．随伴性*において後続事象が活躍するのは，強化随伴性における強化*(オペラントは強化子*という後続事象の出現によってその反応率を増加させる)，生存随伴性における淘汰の場面(生物個体は環境変化による自然選択*を通じて進化する)などであり，こうした場面での後続事象は，それに先立つ事象に依存しないで生じる場合を含んでいると考えられる．

後続事象による淘汰 [selection by consequences] C. R. Darwin*による進化論では，環境による淘汰(自然選択*)は，変異や遺伝とともに生物進化の重要な要素となっている．B. F. Skinner*は，淘汰が生物個体の存在を前提として，"後続して起こる"環境変化によってなされ

ることから，これを生存随伴性とよび，ある行動が"後続して起こる"環境変化によって，増加したり減少したりして"淘汰される"オペラント条件づけでの強化随伴性と対応させた．このような考え方は，すべての行動は先行する環境事象によってひき起こされなくてはならないといった，これまでの心理学観を大きく変え，ある種の行動の自発性や偶発性（たとえば迷信行動*）の側面を強調することとなった．

後大脳［tritocerebrum］ ⇒ 昆虫の神経系

硬直化［tonic immobility response］ ⇒ 凍結反応

行動遺伝学［behavior genetics］ 人間を含む動物の行動における遺伝の影響を探る研究領域．人間を対象とした場合，喫煙や飲酒といった特定の行動から，パーソナリティ（⇒ 行動特性）や知能の個人差，また，大うつ病や統合失調症といった精神疾患も研究対象となる．人間では双生児研究や養子研究が主流であったが，ゲノム解析により個別の遺伝子と行動の関係を探る研究も盛んになりつつある．動物研究では，遺伝子組換えや，遺伝子ノックアウトなどにより，直接遺伝子を操作することによる行動への影響も研究されている．人間に関する知見をまとめた E. Turkheimer による行動遺伝学の3原則は以下のとおり．1) 人間の行動形質はすべて，遺伝の影響を受ける．2) 同じ家庭で育ったことの影響は，遺伝の影響よりも小さい．3) 人間の複雑な行動形質にみられる分散のうち，相当な部分が，遺伝でも家族環境でも説明できない．なお，知能やパーソナリティの遺伝子同定が進まないことが，行方不明の遺伝率問題とよばれている．

行動価格［behavioral price］ ⇒ コスト(2)

行動隔離［behavioral isolation］ ⇒ 性的隔離

行動価値関数［action value］ ⇒ 価値関数

行動基線［baseline］ ⇒ オペラントレベル

行動擬態［behavioral mimicry］ 擬態者がモデルの特徴的な動きに似せて行動することで実現する擬態*．たとえば，ナナフシは風に吹かれた枝のように揺れる動きを示すことがある．スズメバチに擬態しているスカシバ類（⇒ ベイツ型擬態[図]）やアカウシアブはその飛び方や羽音までスズメバチそっくりである．また，アリに擬態していると考えられているハエトリグモ科のアリグモは，大きさや黒い体色といった見た目だけではなく，8本ある脚のうち第1脚の2本を前方に向け上下に動かす．この脚の動きはアリの触角の動きによく似ている．また残り6本の脚を用いた歩行方法もアリに似ており，行動擬態の典型例と考えられる．また，後脚を回すように動かし触角のように見せる行動を示すガや尾状突起を触角のように動かすシジミチョウ類も知られている（⇒ 自己擬態[図]）．

行動経済学［behavioral economics］ 合理的で利己的な経済人（ホモ・エコノミクス *Homo economicus*）をモデルとする経済学は，経済現象の強力な分析力や説明をそこから得る一方，モデルからの予測に反するさまざまな逸脱（アノマリー anomaly）に悩まされてきた．こうしたアノマリーを克服し，経済現象のより一般的な説明を求めて1900年代後半に構築されたのが，行動経済学である．行動経済学では心理学*で得られたプロスペクト理論*をはじめとする行動的意思決定研究の知見を積極的に導入するとともに，実験経済学*と同様，経済学に新しい観点からのゲーム理論*である行動ゲーム理論などの実験的手法を持込んでいる点が特徴である．一方，行動研究の分野にも，経済学における理論や指標を導入することで，選択行動および強化の機能と価値にかかわる問題を新しい角度から分析する領域があり，これもほぼ同じ時期から行動経済学の名称のもとに研究が展開されてきた．

行動形成［shaping］ ＝反応形成

行動圏［home range］ ホームレンジともいう．定住性を示す動物の個体や群れが日常的に動き回る範囲のこと．他個体から防衛する範囲であるなわばり*とは区別される．行動圏の大きさは利用できる資源の質や密度によって左右されるが，同種の同性個体間では大型個体ほど，群れは大きいほど広いことが多い．ある地域の複数の行動圏の大きさや位置関係から，個体間や群れ間の空間配置を知ることができる．動物の社会構造*を把握するうえで，個体間の社会干渉と並んで重要な情報であり，動物社会学（animal sociology）の研究にとって基本的な調査項目である．行動圏は，対象動物の直接観察や装着した発信器からの電波などの位置情報から描くことができる．簡易な方法は，なるべく多くの位置情報に基づく最外郭法であるが，大きさを過大評価するという難点がある．行動圏の調査は同じ個体を対象に行う必要があるため，対象動物は個体識別（individual discrimination）をして観察する必要がある．

行動コスト［behavioral cost］　⇌ コスト(2)

行動サンプリング［sampling all occurrences of some behaviors］　特定の行動に注目し，どの個体が行ったかにかかわらず観察し記録するサンプリング方法．同時に多数の個体を対象として行うことがふつう．観察対象個体数が少ない個体追跡サンプリング*や，一個体に対する観察時間が短いスキャンサンプリング*では見逃しがちな，まれにしか生じない行動を系統的に観察・記録するのに適している．一方，頻繁に起こる行動では記録が追いつかなくなったり，目立たない行動では見逃す可能性がある．対象の集団が個体識別されていれば，目的の行動について集団全体に対して個体追跡サンプリングを用いた場合と同じデータが得られる．行動の生起頻度を推定する目的に適しており，特に集団で起こるすべての行動を観察できれば，偏りのない推定値となる．

行動システム［behavior systems］　⇌ 行動システム分析

行動システム分析［behavior-systems analysis］　食物や水分の獲得と摂取，なわばりの防御，性的パートナーとの遭遇と繁殖，体温調節などの生物学的に重要な目標を達成するために，それぞれの種が独自に進化させた行動様式を**行動システム**(behavior systems)という．たとえば，ドブネズミが餌となる昆虫を見つけた場合や，逆に天敵に遭遇した場合，この種に特異的な捕食システムと防御システムがそれぞれ作動し，生得的な環境刺激処理と一連の行動遂行によって目標を達成しようとする．行動システム分析とは，それぞれの動物がもつ行動システムの特徴の分析から，その動物の学習*行動を解釈することである．この分析によると，連合学習*とは，強化*によって作動する特定の行動システム内に，条件刺激*や道具的行動が統合される過程である．したがって，条件づけを通じて動物が学習する行動は，その種の動物がその強化を自然環境で処理するときに作動する行動システムの一部分であり，逆に，行動システムに存在しない行動レパートリーを条件づけることは不可能である(⇌ 種特異的防御反応)．ラットに視覚刺激と食物を対提示する古典的条件づけ*を行うとき，条件刺激として木製のブロックを用いた場合，ブロックの方向を向く行動(定位反応)のみが条件づけられる．これに対して，縛った同種のラットを条件刺激として提示すると，刺激ラットへ接近し，肛門や性器のにおいを嗅いだりグルーミングしたりする社会的相互作用が条件づけられる．この結果は，行動システム分析から，集団で食物を摂取する習性をもつラットに対して，食物に先行して同種ラットを提示すれば，集団で餌を探索しているときにラットが示す社会行動*が誘発されると説明される．逆に行動システム分析は，集団で食物を摂取しない種に対して同様の条件づけを行っても，社会行動が条件づけられることはないと予測する．実際，集団で食物を摂取する習性をもたないハムスターは，食物の提示に先立って同種ハムスターの提示を受けても，これに対する社会行動を示さない．

行動修正［behavior modification］　行動分析学における応用場面での研究と実践を行動修正(学)という．この用語は古典的条件づけ*の原理と知見をもとに発展してきた**行動療法**(behavior therapy)との違いを明確にするために使用されてきたが，現在では**応用行動分析学**(applied behavior analysis)とよばれることの方が多い．

行動主義［behaviorism］　心理学の研究対象は心ではなく行動であって，その目標は行動を予測し制御することだとする立場．19世紀後半に実験心理学*を立ち上げた W. M. Wundt が心理学を"精神"の科学としてとらえたのに対し，20世紀初頭に新しい科学観からこれを批判して，J. B. Watson* によって提唱された．現在では**古典的行動主義**(classical behaviorism)とよばれる．行動主義の特徴は，つぎの三つに要約できる．1) **方法論的行動主義**(methodological behaviorism)："精神"は自然科学が要請する客観性を満たす対象ではなく，"行動"こそが科学的対象となりうる．Wundt の用いた内観報告は客観性を保証することが難しいが，行動についてはそれが可能である．2) **概念的行動主義**(conceptual behaviorism)：心的概念は客観的な対象とならないのでこれを心理学に持込むことは問題である．その代わり刺激・習慣といった行動的概念を使うことが求められる．3) **刺激-反応(S-R)主義**：反応はそれに対応する刺激と結びついている．行動を理解するには刺激-反応の関数関係を知ることが必要で，それには古典的条件づけ*での知見が有用である．こうした考え方は，多くの賛同とともに反論も生み出した．刺激-有機体-反応(S-O-R)という図式を提案し，**有機体**(organism)を仲介変数として設定する**新行動主義**(neobehaviorism)や，自発される反応としてのオペラント行動を提示す

ることで,仲介変数による心的概念の再導入以外の解決の道を求めた**徹底的行動主義**(radical behaviorism)はそれらの代表例である.さらに新行動主義からは,のちに行動主義的アプローチと厳しく対立する**認知主義**(cognitivism)が生み出された.古典的行動主義やその後の行動主義は,いわゆる"本能"に代表される生得的行動*や発達よりも,経験による行動変容,すなわち学習*を重視し,実験室的研究によって行動原理の発見と定式化を推し進めて学習理論*の構築を目指した.このため,野外における動物の行動,特に生得的行動の研究に重点を置いた動物行動学*の研究者との間に,動物行動の解釈においてしばしば意見対立をもたらした.

行動主義的学習理論 [behavioral learning theory] ⇌ 学習理論

行動障害 [behavioral disorder] **問題行動**(behavior problems)ともいう.動物における行動上の問題であり,一般には伴侶動物*におけるヒトとの生活に支障をきたす行動学的な問題や,集団(群れ)生活を営むうえでの障害となる行動を意味する.動物の示す通常の行動様式から逸脱した異常行動*とは異なり,過度の,あるいは過少の通常行動をいう場合が多い.以下の2種類の総称として用いられている.1) 動物が本来もつ行動様式の範疇にありながらも,その多寡が正常を逸脱する場合(摂食行動や性行動*の過不足),2) その多寡が正常を逸脱しないまでも人間社会と協調しない場合.実際には,2)に分類される問題が多く,なわばり*意識に由来するイヌの吠えが近所迷惑となる,ネコのマーキング行動*の一つであるスプレーにより住居や家具が汚れる,などがこれに相当する.対処する際にはまず医学的疾患が原因ではないことを確認することが大切である.

行動シンドローム [behavioral syndrome] 一つの種または個体群において,ある行動的文脈でのある行動の一貫した個体変異(行動特性*)が別の行動的文脈や別の行動にも現れること.たとえばシジュウカラでは,なわばり防衛で同種個体に対し一貫して高い攻撃性を示す個体が採餌でも餌生物に対し一貫して高い攻撃性を示す.また,そうした個体が餌探索を一貫して活発に行ったり,新規環境への順応性が一貫して高かったりする.行動シンドロームが遺伝的・生理的な制約により生じるのか,何らかの適応上の利点のために発達するのかは今のところ定かではない.個体の非適応的なふるまいが行動シンドロームにより説明されることがある.ヒナタクサグモの雌には交尾前の雄を攻撃して殺す個体がいる.一方,これらの個体は餌生物に対しても高い攻撃性を示し,採餌効率が高く成長が早い.交尾成功率を低下させる非適応的な雄殺し行動は,採餌時の高い攻撃性に強い選択がかかった結果生じた副次的な表現型*とみなすことができる.(⇌ 感覚便乗)

行動性体温調節 [behavioral thermoregulation] 体温の調節・維持を目的とした能動的行動(**体温調節行動** thermoregulatory behavior)を伴う体温調節の様式.暖かい場所や涼しい場所への移動,寒いときに体を丸めたり,暑いときに体を伸ばすなどの姿勢変化,密集して温まる,体表面の湿潤化(ヒトの水浴び,ラットの唾液塗布)など,多くの行動が知られる.ヒトの着衣の脱着や空調の使用なども含める.平常の

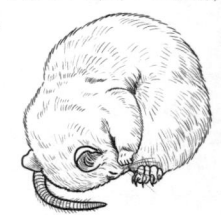

寒冷環境で体を丸めるラット

体温調節だけでなく,感染時の体温上昇(発熱)を促す**暑熱探索行動**(warm-seeking behavior)や厚着なども体温調節行動である.一方,発汗やふるえなど,不随意の自律生理反応による体温調節を**自律性体温調節**(autonomic thermoregulation)とよび,行動性体温調節と区別する.恒温動物は行動性体温調節と自律性体温調節の両方によって体温を調節・維持する.たとえば,ラットは寒いときに身を丸くする体温調節行動を示すとともに(図),骨格筋を震わせて熱をつくる自律性体温調節も行う.変温動物は行動性体温調節のみを行う.ワニが日光浴によって体を温めるのはその一例である.

行動戦略 [behavioral strategy] 単に**戦略**(strategy)ともよばれ,心理学分野では方略*ともいう.選択上有利であるために進化してきた生物の性質をさす.ときには,単に,生物の性質とほとんど同じ意味で使われることもあるが,最適戦略や進化的安定戦略*などの概念のもとで使用される際には,異なる戦略の間には,多少なりとも遺伝的な違いが存在することを前提にしているのがふつうである.動物の行動では,同一個体が異なるふるまいをする場合がみられる.個体が置かれた状況によってふるまいが異なる場合もあるし,同じ状況に置かれたときでもふるまいが異なる場合もある.どのような状況ではどんな確率で

どのようなふるまいをするかを戦略とよび，個々の状況でのふるまいは戦術(tactic)とよぶ．たとえば，ウシガエルの雄などにおいて，自分より大型の雄がすでになわばりを占有しているときは鳴きを抑制してスニーキング(かすめ取り行動)を行い，なわばりが空いているときはそこを占有しよく鳴いて雌を誘引する場合（⇌サテライト），"鳴いて雌を誘引する"や"鳴かずにかすめ取る"は戦術であり，他個体のなわばり占有や体サイズに応じてその戦術を変えること全体が戦略である．異なる状況のもとでは異なる戦術が使われる戦略を条件戦略*とよぶ．特定の状況のもとでも確率的に異なる戦術が使われるものを混合戦略*といい，一つの状況のもとでは単一の戦術しか使わないものを純粋戦略*とよぶ．たとえば，ある状況のもとでは単一の戦術だけを使い，異なる状況では異なる戦術を使うため，個体が複数の戦術を使うのは，条件戦略かつ純粋戦略である．

行動対比［behavioral contrast］　継時弁別手続き*において，二つの弁別刺激*のうち一方での反応率*が変化したときに，もう一方の弁別刺激での反応率が逆方向に変化すること．たとえば図のように，弁別刺激が赤色でも緑色でも反応すれば同じように餌粒が得られる手続き(ベースライン)から，緑色のときには反応しても餌粒が得られない手続きに移行すると，緑色のときの反応率が低下する(反応消去)だけでなく，赤色のときの反応率が(それまでと同じように餌粒が得られるにもかかわらず)上昇することがある．

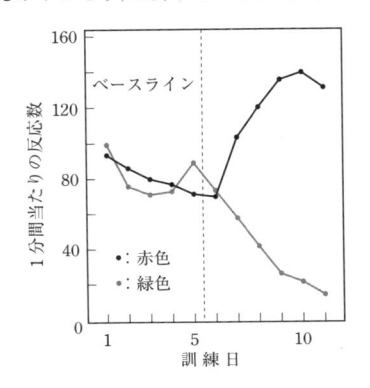

行動タイプ［behavioral type］　＝行動特性

行動多型［polyethism］　社会性をもつ昆虫や哺乳類などのコロニーにおける個体の行動の機能的特殊化(分業)．いくつかの社会性昆虫*で知られている遺伝的背景をもつ行動の特殊化も含む場合があるが，一般には，形態的差異を伴うカースト間分業や発育段階に応じて行動を変化させる齢差分業(age polyethism，時間的行動多型 temporal polyethism ともいう)などの非遺伝的な特殊化をさす（⇌カースト）．齢差分業は，真社会性昆虫の分業様式として一般的であり，ふつう弱齢個体が育児や清掃などの巣内の仕事，老齢個体が採餌などの巣外での仕事に従事する．すなわち，環境や年齢に応じて異なる行動を変化させる，いわゆる"表現型多型*"の一つであるため，その適応的意義のみならず，行動の変化に関する生理学的・分子発生学的研究も活発に行われている．ただし，日本語の"行動多型"は，慣習的に非社会性の動物における行動の遺伝的あるいは可塑的な行動の変異(behavioral polymorphism)をさす場合もあり，注意が必要である．

行動単位［behavioral unit］　＝反応単位

行動的計時理論［behavioral theory of timing, BeT］　動物がどのように時間計測(計時*)を行うかを説明する理論の一つで，P. Killeen と J. G. Fetterman が提唱した．この理論では，自然に生じる自己の行動を計時のためのペースメーカーとみなす．たとえば，ハトは一定の経過時間ごとに餌が与えられると，餌を食べた後には餌場を離れて巡回し(行動A)，しばらくすると餌場に戻り(行動B)，それから餌場で待つ(行動C)というA→B→Cの行動の流れを示す．現在どういった行動が生じているかを手がかりに時間経過を知覚し，時間判断を行うと仮定する理論であり，行動を説明の基礎とすることで動物の計時を観察可能な形で理解できる．（⇌時間弁別）

行動展示［behavioral exhibition］　動物の行動を見せることを主眼とする，動物園*における動物展示方法．環境エンリッチメント*などの手法を用いて，野生環境の中でその動物が本来行っている行動を飼育環境の中で引き出す．生態展示*と異なり環境を再現するわけではないため，人工的な見栄えの物であっても積極的に活用される．たとえば，樹上性の暮らしをする類人猿を高いタワーの立つ放飼場で展示する．水生哺乳類や水生鳥類を陸上と水中の両方から見ることができるよう展示する(図)．日中寝てばかりいるヒョウの展示では，寝ているところが間近に見られるよう来園者の頭上に寝床を作る，などといったことである．動物が本来行う行動を来園者に理解させるこ

とに適した展示手法である．日本では旭川市旭山動物園が先駆けとなり実践した．従来，動物園で一般的だった動物の分類や形態に着目した展示とは一線を画す先進的な手法である．（⇌ ランドスケープイマージョン）

水中の動きを観察できるように工夫された展示

行動特性［behavioral trait］　行動タイプ（behavioral type），パーソナリティ（personality）ともいう．年齢，性，体サイズとは無関係に，また時間や環境の変化によらず，ある行動の強度や頻度が個体ごとに一貫する性質．ふつう，個体は加齢，生理状態や外部環境の変化に合わせて行動を柔軟に変化させる（行動の可塑性*）．しかし，多くの生物で，いくつかの行動の頻度や強度が個体ごとに生涯一貫する傾向がみられる．たとえばシジュウカラでは攻撃性に生涯一貫した個体変異が観察される（⇌ 行動シンドローム）．動物の行動特性は遺伝的要因，母性効果*や初期成長段階での栄養状態に起因する生理状態の個体差から生じるとされるが，今のところ単一の見解はない．いくつかの種では行動特性ごとに繁殖成功度や生残率が異なるが，どのような行動特性が生存に有利になるのかは環境条件によって変わる．行動生物学では，行動特性は攻撃性のほか，新しい環境に対する慣れの早さ（大胆さ boldness），探索行動の活発さなど測定や分類が比較的容易な素質について考慮されることが多い．測定や分類の方法が異なるため，心理学で用いられる人間の行動特性とは区別される．人間科学分野での通例にならい，かつては動物の行動特性のうちストレスへの対処行動に関するものはコーピングスタイル（coping style），情動的な行動に関するものは気質*とよばれることがあった．

行動の確率性［behavioral stochasticity］　環境が一定でも動物の行動が同一とは限らない．一定の環境条件のもとで二つ以上の行動が確率的に現れることを示す．動物の行動は予測できない面があり，その点では本質的にすべての行動が確率性*をもつといえる．たとえばリスが餌を探しに巣から出るときどこに行くかは予測できない．しばしばこのような行動をポアソン過程で表現することがある．またゲーム理論*や変動環境下での混合戦略*は一般にこの例とみなすことができる．たとえば行動心理学におけるジャンケンは確率約3分の1の確率的行動（stochastic behavior）とみなせる．この例のように行動自体が確率的に発現する場合と，環境が不確定で確率的に変化する場合の行動（⇌ リスク感受性）の区別が重要である．

行動の可塑性［behavioral plasticity］　行動の柔軟性（behavioral flexibility）ともいう．個体が外部環境，生理状態，生活史ステージなどの変化に応じて行動を変えること．表現型の可塑性の一種．行動生態学では，それ自体が適応的戦略であると解釈されている．たとえば長命な動物では，個体は生涯繁殖成功度を最大化するために，餌が豊富なときや体コンディションが良いときには繁殖への投資量を増し，逆にそうした条件がそろわないときには次の繁殖機会に備えて投資量を減らす．個体の成長（形態の変化），学習*や慣れ（馴化*）による行動の変化も含まれる．行動の個体変異には遺伝子により生じる変異と可塑性により生じる変異が含まれるが，個体が示す行動の可塑性の大きさも遺伝的に決まると考えられており，両者の区別は複雑である．また，個体が生涯を通じて一貫した行動の頻度や強度を示す現象（動物の行動特性*，行動シンドローム*）も認められており，個体はすべての行動や環境において可塑的にふるまえるわけではない．

行動の再現性［repeatability of behavior］　同じ条件で同一個体の同じ行動を複数回測定したとき測定値が一致する度合いのこと．一般に形態形質に比べ行動形質は測定ごとに値が変化しやすい．つまり測定値の誤差（⇌ 標本誤差）が大きく再現性が低い．したがって行動の測定ではその再現性がしばしば重要になる．量的遺伝学*ではそのような個体の表現形質のゆらぎの大小を**反復率**（repeatability）という量で表現する．反復率は，複数の個体の表現形質を個々の個体ごとに反復測定したとき，測定値の個体間分散/全分散と定義され，0から1の間の値をとる．反復率は形質の

遺伝率*の理論上の上限となる．

行動のサンプリング法 [behavioral sampling method]　行動を観察・記録するための方法全般．映像機器やデータロガー*（動物に装着し，センサーを用いて位置，加速度といったさまざまなデータを自動で継続的に記録する）の発達・普及により，対象を時間的に途切れなく観察し行動を記録することは以前より容易になっている．しかし，たとえば野外観察ではビデオカメラの撮影時間には制約がある．また多数の個体からなる生物集団で社会行動*を観察する場合もすべてを記録することは難しい．記録されるデータは対象の行動の一部の標本（サンプル）とならざるをえず，得られるデータは観察・記録の方法によって偏りが生じる．このため，研究目的に合う観察・記録方法を選ぶ必要がある．観察対象をどのように絞り込むかにより，アドリブサンプリング*，個体追跡サンプリング*，行動サンプリング*，スキャンサンプリング*といった種類がある．また，一定の時間を置いて行動を記録する記録法を時間サンプリングとよび，ある時点の瞬間に行動が生じたかどうかを記録する**瞬間サンプリング**（instantaneous sampling）と，ある時点と次の時点の間に行動が生じていたかどうかを記録する**1-0サンプリング**（one-zero sampling）がある．

行動の柔軟性 [behavioral flexibility]　＝行動の可塑性

行動分析（学） [behavior analysis]　B. F. Skinner*によって1930年代後半から1950年代にかけて確立された，行動の予測と制御によって行動の理解を目指す実験科学．その心理学観は徹底的行動主義とよばれ（⇒行動主義），J. B. Watson*に代表される古典的行動主義の一部を受け継いでいる．実験行動分析学といわれる領域では，おもにハト，ラット，サルといった動物個体が被験体として用いられ，厳密な実験室環境の統制下で，そのオペラント行動*と先行環境事象ならびに後続環境事象との関数関係が検討される．前者は刺激性制御*，後者は強化スケジュール*とよばれる研究領域を形成している．応用行動分析学といわれる領域では，おもにヒトを対象とした社会的環境でのオペラント行動が対象とされ，社会的妥当性に基づいて，言語行動を含む種々の日常的な行動の変容が試みられている．今日では，直接に変容することが難しい社会的文化的行動や言語行動については行動分析学の理論的枠組みを用いた概念的な分析が，コンピュータによる制御と測定が精密になされ，数理的なモデルによる分析が積極的に利用される実験場面では数量的な分析が，さらにこれに加わる．

行動ベースモデル [behavior-based model]　生物が適応度*の最大化を目指すようにふるまうことを前提として，個体の行動やその結果としての個体群の動態を説明するモデル．異なる環境条件下でも，生物が適応度の最大化を目指すというモデルの前提は不変であると考えられるため，生息地の改変や消失などの環境変化に対する生物の反応を適切に予測することができる．生物の資源利用を対象とした**枯渇モデル**（depletion model）では，生物は最も資源密度の高いパッチ*から利用を始め，他のパッチと同程度まで資源が枯渇した際に他のパッチを利用し始めると予測する．個体によって異なる競争能力など，より複雑な過程をモデルに組込む際には，個体ベースモデル*が用いられることも多い．ミヤコドリなどの水鳥を対象とした研究では，最適採餌理論*に従った採食行動に基づいて，個体の空間分布や生存率を予測するモデルが構築され，生息地消失が個体群に及ぼす影響や環境収容力*を評価するために活用されている．

行動変動性 [behavioral variability]　反応変動性（response variability），単に**変動性**ともいう．行動にみられるばらつき，行動を構成する反応特性のばらつきのこと．たとえば，ラットのレバー押し行動の反応特性のうち個々の反応と反応の間の時間（反応間時間*）に注目すると，前の反応の後すぐに生起する場合や，長く時間が経った後に生起する場合もある．これに限らずその他の反応特性のばらつきでも行動変動性とよぶ．一般に，ある行動において正確に同一の動作を行うことはないため（⇒反応型），動物の行動には常に行動変動性がある．また，行動の後続事象による淘汰*が働くためには行動変動性は欠かせない素材である（⇒反応形成）．現象として，強化スケジュール*で強化を受けていた動物が，消去スケジュール*へ環境を変えられると，一時的に変動性の増加がみられる．また，一般に強化随伴性は行動を淘汰する働きが強調されるが，ある種の強化スケジュールを設定すると，強化の随伴性の働きによって，行動変動性の高さを制御することができ，複数の選択肢の間でランダムに（等確率かつ独立に）行動を自発させることもできる．

行動目録 [ethogram]　=エソグラム

行動モメンタム [behavioral momentum]
J. A. Nevinにより提唱された行動の勢いを表す概念．古典力学においてモメンタムとは，物体がもつ勢いを表すために使用される物理量であり，速度と質量の積で表現される．Nevinはモメンタムの概念を行動上に適用し，速度に該当するものとして反応率*を，質量に該当するものとして変化抵抗*をあげ，行動モメンタム＝反応率×変化抵抗として行動の勢いを表現した．行動モメンタムを構成する反応率と変化抵抗は異なった要因によって制御される．反応率はオペラント型の反応-強化子随伴性に，変化抵抗はパブロフ型の刺激-強化子随伴性に依存する．この概念は，変化抵抗の基礎研究の進展のみならず，健常者（児）や発達障害者（児）の非応諾行動の改善を目指した高確率要請連鎖技法の発展にも寄与するなど，現在までさまざまな研究の広がりを生んでいる．

行動療法 [behavior therapy]　⇌ 行動修正

行動履歴 [behavioral history]　動物の行動を維持する要因としての過去の環境経験．複雑な学習を行わせる場合，あらかじめより容易な類似状況から訓練を進めることで，その後の学習が進みやすくなる．このように行動の訓練時に行動履歴が利用される多くの事例がある（⇌ 訓練の転移，逐次的接近法，溶化手続き）．動物の現在の行動は現在の環境の影響を強く受けるが，行動履歴の現在の行動への効果はどの程度であろうか．まず，ヒトでは実験に参加する以前から経験している日常的な行動履歴が影響すると考えられている．一方，実験室でのヒト以外の動物実験からは，ある条件から別の条件へ環境が移行しても，行動履歴が不可逆的に現在の環境下の行動へ影響を与えることはほとんど報告されておらず，履歴の効果は一時的である．このことは過去の環境条件に対する現在の環境条件の影響の優越を示唆している．

行動理論 [behavior theory]　⇌ 学習理論

行動連鎖 [behavioral chain]　反応連鎖(response chain)ともいう．学習により，行動の後に起こる刺激が次の行動の条件となることで行動が連続的に起こること．連鎖(chain)する個々の行動のことを環または成分という．行動連鎖の訓練方法には，逆行連鎖*，順行連鎖*がある．学習性ではない，定型的運動パターン*やその連鎖である生得的反応連鎖と区別される．行動連鎖の例としてラットに図のような五つの環からなる一連の行動を学習させることができる．このとき，いくらロープを引いてもドアが開かなければロープを引く行動をやめてしまうというように，各行動は，結果として生じた環境変化が条件強化子*となり維持される．また，たとえば，レバーが現れなければレバー押し行動はできないというように，環境変化は次に遂行可能な行動に機会を与える弁別刺激*でもある．つまり，行動連鎖は前の行動の結果生じた条件強化子が，次の行動の弁別刺激を兼ねる，弁別オペラント*の連続と解釈される．

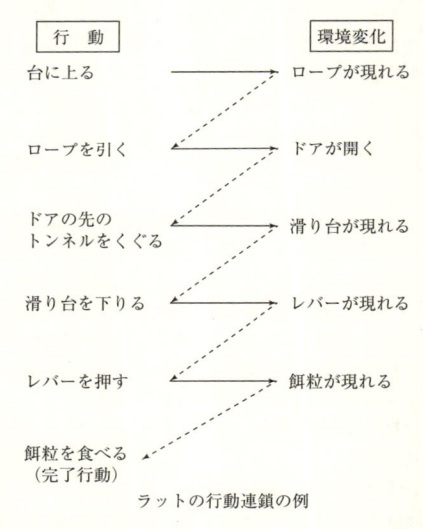

行　動	環境変化
台に上る	ロープが現れる
ロープを引く	ドアが開く
ドアの先のトンネルをくぐる	滑り台が現れる
滑り台を下りる	レバーが現れる
レバーを押す	餌粒が現れる
餌粒を食べる（完了行動）	

ラットの行動連鎖の例

口内保育 [mouthbrooding]　魚類と両生類にみられる体外運搬型保護の一形態．口内で子を保護するには，成体に比べて極端に小さい子の体サイズ，および，十分な口腔スペースが必要とされるため，鳥類や哺乳類，および無脊椎動物では報告されていない．どちらの性が保護を担当するかは種によって異なり，海産魚や両生類では，雄親のみの保護が一般的である．カワスズメ*科魚類のように（図），雌親のみ，雄親のみ，雌雄両方による保護のすべてのパターンが観察される分類群もある．海産魚では，卵のみを保護する種が圧倒的に多く，テンジクダイ科魚類がその最大のグループである．淡水魚では，卵ふ化後の仔稚魚を口内で保護する種が多く，カワスズメ科魚類のように口内から放出された自由遊泳性の稚魚が親魚の周りにとどまり，捕食の危険を察知すると親魚の口内に避難する例もある．口内保育の起源につ

いては諸説があるが，見張り型保護を行う種において一時的に卵や稚魚を口内で運搬する行動から進化したとする仮説が有力である．

口内で稚魚を保育するカワスズメ科魚類

更年期 ⇌ 閉経

交配後隔離 [postmating reproductive isolation] ⇌ 生殖隔離

交配前隔離 [premating reproductive isolation] ⇌ 生殖隔離

高反応率分化強化スケジュール [differential reinforcement schedule of high rate, DRH schedule] 分化強化スケジュール*の一つであり，分化強化の対象が高い反応率（反応数/分）である場合にこの用語が用いられる．局所的に高い反応率が観察された場合に強化子を提示する手続きが行われ，ラットのレバー押しで考えると，たとえば1秒間に2回以上のレバー押しが行われた場合，あるいは反応間時間*が0.5秒以下の場合に強化子が提示される．このスケジュールを経験させることで実際に高い反応率を形成できることが知られている．これに対して，分化強化の対象が低い反応率（反応数/分）である場合には低反応率分化強化スケジュール（differential reinforcement schedule of low rate, DRL schedule）という用語が用いられる．ラットのレバー押しで考えると，たとえばあるレバー押しとその次のレバー押しの間の時間間隔が2秒以上あった場合に強化子が提示される．このスケジュールを経験させることで実際に低い反応率を形成できることが知られている．(⇌ 分化強化)

交 尾 [copulation, coitus, mating] 体内受精*する動物の雄が配偶子である精子を雌に移送するために互いの生殖器をつなぎ合わせる行動．交尾行動ともいう．ヒトを含む哺乳類や爬虫類，昆虫類のように雄がペニスをもつ動物では，雌の生殖孔にペニスを挿入することで射精（または精包*の注入）が行われる．多くの鳥類のように雄がペニスをもたない動物では，雌雄が生殖孔を密着させることで精子が雄から雌に移送される．タコやイカなどの頭足類，クモやダニの一部では，

雄は生殖器から出た精子（精包）を腕や口器，付属肢など精子移送に特化した別の器官に一度移してから，雌の生殖器に送り込む行動がある．このように雌雄の生殖器を直接つなぎ合わせずに精子を雌に移送する方式を交接とよぶが，その区別は厳密なものではない．

交尾回避 [mate avoidance] ⇌ 交尾拒否

交尾器 [genitalia] ⇌ 生殖器

交尾拒否 [mate rejection] 交尾が不成立となるようなふるまい．多くの場合，求愛する雄に対して，交尾を受入れない雌が示す反応．信号刺激に対する反応行動が比較的定型化されている昆虫類では，種特異的な交尾拒否行動が記載されてきた．たとえば，シロチョウ類において，交尾を受入れない雌は，求愛する雄に対して，その場で翅を広げ，腹部末端を上に突き出す姿勢（交尾拒否姿勢 mate refusal posture）を示す（図）．これを

接近する雄に対して交尾拒否姿勢を示すモンシロチョウの雌　　　雄

感知した雄は求愛を中止し，その雌から去っていく．このような雌のふるまいは，交尾した雌に現れるので，かつて，チョウ類の雌は貞淑（単婚性）であると信じる根拠の一つとなっていた．現在では，神経生理学的な機構が明らかにされ，雌の交尾嚢内に精包*が充満していればこの行動は解発され，精包が雌の栄養として吸収されて小さくなると，雌は再び求愛を受入れることが明らかにされている．なお，鳥類や哺乳類の一部では，交尾を受入れないとき，特定の信号を示さずに，求愛している雄を避け，離れていくことがある．この行動は交尾回避（mate avoidance）とよばれるが，雄からの具体的な求愛行動なしに，群れ全体として近親婚が存在しない状態も交尾回避とよばれる．

交尾拒否姿勢 [mate refusal posture] ⇌ 交尾拒否

交尾結合 [coital lock, copulatory tie] コイタルロック，性交結合（genital lock）ともいう．交

尾中，雄が雌の背後から乗駕してペニスを雌の膣内に挿入，射精した後，雄と雌が互いに後ろ向きになり尻を突き合わせて生殖器がつながったままの状態．イヌ，オオカミ，キツネ，タヌキを含むイヌ科動物において特徴的に観察される．持続時間は種や状況によって異なるが，平均5分から20分程度で，1時間以上に及ぶ場合もある．イヌ科動物の雄のペニスの基部には亀頭球(bulbus glandis)とよばれる構造があり，これが雌の膣内で瘤状に膨張することによりペニスが固定されて抜けなくなる．イヌの交尾では，ペニスの挿入後に尿道粘膜腺から透明な液体が射出され，その後雄が腰を前後に運動させるとともに亀頭球を含むペニス全体が完全に勃起して精液が射出される．射精後も結合状態が持続され，精液の残りや前立腺液が射出される．交尾結合には，雌の子宮内に精子を効率良く送り込んで受精*を促す作用があると考えられる．

交尾行動［copulation, coitus, mating］ ⇌ 交尾

交尾後ガード［post-copulatory mate guarding］ ⇌ 配偶者防衛

交尾後性選択［post-copulatory sexual selection］　交尾後も続く性選択ともいう．性選択*は，交尾器の結合解除後や精子の移動後など交尾が終了した後も働くことが可能である．体内受精*の動物では，精子が雌体内の特定の器官(精子貯蔵器官)に蓄えられるものが多く，精子が雌体内へ移動してから卵の受精までの間に雌自身や雄による介入が起こりうる．複数雄との交尾後，卵の受精までに，雄間競争として精子競争*がみられるとき，これを雌による隠れた選り好み(cryptic female choice)とよぶ．卵の受精後には，雌が子の保護の程度を変える差別的投資*が起こることがある．また，ハヌマンラングールやライオンなどにみられる子殺し*は，子の出生後に起こる雄間競争とみることができる．

交尾後も続く性選択　［post-copulatory sexual selection］　＝交尾後性選択

交尾成功［mating success］ ⇌ 性選択

交尾栓［mating plug, copulatory plug］　交尾後の雌生殖器の内部や外部に残される，雄由来の物質による詰め物の総称．多くの場合，雄生殖器の付属腺から分泌されるゼラチン様物質がその主体であるが(齧歯類，ヘビ類，昆虫類，線虫類など)，雄交尾器の一部が雌と結合したまま分離して残されることもある(クモ類，ミツバチなど)．交尾栓は雌の再交尾を物理的に抑制する機能をもつことに加え，雌の体内に精子を保持しておく機能や，精液に含まれる生理活性物質(雌の再交尾抑制や産卵率向上などをもたらす)を雌の体内に浸透させる機能をもつと考えられる．交尾栓は雌生殖器をふさぎ，産卵，出産や再交尾の妨げになるため，しばしば雌自身や他の雄によって除去されることが多く，その効果は短期的であることが多い．例外的に，主要なチョウ・ガ類(二門類)では，雄交尾器の入り口と卵の出口が別になっているため，大きく固定的な交尾栓(スフラギス sphragis)を形成することがある．(⇌ 精包)

交尾前ガード［pre-copulatory mate guarding］ ⇌ 配偶者防衛

交尾排卵動物［coitus-induced ovulation animal］ ⇌ 排卵周期

高頻度交尾［frequent copulation］ ⇌ 多回交尾(ペア内の)

抗不安薬［anxiolytic］　医学分野ではベンゾジアゼピン系薬物(GABA受容体作動薬．⇌ γ-アミノ酪酸)とアザピロン系薬物(セロトニン受容体作動薬)をさすが，獣医学分野では抗うつ薬*も含めることがある．抗うつ薬は，セロトニン*再取込み阻害により，抗不安作用を示す．恐怖や不安に起因する問題行動(分離不安*，恐怖症，常同障害など)に対しては，抗不安薬が有効なことが多く，日本国内では，イヌの分離不安治療薬としてクロミカルム(塩酸クロミプラミン)がある．いずれの問題行動であっても，薬物療法のみによる治療は適切ではなく，環境調節や行動修正*法といった行動療法を主体とし，薬物は補助的に使用すべきである．また，中枢に働く薬物である以上，興奮や攻撃性の悪化などの副作用をもたらす可能性もある．

後部頭頂葉［posterior parietal cortex］ ⇌ 半側無視

興奮［excitement］ ⇌ 激越

興奮条件づけ［excitatory conditioning］ ⇌ 制止条件づけ

興奮性シナプス［excitatory synapse］　シナプス伝達によって，後細胞の興奮性が高まって活動電位*を発生しやすい方向に作用するとき，そのシナプスを興奮性シナプスとよぶ．このとき，後細胞の細胞膜には膜の分極を弱める(脱分極性の)応答が一過的に生じるのが一般的で，それを興奮性シナプス後電位(excitatory postsynaptic potential, EPSP)とよぶ．脊椎動物の場合，中枢神経系(脳や脊髄，延髄)などではグルタミン酸*が興奮性伝達物質として作用する場合が多い．また，神経筋接続ではアセチルコリン*が興奮性の伝達を担っている．ただし同一の神経伝達物質でも，受け手となる後細胞がもつ受容体の違いに応じて，興奮性にも抑制性にも働く場合もあるので注意が必要である．海馬*や大脳皮質*，扁桃体*や大脳基底核の興奮性シナプスはシナプス可塑性を示し，みずからの活動に依存して伝達効率を変化させる．それぞれ空間記憶や意味記憶の形成にかかわり，あるいは外傷後ストレス障害*の発症の素過程になっていると想定されている．長期にわたって効率が高まるときをシナプス長期増強*，逆に低下する時に長期抑圧とよぶ．これらの変化は，前細胞からの伝達物質の放出量や後細胞の受容体の量を増減することによって，あるいはシナプスのごく微細な形態を変化させることによって生じる．

興奮性シナプス後電位 ［excitatory postsynaptic potential, EPSP］ ⇌ 興奮性シナプス
公平 ［fairness］ ＝公正
航法 ［navigation］ ＝ナビゲーション
コウモリ ［bat］ コウモリ類は南極と北極圏を除く全世界に約1000種以上が存在し，哺乳類の種数の約5分の1を占める．国内は，35種生息する．植物食性のオオコウモリは2種で，残りはアブラコウモリのような昆虫食の小型コウモリ類である．アブラコウモリは，日本の都市部にもふつうに生息する最も身近なコウモリである．夕方，電灯の周りや池の上を飛び回り餌の昆虫を捕食する姿を見ることができる．アブラコウモリは，数ミリ秒ほどの断続的な超音波(パルス)を発する．それは，周波数が変化するFMパルス(frequency modulated pulse)であり，キクガシラコウモリ*とは様式が異なる．超音波は反響定位*のために使われ，餌の位置や障害物の存在を知ることができる．FMパルスのエコーの時間差とスペクトルの変化によって，微細な情報を得る．コウモリの発する超音波は，超音波をヒトの可聴音に変換する機器(バットディテクター)を使って容易に観察することができる．コウモリの餌食となるガの一部には，コウモリのパルスを照射されると急降下や方向転換など回避行動をとるものがいる．また，まずい化学物質を体内に貯めるヒトリガの仲間は，コウモリの超音波が照射されると強い超音波を発する．警告の機能があると考えられている．多くのコウモリは，体温を変化させる異温性動物であり，冬眠時に酸素消費量を劇的に減少させることができる．オーストラリアの熱帯から温帯に生息するミナミハナフルーツコウモリは，餌や水分が不足すると体温を低下させて休眠する．これをトーパー(torpor, 日内休眠)という．外気温が18℃のときにトーパーをさせると，代謝速度は15～40%低下する．一方，熱帯オーストラリアに生息するシタナガフルーツコウモリも同様にトーパーをするが，代謝速度をそれほど下げることができない．種ごとに異なるトーパーの能力は，コウモリの分布を制限する要因の一つだと考えられている．社会行動も興味深い．中南米の森林の樹洞をねぐら*にするナミチスイコウモリは，動物の血液をなめないと60時間で餓死する．採餌に出た約1割は血液を得られずにねぐらに戻るが，血液を得た個体が飢えた個体に血液を吐き戻して分け与える．血液の提供は非血縁個体同士でも起こり，前に血液を与えた個体から血液を得る傾向があったことから，互恵的利他行動*の例として有名である．

効用 ［utility］ ⇌ 効用最大化理論
効用最大化理論 ［utility maximizing theory］
消費者が，予算の範囲内で財の選択可能な組合わせの中から効用が最も高い組合わせを選択すると考えるミクロ経済学の理論のこと．効用(utility)とは，財から得られる満足の水準をいう．次ページ図の横軸は財A(仮に焼酎)の量を，縦軸は財B(仮にビール)の量を表す．また，U1, U2, U3は，それぞれ効用が等しくなる点を結んでできた無差別曲線(同じ効用が得られる2財の組合わせを結んで描かれた曲線)である．この理論によると，最も高い効用は右上方にあると考えられるので，効用の高いものから順にC1＞B1＝B2＞A1となる．また，両財の購入に使用可能な予算mを焼酎1本の価格pで割った値を横軸の切片とし，ビール1本の価格qで割った値を縦軸の切片としたとき，二つの切片を結んだ直線を予算制約線とよぶ．予算制約線と原点0で囲まれた三角形の範囲が購入可能な2財の組合わせとなる．この理論によると，消費者は購入可能な財のうち，最も高い効用を示す2財の組合わせを選択すると仮定するので，予算制約線とU2が接するB2の組合わせが選ばれると予測する．また，財を強化子*に，予算制約線を強化スケジュール*や実験セッション時間な

どに置き換えると，この理論は，動物がセッション時間内の獲得強化子の量を最大化*するという強化最大化理論に拡張可能であり，動物の選択行動にこの理論を適用することで理論的，実証的研究が進められている.

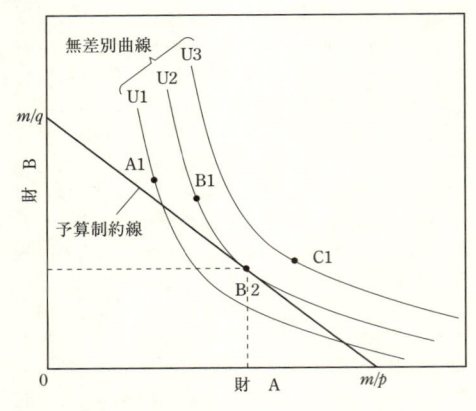

(figure: 無差別曲線 U1, U2, U3, 予算制約線, 点 A1, B1, C1, B2, 軸 財A, 財B, 切片 m/q, m/p)

交絡因子［confounding factor, confounder］⇄ 交絡変数

交絡変数［confounding variable］　交絡因子（confounding factor, confounder）ともいう．結果と原因の関係を調べる統計モデルの中で，応答変数（結果）だけでなく説明変数（原因の候補）にも影響を及ぼす要因．たとえば採餌速度が雌雄で異なるかどうかを調べる実験をしたとする．この動物の採餌速度には体サイズが影響し，さらに，雄より雌の方が体が大きいものとする．このときに，体サイズが交絡変数となりうる．このデータを解析するための統計モデルを設計するときに，性別だけが説明変数であるとしてしまうと，あたかも雌であることが採餌速度を増加させているように推定されてしまうだろう．このような交絡を除去するためには，注目している説明変数（この例では性別）と相関のありそうな交絡変数（ここでは体サイズ）をあらかじめ測定し，交絡変数の効果を除去できるような統計モデルを設計しなければならない．

好リスク［risk proneness］　一般には，リスクレス選択肢（リスク*の含まれていない選択肢）よりも，リスク選択肢（リスクの含まれている選択肢）を選ぶことをさす．リスク志向ともいう．一方，リスクレス選択肢を選ぶことは嫌リスク*またはリスク回避とよぶ．動物個体が好リスクを示すさまざまな状況が明らかにされている．たとえば，行動生態学で研究されているリスク感応型採餌場面において，動物は餌が枯渇している場合（餌の遮断化*の程度が高い場合）には，少量であるが餌の提示確率が1（必ず餌にありつける）のリスクレス選択肢よりも，多量であるが餌の提示確率が不確実なリスク選択肢を選ぶ傾向にある．またプロスペクト理論*において，意思決定者は，損失場面においては同じ期待値であってもリスク選択肢を選ぶ．たとえば1万円を失う確率が50％であるような選択肢と，確実に5000円失う選択肢では，前者のほうが好まれる．

抗利尿ホルモン［antidiuretic hormone］⇄ バソプレッシン

コオロギ　⇄ フタホシコオロギ

小型愛玩犬［small toy dog］　愛玩用に作出された小型の犬種をさすが，はっきりとした定義はなく，"小型の室内飼育犬"を意味して愛玩犬とよぶことも多い．FCI（国際畜犬連盟）の分類によると，第9グループはトイグループとよばれ，チワワやシー・ズー，プードル，パピヨン，マルチーズ，フレンチ・ブルドッグなど，いわゆる小型愛玩犬と同等である．一方，小型犬とは，体重3kg以上～6kg未満の犬，あるいは，体高46cm以下のすべての犬種をさし，トイ・ドッグのほとんどの犬種と，多くのテリア系の犬種を含む．体重の分類では，3kg未満のチワワなどは超小型犬に相当するが，小型愛玩犬に含まれることも多い．国内では，ペットブームに伴い室内飼育や独り暮らしの飼い主による飼育が増え，人間の生活スタイルに合った小型愛玩犬が好まれている．国内飼育純血犬の約半数は，チワワ，プードル，ミニチュアダックスフントである．

枯渇モデル［depletion model］⇄ 行動ベースモデル

ゴキブリ　⇄ ワモンゴキブリ

刻印づけ［imprinting］　＝刷込み

国際自然保護連合　［International Union for Conservation of Nature and Natural Resources, IUCN］　1948年にスイス民法に基づき設立された社団法人であり，スイスのグラン市に本部を置く．自然および天然資源の保全に関する国家，政府機関，国内および国際的非政府組織の連合体として，全地球的な野生生物の保護，自然環境・天然資源の保全の分野の調査研究，関係各方面への勧告・助言，開発途上地域に対する支援を目的とする．特に，ワシントン条約（絶滅のおそれのあ

る野生動植物の種の国際取引に関する条約)やラムサール条約(特に水鳥の生息地として国際的に重要な湿地に関する条約)に対して重要な役割を果たしている.ワシントン条約については,付属書(対象種リスト)改正提案の検討に際し,締約国の意思決定に資する科学的な情報提供を行う.また,ラムサール条約については,事務局としての役割を果たす.さらに,世界中の生物多様性保全に取組む専門家からなるボランティアネットワークとして六つの専門委員会(種の保存委員会,世界保護地域委員会,生態系管理委員会,教育コミュニケーション委員会,環境経済社会政策委員会,環境法委員会)を有しており,これらの委員会は,自然保護に関する情報の収集,統合,管理,共有といったIUCNの重要な活動拠点として機能している.2013年7月現在,国家会員92カ国,124の政府機関会員および1006の非政府機関会員などが加盟.日本は1995年に加盟.(⇒生物多様性,保全)

黒質 [substantia nigra] ⇒大脳基底核

コクーンウェブ [cocoon web] ＝操作網

互恵性 [reciprocity] 社会的交換(social exchange)ともいう.2個体以上の動物の間で何らかの利益が交換される関係のことをいう.非血縁者間での利他行動*の進化を考えるうえでの鍵である.交換に時間差がない場合は(個体間の)相利性*ともいう.交換に時間差がある場合は,相手への裏切りの魅力が存在することが,互恵性の維持を困難なものとする.二者間で交換が行われる場合(直接的互恵性)だけでなく,複数個体間で交換が行われる場合(一般互恵性,間接的互恵性)もあり,後者の維持における評判の重要性が指摘されている.(⇒利他性,互恵的利他性)

互恵的利他行動 [reciprocal altruism] 直接互恵性(direct reciprocity)ともいう.利他行動*を受けた個体が後にその相手に利他行動をし返すことで,互いに利益を上げる仕組みのこと.R. L. Trivers*により提唱された(1971年).協力の進化機構の一つとして重要である.仮に,利他行動を与える側が被る適応度上のコストをcとし,受け手の得る利益をbとしよう.2個体が互いに一度ずつ利他行動を与え合った場合,両者の適応度の変化はともに$b-c$であるので,$b>c$が成り立てば互恵的利他行動は進化可能であると考えられる.しかしその成立のためには,協力の恩恵を享受するばかりでみずからは他者を助けようとしない"ただ乗り(フリーライダー)"をいかに排除するかが鍵になる.R. M. AxelrodとW. D. Hamilton*は繰返し囚人のジレンマゲーム*を解析し,しっぺ返し戦略*とよばれる行動様式が進化的安定戦略*であることを示した(1981年).G. S. Wilkinsonはナミチスイコウモリにおいて満腹な個体が飢えた仲間に血を吐き戻して与える行動が,互恵的利他行動となっていることを見いだした(1984年).これは,満腹な個体が血を失い生存時間が短くなるコストcよりも,空腹な個体が同量の血を受取って延ばすことのできる生存時間bの方が大きいためである.またハムレットという雌雄同体の魚では,大きな卵を生産するよりも精子を生産するコストの方が小さいが,卵と精子の生産を交互に分担することで互恵的利他行動が行われていることが知られている.

Koko(ゴリラの名) ⇒言語訓練

誤行動 [misbehavior] 動物の学習や訓練において,実験者・訓練者が意図した行動(標的オペラント)を条件づけることができず,その代わりに動物が獲得してしまう行動.あるいは,いったんは標的オペラントが形成されるものの,訓練を続けるうちに標的オペラントの遂行に干渉しながら卓越してくる行動(⇒本能的逸脱).失敗行動ともいう.動物に芸を仕込む会社を経営していたBreland夫妻(K. BrelandとM. Breland)が著した『生活体の誤行動』というタイトルの論文に,いくつかの事例が報告されている.彼らは,アライグマが貯金箱にコインを入れる行動やニワトリの野球などをオペラント条件づけ*によって訓練しようとしたが,訓練の途中で出現した誤行動により,うまくいかなかったことを記録している.たとえばニワトリは,くちばしで輪を引いて,これに連動したバットでボールを打つことはできたが,打ったボールを追いかけることに夢中になり,一塁に向かって走ろうとはしなかった.20世紀前半の心理学者の間では"動物の行動レパートリーに含まれる自発可能な随意行動であれば,いかなる行動でも適切な強化(あるいは罰)を用いることで,同程度の容易さをもって条件づけることが可能である"という**等能性**(equipotentiality)の原理が暗黙に了解されていた.誤行動はこの等能性の原理の反例である.さらに,誤行動の存在は,C. L. Hull*の動因低減説*とも矛盾する.なぜなら,動因*の低下(欲求*の満足)を導かない行動が誤行動として維持される場合もあるし,動因

の低下を導く行動が条件づけられない場合もあるからである．それゆえ，誤行動の存在は，その発見当時の道具的条件づけ*の理論に根本的な再考を迫る端緒の一つとなった．

心［mind］　現代の神経科学では，脳の仕組みと独立して魂や"心"とよばれる実態が存在するという考え方(**実体二元論** substance dualism)はほとんど支持されていない．心的現象は脳内で相互作用しあう多くの回路網の中での，神経動態上の情報交換のありさまを反映したものであると考えられている(一元論)．ただしこれは，感情や知覚・認知の内的表象が，実質的に行動を制御している神経活動の単なる受動的付随現象だということを意味しているわけではない．脳内の処理はさまざまな階層でなされており，階層間の情報伝達は双方向的に行われている．感情の例をあげると，意識的な感情経験は素早い感情反応を喚起するのにはあまりかかわっていなくても，過去の経験に基づいて調節されたより遅い反応や行動を導くうえで重要な役割を担っていると考えられる．脳機能のおおまかな階層構造と進化を理解するのに有効なのがP. MacLeanの三位一体脳*概念である．大型類人猿やヒトではさらに自分の行動や置かれた状況を意識する自己認識*の発達が認められる．

子殺し［infanticide］　仔殺しとも書く．同種の幼若個体に危害を加えて積極的に殺すこと．直接的な殺傷行為のみをさし，間接的に幼若個体の死を誘発すること(子の遺棄など)は除外される．加害個体と被害個体の関係から，加害個体が血縁関係のある幼若個体(自身の子など)を殺す"血縁者による子殺し(kin infanticide)"と，血縁関係のない個体を殺す"非血縁子殺し(non-kin infanticide)"に大別される．かつては加害個体の社会病理的かつ非適応的な行動とされていたが，現在では適応的な行動とみなされることが多い．適応の観点から，共食い*(幼若個体を食物資源とする)，ヒメアマツバメやイエミソサザイなどにみられる資源競争(resource competition：資源を独占するために行う)，ハヌマンラングールやライオン，レンカク類やイエスズメなどにみられる性的な子殺し(sexually selected infanticide：繁殖機会を得るために行う)などに分類される．低頻度ながらも動物界(昆虫類・魚類・鳥類・哺乳類など)で広く確認され，特に霊長類では子の死亡の主要因として扱われる．

心の理論［theory of mind］　"心の理論"という語を最初に提唱したのは，チンパンジー研究者のD. Premack*とG. Woodruffである．彼らは，Sarah(サラ)と名づけられたチンパンジーを対象に，ある実験を行った(1978年)．その実験のなかで，彼らはまず，何らかの問題に直面している人の場面をビデオでチンパンジーに見せた．ある人がバナナを取ろうとしているが手が届かないといった場面である．そして次に，問題の場面を正しく解決している写真と，解決には無関係の写真をチンパンジーに提示した．するとチンパンジーは，正しく解決している場面の写真を選んだ．この結果を受けて，PremackとWoodruffは，ビデオの人物が何をしたいかという意図について，チンパンジーが正しく理解している可能性を指摘した．そして，心の理論をつぎのように説明した．すなわち，"自己あるいは他者の心的状態を推し量るとき，その人は心の理論をもっているといえる．この種の推論からなる体系は，一つの理論とみなすのが妥当である．なぜなら，心的状態それ自体は直接観察できないからであり，またこの推論の体系を使えば他者がどうふるまうかを予測できるからである．ここで推論する心的状態とは，目的や意図のことであり，そのほか，知識，信念，思考，推測，ふり，好みなどのことである"．以上のような議論を発端として，心の理論に関する発達的変化や進化的基盤の研究が進んでいる．

誤差逆伝播学習［learning through error back propagation］　機械学習研究で提案された学習アルゴリズムの一つ．単にバックプロパゲーション(back propagation)ともよばれる．入力から出力までの間に複数の層を備えたニューラルネットワーク*を対象とする．たとえば，手書き文字認識では，漢字やアルファベットなどの文字の画像をCCDカメラなどで取得した画素を入力として，目的となる文字を区別・認識する．さまざまな手書き文字と対応する文字をサンプルとして回路を学習させ，新たに癖のある画像が入力されても同じ文字であることを認識できるように回路の接続の重みを変化させる．最初は任意の接続重みのため正しい文字をさし示さない．このとき，手書き文字画像を入力としたときの回路の出力と目的出力(対応する文字)との間に誤差が生じる．誤差が小さくなるように出力層に接続している重みを変化させるが，より下位の層へは誤差を重みによって伝播させ，下位層の誤差として接続重みを修正

する(図).このように誤差を出力側から入力側へと伝播させながら重みの修正を行ってゆくことから,通常の入力から出力への信号の流れと逆向きの伝播による学習として,このようによばれている.

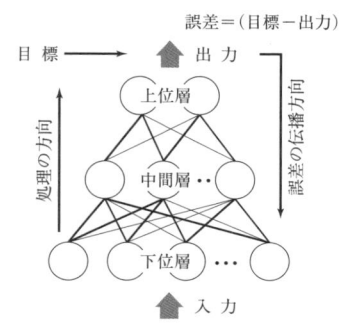

誤差=(目標－出力)
目標 → 出力
上位層
中間層…
下位層…
入力
処理の方向／誤差の伝播方向

後作用［aftereffect］ ⇌ 分散試行効果
誇示行動［display］ =ディスプレイ
コスト(1)［cost］ もともと経済学における用語であり,経済学では,ある経済行動をとるための"費用"を意味する.そのため,コスト*に伴う"効果(ベネフィット*)"と常に並立させて,コストベネフィット解析*で用いられる.動物行動学では,繁殖や採餌方法にかける時間や労力,投資量などをコストとし,それによって得られるベネフィット(繁殖方法であれば子どもの数,採餌方法であれば餌の量)とコストの差が大きくなる方法が進化的に有利であると判断する.

コスト(2)［cost］ ある量の強化子を得るために必要なオペラント行動の量.動物の側からいうと,強化子一定量を得るために"支払う"行動量.反応コスト*と区別するために**行動コスト**(behavioral cost)とよぶこともある.オペラント行動実験では,通常,コストは比率や間隔スケジュールにより設定され,動物の自発反応量により支払われる.コストが,一強化当たりの要求反応数(たとえば,ラットのレバー押しの回数)で定義される場合,特に,**行動価格**(behavioral price)とよぶこともある.また,要求反応数に加え,操作体*の重さなどもコスト要因に含まれるが,複数の要因が同時に操作される場合,それらの積がコスト要因となる.なお,動物がコスト要因との交換で獲得したものを**便益要因**(benefit factor)とよぶが,それには,強化子の量,濃度,提示時間,提示確率などが含まれる.行動経済学*では,コスト要因と便益要因の比率で定義される**単位価格**(unit price)により一セッション当たりの強化子の消費量が決定されるという考え方が提案され,単位価格による分析の適用範囲の検証や行動薬理学への応用が進められている.

コストベネフィット解析［cost-benefit analysis］ もともと経済学における用語(費用対効果分析)であり,経済学では,ある経済活動にかけた費用(コスト*)に対して,どのくらい効果(ベネフィット*)があるのかを定量的に分析する方法一般をさす.その考え方を応用して,動物行動学や植物生態学では,数理モデルを用いて同様の解析方法が使われるようになった.たとえば,ハミルトン則*の説明では,血縁度*(r)の高い他個体に利他行動*を行うときの適応度上の損失(C)がコスト,その結果,近縁の一個体が得られる適応度上の得(B)がベネフィットにあたる.したがって,$Br-C>0$が利他行動を進化させる条件であると考える.また,"葉寿命"の問題では,一枚の葉を作成するための同化産物量がコスト(C),その葉が落葉するまでの期間(葉寿命t)に稼ぐ同化産物量がベネフィット$B(t)$にあたる.したがって,$B(t)-C$を最大にするような葉寿命が最適であると考える.このように,この解析方法は行動や形質の進化を考える手法として広い範囲で応用されている.(⇌ 血縁選択,包括適応度)

子育て［parental care］ =親による子の保護
個体間距離［individual distance］ 動物2個体間の距離.行動観察において,記録しやすい客観的な値であり,社会関係を推定するデータとしてよく用いられる.群れ社会を営む動物では,社会的な近接性を示す値となりえる.血縁関係のように社会的に緊密な関係では個体間距離は小さく,逆に,社会的に希薄な関係では,大きくなると予測できる.直接観察により個体間の社会関係がよく研究されてきたニホンザルを例にあげると,個体間距離を常に小さく,強い近接性をとっているのは,母子間であり,つづいて血縁の近い家系間となる.また,群れ全体の広がり具合を示す値にもなりえる.森林などの視界の悪い場所に生息する群れは,群れからはぐれるのを防ぐために,個体間距離を小さくとり,コンパクトにまとまった群れとして遊動することが多い一方,見通しの良い環境では個体間距離が広がった群れとして遊動することも知られている.近年では,GPSによる自動記録や,ビデオ解析による推定法など,個

体間距離を自動的に記録する方法も考案されている.

個体群 [population]　⇒ グループ

個体群生態学 [population ecology]　個体群生物学(population biology, 集団生物学)ともいう. ある空間における同一種の個体の集まりを, 個体群あるいは集団とよぶ. 個体群の生物学的階層でみられるさまざまな生物現象を明らかにしようとする研究分野であり, 対象とする生物は微生物・動物・植物など多様である. 個体群内や個体群間にみられる性質(遺伝子型・表現型・生活史・個体成長など)の変異や共通性, 個体間の相互作用(種内競争・共食い* など), 個体数の時空間パターン(個体群動態・メタ個体群* など)を理解することがおもな目的である. それらを理解するため, しばしば, 行動学・生理学・遺伝学など個体の中の生物現象を扱う分野や, 複数の異なる種からなる群集を扱う群集生態学との連携が必要となる. また, 農林水産業や野生生物管理など, 個体群の生物現象は人間活動とも密接に関係しており, 基礎と応用の両面を対象としている.

個体群生物学 [population biology]　= 個体群生態学

個体群の個体群 [population of populations]　⇒ メタ個体群

個体数調節 [population regulation]　個体群サイズ(個体群を構成する個体の数)が無限に大きくならず, 一定の範囲で安定して持続するか周期的に変動するよう, 個体数変化に密度依存的な過程が作用すること(⇒密度依存性). 調節要因としては, 病気の流行や捕食者の増加, 餌資源の枯渇など, 高密度下で個体の生存や増殖に負の効果をもつ過程のほか, 高密度では移出が増えるが低密度では移入が増えるといった密度に応じた移出入の過程がある.

個体選択 [individual selection]　個体淘汰ともいう. 同種の生物の集団内における, 生存率や繁殖成功度の個体変異が原因で起こる自然選択* ないしそれよる適応的な進化(個体形質の集団平均値の世代間変化). 成立条件は, 形質の個体変異, 変異が原因で生じる適応度の個体差, そして変異の遺伝性の三つである. ただし, 変異の遺伝性は適応的な進化を個体選択とよぶ場合にだけ必要になる条件である. あえて自然選択でなく個体選択とよぶ場合には, 選択が働く生物学的階層(レベル)を特定する目的, すなわち個体以外のレベルで働く選択圧, たとえば集団レベルの絶滅や増殖率の差が原因で働く群選択や, 対立遺伝子間の配偶子形成率の差をもたらすマイオティックドライブ*(分離比ゆがみ)のような遺伝子レベルで働く遺伝子選択などと区別するため用いられる. 個体選択は C. R. Darwin* の自然選択の同義語とされることが多いが, Darwin 自身は個体選択を自然選択の主要機構と考えながらも, 群選択* 的な仕組みも一部認めている. 一方, 遺伝子選択主義(gene selectionism)と批判的に形容されることもある R. Dawkins* の利己的遺伝子* 説は, 個体概念の自明性に疑問の光を当てているが, それ自体は Darwin の自然選択理論の比喩であり, 個体選択(自然選択)の対立概念と考えるのは誤りである.

個体追跡サンプリング [focal animal sampling]　観察対象とする個体(もしくは集団)を決め, その個体のすべて, または特定の行動を漏らさず観察・記録するサンプリング方法. 行動の起こる順番(sequence)の規則性の研究に適している. 全行動を記録対象とすれば各行動の時間配分を知ることもできる. また, 観察個体を絞り込むことにより, 得られるデータの網羅性が高くなるという利点がある. 目視観察だと, 短時間に多くの行動が生じた場合に観察・記録が間に合わなくなる場合があるが, この欠点はビデオ観察で補うことができる. 観察の継続時間はあらかじめ決めておくが, 野外ではしばしば対象個体を見失うため, 予定通りの時間観察できないことがある. また, 観察対象個体が社会行動* の受け手であり, 送り手の行動に対して明瞭な反応を示さないような場合(たとえば対象が, 観察者からは見えない少し離れた場所にいる他個体から視覚的な威嚇を受けその場から離れるような場合), たとえ社会行動が生じていたとしても, それを記録できない.

個体淘汰 [individual selection]　=個体選択

個体内デザイン [within-subject design]　⇒ 単一被験体法

個体内比較法 [within-subject comparison]　⇒ 単一被験体法

個体発生 [ontogenesis, ontogeny]　単に発生(development)ともいう. 受精卵または単為発生卵あるいは無性的に生じた芽や胞子などが成体になるまでの, 形態的・生理的・化学的な変化, 発達の過程. すなわち, 卵割, 器官分化, 形態形成, 成長, 変態, 加齢などの過程をさす. 突然変異が

機能的な形質変化を生み出す確率は，その遺伝的変異が発生のどの時期に発現するかに大きく左右される．発生の初期に影響を与える突然変異は，その後の発生に大きく影響を与えるため，致死的な突然変異となることが多い．他方，発生の後期に発現する突然変異は発生プロセスを中断する確率が低く，機能的な表現型が進化する可能性がある．個体の発生時期や発生速度の変化を異時性(heterochrony)とよび，異時性に変化を与える突然変異は適応度の高い新しい構造を生み出すことがある．発生が中断したり，減速したりすることで，最終ステージまで発達せず，性的に完全に成熟した個体でありながら非生殖器官に未成熟な，つまり幼生や幼体の性質が残る現象のことを幼形成熟*とよび，サンショウウオのアホロートルがその例としてよく知られる．

個体ベースモデル［individual-based model］エージェントベースモデル(agent-based model)ともいう．生物の個体を単位とし，個体間や環境との相互作用を通して，個体の行動やその結果としての個体群の動態を説明，予測するためのモデル．狭義の個体ベースモデルは，1)成長や繁殖，死亡など個体の生活環が反映されている，2)食物など資源の動態が組込まれている，3)個体がモデルの単位である，4)個体による差異が考慮されている，ことが条件であるとされている．個体の差異があることによって個体群レベルで現れる創発特性を理解するために特に有効な手法である．たとえば，個体ベースモデルで個体による競争能力の差異を考慮すると，考慮しない場合に比較して，同じ個体群を維持するためにはるかに多くの資源量が必要になることが予測される．そのほかにも，行動圏の形成，餌場選択*，渡りや分散といった生物の移動様式，群れの形成，捕食者-被食者や宿主-寄生者関係などの生物間相互作用，形質の進化，などを理解するために用いられている．

こだま定位 ＝反響定位

固　定(記憶の)［consolidation］ 短期記憶*から長期記憶*へと記憶を変化させることをいう．記憶が固定される前に何らかの妨害が起こると，その記憶は失われる．海馬*を中心とした側頭葉内側部が関与していると考えられており，この領域に損傷がある場合，短期記憶は保持できるが，その記憶は長期記憶とならない．つまり，新しいことが憶えられないという前向健忘*が生じる．また，その神経メカニズムとしては，シナプスでの受容体の増加やシナプス自体が新しくつくられることなどが生じると考えられている．

固定間隔スケジュール［fixed-interval schedule］＝固定時隔スケジュール

固定効果［fixed effects］ ⇌ ランダム効果

固定時隔スケジュール［fixed-interval schedule, FI］ 固定間隔スケジュールともいう．オペラント条件づけ*の強化スケジュール*の一つである時隔スケジュール*のうち，時間間隔の設定を一定(固定)にしたもの．設定時間の値とともに表記する．たとえばハトがオペラント実験箱*のつつき窓をつつくと，前回の強化*が終了した時点から60秒間は強化しないが，60秒経過後の最初の窓つつきを強化するスケジュールは固定時隔スケジュールであり，FI 60秒と表記する．このスケジュールで訓練すると，動物は強化直後の行動休止(⇌強化後休止)に続いて，時間経過とともに加速的に反応率*を上昇させていくようになる．このような行動パターンをFIスキャロップとよぶ．一般に設定時間を長くすると強化後の休止時間は長くなり，休止後の反応率は低下する．長期間にわたってこのスケジュールで訓練を続けると，固定比率スケジュール*と同様にブレーク・アンド・ランの行動パターンが生じることもある．(⇌変動時隔スケジュール)

固定時間スケジュール［fixed-time schedule, FT］ オペラント条件づけ*の強化スケジュール*のうち，動物の行動にではなく，経過時間そのものに依存して強化子*が与えられるものを時間スケジュール*とよぶ．固定時間スケジュールは代表的な時間スケジュールの一つで，常に一定の間隔で強化子を与える．たとえば，ラットをオペラント実験箱*に入れて餌粒を強化子として固定時間30秒(FT 30秒と表記)で実施する場合には，レバーを押すかどうかといったラットの行動とは無関係に，30秒の経過ごとに餌粒を与える．これに対し，強化子を与える間隔を不規則に変動させるものが，変動時間スケジュール*である．なお，固定時隔スケジュール*も固定された時間間隔が関係する強化スケジュールであるが，これは一定時間の経過後に"反応すること"が必要であり，固定時間スケジュールとは区別される．

固定長反応連スケジュール［fixed consecutive number schedule］＝固定連続数スケジュール

固定的動作パターン［fixed action pattern］＝定型的運動パターン

固定比率スケジュール [fixed-ratio schedule, FR] オペラント条件づけ*の強化スケジュール*のうち, 1強化*当たりに要求する行動回数を一定(固定)にしたもの. たとえばラットがレバーを100回押すたびに1回強化*を行う操作は固定比率スケジュールであり, FR 100 と表記する. このスケジュールで十分に訓練すると, 動物は強化後しばらく行動を休止し(→強化後休止), その後一定の非常に高い頻度で行動を持続することで, 一気に要求反応数を満たして強化子*を獲得し, そして再び行動を休止する. この行動パターンをブレーク・アンド・ラン(break and run)とよぶ. 要求反応数を増やすと, 強化後の休止は長くなり, 休止後の反応率*は低下する. 食餌制限の程度を変化させると, 休止時間には影響するが, 休止後の反応率にはさほど影響しない. なお強化後休止が生じるのは疲労や飽和のせいではなく, 次の強化までの時間が長く, これから行う反応の要求が大きいためである. このほか強化後休止に影響を与えるものには強化量がある. (→固定時隔スケジュール, 変動比率スケジュール)

固定連続数スケジュール [fixed consecutive number schedule, FCN schedule] 固定長反応連スケジュールともいう. ある反応を一定回数以上行ってから, 別の反応を1回行うことを強化する手続き. この強化スケジュールは動物の計数能力の測定のために利用されてきた. たとえば, ラットのレバー押し行動で, レバーAを10回以上連続して押してからレバーBを押した場合に餌粒が与えられるように設定したとしよう. もしレバーAを十分な回数押す前にレバーBへ切り替えてしまうと, 餌粒は与えられずにその試行が終わり, 次試行で最初からレバーAを10回押さなければならない. このスケジュール下で訓練を行うと, レバーAを押す連続反応回数の平均は設定された強化基準のわずかに上(設定値10ならば12程度)で安定する.

古典的行動主義 [classical behaviorism] →行動主義

:speech: **古典的条件づけ** [classical conditioning] レスポンデント条件づけ(respondent conditioning), パブロフ型条件づけ(Pavlovian conditioning)ともいう. I. P. Pavlov*が発見した条件反射*に代表される連合学習*で, 知覚可能だが生物の重要性をほとんどもたない条件刺激*(たとえばメトロノームの音)と, 生物的重要性の高い無条件刺激*(たとえば肉粉)を対にして与えることによって, 行動に変化が生じる(この場合はメトロノームの音を聞いたイヌが唾液を分泌する)ようになること(図). R. A. Rescorla は, 単に刺激が対になっていることではなく, 刺激間の随伴性*, すなわち相関関係が重要であるとした. たとえば, 条件刺激と無条件刺激を対にして与えても, 条件刺激がない場合にも無条件刺激を与えるなら, 随伴性は低くなり, 条件づけは困難である. (→随伴性空間)

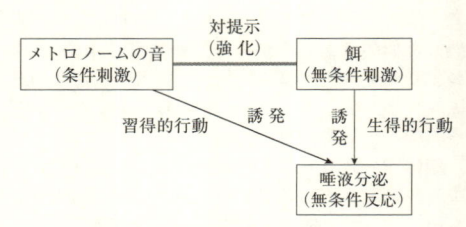

```
  メトロノームの音      対提示        餌
  (条件刺激)         (強 化)    (無条件刺激)
              \       /    \
       習得的行動  誘発  誘発  生得的行動
                \    /        \
                唾液分泌
              (無条件反応)
```
古典的条件づけの獲得

孤独相 [solitary phase] →相変異
コドン [codon] →遺伝暗号
ゴナドトロピン [gonadotropin] =性腺刺激ホルモン

小西正一(こにしまさかず) 1933.2.17〜
京都生まれ, 米国在住の行動生物学者, 神経生物学者. 北海道大学で学部, 修士課程を修了後, カリフォルニア大学バークレー校で P. R. Marler*に師事. 鳴禽類*(鳥類スズメ亜目)はごく若い雛のときには発声ができないが, この頃に親のさえずり*を聞いて記憶する. 発声が可能な時期がくると, 自分の声を聴くというフィードバックを得て, 記憶していた親のさえずり(鋳型)に合うように発声を調節して親譲りのさえずりを完成する. 小西が提案したこの仮説は鋳型*仮説とよばれ, 鳴禽類の音声学習研究の指導的理論となった. 小西は Marler のもとで博士号を取得後, テュービンゲン大学, マックスプランク研究所(ミュンヘン), ウィスコンシン大学, プリンストン大学を経て, 1975年カリフォルニア工科大学へ移り, 現在に至る. 性ホルモンが幼

鳥期の脳に作用してさえずりを制御する神経経路（さえずりシステム）に雌雄差をひき起こすこと，さえずりシステムの中にその個体自身のさえずりにだけ反応する神経細胞があるなど多くの発見をなした．また，音源の位置を整然と表示した聴覚空間地図がメンフクロウ*の中脳にあることを発見し，その形成機構を解明した．この成果は，脊椎動物の感覚情報処理の中で神経回路メカニズムが最も深く理解されている事例である（⇌音源定位，中枢性脳地図，同時検出器，遅延線）．小西は，長年にわたり行動学，神経生物学における新しい概念を生み出し続け，ニューロエソロジー（神経行動学*）分野の誕生と確立に大きな貢献をなした．明快な言葉とユーモアからなる文章や講演でも知られる．米国科学アカデミー会員．シュミット賞，国際生物学賞，ジェラール賞，カール・スペンサー・ラシュレー賞，グルーバー賞など多数の賞を受賞．著書に『小鳥はなぜ歌うのか』（1994年）がある．

go/no-go型弁別手続き [go/no-go discrimination procedure, go/no-go successive discrimination training] いわゆる継時弁別手続き*の一つで，弁別刺激*を同時にではなく，一つずつ別々に提示する．goは反応，no-goは非反応のことを示す．正刺激が提示されているときに反応すれば強化*されるが，負刺激下では反応しても反応しなくても強化されない（消去*）．（ただし，反応しないときに強化される手続きもある．）たとえば直線走路（⇌潜時［図］）でラットを走らせ，床の色を白くした試行では目標箱に報酬があり，黒の試行では報酬がないようにすると，ラットは白の試行では早く走り（go），黒の試行では極端に遅くなるかまったく走らなくなる（no-go）であろう．すなわち，ある状況では反応し（go），他の状況では反応しない（no-go）ことを要求する手続きである．この手続きは，離散試行手続き*でもフリーオペラント手続き*でも可能である．離散試行手続きでは，各試行*いずれかの刺激がランダムな順で提示される．一方フリーオペラント手続きでは，たとえばある一つの刺激のもとでは，変動時隔スケジュールに従って反応が強化され，他の刺激のもとでは消去*スケジュールが有効となる．弁別*の程度を示す指標は，正刺激下の反応数をセッション*全体での反応数で割った値であり，これを"弁別率"とよぶ．

子の世話 [parental care] ＝親による子の保護

子の保護の性的役割の逆転 [sex role reversal in parental care] 雌親は子の保護をせず，雄親だけが子の保護をすること．動物全体では雌親のみが子の保護をする場合が多いため，雄親のみによる子の保護が逆転とよばれる．しかし，魚類などのように，分類群によっては雄親による子の保護の方が多くみられることもある．性役割*という用語は，子の保護以外に，交尾をめぐる競争が雌の方が強い，求愛を雌が行う，性的二型*で雌が誇張された形質をもつ，ことについてもいうことがある．子の保護とこれらの特徴は一致していることが多いと考えられているが，一致しないこともある．雌親が子の保護をする方が多い理由については，なお未解明の問題であると考えられており，雌が複数の雄と交尾することや雄に対する性選択*の影響が仮説として提案されている．

子の養育 [parental care] ＝親による子の保護

誤反応 [error] 誤った反応，すなわち，あらかじめ決められた反応クラス*のなかで，正しいとされた反応以外の反応のこと．弁別*にかかわる実験においてある刺激*のもとで，あらかじめ決められたある反応が起これば正反応，それ以外の反応が起これば誤反応と判断する．同時弁別手続き*においては，同時に複数提示される刺激のうち，正刺激ではない刺激（負刺激）に対する反応が誤反応であり，継時弁別手続きでは，負刺激が提示されているときに生じる反応が誤反応となる．通常，正反応には何らかの強化子*を与えるが，誤反応には強化子を与えないだけでなく，弱化子*を随伴させることもある．誤反応が生じたとき，そのままその試行*を終える場合（非矯正手続き）と，正反応を行わせて強化子を与える場合（矯正手続き*）がある．

コピー戦術（配偶者選びにおける）[mate choice copying] 配偶者選び*の際に，同性他個体の選り好みを観察して同じ個体を繁殖相手として選ぶ行動で，多数の分類群で報告されている．たとえば，魚類の一種グッピー*の雌は通常は体側の橙色の斑点が大きな雄を好むが，他の雌が斑点の小さな雄を選べば，それを見ていた雌はそれをまねして同じ雄を選ぶという，好みの逆転が起こる．また，コピー戦術により特定の個体に繁殖が集中するため，性的形質の質の差から予想されるよりも個体間の繁殖成功の差が大きくなることもある．

そのため、コピー戦術は性的二型*とそれに対する選り好みの進化(⇌性選択)に影響を与えると考えられている．グッピーでは，若齢雌が高齢雌の選り好みをコピーすることが多いため，コピー戦術は配偶経験が浅い雌が確実に質の高い雄を選ぶための戦術だと考えられている．コピー戦術により，配偶者を探索する際に生じる移動エネルギーや時間的コスト，捕食リスクを軽減できるとも予測されている．

コーピングスタイル［coping style］　⇌行動特性

コホート［cohort］　⇌世代

コホート生命表［cohort life table］　⇌生命表

鼓膜［medial tympaniform membrane］　⇌鳴管

鼓膜器官(昆虫の)［tympanal organ］　音を受容するために，鼓膜を伴う形に特殊化した機械感覚器．昆虫の鼓膜器官は，バッタ目，カメムシ目，チョウ目など，少なくとも7目で知られている．存在する部位は前肢，胸部，腹部など多様である．可聴域がヒトと重なる種も多いが，コウモリによる捕食を回避するのに利用している場合など，超音波域に及ぶ種もある．鼓膜，その裏側にある空気嚢または気管から派生した空間，受容細胞を含む装置の3要素からなる．鼓膜はクチクラが薄膜化したもので，裏側が空洞のため音圧変動に伴って容易に振動する．鼓膜のわずか0.1 nmの変位で受容細胞が興奮する種もある．受容装置を構成する単位構造は有桿感覚子で，一つの鼓膜器官に含まれる数は1個～1000個以上とさまざまである．大部分の鼓膜器官では，有桿感覚子が鼓膜に直接付着しているが，キリギリスのように直接は付着せず，鼓膜の振動が間接的に受容されるタイプもある．

ごみくず背負い［debris carrier］　デブリス・キャリアともいう．自分の身体に昆虫の死骸，植物片，糞などのごみを付着させる(背負う)動物のこと．昆虫類，タカアシガニ類や海産の腹足類などさまざまな分類群でみられる．捕食者から隠れたり守る効果があるとされる．クサカゲロウ科の幼虫ではゴミ背負いの習性が発達し，属の特徴となっている．カオマダラクサカゲロウ幼虫の体表には鉤状の刺毛があり，この毛にアブラムシ類の死骸や脱皮殻などのごみを付着させる．ごみを載せた幼虫の方が載せていない幼虫よりもナミテントウの幼虫に捕食されることが少なく，ごみの存在により餌として認識されにくく，捕獲されるのを阻害していることが実験で確かめられている．シャクガ科の *Comibaena* 属幼虫は寄主植物の小片を(図)，ハムシ科のイネクビボソハムシなどの幼虫は糞を，サシガメ科のハリサシガメ幼虫では昆虫の死骸や土片を付着させる．

ごみくずを背負ったガの幼虫．寄主植物の小枝や葉のくずを体に付着させて捕食者から見つかりにくくする．

コミュニケーション［communication］　信号伝達(signal transfer)，交信(intercommunication)ともいう．発信者から受信者へと信号を介して情報が伝わること．特に，動物個体の発する信号が受け手の個体の行動の変化をひき起こす場合に，発信者と受信者の間にコミュニケーションが成立した，ということができる．種内や種間のコミュニケーションの成立によってもたらされる発信者と受信者の利益バランスによって，コミュニケーション行動の進化は説明される．異種間コミュニケーションの例としては，擬態*する動物から発せられる視覚信号と捕食者，種内コミュニケーションの例としては，雌雄間の求愛行動*シグナルや子から親への餌ねだり声などがある．コミュニケーション信号には，体色や身振り動作のような視覚刺激によるもの(⇌ミツバチのダンス)，フェロモン*のような嗅覚刺激によるもの(⇌マーキング行動，フレーメン)，音声のような聴覚刺激によるもの(⇌歌，さえずり)，これらが複合的に用いられるものなどがある．

子守り行動［alloparental behavior］　＝アロ養育

コモンズの悲劇［the tragedy of the commons］＝共有地の悲劇

固有種［endemic species］　固来種ともいう．

人間の移動などの影響を受けることなく，特定の限られた地域に生息する動植物種のこと．たとえば，イリオモテヤマネコは沖縄県西表島の，ガラパゴスゾウガメはガラパゴス諸島の，ニホンザルは日本の固有種である．島のような，他の地域から隔離された地には固有種が多い．対義語として外来種がある．それまで海によって離れていた土地が大陸移動や火山活動により地続きになった際，あるいはヒトが持込んだ際に，外来種は固有種の生息域に侵入し，資源を争うことになる．固有種はもともとの生息域に天敵や資源を奪い合う競争相手がいなかったために，競争に勝つことや逃避のために必要な能力を失っている場合が多い．たとえば，ガラパゴスコバネウは，天敵がいないために翼が小型化し，飛翔する能力を失った．外来種の侵入により，固有種がその個体数を急速に減らし絶滅*した，あるいは絶滅が危惧されている例は枚挙にいとまがない．（⇌ 在来種）

固有受容器［proprioceptor］＝自己受容器
固有ニューロン［intrinsic neuron］ ⇌ 介在ニューロン
固来種［endemic species］＝固有種
コラム構造(大脳皮質の) ［columnar structure, column］ カラム構造(column structure), 機能的円柱構造(functional column structure)ともいう．哺乳類の大脳皮質は，異なった大きさや形の神経細胞が，皮質表面に平行に分布し，地層のような層構造を示す．このような構造をもつにもかかわらず，似た生理学的性質をもつ神経細胞が，層を越えて皮質表面に垂直に並ぶ機能的構造をコラム構造とよぶ．視覚野，聴覚野，体性感覚野において，その存在が示されている．視覚を例にとると，一次視覚野では，右眼由来の入力を強く受ける細胞群と左眼由来の入力を強く受ける細胞群が層を越えて並ぶ(眼優位性コラム)．一次視覚野細胞はまた，視覚刺激である線分や縞模様の特定の傾き(方位)に反応する性質をもち，似た方位に反応する細胞が層を越えて並ぶ(方位選択性コラム)．中期視覚野であるMT野では，刺激の運動方向や両眼視差(⇌ 奥行き知覚)に対する反応選択性に基づき，視覚連合野であるTE野では，似た物体特徴(形，色，模様，その組合わせ)に反応する性質に基づき，コラム構造が形成される．さまざまな感覚皮質*でみられ，しかも一次感覚野から連合野までコラム構造が存在することから，大脳皮質の構成原理であると考えられるが，機能的意義は不明である．物体認識にかかわる側頭葉視覚連合野では，似た物体特徴に反応する細胞が，柱状に集まり，幅0.5 mm程度のコラム構造をなしている(図)．隣同士のコラムが反応する図形の関係は明らかではない．

側頭葉視覚連合野(IT野)における物体特徴コラム．IT野の神経細胞は，複雑な形や，形と色，形と模様の組合わせなどの物体特徴に反応するものが多い．これらの神経細胞は，その反応する物体特徴に従ってIT野の中で柱状に配置されている．

ゴリラ［gorilla］ 学名 *Gorilla* spp．霊長目ヒト科に属す．赤道アフリカの熱帯森林に生息する．ヒガシゴリラ *Gorilla beringei* とニシゴリラ *Gorilla gorilla* の2種がおり，形態だけでなく行動，食性にも種差がある．性的二型*が顕著で，雌の体重70〜120 kgに対し，雄は200 kgを超すこともある．成熟雄は背中の毛が白くなることからシルバーバック(silverback)とよばれる．1頭のシルバーバックと複数の雌，その子どもからなる一夫多妻*の集団を形成することが多いが，複雄群をつくることもある．雄も雌も性成熟する頃に生まれた集団を離れ，雌は他の集団に加入し，雄は単独生活を経て自分の集団を構える．よく草食と誤解されるが，実際は植物を中心とする雑食で，葉や草本の髄だけでなく果実も好む．昆虫も食べるが，肉食は確認されていない．チンパンジー*ほど高頻度ではないが，道具使用*や食物分配*をすることも知られている．

コール［call］＝地鳴き
ゴール［gall］＝虫こぶ
ゴルジ腱器官［Golgi tendon organ］ ⇌ 自己受容器
コルチコイド［corticoid］ ⇌ 副腎皮質ホルモン
コルチコステロン［corticosterone］ 副腎皮質束状帯から分泌されるグルココルチコイド*の一つ．グルココルチコイド活性はコルチゾール*

に比べると弱いが，ウサギや齧歯類，ヘビなどはグルココルチコイドとしてほぼコルチコステロンのみを分泌する．ヒトでは球状帯からも分泌される．HPA軸*の最終生理活性物質として全身性に作用し，ストレス反応の中心的役割を担う．肝臓での糖新生の促進による血糖値亢進作用，免疫系の抑制による抗炎症・抗アレルギー作用をもつ．コルチゾールと同様にグルココルチコイド受容体に結合するため，血液脳関門を通過して脳全域に作用し，高濃度では神経毒性を示す．もう一つの副腎皮質ステロイドであるミネラルコルチコイド*の主要な活性物質アルドステロン*の前駆体でもある．

コルチゾール［cortisol］　副腎皮質束状帯から分泌されるグルココルチコイド*の一つ．生体内での主要なグルココルチコイドはコルチゾールとコルチコステロン*であるが両者の分泌比は動物種により異なり，ヒトやサル，鳥類や魚類などではおもにコルチゾールを分泌する．イヌは両ホルモンをほぼ同等の割合で分泌する．血糖値の上昇や炎症の抑制などの作用をもち，これらグルココルチコイド活性はコルチコステロンよりも強い．ストレス*時にHPA軸*の最終活性物質として合成分泌量が増加し，全身性のストレス反応の中心的役割を担う．その一方で高濃度のコルチゾールは神経毒性をもつことが知られている．外傷性ストレス障害患者の脳で多数報告されている海馬*の萎縮は強度のストレスに反応して過剰に分泌されたコルチゾールによって神経細胞死がひき起こされたことが原因と考えられている．

ゴールドベーター・マティエルモデル［Goldbeter-Martiel model］　＝マティエル・ゴールドベーターモデル

ゴール・トラッキング［goal tracking］　目標追跡ともいう．おもにラットを用いた古典的条件づけ*の一つ．光あるいは音刺激を条件刺激*，食物あるいは水を無条件刺激*として用い，これらを動物に対提示する．この条件づけにより動物が獲得する条件反応*は，条件刺激が提示されたときに，ラットが無条件刺激の提示場所（食物の貯蔵庫を意味するマガジンという名でよばれる）に頭を突っ込む行動である．こうした行動を，ゴール・トラッキングとよぶ．条件刺激の提示を引き金として，動物が無条件刺激が提示される"目標地点"へと移動することから，この名がつけられた．手続きが簡便であることや，電撃や不快気分などの嫌悪刺激を使用しない倫理性から，最近では古典的条件づけの代表的な手続きとして広く用いられている．（⇌ サイン・トラッキング）

コレステロール［cholesterol］　動物細胞のみに存在する脂質の一種．生体内で広範囲に分布しているが，特に脳や副腎，肝臓などの臓器には高濃度で含まれる．細胞膜を構成する必須成分の一つである．副腎皮質や性腺，脳などで合成分泌されるステロイドホルモン*はコレステロールからつくられる．また，コレステロールは胆汁やビタミンDの原料ともなる．神経細胞の軸索を覆うミエリン鞘にはコレステロールが大量に含まれており，これによりミエリン鞘の絶縁性が保持され，跳躍伝導による高速の神経信号伝達が可能となっている．

コロニー［colony］　空間的に集中している同一種または複数種の複数個体からなる集合体．広い意味に使われ，コロニーを構成する個体同士の関係や生物学的な機能単位の点でさまざまな集合体をさす．たとえばイソギンチャクやホヤなどにみられる無性的に増殖した個体から構成される群体もコロニーとよばれる．また，ハチやアリ，ハダカデバネズミなどの真社会性*をもつ動物では，同じ巣やなわばりで生活する個体の集合体をコロニーとよぶが，この集合体は，一つの血縁集団で構成されることが多い．この場合，個々のコロニーは単なる個体の集合ではなく，異コロニー個体が混ざらないような状態が存在するなど，生物学的な機能をもつ一つの単位ととらえることができる．また，ある種の鳥類（アデリーペンギン，サギ，カワウなど）や哺乳類（コウモリなど）では，血縁関係のない個体が一箇所に多数集まって営巣・繁殖することがあり，この集合体あるいは集団営巣地もコロニーとよぶ場合がある．鳥類の集団営巣地はルッカリー（rookery）ということもある．

コロニー創設［colony founding］　社会性昆虫*が新しいコロニー*を作ること．繁殖カーストだけで行う独立創設（independent founding）とワーカーが随伴する非独立創設（dependent founding）がある．独立創設は単年性の真社会性種（アシナガバチ*，スズメバチ，マルハナバチ，コハナバチなど）やアリ*の一部やシロアリ*でみられる．非独立創設は多年性の真社会性ハチ類（ミツバチ*，ハリナシバチ，中南米熱帯にすむ狩りバチであるポリビア類など）やアリの一部にみら

れる．非独立創設のことをアリでは分巣，ハチでは分蜂とよぶこともある（⇌ 分封）．独立創設は母巣から飛び立ち分散した新世代の繁殖カースト（ハチ目では交尾済みの女王，シロアリでは雌雄のペア）が行うが，非独立創設では分散するのは新繁殖虫とは限らない．たとえばセイヨウミツバチでは娘女王を巣に残し母女王が新巣に移動する．ハチ目の独立創設では複数の女王が協力する**多雌創設**（pleometrosis）と単独で行う**単雌創設**（haplometrosis）があるが，シロアリの場合に複数の創設ペアが協力する例は知られていない．ヤマトシロアリでは雄と出会わなかった雌2個体よりなる同性ペアによる創設が知られ，このとき創設雌は単為生殖を行う．一方，同種や他種のコロニーに新女王が侵入しコロニーそのものを乗っ取ったり居候をして資源を盗むようなコロニー創設法を**寄生的コロニー創設**（parasitic colony founding）とよぶ．たとえばトゲアリの新コロニーはオオアリ属のコロニーに寄生し創設されるが，寄生されたコロニーのワーカーはやがてトゲアリに入れ替わる（⇌ 一時的社会寄生）．

コロニー繁殖［colonial nesting］ ＝集団営巣

婚姻色［nuptial coloration, breeding color］繁殖期*や繁殖周期にあわせて顕著に現れる体色や斑紋．おもに雄に現れる性的二型*．特に魚類，両生類，爬虫類において，色素胞によって起こる体色変化の場合に用いる．たとえば，雄イモリの尾部に生じる紫色や，サケやアユ，オイカワ，ウグイ，トゲウオ*などの魚の雄の体側や腹部に現れる鮮やかな色彩がある．広義にはカモ類の雄のように繁殖期に現れる鳥類の**繁殖羽**（breeding plumage）も含む．婚姻色の多くは配偶者選び*により進化したと考えられる．トゲウオなどのように，婚姻色が鮮やかな雄個体ほど雌に好まれる例は多い．魚類では単婚の種で婚姻色が出ることはあまりなく，雌が配偶者選びをする一夫多妻の種，さらにレック*をつくるような種ほど，雄の鮮やかな婚姻色が発達する傾向がある．この傾向と対応するが，雄が求愛のディスプレイ*を激しく行う種ほど派手な婚姻色を示すことが多い．ハゼ科のイサザなど，繁殖期の実効性比*が雌に偏り，性役割*の逆転が起こると，雌に婚姻色が現れることがある．

婚姻贈呈［nuptial gift］ おもにコオロギ，キリギリス類，シリアゲムシ類，オドリバエ類などの昆虫にみられる，交尾に際して，雄が雌に餌や精包*に含めた栄養分を渡す行動．これらの餌や栄養分は産卵数に影響を与える．また，ガガンボモドキでは受取った餌を雌が食べ尽くす間に交尾がなされることから，餌の大きさが精子注入量を決定する（図）．鳥類にみられる求愛給餌*とは区別されることが多い．

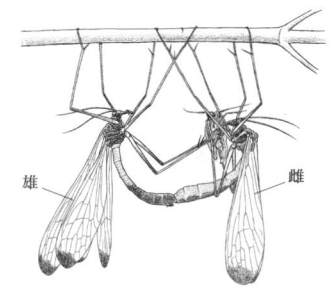

ツマグロガガンボモドキ．雌は，婚姻贈呈として雄から受取った餌を食べている間だけ交尾を許す．

婚姻飛行［nuptial flight］ 結婚飛行ともいう．昆虫の雌雄の成虫が交尾のために入り交じって飛翔することの総称．1）真社会性*のハチ目（アリ，花バチおよび狩りバチ）や，シロアリのコロニーにおいて，雌雄の有翅個体が母巣を飛び立ち，配偶のために飛翔すること．ハチ目の交尾は空中または地上で行われ，コロニーの創設は雌のみで行われる．一方，シロアリ目では一般的に着地した雌雄個体が翅を落とし，配偶相手を歩いて探索する．雌雄のペアができると雌の後ろに雄が連結してタンデム歩行*を行い，一夫一妻で新たな巣を形成する．交尾は新しい巣の中で行われる．2）いわゆる蚊柱のようなハエ目昆虫の群飛*も婚姻飛行に含まれる．

婚外交尾［extra-pair copulation］ ＝つがい外交尾

混群［mixed-species flock］ 混合種群（mixed-species group）ともいう．複数の種から成る群れ．混群の定義はさまざまであるが，複数の種が提携して群れをなす場合に用い，各種が独立に食物や水場に集まってできた単なる集団（aggregation）とは区別される．鳥類，魚類，哺乳類で報告されている．混群を形成することで，捕食者に気づきやすくなる，みずからが捕食される確率が減る（うすめ効果*）など，おもに捕食回避の利益があると考えられている．さらに餌の横取り（海賊行動*）による採食効率の増加などの利益も知られている．鳥類の混群は熱帯域から温帯域まで広く

観察される．これらの混群には，群れの動態において先導をなす中核種(nuclear species. 先導種 leader species ともいう)と，他種に追従する追従種(follower species. 随伴種 satellite species ともいう)が存在する．日本では，シジュウカラ科鳥類を中心に，ゴジュウカラやキツツキ類が加わり混群を形成する．

混合 ESS [mixed ESS] 進化的安定戦略*(ESS)であって，かつ，複数の純粋戦略*をある比率で確率的に混合して用いた混合戦略*のこと．古典的なタカハトゲーム*では，報酬 V と闘争のコスト C が $V<C$ を満たすとき，確率 $p=V/C$ でタカ戦略，確率 $1-p=1-V/C$ でハト戦略を用いる混合戦略*が混合 ESS となる．一方で，純粋タカ戦略とハト戦略がそれぞれ割合 $x=V/C$ と $1-x=1-V/C$ で安定に共存した多型*集団は，進化的に安定な状態とよばれ区別される．

混合種群 [mixed-species group] ＝混群

混合スケジュール [mixed schedule] 複合スケジュール*の一つ．単一オペランダム*に対し複数のスケジュール成分を，各成分に対応する弁別刺激*を提示せずに交替で実施するスケジュール．mix. と略記する．たとえば mix. FI 60 秒 VR 50(混合 固定時隔 60 秒 変動比率 50)では，白色光を照射した反応キーへの反応に，一定期間 FI 60 秒で強化子を提示したら，次に同じ白色光の反応キーへの反応に VR 50 に従って強化子を提示する．成分の違いを示す手がかり(弁別刺激)が存在しない点で多元スケジュール*と異なり，各成分のもとで強化子が提示される点で連接スケジュール*と異なる．成分の数，継続期間(時間や強化数で定義)，交替方法(無作為か一定の規則に基づくか)，交替回数などは研究目的に応じて決定される．

混合戦略 [mixed strategy] 進化のゲーム理論*において，特定の戦略のみを採用する純粋戦略*に対し，複数の純粋戦略を確率的に採用する戦略のこと．採用しうる純粋戦略全体の集合とそれぞれの純粋戦略を採用する確率分布で表される．たとえば，古典的なタカハトゲーム*において，タカ戦略とハト戦略をそれぞれ確率 p, $1-p$ ($0<p<1$) で採用する混合戦略がある．$p=1/2$ の場合，タカとハトを同確率で演じる混合戦略となる．

コンコルド効果 [Concorde effect] ＝コンコルドの誤謬

コンコルドの誤謬 [Concorde fallacy] コンコルド効果(Concorde effect)ともいう．投資戦略を考えるうえで陥りがちな誤りで，英仏両国政府の財政支援のもと開発された超音速旅客機コンコルドにちなむ．この計画は赤字を計上しながらも事業が存続されたが，その一因にはそれまでの莫大な投資額から中止の判断が下せなかったということが知られている．転じて，親による子への投資量の配分に関する意思決定*モデルにおいて，過去の投資量に比例させて将来の投資量を決定する前提のことをさす．子の生存・繁殖可能性の上昇のみが価値をもちうる生物進化では，そのような意思決定は進化しないのは明らかで，一見そうととらえられる現象も代替仮説で説明が可能である．R. L. Trivers* は親による子への投資に関するさまざまな卓越した理論を構築したが，コンコルド誤謬を犯しているものがあることが R. Dawkins* によって指摘された．ヒトでは例外的にこのような意思決定が生じるが，これは社会的な葛藤が原因と考えられている．

混色 [mixed color] 異なる色に見える二つの単色光を混ぜ合わせて，別の色の光をつくること．正しくは加法混色(additive color mixing)という．視覚生理学的には，網膜に存在するいくつかの色受容細胞を特定の組合わせで刺激したときに知覚される色を意味する．たとえば，560～580 nm の単色光が黄色に見えるのは，ヒト網膜にある緑錐体と赤錐体が同程度に刺激されるためである(⇌紫外線感受性[図])．黄色は，緑(520 nm)の単色光と赤(620 nm)の単色光を同時に照射したときにも知覚される．このときの黄色は混色である．450 nm で青錐体を，620 nm で赤錐体を刺激したときの混色は紫に見える．3 種の錐体すべてがほぼ均等に刺激されると白色が知覚される．この原理は液晶モニターなどに応用されている．ただし，網膜に存在する色受容細胞の種類と数は種に特異的なので，モニターを動物の視覚研究に利用する場合には注意を要する．色インクによる混色は減法混色(substractive color mixing)とよばれ，すべての色を混ぜると黒になる．

混信回避行動 [jamming avoidance response] 混信回避反応ともいう．弱電気魚*は昼夜を問わず常に発電し，フィードバック信号を解析することにより周囲の物体についての情報を得るが，2 尾の電気魚が接近すると互いの電気信号が干渉しこの能力が阻害される．これを避けるために，発

電のタイミングをずらしたり発電周波数を変化させる混信回避行動を行う．たとえば Eigenmannia と Gymnarchus は，相手の発電周波数が自己のそれより高いか低いかを，感覚刺激に含まれる強度と位相の時空間パターンを解析することによって知り，発電周波数を変更する混信回避行動をする．弱電気魚の混信回避行動は，計算論的神経科学(computational neuroscience)における"計算の目的""計算の内容""計算を実行する神経回路"の三つの命題についてよく理解されている．

混信回避反応 [jamming avoidance response]
＝混信回避行動

混成スケジュール [multiple schedule] ⇌ 多元スケジュール

痕跡条件づけ [trace conditioning] 古典的条件づけ*を形成する際に，条件刺激*を与えた後，時間をあけて無条件刺激*を与える手続き．条件刺激が無条件刺激に時間的に先行するため，順行条件づけ*手続きの一種として分類される．この手続きの結果，条件刺激に対する条件反応*を形成することは可能であるが，その強度は条件刺激と無条件刺激の間隔が長くなるに従い弱くなる．たとえば，ペットのイヌに"お利口"という言葉(条件刺激)をかけてからおやつ(無条件刺激)を与える場合，言葉をかけた後おやつを与えるまでの間隔が長くなるほど，"お利口"という言葉は"ごほうび"になりにくくなる．この痕跡条件づけにおける条件刺激–無条件刺激間の時間間隔が及ぼす影響は条件づけの種類によって大きく異なる．たとえば味覚嫌悪学習*では，条件刺激である味覚の経験と無条件刺激である気分不快の間に数時間の間隔があっても条件刺激に対する嫌悪(条件反応)が形成されるが，ヒトやウサギの瞬きの条件づけなどでは，条件刺激と無条件刺激の間に数秒の間隔があけば条件刺激に対する瞬き(条件反応)の形成はほぼ不可能となる．なお，条件刺激と無条件刺激の間の間隔を非常に長くとったうえで，何度も繰返し条件刺激と無条件刺激を一緒に経験させると，条件刺激に対する制止条件づけ*が生じることもある．

コンタクトコール [contact call] ⇌ ホイッスル

昆虫の神経系 昆虫の神経系は，神経節の連鎖からなる中枢神経系と，中枢神経系から伸びて筋肉などを支配する末梢神経系から構成される．中枢神経系は，体の前後方向に神経節が並び，それらが左右一対の縦連合で結ばれた形状をしており，はしご状神経系とよばれる．最前方に位置する脳は食道より前方の3個の神経分節が一つに融合したもので，食道上神経節(supraesophageal ganglion)ともいう．その後方に食道下神経節(subesophageal ganglion)が位置し，胸部神経節(thoracic ganglion)，腹部神経節(abdominal ganglion)へと続く．胸部神経節や腹部神経節の数は種により異なる．たとえばゴキブリは3個の胸部神経節と6個の腹部神経節をもつが，ハエの成虫ではこれらは融合して1個の胸腹部神経節となる．脳は前大脳(protocerebrum)，中大脳(deutocerebrum)，後大脳(tritocerebrum)の三つの部分からなる．前大脳は，複眼で受容した情報を処理する視葉(optic lobe)，キノコ体(mushroom body)，中心複合体(central complex)などの領域を含む．キノコ体は嗅覚の二次中枢としてにおいの識別や学習を担うとともに，嗅覚，視覚，味覚など多種の感覚情報の統合にもかかわる．中心複合体は中心体(central body)を含むいくつかの領域から構成され，視覚情報の統合や視覚行動の統御などにかかわる．中大脳には触角の嗅覚ニューロンで受容した嗅覚情報を処理する触角葉と，触角の機械感覚ニューロンの情報を処理する領域がある．後大脳は頭部の風感覚ニューロンからの情報処理などにかかわる．食道下神経節は味覚や摂食運動の中枢である．胸部神経節は歩行や飛翔をつかさどる．腹部神経節は呼吸，排泄，交尾などにかかわる．(⇌ 微小脳，神経節．巻末付録1参照)

コンテクスト分析 [contextual analysis] ⇌ 群選択モデル

コントラ・フリーローディング [contra-freeloading] 反たかり行動ともいう．ただで手に入る餌が目の前にあるにもかかわらず，未知の餌を求めて探査を続け，労力(あるいは努力)を投資すること．霊長類(ヒト，チンパンジー，アカゲザルなど)から，鳥類(ホシムクドリ，ハトなど)，魚類(ベタ)と，脊椎動物では広く報告されている．フリーローディング(労力なく餌を獲得する行動．"他人にたかること"を意味する freeload に由来)と正反対であるために，こうよばれる．心理学における標準的な学習理論では，大きな報酬が与えられるときに行動の頻度は増加すると考える．また，行動生態学における最適採餌理論*では，単位時間当たり(あるいは単位投資量当たり)の利益を最大にする行為をとる，と考える．コントラフ

リローディングはこのいずれの理論枠組みにも反するため，不合理行動の例とみなされることがある．現実には，餌の資源が常に変動していて，動物が強い飢餓にさらされておらず，しかも探索の労力も著しく大きくはない場合に起こりやすい．そのため，知識の探査とその利用という二つの目標は拮抗しており，その場の利益がなくても適切に探査を実行して情報利得を確保する適応的な行動である，という解釈が提案されている．

コンパス定位［compass orientation］ ⇒ ナビゲーション

コンバットダンス［combat dance, ritual combat］ ヘビ類の雄間でみられる，雌をめぐっての儀式的闘争．2個体の雄が胴体を絡み合わせる行動で，多くの場合，頭部から胴体前部を地表から斜めまたは垂直近くに持ち上げて絡み合い，相手を地面に押しつけようとする（図）．闘争は数十分に及ぶこともある．片方の個体が突然逃走することによって勝敗が定まり，通常，体サイズの大きい方が勝つ．勝敗の結果，個体間の優劣が決まり，北米産のカバーヘッドでは，敗者はストレスホルモンが増加して，その後の性行動活性が下がることが知られている．150種以上のヘビ類で知られ，ヘビ類の中で独立して複数回進化したと推測されている．日本ではシマヘビ，アカマタ，ハブ，サキシマハブ，クメジマハイの5種で報告されている．コンバットダンスを行う種では，雄間で性選択*が働くため，雄の方が雌よりも体サイズが大きい性的二型*を示す傾向がある．飼育下では餌をめぐって行うこともあり，また，雌や未成熟個体によるコンバットダンスも観察されている．

コンバットダンスをして絡まり合うヘビ．伸び上がるように頭部を持ち上げて，相手を下へ押すような動作を互いに繰返す

コンパニオンアニマル［companion animal］＝伴侶動物

コンパレータ仮説［comparator hypothesis］
コンパレータ理論（comparator theory）ともいう．R. R. Miller が提唱した，隠蔽*やブロッキング*などさまざまな古典的条件づけ現象を説明するための連合モデル．レスコーラ・ワグナーモデル*などが，刺激間の学習が成立する過程を重視して説明するのに対し，学習の成立過程ではなく成立した学習に基づき反応を行う過程を重視して説明するのが特徴である．このモデルによると，学習時には単純に時間的空間的接近の程度に応じてあらゆる刺激の間に結びつき（連合）が形成される．そして，条件刺激*に対する条件反応は，その条件刺激と無条件刺激*との間の連合が強ければ強くなり，その条件刺激の学習時に一緒に存在した他の刺激（コンパレータ刺激）の力が強くなれば弱くなる，とする．コンパレータ刺激の力は，条件刺激とコンパレータ刺激の間に形成された連合と，コンパレータ刺激と無条件刺激の間に形成された連合の合成により決定される（図）．隠蔽が生

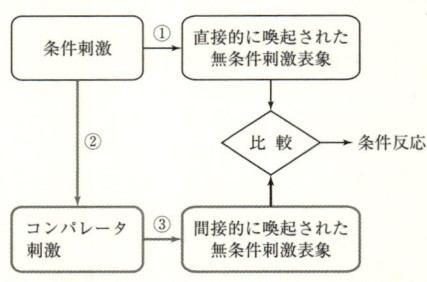

条件刺激が誘発する条件反応の強さは，条件刺激−無条件刺激の間の連合（①）によって直接的に喚起される無条件刺激表象の強度と，条件刺激−コンパレータ刺激の間の連合（②）およびコンパレータ刺激−無条件刺激の間の連合（③）の合成によって間接的に喚起される無条件刺激表象の強度との比較によって決定される（前者の強度が後者の強度に勝るときに条件反応が表出される）．

じた後，一方の条件刺激を消去*すると他方の条件刺激に対する条件反応が回復するなど，訓練後にその条件刺激を直接操作せずとも条件づけ強度が変化する，**回顧的再評価**（retrospective revaluation）とよばれる一連の現象が報告されているが，このモデルはこれらの現象を非常にうまく説明できる．

コンパレータ理論［comparator theory］ ＝コンパレータ仮説

コンフィグレーションモデル［configuration model］ （実現可能な）任意の次数分布 $P(k)$ を満たすようなネットワーク（グラフ*）を生成するモデル．頂点数 N のネットワークを次の手順で生

成する．① 次数分布 $P(k)$ から要素数 N の次数列 $\{k_1, k_2, \cdots, k_N\}$ を発生させる．② 番号 i ($1 \leq i \leq N$) と書かれた玉を k_i 個用意して箱に入れる．③ 箱から玉を二つ無作為に取出し，玉の番号に対応する頂点の間に辺を結ぶ．ただしループや多重辺になってしまう場合はやり直しとする．④ 箱の玉がなくなるまで③の操作を繰返す．このようにして生成されるネットワークは次数分布の要請は満たしつつも，辺のつなぎ方は無作為である．そのためランダムネットワーク*の拡張と位置づけられ，現実世界のネットワークとの比較にしばしば用いられる．

コンフリクト [conflict] ＝葛藤

コンフリクト説 [conflict theory] ⇌ ゲノム刷込み

コンポーネント [component] ⇌ 成分

サ

再帰［recursion］　回帰ともいう．対象にある操作を施した結果に対して，再びその操作を施すこと．たとえば，ある数 N に 1 を加える操作を施すと $N+1$ を得る．この結果を新たな N として，さらに 1 を加える操作を繰返す．$N=0$ から始めれば，これは数をかぞえる操作となる．これを拡張して考えると，言語や行動にも再帰的な性質があることがわかる．たとえば，東の方で北の方の地方を"東北"とよぶならば，その地方の北の方のことを"北（東北）"とよぶことができる．原理的にはさらにその地方の南の方を"南〔北（東北）〕"とよぶことも可能である．言語のこのような性質を再帰性とよぶこともある．道具を使って餌を取ることを学んだ動物が，手が届かない道具を取るために，別の道具を使ったとすれば，これも再帰的な能力を利用していると解釈できる．ニホンザルでは，道具によって道具を得る行動が可能であることが，実験的に示されている．

サイクリック AMP の波　⇌ cAMP の波

最後通告ゲーム［ultimatum game］　最後通牒ゲームともいう．実験経済学*，進化心理学* などの分野で用いられる，公正感の働きを調べるための実験ゲーム．このゲームには 2 人のプレイヤー（提案者と応答者）が参加する．提案者に一定金額を渡し，それを応答者との間でどのように分配するかを決定させる．その決定は，それ以上交渉の余地のない最終的な提案という形で応答者に送られる．応答者は，提案を受入れるかどうかを決定する．応答者が受入れた場合は，2 人のプレイヤーは提案通りに実験謝礼を受取る．応答者が拒否した場合は，2 人とも何ももらえずにゲームを終了する．人間の合理性を仮定する経済学は，応答者は 0 円よりも大きな分配額を必ず受入れ，提案者は応答者に最小限の額しか渡さない（たとえば，提案者が 100 円を 99 円と 1 円に分けると提案し，応答者はそれを受入れる）と予測する．ところが，実際に実験室でこのゲームを行うと，極端に不公正な提案があまりなされないだけでなく，そのような提案は高い確率で拒否される．（⇌ 公正，独裁者ゲーム，囚人のジレンマ）

最後通牒ゲーム［ultimatum game］　＝最後通告ゲーム

採餌行動［feeding behavior］　＝採食行動

採餌場選択　［foraging site selection, foraging habitat selection］　＝餌場選択

最終行動［terminal behavior］　＝終端行動

最初期遺伝子　［immediate early gene, IEG］即初期遺伝子ともいう．神経活動によって発現誘導される遺伝子．行動や学習によって神経興奮が起こる脳部位でこれの遺伝子発現が誘導されるため，神経活動の分子マーカーとして用いられる．*c-fos*（FBJ murine osteosarcoma viral oncogene homolog），*Egr1*（Early growth response protein 1），*Arc*（activity-regulated cytoskeleton-associated protein）といった遺伝子がよく知られる．最初期遺伝子の発現は，細胞膜上に存在するグルタミン酸受容体* などの活性化により，ERK といったリン酸化酵素が活性化し，CREB などの転写因子群によって誘導される．転写発現に新たなタンパク質合成を必要としないため，神経興奮後およそ数分で細胞核において発現が誘導され，興奮後およそ 30 分で発現量がピークとなる一過性の発現制御を受ける場合が多い．

採食エンリッチメント［feeding enrichment］環境エンリッチメント* のうち，動物に与える食物に焦点を当てたもの．餌の種類や給餌方法を工夫して動物が自然な採食行動を発現しやすくする

手の届かない器の底のジュースを，枝を突っ込んでなめているチンパンジー

こと．飼育下では野生環境に比べて採食に費やす時間が短くなる傾向にあるため，餌を探すように仕向ける，餌を手に入れにくくするなど採食時間の延長を図ることが多い．具体的には，キリンにはキリンの目線の高さに合わせた場所に給餌する，道具を使うことによりジュースをなめることができる給餌装置をチンパンジーに与えて食物を得るためにかかる時間を延長する（前ページ図），といったことがあげられる．また，断続的に採食をする性質をもつチンパンジーには給餌回数を増やすことが有効だが，一方で野生環境では絶え間なく採食をするアジアゾウに対しては給餌回数ではなく一度に与える給餌量を増やすなど種ごとの採食行動に合わせることも大切である．

採食行動［feeding behavior］　採餌行動ともいう．動物が餌の獲得や消費をするためにとる行動全般をさし，食物や獲物の探索・狩猟・捕獲・摂食など複数の行動が含まれる．また，採食行動は探索や狩猟などの積極的に食料を得る行動だけでなく，待ち伏せや固着生物による沪し取りなども含む．動物は限られた餌資源を得るために特殊な形質や行動を発達させていることが多く，進化を考えるうえでも採食行動は重要である．採食行動の理解は，食物の摂取効率などを最大化するために，どのように動物が意思決定するかという観点からみた，最適採餌理論*などに基づいて進んできており，行動生態学では大きな分野を占めている．

採食痕［feeding mark］　⇒食痕

採食地選択［foraging site selection, foraging habitat selection］　＝餌場選択

採食理論［foraging theory］　＝採餌理論

採餌理論［foraging theory］　採食理論ともいう．何を採食するか（食物選択），どこで採食するか（採食地選択），採食を始めた場所にいつまでとどまるか（採食地放棄）など，採食行動における個々の動物の意思決定*を説明するための理論．さまざまな利益や損失が伴う行動の選択肢のなかから，個体が適応度の最大化*を達成するための行動を明らかにする理論を最適採餌理論*，その理論を数理モデルで表したものを**最適採餌モデル**（optimal foraging model）とよぶ．たとえば，子育て中の鳥類が巣からどれだけ離れた採食地まで餌を探しに行くべきなのかは，各採食地で時間当たりに得られる食物の量（利益）とその採食地までの移動にかかる時間（損失）などから数学的に予測

することができる．また，複数の個体が同時に採食を行う場合の利益や損失を考慮した理論は，特に**社会採餌理論**（social foraging theory）とよばれる．

サイズ有利性モデル［size-advantage model］　⇒性転換

再　生（記憶の）［recall］　記憶内容を思い出すこと．想起とほぼ同義である．ヒトの実験場面では，思い出した内容について，被験者自身が産出する手続きをさす．その際には，憶えている内容を口頭によって報告させたり，書き出させたりするなど言語的な反応が使用されることが多い．

再生産曲線［reproduction curve］　x軸に親の数（t）をとり，y軸にその親集団から生まれた子が次世代の親になったときの数（$t+1$）を描いたもの（図）．多くの生物種において飽和型の曲線になる

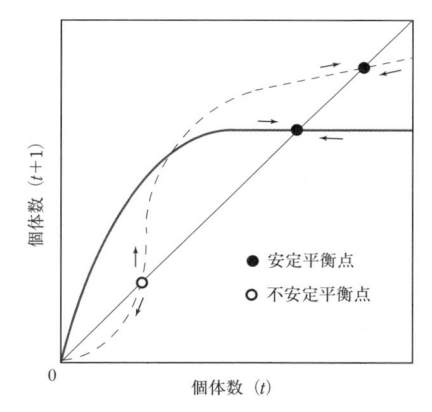

● 安定平衡点
○ 不安定平衡点

が，一山型やより複雑な曲線を描くこともある．原点を通る$y=x$の直線と再生産曲線との交わり方から，その生物の個体群動態がおおよそ推測できる．たとえば，再生産曲線が単調増加の飽和型の曲線で，$y=x$の直線と1点でのみ交わっている場合（図中の太い実線），この生物集団は徐々に個体数を増加させた後，個体数は交点の値で一定になる（安定平衡点）．一方，再生産曲線が負の三次式で表され，$y=x$の直線と2点で交わっている場合（図中の破線），その生物の個体数が一つ目（左側）の交点以下の場合，その生物集団は絶滅してしまうが，一つ目の交点以上の場合は，二つ目（右側）の交点の値まで個体数は増加し，そこで増加が止まる（⇒アリー効果）．

最節約原理［the principle of parsimony］　⇒節約

最大化［maximizing, maximization］　単位時間当たりの特定の量を最大化しようとする行動傾向．たとえば，動物は餌の量やエネルギー効率を最大化するように行動するだろうし，人間は金銭や主観的な満足(効用)を最大化するように行動すると考える．単位時間には，秒単位の短い時間がとられたり，日単位の長い時間がとられたりする．最大化という用語には2種類の使用法がある．一つは最大化を行動の原理や理論として扱うもので，動物や人間が実際にその単位時間当たりの餌の量や金銭の最大化を目指して行動していると考える．もう一つは最大化を分析や理解の道具として扱うもので，餌や金銭といった何らかのものを最大化しているといった枠組みから行動全体を理解しようとする．(⇌巨視的理論，最適化理論)

最大反応支出［peak response output］　⇌最大反応率価格

最大反応率価格［price yielding maximal response rate］　P_{max}で表す．行動価格(⇌コスト)の増加に対して，強化子*の消費量がどのように変化するかを調べる行動経済学*の研究において，動物が最大の反応率*を示したときの行動価格の値．図は，固定比率スケジュールの設定値(FR値)で設定された行動価格の増加に対する，ヒヒ1頭の23時間当たりの食物消費量(●)の変化とそれを獲得するために自発された総反応数(▲)の変化を示したものである．また，図では，限られた実測値から個体の消費の全体的傾向やP_{max}を推定するために，消費量に対して需要関数(実線)を，反応数に対して反応支出関数(破線)をそれぞれ当てはめた．P_{max}は需要関数で表される消費量の変化が非弾力的需要*から弾力的需要*に変化する(需要の価格弾力性＝−1，ミクロ経済学の弾力性係数$\eta=1$と同じ)地点の行動価格の推定値であり，この価格で，反応支出関数は，最大反応支出(peak response output, O_{max}で表す)とよばれる最大値に達すると推定される．これらの指標は，単一の強化子の価値の測定や強化子間の価値を比較するうえで，強化真価*と並んで重要な指標と考えられている．

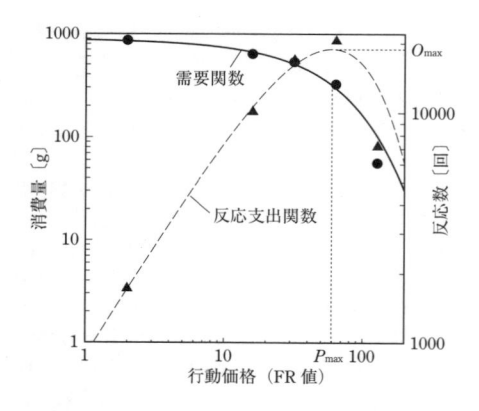

最適餌メニューモデル［optimal diet menu model］　⇌最適採餌理論

最適外交配理論［optimal outbreeding theory］　⇌外交配

最適化理論(心理学)［optimization theory］　動物が環境の中で最適に行動すると仮定することによって，おもに選択行動の実験場面での現象を説明しようとする理論．最大化*も最適化理論の一つだが，あえて最適化と表現する場合は，報酬を得るために費やされるエネルギー量や時間などのコスト要因も考慮し，コストパフォーマンスを最適にするような行動傾向をさす場合が多い．1970年代には，最適化(最大化も含む)を一つの共通言語として，心理学(実験的行動分析学)，行動生態学，行動経済学*の間で学際的な研究領域が生み出された．(⇌巨視的理論)

最適採餌モデル［optimal foraging model］　⇌採餌理論

最適採餌理論［optimal foraging theory, optimal foraging behavior］　単位時間当たりの採餌量を適応度*とみなし，これを最大化*する行動様式(餌の選択や餌の探索行動など)を解析する理論．E. L. Charnovは1976年に二つの最適モデルを提案した．一つは最適餌メニューモデル(optimal diet menu model)，もう一つは最適パッチ利用モデル(optimal patch use model)である．メニューモデルでは，動物がどの餌を採り，どの餌は猫マタギしていくべきか，を検討する．エネルギー利得eを餌の処理にかかる時間hで割った比e/hを利潤率(profitability)とよび，この比の値が一定以上の餌だけをメニューに繰込むべきだと主張する．他方，パッチ利用モデルでは，餌が均一には分布しておらず，パッチ状に集中していることを重視する．パッチにとどまって採餌を続ければ，収益は徐々に低下する．どの時点でパッチを離脱すべきか，それはパッチ間を移動する時間に応じて変わることを指摘した(図)．これを限界値定理(marginal value theorem)とよぶ．Charnovの理論

は簡明で適用範囲が広かったため，ホシムクドリやアシナガバチなど多くの動物で実証された．しかし，現実の動物行動は，必ずしも最適採餌理論の予測とは一致しない．より単純な意思決定ルールでも，最適に近い適応度が実現するため，さらに社会的葛藤*によりゲーム*状況が生まれて適応度を最大化する行為がとれなくなるためである．(⇌採餌理論，最適理論)

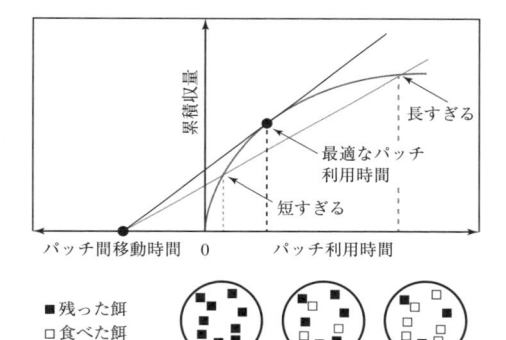

最適なパッチ利用時間は，パッチ利用時間−累積収量曲線に対して，パッチ間移動時間を差し引いたx軸上の点から引いた接線で決定される．

最適パッチ利用モデル［optimal patch use model］⇌最適採餌理論

最適群れサイズ［optimal group size］　適応度*を最大化する群れの大きさ（群れを構成する個体の数）．群れサイズは捕食者に対する警戒や配偶者の確保などの要因を通じて群れ構成個体の適応度に影響する．多くの鳥類は群れをなして採食するが，群れサイズが大きいほど捕食者を早期に発見できる確率が高くなる見張りの効果などの利益がある一方で，餌をめぐる個体間の競争が激しくなるというコストもある．利益とコストのバランスで最適な群れサイズが決まると考えられる．(⇌最適理論)

最適理論［optimality theory］　進化生態学において，生物個体が示す行動様式や生活史などの形質を戦略*とみなし，進化の過程では適応度*がより大きくなる戦略が選択されるという適応論に基づいて，適応度を最大化する戦略を解析する理論．適応度が注目する戦略のみに依存する場合，戦略の関数として与えられる適応度の最大値を求める極値問題に帰着する．しかし，適応度が注目する戦略だけでなく他の戦略にも依存して決まるような頻度依存選択*が働く場合，単純な極値問題にはとどまらず，進化的安定戦略*（他の戦略の侵入を許さない戦略）といった概念を取扱う進化ゲーム理論*へと発展する．たとえば，フンバエの一種 Scatophaga stercoraria の雄は，産卵のために糞塊に飛来する雌を待ち受けて交尾した後，その雌が産卵するまで，つまり自分の精子を確実に受精させるまで，他の雄と交尾しないように雌をガードする（⇌配偶者防衛）が，最適な交尾後ガードの時間は雌の飛来頻度や他の雄の存在などの要因によって左右される．広義には，ある条件下で目的変数を最大化する状態を解析する最適化問題をさす．歴史的には工学における制御理論の一つとして発展した数学理論が行動生態学にも応用されるようになったものである．行動生態学を含む進化生態学では，単位時間当たりの採餌量や繁殖成功度などの適応度や適応度と正の関係をもつ量が目的変数となる．

再導入［reintroduction］　野生復帰ともいう．野生生物の種保全を目的として，人為的に生物を移動させる手段の一つ．その種が絶滅または消滅した本来の生息地へ個体もしくは個体群を戻すこと．国際自然保護連合*（IUCN）・野生復帰専門家委員会のガイドラインでは，再導入に際して検討すべきこととして，当該種に関する詳細な生物学的情報，導入先の生息環境整備，動物福祉*，感染症のリスク評価，資金確保，社会的容認，再導入後の継続的なモニタリングや管理などがあげられている．これらの要件を考慮した国内例としては，1992年から兵庫県が取組んでいるコウノトリ Ciconia boyciana の野生復帰計画がある．

催乳ホルモン［lactogen］　＝黄体刺激ホルモン

再認［recognition］　ある事柄を知覚した際に，以前にそれを記憶したものであると認知する心的過程．実験場面では，テスト刺激を与え，それが記憶している内容と一致するかどうかを尋ねる手続きをする．複数のテスト刺激を提示し，その中から記憶内容と一致するものを選択させる方法と，一つの刺激を提示し，それが記憶内容と一致するか否かを尋ねる方法がある．

細胞性免疫［cellular immunity］　⇌免疫系

サイホウチョウ［tailorbird］　スズメ目セッカ科サイホウチョウ属 Orthotomus の11種とアフリカサイホウチョウ属 Artisornis に属する鳥の総称．サイホウチョウ属はパキスタン，インドからフィ

リピン，ボルネオ，バリにかけて分布している．アフリカサイホウチョウ属はアフリカに分布．全長 11～13 cm の小型の鳥で，全体に褐色やオリーブ色の地味な羽色をしている．くちばしは細く，やや下に曲がっている．生息地では明るい林，竹林，庭園などにすみ，枝葉の間を動き回りながら昆虫をとって食べる．サイホウチョウの名前の由来になったのは，この鳥が植物の生の葉をクモの糸でつづって，カップ状の巣をつくることからきている(図)．しかしセッカ科に属する他の鳥たち，たとえばセッカ属も，サイホウチョウ同様，木の葉やイネ科草本の葉をつづって，きれいな壺巣をつづることができるので，この"裁縫をする"という能力は，セッカ科の多くの鳥がもっている能力だと思われる．巣を作るときにクモの糸を用いて，コケや枯草をしっかりと固定するのは，メジロやエナガ，コサメビタキやサンコウチョウも行うが，サイホウチョウのように，葉に穴をあけて，そこにクモの糸を通してつづるといった器用なことはできない．

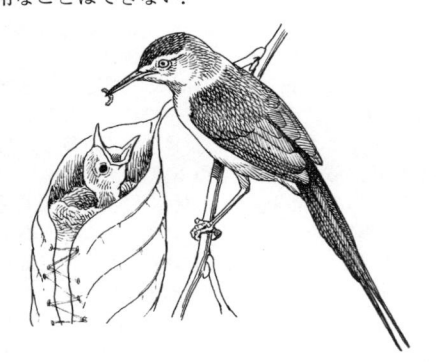

クモ糸でつづった巣にいる雛に餌を持ってきたオナガサイホウチョウの親鳥

細胞内寄生［intracellular parasitisum］　⇒寄生

細胞分化［cell differentiation］　発生過程において，細胞機能の特殊化が起こっていない未分化な細胞が，特定の機能を発揮する特殊化された細胞へと変化する細胞学的過程のことを細胞分化とよぶ．多細胞生物の初期発生の過程で，未分化な細胞から特定の組織を構成する細胞へと発生する過程がその典型的な例である．未受精卵や幹細胞などから，筋細胞や神経細胞，肝細胞，血球細胞などの特殊な機能を担う組織細胞への変化が，これらの過程でみられる．また，一部の動物や植物などでは，いったん分化した細胞が，受傷などが原因となり，組織の脱分化を起こして未分化な細胞組織をつくり，そこから再度細胞分化が起こることで，再生などが起こることが知られる．通常の組織では，細胞分化の前後で，細胞のもつ遺伝情報(ゲノム情報)は変化しておらず，発現している遺伝子が変化することで細胞機能や形態の改変が起こるとされる．一部の未分化な細胞は，他のすべての細胞になりうる可能性をもっており，これを分化全能性(totipotency)という．

細胞分裂［cell division］　一つの細胞が，複数の細胞に増えることを細胞分裂とよぶ．単細胞生物では，細胞分裂が個体の増殖を意味する．多細胞生物では発生の過程で細胞分裂を繰返すことで組織の増殖や成長を行う．細胞分裂には，遺伝子の組換えを伴わず，母細胞とまったく同じ遺伝情報(染色体のセット)をもつ娘細胞を生み出す体細胞分裂(mitosis)と，生殖のために染色体の対合が起こり，この際に遺伝子の組換えが生じ，母細胞の半分の染色体のセットをもつ娘細胞(卵や精子)を生み出す減数分裂(meiosis)がある．体細胞分裂は，前期→中期→後期→終期の四つのステージからなり，核分裂に引き続き細胞質分裂が起こる．減数分裂は，相同染色体の分離が起こる第一分裂と，染色分体同士が分離する第二分裂により構成される．出芽など特殊にみえる細胞の増殖方法も基本的には細胞分裂と同じであり，細胞分裂以外の細胞の増殖方法はない．

最尤法［maximum likelihood method］　⇒系統学

在来種［native species］　もともとその生息地に生息していた生物種の個体および集団．外来種*の対義語．法的には，国境線内にもともと生息していた種を在来種と定義しているが，たとえ一つの国の中でも，本来の生息地から異なる地域に人為的に移動させた場合は外来種となる．

サイン言語［sign language］　⇒ボディーランゲージ

サイン刺激［sign stimulus］　＝鍵刺激

サイン・トラッキング［sign tracking］　信号追跡ともいう．おもにハトを用いた古典的条件づけ*の一つ．実験箱の壁に取付けた小さな窓ガラス(キー)の点灯を条件刺激*，食物あるいは水を無条件刺激*として用い，これらを動物に対提示

する．この条件づけによって動物が獲得する条件反応（⇌自動反応形成，自動反応維持）は，キーが点灯されたときにキーへ接近したり，キーをつつく行動である．この条件反応を，サイン・トラッキングとよぶ（⇌ゴール・トラッキング）．無条件刺激そのものではなく，その信号（サイン）である条件刺激を追跡することから，この名がつけられた．ハト以外にも，ヒヨコ，ウズラ，キンギョ，トカゲ，ラット，アカゲザル，リスザル，ヒトなどでも，サイン・トラッキングが生じる．点灯中のキーへのつつき反応回数だけでなく，つつき反応のあった試行の比率や，訓練開始からつつき反応形成までの試行数も条件づけの指標となる．また，条件刺激への接近反応をシーソー式になった床の傾き頻度で測定する場合もある．キーつつきを確実に観察するためには，条件刺激は局所光でなくてはならない．条件刺激として音を用いると，つつき反応は形成されないが，この音を無条件刺激としてキー点灯と対提示すると，キーつつき行動を形成することができる．被験体がラットの場合，条件刺激としてレバーの提示を用いることが多い．一部の系統のラットでは，同じように条件づけを行っても，レバーへの接近が条件づけられるサイン・トラッカーと，無条件刺激の提示場所への接近が条件づけられるゴール・トラッカーの2タイプの個体がいるため，学習行動の個体差を研究するうえで格好の材料である．

さえずり［song］　一般には，鳴禽類*とよばれる小鳥などが繁殖期に求愛やなわばりの主張のためのディスプレイ*としておもに雄が発声するものをさえずりとよぶ．合図や危険信号などとして利用される短くシンプルな地鳴き*と区別される．さえずりは，いくつかの音声が一定の法則で連続してリズミカルに発せられ，周期的に鳴くことが多い．一つの音節（シラブル*）が繰返されるだけのものや，数種類のシラブルが一定の順序で繰返されるもの，シラブルの系列によって構成されるいくつかのフレーズ（モチーフともよばれる）をつくり，それらのフレーズから構成されるもの，多くの種類のシラブルやフレーズが複雑に並べられたものなどがある．また，1種類の歌のみをうたう種（キンチョウ，ジュウシマツなど）や数種〜数百種の歌をうたう種（ツバメ，ウタツグミなど）がいる．うたう際に胸を張って体を大きく見せたり（図），ダンスのような特別な動きを伴うことが多い．一般に種や地域によって，さえずりの特徴が異なり，また個体によってもそのシラブルの形や複雑さが異なっており，雌にとって適切な配偶相手を知る手がかりになっていると考えられている．雌に向かってうたわれる歌を志向歌（directed song, DS），一人でうたう歌を無志向歌（undirected song, US）とよぶ．雄と雌の両方がさえずる場合（ウタスズメなど）もあり，二重唄（デュエット*）をする種（熱帯地方のミソサザイなど）もいる．（⇌歌）

ジュウシマツの雄（右）が雌（左）に求愛しているところ

さえずり学習［song learning］　歌学習ともいう．さえずり*（歌）を同種の他個体（おもに父親）から音声学習（発声学習*）によって習得すること．音声学習とは，動物が聞いた音声をまねることによって学習し，類似した音声を生成することをいう．さえずり（歌）を学習できる種としてこれまでに確認されているのは，鳥類のスズメ目，オウム目，アマツバメ目，哺乳類のクジラ目の一部，コウモリの一部，そしてヒトである．スズメ目鳴禽類のさえずり学習は，通常，生後から大人になるまでの発達段階の限られた期間（臨界期という．⇌感受期）に学習が行われる．はじめは聞くことによって自分が後にうたうべき手本を脳に聴覚記憶としてつくり（感覚学習期*），つづいてその手本に合わせて実際にうたうことを練習する（感覚運動学習期*）．学習の進行に従って，はじめはサブソング*とよばれる発声がみられ，練習するにつれてプラスティックソング*，そして完成した結晶化ソング*へと発達する（次ページ図）．カナリアのように，成鳥になってからも，毎年繁殖期に新たなさえずりを学習する種もいる．鳴禽類のさえずり学習は，ヒトの音声学習のメカニズムを研究するためのよいモデルとされ，さえずり学習に必要な神経回路（歌神経系*）が同定されている．

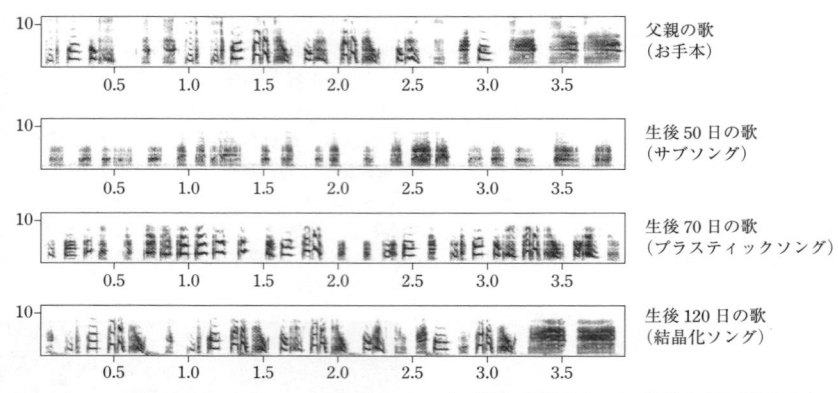

ジュウシマツの歌の声紋（ソナグラム，スペクトログラム）．縦軸は周波数(kHz)，横軸は時間(秒)を示す．（⇒さえずり学習）

サーカディアンリズム [circadian rhythm] ＝概日リズム

先延ばし行動 [procrastination]　するべき行動や課題を後回しにする行動のこと．J. E. Mazurは，ハトを用いた動物実験によって，先延ばし行動がヒトだけでなく動物にもみられることを明らかにしている．彼の実験では，すぐに提示される課題でより少ない反応ですむ課題と，後になって提示される課題でより多くの反応が必要な課題間の選択をハトに行わせた．結果として，ハトは多くの反応が必要であるにもかかわらず後になって提示される課題を選好した．ハトが先伸ばし行動を選択したのは，強化子*の価値が時間経過とともに割り引かれるのと同様に，弱化子*（労力が必要な課題）の嫌悪性も時間が先延ばしされるにつれて割り引かれるためであると説明される．自己制御*の研究では，嫌悪的な事象を用いた場合，大きいが遅延される嫌悪的事象を選択することが衝動性選択*と定義されるため，ハトの先延ばし行動も衝動性選択によるものであるとされる．

作業記憶 [working memory]　ワーキングメモリ，作動記憶ともいう．短期記憶*の概念を拡張したもので，短期記憶が受動的に維持される記憶であるのに対して，作業記憶では一時的に保持した情報を操作し，利用するという能動的な側面が強調される．この意味では，記憶というよりも記憶をもとにした仮説的な情報処理システムとしてとらえられることが多い（そのシステムは，中央実行系，視空間スケッチパッド，音韻ループ，エピソードバッファとよばれるサブシステムから構成される）．動物を対象とする際には，ヒトの場合とは少し異なった意味で用いられることがあり，その場合は，特定の期間という文脈内でのみ必要とされる記憶をさす．たとえばラットの迷路学習では，迷路内のどのルートを直前に探索したかといったことが作業記憶とよばれる．

柵かじり [bar biting] ⇒耳しゃぶり

錯視 [visual illusion]　対象を見たときに，実際の物理的性質と知覚される性質が大きく異なる現象のこと．少なくとも哺乳類，鳥類，魚類，昆虫などで錯視が生じることが報告されている．種間で同じように生じる錯視と大きな種差がみられる錯視がある．たとえば，ヒトがポンゾ錯視図（図a）を見ると，物理的には同じ長さの線分でも頂点に近いものほど長く知覚される．これはハト，アカゲザル，チンパンジーでも生じる．一方で，

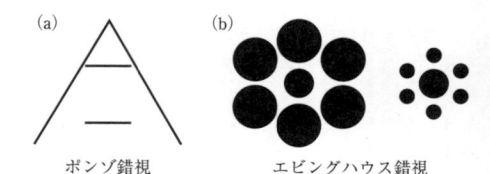

(a) ポンゾ錯視　(b) エビングハウス錯視

ヒトがエビングハウス錯視図（図b）を見ると，物理的には同じ大きさの円でも，大きな円に囲まれた円はより小さく，小さな円に囲まれた円はより大きく知覚される．これはヒヒでは生じず，ハトやニワトリではヒトと逆方向の錯視が生じる．もともと，知覚された対象の物理的性質と知覚的性質のずれは日常的に生じているものであり，自然

な行動文脈のもとでは適応的な知覚バイアスと考えた方がよい．錯視の種差も，生息環境で必要な知覚バイアスが近縁であっても種ごとに違うことを反映している．その意味で，錯視研究は動物における知覚系の処理特性とその適応的意義を明らかにするための有効な手段となる．(⇒サッチャー錯視，クレーター錯視)

サケ［salmon］ サケ目サケ科サケ属に属する魚類の総称．狭義には，シロザケ Oncorhynchus keta をさす．川で生まれ海水適応能を獲得し降下回遊して海に下り，海で索餌回遊により成長し，川を遡上回遊して繁殖する遡河回遊型と，海に下らず一生淡水で生活する陸封型が存在する．寿命は2年～数年で，生まれた川(母川)のにおいを記銘(⇒刷り込み)し，そのにおいを想起して母川回帰*する．太平洋サケ(Oncorhynchus 属)と大西洋サケ(Salmo 属)に分類される．太平洋サケは，カラフトマス(pink salmon, O. gorbuscha)，シロザケ，ベニザケ(陸封型ヒメマス)，サクラマス(陸封型ヤマメ)，ギンザケ，マスノスケ，スチールヘッド(陸封型ニジマス)の7種，大西洋サケには，タイセイヨウサケとブラウントラウトの2種が存在する．大西洋サケは繁殖後に死亡せず生き残る個体が存在するが，スチールヘッド以外の太平洋サケはすべて繁殖後に死亡する．

叉状器［furculum］ ＝跳躍器
雑種形成［hybridization］ ＝交雑
雑食性［omnivorous］ ⇒食性

殺人［homicide］ ヒトが個人として，意図をもって他の個人を死に至らしめることを殺人という．国家が宣戦布告して国民を戦争に動員したときに兵士が敵国の兵士を殺すことは，通常は殺人には含めない．法律的には，戦争時の戦闘行為は犯罪とされないが，殺人は犯罪である．日本をはじめとする多くの国の刑法では，個人が他者を死に至らしめた場合，相手を死に至らしめることを意図して行われた行為を"殺人"とし，意図はしていなかったが，結果的に死に至らしめることになった行為を"傷害致死"として区別する．殺人が倫理的に許されない行為であることはその通りであるが，行動学的には，殺人は，他者との間に何らかの利害の対立がある場合，その対立を解消する一つの行動選択肢と考えられる．そこで，殺人者と被殺者がどのような関係であったか，利害の対立はどのような性質のものであったかを分析することにより，どのようなときに殺人という行動が選択されるのかを科学的に研究することができる．殺人は，対立の相手を今すぐにも取除いてしまうので，短期的な利益をもたらすが，多くの社会では容認されていないので，長期的には殺人者に損失をもたらす行動選択肢である．したがって，殺人という短期的な利害対立解消の手段を選ぶのはどのような状況におかれた個人であるのか，ある社会の中にそのような状況の個人がどれほど存在するのかを分析することにより，社会ごとの殺人率の違いの一端を説明することもできる．親が子を殺したり，子が親を殺したりする場合には，血縁選択*の理論から，どのような利益と損失が関係しているのかが考察できる．また，どの社会においても，男性の殺人率は女性のそれを数倍上回るが，その事実の説明には，性選択*の理論が有効である．

サッチャー錯視［Thatcher illusion］ 顔の目や口などの知覚が，顔面全体を上下逆転させて示すことによって減弱する現象．P. Thompson は 1980 年の報告の中で，当時，英国の首相を務めていたマーガレット・サッチャーの顔写真を材料に用い，その眼と口を切り出して180度回転させてグロテスクな相貌のコラージュをつくった．それを上下逆転すると異様さが和らぐこと(図)を指摘し，1) 顔の認知が目や口などの個々の要素の細やかな図形特徴に大きく依存していること，しかも 2) 要素の全体的な配置(目が上にあり，口が下にあるとき)が要素に基づく顔知覚に寄与していることを主張した．(本書をさかさまにして，この図を見よ．)もちろんサッチャーの顔でなくともこの現象は起こるし，サッチャー自身とは何の関係もない．当時サッチャーは基礎科学研究に対する政府助成金を大幅に削減したため，その抗議の意味を込めたものと理解されており，今もサッチャー錯視の名前で定着している．サル(マカクザル*)もヒトと同様にこの錯視を示すことが知られている．また相貌失認*を示した患者は，こ

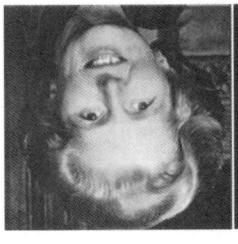

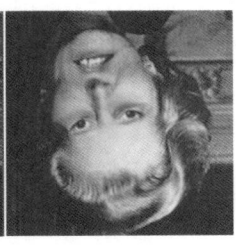

の錯視も示さない．（⇒クレーター錯視）

サテライト [satellite, satellite male] 居候ともいう．動物（おもに雄）の配偶戦略において，資源保持力が低い劣位個体（小型個体など）が，優位個体に対抗して交尾を実現する代替戦術の一つ．劣位個体はなわばりや配偶者の防衛を行う優位個体に対して直接闘争を挑んでも勝ち目はなくけがをするなどのコストが大きい．そのため争わずに優位個体のなわばりの中や周囲に潜伏して，なわばりに入ってきた雌を横取りして交尾を行う．優位個体の周囲をうろうろしていることからサテライトの名がついた（図）．また雌をかすめ取るという意味でスニーカー（sneaker, sneaking male）ともよばれる．サテライトはなわばり所有者に見つかると追い払われるが，集団内で優位個体間のなわばりをめぐる競争が激しいとサテライトへの警戒がおろそかになるために見つからずに交尾できることも多い．優位個体と劣位個体が集団の遺伝的多型（異なる戦略）として生じており，負の頻度依存選択によって維持されている場合と，劣位個体が先天的（有害遺伝子の蓄積など）または後天的（成長過程の栄養不足など）要因で生じている場合がある．前者では優位と劣位は見かけ上のものでその遺伝子型当たりの平均適応度は等しいが後者では劣位個体の平均適応度は優位個体よりも低く，この場合サテライトは不遇な状況で最善を尽くす戦術である．

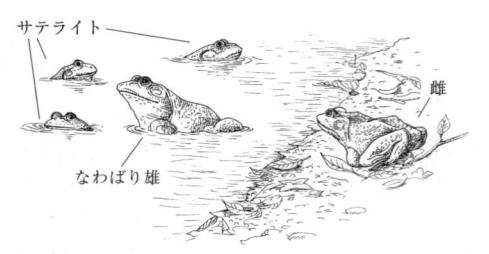

体の大きな優位個体はなわばりをつくって雌を呼び寄せる．小さな劣位個体は直接戦っても勝ち目はないので，周囲をうろついて，雌を横取りする戦略をとる．

作動記憶 [working memory] ＝作業記憶
作動薬 [agonist] ＝アゴニスト
里親実験 [cross-fostering experiment] ＝仮親実験
里子 [fosterling] 生物学的な親以外の成熟個体が子を育てること．あるいは，そのように育てられた子のこと．養育の補助ではなく，そのすべてを成熟個体が担う点でアロ養育＊とは区別される．また，カッコウの托卵＊などのように遺伝的に制御されている行動は含めない．子の形質が遺伝によるものか，環境によるものか調べるために人為的に里子操作をすることがある（⇒仮親実験）．成熟個体が子を受入れるか否か，またその時期は種によって異なるため，里子を成立させるためには種ごとの特性を知る必要がある．たとえばヒツジの母親は，出産後24時間以内に子に付いた羊水のにおいを嗅ぐことで自分の子を識別するが，別の雌の子であっても自分の羊水が付着していれば受入れる．また，マウスなどは比較的容易に里子を受入れることが知られている．自然界ではほとんどみられないか，まれに親からはぐれた子を別の雌が養育することがある．（⇒養子取り）

さなぎ〚蛹〛 [pupa] 昆虫のなかでも，完全変態昆虫とよばれるグループでは，卵からふ化した幼虫齢（複数齢）を経た後，摂食や移動などをしない静的なステージを経て成虫（繁殖齢）になる．この幼虫と成虫の間をつなぐ発生ステージをさなぎとよぶ．完全変態昆虫では，幼虫と成虫で利用している資源（餌）が大きく異なり，幼虫が摂食・成長を最適化するような体制および生態をもつのに対し，成虫は繁殖・分散に適応的な体制・生態をもつ．さなぎ期はこういった大規模な生活史形質の切替えのための重要な期間であり，幼虫からさなぎになる際に，体制の大きな改変すなわち変態＊が起こる．さなぎは，この大規模なボディープランの改変を可能にするステージであり，そのため，摂食などの生命維持活動をいったん休止して，成虫齢に備えると考えられる．

ザハヴィ ZAHAVI, Amotz 1928.1.1〜 イスラエルの進化生物学者，鳥類学者．1970年にテルアヴィヴ大学で博士号を取得．現在はテルアヴィヴ大学動物学部名誉教授．協同繁殖種アラビアヤブチメドリの社会行動研究がライフワーク．1973年にP. Wardとともにハクセキレイのねぐらを研究し，情報センター仮説＊を提出．またZahaviはハンディキャップの原理＊の提唱者としてよく知られている（『生物進化とハンディキャップ原理』1997年，邦訳2001年）．この理論は動物の自分自身の適応度を低下させるような行動がなぜ進化したのかについての理論で，特に性選択＊における雌による選り好みを説明する文脈で用いられることが多い．ハンディキャップの原理は，適応論全盛の時代には一時批判にさらされたが，

集団遺伝学*や理論生物学分野で，モデルの検証によって再評価され，現在は行動生態学の重要な進化理論の一つとなっている．また彼は自然界における信号の進化*に関して，ハンディキャップの原理から説明している．それは信号というものは受信者が簡単にだまされないように，コストが高く，正直なシグナルでなければならないという"正直な信号*"仮説として知られている．

サバクトビバッタ　［Desert locust］　学名 *Schistocerca gregaria*. アフリカや中東・西アジアに生息し，しばしば大発生する．混み合いに応じて行動や形態が連続的に変化する相変異*を示す．低個体群密度では単独生活し，交尾するとき以外は個体同士が遭遇しても互いに避け合う．密度が高くなると集合性を示すようになり，幼虫は群れを形成して集団歩行（マーチング）し，成虫は集団で産卵し，群飛して長距離移動する．他個体からの接触や視覚の刺激，においなどによって集合性が誘導・維持される．

サバクトビバッタの集合産卵（モーリタニアの砂漠）

サービス動物　［service animal］　＝介助動物
サビタイジング　［subitizing］　⇌ 数
サブカースト　［subcaste］　⇌ カースト
サブ個体群　［subpopulation］　＝ 分集団．（⇌ 群選択モデル）

サブソング　［subsong］　おもに鳴禽類*の幼鳥がさえずりをうたい始める時期（感覚運動学習期*の初期）の弱く不明瞭な発声．"グジュグジュ"としたノイジーな音である．発せられる音節（シラブル*）の特徴は定まらず，個々のシラブルは確認できない．シラブルの並び方も非定形である．キンカチョウ，ジュウシマツでは，生後35日くらいから自発的にこのサブソングをうたい始める．ぐぜり，ぐぜり鳴きとよばれることもある．ヒトの乳児が発する意味のない声の連鎖で

ある喃（なん）語*に類似するものといわれている．（⇌ さえずり学習）

差別的投資説（性選択における）［differential allocation］　N. Burley が 1986 年に提唱した仮説で，性的魅力の高い雄と配偶した雌が繁殖への投資を増加させることを予言するもの．繰り返し繁殖する動物で，現在の繁殖と将来の間にトレードオフ*が存在すること，そして性的魅力の高い配偶相手の子ほど繁殖価*が高くなることが条件．配偶相手に応じて，親の保護の程度，卵数，卵サイズあるいは卵内のホルモン様物質などを変化させる例が知られている．たとえばアマノガワテンジクダイでは，性的魅力の高い大型の雄とつがった雌は大型の卵を生産する．一方これとは逆に，性的魅力の低い雄と配偶した雌が繁殖への投資を増加させて子の低い生存力を補うことを予測する仮説も提唱されている．これは**繁殖補償説**（reproductive compensation hypothesis）とよばれており，性的魅力の低い雄とつがった雌が大型の卵を生産するマガモはその例である．配偶相手の質の変異は雌の経験する環境の一要素と考えられるため，差別的投資や繁殖補償は母性効果*の一つとみなされる（⇌ 資源配分）．社会性ハチ目のワーカーは弟よりも妹との血縁度が高いため，コロニーで妹がより多く育つよう差別投資しているのでは，とする説がある．

左右性　［lateral asymmetry］　**側性**（laterality）ともいう．主として左右相称動物の左右で対をなす器官や体部位にみられる，形態的・行動的な非対称性および機能的な非等価性のこと．たとえば，シオマネキの雄では左右いずれか一方の鋏（きょう）脚が巨大化し，求愛やなわばりの防衛を目的とした個体間コミュニケーションの手段として使用される（図）．スケールイーター*では顎が左右いずれか一方にゆがんで開閉し，他種の魚から体側の鱗を効率よく剥ぎ取ることに適応している．形態差のより小さな例として，ヒトなどにみられる利き手*がある．これらのように非対称性が二

右の鋏脚が発達したシオマネキの雄

型として集団中に維持されている場合を反対称性（antisymmetry）とよび，二型間に負の頻度依存選択*が働くことによって維持されているとしばしば考えられる．逆に単型の場合を定向性非対称性（directional asymmetry）とよぶ．たとえばほとんどの巻貝では殻の巻き方向が種ごとに右巻きか左巻きかのいずれか一方に決まっている．また多くの動物で脳に左右の機能分化*が起こっている．この左右性は，脊椎動物（魚類，両生類，爬虫類，鳥類，哺乳類）また，無脊椎動物でも，ショウジョウバエ，ミツバチで報告がある．なお，個体ごとにわずかな非対称性を示すことによって本来左右対称なはずの形質が集団内でばらつく現象を対称性のゆらぎ*とよぶ．（⇌右利きのヘビ仮説）

左右の機能分化 [functional laterality] 左右にある器官に機能的な左右非対称性（左右性*）．たとえば，ヒトの脳には，左右の半球で機能的な差異が存在する．特に言語機能における左半球優位性は，P. Broca や C. Wernicke の報告によって19世紀中頃から知られている．また，20世紀中頃より R. W. Sperry により実験的検証も加えられている．彼らは，左半球に傷害を受けた患者が発語もしくは語理解に対して障害が生じたことを報告し，言語機能が左半球優位であるとした．また，治療により半球間の連絡網となる神経束を切断した患者における実験においても，左半球の方が右半球よりも言語機能が優位であることが示された．しかし，これは半球間の連絡が切断されたまれな場合であり，健常な脳にすべて当てはめることはできない．鳴禽類*においても，脳の左右の機能分化が報告されている．キンカチョウ*では，片側半球の部分破壊によって，さえずり*の発声や音記憶に，右半球優位性が見つかっている．

Sarah（チンパンジーの名）⇌心の理論，言語訓練，プレマック

ザリガニ [crayfish, crawfish] エビやカニとともに十脚目に属する甲殻類で，エビのように腹部の筋肉が発達し，カニのように大型のはさみ（鋏脚）をもつ．二つの上科に属する淡水に生息する数百種をさすことが多いが，オマールエビに代表される狭義のロブスターなど海生の種も含めることもある（⇌アメリカウミザリガニ）．日本には北日本の川の上流部などに分布が限られるニホンザリガニ（ザリガニともよばれる）のほか，移入されたアメリカザリガニ*，ウチダザリガニ，タンカイザリガニが分布している．ザリガニは，

"ダーウィンのブルドッグ"ともよばれた T. H. Huxley が生物学的研究の対象として取上げ（1879年），その後，神経行動学的な研究の対象とされてきた．また，母親が子を保護する種が多く，親による子の保護*の点からも研究されている．

散逸構造 [dissipative structure] 熱力学的平衡ではない系で，エネルギーの散逸によって自己組織的に秩序をもったパターンが生成されることがあり，これを散逸構造とよぶ．I. Prigogine によって提唱された．非平衡定常状態ともよぶ．液体が冷えていくときの対流の中に現れる周期構造は，散逸構造の一例である．古典的な平衡熱力学では秩序の形成は説明できないが，非平衡熱力学を考えれば，自己組織的な形態形成も物理学的に理解できることを意味している．生物現象の多くはエネルギーが散逸している解放系であると考えられ，発生過程でつくられる秩序だった構造や，生物集団がつくる空間秩序などの自己組織的パターンは，散逸構造のアナロジーとして理解できる可能性がある．

散開的逃避 [flash expansion] 動物の群れが捕食者から逃げるときに示す行動の一つ．捕食者の接近に伴い，それぞれの個体が捕食者から逃れる方向に散らばる形で逃避する（図）．捕食者から逃れる緊急行動であるにもかかわらず互いに衝突しないことから，単にランダムに動くのではなく，衝突回避のための個体間相互作用も常に働いている．

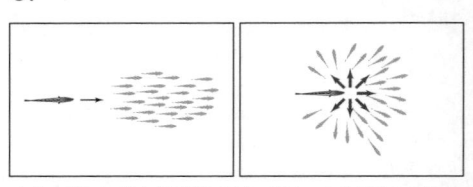

小魚の群れに捕食者が近づくと（左），小魚は散らばるように逃げるが，ぶつかることはない（右）．

酸化窒素 [nitric oxide] ＝一酸化窒素

産業動物 [farm animal] ⇌家畜

三項（強化）随伴性 [three-term contingency (of reinforcement)] オペラント条件づけ*を構成する三つの要素（弁別刺激*，オペラント行動*，強化子*）の関係をさす．弁別刺激は，動物が反応を自発*する手がかりとなる刺激*である．たとえば，キーが緑色の光で照らされているときにはキーつつき反応が強化*され，赤色の光で照らされているときには消去*される場合，緑色光は

正刺激(S^+, S^D), 赤色光は負刺激(S^-, S^A)とよばれる弁別刺激となる. 弁別刺激によって行動が分化することを刺激性制御*というが, この性質を利用して, 概念形成*や刺激等価性*などの問題が検討されてきた. 一方, オペラント反応に強化子が伴うことを**強化随伴性**(contingency of reinforcement)という. 反応と強化の関係について定めた内容を強化スケジュール*といい, 種々の強化スケジュールがどのように反応を維持するかが研究されてきた. 通常, 実験室でオペラント反応を形成する場合には, 反応に依存して強化子を提示するが, 自然状況では, 行動に強化子が偶然伴うこともある. 強化随伴性は, このような偶然性という意味も含んでいる.

三項随伴性［three-term contingency］＝三項強化随伴性

産雌性単為生殖［thelytoky］⇒単為生殖

産雌雄性単為生殖［deuterotoky］⇒単為生殖

参照記憶［reference memory］ 作業記憶*とは異なり, 特定の文脈*に依存しない長期的な記憶. 動物を対象とした研究において用いられることが多い言葉であり, ヒトの場合の意味記憶*に相当する記憶である. たとえばラットの迷路学習実験でいつも同じ場所に餌があるとすれば, その場所の記憶が参照記憶である.

三相平衡推移説［three-phase shifting balance theory］⇒ライト

三半規管［semicircular canal］⇒半規管

サンプリング［sampling］⇒統計学的検定

サンプリング ⇒行動のサンプリング法

サンプル［sample］⇒統計学的検定

サンプルサイズ［sample size］⇒統計学的検定

サンプル数［sample size］⇒統計学的検定

サンプルの大きさ［sample size］⇒統計学的検定

三位一体脳［triune brain］ 脊椎動物の脳の機能発達を進化に基づいて説明しようとする概念で, 1960年代にP. MacLeanによって提唱された(図). 最も古く, 脳の深部にあるのが"爬虫類脳"とされる大脳基底核であり, 身体の大きな動きの制御や恐怖・怒り・性行動といった生存に不可欠な基本的な身体や感情の反応を生み出す神経回路が備えられている. その外側にあるのが"旧哺乳類脳"とされる大脳辺縁系であり, 母親の世話行動や社会的きずなの形成, 分離による苦痛, 取っ組み合い遊びのような感情全般に関する心理的対応プログラムを含んでいる. 社会的感情の制御が特徴的である. 爬虫類脳と旧哺乳類脳は皮質下に存在し, すべての哺乳類においてよく似た構造をとっているが, その周りに膨らみ広がる大脳新皮質は"新哺乳類脳"とされ哺乳類以外の脊椎動物では未発達だが, 哺乳類では種によってさまざまに発展を遂げている. 高次の認知機能や, 論理的思考を生じさせる部位である.（⇒心）

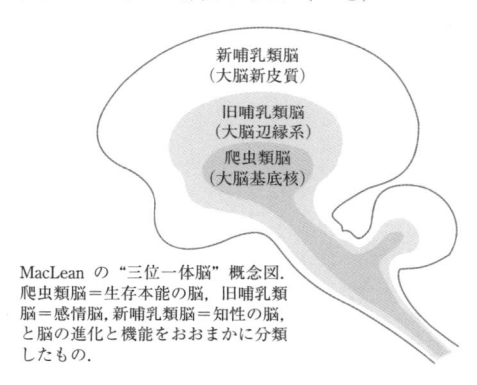

MacLeanの"三位一体脳"概念図. 爬虫類脳＝生存本能の脳, 旧哺乳類脳＝感情脳, 新哺乳類脳＝知性の脳, と脳の進化と機能をおおまかに分類したもの.

産雄性単為生殖［arrhenotoky］⇒単為生殖

産卵管［ovipositor］⇒毒針

産卵行動［oviposition, spawning behavior］ 産卵を含む一連の行動. 体内受精の動物の産卵は, 交尾後に雌が単独で行うのに対し, 魚類や水生無脊椎動物の体外受精種の多くは, 産卵行動と放精行動が同調し産卵直後に受精が起こる(図. ⇒放卵). 体外受精種の産卵行動は, 受精*を伴うた

産卵中のモリアオガエル. 池の上に突き出た枝などで, 雌が出した粘液を雄がかき混ぜ泡状にした巣を作る. この中にそれぞれ卵と精子を産みつけ体外受精が起こる. 図のように雄が複数の場合は, 精子競争が生じる. ふ化したオタマジャクシは下の池に落ち, そこで成育する.

め，あるいは受精卵の生存率に大きく影響するため，その行動様式は多様である．魚類では産卵行動によく似た擬似産卵* 行動が広くみられ，おもに産卵タイミングの同調，種によっては雌による雄や産卵場所の評価，雄の父性認識の操作などの意味が考えられる．ただし研究例は少ない．

産卵数 [fecundity]　雌が一定期間あるいは一生の間に産む卵の数．1回当たりに複数の卵を産む場合は，鳥類では一腹卵数* あるいはクラッチという．昆虫など無脊椎動物では複数の卵を卵塊として，かためて産む場合が多いが，アゲハチョウやモンシロチョウのように食草の葉に1卵ずつ産む種もいる．小さな卵をたくさん産む(小卵多産)か，大きな卵を少数産むか(大卵少産)は，その生物が生息する環境と系統的制約によっている．

シ

ジアゼパム［diazepam］　抗不安薬*の一つで，代表的なベンゾジアゼピン*．不安*，緊張の抑制に加えて，抗けいれん薬，骨格筋弛緩薬，睡眠薬としても用いられる．また，アルコール依存症の離脱症状*の緩和にも有効．効果が比較的長く持続する長期作用型の薬剤である．GABA$_A$受容体のベンゾジアゼピン結合部位に結合して，GABA（γ-アミノ酪酸*）の中枢神経系での抑制作用を増強させることにより，鎮静*，抗不安作用を示す．一方で，ジアゼパムは興奮，怒りが生じたり，てんかん発作が悪化するなどのパラドックス効果（期待される薬理効果とは逆の効果が現れること）をもつ．また高用量のジアゼパムは協調運動を阻害したり，前向健忘*をひき起こすなどの副作用がある．長期間服用すると身体依存や離脱症候群が生じる恐れがある．

自慰行為［masturbation］　外部生殖器を自分で刺激することにより，交尾相手なしに性交に伴う快感を得る（または得ているらしい）行為．ヒトを含めた霊長目では，手指などにより自分の外部生殖器を刺激する様子が観察されている．イヌの雄は，陰茎をヒトの脚やぬいぐるみなどに擦りつけることが知られている．また，ヤギの雄は，陰茎を勃起させこれを自分の口で刺激する行動が頻繁に観察される（図）．雌の自慰行為についての観

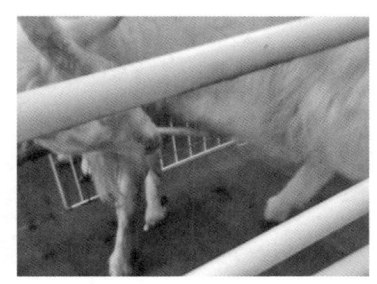

勃起した自分の陰茎を口にくわえるヤギ

察例は少ないが，イヌの雌は，発情時に雄に類似して，外部生殖器の擦りつけを行うことがある．またウシでは，発情した雌間で乗駕することが知られており，この行動は多数頭の雌の中から発情個体を発見する有効な指標の一つとなっている．同様の行動はウズラなどの鳥類でもみられる．（⇄ 繁殖）

恣意的見本合わせ［arbitrary matching-to-sample］　それぞれの見本刺激に対応する正しい比較刺激が見本刺激と同一ではない見本合わせ課題（⇄ 同一見本合わせ）．たとえば，見本刺激が赤なら垂直線と水平線の比較刺激から垂直線を選択し，見本刺激が緑なら水平線を選択することが求められる（図）．見本刺激と正しい比較刺激との対

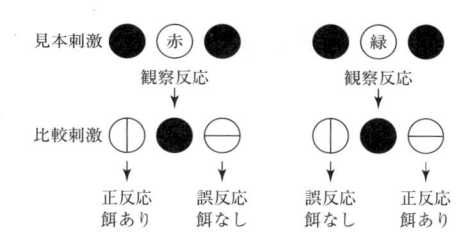

色を見本刺激とし，線の縦・横を比較刺激とする見本合わせ課題の例．実験装置に取付けた三つの反応キーに刺激が提示される．中央キーの色が見本刺激であり，左右キーの線の縦横が比較刺激である．左右どちらのキーに正しい比較刺激が提示されるかは，試行ごとに変化

応関係が実験者によって恣意的に定められるので，この名がある．恣意的見本合わせは象徴見本合わせ（symbolic matching-to-sample）ともよばれるが，これは，たとえば実際の犬と"イヌ"という文字が象徴的関係で結びついているように，物理的類似性がない刺激間の象徴的な対応関係（この例では赤→垂直，緑→水平の対応関係）を強調した用語法である．なお，どちらの比較刺激が正しいかは，見本刺激によって決まるので，条件性弁別手続き*の一種である．図のように見本刺激をハトがつつくと，それが消えて比較刺激が提示される．見本刺激を提示したまま比較刺激を提示する（同時見本合わせ）こともある．

子音［consonant］　⇄ 言語音
シェイピング［shaping］　⇄ 反応形成
cAMP の波［cAMP wave, cyclic AMP wave］　社会性*のアメーバであるキイロタマホコリカビ（細胞性粘菌）が集合するときに，細胞外 cAMP（サイクリック AMP）の一過性の上昇が繰返し伝

播する現象．細胞外 cAMP 濃度の上昇によって誘導される細胞内 cAMP の生成と分泌が細胞間でそろって起こり，これが拡散で周りに伝わることで出現する．周期約 3〜10 分で，200〜500 μm/分の速度で伝播する．約 1〜3 mm の波長で繰返される波面は同心円状，またはらせん状の形態をとる（図）．細胞外 cAMP は走化性（⇌ 走性）

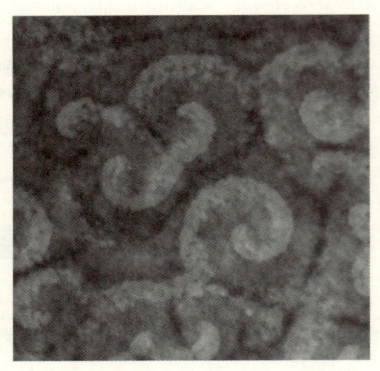

cAMP の波は，寒天上に単層にまいた粘菌細胞の形状変化を，暗視野照明による光散乱変化としてとらえることで観察される．

の誘因物質として働き，個々の粘菌細胞は波の伝播方向と反対の方向にアメーバ運動によって移動し，集合する．近縁種では cAMP 以外を誘因物質としているものもあるが，同様に光散乱の波が観察される．生物の集団的な行動，自己組織化*の代表例として実験と理論的解析が盛んに行われている．（⇌ マティエル・ゴールドベーターモデル）

使役動物［working animal］　人間の作業の補助のために使われる動物．荷物を運ぶウマや，ソリを引くイヌ，鋤を引いて畑を耕すウシのように，力を利用する使役動物は特に役畜（draft animal）とよぶ．力ではなく，その動物特有の優れた感覚能力を利用する場合もあり，実践例はイヌで多い．優れた嗅覚を利用したものとしては，荷物に隠された麻薬を発見する麻薬探知犬のほか，行方不明者や地震などで生き埋めになった人の捜索などの例があげられる．ほかにもハンディキャップのある人間の手助けをする盲導犬，聴導犬，介助犬や，羊の群れを集めたり誘導したりする牧羊犬などがある（⇌ イヌの仕事）．

CS 先行提示効果［CS preexposure effect］　⇌ 潜在制止

ジェネラリスト［generalist］　資源に対する特定の好みが弱く，資源を幅広く利用できる生物のことで，スペシャリスト*の対語．たとえばタヌキの食性は果実，昆虫，哺乳類，若い葉など幅広く，状況によっては残飯なども食べることがあるジェネラリストである．ニホンジカの食物は植物の葉と果実程度に限られるが，植物という範囲ではニホンジカはジェネラリストであり，繊維質のササやイネ科植物も食べるし，樹皮や枯葉も食べることがある．比べてニホンカモシカは，栄養価の高い双子葉草本や低木類の葉などに偏る傾向があり，よりスペシャリスト的である．熱帯には果実だけあるいは昆虫だけを食べるスペシャリストの鳥類や哺乳類がいるが，温帯では昆虫は夏に，果実は秋に限定的に多いため，ほかの季節には代替の食物を食べるジェネラリストが多くなる．このようにジェネラリストは環境の変化に対して耐性がある．資源は食物だけでなく，生息地選択などについてもいえる．一方，一部の植物食性の昆虫では逆に熱帯よりも温帯でスペシャリストが多いとされる．これは熱帯の植物の種多様性が高いことと関連があると考えられている．

GABA［γ-aminobutyric acid］　＝γ-アミノ酪酸

GABA 作動性神経［GABAergic neuron］　⇌ γ-アミノ酪酸

CF パルス［constant frequency pulse］　⇌ キクガシラコウモリ

ジェームズ・ランゲ説［James-Lange theory］　⇌ 情動

ジェンダー［gender］　"ジェンダー"という語は，男性と女性の差異の起源は生物学的なものというより大部分が社会的なものに由来するはずだという前提のもと，"社会的性"を意味する用語として用いられ，英語圏では性行為以外の性を表す言葉として sex にすっかり置き換わるまでになっている．しかし，それぞれの生物特有の社会性の発現に生物学的基盤が存在するように，ヒトの性差の社会的特徴についても，完全に生物学的な制約を離れた恣意的なものであるという主張には疑義が呈されている．ヒトの子どもが自分は"男である""女である"という一貫した性別認識を示すのは 2〜3 歳だが，性による行動の違いはそれ以前からみられる．活動性の高さや，典型的な"男の子おもちゃ""女の子おもちゃ"の好み

などである．同様なおもちゃの選好性の性差は，ヒトのおもちゃに触れた経験のないサルでも見いだされている．ヒトに限らず動物の子どもは同性の子同士でグループをつくって遊ぼうとする傾向がある．もともとの知覚バイアスや行動の好みが似たもの同士がグループをつくり，互いに影響し合うことで，その生物や社会に特有な性役割行動をさらに習得していくと考えられる．

ジオロケーター［geo-locator］ データロガー*の一種で，光強度を10分おき程度に1年以上にわたり記録する装置．鳥では足輪に装着する．水温を同時に測定するタイプが多い．光強度の急な変化から日出・日入時刻を調べ，日長から緯度，太陽の正中時刻（標準時）から経度が毎日計算できる．春分・秋分前後は地球上どこでも昼夜の時間が同じになるので緯度を推定できない．そのため，同時に得られた経験水温と衛星画像による水温分布から位置を補正する．位置推定精度は100～200 km．2 g～数g程度と軽く，シギ類の渡り研究でも利用されている．海鳥などの長距離渡りの測定が飛躍的に進んだ．

視蓋［optic tectum］ 視葉（optic lobe）ともいう．中脳の背側部に位置し，脳室の上部を蓋のように覆っている脳構造．魚類，両性類などで特に発達しており，おもに視覚情報処理を担うためこうよばれる．哺乳類では眼球の運動を制御する上丘（superior colliculus）がこれに相当する．カエルの視蓋は9層から構成されており，最も表層に位置する第9層に異なる視覚情報を処理する4種類の**網膜神経節細胞**（retinal ganglion cell）からの軸索が，網膜上での地理的関係を維持したまま投射している．視蓋の破壊実験や電気刺激実験により，視蓋が餌に対する定位行動*や**衝突回避行動**（collision avoidance behavior）に主要な役割を果たしていることが示された．視蓋の深層には聴覚や体性感覚などの多種類の感覚情報が入力し，視覚情報との統合処理が行われている．メンフクロウ*の視蓋で発見された，同じ場所から発生する視覚と聴覚入力の両方を処理する神経細胞は，餌などの信号発生源の特定と，それへの定位行動をより正確なものにする．J. P. Ewertらは，ヒキガエルの視蓋の中には，餌に対する定位行動の発現に関与すると思われるT5(2)ニューロン（**虫検出ニューロン** prey-selective neuron）や，接近する物体の検出を行うT3ニューロンなどが存在することを示した．近年，詳細なスパイク活動の定量的解析により，カワラバトとウシガエルの視蓋の中に**衝突感受性神経細胞**（collision-sensitive neuron）が存在し，衝突までの残り時間や接近物体の網膜像の大きさを検出し，衝突回避行動に重要な役割を担っていることが示された．

紫外受容細胞［ultraviolet receptor］ ⇌紫外線感受性

紫外線［ultraviolet light, UV］ ⇌紫外線感受性

紫外線感覚［UV sense］ ＝紫外線感受性

紫外線感受性［UV sensitivity］ 紫外線感覚（UV sense）ともいう．生物の紫外線（ultraviolet light, UV）（波長が400 nmより短い電磁波）に対する感受性のことで，広くは皮膚や植物における現象も含まれる．動物行動学では**紫外線感度**（ultraviolet sensitivity）とほぼ同義に用いられ，神経細胞*で紫外線のエネルギーが神経信号に変換される過程，あるいは紫外線照射に対して動物が何らかの行動を示す場合をさす．紫外線感受性の神経細胞は**紫外受容細胞**（ultraviolet receptor）とよばれ，ふつう紫外線吸収型の光受容タンパク質（ロドプシン*類）を含む．紫外受容細胞の多くは網膜に存在する視覚系の光受容細胞，いわゆる視細胞*である．ヒトの網膜には紫外受容細胞がないため，紫外線は眼に見えない．しかし動物界ではヒトを含む霊長類はむしろ例外で，紫外受容細胞は昆虫などの無脊椎動物はもとより，魚類，鳥類，爬虫類などの脊椎動物にも広く発見されている．最古の例は昆虫で，たとえばミツバチの複眼には紫外線，青，緑の領域に分光感度の極大をもつ視細胞がある（図a）．ミツバチはこの3種を基礎とした3色性の色覚*をもち，紫外線を独特の色として感知しているらしい．モンシロチョウが紫外線反射の有無で雌雄を判別できるのも，複眼に紫外受容細胞をもつためである（図b）．鳥類や爬虫類の多くは紫外・青・緑・赤の4色性色覚をもち，猛禽類のチョウゲンボウは上空からネズミの尿が反射する紫外線を頼りに獲物を探索するという．ハナシャコ類の複眼には300～400 nmの波長域に分光感度の微妙に異なる5種の視細胞があるので，紫外線の中にさらに細かい色を見ている可能性がある．ちなみに，チョウ類やハナシャコ類の複眼には赤受容細胞も含む6～16種の視細胞がある．彼らは紫外から赤の領域にいたる広い波長範囲でヒトよりも豊かな色彩を見ているのだろう．一方，チョウ類の尾端のように，眼以

外の部位に存在する非視覚光受容系*に紫外線感受性が存在する場合もあり，これはいわゆる視覚とは区別されている．

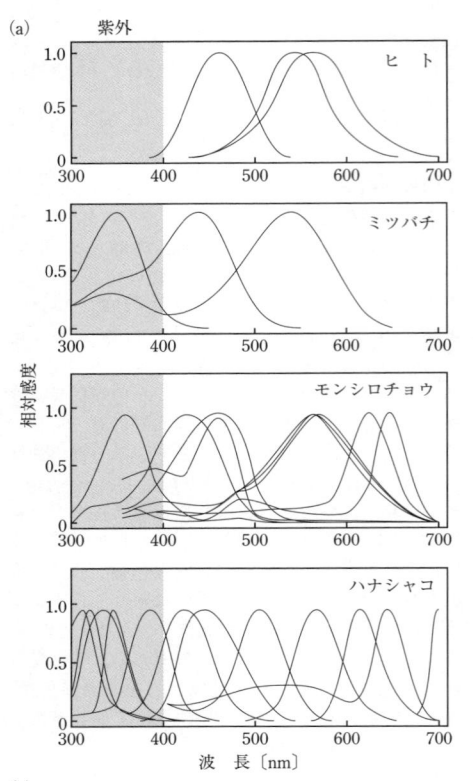

(a) 紫外／ヒト／ミツバチ／モンシロチョウ／ハナシャコ（波長〔nm〕 300–700，相対感度）

(b) 雄／雌（通常の写真／紫外線のみを透過するフィルターを通して撮影した写真）

(a) さまざまな生物における視細胞の光感受性の違い．ヒトは紫外領域の波長を感知できないが，紫外光を見ることのできる生物は多い．(b) 紫外光で見るとモンシロチョウの雄と雌はまったく違って見える．

紫外線感度〔ultraviolet sensitivity〕 ⇌ 紫外線感受性

字かき虫〔leaf miner〕 ＝絵かき虫

視　覚〔vision〕 ⇌ 感覚皮質

時隔スケジュール〔interval schedule〕 "時隔"は時間間隔の意味で，間隔スケジュールともいう．ある設定時間が経過した後の最初の行動を強化*するスケジュールの総称．設定時間が経過するまでの行動は強化の操作に影響しない．設定時間を一定にするかどうかにより，固定時隔スケジュール*と変動時隔スケジュール*に大別される．時間計測の起点は前回の強化の終了時とすることが多いが，前回の設定時間終了時とする場合もある．(⇌ 比率スケジュール)

視覚探索〔visual search〕 特定の視覚的な特徴をもつ目標刺激を，それ以外の特徴をもつ物体や背景（妨害刺激）の中から能動的に見つけ出す知覚課題．動物が穀物や昆虫を見つけたり，捕食者を見つけたりすることは，視覚探索の例である．実験では，幾何学図形や色などの単純で定義しやすい目標刺激と妨害刺激を用いることが多い．(⇌ 注意)

時間カースト〔temporal caste〕 ⇌ カースト

時間条件づけ〔temporal conditioning〕 古典的条件づけ*において，無条件刺激*だけを一定の時間間隔で与えることを繰返すと，やがて，次の無条件刺激が与えられる直前に条件反応*が起こるようになる．たとえば，きっかり4時間おきに散歩に連れて行くことを繰返し経験させたイヌは，やがて，前の散歩から4時間近く経過したころに，散歩を期待してソワソワしたり吠えて散歩を要求したりするようになる．これは，無条件刺激が与えられてから一定時間が経過することが条件刺激*として働き，条件反応を誘発するからであると考えられる．この現象は，延滞制止*や固定時隔スケジュール*下でみられるスキャロップ*現象と同様，条件づけのような単純な学習場面でも，刺激間の時間関係についての情報が，より適応的な行動を実現するために活用されていることを示唆している．(⇌ 固定時間スケジュール)

時間スケジュール〔time schedule〕 オペラント条件づけ*の強化スケジュール*のうち，動物の行動にではなく，経過時間そのものに依存して強化子*が与えられるものの総称．代表的なものに，固定時間スケジュール*と変動時間スケジュール*がある．経過時間が関係する似た用語

に時隔スケジュール*があるが,これは時間が経過した後の"行動"に対して強化子が与えられる.これに対し,時間スケジュールでは動物の行動は強化子の提示に何の影響も及ぼさず,単にあらかじめ設定した時間が経過すればそれだけで強化子が与えられる.

時間的一致検出器[coincidence detector] ＝同時検出器

時間的行動多型[temporal polyethism] ⇨ 行動多型

時間配分[time allocation, time budget] 複数の行動のうち,動物がどの行動にどれだけ時間を費やすかを問題にすることがある.そのような行動間の時間配分は動物が行う選択の指標として用いられる.たとえば,オペラント実験箱*で二つの強化スケジュール*に対する反応の間の選択を調べる場合は,切り替えキー型(Findley型)の並立スケジュール*を用いると選択肢間の時間配分を明らかにすることができる.二つの変動時隔スケジュール*を並立させた場合,それぞれに対する時間配分の比はマッチング法則*に従う.このときの法則への当てはまりの良さは,二つのスケジュールに対する反応率*の比を選択の指標とする場合よりも良いことが多い.このほかにも,動物の採餌を検討する場合に,複数ある餌場のそれぞれに滞在する時間の配分を調べて採餌理論*の予測と照らし合わせることなどがある.

時間弁別[temporal discrimination] 時間を手がかりとして異なった行動を行うこと.時間弁別の例として,時間の長短に応じて左右のレバーを押し分ける課題をラットに訓練した場合を考えてみよう.音が2秒間続いた後には左のレバー,

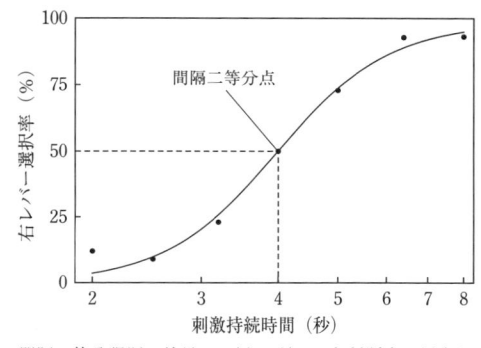

間隔二等分課題の結果の一例."長い"と判断する反応が50％になる点が間隔二等分点で,2秒と8秒の二等分点は4秒になる.

8秒間続いた後では右のレバーを押せば餌粒がもらえ,間違った場合には餌粒は与えられない.このような手続きで訓練すると,ラットは餌粒のもらえる正しい組合わせを学習する.これが時間弁別であり,このときラットは時間の長短の判断をしているといえる.このラットにさまざまな長さの音を聞かせて,左右どちらのレバーを押すかを調べると,4秒のときに左右のレバーを等しく押すことがわかった(これを間隔二等分点という.図).間隔二等分点は,訓練に用いた二つの長さの算術平均(この例では5秒)ではなく幾何平均(この例では4秒)になることが,ラットだけでなく,ハトやサル,ヒトを対象とした研究で明らかになっている.

時間割引[temporal discounting] ⇨ 遅延割引

閾値[threshold, threshold value] ＝閾(いき)値

色覚[color vision] 光を色として知覚する能力.光の波長の違いを色の違いとして知覚するためには,眼球の内側にある光を受取る視細胞*が並んだ網膜の中に,光の波長に選択性のある複数種類の錐体*が存在することが必要で,動物はそれらの興奮の違いに基づいて色を見分ける.錐体の波長に対する選択性は含まれる視物質*によって決定され,一般的には錐体の種類数が多いほど,波長の区別がより細かくでき,色鮮やかな世界を見ることができる.視物質の進化的起源は古く,無脊椎動物でも色を知覚できる種が多くいる.たとえば,ミツバチは特定の色紙上のシャーレに蜜があることを学習できる.さまざまな明るさの灰色の紙をまぜても,学習は可能なので,明るさだけを手がかりにしているのではない.ミツバチやモンシロチョウの複眼には紫外にピークをもつ視物質があって紫外線を見ることができ(⇨紫外線感受性),採蜜や雌雄の識別に役立っている.多くの脊椎動物は4種類の視物質をもつが,哺乳類のほとんどは2種類の視物質しかもたず,2色型色覚である.ヒトを含めた旧世界霊長類は,2色型色覚だった祖先から,3色型色覚を進化させている.色の知覚は,視細胞が受取る光の物理的特性だけでは決まらない.物体を照らす光は天候や時刻によって刻々と変化するので,物体が反射する光もそれに応じて変わる.しかし,ヒトの神経系は,反射光を照射光に応じて補正し,物体のもつ反射特性を正しく知覚することができる.この能力を色知覚の恒常性とよび,アゲハチョウ

などの昆虫もこれをもつことが知られている.

色覚型[chromacy] 色相*の知覚に携わる光受容体タイプの数によって変化する色覚の次元. たとえば脊椎動物では,網膜を構成する錐体細胞が色覚のための光情報入力を担っており,光の波長に対する感受波長域の異なるいくつかのタイプが存在する(図a). 知覚される色相はそれぞれのタイプの受容体が受取る光量の,全体に対する比に応じて変化する. そのため,携わる受容体タイプの数が増えれば,錐体同士の組合わせは指数的に増加する. 軟骨魚類や,多くの哺乳類の錐体*は2タイプであり,2色型色覚(dichromacy)とよばれる. ヒトなどの狭鼻猿類や,昆虫ではミツバチなどが3タイプの受容体をもっており,色覚は3色型(trichromacy)となる. 一方,広鼻猿類の多くの種では,錐体感受性を決める遺伝子が性染色体上に存在しており,かつ多型*があるため,雄の色覚は2色型であるのに対し,雌には2色型と3色型のどちらかになることが知られている. 魚類や両生類,爬虫類,鳥類,アゲハチョウは4タイプもつため,4色型(tetrachromacy)となる. 色覚型は,3色型であれば面で,4色型は立体と

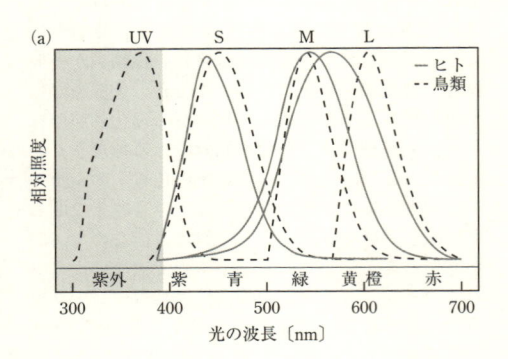

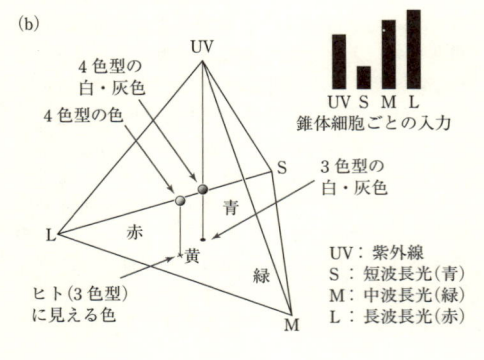

いったように,色空間(color sphere)の次元によって表現される(図b). 知覚される色は,それぞれの受容体からの入力の強さに応じ,対応する頂点に近づく.

磁気感覚[magnetic sense] 地磁気を用いて自分の体が向いている方角を感じとる感覚. 磁気感覚の実体を担う器官とそれに基づいて定位運動を行う機構を併せて,磁気コンパス(magnetic compass)とよぶ. 淡水(沼)に生息する細菌,母川回帰するサケ,帰巣する伝書バト,回遊する渡り鳥やウミガメ,イルカなどが広くもつと考えられているが,確実な例はマグネタイト(鉄を含む常磁性体)の顆粒を細胞内にもつ細菌のみである. 伝書バトの磁気コンパスについては,1970年代以後,頭部にコイルを設置して磁場を撹乱すると帰巣率が下がること,さらに三叉神経の分岐の一つを切断すると同様の効果が得られること,などが報告された. しかし,これらはその後の研究で必ずしも再現されず,磁気感覚の有無そのものが行動学的にも必ずしも実証されないままにとどまっている. さらにサケ・鳥類の頭部に微弱な残留磁気を検出しようとする試みが繰返されたが,肯定的な結果は得られず,生体由来のマグネタイトの存在は証明されていない. 近年,鳥類の網膜にある青色光受容体であるクリプトクロム(cryptochrome)が注目を集め,その生化学反応が磁場に応じて変化することから,体軸が地磁気ベクトルとなす角度に応じて視野内に変化を知覚し,鳥はそれをたよりに方位を知ることができる,とする仮説が提出されている. この分子機構をラジカル対機構(radical pair mechanism)とよび,磁気コンパスの機構にかかわる最近のモデルとして注目を集めている.

磁気共鳴画像法 [magnetic resonance imaging, MRI] 核磁気共鳴画像法(nuclear magnetic resonance imaging)ともいう. 水素原子の核磁気共鳴現象を利用し,体内の水素分布を測定することで,身体の断層画像を得る手法. 強力な磁場内に水素原子核を置き,特定の周波数をもつ電磁波を一過的に照射すると,水素原子核から残響のようにして電磁波が放出される. これを核磁気共鳴(nuclear magnetic resonance)という. 放出された電磁波の強度をみれば水素原子の多寡がわかる. 一方で,共鳴が起こる周波数は周囲の磁場強度に比例する. そこで,磁場に空間的な傾斜をつけて,共鳴周波数を場所によって変えることで,水素原

子の空間的な分布を画像化する．また，水素原子がどのような分子を構成しているかによって，放出される電磁波の強度の時間変化特性が異なる．これを利用して，脂肪分や水分を選択的に強調した画像を得ることができる．

磁気コンパス［magnetic compass］ ⇒磁気感覚

色 相［hue］ ⇒色相環

色相環［color circle］ 赤，黄，緑，青，紫といった色相(hue)を円形につないだ図．色は三属性(色相，彩度，明度)の相互作用で表される．いずれも連続的に変化するため，色はこれら三つの要素をそれぞれの軸とした三次元上の空間にプロットされる．色度図(color diagram)と似るが，色度図は色相と彩度を用いたものであり，色相環とは異なる．

色素胞［chromatophore］ ⇒体色変化

色度図［color diagram］ ⇒色相環

持久戦［war of attrition, WOA］ 消耗戦ともいう．2個体がなわばり*や配偶者などの資源*をめぐって闘争する状況を考えてみよう．先に手を引いた方が負けとなり，粘った方が資源を獲得するのである．これが持久戦ゲームである．もし全員が同じ持久時間を選択すると，少しでも長い持久時間の個体が勝つため，進化的安定戦略*はない．しかし，確率分布によって持久戦の長さが決まると決定すると，進化的に安定な混合戦略*がある．自然界での具体例としてフンバエの一種 *Scatophaga stercoraria* があげられる．このフンバエの雌は新鮮な牛糞に卵を産みつけるので，雄は交尾のために牛糞に群がる．このとき，雄は牛糞に長く滞在するほど雌との交尾成功率が上がるだろう．一方，時間が経つと牛糞の新鮮度が落ちてしまうために雌が飛来しにくくなり，雄は長く滞在すると交尾成功度は下がるだろう．1977年にG. A. Parkerは雄の滞在時間が指数分布することを発見し，さらに滞在時間が異なる雄の交尾率の期待値が同じであることも示した．

糸球体［glomerulus］ ⇒嗅球

至近要因［proximate factor, proximate cause］ 近接要因，直接の要因ともいう．生物の性質が生じる原因を，生理学や発生生物学などの生命科学的な観点から説明したもの．生物がすでにもっている仕組みがその性質をいかに発現させるのか，個体の一生より短い時間スケールにおける因果関係から説明するもの．ティンバーゲンの四つの問い*のうち，究極要因*でない説明である．P. MartinとP. Batesonのたとえでは，"自動車の運転者が赤信号で停止するのはどうしてか"という問いに対する"目から入った赤色波長の光刺激が視細胞で受容され，…刺激が脳の視覚野で処理され…最終的に筋肉が足を動かしブレーキを踏む"(生理メカニズム)とする説明や，"運転者が自動車学校でそのような規則を習ったから"(発達・学習)とする説明．

軸 索［axon］ ⇒神経細胞

シグナル［signal］ ⇒信号

シグネチャーホイッスル［signature whistle］ ⇒ホイッスル

シクリッド［cichlid］ ＝カワスズメ

刺 激［stimulus (*pl*. stimuli)］ 日常生活において，熱いヤカンに触ったり，映画でショッキングなシーンを見たりしたときに，"刺激が強い"と思うことがあるだろう．このように，私たちはふだん，強い感覚や印象をひき起こす物事を"刺激"とよぶ一方，感覚や印象などひき起こされた物事は，行動もしくは反応とよんできた．一方，動物行動研究では，動物が感覚器官を通して受取る物質やエネルギーを刺激という．刺激が動物の行動に影響する方法はさまざまであり，まず，刺激と行動の関係が生得的であるのか，学習性であるのかに大別できる．刺激と行動の関係が生得的である場合，行動は，走性*，動性*，反射*，定型的運動パターン*のいずれかに分類でき，刺激は，同じ動物種のどの個体に対しても，同様の行動を誘発する．一方，刺激と行動の関係が学習性のものである場合には，古典的条件づけ*における無条件刺激*や条件刺激*，オペラント条件づけ*における弁別刺激*や強化子*のように，学習経験の内容によって，刺激と行動の関係は異なる．オペラント条件づけでは，刺激を機能的側面に基づいて分類し，同一の機能を果たす刺激は，たとえ物理的側面において異なっていても，同じ集合に属するメンバーとみなす(⇒刺激クラス)．また，体内の状態を弁別刺激とした学習が成立することから，刺激は体の外部からだけではなく，内部からも生じうる．(⇒反応)

刺激強調［stimulus enhancement］ ⇒社会的学習

刺激クラス［stimulus class］ 行動との関係において環境がもつ機能(働き)により分類した刺激*の区分．中性刺激*，無条件刺激*，条件刺

激*，強化子*・弱化子，弁別刺激* などの刺激クラスがある（表）．またこれとは別に，異なる刺激であっても，同一の機能を果たす反応を生み出す刺激群を，同一の刺激クラスとよぶ用法もある．たとえば信号機の青信号は，信号機によりさまざまな程度の青色光や緑色光ではあるが，横断歩道を渡るというオペラントの自発機会を与える同一の刺激クラスを構成している．（なおこのときの青信号は弁別刺激という刺激クラスに属している．）

刺激クラス	制御する反応の時間的位置	関連する反応クラス
中性刺激	なし	レスポンデント・オペラント
無条件刺激・条件刺激	後続反応	レスポンデント
強化子・弱化子	先行反応	オペラント
弁別刺激	後続反応	オペラント

刺激サンプリング理論［stimulus sampling theory］ 刺激抽出理論ともいう．W. K. Estes が提唱した学習理論で，単一刺激をさらに細かな要素の集合として記述することで，連合学習*に確率的過程を導入したもの．この理論によれば，刺激は有限個の潜在的な刺激要素の集合として記述される．古典的条件づけ*を例にとって説明すると，条件刺激*の提示によって，条件刺激の要素はある一定の確率に従って活性化される．こうして活性化された刺激要素はそれぞれ，無条件刺激*との対提示によって反応と連合する．たとえば刺激要素が 100 個あるとしよう．50％の確率で刺激要素が活性化されて条件づけられると，最初に 50 個の要素が条件づけられる．残った 50 個の要素のうち，さらに 50％の 25 個が次の試行で条件づけられ，全体で 75 個の要素が条件づけられたことになる．このように，条件づけ訓練が進むにつれて"まだ条件づけられていない要素"の数は減少していく．結果として，訓練初期には多くの要素が条件づけられるが徐々に学習の変化が小さくなるという負の加速が生じるとされている．こうした考え方は，その後の連合学習理論における刺激般化*に関する説明に大きな影響を与えた．

刺激-刺激連合［stimulus-stimulus association］＝S-S 連合

刺激性制御［stimulus control］ 刺激統制ともいう．刺激がもつある特定の属性が行動を制御するようになること．たとえば，信号機の青で道路を渡り，赤では渡らないなら，その人の行動は色による刺激性制御を受けている，という．ただし，刺激のどの属性が刺激性制御をもっているかは，実際に個々の刺激属性を除去するなどして検討しなければわからない．信号機の青・赤で渡る・渡らないという行動がみられても，実は明るさや位置が手がかりになって行動を制御していた可能性があるからである．刺激のどの属性が個体の行動を制御するようになるかは，その個体の種としての生得的特性とその個体の環境についての経験による．刺激性制御を形成する代表的な手続きには，継時弁別手続き* と同時弁別手続き* がある．（⇌ 弁別）

刺激置換モデル［stimulus substitution model］ 古典的条件づけ*のモデルの一つ．古典的条件づけを，無条件刺激*の反応喚起機能が条件刺激*によって代替されるようになる過程とみなす．そのため，このモデルは，古典的条件づけを通じて動物が獲得する条件反応*の形態が，無条件反応*の形態と一致することを予測する．刺激置換モデルがよく当てはまる例として，ハトの自動反応形成*があげられる．無条件刺激として食物を用いた場合，ハトの条件反応は，食物をついばむときのようにくちばしを開けたまま条件刺激である点灯したキーをつつくことである．また，無条件刺激として水を用いると，ハトは水をすするときのようにくちばしを閉じてキーをつつく（⇌ サイン・トラッキング）．しかしながら，刺激置換モデルが当てはまらない場合も多く，麻薬の投与を無条件刺激とした齧歯目の古典的条件づけはその一例である．たとえば，ラットにモルヒネ*を注射すると，心拍数の低下・体温の上昇・活動性の低下・痛み感受性の低下，などの急性的な無条件反応が観察される．このモルヒネ注射を毎日同じ環境条件（場所や時間）のもとで繰返すと，この環境が条件刺激としてモルヒネ注射と連合する．その結果，この条件刺激を知覚したラットは，心拍数の増加・体温の低下・活動性の上昇・痛み感受性の亢進，などを条件反応として示すが，これらはモルヒネ注射が誘導する無条件反応とは逆方向の反応である（⇌ 条件補償反応）．また，食物を無条件刺激として用いたラットの古典的条件づけでは，条件刺激の感覚の種類に応じて条件反応の形態が変わる．これも刺激置換モデルが当てはまらない場合であり，光のような視覚刺激に対す

るラットの条件反応は，後肢で立ち上がる行動であるが，純音のような聴覚刺激に対する条件反応は頭部を左右に動かす行動である．したがって，刺激置換モデルの適用範囲は限定的である．

刺激抽出理論［stimulus sampling theory］ ⇌ 刺激サンプリング理論

刺激等価性［stimulus equivalence］ 等価関係（equivalence relation），等価性（equivalence）ともいう．意味や機能が等しく交換可能な複数の事物間の性質をさす．たとえば，私たちはイヌを見れば"イヌ"と言い，"イヌ"と聞けばイヌの姿を想像し，［犬］と文字にすることもできる．ここで"イヌ"の音声（A），イヌの姿（B），［犬］の文字（C）はいずれもイヌをさし示すという意味で等価となっている（図）．刺激等価性の成立には，刺激

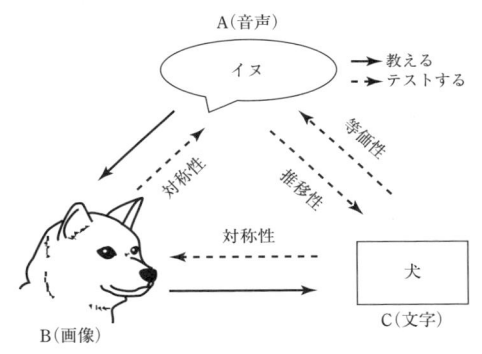

A（音声）
イヌ
→ 教える
⇢ テストする
対称性
等価性
推移性
対称性
B（画像）
C（文字）
犬

間に対称性，推移性，等価性が示されることが要件となる．上記の例では，対称性とはA（音声）を聞いたらB（画像）を見，BをみたらAと言う，のように，双方向関係が成り立っていることをさす．推移性はAを聞いたらCがわかること，等価性はその逆でCを見てAと答えることであり，推移性と対称性の両方を含んでいる．等価関係を有する刺激は一つの等価クラスに属するという．ヒトでは言語未発達の幼児も等価関係を示すが，ヒト以外の動物ではきわめてまれであり，とりわけ対称性の成立が困難であることが知られている．

刺激統制［stimulus control］ ＝刺激性制御

刺激の貧困［poverty of stimulus］ ⇌ 言語の獲得

刺激般化［stimulus generalization］ ある刺激に対して反応や行動が訓練された後，それ以外の刺激に対しても反応や行動が生じること．単に"般化（generalization）"とよばれることも多い．たとえばイヌに1000 Hzの音を聞かせては肉粉を与えることを何度か繰返すと，音を聞いただけでイヌは唾液を分泌するようになるが，1000 Hz以外の音に対しても，多少とも唾液分泌は起こるようになる．これは古典的条件づけ*における刺激般化である．同様のことはオペラント条件づけ*でもみられる．たとえば緑色光を提示したつつき窓に対するハトのつつき行動に対して餌粒を与えて条件づけを行った後，黄色光をつつき窓に提示すると，やはりつつき行動が生じる．般化の対義語は弁別である．完全な般化が生じた場合，つまり元の刺激と異なる刺激に対しても同じ強度や頻度で反応が生じたならば，動物はこの二つの刺激を弁別*していないことになる．（⇌ 般化勾配）

刺激-反応習慣［stimulus-response habit］ ＝S-R連合

刺激-反応主義 ⇌ 行動主義

刺激反応性攻撃行動［stimulus-induced aggression］ ⇌ 過敏性攻撃行動

刺激-反応理論［stimulus-response theory］ ＝S-R理論

刺激-反応連合［stimulus-response association］＝S-R連合

刺激弁別学習［stimulus discrimination learning］ ⇌ 弁別学習

刺激毛［urticating hair］ ⇌ 毒針毛

資源［resource］ 生物の生活のために必要なもので，使用すると入手しやすさが減るものを生態学ではこうよぶ．たとえば地上活動性の動物における酸素のように，使用しても入手しやすさが変わらないものは資源とはよばない．当然ながら何が資源かは状況によって異なる．植物にとって光や栄養塩類は潜在的な資源である．なわばりを張る動物にとって生息場所やそこで採れる餌はやはり潜在的な資源である．しかしこれらは，使用者の個体群密度が高くなり，使用対象物の奪い合い的な状況が生じるまでは，真の資源とはよべないかもしれない．同種の生物でも立場により資源が何かは異なる場合もある．たとえば，性選択*の文脈では雄にとって潜在配偶者である雌は資源だが，雌にとって潜在配偶者である雄は資源ではないとみなされることも多い（⇌ 性選択）．一方，経済学では人間にとって使用価値のあるものを資源とよぶ．

資源価値の非対称仮説［resource value asymmetry hypothesis］ ⇌ 先住効果

資源占有能力［resource holding potential, RHP］　資源保有能力（resource holding power）ともいう．闘争*行動の決着は，闘争能力と闘争モチベーション（動機づけ*）によって左右されると考えられてきたが，いずれも概念があいまいで定義が難しい．そこで，闘争に使われたパワーではなく闘争の潜在能力（＝資源占有能力），"モチベーション"を闘争に勝利すれば獲得できる利益と読み替え，闘争能力とモチベーションの関係を理解しようとするアイデアが生まれた（G. A. Parker, 1974年）．獲得利益が小さくて闘争コストに見合わない場合はモチベーションが高くならないので，必ずしも資源占有能力の高い個体が闘争に勝つとは限らない．闘争しようとする2個体が対峙したときには，闘争を始めるかどうかと，始めた闘争をいつ止めるか（勝利をあきらめるか）という，二つの決断が重要であるが，後者に関して，多くの理論モデルが提案されている．おもなものに，自己のエネルギー残存量を査定して退却時点を決める**エネルギー消耗戦モデル**（energetic war of attrition），相手のディスプレイ*の長時間観察から相手の闘争能力を精度良く査定できるとする**連続査定モデル**（sequential assessment model），互いにコストを闘争相手に与え合い自己の閾値を超えるコストを受けたときに退却する**累積査定モデル**（cumulative assessment model）があり，それぞれのモデルを支持する観察例がある．

次元内訓練［intradimensional training］　同一次元上の刺激を弁別させる訓練のこと．たとえばキーに提示される光が黄色のときにハトのキーつつき行動を強化*し，緑色のときには強化しないことで，黄色が提示されているときにだけキーをつつくよう訓練するのは，色を次元とした次元内訓練の一例である．次元内訓練により，動物はその次元に"注意"を向けるようになるといわれる．たとえば青い三角，青い円，赤い三角，赤い円の4刺激を用いて，青の2刺激と赤の2刺激を弁別させ，青刺激のときのみ窓をつつくよう訓練を行うとする．この訓練の前に色（たとえば黄色と緑色）による次元内訓練を行っておくと，形による次元内訓練を行った場合より学習の進行は速い．これは，最初の訓練で弁別に関係のある刺激次元に注意を向けるようになるので，その次元が同じままの**次元内転移**（intradimensional transfer）の方が，次元が別のものに置き変わる場合より学習が容易なためであると解釈されている．

次元内転移［intradimensional transfer］　⇌次元内訓練

資源配分［resource allocation］　生物が保持する資源*を，個々の活動に使用すること，およびそのやり方．**資源分配**ともいう．進化生態学ではしばしば投資*と同義のように使われるが，それは自然選択*論の観点からは，資源配分が将来において（行動の担い手の）適応度向上をもたらすことを見込んだ行動であると想定されるからである．しかし，資源配分は元来，適応論とは独立の概念である．生物学において，資源とは定義上有限であるゆえ配分すべき活動が複数あるとき，しばしばトレードオフ*の関係を伴うと考えられる．その制約下で適応的な資源配分とは何かということは進化生態学の焦点になる．たとえば，巣に子をもつ親は，捕食者から子を守るため巣周囲の見張りに時間を費やす一方で，子に与える餌を探す必要がある．有限な時間を見張りと餌探しにいかに分けるかには，トレードオフの関係が成立すると考えられる．別の例として，雌親が栄養を個々の子にいかに配分するかという問題がある．この問題は羊羹をいくつに切り分けるかというアナロジーで説明されるようなトレードオフの存在が議論される．すなわち，子の平均サイズを大きくすると子の生存率は上がるが，つくれる子の数は減ってしまうという関係である．

資源分配［resource allocation］　＝資源配分

資源防衛［resource defence］　繁殖に必要な餌や営巣場所などの生態的資源の防衛のうち，配偶者の獲得につながる場合をいう．配偶システム*，特に複婚*の成立過程を考えるうえで重要な概念．資源防衛に対し，配偶者そのものを資源として防衛するのが配偶者防衛*である．一夫多妻*は大きく分けると，資源防衛型，レック*型，配偶者防衛（ハレム）型がある．資源防衛型一夫多妻は，生態的資源を防衛するなわばり雄のなかから，雌がおもに繁殖場所を選択することで成立する．このため複婚の閾値モデル*が予測するように，良い資源のある場所を防衛する雄ほど多くの雌に選択される．レック型では雄は資源防衛をせず，雌は雄自身と動物によっては雄のなわばりの位置に基づいて配偶者を選ぶ．これに対し哺乳類などの一夫多妻は，雄が雌の群れや集団を他の雄から防衛する配偶者防衛型であり，優位な雄ほど多くの雌を囲う．一夫多妻の三つの型いずれにお

いても，多くの場合，雄は同種雄を排除する配偶なわばりを維持する（⇒なわばり）．

資源保有能力［resource holding power］ ＝資源占有能力

自己意識［self-consciousness］ ⇒自己認識

視紅［visual purple］ ＝ロドプシン

試行［trial］ 実験中のある区切られた比較的短い時間間隔のことで，この間のみ動物はある反応*をすることができる．試行と試行の間を試行間間隔*とよび，これも重要な実験変数となる．試行時には，①特定の刺激条件（たとえば実験装置内照明の点灯や，古典的条件づけ*における条件刺激*または無条件刺激*の提示など）を与える，②操作体*を操作可能とする，③動物を他の場所から実験場面に持ち運ぶ，などの変化が生じる．たとえば直線走路での連続強化実験の場合，ラットを出発箱に入れ，そこから走行部分につながる戸を開けることで試行が始まる．ラットが走行部分を走り，目標箱に入って報酬を得て，取出されたところで試行が終わる．一方セッション*の間中，実験装置の中に滞在し続けるオペラント実験箱*では，ラットの場合，装置内照明灯が点灯するとともに，レバーが装置内に出るなどして反応が可能となることで試行が始まる．反応が生じて報酬*が与えられると，照明灯が消え，レバーが引っ込んで試行が終わる．

志向歌［directed song, DS］ ⇒さえずり

試行間間隔［intertrial interval, ITI］ 試行*を分離するための時間間隔のことで，この間動物は研究対象となる反応*をすることができない．この間には，①特定の刺激条件（たとえば照明が消える）を与える，②レバーなどの操作体*を操作不能にする，③動物を実験場面から他の場所に持ち運ぶ，などの変化が生じる．つまり試行間間隔はタイムアウト*の性質をもつ．試行間間隔の長さは，さまざまな研究において重要な実験変数となってきた．たとえば前の試行での出来事（反応や強化*）の記憶*が問題となるような研究では，試行間間隔の長さは行動に大きな影響を及ぼす．

試行錯誤学習［trial-and-error learning］ 字義どおりには，失敗から学ぶことであるが，実際にはE. L. Thorndike*が提唱した効果の法則*に基づく学習をさすことが多い．つまり，行った反応に対する結果が正しい（好ましい）場合にはその反応は増え，間違った（好ましくない，あるいは不快な）場合はその反応が減ることである．B. F. Skinner*がオペラント条件づけ*として概念化した学習に相当する．（⇒問題箱）

嗜好性刺激［appetitive stimulus］ 条件刺激*の提示や道具的行動*の遂行に随伴する刺激のうち，欲求性の行動*を誘発するもの．すなわち，動物にとって好ましい刺激．たとえば，食物，水，性的パートナーとの遭遇，適切な温度など．逆に動物の逃避・回避行動を誘発するような，好ましくない刺激を嫌悪刺激*という．動物が道具的行動を行うことが嗜好性刺激の生起の原因となっている場合，そしてその結果として動物が道具的行動を遂行する頻度が高まる場合が正の強化*である．古典的条件づけ*においては，嗜好性刺激を用いる手続き（サイン・トラッキング*やゴール・トラッキング*）をまとめて，嗜好性条件づけ（appetitive conditioning）とよぶ．また，嗜好性の無条件刺激と対提示された結果，動物の接近行動を誘発する条件刺激を嗜好性の条件刺激（appetitive conditioned stimulus）とよぶこともある．

嗜好性条件づけ［appetitive conditioning］ ⇒嗜好性刺激

嗜好性の条件刺激［appetitive conditioned stimulus］ ⇒嗜好性刺激

指向性忘却［directed forgetting］ 指示的忘却ともいう．経験した出来事を積極的に記憶しない（忘れる）こと．たとえば，ハトを遅延象徴見本合わせ課題で訓練するとする．赤または青の光が点灯し，それが消えてからしばらくして二つの図形（○と△）が与えられる．赤い光のときには○，青い光のときには△を選ぶと餌がもらえ，間違った図形を選ぶと餌が与えられない．指向性忘却の実験では，これにさらにつぎの手続きが加わる．色光が消えた直後に黒点がパネルに現れると図形の選択機会がなくなってしまうのである．こうした訓練を受けたハトにとって，黒点は"忘れてもよい"ことを示す合図になる．そこで，黒点が現れたのに図形の選択をしなくてはならないような場面に，突然ハトを直面させる．記憶が自動的な過程で，色光が機械的に記憶されるならば，このような場面でも正しく図形を選ぶはずである．しかし，記憶が能動的に制御された認知機能で，記憶するかどうかを自分で決めることができるのなら，"忘れてもよい"場面での成績は悪くなることが予想される．これまでに行われた多くの研究から，

ほかに憶えることがあるような場合には指向性忘却が生じることが明らかになっている．（⇌ 記憶）

試行分散効果［trial-spacing effect］ ＝分散試行効果

自己影［self-shadow］ ＝カウンターシェイド

事後確率［posterior probability］ ⇌ベイズの定理

自己犠牲［self-sacrifice］ ⇌ 利他行動

自己擬態［automimicry］ 自身の体の一部を別の部位に似せることで，信号*の受信者の反応を，本来向けられる部位（モデル）とは異なる部位（ミミック）に誘導する擬態*の一種．シジミチョウの仲間には，後翅にある尾状突起が頭部のような形状を作り出している種がいる（図）．この"偽

シジミチョウの一種 Arawacus aetolus が後翅の尾端にもつ"偽の頭"は本来の頭よりも目立つ．前翅と後翅をまたぐ縞模様も，尾端が"前"であることを強調する効果があると思われる．

の頭"は本当の頭部より目立ち，捕食者（受信者）の攻撃を誤導する機能があると考えられている．鳥は，相手の動きを予測しながら昆虫などの被食者を襲うことが知られている．被食者は，"偽の頭"に基づいた捕食者の予測とは逆方向に動くことができる．また，仮に"偽の頭"の部分を攻撃されても，致命傷を受けることなく捕食を逃れることができる．これは，目玉模様*による"はぐらかし"と同様の機能であり，実際，目玉模様が尾状突起とともに配置されている例もしばしばみられる．なお英語では種内擬態*も automimicry とよばれるため注意が必要．

自己強化［self reinforcement］ オペラント条件づけ*において，ある行動の最中あるいは直後に報酬*が与えられると，その行動は強化*されるが，この報酬が外から与えられる餌などではなく，満足感や達成感といった内的な快情動である場合を自己強化とよぶ．脳内では，内因性オピオイド*ペプチド類であり脳内麻薬ともよばれる β エンドルフィン*やエンケファリンがかかわっている．問題行動のなかでも，たとえば，常同行動が悪化する際には外的な報酬よりも四肢をなめることによりエンドルフィンの分泌を介して不安が解消された，というような自己強化が大きく働いているのではないかと考えられている．またネズミを用いた実験では，オペラント行動中に脳内の特定の部位を微弱電流で刺激すると，そのオペラント行動に没頭し，フットショックのような嫌悪刺激をもいとわずペダルを押すことが観察されている．これは脳内自己刺激行動 (intracranial self-stimulation) とよばれ，強い快情動との関連が推測されている．（⇌ 自動的強化）

自己グルーミング［autogrooming, self-grooming］ 自己毛づくろいともいう．自分で自分の体表をグルーミング*すること．体表に寄生しているシラミやダニ，あるいは毛についた草の実や汚れなどを取除く衛生的な効果があるとされる．ただし体全体に自分の口や手，脚が届くわけではないため，清潔にできる体の部位は限られる．（⇌ 社会的グルーミング，羽づくろい）

トムソンガゼルの自己グルーミング

自己毛づくろい［autogrooming, self-grooming］ ＝自己グルーミング

事後検定［post hoc test］ ⇌ 分散分析

自己指向性行動［self-directed behavior］ 自己指向性転移行動 (self-directed displacement behavior) ともいう．チンパンジーなどが，自分の体を毛づくろいしたり掻いたりするような，自分の体に向けられる行動のこと．体についた寄生虫や汚れを取るための毛づくろい，かゆいときに皮膚を掻くなどの身づくろいは正常な行動である．しかし，集団内の仲間との関係におけるストレスや，自由な行動を制限した場合などの葛藤*・欲求不満*状態では，葛藤行動の一つである転移行

動*として発現する．一般に，自己指向性行動という言葉はこの転移行動としてのものをさす場合が多く，おもに霊長類を用いた研究で用いられる．葛藤・欲求不満状態が持続すると常同行動*となり，自傷行動*に発展することもある．このような行動は，生後一定期間内に母親からの世話を受けなかった場合に多く発現することがわかっている（⇒母子分離）．

自己指向性転移行動 ［self-directed displacement behavior］ ＝自己指向性行動

自己受容器 ［proprioceptor］ 固有受容器ともいう．動物が自分の体のおかれている状態や自分自身の動きを刺激として感知する受容器．外界からの刺激を受容する外受容器（exteroceptor）と対比される．その情報は，姿勢の維持や運動の調節などに用いられる．脊椎動物では筋紡錘（muscle spindle）やゴルジ腱器官（Golgi tendon organ）がその例で，それぞれ骨格筋または腱の機械的伸展を受容し，その情報を中枢に伝える．節足動物などの無脊椎動物も，たとえば触角や首の向きあるいは脚の関節の角度を感知する自己受容器をもつ．ミツバチの触角内にあるジョンストン器官*は触角の動きを検知する自己受容器であるが，巣内での尻振りダンスの際には，仲間のダンスで生じた空気の振動を触角の共振としてとらえ，蜜源への距離と方向の情報を受容する外受容器として働く．

自己制御 ［self-control］ セルフコントロールともいう．衝動性選択*と自己制御選択*が対立する場面で後者を選んだ場合に，それをした個体は"自己制御を示した"といわれる．これは自己制御を選択行動の一種とみなすとらえ方であり，動物にとって自己や自己概念が存在することは仮定しない．この選択場面においては，衝動性選択をするよりも自己制御選択をした方が長期的には獲得できる報酬量が多かったり，経験する嫌悪刺激が少なかったりするということが前提となっている．そのため，報酬が動物にとっての餌である場合には採餌理論*との関係で自己制御が論じられることもある．なお，自己制御をこのような選択行動としてではなく，自分の将来の行動に影響を与えるセルフマネジメント行動としてとらえるべきだとする行動理論家もいる．しかし，少なくともヒト以外の動物も視野に入れている研究者の間では選択行動としてとらえる方が一般的であり，エインズリ-ラックリン理論*などのように遅延割引*の枠組みで説明することが多い．

自己制御選択 ［self-control choice］ 比較的短い遅延*で得られる小さな強化子（Sooner-Smaller）を犠牲にして，より長い遅延時間の後に得られる大きな強化子（Later-Larger）を選ぶこと．たとえば冷蔵庫にある手近なアイスクリームを食べること（衝動性選択）を控えることで，数カ月後に適正体重まで減少した健康な体を手に入れる（自己制御選択）ような場面をいう．Later-Largerの頭文字をとってLL選択（LL selection）とよばれることもある．オペラント実験場面では，より長い強化遅延*の後により大きな強化量をもたらす選択肢が自己制御選択肢である．一方，二つの嫌悪的な結果の間で選択が行われる場合は，近い将来の小さな嫌悪的結果につながる行動を選ぶことによって遠い将来の大きな嫌悪的結果を避けるのが自己制御選択である．（⇒自己制御，衝動性選択，先延ばし行動）

自己組織化 ［self-organization］ 多数の構成要素からなるシステム全体の秩序だった構造やその機能が，前もって用意された青写真*やシステム内外からの意図的な操作なしに自発的に生じてくる動的な過程の総称．散逸構造*論のI. PrigogineやシナジェティクスのH. Hakenらによる理論の整備を経て，1970年代以降に研究が進展した．熱平衡状態から外れた開放系において特徴的に観察され，ベナール対流*やベロウソフ・ジャボチンスキー反応*に代表される非生命現象から，細菌コロニーの空間パターンやシマウマの縞模様（⇒パターン形成），神経ネットワークといった細胞を要素とした生命現象，さらには鳥や魚の群れ行動（⇒ボイド）や社会性昆虫の巣構造などの個体を要素とした生命現象にいたるまで，その例は多岐にわたる．自己組織化の典型的な過程においては，システムの任意の初期状態に始まり，構成要素間の局所的かつノイズを伴う相互作用（⇒単純経験則）の集積が正・負双方のフィードバック*機構として作用する（⇒スティグマジー）などした結果，システムの大域的な時空間パターンが創発される．異なる物質的基盤をもつ現象が共通の自己組織化過程をもつシステムとして理解できる場合があり，特に生命現象においては，この共通性はシステム全体が示す機能や適応的意義の類似性を意味することがある．この類似性に着想を得た工学的な応用も行われている（⇒群知能，群ロボット）．

自己投与［self-administration］ ⇒ 薬物自己投与

自己認識［self recognition］　ヒト以外の動物においては，鏡に映った自己像の認識である**鏡映像自己認識**(mirror self-recognition)が最もよく調べられている(図)．チンパンジー*を対象として

鏡を見ながら，口を開けて歯の間に挟まったものを取ろうとしているところ．

最初に行われた実験では，麻酔をかけたチンパンジーの額に染料でマークをつけ，麻酔からさめたチンパンジーに鏡を提示した．マークテスト(mark test)とよばれる方法で，直接自分の目では見えない部位に，本人が気づかないようにマークをつけることが鍵である．額のマークは，鏡を使って初めて見ることができる．鏡に映った像を自己と認識している場合は，それに対応した行動がみられる．チンパンジーの場合には，鏡を見ながら，自分の額を手で触ってマークを取ろうとした．マークテストで調べられる自己認識は，自己の身体や行動を客観的にとらえる能力の現れとして考えることができる．同様に客体としての自己を意識することを**自己意識**(self-consciousness)とよぶが，意識や内省は本人の言語による報告なしに推し量るのが難しいため，ヒト以外の動物について科学的な議論はほとんどなされていない．マークテストを用いた研究から，チンパンジーをはじめとしてオランウータン*やボノボ*で鏡映像自己認識に肯定的な結果が得られるのに対して，ニホンザル*などでは否定的な結果しか得られず，動物種による違いがある．

自己複製子　⇒ ミーム

視細胞［visual cell］　視覚にかかわる感覚細胞．光を受容する細胞であり，桿体*と錐体*がある(図)．色覚を担う錐体は光の感度が弱い．桿体は錐体に比べ感度が高く，暗い場所での視力を担っている．(⇒ 視物質)

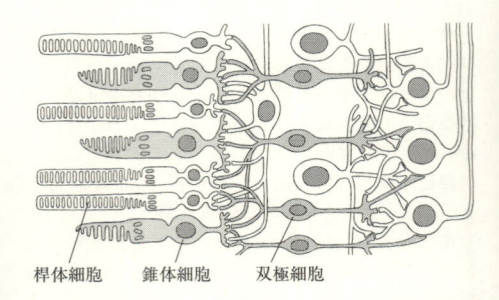

桿体細胞　　錐体細胞　　双極細胞

指示的忘却［directed forgetting］　＝指向性忘却

シジュウカラ［Japanese tit］　学名 *Parus minor*．スズメ目シジュウカラ科に属する全長 13 cm ほどの小鳥．ユーラシア大陸の東側に広く分布しており，日本には三つの亜種が分布する．都市から山地まで広く生息している留鳥*で一夫一妻*のつがいをつくる．4～7月頃に繁殖し，冬は群れ*をつくる．エナガやキツツキ類とともに混群*を形成する様子もよく観察される．巣箱によく入ることから，古くから生態学的研究が多く行われている．近年，天敵の種類に応じて警戒声*を使い分けており，つがい相手や巣内の雛がそれに正確に反応することが明らかになった．ヨーロッパには近縁種のヨーロッパシジュウカラ *Parus major*(great tit)が分布し，オックスフォードのワイタムの森での長期研究を含め，鳥類学におけるモデル生物として古くから行動学的・生態学的研究が盛んに行われている．

思春期　⇒ 性成熟期

視床下部-下垂体-性腺軸　［hypothalamus-pituitary-gonadal axis］　HPG 軸(HPG axis)と略す．内外環境に応じて性腺機能を適切に調節する仕組み．視床下部にある性腺刺激ホルモン放出ホルモン*は，下垂体に作用して性腺刺激ホルモン*の分泌を刺激する．下垂体から分泌される性腺刺激ホルモンは性腺機能を促進する．通常は性腺の活性化に伴って性腺ホルモン*の血中レベルが高まると視床下部と下垂体に負のフィードバック調節がかかって性腺刺激ホルモン分泌が抑制され，性腺ホルモンの過剰な産生が抑えられる．しかし，排卵*の際には逆に正のフィードバックによって性腺刺激ホルモンの大量分泌が起こり，それによ

り排卵が誘発される.

視床下部-下垂体-副腎軸 [hypothalamus-pituitary-adrenal axis] HPA軸 (HPA axis) と略す. 神経内分泌系においてストレス*反応の中心的な役割を担う器官またはそれらの器官から放出されるホルモン群. 視床下部から放出される副腎皮質刺激ホルモン放出ホルモン*が下垂体前葉からの副腎皮質刺激ホルモン*の分泌を, この副腎皮質刺激ホルモンが副腎皮質からのグルココルチコイド*の分泌を誘起するという流れで, 刺激経路が一本の軸のようにつながっていることからこうよばれる. グルココルチコイドはHPA軸の最終生理活性物質として全身性に多様な作用を示して生体のストレス耐性を高める一方で, 視床下部に働いて副腎皮質刺激ホルモン放出ホルモンの放出を抑制してHPA軸の過剰な活性化を防ぐという負のフィードバック作用をもつ (図).

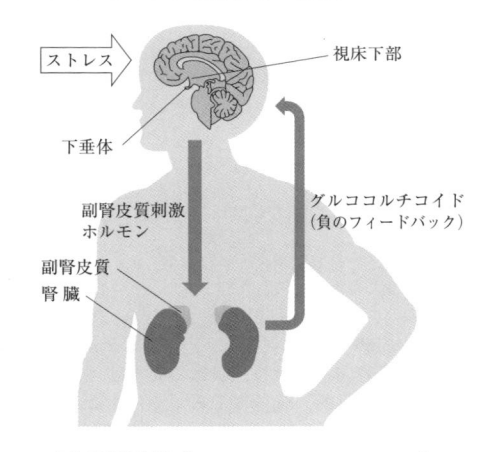

事象関連磁場 [event-related field, ERF] ⇒ 脳磁図

事象関連電位 [event-related potential, ERP] ⇒ 脳波

自傷行動 [self-injurious behavior] みずからの体を意識的・無意識的にかかわらず傷つける行動をさし, 症状または徴候であって疾患ではない. 医学的疾患に由来することも少なくなく, 坐骨神経の損傷を受けた齧歯類が (おそらく感覚の変化による) 自体損傷を示す, 罠にかかった動物がみずから足を切断して逃避する, あるいは掻痒 (そうよう) 部位の過剰ななめや噛み, などがあげられる. 一方で, 常同行動*が悪化し, 尾かじり, 舐性 (しせい) 皮膚炎などが生じる場合もある. 自傷行動には, 内因性オピオイド*, ドーパミン*, セロトニン*のいずれもがかかわるとされる. ドーパミン作動薬の投与は常同行動や自傷行動を悪化させ, セロトニン再取込み阻害薬やセロトニン作動薬は自傷行動を減らすことが観察されている. また内因性オピオイドは, 痛みに対する感受性の低下をもたらし, 自傷行為の自己強化*に関与しているのではないかと考えられる.

事象内学習 [within-event learning] ⇒ 要素間連合

自 殖 [selfing] ⇒ 近親交配

刺 針 [sting, stinger] ⇒ 毒針

刺針軸 [stylet] ⇒ 毒針

刺針鞘 [sting sheath] ⇒ 毒針

次 数 [degree] 頂点がもつ辺の数をさす. 図(a)のグラフ*において頂点 v_1, v_2, v_3, v_4 の次数はそれぞれ 2, 1, 1, 0 である〔このような次数の列を次数列 (degree sequence) という〕. 次数の分布関数をそのグラフの次数分布 (degree distribution) という. 有向グラフの場合, 入次数 (indegree) と出次数 (outdegree) がある. 頂点 v の入次数は v に向かう矢印の数, 出次数は v から出る矢印の数である. 図(b)のグラフにおいて頂点 v_1, v_2, v_3 の入次数は 2, 1, 1, 出次数は 1, 2, 1 である.

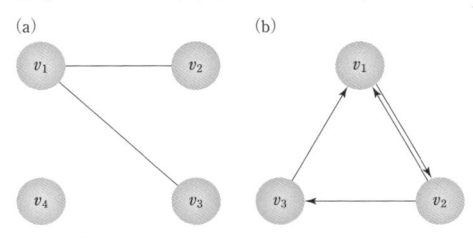

次数分布 [degree distribution] ⇒ 次数

次数列 [degree sequence] ⇒ 次数

システム神経科学 [system neuroscience] ⇒ 認知神経科学

雌性行動 [female behavior] 性行動中に観察される雌特有の行動. 多くの動物で観察される. ロードシス*とよばれる雄受容姿勢は代表的な雌性行動である. そのほか, 雄に対する誘因行動 (誘惑行動) を示す動物も存在する. ラットでは雌が雄の目の前を走り回る行動 (darting), 陰部をわざと雄の目の前に見せる行動 (presenting), ケージ内を飛び跳ねるように歩き回る行動 (hopping), 耳を震わせる行動 (ear wiggling) などがあげられる. イヌやネコ, ウマ, ウシではロードシスに先

行して尾を左右に曲げてマウントを受入れやすくする尾曲げ(tail flip)行動も含まれる．雌性行動は，おもに成熟した卵胞*から分泌されるエストロゲン*に制御されることから，発情周期*に伴って変化する．排卵*前後の発情期には，運動活性，自発活動が上昇し，また睡眠時間が減少する．

雌性先熟［protogyny］ ⇄ 性転換

耳石［otolith］ ⇄ 耳石器，平衡感覚

耳石器［otolith organ］ 半規管*とともに平衡感覚*を感受する感覚器．半規管と蝸牛の間に存在する．内リンパ液で満たされた袋状の器官であり，哺乳類では卵形嚢(utricle)と球形嚢(saccule)がある．卵形嚢は水平面，球形嚢は垂直面の線形加速度を検出する．それぞれの嚢の内壁には有毛細胞が集まった平衡斑(macula)がある(図)．有毛細胞の感覚毛はゼラチン質の膜組織で覆われ，膜組織の表面には炭酸カルシウムの結晶状の耳石(otolith)が載っている．線形加速度が加わると，耳石は慣性に従いとどまろうとする．その結果，感覚毛*を屈曲して有毛細胞が神経活動を生じる．魚類，両生類，爬虫類，鳥類では三つ目の耳石器でありおもに低周波に感受性が高い壺嚢(lagena)ももつ．

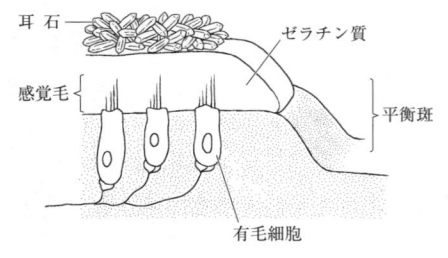

自 切［autotomy］ 動物が体の一部を自発的に切り離す行動．脊椎動物，無脊椎動物とも広い分類群でみられる．捕食者に襲われた際に体の一部を犠牲にして捕食をまぬがれたり(トカゲのしっぽ切り)，体の一部が修復不可能なほど傷ついたり，何かに引っかかって動けなくなってしまった場合にその部分を切り離すといった機能がある．農薬や熱などのストレス*刺激に対する反応としてひき起こされる場合もある．また，自切の際に切断される場所はあらかじめ決まっており，切断に伴う体液の流亡などのダメージを抑える仕組みも備えていることが多い．切り離された部位はしばらく自律的に動き続けることがあり，捕食回避の効果を強める機能があると考えられる．切断後も動き続けるトカゲの尾部は捕食者の注意を引きつける(図)．カニの仲間が捕食者をはさんだまま自切した第一脚や，ミツバチが捕食者に刺したまま毒嚢とともに自切した毒針は，その後も相手への攻撃(はさみつけ，毒液の注入)を続ける．切断された部位は，成長や脱皮に伴って再生されることが多いが，完全に元通りになることは少ない．

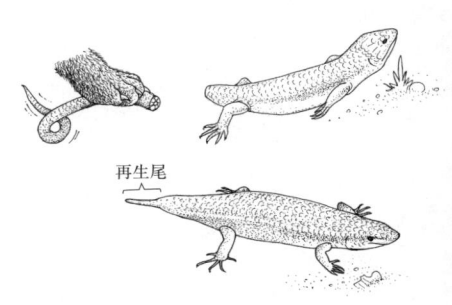

尾部を自切して捕食を逃れるキシノウエトカゲ(上)と，自切部に生じた再生尾(下)

視 線［gaze］ 目と見ている対象を結ぶ線．体，顔，目の向きを含む．視線の向きは，主体の興味の程度や目的，気分によって変化する．また，見る物の性質(視覚的な顕著さ)にも影響される．視線は，非言語コミュニケーション*として重要な役割を果たしており，興味の方向や気分の変化を伝える．ヒトを含む多くの霊長類(および一部の鳥類)は，他者の視線の向きに対して敏感であり，同じ向きを目で追う傾向がある(視線追従 gaze following)．ヒトの目の強膜ははっきりとした白色で(いわゆる白目部分)，皮膚や瞳の色と区

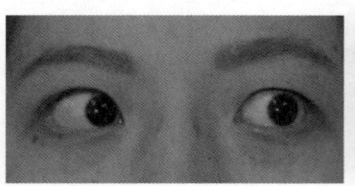

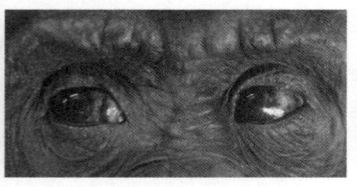

ヒト(左)と類人猿(ボノボ)の目．類人猿と異なり，ヒトは白目をもつため，視線の向きがはっきりとわかる．(⇄ 視線)

別される(図).これはヒト以外の霊長類にはない特徴であり,視線の向きがヒトにおいてコミュニケーション*手段として特に重要であることが示唆される.アイ・コンタクト(eye contact)とは互いの目を見合うことであり,視線による双方向的なコミュニケーションが促進される.視線回避(gaze avoidance)とはアイ・コンタクトを避けることであり,従属と宥和の意味がある.(→表情)

視線回避[gaze avoidance] ⇌ 視線
自然回復[spontaneous recovery] ⇌ 自発的回復
事前確率[prior probability] ⇌ ベイズの定理
視線細胞[gaze neuron, gaze cell] ⇌ 場所細胞

自然史[natural history] 自然界の現象・物体に関する体系的な記述,またはそれを行う自然科学の領域.したがって,時間的および空間的な推移の追究・観察・理解も含まれる.自然史の主要な対象は,因果関係・メカニズムよりも,経験的に観察される状態とその推移にある.生物としてのヒトに関する事柄は対象に含むが,人間の文明社会やその所産は通常は含まない.かつてnatural historyは博物学と訳され,historyに物語や記述それ自体をさす意味もあることから博物誌(自然誌)と訳されたこともある.生物非生物あるいは地球圏内外にかかわらず,時間的な経緯や変移を含めずに現在の姿を正確に理解・記述することはできない.近代科学におけるこの共通認識のもとで,自然の歴史だけをさすのではないnatural historyの訳語として,自然史が使われている.

自然誌[natural history] ⇌ 自然史
自然寿命[natural life span] ⇌ 寿命
自然選択[natural selection] 個体群内の個体の性質の違いにより適応度*が異なること,すなわち個体の性質と適応度の間に相関があること(⇌ 個体選択).人間により人為的に適応度の大小が決められている場合を人為選択*とよび,自然選択には含めないのがふつうである.また,自然選択と人為選択をあわせて選択(selection)とよぶが,自然選択を単に選択とよぶこともある.自然選択は自然淘汰ということもあり,自然選択に関連する複合語の大部分では,選択を淘汰に入れ替えた語も使われている.自然選択と性質の遺伝的変異があれば,適応的進化(適応進化)が起こるが,この適応的進化のプロセス全体をさして自然選択ということもある.この用語法では,性質に遺伝的変異があるかないかにかかわらず,個体の性質と適応度の間の相関を表現型選択(phenotypic selection)とよぶことがある.選択は圧力にたとえられて,選択圧(selection pressure)ともよばれる.個体の性質が量的なものであるとき,性質の大きさと適応度の高低の関係で三つに分類される(図a).性質の値が大きいほどあるいは小さいほど適応度が高いのが方向性選択(directional selection)である.たとえば体長の大きい雌は産子数が多いため生き残る子の数が多いときに,体長に対して方向性選択が働いたという.中間に最も

(a) 自然選択の分類

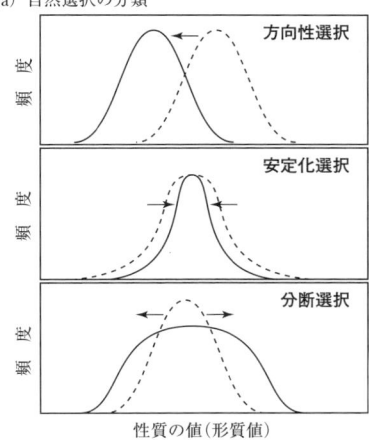

方向性選択

安定化選択

分断選択

性質の値(形質値)

(b) 選択差

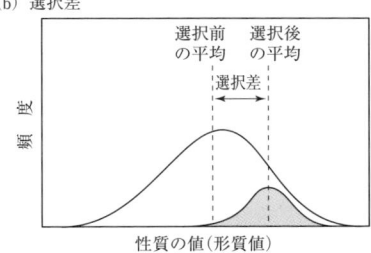

選択前の平均　選択後の平均
選択差

性質の値(形質値)

(c) 選択勾配(性質が一つの場合)

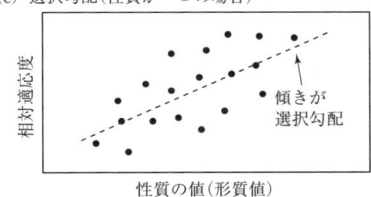

傾きが選択勾配

性質の値(形質値)

適応度の高い最適な性質の値があって,性質がそこから大きな方でも小さな方でも離れるほど適応度が低い場合を**安定化選択**(stabilizing selection),逆に中間に最も適応度の低い値があって,そこから大きな方でも小さな方でも離れるほど適応度が高いものを**分断選択**(disruptive selection)とよぶ.選択前後の個体の性質の個体群の平均の差,すなわち適応度で重みづけした性質の平均と重みづけしない平均の差を**選択差**(selection differential)とよび,選択の強さの指標として使われる(図b).選択差は,性質の値と平均を1とした相対適応度の間の共分散に等しい.複数の性質が選択の対象となりうる場合には,選択差には,問題とする性質への選択だけでなく,性質間の相関(表現型相関)を介しての,他の性質に対する選択の影響も含まれる.この他の性質に対する選択の影響(**相関した選択** correlated selection)を除いた選択の強さの指標に選択勾配*がある.選択勾配は,性質の値に対する,適応度の平均で割った相対適応度の偏回帰係数である(図c).表現型分散と共分散の行列を P,相加遺伝分散と共分散の行列を G,選択差を S,選択勾配を β,とすると,1世代での性質の進化の大きさすなわち個体群での性質の平均の変化量は,$G\beta=GP^{-1}S$ である.これは一つの性質だけを考えたときの1世代での進化の大きさを表す h^2S を性質の間の表現型相関と遺伝相関を取入れて複数の性質に拡張したものである(h^2 は遺伝率*).自然選択からは,さまざまな状況にも適用できるように関連した概念が生み出されている.個体の性質がその個体でなく遺伝的類似性の高い他個体の適応度を変化させることで働く**血縁選択***や,個体の性質が個体自身だけでなく所属集団の存続などにも影響する状況を扱うことができる**複数レベル選択***などはその例である.

視線追従[gaze following] ⇒ 視線
自然淘汰[natural selection] =自然選択
自然の階梯[scala naturae] ⇒ 人間中心主義
次善の行動[best-of-a-bad-job] =次善の策
次善の策[best-of-a-bad-job] 次善の行動ともいう.戦術*による適応度*の大小が状況により変わるため,悪い状況におかれた個体が良い状況のときとは異なる戦術をとること.代表的な例として,餌条件が悪く体サイズが小さい成体になった雄が,なわばりをもたなかったり自分では雌誘引の信号を主発に出さないスニーカーやサテライト*となることがあげられる.代替戦術*の典型的な例の一つで,状況により戦術が異なる条件戦略*の一つであり,混合ESS*ではない.

自然排卵動物[spontaneous ovulation animal] ⇒ 排卵周期
自然分類[natural classification] ⇒ 分類学
自然免疫[natural immunity] ⇒ 免疫系
持続性反応[tonic response] ⇒ 感覚受容
しつけ教室[puppy training school] イヌに飼い主の日常的な命令(マテやフセなど)に従うことを訓練する施設やシステム.問題行動*の予防を目的として,子イヌに社会化*訓練を施すことも多い.現在,日本には,指導方法,実施場所などに関してさまざまな業態のしつけ教室が存在している.たとえば,イヌを長期にわたり専用の施設に預かって合宿訓練を実施するもの,訓練士が飼い主宅を出張訪問して指導するもの,日帰りで預かったイヌに訓練を施すもの(いわゆる"イヌの幼稚園"),イヌ連れの飼い主に専用施設・動物病院・ペットショップ・公園などで指導するもの,がある.近年は,動物行動学や行動理論に基づく訓練を強調する教室も少なくない.また,各種団体の有資格者(公認訓練士,認定インストラクターなど)がいることを謳っている教室も多い.(⇒ クリッカー・トレーニング).

実験群[experimental group] 実験において注目している実験操作を施した対象群をさす.たとえばある薬剤が行動に及ぼす効果を調べたい場合は,その薬剤を投与した個体群が実験群となる.注目している要因の効果を明らかにするため,その要因以外の条件をできるだけ実験群とそろえた統制群*と比較することが多い.

実験経済学[experimental economics] 経済学をはじめとする社会科学では仮説の検証をおもに調査にゆだねていたが,20世紀後半に至り,実験的市場,オークション,ゲーム場面などを用いた実験室内の実験による検証を試みる分野が発展し,実験経済学とよばれてきた.しばしば行動経済学*と混同されることがあるが,心理学研究の知見の積極的な吸収については,行動経済学と比較して慎重であるとされる.価値誘発理論や初期の実験室実験でその確立に大きな寄与をしたV. L. Smithは,2002年にノーベル経済学賞を受賞した.

実験者効果[experimenter effect] 実験者が被験者にどのように反応すべきかの手がかりを与

えて，剰余変数*を生み出してしまうこと．たとえば，実験者自身が刺激を提示したり，被験者の前で反応を測定したりする場合には，実験者が意図せず正しい選択肢を見つめていたり，誤った選択肢を選ぼうとする被験者の行動に対して無意識に息をのんだりしてしまうかもしれない．20世紀初頭のドイツでは，賢いハンス（clever Hans）とよばれた馬が，ひづめを鳴らす回数で複雑な演算問題に答えることで有名であった（図）．O. Pfungstは，ハンスが，答えを知る訓練者や観衆のわずかな手がかりをもとに反応していることを明らかにした．このことは，たとえ被験体がヒト以外の動物であっても，実験者効果を注意深く除去する必要があることを教えてくれる．

賢いハンス．計算のできるウマとして有名になったが，実際には質問者や観衆の反応を手がかりに答えを選んでいた．

実験心理学［experimental psychology］　研究手法による心理学分類の一つ．他の研究手法としては，調査，面接，検査などがある．乳幼児の知覚からサルの社会行動まで，あらゆるものが対象となる．標準的には，関心のある変数の効果を，統制条件と実験条件を設けて比較することで測定する．たとえば進化心理学*の研究で，"目の絵があると利他性が高まる"ことを検証するには，実験室内に目の絵をおいた実験条件と，目の絵がないこと以外はすべてが等しい統制実験を設け，利他行動*の程度（寄付額など）を比較する．他の手法と比べたとき，変数間の因果関係を特定できるのが長所である．一方，探索的な研究には向かない．また，実験者による自覚的/無自覚的な実験への影響（実験者効果*），実験参加者が実験の意図を推測することの影響（要求特性）に，特にヒトを対象とした実験では注意する必要がある．専用に準備された実験室で行われるだけでなく，フィールド実験や，近年はWebサイトを用いたオンライン実験も行われる．

実現ニッチ［realized niche］　⇌ ニッチ分割
実験変数［experimental variable］　⇌ 独立変数
実効性比［operational sex ratio］　繁殖可能な雄と雌の比率のこと．繁殖齢に達した個体のうち，妊娠や育児のため新たな繁殖に加われない個体を除いて考える．性選択*の理論によると，実効性比が偏った性においては配偶競争が激しく，もう一方の性では配偶者の選り好みが強くなると考えられる．性比調節理論で対象とするのは，両性に対する資源の配分比（投資比）であるため，この実効性比とは区別される．（⇌ 性比）

実体二元論［substance dualism］　⇌ 心

嫉　妬［sexual jealousy］　嫉妬は，性行動のパートナーと長期間にわたる関係をもつことを基本的な性戦略の一つとするヒトにおいて，配偶者防衛*行動の基盤となる心理メカニズムであると考えられる．パートナーの浮気の事実や可能性により嫉妬がひき起こされ，監視行動や暴力といった行動が結果的に表出する．ヒトは哺乳類であり男性はパートナーの産んだ子が自分の子であるかどうか確実にはわからないだけでなく，男性が子の養育にかなりの投資を行うというまれな特徴ももつ．そこで"寝取られ"て繁殖資源を浪費することを防ぐため，パートナーの性的浮気に対して男性は女性よりも過剰に反応する傾向があり，離婚や妻殺しの主要な原因となっている．シェークスピアの戯曲『オテロ（オセロ）』では妻が浮気をしていると思い込んだオテロが妻を殺害する（図）．ここから，病的な嫉妬妄想をオセロ症候群（Othello syndrome）とよぶ．一方女性にとっては，パートナーの投資が他の女性に振り向けられることがより問題であることから，パートナーが感情的に他の女性に関心を示すことにより取乱す傾向があるとされる．（⇌ つがい外交尾，父性）

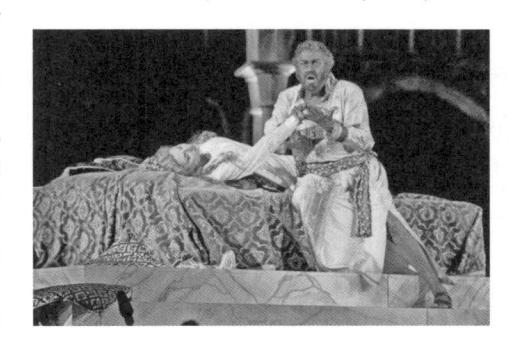

失敗行動 [misbehavior] ⇒ 誤行動

ジップ則 [Zipf law] ⇒ べき乗則

しっぺ返し戦略 [tit for tat]　TFT戦略，オウム返し方略ともいう．繰返し囚人のジレンマ*ゲームにおいて，第一ラウンドでは相手に協力し，それ以降は直前のラウンドで相手がとった行動をまねる戦略のこと．1984年にR. M. Axelrodは繰返し囚人のジレンマゲームにおける戦略を広く公募し，それらを闘わせるコンピュータトーナメントを行ったが，最も秀でた戦略がこのしっぺ返し戦略だった．初めは親切で(nice)，裏切りに対しては報復し(retaliatory)，再び協力をした相手には寛容である(forgiving)という特徴をもつ．雌雄同体魚ハムレットの産卵・放精行動がしっぺ返し戦略に従っていると報告されている．

室傍核 [paraventricular nucleus] ⇒ あくび

悉無律 ⇒ "全か無か"の法則

私的出来事 [private event] ⇒ 潜在的行動

児童虐待 [child abuse]　動物行動学の観点からは，児童虐待は血縁者びいき*，配偶をめぐる競争，親による子への差別的投資*の現れとして分析できる場合が多い．継親と同居している子は実親と同居している子に比べて，親から虐待されて殺されるリスクが数倍～数十倍にもなる．これはヒト以外の動物において，幼い子どもが血縁のない雄に殺されるのと類似した現象ととらえられる．また，実の親子と異なり近親交配回避*の心理メカニズムが働きにくいため，性的な虐待も起こりやすくなる．身体的虐待にまで至らなくても，一緒にいる時間や教育費，生活費などにおいて継子は実子よりずっと少ない投資しか受けられないのが一般的である．親が子を虐待し殺してしまう(子殺し*)リスクは，子が幼いときほど顕著となる．実親，とりわけ実母が子殺しをする場合，殺されるのは圧倒的に1歳未満の嬰児が多い．子に重い障害があったり，双子もしくは出産間隔が短すぎたり，子の父親からの援助が見込めないなどの場合に，うまく育てられる見込みの薄い子に対する投資は早めに切り上げて，すでに成長した子や今後の繁殖の見込みにかけるための行動がとられやすくなることを反映しているとされる．

自動的強化 [automatic reinforcement]　オペラント条件づけ*では，オペラント反応*に対して強化子*を提示することで反応が強化されるが，反応の生起が強化子の出現へと自然に結びついている場合，これを自動的強化という．たとえば，食物を食べるという反応が生じると，その直後に食物の味という強化子が出現するが，これは自動的強化である．寒い場所では暖かい刺激が強化子として機能するように，特定の感覚をひき起こす刺激が強化子となることを感覚性強化*というが，反応と強化子の間に自然な結びつきがある場合にはこれも自動的強化に含められる．また，動機づけ*研究では，自動的強化子のことを内発的強化子(intrinsic reinforcer)，外部から与えられる強化子のことを外発的強化子*とよぶ．サルにパズルを与えると，餌がもらえなくてもパズルを解く反応が維持されるのは，パズルを解くという活動自体が強化的であるためと考えられる．このとき，活動によって生じる満足感や達成感が強化の原因であるとみなす場合は，自己強化*とよぶ．

自動反応維持 [automaintenance]　いったん自動反応形成*されたサイン・トラッキング*が，その後も引き続き維持されること．たとえば，被験体としてハトを用い，実験箱の壁に取付けた小さな窓ガラス(キー)の点灯と食物を対提示すると，キーを点灯したときにハトはこれをつつくようになるが，厳密に定義すると，初めてのキーつつきの出現だけを自動反応形成とよび，それ以降のキーつつきはすべて自動反応維持に分類される．ここで，もしハトが点灯中のキーをつつけば食物の提示をキャンセルする，という新たなルール(省略訓練*)を導入してみよう．この条件では，キーをつつかないことがハトの利益になる．しかし，十分に訓練を行っても，ハトはある程度のキーつつき行動を維持し，その結果，本来得られるはずの食物の多くを逃してしまう．このように，負の随伴性を導入してもサイン・トラッキングが維持されることを負の自動反応維持(negative automaintenance)という．負の自動反応維持が認められるということは，自動的に維持された行動が，行動とその結果の随伴性によって支配されていないこと，すなわち道具的行動*ではないことを意味する．

自動反応形成 [autoshaping]　空腹のハトに対し，実験箱の壁に取付けた小さな窓ガラス(キー)の点灯と食物(あるいは水)を対提示すると，点灯したキーをハトがつつくようになること(⇒サイン・トラッキング)．この場合のキーつつきは，食物が与えられるための必要条件ではない．すなわち，キーつつきは道具的行動*ではない．

かつては，ハトのキーつつきのような随意運動を古典的条件づけ*によって条件づけることは不可能であり，道具的条件づけによってのみ条件づけることができると考えられていた．実際，ハトを被験体とした道具的条件づけの研究では，現在でもキーつつき行動を道具的行動として用いることが一般的である．しかし現在では，条件づけられる行動が随意的かどうかは，古典的条件づけと道具的条件づけを区別するうえで重要な違いではない，と考えられている．また，視覚刺激と食物の随伴性*が自動反応形成が起こるうえで重要であることがわかっている（⇒自動反応維持）．したがって現在では，自動反応形成は，道具的条件づけとよく似た事態で生じる，視覚刺激（キー点灯）を条件刺激*，食物を無条件刺激*とした古典的条件づけの一形態であると考えられている．

シドマン型回避［Sidman avoidance］　フリーオペラント回避（free-operant avoidance）ともいう．M. Sidmanによって考案された回避学習*の実験手続きの一つ．また，その手続きによって形成される特徴的な回避反応．歴史的には，イヌやラットを被験体とした実験で検討されてきた．被験体が何も反応しない限り短い電気ショックを定期的に与えるが，被験体が移動反応やレバー押し反応といった所定の反応を起こせばその都度一定の時間だけ電気ショックを先送りするという条件で訓練すると，ほぼ一定の時間間隔で安定した回避反応が生じるようになる．電気ショックの到来は警告刺激*によって予告されておらず，被験体はいつでも自由に反応することが許されるので，フリーオペラント手続き*場面での回避学習である．（⇒能動的回避）

地鳴き［call］　コールともいう．鳥類の鳴き声で，さえずり*以外の音声をさす．単音節（一息）の短い鳴き声である．鳥類以外にも単音節の鳴き声をコールとよぶこともあるが，地鳴きといった場合，鳴禽類*においてさえずりと対比する意味合いで用いられることが多い．さえずりが学習を必要とし（⇒さえずり学習），繁殖場面での使用に限定されるのに対し，地鳴きは基本的に生得的であり，日常のさまざまな場面で使われる．なお，地鳴きには複数の種類があり，鳥は場面ごとに決まった発声を用いる．代表的なものとして，雛が餌をねだる声（餌乞い声），捕食者を知らせる声（警戒声*），仲間の姿が見えないときに発する声（ディスタンスコール distance call）などがある．地鳴きやさえずりは，種内のコミュニケーション信号であり，種間による差がみられるのが一般的である．しかし，警戒声は，捕食者に音源定位*されにくい特徴をもつよう進化した結果（収れん*），多くの種で類似している例もみられる．

シナプス［synapse］　ニューロン（神経細胞*）同士が信号を伝達する接合部位．化学シナプスと電気シナプス*に区別される．化学シナプスでは，ニューロン同士が近接しているが，細胞内の原形質は連絡していない．一方のニューロン（シナプス前細胞）から神経伝達物質が放出され，他方がこれを受容する（シナプス後細胞）ことで，一方向性の信号伝達が行われる（図）．伝達物質は，

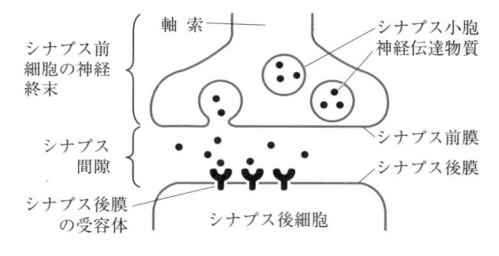

前細胞内に存在する小胞（シナプス小胞）に貯蔵されている．活動電位*が前細胞の軸索末端に到達すると，脱分極依存性カルシウムチャネルが開き，Ca^{2+}が末端の細胞内に流入する．Ca^{2+}結合タンパク質を介して小胞の軸索末端膜への融合を促進し，伝達物質がシナプス間隙部に開口放出される．伝達物質は間隙を拡散して，後細胞膜の受容体タンパク質と結合する．この受容体が後細胞膜のイオン透過性を変化させ，電位変化（シナプス後電位）が生じる．シナプスは通常，軸索末端から後細胞の樹状突起または細胞体に向けて形成されるが，脊椎動物の嗅球*のように，二つのニューロンの樹状突起間で形成される例も見いだされている．運動ニューロンが筋繊維に接続するシナプスを，特に**神経筋接続**（neuromuscular junction）とよんで区別する場合もある．

シナプス可塑性［synaptic plasticity］　⇒えら引っ込め反射

シナプス前抑制［presynaptic inhibition］　シナプス前細胞の神経終末に作用して，神経伝達物質*の放出を抑制する現象．脊髄の反射弓*において最初に見いだされた．抑制性の介在ニューロンが，興奮性シナプス*の神経終末の上に覆いかぶさるようにもう一つのシナプスをつくり，シナ

プスの上に GABA（γ-アミノ酪酸*）を放出する．GABA は終末部に作用して，細胞内に流入するカルシウム量を抑制し，その結果，興奮性伝達物質の放出量が減少するのである．シナプスの前終末に作用して伝達を抑制する現象であって，後細胞を直接に抑制する抑制性シナプス*と区別される．

シナプス伝達［synaptic transmission］ ⇌ 促通

シナプス伝達効率［synaptic efficacy］ ⇌ 長期増強

死にまね ＝擬死

シノモン［synomone］ 異種の2個体の間で作用する種間作用物質*の一つで，受容者にひき起こされる変化が放出者，受容者にとってともに適応上有利であるものをいう．多くの花粉媒介者（送粉者）の場合，蜜という報酬を得て花粉を媒介している．この植物-送粉者間の相互作用を花の香りが媒介した場合，香り物質は放出者（植物），受容者（送粉者）両者にとってともに適応的なので，シノモンに分類される．（⇌ アロモン，カイロモン，アンタイモン）

ジバクアリ［suicidally exploding ant］ ワーカーが外敵に襲われると腹部を破裂させ自爆死する．熱帯アジアのボルネオ島に生息するオオアリ属の一部の種．通常のアリでは頭部に収まる大顎腺が，肥大して腹部にまで達しており，破裂した腹部から大顎腺の分泌物である粘液を相手に浴びせる．この行動は捕食性昆虫などの外敵の戦意を喪失させ，さらなる攻撃からコロニーの仲間を守る．ミツバチのワーカーが相手を毒針で刺した後の腹部を自切*して死ぬ行動と並び，社会性昆虫*が示す顕著に自己犠牲的な行動の実例とされる．

自発［emission］ 動物がとりうる行動のうち，何らかの刺激によってひき起こされるものではなく，その個体がみずから起こす行動を自発行動という．古典的条件づけ*では，口中への食物と唾液反応のように，動物が生得的にもつ刺激-反応の関係を利用して条件づけが行われる．したがって，古典的条件づけで条件づけの対象となる反応は，刺激によって誘発される反応（つまり自発行動ではない）と考えられる．一方，オペラント条件づけ*では，キーつつき反応に対して餌が提示されるというように，条件づけの対象となる反応は，個体が環境に対して働きかける自発行動である．条件づけの対象が自発行動である点は，オペラント条件づけの重要な特徴とされる．しかし，自動反応形成*の事実にみられるように，キーつつき反応を古典的条件づけによって形成することが可能であることから，見た目の反応様式だけでは，自発行動か否かを判断することはできない．

自発活動性［spontaneous activity］ ⇌ 活動性

自発性瞬目［spontaneous blink］ ⇌ 瞬目

自発的回復［spontaneous recovery］ 古典的条件づけ*が成立した後，無条件刺激*なしに条件刺激*だけを繰り返し経験させることで，条件刺激に対し形成された条件反応*は消失する．また，オペラント条件づけ*が成立した後，学習された反応に対して強化子*を与えなければ，その反応はやがて消失する．このようにして消去*された反応は，単に時間が経過することで回復することが知られており，これを自発的回復（自然回復）という．自発的回復は，条件づけの結果学習された内容は，反応が消去された後であっても，ある程度保たれていることを示唆している．また，刺激を繰り返し経験することにより馴化*が生じた場合にも，時間の経過に伴い刺激に対する反応が回復することが知られており，この現象も同様に自発的回復とよばれる．

自発的微笑［spontaneous smiling, neonatal smiling］ ⇌ 笑い

GPS［global positioning system］ ＝地理情報システム

視物質［visual pigment］ 視細胞*に存在し，色や明るさを感じることにかかわる物質．ロドプシン*，アイオドプシン，ピノプシンなどが知られる．タンパク質にレチナールが結合したもので，特定の周波数の光に反応して，構造が変化する．タンパク質部分をオプシン*といい，視物質ごとにオプシンのアミノ酸配列が異なって，反応する光の波長も異なる．これにより，網膜上の視細胞の種類の違いが生じ，色の知覚が成り立っている．視物質は視覚以外にも概日時計*や体色変化*などさまざまな生物の機能とのかかわりが示唆されており，たとえば鳥類の脳の松果体にはピノプシンが存在する．

自閉症［autism］ ヒトにおいてみられる社会的相互関係，コミュニケーションにおける質的障害および，局限的，反復的，常同的な行動や興味，活動がみられる発達障害．通常3歳くらいまでに異常が気づかれる．社会的相互関係における特徴

としては，呼びかけに反応しない，視線*が合わない，親を含め他者の存在に無関心，他者の心の状態を読み取ることや共感*することが難しいなどがあげられる．言語の発達に障害がみられ，発話がないものから，話し言葉の発達の遅れを示す者もいる．発話がある場合には，同じ言葉を繰返す反響言語や独りしゃべり，自分のことを"彼"というなどの人称の倒錯もみられることがある．散歩の道順や，日常の行動の順序，物の配置にこだわるといった同一性への強いこだわりがみられ，そのこだわりが妨げられるとパニック*に陥ったりする．照明を点滅させたり水道を流し続けたりといった常同的，反復的行動に熱中することもある．ふつうの子どもが興味をもつおもちゃに対する関心が薄く，機械類への関心が高い．自閉症者のなかには，カレンダーや時刻表などに関する記憶が非常に優れている者もおり，サヴァン症候群とよばれる．

嗜癖 [addiction]　依存ともいう．ヒトでは，ある特定の物質・行動過程・人間関係に強く依存し，本人の意志では改善することのできない病的な状態となることがある．動物に対してこの言葉を使うことはあまりないが，それと同等の状態は観察される．たとえば，常同行動*や自傷行動*を示す動物の場合には，その行動や身体刺激に依存していると推測される．また分離不安*の動物では，飼い主という対象に依存しているために，留守番中に強い不安を示す．一般に，行動の開始にはドーパミン*が，行動の完了にはエンドルフィン*がかかわり，強化*された行動をとれない状況で生じる不安にはセロトニン*がかかわると考えられているが，正確な役割についてはまだ議論が多い．いずれの神経伝達物質の関与が強いかは行動によっても動物によっても異なるが，治療にあたっては単に問題となる行動の発現を妨げるだけでなく，類似の望ましい行動を並行して強化していくことや，抗不安薬*の投与，安心できる場所の提供が必要である．

姉妹群 [sister group]　⇒分岐図

姉妹種 [sister species]　同胞種 (sibling species)，異所対応種 (vicarious species)ともいう．一つの親種が地史的に比較的近い過去に地理的に分断されることで生まれた異所的な近縁の2種，または複数種を姉妹種とよぶ．また，その一方の種のみをさして異所種 (allospecies)とよぶ．これらのきわめて近縁な2種は生態的地位(ニッチ*)

に十分な分化が生じていないために，同所的に生息できないと思われる．最も一般的な種分化*様式である異所的種分化が生じた後，分布を広げて二次的接触を起こして，生態的地位の分化を進化させる前の段階．地理的な分断後，しばらく後に亜種分化を起こすが，その後さらに時間を経過して，形態的，生態的，遺伝的に別種と判断されるほど分化した状態ともいえる(図)．たとえばヒタ

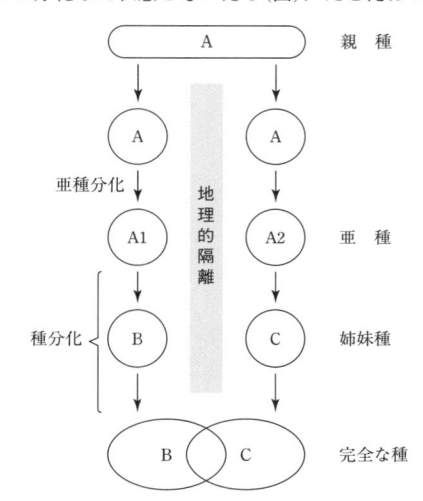

```
         A            親種
        ↓
    A       A
亜種分化↓  地  ↓
    A1  理  A2      亜種
        的
    ↓   隔  ↓
種分化  離
    B       C      姉妹種
    ↓       ↓
    B   C          完全な種
```

キ科では，本州中部以北に分布するアカハラと伊豆諸島に分布するアカコッコ，あるいはサハリンから九州まで分布するコマドリと南西諸島に分布するアカヒゲなどが姉妹種といえる．ムシクイ科の鳥類であるメボソムシクイはこれまでいくつかの亜種を含む同一種の集団として扱われていたが，繁殖地域の異なる集団間でDNAとさえずりにはっきりとした違いがあることから，メボソムシクイとコムシクイ，オオムシクイの三つの姉妹種に分けられた．鳥では上種も同じ意味に用いられる．

視野 [visual field]　眼の位置を固定しているときに生じている視知覚の空間範囲のすべて (visual field)，あるいは，その視知覚をひき起こしている外界空間の物体や光源のすべて (field of view)．後者が原因となって生じた結果が前者である．脳の一部を損傷して盲斑が生じたとき，欠損したのは visual field であって field of view ではないなど，二つの言葉は区別して使われるべきだが，日本語では両者とも視野とよばれる．ヒトは，両眼開眼時，前方180°に加え体の後方10°まで見

ることができる．上下方向には135°までしか見えない．多くの霊長類や肉食類，猛禽類のように顔の前面に眼がついている動物では，両眼で見ることのできる視野部分（両眼視野）における立体視が発達している．眼が顔の側方についている多くの草食動物や鳥類では，片眼ずつの視野の総和は広く，周囲からの危険の察知に適している（図）．

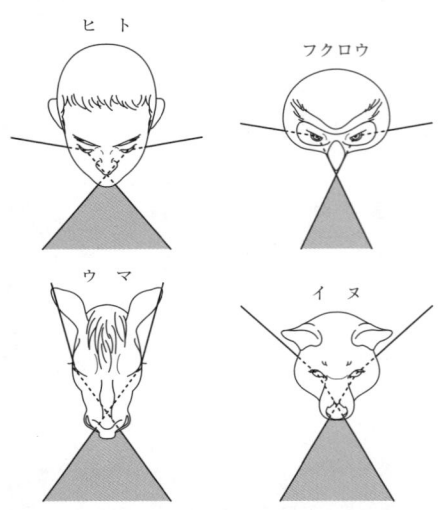

視野の広さ．頭頂から見た図．右眼と左眼の視野は図のように前方で重複している（灰色部分）．これを両眼視野とよぶ．実際には個体や種による違いが大きいが，本図では平均的な値を用いた．

社　会［society］　動物行動学でよく用いられる，生物の階層をさす用語だが，明確な定義はない．広くは同種の個体のうち互いに潜在的に相互作用するものの集合を社会とよぶ．この定義では，有性生殖種では配偶という個体間相互作用が必ず伴うため，個体群と同義になる．狭義には，社会性昆虫のコロニー*やニホンザルのように，頻繁な相互作用によって結束した機能的な集団をもつ動物の個体群だけをさす．この場合は配偶以外に個体間相互作用が存在しない種の個体群は社会とはよばない．さらに，社会性昆虫のコロニーや群れ*を社会とよぶ場合もあるが，この定義では，社会は個体より上で個体群の下の階層である．

社会化［socialization］　ある個体が発達・成熟とともに所属する環境条件下において適切な認知的，情動的，社会的行動を学習していく過程をいう．どの動物種においても社会化は種特異的に社会に適応するうえで必須である．多くの哺乳類では遊び行動中に性行動，攻撃行動に似た行動を介して，成長後に必要な社会的なやりとりを学習していく．特にイヌなどの伴侶動物*においては，ヒト社会への社会化が重視されている．イヌでは通常生後3～12週齢が社会化期*とされ，その間に今後受けると予想される刺激を体験させる必要がある．この時期での社会化が不足すると，成長後，新奇刺激に対して過度な恐怖反応*や攻撃などの問題行動を示す．ただし，適切な社会化は社会化期における学習のみによるものではない．社会化期に母や同腹仔との十分な接触があるか，さらにそれ以前にも適切な養育を受けているかどうかがストレス*応答性の正常な発達に関与していることが実験動物において示されている．つまり，社会性を身につけるための素地はそれ以前の生育環境によってつくられると考えるべきであろう．

社会化期［socialization period］　ある個体が発達・成熟とともに所属する環境条件下において適切な認知的，情動的，社会的行動を学習する期間をいう．この時期は神経回路の形成が盛んに行われ，学習が特異的に獲得される発達期*の一つである．鳥類においては社会化期の特徴的な高学習能に明瞭な日数が存在することから感受期*とよばれる．イヌでは，3～12週齢が社会化期とされる．5週齢頃までは新奇刺激に対して接触を図ろうとする傾向が強くなるが，その後減退し，12週齢を過ぎると見慣れないものへの恐怖反応がみられるようになるなど，その中にも経日的な行動変化が認められる．この社会化期の発達のメカニズムは明らかにされていないが，ラットにおいては視床下部-下垂体-副腎軸*（HPA軸）や扁桃体*が未発達な8日齢までは回避学習*が成立せず，それらが発達した21日齢以降に成立する．このことから，動物の社会化期はHPA軸の発達状態に依存する中枢機能の変化であると推測される．

社会緩衝作用［social buffering］　社会的ストレス緩衝作用ともいう．仲間の存在がストレス反応を緩和する作用．たとえば群れで暮らすモルモットが知らない場所に置かれた場合，単独よりも他個体と一緒だとストレスホルモン分泌の程度が低くなる．また，そのストレス緩和効果は個体間の結びつきに依存しており，知り合いと一緒にいる方がその効果が高いことも示されている．この作用は母子間で最も強くみられ，子ヤギや子ネコなどは母親と一緒だと新しい環境に早く慣れる．

社会機構［social organization］　⇒社会構造

社会寄生［social parasitism］　他種を宿主*とし，その労働力を利用して繁殖*を行う行動．労働寄生*ともよばれる．広い系統群にわたってみられるが，一般に寄生種と宿主は近縁関係にあり，この関係性はエメリーの法則*とされる．多くの場合，寄生種は自身で繁殖する特徴を失っており，宿主から独立して繁殖を行うことができない．一方で宿主をあざむき，労働力を効率的に搾取する欺瞞的な特徴が発達している．また宿主には，寄生に対する抵抗的性質が進化しやすく，寄生種との間に軍拡競争*が生じると考えられる（⇌ マフィア仮説）．鳥類にみられる托卵*と膜翅目昆虫にみられる永続的社会寄生*，一時的社会寄生*，奴隷制*が代表的な例である．また同種の個体の労働力を利用する種内寄生もあるが，個体間の競争や干渉が原因で日和見的に行われるため，ここでいう社会寄生とは異なる．

社会交渉［social interaction］　⇌ 社会行動

社会構造［social structure］　主として群れで生活する同種個体の集団がもつ生態学・行動学的な特徴を表す用語．多少違う意味で使われる場合もあるが，社会機構（social organization），社会システム（social system）ともいう．群れのサイズ，性比*，配偶システム*，分散する個体の性別（雄のみ分散，雌のみ分散，両性が分散），意思決定*の仕組みなどさまざまな視点から分類される．たとえば，配偶システム*に関しては，単婚性（制），一夫多妻性（制），一妻多夫性（制）などに分類される．ハチ目社会性昆虫*では繁殖システムと生活史*の両面から分類されることが多く，単女王性（制）（コロニーに女王が1個体），多女王性*（制）（コロニーに女王が複数個体），単巣性（コロニーに巣が一つ），多巣性（コロニーに巣が複数）がある．シロアリ*では巣と餌場が同じであるワンピース型と，巣と餌場が異なるセパレート型の社会構造に分類される．資源が集団内で個体間にどう配分されるかに注目した分類に，順位性（制），なわばり性（制）などがある．群れ全体のふるまいの意思決定法に注目した分類にはリーダー性（制），自律分散がある．群れがどんな特徴をもつかは種によって固定的であるとの見解から，以前は各カテゴリーを○○制と日本語では表記したが，社会構造も進化可能な生物の性質の一つであるとの見解から現在では○○性と表記される場合が多い．社会構造は群れの構成員である個体の行動戦略*の集積で，社会構造もまた個体の行動戦略に影響を与える．このような相互作用のフィードバックの存在が考えられることから，行動戦略の理解抜きに社会構造の理解は困難である．

社会行動［social behavior］　社会的行動ともいう．同種個体間の社会交渉（social interaction）の総称で，攻撃行動や親和行動など多様な行動，より広義には繁殖に関する行動も含まれる．母性行動，攻撃行動，社会的探索行動，相互毛づくろい行動など多くの動物で観察されるものから，向社会行動*，ヘルパー*行動，協調行動など，高度な社会性が求められるものまである．基本となるのは2個体間の行動であるが，群れが複数個体になることで，群れ全体に向けた行動も社会行動となる．動物が群れを形成し，その群れの中での適応的な行動が個体の生存と適応度*の増加に有意に働くことで，さまざまな種特異的な社会行動が進化したと考えられる．動物が本来もつ適応的行動（たとえば母による子の世話など）はどのような場面でも適応度を高めるため，多くの動物で共通の要素がある．また，社会行動が成り立つには，行為者（A：actor）と受容者（R：recipient）の間にコミュニケーションの成立が不可欠であり，共通の社会的合図の発信と受信，それに伴った行動変化が必要である．ある社会行動が発現するとき，常にAとRの利益が一致するとは限らない．そこでその社会行動によって生じる適応度上の利益とコスト（すなわち利得行列*）によって，以下のように分類される．双方にすぐに利益が生じる場合やコストが非常に小さい場合，その社会行動は協力（cooperation），または相利（mutualism）とよばれる．Aにとって利益，Rにとってコストがある場合，利己的（selfish）とよばれる．AとR双方にとってコストがある場合を嫌がらせ（⇌ 意地悪行動）とよぶ．Aにとってコストがあり，Rにとって利益がある場合，利他（altruism）とよぶ．ただし，社会行動が適応度に与える影響を定量的に査定することは難しい．たとえば，AがRの利益となる行動を行うのが観察された場合，その行動がAにとってどのくらいのコストが存在し，結果として，その行動が協力行動に分類されるのか，利他行動*に分類されるのかを判断することは難しい．また社会行動の発現には，社会的文脈*が重要となり，観察する際には注意が必要である．

社会採餌理論［social foraging theory］　⇌ 採餌理論

社会シグナル［social signal］　他個体に伝達され，行動や内分泌，情動*などに何らかの影響を与える信号．社会的信号ともいう．主として光（視覚），音（聴覚），におい（嗅覚）が用いられる．必ずしも同種内でのみ用いられるわけではないが，繁殖相手を選択する際の求愛行動*や無用な争いを回避するための威嚇行動*など，種の適応度*を上げるための種内コミュニケーションで用いられることが多い．たとえばイトヨの雄は繁殖期になると胸の部分が婚姻色*とよばれる赤色を呈するが，これは雌にとっては求愛の信号となり，他の雄にとっては攻撃の信号となる．

社会集団［social group］　個体間の社会的相互作用*が頻繁にある集まりのこと．群れ*という言葉が，個体間の相互作用の有無を意識しないで個体の集合をさすのに対し，社会集団という語は，個体間の相互作用を意識した個体の集合に使われることが多い．それゆえ，採食や渡りの群れのような，生活史の一時期にみられる個体の集合よりも，より想起されるのは，協同繁殖*をする個体の集まりや，ハダカデバネズミ，アリやハチの仲間など真社会性*の動物でみられる個体の集まりである．具体的な社会集団の単位としては，哺乳類や鳥類でみられるハレム*，ライオンのプライド*，真社会性の生き物でみられるコロニー*などが相当する．社会集団の血縁関係は対象生物種によって異なり，ときには群選択*がかかる単位でもある．

社会進化［social evolution］　社会性の進化（evolution of sociality），あるいはそれを扱う学問分野のこと．社会性がどうやって進化したのかの解明は行動生物学の主要なテーマである．古くは，社会的な行動を，行為者と受け手の短期的な利得から四つに分け（表），それぞれがどのように進化

	行為者が利益を得る	行為者が損をする
受け手が利益を得る	協同的（相利的）	利他的
受け手が損をする	利己的	両損的（スパイト，意地悪）

したのかを考えていた．しかし利他的に見える行動にも血縁選択*や互恵的利他行動*で説明できる場合，行為者が受け手に操作されている場合などがあり，現在では，観察時点の短期的な効果ではなく，より長期的・複合的な視点でとらえる傾向にある．社会性の進化の研究は主としてつぎの三つを対象として進んでいる．一つは鳥類や哺乳類の群れである．ここでは協力による利益（ベネフィット*）と，資源競争や病気の蔓延などの群れていることの損（コスト*）に議論が集中する．二つ目は，協同繁殖を行うグループを対象とするものである．ここでは，血縁，非血縁のヘルパー*が存在し，それがどのように進化しえるのかが主要な話題となる．最後は真社会性*を対象とした研究で，血縁選択を根幹に，警察行動*，カースト*の進化などを追及する．似た言葉にH. Spencerに端を発する社会ダーウィニズム*があるが，こちらは自然選択説を用いて人間個人あるいは社会があるべき姿を説明しようとする一種の思想あるいは社会運動のことであり，社会進化とは無関係である．

社会心理学［social psychology］　心理学の一領域で，社会的場面における人間の情動・認知・行動について，おもに実験的手法を用いて研究する分野．研究対象に自己，態度，社会的認知，対人行動，集団過程などを含む．学問分野としての社会心理学の特徴は，人間の社会行動を説明する際に，性格のような個人差要因ではなく状況要因を重視することである．このことをよく示すのは，他者の存在が課題遂行に与える影響を検討した社会的促進*の研究である．社会心理学で行われる社会的促進研究では，実験参加者に単純な作業（たとえば，できるだけ早く糸を巻き取る）を行ってもらう．すると，他者がいない状況で作業をする場合と比べて，横で同じ作業をしている者がいるときや観察者に見られている状況で，作業成績が良くなる（ただし，複雑な課題に取組むときには，他者の存在は課題遂行を阻害する）．このような状況要因の実験的操作を通じて社会的場面での人間の心の働きを調べるのが社会心理学である．（⇌ 同調，ミルグラムの服従実験，認知的不協和理論）

社会性［sociality］　社会関係があること．厳密な定義はなく，同種の2個体以上が何らかの関係をもっていれば社会とよべる．ただし資源を介した間接的な競争などによる関係は社会性としてとらえず，個体間で直接的な接触あるいは音やにおいによる情報のやりとりがある関係を社会性としてとらえることが一般的．親子や夫婦の関係も社会関係ではなく，同種のそれぞれ親子関係，つがい関係の枠組みでとらえられることが多い．社

会性のある集まりの例としては，哺乳類や鳥類にみられる協同繁殖*をする群れ，ハダカデバネズミ*，アリやハチの仲間など，個体ごとに高度に分業化されたコロニーなどがある．またタマホコリカビ属の細胞性粘菌にも社会性とよべるものがある．社会を構成することでメンバーは資源獲得および繁殖において利益を得る．たとえば，群れでいることによって，捕食者の接近を素早く察知でき，また襲われたときでも防衛の可能性が上がる．さらに協力して繁殖することで多くの子を残せる．ただしメンバー間には搾取やだまし*もあり，すべてのメンバーが利益を得られるわけではない．昆虫では，社会性の発達度合いに応じて，亜社会性*，半社会性，真社会性*などがある（⇨ 社会性昆虫，側社会性ルート，繁殖の偏り）．一般には同種個体の関係をもって社会とするが，鳥類では，冬季に異なる複数の種が集まって行動し，餌の位置や捕食者接近の情報が群れ全体に伝わる．このような異種の集まり（混群*）も社会とみなせる．

社会性昆虫［social insect］　狭義にはハチ，アリ，シロアリにみられるような真社会性*である昆虫のこと．広義には群れで生活する昆虫すべてをさす．C. D. Michener と E. O. Wilson* による真社会性の因習的な定義は，1）複数個体による共同の子の保育，2）生殖的分業があり多少とも不妊の個体が妊性のある個体を援助する，3）2世代以上の繁殖齢に達した個体の共存，の3条件をもつものをさす．しかし近年では世代の重複は重要でないとする意見があり，むしろ生殖的分業を成立させる複数の明確な行動発生上の経路の存在を真社会性の条件とする見解も提示されている．後者の定義では，兵隊をもつアブラムシやアザミウマも真社会性昆虫になる．一方，単独性から真社会性に至る途中の段階も分類定義されている．

社会性の進化［evolution of sociality］　⇨ 社会進化

社会生物学［sociobiology］　自然選択*理論によって動物，特にヒトの社会行動の適応進化を説明する，動物行動学*の一領域．1960年代に包括適応度*，血縁選択*，進化的ゲーム理論（⇨ ゲーム理論），互恵的利他行動*などの諸理論が提唱され，利他行動をダーウィン主義で説明することが可能になった．これらの成果をもとに，1975年に米国の生態学者 E. O. Wilson* が同名の著書でヒトを含む動物の社会進化を集大成したことで，この名称が一般化した．進化心理学*は後継領域と位置づけられる．

社会生物学論争［sociobiology controversy］　社会生物学*の学問的妥当性をめぐる論争．人間の行動における柔軟性や社会構築主義的側面を無視している，遺伝的決定論だとの批判が起こった．論点としては動物や人間の行動における遺伝子の役割，適応万能論*的な解釈の妥当性，遺伝子を進化の単位とみなす還元論への批判などがあるが，マルクス主義者からの批判が目立つなど，論争は学術的な枠を超えてイデオロギー的な色彩が強い．その後，実証的研究が進んで社会生物学の研究パラダイムとしての有効性が示され，理論面でも整備が進むと論争は沈静化した．

社会生理学［social physiology, sociophysiology］　動物の群れ全体のふるまいを，その要素である個体の行動とそれらの相互作用に分解し，再構成することで理解しようという分野．群れ全体の機能すなわちコロニー*の適応的なふるまいが顕著な社会性昆虫*で，特に研究が盛んである．個体を理解するためにその一つ下の階層である細胞や器官などの要素に分解し，それらの働きから個体の表現型を再構成する学問である生理学にたとえこうよばれる．しかし両者には違いもある．現象の一般性を抽出する際に，個体の生理学では相同性すなわち起源が同じ遺伝子の働きに注目が集まるのに対し，社会生理学ではフィードバック，自己組織化，自律分散制御，局所意思決定など現象の背後にある力学系の共通性に注目が集まる．このアプローチを米国の T. D. Seeley は social physiology とよび，英国の N. R. Franks が sociophysiology とよんだ．ロボット工学では，限られた機能しかもたないモジュールを複数共同で機能的に働かせるための設計原理を群知能*とよぶが，社会生理学はそれを生物模倣*の観点から探究する分野でもある．

社会選択［social selection］　社会淘汰ともいう．自然選択*の一部であり，適応度*が他個体の行動によって影響されることにより，さまざまな形質が進化すること．動物のもつさまざまな装飾や武器を進化させる要因として性選択*がよく取上げられるが，性選択は社会選択の一部であるといえる．M. J. West-Eberhard は，おもに雄による同性間競争とおもに雌による異性の選択が，性以外の文脈にも適用できるとした．たとえば

ワライカワセミの雛は，鉤状になった独特のくちばしをもっているが，これは親が運んでくる餌という限られた資源をきょうだい同士で争うための武器として進化したと考えられている．また，ヒトに特徴的な非血縁個体への利他性は，評判によって社会的交換の相手を選択することから進化したと考えられている．このように，性の文脈に限らず，個体間の競争と選択が生物のさまざまな特徴を進化させる要因となっている．

社会ダーウィニズム［social Darwinism］ 人間の社会・組織・制度・国家などが，生物と同じように環境に対して適応的に進化するという見方．C. R. Darwin* による自然選択* 説の提唱以来，世界各国で根強く主張され，独占資本主義や独裁的政治体制を擁護する "科学的" 理論として援用された．歴史的にはむしろ生物の進化論より古く，社会や文化が進歩発展するとした近代啓蒙主義がその源であるという位置づけもできる．19世紀後半，H. Spencer は自然選択理論の人間社会への適用を精力的に推進し，"適者生存" や "弱肉強食" というキーワードを用いて，競争原理万能の社会ダーウィニズムの基本的な枠組みを形成した．これにより，社会に有害な存在は淘汰されるべきという，優生学的な価値と結びついた形態の社会ダーウィニズムが広がることになった．現在ではその学術的な正当性は完全に否定されているが，社会的には "進化" という用語は社会ダーウィニズム的な含意をもって使われることが多い．

社会的学習［social learning］ ある行動を学習する際に，他個体による影響があること．ヒト以外の動物が社会的場面で学習する過程はさまざまに分類が試みられてきたが，W. H. Thorpe* による三つのタイプの分類が最も有名である．1) 社会的促進*：鳥の群れがいっせいに飛び立つなど，他個体のある行動が観察個体に同じ行動を誘発させる刺激として働くこと．ここでは，観察個体がレパートリー* としてもつ行動が，他個体の同じ行動が引き金となって伝染する点が重要である．2) 刺激強調(stimulus enhancement, 局所強調 local enhancement)：他個体のある行動が観察個体の注意を特定の刺激(場所)へと引きつけ，あとは観察個体の試行錯誤によって結果的にその行動が獲得されること．有名なニホンザルのイモ洗いの文化伝達* は，刺激強調(局所強調)によって説明できる．3) 真の模倣(true imitation)：観察個体にとって新しい他個体の行動が，試行錯誤を伴わずに観察するだけで再現されること．Thorpe による定義以降，ヒトとヒト以外の霊長類の社会的学習を比較する研究が進み，より詳細な分類が提唱されてきた．大型類人猿は他個体の行動の目的は学習するが，目的に至るプロセスは試行錯誤により個別学習する．単に特定の刺激に注意を向ける刺激強調にはとどまらないが，観察した行動を忠実に模倣する "真の模倣" ではないこうした学習は，**目的模倣**(emulation, エミュレーション)とよばれている．

社会的隔離［social deprivation］ ⇌ 社会的孤立

社会的葛藤［social conflict］ 動物の同種個体間において生じる利害の衝突のこと．単一個体内の葛藤* とは区別される．同じ集団内の個体間で生じる競合的なやりとりをさす場合が多いが，見知らぬ個体や異なる集団間の争いも含まれる．食物，なわばり* や居住空間，繁殖相手など限られた資源をめぐる争いのほか，集団内の序列や連合* などの社会関係を確立したり，採餌や移動といった集団行動の意思決定* を行ったりする状況でも個体間の対立が発生する．競合相手によって，雄間闘争(⇌ 雄間攻撃行動)，繁殖ペア間の性的対立*，きょうだい間の対立*，親子の対立* などさまざまな形態に分けられる．通常，個体間の緊張関係は，儀式的あるいは威嚇的なディスプレイ* などにより終息するが，ときには攻撃や闘争にまで発展する．その場合，当事者は苦痛やストレスを経験し，特に闘争の敗者は集団から追い出されるなどの損失を被ることがある(⇌ 社会的敗北)．社会的葛藤により生じた敗者のストレスを軽減するため，多くの群居性動物において葛藤後解決行動が観察される(⇌ 和解行動)．

社会的慣性［social inertia］ 動物の集団において個体間の順位をめぐる攻撃行動が時間とともに緩和され，儀式化* していく現象(A. M. Guhl, 1968年)．社会的慣性が生じる成因は進化ゲーム理論* と関連づけて説明されている．集団内では，はじめは優劣順位を決定する攻撃的衝突が実際に生じるが，しだいに威嚇ディスプレイ(脅しのディスプレイ*)へと儀式化されて直接的な闘争は少なくなっていく．たとえば，イッカクは北極圏に生息する小型のクジラで，門歯の1本が前方に突き出して角のようになっている．雄は雌をめぐって，この角を使って争うが(図)，闘争は儀式的で，本気で突き合ったり，相手に致命傷を負わ

せることはない．エネルギーと時間を消費し場合によっては生命の危険をも伴う個体間の直接的な衝突ではなく，相互の威嚇ディスプレイを通して対戦相手のより安全な見極めを可能にする行動戦略への移行は進化的安定戦略*と解釈される．

海面に頭を出して"角"の大きさを競い合うイッカクの雄たち

社会的きずな［social bonding］ ⇨ きずな

社会的擬態［social mimicry］ 同種または異種同士の群れでみられる社会的な手段として機能する音声や形態や行動などの擬態のこと．口内保育*をするタンガニーカ湖のカワスズメ*科の魚では，雄の尻びれに卵の模様があり，これが雌に産卵を促す刺激として働く．雌は本物の卵と間違えて吸い込もうとし，これに合わせて雄が放精することによって，雌の口中の卵の受精が完了する．シジュウカラ*などのカラ類は，餌場に自分より優位な個体がいて近づけないと，天敵が近づいたときに発する警戒声*を発して，優位個体を追い払ってから餌にありつく．また熱帯林の小鳥の混群でも，いい餌を見つけた個体がいると，まわりの個体が警戒声を発して，その餌を横取りしてしまう（⇨ 海賊行動）．アフリカに住むハタオリドリでは，非繁殖期になると複数の種が同じ群れに合流するが，このとき，どの種も同じような地味な色彩になる．それによって，天敵が出現したときや，良い餌場を見つけたときなどに全メンバーがいっせいに行動できる（群れ内での信号節約）（⇨ 混群）．

社会的強化［social reinforcement］ 条件強化子*のうち，他者による賞賛，受容，承認，注目といった社会的な相互作用を経て強化の機能を担うようになった社会的強化子を用いて，行動の生起頻度を増加させること．広義には，社会的強化だけでなく，他者による非難，拒否，否認，無視など社会的弱化子を用いて行動の生起頻度を減少させることも含める．子どものしつけや，広範性発達障害者(児)の行動の改善といった応用場面においては，おやつといった無条件強化子*には飽和化*が生じてしまうため，社会的強化によって行動の維持改善を目指していくことが肝要であるとされる．

社会的グルーミング［allogrooming, social grooming］ 社会的毛づくろい，また，鳥類では相互羽づくろい(allopreening)ともいう．同種の他個体に対して行うグルーミング*のこと．他個体とのきずなをつくる社会的な機能があるとされ，この行動の頻度や持続時間は個体間の親和度を量る指標とされることがある．また，他個体の体表に寄生する外部寄生虫を取除くなど，相手に利益を与える側面があることから利他行動*の一つとして研究されることも多い．社会的グルーミングをする側を groomer，受ける側を groomee と区別する．同時に互いをグルーミングする場合を相互グルーミング*とよぶ．（⇨ 自己グルーミング）

ニホンザルのグルーミング

社会的毛づくろい［allogrooming, social grooming］ ＝社会的グルーミング

社会的交換［social exchange］ ⇨ 互恵性

社会的行動［social behavior］ ＝社会行動

社会的孤立［social isolation］ 社会的隔離(social deprivation)ともいう．家族や群れ*など，その個体が属していた社会的単位から隔離(separation)され，他個体との社会的な接触を断たれること．新生児期に親から隔離することを母子分離*，離乳後もしくは性成熟*後に群れなどから隔離することを隔離飼育*と区別することもある．H. F. Harlow* が 1950～60 年代にかけてアカゲザルを用いて行った研究では，出生後すぐに親から隔離し人工的に飼育した個体は，他個体との毛づくろい行動や性行動*がみられなくなるなど他個体との社会生活を営めず，加えて常同行動*や自傷行動*といった内向的な行動傾向を示すようになった．社会的孤立の影響は隔離時期や期間，

動物種により異なるが，個体の攻撃性や不安傾向の上昇，ストレスに対する内分泌反応の亢進などの共通した影響を及ぼすことが知られている．

社会的情報［social information］　個体がもつ社会的属性のうち，他個体が何らかの方法で知覚できるもののこと．たとえば順位制*における優劣関係はその例であり，個体間の争いを目撃した第三者は，その経験に基づいてみずからのふるまいを変えることができる．社会的情報は時としてシグナルとして明示的に示される．たとえばヨーロッパアシナガバチの顔の斑点模様の対称性は，対称性が高いほど優位な個体であることを意味し，したがって"正直なシグナル"としての役割を果たしている．

社会的信号［social signal］　＝社会シグナル

社会的親和性［social affiliation］　ある物質が他の物質と結合する傾向を親和性（affiliative）というが，社会的親和性とは個体同士の関係がきわめて友好的であること，あるいは不特定の他個体に対して広く接近的な情動*や態度を示す，その個体が置かれている社会的環境に順応する傾向をいう．また，個人間のみならず，共同体や国家間など集団対集団の関係においてもみられる．ヒトにおいては，社会的親和性は無生物に対しても起こりうるものであり，きわめて広い定義をもつ．動物の2個体間の行動に対して用いる場合，広義の愛着*と混合されがちであるが，愛着と社会的親和性は，分離の際に行動的，生理的，内分泌的に強い反応がみられる（愛着）か否（社会的親和性）かが異なる．

社会的ストレス［social stress］　他個体との社会的な関係性や，社会的環境の悪化が原因（ストレッサー）となりひき起こされるストレス*．他個体との闘争に敗れたり（⇌社会的敗北），群れ*の中で社会的に劣位*となる，もしくはみずからの社会的地位*が脅かされた際に生じるストレスが含まれる．さらに，親や群れから隔離される（⇌社会的孤立，母子分離）など，他個体との親和的関係が剝奪された際に生じるストレスも含まれる．ヒトの場合では人間関係だけでなく，経済状況の悪化や学業における失敗など，日常生活を営む過程において生じるストレスを含めて用いられることが多い．社会的ストレスは，個体の不安傾向の上昇，性行動の障害，活動量の低下，記憶学習能力の低下などの行動学的変化をひき起こし，同時に生理機能や免疫系*などを変容させる．

また多くの場合，成熟個体に比べ若年期や性成熟期の個体の方が感受性が高い．

社会的ストレス緩衝作用［social buffering］　⇌社会緩衝作用

社会的相互作用［social interaction］　個体間，集団間あるいは個体–集団間の社会関係において生じる，両者が互いに影響を与え受け合っている状態，すなわち相互作用をいう．動物の母子間，雌雄間，同性間攻撃など，2個体間のやりとりなどの行為（⇌遂行）や行動の上位にあたる概念である．二者以上がかかわり合いをもつことを"社会的"と表現するため，二者関係を特に区別するために二者相互作用（dyadic interaction）という場合がある．この相互作用の過程の代表的解析として，R. F. Balesらによる相互作用過程分析があげられる．相互作用解析のために考案されたカテゴリーシステムでは，両者の相互間において生じる反応を12に分け，さらに大きく四つの領域に区分しており，情緒的に中立である"応答""質問"，情緒的に方向性をもった"肯定的反応""否定的反応"に分ける．

社会的促進［social facilitation］　他個体の存在や行動，個体間のやりとりによって，観察個体のレパートリー*としてもともともっている行動の頻度が増加したり，あるいは行動の強度や精度が上昇したりすること．たとえば，ニワトリが満腹になった後でも周囲の他個体が食べ始めると自分もまた食べ始めるような現象や，見物人がいることで課題のパフォーマンスが向上するような現象がこれに相当する．ヒトを対象とした社会心理学の分野では，他者の存在によって課題の成績が向上する場合と低下する場合（社会的抑制*）の相違を，他者の存在により覚醒レベルが上昇し，その個人の優位な反応（課題が簡単な場合や習熟している場合には正しい反応，課題が難しい場合や未習熟の場合には悪い反応）の生起率が増加すると説明する，R. B. Zajoncの"社会的促進の動因説"が有名である．動物行動学の分野では，他個体と同じ行動を観察者に誘発させる現象をさすことが多く，群内の個体の行動の同調を強めるものとして，あるいは観察学習*の一タイプとしてとらえられている．

社会的地位［social status］　順位ともいう（⇌順位制）．集団の中で個体の果たす役割がそれぞれ決まっている場合に，その役割に応じた集団内での位置を社会的地位という．たとえば，哺乳類

でありながら真社会性*の社会構造をもつハダカデバネズミ*の群れでは，最も優位な1ペアが繁殖活動を行い，他の個体は非繁殖個体として，巣穴掘り，食糧調達，巣の防衛などの分業を行う．これらの役割に対応した社会的地位を各個体が占めているといえる．単雄複雌または複雄複雌の集団を形成するゴリラ*では，集団内の最も優位な雄は，移動方向を決めたり，集団内の敵対的交渉を仲裁したりするのでリーダーと称され，集団から離れて単独で暮らす個体は単独雄と称されるように，雄はそれぞれの社会的地位を占めている．ニホンザル*でも以前は雄のなかで最も優位な雄をボスとかリーダー雄と称したが，これらの言葉に妥当な行動はほとんどみられないため，最上位の雄を意味するα雄とか第1位雄と称するようになっている．

社会的知性仮説［social intelligence hypothesis］
＝社会脳仮説

社会的手抜き［social loafing］　⇒ 社会的抑制

社会的動機［social motive］　⇒ 社会的動機づけ

社会的動機づけ［social motivation］　社会での経験や他者とのかかわりを通して獲得する社会的動機（social motive）を基盤として生じる動的過程をいう．動機づけ*とはみずからの行動に一定の方向性をもたせて生起，持続させる要因をいい，誘起にかかわる因子が体内から生じるかあるいは外界からの刺激によるものかで，内発的動機づけと外発的動機づけに分けることができる．多くの動物がもつ，生命を維持し種を保存させるための生得的な動機である生理的動機，哺乳類でみられる興味・好奇心・向上心などからくる感性関連動機，ヒトに特有な社会的動機などに類別されるが，社会的動機の分類にはまだ定説が得られていない．一般的に，社会的動機には達成動機や親和動機などが含まれると考えられる．達成動機はより高い基準を乗り越えて何かを成し遂げようとする動機であり，失敗回避動機とあわせて検討する必要があると考えられている．一方，社会生活を成り立たせるうえで他者と友好的な関係を保とうとする親和動機は不安や恐怖にさらされているときに強まることが示されている．

社会的敗北［social defeat］　食物やなわばり，繁殖機会や群れ*内での社会的地位*をめぐる同種他個体との闘争*において敗北すること．社会的敗北のモデルは，個体に社会的ストレス*を負荷する実験系として，齧歯類（マウス・ラット）などを対象とした研究で用いられる．最も一般的な実験モデルである**居住者-侵入者テスト**（resident-intruder paradigm）では，居住者として飼育した個体のケージ内に侵入者（被験個体）を入れ，居住者からの攻撃を経験させる．敗北経験の回数や期間により影響は異なるが（短時間の敗北経験は急性ストレスモデルとして，繰返し敗北経験を与えたり居住者と同居させたりする場合は慢性ストレスモデルとして用いられる），社会的敗北は個体の不安行動を増強させたり，うつ病様行動を生じさせることが知られている．このため，ヒトにおける精神疾患の研究モデルとして精神薬理学的研究分野でも広く用いられている．

社会的文脈［social context］　行動に影響を与えるような他個体の存在のあり方をいい，多くの場合，同種他個体によって形成されるものをさす．社会的文脈は，かかわる個体の数，個体の特性（年齢，性別，地位など）によって異なったものとなる．最も小さい社会的文脈は，自己ともう一個体によって形成されるものである．他方，サイズの上限について明確な基準はないが，文化や慣習，制度といった長い歴史的背景をもって形成される文脈ではなく，比較的短期間の小集団において形成されるものを社会的文脈とよぶことが多い．社会的文脈が人間心理と行動に与える影響を研究する分野として社会心理学*がある．他者の存在により課題成績が向上する社会的促進*，逆に低下する社会的抑制*などが知られている．社会心理学ではときに，家族，恋人，友人などがすべて"親密な関係"としてくくられることがあり，進化理論に基づきこれら三つを区別する進化心理学*により批判されることがある．

社会的抑制［social inhibition］　他個体の存在や個体間のやりとりによって，個体のある行動の頻度が減少，あるいは強度や精度が低下すること．社会的促進*の対義語として用いられる．たとえば，独りなら正常に行える作業が，他人から見られているとうまく行えなくなるなどがそれに相当する．社会的抑制は多くの動物でみられ，たとえば攻撃行動の減少，活動量の低下など，優位個体の存在が劣位個体の行動を抑制する．群れにおける優位個体の存在が劣位個体の繁殖を抑制することも社会的抑制である（⇒ 繁殖の偏り）．類似した現象として，他人との共同作業時に個々人の努力量が減少する**社会的手抜き**（social loafing）や，多くの人が犯罪現場を目撃していながらも誰も警

察に通報しないケースのように,一人のときに通常とるはずの行動が他人の存在により抑制される現象(傍観者効果 bystander effect)がある.動物における社会的手抜きの例として,2頭のチンパンジーを同時にロープを引いて餌箱をたぐり寄せるように訓練すると,時に片方はロープを引かず押さえるだけで,もう片方のチンパンジーにたぐり寄せの作業を全部やらせ,自分の努力量を減らすことが知られている.

社会伝達[social transmission] =文化伝達

社会淘汰[social selection] =社会選択

社会ネットワーク分析 [social network analysis] ⇌ 社会ネットワーク理論

社会ネットワーク理論[social network theory] 社会ネットワーク分析(social network analysis)ともいう.社会構造*をノードとリンクのつながり方に着目して分析する方法(図).個体または集団

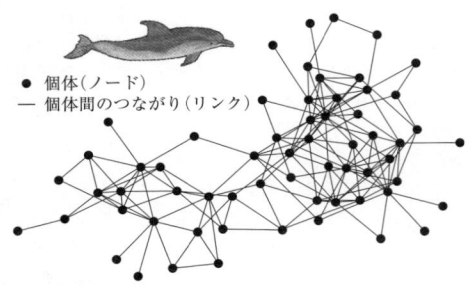

● 個体(ノード)
― 個体間のつながり(リンク)

イルカの社会を個体間のネットワークにしてながめたもの.どの個体もその数は異なるが他個体とつながりをもつ.

をノード,その間のつながりをリンクとしてネットワークを構成してその構造を調べる.社会構造の理解において重要なネットワークが二つある.一つは1998年にD. J. Waltsらが提案したスモールワールド・ネットワーク(small-world network)である.グラフから任意に選んだ二つのノードの一方から他方に至るまでに経由する最小のリンク数のことを**距離または隔たりの次数**(degree of separation)とよぶが,人間関係においては少数の知人(短い距離)を介すると世界中の誰とでもつながるというスモールワールド性がある(⇌ 六次の隔たり).さらに知人同士はまとまりやすいというクラスター性がある.このネットワークは二つの特性を同時に満たし,イルカやグッピーなどの社会構造でも確認されている.もう一つは1999年にA.-L. Barabásiらが提案したスケールフリーネットワーク*である.実社会ではしばしばリンクの次数分布がべき則に従う.これは,非常にたくさんのつながりをもつハブ*とよばれる個体や集団が社会の中に存在することを意味している.小規模データでこの性質を検証するのは難しいが,グッピーなどの社会構造ではスケールフリー性を示唆する結果が得られている.社会ネットワークの研究はグラフ理論や複雑ネットワークの手法を取入れながら発展している.

社会の胃袋[social stomach] ⇌ 蜜胃

社会脳[social brain] ⇌ 社会脳仮説

社会脳仮説[social brain hypothesis] 社会的知性仮説(social intelligence hypothesis)ともいう.進化の過程において脳が大きくなっていった理由を説明する仮説の一つ.個体が集団の中で,他の個体と協力したり競争したりという複雑な行動をするために脳が大きくなった,つまり,社会が脳にとっての選択圧となったという説である.1976年にN. Humphreyが知能は社会への適応ではないかという説を最初に提唱し,1990年にL. Brothersが社会脳(social brain)という言葉を用いてその生理的基盤について論じた.この説を支持する根拠として,霊長類のさまざまな種について,その集団の大きさと大脳新皮質の脳全体に対する割合とを比べると正の相関があるということがR. Dunbarによって示されている.社会の中では権謀術数的な駆け引きが重要であるため,『君主論』の著者N. Machiavelliにちなみ"マキャベリ的知性仮説(Machiavellian intelligence hypothesis)"ともよばれることがある.1990年代後半からは,非侵襲的脳機能画像を用いた社会的意思決定にかかわる神経基盤の研究が盛んに行われている.脳,つまり知能の進化に影響した要因としては,ほかにも道具を使うためであるとか,採食のためであるという説がある.社会という選択圧がこれらと異なるのは,社会が脳の選択圧となり,大きくなった脳によってさらに複雑な社会の形成が可能になるという,正のフィードバックが働く点である.

社会不安[social anxiety] 不特定の同種他個体との接触や社会的交流に対して生じる,漠然とした不安や不快な情動*.動物において社会不安傾向が高まると,同種他個体への接近や社会的相互作用*を回避する,他個体との接触時にすくみあがる(凍結反応*)などの行動学的変化がみられる.並行して社会的交流において体温の上昇や心拍数の増加などの生理的ストレス反応が生じる.

社会的敗北*や社会的孤立*などの社会的ストレス*の負荷によりこの傾向が高まる．ヒトにおける精神医学分野においては，人前で注視される状況における極度の緊張・不安・恐怖をさす言葉として用いられ，これにより日常生活に支障をきたす精神疾患を社会不安障害(social anxiety disorder)という．齧歯類などを用いた研究では社会不安傾向を評価する試験として，他個体への接近/回避行動を評価するテスト(social approach-avoidance test)や，自由行動下での他個体との接触頻度/交流時間を評価するテスト(social interaction test)が用いられる．

社会不安障害［social anxiety disorder］ ⇌ 社会不安

弱電気魚［weakly electric fish］　尾部にある電気器官(または発電器官 electric organ)から数ボルト程度の電気を発生する淡水魚．モルミリ目とジムノティ目に数百種が知られる．電気器官には電気的に興奮する多数の**発電細胞**(electrocyte)が直列に配置され，脳内のペースメーカー核からの発火指令によりいっせいに興奮する(図)．持続時間約数ミリ秒の電気パルスを発生する種類と，波状の発電を継続的に行う種類がある．体表に備わった電気受容器でみずから発生した電気のフィードバック信号を受容し**電気定位***を行う一方，個体間で電気信号を交換する**電気コミュニケーション***も行う．電気定位では，フィードバック信号の強度と時間情報が解析され，近傍の物体のもつ電気抵抗と電気容量を感知し，物体の大きさ・形・距離なども判断する．電気コミュニケーションでは，発電の頻度またはパルスの波形を用いて種特異的な求愛・性差・攻撃・威嚇などの情報が伝達される．モルミリ目とジムノティ目の電気魚は電気的能力を独立に進化させながら，その神経機構は酷似しており，比較生理学の好材料である．

若年期［juvenile period］ ⇌ 発達期
弱齢期［juvenile period］ ⇌ 発達期
視野再現［retinotopy］ ⇌ 投射性脳地図

射精［ejaculation］　ペニスから精液が放出されること．多くの場合，射精が確認されると一連の性行動が終了したと考える．マウスやラット，ヒトでは，射精と同時に虚脱状態となり，一時的に不応期とよばれる性的に不活性状態になる．マウスやラット，ムササビ，マカク類では，射精によって，雌の膣口に膣栓(交尾栓*)が形成される．これは膣内で雄の精嚢分泌物が前立腺の一部である凝固腺からの分泌液により凝固したもので，他の雄との交尾を防ぐ役割があると考えられている．

射精戦略［strategic ejaculation］　交尾をめぐる競争的な状況に応じて，交尾の際に，雄が雌に渡す射精量を可塑的に変化させること．種内競争の強さが，射精量を変える要因となることを予測したのは G. A. Parker である(1998年)．その後，多くの動物が射精戦略を採用していることが報告されてきた．たとえば，雄が経験する交尾回数が多いと1回に費やす射精量を減らす，ライバル雄が多いと射精量を多くする，あるいは雌の質(蔵卵数，妊娠可能性など)が高いと射精量を多くすることなど．射精量の変更ではなく，射精の質を変える，つぎのような射精戦略も知られている．チョウ目の昆虫は，雄が受精に使われる有核精子と受精しない無核精子をつくり雌に渡すが，競争的環境の厳しさによって有核精子の比率を変えるとの報告がある．

遮断 ⇌ 遮断化
遮断化［deprivation］　特定の刺激への接触が制限された状態一般をいう．多くの場合，動物に与える餌や水の量を制限する手続きに対して用い

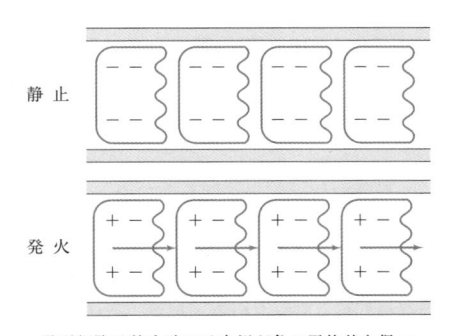

発電細胞は静止時には内側が負の電位差を保つ．発火時には一方の膜のみが脱分極し，全体として起電力(矢印)が生じる．

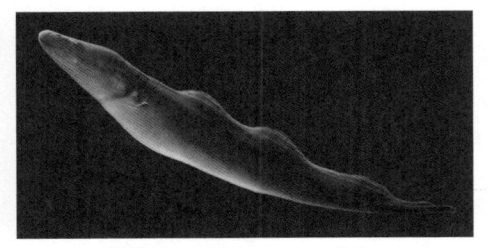

弱電気魚の一種 *Gymnarchus niloticus*

られる．特に，オペラント条件づけ*の実験においては，強化子*として用いる刺激を制限することにより，その刺激の強化子としての効力を高めることができる．このような遮断化は確立操作*の代表的な手続きである．たとえば，小さな餌粒を強化子として用いて，ラットのレバー押し行動を条件づける場合には，典型的にはラットに与える餌の量を制限することを行う．具体的には，好きなだけ食べている場合の体重（自由摂食時体重*）の85%程度まで体重が減るように，毎日与える餌の量を減らすことが多い．これを食物遮断化（food deprivation）という．なお，たとえば話し好きのヒトが話し相手を与えられないなど，餌や水以外の刺激（ここでは話し相手）への接触が制限された状態も遮断化とよぶ．また，ラットが回転輪で走行する機会を制限するように，特定の行動を行う機会が制限された場合も遮断化とよぶ．（⇒飽和化，プレマックの原理，反応遮断化）

遮断薬［blocker］　＝アンタゴニスト

視野地図［retinotopy］　⇒投射性脳地図

弱化［punishment］　オペラント行動*に環境事象が随伴した結果，その後のオペラント行動の出現頻度が以前よりも減少した場合，そのような随伴事態や手続き，もしくは現象を弱化あるいは罰*とよび，随伴された環境事象は弱化子*（罰子）とよばれる．多くの学習場面で強化*とは対称的な結果をもっている反面，弱化による行動の制御は副産物として不快情動行動を典型とするレスポンデント行動*を誘発しやすく，こうした行動が新しいオペラント行動の成立を阻害するともいわれてきた．たとえば弱化子として電気ショックを用いた場合，動物は実験箱内で興奮したり，あるいはまったく活動することを停止してしまう（凍結反応*）．このようなときに新しい行動を形成することは大変難しい．

弱化子［punisher］　罰子ともいう．ある反応のベースライン時に測定された反応率*が，その反応が起こった後に与えられる刺激（たとえば電気ショック）によって低下し，その刺激が取去られるとベースライン時の反応率に戻ることが確認されたとき，この刺激を弱化子とよぶ．逆に，ベースライン時に測定された反応率よりも高くなるような後続刺激は強化子*とよばれる．

シャーデンフロイデ［schadenfreude］　⇒情動伝染

シャトル箱［shuttle box］　回避学習*の検討に用いられる実験装置．標準的なシャトル箱は，同型の四角い2室が連結された左右対称の構造になっており，床面は電気ショックを提示するための金属製の格子状であることが多い．両室間はゲートや背の低い障壁で区切られているが，被験体は，2室間を自由に移動することができる．電気ショックの警告信号として光や音のオン・オフが用いられるため，たいていはこれらの刺激を提示するためのランプやスピーカーが取付けられている．

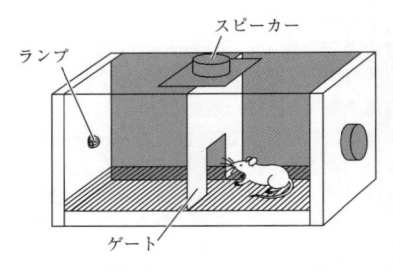

シャファー側枝［Schaffer collateral］　⇒長期増強

種［species］　生物種（biological species）ともいう．生物の基本単位とされる．20世紀前半頃まではおもに形態的種（類型学的種）が用いられ，形態的に似たもの同士を同じ種としてきた．しかし姉妹種*の存在や性的二型*，地域変異，個体変異など形態のみで種を分けることができないことがあることや，進化という概念が受容されることで，形態的種の限界が明らかになった．20世紀中頃以降は"種は実際にあるいは潜在的に相互交配する自然集団のグループで，他のグループとは生殖的に隔離されている"と定義される生物学的種概念*が主流を占める．ただ，それ以降も種概念について数十もの提案がなされてきた．現代的な種概念は不可逆性を重視するものと識別可能性（または単系統性）を重視するものに大別できる．前者の代表は生物学的種概念で後者の代表は系統的種概念といえる．近年，これらを統合させる試みとして一般的メタ個体群系譜概念などが提唱されている．

雌雄異体［dioecy］　⇒雌雄同体

自由オペラント手続き［free-operant procedure］　＝フリーオペラント手続き

収穫ダンス　⇒ミツバチのダンス

収穫逓減［diminishing returns］　もともと経

済学における用語であり，収穫逓減の法則ともいう．ある行動にかかるコスト*(C)を増加させても無限に収穫量(ベネフィット*，B)が増加するわけではなく，徐々に増加率は減少し，ついには頭打ちになることをさす．動物行動学では，ある行動に対する投資量を一単位増やしたときに，どの程度適応度*や生存率などのベネフィットが増加するかを示す尺度である．一般に，微分dB/dCがCの増加とともに減少する場合にその法則が成立している．したがって，数学的には$dB/dC>0$かつ$d^2B/dC^2<0$となる．(→ コストベネフィット解析)

終環 [terminal link] → 並立連鎖スケジュール

習慣形成 [habit formation] → 過剰学習

周期ゼミ [periodical cicada] 米国の東部から中西部・南部に生息するセミで Magicicada septendecim (17年)，M. tredicim (13年) をはじめ，7種が知られている(図)．成虫は17年または13年間に一度大発生，しかし発生年の前後は発生しないという素数年の周期をもつことから，周期ゼミまたは素数ゼミとよばれている．生息場所では1本の木に数万匹を超えることもあり，強い定住性・集合性をもっている．17年・13年の素数周期の進化については，捕食回避仮説など生態学的要因による仮説が提唱されてきた．近年氷河期による気候変動を考慮した以下の進化史が提唱された．毎年発生していた周期ゼミの祖先は，氷河期に入ると幼虫の成長が抑えられ，成虫に至るまでの年数が延びて絶滅して，運良く成虫に羽化して交尾できたセミが，子孫同士の出会いが確実になる周期性を獲得した．さまざまな周期が進化したが，のちに異なる周期が交雑して子孫の周期がず

Magicicada tredecassini (13年ゼミ) は，13年ごとに地上に出て成虫となりいっせいに繁殖する．

れアリー効果*により絶滅した．このとき，発生年の出会い確率が格段に低い17年や13年の素数周期は個体数を増やして生き残ったと考えられる．

周期的変動 [oscillation] ある現象が一定の時間をおいて同じように繰返されることをいう．バネのような単純な物理学的動きから，生体内における内分泌の日内変動や性周期*など，さらに季節の変動や潮位の変動などをいう．代表的な生物学的周期的変動は概日リズム*である．ほとんどの生物にみられる約24時間周期の生理現象であり，就眠パターンなど，外界からの刺激がなくても内在的に形成される．ヒトの概日リズムは正確には24.2時間であるが，光や温度などによって24時間に修正されると考えられる．そのほかの生体内周期的変動として，神経の発火パターンや，生殖周期があげられる．一方，マクロな変動として，人間社会における景気の波も景気循環といわれる周期的変動の一種である．各局面の分類には諸説存在し，周期の幅も数年から数十年と考えられている．

自由継続リズム [free-running rhythm] → 概日リズム

集合 [aggregation] 2個体以上の同種個体が空間的に集まっている状態をさす．単に環境条件の結果(たとえば採餌場所が限られているため集合する)として個体が集まっている場合を"集合"，個体間の相互誘引の結果として個体が集まり，多少とも統一的な行動をとる場合を"群れ*"とよんで厳密に区別する場合もある．

集合効果 [aggregation effect] → 集合性

集合性 [gregarious habit] 動物において集合して生活する習性のこと．とりわけ昆虫類の幼虫における集合生活をさすことが多く，そのような昆虫は集合性昆虫(gregarious insect)とよばれる．親子関係が基礎になっている亜社会性*や真社会性*とは違って，同時期に産みつけられた卵塊からのきょうだいの集まりであり，集合フェロモン(aggregation pheromone)などにより積極的に誘引し合っている．昆虫が集合することの適応的意義はさまざまである．チャドクガやマツノハバチの幼虫では，単独では食べられないような堅い葉でも集団では摂食できる．集団のなかに，かじる力が強い個体がいて，他の個体はその食い跡から食べることができるからである．またカメムシ類をはじめ多くの集合性昆虫(図)において，集合することで幼虫の発育が促進されることがわかってい

る．このような集合の生存や発育におけるプラスの効果のことを集合効果（aggregation effect）とよぶ．昆虫の集合性を含む，動物の群れ形成の最も普遍的な適応的意義としては，自分が捕食対象になる可能性が低くなるというううめ効果* がある．キクイムシの成虫は集合フェロモンにより特定の木に集中して繁殖するが，それは樹木の防御に対する対抗戦略である．相変異* を示すことで有名なトビバッタ類の場合は，個体群密度が高まり群生相化すると幼虫は集合性を発達させ，成虫の群飛* につながっていく．

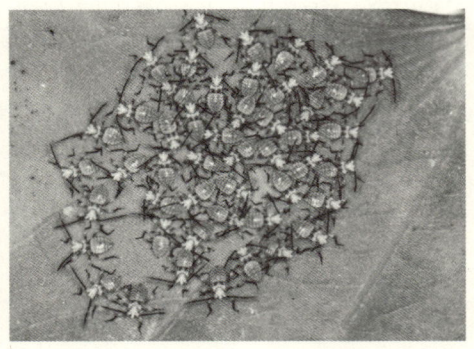

ホオズキカメムシ 1 齢幼虫の集団．集団を形成することで発育が促進され，また個体当たりの捕食される確率が低くなる．

集合性昆虫［gregarious insect］ ⇒ 集合性
集合知［collective intelligence］ 集団的知性ともいう．多数の個体からなる集団が全体として統合され，その集団自体にヒトの個体にみられるような，もしくはそれ以上の高度な認知的機能が備わっているようにみなせる状態．指示する内容や対象は群知能* と共通する部分が多いが，群知能がおもにヒト以外の生物における群れの挙動を念頭に置き，それらの群れが達成する高度に複雑な秩序や機能をさす概念であるのに対して，集合知ではヒトの組織的集団や人工物であるコンピュータの通信ネットワークなども含んでいる．集合知の研究では，ヒトの個体が示すもろもろの認知的機能の拡張を念頭に置いたものが多い．集団の統合には，自己組織化* が大きく関与している．

集合フェロモン［aggregation pheromone］ ⇒ 集合性
自由試行［free trial］ ⇒ 強制試行
ジュウシマツ〚十姉妹〛［Bengalese finch］ 学名 Lonchura striata var. domestica．スズメ目カエデチョウ科に属する．体長約 12 cm．日本では江戸時代（250 年ほど前）に中国のコシジロキンパラ（インドから東南アジア・中国・台湾・沖縄に分布）から家禽化された．育雛上手であることから，多種の飼い鳥の仮親として用いられてきた．雄のみが歌* をうたう．外見的に性的二型* がないため，初対面の雄同士で求愛の歌をうたい合うことがある．歌は原種よりも構造が複雑で音圧も大きいが，これは雌による選択と家禽化に伴う捕食圧の減少により生じたと考えられている．この複雑な歌は文法構造があること，歌の維持には成鳥においても聴覚フィードバック* が重要であることがわかっている．臨界期のある歌学習をする鳥種では，歌が結晶化した後は歌をうたうのに聴覚フィードバックは不要であると考えられてきた．しかし聴覚剥奪をしたジュウシマツでは歌構造がすぐに変化することが確認され，前説は覆された．また，原種でもこのことは確認されている．なお，ヨーロッパのジュウシマツは日本のジュウシマツよりも体色が黒く，体サイズは大きめである．また，歌の構造や音圧は日本のジュウシマツと原種の中間の特徴をもつ．

終宿主［definitive host］ ⇒ 寄生
囚人のジレンマ［prisoner's dilemma, PD］
集団にとっての最適な行動と個体にとっての最適な行動が一致しないため，協力の達成が困難である状況のこと．別室で取調べを受ける容疑者二人が，それぞれ犯行を自供するか黙秘するかを迫られた際，互いに協力して黙秘すれば犯行を立証されることはないが，相手だけ自白に転じ自分が重い罪に問われることを恐れると，互いに相手を裏切って自白してしまい協力が達成できない，というストーリーで語られる．この状況を抽象化したゲーム理論* のモデルを囚人のジレンマゲームと

		相手	
		協力（黙秘）	非協力（自白）
自分	協力（黙秘）	3点 / 3点	5点 / 0点
	非協力（自白）	0点 / 5点	1点 / 1点

囚人のジレンマゲームの利得表の一例．各セルの左下が自分の，右上が相手の利得を表す．互いに協力したときの利得（3）は，互いに非協力のときの利得（1）より大きい．しかし，協力する相手に協力しないと最大の利得（5）が得られ，そのとき相手の利得は最低（0）になる．

よぶ．また同一の相手とこのゲームを繰返し対戦する"繰返し囚人のジレンマゲーム"は，互恵的利他行動*の理論研究において重要な役割を果たす．

囚人のジレンマゲーム ⇌ 囚人のジレンマ

自由摂食時体重［free-feeding weight］ アドリブ体重（ad libitum weight, ad lib. weight）ともいう．1日24時間常に餌と水を与え続け，実験対象となる動物がいつでも自由に餌と水を摂取できる条件で飼育し続けた場合に維持される体重のこと．餌を正の強化子（報酬*）として用いる行動実験では，通常，動物に与える餌の量を制限するが，その制限の強さを自由摂食時体重に対して何%程度まで体重を減少させるかによって規定することが多い．たとえばラットでは，自由摂食時体重の85%程度の体重にまで体重が減少するよう，餌の量を制限することが多い．（⇌ 動因操作，確立操作）

就巣性(1)［altricial］ ⇌ 離巣性/就巣性

就巣性(2)［broodiness］ 卵を温めてかえそうとする行動，または性質．母性行動*の一つ．下垂体から分泌されるホルモン，プロラクチンによって誘発される．卵を温めている間，雌の産卵は停止し採餌も少なくなるため，家禽では交配によって抑制されている（採卵種である白色レグホンなど）．おもに雌の特性であるが，鳥類では雌雄ともに就巣性を示す種も多い．爬虫類・両生類においてもみられる場合がある．

従属変数［dependent variable］ 独立変数*（実験変数）の操作の結果，反応として現れると考えられる測定値．たとえば薬剤の投与量や投与の有無のように研究者が操作できる実験要因を独立変数とした場合，それに伴って変化すると考えられる，反応時間や正答率などの反応の指標が従属変数となる．実験群*と統制群*の間での比較のように，群間で比較を行う場合もそれぞれの群の反応の指標は群の性質によって変化しうる従属変数と考えられる．

渋滞［jam, congestion］ 車や人などが集団行動する際に，その交通量が密度の増加とともに低下してしまう状態のこと．たとえば人の流れでは，人口密度が1 m²に約2人程度までは渋滞せず，人口密度の増加とともに交通量（決められた時間の間にある場所を通過する人数）は比例して増えてゆく（図）．そして人口密度が2人を超えると他者の存在で動きにくくなり，逆に交通量は人口密度の増加とともに低下していく．密度の増加に従って交通量が増加から減少に転じるところが渋滞の開始で，そのときの密度を**臨界密度**（critical density）という．そして流れが臨界密度以上の密度になっている状態を渋滞と定義する．車の場合の臨界密度は，高速道路では1 km当たり約25台であることが知られている．渋滞をつくる原因としては，通路幅の減少など外部から流れを妨げるボトルネック型のものと，流れ自体に内在する不安定性（互いの距離を詰めて高速に動く状態は不安定）に起因するものがある．インドに生息する典型的なアリの行列を長期間自然観察した例では，アリの密度（アリの行列全体の長さに対してアリの体長の合計が占める長さ）は約70%以上大きくなることはなく，しかもこの密度まではアリの交通量は増加し続けることが示された．さらに平均速度もこの間はほぼ一定で，秒速5 cmを保っていることもわかった．つまりこのアリは混んできても無理に詰めないことで交通量を落とさず，結果として渋滞を作らないために効率の良い運搬ができている．

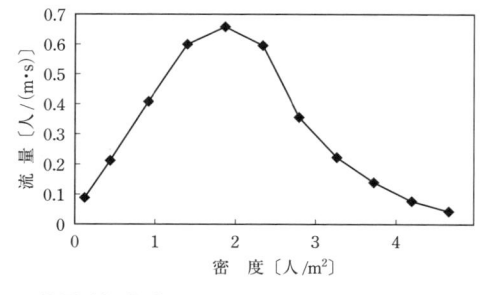

集団遺伝学［population genetics］ 生物集団の遺伝的構成（遺伝子頻度，遺伝的系図など）にかかわる時間変化や進化についての研究分野．19世紀に提唱されたC. R. Darwin*の自然選択説とG. J. Mendelの遺伝の法則を統合して，1930年代に理論集団遺伝学が成立した．初期の体系化にはR. A. Fisher*，J. B. S. Haldane*，S. G. Wright*の3人の研究者の貢献が大きく，これが1940年～1950年代に確立した"進化総合説"の理論的支柱となった（⇌ 進化学統合）．同様に，木村資生*により発表された中立説*（1968年）も理論集団遺伝学の基盤をもち，集団遺伝学は20世紀の進化学の柱となった．応用面では，実験しにくいヒト集団での分析や予測，動植物の育種などの予測に大きく貢献した．一方で，集団遺伝学はすべ

て遺伝子頻度や遺伝的系図で解析するために，細胞内の生理や代謝，表現型可塑性*やエピジェネティクス*，生殖隔離*と種分化*など，遺伝子や遺伝的メカニズムが解明されていない現象にはあまり機能しない面もある．そのため，最近はバイオインフォマティクスやシステム生物学などの新しい学問も登場している．

集団遺伝構造［population genetic structure］ある地域における対立遺伝子の非ランダムな空間分布パターン．集団や種を構成する個体がランダムに交配相手を選んで交配（任意交配 random mating）し，また個体が自由に集団内や生息域内を移動できれば，種は遺伝的に均質な集団や個体で構成されるようになる（⇌遺伝子流動）．しかし実際には任意交配や個体の自由な移動が常に可能なわけではなく，結果として遺伝的に類似した個体が，互いにより近傍に位置するようになる．さらに，環境の差異に対応した局所適応によっても対立遺伝子頻度は空間的に変化する．集団遺伝構造については多様な解析方法が考案されてきたが，古くから広く用いられている S. G. Wright* の F 統計量では，種を，個体，局所集団（local population，サブ個体群 sub-population），全集団という三つのレベルに分割し，ヘテロ接合度の期待値と観察値をもとに，近交係数*（F_{IS}）や集団の遺伝的分化係数（F_{ST}）を計算する．最近はゲノムレベルの大量の遺伝情報が野生生物を対象に解析できるようになり，多数の中立遺伝子座や適応遺伝子座について対立遺伝子の空間的分布様式と環境要因との関連を大規模に解析するランドスケープゲノミクス（landscape genomics）という研究アプローチもとられている．

集団営巣［colonial nesting］ コロニー繁殖ともいう．カモメ，アホウドリ，ウミスズメなどの海鳥類は集団繁殖地内に狭いなわばりをもって営巣する．また，イワツバメやサンショクツバメなどのツバメ類は岩場や建物に集団で営巣する．集団営巣により，捕食者の撃退（モビング*），うすめ効果*などを通じて捕食率を下げることができる．また，他個体の行動をもとに良質の採餌場所を見いだすことで採餌効率を上げることができる（⇌情報センター仮説）．その一方では，外部寄生虫の蔓延や混み合いによる隣接個体からの攻撃などにより雛の死亡率が高まるというリスクがある．サンショクツバメでは種内托卵*がみられる．この種では雌は自身が産んだ卵をくわえて運び，他のつがいの卵の中に潜り込ませる．種内托卵により托卵雌は繁殖成功を高めることができる．

集団顕示行動［epideictic display］ 動物が集団で自己の個体数を調整するために進化させた行動として，V. C. Wynne-Edwards が唱えた仮説（1964年）．たとえば，ムクドリやホシムクドリは，夜，ねぐらに入る前に大集団で群飛*を行うが，この群飛により個々の鳥が集団の大きさを認識し，個体数が多すぎる場合には次年度の繁殖努力を控えたりするための目安にするというもの．個体数の安定のために繁殖率を下げるといった利他的な行動が，個々の個体の自発的努力によってなされているとする群選択*理論だが，現在はほとんど顧みられていない．

終端行動［terminal behavior］ 最終行動，終末行動ともいう．スケジュール誘導性行動*のうち，強化子と強化子の間隔中の初期にはめったにみられないが，強化子の提示時間が近づくにつれて頻繁にみられる行動．たとえば，ハトに餌粒を強化子としてキーをつつく行動を条件づけた場合，餌粒が与えられる前頃には，餌箱の近くをつつく行動などが頻発する．このように，終端行動は，強化子を摂取する行動と類似していることが多い．これに対して，強化子と強化子の間隔中の初期に多くみられる行動を中間行動*とよぶ．

集団コーディング仮説［population coding hypothesis］ ⇌神経符号化

集団生活［group living, colonial life］ 複数個体が集まって生活することだが（⇌群れ生活），日本語の集団生活には，集団が高度に機能的に統合された社会性昆虫のコロニーやサンゴのような群体生物あるいは超個体*の生活様式も含まれる．この場合，個体は群れから物理的に離れるのが困難であるか，群れに属することなしに生存や繁殖は難しいので，"群れ生活"で論じられる群れることの利益やコストはあまり学問上の問題にはされない．colonial life は単細胞生物の集合体の意味で使われることが多い．

集団生物学［population biology］ ＝個体群生態学

集団選択［group selection］ ＝群選択

縦断的研究［longitudinal study］ ⇌横断的研究

集団的攻撃行動［group attack behavior］ 複数の動物個体が同時に特定の他個体に対し攻撃や威嚇をする行動．集団で生活や繁殖を行う種で多くみられ，集団のメンバー，特に配偶相手や子の

防衛，なわばりなどの資源の防衛のために行われる．また配偶相手をめぐる競争や集団中の順位制*の確立の過程でも行われる．ただし獲物に対する集団での捕食は含めない．集団的攻撃は同種個体で行われる場合がほとんどだが，鳥類のモビング*では異種個体で行われることもある．集団的攻撃は外敵などの特定の対象に集団中の個体が単独で攻撃や威嚇を開始したとき，その個体が発する鳴き声やにおい，化学物質などに刺激され，近隣にいた他個体も同調して攻撃や威嚇を開始することによって起こる．哺乳類や鳥類では，同調していても攻撃は各個体で独立して行われることが多いが，ニホンミツバチの熱殺蜂球*のように高度な協力のもとに行われる例もある．

集団的知性［collective intelligence］＝集合知

集団ねぐら［colonial roost, colony］⇒ねぐら

集団の粘性［population viscosity］⇒群選択モデル

集団発光［swarming luminescence, synchronous flashing, synchronized flashing］［1］発光生物の発光活動時間帯が集団内で同期する現象（⇒同調化現象）．ゲンジボタルは日没およそ1時間後から約1時間にわたり，発光しながら集団で活発に飛び回る．また，シリス科の発光ゴカイでは，特定の季節と時間帯にいっせいに海面近くに集まって発光する行動が観察されている．［2］発光生物の発光明滅パターンが集団内で同期する現象は同時明滅（synchronized flashing）とよばれる．ゲンジボタルを含め，ホタル科の種類の雄でその例が報告されている．特に，東南アジアのいくつかの種は，一つの樹に多数の個体が集まり樹全体の発光が強く同調した明滅を行うことで知られる．各個体が視覚により他の発光パターンを認識することで集団全体が同期すると考えられており，メカニズムについての数理シミュレーションも行われている．ホタルが同時明滅する生態的な意義については効率的に集団を形成する，効率的に雌を探す，などの仮説があるが，明確ではない．

集中貯蔵［larder hoarding］⇒貯食

集中分布［clumped distribution］⇒分布様式

雌雄同体［hermaphrodite］雄と雌の機能を同一個体がもつこと．同時期に両性の生殖器官が成熟し，どちらの性としても繁殖可能な場合を同時的雌雄同体（simultaneous hermaphrodite）とよび（図），サンゴ，ウミウシやナメクジ，ミミズなどの多くの無脊椎動物や植物でみられる．同時期には一方の機能しかないが，性を転換させ生涯の間に雌雄両性として繁殖が可能な場合を隣接的雌雄同体（sequential hermaphrodite）とよぶ（⇒性転換）．これに対し，生涯を通し，雄か雌どちらか一方の性としてしか繁殖しない場合を**雌雄異体**（dioecy）とよぶ．

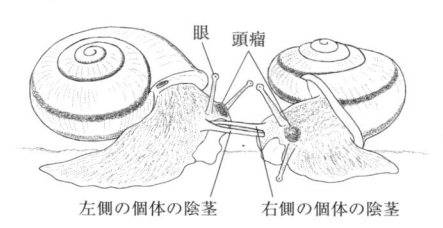

カタツムリの同時正逆交尾．交尾する二個体は，頭瘤を膨らませ，互いに同じ行動をして求愛・交尾し，精子を交換し，産卵する．交尾ごとに両者は同時に雌雄二役を果たす．頭瘤からは性フェロモンが分泌されると考えられる．

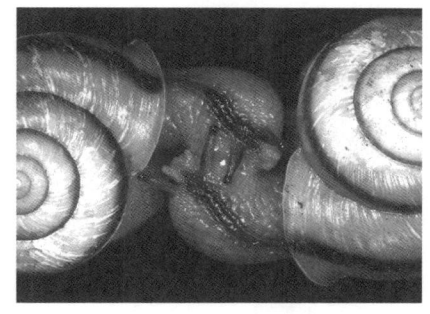

セトウチマイマイの交尾

習得的行動［acquired behavior］⇒生得的行動

雌雄の対立⇒性的対立

周波数特性［frequency characteristics］信号を伝達する経路の中で，信号がどのような変形を受けるかを，その伝達経路がもつ特性として，周波数ごとに表したもの．一般に，振幅-周波数特性のことをさし，横軸を周波数，縦軸を振幅として表示する．入力信号を正弦波として，その振幅を一定に保ちつつ周波数を変化させたときに，伝達経路が出力する信号の振幅を，入力信号の周波数の関数として表す．または，伝達系が入力信号をどの程度増幅・減衰させるかを周波数ごとに示す．生体内の信号伝達についても同様に表現することができる．たとえば，末梢の感覚器を生体外部から内部への信号伝達系とみなして，その周波数特性を検討することがある．ヒトの外耳道を，耳介から鼓膜まで音を伝達する経路とみなした場

合，3〜4 kHz 付近を 10 dB ほど増幅する周波数特性をもつ．

周閉経期［perimenopause］⇌閉経
終末行動［terminal behavior］＝終端行動
雌雄モザイク［gynandromorph］⇌キメラ
重力効果［gravity effect］⇌生物的運動
重力走性［gravitaxis］⇌走性
収れん［convergence］　複数の系統群において，異なる祖先形質*から類似の形質が進化すること．ホモプラシー*(成因的相同)の進化．たとえばタコとヒトは，それぞれ表皮と神経組織という異なる祖先形質からカメラ眼*(可動性のある単体のレンズ，光量を調整する機能，および広い光受容組織を備えた眼)を進化させるという収れんを起こしている．また鳥類とコウモリは，おそらくは大きく形状の異なった地上性脊椎動物の前肢からそれぞれ独立に翼を進化させるという収れんを起こしている(⇌ホモプラシー［図］)．オーストラリアにおける有袋類の放散とユーラシアにおける真獣類の放散の間にも，姿かたちに収れんの例が多くみられる(図)．同じ祖先形質から独立に類似の形質が進化する場合を区別して平行進化*とよぶ．しかし両者の区別はしばしば主観的であり，必要ないと考える研究者も少なくない．収れん，平行進化ともに，同じ選択圧のもとで促進されることの多い進化現象であるため，しばし

真獣類	有袋類
オオカミ	フクロオオカミ
モモンガ	フクロモモンガ
オセロット	フクロネコ
ネズミ	フクロネズミ
マーモット	ウォンバット
アリクイ	フクロアリクイ

ユーラシア大陸での真獣類の種とオーストラリア大陸での有袋類の種を比べると，独立に進化したにもかかわらず同じニッチに適応したよく似た種が進化する．

ば自然選択*の証拠とされる．(⇌アナロジー，ホモロジー)

種概念［species concept］　種という分類単位を定義する際に採用する基準のこと．そもそも種とは，分類学者がおもに形態形質のみに着目して，主観的に定義してきた任意の単位である．進化を想定すると，形質には時間的・空間的な連続性があって然るべきであり，形質の永久不変を前提とした伝統的な種分類は実態にそぐわない．しかし種という単位は情報伝達のうえで依然として有用である．この不整合を解消するには，どの種概念を採用して種を定義しているのかをケースバイケースに明示する必要がある．現在では，形態的種概念，系統学的種概念など，重視する要素ごとに 24 もの種概念が提案されている．広く採用されているのは E. Mayr の提唱した生物学的種概念*で，種は"潜在的に交配可能な個体からなる集団"と定義される．ただし，生物学的種概念は無性生殖生物やウイルスなどや，また，交配可能かどうかを確かめられない古生物には適用できない．(⇌種分化)

種間作用物質［allelochemical］　アレロケミカルともいう．自然条件下で 2 個体間の相互作用を媒介し，その受容者に行動的あるいは生理的な反応をひき起こす物質(情報化学物質 infochemical)の一つで，異種間で作用するものをいう．なお，同種間で作用する情報化学物質はフェロモン*とよばれる．種間作用物質は，それを放出する者と受容する者の異種 2 個体(種 A と種 B というレベルでなく，生物 1 と生物 2 というレベル)それぞれの利益(適応上の利益)の有無に注目し，シノモン*(放出者，受容者双方に有利)，アロモン*(放出者のみに有利)，カイロモン*(受容者のみに有利)，アンタイモン*(放出者にとっても受容者にとっても有利でない)という四つに分類される．また放出者は，必ずしも生産者とは限らない．

主観的等価点［point of subjective equality, PSE］⇌心理物理学
種間比較［interspecific comparison］⇌系統種間比較法
主嗅球［main olfactory bulb］⇌嗅球
宿主［host］　寄生者によって寄生*される動物種や個体のこと．住血吸虫などの寄生虫や，寄生バチ*だけでなく，托卵*のような社会寄生*の場合にも宿主という言葉が用いられる．カなど，線虫やマラリア原虫などの病原体の媒介者

は，中間宿主とよばれる．中間宿主に対する寄生者の害性は必ずしも高くないが，標的である終宿主への感染を確実にするために行動を操作されることもある（＝宿主操作）．一方，植物の場合は寄主とよばれ，虫こぶ*をつくるアブラムシや，イチジクコバチ，松枯れ病をひき起こすマツノザイセンチュウなどに寄生される植物はすべて寄主である．寄生者の害性が高いほど，宿主の防衛戦略への選択圧も強くなり，軍拡競争*型の拮抗的な共進化*の動因となる．

宿主操作［host manipulation］　寄生性の病原生物や捕食寄生者*あるいは共生微生物が，自身が寄生している宿主*や寄主の行動，表現型*，生理状態を都合の良い方向へ変化させることにより適応度を高めること．中間宿主をもつ真正寄生者においてしばしば観察され，中間宿主の行動や外見を変化させることで，終宿主への感染成功を高める．さまざまな分類群で知られるが，そのメカニズムについては不明な点が多い．ネコを終宿主とするトキソプラズマ原虫は中間宿主のネズミがネコの尿に誘引されるように行動を変化させる．槍型吸虫はカタツムリ-アリという2種類の中間宿主を経て終宿主であるヒツジやウシなどの草食動物に感染するが，中間宿主のアリを植物体の先端に移動させ，かつその場で植物を強く噛み動かなくしてしまう．こうすることで終宿主への感染成功率を上げる．ハリガネムシには幼生期に陸生昆虫に寄生し，成熟すると水生生活を送るものがあるが，その仲間には寄生したコオロギを水中へダイビングさせるという自殺行動を誘導するものが知られる．そうすることでハリガネムシの成体が繁殖場所である水中への移動を成功させる．一方，細胞内共生微生物であるボルバキア*は，卵の細胞質を介して垂直伝播するため宿主の雄側から精子を通しては次世代の宿主へ伝播できない．そのため単倍数性の寄生バチ*を宿主にするボルバキアにおいては雌バチの生産する卵をすべて二倍体卵にすることで宿主が産雌性単為生殖*するようにしむける．捕食寄生者においても寄主の行動を操作する例が知られ，飼い殺し型の捕食寄生者には寄生発育を制御するものがあり，ある種では寄主の摂食量を増大させ，また別の種類では早熟変態させる．このような現象を寄主制御（host regulation）とよぶ．また，越冬世代のアブラバチは寄主アブラムシが越冬場所に適した地上周辺へと移動させる．飼い殺し型コマユバチには成熟幼虫が寄主から脱出した後も寄主を生かしておくグループがあり，寄主はその場を離れずコマユバチのまゆを保護するボディーガードの役割を果たす．タマバチやタマバエなどの虫こぶ*形成者も植物の表現型を都合良く変化させるため，広義の宿主操作（寄主操作）に含めることができる．さらにはかぜの典型的な症状である"せき"も病原性生物がヒトの行動を操作しているとみなすことが可能である．

種子散布［seed dispersal］　動物散布と非動物散布（重力，風，水など）に分けられる．動物による種子の散布のうち，粘着物質やとげなどにより動物の体表に付着して運ばれる付着散布を除き，散布者の動物は食物資源として植物を利用する過程で種子を散布する．被食散布（周食型）では，食物資源となる種子の周りの部分（果肉など）とともに種子を飲み込んだ動物が消化管に入れて運搬した種子を排泄時または吐き戻しで散布する．葉食性哺乳類はイネ科草本の葉よりも上部に位置する種子（穂）をともに食べ，消化しなかった種子を散布している．貯食散布（食べ残し型）では，種子自体が食物資源であり，それを貯食*する習性のある動物が散布者となる．何度も貯食場所を移動させる行動や，他個体による略奪行動も観察され，これらは二次散布といえる．アリ散布の植物の種子の周りには，アリ類を誘因する栄養価の高いエライオソーム（elaiosome）とよばれる付着物があり，アリ類は巣に運んでエライオソームを食物資源とした後，種子を食べ残して巣の外に散布する．アリ散布植物とアリの関係は，花粉媒介*とは違って1対1ではないが，共進化*である．どの散布型の種子（果実）でも，動物にとって時間的空間的に集中分布する食物資源である．被食散布の果実は，動物に食べられるためにつくられた器官であり，利用しやすいため，哺乳類，鳥類，爬虫類，魚類と幅広い動物が利用する．動物種によって種子の破壊程度は異なり，それが散布後の種子の生存にも影響する．どの散布型でも種子サイズや散布者の体サイズおよび行動などさまざまな要因が散布距離を多様にする．散布距離のほかにも種子の破壊率，散布量，散布先の環境，散布後の種子の分布様式などからそれぞれの動物の散布効率が評価される．

樹状突起［dendrite］　⇒神経細胞

受信者動作特性曲線［receiver operating characteristic curve］　＝ROC曲線

受精[fertilization] 雄の配偶子である精子が雌の配偶子である卵子に侵入すること，およびその結果二つの配偶子が接合し，両配偶子からの遺伝子を引き継いで成長能を獲得した受精卵が形成されるまでの過程．体内で受精するものを体内受精*（哺乳類，鳥類など），精子と卵子を放出して体外で受精する場合を体外受精*という．哺乳類では，精子と卵子は雌の卵管膨大部で遭遇し，受精が成立する．卵子を取囲んでいる卵丘細胞層に侵入した精子は，その先端部（先体）が胞状化する**先体反応**(acrosome reaction)を起こし，これに伴って先体から放出されるヒアルロン酸分解酵素によって卵丘細胞間に存在するヒアルロン酸を分解しながら卵子に向かって卵丘細胞層を通過する．その後精子は卵子を取囲む透明帯を通過して卵子細胞膜の表面に接着し，膜融合により卵細胞質内に取込まれる（図）．精子と卵子との融合後，透明膜は物理的および化学的に変化し（**透明帯反応** zona reaction），それ以上の精子の侵入を阻止する（**多精拒否** polyspermy block）．取込まれた精子の核と卵子の核が融合することで，受精が完了する．

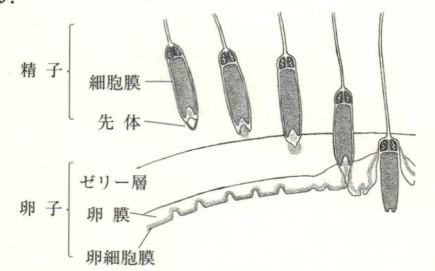

精子 ─ 細胞膜／先体
卵子 ─ ゼリー層／卵膜／卵細胞膜

授精[insemination] 媒精ともいう．体内受精*を行う動物の場合は，交尾*や精包*によって雄が雌へ精子を渡すこと．体外受精*では雌が放出した卵に，雄が精子を放出して，卵と精子を結合させる．魚類の一部やロブスターなどでは，雄は交尾によって雌体内に精子を注入するが，雌は卵を体外に放出して，その精子を使って体外受精を行う．雌に渡す精子量や卵に放出する精子の量は，その雄の授精成功に大きな影響を与え，また他の雄精子との精子競争*にも重要な要素である．体内受精種では，配偶相手の雄に対する好みによって雌が交尾時間や精包から精子を受取る時間を調節したり，好みでない雄との配偶後に積極的に精子を体外に放出することによって，雌が受精のコントロールを行うことも知られている．人工授精*は雄の授精量や雌のコントロールの影響を制御できるため，たとえば2個体の雄から得た等しい量の精子で授精してそれぞれの雄の精子競争能力を比較するなど，さまざまな実験に取入れられている．(⇒ 配偶者選び，交尾後性選択)

主成分分析[principal component analysis] ⇒ 多変量解析

受精保証仮説[sperm replenishment polyandry] ＝繁殖保険仮説

受精卵移植[embryo transfer] ⇒ 人工授精

種選択[species selection] 種*を単位として作用する自然選択*．古生物学者 S. M. Stanley が1979年に提唱した用語．種内レベルでは，遺伝的浮動*によってランダムに生じた変異に対して自然選択が作用することにより小進化*が生じる．S. J. Gould* と N. Eldredge* が提唱する断続平衡説*の進化モデルに基づけば，種より上位のレベルにおいても同様の進化プロセスが生じると Stanley は主張した．つまり，祖先種のランダムな種分化すなわち**系統的浮動**(phylogenetic drift)によって生じた多様な種間変異に対して種選択が作用することにより大進化*が生じるという説である．1980年代初頭の大進化論争において種選択は一時的に注目を集めたが，その後は理論面とデータから多くの批判を受けている．

シュタッケルベルグ均衡[Stackelberg equilibrium] ⇒ ナッシュ均衡

出次数[outdegree] ⇒ 次数

出生順位[birth order] きょうだいの中での出生の順番．親が子に対して養育投資を行う場合，出生順位が大きく影響する場合がある．母系社会*のニホンザルでは，母親はより年少の娘を庇護するため，姉妹内では一般に末子が優位となる順位が形成される．鳥類では一腹の卵のふ化順で，先にふ化した雛が優先的に給餌を受けたり，成長の速い年長の雛が年少雛を攻撃したりすることがしばしば報告される．特に通常2卵を産む猛禽類では先にふ化した雛が，後からふ化した雛を攻撃し殺すことが知られている（⇒ きょうだい殺し）．F. J. Salloway は，人間行動においても，親からの差別的な投資と子の資源獲得戦略の違いから，出生順位がパーソナリティ形成に影響すると主張した．

出生前期[prenatal period] ⇒ 発達期
出生分散[natal dispersal] ⇒ 分散
出生率[birth rate] ⇒ 世代

樹洞 [cavity, hole, hollow, knothole]　樹木の幹や枝の中に形成された空洞で，さまざまな形状のものがある．おもに，腐朽菌の腐食作用やキツツキ類の営巣活動によって生産される．樹洞は多様な生物の生息場所になる（⇒ 環境エンジニア）．鳥類（キツツキやフクロウ，カラ類など8目）や哺乳類（モモンガなど），両生類，爬虫類，昆虫（アリ，ハチ，カマドウマなど）が，営巣やねぐら，採食，隠れ場所，冬眠のために樹洞を利用する．鳥類では，生産種と利用種が食物網*に類似した階層構造のネットワーク（nest web）をつくることが知られる．これら生物の大半は樹洞を掘れないため既存の樹洞を二次的に獲得する．なかには，ムクドリ類やスズメ類のような海賊行動*や，ゴジュウカラ類のような泥や樹液を用いて樹洞の形状を改変する種がいる．さらに鳥類の営巣樹洞では，たとえばフクロウ類で，チスイコバエやハジラミなどの外部寄生虫，カやブユなどの吸血性昆虫をはじめ，ケラチン食のチョウ目，コウチュウ目昆虫などが同所的に多数確認される（⇒鳥の巣共生系）．樹洞を示す英語表記は，穴状の樹洞を cavity, hole, hollow，枝折れの基部にある場合は knothole，幹折れした樹木の上端にできた窪み状の樹洞を stump, chimney，腐朽の進行や経年劣化によって幹にできた溝状の樹洞を crevice，幹に巻きついたツタにできた樹洞を shelf のように場所や形状によって使い分けられる．

受動的回避 [passive avoidance]　回避学習*の類型の一つ．学習主体は，特定の反応の自発を抑制し，じっとして動かないといった受け身の対処をとることによって嫌悪事象を回避する．実験では，ラットやマウスを被験体とするのが一般的で，被験体が実験装置内の特定の区画に進入した際に電気ショックを与えて条件づけを行う．条件づけを施された被験体は，その効果を判定するための保持テストにおいて，電気ショックを受けた区画へは近づこうとせず，実験装置内の最初に置かれた場所に長くとどまるようになる．条件づけ試行，保持テスト試行，およびこれら両試行間の遅延期間が，記憶における記銘，検索，および保持の過程に対応するため，記憶の動物モデルとして利用される．（⇒ 能動的回避）

手動反応形成 [hand shaping]　⇒ 逐次的接近法

種特異的防御反応 [species-specific defense reaction, SSDR]　種特異的防衛反応ともいう．突然訪れる身の危険へ効果的に対処するため，それぞれの動物種に生得的に備わっている生起しやすい防御反応のレパートリー*．おおむね，逃走，凍結，および闘争の3種類に分類される．回避学習*の実験では，被験体に獲得させようとする回避反応の性質が，種特異的防御反応のいずれかと同じか，少なくとも類似する特徴をもっていれば学習は容易であり，そうでなければ学習は困難である．たとえば，ラットの場合，レバーを押すことによって電気ショックを回避する学習は非常に困難であるが，走ることによって電気ショックを回避する学習は比較的簡単に成立する．（⇒ 学習の生物学的制約）

種内擬態 [automimicry]　警告色*をもつ種において，まずさや防御の程度が個体間で異なる現象．防御の程度が高い個体をモデル（被擬態者），低い個体をミミック（擬態者）とみなす．たとえばオオカバマダラは，トウワタなどのガガイモ科の寄主植物を幼虫時代に食べることでアルカロイドを体内に蓄積する．しかし，植物種によってアルカロイド含有量が違うため，防御の程度は利用した寄主植物によって異なってくる．一般に，有毒物質を体内に蓄積することには生理的なコストが伴うと考えられる．一方，警告色は種内で共有されているため，警告色による捕食回避の効果はどの個体も変わらないだろう．この場合，生理コストが少ないミミックの方が適応度が常に高くなってしまうため，理論上警告色は成り立たなくなってしまうはずである．種内擬態は，共有地の悲劇*と同様の構造になっており，警告色が公共財（public goods）にあたる．種内擬態がありながらなぜ警告色が維持されうるのかについては，今のところ本質的な解決を見ていない．なお，英語では自己擬態*も automimicry とよばれるため注意が必要．（⇒ 擬態）

種内托卵 [intraspecific brood parasitism]　⇒ 托卵

授乳 [lactation]　母親が子に母乳を与える，哺乳類の雌特有の行為．母乳は新生児にとって唯一の栄養源であり，生存に不可欠な行為である．母親の乳腺は妊娠・出産に伴って分泌されるエストロゲン*，プロゲステロン（⇒ 黄体ホルモン），黄体刺激ホルモン*などの作用により発達し，授乳可能な状態となる．視覚や聴覚が未発達で産まれる動物種の子は，おもに嗅覚と母親の体温を頼りに乳頭を探り当てるが，ウサギでは子を乳首に誘導するフェロモン*も同定されている．授乳の

発現頻度は種差が大きく，ラットなどでは1時間に数回の授乳を行うが，ウサギなどでは1日に数回，それも3～5分程度だけである．授乳頻度の少ない種の母乳には多くの栄養素，特に脂肪分が多く含まれている．一般に，水棲動物の母乳の乳脂肪分は陸棲生物より高い．たとえばアザラシでは50％ほどあり，ウシの3～4％と比べてきわめて高い．そのためアザラシの子の体重増加率は高く，約1カ月で離乳する．授乳において乳首に対する子の吸入刺激は重要な刺激となり，下垂体からの黄体刺激ホルモンやオキシトシン＊の分泌を誘導する．このホルモン分泌によって母性行動が活性化される．子の成長に伴い，乳汁への依存度が低下すると，吸入頻度が低下し，それに伴って性周期が回復するようになる．

種認知［species recognition］　同種か異種かを認知すること．多くの種では，異種との交配は不可能，あるいは可能でも不稔の子どもが生まれるため，エネルギーのかかる繁殖行動を正しく同種と行うために重要である．集団を形成して生活する種においても，重要な能力である．生得的な場合と生後学習により成立する場合がある．カモ類やキジ類など早成性＊の鳥類では，刷込み＊という現象がみられ，生後の特定時期に見たものを同種と学習する．種認知には，フェロモン＊や嗅覚刺激によるもの，視覚刺激，聴覚刺激によるものなどがある．霊長類では，自種の姿を好んで見る傾向があり，マカクザルの仲間に自種の写真と近縁種の写真を感覚性強化＊を用いて見せると，自種の写真をより長く見ることが示されている．

種の保存法［Act on Conservation of Endangered Species］　正式名称は"絶滅のおそれのある野生動植物の種の保存に関する法律"．米国のEndangered Species Actを参考に1992年に制定された．政令で指定した国内外の希少野生動植物種の捕獲や譲り渡しなどを禁止し，国内種については，生息地など保護区の指定による開発規制を規定するほか，天然記念物など従来の制度と異なり，必要に応じて回復のための保護増殖計画を策定し，人工増殖や再導入までを含んだ保護増殖事業を実施する．違反に対する罰則も鳥獣保護法＊などに比べ，格段に重い．しかし，2013年時点で，レッドリスト＊絶滅危惧Ⅰ類が2011種であるのに対し，種の保存法の指定種は89種にとどまる．さらに保護増殖計画も簡易か未策定で，保護区の面積も狭い．米国では市民が訴訟を通じて，法の積極的運用を要求する道が開かれているが，わが国でも，専門家などの意見を取入れて，積極的に法律を運用することが望まれる．

"種の利益"説　生物の属性や行動は，個体のレベルではなく，それが属する"種"のために機能するように進化したとみなす主張の総体．この"種の利益(for the good of the species)"説は，個体の自己犠牲を伴う利他的行動の目的論的な説明としてかつて広まっていた．この説をめぐってはつぎの二つの点が重要である．第一は，"種の利益"説と群選択＊説との接点である．1960年代はじめにV. C. Wynne-Edwardsが提唱した"群選択説"は，"種の利益"説を自然選択＊理論に絡めて説明するものだった．生物進化の素過程である自然選択がどのレベルに作用するのかという論議は，遺伝子選択・個体選択＊・群選択などさまざまな立場からの主張が入り混じり，1960～70年代にかけて大きな論争に発展した．その中で素朴な群選択説はしだいに劣勢となり，それとともに"種の利益"説もまた進化学の表舞台から消えていった．のちに1990年代に入り，群選択説は，"種の利益"説とは切り離され，"複数レベル選択理論"として復活することになる．第二は，"種の利益"説と"種問題"との接点である．"種の利益"という観点には個体集団としての"種(species)"が実在し，その集団への帰属が個体の行動・生態・進化を拘束する因果的メカニズムとなりうるという暗黙の仮定が置かれる．しかし，"種"の存在論をめぐっては生物学ならびに生物学哲学にわたる長い論争がなお続いている．この現状を鑑みるならば，"種の利益"という観念そのものが合理的批判に耐えない主張であるといわざるをえない．

受粉［pollination］　＝花粉媒介

種分化［speciation］　もともとはある種から新しい種が分化することをさすが，種概念の混乱から，現在では生殖隔離＊の機構が個体群間に進化すること．生殖隔離機構は接合前隔離機構と接合後隔離機構の二段階に分けられる．前者の進化は自然選択や性選択によって促進されうるのに対して，後者の進化は促進されえないという違いがある．異なる生息環境において異なる自然選択を受けた結果として起こる接合前隔離機構の進化を特に**生態的種分化**(ecological speciation)とよぶ．かつては個体群間の地理的な隔離を前提とする種分化(異所的種分化 allopatric speciation)が一般的

で，個体群が隣接する側所的種分化(parapatric speciation)や地理的隔離を必要としない同所的種分化(sympatric speciation)はまれ，あるいは不可能と考えられてきた．しかし，近年では，遺伝子流動が分化中の個体群間にもある程度あるとする報告が増えてきている．(⇌ 種概念)

寿命 [life span, longevity] 個体の出生から死亡までの時間のこと．動物全般で比較すると，体が大きい生物ほど寿命が長い傾向がある(図)．一般に自然状況下よりも飼育下の方が長く，これは自然状態下では，寒さや飢え，病気，捕食などにより若くして死亡することがあるからである．このような自然状態での寿命を**自然寿命**(natural life span)あるいは**生態的寿命**(ecological life span)とよび，飼育下など自然状態でのストレスがない(軽減された)状態での寿命を**生理的寿命**(physiological life span)という．寿命があるのは老化＊するからであり，なぜ老化があるかについては諸説ある．代表的なものとして，実際の生物はさまざまな要因で若い間に死亡するので寿命を長くするような選択がかかりにくい，老化が起こらないような完璧な修復システムを作るよりも繁殖に投資した方がよいなどがある．寿命の長さは，ほかのさまざまな生活史形質と密接に関係しており，特に繁殖への投資との関係については多くの研究がなされている．

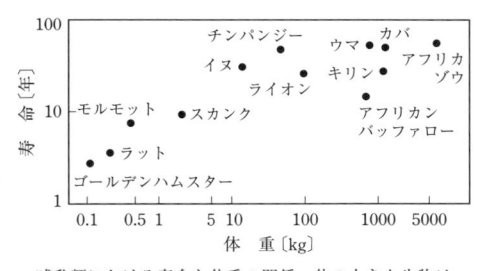

哺乳類における寿命と体重の関係．体の大きな生物は寿命も長い傾向にある．

受容器電位 [receptor potential] ⇌ 感覚受容

需要供給理論 [demand-supply theory] 市場での財の交換が，消費者の需要曲線と供給者の供給曲線が交差する均衡点において実現されるとするミクロ経済学の理論のこと．個体の消費量の変化をもとに財(すなわち強化子＊)の特性を記述・分析するため，S. R. Hurshらにより行動経済学＊に取入れられた．オペラント行動実験では，供給曲線は比率や間隔スケジュールで設定され，強化子の消費量および供給量は，所与の強化スケジュール下で個体が獲得した時間当たりの強化子の量である．図に5条件の行動価格(⇌ コスト)におけるヒヒ1頭の23時間当たりの食物消費量(▲)を示した．行動価格が固定比率スケジュールの値(FR値)で設定されているため，五つの供給曲線(S1〜S5)は縦軸に平行な直線となっている．得られた消費量は均衡点を示すことから，これらを結んで需要曲線を描くことができる．図のような負の傾きをもつ需要曲線はさまざまな動物種や強化子を用いた実験で確認されており，その現象は需要の法則とよばれている．

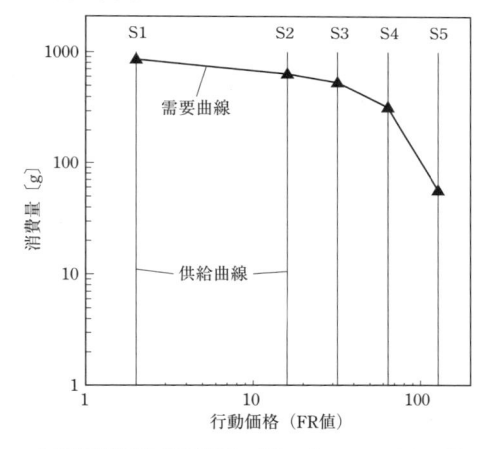

主要5因子性格モデル [five-factor model, big five] ⇌ 気質

主要組織適合遺伝子複合体 [major histocompatibility complex, MHC] 脊椎動物において外来または非自己の組織の拒絶(免疫)に関与する遺伝子座．その産物を**主要組織適合抗原**(major histocompatibility antigen, MHC抗原, MHC分子)といい，大きくクラスⅠとクラスⅡの二つの分子群に分けられる．MHCクラスⅠとMHCクラスⅡ分子は，きわめて多様な構造上の特色をもった分子で，T細胞の活性化を誘導する．MHCとよぶときは，この遺伝子複合体をさす場合と，その産物をさす場合がある．魚類・爬虫類・鳥類・哺乳類(ヒトを含む)の配偶者選び＊に関する研究では，MHCに関連したにおいに基づく配偶相手の選り好みによって，MHCが似ていない相手と配偶する頻度が高くなると考えられている(負の同類交配＊)．*MHC*遺伝子と交尾後の雌による隠れた選り好み(⇌ 交尾後性選択)の関係性も注目さ

れており，近親交配*の回避や免疫反応の高い子を生産する手段の一つとして MHC 遺伝子の類似度が高すぎると，雌は精子や子を自発的に中絶しやすくなる傾向がある．

主要組織適合抗原［major histocompatibility antigen］ ⇌ 主要組織適合遺伝子複合体

受容野［receptive field］ 大脳の感覚皮質*，特に第一次視覚野と一次体性感覚野において，個々のニューロンに強い神経応答をひき起こす視野の領域（視覚）や身体上の部位（体性感覚*）を，そのニューロンの受容野という．大脳皮質* に限らず，中脳の視蓋*（上丘）など初期の処理系の神経細胞も，また昆虫などの無脊椎動物の視葉（視覚）や最終腹部神経節（気流感覚）の神経細胞も同様に，それぞれ固有の受容野をもつ．受容野の配置から，体性感覚野のホムンクルス* が再構成される．他方，より高次の感覚野や連合野のニューロンの受容野は一般に広く，しばしば視野全体に及ぶ．高次領域は刺激源を特定することより刺激の特徴抽出にあずかるためである．

狩猟犬［hunting dog］ 狩猟の際にヒトを補助するイヌの総称で，猟犬ともいわれる．狩猟犬は獲物の種類により鳥猟犬と獣猟犬に大別される．鳥猟犬はガンドッグ（gun dog）やスポーティングドッグ（sporting dog）とよばれる．ポインター，セッター，スパニエルなどのように水鳥やキジ類などを探してその居場所を指し示したり追い立てたりする犬種と，レトリーバーやプードルなどのように人が銃で仕留めた獲物を回収して運搬する犬種がいる．他方，獣猟犬はウサギやシカなどの狩猟の際に人を補助する．ビーグルやダックスフンドなどのようにおもに嗅覚* で獲物を探索するセントハウンド（scent hound）と，グレーハウンドやアフガンハウンドなどのように視覚と走力で獲物を追跡するサイトハウンド（sight hound）に分かれる．そのほか，テリア（terrier）の多くは巣穴に潜む小型哺乳類の狩猟に用いられてきた獣猟犬種である．また，柴犬や秋田犬を含むすべての日本犬は狩猟犬としての役割を果たしてきたとされる．

狩猟行動［hunting behavior］ 狩猟は，通常，人間による銃や弓矢などの道具を用いた野生動物を捕らえる行為をさすが，食肉類や霊長類などによる捕食行動* を狩猟行動と表現することもある．霊長類のなかで常習的に狩猟を行うのはヒトとチンパンジー* だけであり，集団による狩猟や顕著な性差がみられるチンパンジーの狩猟行動は，人類進化を考察するうえでも興味深い．

狩猟法 ⇌ 鳥獣保護法

順位［dominance rank］ ⇌ 順位制

順位階層［rank order, rank hierarchy］ ⇌ 順位制

順位序列［rank order, rank hierarchy］ ⇌ 順位制

順位制［dominance hierarchy, dominance rank］ 優位劣位の階層性（dominant-subordinate hierarchy），順位序列（順位階層 rank order, rank hierarchy）ともいう．ニホンザルやチンパンジー，協同繁殖をする鳥類など，同種の動物個体間で，一定期間にわたって持続される，優劣関係をもとにした群れの社会維持機構のこと．複数個体が同じ資源（生息場所，食物，配偶者など）をめぐって競争することから順位（dominant rank）が生じる（⇌ 社会的地位）．そのため，資源が集中する飼育下や餌づけ条件下で現れやすい．順位決定は 2 個体間における直接的な攻撃行動や，儀式化* されたディスプレイ* 行動によって決まる．その際，勝った個体を優位（dominant），負けた個体を劣位* という．順位制の最優位をアルファ（α, alpha），その地位にある個体をアルファ個体（α individual, alpha individual）とよぶことがある．順位関係は年齢や性別カテゴリーで決まる場合もあれば，若年個体の順位が母親の順位に依存する（依存順位 dependent rank）こともある．個体間関係が直線的に明らかな場合，上位 1 個体から数個体の優劣だけがはっきりしている場合，三すくみ状態など，さまざまな形がある．霊長類の研究によると，順位制は優位個体の行動によってではなく，おもに劣位の個体の行動によって維持される．順位制が維持される適応上の価値をみると，優位個体は資源（食物など）に対して優先的にアクセスができ，適応度が高い．一方，劣位個体にとっては少ない資源で満足しなくてはならない．しかし，順位制に従うことで資源をめぐる争いを回避できる利益の方が，コストより大きいと考えられている．

馴化［habituation］ 慣れ，脱感作（desensitization）ともいう．刺激* の繰返し提示によって，その刺激が誘発する生得的行動* がしだいに減弱すること．たとえば，突然大きな音がするとラットは驚く．再び同じ音がすると，今度はあまり驚かない．三度目，四度目，五度目と同じ音が繰返

されると，その驚きはだんだん小さくなっていく．これは大きな音に対して観察される無条件反射*の一例であるが，求愛行動や攻撃行動といった生得的行動でも，馴化がみられることが知られている．一般に，この現象は訓練した刺激に特定的であって，他の刺激には影響を及ぼさない．ただし，その刺激が訓練した刺激と似ていれば，馴化の影響は波及し，その刺激がひき起こす反応は小さくなる．これを馴化の刺激般化*という．

馴化-脱馴化法［habituation-dishabituation procedure］ 乳児の知覚や認知を調べるための研究方法の一つ（R. L. Fantz, 1964 年）．乳児が刺激の変化に対して注視したり，乳首を吸う性質を利用して，乳児の弁別能力を調べる．たとえば，乳児の目の前に，ある視覚パターンを繰返し提示し，その視覚パターンに対する注視時間を測定すると，最初は長く見つめるが，しだいに慣れが生じ，注視時間が減少する．このような反応頻度の減少を馴化*という．続いて，乳児の目の前に，新しい視覚パターンを提示する．もし，乳児が二つの視覚パターンを異なるものとして区別しているならば，乳児は，これまで提示されていた視覚パターンよりも新しい視覚パターンを長く注視することが予測される．このように，馴化に続いて生じる反応の増加を，脱馴化*という．脱馴化が生じなければ，乳児は二つの視覚パターンの違いを区別していないと考えられる．馴化-脱馴化法は，手を伸ばしたり歩いたりなどの行動が出現する以前の生後数か月の乳児にも適用できる方法として幅広く用いられている．

瞬間サンプリング［instantaneous sampling］ ⇌ 行動のサンプリング法

純系［pure line］ ⇌ 系統(2)

順向干渉［proactive interference］ ＝順向性干渉

順向健忘［anterograde amnesia］ ＝前向健忘

順行条件づけ［forward conditioning］ 古典的条件づけ*を形成する際，条件刺激を無条件刺激に時間的に先行させて与える手続きをさす．延滞条件づけ*，痕跡条件づけ*はこの中に含まれる．同時条件づけ*や逆行条件づけ*と比較し，概して効果的に条件刺激に対する条件反応を形成することができる．

順向(性)干渉［proactive interference, PI］ 過去に記憶したことによって新しいことが憶えにくくなること．順向抑制（proactive inhibition）と

もいう．たとえば，中学生の時に習得した軟式テニスの動きのせいで，高校生になって始めた硬式テニスの動きが憶えにくくなるようなことをさす．記憶する内容が類似しているほど，干渉の程度が大きくなることから，先行して記憶したことと新たに憶えたことの区別がつきにくくなるという検索の失敗が原因だと考えられている．（⇌ 逆向性干渉）

順向抑制［proactive inhibition］ ＝順向性干渉

順向連鎖［forward chaining］ ＝順行連鎖

順行連鎖［forward chaining］ 順向連鎖とも書く．行動連鎖*の訓練手続きの一つ．形成したい行動連鎖の始まりの反応から順番に形成していく．この方法では連鎖の終盤の行動を訓練している間，あらかじめ訓練した連鎖の始めの行動を維持しておくことが難しいため，動物の行動連鎖形成では，逆行連鎖*が利用されることが多い．順行連鎖の例として，精神遅滞の成人のコインランドリー使用手順の学習行動があげられる．空いている洗濯機を見つけ，洗剤を入れ，衣類を入れる連鎖である．コインランドリーに行き，まず空いている洗濯機を見つけた場合にほめるなどの強化*を行う．訓練を重ね，間違えることなく見つけられるようになれば，次の訓練段階として，空いている洗濯機を見つけ，洗剤を入れることを強化する．これが十分にできるようになった後に，次の段階として，空いている洗濯機を見つけ，洗剤を入れ，衣類を入れることを強化する．

瞬時最大化理論［momentary maximizing theory］ C. P. Shimp によって提唱された理論で，動物が反応*するときは，その時点で最も強化*される確率が高い反応を選択すると主張する．実験室では通常，1 回の強化子の種類や量が一定なので，強化確率のみが問題とされるが，自然界ではさまざまな要因がかかわるので，もっと複雑な状況が仮定される．たとえば今，ある動物個体が，その環境の中の採餌場所を移動するかどうかの選択点にあるとしよう．もし移動すれば，確率 p でよい採餌場所に出会い，確率 $1-p$ で悪い採餌場所に出会うと仮定される．それぞれの場所から得られる利益に確率をかけ，移動のコストを差し引くと，移動することのメリットが計算できる．これを，今いる場所で得られる利益と比較することで，移動するかどうかの意思決定をしていると考えるのである．このようにこの考え方は，実験的場面でも自然的場面でも，反応する瞬間瞬間にど

のように行動するかというルールを示す点で微視的理論（⇌ 巨視的分析）に属する．この理論にとっては，本質的なのはあくまで微視的行動であって，マッチングなどの巨視的行動はその副産物にすぎないとされる．

準社会性 [quasisocial] ⇌ 側社会性ルート

純粋戦略 [pure strategy] 進化のゲーム理論*において，常に特定の戦術のみを採用する戦略のこと．タカハトゲーム*における，タカ戦略，ハト戦略のように，常に一つの決まりきった行動を示す戦略が相当する．複数の純粋戦略を確率的に組合わせてふるまう戦略が混合戦略*であるともいえる．

準絶滅危惧種 [near threatened, NT] ⇌ 絶滅危惧種

純増殖率 [net reproductive rate] 雌 1 個体が次世代に残す娘個体の数．この場合，娘は親と同じ繁殖段階まで達したものをいい，$R_0 = \Sigma l_x m_x$（ここで l_x は x 齢までの生残率，m_x は x 齢の娘の出生率）で推定する．内的自然増加率*を求めるオイラー・ロトカ方程式 $\Sigma l_x m_x e^{-rx} = 1$ から平均世代時間

$$T = \frac{\Sigma x l_x m_x}{\Sigma l_x m_x}$$

が求まるので，内的自然増加率 r と R_0 の関係として $\lambda = \ln(R_0)/T$ を新たに純増加率と定義する．不連続世代を示す生物では安定齢構成にはならないために，純増殖率をもって内的自然増加率の近似値とすることが多い．

馴致 [taming] 調教 (accustom, training) ともいう．動物の特定の個体において，"慣れ"を利用して，ヒトに対する恐怖心や攻撃性，あるいはヒトの飼養管理に伴う本来自然ではない環境に対する嫌悪感を消失あるいは軽減させること．イヌが新たな飼い主を最初は警戒しているが，やがてその手から直接食べ物を受取るようになること，乗馬用のウマがハミや鞍の装着を最初は嫌がるが，やがてそれを許容するようになることなど．

順応 [adaptation] ⇌ 感覚順応

準備性 [preparedness] 動物種によって学習されやすい対象，されにくい対象は生得的に決まっている，という考え．つまり，学習が簡単な対象の組合わせには，あらかじめその動物種に"準備されている"．M. E. P. Seligman*が学習の生物学的制約*の事例を説明するために提唱した．たとえば，古典的条件づけ*においては，学習しやすい条件刺激と無条件刺激の組合わせは，種によって異なる．味覚嫌悪学習*においてみられる選択的連合*がこの例に当てはまる．また，霊長類は人工物の写真より，ヘビやクモの写真を手がかりとして，その後に生じる嫌悪的な結果を学習することが容易である．道具的条件づけ*においては，S. J. Shettleworth のゴールデンハムスターを用いた体系的な研究がある．ゴールデンハムスターは餌粒を報酬（強化子*）とした場合，"後肢で立つ"，"壁をひっかく"，"床を掘る"といった行動は簡単に学習できるが，"顔を洗う"，"後ろ肢で自分の身体を掻く"，"マーキングする"といった行動はほとんど学習できない．（⇌ 回避学習，行動システム分析，誤行動，生得的行動，本能的逸脱）

準備電位 ⇌ 運動準備電位

瞬膜 [nictitating membrane] ⇌ 瞬目

瞬目 [eyeblink] まばたきともいう．覚醒中のまぶた (eyelid, 眼瞼) の瞬間的開閉．動物種によっては，まぶたとは別に瞬膜 (nictitating membrane) とよばれる水平方向に移動する半透明または透明の膜が目を保護しており，その瞬間的開閉も瞬目という．瞬目は三つに大別され，ウィンクのように意図的なものを随意性瞬目 (voluntary blink)，強い刺激によって誘発されるものを反射性瞬目 (reflexive blink. この反射は瞬目反射，まばたき反射，眼瞼反射などとよばれる)，明白な刺激なしに周期的に生じるものを自発性瞬目 (spontaneous blink) という．自発性瞬目の生理的機能として，眼球の保護や，涙液の分布平均化や排水促進，視機能の疲労回復，覚醒水準の維持などがあげられる．自発性瞬目の頻度は覚醒水準や疲労，快・不快などの心理状態の影響を受けるが，平常時ではおおむね 1 分当たり二十数回（ウマ），20 回前後（ヒト成人，ウシ），十数回（ヒト幼児，チンパンジー，ヒヒ，イヌ，オオカミ，ブタ），10 回前後（ゾウ，ラクダ），数回（ヤギュウ，ネコ），1～2 回（ヒョウ，ヤギ，シマウマ）であるとの報告がある．

瞬目反射 [blink reflex] ⇌ 反射

視葉 [optic lobe] ⇌ 視蓋，昆虫の神経系

生涯一回繁殖 [semelparity, monocarpy] = 一回繁殖

生涯繁殖成功 [lifetime reproductive success] ⇌ 適応度

松果体 [pineal gland] ⇌ メラトニン

上丘[superior colliculus] ⇌ 視蓋

消去[extinction] 条件づけ*によって形成された反応を減弱させる手続き，あるいはそれによって実際に生じる反応の減弱をいう（図）．古典的条件づけ*において，条件刺激*（たとえばメトロノームの音）と無条件刺激*（たとえば肉粉）を随伴して与えることによって生じた条件反応*（この場合は唾液分泌）は，随伴関係の変更（メトロノーム音だけを聞かせる）によって減弱する．オペラント条件づけ*においても，反応（たとえばレバー押し）と強化子*（たとえば餌粒）の随伴関係によって形成・維持された反応は，随伴関係の変更（この場合はレバー押しに餌粒を与えない）によって減弱する．I. P. Pavlov*は，消去は条件づけにより獲得されていた学習が消失することではなく，反応出現を抑制する新たな学習（制止*の学習）が行われることだと主張し，その考えを支持する事実として，自発的回復*と脱制止*の現象をあげた．

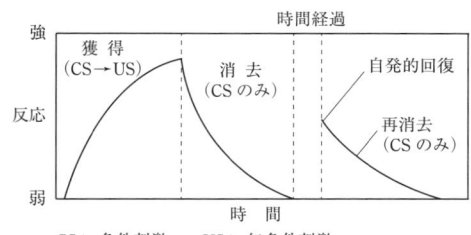

（図：獲得（CS→US），消去（CSのみ），自発的回復，再消去（CSのみ）の反応強度の時間経過．CS: 条件刺激 US: 無条件刺激）

状況依存性比操作[conditional sex ratio manipulation] ⇌ トリヴァーズ-ウィラードの理論

状況依存性比配分[conditional sex allocation] ⇌ トリヴァーズ-ウィラードの理論

消去スケジュール[extinction schedule] オペラント行動*に環境変化を随伴させない操作．たとえばラットのレバー押し行動に，今まで与えていた餌を出さない手続き．

消去抵抗[resistance to extinction] 獲得された反応や行動を消去*する際のしにくさ，しやすさのこと．学習時の手続きや，学習する内容によって消去抵抗は異なる．古典的条件づけ*や道具的条件づけ*においては，条件づけを行う回数が多いほど，後の消去手続きによる反応や行動の消失は起こりにくくなる．つまり，消去抵抗は大きくなる．また，連続して条件づけを行うよりも（連続強化*），間歇的に条件づけを行って獲得した反応や行動の方が（部分強化*），消去に対する抵抗が大きくなる（部分強化効果*）．さらに，回避学習*や味覚嫌悪学習*で獲得された行動も，比較的消去抵抗が大きい．これは，消去手続き時にそもそも消去の対象となる刺激を十分に経験していないことや，学習の準備性*が原因であるとされている．

条件依存戦略[conditional strategy] ＝条件戦略

条件依存的多型[conditional polyphenism, conditional polymorphism] さし示す現象自体は，表現型多型*と明瞭な区別がない．多型発現の誘因となる条件に注目し，個体ごとの条件戦略*により集団が多型を示すことを強調する場合に用いられる．行動だけでなく体サイズや色彩を含む形態にもみられる．甲虫類での角の大小による配偶行動の違い，トンボ類・哺乳類などの雄にみられるなわばり型/非なわばり型などがある．

条件強化[conditioned reinforcement] 条件性強化ともいう．行動の直後に条件強化子*を提示した結果，その行動の生起確率が増加すること，あるいは，条件強化子を提示する手続きのこと．条件強化子とは，他の強化子と随伴されることで強化子の機能を獲得した刺激や出来事のことである．たとえば，初めてイヌにクリック音を聞かせても定位反射*しか生じない可能性が高い．しかし，餌粒を与えるたびに，餌粒と同時にクリック音の提示を繰返すと，クリック音は強化子の機能を獲得して条件強化子となり，特定のオペラント行動の直後にクリック音を提示するだけで，その行動の生起確率を増加させることができる．これが条件強化子（クリック音）による条件強化である．実験箱で給餌装置が発する音や震動や光なども，条件強化子として行動の維持に貢献すると考えられる．条件強化子のもとになる強化子は無条件強化子*であることが多いが，必ずしも無条件強化子である必要はない．（⇌ クリッカー・トレーニング）

条件強化子[conditioned reinforcer] 条件性強化子ともいう．もともとは強化子*の機能をもたず，無条件強化子*と随伴されることで強化子の機能をもつようになった刺激や出来事のこと．たとえば，実験箱に設置した給餌器の作動音や震動は，繰返し，無条件強化子である食餌強化子と同時あるいは先行して随伴提示されるので，その音や震動は，餌が出現しなくても強化子として機

能する条件強化子になる．無条件強化子を伴わず，条件強化子とだけ随伴されることで新たに強化子の機能を獲得したものも条件強化子とよばれる．無条件強化子を一次強化子，これと直接随伴されて強化子の機能を獲得した条件強化子を二次強化子(secondary reinforcer)とよぶことがある．その場合，二次強化子とだけ随伴された条件強化子は，三次強化子というように，無条件強化子との間にある刺激の数を正確に表現するのが本来であるが，二次強化子という語は，条件強化子の単なる同義語として使われることが多い．

条件刺激　[conditioned stimulus, conditional stimulus, CS]　もとは中性刺激*であったが，無条件刺激*との対提示*によって，条件反応*を誘発するようになるものをいう．たとえば，空腹のイヌにメトロノームの音を聞かせてから肉粉を与えるという手続きを繰返すと，イヌはメトロノームの音を聞いただけで唾液を出すようになる．I. P. Pavlov*は生得的に唾液を生じさせる肉粉(無条件刺激*)に対し，経験によってはじめて唾液を生じさせるようになるメトロノームの音を条件刺激とよんだ．しかし，条件刺激が条件反射をひき起こすか否かは，これらの時間順序や随伴性*をはじめとするさまざまな要因に影響され，事後的にしかわからないため，実験手続き上，無条件刺激と対提示される刺激全般をさして条件刺激ということもある．

条件性強化　[conditioned reinforcement]　＝条件強化

条件性強化子　[conditioned reinforcer]　＝条件強化子

条件制止　[conditioned inhibition]　＝制止条件づけ

条件制止子　[conditioned inhibitor]　条件性制止子ともいう．制止条件づけ*を施した条件刺激*のことで，無条件刺激*がこないことを意味するものをさす．たとえば，ラットに音と電撃を対提示した後に，音と光の複合刺激のみを電撃なしで与えると，このときの光は電撃がこないことを知らせる安全信号となる．ひとたび条件制止子となった刺激はその後に無条件刺激と対提示しても，条件反応*をなかなか獲得することができない．また，条件反応を誘発するようになった別の条件刺激と複合提示すると，それまでみられていたはずの条件反応は小さくなる．これらの例は，条件制止子が条件反応を抑制することを意味している．

条件性情動反応　[conditioned emotional response]　古典的条件づけ*によって形成された情動的反応をいう．たとえば，音を聞かせてから電撃を与えると，音はそれまでひき起こさなかった恐怖や不安といった情動反応をひき起こすようになる．こうした不快情動だけでなく，喜びなどの快情動も古典的条件づけで形成することができるが，実験研究では，上述の不快情動の条件づけ(恐怖条件づけ*)とほぼ同義で用いられることが多い．

条件性制止　[conditioned inhibition]　＝制止条件づけ

条件性制止子　[conditioned inhibitor]　＝条件制止子

条件性相反過程理論　[conditioned opponent-process theory]　連合学習*の考え方を採り入れた相反過程理論*の改変版．動物に何らかの情動や生理反応を誘発する刺激を与えると，その際の周囲の刺激状況(環境や文脈)が条件刺激*となり，のちに条件反応*としてのb過程をひき起こすようになると考える．オリジナルの相反過程理論では，b過程は，刺激の反復に伴い非連合的なメカニズムで増強すると仮定している(⇒相反過程理論[図])．一方，この理論では，刺激の反復は，条件づけ機会を重ねることにほかならず，b過程の増強は，条件づけが進行し，条件刺激である刺激状況がしだいに強い条件反応をひき起こすようになった結果だと考える．

条件性の完了反応　[conditioned consummatory response]　⇌完了反応

条件性場所選好　[conditioned place preference]　古典的条件づけ*の手続きにより獲得された，場所や環境に対する好みのこと．ラットを被験体とした実験ではつぎのような手続きを行う．まず，ラットが区別できる2種類の部屋を用意する(たとえば，明るい部屋と暗い部屋)．どちらかの部屋にラットを一定時間閉じ込め，閉じ込めた部屋で動物にとって好ましい経験をさせる．具体的には，餌を置いたり，あるいは，あらかじめアンフェタミン*のような報酬性薬物を投与してから，その部屋に閉じ込めたりする．もう一方の部屋に閉じ込めた際は，そのような経験は伴わせない．その後，2種類の部屋を連結し，自由に移動が可能な状態に置くと，ラットはかつて好ましい経験をした部屋へ長く滞在するようになる．部屋への

滞在時間を測定することによって，経験させた刺激が動物にとって好ましいものであったか否かを判定することができる．薬理行動学の研究領域では，薬物の報酬価を調べるために用いられることが多い．（⇒ 文脈条件づけ）

条件性風味選好［conditioned flavor preference］古典的条件づけ*の一種で，たとえば砂糖水を好む動物にバニラ風味の砂糖水を与えると，バニラ風味の水道水も好むようになること．この場合，バニラ風味が条件刺激*，甘味が無条件刺激*であり，甘味に対する無条件反応*である選好行動と同じ行動が，バニラ風味だけでもひき起こされている（条件反応*）．なお，風味（flavor）とは，においまたは味のどちらかの感覚，あるいはにおいと味の統合的感覚をさす，ややあいまいな言葉である．このため，条件刺激は嗅覚（におい）ではなく，味覚であってもよい．また，無条件刺激としては，甘味だけでなく，無味でも栄養価の高い物質が用いられることもある．たとえば，苦いが栄養のある餌を食べた動物は苦い味を好むようになるが，これも条件性風味選好である．

条件性弁別［conditional discrimination］ ⇒ 条件性弁別手続き

条件性弁別課題［conditional discrimination task］＝条件性弁別手続き

条件性弁別手続き［conditional discrimination procedure］ 条件性弁別課題（conditional discrimination task）ともいう．ある刺激のもとではある特定の弁別を求め，他の刺激のもとではそれとは違う弁別を求める手続き．このときの弁別の手がかりとなる弁別刺激のことを条件性弁別刺激または単に条件性刺激とよぶ．たとえば，実験箱内の照明を条件刺激として，照明光が点灯しているときは○に反応して△に反応しないことを求め，逆に照明光が消灯しているときは△に反応して○に反応しないことを求める．この例では，○と△のどちらが正刺激でどちらが負刺激になるかが，条件刺激である照明光との相対的な関係によって定められている．このような弁別を条件性弁別（conditional discrimination）という．同一見本合わせ*などの見本合わせも条件性弁別の一種である．

条件性防御埋め込み［conditioned defensive burying］ ⇒ 防御的条件づけ

条件性抑制＝条件抑制

条件戦略［conditional strategy］ 条件依存戦略ともいう．戦略（⇒ 行動戦略）のうち，状況により戦術や戦術をとる確率が変わるものをいう．コオロギなどでは近くに大きな声で鳴く同種の他個体がいると，自分では鳴かず，そうでなければ鳴く．条件戦略であるかないかと，純粋戦略*であるか混合戦略*であるかは，別の基準による分け方である．状況によって戦術が異なるがある状況のもとではいつも同じ戦術をとるなら，"純粋戦略である条件戦略"であり，ある状況のもとで確率的に複数の戦術をとるが状況によって戦術をとる確率が異なるなら"条件戦略である混合戦略"である．条件戦略で戦術やその確率が異なる代表的な状況には，若い時期の栄養条件の違いに基づく自身の体サイズの違いや，同種内の相互作用での相手の強さの違いなどがある．たとえばなわばりの持ち主と侵入個体のような，個体が置かれた社会的な条件のような状況の違いは役割（role）ともよばれる．条件戦略において異なる状況でみられる戦術は代替戦術*の代表的な例である．条件戦略のなかには，1個体が異なる状況で異なる戦術をとる場合も含まれるが，初期の栄養条件の差という状況により成体でとる戦術が異なる場合などのように，個体によりとる戦術が異なる場合も含まれる．（⇒ 次善の策）

条件づけ［conditioning］ 古典的条件づけ*およびオペラント条件づけ*の総称．本来は，条件反射*の形成，すなわち古典的条件づけのみを意味する用語であったが，B. F. Skinner*らによってオペラント条件づけの概念が提出されて以降は，両条件づけをまとめてこうよぶようになった．経験によって，動物の反応が特定の条件下で生じるようになる学習過程あるいは実験手続きをさす．動物の学習の仕組みとしては，連合学習*と同義である．

条件づけ理論［conditioning theory］ ⇒ 学習理論

条件的遺伝子ノックアウトマウス［conditional knockout mouse］ ⇒ 遺伝子ノックアウト

条件的共生［facultative symbiosis］ ⇒ 共生

条件的単為生殖［facultative parthenogenesis］ ⇒ 単為生殖

条件反射［conditioned reflex, conditional reflex, CR］ 生体に備わった反射*のうち，後天的に獲得されたもの．たとえば，空腹のイヌにメトロノームの音を聞かせてから肉粉を与えるという手

続きを繰り返すと，やがてそのイヌはメトロノームの音を聞いただけで唾液を出すようになる．I. P. Pavlov* は生得的行動である無条件反射*，つまり"肉粉→唾液分泌"に対して，学習*された"メトロノームの音→唾液分泌"の関係を条件反射とよんだ．これはメトロノームの音という中性刺激*が誘発するようになった，レスポンデント行動*の一種である．類似の用語として条件反応（conditioned response, conditioned responding, conditional response）があるが，条件反射よりも広い意味で用いられることが多い．

条件反応 [conditioned response, conditioned responding, conditional response] ⇌ 条件反射

条件補償反応 [conditioned compensatory responses] 古典的条件づけ*において，無条件刺激*がひき起こす無条件反応*とは正反対の性質をもつ条件反応*が獲得されることがある．これは，無条件反応と拮抗する補償反応*が条件づけられることで起こると考えられ，薬物を無条件刺激とした場合にしばしば観察される．たとえば，モルヒネ*の無条件反応の一つは鎮痛効果であるが，常に同じ刺激状況（環境や文脈）のもとでモルヒネを投与し続けると，その刺激状況が条件刺激*となり，鎮痛効果ではなく，その補償反応である痛覚過敏が条件づけられる．なお，モルヒネの反復投与によって耐性*が形成されるが，これは，条件補償反応である痛覚過敏が，少なくとも部分的に，モルヒネの鎮痛効果を打ち消した結果として説明される．

条件抑制 [conditioned suppression] 条件性抑制ともいう．恐怖条件づけ*などによって形成された条件性情動反応*を測定するための方法の一つ．安定したペースで行われているベースライン反応が，条件刺激*によってどの程度抑制されるかに基づいて，その条件刺激に対する恐怖などの情動反応の強さを行動的に測定する．たとえば，読書をしているとき，窓の外で急に空が暗くなり，遠くから雷鳴が聞こえてきたとしよう．もし雷が苦手な人ならば，不安を感じ，読書を中断して窓の外に注意を向けたり，読書に身が入らなくなったりするだろう．一方，雷を何とも思わない人なら，そのまま読書に没頭するはずである．このように，恐怖や不安の強さは，それまでに行われていた行動が抑制される程度として測定することができ，これを利用したのが条件抑制である．たとえばラットに，レバーを押して餌粒を得る行動をまず教え，その後，レバーを押している最中に条件刺激を提示し，そのときのどれだけ反応が抑制されたかを見ることで，その条件刺激に対して生じた恐怖の強さを測定できる．言葉に頼らずに情動を量的に測定することができるため，広く動物の研究に用いることができる．なお，conditioned inhibition（条件制止）の訳語としても条件抑制という言葉が用いられることがあるので，注意を要する（⇌ 制止条件づけ）．

正直な信号 [honest signal] 信号（シグナル）は，発信者（sender）より発されて受信者（receiver）が受取り，受信者の行動に変化が生じる．正直な信号とは，信号のうち発信者の状態を正しく示しているものである．信号が正直なものであるためには，信号の発信にコスト*が伴うことが重要と考えられている（⇌ ハンディキャップの原理）．

上種 [superspecies] ⇌ 姉妹種

招集行動 [recruitment behavior] ＝リクルート行動

ショウジョウバエ ⇌ キイロショウジョウバエ

小進化 [microevolution] 個体群レベルで生じる進化過程を小進化とよび，種以上のレベルで生じるとされる大進化*と対置して用いられることが多い．ガラパゴスフィンチのくちばしの形態が数年〜十年規模の気候変動（環境変化）で変化する規模の進化から，DNAレベルで数％の亜種分化，種分化ぐらいまでの比較的短い時間における進化過程をいう．1930〜40年代に確立された進化の総合学説（the synthetic theory of evolution）は，遺伝学・分類学・古生物学など幅広い分野を小進化過程である自然選択*に基づくネオ・ダーウィニズム*のもとに統合することを目指した（⇌ 進化学統合）．自然選択とは，親世代の生物集団中に存在する形質の遺伝的変異が，ある環境のもとで適応度*の差をもち，子孫世代の集団における遺伝子頻度分布に変化を生じさせる力である．現在も自然選択は小進化の基本的過程としてさまざまな進化現象の解明の基礎となっている．1960年代以降に発展した中立進化理論（中立説*）に基づく分子進化学は，表現型レベルでの自然選択に対する分子レベルでの進化現象を解明してきた．個体群内の分子レベルから表現型レベルに至るどのレベルでいかなる小進化の過程が作用しているのかは，発生生物学の知見をもふまえた進化発生

学(エボデボ*)あるいは進化発生生態学(エボエコデボ evo-eco-devo)という新たな統合的研究領域を生み出しつつある.

焦　燥［agitation］　⇌ 激越

状態依存学習［state-dependent learning］　自身の身体状態に基づいた学習，および学習内容の想起のこと．たとえば，アルコールで酔っ払ったときに学習した内容は，しらふの場合よりも，酔っ払っている場合の方がより想起されやすい．つまり，新しく学習した情報は，学習時の生理的状態に置かれたときに，最も想起されやすくなる．実験的には，中枢神経系に作用する薬物を投与し，ある生理的状態下で古典的条件づけ*や回避学習*を行った後，テストとしてその薬物の投与下の方が，投与していない場合よりも，学習した反応・行動がより生起されることで示される．生理的状態だけでなく，恐怖や不安などの心理的状態によっても，同様の効果が得られる．(⇌ 文脈，薬物弁別手続き)

状態価値関数［state value］　⇌ 価値関数

状態図［state diagram］　⇌ 状態表記システム

状態表記システム　［state notation system］
行動実験の手続きを記述する方法の一つ．どのような行動実験も，1) いくつかの状態，2) 状態間の遷移，3) 遷移条件となる事象，4) 遷移時に生起させる事象という4要素で記述することができ，状態図(state diagram)として視覚化できる．たとえば図は固定時隔スケジュール*の状態図である．

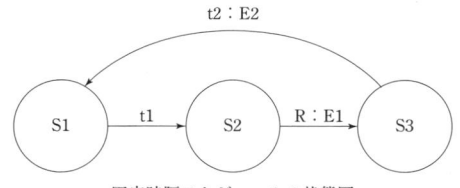

固定時隔スケジュールの状態図

状態1(S1)で設定時間(t1)の経過を待ち，状態2(S2)で行動(R)を待ち，状態3(S3)で餌強化子をt2の間供給する．給餌装置はE1でON，E2でOFFとなる．状態表記システムは手続きの詳細を簡潔かつ明確に表現できるため，コンピュータによる実験制御における，プログラム記述の枠組みとしても有効である．状態表記システムに基づくプログラミング言語も，1970年代から現在に至るまで数多く開発されている．A. G. Snapperらによる行動実験専用言語のSKEDは先駆的な開発例として有名である．

象　徴［symbol］　シンボルともいう．ある事物を別の事物で代表すること．また，事物の代表として使用される物，動作，記号などの指示媒体のこと．象徴は事物の意味内容を担い，思考やコミュニケーションに利用される．広義にはこれらを満たすものを象徴とよび，餌場を伝えるミツバチのダンスや捕食者を知らせるベルベットモンキーの警戒声*などが例にあげられる．狭義には指示媒体とその意味内容との結合関係によってさらに分類され，定義は分野や研究者によって異なる．C. S. Peirceの分類(⇌ 記号)では，動物のコミュニケーション信号は，信号と対象との結合が因果的または時空間的な連合に基づくためインデックスに分類される．一方ヒトの言語は，記号表現と意味内容の結合が恣意的かつ慣習的に決まっているためシンボルに分類される．ヒトは具体的な対象から分離した記号表現を創り出すことができ，その組合わせによって"いま・ここ"を超えた世界の表現が可能になる．言語は進化した象徴機能の産物といえる．

象徴見本合わせ［symbolic matching-to-sample］
⇌ 恣意的見本合わせ

情　動［emotion］　外敵や有害なものに遭遇するなどの非常事態に対して急激に生起し，適応的な反応をひき起こす脳機能の一つ．より高次の認知が必要であり，より主観的，長期的である感情と明確に区別することは難しいが，情動は自律神経系活性の変化や筋の緊張など身体的変化，行動の変化など，客観的に評価することができる．情動によって喚起される行動(情動行動 emotional behavior)には威嚇行動や恐怖からくる攻撃行動および服従行動があげられる．情動の生起に関しては諸説がある．皮質が下した認知的判断が自律的に生理反応や情動行動をひき起こし，その反応や行動が二次的に情動をひき起こすとするのが，ジェームズ・ランゲ説(James-Lange theory)である．つまり，"クマに会った，怖かったから逃げた"とする常識的な過程ではなく，"クマに会ったので逃げた，逃げたから怖かった"と考える．他方，生理的変化と情動体験は独立であって，ともに皮質が下した判断のもとにある，とするのがキャノン・バード説(Cannon-Bard theory)である．つまり"クマに会った，逃げた(同時に)怖い"とする．しかし現在は，認知(クマだとわかる)・生理反応(逃げる，冷や汗をかく)・情動(怖いと感

じる）の間には上下関係はなく，相互に影響を与え合っていると考えることが多い．現在，PET*やfMRI*などの画像解析により，ヒトにおいては大脳辺縁系の特に扁桃体*が情動の発現に重要な役割を果たしていることが明らかになっている．また，怒りなどの不快情動は古くから研究の対象になってきた．その一方で，多様な快情動（甘いものを口に含む，寒いところから暖かい部屋に入る，私に不当なふるまいをした他人に電気ショックが加わる，など）が，いずれも線条体の一部である側坐核の活動を高めていることがわかっている．ヒトの情動を心理学的に測定する方法の一つとして情動座標（affect grid）がある．横軸に快-不快，縦軸に睡眠-覚醒をとり，自身の情動状態をこの二次元上で表す方法である．

常同行動［stereotypy, stereotyped behavior］　動物にもともと備わる維持行動（グルーミング*，摂食，歩行など）が，明白な目的も機能ももたずに，反復的に，また比較的変化が少なく示される一連の行動．頻度や激しさが病的に著しくなり，動物の基本的な生活が妨げられたり，自傷行動*を起こすようになると常同障害と診断される．外界からの刺激が少ない，あるいは生得的な行動様式の発現が制限されているような単調な飼育環境下におかれている産業動物や展示動物などで多く観察される．たとえばクマやトラなどのケージ飼育動物が何時間にもわたって檻の中を行ったり来たり歩き続ける往復歩行や，キリンの舌遊び（舌を出し入れしたり，左右に動かす），ウマなどの熊癖（ゆうへき）（立ったまま体を左右にゆする）やさく癖（前歯を物に当てて空気を飲み込む），雌ブタの空気噛み（口の中に何もないのに噛む行動）などがある．伴侶動物*においても，イヌの尾追い*や過度のなめ行動，ネコの毛織物吸いなどがみられ，退屈な環境，飼い主との相互関係不足，ストレス，葛藤*，持続的不安，神経伝達物質*の異常，細菌感染による潜在的掻痒（そうよう）感が原因となる．また偶発的な常同行動をとった際に，エンドルフィン*が放出され，自己強化*されるといわれている．医学的疾患（特に皮膚疾患や中枢神経疾患），関心を求める行動*などとの類症鑑別が大切であり，治療には環境エンリッチメント*に加え，抗不安薬*が用いられることも多い．

情動行動［emotional behavior］　⇌情動
情動座標［affect grid］　⇌情動
情動障害［affective disorder］　＝気分障害
衝動性［impulsivity］　⇌衝動性選択
衝動性選択［impulsive choice］　比較的短い遅延で得られる小さな強化子（Sooner-Smaller）を選ぶことで，より長い遅延時間の後に得られる大きな強化子（Later-Larger）を犠牲にしてしまうこと．Sooner-Smallerの頭文字をとってSS選択（SS selection）とよばれることもある．オペラント実験では，より短い強化遅延の後により小さな強化量をもたらす選択肢が衝動性選択肢である．一方，二つの嫌悪的な結果の間で選択が行われる場合は，近い将来の小さな嫌悪的な結果を避ける行動を選び，そのせいでかえって遠い将来に大きな嫌悪的な結果を被ることになってしまうのが衝動性選択である．なお，選択場面とは関係なく不要な反応を抑制できないことを衝動性（impulsivity）とよぶこともあるが，それと衝動性選択とは区別されるものである．また，ヒトの場合には思慮に欠ける行動を衝動的行動とよぶこともあるが，そのような行動と衝動性選択とは必ずしも一致しない．（⇌自己制御選択，エインズリー-ラックリン理論）

衝動退行［drive regression］　⇌退行
情動脱力発作［cataplexy］　⇌ナルコレプシー
情動伝染［emotional contagion］　ある個体の情動状態が，別の個体に伝染すること．たとえば，危険を察知した個体が逃げ出したり恐怖反応*を示しているのを察知して，同じような情動変化が誘起される場合をいう．不快や危険に対する情動が伝染することを負の情動伝染，喜びや快楽などの快情動が伝染することを正の情動伝染，他者の快情動が自分の不快情動を誘起する場合を逆共感（reverse empathy）という．動物ではまれであるが，他者の不快情動が自分の快情動を誘起するものをシャーデンフロイデ（schadenfreude）という．マウスなどの実験動物でも，ある個体の痛みが周囲のマウスの痛み閾値を低下させることが知られており，このような情動伝染の神経機構が哺乳類共通で認められることが知られてきた．またこのような情動伝染に近いものとして，あくびの伝染が知られている（⇌あくび）．いずれも血縁個体間や親和的関係性の高い個体間で情動伝染がよく成立する．この現象の進化的適応性はまだ完全には解明されていないものの，動物が群れを形成し安定して維持するためには，他者の得た情報を群れのなかで共有し，行動を同期化さ

せ，天敵などの他者の得た情報に随伴する情動応答を，他個体が有効利用する仕組みといわれている．

錠と鍵説［lock and key hypothesis］⇌生殖器

衝突回避行動［collision avoidance behavior］⇌視蓋

衝突感受性神経細胞［collision-sensitive neuron］⇌視蓋

譲渡モデル［concession model］⇌繁殖の偏り

小児期の性同一性障害［gender identity disorder of childhood］⇌性同一性

乗馬療法［hippotherapy, horse back riding therapy］ヒポセラピー，治療的乗馬(therapeutic riding)などともいう．身体的あるいは精神的障害をもつ人を対象に，乗馬による運動刺激と感覚刺激を用いて神経機能や感覚処理の改善をはかる治療法で，動物介在療法*の一つ．姿勢維持や協調運動，平衡感覚，関節機能の回復などを目的として行われる．乗馬療法の最も古い記録は古代ギリシャにまで遡るが，1952年のヘルシンキオリンピックの馬場競技で，ポリオによる障害をもつL. Hartelが銀メダルをとったことから，乗馬の効果に注目が集まった．英国やドイツで研究や実践が進められ，1960年代にドイツ，オーストリア，スイスで理学療法の一環として取入れられるようになった．日本には1980年代に紹介され，いくつかの団体や施設が取組んでいる．ただし，日本でいわれる障害者乗馬やホースセラピーは，娯楽やレクリエーションが目的の動物介在活動*の一つである．

消費型競争［exploitation competition］1964年にR. S. Millerが提唱した競争様式で，競争状態にある個体同士の相互作用が，互いの消費による餌資源の減少によってのみ起こる．いわば早食い競争のような状態のことをいう．一方，干渉型競争(interference competition)は，競争状態にある個体同士が共通の餌資源を獲得するために，直接物理的に干渉し合ったり，アレロパシー*などによって間接的に干渉する競争様式をいう．たとえば，複数の雛が生まれた鳥の巣において，親がまだ首も座っていない雛の体に比べて大きな餌の塊を持ち帰り，それを仲良く雛がついばんでいる場合は消費型の競争が起こっていると考えられる．一方，雛が大きくなり，親から餌を直接口移しでもらう場合，体の大きな雛が他の雛を排除して，餌を独り占めするような状態では，干渉型の競争が起こっていると考えられる．消費型競争，干渉型競争はしばしば，それぞれ共倒れ型競争*と勝ち抜き型競争と同義に扱われることがあるが，これは間違いである．勝ち抜き型競争においては，資源を独占するための何らかの干渉型の競争を行っていると考えられるが，共倒れ型の競争においても，競争能力にばらつきがある場合，そのばらつきを生み出しているのは干渉型の競争である場合がある．同様に，勝ち抜き型競争においてみられる優位な個体の間での競争能力のばらつきは，消費型の競争の差によって起こる場合がある．完全な共倒れ型競争には干渉型の競争がなく(競争個体の分け前は，早食い競争のみによって決まる状況)，完全な勝ち抜き型競争には消費型の競争はない(競争個体の分け前は奪い合いによってだけ決まり，早食い競争がない状況)と考えられる．

情報センター仮説［information center hypothesis］動物の群れ形成の進化的説明の一つで，集団ねぐらや繁殖コロニーは，メンバーが食物資源の位置情報を収集するための情報センターとして機能するという仮説．P. WardとA. Zahavi*が1973年に提唱した．この仮説は，①集団ねぐらにおいてメンバーは食物を十分に得られた個体を識別することができる．②次の日，空腹な個体は，満腹個体の採餌飛行を追跡し，食物の位置を知ることができる．という二つの状況を仮定している．広大な面積内に一時的に存在するような食物資源(たとえば死肉など)を利用する鳥類では，数十kmも飛ばなければならないので，食物の位置を知ることは重要である．空腹個体はみずから食物を探すことなく餌場の位置を知るために，満腹個体は将来空腹になったとき，情報を得るために集団ねぐらに参加する．ワタリガラスやコクマルガラスを使った実証研究の例はあるが，仮説の提唱以来論争が続いている．(⇌群れ生活)

情報被包性［information encapsulation］⇌認知

消耗戦［war of attrition］＝持久戦

消耗戦モデル［war of attrition］＝エネルギー消耗戦モデル．⇌資源占有能力

剰余変数［extraneous variable］実験では，興味のある少数の独立変数*を操作したとき，従

属変数*がどのように変化するか測定する．たとえば，被験者の前に左右に異なる数の石を並べ，多い方を選択させる課題を与えた場合を考えてみよう．左右の数の差や比が選択の正答率に影響を与えるという仮説を検証したいとき，それらの差や比が独立変数であり，各条件における正答率は従属変数である．このとき，独立変数以外に従属変数に影響を与えると思われるが，関心のない変数を剰余変数とよぶ．剰余変数の影響がないように統制することではじめて，独立変数と従属変数の因果関係（ここでは，提示する左右の石の差や比が数の大小弁別の正確さに与える影響）を証明できる．仮に多い方が左によく出るなど左右間の偏りがあれば，被験者に判断の偏りを与える可能性があり，それは剰余変数の一つであるといえる．（⇒実験者効果）

省　略［omission］　⇒負の弱化

省略訓練［omission training］　特定の行動を減らすことを目的として，その行動が起きたときには強化子*を提示しないようにする訓練手続き．たとえばオペラント実験箱*で，ハトがキーをつつかなければ60秒経過ごとに自動的に餌粒を提示するが，キーをつつくとその時点からさらに60秒経過するまでは餌粒を提示しないという他行動分化強化スケジュール*は省略訓練の一つである．また，キーライトが点灯する8秒間の試行中にハトがキーをつつかなければ試行の最後に餌粒を提示し，キーをつつくと餌粒の提示をせずに試行を終了する離散試行型の手続きも省略訓練の一種である．この手続きは負の自動反応維持*について調べるときに用いられる．いずれも特定の反応が起こったら強化子を提示しないという負の弱化*の手続きである．

女　王［queen］　真社会性*動物にみられる雌の繁殖カースト．古典的な実例はハチ，アリ*，シロアリ*にあるが，近年ではハダカデバネズミ*，テッポウエビ，アンブロシア甲虫にも存在すると考えられている．女王はワーカー*に対する反意語として用いられるため，不妊カーストをもつ一部のアブラムシ，一部のアザミウマや一部の寄生バチの繁殖カーストを女王とよぶことはあまりない．なぜなら，これらでは不妊個体は繁殖以外の労働を全般的に担うワーカーではなく，防衛機能に特殊化した兵隊カーストと考えられているからである．しかし異論もあり，繁殖雌（gyne）を女王とよぶか否かは学問上の慣習によるといえる（⇒ワーカー）．また，アリの研究では機能でなく羽化時に翅をもつ雌（alate female）という形態的に定義される場合もある．なお，行動生態学における赤の女王仮説*は，性や性的二型*の進化などに関する仮説であり，真社会性における女王カーストとは関係はない．

女王コート［queen court］　＝取巻き行動

女王フェロモン［queen pheromone］　＝女王物質

女王物質［queen substance］　女王フェロモン（queen pheromone）ともいう．真社会性*昆虫の女王が分泌する混合物質（混合フェロモン）で，女王の存在を示す信号物質としての役割以外に，ワーカー*を引きつけ，ワーカーの繁殖を抑制する役割をもつ．階級分化フェロモン*の一つであり，その作用からプライマーフェロモンに分類される．ワーカーは女王物質を触角で受容し，口吻から摂取する．ワーカーが触角で受容した場合の作用と経口摂取した場合の作用は異なると考えられている．女王が死亡すると，女王物質の供給が途絶え，雌幼虫のなかから新しい女王が生産されたり，ワーカーが産卵個体になってコロニーを引き継ぐ場合がある（⇒カースト，取巻き行動）．化学構造が決定された事例はヤマトシロアリなど比較的最近である．

初　環［initial link］　⇒並立連鎖スケジュール

初環効果［initial-link effect］　並立連鎖スケジュール*において，終環の強化スケジュール*を変えなくても初環の強化スケジュールを長くするほど初環での選択行動が無差別に近づく．たとえば，二つの連鎖スケジュール*の終環をそれぞれ変動時隔30秒（VI 30″）と90秒（VI 90″）に設定した場合，初環が並立した二つのVI 40″の間での選択であればVI 30″の終環につながる選択肢に対して強い選好*がみられる．しかし，同じ二つの終環スケジュールを使っても初環を並立した二つのVI 600″の間での選択すると，その選好の強さは0.5にずっと近くなる（選択の偏りが小さくなる）．このような初環効果は並立連鎖スケジュールのもとでの選択行動に関する数理モデルで記述すべきものの一つとみなされており，実際に遅延低減仮説*やその他の理論で記述することができる．

職　蟻［ergate］　⇒ワーカー

食　性［food habit, feeding habit］　動物がお

もに何を食物とするか，どのような範囲で食べるかを表したもの．前者に関しては**草食性**(herbivorous，植物を食べる)，**肉食性**(carnivorous，動物を食べる)，**雑食性**(omnivorous，動植物とも食べる)，**腐食性**(saprophagous，死体や排出物を食べる)，**捕食性**(predatory，自分より小型の動物を殺して食う)，**寄生性**(parasitic，自分より大型の寄主から栄養を摂取するが，寄主を殺さない)，**捕食寄生性**(parasitoidal，栄養を摂取した後で最終的に寄主を殺す)などと分けられ，後者に関しては**単食性**(monophagous，1種の生物を食う)，**狭食性**(oligophagous，特定の分類群の生物のみを食べる)，**多食性**(polyphagous，広い分類群にわたって食う)などと分けられる．このような分類はもとより単純化された一般論であり，草食者であっても植物体に付着した動物を一緒に摂取することもあり，複数寄生者による負荷が大きくなると寄主を殺してしまうこともある．厳密には安定同位体分析*などを使用して生態系の物質循環やエネルギーフローの観点から定量的に評価されるべきものであろう．

食道下神経節 [subesophageal ganglion] ⇌ 昆虫の神経系

食道上神経節 [supraesophageal ganglion] ⇌ 昆虫の神経系

食物嫌悪学習 [food aversion learning] 初めて口にする食物を摂取した際，その味がひどかったり，あるいはその後に吐き気や嘔吐などの中毒症状を経験したりすると，動物は再びその食物と遭遇してもその摂取を避けるようになる．雑食性の動物は，この食物嫌悪学習によって有毒物質を含む食物を避けることが可能となる．この学習は食物を条件刺激*，吐き気などをひき起こす有毒物質を無条件刺激*とした，古典的条件づけ*の一種であると考えられている．動物種や学習時の状況により，食物がもつどの刺激が手がかりとなり，その危険性が学習されるかが異なる．たとえば，ハトなどの視覚優位な動物は，その食物の見た目を手がかりとして，中毒症状をひき起こした食物を避けるよう学習する傾向が高い．ラットなどの味覚・嗅覚優位な動物は，その食物の味や風味(味だけでなくにおいも含む複合感覚)などを手がかりとして避けるようになる．この場合は特に**味覚嫌悪学習***，**風味嫌悪学習***とよばれる．

食物遮断化 [food deprivation] ⇌ 遮断化

食物貯蔵 [food storing, food cache] = 貯食

食物認知 [food recognition] 何が自分の餌であるのかを認識すること．動物の生態的地位(ニッチ*)により，食物認知の方法は異なる．夜行性の動物は，嗅覚や味覚をおもな手段として，どれが安全で栄養豊富な餌なのかを判断している．昼行性の動物では，果物が熟しているか否かを色で判断する，といったように視覚を食物認知の手段として使用できる．コウモリ*やイルカなどは超音波*で餌の形や大きさなどを判断している．また，対象の硬さや舌触りといった触覚も食べることが可能か否かの判断に寄与している．このような食物認知は，個体の経験，そして，親や所属グループが何を食べているかにも影響を受ける．ある食物を食べたとき，それが栄養豊富であれば，次回もそれを摂取しようとするし，逆に毒であれば，二度とその食物は摂取しなくなる．母親の胎内にいる際，羊水を通して母親の食べた食物のにおいを経験することによって，生後，そのにおいがする食物を好むようになることもある．このように食物認知の形成には，さまざまな生得的要因，後天的要因が関与している．

食物分配 [food sharing] 食物の一部もしくは全部が，ある個体から別の個体へと抵抗なく，つまり強奪などによらず渡ること．多くの動物種において食物分配は血縁個体同士でみられるのがふつうであるが，霊長類においては非血縁個体同士でも比較的頻繁にみられる．積極的分配(所有者が自発的に他個体に食物を差し出して渡す)と消極的分配(他個体が所有者の食物をもっていくのを抵抗せず許容する)に大別される．

食物網 [food web] 特定の生態系において，どの生物群(たとえば種)がどの生物群を食べているかを描いたネットワークをさす．ある資源種(食われる生物種)を起点として資源利用種(食う生物種)をつぎつぎにたどって描いたソースウェブ，特定の生物種を起点に資源種をたどったシンクウェブ，生物群集全体の食う-食われる関係を描いたコミュニティーウェブがある(図)．群集生態学(community ecology)では，食物網の構造は個体群動態を左右すると考える．生物の個体群密度やバイオマスは他の生物を捕食してその物質を同化することによって増加し，他の生物に食べられることで減少するためである．この仮説に基づいて，栄養モジュールとよばれる数種の生物種からなる食物網を対象に，食物網構造と個体群動態

(a) ソースウェブ

```
植物プランクトン → 動物プランクトン → 小型魚類 → マス
                                         → ローチ
```

(b) シンクウェブ

```
植物プランクトン → 動物プランクトン → 小型魚類 → マス
付着藻類 → ユスリカ幼虫 ↗
        → トビケラ幼虫 ↗
```

(c) コミュニティーウェブ

```
植物プランクトン → 動物プランクトン → 小型魚類 → マス
                                              → ローチ
付着藻類 → ユスリカ幼虫
       → トビケラ幼虫
       → 巻貝
```

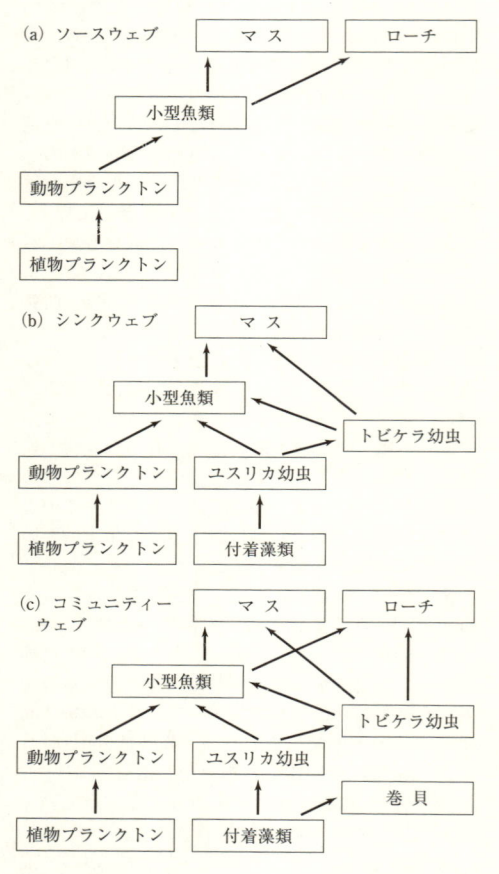

食物連鎖［food chain］ 特定の資源生物群を起点に，その利用生物群（捕食者や，資源生物群が植物の場合には植食者），さらにその利用生物群というように，生態系における食う-食われる関係をひとつながりの鎖状に描いた食物網*をさす．食物網は複数の食物連鎖からなっているといえる．食物連鎖において，生産者などの基底となる生物群から出発し，他のどの生物にも食べられない最上位の生物群に到達するのに要するステップ数を食物連鎖長（food chain length）とよぶ．また，基底生物群よりそれぞれの生物群に到達するのに必要なステップ数に1を加えた値を，その生物群の栄養段階（trophic level, trophic position）とよぶ．たとえば，アブラナ-モンシロチョウ-カマキリ-モズからなる生物群集では，食物連鎖長は3，カマキリの栄養段階は3ということになる（図）．ただし，現実の複雑な食物網においては，たどる経路や基底生物群の選び方によって栄養段階や食物連鎖長は変わる．そのため，基底種と最上位種を結ぶ複数の経路のうち，最長・最短・平均などの食物連鎖長をその食物網の連鎖長として代表させることがある．食物連鎖では，上位の栄養段階ほど特定の化学物質濃度が高まる**生物濃縮**（biomagnification）や，特定の生物群の生物量変化がつぎつぎと他の栄養段階に伝わる**栄養カスケード***とよばれる現象が生じる．このことから，食物連鎖長や栄養段階は，生物の群集構造や生物群のその中での位置を示す重要な指標と考えられている．

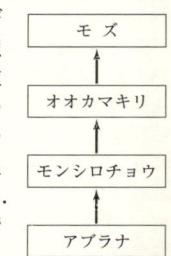

```
アブラナ → モンシロチョウ → オオカマキリ → モズ
```

食物連鎖長［food chain length］ ⇌ 食物連鎖

食欲［appetite］ 摂食行動を起こす欲求．空腹感，食物のにおいや視覚的刺激などにより起こる．また，同種の他個体の摂食により促進されることがある（社会的促進*）．食欲は脳，特に視床下部により調節されている．食欲を増進する外側視床下野（lateral hypothalamic area, LHA）と，食欲を抑制する視床下部腹内側核（ventromedial nucleus of hypothalamus, VMH）が拮抗的に食欲を調節し，摂食量を適切なものにしている．食欲の調節にかかわる物質としては，たとえば生物の最も根源的なエネルギー源であるグルコース（ブドウ糖）の血中濃度（血糖値）が知られている．血糖値の増加によって外側視床下野の神経細胞の活動は抑制され，視床下部腹内側核は促進される．グルコースが食欲を調節する説を"恒糖細胞説"という．また，体内の脂肪細胞で生産され，摂食を抑制する物質であるレプチン*の発見により，"恒脂肪細胞説"も提唱されている．

処女生殖［virgin reproduction］ ⇌ 単為生殖

触角［antenna］ 節足動物と渦虫類などの無脊椎動物にみられる対をなす頭部付属肢であり，触覚および嗅覚器官として機能する．昆虫の触角は複眼の間に一対ある．触角の形と節数は多様であり，分類の際に重要な特徴の一つである．触角は感覚器官の一つであり，接触刺激，気流，温度やにおいについてのセンサーの役割を果たす．触角には雌雄差がみられることが多く，雄の触角が

雌に比べて大きいことがある．その場合には，雄の触角は雌が放出する性フェロモン*を受容する器官となる．

触角葉 [antennal lobe] ⇒ 吻伸展反応

食 痕 [feeding mark] 動物の食べ跡，食事の痕跡．植食動物が植物（藻類を含む）を食べた際の痕跡（摂食痕，採食痕ともいう）をさすことが多いが，肉食動物の食物残渣（食い散らかし）をさす場合（捕食痕 predation mark ともいう）もある．動物の生態調査を行ううえで，食痕は足跡や糞とともに重要な野外における生活痕跡（フィールドサイン*）となる．動物が植物を食べると，行動様式や口の形状などによって特徴的な食痕が残される．たとえばアサギマダラの若齢幼虫は食草のキジョランに丸い穴をあける（図）が，この遠目にも独特な食痕は幼虫を探す目印となり，食痕だけでも存在の確証となる．アサギマダラの幼虫は成長すると葉の辺縁部から食べ進めるようになるが，このように食痕の形や大きさから植食者の齢や体サイズを推定できる場合もある．ツキノワグマの"熊棚"（ドングリ類の樹上に残された採食痕），オオタカの食事後に散乱した獲物の鳥の羽根なども食痕の例である．食痕を調べることにより動物の食性が明らかになり，食物連鎖構造の解明につながる．

キジョランを食べるアサギマダラの若齢幼虫と丸い食痕．幼虫は葉を食べる前に，まず葉の裏面に円形にかじって傷をつけて有毒な乳液を流れ出させ，乳液が固まった後で円内の葉肉を食べる．（⇒ トレンチング）

初頭効果 [primacy effect] 複数の刺激*を連続して提示し，その記憶成績をテストすると，最初に提示した刺激の成績がその他の項目よりも優れていること．系列位置曲線*の構成要素の一つで，はじめの経験はそれ以外よりも思い出しやすいことを示している．たとえば，複数の敵個体につぎつぎ直面したとき，最初に見た個体を最もよく記憶していることがある．最初に提示された刺激はその他の刺激よりも多く思い浮べられる（リハーサル*）ために長期記憶*になりやすく，そのために記憶成績が向上するとする説がある．（⇒ 新近性効果）

暑熱探索行動 [warm-seeking behavior] ⇒ 行動性体温調節

処 罰 [punishment, sanction] 協力しない個体に対し行う制裁の行動．罰，制裁ともいう．たとえば，協同繁殖するカワスズメ類では繁殖を助けない劣位個体はなわばりから追い出される．サル類でも群れの仲間に餌を分け与えない利己的個体が攻撃されることがある．処罰は種間の共生関係でもみられ，たとえばそうじ魚のホンソメワケベラが共生相手の魚を裏切り相手の粘膜を食べると，相手はベラを追いかける，共生相手を変えるなどの制裁に訴える．処罰は，脊椎動物では一般に個体の適応度*を均等化させる機能をもつが，社会性昆虫*では生殖的分業*の実現，すなわち女王とワーカーの適応度の差を広げる機能がある（⇒ ワーカーポリシング，警察行動）．これは，処罰を実行した個体にとっての適応的な意義が，直接的適応度の向上にある（利己的処罰 selfish punishment）のか，間接的適応度の向上であるかの違いによると，理論上考えられている（⇒ 血縁度）．処罰行動に個体適応度上のコストが伴う場合は利他的処罰（altruistic punishment）とよばれるが，ヒト以外で確固たる実例は知られてない．一方，多くの動物では，非協力的にふるまった相手に対し，関係自体を断ち切って間接的に損害を与える場合がある．このような間接的な処罰行動を制裁（sanction）とよび，処罰（punishment）と区別する場合もあるが，使い分けは明確でない．また，囚人のジレンマ*理論においては，プレイヤーの双方が非協力のとき実現する低い利得を罰と表現する場合がある．

鋤鼻器 [vomeronasal organ, VNO] フェロモン*を含むにおい分子の受容を行う嗅覚受容器．発見者 L. Jacobson にちなんでヤコブソン器官（Jacobson's organ）ともよばれる．両生類，爬虫類，哺乳類にみられる．多くの哺乳類では鼻中隔の腹側基部に沿って鋤骨に囲まれた前後方向に細長い左右対称の1対の器官である（次ページ図）．鋤鼻器の感覚上皮には，鋤鼻受容体をもつ鋤鼻細胞（鋤鼻神経細胞）が分布しており，これがにおい

分子の受容を行っている．鋤鼻器で受容されたにおい分子の情報は，神経細胞である鋤鼻細胞から直接派生している軸索によって副嗅球に伝えられる．なお，成体の類人猿や成人では鼻中隔に小さな窪みの痕跡として存在する例もあるが生理的な機能はないとされる．ヒト胎児では鋤鼻器が発達していることから，ヒトや類人猿では発生時期に一時的に発達してその後退化すると考えられる．鳥類と爬虫類のワニも鋤鼻器をもたない動物だが，ヒトと同様に発生途中で退化するのかについては明らかとなっていない．

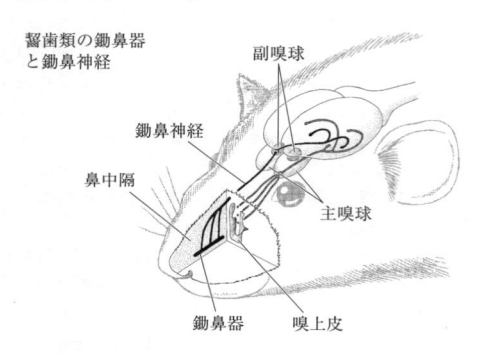

齧歯類の鋤鼻器と鋤鼻神経：副嗅球，鋤鼻神経，鼻中隔，主嗅球，鋤鼻器，嗅上皮

鋤鼻系［vomeronasal system］　鋤鼻器*からの嗅覚情報の伝達にかかわる神経回路のこと．鋤鼻器で受容された化学分子の情報は，鋤鼻細胞（鋤鼻受容体細胞）の軸索を経由して副嗅球に伝えられる．副嗅球に入力された情報は，さらに扁桃体内側核や視床下部など動物の情動や生殖内分泌にかかわる脳領域に伝えられる．鋤鼻器に始まるこの一連の神経回路をまとめて鋤鼻系とよぶ（図）．副嗅球を経由する神経回路であること，また"もう一つの嗅覚系"という意味から，**副嗅覚系**（accessory olfactory system）ともよばれる．鋤鼻系は，同種の雌雄判別などを行うフェロモン*の解析に重要な神経回路とされているが，その神経機構や生物学的存在意義については不明な点が多い．なお，三叉神経，舌咽神経，迷走神経などの脳神経も嗅覚機能への関与があることから，医学分野ではこれらを副嗅覚系とよぶ場合もある．

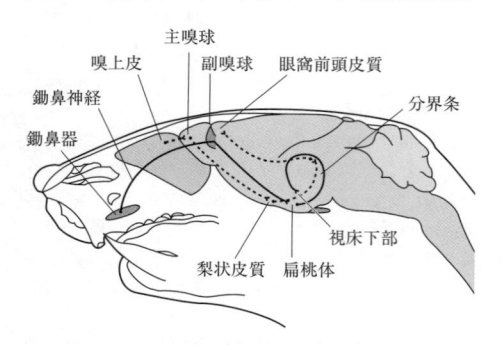

鋤鼻受容体［vomeronasal receptor, VR］　⇒フェロモン受容体

初毛羽［natal plumage］　⇒羽衣

ジョンストン器官［Johnston's organ］　昆虫において，聴覚，重力，風などの情報処理にかかわる感覚器．振動受容器の一つで，哺乳類の耳において重力および音の受容に関与している前庭および蝸牛に相当する器官と考えられている．発見者である C. Johnston の名前にちなんで名づけられた．双翅目の昆虫は種特異的な翅音周波数をもち，翅ばたき周波数で同種を認知しているが，ジョンストン器官はこの翅音周波数の認知に重要な役割をもつとされる．ミツバチでは仲間のダンスから生じる翅音情報を利用して蜜源までの方向と距離を計算しているとされる．種によってジョンストン器官の場所は異なるが，ハエなどの双翅目では触角の基部（触角第2節；梗節）の内部に存在する（図）．ショウジョウバエのジョンストン器

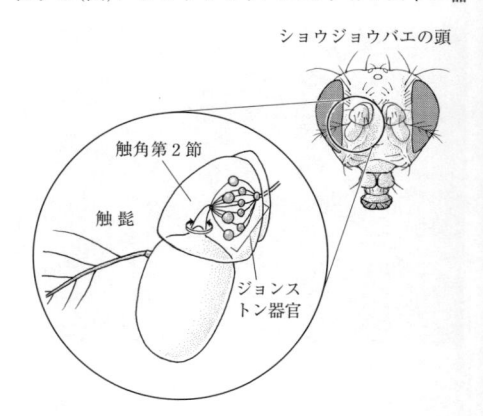

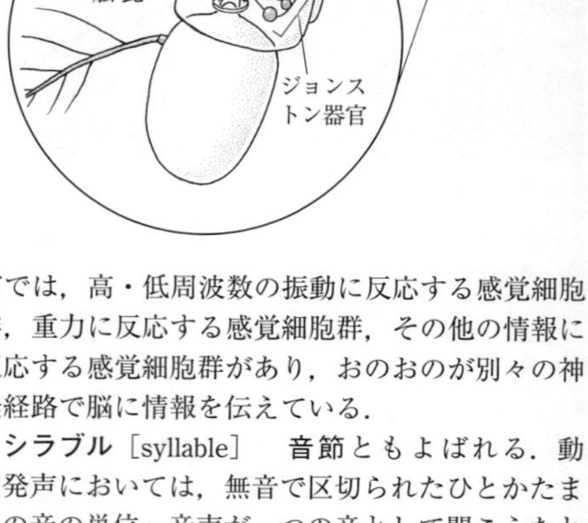

マウスにおける嗅覚情報の主伝達経路．実線は鋤鼻系，破線は主嗅覚系を示す．（主嗅球，嗅上皮，副嗅球，眼窩前頭皮質，鋤鼻神経，分界条，鋤鼻器，視床下部，梨状皮質，扁桃体）

ショウジョウバエの頭：触角第2節，触髭，ジョンストン器官

官では，高・低周波数の振動に反応する感覚細胞群，重力に反応する感覚細胞群，その他の情報に反応する感覚細胞群があり，おのおのが別々の神経経路で脳に情報を伝えている．

シラブル［syllable］　**音節**ともよばれる．動物発声においては，無音で区切られたひとかたまりの音の単位．音声が一つの音として聞こえたと

認識され，また発声されるまとまりの単位．発声には数個の音がひとかたまりになっているものがあり，そのかたまりを構成する一つ一つの音をノート（note，音素，素音）もしくはエレメント（element）とよび，これらが集まったひとかたまりをシラブルとよぶ．単独で発せられるノートは，それが一つのシラブルとなっている場合もある．たとえば，ジュウシマツのさえずりのシラブルは，ほとんどが単独の音から構成されるため，さえずりに含まれる一つ一つの音は，ノートとよばれることが多い．シラブルの種類をカテゴリーに分けたときの，カテゴリーのことをシラブルタイプとよぶ．鳥のさえずりには，一種類～数十種類のシラブルタイプが含まれていることが多い．ヒトの音声においては，母音または母音と子音の組合わせで構成される音声の聞こえ方のまとまりをさす．

自律個 ⇒ 自律分散制御

自律神経系［autonomic nervous system］ 内臓器官，分泌腺，血管などに分布して呼吸，循環，消化吸収や内分泌系など生命維持に必須な機能を調節する不随意的な神経系．交感神経系*と副交感神経系*から構成され，これら二つの神経系は多くの場合同一臓器に分布し（二重支配），その働きは拮抗的である（相反支配）．いずれの神経系も繊維が脊髄から左右に出て神経節とよばれる神経細胞体の集まりで神経を乗換え（⇒シナプス），ここから各臓器に分布している．両神経系の節前繊維の終末および副交感神経系の節後繊維終末からはアセチルコリン*が放出されるが，交感神経系の節後繊維ではノルアドレナリン*が神経伝達物質として働く．交感神経系が活性化すると瞳孔拡大，心拍数増加，血管収縮，血圧上昇，気管支拡張，発汗など体が活発な状態になる．一方で副交感神経は瞳孔の収縮，唾液の分泌，心拍数・血圧の低下，気管支の収縮，消化器系の活性化などをひき起こし，体を安静な状態に維持しようとする．

自律神経節［autonomic ganglion］ ⇒ 神経節

自律性体温調節［autonomic thermoregulation］ ⇒ 行動性体温調節

自律分散制御［autonomous decentralized control］ 入力に対して自律的に何らかの処理を施し出力する，比較的単純な機能をもつ要素のことを自律個とよぶ．このような自律個が多数集まって相互作用することで，自律個単体がもつ機能からは簡単には想像できないような高度な機能を自律個集団に自己組織化*（創発）させるような制御方策を自律分散制御とよぶ．いわば，"More is different"，"三人寄れば文殊の知恵" を体現化する制御方策である．生物においては，個体内や個体間などさまざまな階層で自律分散制御が活用されているが（たとえば，中枢パターンジェネレーター*による運動パターン生成など），その発現機序は依然として不明であるものが多い．

尻振りダンス［waggle dance］ ⇒ ミツバチのダンス

試料［sample］ ⇒ 統計学的検定

シルバーバック［silverback］ ⇒ ゴリラ

司令システム［command system］ ⇒ 司令ニューロン

司令ニューロン［command neuron］ 指令ニューロンとも書く．ある行動の発現に対して，その活動が必要かつ十分であるような単一の同定ニューロン*．司令ニューロンであることを実験的に証明するためには，1）行動を遂行するときに（あるいは遂行に先行して）必ず活動していること，2）そのニューロン一つを刺激するだけで，自然な行動と同じ反応が誘発されること，3）神経回路からそのニューロン一つを取除く（外科的に除去するか，その活動を抑制する）と，その行動が自然な条件下で発現しなくなること，の3点を示さなければならない．しかしながら，これらの条件を満たす例はきわめてまれである．ザリガニの逃避行動をひき起こす**外側巨大神経繊維**（lateral giant fiber, LG）は，その典型例として言及されることが多い．しかし，自然刺激でひき起こされる行動と外側巨大神経繊維の電気刺激でひき起こされる行動とでは，微妙ながら差異があることが報告されている．なお単一ニューロンという条件を緩和し，集団としてのニューロンの活動が上記の条件を満たす場合，このニューロン集団を司令システム（command system）とよぶ．

指令ニューロン ＝司令ニューロン

シロアリ［termite, white ant］ 真社会性*のゴキブリ目の昆虫の一群で，約2600種からなり，枯死材など植物遺体を食べる．姉妹群は食材性で亜社会性*のキゴキブリ属である．雌雄とも核相は二倍体で，ごく一部の種は単為生殖能力をもつ．通常，有翅生殖虫（王と女王）が婚姻飛行*後に翅を落とし，ペアになって枯死材に入り込んで，コロニーを創設する．生まれた幼虫は，無翅で採餌

や巣の維持，卵・幼虫の世話をおもに行うワーカー*，防衛を行うソルジャー(兵蟻)，翅芽をもち数回の脱皮ののち有翅生殖虫になるニンフなどの階級に分化する(⇔カースト分化)．ワーカー型生殖虫やニンフ型生殖虫がワーカーやニンフから分化する種もある．科や属によってはワーカー階級がなく，齢の進んだ幼虫がおもにその仕事を担う．暗所で生活するため，フェロモン*による情報伝達や階級分化の制御，特有な体の振動による情報伝達が知られる．ワーカーの後腸は袋状に発達し，セルロース分解を行う嫌気性原生生物や，炭化水素や窒素の代謝にかかわる多様な原核生物が共生する．若齢幼虫は，他個体が排出した腸内容物を食べる肛門食栄養交換の際に，微生物を受取る．一つのコロニーが1個の枯死材のみに営巣し，餌と巣場所として利用する種をワンピース型シロアリ(one-piece nester termite)とよび，構成個体が材を利用し尽くすまでコロニーが存続する．この営巣・採餌の習性はキゴキブリ属と共通するシロアリの祖先的形質と考えられ，オオシロアリ科，レイビシロアリ科，ミゾガシラシロアリ科の一部にみられる．シロアリ科の多くの種，ミゾガシラシロアリ科の一部の種，シュウカクシロアリ科の種は，餌場から離れた地中やアリ塚などにコロニーを営巣し，トンネル(蟻道)や地表を通って周辺の材や落葉・枯草などを採餌する習性をもち，セパレート型シロアリ(central-site nester termite)とよばれる．ミゾガシラシロアリ科の一部やムカシシロアリ科の種など，一度に複数の枯死材を巣場所と餌として利用し，時間とともに利用する材を変えていく種を，中間型シロアリ(multiple-site nester)とよぶ．

シロアリ塚［termite mound, termite hill］⇔塚

人為選択［artificial selection］　人為選抜，人為淘汰ともいう．自然選択*に対する用語であり，人間が人為的に適応度*に影響を与えることにより生じる選択である．たとえば，体のある部分の長さなどある量的な性質が相対的に大きい個体のみを選んで次世代の親として繁殖させ，小さい個体は繁殖させない(選択的交配 selective copulation)と，その性質に対して大きい方が有利な方向性選択が働く．人為選択は，人為的に選んだ組合わせによる交配とともに，人間の目的に合った性質をもつ生物をつくり出す育種のために使われてきた．家畜化*の歴史はまさに選択的交配の歴史であり，たとえばウシやウマ，イヌの品種*の作出などで積極的な人為交配が行われてきた．人為選択の強さと世代間での性質の平均の変化の間には，自然選択同様，1世代での個体群での性質の平均の変化量が選択勾配と遺伝分散共分散行列の積に等しいという関係が成り立ち，特に一つの性質について表した，

$$1\text{世代の平均の変化量} = h^2 S$$
(h^2：遺伝率，S：選択差)

は人為選択における基本的な公式となっている．特定の形質をもつ個体が確実に選抜されるため，世代間の遺伝的変化は非常に早く進む．人為選択は，育種の目的以外にも，遺伝的変異が個体群に保持されていることや遺伝相関の存在を示したり，遺伝率などの量的遺伝学における重要な量を推定するためにも行われる(⇔量的形質)．人為選択は，人間が意図的に行うものをさすことが多いが，実験室での飼育などの際には，飼育条件が自然条件とは異なるため，意図しないで生じることもある．また過度の人為選択は遺伝的近縁度を上昇させ，遺伝疾患の発生率を上昇させる．

人為選抜［artificial selection］　＝人為選択
人為淘汰［artificial selection］　＝人為選択
人為突然変異［artificial mutation］　⇔突然変異

人為分類［artificial classification］　⇔分類学

進化［evolution］　進化とは，生物が，世代を経てその形質を変化させていくことをさす．欧米のキリスト教思想では長らく，生物は神によって創造された日から変化していないと信じられてきた．これを創造論とよぶ．それに対して，生物は時間とともに変化したのであって，現在みられる生物がそのままの形ではじめから存在したのではないという考えを進化論とよぶ．進化論は，化石の発見や地質学的な知見をもとに，18世紀ごろからさまざまな博物学者によって唱えられるようになったが，キリスト教の宗教的教義と対立することから，激しい論争が行われた．しかし，進化が起こるとして，どのようにして生物が時間とともに変化するのか，その仕組みを科学的に説明することは困難であった．18世紀から19世紀にかけて活躍したフランスの博物学者のJ. B. Lamarkは，生物個体がよく使用した形質は発達し，あまり使用しなかった形質は退化し，それがのちの世代に遺伝することによって進化が起こると考えた．これが，用不用説である(⇔ラマルキ

ズム）．これは，進化の仕組みを科学的に説明しようとした最初の試みであったが，獲得形質の遺伝をもとにした説明であり，現在では，それは起こらないことが示されている．英国の博物学者のC. R. Darwin* は，みずからの観察と実験を積み重ね，進化が起こるメカニズムとして，自然選択* と性選択* の理論を構築した．進化は，実際には，生物のもつ遺伝子に変化が起こり，それが世代を経て伝えられることによって起こる現象である．Darwin の時代には，遺伝の仕組みがわかっていなかったので，進化のメカニズムを考察することは困難であった．しかし，Darwin の提出したこれらの理論は，その後細部にわたっては改良されつつ，現代の進化生物学* の基礎をなすことになった．狭義では，遺伝形質が世代を経て変化する事象のみをさすが，広義では，人間活動の文化的形質が時間を経て変化する事象を含めることもある（⇌ 文化進化）．ただし，技術進化など単なる改良や改善に対して進化を当てるのは進化生物学的には誤用である．

進化医学［evolutionary medicine］ ダーウィン医学（Darwinian medicine）ともいう．進化生物学理論に基づく医学をさす．疾病や健康のメカニズム（至近要因*）の解明と診断，治療，予防などを目指す伝統的医学に対し，進化医学ではなぜそもそも病気になるのかという究極要因* の問いに進化理論を用いて答える．病気や体調不良の進化的要因としては，発熱や咳，下痢などの生体防御，病原体と免疫の間で生じる軍拡競争*，虫垂炎など適応進化の副産物として生じる解剖学的遺構，脂肪や糖への嗜好性など古環境における適応バイアスと現代環境の不適応などがあげられる．不安* やうつなど，これまで暗黙的に不適応とみなされてきた精神作用にも適応的側面があると説明される．P. W. Eward, R. M. Nesse, G. C. Williams* らが先駆者として知られる．

進化学統合［the evolutionary synthesis, the modern synthesis］ 1930～1940 年代に，C. R. Darwin* が『種の起源』（1859 年）で提唱した漸次的な生物進化や系統分岐が，集団の遺伝的変化および種分化* の積み重ねとして理論的かつ実証的に説明・理解できるようになったことをいう．メンデルの法則の再発見（1900 年）を契機に遺伝学および集団遺伝学* が展開し，並行して発展した生物・地球科学の諸領域の知見が統合されることにより進化学統合が実現した．進化総合説と訳されることがあるが，the evolutionary synthesis は説をさすのではなく，理論・知見の統合により進化学の学際的な基盤が形成されたことをさす．"統合(the synthesis)" とよぶのは，J. Huxley の著書『Evolution：The Modern Synthesis』（1942）に由来する．この期間に，量的形質* の遺伝・進化がメンデル遺伝学とは反目せず，化石に見る形態の大進化* と集団の小進化* とが互いに矛盾しないことが分野を超えて受入れられた．並行して，突然変異により遺伝的変異が集団の遺伝子プールに供給されること，遺伝的浮動* でランダムな進化も生じること，遺伝子型の適応度に差異があれば自動的に自然選択が生じること，および生殖隔離により種分化すれば遺伝的に異なる生物が系統進化することを含む，今日の進化生物学* のパラダイムが形成された．進化学統合に貢献した主要人物として，R. A. Fisher*, J. B. S. Haldane*, S. G. Wright*, T. G. Dobzhansky, G. L. Stebbins, E. B. Ford, E. Mayr, G. G. Simpson があげられる．

人格障害［personality disorder, PD］ パーソナリティ障害ともいう．認知，感情，行動の，持続的にみられる個々人の特徴である人格が，その人の属する文化において期待されるものから大きく逸脱しているために，本人および周囲の人たちが苦しんでいる状態．このような人格は，柔軟性がなく安定して長期間みられ，遅くとも青年期あるいは成人期初期に現われ始める．11 個の診断概念があり，三つのクラスターに分類されている．クラスター A：妄想性人格障害，統合失調質人格障害，統合失調型人格障害．クラスター B：反社会的人格障害*，境界性人格障害，演技性人格障害，自己愛性人格障害．クラスター C：回避性人格障害，依存性人格障害，強迫性人格障害．

進化ゲーム理論［evolutionary game theory］ ⇌ ゲーム理論

進化心理学［evolutionary psychology］ 心もまた，自然選択* による進化の産物であることを前提に心理学研究を行うアプローチ．知覚，認知，人格といった心理学の領域分類を縦軸とするなら，採餌，配偶，社会性などの適応上の問題によって，諸分野を横断する視点を導入するものである．一般に人間を対象とした研究をさすことが多く，類似のアプローチに人間行動生態学(human behavioral ecology)がある（⇌ 比較認知）．進化心理学では，進化は行動のもととなる心の情報処理システム（例：顔の好み）をつくったととらえ，そのデ

ザイン上の特徴を機能(例：配偶相手の選択)から推測するという逆行工学を行い，心の仕組みについての仮説を立てる．対する人間行動生態学では行動そのもの(例：婚姻回数)が進化理論の予測に従うかを重視する．進化心理学では，人間の心は農耕牧畜開始以前の環境に適応しており，進化的適応環境と工業化社会の違いが，現代における非適応的な人間行動を生む一因となっていると指摘する．(⇌ 認知心理学)

進化人類学 [evolutionary anthropology] ヒトの生理，行動，心理，社会，文化の成り立ちについて，ダーウィン的進化理論に基づいて研究する領域の総称であり，進化心理学*，人間行動生態学，考古学，古人類学などはもとより，霊長類学なども，その一部または関連領域となる．また生物学的進化だけでなく，文化進化*についても扱うなど，ヒトの進化に関するものはすべて進化人類学ということができる．研究手法も，狩猟採集社会など小集団社会におけるフィールド研究と文化比較，古人類化石の研究によるヒト進化史の解明，実験心理学*による種間比較，コンピュータシミュレーションおよび数理解析による進化プロセスの検討など多岐にわたる．遺伝学とのつながりも深く，近年は古人類化石からの遺伝子抽出も行われている．ネアンデルタール人と現生人類ゲノムの比較から両種に交配のあった可能性が示されるなど，新たな研究手法を取込みつつ拡大発展している領域である．

進化生物学 [evolutionary biology] 進化とは時間的継起とともに生じる"変化を伴う由来(descent with modification)"の総称である．進化に対しては，"どのような由来の構造があるのか"という問いと"なぜそのような由来の構造が生じたのか"という問いがある．第一の設問は，進化現象の経験的基盤にかかわることで，データに基づく系統樹を推定することで過去に生じたであろう進化現象の構造に関する推論を行う．第二の設問は，進化現象のメカニズムにかかわることで，進化の要因や過程に関する理論や仮説(たとえば自然選択*理論や中立説*)により答えられる．進化は限られた場合を除けば，直接観察することはできないし，反復実験することも不可能である．われわれが手にできるのは，過去に生じた進化現象の痕跡としてのデータ(核酸塩基配列，表現型形態形質，化石記録，地理的分布など)だけである．しかし，現在入手できるこれらのデータを比較検討することにより，過去に生じたであろう進化現象に関する仮説をテストすることができる．生物進化という概念が登場するまでの長い時代には，さまざまな生物がなぜ存在するのかという問いに対して，神学に則る創造説により説明がなされていた．18世紀後半から19世紀前半にかけて，神学の影響がさまざまな強さで残存するなかで，生物が時空的に変化しえるのだという緩い進化観が広まっていった．C. R. Darwin*の登場はそのような進化観の浸透を一気に押し進めたという点で大きな出来事だった．Darwinと同時代のE. H. HaeckelやH. Spencerの進化学説，19世紀末のA. Weismannのネオ・ダーウィニズム*やそれに対抗するネオ・ラマルキズム，そしてT. EimerやE. D. Copeによる定向進化説など数多くの進化論が併存する時期を経て，20世紀に入って再発見された遺伝学のめざましい発展は，自然選択などの進化メカニズムに関する詳細な論議を可能にした．現代に連なる進化の総合学説が成立したのは1930～40年代にかけてのことだった(⇌ 進化学統合)．

進化総合説 ⇌ 進化学統合

進化的安定戦略 [evolutionarily stable strategy, ESS] その戦略が集団全体を占めた場合に，他のどんな変異型が少数侵入しても頑健である戦略のこと．J. Maynard Smith*とG. R. Price*(1973年)が提唱した．進化の過程では，野生型集団に現れた有利な変異型が集団への侵入に成功することを繰返して，遺伝子型，ひいては表現型が変化してきた．現在みられる生物の形質は，進化という十分長い時間の過程の産物であることを考えると，もはやどのような変異型にも侵入されないような安定性を備えていると予測される．このような理由から，進化的安定戦略は進化の帰結であると考えられる．たとえばR. A. Fisher*の性比理論(⇌フィッシャー性比)においては，1:1からずれた性比を採用する集団は，よりずれの少ない変異型に侵入されてしまう．唯一の進化的安定戦略は1:1性比であり，これが性比が1:1であることの究極的な理由とされる．さまざまな行動を確率的に用いる混合戦略*が進化的安定戦略である場合，それぞれの行動は等しい適応度をもたらすことが知られており，これをビショップ・カニングスの定理とよぶ．たとえば前述の性比の例では，1:1性比を用いる親は，雄と雌を半々の確率で生むが，集団性比も1:1の場合，息子の価

値と娘の価値はちょうど釣り合っている．一方で，体サイズなどの条件に依存して行動を変えるような条件戦略*(における代替戦略*)では，一般に各行動の価値は釣り合ってはいない．

進化的軍拡競争［evolutionary arms race］ ＝ 軍拡競争

進化的重要単位［evolutionarily significant unit, ESU］ 生物保全のために考案された，保全すべき生物集団の単位．分類学上の種という単位だけでなく，亜種，地域系統，あるいは地域集団というように，さらに細かい単位で，遺伝子構成および形質の差異に基づき，生物集団を管理・保全すべきであるという考えのもとに生み出された概念．たとえば，ゲンジボタルは本州，四国，および九州に広く分布する昆虫だが，西日本の集団と東日本の集団の間には遺伝的構成に差があり，発光パターンにも差がある．これはゲンジボタルという1種のなかにも異なる進化をたどってきた二つの集団が存在することを意味しており，これらを移植などで安易に混合することは，生物多様性保全の観点から好ましくないと判断される．この場合，ゲンジボタルの西日本・東日本集団はそれぞれ別々の進化的重要単位としてとらえられる．進化的重要単位の設定においては，DNAの塩基配列情報など，分子遺伝学的技術による分析が有効な手段とされ，さまざまな種において進化的重要単位の探索が急速に進んでいる．一方，単に遺伝子の相違だけでなく，異なる環境が生み出す，さまざまな表現形質の変異についても，進化的重要単位の要素として考慮すべきであるという考え方も提案されている．

進化的要因 ⇌ 究極要因

進化的利害対立［evolutionary conflict of interest］ ある生物体が適応的にふるまうことが，他の生物体が適応的にふるまうことを妨害してしまうこと．行動生態学では，単に利害対立(conflict of interest)とよぶことが多い．競争的環境では普遍的に存在すると考えられる．たとえば，なわばりを張ることが最適な状況で，ある個体がなわばりを張り土地を占有してしまうと他個体がなわばりを張れなくなるケースである．進化的利害対立は潜在的なものと顕在的なものを分ける必要がある．生物集団には潜在的な利害対立が普遍的にあると考えられるにもかかわらず，必ずしも闘争などの目に見える対立には発展せず，非闘争的な方法で対立が解消される例も多い．たとえば，なわ

シンキツイ　　265

ばりからあぶれた雄がサテライト*としてふるまうような代替戦術*が次善の策*として進化する例である．利害対立する生物体の組合わせは，雌雄間(たとえば，追加の交尾が雄にとっては適応的だが雌にとっては非適応的な場合．⇌性的対立)，群れの構成員間(群れの周辺にいると捕食されやすいので皆が群れの中心に移動したがる例．⇌利己的集団仮説)，カースト間(ハチ目の女王とワーカーの間でコロニーが生産する最適な性比が異なる例．⇌3/4仮説)，異種間(食うものと食われるものの関係一般．⇌軍拡競争)，異なる生物学的階層間(個体にとって利益があるが集団にとって不利益な裏切り行動の例．⇌囚人のジレンマ)など多様であり，利害対立は進化生態学の主要研究テーマになっている．

新奇恐怖［neophobia］ 初めての刺激に対して動物が示す恐怖反応*のこと．刺激から逃げたり，刺激の様子をうかがったり，刺激に対して威嚇したりする．刺激に慣れることで恐怖反応は消失していく．実験室や，動物園の飼育ケージなど単一な環境に長時間置かれると新奇恐怖を示しやすくなり，環境エンリッチメント*などにより変化に富む環境に置くことで示さなくなる．すべての動物がすべての新奇刺激に対して恐怖反応を示すわけではなく，逆に選好反応を示すこともある(新奇選好 neophilia)．

新奇性［novelty］ ⇌ 新奇追求傾向

新奇選好［neophilia］ ⇌ 新奇恐怖

新奇追求傾向［novelty seeking］ 新奇性(novelty)とは，目新しく，かつ珍しいものや様子をいう．新奇性追求とは新奇性を求める気質であり，新しいもの好き，冒険好きなどとも表現される．ヒトでよく用いられる性格テストの一つのTCI (temperament and character inventory)では，損害回避傾向，新奇追求傾向，報酬依存傾向，持続傾向の，四つの気質因子が抽出され，そのうち新奇追求傾向はドーパミン*によって活性化されると考えられている．ヒトではドーパミン受容体D4の遺伝子型との関連が報告されている．また新奇追求傾向は，ドーパミンの合成酵素やトランスポーターの遺伝子多型にも影響されるとの報告がある．ドーパミン受容体遺伝子ノックアウト*マウスで，オープンフィールドテストの探索行動*が減少したのをはじめ，イヌやシジュウカラなど幅広い動物種においても，新奇追求傾向の表出と考えられる攻撃，探索，注意欠陥・多動の個

体差とドーパミン受容体の遺伝子型との関連が報告されている．

新近性効果［recency effect］　複数の刺激*を提示し，その記憶成績をテストした際に，最後に提示した刺激の成績がその他の項目よりも優れていること．系列位置曲線*の構成要素の一つで，終わりの経験はそれ以外のものよりも思い出しやすいことを示している．たとえば，複数の敵個体につぎつぎ直面したとき，最後に見た個体を最もよく記憶していることがある．最後に提示された刺激はその他の刺激よりも時間経過の影響を受けないために短期記憶*に残りやすく，そのために記憶成績が向上するとする説がある．（⇌ 初頭効果）

真空行動［vacuum activity］　欲求不満*の状態において，その欲求を満たす対象なしに行動だけが出現すること．たとえばニワトリでは，砂浴びをするための砂がないケージ飼育においても，あたかも砂があるかのように砂浴びと同様の行動をする．ほかにもイヌが何もない空中を咬む行動などが知られている．葛藤・欲求不満状態で出現する類似の行動型として，ほかに転移行動*（本来の欲求行動とは異なる行動の発現）と転嫁行動*（欲求行動を向ける対象とは異なる個体に対して行動を起こすこと）がある．（⇌ 転嫁性攻撃行動，耳しゃぶり）

神経イメージング［neuroimaging］　⇌ 脳イメージング

神経栄養因子［neurotrophin］　神経細胞の伸長や分化，生存を促す一群のタンパク質．発生過程では多くの軸索が標的細胞に向かって伸長するが，神経連絡できた軸索だけが最終的に生き残る．神経連絡を形成した軸索は，標的細胞から分泌される神経栄養因子を受取ることで生存が維持され，この競合で神経連絡できなかった軸索は，栄養因子を得られずにアポトーシス*を起こす．神経栄養因子として，神経成長因子（nerve growth factor, NGF）が同定され，のちにそのファミリータンパクとして，脳由来神経栄養因子（brain-derived neurotrophic factor, BDNF）やニューロトロフィン3（neurotrophin 3）が同定された．脳由来神経栄養因子は種々の精神疾患や気分障害，ストレス状況下で低下していることが報告されている．

神経回路網モデル［neural network model］　＝ ニューラルネットワーク

神経筋接続［neuromuscular junction］　⇌ シナプス

神経経済学［neuroeconomics］　行動経済学*と認知神経科学*を統合し，経済的な意思決定*の諸問題を，脳の情報処理過程として理解しようとする分野．1990年代以後，機能的磁気共鳴画像法*（fMRI）など，ヒトの脳の活動を計測する技術が普及した．これにより，帰結が不確実な状況下での購買や投資の意思決定など，行動経済学の問題を脳科学・神経科学の枠組みで議論することが可能になった．しかし，経済学の古い問題を，脳科学の新しい技術を使って記述しているだけであり，人間の選択行動を予測する新しい体系を生み出してはいない，と批判されている．これに対して，従来の脳科学は刺激に対する応答，つまり反射学の枠組みから一歩も出ていないのに対し，神経経済学は不確実な状況で意思決定を行うこと，つまり脳の主体性を重視する新しい枠組みを提示している，と擁護する意見がある．さらに，神経経済学は行動生態学における採餌理論*の自然な延長線上にある，とする主張もある．

神経行動学［neuroethology］　動物行動に関するティンバーゲンの四つの問い*のなかで，行動発現のメカニズムを担当する分野．20世紀の神経科学が感覚の処理機構に関する研究を中心として進展したため，行動発現のメカニズムについても特徴抽出*の問題に力点が置かれ，鍵刺激*や生得的解発機構*の研究に集中することになった．特定の感覚を研究するために，その感覚について際立った精密さを発揮する動物（チャンピオン動物）を見つけ出し，感覚情報処理のアルゴリズムをニューロンレベルで解析することが，この分野の特徴である．電気感覚については弱電気魚*，聴覚についてはフクロウ（音源定位*）やコウモリ（反響定位*），視覚については昆虫（アゲハチョウの視覚）や霊長類（サルの形態や奥行知覚），化学感覚については魚類（サケの母川水記銘）や昆虫（カイコガのフェロモン*受容）など，多彩な動物を対象とする．これに対し，近年，モデル動物（ショウジョウバエ，ゼブラフィッシュ，線虫，マウス）を用いた分子行動学の研究が急速に進んだ．これらの動物には詳細な分子遺伝学的手法を適用することができる．そのため，分子レベルのメカニズムを理解するために大きな役割を果たし，特に記憶形成や行動の雌雄差の機構についてはリードする位置に立つ．今後は，これらモ

デル動物を含め，行動発現の包括的な研究分野へ拡大すると予想される．

神経細胞［nerve cell］　中枢神経系（脳）や末梢の感覚系（網膜など）の主要な構成要素となる細胞であって，感覚や運動指令の信号を伝えて統合するために，また意思や情動を生成し記憶の痕跡を蓄えるために特殊化した働きを担う．多くの場合，活動電位*を発生する能力があって，軸索（axon）とよばれる細長い突起を通して遠くまで素早く信号を伝えることができる．神経細胞は軸索のほかに，樹状突起（dendrite）とよばれる枝分かれの著しい突起を備えるが（図），これは他の神経細胞から伸びた軸索の終末部がシナプス*結合をつくる場となっている．樹状突起から入力を受取

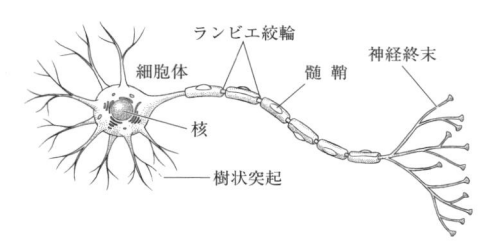

神経細胞の主要な構成要素を模式的に表した図．脊髄の運動ニューロンや大脳皮質の錐体細胞は，この図に近い形を備える．しかし神経細胞はきわめて多様な形態を備えている．

り，軸索から出力を出すという場合が一般的だが，例外も多い．脊椎動物の嗅覚の一次中枢である嗅球には，僧帽細胞と顆粒細胞という2種類の神経細胞があり，両者の樹状突起同士が相互にシナプス結合をつくっている．この場合，樹状突起が信号を出力する場となっている．他方，脊椎動物の脊髄にあるGABA作動性神経細胞は，その軸索を他の神経細胞の軸索終末部の上に伸ばし，軸索から軸索へのシナプスが形成されている．この場合，軸索が信号を入力する場となっている．さらに，軸索をもたないもの，樹状突起をもたないものもあり，神経細胞の形と機能は実に多様である．活動電位を出さず，膜電位のゆっくりした変化に応じて伝達物質の放出量を変えるノンスパイキング・ニューロンも節足動物の神経節*に見つかっており，運動の制御に重要な役割を果たしている．神経系を構成する最小の単位という意味を込めて，ニューロン（neuron）という言葉がつくられた．しかし，一つの神経細胞の部分ごとに独立に情報を処理することも多い．機能的単位という見方には

注意が必要である．

神経修飾物質［neuromodulator］　神経間の情報連絡のために用いられる物質（神経伝達物質*）のうち，他の細胞を興奮または抑制させる活動電位*を短期的に制御するためだけではなく，他の細胞からの伝達効率の修飾や，可塑性などを介して長期的な効果をもたらす物質群の総称．代表的なものとして，ドーパミン*，セロトニン*，ノルアドレナリン*，アセチルコリン*などがある．これらの物質を脳全体に投射している神経核は脳幹や中脳にあり，大脳皮質や大脳基底核などに広範に投射している．一つの細胞から多数の細胞への投射があることから，一つの情報を他の一つの情報へと伝える情報処理にかかわるのではなく，脳全体の状態を制御するのに使われているのではないかという仮説がある．特にドーパミンは報酬とその学習に，セロトニンは痛みなどの危険と警戒に，ノルアドレナリンやアセチルコリンは睡眠覚醒や注意などにかかわることが知られている．それぞれの物質はそれぞれの特定の受容体によって各神経細胞で感知され，細胞の活動電位*の出しやすさや，他の神経伝達物質からの入力の修飾や，シナプス強度の長期的な変化のさせやすさ，などを調節する．

神経症傾向［neuroticism］　⇒気質

神経生態学［neuroecology］　種に固有な生態的地位や行動特性*に応じて，脳が特徴的な構造を備えていることに着目し，脳と生態の関係を読み解こうとする分野．たとえば餌を蓄える行動をもつ動物は，より高い空間記憶*を必要とするから，大脳に占める海馬*の相対的なサイズが大きいという仮説を立てる．そして，さまざまな動物の脳の組織標本を作り，海馬が大脳の中でどれほどの割合を占めるかを種間で比較して，貯食*行動との間に相関関係があるかどうかを調べる．脳のその領域が大きければ，より多くのコスト*を支払っているのだから，領域が果たす機能には相応の利益（ベネフィット*）があるはずだと考える．この立場を拡張し，神経メカニズムを研究するにあたって，行動生態学の知見や理論を全面的に採用する立場を神経生態学*とよぶことがある．

神経成長因子［nerve growth factor, NGF］⇒神経栄養因子

神経節［ganglion］　[1] 脊椎動物の末梢神経の経路の途中にある神経細胞の集合で，結合組織

の鞘に包まれている．末梢の体制感覚などの情報を脳や脊髄に伝える神経節や，心臓や内臓などを支配する**自律神経節**（autonomic ganglion）がある．[2] 扁形動物以上の無脊椎動物では神経細胞が集まって神経節をつくり，小規模ながら感覚情報の統合や運動の制御などの中枢機能を果たす．節足動物や環形動物など体節制の動物は体節ごとに1個の神経節をもつ．ただし神経節の融合もしばしばみられ，それらの動物の脳は頭部の複数の神経節が融合して形成されたものである．（⇌ 微小脳，昆虫の神経系）

神経伝達物質［neurotransmitter］　シナプス*においてシグナル伝達を担う化学物質．静止時にはシナプス前細胞終末のシナプス小胞に貯蔵されており，シナプス前細胞終末に活動電位*が到達して興奮するとシナプス間隙に放出される．拡散によりシナプス後細胞の受容体に結合することで，シナプス後細胞に特定の活動をひき起こす．放出後は酵素による不活性化や前細胞終末への再取込みなどによって，シナプス間隙から速やかに取除かれる．神経伝達物質は化学的性質によって大きくつぎの四つに分けられる．1) アミノ酸類：グルタミン酸*，γ-アミノ酪酸*（GABA），グリシン．2) アミン類：ドーパミン*，ノルアドレナリン*，アドレナリン*，セロトニン*，ヒスタミン．3) ペプチド類：サブスタンスP，GnRH，バソプレッシン*，プロクトリンなど．4) その他：アセチルコリン*，プリン類（ATP，アデノシン），一酸化窒素*（NO）や一酸化炭素（CO）などのガス状物質，内因性カンナビノイド*など．またその作用から，興奮性伝達物質，抑制性伝達物質と分けることもある．さらに，興奮・抑制のどちらにも分類できない修飾作用をもたらす生理活性物質を，**神経修飾物質**＊とよぶ．神経伝達物質がミリ秒の速い時間で作用するのに対し，神経修飾物質は数百ミリ秒から数分にわたってゆっくりと作用する．しばしば同一の化学物質が，受け手の細胞に備わる受容体の型に応じて，伝達物質と修飾物質の二つの働きを同時にもつことがある．

神経ネットワーク［neural network］　＝ニューラルネットワーク

神経符号化［neural coding］　外界の刺激情報を脳内の神経ネットワークへ変換する法則，または刺激と変換された神経状態ペアの対応関係をさす．神経細胞は刺激情報を感覚器によって神経インパルスに変換し，脳内の神経ネットワークへと伝達する．その際に，刺激情報は神経ネットワーク内の多数の神経発火パターンとなって伝達される．多数の刺激を使って多数回の実験によって神経活動を観測し，そのときの神経活動パターンからコーディングの推定が行われている．神経は常に同じように活動するのではなく確率的に活動するため，発火する割合（発火率）に情報が符号化されているとする発火率コーディングや，他の細胞が発火した時刻と時間の関係に情報が写しとられているとする発火タイミングコーディング仮説などがある．また，発火率コーディングでも，多数の細胞パターン上での発火の特性から，特定の刺激が最終的に少数の細胞を発火させ，刺激-少数細胞対応をとるスパースコーディング仮説（sparse coding hypothesis）や，特定の刺激は多数の神経細胞発火率パターンに展開された多次元空間の中に表現されているとする集団コーディング仮説（population coding hypothesis），発火にはある程度の周期的に発火しやすいタイミングが存在しその周期からのずれによる位相コーディング仮説（phase coding hypothesis）など，さまざまな仮説があり，大脳皮質視覚野，運動野，海馬などの細胞でそれぞれの仮説を支持する神経相関が報告されている．

神経ペプチド［neuropeptide］　一般に低分子量であるグルタミン酸*やアセチルコリン*などの古典的神経伝達物質とは異なり，数個〜数十個のアミノ酸からなる比較的高分子量のペプチドが神経伝達物質*または神経修飾物質*として特定の神経細胞*で産生・放出されていることが知られている．エンドルフィン*やエンケファリンなどに代表されるオピオイドペプチド（脳内在性のアヘン類縁物質），および各種の脳下垂体前葉ホルモン放出を促進する視床下部ペプチドホルモンの一種GnRH（生殖腺刺激ホルモン放出ホルモン）やニューロペプチドYなどについてよく研究されている．一般にGタンパク質共役型受容体を活性化し，細胞内情報伝達系を介してイオンチャネルの機能や神経伝達物質の放出などを修飾すると考えられている．ドーパミン*やセロトニン*などのカテコールアミン*とあわせて神経修飾物質とよばれることが多い．最近，多くの神経細胞でペプチドと古典的神経伝達物質が共存していることがわかり，性行動の動機づけ，睡眠などの本能的脳機能や記憶学習の神経回路における修飾作用などが注目されている．

信号［signal］　他個体の行動を変化させる生物の動作や構造といった特徴で，発信者はその信号をもつこと，受信者はその信号に対する反応性をもつことで，何らかの適応度上の利益を受け，その結果進化的な強化が起こっているもの．つまり，信号は進化的に獲得された機能をもっており，信号の発信者は信号発信により直接的に利益を得ている．信号発信者はその信号により，何らかの情報を能動的に発信しているともいえる．受信者の側は，信号に反応することで直接利益を受けるとは限らない（⇌感覚便乗）．信号受信者に利益をもたらすような信号を正直な信号*，損失を課すものをだまし*という．換言すると，信号が成立していること自体，その信号を介して発信者と受信者が共進化*してきたことを意味しており，正直な信号であれば相利的な，だましであれば拮抗的な共進化の帰結といえる．一方，ある特徴が他個体の行動変化をひき起こすものの，それが進化の動因となっていない場合には，手がかり(cue)として区別する．たとえば同じにおい刺激でも，性フェロモン*は配偶相手を誘引するために進化した化学信号であるが，捕食者が獲物を捕らえるために利用する臭跡は手がかりということになる．

人口学的確率性［demographic stochasticity］
⇌遺伝的浮動

信号形質［signalling trait］　信号を発信するために進化的に獲得した特徴．派手な雄の体色や飾り羽，鳥の雛の口内の鮮やかな色の皮膚などの身体的特徴だけでなく，鳴き声やダンスなどの行動も含まれる．信号形質が発する刺激の物理的な特性は音や光，においなどさまざまだが，そのような刺激のタイプに対応する信号受信者の感覚受容器の感受性が前適応*として存在する必要がある（⇌感覚便乗）．信号形質の特性と受信者の受容能は必ずしも合致するわけではなく，感受性を超えた刺激はその信号をより効果的にするために生じた副産物といえる．またその感受性が，研究者であるわれわれヒトには必ずしも備わっていないことは注意する必要がある．代表的な例としては超音波*や紫外線反射（⇌紫外線感受性）などがあげられるが，さまざまな動物が用いている化学信号（フェロモン*）もヒトは感知できないことが多い．

信号検出理論［signal detection analysis, signal detection theory］　観察者が対象物の中に信号があるか否かを決定する過程を確率的なモデルで扱う理論．生体の行動を扱う分野では対象とする生体を観察者とみなし，観察者の内部に刺激に関する心理量の存在を仮定する．その心理量の分布として，ノイズのみのときの確率分布とノイズに加え信号があるときの確率分布を考える．ノイズの強度に比べて信号の強度が強いほどその二つの分布は中心が離れ，信号の検出は容易になる（⇌ROC曲線［図］）．その確率分布の形が既知であるとすると，ある決定基準（心理量がそれを超えたら信号があると判断する閾値）を決めると，正報（ヒット hit）率，誤警報率が計算され，決定基準と二つの確率分布の分離の度合い d' (d-prime) が求まる．逆に，実験から正報率，誤警報率が計算できれば，決定基準と分離度 d' が求められる．この分離の度合いが，信号に対する観察者の感度を表す指標として用いられる．行動生物学においては，信号(標的刺激)の有無を判断する課題のみならず，二つの刺激の弁別課題においても信号検出理論の考え方は用いられる．（⇌信号対雑音比）

人工授精［artificial insemination］　雄から精液を採取し，それを雌の生殖器内に人工的に注入することにより妊娠させる技術．雄から採取された精液は，各種の検査がなされた後，雌の排卵が予想される時間に精液を注入し，妊娠診断を経て，受胎を確認する．ヒト以外では，家畜や動物園動物で利用されている技術であり，なかでもウシの生産では高頻度で使われている．実際，日本のほとんどの乳牛および肉牛は，優秀な雄牛から採取された精液を用いた人工授精によって生産されている．また，雌牛も優秀な個体を選抜する方法があり，過剰排卵させた雌牛に人工授精させた後，雌牛の体内で発生した複数の胚を取出し，他の雌牛に分配・移植して妊娠させる．この技術を胚移植(受精卵移植 embryo transfer)という．精液と胚(受精卵)は，凍結して長期保存できる．

人工神経回路［artificial neural network］＝ニューラルネットワーク

人工生命［artificial life, AL］　⇌人工知能

信号対雑音比［signal-to-noise ratio, SNR］
SN比，S/N比ともいう．音や画像，電気信号などの伝達において，情報として意味のある信号と混入した不規則な乱れ(雑音)の割合を示すために，雑音に対する信号の相対的なレベルを比で表した量．通常デシベル(dB)値で表現される．デシベルは比を対数で表したものであり，信号の振

幅を S，雑音の振幅を N とすると，信号対雑音比（SNR）は次式で表される．
$$\text{SNR(dB)} = 10 \times \log_{10}(S^2/N^2)$$
たとえば，信号と雑音のレベルが同じであれば信号対雑音比は0デシベルとなるが，信号の振幅が雑音に対して10倍大きければ信号対雑音比は20デシベルとなる．

人工知能［artificial intelligence，AI］ 1950年代に始まった研究プログラムで，大別すると，人間の知能そのものをもつ機械を作る立場（strong AI）と，人間が知能を使って行っている作業を機械に代行させようとする立場（weak AI）の二つがある．今日情報科学の分野で行われている人工知能研究の多くはweak AIである．weak AIはさらに，知能のすべてを記号化（記号着地 symbol grounding）できると考える従来のAI（よく good old fashioned AI：GOFAIと揶揄される）と，必ずしも記号着地にこだわらず，進化計算などで柔軟に知能を実現させる立場（computational intelligence，CI）に二分されることがある．weak AIには日々の生活を支えているエキスパートシステム（expert system）やさまざまな音声や画像認識手法のほか，神経ネットワークや遺伝的アルゴリズム*などのCI研究がある．ヒューマノイドロボットをはじめ，さまざまなロボットの制御や，コンピュータ対人間のチェスや将棋の対戦において使われるプログラムも，weak AIの産物である．動物行動学にもロボットならぬ機械仕掛けのモデルを用いた手法が20世紀から使われているが（ミツバチのリクルート行動*を起こすためのモデルなど），近年人工知能の成果も動物行動学に導入され始めており，たとえば群れ行動の解析にロボットの群れを使った研究などが発表されている．人工知能とよく混同されるものに人工生命（artificial life，AL）があるが，これは1980年代の終わりにC. G. Langtonが提唱して始まった研究プログラムであり，ソフトウェア，ハードウェアを問わず，人工的な材料で構築された生命様のもののふるまいについて生物学的に研究することを目的とする．こちらも，現存する生命現象を説明するために研究する立場（weak AL）と，構築された人工生命そのものを生命体と認めて，それについて生物学を行う立場（strong AL）に二分される．20世紀後半は人工生命の主要な部分を人工知能の成果や技術が支えていた．ロボットの群れを使った研究は，むしろ人工生命の流れを汲むと考えてもよい．

信号追跡［sign tracking］ ＝サイン・トラッキング

信号つき回避［signaled avoidance］ 能動的回避*の一種で，嫌悪刺激を事前に信号する警告刺激*が与えられ，警告刺激中に所定の反応を行うことで嫌悪刺激を避けることができるものをいう．たとえば，音が鳴っている間に隣室に移動すれば電気ショックの出現を防止することができるような状況をさす．

信号つき電気ショック手続き［signaled shock procedure］ 回避学習*の類型の一つ．動物は，能動的・積極的に反応することによって嫌悪事象を回避する．しばしばシャトル箱*という実験装置を用いて検討される．典型的には，同型の2室が連結され両室間の移動が可能なシャトル箱内に被験体を入れ，警告刺激*を先行させて電気ショックを与える．警告刺激と電気ショックは，被験体が隣室へ移動するか，あらかじめ定められた時間が経過するまで続く．訓練が進行すれば，被験体は，警告刺激が与えられると速やかに両室間を移動し，電気ショックを回避するようになる．電気ショックを逃避ないし回避するための道具的反応は，シャトル箱を用いた実験では両室間の往来移動であるが，実験装置内の所定の区画への移動，レバー押し，輪回しなどが用いられる場合もある．（⇒ 受動的回避，シドマン型回避）

信号伝達［signal transfer］ ⇌ コミュニケーション

新行動主義［neobehaviorism］ ⇌ 行動主義

信号の進化［evolution of signals］ おもに同種の他個体に何らかの情報を伝えることをコミュニケーション*といい，コミュニケーションに使う媒体を信号*という．社会生物学*において，生物のコミュニケーションは"ある個体の作用で，他の個体の行動のパターンを，それらの一方もしくは両方に適応的であるように変化させるもの"と定義されている．コミュニケーション系は，送り手が放つ"信号"と，受け手が信号に反応する"応答"から成り立つ．動物行動学上の信号とは，受信者の行動を変化させるために進化し，応答が進化することによって有効になった刺激因子をさす．たとえば，相手の体の大きさに応じて闘争から離脱する行動がみられても，体の大きさが応答の誘因*となるために進化していなければ信号とはいえない．一方，体の大きさの指標となるウシ

ガエルの音声ディスプレイや，体の大きさを誇張するカワスズメ*という魚の体色などは，応答を促すために進化し，応答が進化しなければ意味がないので信号といえる．このように，信号は応答との共進化*を前提としている．生物の信号には，行動や姿勢によるもの，体色や発光などの視覚刺激によるもの，音声や振動によるもの，フェロモン*や臭腺分泌物による臭覚刺激によるものなど，さまざまな形態がみられる．信号の機能に関しては，配偶者を獲得するための性的な信号，社会関係に利用される社会的信号，警報信号などに分類される．社会的信号はさらに，攻撃能力などを誇示する威嚇（⇌脅しのディスプレイ）もしくは攻撃ディスプレイ，相手への服従や宥和を伝える服従姿勢やなだめ行動*などがあげられる．信号の進化過程を説明する理論としては，R. A. Fisher*の配偶者選択説（⇌性選択，配偶者選び），A. Zahavi*のハンディキャップの原理*が代表的である．

信号変換［signal transduction］ ⇌感覚受容

信号傍受者［signal interceptor］ 意図されない受信者（unintended receiver）ともいう．信号発信者がターゲットとしている個体以外で信号を利用する第三者．獲物のコミュニケーションを手がかりにする捕食者や，隣接テリトリーの雄の求愛さえずりを聞き，その雄の質を査定して侵入するかどうかを判断するライバル雄などがあげられる．定義として重要なのは発信者の信号を傍受することで，受信者の反応を考慮する必要はない（⇌盗聴者）．傍受者がいることで信号発信者が行動を変化させることを，聴衆効果*という．

真社会性［eusociality］ 真に社会的であるという意味の群れ（コロニー*）ないし種の状態を表す言葉．形容詞はeusocial. C. D. Michener（1966年）とE. O. Wilson*（1971年）による定義では，1）複数個体が協力して子育てをする（子育ての協力），2）多少とも不妊の個体による妊性個体の援助があること（生殖的分業*），3）繁殖齢に達した2世代以上の個体の巣での共存（世代重複），の3条件を併せもつ状態をさす．アリ*やシロアリ*，ハチ*の一部と哺乳類であるハダカデバネズミ*がこの条件を満たす．この定義にはどの程度の繁殖成功度の個体変異をもって生殖的分業とみなすのかなどに曖昧な点もある．また，近年では世代重複は真社会性の認定には重要でないとする意見も強い．そこでさまざまな再定義が試みられている．代表的なものに，B. CrespiとD. Yanegaによる，生殖的分業を成立させる不可逆的変化を伴う複数の行動発生上の経路の存在（つまり，同性の個体の成長パターンが不妊個体になるものとならないものにはっきり区別できること）を真社会性の条件とする定義がある（1995年）．一つの発生経路をとった結果，個体は全能性（totipotency）を失い，失った能力をもつ相補的他個体に依存するようになるが，こうなった個体をカーストとよんだ（ただしカースト*にはほかにも定義がある）．この定義では，兵隊をもつアブラムシやアザミウマも真社会性昆虫になる．Michener-Wilsonの定義でも，Crespi-Yanegaの定義でも，下表のように単独性から真社会性に至るさまざまな途中段階が定義されている．

真社会性アブラムシ［eusocial aphid］ 生殖的分業*の生じているアブラムシ*の種または特定の世代のこと．アブラムシ科のワタムシ亜科とヒ

社会性の段階のさまざまな定義（⇌真社会性）

Michener-Wilsonの定義	集合性	子育ての協力	世代重複	生殖的分業
巣の共有（communal）	○	×	×	×
準社会性（quasisocial）	○	○	△	×
半社会性（semisocial）	○	○	×	○
亜社会性[†1]（subsocial）	△	△	△	×
真社会性（eusocial）	○	○	○	○

Crespi-Yanegaの定義	集合性	子育ての協力	世代重複	カースト[†2]
巣の共有（communal）	○	×	△	×
協同繁殖（cooperative breeding）	○	○	△	×
準社会性（quasisocial）	生涯繁殖成功度の分布が1山の協同繁殖			
半社会性（semisocial）	生涯繁殖成功度の分布が2山の協同繁殖			
真社会性（eusocial）				○

○はある．×はなし．△はどちらでも可
†1 親による子の保護の存在，†2 個体の全能性の欠如

ラタアブラムシ亜科で知られている．虫こぶ*形成性のハクウンボクハナフシアブラムシなどが典型的な例で，形態的に特化した2齢の不妊の兵隊を多数備えて虫こぶを防衛している（図）．しかし，兵隊は捕食者を攻撃するばかりでなく，脱皮殻や甘露球，死体などを虫こぶの外へ押し出す"労働"をも行っている．ボタンヅルワタムシでは，不妊で1齢の兵隊カーストが，ボタンヅルのつるに形成されるむきだしのコロニーで出現する．幼虫による外敵への攻撃や体液を使った虫こぶ修復などの自己犠牲的な利他行動は，形態的なカースト分化*を伴わないアブラムシのコロニーでもみられるが，同一世代の個体間で生殖的な分業が生じているかどうかは不明なものが多い．アブラムシは増殖期には単為生殖*によって増えるので，コロニーの創設者が1個体の場合には利他行動は血縁選択*により進化しやすいといえる．

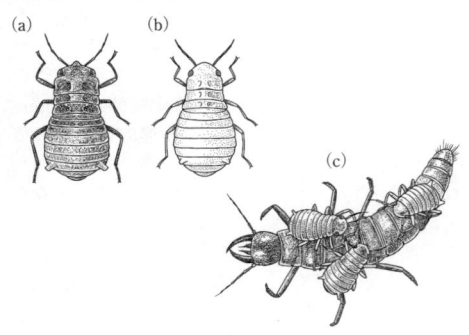

ハクウンボクハナフシアブラムシの兵隊(a)と非兵隊幼虫(b)．(c)捕食者にしがみつき口針から毒を注入する兵隊．

人種［race］　肌の色，毛髪の色や形状，顔の特徴など身体の可視形質に基づいて生物学的な側面からヒト Homo sapiens を下位分類する概念．一方，**民族**(ethnicity)は，ヒトを文化的な側面から分類するときに用いられる．ヒトの生物学的分類は C. von Linné が亜種として記載したことに始まり，さまざまな分類方法が提唱されてきた．よく用いられるのは，ニグロイド，コーカソイド，モンゴロイド，オーストラロイド，アメリンドの5種類であるモンゴロイド，オーストラロイド，アメリンドをまとめて広義のモンゴロイドとして扱う場合もある．現在では人種は亜種には相当せず，現生のヒトは Homo sapiens sapiens の一種一亜種とするのが一般的である．その理由は，1）人種間で生殖隔離*はなく，形質的あるいは遺伝的な変異は連続的な勾配としてしか観察されないこと，2）異人種の個体間の遺伝的相違は，人種間の遺伝的多様性と比べて人種内の遺伝的多様性で大部分が説明されることである．また，多くの誤解から生まれる人種差別への配慮もあり，研究者の間では人種という概念はあまり使われなくなっている．

真正寄生者［true parasite］　⇌ 捕食寄生者
新生子期［neonatal period］　⇌ 発達期
新生児模倣［neonatal imitation］　⇌ 模倣
新線条体［neostriatum］　⇌ 大脳基底核
身体言語［body language］　＝ ボディーランゲージ

身体障害者補助犬法　身体障害者を補助する補助犬（盲導犬，介助犬，聴導犬）の育成と，これを利用する身体障害者が施設などを円滑に利用するための法律で，2002年10月に施行された．公共施設や公共交通機関，飲食店など不特定多数の人が利用する施設は，身体障害者が補助犬を同伴して利用することを受入れるよう義務化させた．訓練事業者に対しては良質な補助犬を育成し，必要に応じて再訓練を行わねばならないとしている．使用者に対しては，ワクチン接種など公衆衛生上の危険を生じさせないよう努力する，使用時には補助犬であることの表示をすることが求められている．ただし，補助犬同伴を拒んでも罰則がないことや，補助犬は盲導犬，介助犬，聴導犬のみと定められ，海外で使用されている重複障害者のための盲導介助犬や精神障害者補助犬などが含まれないことなど，議論される点もいくつかある．

身体模倣［bodily imitation］　⇌ 模倣
心的外傷［psychological trauma, trauma］　トラウマともいう．精神的に強い衝撃を受けた体験によって長期間残る心の傷．幼少時に受けた虐待や戦争体験，大きな自然災害，事故，職場でのハラスメントなどがその原因となりうる．この結果精神的な異常がひき起こされたものは外傷後ストレス障害*とよばれる．心的外傷は海馬*の萎縮など脳に器質的な変化をもたらすことが報告されている．海馬はストレスホルモンであるグルココルチコイド*への感受性が高いため，衝撃の体験時に高濃度のグルココルチコイドに曝露されたことで海馬において細胞死がひき起こされるものと考えられている．

心的外傷後ストレス障害［posttraumatic stress disorder, PTSD］　＝外傷後ストレス障害

親敵効果［dear enemy effect］＝隣人効果
浸透交雑［introgressive hybridization］　⇨ 戻し交配
真にランダムな統制［truly random control, TRC］　古典的条件づけ*の成否を判定する際に用いられる実験手続きの一つで，条件刺激と無条件刺激の対提示や非対提示などを織り交ぜながら，随伴性*をゼロにすることをいう．具体的には，(a) 条件刺激と無条件刺激の対提示，(b) 条件刺激の単独提示，(c) 無条件刺激の単独提示，(d) どちらも提示しない，からなる四つの組合わせの出現頻度を操作し，条件刺激が提示されたときに無条件刺激が提示される確率"$P(US|CS)$"と条件刺激が提示されなかったときに無条件刺激が提示される確率"$P(US|\text{not }CS)$"を等しくする．真にランダムな統制を受けた対象群では，条件刺激が獲得する連合強度*はゼロとなることが予想されるため，正の連合強度をもつはずの実験群との差異はそのまま興奮条件づけの強さを示すことになる．（⇨ 随伴性空間）

	無条件刺激あり (US)	無条件刺激なし (not US)	
条件刺激あり (CS)	a	b	条件つき確率 $P(US|CS)=a/(a+b)$
条件刺激なし (not CS)	c	d	条件つき確率 $P(US|\text{not }CS)=c/(c+d)$

真の模倣［true imitation］　⇨ 社会的学習
新皮質［neocortex］　⇨ 大脳皮質
シンボル［symbol］＝象徴
心理学［psychology］　経験科学としての人間の心の研究をさす．心の研究の歴史は長いが，実験心理学*の誕生は19世紀末である．当初は自分の意識を自分で観察する"自己観察法"が用いられ，やがて他者の行動を対象とする行動主義心理学*に移行していった．方法としての行動主義*はその後も継承されたが，行動の法則性だけでなく認知過程を重視する認知心理学*が主流になった．さらに，認知過程を計算としてとらえるのが計算論的心理学である．心を生理的に説明しようとする試みも昔からあったが，ヒトの脳の状態を可視化する脳画像技術の進歩により，現在の心理学は脳科学抜きにはありえなくなっている．行動生物学に対する心理学の大きな貢献は心理物理学*といわれる感覚・知覚の測定法の確立であった．この方法は動物にも適用可能であり，動物心理物理学といわれる．なお，心理学の領域は広く，発達心理学，臨床心理学，社会心理学*，教育心理学，応用心理学などの分野を含む．

心理物理学［psychophysics］　動物が，光や温度，音や振動など，物理的な刺激をどのように受取っているかを定量的に調べる研究分野．**精神物理学**と訳されることもある．動物に与える刺激の強さは，光なら光度計，音ならば音圧計と，それぞれに適切な装置を用いれば客観的・定量的に測ることができる．しかし動物は必ずしも，装置と同じように刺激を受取っているわけではない．動物が感じとる刺激の主観的な強さを，動物の行動から定量的に推定しようとする分野である．閾刺激*に関するウェーバーの法則は，この分野の代表的な成果であるが，このほかに**主観的等価点**（point of subjective equality, PSE）に関する研究も重要である．物理量としては異なっている刺激が，主観的には強さが等しいと感じられる場合があるからである．たとえば音圧が同じであっても，周波数が異なると音は違った強さに感じとられる．1000 Hzの音を基準として与え，他方でさまざまな周波数の音を聞かせて，両者が主観的に等しいと知覚される音圧を実験的に調べることができる．横軸に調べた音の周波数を，縦軸に等しいと感じられた音圧をプロットすることで，主観的等価点を定量的に表現することができる．この曲線を**等ラウドネス曲線**（equal loudness curve）とよぶが，これは環境の騒音や音響機器の評価のために利用される．このように，心理物理学の知見や方法は，工学や環境学など他分野でも欠かせない．

侵略種［invasive species］　侵略的外来種（invasive alien species）ともいう．本来の生息地から，異なる地域に人為的に移送された生物を外来種*という．外来種のうち，移送先において旺盛に繁殖し，在来の種や生態系に悪影響を及ぼすものを侵略的外来種（侵略種*）とよぶ．侵略種は在来種*に対して，1) 餌や生息場所をめぐる競合，2) 捕食，3) 交雑による繁殖干渉や遺伝的浸透，4) 外来寄生生物・病原体の持ち込み，などの生態影響を及ぼすことで在来種を衰退させ，最終的に生態系を改変する．たとえば花粉媒介昆虫として日本に導入されたセイヨウオオマルハナバチは，野生化集団の分布拡大に伴い，巣場所をめぐる競合および種間交雑による繁殖干渉によって在

来種のマルハナバチを駆逐し続けている．毒ヘビのハブ退治目的で沖縄島および奄美大島に持ち込まれたマングースはわずか20頭以下の個体から最高10,000個体まで増えたと推定されているが，昼行性のため夜行性のハブの捕食にはほとんど役に立たず，代わりにヤンバルクイナやアマミノクロウサギなどの希少な固有種*を捕食してその数を減少させていることが問題となっている．侵略種は世界的にも生物多様性減少の重要な要因として対策が急がれている．

侵略的外来種［invasive alien species］ ⇌ 侵略種

親和化［familiarization］　見知らぬ個体とかかわりながら，学習を介して親しんでいくこと．親和は，群内の個体間でみられる敵対行動*や，親和行動（affiliative behavior），遊び行動などの社会行動を通じて進んでいく．なかでも親和行動は重要で，ウシでは接触，擦りつけ，なめるなどの行動がそれに相当し，この出現頻度は個体間の親和度の指標ともなる．ほかにもサル類の社会的毛づくろいは有名（⇌ グルーミング）．群と群を合わせて一群とした場合，最初は元の群の個体間でのみ親和行動が多いが，しだいに別の群の個体との頻度も高くなり安定する．一方で，敵対行動は元の群の個体とは少なく，別の群の個体とは多いが，徐々に別の群の個体を攻撃することが少なくなり安定する．このことから，親和化の程度は親和行動の上昇や敵対行動の低下によって評価することができる．

親和行動［affiliative behavior］ ⇌ 親和化

ス

巣［nest］　動物が子を養育する際，養育の場を提供し，同時に子や，育てる親自身を保護するために用意される構造物のこと．哺乳類では食肉目や齧歯目に巣を作る種が多く，おもに地面に掘られた穴を利用する．またチンパンジー*やオランウータン*が樹上に作るベッドも巣とよぶ．鳥類では営巣習性は托卵鳥を除いて普遍的で，サイホウチョウ*やオオツリスドリ（図），ハタオリドリのような巧妙な巣を作るものもいる．その一方で，砂礫地に直接産卵するカモメ・アジサシ類やシギ・チドリ類，林の地面に直接産卵するヨタカ類やカグーなど，独特の構造をもたないような場合でも巣とよばれる．また，捕食者などから身を守るため，隠れた環境に用意される休息所も巣とよばれることがある（⇌ 隠れ家）．ただし，繁殖に関係しない就寝する場所はねぐら*とよばれ，巣と区別される．クモでは捕食のための構造（網*）を巣とよぶことがあるが，上述の機能を兼ね備えていることが多い．多くのシロアリ*（ワンピース型シロアリ）では巣は餌場ないし餌そのものでもある．また，水生昆虫のトビケラが敵から身を守るために砂粒などを固めて作る筒状の外被は可携巣*とよばれる．

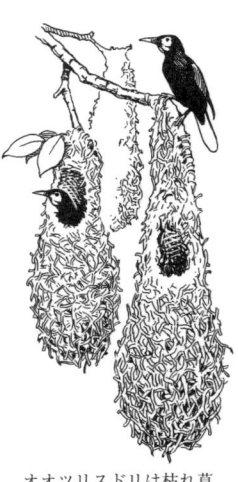

オオツリスドリは枯れ草を集めて吊り巣を作る

産する．リスやムササビ，モモンガ，ヤマネなど小型の樹上生活者は樹洞*を巣穴として利用する．樹洞は鳥にもよく利用される．フクロウ，キツツキやゴジュウカラ，カラ類は樹洞を繁殖のための巣穴として，繁殖期に限って利用する．ショウドウツバメやハチクイ類，カワセミ類は崖に深い横穴を掘って繁殖用の巣穴とする．魚類ではハゼ類やガーデンイール，甲殻類ではエビ・カニ類などに巣穴をもつものが多い．（⇌ 隠れ家，塚，可携巣，リーフシェルター）

プレーリードッグが地面に掘った巣穴

巣穴共生［mutualism at a nest hole］　ある動物種が作った巣（穴）に，他の動物がすみついて，相利共生*的な関係が成立している状態．たとえばテッポウエビ類の掘った巣穴にはダテハゼ，ギンガハゼ，カニハゼなどのハゼ類がすみついている．ハゼは自分では穴を掘らずにエビの掘った巣穴を隠れ場所として利用している．一方，視力の弱いテッポウエビは，穴の中から長い触角をハゼの身体に接触させることで，ハゼの反応から天敵の接近に関する情報を得ている．プレーリードッグの巣穴にアナホリフクロウがすみついているのもこれと同じ相利共生関係で，プレーリードッグはタカ類など，空からの天敵に関する情報をアナホリフクロウから得ている．

推移性［transitivity］　⇌ クラスター係数
随意性瞬目［voluntary blink］　⇌ 瞬目
推計学［inferential statistics］　⇌ 推測統計学
遂行［performance］　遂行行動，または，行為ともいう．生体の外部から直接観察することが可能な，実際に出現した行動のこと．今日の学習研究では，強化随伴性により実際に達成された行動という意味で用いられる．一方，歴史的には，学習と遂行を対比させた時期があった．たとえば，

巣穴［nesthole］　動物が子育てをしたり，安全に過ごすために，地面や崖，朽ち木などに主体的に掘られた穴．類義語として，すみか，隠れ家．地上性の多くの哺乳類には巣穴に生活するものが多い．タヌキやキツネ，オオカミ，リカオンなどのイヌ科動物は1年中，巣穴を中心として生活する．クマやリスなどは冬の低温条件時に冬眠用に巣穴を利用する．クマ類は冬に巣穴の中で出

E. C. Tolman* は潜在学習*の実験などを通して，学習と遂行との区別を主張した．一方，B. F. Skinner* は，学習と遂行を区別することは行動の予測には役に立たないと考え，遂行のみを集中的に研究することを主張し，行動の記述と予測において大きな成果をもたらした．

遂行行動［performance］　＝遂行

随時給餌［progressive provisioning］　⇌給餌

推測航法［path integration］　⇌ナビゲーション

推測統計学［inferential statistics］　推計学ともいう．複数の事例を同種の事実や観察の集まりとして取扱い，その全体的特徴を把握しようと試みる応用数学が統計学(statistics)である．統計学では，取扱う対象が既知の場合を記述統計学(descriptive statistics)とよび，未知の場合は推測統計学という．たとえば，新種のトンボを発見し，10匹を捕獲したとする．捕獲したトンボは既知なので，その平均体長や分散(ばらつきの程度)を求めることは記述統計学である．この10匹の標本から，同種のトンボ全体(これを母集団 population という)の平均体長や分散を正確に予測しようとすることが推測統計学になる．推測統計学を用いると，集団間の比較も可能になる．たとえば，上記のトンボの平均体長が 50 mm で，同時に発見された別の新種のトンボの平均体長が 55 mm だった場合，この違いは，それぞれの母集団においてもみられるのか，それとも採取した2種の標本間に偶然違いがあっただけで実際にはこの2種は同じ体長か，という判断を一定の確度で行うことができる．(⇌有意差)

錐体［cone］　動物の眼の網膜内において光を受容するための視細胞*の一種(⇌視細胞[図])．色覚を担う中心的な存在である．細胞内にもつ視物質*の違いによって光の波長に対する感度が異なり，一般に哺乳類は3種，それ以外の分類群(魚類，両生類，爬虫類，鳥類)は4種の錐体をもつ．ヒトはS, M, L という短，中，長波長に反応する錐体をもち，これらが3色型色覚における青，緑，赤に対応している(⇌色覚型)．錐体の波長に対する反応ピークは，錐体の種類だけでなく，同じ分類群内でも種によって異なる．鳥類の多くは4番目の錐体の反応ピークが紫よりも短波長側にあるため，ヒトには知覚できない紫外線を知覚できる．

水媒［water pollination, hydrophily］　⇌花粉媒介

随伴種［satellite species］　⇌混群

随伴性［contingency］　事象間の時間的，確率的関係．時間的関係は事象間の時間的近接の程度や提示順序(先行するか後続するか)，確率的関係は事象間の条件確率によって表される．事象 X に事象 Y が随伴するというように動詞的に使う場合は，一般には X にすぐ近接して Y が出現したということを意味していて，X-Y 間に別の事象が出現していないこと，X-Y 間の時間間隔がきわめて接近していることを暗黙的に仮定している．その一方で，両事象間に因果関係や相関関係をあらかじめ想定していないこと，その両事象がまったく偶然に独立して生起する場合もあるという前提に立っていることにも注意する必要がある．$P(Y|X)$ を X が生起したうえでの Y の生起確率，$P(Y|\text{not } X)$ を X が生起しなかったうえでの Y の生起確率としたとき，それぞれを横軸と縦軸にとって一定時間に得られた条件確率をプロットしたものは随伴性空間*とよばれ，古典的条件づけ*(事象 X と Y をそれぞれ条件刺激*，無条件刺激*)，もしくはオペラント条件づけ*(事象 X をオペラント反応，事象 Y を強化子または弱化子)における随伴性の分析に用いられる(⇌随伴性空間[図])．

随伴性空間［contingency space］　縦軸に"先行事象 X があるときに後続事象 Y がある確率 $P(Y|X)$"，横軸に"先行事象がないときに後続事象がある確率 $P(Y|\text{not } X)$"をとることで表現される二次元空間(図)．もしも，点が対角線より左上に位置すれば正の随伴性，右下に位置すれば負の随伴性，対角線上に位置すればゼロの随伴性であることを意味する．また，$P(Y|X)$ の値から $P(Y|\text{not } X)$ の値を引くことで，数値として随伴性の正負を表現できる．これを統計的随伴性，あるいは ΔP とよび，対角線に直交する線分上の一点，としても位置づけられる．たとえば，先行事象を条件刺激*，後続事象を無条件刺激*とした場合は，古典的条件づけ*の成否を予測することができる．このとき，正の随伴性は"条件刺激が無条件刺激の到来を信号すること"，負の随伴性は"条件刺激が無条件刺激の非到来を信号すること"，ゼロの随伴性は"条件刺激と無条件刺激が無関係であること"を，それぞれ示すことになる．古典的条件づけにおける真にランダムな統制*は，点を対角線上に位置づけるゼロの随伴性の手続き

であり，このような条件下では条件刺激は無条件刺激の到来や非到来について何の情報も与えないとされる．なお，前者をオペラント行動，後者をその結果である正の強化子や正の弱化子とみなした場合は，オペラント条件づけ*の成否を予測することができる．このとき，正の随伴性は"反応が結果を発生すること"，負の随伴性は"反応が結果を抑制すること"，ゼロの随伴性は"反応と結果が無関係であること"をそれぞれ示すことになる．

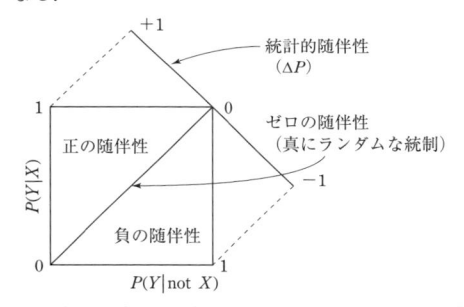

随伴性形成行動 [contingency-shaped behavior] ＝随伴性支配行動

随伴性支配行動 [contingency-governed behavior] 随伴性形成行動 (contingency-shaped behavior) ともいう．強化随伴性*を直接経験することによって形成されたオペラント行動*のこと．たとえばオペラント実験箱*の中でレバーを押して餌を獲得したラットは，まさにこの経験により，レバーを盛んに押すようになる．また自然場面での動物のオペラント行動は基本的にすべて随伴性支配行動といえる．一方ヒトは，強化随伴性を直接経験することなしに，強化随伴性を記述した言語的刺激に従って行動することもある．たとえば子どもは，自身で危険な目に遭ったわけではないのに，交通規則についての親の言いつけ（たとえば"赤信号のときは危ないから渡るな"）を守る．このような行動はルール支配行動 (rule-governed behavior) とよばれる．ルールが強化随伴性を正しく反映している場合は，ルールに従う行動はその強化随伴性によって強化され，維持される．しかし正しく反映していない場合でも，ルールに従う行動と従わない行動に関して存在する社会的な強化随伴性（前者への賞賛，後者への叱責など）によって，ルール支配行動は維持されることがある．

随伴発射 [corollary discharge] ⇌ 遠心性コピー信号

水分摂取 [water intake, water consumption] ⇌ 飲水

睡眠 [sleep] 動きが少なく，意識が低下しており，外的刺激に対する反応も著しく鈍っているが，ある程度強い外的刺激により容易に覚醒する状態，と定義される．薬物などにより誘発された意識の低下（鎮静*）は，睡眠とは異なる．睡眠の適応的意義は，身体的，心理的に十分な休息をとるためであると考えられている．睡眠は概日リズム*の影響下にあり，昼間あるいは夜間のいずれかに多くみられる．睡眠の深さや脳波*の特徴によって，まどろみ (drowse)，浅い眠りであるレム睡眠 (REM 睡眠, REM sleep)，深い眠りである徐波睡眠 (slow wave sleep, ノンレム睡眠 NREM sleep) に分けられる．REM とは急速眼球運動 (rapid eye movement) の略で，このフェーズの睡眠は，眼球が覚醒時のように活発に動くことで判断される．体幹や四肢の筋は大幅に弛緩し，ぐったりと力の抜けた状態になることも，レム睡眠の特徴である．レム睡眠は，そのときの脳波が覚醒時に似ており，徐波睡眠と明確に区別できるため，逆説睡眠とよばれることもある．夢*はレム睡眠時にみる．1回の睡眠にも周期があり，ヒトでは徐波睡眠とレム睡眠を約90分周期で繰返す．四肢動物は通常，睡眠時には横臥位あるいは伏臥位をとるが（⇌ 横臥），先祖が被捕食者であったウマなどは，立ったままでも睡眠をとることができる．

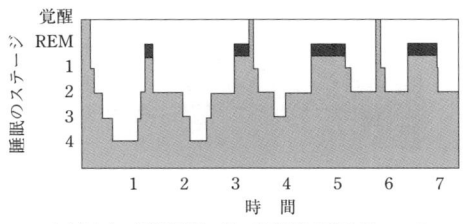

ヒト（青年）の睡眠周期．黒の時間帯は夢を見ている．

水路づけ [canalization] 英国の進化発生学者 C. H. Waddington が提唱した概念．雨がどこに降っても水路に流れ落ちるように，また水路の分岐や融合によって水の流れが変わるように，環境や遺伝子の小さな変動を吸収して，同一種が類似した発達過程を経て，最終的には類似した表現型を発現する発生上の仕組みを比喩的に表したもの．関連する概念にボールドウィン効果*や遺伝的同

化*がある．心理学ではこの定義を拡張し，多様な習慣・価値観のなかから特定のものを選択し，選択の結果が好ましいかどうかにかかわらずその選択を固持するような傾向をさす場合もある．

推論［inference, reasoning］　既存の経験的事実や前提などを組合わせることで，新たな知識を産出すること．一般的原理から個別の事例を推論する演繹法*，個別の事例から一般的原理を引き出す帰納法*がある．帰納法ではヒトは常識に従った判断などを行ってしまうために正しい原理を導けない可能性がある．動物研究においては，空間内のランドマークAとBの関係およびランドマークBとゴールの関係を学習させた後にランドマークAからゴールを探索するような空間的推論，事象間の時間関係に関する推論，因果関係に関する推論などが扱われている．また，"AはBよりも大きい"，"BはCよりも大きい"という情報から"AはCよりも大きい"という結論を導くことを推移的推論とよぶが，こうした推論能力は社会的序列をもつ動物が得意であるとされ，推論の能力は抽象的な記号情報処理能力のみならず，生態的地位（ニッチ*）などによっても規定されている．

スカベンジャー［scavenger］　腐肉食者ともいう．ハゲワシ（図），トビ，ハイエナ，ジャッカル，シデムシ，ニクバエなど，動物の遺体を主たる食物とする肉食動物をいう．スカベンジャーは，

シマウマの死骸に群がるマダラハゲワシ

動物遺体を分解する分解者として生態系で重要な役割を果たす．分解された遺体は，地上から消失し，環境が浄化される．たとえばモンシデムシは，ネズミや鳥などの遺体を地中に埋め地上から遺体は消失する．そして，雌は遺体周辺の土に産卵し，ふ化した幼虫は，その遺体を餌として生活する．

スカラー期待理論［scalar expectancy theory, SET］　動物がどのように時間計測（計時*）を行うかを説明する理論の一つで，J. Gibbonらにより提唱された．計時を可能とするメカニズムとして，時計，記憶，決定の三つを仮定している（図a）．現在生じている出来事の経過時間の知覚（主観的時間）を過去に学習・記憶した時間の長さと比較して，行動の有無や判断を行うという理論モデルである．なお，実時間が長くなると主観的時間の平均値が大きくなるだけでなく，その広がり（分散）も大きくなる（図b）．（⇌時間弁別，行動的計時理論）

(a) スカラー期待理論のメカニズム

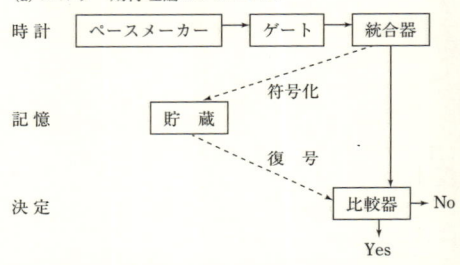

(b) スカラー期待理論が想定する実時間と主観的時間の対応関係

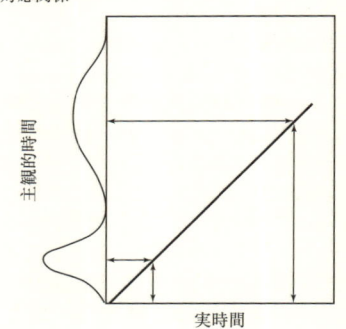

スカラー特性（時間弁別の）［scalar property］
時間弁別*の正確さの指標となる反応分布の形にはスカラー特性がみられることが多い．たとえばピーク法*のもとで得られる反応分布にみられるスカラー特性は次のようになる．ピーク試行では，通常ならば強化子が提示される時間が近づくにつれて反応率が上昇し，その時間が過ぎると反応率が低下するという釣り鐘型の反応分布が得られる．ピーク法で設定されている強化までの時間（強化潜時）が長くなるほど，この反応分布中で最も高い反応率が得られる時点（ピーク時間）は遅くなり，そのときの最高反応率（ピーク反応率）は低くなる．しかし，この反応分布をピーク時間と

ピーク反応率に対する相対値として表現し直すことで標準化すると一定の形の分布となり，異なる強化潜時を使ったピーク法で得られた反応分布どうしが重なり合うようになる．この特性がスカラー特性とよばれており，動物の時間弁別メカニズムのモデルで説明すべき特性の一つとなっている．

スキナー SKINNER, Burrhus Frederic 1904. 3. 20～1990. 8. 18　20世紀を代表する心理学者の一人で行動分析学*の創始者．米国のペンシルヴェニア州サスケハナに生まれた．初め作家になることを志し，ハミルトンカレッジに進んで1926年英文学で学士号を取得したが，のちに作家になることを断念し，ハーバード大学大学院の心理学コースに進み1931年に博士号を取得した．1938年には最初の著書となる『The Behavior of Organism（個体の行動）』を出版，そこでI. P. Pavlov*による古典的条件づけと異なるオペラント条件づけ*の考え方とそれによって形成されるオペラント行動研究の基礎を拓いた．ミネソタ大学を経て1945年にインディアナ大学に移り，1947年までそこで教鞭をとった．1947年から48年にかけてハーバード大学でWilliams James Lecturerとして言語行動についての講演を行い，1948年より後は同大学で教育と研究を続けた．1948年に行動分析学の考え方に基づくユートピア小説『Walden Two（心理学的ユートピア）』（邦訳1969年），1957年に言語行動にかかわる研究の集大成である『Verbal behavior（言語行動）』と累積記録*による動物の行動変容の過程を掲載した『Schedules of reinforcement（強化スケジュール）』（C. B. Fersterと共著），1968年にティーチングマシンなどの新しい教育に関する行動の技法を論じた『The Technology of Teaching（教授工学）』（邦訳1969年），そして後述する行動分析学の哲学的基盤としての徹底的行動主義に基づく人間観や方法論を論じた1971年の『Beyond freedom and dignity（自由と尊厳を超えて）』（邦訳1972年／新訳2013年）と1973年に『About behaviorism（徹底的行動主義とは何か）』（邦訳1975年『行動工学とは何か：スキナー心理学入門』），など自伝を含む数多くの著書や論文を出版し，その旺盛な活動は晩年まで衰えることはなかった．1950年代後半までに実験的行動分析を確立した後は，実験室で得られた結果や原理をヒトの言語行動を含むさまざまな行動場面に適用し，彼の同僚や教え子とともに，薬理，心理臨床，教育，文化のデザインへと，その応用範囲を広げていった．心理学上の立場では，J. B. Watson*の古典的行動主義が唱える，客観的ではないという理由から心的現象の取扱いを否定する方法論的行動主義，ならびに刺激による反応の誘発に基礎を置いたS-R主義の二つを批判しつつ，心的概念を用いて行動の因果関係を説明しようとする心理主義に対峙する，独自の徹底的行動主義を主張した（⇒行動主義）．

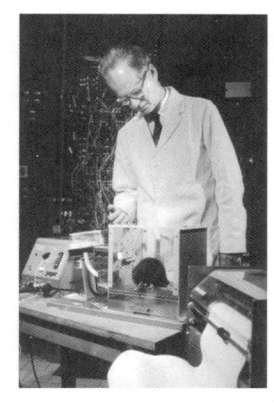

スキナー箱［Skinner box］　＝オペラント実験箱

スキャニング［scanning］　⇒見張り行動

スキャロップ［scallop］　固定時隔スケジュール*を用いてオペラント反応を繰返し強化すると，累積記録器*で記録されたデータに特徴的な形が現れる．それは，強化子提示直後からしばらくは反応の休止期間（強化後休止*）が続き，その後は反応率*がゆるやかに上昇して強化子提示時点で最高値に達するというものである．このような反応率の変化パターンが強化ごとに繰返されると，反応の累積記録*にはホタテ貝（scallop）の殻の縁のように波打つパターン（スキャロップパターン）が描かれる（図）．スキャロップパターンはさまざまな動物のさまざまな反応を固定時隔スケジュールで強化した場合に得られることが確かめられている．ただし，ヒトの成人を使って同様なパターンを得るためには言語教示に頼らずに反応を訓練

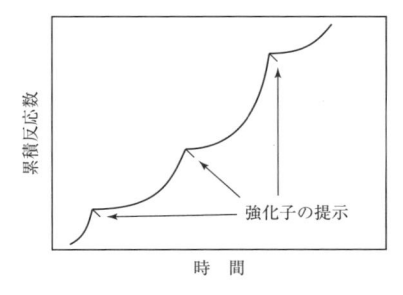

し，強化子の消費行動を実験手続きに組込んでおくなどの工夫が必要である．

スキャンサンプリング［scan sampling］ 走査サンプリングともいう．一定の時間間隔をおいて，集団を走査（スキャン）して一個体一個体をすべて観察し，観察したときの行動を記録するサンプリング方法．時間的には瞬間サンプリングを順次行っていることになり，行動は個体の状態として記録される．スキャン間隔を短くすれば，集団全体の各行動への時間配分をより正確に推定できる．また，短時間でスキャンを終えることができれば，個体間の行動の同調性を知る目的にも適する．一方，生起頻度を知る目的には向いていない．特に，継続時間がスキャン間隔よりも長い行動の生起頻度をスキャンサンプリングから推定することには問題がある．1スキャンを短時間で終えるためには，あらかじめ行動をわかりやすい少数のカテゴリーに分けておくと都合がよいが，短時間のスキャンでは目立つ行動に記録が偏る可能性がある．（⇌行動のサンプリング法）

巣共生系（鳥の）［bird nest symbiosis］ ⇌鳥の巣共生系

すくみ行動［freezing］ ⇌凍結反応

スクランブル型競争［scramble competition］ ＝共倒れ型競争

スケジュール［schedule］ 日常でいうスケジュールとは，週間スケジュールのように，いつ，誰と，どこで，何があるのかを記したものである．行動分析学では，特に行動に引き続く強化子を中心とした環境の操作の手続き*をスケジュールとよんで，どのような条件で行動が起これば、どんな環境変化が起こるのかを記す．たとえば，レバーに10回反応すると1回餌粒を与える，前回の餌粒から15秒経過した最初の反応に餌粒を与える，などがその例になる．強化スケジュール*とは，この環境操作の手続きにつけられた専門用語である．

スケジュール誘導性攻撃［schedule-induced attack］ ⇌スケジュール誘導性行動

スケジュール誘導性行動［schedule-induced behavior］ スケジュール誘発性行動ともいう．部分強化*スケジュールで訓練中の動物が強化子*の提示間隔中に過剰に示す特徴的な行動．強化スケジュールでの訓練が原因で生じる行動であれば，それがオペラント行動*であるのか，レスポンデント行動*であるのか，あるいは付随行動*であるのかにかかわらず，スケジュール誘導性行動に含む．餌などの正の強化子を用いた場合だけでなく，電撃などの負の強化子を用いた場合にも生じる．また，強化子の提示がオペラント行動に随伴する場合でも随伴しない場合であっても，さらに強化子の提示間隔が一定の場合でも変動する場合でも生じる．代表的な例としては，餌粒を強化子として用いて部分強化スケジュールで訓練をすると，水を制限されていないにもかかわらず水を過剰に摂取する行動が生じ，また同種の他個体がいる場合には，その個体への攻撃行動が生じる．これらはそれぞれ，スケジュール誘導性多飲行動（schedule-induced polydipsia），スケジュール誘導性攻撃（schedule-induced attack）とよばれる．ほかに，回転車での過剰な走行や薬物の自己投与など多種類の行動が知られている．なお，スケジュール誘導性行動のうち，強化子と強化子の間隔中の初期に多くみられる行動を中間行動*，後期に多くみられる行動を終端行動*とよんで区別する場合がある．また，典型的なスケジュール誘導性行動である上記の誘導性多飲行動や誘導性攻撃行動は付随行動の中に含まれるため，スケジュール誘導性行動と付随行動という用語は区別なく使われることも多い．（⇌多飲行動，迷信行動）

スケジュール誘導性多飲行動［schedule-induced polydipsia］ ⇌スケジュール誘導性行動

スケジュール誘発性行動［schedule-induced behavior］ ＝スケジュール誘導性行動

スケールイーター［scale eater］ うろこ食い，鱗食魚（lepidophagous fish）ともいう．他の魚を襲い，その鱗（うろこ）をはぎ取って食物とする肉食魚（図a）．アフリカのタンガニーカ湖のカワスズメ*類で見いだされたが，同様の食性は他の湖，河川，海洋の魚でも知られるようになった．タンガニーカ湖には数種が知られ，個体ごとに口が右か左かにねじれて開く（図b）．これは獲物の体側から鱗をうまくはぎ取るための適応的形質である（⇌左右性）．行動が詳しく調べられている種では，各個体はそれぞれ獲物の後ろから忍び寄り，口が右に開く個体はもっぱら獲物の左体側を，左に開く個体は右体側を襲う．口の開く方向は下顎関節の位置が関係しており遺伝形質である．襲う方向には学習もかかわっていると考えられている．なお，口が右に開く個体は体の左側が発達しており，下顎も左側が大きく，獲物の定位におもに左

眼を使うなど，左利きとよべるだろう．逆の形質の個体は右利きである．また，個体群中の右利きの割合は平均では 0.5 であるが，右利きが多い年と少ない年とが数年周期で移り替わっており，これは警戒されにくい少数派が高い利得を得るという形の頻度依存選択による二型の維持機構とされる（⇌フィッシャー性比）．動物における個体ごとの利きは他の魚類，エビ・カニ類の甲殻類，頭足類でも知られている（⇌利き手）．

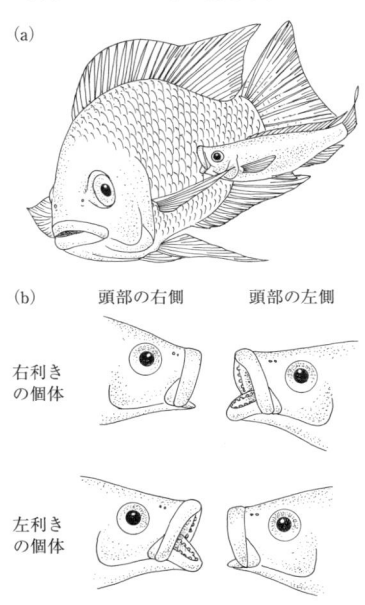

(a) タンガニーカ湖のスケールイーターが獲物を襲った瞬間．獲物の後方から忍び寄り，体側に体当たりする．(b) 右利きと左利きの違い．図 a は左利きの個体である．

スケールフリーネットワーク ［scale free network］ 次数*の分布関数がべき乗則*に従うネットワーク（⇌グラフ）をさす．現実世界のさまざまなネットワーク（world wide web，インターネットのルーターのつながりのネットワーク，生物の代謝系のネットワーク，友人関係や性交渉関係，ソーシャルネットワークサービス上のつながりといった人間関係のネットワーク）はスケールフリーネットワークである．A.-L. Barabási らは成長と優先的選択のルールを組込んだ数理モデル（バラバシ-アルバートモデル*）によってスケールフリーネットワークが生成されることを示した．現実世界にみられるスケールフリーネットワークは，大多数の頂点の次数が小さい一方でハブ*が存在することが特徴である．このようなつながり方の非一様性は，ネットワークのシステムとしての頑健さと関連する．スケールフリーネットワークはランダムに起こる故障に対して非常に頑健である一方，ハブ*への攻撃には脆弱である．

スコット SCOTT, John Paul 1909. 12. 17～2000. 3. 26 米国の動物行動学者，シカゴ大学大学院動物学で博士号取得，1965 年からオハイオ州のボーリンググリーン州立大学の教授となり，ここを生涯の拠点とした．動物行動学*の原点となる 8 編の著書と多数の論文および総説，人懐っこい顔と熱意ある話し方は忘れ難い．ジャクソン研究所で 20 年間，イヌの社会行動*に関する研究を行い，『Genetics and the Social Behavior of the Dog（犬の遺伝と社会行動）』（1965 年）としてJ. L. Fuller とともに出版，最初のイヌの社会行動に関する科学的な書籍として各国で翻訳された．総説の『Agonistic behavior of mice and rats（マウスとラットの攻撃行動）』（1966 年）は，エソグラム*（行動目録）を用いて各行動要素を数量化する方法論とラットとマウスが異なる進化過程にあるという論拠は，意義深い．International Society for Research on Aggression を創設，英国の Journal of Animal Behaviour（現 Animal Behaviour）誌の創設にも尽力した．

スコトプシン ［scotopsin］ ⇌オプシン

スターロゴ ［Star Logo］ 群れ行動シミュレータの作成が便利なプログラミング言語．子どもの教育向けプログラミング言語 LOGO をベースとし，"タートル"とよばれるエージェントに行動ルールを与えるプログラミングスタイルになっている．直感的なスタイルのため，プログラミング初心者でも比較的容易にシミュレータを作成することができる．多くの LOGO の派生言語が開発されているが，群れシミュレーションではこの Star Logo のほか，Net Logo がよく使われている．

巣作り ［nest building, nest construction］ ＝造巣

スティグマジー ［stigmergy］ 自己組織化*の過程の一種．P.-P. Grassé による造語．シロアリの塚建設における各個体の行動規則は，土と分泌物でできたペレットをすでにそれが存在する場所に付加するという単純かつ局所的なものである

が，このプロセスの集積が正（ペレット塔形成）・負（塔周辺のペレットの減少）双方のフィードバックを経て巨大な塚構造を作り出す．他個体との相互作用は"介場的"すなわち環境を介した間接的なものである．

ステロイドホルモン［steroid hormone］　コレステロール*の誘導体で，ホルモン作用をもつ物質の総称．副腎皮質から分泌されるグルココルチコイド*とミネラルコルチコイド*，卵巣からのエストロゲン*と黄体ホルモン*（プロゲステロン），および精巣からのアンドロゲン*が含まれる．ステロイドホルモンはそれぞれに特有の結合タンパク質と結合した状態で血中に存在する．ステロイド骨格とよばれる疎水性の基本構造をもつため細胞膜を通過することが可能であり，細胞内に存在する受容体に結合する．ステロイドホルモン－受容体複合体はさらに核内に移行してDNAに存在するホルモン応答配列とよばれる部位に結合することで標的遺伝子の転写を誘導する．

ストック［stock］　＝系統(2)

ストッティング［stotting］　⇌跳び跳ね行動

ストレス［stress］　生物の内的環境や恒常性（⇌ホメオスタシス）を乱そうとする外界からの刺激，もしくはその刺激により生体に生じる非特異的な反応の総称．前者をストレス刺激もしくはストレッサー（stressor），後者をストレス反応（stress response）とよんで区別する場合もある．日常的に用いられる精神的緊張という意味だけではなく，寒冷，痛み，感染，飢餓など生体に作用する外力を総称してストレスとよぶ．20世紀中頃にH. Selyeによって現在の意味で生物学分野に定着した．Selyeはストレス刺激に対する生体の反応を三期に分類し，侵襲直後で生体の機能が抑制される時期を警告反応期，それに続いて侵襲に対する抵抗力の高まる時期を抵抗期，さらに侵襲が続いて生体がそれに抵抗できない場合を疲弊期と名づけ，これをストレス適応モデル（stress-coping model）とよんだ．ストレス反応の内分泌応答はHPA軸（視床下部－下垂体－副腎軸*）によって制御されており，その最終生理活性物質であるグルココルチコイド*はストレス条件下で血中濃度が一過性に高まって生体のストレス適応に寄与する．また，自律神経を介したストレス反応も重要な役割を担う．グルココルチコイドは一般にストレスホルモンとしてストレス応答の指標として使われている．グルココルチコイドの本来の機能は糖代謝の上昇である．

ストレス刺激［stressor］　⇌ストレス
ストレス適応モデル［stress-coping model］　⇌ストレス
ストレス反応［stress response］　⇌ストレス
ストレッサー［stressor］　⇌ストレス
ストレンジ・シチュエーション法［strange situation procedure］　⇌愛着

砂浴び［sand-bathing, dust-bathing］　ウマなどが横になって体を地面に擦りつけ，砂を全身にかける行動．スズメやヒバリなどの鳥類では，さらに翼や足を使って砂を蹴り上げ，全身にまぶす（図）．砂浴びには乾燥した砂地が選ばれる．砂を全身にかけることで，砂とともに皮膚や羽毛についた寄生虫や汚れを取除く機能がある．ハムスターやウマなどの哺乳類でもみられるが，特に鳥類における砂浴び行動の欲求は高い．そのため，ニワトリやウズラなどを砂浴びする材料がないケージで飼育した場合には，あたかも砂があるかのように砂浴び様の真空行動*を示す．

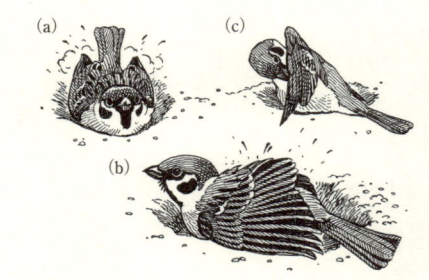

スズメの砂浴び．(a) 足で砂をかき出し，体を沈める．(b) 翼をふるわせ，砂を浴びる．(c) 羽づくろい．

巣仲間識別［nestmate discrimination］　＝巣仲間認識

巣仲間認識［nestmate recognition］　巣仲間識別（nestmate discrimination）ともいう．巣単位で社会生活を営む種（アリ，ミツバチなど）においては，同じ巣の仲間を違う巣の個体と区別する必要がある．同巣個体どうしは情報や餌資源を共有し巣内外で共同作業や役割分担を行うが，異巣個体に対しては競争的ないし攻撃的行動をとる（図）．このような行動の違いから，社会性動物の，少なくとも外勤カースト（採餌に携わるワーカーなど）は，巣仲間認識能力をもつと考えられている．巣仲間認識が成立するには，巣特有の標識を巣仲間が常に共有し保持すること，その標識を検出する

感覚器をもつこと，標識の巣間の差を識別する神経機構が備わっていることが必要である．巣特有の標識の実体は**巣仲間認識フェロモン**（nestmate recognition pheromone）とよばれる化学物質で，遠隔ないし接触化学感覚器で受容される．アリ類の巣仲間認識フェロモンは，体表を覆う炭化水素混合物（体表炭化水素*）であり，種特有の成分それぞれの相対含有比が巣ごとに異なる．クロオオアリの触角上に巣仲間識別に必要な体表炭化水素を感知する嗅覚器が見いだされた．

巣の違う働きアリが出会うと，巣仲間と異なる体表のにおいを感知して，大顎で噛みついたり腹を曲げて尾端からギ酸などの毒液を噴射したりといった攻撃行動をとる．

巣仲間認識フェロモン ［nestmate recognition pheromone］ ⇒ 巣仲間認識

スニーカー ［sneaker, sneaking male］ ⇒ サテライト

Snowball（オウムの名）⇒ オウム

スパイク ［spike］ ⇒ 活動電位

スパイト行動 ［spiteful behavior］ ＝ 意地悪行動

スパースコーディング仮説 ［sparse coding hypothesis］ ⇒ 神経符号化

スプライシング ［splicing］ ⇒ イントロン

スフラギス ［sphragis］ ⇒ 交尾栓

スプレーマーキング ［spray marking］ ⇒ マーキング行動

スペシャリスト ［specialist］ 資源に対して特定の好みが強い傾向にある生物をいい，ジェネラリスト*と対をなす．たとえばジャイアントパンダはササ，オオアリクイはアリに偏向した食性をもつスペシャリストである．昆虫には特定の植物のしかも花だけを食べるなど資源が特化したものも少なくない．こうしたスペシャリストはその資源が確保され，ほかの利用者が限定的であれば安定的に利用できる．アイベックスは崖の多い岩場に生息する．こういう生息地は食物資源は乏しいが，捕食者からの危険を避けることができるという利点があり，食性はジェネラリスト的だが，生息地利用ではスペシャリスト的といえる．スペシャリストは資源の代替利用ができないから，その資源が利用できなくなる環境変化に対しては非常に弱い．樹洞*を必要とするフクロウ類，洞窟を必要とするコウモリ類などは生息地に対するスペシャリストであり，環境の破壊によって生息地を奪われると，地域絶滅などが起こりやすい．

すみか ⇒ 隠れ家

すみこみ共生 ［inquilinism］ ⇒ 偏利共生

すみわけ ［segregation］ 生物が利用する資源を分かつこと．異なる種であれば資源要求が違うから，必然的にすみわけが起こる．同種内でも性や成長段階に応じて資源要求が違う場合は，すみわけが起こることがある．"すみわけ"という言葉からは生息地の分割がイメージされるが，それだけではなく食性など広く資源利用についても使う．生息地を共有しながら（同所的），食性が違う場合もあれば，その逆に食性は似ているが生息地が違う場合もある．タヌキとハクビシンは山地，丘陵地の森林に生息するという面では同所的であり，果実食という点では重複がある．しかしタヌキは地上で多様な食物を食べるのに対して，ハクビシンはおもに樹上で果実に強く偏った食性をもつという違いがあることで"すみわけ"を実現している．すみわけはニッチ分割*の一つであり，これにより競合が避けられるから，複数種の共存のメカニズムの一つと考えられる．

スモールワールド・ネットワーク ［small-world network］ ⇒ 社会ネットワーク理論

刷込み ［imprinting］ インプリンティングともいう．K. Z. Lorenz*によるハイイロガン*の研究で科学的概念として確立された（図）．一般的には"刷込み"が定着しているが，心理学では"刻印づけ"も用語として用いられる．動物の発達初期の学習の一つであり，親子間の刷込み*と性的刷込み*の二つが代表的である．どちらも感受期*とよばれる学習の臨界期が存在し，習得可能な時期が特定の発達段階に限定されている．刷込みによる学習が一度成立すると，忘れにくい強い記憶となって定着する．親子間の刷込みの対象は，おもちゃなどの人工物でも成立することから，学習や学習臨界期のメカニズムの研究にも利用される．性的刷込みは，成長後に好みの異性を獲得するために必要な学習と考えられている．ほかに

も，ヒトの乳児が母乳のにおいを記憶したり，サケなどの魚類が，育った川を記憶して，成長後に戻る母川回帰* などを刷込みに含める場合もある．

Lorenz の後をついていく，人間に刷込まれたハイイロガンの雛たち

巣分かれ [fission] ⇌ 分封

スンクス [house musk shrew] トガリネズミ (shrew) ともいう．食虫目トガリネズミ科ジネズミ亜科の一種で，学名 *Suncus murinus*，和名ジャコウネズミ．ネズミの名がついているものの，ラットやマウスなど齧歯目とは異なる．長い吻部とべた足での移動がどこか爬虫類を連想させる．アフリカから東アジア低緯度帯に広く分布し，体重・毛色などに変異が大きい．1960〜70年代に日米両国で実験動物化に成功し，生物科学諸分野の実験動物として広く利用されている．食虫目は，有胎盤哺乳類共通の祖先として相ついで哺乳動物目を誕生させる一方，みずからは出現当時の原初的形態にとどまっている．その種の脳重と体重から算出される数値で，脳の進化の目安とされる脳化指数 (encephalization quotient, EQ) は低く，行動もさほど特殊化されていないが，さまざまな哺乳動物目の行動的多様性をもたらすうえでの共通項となる，基本的な行動特徴を備えている．ジネズミ亜科の種に共通する特異な行動に"キャラバン (caravanning)"がある (図)．幼仔が親または

スンクスのキャラバン．生後しばらく幼仔は親を先頭に連なって移動する．この行動は，安全の確保や行動範囲の拡大という生存保証の役割をもつ．

同胞の身体をくわえ数珠つなぎになって移動するというもので，敏感期・解発刺激*・形成パターン・環境効果など，その行動特性* が明らかにされ，この行動が幼仔の生存を保証する生得的行動型として適応を支えることが知られている．

セ

成因的相同 [homoplasy] ＝ホモプラシー
性格 [personality] ⇌ 気質
生活環 [life cycle] ⇌ 生活史
生活史 [life history] 　生物個体の一生の特徴を成長，死亡，繁殖の時期とやり方に注目し，概観したもの．注目する形質を**生活史形質**(life history trait, life history characteristic)とよぶ．広くは移動，休眠などを含む生物の一生の特徴のすべてを生活史とよぶことがあるが，これはある世代の個体から次の世代の個体が再生産される全プロセスをさす**生活環**(life cycle)とよぶのがむしろふつうである．生活史は要素の特徴に注目し，さまざまに分類できる．たとえば，一回繁殖*(死ぬまでに一度だけ繁殖する)か多回繁殖*(死ぬまでに何度も繁殖する)か，一年生(annual, すべての個体が一年以内に生涯を終える)か多年生(perennial, 何年も生きる)か，生存曲線*はⅠ型かⅡ型かⅢ型かなどである．伊藤嘉昭は，進化の正しい理解のためには，異種の生存曲線を比較する場合は繁殖開始齢を基準に置くのが適切であると主張した(1959年)．このような主張は，どのような特徴の生活史がどんな環境条件で進化するかを問うものであるが，このような研究分野を生活史進化研究とよび，そのための理論を生活史戦略理論とよぶ(⇌ 生活史の適応進化)．

生活史形質 [life history trait, life history characteristic] ⇌ 生活史

生活史の適応進化 [life history evolution] 　生活史*とは，生物のもつ繁殖と生存のスケジュールのことであり，生活史の適応進化を説明した代表的なものがr-K選択説*である．このモデルでは，環境変動に依存したロジスティック方程式*

$$\frac{dN}{dt} = r\left(1-\frac{N}{K}\right)N$$

を考える．変動する環境では個体群密度によらない死亡要因が強くかかり，個体数が激減しやすいので，環境収容力*付近で働く密度効果が緩和される．そして環境変動の好機が来ると繁殖力の旺盛さで個体群を増やす方向に，つまり内的自然増加率*(r)を高める方向に自然選択がかかる(r選択)．逆に，安定した環境あるいは周期的な環境では，個体群密度は環境収容力*(K)の付近にいつもあると考えられる．この場合は密度効果が強く，種内競争が激しくなり，環境収容力を高める方向に自然選択がかかる(K選択)．ただし，rは個体レベルの形質に帰着可能なパラメータであるためr選択は理解しやすく支持するデータも多いが，Kは集団の属性であるため集団にかかる自然選択(群選択*)は想定しづらく，明解な証拠は少ない．たとえばキイロショウジョウバエなどでは，高密度で飼育した系統は，窒素老廃物に耐性をもつようになり，結果として環境収容力Kが高まる．しかし，この場合，自然選択は個体の老廃物耐性にかかっているのであり，直接Kを高める方にはかからないため，個体の大型化や大卵少産化は生じていない．そこで，こういうストレス環境での生活史の進化を説明するため，J. P. Grimeは1979年，競争の強弱，密度に独立した撹乱の程度，環境ストレス耐性の3軸で説明する三角形のダイアグラムに生活史の型を配置した(図)．植

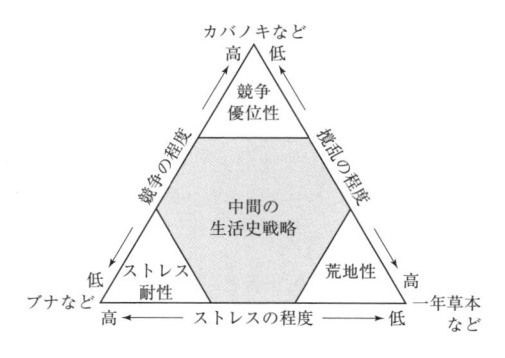

物などはこちらの方が現実的に理解しやすい．さらに，変動環境では両賭け戦略*が進化することもあり，現在では，r-K選択は主たる学説の一つの扱いといえよう．ちなみに，r-K選択はあくまでも同種あるいは近縁種の個体群が変動性の異なる環境に置かれたときにかかる自然選択の差異を議論する学説なので，ゾウはK選択，ハエはr選択のように系統の離れた分類群を比較するのは誤った解釈である．しかし，ウイルスからクジラにいたるまで5界の生物を広く網羅すると，体サ

イズと世代時間の高い相関がみられる．言い換えれば，体サイズが大きいと世代更新サイクル（世代時間の逆数）が遅くなり，体サイズが小さいと世代更新サイクルが早くなる（J. T. Bonner, 1965年）．このような大系統での体サイズと世代更新時間のトレードオフ*と，小進化レベルでのr–K選択説の関係性についてはまだ未解決であり，将来も研究の余地がある．

性関連攻撃行動［sex-related aggression］　交尾*に関連して認められる攻撃行動をさす．たとえば，イヌやネコでは，雄が雌の首や肩のあたりを軽く咬みながら乗駕する．これは正常な行動であり，咬みつきは抑制されたものである．より多くの動物種で認められるのは，雌が雄に対して示す攻撃行動であり，明らかに望ましくない交尾パターンを雄がとろうとした際や，発情期以外の雌は雄を許容しないため，そのような雌に雄が乗駕しようとした際に起こる．ネコ科動物では，雌の交尾後反応の一貫として，雄への攻撃がみられる．雄の挿入や腰を突き動かす行動により，雌は非常に覚醒が高まり，特有の鳴き声を発するとともに，振り返って雄を引っ搔くという行動である．攻撃行動は一般に，自律神経系の興奮に由来する情緒的な攻撃行動とそれ以外に分類されるが，性関連攻撃行動がどちらに属するかについては意見が分かれている．

正棄却［correct rejection］　信号（標的刺激）の有無を答える課題において，信号が存在しないときにそれが無いと正しく判断すること．信号検出理論*で扱われる概念である．

性拮抗的選択［sexually antagonistic selection］⇒性的対立

正強化トレーニング［positive reinforcement training］　陽性強化訓練ともいう．オペラント条件づけ*の正の強化*を用いた動物の訓練法．いわゆる"ごほうび"を使って行動を変容させる技法である．負の強化*や正の弱化*を用いた訓練では，恐怖や不安のような嫌悪的な情動が生じたり，無気力をもたらしたり，攻撃や場面逃避のような不適切行動が出現しやすいため，近年ではしつけ教室*などでは正強化トレーニングが推奨されている．（⇒クリッカー・トレーニング）

制御システム理論［theory of systems and control］　単純に**制御理論**，システム論などともよばれる．ある入力に対して反応出力を返すシステムの特性や，望ましい反応出力を得るための入力などを記述，導出する理論体系．たとえば，腕の制御理論を考える．腕は多くの関節でつながれており，それぞれの腕の間の角度・角速度・角加速度などの状態でその運動が記述される．一方，腕に対する入力は各筋肉の張力または関節ごとに発生させるトルクである．すなわち腕のシステムは，ある運動方程式で記述することができ，ある時間系列の筋緊張を与えると腕の動き，たとえば手先がどのような軌道を描くのかが決定される．筋肉への力を与えて，軌道を計算する方程式は力によって腕の運動を予測することを可能にするので，順方向の運動方程式の計算によって求められるが，目標とする軌道から力をどのように与えればよいのかは，運動方程式から逆方法の計算を要求することから，逆ダイナミクスとよばれる．腕のダイナミクスをあらかじめ知っていれば，腕を動かす前から目標軌道への運動を企画することが可能になる．

制御理論　⇌ 制御システム理論

生気論［vitalism］　生物体内では通常の物理・化学的反応とは違う原理が働いていると考える思想のことをさす．古くからある思想のようにみえるが，実はそうではなく，近代の素朴な機械論への反発として18世紀に生まれた．その後，生気論は19世紀前半には理論的に重要な主題の一つとみなされた．19世紀中盤の生理学者C. Bernardは，自分の作業の中心的課題はこの生気論への反論にあると考えたが，ただし彼の著作を熟読していくと，それに完全に成功しているかどうかは微妙である．たとえば彼が"指導理念"とよぶもので意味しようとしていたことが，ふつうの物質反応とはどこか違う様式で生物の発生や調節が行われている可能性に触れたものだと読み直すことができるからだ．その後20世紀初頭にもH. Drieschのエンテレキー概念などが，新生気論を主張したものとして多くの論争をよんだ．その後，分子生物学などの発展の過程で，生気論は克服されたようにみなされることもあるが，思想史的にはより慎重な評価が必要である．

性決定［sex determination］　雌は大きな配偶子（卵）をつくる性，雄は小さな配偶子（精子）をつくる性と定義すると，動物では卵は卵巣で，精子は精巣でつくられるので，動物における性決定とは，生殖腺が卵巣になるか精巣になるかを決めることである．動物の性決定には，遺伝子型による性決定*と環境による性決定*がある．前者は染

色体の構成に依存し，後者は，ワニ類や多くのカメ類・トカゲ類に代表される温度依存型の性決定である．また，この両方がかかわる例もある．フトアゴヒゲトカゲは基本的に雌ヘテロ型（ZW）の遺伝子型により性が決まっているが，32℃以上の高温で発生するとZZ個体も雌になり，産卵能力をもつ．アフリカ産淡水魚テラピアでも類似の現象が報告されている．ただし，性決定には一つの性決定遺伝子があるのではなく，性決定遺伝子カスケードが存在することがわかってきた．

制限酵素断片長多型　［restriction fragment length polymorphism, RFLP］ ⇒ 遺伝マーカー

制限時間［limited hold, LH］　固定時隔スケジュール*や変動時隔スケジュール*，低反応率分化強化スケジュールと組合わせて用いるものに制限時間の手続きがある．通常の時隔スケジュール*では，前の強化子提示からある時間が経過すると強化子が準備状態になり，その状態は反応が起こって実際に強化子が提示されるまで続く．この準備状態の期間に制限を設けるのが制限時間の手続きである．たとえばオペラント実験箱*でラットのレバー押しを強化する場合，固定時隔30秒のスケジュールに10秒の制限時間をつけたとすると，前の強化から30秒経過すると強化子が準備状態になるが，それから10秒以内にレバー押しが起こらなかった場合には強化子の準備状態がキャンセルされて，再び30秒経過しないと次の強化子が準備状態にならない．このような制限時間を設けると低い反応率*での反応が強化されにくくなるため，ある程度高い反応率が維持される．ただし，制限時間が厳しすぎると強化率が下がってしまうので逆効果である．

性交結合［genital lock］＝交尾結合

性行動［sexual behavior］　求愛*や交尾*のように，配偶に関連して雌雄を中心とする個体間で交わされる行動を総称する．個体間で交わされる行動という点では，社会行動*の一つとみなすこともできる．あるいは，ボノボ*の同性間で頻繁に観察される性行動が，個体間の友好的な社会関係を維持するために機能しているとされるように，性行動と性的意味合いをもたない社会行動との区別が困難な事例も存在する．類似する意味をもつ繁殖行動*が，求愛・交尾・出産・産卵・育児の過程をすべて含むのに対し，性行動には求愛から交尾までしか含まれない．性行動の形態は，繁殖生態や配偶システム*にも対応して多様である．たとえば鳥類の求愛行動を比較してみても，雌が雄に対して赤く盛り上がった総排出孔を誇示して交尾をせまる協同繁殖のイワヒバリ（⇒ 多夫多妻［図］）のようなまれな例がある一方，雄が複雑な求愛ダンスと歌を披露するレック*繁殖のマイコドリ類，雌雄ペアで同調のとれた求愛ダンスを踊る一夫一妻のタンチョウなど，さまざまである．

性差［sex difference］　雌雄の性的な差異のこと．さまざまな動物で体長，体毛，体色，飾り羽根などの容姿にかかわるものから行動や心理的側面など脳機能にいたるまで，独特の性差が認められる（⇒ 性的二型）．その中心といえるものは性腺*，生殖器*などの形態的な性差であり，多くの脊椎動物では性腺から分泌される性ホルモン*によって性差が形成される．また動物の示す社会行動の性差は，中枢神経系にある形態学的な性差をもつ神経核により生じるとされ，**性的二型核**（sexually dimorphic nucleus）とよばれている．ラットの視索前野に存在するSDN-POA（図a, b），前腹側脳室周囲核（AVPV．図c, d）は最も有名な性的二型核であり，これらの性差形成には発達期の性ホルモンの作用が深く関与している．性的二型核の存在はヒトでも報告されており，ラットのSDN-POAに相当する前視床下部間質核（INAH）に存在する四つの亜核の大きさに性差がある．多くの行動と形態的性差は雌による性選択（交配相手の嗜好性）によってその特徴がさらに際立つといわれている．

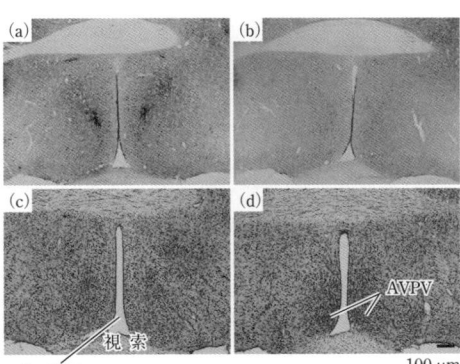

ラットの雄(a)と雌(b)の視索前野 SDN-POA 神経核では，雄(a)で左右に大きな神経核が確認できる（写真で濃く見えている部分）．一方，前腹側脳室周囲核（AVPV）では，雄(c)に比べて雌(d)で神経細胞が密に存在する二型が認められる．

制裁 [sanction] ⇒ 処罰

星座コンパス [stellar compass]　動物が移動する際に，星座の並びから方角を判断してみずからの定位方向を知ること．昼間に移動する鳥類などが太陽の位置を利用する（太陽コンパス*）のに対し，夜間に渡り*をする鳥類は星座コンパスを利用する．F. Sauer はプラネタリウムの中でムシクイ類が人口の星座の動きに定位することを見つけ，星座コンパスの存在を提唱した．その後，S. Emlen はルリノジコが北極星を中心に約35°以内にある北方の空を基準に渡りの方向を決めていることを示した．星座コンパスは星の並び方を基準としているため，星の一部が雲などで隠れていても正確に定位できる．また星の並びの幾何学的関係から方角を判断するため，太陽コンパスとは異なり時間による星座の動きを補正する必要はないと考えられている．一部の渡りをするヤガの一種やタマオシコガネなどの夜行性昆虫でも星座コンパスを利用する可能性が示されているが，詳しいことはまだわかっていない．

生残曲線 [survivorship curve] ＝生存曲線

生産者掠奪者ゲーム [producer-scrounger game]　群れをつくって採餌する動物が，個体ごとに違う戦術*をとることによって生まれるゲーム状況をさす．社会的採餌理論は1990年代 L.-A. Giraldeau や L. Lefebure らによって発展を遂げたが，その骨格となる理論研究の一つである．穀物のように分け合うことのできる餌が空間的に分散している，そのような状況で複数の個体が採餌する場合，自分で餌を探す生産者（プロデューサー）と，餌を探し当てた生産者を見つけて餌の一部を奪う掠奪者（スクラウンジャー）の二つの戦術が成り立つ．掠奪者の利益はその頻度に依存し，少数派であるときに有利な戦術だから，生産者から掠奪者に戦術を乗り替える個体が出てくる．しかし，多数派になれば掠奪者1個体当たりの利益は徐々に小さくなり，やがて生産者の方がより有利になる．その結果，二つの戦術をとる個体の数が一定の割合で共存し，その状態で群れは均衡に達する．この均衡状態ではどちらの戦術も最適性（利益の最大化*）を実現できない．

生残率 [survivorship] ⇒ 世代

制止 [inhibition]　抑制ともいう．動物の活動を抑える働きの総称．この言葉は研究分野や研究者によってさまざまな意味で用いられる．たとえば，I. P. Pavlov* は，神経活動の興奮過程と制止過程を想定し，後者を生得的な外制止（外抑制）external inhibition と，経験によって獲得される内制止（内抑制）internal inhibition に分類した．外制止とは新奇な刺激が与えられることによって，現在の活動が一時的に停止することであり，摂食行動が大きな音によって中断されるような場合である．内制止は，当初反応していた刺激に対して反応しなくなるという制止的な学習でみられる．メトロノームの音と肉粉を一緒に与えることによって獲得された条件反射*は，メトロノームの音だけを単独で提示することによって徐々に消去*されるが，パブロフはこのとき神経興奮を制止する内制止が形成されると考えた．

制止学習 [inhibitory learning] ⇒ 脱制止

精子競争 [sperm competition]　雄は雌との繁殖機会をめぐって競争するが，交尾前の雌獲得競争だけでなく，交尾後も卵の受精をめぐる雄間の競争が存在する．交尾後の卵受精をめぐる雄間競争のことを精子競争とよぶ．sperm competition の訳語として"精子間競争"が使われることがあるが"個々の精子の競争"の意味になるので適切でない．精子競争の概念は G. A. Parker が提唱した（1970年）．雌が複数の雄と交尾すると，雌の体内（雌はしばしば袋状の精子貯蔵器官をもつ）に取込まれた精子は，2個体以上の雄に由来することになる．個々の雄にとっては，雌が自分の子を産んでくれる可能性が低くなるので，卵の受精を独占して繁殖成功を高めるような性質が進化する可能性がある．基本的には，多数の精子を生産し，他の雄よりも多くの精子を雌に渡すことが，精子競争を有利にする手段である．しかし，より有効な手段を進化させてきた動物も多い．たとえば，雌の精子貯蔵器官に存在する他雄の精子を掻き出して自分の精子に入れ替える精子置換*，雌の交尾器に蓋をして2回目の交尾を妨害する交尾栓*，精液に入れて雌の再交尾意欲を落とさせる毒物，交尾後の雌に随伴して他雄から警護する行動などである（⇒ 配偶者防衛）．このような精子競争は，雌にとっては有害なハラスメントになることが多く，雌もその対抗手段を進化させてきたと考えられる．たとえば，雌の精子貯蔵器官の構造は精子競争への対抗手段として発達し，精子選択の機能をもっているのではないかと考えられている．

正刺激 [positive stimulus] ⇒ 継時弁別手続き

制止条件づけ [inhibitory conditioning]　条件（性）制止（conditioned inhibition）ともいう．後天

的な反応抑制メカニズムを形成する手続きまたはその現象をさす．たとえば，ラットに対して音と電撃を対提示した後に，音と光の複合刺激だけを電撃なしで与えると，このときの光は電撃がこないことを意味する安全信号となる（条件制止子*）．こうした手続きだけでなく，負の随伴性*や，逆行条件づけ*，延滞条件づけ*，分化条件づけ*などによっても制止条件づけが生じる．通常，古典的条件づけ*では条件刺激の強化による興奮条件づけ（excitatory conditioning）のみが扱われることが多いが，古典的条件づけとは本来，興奮条件づけと制止条件づけの二つを含む概念である．

精子置換［sperm displacement］　精子競争*のメカニズムの一つで，雌の精子貯蔵器官などに貯蔵されている他雄の精子の空間的位置を変更させること．精子を除去することだけでなく，受精しにくい部位に精子を移動させたり押し込んだりすることも含める．しかし，精子の除去は完全ではない場合が多いこと，除去されなかった精子や押し込まれた精子は，時間がたつと混合して受精に使われる可能性が出てくることから，除去と押し込みを区別すべきとの意見もある．雄は，精子置換の後，自分の精子を受精に有利な部位に置くことで，ライバル雄との精子競争を有利にすることができる．精子置換は，1979 年，J. Waage によりアメリカカワトンボ *Calopteryx maculata* で初めて発見された．トンボの雌の多くは一生の間に何度も産卵場所を訪れ，その度に雄と交尾して産卵する．雄は交尾に際し，ペニスとその先端についた"鉤状の返し"（⇌交尾器）を使って雌の精子貯蔵器官から前に交尾した雄の精子の大部分を掻き出し，その後，授精する（図）．そのため，雌の精子貯蔵器官にはしばしば複数の雄の精子が含まれることになる．精子置換は，昆虫で多くみられるが，軟体動物でもかなり一般的であることがわかってきた．（⇌父性）

誠実性［conscientiousness］　⇌気質

静止電位［resting potential］　静止膜電位（resting membrane potential）ともいう．刺激を受けていない状態（静止状態）における，細胞膜の内外の電位差（膜電位）．通常，細胞外を基準値 0 mV として，細胞内の電位として記述される．静止状態の細胞膜は，外側には陽イオン，内側には陰イオンが蓄えられた分極状態にあり，マイナスの電位差がある．その大きさは細胞の種類によって異なり，-30 mV から -90 mV 付近まで幅がある．細胞内では K^+ の濃度が高く，細胞外では Na^+ と Cl^- の濃度が高い．静止状態において，細胞膜は K^+ に対して透過性が高いため，静止電位は K^+ の平衡電位と一致するはずである．しかし実際には，細胞膜は Na^+ および Cl^- にも部分的な透過性をもつため，静止電位は K^+ の平衡電位よりも少し脱分極側で維持されている．なお，細胞内の電気的中性は，細胞膜を通ることができない巨大分子（核酸，ペプチド）の陰イオンによって保たれる．

精子補給仮説［sperm replenishment polyandry］＝繁殖保険仮説

静止膜電位［resting membrane potential］＝静止電位

性周期［estrus cycle］　動物の行動的側面から認められる発情周期*と卵巣*の機能と形態による排卵周期*を合わせた雌の性的な周期のこと．いずれの周期も雌の卵巣内での卵胞*と黄体*の発育に伴うエストロゲン*，プロゲステロンの血中濃度変化の周期性に強く依存する．

精子優先度［sperm precedence］　精子競争*の程度を表す指標の一つ．1 個体の雌が 2 個体の雄と連続して交尾したときに，どちらの雄の精子が卵の受精に使われるかを示す割合．ふつうは，2 番目に交尾した雄の精子によって卵が受精する割合（P_2 値）で評価される．P_2 値の測定には 1 個体の雌に 2 種類の雄と交尾させる必要があり，正

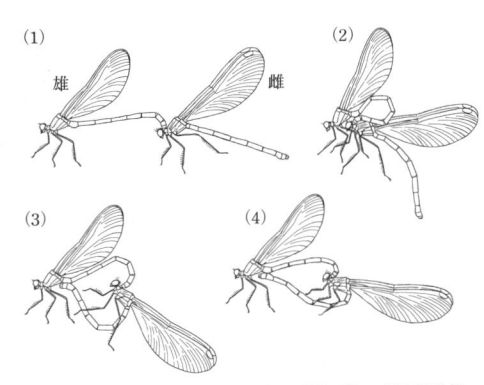

均翅亜目（イトトンボやカワトンボなど）の交尾行動推移と精子置換．1) 雄は腹部先端の把握器で雌の前胸部をつかむ．2) 精子塊が腹部先端から排出され，腹部第 2 節の交尾器（性嚢）に移される．3) 雌は腹部を曲げて先端の交尾器を雄の交尾器に近づける．雄は交尾器（ペニス）を雌と結合させ，精子除去のステージが始まる．4) 精子除去のステージを終えると姿勢を変え，精子を性嚢から雌の交尾嚢に移す．

常雄と不妊雄，遺伝的多型(野性型と突然変異型など)，あるいは分子遺伝マーカーがよく利用される．精子優先度は雌の生殖器官の構造，精子競争*，交尾間隔，雌の精子選択，射精戦略*などの影響を受けることがわかっている．

生殖［reproduction］ ⇌ 繁殖

生殖隔離［reproductive isolation］　同じ場所に生息する異なる生物集団の間で交配が生じていない状態，あるいは，交配が生じた場合でも，交雑個体(ハイブリッド)が生存できないか，妊性をもたない状態をいう．生殖隔離をひき起こすすべての生物的要因を生殖隔離機構とよび，この機構によって，種間の遺伝子流動*が阻止され，種の統一性が維持される．異なる生物集団が生殖隔離機構をもつことで，それらは異なる種と判断される．生殖隔離機構には，行動学的(たとえば求愛ダンスの相違)，生態学的(交尾場所や時期の違いなど)，生理学的(フェロモンなど)，形態学的要因(色彩，交尾器など)がある．集団間で交配が生じないように働く機構を交配前隔離(premating reproductive isolation)とよび，一方，集団間で交雑が生じた場合に，交雑個体が生存能力あるいは繁殖能力をもたないように働く機構を交配後隔離(postmating reproductive isolation)とよぶ．遺伝的に分化を遂げた2集団の分布が重なる地域では，部分的な交配後隔離が生じることによって，集団間交配を避ける機構である交配前隔離が進化するとする仮説が唱えられてきた(⇌生殖隔離の強化説)．

生殖隔離の強化説［theory of reinforcement of reproductive isolation］　ウォレス効果(Wallace effect)ともいう．遺伝的に分化した集団の分布が重なる地域で，生まれる交雑個体に繁殖力や生存力の低下がみられる場合，交雑個体が排除されるような選択圧が働くことで集団間の交雑を回避する仕組みが強められていき，種分化に至ると考える仮説(⇌生殖隔離)．最近の研究からは，交配前隔離機構のみが強化の対象とはならないことも示されている．遺伝的分化によって完全な生殖隔離機構が獲得された集団が出会っても，交雑の結果子孫は生じないが，生殖隔離が不完全な集団が出会うと，両者の間に雑種個体が生じる．雑種個体が形成される際に何らかの不利益が生じる場合，その形成を回避するための繁殖システムが選択によって強化される．その結果，同類交配*などを通じて，同種の配偶子が優先的に利用されるようになり，**繁殖的形質置換**(reproductive character displacement)が完了する．同種配偶子の優先的利用は，配偶相手の体色や体表の化学成分などの表現型や求愛歌などの配偶信号の違いを手がかりに行われるため，分布が重なる地域では，親集団とは異なる特徴をもった表現型や配偶信号がしばしば観察される．ショウジョウバエでは，識別の手がかりと考えられる体表化学成分組成(⇌体表炭化水素)にみられる形質置換が比較的短期間で獲得されることが実験的に示されており，強化が急速に生じうる証拠とみなされている．(⇌種分化，形質置換)

生殖カースト［reproductive caste］ ⇌ カースト

生殖器［reproductive organ］　多細胞生物において，生殖のために分化した器官をさす．以下では動物の交尾器(genitalia．接接器 copulatory organ ともいう)に限定して解説する．雄の交尾器には，交接時の精子輸送に特化した器官すべてが含まれ，雄が体外に排出する精包*や，雌の生殖孔(gonopore)を雄の生殖孔に近づけて位置を固定する役割を果たす把握器(clasper)なども含める場合がある．雌の交尾器は，外陰部(vulva)や膣(vagina)など，交接の際に雄交尾器もしくは精子や精包が接触する器官すべてを含むが，雌の付属腺(accessory gland)や卵巣*は雄交尾器や精子が直接触れる部分ではないため，除外するという考えもある．体外受精*する生物と比べると，体内受精生物の生殖器官は形状が複雑で，系統的に近縁な種でも構造が大きく異なることがある．種にみられる交尾器の特異な構造が生み出される作用因として，他種との交尾が成立しないように進化したとする錠と鍵説(lock and key hypothesis)が

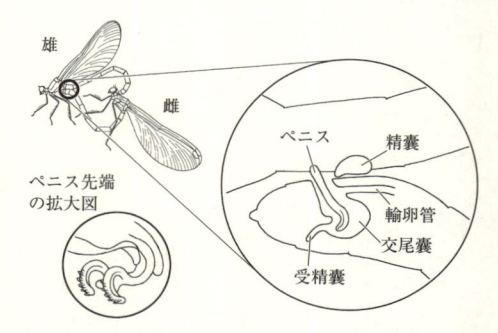

カワトンボの交尾器．ペニスの先端に付いた腕状の"返し"の先端部に棘状形質がみられる．

唱えられてきたが，現在は，交尾器形質の多様化が性選択*や雌雄間の利害対立から生じる性的拮抗共進化(⇒チェイスアウェイ選択)によって生じたと考えられる例が広く知られている．たとえばトンボにおいて，別個体の雄が雌の体内に残した精子を掻き出すのに役立っているペニスにみられる棘状形質(図)は，受精をめぐる競争によって進化したと考えられる．(⇒精子競争，精子置換)

生殖孔［gonopore］ ⇒生殖器

生殖行動［breeding behavior, sexual behavior］⇒繁殖行動

生殖的形質置換［reproductive character displacement］ ⇒形質置換

生殖的分業［reproductive division of labor］ 繁殖(的)分業ともいう．群れで生活する動物が，交尾や産卵などの生殖に直接関係する行動を担う個体(生殖個体)と，子の養育や採餌など生存と生殖に必要だが生殖そのものではないその他の行動を担う個体(非生殖個体)に，役割分担すること．生殖的分業は真社会性*の条件の一つで，生涯継続する永続的な生殖的分業が存在するものをさす．たとえば，アリではふつうワーカーは生涯ワーカーのままなのでアリは真社会性とよばれるが，協同繁殖する鳥や哺乳動物のヘルパー*はのちに繁殖個体になれる一時的な非生殖個体なので，これらの関係は真社会性ではない．

精神的盲目［psychic blind］ ⇒クリューバー・ビューシー症候群

精神物理学［psychophysics］ ⇒心理物理学

性ステレオタイプ［sex stereotyping］ 性別を手がかりに，典型的な同じ考え，態度，見方が多くの人に浸透している状態をいう．ヒトには身体的，行動的な性差*があり，それが性ステレオタイプのもとになっているものの，文化的要素が大きい．ヒトのさまざまな文化でみられ，共通している点も多い．性ステレオタイプがみられるのは，職業，場所，専門性，趣味，嗜好，年齢など，広範囲にわたっている．これと関連して，性役割*が割り振られることもある．

性ステロイドホルモン［sex steroid hormone］=性ホルモン

性成熟［puberty, sexual maturity］ 生殖可能な状態まで成長すること．雌の場合，この時期から発情周期*が認められるようになる．雄では，性成熟することで精巣からのアンドロゲン分泌が高まり，雄性性行動*，雄性攻撃行動*が観察される．また雌雄ともに性成熟に達すると，性腺からの性ホルモン分泌によって性シグナルとして作用する性フェロモン，容姿，鳴き声などが発達し，活発な雌雄間コミュニケーションが行えるようになる．

性成熟期［adolescence］ ヒトでは思春期ともいう．性的な成熟が始まって繁殖が可能になる時期．哺乳類ではこの時期に下垂体からの性腺刺激ホルモン*の分泌が増加し，雄では精巣*，雌では卵巣*が発育して生殖能力をもつようになる．それに伴い性腺ホルモン*の分泌も増加し，この性腺ホルモンが全身に作用して体つきや行動にも性差*が生じる．雄では骨格や筋肉が発達し，攻撃性が高まるとともに常に繁殖行動を示せるようになる．雌では発情周期*に従って，発情期に雄を受入れるようになる．

生成文法［generative grammar］ 米国の言語学者 A. N. Chomsky* が 1950 年代に提唱した言語理論．生成文法は観察される言語現象に見いだされる規則性を，言語をつかさどるヒトの認知システムの特性の現れとみなす．それまでの言語学は，文化などと同様に言語を社会的な実在物とみなしていたが，生成文法が言語そのものを認知システムとみなしたことは経験主義が普及していた当時としては画期的であった．さらに言語をつかさどる認知システムが他の認知システムから自律しており，それが生得的である(⇒普遍文法，言語獲得装置)という主張は，大きな反響をよび，現在に至るまでの論争を巻き起こした．

性腺［gonad］ 雄の精巣*，雌の卵巣*をさす．性腺は配偶子，すなわち精巣から精子，卵巣から卵子を産生する器官である．精子は，精巣内に蛇行して存在する精細管の内側に存在する精原細胞が減数分裂を経て形成される．卵子は，卵巣内の卵胞内に存在する．卵胞と内部の卵子が成熟することで，排卵*とよばれる卵子の放出が起こる．また，精巣からはテストステロン*を代表とするアンドロゲン*が，卵巣からはエストロゲン*やプロゲステロン(⇒黄体ホルモン)が分泌される．性腺からの性ホルモン分泌は，哺乳類においては下垂体から分泌される性腺刺激ホルモン*によって調節される．

性腺刺激ホルモン［gonadotropin］ ゴナドトロピンともいう．下垂体前葉で産生され，血液を介して性腺機能を活性化させるホルモン．卵胞刺激ホルモン(follicle-stimulating hormone, FSH)と

黄体形成ホルモン*の2種類がある．それらの産生と分泌は性腺刺激ホルモン放出ホルモン*の拍動的分泌によって調節される．卵胞刺激ホルモン*は雌の卵巣*に作用してエストロゲン*産生を刺激するとともに卵胞を発達させる．雄では精巣*に作用して精子形成を促す．黄体形成ホルモンは雌では発達した卵胞を排卵*させ，その後の黄体の形成を促す．雄では精巣におけるアンドロゲン*産生を刺激する．

性腺刺激ホルモン放出ホルモン［gonadotropin-releasing hormone］　視床下部-下垂体-性腺軸*の最上位にあるホルモン．視床下部の神経細胞で産生され，下垂体門脈に拍動的に分泌される．その拍動の大きさとリズムは下垂体から血液中への性腺刺激ホルモン*の分泌を変化させ，最終的に性腺*機能を調節する．性腺ホルモン*や栄養状態，また日照などや環境情報はこの拍動に影響を与える．たとえば過剰なストレスはこの拍動性分泌を抑制し，それにより性周期*が乱れる．魚類ではこのような役割以外に性行動*を促進する作用も知られている．

性選択［sexual selection］　交尾に関する性質の違いによる適応度*の成分のうち，交尾相手の数（交尾成功 mating success）や受精した子の数の違いに基づく選択である．C. R. Darwin*の提案に始まる．以前は，おもに交尾相手の数すなわち交尾成功の違いに基づく選択をさすことが多かったが，精子競争*をはじめとして，交尾後にも雄間競争や交尾相手の選り好みがみられることが明らかになり，交尾後の過程に基づく選択にも使われる（交尾後性選択*）．性選択は，雄間の競争（ときには雌間競争）などによる同性内選択*（性内選択，同性間選択）と，雌の選り好み*（ときには雄の選り好み）などによる異性間選択（intersexual selection，性間選択）に分けられる．クジャクやキジ類などの雄にみられる著しく装飾的な尾羽やカブトムシ類の雄の角のなかには，それをもたない個体よりも相対的に有利だが，コストを伴うために，全体的な適応のレベル（たとえば個体群の平均適応度）は低下することもあると考えられている．この個体群の全体的な適応のレベルへのマイナス効果は性選択による進化の特徴の一つであるが，頻度依存選択*にも同様の特徴をもつものは，たとえばタカハトゲーム*など，少なくない．性選択は，自然選択のうち個体の生存率の違いなどに関係しないような性質の進化を説明する

要因として提案されたこともあり，自然選択との関係では研究者により異なる定義がされることがある．個体群の平均適応度を高めないような選択に限って性選択とよぶ場合もあれば，広く交尾や繁殖にかかわる過程によって生じる選択の全体をさすこともある．また，自然選択の一部という意味で使われることも多いが，自然選択とは異なる別のものという意味で使われることもある．一つの性質に対して雄と雌で反対方向の選択が働く性拮抗的選択も，性質が交尾に関するものであれば，性選択に含まれることが多い．典型的な例は，1個体の交尾相手の数（交尾回数）である（⇌ベイトマン勾配）．

性選択された精子説［sexually-selected sperm hypothesis］　雌の多回交尾*の進化を，雌にとって再交尾のコストを上回る遺伝的利益が得られることによって説明する仮説の一つ．多回交尾によって生じる雄間の精子競争*の結果，精子競争能力の高い雄が受精に成功する．精子競争能力が遺伝するならば雌は精子競争能力の高い息子をもつことになり，その結果より多くの孫を得ることができる．この仮説はさらに二つのサブ仮説に分けられ，精子競争能力が雄だけに発現する遺伝基盤をもつ場合をセクシー精子仮説（sexy-sperm hypothesis）といい，雌雄にかかわらず一般生存力の効果として発現する場合を優良精子仮説*という（⇌限性遺伝）．後者は生存力に余裕のある雄ほどより多くの資源を精子競争に投資できるというシンプルな仮定に基づいており，より一般性が高い．前者では雌が多回交尾から得る利益は息子の高い精子競争能力を通じて孫の数が増えることなのに対して，後者ではそれに加えて両性の子孫の生存力の向上が期待される．

性腺ホルモン［gonadal hormone］　雄では精巣*，雌では卵巣*から分泌されるホルモン．精巣からのアンドロゲン*や卵巣からのエストロゲン*などの性ホルモン*と，インヒビンなどのペプチドホルモンがある．それらの産生と分泌は性腺刺激ホルモン*によって促進される．繁殖機能に必須であり，精巣における精子の形成や卵巣における卵胞の発育を促す．また雄では筋肉，雌では乳房を発達させるなど，性を特徴づける体つきにさせ，脳にも作用して性行動を促進する．雄の血中レベルはほぼ一定だが，雌では性周期*に伴って大きく変動する．

精 巣 [testis] 睾丸ともいう．精子をつくる臓器であり，アンドロゲン*などを分泌する内分泌器官でもある．精巣決定遺伝子の働きで，未分化の生殖腺から分化してつくられる．鳥類では体内にあるが，哺乳類では胎生期に体内から陰嚢内に下降して収まっているものが多い．精巣内には多数のうねった精細管が詰まっており，精子はその中でつくられる．アンドロゲンは精細管同士の間質にある細胞から分泌される．このような精巣機能は体温よりやや低い温度でより活性化する．雄がハレム*を維持したり，雌が多くの雄と交配するような複雑な社会構造をもつ動物種の精巣ほど大きい．

生息場所選好 [habitat preference] ある種や個体が住む場所を選ぶ過程と結果，およびその傾向や好みをさす．選ぶ過程を特に**生息場所選択**(habitat selection, habitat choice)といい，それを経て積極的にまたは消極的に選んだ結果を**生息場所利用**(habitat use)という．選択する過程においては，物理的特性や植生の違いのほか，捕食，種内競争，種間競争，同種誘引*などのさまざまな要因が影響する．また，種や個体が積極的に選ぶような真の好みを狭義の"生息場所選好"といい，多くの場合でその選択性は適応的であり，遺伝的であると考えられている．しかし，このような厳密な用語の使い分けをしないことも多い．さらに，生息場所選好は時間的・空間的スケールによって異なり，それぞれで選択に影響する要因も異なることがある．生息場所選好の理論的背景として，理想自由分布*や理想専制分布*が提唱されている．

生息場所選択 [habitat selection, habitat choice] ⇌ 生息場所選好

生息場所利用 [habitat use] ⇌ 生息場所選好

生存曲線 [survivorship curve] 生残曲線ともいう．ある種の個体群において生存個体の割合の時間経過をグラフにしたもの．生命表*の齢別生存率(l_x)をもとに，出生直後の個体数を1000とした場合の齢別の個体数を求め，これを縦軸(対数目盛)にとり，齢(x)を横軸にして表現するのが一般的である．このようにして求められた曲線の形は生物によってさまざまであるが，生活史のどの時期に生存率が高いかを基準に三つの型に類別される(図)．Ⅰ型は生存率が成体まで高く，多くの個体が寿命間際に死ぬタイプで，大型哺乳類の多くが当てはまる．Ⅱ型は生存率が齢によらず一定のタイプで，鳥類の多くが当てはまる．Ⅲ型は生存率が出生直後に低いがその後は高くなるタイプで，小卵多産の海洋生物が当てはまる．これら三つの型の違いは親による子の保護*や産子数が関係しており，Ⅰ型は少ない子を保護して育てる種に，一方，Ⅲ型は多数の小型の子を産み親が子を保護しない種にみられる．

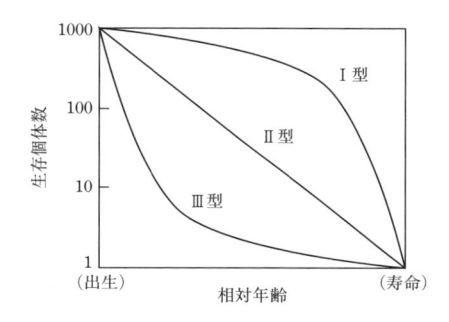

生存置換血縁度 [life for life relatedness] ⇌ 血縁度，同祖性血縁度

生存力 [viability, general viability] ⇌ 優良遺伝子仮説

声 帯 [vocal folds, vocal cords] 喉頭の内壁の左右から突出した2枚のひだ(図)．声をつくり出す機能と気道を密閉する機能をもつ．声帯の間隙を**声門**(glottis)という．声帯の一次機能は嚥下時に気道を密閉することである．発声時には，左右の声帯が近接して声門を閉鎖する．閉鎖された声門を呼気が押し開けて通るときに声帯が周期的に振動し，声がつくり出される．声帯は，哺乳類のみがもっている．鳥類の発声は哺乳類とは異なり，気管の分岐点にある鳴管*の膜壁を振動させることで声をつくり出す．

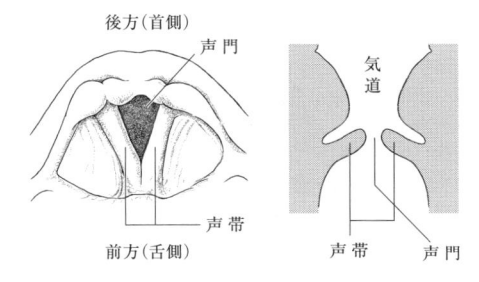

生体アミン [biogenic amine] 生体内で合成されるアミン類の総称．神経科学では神経伝達物質*として動物の中枢神経系に分布するモノアミ

ンをさす．脊椎動物では，セロトニン*，ドーパミン*，ノルアドレナリン* が食欲や覚醒・睡眠，攻撃性，性行動などの本能的行動や学習・記憶にかかわっている．ヒトの脳幹や中脳にはこれらを産生する神経細胞が局在し，情動や精神を含む高次脳機能にかかわっている．一方，無脊椎動物の行動の調節にかかわる主要なアミンは，セロトニン，ドーパミン，オクトパミンである．昆虫や甲殻類では，これらが中枢内の神経伝達物質や神経修飾物質* としてだけでなく体液中で神経ホルモンとしても働き，筋収縮リズム，体内時計，体色変化，歩行，飛翔をはじめ，摂食，闘争行動，性行動，カースト分化*・転換，学習などの調節にかかわっている．各アミンの受容体として多くのサブタイプが存在するが，5-HT$_3$ 受容体以外はすべて G タンパク質共役型であり受容細胞内の多彩な調節を実現している．

生体遠隔測定［biotelemetry］ ＝バイオテレメトリー

生態学的妥当性［ecological validity］ 実験に用いる刺激や手続きが，被験体の日常生活と比較してどの程度自然であるかを，実験の生態学的妥当性とよぶ．たとえば，視覚刺激を用いた知覚や注意* に関する実験では，日常接する複雑な刺激ではなく，単純な幾何学図形や単独のアルファベットなどを用い，課題も同じ図形を探す，違うものを見分けるといった単純な課題を採用することが多い．これは，実験の結果をゆがめてしまうであろう余計な要因を排除するためである．しかし，認知する対象によって認知の方法は違う（⇒領域固有性）ことを考えると，被験体の日常よく接する刺激を用い，より自然な課題を採用した方が，結果に彼らの本来の認知過程を反映させやすいと考えられる．特に，ヒトを対象とする認知実験に用いた刺激や手続きを動物の実験にもそのまま用いることが多いが，各動物種の生態学的な環境や生活様式を十分に考慮することが適切であると考えられる．E. Brunswik は，上記のような被験体にとって自然な刺激や手続きを用いた実験計画を**代表的実験計画**（representational design）という言葉で表現した．しかし，彼のもう一つの造語で，本来は違う意味をもっていた"生態学的妥当性"という言葉が誤って代表的実験計画の意味で使われ始めた．生態学的妥当性を高めることはしばしば実験の厳格な統制を妨げたり，動物種間の直接の比較を難しくしたりすることもあり，また

どのような課題や刺激が生態学的に妥当であるかを判別することも容易ではない．実験計画を立てるときには，これらのことに留意すべきである．

生態系エンジニア［ecosystem engineer］ ＝環境エンジニア

生態的解放［ecological release］ ⇒適応放散

生態的形質置換［ecological character displacement］ ⇒形質置換

生態的種分化［ecological speciation］ ⇒種分化

生態的寿命［ecological life span］ ⇒寿命

生態的地位［ecological niche］ ＝ニッチ

生態展示［ecological exhibition］ 生息する野生環境を模した展示施設で動物を飼育し，動物の暮らしぶりを来園者に見せることを主眼とする，動物園* における動物展示方法．そのために，擬木や擬岩を活用し限りなく野生環境にみえる飼育施設を作り，人工的な見栄えの物を排除する．来園者は動物だけでなく周囲の自然環境も含めて見ることができ，生態系全体を思い浮かべやすい．動物園がもつ環境教育の役割を高めることができる．ただし，展示の見た目だけを重視すると，飼育される動物にとって暮らしやすい環境とは必ずしもならないため，十分配慮して設計する必要がある．また，展示内に視覚的な障壁が増えるため，動物の姿が見えにくくなるという問題点もある．野生環境を想起させるという目的を達成するため，近年ではランドスケープイマージョン* の技法を用いた展示が作られることが多くなっている．（⇒行動展示，環境エンリッチメント）

生体模倣学［biomimetics］ ＝生物模倣学

成長［growth］ 生物の個体，器官，細胞などの大きさが増加すること．植物では生長とも書く．発達* や発生が個体の生活史* に内在する順序に従った変化を意味するのに対し，成長は単なる大きさの変化という意味で使われることが多い．多細胞生物や個体集団では内部の個体のユニットの大きさ（細胞サイズ，個体の体サイズ）だけでなくユニットの数（細胞数，個体数）の増加も含める概念である．個体の成長速度は部分間で異なるのがふつうであり，それらを定量的に表現する方法にアロメトリー* がある．動物の行動の多くは個体や集団の成長とともに変化する．

成鳥羽［adult plumage］ ⇒羽衣

成長ホルモン［growth hormone］ 骨や筋肉を発達させ，体脂肪を減少させるなど，成長と代

謝を促進するホルモン．下垂体で産生され全身血中に分泌される．視床下部からの成長ホルモン放出ホルモンと抑制性のソマトスタチン*による調節を受けている．その分泌は絶食や運動などによって促進される．また夜間睡眠中にも分泌促進がみられ，ヒトで最大のピークは寝入りばなの最初のノンレム睡眠（⇒睡眠）時である．

成長ホルモン放出抑制因子　[growth hormone releasing inhibitory hormone]　＝ソマトスタチン

性的隔離　[sexual isolation]　性的シグナルの不一致が原因で生じる生殖隔離*のこと（⇒種分化）．接合前隔離機構の一つ．動物の場合を特に**行動隔離**（behavioral isolation）とよぶ．たとえば北米西部に生息するシロチョウの一種 *Pieris protodice* の雌は，後翅の色で識別することによって同地域的に生息する別種 *Pieris occidentalis* の雄との誤った交配を避けている．

性的飾り　[sexual ornament, ornament, ornamentation]　性選択*によって進化したと考えられる，性特異的で特徴的な形質のこと．特に雄にみられる派手な色彩や角，飾り羽といった，目立つ形態形質をさすことが多い．性的飾りを進化させた原動力には同性内選択*と異性間選択があり，同性内選択の代表例は雄同士の闘争である．たとえば，シカでは雄同士が繁殖の機会をめぐって角を突き合わせて争う．角は闘争の勝敗にかかわる重要な要素である．また，クジャク*に代表されるような美しい飾りにみられる性的二型*では，雄が派手で雌が地味であることが多い（図）．こうした雄の派手さは，雌に選ばれるために進化した，異性間選択による形態形質である．性的飾りが進化するかどうか（装飾形質の程度）は，ランナウェイ説*やハンディキャップの原理*，セクシーサン仮説*，感覚便乗*仮説，チェイスアウェイ仮説（⇒性的対立）などによる理論的説明がある．いずれにおいても，適応度*に基づいて，装飾形質を信号とみなした発信者と受信者間の信号理論の枠組みのもとで進化した形質と理解されている．

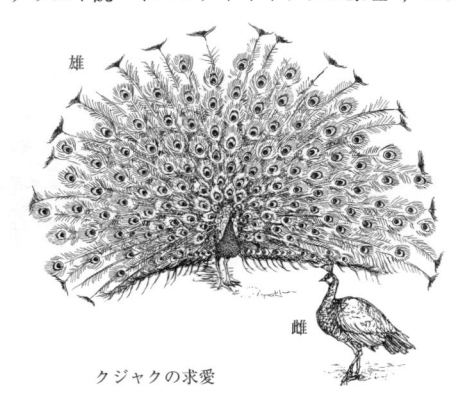

性的葛藤　[sexual conflict]　＝性的対立

性的寄生　[sexual parasitism]　⇒矮雄

性的拮抗　[sexual antagonism]　⇒性的対立

性的拮抗共進化　[sexually antagonistic coevolution]　⇒チェイスアウェイ選択

性的嗜好性　[sexual orientation]　動物が自身の性とは異なる性の個体に対して誘引されること．接近行動や性的ディスプレイで観察される．たとえば，多くの哺乳類では雄は雌のにおいを雄のにおいよりも強く好み，逆に雌は雄のにおいをより強く好む．ほかにも鳥類や魚類，霊長類では視覚に依存した嗜好性が認められる．通常性成熟に伴って上昇する性ホルモン*によって異性への嗜好性が表れるとともに，自身も異性に対して誘因行動や誘因刺激を放出するようになる．

性的受容　[sexual receptivity]　雄の交尾行動を雌が受入れる姿勢をいう．マウスやラットなど多くの哺乳類では，ロードシス*をさす．実験的な研究では，性的受容の程度の指標として，雄のマウント行動*の回数に対する雌のロードシスの割合（**ロードシス商** lordosis score, lordosis quotient）を用いる．発情期にある雌は，多くの場合性ホルモン*の影響を受けて，通常は遠ざけている雄にみずから近づき，雄のマウントを受入れる性的受容を示すようになる．いくつかの鳥類や魚類では，雌が雄の資質を選んだ場合のみ性的受容を示す．この場合，雄の求愛行動に応答して，巣に入ったり雄の前で静止するなどの行動を示し，雄の性行動を受け入れる．

性的刷込み　[sexual imprinting]　配偶相手に対する好みが，発達期*に出会った成熟異性個体の特徴に基づいて形成されること．刷込み*とは，動物の生後早い時期の学習臨界期中に，親個体との接触を通じて親が誰であるかを認識することをさすが，性的刷込みとは，親に代表される成熟異性個体との接触を通じて，将来つがうべき自種の異性個体の特徴を学習することをさす．多くは，異性親に似た特徴をもつ配偶相手を好む現象として観察される．たとえば，手乗りになるように育てたインコが，やがて人間に対して求愛するよう

クジャクの求愛

になるのは，性的刷込みによる．このことは種認識や血縁認識*は，必ずしも生得的な手がかりによるとは限らず，出生後の経験が鍵となりうることを示している．(⇒ウェスターマーク効果)

性的対立 [sexual conflict]　性的葛藤ともいう．同じ個体群の雌と雄の適応的な利害が一致しないこと．雌雄の対立ともよばれる．特に，何らかの性質や量に雌と雄で反対方向の選択が働いていることをさす**性拮抗的選択**(sexually antagonistic selection, 性的拮抗 sexual antagonism)のように，利害の違いが顕著である状況をさすことも多い．典型的な例として，交尾相手の数(mating rate)をめぐる雌と雄との利害の違いがある．雄は大量の配偶子をもつので，雄では，適応度*は交尾相手の数に比例して増加することが多い．それに対して，雌では，雄に比べて配偶子数がはるかに少なく1頭ないし少数の相手との交尾で卵の受精には充分であり，それ以上の雄と交尾しても適応度の増加にはつながらないことが多い．むしろ交尾に伴うコストによりあまりに多くの雄との交尾は適応度が下がることも考えられる．すると，雌では交尾相手の数が少ない個体の適応度が高く，雄では逆に多くの雌と交尾する個体の適応度がより高いという，利害が逆になる状況が生じる．性的対立においては，子には父親と母親が1頭ずつしかいない(フィッシャー制約)ため，雌についての適応度の総計は雄についての総計と等しいという条件があることも重要である．交尾相手の数のような性質や量が，雌と雄で異なる遺伝子座により支配される**遺伝子座間性的対立**(interlocus sexual conflict)と同じ遺伝子座により支配される**遺伝子座内性的対立**(intralocus sexual conflict)では，進化のうえで違いがあり，前者では雌と雄の共進化による軍拡競争(性的拮抗共進化．⇒チェイスアウェイ選択)が起こることがあると考えられている．

性的ディスプレイ [sexual display]　⇒ディスプレイ

性的動機づけ [sexual motivation]　異性からの誘因性シグナルを受容し，接近や性行動を誘起するための動機づけ．性的動機づけは，アンドロゲン，テストステロン，エストロゲンといった性ホルモン*の存在下で嗅覚，視覚，聴覚といった感覚刺激により触発される．

性的共食い [sexual cannibalism]　交尾の最中や前後に雌が交尾相手の雄を食うこと．クモやサソリ，カマキリなど一部の節足動物にみられる．雌が再交尾することが少ないセアカゴケグモでは，雄は食われることで長時間交尾でき，共食いされない場合に比べ多くの卵を授精できることから，雄の適応戦略として性的共食いが進化したとされ

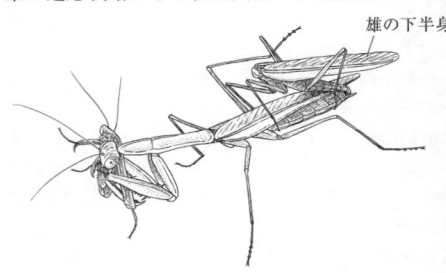

カマキリの雌による交尾雄の共食い．食いちぎられた後も下半身は交尾を続ける．

る．しかし，ほとんどの種では性的共食いは雄の適応度を低めるとされ，栄養獲得のための雌の一方的な適応戦略か，雌の成長戦略として高い攻撃性が進化した結果の副産物と考えられている．

性的二型 [sexual dimorphism]　同種内の雌雄間で，形態(特に外部形態)や行動などの表現型形質が異なること．性的二型を示す形質は，一次的形質・二次的形質・生態的形質の三つに分けられる．一次的な性的二型とは，卵巣と精巣のよう

(a) 性選択による性的二型

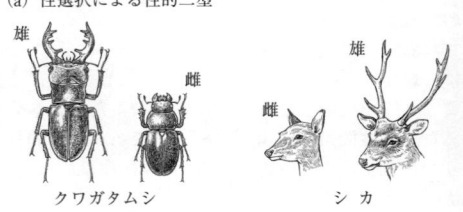

クワガタムシ　　シカ

(b) 生態的な性的二型

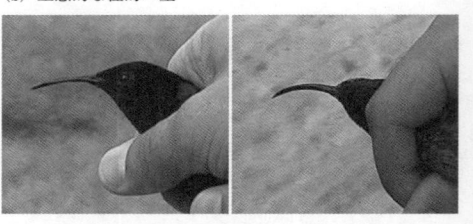

ヘリコニアという植物の花で吸蜜するオウギハチドリの雌(右)のくちばしは雄(左)のくちばしより長く，より湾曲している．雌は長くて湾曲が大きい花をつけるヘリコニア・ビハイを効率よく利用できるのに対して，雄は短くて湾曲が少ない花をつけるヘリコニア・カリバエアをもっぱら利用している．

に生出時にもっている形質の違い(第一次性徴)である.二次的な性的二型とは,クジャクの尾羽(上尾筒)やクワガタ類の大顎(図a),シカ類の角,鳴禽類の歌声のように,性成熟に伴って雌雄で異なる発現をする形質(第二次性徴)であり,多くは性選択*によって進化したとみなされる.しかし生態的な性的二型は,性選択ではなく,雌雄で異なる自然選択*が働いた結果生じるものである.たとえば雌雄で異なる花を蜜源として利用するハチドリの一種では,くちばしの形態に性的二型がある(図b).(⇒性分化,脳の性分化,性的飾り)

性的二型核[sexually dimorphic nucleus] ⇒性差

性的ハラスメント[sexual harassment] 異性または同性の相手につきまとって性的ないやがらせを行い不利益を与えたり,脅威を与えること(つきまとい行動 stalking).一部の霊長類や鳥類では,発情した雌をめぐる雄間競争が激しい場合,雌が雄同士の闘争の巻き添えにあって負傷したり,攻撃性の高まった雄から攻撃されることがある.この場合,実際に攻撃されなかったとしても,しつこくつきまとう雄を振り払うのにはかなりの時間とエネルギーコストを払うことになる.一方,つきまとう雄の交尾を受入れることで,攻撃,あるいはその雄を追い払うのに要する危険,時間,エネルギーを節約する種もいる(⇒多回交尾,配偶者防衛).

性転換[sex change] 成長に伴って個体の性*が変化すること.雌雄同体*生物のうち,時間的に個体の性機能が変化する場合をいい,魚類,エビの仲間,植物などでみられる.雌から雄に変化する場合を雌性先熟(protogyny),その逆を雄性先熟(protandry)とよび,双方向に変化する場合もある.雌性先熟はベラの仲間など,ハレム型の一夫多妻*制の生物でみられ,雄性先熟はクマノミ*などペア型の一夫一妻*制の生物でみられる.サイズ有利性モデル(size-advantage model)

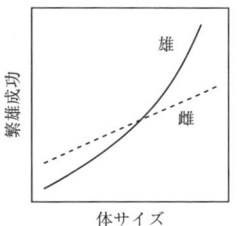

(a) 雌性先熟 (b) 雄性先熟

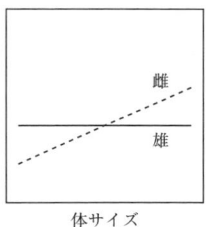

によると,ハレム型の種では小さな雄はほとんど繁殖できないが,大きな雄は雌を独占できるため,小さな個体は雌になり,大きく成長した個体が雄になると考えられる(図).一方,ペア型の種では,雄の体長は繁殖成功にほとんど影響しないが,大きな雌ほどたくさんの卵を産めるので,小さな個体は雄に,大きな個体は雌になると考えられる.(⇒トリヴァーズ-ウィラードの理論)

性同一性[gender identity] J. Moneyは,"性同一性とは,男性あるいは女性,あるいはそのどちらとも規定されないものとしての個性の統一性・一貫性・持続性であり,自己認識*や行動において経験されるが,その程度はさまざまである"とした.大部分の子どもでは2〜3歳までの間に言語的・非言語的な性同一性の成立(自分が男である,女であるという認識が成立し,かつそれが一貫し持続したものであること,たとえば髪型や服装が変わっても性別は変わらないということを理解できること)がみられる.小児期に,みずからに割り当てられた性に対する持続的で強い苦悩と異性に属したいという欲求を示すものを小児期の性同一性障害(gender identity disorder of childhood)とよぶが,これはまれな症状であり,女の子のおてんばや男の子の女々しい行動のような,単なる文化的に定型的な性役割行動への不適合とは区別すべきであるとされる.成人後も性別違和(gender dysphoria)の苦悩が持続し,またさらにホルモン療法や性別適合手術により身体的性徴の改変を求めるトランスセクシャル(transsexualism)の傾向を示す者はごく一部である.大部分は特に性別違和感を示さない同性愛,服装倒錯者に成長する.

性特異的遺伝子発現[sex-specific gene expression] 動物において,同じ遺伝子であっても雄の場合と雌の場合では発現の量やタイミングに違いがあること.すべての遺伝子は,他の遺伝子や環境の影響を受けて発現量やタイミングを変化させており,発育時期や器官によって発現が異なる.雌雄の間においても違いがみられる.発育の初期に,雌と雄の性を決める少数の遺伝子の発現の後に,ホルモンによって体全体の細胞に性の違いが刻印されることによって,性特異的な遺伝子発現が行われる.たとえば,雄だけが派手な羽毛を発達させ,雌がその羽毛の見事さに基づいて配偶者選び*を行う場合を考えると,羽毛の派手さの形質は雄だけで発現し,雌では発現しない.遺伝子

は，雌雄それぞれの体内で保存されているが，その羽毛の発達に関与する遺伝子の選択は半数の雄個体においてのみ働き，雌世代では中立的で選択の対象とならない．同じように雌の配偶者嗜好性（配偶者選び）についての選択は雌の個体だけで働く．

生得的解発機構 [innate releasing mechanism] 解発刺激*を受取って，その中にある鍵刺激*を抽出する感覚情報処理とそれに続く行動発現の神経機構．本能*行動にとって必須な機構としてN. Tinbergen*らによって提唱され，神経行動学*の主要な研究目標とされた．ヒキガエル*の採餌行動（図）を解析したJ. P. Ewertは，カエルが長細い物体を虫（餌）とみなすこと，しかも長軸に沿って動く場合だけ追尾することに着目し，中脳の視蓋に生得的解発機構が存在すると主張した（虫検出ニューロン，⇌視蓋）．他方，暗闇の中でわずかな物音を立てて動くネズミを捕らえるメンフクロウ*を研究した小西正一*らは，左右の耳に届く音のわずかな時間差と強度差を計算してネズミの位置を見つける機構が，延髄・中脳の聴覚処理経路に存在することを明らかにした．いずれの研究でも，特定の刺激に向かって動物が正確な定位運動を起こすことに着目したものであり，広義の反射（刺激反応連鎖）によって行動を理解しようとするものである．

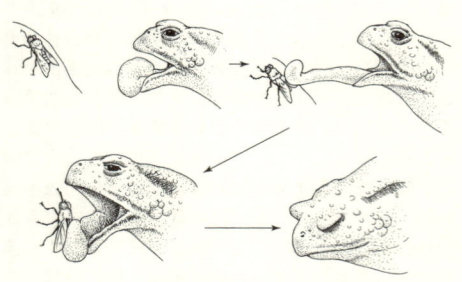

ヒキガエルの採餌行動．動く虫に向き直り，数百ミリ秒の内に舌でからめ取る．

生得的行動 [innate behavior] 動物が生まれながらにしてもっている行動のこと．つまり，遺伝的要因によって支配されている行動．これに対して，生まれてからの経験によって獲得・学習される行動は**習得的行動**（acquired behavior）とよばれる．動性*や走性*，反射*，そして，ミツバチのダンス*やトゲウオのなわばり防衛行動などが生得的行動である．刷込み*も生得的行動とみなされるが，刷込みの対象となるもの，つまり何を親とみなすかは，後天的な学習によって決定される．複雑な行動になるほど，生得的要因と後天的要因の両方の影響を受けており，これらを分離することは難しい．（⇌生得的解発機構，"氏か育ちか"論争）

生得的偏好 [predisposition] ⇌追従反応
成年期 [adulthood] ⇌発達期
性の起源 [origin of sex] 異型配偶*や性役割*の進化の意味で使われることもあるが，有性生殖*の進化をさすことが多い．有性生殖では，繁殖して次世代の子をつくるのに雌と雄が必要である．そのため，性比*を1対1とすると，雄にあたるものが不要である無性生殖と比べた場合，適応度*が半分にしかすぎないことになる．これを性の2倍のコスト*とよぶ．有性生殖が進化するためには，この2倍のコストを上回る大きな利益が必要である．有性生殖の利益としては，集団からの有害な遺伝子の除去と新しい有利な遺伝子の組合わせを生じることが有力と考えられている．有害な遺伝子の除去にはたとえばマラーのラチェット，新しい組合わせの生成にはたとえばW. D. Hamilton*らの赤の女王仮説*に基づく病原体への対抗進化などの仮説がそれぞれ含まれる．大型の配偶子（卵）と小型の配偶子（精子）の分化である異型配偶も，現在みられている性の成立のうえでは重要な要素であるが，遺伝子を混ぜ合わせることの意義という有性生殖の進化とは関連はあるが別の問題と考えられる．また，性役割は，いったん有性生殖が進化しさらに異型配偶が進化した後で分化したものと考えられる．

正の強化 [positive reinforcement] 反応によって刺激事象が出現することで，反応の生起頻度がその後，増加すること．たとえば，オペラント実験箱*を用いた行動実験において，ラットのレバー押し反応に対して餌粒を与えることでレバーを押す回数が増加したならば，これは正の強化である．なお，反応に対して餌粒のような強化子を与えるという操作が正の強化ではなく，そうした操作の結果，反応の生起頻度が増加してはじめて正の強化とよべる．すなわち，強化という概念は，機能的に定義される．（⇌正の弱化，負の強化，負の弱化）

正の強化子 [positive reinforcer] ⇌強化子
正の弱化 [positive punishment] 反応によって刺激事象が出現することで，反応の生起頻度が

その後，減少すること．正の罰，または単に罰*ともいう．たとえば，オペラント実験箱*を用いた行動実験において，ラットのレバー押し反応に対して電撃を与えることでレバーを押す回数が減少したならば，これは正の弱化である．なお，反応に対して電撃のような嫌悪刺激*を与えるという操作が正の弱化ではなく，そうした操作の結果，反応の生起頻度が減少してはじめて正の弱化とよべる．すなわち，弱化という概念は，機能的に定義される．正の弱化により反応を抑制するとその副作用として，反応の自発頻度が全般的に低下したり，攻撃行動を誘発したりする場合がある．（⇒ 正の強化，負の強化，負の弱化）

正の転移［positive transfer］　⇒ 訓練の転移

性の2倍のコスト［two-fold cost of sex］　雄と雌が交配して子孫を残す有性生殖*において生じる個体増殖速度に関するコスト．有性生殖集団に雄が半数存在すると，すべての個体が直接子を生産する無性生殖*集団に比べ増殖速度は半分になる．このようなコストが生じるにもかかわらず有性生殖が進化し，生物界で広く維持されているのは，進化生物学における謎の一つである．これを説明する仮説として，有性生殖は組換えにより，有利な突然変異を同一ゲノムに蓄積しやすいとする仮説（フィッシャー・マラー仮説 Fisher-Muller hypothesis，ラチェットの原理ともいう），有害遺伝子の集団への蓄積を防ぐとする仮説（マラーのラチェット Muller's ratchet），遺伝的に多様な子孫を残すことによりさまざまな変動環境に適応できるとする仮説，常に新しい遺伝子の組合わせをつくることにより，病原体などに対抗できるとする仮説（赤の女王仮説*）などがある．

正の罰［positive punishment］　⇒ 正の弱化

性配分比［sex allocation ratio］　⇒ 性比

青斑核［locus ceruleus, LC］　脳橋の外背側部に位置し，ノルアドレナリン*神経を脳内で最も豊富に含む神経核．サルやヒトでは，青味がかった斑状の部位として肉眼で確認できるため，この名がついた．その軸索は内側前脳束を通り視床，視床下部，中隔，海馬*，扁桃体*，大脳皮質*などに広範に投射する．青斑核を刺激してノルアドレナリンを放出させるとストレスに対する恐怖反応*が増強し，逆に破壊すると抑制される．

性比［sex ratio］　有性生殖*する生物における雄と雌の数の比率のこと．分数で表す場合はふつう全個体に占める雄の数を用いる．多くの動物で雌雄がほぼ同数なのは自然選択の結果であるとしたフィッシャーの議論（フィッシャー性比*）以来，適応研究の好材料として注目されてきた．雌雄同数にはならない寄生バチの局所的配偶競争*，オオガラゴなどの局所的資源競争*，社会性昆虫*の雌に偏った性比は行動生態学や社会生物学*のホットトピックである．誕生後も親などの同種個体により保護を受ける動物では，単純に生まれたときの数ではなく子孫が独立するまでに雌雄それぞれに費やされた資源*量の比である性配分比（sex allocation ratio）が注目される．これは二次性比（secondary sex ratio）ともよばれ，誕生時の一次性比（primary sex ratio）とは区別される．

性比調節［sex ratio regulation, sex ratio compensation］　⇒ フィッシャー性比

性フェロモン［sex pheromone］　配偶行動*において異性間コミュニケーションに利用されるフェロモン*．性成熟して交尾が可能なことを同種他個体に知らせたり，この情報を追って異性を探しあてるのに使われる．同定された最初の性フェロモンは，1959年にA. F. J. Butenandtらによりカイコガ*の雌が雄を誘引する化学物質として単離したボンビコール（bombykol）（図）である．

ボンビコール

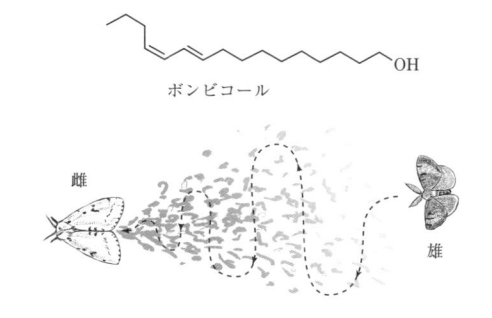

雌　雄

それよりも以前，1878年から1907年にかけてJ.-H. C. Fabreが著した『昆虫記』の"おおくじゃく蛾"の章では，（オオジャクガと思われる）の雌を入れたかごに無数の雄ガが集まってくる様子とその原因を考察するファーブルの姿が描かれている．カイコガのボンビコールように雌が生産して雄を誘引するものと，アカハライモリ（ニホンイモリ）の産生するソデフリン（sodefrin）のように雄が生産して雌を誘引するものがある．キンギョでは雌が排卵する際にプロスタグランジン*

の血中濃度が上昇するが，同時にこれが体外にも排出されて雄を誘引する性フェロモンとして作用する．哺乳類では，雌マウスの外側涙腺から分泌されて同系統の雄マウスの性行動を誘引するタンパク質（exocrine gland secreting protein 1，ESP1）が同定されている．昆虫の性フェロモンは，害虫の誘殺や，異種間の交信を撹乱することで，化学殺虫剤に代わる害虫駆除物質として農業利用されている．

生物音響学［bioacoustics］　音響生物学ともいう．生物の音響（振動）に関する学際的な研究分野．鳥類，哺乳類をはじめ，無脊椎動物，さらには植物などすべての生物を対象とする．生物の音響や振動に関する動物行動学的アプローチ（⇌ ティンバーゲンの四つの問い）のほか，音響の知覚など動物心理学的アプローチ，伝達する環境（人工雑音なども含む）とのかかわりや種分化，保全のための音響的モニタリングといった生態学的アプローチ，そして生物の音響を生物模倣*する工学的応用など幅広い領域を扱う．人間に聞こえる可聴域（20 Hz～20 kHz）のみならず，ゾウやクジラの発する超低周波（20 Hz 以下），コウモリやイルカ，昆虫などが発する超音波*（20 kHz 以上），無脊椎動物などが用いる振動も生物音響学の扱う範疇である．オシロスコープやソナグラム*といった音響を可視化する技術が開発され，実用化された 20 世紀後半から実質的に研究が進み，音響測定機器の技術革新とともに発展している分野である．（⇌ 反響定位）

生物学的種概念［biological species concept］数ある種概念*のなかで，最も広く支持されている種概念．この概念をおもに唱えた E. Mayr は，"種とは，相互に交配し合う自然の集団の一群で，他のそうした群と生殖的に隔離されている" と定義した．生物学的種概念は，相互交配を重視して種を認識するため，同じ場所にすむ（同所性の）生物集団が同種か否かを判定するのには最も適している．しかし，異なる場所に生息する（異所性の）生物集団や，異なる時代に存在する集団（現生集団と化石集団など），また，無性生殖性の生物には，適用できない．また，植物では，一見同じ種の中に倍数性の異なる集団が含まれることがよくあり，これらの集団は相互交配を行わない．このため，生物学的種概念を単純に適用すると，既存の分類体系が大幅に変更される．集団間の相互交配を厳密に測定することは困難なので，生物学的種の識別の手段として，形態が用いられることが多い．また最近では，DNA の配列を種の識別に用いる傾向も強まっている（⇌ DNA バーコーディング）．

生物種［biological species］　＝種
生物ソナー［biosonar］　⇌ 反響定位
生物多様性［biological diversity, biodiversity］地球上にさまざまな生物が生息している状態をさす．"生物の多様性に関する条約（生物多様性条約）"では"すべての生物（陸上生態系，海洋その他の水界生態系，これらが複合した生態系その他生息又は生育の場の如何を問わない）の間の変異性をさすものとし，種内の多様性，種間の多様性および生態系の多様性を含む"と定義されている．さまざまな概念を含む用語であり，一元的に定義はできない．生物多様性条約の定義に則れば，生物多様性には階層性が存在し，種内に遺伝的変異*が存在する"遺伝子の多様性"，さまざまな種が存在する"種の多様性"，種構成と環境の変異によってさまざまな生態系が存在する"生態系の多様性"という，遺伝子・種・生態系の三つのレベルでの多様性の総体としてとらえられる．地理的レベルでみれば，地球上には，さまざまな環境の変異が存在し，それぞれの環境に応じて，独特の生態系が進化しており，生物多様性は一様ではない．遺伝子・種・生態系の地域固有性の総体として生物多様性は存在する．近年，人間活動の増大による，野生生物の絶滅の進行が生物多様性を著しい速度で減少させていることが重要な地球環境問題として議論されている．（⇌ 保全，絶滅，国際自然保護連合）

生物的運動［biological motion］　人間や動物の主要な関節や端部（手足や頭頂）の適切な位置に光点を設置し，それを暗室の中で動かすと，非常に限られた情報しか得られないにもかかわらず，その動きや性別，そのときの情動などの属性を知覚できる現象（図）．同じ動画を上下さかさまにして提示すると，この知覚は現れない（重力効果 gravity effect とよぶ）．発見者（G. Johansson）にちなんで，ヨハンソンの生物的運動（あるいは生物学的運動）ともよばれる．このような動画から活き活きとした人間や動物を知覚することは，成人だけであると報告されている．しかし，同様の動画に対する選好性（視線を向ける頻度や持続時間で計られるもの）でみると，出生後まもない乳児，マーモセット*，ふ化直後のヒヨコなどでも認め

られる．限られた動きの情報から生物を知覚する能力は生得的であると考えられている．他方，ヒトの場合，特定の動作を運動学習することによって，その運動に基づいてつくられた光点動画の弁別能が高まることが報告されている．生物の運動を視覚によって知覚する能力は，運動を実行する機構と脳内において連携していると考えられる．

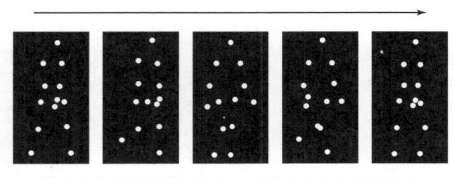

前方から手前右手に向かって歩く人から生成した光点動画の例．左から右に向けて，2歩の歩行．

生物時計［biological clock］　体内時計ともいう．生物がもつ時計機構．概日時計*と同じ意味で使われることがあるが，概年リズム*，潮汐リズム，月周リズムなどの生物リズムを制御する時計をさすこともある．

生物濃縮［biomagnification］　⇄ 食物連鎖

生物発光［bioluminescence］　生物が光を放出する現象．ウミホタルやホタルミミズのように発光液を体外に出すものと，ホタルや発光キノコのように生物自体から光が放出される場合がある．光の強さは，ニッポンヒラタキノコバエの幼虫のように暗順応したヒトの目でかすかに見えるレベルから，数十メートル先からでも認識できるほど強いゲンジボタルやヤコウタケのようなものまでさまざまある．光の色は，青，緑，黄色が多いが，橙色や赤色はまれである．外部からの光が反射や屈折することによって生物自身が光って見える場合や，ヒトの目に感知されないほど微弱な生物の代謝反応に付随する発光現象（バイオフォトン），生物に紫外線を照射したときに可視光が観察される蛍光などは，通常は生物発光とはみなさない．生物発光の生物学的意義は，毒をもつことの警告，目くらまし，雌雄間の求愛，被食者の誘引，自身の影の隠蔽（カウンターイルミネーション）など，生物ごとにさまざまだが，一つの生物の発光に複数の生物学的意義が認められるものもある．また，発光キノコのように，生物学的意義がまだ明確ではない例も少なくない．生物発光のメカニズムは，基本的には酵素－基質反応であるが，オワンクラゲのようにその定義に当てはまらない仕組みで発光するものもある．生物発光に関与する基質と酵素は，それぞれルシフェリン（luciferin）とルシフェラーゼ（luciferase）と総称される．

生物模倣（学）［biomimetics］　生体模倣（学），バイオミメティクスともいう．生物がもつ構造や仕組みを解明し，人工物の設計原理への応用を目指す工学系分野．よく知られた成果に，コウモリなどの反響定位*を模倣したソナーやレーダー，脳神経回路をまねた計算機プログラムであるニューラルネットワーク*や，イカの神経パルスの発生機構を模倣した電子回路であるシュミット・トリガーがある．生物模倣という用語も，この電子回路を発明した米国の生物物理学者 O. Schmitt が提案したものだが，生体工学（bionics）とほぼ同義であるとする意見もある．新技術は"試作と市場評価の繰返し"で鍛練されるが，生物がもつ適応的性質は"遺伝子によって書かれた設計図"が"突然変異*と自然選択*の繰返し"により長い時間をかけ鍛練されてきたものであるゆえに，新技術の設計上参考になるはずだとする本分野の観点は，生物学者も共有できる．

成分［component］　コンポーネントともいう．複合スケジュール*と複雑スケジュール*は，複数の単一スケジュール（simple schedule）を組合わせて構成され，その構成要素である単一スケジュールを，成分とよぶ．連鎖*，連接スケジュール*では各成分が1回強化基準を満たすと次の成分に進むか反復され，成分はスケジュール表記の順に変化するのが一般的であるが，多元*，混合*，並立スケジュール*では，各成分の継続期間や交替順序はさまざまに設定される．また，連鎖，連接，多元，混合，並立スケジュールでは，継時的ないし同時に実施されるスケジュール成分は互いに独立であるが，論理和*，論理積*，連動スケジュール*などでは構成成分の間に相互作用がある．たとえば論理積スケジュールでは，複数の成分すべての定義が満たされたとき初めて強化子が提示される．

性分化［sexual differentiation］　性腺*の分化，二次性徴*の出現といった雌雄の差が生じること．精子や卵子の原基である始原生殖細胞は，発生初期には性的に未分化であり，性決定遺伝子の作用により雄であれば精子へ，雌であれば卵子へと分化，発達する．内生殖器は，胚発生の初期では，雌雄ともに雄性生殖器の一つであるミュラー管，

あるいは雌性生殖器の一つであるウォルフ管をもつ．先に分化，発達した性腺からの性ホルモン*により，これらの内生殖器前駆体は雌雄それぞれの内生殖器へと分化する．雌では，ミュラー管が卵管，子宮，腟の一部へと分化し，ウォルフ管は退化する．雄では，精巣からのアンドロゲン*によりミュラー管が退化し，ウォルフ管が精巣上体，精管，精囊へと分化する．また，性ホルモンは脳の性分化へも影響をもつ．（⇌脳の性分化）

性別違和［gender dysphoria］ ⇌性同一性

精 包［spermatophore, sperm ampulla］ 雄の生殖器付属腺からの分泌物でつくられる，多数の精子を包む袋で，交尾の際に雌に渡して授精*を行う．無脊椎動物では，クモ類，サソリ類，ダニ類，チョウ類，バッタ類，渦虫類，ヒル類，頭足類など，脊椎動物では有尾類にみられる．キリギリス科の精包には栄養分が含まれていることがあり，雌が交尾後にこれを食べる（図）．このため精包は雄が授精を成就させるための婚姻贈呈*と解釈される．また，シロチョウ科の精包は雌の交尾嚢を膨満させ，雌の交尾受容性を低下させる．

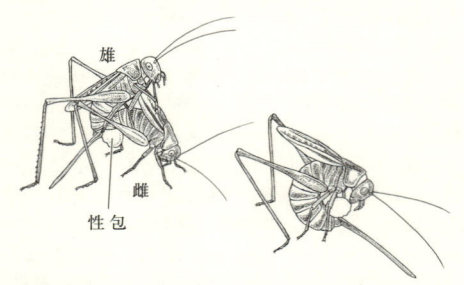

交尾中のキリギリス（左）と交尾後に精包を食べる雌（右）

性ホルモン［sex hormone］ 性ステロイドホルモン（sex steroid hormone）ともいう．分泌量に性差を示すホルモンのこと．その多くは下垂体から分泌される性腺刺激ホルモン*により，生殖腺から分泌されるステロイドホルモン*となる（性腺ホルモン*）．そのほか，脳内においても分泌量に性差を示すホルモンがある．いずれも雄の主要な性ホルモンはテストステロン*を代表とするアンドロゲンであり，雌ではエストロゲン*とプロゲステロン（⇌黄体ホルモン）である．いずれも核内受容体に結合し遺伝子の発現を調節することで作用する．また，雌雄ともにこれらの性ホルモンは，雌雄の行動の性差*形成にも非常に重要である（⇌雄性性行動，雌性行動）．

生命表［life table］ 単一種の個体群において齢または発育段階に伴う生存個体数の変化を表した表．通常，齢（または発育段階）x と齢別生存個体数（n_x），齢別生存率（l_x），齢別期間死亡率（p_x）などの項目を含み，さらに齢別の個体当たりの産仔数（m_x）の項目が付加されることもある．生命表は，同時出生集団（コホート）を対象に出生からの生存個体を経時的に追跡することで作成できる（コホート生命表 cohort life table）．コホート生命表からは，生存曲線*のほか，内的自然増加率*，純増殖率，安定齢分布，繁殖価*などその種の個体群動態や生活史*についての重要な情報を得ることができる．また，複数世代にわたって得られたコホート生命表を分析することで，個体群サイズの変動に大きく影響する要因や個体群密度の調節機構について知ることができる．なお，コホート生命表が作成できない場合には，ある時点での齢構成をもとに，定常齢分布を仮定して定常生命表を求めることもできる．

性モザイク［gynandromorph］ ⇌キメラ
声 門［glottis］ ⇌声帯
声 紋［voice print, sound spectrogam］ ＝ソナグラム

制 約［constraint］ 生物の個体群に生じる性質の変異（表現型*の変異）は限られている．どんな性質でも出現するわけではなく，生じる変異はそのときの生物の表現型や遺伝的状態などに強く依存している．そして，どんなに有利であってもその性質が遺伝的な変異として生じなければ進化することはない．この，変異の範囲が限られていることや変異の範囲を限る要因を制約とよぶ．原因が物理的な法則にあれば物理的制約（physical constraint），発生の過程にあれば，**発生的制約**（developmental constraint, 発生的拘束）などとよばれる．また，制約は，複数の形質の組合わせとしてみられることもある．たとえば，ある性質が大きくなると他の性質は小さくなることはトレードオフ*とよばれるが，その多くは複数の性質の組合わせにおいてみられる制約である．適応度*やその成分に影響する性質では，制約は，ある性質が発達すると別の性質が退化したり小さくなったりするコスト*として認識されることもある．

性役割［sex role］ おもに繁殖期の行動における雌雄の役割分担をいう．魚類では，なわばり防衛，卵や稚魚の保護，鳥類ではさえずり，なわ

ばり防衛，抱卵，抱雛や育雛，哺乳類では，なわばり防衛や子の世話などの行動における雌雄の役割分担をいう．各動物群で一般的な性役割が逆転していることがあり，これを性役割の逆転(sex-role reversal)という．たとえば，一夫一妻*が90％以上を占める鳥類では，雄がさえずり，なわばり行動を行う一方，抱卵，抱雛や育雛は雌雄で行うのが一般的である．一夫多妻*種でも，子どもの世話をするのは一般的に雌である．ところが北米に生息する一妻多夫*のアメリカイソシギは，雌の体が雄より25％も大きく，雌がなわばりを防衛し，なわばりの中の複数の雄が，それぞれの巣で卵や雛の世話をする．

性役割の逆転［sex-role reversal］ ⇒ 性役割
生理的寿命［physiological life span］ ⇒ 寿命
性連鎖［sex linkage］ 伴性遺伝(sex-linked inheritance)ともいう．性染色体によって個体の性が決定される生物において，性染色体上の遺伝子座の遺伝形質が，個体の性表現と連鎖すること．たとえば，ヒトの男女の性染色体はそれぞれXY，XXで，劣性遺伝する血友病や赤緑色覚異常の遺伝子はX染色上にある．このとき，原因遺伝子の頻度を$p (0 \leq p \leq 1)$とすると，男性はX染色体を1本しかもっていないため，発病率は原因遺伝子の頻度pと等しくなる．これに対してX染色体を2本もつ女性では，発病率は両方の染色体上に原因遺伝子が存在する確率p^2と等しく，男性に比べて著しく低くなる．

赤外線受容器［infrared receptive organ］ ⇒ ピット器官
脊髄の反射弓［spinal reflex arch］ ⇒ 反射弓
脊髄反射［spinal reflex］ ⇒ 反射弓
セクシーサン仮説［sexy son hypothesis］ 雌による雄の標的形質の好み(⇒雌の選り好み)の進化の説明を試みた仮説．標的形質は二次性徴*，すなわち鳥の雄の長い尾羽や淡水魚グッピー*の雄の派手な体色などである．雌(母)が標的形質のみを頼りに配偶者を選び繁殖をする結果，その繁殖においては子の数(直接的利益)は減少する．しかし，雌にとって魅力的にみえる標的形質は息子に遺伝し，魅力的な形質をもった息子(孫)は多くの雌と配偶することができ，母が被った繁殖における直接的利益の減少分は孫の世代で補うことができると考える仮説．ハンディキャップの原理*は，たとえば長い尾羽の雄と配偶する場合，長い尾羽という生存に不利と思われるような標的形質

を頼りに配偶することで遺伝的に質の高い子を得ることができ，そのような標的形質が進化すると考えるものである．セクシーサン仮説は，必ずしも標的形質が不利を帳消しにするような遺伝的な指標となることを想定していない．

sexy-sperm 仮説 ⇒ 優良精子仮説
セクレチン［secretin］ ⇒ ホルモン
世代［generation］ 一般に，同時期に出生した一群(コホート cohort)の個体を一つの"世代"とよぶ．したがって，世代時間(generation time)とは，ある時期に出生した親コホートにより産出された子のコホートの出生までをさすが，一生の間に何回も子を産むことがふつうであるため，世代の重なり(overlapping generations)が生じ，世代時間の計算は簡単ではない．そこで，x齢における出生率(birth rate, b_x)，x齢までの生残率(survivorship, l_x)を用いて，以下の公式によって平均世代時間(T)が計算される：$T = \sum_x x l_x b_x / \sum_x l_x b_x$. (⇒生命表)

世代交代［alternation of generation］ 世代交番ともいう．生物がその生活環において，異なった生殖を行う2通りの体が交互に出現すること．たとえば刺胞動物のクラゲ類では，親のクラゲが卵と精子を放出すると，受精卵は発生を進めて楕円形のプラヌラ幼生となる．この幼生は固い底面に定着して，上側の口の周囲に触手をもつポリプになる．ポリプは分裂によって無性生殖*を行って数を増やす．やがてポリプに横のくびれができる．ポリプは伸びながらくびれを増やし，やがてくびれは皿がはがれるように1枚1枚分離して泳ぎ出し，それぞれがクラゲになる．クラゲは成長すると卵と精子をつくる．このように，幼生であるポリプが無性生殖を行い，親であるクラゲが有性生殖*を行うことから，前者を無性世代，後者を有性世代とよぶ．この場合，二つの世代の核相は同じ(2n)なので，両者は成長段階として連続しているともみることができ，核相自体が異なる植物のように，二つの世代を本当に別の世代とみなせるかどうかには問題がある．刺胞動物でも，イソギンチャクやサンゴは世代交代をせず，ポリプに生殖巣ができて有性生殖を行う．扁形動物の吸虫類や条虫類は幼生が無性生殖を行うので，クラゲ類同様に世代交代を行っているということができる．タマバチ類やアブラムシ類は，雌だけの単性世代と雌雄がいる両性世代を繰返すので，単為生殖*と両性生殖を切替えているということか

ら，世代交代を行っていると定義できる．

世代交番［alternation of generation］ ⇨ 世代交代

世代時間［generation time］ ⇨ 世代

世代の重なり［overlapping generations］ ⇨ 世代

接近［contiguity］　近接性ともいう．刺激や反応などの事象の生起や存在が，他の事象の生起や存在と時間的・空間的に一致している程度．時間的空間的に一致して経験される二つの観念の間には連合が生じる，として，連合形成に関して接近の果たす役割は古くから重視されてきた．条件刺激*と無条件刺激*という二つの刺激の間の連合学習*である古典的条件づけ*では，条件刺激と無条件刺激が時間的空間的に接近して与えられることが，条件づけの成立に不可欠である．また，反応と結果の間の連合学習であるオペラント条件づけ*では，反応に対して強化子*などの結果事象がすぐに与えられることが，条件づけ形成にとって非常に重要である．このように，条件づけなどの連合学習にとって接近は非常に重要であることには疑いはないが，接近は連合形成にとっての必要条件の一つにすぎないのか，それとも必要十分条件なのかという問題をめぐっては，古くから論争がある．新行動主義の時代には，C. L. Hull*に代表される強化説に対し，E. R. Guthrieが接近説を唱えた．近年では，コンパレータ仮説*を提唱したR. R. Millerが，刺激間の時間的空間的接近が古典的条件づけにおける連合形成の必要十分条件であるとの立場をとっている．

切歯［incisor tooth］ ⇨ 咬みつき

摂食痕［feeding mark］ ⇨ 食痕

接所性［parapatry］　生物の2集団が境を接して分布する現象．両者が共存する狭い領域では，2集団間の交雑*が生じる（交雑帯）．接所性の成立には，二つの原因が想定されている．一次的な接所性には，環境の傾斜に沿って連続的に分布していたある集団が，地理的な障壁なしに，遺伝的に異なる二つの集団に徐々に分化することで成立する．この過程は接所性種分化（parapatric speciation）とよばれる．二次的な接所性は，異所的に分布していた2集団が分布を拡大する過程で，両者の分布境界が接触することによって成立する．

接所性種分化［parapatric speciation］ ⇨ 接所性

セッション［session］　動物を装置を含む実験場面に持ち込んでから出すまでの時間区切りをいう．フリーオペラント手続き*では一定時間，離散試行手続き*では一定の試行数からなる．実験は通常1日1セッションずつ行われる．セッションの開始は毎回ほぼ同じ時刻でなければならない．強化子*として用いる餌や水の剝奪時間や，概日リズム*などの生理的状態を毎回同じようにするためである．セッションの終了は，強化子としての餌や水に対する飽和*が生じる前でなくてはならない．飽和によって行動が大きく変わってしまうからである．セッションの長さは，たとえばハトを被験体とし，フリーオペラント手続きを用いて2秒間の穀物摂取を強化子としたとき，1時間経過後，または60回の強化子が与えられた時点で終わる，などのように決める．セッション後に体重調節のための追加の餌を与える場合は，実験直後に与えると実験中の行動に影響があるので，一定時間（15分から1時間程度）待ってからの方がよい．

セッション内変動［within-session change］ ⇨ ウォーミング・アップ

絶対閾［absolute threshold］ ⇨ 閾刺激

絶対単為生殖［obligate parthenogenesis］ ⇨ 単為生殖

絶対適応度［absolute fitness］ ⇨ 適応度

絶対的共生［obligate symbiosis］ ⇨ 共生

絶対的托卵性［obligate brood parasitism］ ⇨ 托卵

絶滅［extinction］　一つの生物種もしくは，ある生物種の1集団に属するすべての個体が消滅すること．一般には森林破壊や乱獲など，有史以降の人為的要因による種の絶滅を"絶滅"と定義する傾向が強いが，絶滅は人類が誕生する以前より，無数に繰返されてきた自然現象である．特に，同時期に多くの種が絶滅する現象を大量絶滅*とよび，地質時代において最低5回は大量絶滅が起こったとされる．その原因はおもに地殻変動や小惑星の衝突などによる大規模な気候変動によると推測されている．現在，人間活動によって6回目の大量絶滅が起きているとみる生物学者が多い．

絶滅危惧種［endangered species, EN］　人間活動の影響によって絶滅の危機にある生物種．生物保全において保全が優先されるべき種として定義される．国際自然保護連合*（IUCN）では，種の保全状況を評価し，レッドリスト*としてリス

ト化している．このレッドリストにおいて，絶滅の危険度によって種が類型化されている．西暦1500年以降に生存記録が存在しない種は**絶滅種**（extinct, EX），飼育個体しか存在しない種は**野生絶滅種**（extinct in the wild, EW）と定義され，現存する種で絶滅の危険度の高いものから順に，**絶滅寸前種**（critically endangered, CR），**絶滅危惧種**（endangered, EN），**危急種**（vulnerable, VU），**保全対策依存種**（conservation dependent, CD），**準絶滅危惧種**（near threatened, NT），**軽度懸念種**（last concern, LC）と定義される．一般的には，これら絶滅の危険性のある種を総じて絶滅危惧種とよぶ．

絶滅種　［extinct, EX］　⇌ 絶滅危惧種

絶滅寸前種　［critically endangered, CR］　⇌ 絶滅危惧種

節約　［parsimony］　最節約原理（the principle of parsimony）とよばれる方法論的規範．中世の唯名論者 W. Ockham が『自由討論集』第5巻で述べた格言"必然性がないかぎり，複数の事物を立ててはならない（Pluralitas non est ponenda sine necessitate）"に由来する**オッカムの剃刀**（Ockham's razor, Occam's razor）に帰せられる．Ockham は形而上学的に不用な存在を削り落とす原理を提唱したために"剃刀"とよばれるに至った．一般には，データと仮説との矛盾を説明するためだけに置かれるその場しのぎ（アドホック ad hoc）の仮定を最小化する仮説を選択するという仮説選択規準として用いられる．進化生物学での例としては，自然選択のような小進化*プロセスによって進化現象が十分に説明できる際に，あえてそれとは異なる大進化*プロセスを仮定する必要はないと論じた G. C. Williams*（1966年）の主張がある．また，動物行動学においては，19世紀の比較心理学者 C. L. Morgan* が提唱した，低次の心理的プロセスによって説明できる現象に対し高次の心理的プロセスによる擬人的な解釈を避けるべしという"モーガンの公準*"が有名である．

ゼブラフィッシュ　［zebrafish］　学名 *Danio rerio*．コイ目コイ科に属す．インド原産の体長4 cm ほどの小型淡水熱帯魚で体表に紺色の縞をもつ．飼育・繁殖が容易で，古典的な変異体の確立に加えて遺伝子導入や特定の遺伝子の不活化など最新の遺伝子工学を適用でき，発生学やヒトの疾患研究のモデル生物として広く用いられている．近年，学習や不安・恐怖反応といった行動の神経回路レベルの研究に貢献しており，行動の新しいモデル生物として注目を集めている．特に薬剤の大規模スクリーニングにより，精神疾患治療薬の開発・改良に貢献することが期待されている．魚固有の行動としては日本生息の小型淡水魚であるメダカ*同様，群泳することが知られているが，これは周囲の個体の縞模様などの特徴を認識することで成り立つ．さらに新奇なものを右目で見るという行動の左右非対称性を示すが，これは脳の構造の左右非対称性と相関があると報告されている（⇌ 左右性）．

セラピー　［therapy］　英語本来の意味は治療のことであり，病気やけがを治すことをいう．日本においてはその意味が拡大解釈された形で用いられ，いわゆる治療ではなくリラックスや癒し効果をもたらすことをいう場合が多い．例として，アロマセラピー，カラーセラピー，アニマルセラピー，ホースセラピーなどがあげられる．特にアニマルセラピーとホースセラピーという言葉は日本人の造語である．（⇌ 動物介在活動，乗馬療法）

セリグマン　**SELIGMAN**, Martin E. P.　1942. 8. 12～　米国の心理学者．プリンストン大学を1964年に卒業し，ペンシルヴェニア大学大学院に入学．R. L. Solomon の研究室で，イヌの学習性無力感*に関する実験研究を行い，1967年に博士号を取得．同年にコーネル大学助教授．1970年にペンシルヴェニア大学の精神医学客員准教授となり，1972年に心理学部准教授，1976年から教授．対処不可能な出来事を経験した動物はその後，対処可能な状況におかれても積極的に活動せず，対処行動の獲得が困難になるという学習性無力感現象がうつ病の症状と類似していることを指摘し，研究チームを率いて動物実験からヒトの臨床実践まで幅広く研究を展開した．ヒトの場合は，失敗が何によって生じたかと考えるかが，学習無力感の発生には重要であることを明らかにし，オプティミズム（楽観主義）の効用を説いた．1998年，米国心理学会会長となった際に，人生を充実させ幸福感を増すことを目指すポジティブ心理学を提唱し，その発展と普及に尽くしている．なお，動物心理学*に関する業績として，1970年代に条件づけなどの学習原理の普遍性に対して疑問を提起したこと（学習には動物種に応じた生物的な制約*がみられ，生得的に準備

されていない行動は学習困難であること)も特筆される．主著に『うつ病の行動学(原題 Helplessness)』(1975 年，邦訳 1985 年)，『オプティミストはなぜ成功するか(原題 Learned optimism)』(1990 年，邦訳 1991 年)，『世界でひとつだけの幸せ(原題 Authentic happiness)』(2002 年，邦訳 2004 年)などがある．

セル・オートマトンモデル　[cellular automaton simulator model]　動力学モデル*の一つで，細胞(cell)とよばれる基本単位が離散的な状態をとるとし，自身や周囲の細胞の状態に依存して状態変化するダイナミクスを記述したもの．生物の発生や形態形成の模型としてしばしば用いられる．状態変化の規則に基づき細胞状態の空間パターンを生成することで，規則と実現されるパターンとの関係を明らかにできる．遺伝子発現*や細胞分化*を支配する法則の解明や，細胞分裂*を取込むことで細胞増殖過程の解明などに用いられている．

セルフコントロール　[self-control]　＝自己制御

ゼロサムゲーム　[zero-sum game]　＝ゼロ和ゲーム

ゼロ遅延手続き　[zero-delay procedure]　同一見本合わせ*において，見本刺激除去から比較刺激提示までの遅延時間がゼロ，すなわち見本刺激が消えると同時に比較刺激がつく手続き．図(a)のようなゼロ遅延手続きを用いた同一見本合わせでは，見本刺激を除去すると同時に比較刺激を提示するので，選択が求められる時点では赤-緑または緑-赤の比較刺激だけが提示されている．いずれの場合も見本刺激が赤だったときは赤を選択し，見本刺激が緑だったときは緑を選択しなければならないので，すでに除去されている見本刺激を手がかりにしないと正しい選択反応ができない．一方，図(b)のような同時見本合わせ(simultaneous matching-to-sample)では，比較刺激へ選択反応が生じるまで見本刺激が提示され続けている．この例では，選択反応が求められる時点の比較刺激-見本刺激-比較刺激の三者からなる刺激布置に赤-赤-緑，緑-赤-赤，赤-緑-緑，緑-緑-赤の 4 通りがある．赤-赤-緑の場合は左端の赤に反応するというように，見本刺激を選択の手がかりに用いなくても正しい比較刺激を選択することができる．同時見本合わせで予備訓練を行った後にゼロ遅延を導入すると，予備訓練で見本刺激を手がかりにしない学習をしてしまった場合は，かえってゼロ遅延での選択が阻害される．(⇌ 同一見本合わせ，遅延見本合わせ)

(a) ゼロ遅延の見本合わせ課題

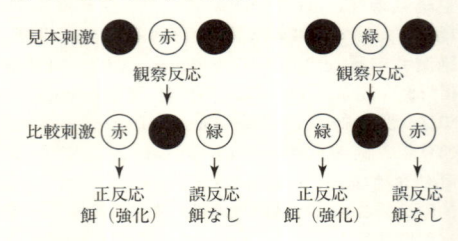

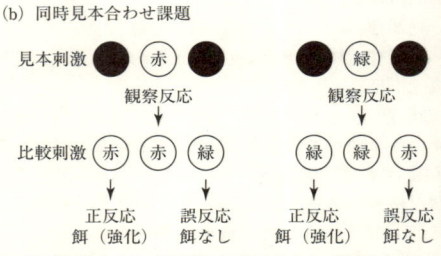

(b) 同時見本合わせ課題

ゼロ遅延の見本合わせ課題と同時見本合わせ課題の例．実験装置に取付けられた三つの反応キーに刺激が提示される．中央キーの色が見本刺激であり，左右キーの色が比較刺激である．

セロトニン　[serotonin]　＝5-ヒドロキシトリプタミン(5-hydroxytriptamin, 5-HT)．モノアミン神経伝達物質*の一種．トリプトファンを基質として合成される．セロトニン含有神経のほとんどは縫線核群に存在し，なかでも中脳の背側縫線核と正中縫線核には脳の半数以上のセロトニン神経が存在する．セロトニン量の減少はうつ病の一因と考えられており，種々の抗うつ薬*がセロトニン神経系を標的としている．このように，うつ状態や不安などの精神状態に深くかかわる一方で，セロトニンは攻撃性，リズムを伴う運動機能，覚醒状態，食欲，睡眠，体温調節など主要な身体維持機能にも関与する．受容体は 14 種類同定されており，$5-HT_3$ 受容体がイオンチャネル型である以外はすべて G タンパク共役型受容体である．細胞外セロトニンをセロトニン神経に再取込みするセロトニントランスポーターは，抗うつ薬である選択的セロトニン再取込み阻害薬*の標的である．

ゼロ和ゲーム　[zero-sum game]　ゼロサムゲームともいう．ゲーム理論*において，全プレ

イヤーが得る利得の総和が常にゼロで一定であるゲームのこと．総和がゼロではないが一定値であるときは，定和ゲーム(constant-sum game)とよばれるが，広い意味ではゼロ和ゲームと言えば後者も含むことも多い．ゼロ和ゲームでは，あるプレイヤーの成功は他のプレイヤーの失敗を意味するので，プレイヤー間の対立が最も鮮明である．たとえばジャンケンは，勝ち，あいこ，負けをそれぞれ＋1点，0点，−1点と考えればゼロ和ゲームとなる．

遷移 [succession] ⇌ 撹乱

前胃弁 [proventriculus] ⇌ 蜜胃

線遠近法 [linear perspective] ⇌ 奥行き知覚

"全か無か"の法則 [all-or-none law] 悉無律ともいう．生理学的な反応の大きさが，加えた刺激の強さに応じてなめらかに変化するのではなく，"生じるか生じないか"，そのいずれかのみをステップ状に示す場合，"全か無か"の法則に従うという．通常，神経細胞が発生する活動電位*の性質を説明するときに用いられる．厳密に測定すると，活動電位が連続的に発生するときなど，振幅はいつも同一になるとは限らない．しかしその分散は，発生したかしないかの違いと比べてはるかに小さい．活動電位が中間的な値をとらず"全か無か"の法則に従うのは，膜の脱分極・膜のNa^+透過性の上昇・Na^+の細胞内流入，という3者が正のフィードバックループをつくるためである．このループが一度動き始めると，Na^+の平衡電位によって規定される上限にまで爆発的に達する．この平衡状態では，Na^+の濃度勾配と電気勾配が互いに打ち消し合って，Na^+は膜の内にも外にも動くことができず，ループは停止してそれ以上の膜電位変化は起こらない．この電気勾配を平衡電位 (equilibrium potential) とよぶ．

線形予測子 [linear predictor] ⇌ 一般化線形モデル

宣言的記憶 [declarative memory] 長期記憶*に含まれる記憶で，記憶している内容について，言語化して説明できるような記憶のこと．陳述的記憶ともよばれる．下位分類としてエピソード記憶*と意味記憶*に分けられる．記憶内容を意識的に想起できるという意味で，顕在的記憶 (explicit memory) とよばれることもある．宣言的記憶を固定することに，海馬*を含む側頭葉内側部が関係していると考えられている．(⇌ 非宣言的記憶)

選好 [preference] 複数の選択肢が与えられた選択*場面において，ある選択肢を他の選択肢よりも好ましいと評価すること．動物を用いた実験では，他の選択肢に比べてある選択肢に対する自発反応数が多かったり，滞在時間が長かったりした場合に，その選択肢に対する選好が強いと評価される．選択行動の記述理論として有名なマッチング法則*からは，選好はその選択肢で与えられる強化子の提示割合(強化率*)で決定されるとする．強化率以外にも，強化子の量，強化子の質，強化遅延の時間なども選好に影響を与える．またマッチング法則の予測から選好が逸脱するケースとして，過大マッチング*，過小マッチング*，バイアス*がある．また選好に関しては，短遅延少量強化子と長遅延多量強化子間の選択を扱った自己制御*の研究において，異なる時点で選択が求められた場合に選好が逆転する選好逆転*現象など興味深い現象も報告されている．

選好逆転 [preference reversal] ある選択肢間の選好が，評価をする時点や評価の方法によって逆転する現象をさす．行動分析学*と行動経済学*の領域で研究が行われているが，選好逆転を意味する現象はそれぞれの領域で異なっている．行動分析学では，自己制御*の研究において，異なった時点で選択が求められた場合に(たとえば1時間後と1週間後)，短遅延少量強化子を選ぶ衝動性選択と，長遅延多量強化子を選ぶ自己制御選択が逆転する現象をさす．夜寝る時点では目覚まし時計をセットして早起きをする自己制御選択肢を選択しているが，翌朝起きた時点では，もう少しの睡眠を選ぶ衝動性選択肢を選択してしまう事例は，自己制御選択から衝動性選択への選好逆転である．短遅延少量強化子と長遅延多量強化子間の選択において，動物は一般に短遅延少量強化子を選択するが，選択をするまでの遅延時間を長くしていくと，長遅延多量強化子を選択するようになる．この事例は衝動性選択から自己制御選択への選好逆転である．一方，行動経済学では，ある対象への選好と，その対象の金銭的な評価の傾向が逆転する現象を選好逆転とよんでいる．たとえば，高い確率でそれなりの金額が当たる賭けAと低い確率で比較的高い金額が当たる賭けBでは，賭けAが好まれるが，その賭けをする機会をもし現金と交換するとしたら，いくらになるかと聞かれた場合は，賭けBに対して高い価格がつけられる(つまりBの方が好まれる)．

前向健忘［anterograde amnesia］　順向健忘ともいう．新しいことが憶えられなくなる記憶障害．過去のことが思い出せない逆向健忘*と対比して，こうよばれる．前向健忘も逆向健忘も宣言的記憶*に関する現象であり，前向健忘を示しても技能に関する手続き記憶*は障害されないことが多い．ヒトの臨床事例では，大脳辺縁系にある海馬*をてんかん発作の治療目的で切除されたH. M. とよばれる患者の例が有名である（⇨ H. M. の症例）．この患者は切除手術後に新しいことが憶えられなくなった．この事例から，新しいことを憶えるには海馬の働きが必要であることが示唆された．動物でも，サルやラットを用いた海馬損傷研究によって，新たな学習・記憶に海馬機能が重要であることが示されている．海馬損傷の影響がみられないとする報告もあるが，結果の不一致は用いる課題と損傷程度に依存すると考えられている．たとえば，海馬損傷の効果を示すある研究では，放射状迷路*による空間記憶*課題を用いている．この研究では，八つの選択肢の先端に餌が置かれ，海馬損傷ラットは任意に最初の4選択を行って餌を食べた後，迷路から取出された．しばらくして再び同じ迷路に入れられたときに，先ほど餌を食べた四つの選択肢を正しく憶えていれば，まだ餌を食べていない残り四つの選択肢のいずれかに入るはずである．しかし海馬損傷ラットは，すでに餌を食べた選択肢に入る間違いを起こした．これは海馬損傷によって新しいことが憶えられなくなったためであり，前向健忘の症状と同じだと考えられている．（⇨ 逆向健忘，記憶）

先行拘束法［commitment, precommitment］　エインズリー-ラックリン理論*で説明されるように，衝動性選択*と自己制御選択*の両方の結果までの遅延が長い場合には自己制御選択が起こりやすいが，遅延が短くなると選好が逆転して衝動性選択が起こりやすくなる．そこで，結果までの遅延が長いうちに衝動性選択肢を排除する機会を与えると自己制御選択が起こりやすくなる．これを先行拘束という．たとえば，ハトを使ったオペラント実験箱*での実験ではつぎのような先行拘束がみられる（図）．まず，選ぶと即座に2秒間の餌提示をもたらす衝動性選択肢と，4秒間経ってから4秒間の餌提示をもたらす自己制御選択肢との間の選択場面（選択Y）では衝動性選択が起こりやすい．しかし，この選択場面の16秒前に別の選択時点を設けて，上記の選択場面かまたは自己制御選択肢のみが提示される強制選択場面かを選べるようにすると（選択X），衝動性選択が排除されている強制選択場面を選ぶ先行拘束が起こりやすくなる．

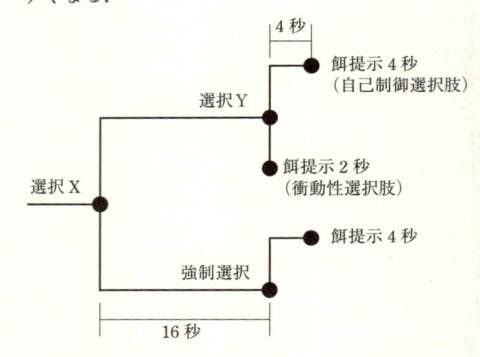

```
                                  ├─ 4秒 ─┤
                          ●──────── 餌提示4秒
                         /          （自己制御選択肢）
                   選択Y
                    /
           選択X ──
            \      \
             \      ●──── 餌提示2秒
              \          （衝動性選択肢）
               \
                強制選択 ●──── 餌提示4秒
           ├────── 16秒 ──────┤
```

閃光色［flash coloration］　⇨ 捕食回避

選好パルス［preference pulse］　オペラント実験箱*で並立スケジュール*を使った選択行動実験をしたときにみられる現象の一つである．このときの並立スケジュールには二つの変動時隔スケジュール*を用いる．一方の変動時隔スケジュールから餌が提示されてハトのキーつつきが強化されると，その後の短期間中のキーつつきは直前の餌提示につながった選択肢に対して起こりやすくなる．このような選好パルスは，相対強化率の異なる並立スケジュールを複数用意して1回の実験セッション中にランダムな順序で用いる手続きでみられる．また，餌のような無条件強化子*の提示直後だけでなく，光刺激を条件強化子*とした場合にも同様な選好パルスがみられる．ただし，光刺激の提示確率が餌提示の相対強化率と負の相関をもつときは逆の選好パルスがみられ，直前に光刺激の提示をもたらしたのとは逆の選択肢に対するキーつつきが起こりやすくなる．

潜在学習［latent learning］　学習とは"経験によって生じる行動の比較的永続的な変化"として測定される．つまり，行動が目に見えて変化することをもって学習が生じたと考えることが多い．こうした行動に表れる変化が訓練直後には確認できないものの，内的知識には何らかの変化が生じており，後に別の訓練を付加したり状況を変化させることで確認できるようになる場合がある．こうした状況を"潜在学習が生じていた"と解釈する．たとえば，E. C. Tolman*は，ラットに迷路*を探索させる訓練を，ゴール位置で餌を与えない

状況で行うと，スタートしてからゴールするまでの時間はあまり短縮されず，学習が生じていないようにみえるが，ゴールで餌を与える状況に変えると，ラットがゴールするまでの時間は急速に短縮されることを示した．これは，餌がない状況においてもラットは迷路内の空間構造について学習はしていたが，行動に表れなかっただけだと解釈され，潜在学習の古典的な例とされる．

潜在制止［latent inhibition］　CS 先行提示効果（CS preexposure effect）ともいう．古典的条件づけ*場面で，条件刺激（CS）*だけを前もって繰返し経験させておくと，その後条件刺激と無条件刺激*を一緒に与えたときに，条件刺激に対する条件反応が形成されにくくなる現象．たとえば，ネズミがある食物（条件刺激）を食べた後，気分が悪くなる（無条件刺激）という経験をすると，その食物に対して味覚嫌悪学習*が生じ，以後その食物を食べなくなる．しかし，その食物を以前に何度も食べたことがあり，食べた後気分が悪くなるという経験をそれまでに一度もしていなければ，その食物に対する味覚嫌悪学習は起こりにくくなる．この現象の説明としては，無条件刺激なしに条件刺激を繰返し経験すると，条件刺激に対して注意が向けられなくなることで，その後の条件づけ形成が起こりにくくなるという説，条件刺激を繰返し経験することで条件刺激と背景刺激（訓練文脈）の結びつき（連合）が強まり，それが原因で条件刺激と無条件刺激の間の連合が形成されにくくなったり条件刺激に対して条件反応が起こりにくくなるという説など，さまざまなものがある．

潜在的行動［covert behavior］　他者が観察できない行動．思考や記憶，感情などがこれに相当し，他者はその存在や内容を，言語的な報告や文脈*，あるいは観察可能な行動（顕在的行動*）などから推量することしかできない．別の用法では，個体内部，すなわち皮膚の内側で起こる微弱な行動ないし活動をさす．観察のための特別な装置を使用しない限り，測定ができないような神経活動や筋活動がこれに当たる．いずれも他者が肉眼では観察できないという点で共通している．一方，潜在的行動を行っている当人にとっては，潜在的行動の中に，自身で観察できるものもあれば観察できないものもある．ある種の筋活動や腺分泌は，行動する当人にとっても（筋活動，腺分泌それ自体としては）観察不可能である．一方思考や記憶は，少なくとも部分的に当人にとって観察可能な

ものとみなされる．潜在的行動のうち，当人が感知可能な部分は私的出来事（private event）とよばれることがある．

潜在繁殖速度［potential reproductive rate］
単位時間当たりに個体が生産できる子の数（繁殖速度）の最大値．配偶子に栄養投資を行わない雄は，雌に比べて同じ資源量からはるかに多くの配偶子をつくることができる．相対的に少ない卵の受精をめぐって雄間競争が生じ，勝った雄と負けた雄の間に繁殖速度の大きな差を生じる．一方雌個体間の差は小さく平均値は雄と一致する．この潜在繁殖速度の性差が雄間で性選択がより強く働く原因である．配偶子への一次投資ではなく雄が婚姻贈呈*や子の保護などを通じて繁殖に二次的に投資する場合は，潜在繁殖速度の性差が縮まり，ときには雌のほうが高い値を示すことがある（⇒性役割）．

潜在変数［latent variable］　⇌ 構造方程式モデル

潜　時（心理学）［latency］　動物に刺激*が与えられてから反応*が生じるまでの時間をさす．同義語に反応時間*があるが，これはおもに人間について用いられる．たとえば古典的条件づけ*においては，条件刺激*が提示されてから条件反応*が生じるまでの時間である．また道具的条件づけ*では，たとえば直線走路の場合（図），ラットを出発箱に入れ，走行部分につながる戸を開けた時点から，実際にラットの全身（しっぽを除く）が出発箱から出るまでの時間が潜時である．潜時は古くから，学習*の程度や動機づけ*の強さの指標として用いられてきた．直線走路を走らせる実験の場合，訓練を始めたばかりのラットは，出

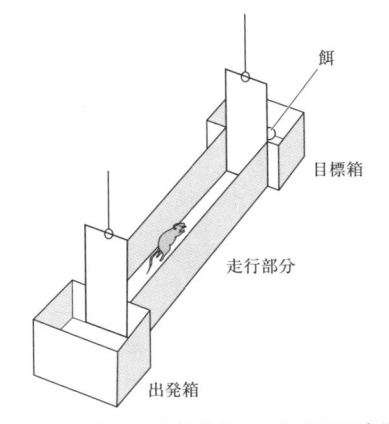

発箱出口の戸を開けても，出発箱の隅のにおいを嗅いだり，天井に伸び上がったりしてなかなか出て行かない．すなわち潜時が大きい．学習が進むと，戸が開いた途端ラットは目標箱の餌（強化子*）めがけて飛び出し，潜時は非常に小さくなる．またこの走行反応に餌を与えるのをやめる（消去*）すると，潜時は元のように大きくなる．

潜　時（神経生理学）［latency］　感覚器官に物理的刺激を加えたとき，また末梢・中枢の神経系を直接に電気刺激したとき，神経細胞の最初の応答（活動電位あるいはシナプス電位）が生じるまでの時間をさす．通常，ミリ秒の単位で測るようなごく短時間のものを対象とする．刺激を加えるたび，潜時は少しずつ変動してばらついた値をとるが，神経生理学的に重視されるのは潜時の最小値である．この値によって，刺激を加えた部位と記録した神経細胞との間にどのような情報処理の階梯が介在しているのか，が推定できるからである．たとえば，短シナプス性の反射弓*では潜時は短く，そのばらつきも小さい．他方，複数の介在ニューロン*を介した多シナプス性の反射弓では，潜時は長く大きなばらつきを伴う．さらに時間的一致検出や軸索遅延線*の議論でも潜時は重要な変数として扱われる．

漸次的接近法［successive approximation］　＝逐次的接近法

先住効果［effect of prior residence］　多くの動物は特定の空間をなわばり*として占有防衛することで，巣，交尾場所，自分や子の食物資源を確保している．なわばり防衛が致死的な闘争のかたちをとることは珍しいが，それでも，時には先住個体と侵入個体との闘争が起こることがある．先住個体と侵入個体の戦いは資源占有能力*によって決着がつきそうに思えるが，資源占有能力にあまり関係なく先住個体が勝利することも多い．これを先住効果とよぶ．先住効果を説明する進化的安定戦略*仮説がいくつか提案されている．J. Maynard Smith* によるブルジョア戦略仮説（bourgeois strategy）がその一つで，"自分が先住者であれば闘う，侵入者であれば退却する"というルールが進化的安定戦略になると結論づけた．N. B. Davies* はハイイロジャノメチョウの闘争はこのブルジョア戦略に当てはまると考え，**先住者常勝ルール**（"resident always wins" rule）と名づけたが，のちに疑問視された．これに対して，先住個体の資源占有能力は侵入個体のそれより通常は大きいとする非対称資源占有能力仮説（RHP asymmetry hypothesis），同じ資源でも先住者にとっての方が価値が大きいとする資源価値の非対称仮説（resource value asymmetry hypothesis）などが提案されている．

先住者常勝ルール　["resident always wins" rule]　⇒ 先住効果

戦　術［tactic］　⇒ 行動戦略

戦術的あざむき［tactical deception］　だまし*の例としてあげられる擬態*が遺伝的プログラムによって定められた形態的特徴によってだますものであるのに対して，われわれヒトは遺伝的プログラムによらずその場に応じて柔軟に行動などを調整することで他者をだますことがある．ヒト以外の霊長類にそうした例が認められるかを調べたA. Whiten と R. Byrne は，柔軟な行動調整によるあざむき（だまし）を"戦術的あざむき"と名づけた．そして，戦術的あざむきを"ある個体が，普通の行動パターンのなかからある行動を柔軟に用いた結果として，別の個体が状況を誤解し，もとの個体が利益を得るような場合"と定義した．調査の結果，たとえば他個体の注意をある場所からよそに向けることによってあざむくなど，戦術的あざむきの定義に合致する例がヒト以外の霊長類にも認められると結論した．

線条体［striatum］　⇒ 大脳皮質

専制主義［despotism］　個体間の非対称性が大きい動物社会の性質をさす用語．順位関係で専制主義者（despot）という用語が用いられる場合，個体間に明確な順位関係が存在し，攻撃行動や服従行動が優位個体から劣位個体へ一方的に向けられる社会をさす．繁殖に関しては，個体間で繁殖成功の差（繁殖の偏り*）が大きい社会をさす．反対語として，個体間の順位関係が不明瞭な平等主義者*という用語が用いられる．

専制主義者［despot］　⇒ 専制主義

専制的順位制　［despotic hierarchy, despotic distribution］　集団内に序列があるが，最上位個体の優位性が特に大きく，その他の個体間では優劣にそれほど明瞭な差がみられないという社会構造．直線的な順位制*で最上位個体と第2位の個体との優劣差がそれ以下の順位の個体間に比べて極端に大きい場合と考えることもできる．ミーアキャット*など多くの分類群でみられる．専制的な地位にある最上位個体は，資源を優占的に利用できるという適応度上の利益をもつが，その地位

を維持するためには他個体に対して頻繁に攻撃や威嚇行動をする必要があり，これらは身体的・心理的なストレス要因として，適応度上はコストとして作用する．この利益とコストは，なわばりの維持と同様である．最上位個体が集団の他個体の行動をコントロールして集団全体の動態を決定している場合，その最上位個体をリーダー，そのような社会構造をリーダー制とよぶことがある．

先祖返り［atavism］　帰先遺伝（reversion）ともいう．現在の一般的な個体にはみられないような祖先の形質が，ある個体で偶然に出現する現象やそのような形質をもつ個体のことをいう．ヒトに尾が生じたり，多毛となったり，ウマの肢に過剰の指が生じたりするのが，その例である．この現象は形質の分離，遺伝子の組換え，不完全表現，復帰突然変異などによって説明される．たとえば，南米に生息するツメバケイ（鳥）の翼の指骨に爪があるのは，先祖返りが固定された結果と考えられるなど，時に進化に結びつくこともある（図）．隔世遺伝は先祖返りの一種で，祖父または祖母に似ることをいう．子において劣性遺伝子がヘテロになり発現しなかった形質が，孫においてホモ接合体が生じ発現することで最も典型的に隔世遺伝は生じる．すなわち隔世遺伝は優性の法則によっておもに説明される．

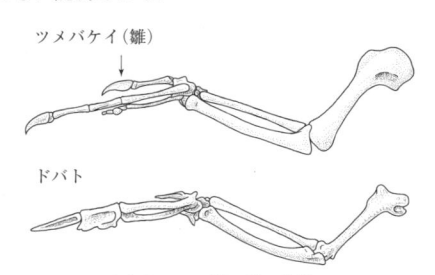

ツメバケイとドバトの翼の骨の比較．ツメバケイの第一指骨の先には大きな爪が残っている（矢印）．ドバトでは退化している．

浅速呼吸［panting］　⇒ パンティング
全体強化率［overall reinforcement rate］　オペラント条件づけ*を用いた研究において，実験セッション全体を通して得られた強化頻度データから算出される強化率*．選択行動研究では，並立スケジュール*などの複数の強化スケジュールが同時に作動する状況で，各強化スケジュールへの行動配分に基づいて選好が測定されるが，このとき，各強化スケジュールから得られる強化率を合成して全体強化率が算出される．たとえば，二つの反応キーに対してそれぞれ変動時隔10秒スケジュールが作動しているときの全体強化率は，どちらの強化スケジュールに対しても反応が生じる場合，平均すると5秒に1回の速さで強化が生じることとなり，これをセッション時間や単位時間について計算したものが全体強化率となる．類似した意味をもつ用語に強化密度（reinforcement density）や報酬率（reward rate）があるが，これらは得られた強化量を，これを得るのに要した総時間で除したものである．

前大脳［protocerebrum］　⇒ 昆虫の神経系
先体反応［acrosome reaction］　⇒ 受精
全体反応率［overall response rate］　1回の実験セッションなど比較的長い時間範囲内における単位時間当たりの反応数．ラットのレバー押し反応やハトのキーつつき反応を従属変数*とする行動実験において，"1回の実験中に自発された総反応数"を"実験セッション時間から餌が提示された強化時間の合計を引いた時間"で割った値．行動実験において，独立変数*を操作したときに行動がどのように変化するかを調べる測度として用いられる．（⇒ 反応率，局所反応率）

選　択(1)［choice］　複数の選択肢の中から，ある選択肢を選ぶこと．ある行動を"する・しない"も選択と考えれば，すべての行動は選択であるとみなすこともできる．選択行動をめぐっては，さまざまな学問領域で研究が行われている．たとえば行動生態学では，採餌行動を選択行動と位置づけ，最適採餌理論*を背景に，餌や餌場の選択についての研究が行われている．ほかにも心理学における実験行動分析学では，選択行動の基礎的な過程をハトやラットといった動物を用いたオペラント条件づけ*研究の枠組みで検討している．特に，二つの選択肢が並立スケジュール*で提示される実験場面において，一方の選択肢に対する反応の割合が，その選択肢で提示される強化の割合に一致するマッチング法則*の発見を端緒として，その成立に影響するさまざまな要因についての研究が盛んに行われている．心理学と経済学の学際領域である行動経済学*では，質的に異なった強化子間の選択が検討され，需要の交差弾力性の概念を軸に，強化子間の代替や補完関係が明らかにされている．（⇒ 選好）

選　択(2)［selection］　⇒ 自然選択
選択圧［selection pressure］　⇒ 自然選択

選択結婚［assortative mating］ ＝同類交配

選択行動 ⇌ 選択(1)

選択勾配［selection gradient］　淘汰勾配ともよぶ．形質に作用する自然選択や人為選択の強さと方向を測る尺度の一つ．ある量的形質x(量的形質*とは体重や行動傾向など連続変異するもの)に注目したとき，適応度Wがこの形質xの関数$W(x)$だとみなしたときの$d(\ln W)/dx$のことをいう．たとえば$\ln W(x)$が直線的関数の場合(方向性選択：directional selection)，選択勾配はこの直線($\ln W$)に対するxの)傾きであり，傾きが急なほど選択圧が強い．方向に関しては選択勾配が正の値は形質値が大きいほど適応度が高いことをさし，逆に負の値は形質値が高いと適応度が低くなる場合をさす．離散的な形質(正規分布し連続変異する形質でない)の場合はdW/dxのことを選択勾配とよぶ場合がある．選択が働くと，形質の値は変化するが，平均形質の1世代当たりの変化量は，集団の相加的な遺伝分散Gと選択勾配の積，$\Delta \bar{x}=G \cdot d(\ln W)/dx$に等しい．このことから形質に遺伝分散が残っている限り，選択によって形質は適応度が高い値へと向かって変化することがわかる．考えている形質が社会的な相互作用に関連するものの場合，適応度は本人の形質の値xだけによるのではなく，集団内の他個体の形質の値にも依存することが多い．たとえば集団の他個体の平均量$\bar{x}$と比較して大きいかどうかが重要になるとすれば，$W(x, \bar{x})$となる．その場合には，選択による世代当たりの形質変化量は，偏微分を用いて$\Delta \bar{x}=G \cdot \partial(\ln W)/\partial x$となる．このときも形質は選択勾配を適応度が高い方向へと変化する．しかしその結果は，集団の平均適応度が高い値になるとは限らない．考えている形質がある特定の生育段階(これを選択のエピソードとよぶ)で働く場合には，その部分だけを取出したときの生存率や出産率などの適応度成分に対して選択勾配を計算することが通常である．

選択差［selection differential］ ⇌ 自然選択

選択単位［unit of selection］ ⇌ 大進化

選択的交配［selective copulation］ ⇌ 人為選択

選択的スプライシング［alternative splicing］ ⇌ エキソン

選択的セロトニン再取込み阻害薬　［selective serotonin reuptake inhibitor, SSRI］　抗うつ薬*の一種．神経間のセロトニン*量を増やすことで，結果として抑うつ症状や不安を緩和する．神経伝達物質であるセロトニンは，セロトニン神経のシナプス*から放出されると別の神経上にあるセロトニン受容体に結合する．一方で，セロトニン神経上にあるセロトニントランスポーターが，セロトニンを再利用するために回収(再取込み)するので，セロトニンはすぐにシナプス間隙からなくなる．選択的セロトニン再取込み阻害薬はセロトニントランスポーターに選択的に作用して，再取込みを阻害することで，シナプス間隙のセロトニン濃度を高いまま維持する．服用し始めてから効果が出るまでに数週間という時間がかかるため，選択的セロトニン再取込み阻害薬の抗うつ作用はセロトニンの即時的な上昇によるというより，慢性的なセロトニンの増加がひき起こした変化によるものと考えられる．一方，うつ様行動の動物モデル(強制水泳試験や尾懸垂試験)では単回投与で効果が認められる．

選択的注意［selective attention］ ⇌ 注意

選択的連合［selective association］　ある特定の刺激の組合わせにおいて，結びつきやすい，つまり学習しやすい組合わせと，そうではない組合わせが存在すること．たとえばラットに，ある味のする色がついた溶液(味＋色溶液)を飲ませたのちに，気分不快感をひき起こす薬物を投与する．このような経験をすると，ラットはその味がする無色の溶液を避けるようにはなるが，その色がついた無味の溶液は摂取する．味＋色溶液を飲ませたのちに皮膚に痛みを与えると，逆に，色がついた無味の溶液を避けるようになるが，その味がする無色の溶液は摂取する．この古典的条件づけ*では，味と色が条件刺激*，気分不快と痛みをひき起こす処置が無条件刺激*となっており，味(味覚刺激)は気分不快と，色(視覚刺激)は痛みと結びつきやすくなっている．(⇌準備性，味覚嫌悪学習，食物嫌悪学習)

選択の階層 ⇌ 選択のレベル

選択の機会［opportunity for selection］　適応度の変動係数の平方のことで，相対適応度の分散に等しい．適応度の個体間変異が大きいほど自然選択がかかる余地も大きいと考えられるが，それを定量化したもの．選択の機会Iは，平均適応度を$\overline{W}$，適応度の分散をV_Wと書くと，$I=V_W/\overline{W}^2$と表される．方向性選択*の強さを示す選択勾配βは，相対適応度の形質値に対する回帰係数に等しいので(⇌量的遺伝モデル)，相対適応度の分

散すなわち選択の機会は$\beta^2 V_z$(V_z: 形質の分散)に等しく,選択強度i(相対適応度と形質値の相関係数)の二乗に等しい.この関係は,選択が作用するすべての形質と適応度の間で成り立つので,選択の機会はすべての形質に作用する選択強度の平方の総和$I=\Sigma i^2$となる.選択の機会は適応度の分散の指標であり,適応度の個体変異が,あらゆる形質に作用する選択圧の上限(機会)を与えることを示唆している.

選択の水準　⇌ 選択のレベル

選択の単位　⇌ 選択のレベル

選択のレベル [levels of selection]　選択の階層,選択の水準,選択の単位などともいう.自然選択*が作用する生物学的階層のこと.C. R. Darwin*の自然選択説は個体を単位にした個体選択説とふつう理解されているが,自然選択が生物学的階層(たとえば,遺伝子,個体,個体群,群集など)のどこに主として働くのかについては長年論争がある.選択の階層または単位に関する論点を整理するには,1) 世代間情報伝達の担い手(複製子 replicator),2) 情報伝達速度の違いをもたらす相互作用の担い手(相互作用子 interactor),3) 結果として進化が観察される単位(進化子 evolvor,系統 lineage),の三つを区別するとよい.3)の進化が観察される単位が集団であることに現代生物学ではほぼ異論がないが,1)〜3)のどれを選択という概念に含めるのかに統一された見解はなく,選択の水準の議論は形而上学的になりがちである.遺伝子選択主義にみられる主張は,1)の生物における世代間情報伝達のおもな担い手が遺伝子であることによっている.しかし,遺伝子頻度の世代間変化は,化学物質である遺伝子そのものではなく,遺伝子によってコードされ翻訳された表現型が環境と相互作用することで起こると考えるのがふつうである.自然選択は表現型を通して作用する,すなわち注目する階層において,① 単位の間に表現型変異がある,そして ② 表現型変異が原因となり単位の適応度(存続確率や増殖率)が変化することがその階層に自然選択が働くことの条件と定義すれば,選択の単位としての2)の相互作用子は,個体だけでなく,遺伝子,細胞,家族,群れ,個体群,種,群集,生態系など,具体的な生物や現象により重要度の違いこそあれ,さまざまな階層に見いだすことができる.どの階層に働く選択圧がより重要であるか(進化により強い影響をもつか)については群選択*を参照のこと.

選択への応答 [response to selection]　自然選択や性選択によって形質の集団平均値が次世代に遺伝的に変化するとき,その変化分を選択への応答という.すなわち,適応進化の速度を世代当たりで予測するものである.ある形質の選択への応答Rは,その形質の(狭義の)遺伝率h^2と選択差S(selection differential)との積に等しい($R=h^2S$).選択差は,選択による集団平均値の世代内変化であり,方向性選択の強さを示す.選択への応答は小進化*過程の1ステップを形成するものである.遺伝的に相関した他の形質にも自然選択が作用する場合は,他方の形質に作用した選択に対する間接的な応答(相関した応答)を加算しなくてはならない.

選択変更 [changeover]　⇌ 選択変更後遅延

選択変更後遅延 [changeover delay, COD]　選択行動の研究では,二つの操作体*に対する反応が異なるスケジュールにより強化され,それらの選択肢間の選択行動が研究の対象とされる.ところが,一方の選択肢からもう一方の選択肢への切替え(これを**選択変更** changeover という)が行われたときに偶然に強化が行われると,切替え反応自体が強化されてしまい,被験体は二つの選択肢間を高頻度で切替えるようになることがある.いわゆる,並列的な迷信行動*の出現である.このような行動が形成されると,選択行動は,選択肢のパラメータの操作には鈍感になってしまう.そこで,そのような迷信行動の形成を防ぎ,二つの選択肢間の弁別を高めるために,被験体が選択肢間を切替えた直後には,2秒間から5秒間程度その選択肢のスケジュールの進行を停止する,という手続きが用いられる.これを選択変更後遅延という.選択変更後遅延は強化率の低下をもたらすので,この手続きには,弁別を高めるのみならず,切替え反応にコストを課する,という効果もあると考えられる.

前庭 [vestibula]　⇌ 内耳

前適応 [preadaptation]　ある環境に生物が適応する過程で特定の機能をもち維持されていた形質が,ある時点で転用され別の機能を担うことによって新たな適応的形質が進化することがある.この転用された元の機能,あるいは転用される過程をさす用語.たとえば,デンキウナギの強力な発電は,現在,獲物を捕らえる手段あるいは自己防衛の手段として機能している.この発電能力は,

泥水中の方向定位やコミュニケーションに弱電場を用いていた(近縁種にみられる)祖先状態から進化したものと考えられている．この場合，方向定位やコミュニケーションという機能が前適応にあたる．関連する概念に，現在の機能から形質の起源は説明できないとする S. J. Gould* の外適応 (exadaptation) がある．竹をつかむのに都合よくできているジャイアントパンダの"親指"は，橈側種子骨であり起源においてはものをつかむための"指"ではなかった．この例にちなみ，前適応や外適応はパンダ原理 (panda principle) ともよばれる．

先導種 [leader species]　⇌ 混群
前頭野 [frontal cortex]　⇌ 連合皮質
前頭葉 [frontal cortex]　⇌ フィネアス・ゲージの症例
全能性 [totipotency]　⇌ 真社会性
潜葉性 [leaf mining]　⇌ 絵かき虫
潜葉性昆虫 [leaf miner]　＝絵かき虫
戦　略 [strategy]　⇌ 行動戦略，ゲーム理論

ソ

ゾウ［elephant］　長鼻目の大型哺乳類で，アジアゾウ属のアジアゾウ *Elephas maximus* とアフリカゾウ属のアフリカサバンナゾウ *Loxodonta africana* およびマルミミゾウ *L. cyclotis* の計3種が現存するが，いずれの種も，象牙を目的とした密猟や生息地の開拓などにより，絶滅が危惧されている．両属はおよそ760万年前に分岐したとされ，アジアゾウはアジア広域，アフリカゾウはアフリカ大陸，マルミミゾウは西アフリカの一部に分布する．いずれの種も血縁に基づいた離散集合型の母系集団で生活し，群れ内外の個体を正確に識別することが知られている．群れは最年長の雌によって統率され，その雌の記憶を頼りに水場や餌場を求めて数百 km もの距離を移動する．雄は性成熟すると群れを離れ，単独あるいは少数の雄のグループを形成し，雌の群れから群れへと渡り歩きながら繁殖する．ゾウは陸生動物最大の脳をもち，長期記憶*，道具使用*，自己鏡像理解，相互協力，音声模倣さらには死の理解などのさまざまな複雑な行動や認知が報告されており，比較認知科学の分野で注目されている．

躁うつ病［manic-depressive illness］　= 双極性障害

相加遺伝分散［additive genetic variance］　⇌ 遺伝率

走化性［chemotaxis］　⇌ 走性

相関した選択［correlated selection］　⇌ 自然選択

相関性［correlation］　原因となる事象と結果となる事象との関係は因果関係*（あるいは因果性）とよばれるが，これと区別される随伴性*の一つ．因果関係が事象Aと事象B，ならびに事象Aと事象Cの間にある場合，事象Bと事象Cの間には一般に強い相関がみられ，しばしばB-C間を因果関係と誤って判断する場合がある．事象間にあるのが相関性なのか因果性なのかは，観察だけでは区別できず，実験的な操作が必要とされる．

増強作用［potentiation］　古典的条件づけ*において，条件刺激*に別の刺激を加えることによって，条件づけの獲得が促進すること．ラットでは，あるにおいがする溶液を飲ませたのちに，気分不快をひき起こす薬物を投与しても，そのにおいに対する嫌悪行動は学習されにくい．しかしながら，そのにおい溶液にある味を混ぜて摂取させ，薬物により気分不快を経験させると，そのにおいに対する嫌悪行動の学習が容易になる．つまり，味刺激がにおい刺激に対する条件づけを増強しているのである．古典的条件づけでは，条件刺激と別の刺激が一緒に提示され条件づけが行われた場合，通常，隠蔽*という条件刺激に対する学習が弱まる効果が生じるとされているが，増強作用はそれとはまったく逆の効果である．（⇌ 風味嫌悪学習，味覚嫌悪学習，要素間連合）

双極性感情障害［bipolar affective disorder］　= 双極性障害

双極性障害［bipolar disorder］　躁（そう）うつ病（manic-depressive illness），双極性感情障害（bipolar affective disorder）ともいう．気分が高ぶる"躁病相"と気分が低下する"うつ病相"が繰返し起こるヒトの病気で，気分障害*の一つ．躁病相やうつ病相でないときは健常に戻る．躁病相は，異常なほどの気分の高揚（明るく開放的になる），興奮，睡眠量の減少，活動性*の増加，注意散漫，エネルギーが常にあふれているように感じ，おしゃべりになるなどの状態で，ひどくなると叫んだり暴れ出したり誇大妄想が出たりする．一方，うつ病相は，抑うつ気分，興味・喜びの喪失，食欲不振，不眠，気力の減退，死について繰返し考えるなどの状態をさす．二つの病相間の推移のときに，抑うつ気分だが行動は躁状態になっている混合状態が出ることもある．男女の性差はなく，発症率は約1%とされる．病相によって治療薬が異なり，躁病相には気分安定薬（炭酸リチウムなど）や抗精神病薬，うつ病相には抗うつ薬*が処方される．

早期離乳［early weaning］　哺乳類の子が通常よりも早く離乳*すること．子の成長の具合や周囲環境の変化によって起こりうる．たとえば餌が少ない環境下では，母親が自分の栄養状態を改善するために子への授乳*を早く切り上げることが

ある．ラットやマウスを実験的に通常よりも早期に離乳させた場合，成長後に不安行動の上昇，攻撃性の上昇，母性行動*の低下が認められる．また，視床下部-下垂体-副腎軸*の発達も影響を受け，ストレス応答も高まる．

相互依存型スケジュール［reciprocal schedule］ オペラント行動実験で，二つのオペラント行動の比が各オペラントの組合わせ量を決める制約スケジュールの比と一致するように，厳密な行動上の制約を課す強化スケジュールのことを相互依存型スケジュールという．また，それを保証する随伴性*を相互依存型随伴性という．具体的には，行動iと行動cがあるとき，個体が行動iをI単位行うと行動cをC単位行う機会が得られ，かつ，行動cをC単位行うと行動iをI単位行う機会が得られるスケジュールが相互依存型スケジュールである．たとえば，ラットのオペラント行動実験で，行動iをレバー押し反応，行動cを摂食行動とし，Iを20回のレバー押し，Cを餌1粒の摂食とすると，ラットが20回のレバー押しを完了したら，餌粒1個が摂食でき，その完了後に，再度20回のレバー押しの機会が得られる．したがって，このスケジュールのもとでは，スケジュール比（C/I）と観察された行動比が一致する．また，相互依存型スケジュールを用いると，行動比から個体の賃金率を決定できることから，動物の後屈労働供給曲線*の理論的・実証的分析も可能となる．

走光性［phototaxis］ ⇌ 走性

走行反応率［running rate］ 反応率*の表し方の一つ．強化子提示後の最初の反応から次の強化子が提示されるまでの総反応数を強化子と次の強化子との間の強化間間隔（interreinforcement interval）から強化後休止*を引いた時間で割った値．行動実験において，独立変数*を操作したときに行動がどのように変化するかを調べる測度として用いられる．（⇌ 局所反応率，全体反応率）

相互グルーミング［mutual grooming］ 相互毛づくろいともいう．2個体が向かい合い，同時に互いをグルーミング*すること（⇌ 社会的グルーミング）．特にウマ，チンパンジー，チスイコウモリなどでよくみられる．ウマでは互いに首から肩にかけてグルーミングすることで社会的な緊張をしずめる効果があるとされる．ある地域のチンパンジー個体群では2個体が頭上で手を握り合いながら相互グルーミングを行うが，これは対角グルーミング（grooming hand-clasp）とよばれチンパンジーの文化の一つとされている．まれに，2個体が交互にグルーミングし合う場合にもこの語が用いられることがある．

ウマの相互グルーミング

チンパンジーの対角グルーミング

相互毛づくろい［mutual grooming］ ＝相互グルーミング

相互羽づくろい［allopreening］ ＝社会的グルーミング

操作網［cocoon web］ コクーンウェブともいう．クモヒメバチ（ヒメバチ科）の幼虫に寄生されたクモが張る，通常とは異なる構造の網．寄生したハチ幼虫が終齢になる頃に，クモの網の張り方が劇的に変化し，その結果，網の構造がハチのまゆにとって都合のよい形に変わる（図）．宿主操作*の一例で，ハチの幼虫がクモ体内に操作をひき起こす化学物質を注入することで形成されると考えられる．形状は種によってさまざまであるが，多くの場合縦糸の重複や小型化により丈夫さが増し，本来の捕食機能は一切失われ，ハチの羽化までのまゆの保持に役立つ．アシナガグモ科やコガネグモ科など円網性のクモのほか，棚網を張るクサグモや立体網を張るヒメグモ類で知られている．

防御構造が誘発される種も知られており，棚網の場合はまゆのあるトンネル部分が封じられ，アリなどの捕食者の侵入が妨げられる．ヒメグモ類では越冬時にのみみられる．

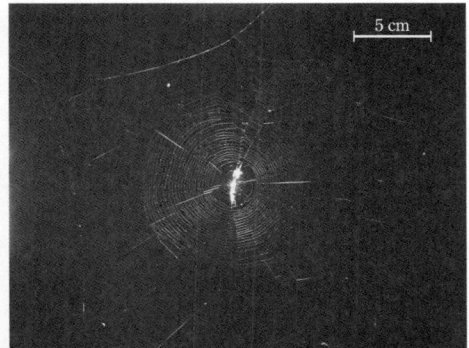

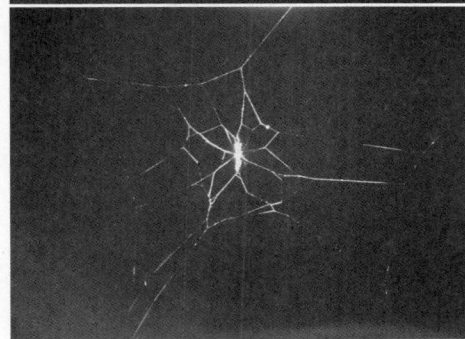

寄生バチの宿主操作を受けたクモは，ハチに都合のよい形の網を張ってしまう．ギンメッキゴミグモの通常網（上）とニールセンクモヒメバチに誘発された操作網（下）．

走査サンプリング［scan sampling］＝スキャンサンプリング

操作体［manipulandum］ もともとは E. C. Tolman* が用いた，行動を支持する対象の性質を表す用語の一つであり，操作性能の制約の中で働きかけたり動かしたりする事物の総体を意味するものであった．現在では，オペランダム* と同義で，動物の反応* を検知するための実験装置に設置された設備のことをさす．操作体は環境への影響という点からオペラント* を定義するともいえる．最も多く用いられるものは，ラット用ではレバー（梃子），ハト用ではキー（つつき窓）である．動物が何らかの力を加えてレバーを押し（または引っ張り），あるいはキーをつつくと，連結されているスイッチが入り，電気的に反応を検知する

ことができる．ほかにも，より大きなパネルや踏み板などがある．以上のタイプの操作体を使う場合は，有効に操作するのに必要な力を明記しておく（単位：ニュートン，N）．さらにほとんど力の要らないものとして，タッチセンサーや光を遮ることで反応とするフォトセルもある．また，もし直線走路におけるラットの走行反応を実験者が観察し，記録するならば，走路と実験者の全体が操作体といえるが，正確さと信頼性の点から機械を用いることが多い．

相似［analogy］ ⇌ アナロジー

そうじ魚［cleaner fish］ 他種魚の外部寄生虫や死んだ皮膚を餌とする魚の総称．ベラ科（*Labroides* 属），ハゼ科（*Elacatinus* 属）をはじめ，カワスズメ*，ナマズの仲間などの魚種で知られる．多くの種でそうじ対象魚とは共生* 関係にあると考えられる．最も有名で行動や生態がよく研究されているのは，ホンソメワケベラである（⇌ そうじ行動［図］）．本種のそうじの対象魚は系統もさまざまな多様な魚種であり，ときには口に入り込んでそうじをすることもある．珊瑚礁の一定区域から本種を除去すると，そうじ対象魚種が減少するなど，そうじの生態的役割の重要性を示す報告もある．ホンソメワケベラと体形や色彩模様がそっくりのニセクロスジギンポは，捕食者からの攻撃を回避し，かつ近寄ってくる他種魚の鱗や皮膚を食べることもあるなど，本種がモデルの擬態種と考えられている．珊瑚礁では，本種は同種個体の他に自分のそうじ場所を訪問してくる他種個体と 2000 回/日もの社会関係をもつなど，そうじ魚のなかでも最も社会性，そして認知能力が発達していると考えられる．そうじ対象の複数魚種 100 個体以上を識別し，その最新のエピソードも記憶しているという．そうじを受けようとする魚が本種個体のふるまいを観察し値踏みをすることを本種が認識している，との報告もある．これに伴って本種がそうじ対象となる個体に，自分は上手なそうじ屋だと"だます"ことがあるようだが，これが文脈を理解した意図的だまし* なのかどうかはわかっていない．

そうじ行動［cleaning behavior］ 他個体の体の表面や口の中をつつき，外部寄生虫や傷んだ皮膚，体表粘液などを食べる行動のこと．陸上では大型哺乳類やワニをそうじする小鳥（ウシツツキなど，図）や，甲虫をそうじするダニが，水中では魚類やウミガメのそうじをするエビや小魚が知

られている．その多くはそうじ以外の摂餌行動も示すが，サンゴ礁にすむホンソメワケベラなどはそうじを専門としており，ハタなど魚食性魚類の口の中まで入っても，食べられることはない．そうじされる側(host)は健康を手に入れ，する側(cleaner)は餌を手に入れる，相利共生*の関係が成り立っているからである．そうじ屋のいるところはクリーニング・ステーション(cleaning station)とよばれ，訪れた魚たちは，そうじしやすいように体の動きを止めてポーズをとる（写真）．そうじ屋による接触刺激が快感を与え，さらにポーズをとり続けさせる．たまに健康な皮膚をかじられると，逃げたり，そうじ魚を追いかけ回すこともあるが，しばらくすると再びポーズをとる．

アフリカスイギュウの顔をそうじするキバシウシツツキ

頭を上にしてポーズをとるハゲブダイのそうじをするホンソメワケベラ

創始者効果［founder effect］　親集団（通常大きい）から少数の個体が分かれ，新たな地域に定着し隔離された小集団が親集団のもつ遺伝的変異の一部だけをもつようになること．進化の要因となるとして提唱された概念である．小さな集団から始まる個体群は，適応度の局所的な谷（→ 適応地形）を超えることにつながる遺伝的浮動*が起こりやすく，親集団が経験してきたものとは異なる環境に適した遺伝子が選択される．そのため新しい属，あるいはそれ以上の分類階級の起源になりやすいとされている．生物における遺伝的浮動の相当部分はこの創始者効果で生じると考えられている．多様な生活様式とそれに伴う形態変化（適応放散*）で知られるガラパゴス諸島のダーウィンフィンチ*類，ハワイ諸島のハワイミツスイ類も，祖先種が個体群を創設した初期にはこの効果が働いたと考えられる．また，個体群の創設から40年ほどの南大東島のモズは，他の地域のモズに比べ尾羽の長さが有意に長いなど，形態や生態の形質にも差が生じている．これは海洋島である南大東島にたどり着いた少数個体が隔離された状態で個体数を増加させ，一部の形質がその個体群の特徴となった創始者効果の一例といえる．（→ 瓶首効果）

送受粉［pollination］　＝花粉媒介
草食性［herbivorous］　→ 食性
走性［taxis］　光・温度・化学物質・電場・重力など環境の刺激に応じて，動物がその発生源に近づく（あるいは発生源から遠ざかる）運動を起こすこと．光源に対しては**走光性**(phototaxis)，化学物質の発生源（または濃度勾配）に対しては**走化性**(chemotaxis)とよぶ．近づくときを正の走性，遠ざかるときを負の走性とよんで区別する．そのメカニズムは刺激の物理的性質や，動物種に応じて実に多様である．ハマトビムシは光源に正の走光性を示すが，これは左右両眼が受取る光の強さが等しくなるよう，歩く方向が制御されているためである．つまり，刺激の来る方向へ向き直る行動（定位行動*）によって走性を実現している．わずかな風を尾の感覚子で感じて接近する捕食者から逃げるコオロギ，左右の耳に届く音の小さな時間差をとらえて暗闇の中で餌を捕らえるメンフクロウ*，いずれも定位行動で走性を行っている．他方，ゾウリムシは飼育された温度に正の**温度走性**(thermotaxis)を示すが，これは飼育温度の環境にいるときにランダムな方向転換を高頻度に繰返すためであって，ゾウリムシが特定の方向に向けて泳ぐ能力を備えているわけではない．ゾウリムシはまた，重力に対して負の**重力走性**(gravitaxis)を示すが，これは細胞質の密度が不均一であることが原因である．重心（下向きの力が集まる点）が後方に，浮心（上向きの力が集まる点）が

前方にずれているため，起き上がり小法師のように進行方向を上に向けるためである．このように，定位行動をしなくても，動物は刺激の発生源にたどりつくことができる場合もある．さらに，刺激を受けるとすぐに動き出すが，その運動に決まった方向がない場合もある．これを動性*（kinesis）とよび，走性と区別する．上記のゾウリムシの例は，動性を反応の機構として温度走性が実現している．つまり，動性は定位行動に対する用語だが，走性と対立するものではない．流水の中の魚はしばしば上流に頭を向けて泳ぎ，河床の特定の位置に定位する．これを走流性（rheotaxis）とよぶが，視覚的定位行動の一つであり，走性とは関係がない．

早成性［precocious］　動物が十分発達した状態で生まれ，生後に親の保護・給餌をあまり必要としない性質．哺乳類ではイルカやアザラシなど水棲種のほぼすべてが早成性であり，シカやウマなど有蹄類もすべて早成性である．また，熱帯に生息する種では早成傾向がある．多くは一産一子であり，妊娠期間は長いが，授乳期間が短い．晩成性*の種に比べて，体温調節，移動，感覚機能が高度に発達しているため，捕食回避*に適応的であるとされる．鳥類では，早成性は原始的な発育形態だと考えられ，古代の鳥類は早成性であったことが知られる．早成の鳥の卵は大型であり，卵黄量も多い．雛はふ化直後から全身が綿羽に覆われており，後肢が発達しているために脚筋・胸筋からの発熱で体温を調節できる（図）．産卵後は親がまったく世話をしない（卵を温めることもしない）超早成性（ツカツクリ類），離巣性で自力採餌するが親の手助けを受ける早成性，離巣性だが自力で採餌できない亜早成性，移動能力はあるが巣にとどまって親から給餌される半早成性，の四つに分類される．（⇌離巣性／就巣性）

早成性のシロチドリの雛．ふ化直後から羽が生え，歩ける

造巣［nest building, nest construction］　巣作りともいう．巣*を作ること（⇌ニッチ構築）．営巣場所選択や巣材集めなどの行動も含まれる．造巣は，ジガバチ類，イヌ科動物，カワセミ類，キツツキ類などのように地面や木などを掘って空間を作るものと，多くの鳥類や一部のリス類，ビーバーのように巣材を運んで構造物を構築するものに大別される．ミツバチやベタの仲間のように，みずからの分泌物で巣を作るものもある．造巣行動は生得的なものであり，巣材を織込むハタオリドリの仲間（⇌共同営巣）や，葉をクモの糸でつむぐセッカ類やサイホウチョウ*の仲間など複雑な巣を作る種であっても，学習することなく巣を完成させることができる．繁殖の度に新しく巣を作る種が多いが，古巣を補修して使う種もいる．熱帯域に生息するツムギアリの仲間は樹上に葉をつづってボール状の巣を作る（図）が，葉が枯

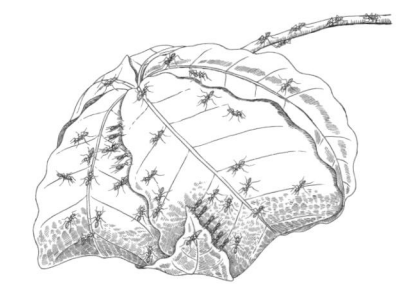

ツムギアリの巣（上図）と葉を引き寄せて巣を作るアリ（下写真）．葉を遠くから引き寄せるときは，たくさんのアリが身体を連結し，鎖のようになる．

れてくると別の場所に巣を作り直す．造巣期間はふつう数日から十数日であるが，ハチ・アリやシロアリの仲間のように，コロニーの拡大とともに数カ月または何年にもわたって造巣を継続するものや，ミーアキャット*など，生活の場として利用している穴の一部を繁殖に使うものもいる．雌

雄どちらが造巣にかかわるかは，種によって決まっている．鳥類では雌が巣作りにかかわることが多いが，魚類では雄が巣を作るものが多い．造巣行動や運搬された巣材量などにより，配偶者の質や将来の繁殖投資量を評価する場合もある．"造巣"は巣を作る行為そのものをさし，営巣（nesting）は巣にかかわる繁殖行動全体をさす．

想像妊娠［pseudocyesis］ ⇌ 偽妊娠

相対強化率固定型並立スケジュール［concurrent schedule with fixed relative rate of reinforcement］ オペラント行動*の選択行動研究で用いられる並立VIVIスケジュールの手続きの一種で，D. A. StubbsとS. S. Pliskoffにより開発された（1969年）．動物が一回の実験セッション内で獲得する強化の割合を制御できる点に特徴がある．通常の並立VIVIスケジュールの手続きでは，二つのVIスケジュールは独立に機能するため，動物の選択反応によっては，実験者が設定した強化の割合が実現されないことがある．たとえば，もし，動物がセッション内で一方の選択肢のみに100％反応すれば，もう一方の選択肢で設定された強化子は一度も提示されないまま，実験が終了することになる．それに対し，彼らの手続きでは，単一のVIスケジュールを用い，強化が可能な状態を継時的かつ無作為に二つの選択肢に割り当てるため，動物の選択反応に依存することなく，各選択肢間で強化される割合を一定に保つことができる．この手続きの採用により，強化の割合を制御した条件下で，動物のマッチング法則*の検証などのさまざまな選択行動の実験が遂行可能となった．

相対成長［allometry］ ＝アロメトリー

相対適応度［relative fitness］ ⇌ 適応度

相対的大きさ［relative size］ ⇌ 奥行き知覚

相対反応率［relative rate of responding, relative rate of response］ 二つの反応（たとえば左右のレバーへの反応）がそれぞれ異なる強化スケジュールに従って強化される並立スケジュールの場面において，右レバーへの選択肢に対する全体反応率（R_R）が，両方の選択肢に対する反応率の総和（R_R+R_L）に占める割合，すなわち，$R_R/(R_R+R_L)$を，相対反応率という．選択行動の研究では，二つの操作体における強化率を変化させることが，二つの操作体に対する選択率に及ぼす効果が分析される．その場合，相対反応率が選好の指標としてよく用いられる．マッチング法則*は，相対反応率が相対強化率に一致することを予測する．これを式で表すと $R_R/(R_R+R_L)=r_R/(r_R+r_L)$となる．このとき右辺は右レバーによって得られた全体強化率を，左右レバーによって得られた全体強化率の和で除した相対強化率を示す．ただしこの式は，直感的にはわかりやすいが，過小マッチング*や過大マッチング*を記述するためにべき指数（a）を導入する必要がある場合には，$R_R/(R_R+R_L)=r_R^a/(r_R^a+r_L^a)$となり，べき指数$a$の推定が複雑になるという欠点がある．これと比べて，マッチングの法則を $R_R/R_L=(r_R/r_L)^a$ のように反応比と強化率比の形で表した方が，aの値を推定することが容易である．したがって，選好の指標として用いる場合は，反応率比（R_R/R_L）の方が相対反応率よりも優れているとされる．

相同［homology］ ⇌ ホモロジー

相同器官［homologous organ］ ⇌ ホモロジー

相同組換え［homologous recombination］ ⇌ 遺伝的組換え

相動性反応［phasic response］ ⇌ 感覚受容

総排出孔［cloaca］ 総排泄孔ともいい，総排出腔，総排泄腔とも書く．肛門管，輸尿管，生殖輸管のすべてを兼ねる器官．それぞれの出口が共通の腔部に開口している．軟骨魚類・両生類・爬虫類・鳥類のすべて，および哺乳類の一部（単孔類）にみられる．

総排泄孔［cloaca］ ＝総排出孔

創発的特性［emergent property］ 多数の自律的な要素が相互作用することで，個々の要素の単純性には帰着することができない非自明な大域的特性が要素集団から生み出される特性を創発的特性とよぶ．真性粘菌変形体の全体の複雑なふるまいが，その身体内部に散在し，個々は生化学的性質に従い比較的単純なふるまいをする振動子間の相互作用により決定されるというのはその一例である．創発は自己組織化*ときわめて近い概念であるが，これらの用語の間に明確な差異はない．自己組織化はパターン形成*など構造の形成を議論する際によく使われるが，創発は機能の生成の際に使われることが一般的に多い．（⇌ 自律分散制御）

相反過程理論［opponent-process theory］ R. L. Solomonらによって提唱された情動*に関する理論．この理論は，動物が経験する情動の背景に二つの媒介過程を想定し，以下のように仮定し

相反過程理論の模式図　ベースラインから上下への逸脱が情動反応とその媒介過程(a,b)の質, 強度, および時系列的変化を示す.

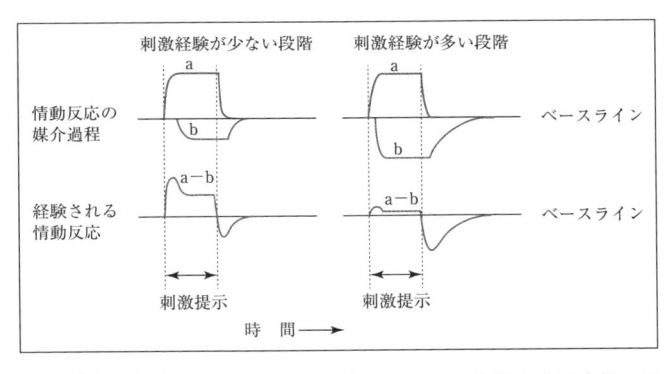

ている(上図). すなわち, 快ないし不快を喚起する刺激(hedonic stimulus)を与えると, まず, これに対する主過程としてa過程が, ついで, これを抑制する従過程としてb過程が喚起される. a過程は刺激の終結と同時に消失するが, b過程は刺激の終結後もしばらく持続する. 動物が経験する情動の質と強度は, 相反する両過程が互いに打消し合った残部(a−b)として決定される. つまり, 刺激提示中は, 主としてa過程を背景に快ないし不快が経験され, 刺激除去後は, b過程を背景に刺激提示中とは正反対の情動(不快ないし快)が経験される. また, a過程の大きさは不変であるが, b過程は刺激を反復することで, より早く強く生じ, より長く持続するようになるとされている. b過程が増強すればa過程が打ち消される度合いも大きくなるため, 同じ刺激を反復提示すると, その刺激が最初にひき起こす情動反応は弱くなり, 逆に, その後に表れる正反対の情動反応が強くなる. この理論は, 薬物を含むさまざまな情動喚起刺激に対する馴化*や嗜癖*の説明に用いられる.

走風性　[anemotaxis]　⇌ 定位行動
送粉　[pollination]　= 花粉媒介
送粉者　[pollinator]　⇌ 花粉媒介
相変異　[phase polyphenism, phase polymorphism]　表現型多型*の一つ. 成長時の個体群密度により, 形態・体色・生理・行動などの表現型が大きく変わる現象. バッタ・ヨトウガ・ウンカ・アブラムシなどの昆虫で知られる. 低密度で成長した場合に発現する表現型を "孤独相(solitary phase)", 高密度で成長した場合に発現する表現型を "群生相(gregarious phase)" とよぶ. 多くの場合, "群生相" は翅が長く体色が暗化し, 集合性が強まり活動的になる(図). バッタ類の "群生相" は数十万にもなる大群で移動し(飛蝗 migratory locust), アフリカ大陸や中国大陸, 日本でも作物に甚大な害を及ぼす存在として恐れられてきた.

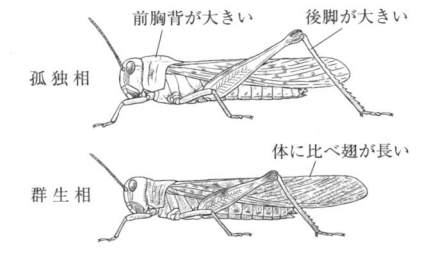

僧帽細胞　[mitral cell]　⇒ 嗅球
相貌失認　[prosopagnosia]　顔の知覚および認識能力が選択的に欠損する症状. 脳の底部, 紡錘状回(fusiform gyrus)に生じた損傷の結果として生じることが知られている. 外科性の脳欠損によるもののほか先天的にこの障害を示す場合もあり, 後者の場合には遺伝性の素因があると考えられている. 眼や鼻, 口など, 顔の構成要素一つ一つの知覚は失われないにもかかわらず, 顔に基づいて個人を識別する再認*能力や表情を識別する能力

紡錘状回の神経活動は, 顔のようにブロックを配置した図形(右)を見せると上昇する. 左の図形では反応しない.

が劣化する．同時に，自動車の種類・魚の種類などの識別をすることも困難となる場合や，色や景色（街並み）の失認を併発する場合もあり，症状は一様ではない．健常な被験者を対象に脳機能イメージングを行った結果，紡錘状回の神経活動（局所的な血流量として測られるもの．⇒ 機能的磁気共鳴画像法）が，顔を見せることによって上昇することがわかった．眼や口を単純なブロックに置き換えた図形であっても，それらを適切に配置してつくった単純な顔（図右）を提示すると，紡錘状回の活動が上昇することが示されている．

相補的性決定［complementary sex determination, CSD］　単数倍数性のハチ目昆虫の性決定機構仮説の一つ．性決定遺伝子座（たとえばA，Bとする）がヘテロの場合(AB)に雌，ヘミ(AOまたはBO)かホモ(AAまたはBB)の場合に雄になる．ミツバチでこれにかかわる遺伝子座 *csd* (complementary sex determiner) が見つかっており，多くのハチ目昆虫がこの仕組みをもつと考えられているが，ミツバチ以外では *csd* オーソログ（同じ機能をもつ遺伝子群）は見つかっていない．

相利［mutualism］　⇒ 社会行動

相利共生［mutualism］　相互作用する生物種間の関係を表す用語の一つであり，双方の生物種が利益を得る状況をさす．共生*している生物に限定して使われるのではなく，相互作用する生物全般に対して使われる．アリとアブラムシの関係が有名な例として知られており，アリは甘露*という餌資源をアブラムシから受取り，アブラムシは防衛というサービスをアリから受取る（図）．また植物と送粉者の関係の多くも相利共生であり，送粉者は蜜などの餌資源を植物から受取り，植物は花粉媒介*というサービスを送粉者から受取る．相利共生は双方の生物が互いにバランスよく利用し合っている状態であるため必ずしも安定的ではなく，条件しだいでは相利共生から偏利共生*あるいは寄生*の関係へと変わることがある．

相利性（個体間の）［intraspecific mutualism］
同種の複数個体が相互作用により互いの適応度*を高める現象．協力，協同*と同義だが（⇒ 社会行動），相互作用による利益の発生に個体間で時間差がある互恵性*に対し，時間差がない場合をさしてこの言葉が用いられることが多い．ミツツボアリやシュウカクアリの仲間では婚姻飛行*を終えた血縁のない女王が協力して巣穴を掘る．穴掘りに参加する女王が多いほどコロニー創設*が成功しやすい．最初のワーカー*が羽化し巣に餌を運ぶようになると，女王間の闘争やワーカーによる間引き的行動により最後には女王は1個体しか残らないが，単独で創設するより女王1個体当たりの期待される適応度が高いためこの多雌創設は相利性の実例とされる．

走流性［rheotaxis］　⇒ 走性

遡河回遊［anadromy］　⇒ 回遊

側坐核［nucleus accumbens］　⇒ 大脳基底核，報酬系

側社会性ルート［parasocial route］　1974年にC. D. Michener が提唱した真社会性*に至る系統発生経路に関する説．半社会性ルート (semisocial route) ともいう．W. M. Wheeler の亜社会性ルート*に対する代替仮説（図）．まず母親に子どもの

アブラムシは甘露をアリに提供し，アリはアブラムシを外敵から守る．

真社会性への道のりに関する2説

亜社会性ルート：単独性 → 亜社会性 → 真社会性

側社会性ルート：巣の共有 → 準社会性 → 半社会性 → 真社会性

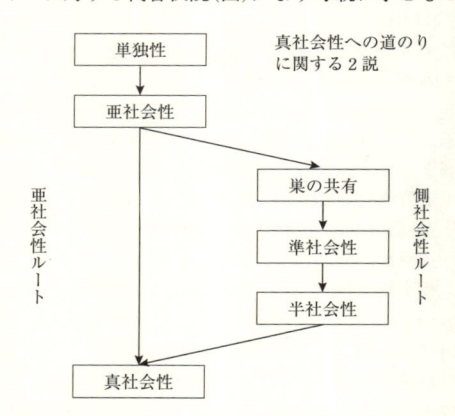

成長場所である巣を作る行動が進化する．次に同世代の雌が巣を共有するようになる (communal nesting)．やがてこれら母親たちが保育まで共同で行うようになる（準社会性 quasisocial）．これら同世代の雌（母親）のなかにおもに繁殖以外を担当するヘルパー*が生じる（半社会性 semisocial). 最後に娘の世代に母親世代の繁殖に協力するヘルパーが進化し，繁殖する母世代との分業が成立するという道筋である．Michener は花バチ（花粉食性のハチ）においてはこの経路が正しいと考えたが，狩りバチ（肉食のハチ）の経路にもこれが当てはまると考える研究者もいる．

即初期遺伝子［immediate early gene］＝最初期遺伝子

側所的種分化［parapatric speciation］⇌ 種分化

促進子［prompt］⇌ プロンプト

側性［lateral asymmetry］⇌ 左右性

側線［lateral line］⇌ 側線器官

側線器官［lateral line organ］　側線（lateral line），側線系（lateral line system）ともいう．円口類，魚類および水生の両生類の頭部や体側の皮膚の側線管とそこに並ぶ機械刺激受容器の総称（図）．

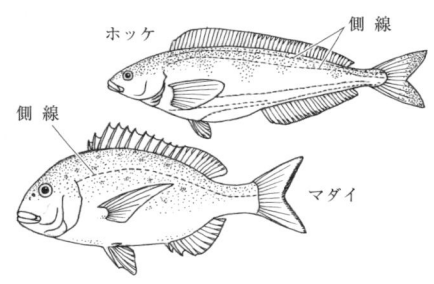

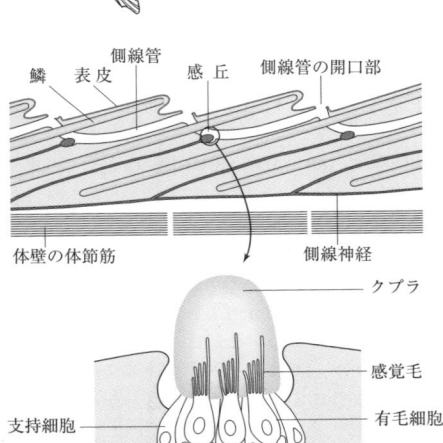

魚の側線器官．側線管の水流は有毛細胞を屈曲させ，そのとき有毛細胞に生じるエネルギーを受容器電位に変換し，活動電位を誘発して脳に伝達する．側線の長さ，数，位置は種によって異なる．

体表に開口部をもつ側線管に散在する感丘という小さな受容器にはゼラチン質のクプラがあり，そこに有毛細胞が埋め込まれている．側線管に流れ込んだ水によってクプラが押されて有毛細胞が曲がると，有毛細胞はそのエネルギーを受容器電位に変換し，それが脳に送られる．この情報により，魚類は水中の自分の動きや，周囲の水流の方向や速さ，さらに餌や捕食者などによって生じる水の動きや振動も感知できる．魚類，両生類には有毛細胞のある内耳*があり，同様の仕組みで周波数の高い振動（音）が感知される．陸上脊椎動物の内耳と魚類の側線系の感丘の発生において同じ遺伝子が発現することから，これらは相同器官と考えられている．有毛細胞そのものは，耳も側線もないナメクジウオですでに見られている．

側線系［lateral line system］⇌ 側線器官

促通［facilitation］　シナプス伝達（synaptic transmission）において，シナプス前ニューロンに複数の刺激を与えると，シナプス後ニューロンに発現するシナプス後電位が個々の刺激による応答の和（加重）よりも大きくなる現象をいう（⇌ シナプス）．シナプス前からの活動電位*ごとの伝達物質放出量が増大することで説明でき，その部分を情報が通りやすくなるのでこの言い方がある．さらに，行動生物学では学習*・記憶*にかかわるメカニズムとして提唱され，興奮性シナプス*でシナプス前ニューロンの個々の活動電位*に伴うシナプス後電位が何らかの機構により大きくなることをいう．同シナプス促通（homosynaptic facilitation）と異シナプス促通（heterosynaptic facilitation）が知られる．前者は2個のニューロンだけで起こるもので，シナプス前ニューロンが頻繁に活動し，それに伴いシナプス後ニューロンが興奮を繰返すと起こる現象であり，後者は当該シナプスの前末端に結合する促通性介在ニューロンの作用により起こる現象である．特に後者が長く継続することを長期促通*という．同シナプス促通が長く継続する長期増強*とは区別される．

側方抑制［lateral inhibition］　側抑制ともいう．[1] 多数の神経細胞が空間的に1列または1層に並び，各神経細胞の入力あるいは出力が隣接する神経細胞の入力あるいは出力に対して抑制的に加えられる場合，神経細胞群からの空間的な出力パターンは，神経細胞群への入力パターンの変化を

強調・増幅したものになる．これは視覚や聴覚など感覚系でみられる現象で，刺激の変化成分（コントラスト）を強調する．たとえば網膜では側方抑制によって物体の輪郭を強調し，中枢レベルでの形の識別を容易にしている．側方抑制の仕組みは1950年代H. K. Hartlineらによりカブトガニの複眼での研究で明らかにされた．[2] 動物の個体発生の過程で，ある方向への分化を運命づけられた細胞が，周囲の細胞の同方向への分化を抑制する現象．

側抑制 [lateral inhibition] ⇒ 側方抑制

阻止 (心理学) [blocking] ⇒ ブロッキング

ソシオグラム [sociogram] 集団を構成する個体間の関係の構造を図で示したもの．集団内の各個体を円などで表し，個体間の関係を矢印などの線で結んで表現する．個体間の関係について，それが一方向か双方向か，友好的か排斥的か，どの程度の強さか，などを図示することが可能で，これに基づいて社会構造*を分析する．本来は社会学において，集団内の人間関係を分析するために用いられたが，現在では，人間に限らず，ある集団における構成個体の社会的な関係やそのネットワーク全体を解析するなどの目的にも広く用いられる（図）．ソシオグラムは，数学的にはグラフ*理論で分析可能な（頂点と辺からなる）構造をとっているので，もともとの社会学的な解析だけでなく，数学的な解析も行うことができる．集団内の個体間の関係はソシオグラムではなく対戦表のような行列で表現することもあり，その場合はソシオマトリクス（sociomatrix）とよばれる．

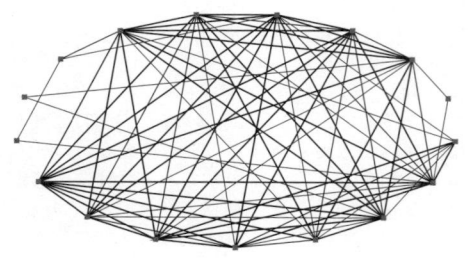

イヌ同士の遊びの関係

ソシオマトリクス [sociomatrix] ⇒ ソシオグラム

咀しゃく [chewing] 摂取して口に入った餌を歯で噛み砕き，さらにはすり潰して，機械的消化を行うこと．咀しゃくによって小片となった餌は，唾液と混ざることで粘滑性が増加し，飲み込みやすくなる．ウマやウシなどの草食動物では，草などをすり潰す臼（きゅう）歯の表面が平らで，上顎と下顎の臼歯が密着できる構造になっている．単胃であるウマは咀しゃくの回数が多く，30〜50回の顎運動を30〜45秒かけて行う．反芻胃をもつウシなどは摂食の咀しゃくに加えて，反芻*のときに再咀しゃくをする．ウシは15〜30回の顎運動を15〜25秒かけて行う．一方，肉食動物の臼歯は凹凸が多くあり，餌を切り裂き，噛み砕けるような構造になっている．草食動物とは異なり，肉食動物は飲み込むのに必要なだけの咀しゃくをするだけで，唾液と混ざることは少ない．

素数ゼミ ＝周期ゼミ

祖先形質 [ancestral character, plesiomorphy] 祖先がもっていた形質のことをいう．同じ祖先から引き継いだ形質を共有祖先形質（symplesiomorphy）とよぶ．系統樹の推定には共有祖先形質は役に立たず，共有派生形質*を用いる必要がある．祖先形質であるかどうかは，ある分類群の共通祖先化石が出てくれば判明するが，そうでなければ実際には判断は難しく，最節約法などで推定することになる．系統地理学での遺伝子ネットワーク樹*においては，端に位置するハプロタイプ*が派生的で中央に位置するハプロタイプほど祖先的な遺伝形質とみなすことができ，祖先的な遺伝形質を有する集団は起源的な集団で，派生的な遺伝形質のみを有する集団は派生的な集団とみなすことができるなど，集団の歴史を推定することに役立つ．

祖先復元 [ancestral reconstruction] ⇒ 系統的制約

ソデフリン [sodefrin] ⇒ 性フェロモン

ソナグラム [sonogram] ソノグラム，音響スペクトログラム（sound spectrogram），または声紋（voice print, sound spectrogram）ともいう．自然界に存在する複雑な音は一見すると不規則な波形を示すが，実はさまざまな周波数成分が合わさって構成されている．この音信号から周波数成分を分離し，視覚化した図がソナグラムである（次ページ図）．音信号から周期的構造を計算するフーリエ変換を利用する．これは音信号を短い時間枠で区切り，それぞれの時間枠ごとに周波数成分を計算し，プロットしていく．一般的には横軸に時間（秒），縦軸に周波数（kHz）をとり，音圧

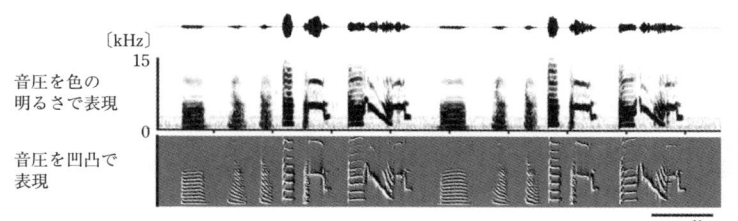

キンカチョウ(鳴禽類)のさえずりのソナグラム．最上段は音の波形図で，2, 3段目が音圧を異なる方法で表したソナグラムである．

(dB)を色の違いで表す．音を可視化することで音の時間的変化や音高・音圧などの多くの情報を，耳で聞くよりも簡単に目で評価することができる．1950年代に米国のベル電話研究所で発明され，その後 W. H. Thorpe* が鳥のさえずり* 研究に応用した．現在でもヒトや動物の発声研究で有用な解析手法として用いられており，特に鳥のさえずり研究では必須の手法となっている．鳥のさえずり研究では，ソナグラムによって，さえずりに方言* があることや学習により獲得されることが発見されるなど行動学的研究が飛躍的に進んだ．

ソノグラム〔sonogram〕 =ソナグラム

ソープ THORPE, William Homan 1902. 4. 1～1986. 4. 7 英国の行動学者，ケンブリッジ大学教授．世界で初めて鳥の歌の分析にソナグラム* を用いて鳥の歌の定量的研究を創始した．P. R. Marler* の指導者でもある．鳥の歌が学習により発達過程で変化すること，歌に方言* があることなど，現在の鳥の歌研究の基礎を確立した．主著に『Bird-Song(鳥の歌)』(1961年)がある．

素朴心理学〔folk psychology, naive psychology〕 人間がもつ，他者の心について理解，説明する能力を素朴心理学という．これにより，何をすれば相手が怒りを感じるかなどを予測，理解し，われわれは日常生活を送っている．心がどのように働くかについての素朴理論(心の理論*)が素朴心理学の基礎であるとする立場と，他者の立場を自己内でシミュレーションすることで理解しているとする立場がある．素朴心理学の発達について，菓子箱の中身をペンに入れ替えるところを見ていなかった人物が，中身について誤った信念(菓子が入っている)をもつことが理解できるか問う誤信念課題への正答は，3～4歳になるのを待つ必要があるとされる．ただし言語発達などの制限がなければ，より早く正解できるとする見解もある．自閉症* は素朴心理学の発達の障害であると考えられている．チンパンジーなど霊長類が心の理論をもつかについて議論がある．

ソマトスタチン〔somatostatin〕 成長ホルモン放出抑制因子(growth hormone releasing inhibitory hormone)ともいう．下垂体からの成長ホルモン* と甲状腺刺激ホルモンの分泌を抑制するホルモン．この効果は脳の視床下部にあるニューロンで産生されたものが下垂体に作用することによる．脳では大脳皮質* などにも産生ニューロンがあるが，これは加齢によって減少し，ヒトのアルツハイマー病ではより顕著な減少がみられる．また，膵臓や消化管の内分泌細胞でも産生されており，それらの臓器からの他のホルモン分泌を抑制する．

空つつき行動〔air pecking〕 ハトが，空中の一点をつつくように，素早く頭を前後に動かす行動．咀しゃくを伴いながら空中をつつくこともあり，くちばしを素早く開閉させながらつつくこともある．明らかに物をつついていないことが特徴の行動である．ケージなどの単調な環境下で飼育されたハトでみられる真空行動* の一つで，しばしば常同行動* に発展する．行動が制限されない自然環境に近い条件下では，このような行動パターンは観察されない．

ソーンダイク THORNDIKE, Edward Lee 1874. 8. 31～1949. 8. 9 米国の心理学者．1895年にウェズレイアン大学を卒業し，ハーバード大学大学院に入学．W. James の指導下でヒヨコを用いた学習の遺伝に関する研究を行い，1897年に修士号を取得．コロンビア大学大学院に進み，ネコやイヌ，ヒヨコを対象に，問題箱* からの脱出時間が経験によってどのように短縮されるかを実験的に検討した．その成果をまとめた"動物の知能"と題する論文で1898年に博士号を得た．地方の女子大学で1年間講師を務めた後，1899年にコロンビア大学教職大学院に職を得て，以後1940年まで同校で教えた．博士論文にフサオマキザルで行った実験を加え，さらに理論的考察を

加えたものを『動物の知能』(1911年)として出版.同書中で,刺激状況と反応の結合(連合)は,その後に生じる快(満足)によって強まり,不快(不満足)によって弱まるとする効果の法則*を提唱した.研究テーマは広く,ヒトの学習や知能,遺伝,個人差に関心をもち,心理テストを含む教育測定,英単語の使用頻度表の作成など応用研究にも熱心であった.1912年,米国心理学会会長.主著に前掲書のほか,『教育心理学』(1903年),『心理・社会測定入門』(1904年),『知能の測定』(1927年),『学習の基礎』(1932年),『欲求・関心・態度の心理学』(1935年)などがある.

タ

大域的相互作用［global interaction］ ⇌ 局所相互作用

第一脳神経 ⇌ 嗅球

第一種の誤り［Type I error］ ⇌ 統計学的検定

対応法則［matching law］ ＝マッチング法則

体温調節行動［thermoregulatory behavior］ ⇌ 行動性体温調節

体外受精［external fertilization］ 雌の体外で受精*が行われること．多くの場合，雌が放出した卵（放卵*）に対して，雄が精子を放出（放精*）して受精が行われる．受精の効率を高めるため，さまざまな適応がみられる．たとえば，カエルでは雌に雄が抱きつく抱接によって互いの生殖孔を接近させて放卵放精が行われる（⇌ カエル合戦）．水表層などを浮遊する浮性卵（pelagic egg）を産む魚類では，求愛行動*によって雌雄の行動を同調させ，放卵放精のタイミングと位置を合わせることが多い（図）．サンゴなどは季節と月齢（潮）に

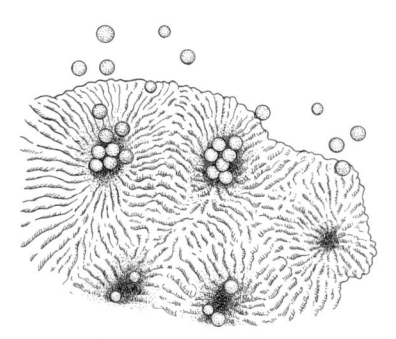

いっせいに放卵放精する雌雄同体のサンゴ．卵と精子は一つの塊となって放出され（図で1個の卵のように見えるもの），海面でばらばらになり，他の群体から放出された卵や精子と受精する．

よって産卵を同調させており，たとえば夏の大潮の夜にいっせいに放卵放精が行われ，海中で卵と精子が出会う機会を高める．雌の放卵に対して複数の雄が放精する場合，精子競争*が生じるが，放出する精子の量が多いほど有利になると考えられる．実際に魚類では精子競争のリスクの高い種ほど精巣が大きく，またサケやブルーギル，ベラなどでは同種内でも，雌とペアで産卵できる大型雄よりも，他の雄と一緒に放精し精子競争にさらされる小型雄の方が精巣が相対的に大きい．（⇌ 授精）

対角グルーミング［grooming hand-clasp］ ⇌ 相互グルーミング

大気遠近法［aerial perspective］ ⇌ 奥行き知覚

大局相互作用［global interaction］ ⇌ 局所相互作用

退行［regression］ S. Freudによれば，欲求の充足が外的障害によって妨げられたときに生じる心理的逆行運動である．対象から満足を得ることが妨げられると，欲求不満となり，過去に満足を得た別の対象や別の衝動への回帰が生じる．R. R. Searsはこれらを対象退行（object regression）および衝動退行（drive regression）とよんだ．たとえば，今の恋人への失恋によって昔の恋人に電話をかけるのは対象退行であり，失恋によるやけ食いは衝動退行である．彼はさらに，対象も衝動も変わらないが，満足を得る行為が発達的・時間的に以前の形式に戻るという道具的行為退行（instrumental act regression）の概念を提唱した．たとえば，泣いてすがるような小児期にみられる行為が失恋時に恋人に対して現れるような場合である．動物における退行の研究は，もっぱらこの道具的退行に関して行われている．たとえば迷路実験でラットがある通路を選択した際に電撃を与えると，新しい通路よりも，以前選んでいた通路を再び選ぶことが多い．

対抗進化［counter-evolution］ 対抗適応（counter-adaptation）ともいう．種間や雌雄間において，一方に起こった進化が選択圧となって他方の進化を促進すること．たとえば，カタツムリだけを食べるセダカヘビ科のヘビ類は多数派である右巻きのカタツムリを食べるのに特殊化して歯列の左右非対称な下顎を進化させているが，その捕食圧に対して，一部のカタツムリは左巻きへの対抗進化を起こし，捕食を免れている（⇌ 右利きのヘビ仮説）．また，托卵*性の鳥類であるカッコウは，宿主の巣に，宿主の卵と色・形のよく似た卵を産む．これは宿主の卵識別能力の向上に対抗

して，カッコウ卵の形質に変化が起こったからである．対抗進化が交互に繰返し起こることを共進化*とよぶ．

対抗適応［counter-adaptation］ ⇌ 対抗進化
体細胞分裂［mitosis］ ⇌ 細胞分裂
代謝耐性［metabolic tolerance］ ⇌ 耐性
対照群［control group］ ＝統制群
対称性のゆらぎ［fluctuating asymmetry, FA］ 左右相称を示す生物の形質における，完全な左右対称からの微細でランダムなずれ．ある個体の対称性のゆらぎが小さい場合は，その個体の対称性が高いことを意味する．1990年代に，対称性の高さ（＝対称性のゆらぎの小ささ）はその個体の発生安定性の高さの反映，ひいては遺伝的質の良さの反映とみなされ，優良遺伝子（⇌ 優良遺伝子仮説）に基づいた雌の選り好み*の指標や，個体群全体のヘテロ接合度のような遺伝的背景の指標となりうるという仮説のもとに多くの研究が行われた．実際，性的形質の対称性のゆらぎと配偶成功の間の負の相関を検出した研究例や，雌が対称性の高い雄を選ぶという研究例は多い．しかし通常，対称性のゆらぎの遺伝率*は低く，また対称性と遺伝的質との関連を示すデータも少ないなどの理由により，2000年以降，対称性のゆらぎを遺伝的質の指標とみなす研究は下火になっている．なお，形質の対称性と機能の関係（たとえば尾羽の対称性が高い個体は飛翔時における機動性が高い，など）に基づく直接的な性選択*や，感覚便乗*の存在も，対称性のゆらぎと適応度*の関係に影響するという指摘もある．

対称性バイアス ⇌ 認知バイアス
対象操作［object manipulation］ ⇌ 道具使用
対象退行［object regression］ ⇌ 退行
対象物［object］ ⇌ 記号
対処可能性［controllability］ 嫌悪事象へ自力で対処できるか否かという要因．たとえば，逃避・回避学習実験の場面では，被験体が特定の反応を起こすことによって電気ショックを停止させたり，その到来を延期させたりできる条件設定は，対処可能性があるということになる．これに対し，学習性無力感*の実験で用いられる連結制御手続き*のように，電気ショックの停止が他個体の反応にゆだねられていたり，実験者が被験体の反応とは無関係に電気ショックの開始と終了のタイミングを決めていたりする条件設定は，対処可能性がないということになる．

体色変化［color change, body color change］ [1]（頭足類の）　頭足類が体の色を変える行動．表皮に規則正しく分布し，黄色や褐色など単一の色素顆粒を含む細胞である色素胞（chromatophore）により体色が変わる（図a）．色素胞には神経につながる筋繊維が放射状に接続し（図b），筋繊維が収縮すると色素胞は周囲に引き伸ばされ色素顆粒が広がり体色は濃く，筋繊維が弛緩すると色素胞は縮み体色が薄くなる（図c）．神経の制御下で無数の色素胞が迅速に，かつ同調して拡張，収縮することで縞模様や明滅など多彩で動的な体色が醸し出される．表皮に分布する反射細胞（reflecting cell）も体色変化にかかわり，タマムシのような輝きをもたらす．体色は海の色彩環境に呼応し，アオリイカなど沿岸性種では艶やかでスルメイカなど外洋性種では地味である．体色のほかに，コブシメやマダコなどは表皮に突起を出す．頭足類はこのような表皮の質感と体色，体の動きなどを組合わせたボディーパターン（body pattern）を隠蔽*や求愛，威嚇などコミュニケーション*に利用している．[2]（鳥類・哺乳類の）　鳥類の多くは，成長段階や季節に伴って全身を包む羽毛が生え換わり，外観が大きく変化する．ふ化後の初毛羽は，幼綿羽，幼羽，成長羽へと換羽していく．羽毛だけでなく，くちばしや脚の色といった皮膚の色も年齢により変化する．虹彩の色も年齢とともに変化することが一般的である．季節的な変化としては，繁殖期と非繁殖期（越冬期）の換羽が一般的である．皮膚の色についても同様に季節変化する種がいるが，繁殖期中の短期間のみ色彩が変化する種が多い．サギなどにみられる婚姻色*がその代表例である．一部の鳥種では繁殖年齢に達しても外観の変化が遅れたり中間的になる現象（羽衣成熟遅延 delayed plumage maturation）が知られる．これは多型*現象の一つである．哺乳類でも季節変化に伴う体色変化（換毛*）がある．換毛の理由として体温の発散（夏期）と保持（冬期）の変換や捕食者から身を守るための隠蔽色の二つが考えられている．[3]（トカゲ）　多くのトカゲ類は，個体発生や季節を通して体色を変化させる．これは形態的体色変化であり，たとえば，ニホントカゲの幼体の尾の青い色は成体になると消失する．ホルモンの影響下で表れる繁殖期の婚姻色*などもこれに該当する．また，数秒から数分間の間に体色を変化させる種もいる．これは生理的体色変化であり，イグアナ類やヤモリ類でよくみられ，特に

カメレオン類で顕著である．カメレオン類の劇的な体色変化能力は隠蔽がおもな役割と考えられてきた．たとえば，捕食者が鳥であるかヘビであるかに応じて体色変化の仕方を変える（鳥に比べて，ヘビに対してはより体色が明るくなる）．また，カメレオン類では，雄間の優劣関係や雌の求愛拒否などを示す社会的シグナルとしても体色変化が利用される．近年では，カメレオンの複雑な体色変化の能力は，隠蔽よりもむしろ種内における社会的シグナルを促進するための機能として進化してきたとする説も唱えられている．このほか，トカゲ類の生理的体色変化の主要な機能には体温調節があり，日光浴により体温を上昇させる際に体色をより黒っぽい色にして吸熱効率を上げる．

大進化［macroevolution］　種レベル以上で作用するとされる進化過程とその結果の総称を大進化とよび，個体群レベルで生じる小進化*を対置する概念である．従来の進化学の見解では，すべての進化的変化は小進化が長期にわたって滑らかかつ緩やかに蓄積するとみなされていた．伝統的なこの考え方に対して，種以上レベルの大進化の説明には小進化での自然選択*とは別の進化的過程が必要であるという反論が，1970年代後半から1980年代はじめにかけて，主として古生物学者により提唱された．たとえば，S. J. Gould*とN. Eldredge*の断続平衡説*やS. M. Stanleyの種選択*説は，いずれも小進化では説明できない現象が大進化にはあるとみなした．"種"を境界として大進化と小進化の進化階層を分けるというこれらの主張は当時大きな論争に発展した．それは，自然選択の作用する単位にかかわる長年の論争も再燃させた．もしも，個体選択によって説明できる小進化とは別の選択機構が高次の実体（たとえば種）に対して作用するという主張を受入れるならば，個体選択ではなく群選択*を進化学者は受容しなければならなくなる．しかし，群選択をめぐる当時の選択単位（unit of selection）論争では，個体選択のみで進化は説明できるという考えが主流だった．自然選択をある環境のもとで集団内の遺伝的変異に対して作用する力とみなすとき，どのレベルに対して自然選択が作用するのかは，群選択あるいは複数レベル選択*の観点からいえば，選択の結果としての単位ではなく，それが実際に作用する単位が何かを解明しないと最終的に決着しない．

耐　性［tolerance］　同一薬物を反復投与した結果，その薬物への感受性が低下し，当初と同等の効果を得るためにはより多くの薬物が必要になる状態．耐性が生じる薬物は種類がほぼ決まっているが，その形成メカニズムは複数存在する．薬物の代謝効率が上がり，作用点に届く薬物が減少することによって生じる**代謝耐性**（metabolic tolerance）や，受容体数の減少等の作用点における組織的な変化によって生じる**機能耐性**（functional tolerance）がある．また，条件補償反応*のような学習性の要因が関与している場合もある．耐性

(a) 収縮した色素胞
拡張した色素胞

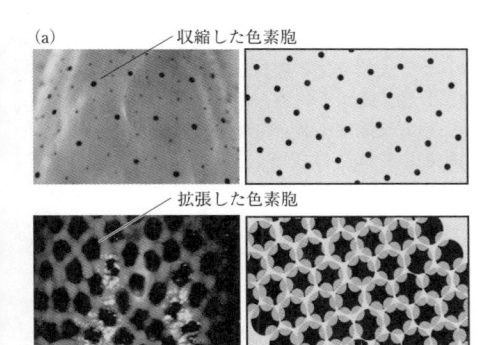

アオリイカの表皮の拡大写真（上：色素胞収縮時，下：色素胞拡張時），右は模式図（色素胞は規則正しく配列している）

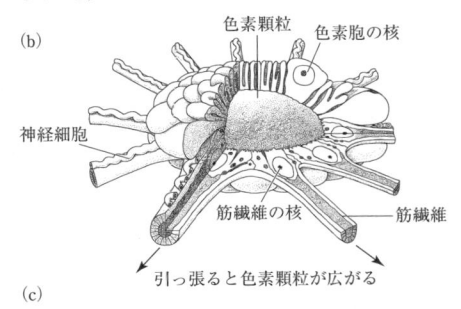

(b) 色素顆粒　色素胞の核
神経細胞
筋繊維の核　筋繊維
引っ張ると色素顆粒が広がる

(c) 全体の色素胞が拡張
バンド部分を除き色素胞が収縮

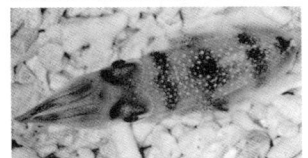

は，それまで有効であった薬物の効果が弱められることであるから，医療現場では治療上の障害となることもある．なお，薬物以外の刺激に関しても，反復使用に伴う反応喚起力の減衰を耐性とよぶことがある．

胎生［viviparity］　卵(胚)が母親の体内で発生しある程度発育した後で生まれてくる現象．従来は胎盤をもつ哺乳動物のように，子が母親の体内で母親から栄養を受取ったり，老廃物の処理を親に任せるものを胎生とよび，胚が母親の身体の中で卵黄の栄養だけを使い成長するものを卵胎生*とよんで区別した．しかし，たとえばアブラムシ*のように，胎盤をもたない動物でも卵(胚)が卵黄以外の栄養を親から得るさまざまな中間形態があることがわかり，今では両者をまとめて胎生とよぶことが多い．

体性感覚［somatic sense］　皮膚や粘膜の比較的浅い部位に分布する機械受容細胞，あるいは感覚ニューロンの自由終末を受容器として，おもに体外から加わる機械的刺激の感覚受容．単純で一時的な接触，持続的な圧迫，なでるような刺激など，特殊化が著しい．霊長類を除く哺乳類は顔面に洞毛という感覚毛*をもち，これは一般にひげとよばれている．この洞毛は顔面に規則正しく配置し，その配置に応じて脳の視床・大脳皮質体性感覚野に，それぞれバレロイド・バレルとよばれる細胞構築をもつ．ひげの先端が物体の表面をなでると，表面の微細な凹凸を基部の受容器が変換し，微細なひげの運動がバレルのニューロン活動に精密に反映される．実際，ラットは迷路に設置した紙やすりの目の細かさのわずかな違いを，接触したひげを通して正確に弁別するが，これはバレルにおける情報処理機構によるものである．なお，幼弱期，まだ体性感覚野が未成熟なときにいくつかのひげを焼き切ると，成長後，対応するバレルは発生してこない．脳の中枢が末梢に依存して組織を構築する例の一つとして知られている．

胎生期［fetal period］　⇌ 発達期

耐性幼虫［dauer larva］　モデル生物として発生や遺伝の研究に広く使われている線虫 *Caenorhabditis elegans* は，幼虫初期に餌が少なく個体密度が高い環境にさらされると幼虫のまま成長を停止し，体内に脂肪を蓄積して長い期間生き延びる．この状態の幼虫を，英語では，ドイツ語で持続や耐久性を意味する dauer と幼虫を組合わせて dauer larva，日本語では耐性幼虫とよぶ．耐性幼虫は絶食に耐えるだけではなく，乾燥や高温など過酷な環境条件に対して強い耐性を示す．また，耐性幼虫形成経路の遺伝子が老化や寿命にも関係していることが明らかになっている．線虫類は，自由生活をするか寄生性かを問わず，環境条件が悪化したときに休眠*に入ることが広く知られているが，特に *C. elegans* の場合にこの用語が用いられている．

代替戦術［alternative tactic］　ある戦術を使うと他の戦術を使うことができない場合，これらの戦術は代替戦術あるいは代替的戦術であるという．たとえば交尾の際に，一つの個体群内で雄の間に行動の違いがあり，自分で信号を出して雌を誘引して交尾する雄と，自分では信号を出さず他の雄の信号に誘引されてきた雌と交尾する雄がみられることがある（後者をサテライト*とよぶ）．その多くは，競争能力の違いなどの状況に依存したものである（雄を異なる状況に置くと同じ個体が両方の行動をすることがみられることがある）．この場合の行動の違いは，置かれた状況により個体がとるふるまいが異なるので，戦術に関する違いである．代替戦術がみられる場合には，戦略としては条件戦略であり，異なる状況下での戦術が違うという事例が多い．また，戦略に関しても同様の場合を，代替戦略（alternative strategy）あるいは代替的戦略であるという（個々の状況でのふるまいを戦術，どのような状況ではどんな確率でどのようなふるまいをするかを戦略とよぶ．⇌ 行動戦略）．代替戦略である複数の戦略が個体群内で安定して共存するためには，長期的に見た適応度*が等しいとともに，頻度が低下する戦略が個体群から失われない何らかの機構（たとえば，負の頻度依存選択*）が必要である．代替戦術についてはそのような条件は必要ではなく，次善の策*のように適応度に差があっても個体群内で安定して共存しうる．

代替戦略［alternative strategy］　⇌ 代替戦術

体内受精［internal fertilization］　雌の体内で受精が完了すること．これに対して体の外で受精する場合を体外受精*という．昆虫，鳥類，哺乳類は通常体内受精を，魚類は体外受精を行う．哺乳動物の場合，受精*は卵管膨大部で行われる．卵子は排卵*後に，卵管の繊毛と筋肉の運動によって受精部位に運ばれる．一方，精子は自然交配の場合，膣あるいは子宮内に精液の一部として

射精*され，精子自身の運動と雌の生殖道の収縮運動によって受精部位に到達する．最終的に，受精部位において精子と卵子が接合して受精が完了する．

体内時計［biological clock］ ⇌ 生物時計

ダイナミックプログラミング　［dynamic programming, DP］　動的計画法ともいう．複数の時間や段階を伴った複雑な最適化の問題を，比較的簡単な小さな最適化問題に分割して解く方法．長期間にわたる繁殖スケジューリングの最適化問題を解く際などに威力を発揮する．最適解が満たす制約式はベルマン方程式とよばれ，ダイナミックプログラミングの基本式である．ベルマン方程式は，最適解自体が最適解の関数で決まるような入れ子構造をとるため，実用上は逐次近似法などを用いて数値的に解くことが多い．

第二種の誤り［Type II error］ ⇌ 統計学的検定

大脳基底核［basal ganglion］　大脳の腹側・内側に位置する一群の神経核の複合体．ヤツメウナギなど無顎類を含む魚類から，両生類・爬虫類・哺乳類・鳥類まで，脊椎動物すべてに相同な構造として認められるが，その細胞構築と神経回路，行動発現における機能は多様である．外套下(subpallium)の一部で，**新線条体**(neostriatum，霊長類では尾状核 caudate と被核 putamen とに分かれる)，淡蒼球(globus pallidus)，側坐核(nucleus accumbens)などからなる．哺乳類，特に霊長類の研究者は，発生学的に中脳に属する黒質(substantia nigra)と腹側被蓋野(ventral tegmental area)をも大脳基底核の一部として論じることが多いが，解剖学的には分けるべきである．いずれの場合も大脳皮質(他の有羊膜類の場合は等皮質)から下行性の入力を受け，黒質・被蓋野から神経修飾物質としてドーパミン*の入力を受けて，随意運動の実行や報酬予期に基づく強化学習など，多様な機能を果たしている．損傷や変性疾患によってパーキンソン病をはじめとする一連の運動障害が生じるほか，学習性無力感*の形成，アルコール・薬物依存・病理的ギャンブリング嗜好などさまざまな問題行動も基底核の機能不全によると考えられている．性成熟したサケの基底核に慢性電極を植え込み，微弱な電気を加えて刺激すると放精・放卵など性行動の完了行動がただちにひき起こされるが，閾値下の刺激を加えた場合には雌への求愛がひき起こされる．他方，鳴禽類のさえずり学習*においても，等皮質から基底核のエリアX*を介した回路を臨界期中に破壊すると，さえずりの感覚運動学習を阻害する．

大脳皮質［cerebral cortex］　哺乳類の大脳を覆う層状の神経組織．脊椎動物の大脳(telencephalon)は背側の外套(pallium)と腹側の外套下(subpallium，線条体 striatum と中隔 septum)からなり，これらの構造は魚類から哺乳類まで，脊椎動物すべてで相同である．有羊膜類，特に哺乳類の場合，外套の背側部(dorsal pallium)が特に肥厚しており面積も大きい．この構造は6層の細胞構築をもち，ホルマリン標本の色合いから灰白質(gray matter)とよばれるが，生体はピンク色を呈する．その内側の白質(white matter)は神経繊維に富み，皮質の領域の間を広く相互に結んでいる．神経繊維が有髄で脂質に富み，白く見えるためである．外套の内側部(medial pallium)・外套の外側部(lateral pallium)も層構造を備えるが，これらは海馬*(特に歯状回)・嗅皮質などからなり，背側部の**新皮質**(neocortex, 等皮質 isocortex)とは区別される．新皮質は進化的にも新しく，高次機能を担っている，と理解されてきた．しかし，哺乳類は古生代に分岐した古い動物群である．自然の階梯という古典的な考え方に基づいて，哺乳類の脳を高次なものとみなす誤りに基づく用語であるため，最近は新皮質に代えて等皮質が用語として用いられている．爬虫類・鳥類の外套には，ごく一部の鳥類(メンフクロウ*の視覚野)を例外として，哺乳類の皮質と相似した層状の組織は存在しない．しかし，鳥類は一般には大きな等皮質を備えている．特にカラス科では大脳そのものが体重に比して大きいだけではなく，外套背側部の占める割合も高い．(⇌ 付録"さまざまな動物の脳神経系図譜")

体表炭化水素［cuticular hydrocarbon, CHC］　昆虫の表皮を覆う炭素数20〜40前後からなる炭化水素の混合物(図)．種や性別，生理状態に応じて特異的な組成・組成比を示すことから，昆虫のさまざまな認識に関与する生理活性物質として注目されてきた．揮発しにくいため，触角や味覚器での直接接触を介して受容される．社会性昆虫*ではコロニー，カースト*，繁殖能力(⇌ 繁殖力シグナリング)など個体の情報を示す多目的シグナルとして利用されており，受容した個体の行動や生理状態に影響を与える．また，社会性昆虫の巣内で生活する寄生者は宿主と同じ炭化水素を分

泌し，宿主に化学擬態*する．ただし体表炭化水素の元来の機能は乾燥防止にあったのではないかとされている．

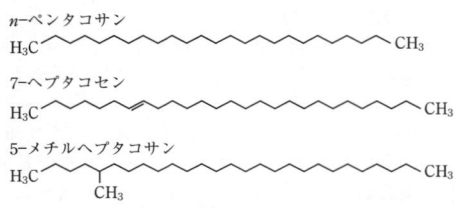

n-ペンタコサン
H₃C〜〜〜〜〜〜CH₃

7-ヘプタコセン
H₃C〜〜〜〜〜〜CH₃

5-メチルヘプタコサン
H₃C〜〜〜〜〜〜CH₃
　　　CH₃

アリの体表炭化水素の例．実際の体表炭化水素の種類はとても多いが，直鎖形，二重結合，メチル基をもつものの三つに大きく分けることができる．

代表的実験計画［representational design］　⇌ 生態学的妥当性

体部位再現［somatotopy］　⇌ 投射性脳地図

対捕食者行動［anti-predator behavior］　対捕食者防衛（anti-predator defense）ともいう．被食者が捕食者に対して行う行動．捕食者から逃げる行動のほか，捕食者に接近し，追い払う行動（モビング*，共同防衛*），警告色*を提示する行動，捕食者の忌避するにおいを発する行動も知られている．集合行動（利己的な群れ，うすめ効果）や発生の同調（エスケープ*）にもこの機能がある．また，捕食者を特定するための見張り行動*も対捕食者行動の一つである．これらの行動は，行為者の捕食リスクを軽減するほか，行為者の血縁（子やきょうだい）を守るために役立つ．

対捕食者戦略［anti-predator strategy］　⇌ 食うもの-食われるものの関係

対捕食者防衛［anti-predator defense］　⇌ 対捕食者行動

タイムアウト［timeout, TO］　一定の時間，反応を行う機会を奪う手続きのこと．ハトの実験では，ハトが暗黒では行動しにくいことを利用して，実験箱内を暗黒にすること（暗間隔*）でこの手続きを実現することが多い．また，レバーなどの操作体*を実験箱内部から引っ込めるなどの方法により操作不能にする，という手続きが用いられることもある．反応する機会を奪うということは強化率*の低下に直結するので，望ましくない行動の出現頻度を減少させる弱い弱化として用いられる．応用行動分析においては，子供の望ましくない行動を減少させるために，一定の時間，部屋のすみの決められた場所に子供を移動させて，反応する機会を与えないというタイムアウトの手続きが用いられることがある．タイムアウトは，反応の機会を確実に奪うという点で，消去*とは異なる．

退薬症状［withdrawal symptom］　＝離脱症状

代用貨幣強化子［token reinforcer］　＝トークン強化子

太陽コンパス［sun compass, solar compass］　動物が移動する際に，太陽の位置を基準としてみずからの定位方向を知ること．伝書バトや昼間に渡り*を行う鳥類，種々の淡水魚，アリやミツバチなどの昆虫でみられる．鳥類では G. Kramer のハトやムクドリを用いた特定方位の餌箱を憶えさせる学習実験により，彼らの定位能力が太陽の位置に依存することが明らかとなった．K. R. von Frisch* はミツバチが 8 の字ダンス（⇌ ミツバチのダンス）で餌場の方向を示す際，太陽の位置そのものではなく，太陽を中心に同心円状に存在する偏光のパターンに基づいて定位することを発見した（1950 年）．天空の偏光を基準とする定位は太陽コンパスと区別して**偏光コンパス**（polarized light compass）とよばれ，偏光を弁別できる多くの昆虫でみられる．アリやミツバチなどが，太陽が雲や木々などで隠れていても正しく定位できるのはこの偏光コンパスによるものである．太陽の位置や天空の偏光パターンをコンパスとして使う際には時間による太陽の移動を補正する必要があるが，鳥類や昆虫はみずからの体内時計によってこれを可能としている．（⇌ 星座コンパス）

対立遺伝子［allele］　遺伝子座に位置する個々の遺伝子のこと．ヒトのような二倍体生物では，核ゲノムの半分が母親の卵，残りの半分が父親の精子に由来し，それぞれの遺伝子座に合計 2 個の対立遺伝子が存在する．両親から同じ種類の対立遺伝子を受継いでいる場合は**ホモ接合**（homozygous），異なっている場合は**ヘテロ接合**（heterozygous）であるという．また，ゲノムを構成する DNA 塩基配列で遺伝子発現にかかわらない部分でも，特定の座位に存在する異なる塩基配列をそれぞれ対立遺伝子として取扱う場合がある．突然変異体の対立遺伝子に注目して解析を行う場合，本来ある対立遺伝子を**野生型**（wild type）とよぶ．対立遺伝子頻度*は集団レベルで保持されている対立遺伝子の頻度を測定したものであり，集団間でこの値を比較することで，遺伝的距離や分化の程度を知ることができる．

対立遺伝子頻度［allele frequency］　個体群レ

ベルや種レベルの集団を想定し，その中に保持されている対立遺伝子*の集合を**遺伝子プール**(gene pool)とよぶ．遺伝子プール中で，ある遺伝子座に存在する個々の対立遺伝子の割合が対立遺伝子頻度であり，遺伝子座ごとに合計した値は1となる．進化のプロセスは，対立遺伝子頻度が時間的，空間的に変化することとしてとらえることができる．ある集団で，自然選択*，突然変異*，遺伝的浮動*，移入・移出が起こらなければ(ハーディー・ワインベルグ平衡*)，対立遺伝子頻度は，世代交代を経ても一定の値に保持される．有性生殖を行う二倍体生物の場合，集団がハーディー・ワインベルグ平衡にあれば，ある遺伝子型，あるいはヘテロ接合している個体が出現する確率は，個々の対立遺伝子頻度の積から簡単に推定できる．集団において実測したヘテロ接合度の実測値と，対立遺伝子頻度から計算した期待値を比較することで，集団がハーディー・ワインベルグ平衡からずれていることを検定できる．

対立解決行動［conflict resolution］ ⇌ 和解行動

対立仮説［alternative hypothesis］ ⇌ 統計学的検定

代理的消去［vicarious extinction］ ⇌ 代理的条件づけ

代理的条件づけ［vicarious conditioning］ 観察条件づけ(observational conditioning)ともいう．観察学習*の一種で，刺激に対する他個体のレスポンデント行動*を観察することによって，その刺激に対して同様の反応が生じるようになること．たとえば，仲間のサルがヘビを怖がるところを観察したサルは，その後，ヘビに恐怖反応を示すようになる．なお，反応を誘発する対象に他個体が平気で接触しているようすを観察すると，反応が弱まる．これを**代理的消去**(vicarious extinction)とよぶ．

代理母［surrogate mother］ 実際の母親から引き離された子が，母親の代わりとして愛着*を示す人や動物，もの．H. F. Harlow*らは，生後すぐのアカゲザルの子どもを母親から分離(母子分離*)し，社会的に隔離して，布製と針金製の代理母を与えて育てた．ミルクは針金製の代理母から与えられたが，子どもは布製の代理母により長く接し，恐怖をひき起こすような刺激が提示されると，布製の代理母のところへ走っていってし

みつくなどの愛着を示した(図)．このことから，母親への愛着の形成には，授乳や世話による快感との連合だけではなく，皮膚の接触感も重要であることが示された．

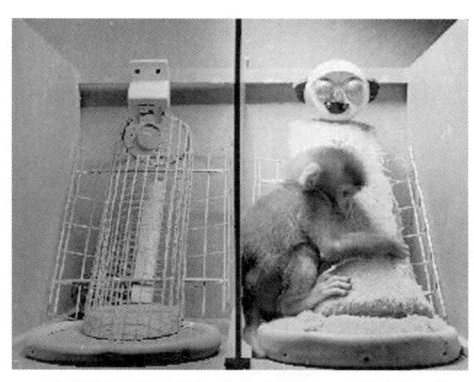

アカゲザルの子どもは，ミルクをもらった針金製の代理母(左)よりも，布製の代理母(右)に愛着を示す．

大量絶滅［mass extinction］ 同時期に複数の分類群に属する多くの種が絶滅*すること．化石が多産する顕生代(約5億4千万年前から現在)において，少なくとも5回の大量絶滅(オルドビス紀末，デボン紀後期，ペルム紀末，三畳紀末，白亜紀末)が認識されている(次ページ図)．顕生代以前にも，光合成による酸素濃度の上昇，地球の全球凍結，顕生代直前の生態系の変化などによって大量絶滅が起きたと考えられる．三葉虫などが絶滅したペルム紀末は，顕生代における最大の大量絶滅である．当時一つしかなかった超大陸パンゲアの分裂に伴う大規模な地殻変動と海洋における酸素濃度の極端な低下がおもな原因とされる．恐竜やアンモナイトが絶滅した白亜紀末の大量絶滅は巨大隕石の衝突が原因とされるが，それ以前から恐竜は減少しており，原因を一つに特定することは難しい．大量絶滅は一定の周期で起こり，その原因は太陽の連星など地球外にあるという主張もあったが，その後の多くの研究では周期性は認められていない．

大量動員［mass recruitment］ ⇌ 動員行動

多飲行動［polydipsia］ 過剰飲水，多飲症，多渇症ともいう．過度の渇き，あるいは過度に水分を摂取する行動．糖尿病や統合失調症などある種の精神障害を含むいくつかの障害の兆候になる．身体的な原因により生じる場合もあれば，心理的な原因により生じる場合もある．たとえば，ウマ

地 質 年 代 表 （⇁ 大量絶滅）

代と紀世（数字は100万年前）		生物の消長	地球環境とその変化
先カンブリア時代		生命の誕生，光合成生物の出現，真核生物の出現，多細胞生物の出現．	大気中の二酸化炭素の減少と酸素の蓄積．数度にわたる全世界的な氷期．
古生代	カンブリア紀 540–490	"カンブリア紀の大爆発" 分類群の多様化，脊椎動物を含む硬組織をもつ生物の出現．有性生殖の進化	温暖な気候．
古生代	オルドビス紀 490–443	三葉虫類，棘皮動物，頭足類の繁栄．原始的魚類の繁栄．**大量絶滅**	ゴンドワナ大陸の存在．温暖な気候．
古生代	シルル紀 443–416	植物の陸上進出．浅海性生物の繁栄．	オゾン層の形成．
古生代	デボン紀 416–355	現代型魚類の繁栄と多様化．両生類，祖先的アンモナイト類の出現．シダ植物の繁栄．**大量絶滅**	大規模造山運動．デルタ地帯，湖沼の発達．
古生代	石炭紀 355–290	シダ植物などの大森林．大型昆虫類の繁栄．フズリナ類，コノドント類の世界的分布．	パンゲアの存在．大気中の酸素濃度極大．
古生代	ペルム紀 290–247	爬虫類，裸子植物の台頭．三葉虫類など，古生代に繁栄した生物の絶滅．**大量絶滅**	大規模地殻変動．パンゲアの分裂．乾燥，寒冷化．**氷期**
中生代	三畳紀 247–206	新しい生物相の再生．爬虫類の多様化，哺乳類の出現．裸子植物の繁栄．**大量絶滅**	気候の温暖化．大規模造山運動．内陸部での乾燥．
中生代	ジュラ紀 206–144	爬虫類（特に恐竜類）の適応放散．裸子植物の繁栄．	きわめて温暖な気候が継続．ゴンドワナ大陸の分裂．
中生代	白亜紀 144–65	哺乳類，被子植物の台頭．恐竜類をはじめとした生物の大量絶滅．**大量絶滅**	パンゲアの完全解体．気候は温暖だが末期に巨大隕石の衝突と急激な寒冷化．
新生代	第三紀[†1] 65–2	哺乳類，鳥類が適応放散．被子植物の繁栄．	大規模造山運動．水陸分布がほぼ現在の状態になる．概して気候は温暖．
新生代	第四紀[†2] 2–	人類の活動が活発になる．マンモスなど大型哺乳類の絶滅．	氷期と間氷期とが交互に訪れる．人類の活動による環境破壊が進行．

2億年前（三畳紀） パンゲア　パンタラッサ海

1億3500万年前（白亜紀前期） ローラシア　ゴンドワナ

6500万年前（白亜紀後期）

現 在

[†1] 第三紀は古い順に暁新世，始新世，漸新世，中新世，鮮新世に分けられる．
[†2] 第四紀はさらに更新世，現世（完新世）に分けられる．

を狭い馬房に入れてほとんど運動をさせないと，多飲行動が生じる．また，強化スケジュール*により生じる付随行動*の一つとして，スケジュール誘導性多飲行動が知られている（⇨スケジュール誘導性行動）．

多飲症［polydipsia］＝多飲行動

ダーウィン DARWIN, Charles Robert 1809. 2. 12～1882. 4. 19 英国の博物学者，地質学者．生物は時間とともに変化してきたと考える進化論者で，進化*のメカニズムとして，自然選択*と性選択*を提唱した．この二つは基本的に正しく，現代の進化生物学理論の基礎をなしている．1809年にシュルーズベリの裕福な医者の息子として生まれ，家業の医者を継ぐべくエディンバラ大学医学部に入学するが，2年で退学．次に牧師になることを念頭にケンブリッジ大学に再入学し，生来の興味の対象である博物学や地質学を学んだ．1831年から5年間，軍艦ビーグル号に艦長フィッツロイの話し相手として乗船し，世界を周航した．初めは進化論者ではなかったが，世界一周の旅の間に，南米で地震に遭遇したこと，オオナマケモノの化石を発掘したこと，南米やガラパゴス諸島でさまざまな種が分布することを目の当たりにしたこと，パタゴニアのティエラ・デル・フエゴの先住民を観察したことなどがきっかけとなり，進化論者となった．帰国後，人為選択*の研究や，フジツボに関する詳細な研究を通して自然選択の理論を構築し，1859年に『種の起源』（邦訳多数）として出版した．その後，雌雄の違いに関する考察から性選択の理論を構築し，人類の進化とともに，さまざまな人種の違いを説明するものとして1871年に『人間の由来』を出版した．その翌年の1872年に出版した『人間と動物における感情表現』は，『人間の由来』の続編であり，形態ばかりでなく，動物の行動や感情表出がどのように進化するか，そして，それらがヒトと他の動物との間でどのように連続しているかを体系的に考察しようとした最初の試みである．このように，Darwinは，進化の科学的メカニズムを提唱したばかりでなく，行動や感情なども含め，生物のあらゆる形質に関して，進化的な考察を試みた最初の科学者であった．

ダーウィン医学［Darwinian medicine］ ⇨進化医学

ダーウィンフィンチ［Darwin's finches］ スズメ目フウキンチョウ科の鳥で，エクアドル領ガラパゴス諸島に生息するガラパゴスフィンチ属・ダーウィンフィンチ属・ムシクイフィンチ属・ハシブトダーウィンフィンチ属，およびコスタリカのココス島に生息するココスフィンチ属の5属15種の総称．フィンチと名前につくが，いわゆるアトリ科のフィンチではない．単なるダーウィンフィンチという種は存在せず，英国鳥類学者D. L. Lack*が著した本の題名に用いたことで一般に広まった俗称である．ダーウィンフィンチの仲間は繁殖能力のある種間雑種ができるほど互いに近縁であり，200万～300万年前に単一の祖先種がガラパゴス諸島に渡来し，各ニッチ*に適応して急速に種分化した適応放散*の好例である．体色はいずれも茶色や黒色で似ているが，くちばしの形はそれぞれの食性*に適応しており，種間で著しく異なっている（図）．種内にもくちばしサイズに変異があり，たとえば大きな気候変動により利用できる餌が制限されると，集団内である一定サイズのくちばしをもつ個体のみが子孫を残すことで方向性選択*が働き，翌年の集団全体のくちばしサイズが変化するという小進化*が起こることが知られている．キツツキフィンチは道具を使う鳥として有名．また，ハシボソガラパゴスフィンチの1亜種は，他の鳥の血を吸血する唯一の鳥として知られる．

7種のダーウィンフィンチはこのように，くちばしの形はさまざまだが，200～300万年前に共通の祖先から進化した．

唾液反射［salivary reflex］ ⇨反射

多回交尾（ペア内の）［frequent copulation］ 高頻度交尾，多数回交尾，繰返し交尾ともいう．雄がつがい相手の雌と何度も交尾すること．交尾頻度を上げることでつがい雌の貯精腺に多くの精子を入れ，たとえつがい外交尾があったとしても，その精子の価値を自分の精子の圧倒的な量で下げるという父性防衛行動である．鳥類では，猛禽類やコロニー繁殖する種でよくみられる．猛禽類では，雌は巣作り以降，雛がある程度成長するまで巣に残り，雄が食物を持ってくる．コロニー繁殖

する種では，不足しがちな巣材を他個体に盗まれないようつがいが交代で巣を守り，コロニーから離れて食物を取りに行く．このような生態的要因によって雄と雌が卵受精期に常に一緒にいられない種で多回交尾が進化したと考えられている．雌は受精を確保するためには数回の交尾でよいのに，なぜ多回交尾を行うのか．この問題に対して，同一のつがい内での多回交尾については1）受精確率の上昇（不足精子の供給），2）交尾による雌の社会的地位の獲得，3）栄養補給（精子そのものが栄養となったり，求愛時の餌が栄養となる）．異なる雄との複数回交尾* については1）雄の繁殖投資（交尾をした雄の子育てへの参加，すなわち雌にとっての直接的利益を引き出すこと），2）遺伝的多様性の獲得，3）遺伝的利益，4）雄による攻撃の予防と回避などの利益が考えられている（⇌ 性的ハラスメント）．多回交尾をする種の雄は，体に比べて相対的に大きな精巣をもつ．

多回繁殖 [iteroparity]　繁殖個体の多くが複数の繁殖期にわたり生存し，繁殖する繁殖様式．生涯の一時期にのみ繁殖する一回繁殖* と対比される．多回繁殖をする生物の多くは多年生であるが，夏期や乾期に休眠する昆虫やカタツムリのように，一年生の動物にも多回繁殖するものがある．多回繁殖をする生物で，個体により初回の繁殖で死亡することがあっても，それは一回繁殖とはよばない．将来の繁殖のための生存・成長と，現時点での繁殖とに投資できる資源量にはトレードオフ* があると考えられる．この仮定が正しければ，一回の繁殖に投資する資源を増やすよりも生存・成長（将来の繁殖）への投資を増やした方が生涯の繁殖成功率が高くなる生物で，多回繁殖が進化すると予測される．すなわち，多回繁殖は，将来の生存・繁殖の機会が投資量に応じて増大する条件のもとでK選択* を受けて進化した哺乳類や鳥類などの生活史に特徴的である．

多渇症 [polydipsia]　＝多飲行動

タカハトゲーム [hawk-dove game]　動物がなぜ儀礼的な闘争をするかを探るため，1973年にJ. Maynard Smith* とG. R. Price* によって考え出された，好戦的なタカ戦略と，平和を好むハト戦略の二戦略からなるゲームモデル．価値Vの資源を2個体が争う状況を考える．タカ戦略の個体同士が出会うと，互いに譲らず闘争が起こり，勝者は資源Vを得るが，敗者は傷のコストCを負うため，平均的に利得は$\frac{1}{2}(V-C)$となる（表）．タカ戦略がハト戦略と出会った場合，ハト戦略は闘争を回避し資源を譲るため，タカがVを独占しハトは何も得ない．ハト戦略同士は資源を平等に分けるため，それぞれが利得$\frac{1}{2}V$を得る．$V<C$の条件下では，ある一定の確率でハト戦略を採用する混合戦略* が進化的安定戦略* であるので，闘争の回避は必ずしも非適応的でないことが示される．また，純粋なタカ戦略とハト戦略からなる二型集団においては，タカが多い場合にはハトが，ハトが多い場合にはタカが，それぞれ有利となるため，負の頻度依存選択により二型が安定に保たれる．

タカハトゲームの利得表

		相手	
		タカ戦略	ハト戦略
自分	タカ戦略	$\frac{1}{2}(V-C)$	V
	ハト戦略	0	$\frac{1}{2}V$

多感覚知覚 [multimodal perception]　視覚，聴覚，触覚，自己受容感覚などの感覚器官は，単独で機能するだけではなく相互に関係（感覚間相互作用）をもちながら環境内の刺激を処理している．このような感覚間相互作用のなかで生じる知覚を多感覚知覚とよぶ．複数の感覚を同時に知覚する点において共感覚* に類似しているが，それぞれの感覚器官に実際に刺激入力がある点において共感覚とは異なる．たとえば，話者を知覚している際には，口の動き（視覚情報）と音声（聴覚情報）を同時に知覚し，情報を統合している．この場合，口の動きと音声を同時に処理し相補的に統合することにより，音声が聞きとりにくいような騒音が多い場面でも正確に話者の話している内容を取得することができる．一方で，複数の感覚情報が異なる意味の情報を発することもある．たとえば，発話内容と韻律，あるいは顔の表情と視線といった情報は，必ずしも同じ意味内容を伝えるわけではない．こうした場合には，それぞれの情報が単独で提示された場合にもつ意味とは異なる"第三の意味"が創発する．

他感作用 [allelopathy]　＝アレロパシー

妥協理論 [compromise theory]　⇌ 繁殖の偏り

托卵 [brood parasitism]　育児寄生（nest parasitism）ともいう．自身では子育てをせず，他種や他個体の養育行動を搾取して子を育てさせる，

寄生的な繁殖システム．カッコウ*などの**托卵鳥**(brood parasite)が有名だが(図)，ヤドリアリ類やチャイロスズメバチなどの社会寄生者(女王が他のアリやスズメバチの巣に寄生して巣を乗っ取る)や，口内保育*を行うカワスズメに托卵するカッコウナマズ，アリに托卵するハナアブやシジミチョウなどの**蟻客**(myrmecophiles)，近縁種に托卵するスズメバチ，糞虫，シデムシなど，さまざまな分類群に存在する．また，シロアリ卵に外見やフェロモンを擬態*し，シロアリの養育に寄生する菌類も，広義には托卵者である．托卵者に寄生された宿主は多くの場合，自身の繁殖成功率が下がるため，宿主には対寄生者防衛戦略が進化する(たとえば模様の違う卵を壊したり，寄生者であるカッコウの雛を捨てるような行動)．一方，宿主で防衛戦略が進化すると，寄生者は子孫を残せなくなる．そのため，防衛をかいくぐる戦略が対抗進化する(たとえばそっくりな模様の卵を産むようになる．⇌卵斑)．さらには宿主の反撃によって托卵が失敗した場合に，托卵者がその報復として宿主の雛を殺すといった行動(マフィア仮説*)など，結果として，**軍拡競争***とよばれる拮抗的な共進化が生じるのが特徴的である．多くの場合，宿主が寄生者と自身の子の識別のために用いている信号を擬態している(⇌だまし[図])．カッコウの卵の色や模様，アリやシジミチョウ卵のフェロモンなどが有名である．カッコウの場合，いったん卵からふ化してしまえば雛は宿主に排除されることはほとんどないが，オセアニアに生息するテリカッコウ類では宿主が寄生雛を自身の雛と見分け，巣から排除するため，寄生

雛の宿主雛への擬態が進化した．カッコウのように自身では一切養育を行わず，托卵によってのみ子を残すシステムを**絶対的托卵性**(obligate brood parasitism)，自身でも養育を行うが，条件的に托卵を行うシステムを**機会的托卵性**(facultative brood parasitism)という．後者のうち，おもに鳥類で同種の他つがいの巣に寄生するものを**種内托卵**(intraspecific brood parasitism)といい，バン，ムクドリ，スズメ，ツバメなどで知られている．

托卵鳥［brood parasite］⇌托卵

多　型［polymorphism］　種内における形質の不連続な個体間変異のこと．チョウの春型や夏型(季節多型*)，シロオビアゲハの雌にみられる二型(ふつうタイプとベニモンアゲハ擬態タイプ)，南米のミイロタテハやエリマキシギの雄にみられるさまざまな色彩多型，真社会性昆虫(アリ・ハチ，シロアリ)やハダカデバネズミ*にみられる集団内のカーストも多型の一つである．行動学で研究の対象になるのは，形態や行動，習性といった表現型形質に現れる多型であり，これらは，環境要因などによって支配される**表現型多型***と，遺伝的要因によって支配される**遺伝的多型***に大別される(表)．

変異				
多　型(＝離散的変異)				
遺伝的多型	表現型多型(＝条件依存的多型)			連続的変異
遺伝子型多型	エピジェネティック多型[†1]	個体間表現型多型[†2]	個体内表現型多型[†3]	

†1　エピジェネティック多型：塩基配列における変異ではなく，エピジェネティックな機構の変異により異なる表現型を発現する．
†2　個体間表現型多型：一個体につき一つの代替表現型(⇌代替戦術)を発現する．たとえば，昆虫における成虫で発現する代替表現型など．
†3　個体内表現型多型：一個体につき二つ以上の代替表現型を発現する．たとえば，複数年生存する鳥の夏羽・冬羽や，昆虫類の幼虫で齢により表現型が変化する場合など．

多元スケジュール［multiple schedule］　混成スケジュールともいう．複合スケジュール*の一つ．単一オペランダム*に対し複数のスケジュール成分を，各成分に対応する弁別刺激*を提示しつつ交替で実施するスケジュール．*mult.* と略記

する．たとえば mult. VR 50 VI 60秒(多元 変動比率50 変動時隔60秒)では，特定の弁別刺激(たとえば赤色光)提示下で，反応キーへの反応にVR 50に従って強化子を提示することを一定期間実施した後，色光を緑に，同じ反応キーのスケジュールを VI 60秒に変更する．成分の違いを示す手がかりが存在する点で混合スケジュール* と異なり，各成分のもとで強化子が提示される点で連鎖スケジュール* と異なる．成分の数，継続期間(時間や強化数で定義)，交替方法(無作為か一定の規則に基づくか)，交替回数などは研究目的に応じて決定される．mult. VI EXT(多元変動時隔消去)は，継時弁別訓練のための，go/no-go型弁別手続き* で用いられる典型的スケジュールである．

タコ [octopus] 頭足類の一群で八腕形目の総称．マダコなどの無鰭亜目とメンダコなどの有鰭亜目に大別され，吸盤のついた8本の腕をもつ．多くは底生性であり，熱帯から寒帯，浅海から深海にいたるさまざまな海域に生息し，繁殖期を除きおもに単独で行動する．寿命は1年～数年程度で，繁殖期には卵を藤の花のように紡いだ卵塊を岩棚などに産みつけ，ふ化まで世話をする．変態せず，ふ化時から親のミニチュアの姿をしている．隠蔽能力に優れ，瞬時の体色変化* とボディーパターンにより，海底の岩肌や藻などに化ける．また，ミミックオクトパスは，毒をもつミノカサゴやウミヘビなどに姿形と動きも似せるベイツ型擬態* を行う．さらに，ウデナガカクレダコは海底で2本の腕を交互に動かし二足歩行のような逃避行動を行い，メジロダコはココナッツの殻を携行して防衛のための盾に用いる道具使用* を行うなど，ユニークで複雑な行動もみられる．巨大な脳とヒトに酷似したレンズ眼をもつが，色覚を欠く．古典的条件づけ* が可能であり，マダコではつぎのような観察学習* も確認されている．赤玉と白玉を一緒に提示したとき，決められた一方を攻撃するよう訓練したタコを水槽片側に，もう片側に訓練を受けていないタコを入れる．訓練済みのタコに赤玉と白玉を提示すると学習した方の玉を攻撃するが，もう片側のタコはその様子を熱心に眺める．そして，このタコにも赤玉と白玉を提示すると，訓練済みのタコが攻撃した方の玉を攻撃するようになる．このタコは，同種他個体の動きを見てまねし，特定の課題を学習したのである．

他行動分化強化スケジュール [differential reinforcement schedule of other behavior, DRO schedule] 分化強化スケジュール* の一つ．反応休止分化強化スケジュール(differential reinforcement schedule of pausing, DRP schedule)もしくは無行動分化強化スケジュール(differential reinforcement schedule of zero behavior)ともいう．ある任意の標的行動の頻度を減少させることを目的として，標的行動以外の行動を分化強化* によって増加させる手続き．たとえば子どもが教室で走り回る行動を減らしたい場合に，走り回ること以外の行動を強化することで，結果的に走り回る行動を減少させようとする．

多雌創設 [pleometrosis] ⇌ コロニー創設

他種誘引 [heterospecific attraction] ⇌ 同種誘引

多女王性 [polygyny] 社会性昆虫* の社会構造を表現する特徴の一つでコロニーに女王* が複数いる状況をさす．これに対し，コロニーに女王が1個体いることを単女王性(monogyny)とよぶ．アリでは約半数の種が多女王性であるといわれているが，ハチ，アリ，シロアリともに単女王性か多女王性かは固定的でなく，コロニーの成長過程で変化することが多い(⇌ コロニー創設)．多雌創設されたハチ目社会性昆虫のコロニーはその後，女王間の闘争などで繁殖者が1個体に絞られ二次単女王性(secondary monogyny)になるものと，多雌創設がそのまま一次多女王性(primary polygyny)に移行するものが知られている．これとは逆に単雌創設されたコロニーに後から女王(ふつうは創設女王の娘)が加わるものを二次多女王性(secondary polygyny)といいアリには実例が多い．シロアリではコロニー創設数年後に王や女王が加わり多王多女王性になることもあるが，加わったものを補充生殖虫(supplementary reproductive)とよぶ．一方，創設女王や王が死亡・消失した後現れ生殖を引き継ぐものを置換繁殖虫(replacement reproductive)とよぶ．ハチ目の多女王性では3/4仮説* が仮定するより同巣雌間の血縁度* が一般に低下するため，血縁選択* の理論上の問題とされることも多かった．しかし分子系統樹を用いた分析では，多女王性は同じく巣仲間の血縁度を下げる女王の多回交尾* とともに，いったん真社会性* が進化しワーカーが全能性を失った後で二次的に進化した特徴であるとする見解が示されている．社会性昆虫の社会構造を表現する別の特徴に

単巣性(monodomy, コロニーに巣が一つ)と多巣性(polydomy, コロニーに巣が複数)がある．アリでは多女王性コロニーは同時に多巣性を示すことが多いが，ツムギアリのコロニーのように単女王性で多巣性を示すものもいる．シロアリでは巣と餌場が同じであるものをワンピース型，巣と餌場が異なるため採餌に行かねばならないものをセパレート型社会構造とよぶのが世界標準であるが，この分類は日本の安部琢哉の発案である．どんな社会構造をもつのかは種や個体群によって固定的であるとの見解から，以前は単女王制，多女王制と日本語では表記したが，社会構造も進化可能な生物の性質の一つであるとの見解から，現在では"性"と表記される場合が多い．

多食性［polyphagous］ ⇒食性
多数回交尾［frequent copulation］ ＝多回交尾
多 精［polyspermy］ ＝多精子受精
多精拒否［polyspermy block］ ⇒受精
多精子受精［polyspermy］ 多精ともいう．受精の際に1卵に対して2個以上の精子が侵入すること．多精子受精が起こると胚発生は正常に進まなくなるため，さまざまな多精拒否機構が卵には備わっている．ウニなどの一部の生物では詳しく調べられていて，最初の精子が卵細胞膜に到達して1～3秒ほどで完了する速い機構と数十秒を要する遅い機構がある．前者は卵細胞膜の膜電位変化によって精子が結合できなくなるものであり，後者は卵細胞表層顆粒の崩壊によって受精膜が形成され，精子の侵入ができなくなるものである．

多巣性［polydomy］ ⇒多女王性
脱感作［desensitization］ ⇒馴化
脱馴化［dishabituation］ 脱慣れともいう．馴化*の一時的解除により，再び反応が生じることをさす．たとえば，突然大きな音を与えると観察されるラットの驚愕反応*は，音を繰返して与えることで小さくなるが，別の刺激(たとえば，電球の点灯)を与えてから音を与えると，小さくなったはずの驚愕反応は再び大きくなる．脱馴化の現象は，感覚器の損傷や効果器の疲労では説明することができない．もしも，ラットが難聴になっていたり動けないなら，大きな音の前に電灯を点灯しても，その音が聞こえるようにはならない．また，疲労から解放されるわけではないので，反応が復活する理由がない．なお，ヒトを含む霊長類の乳幼児の発達研究などでしばしば使用される馴化-脱馴化法*における"脱馴化"という用語は本来の意味ではなく，"馴化の般化"である(誤用が定着したものである)．

脱制止［disinhibition］ 脱抑制ともいう．抑制*過程の一時的解除により再び反応が生じること．たとえば，肉粉と対にして与えたメトロノームの音に対して観察されるイヌの唾液分泌条件反射は，メトロノーム音だけを繰返し与えることで消去*されるが，別の新しい刺激(たとえば電球点灯)を与えてからメトロノーム音を提示すると，消去していたはずの唾液分泌が再び生じる．I. P. Pavlov*は，この現象と自発的回復*現象をもとに，反応の消去は条件反射*の喪失ではなく，その出現を抑制する新たな学習(制止学習 inhibitory learning)によって生じると論じた．脱制止現象は，条件反射のような古典的条件づけ*だけでなく，オペラント条件づけ*の消去時にも観察できる．また，消去以外の反応抑制過程，たとえば古典的条件づけにおける延滞条件づけ*や，オペラント条件づけにおける固定時隔スケジュール*でみられる反応の低下相においても，新しい刺激を与えると，反応が増大することがある．

脱慣れ［dishabituation］ ＝脱馴化
脱皮ホルモン［molting hormone］ ⇒幼若ホルモン
脱抑制［disinhibition］ ＝脱制止
多 動［hyperactivity］ ⇒注意欠陥多動障害
ダ ニ［mite, tick］ ダニ類は節足動物門クモ形綱に属する動物群で，陸上生態系において昆虫につぐ多様性をもつと考えられ，その種数は未記載種を含め5万種とも10万種以上とも推定されている．他のクモ形類と同様，歩脚は四対であるが，サソリ類や真正クモ類と異なり，少数の例外を除き体全体が一つの袋状で体節をもたない．クモ形類のなかで体節を失いつつ小型化する方向に進化したのがダニ類で，この小型化のゆえに陸上や水中のさまざまな微小生息環境や生態的地位に適応放散できたものと考えられる．おもなグループとして脊椎動物の外部寄生者であるマダニ目，土壌中や植物体上で小動物を捕食するトゲダニ目，捕食者や動植物寄生者，水中生活者など多様性の高いケダニ目，土壌中の分解者として重要なササラダニ類と貯蔵食品に発生するもの，ハウスダストになるもの，昆虫や脊椎動物に寄生するものなど多様なコナダニ類を統合したササラダニ目などが知られる．英語ではマダニ目だけをtickとよび，その他をmiteとよんで区別する．一般的な

ダニのイメージである"食いついたら離れない恐ろしい寄生虫"はダニ類全体の1％未満にすぎないマダニ類のもので，大部分のダニは自由生活性である．

多夫多妻［polygynandry］ 配偶システム*の一様式．雌雄とも二頭以上の異性との間に子を残すため，同腹の子に複数の遺伝的父親が存在することになる．乱婚*と多夫多妻は遺伝的には区別できないが，社会的な側面から比較すると，つがいのきずな*を形成せずに複数の異性と配偶を繰返す状況が乱婚であり，交尾後にも複数雌雄に子の養育と関連した社会的つながりが維持される状況を社会的多夫多妻とみなすことができる．このような社会関係はかなり特殊であり，イワヒバリ（図）やヨーロッパカヤクグリなど，ごく一部の種にしかみられない．なお，乱婚あるいは多夫多妻であっても配偶が完全無作為に行われることはまれであり，一方の性が何らかの基準で配偶相手を選り好みしたり，同性間闘争により，優位個体が優先的に配偶することが一般的である．雄の方が，つがう相手の数が相対的に多いときに polygynandry，逆の場合に polyandrogyny，ほぼ等しいときに polygamy と用語を使い分ける場合もあるが，polygamy はより一般的に，複数の異性と配偶する状況全体をさすときにも使われるので注意が必要である．（⇌ 一夫一妻，一妻多夫，一夫多妻）

高山にすむイワヒバリの雌が雄に向けて総排出孔を見せて，交尾を誘っているところ．雌はこうして群れ内のすべての雄と交尾する．

タブラ・ラサ［tabula rasa］ "何も書かれていない，なめらかな板"を意味するラテン語．人間や動物は生まれたときには何の知識ももっておらず，後天的な経験によって"何も書かれていない板"に観念が書き込まれ複雑な認知的活動を行うようになるという比喩に用いられる．タブラ・ラサの概念自体は古代ギリシャに遡る．中世においても議論は行われていたが，生得的な観念の存在を認める R. Descartes に対する批判として，英国の経験論哲学者 J. Locke が採用した．ただし，実際には Locke は "白紙" という表現を用いている．言語獲得に関する研究や遺伝情報に関する研究が進んだ結果，現在では人間においても動物においても，"生まれた際にはタブラ・ラサである" という考え方は強い批判にさらされている．（⇌ 連合主義者）

多変量解析［multivariate analysis］ 複数の変数からなる観測データを統計的に扱う分析法の総称．目的やデータの分布に対する仮定に応じて，さまざまな分析法が提案されている．実際の多変量データは変数間に相関がありすべての変数をくまなく扱うことは冗長であることが多い．主成分分析 (principal component analysis) は観測データから互いに相関のない主成分を合成する．主成分はデータ全体の分散をできるだけ少ない次元で説明できるように選択される．それにより，実際の変数の数よりも少ない次元の主成分でデータの分布をとらえることが可能になる．因子分析 (factor analysis) はデータのばらつきの原因を少数の共通因子で表現する手法である．主成分分析と因子分析はモデルの数学的な構造は似ているが，因子分析は観測変数ごとに特有の誤差をもつという点が異なる．また，主成分分析は観測データから主成分を合成する手法であるのに対し，因子分析は観測変数の背後にある共通因子を抽出することで観測変数間の相関を説明しようとするという点において，思想が大きく異なる．一方，判別分析 (discriminant analysis) は観測データにグループのラベルが付与されている状況においてそのグループを分類する基準(判別関数)を得るための手法である．判別関数には観測データの次元(変数の数)より一次元低い超平面(データが二次元だった場合は直線)からなる線形判別関数と，超曲面(データが二次元だった場合は曲線)からなる非線形判別関数とがある．

だまし［deception, cheat］ あざむきともいう．ある信号に対し，信号の受信者が発信者側の意図に即して反応することで，損失を被る，もしくは少なくとも利益を得られない信号のこと．このとき信号の受信者は "だまされている" ことになる．代表的な例として，無害な動物が有害な動物の警告色*に模した体色をもつことで，捕食者に有害な動物であると誤認させ，捕食を避けるベイツ型擬態があげられる（⇌ ベイツ型擬態［図］）．

微環境の色彩を模した隠蔽色*や，体の輪郭を目立たなくさせる効果をもつ分断色*も同じようにだましである．カッコウ科托卵鳥のジュウイチは，翼の裏側に口の中と同じ色をした皮膚パッチをもち，給餌を受ける際に翼を持ち上げて揺らし，仮親に対してそのパッチを誇示する（図）．仮親は巣の中にいる雛の数を実際より多く錯覚し，その数に合わせて餌を選ぶ．間違えて翼のパッチに餌を与えようとすることもある．一方，アワノメイガの雄は，特殊化した鱗粉をこすり合わせることで天敵であるコウモリの鳴き声に似た高周波音を発し，コウモリによる捕食を避けようと静止している雌を捕捉して交尾を行う．雄のだまし信号を雌が識別できないことにより，雌には好まない相手との交尾と捕食の危険性というトレードオフ*が課される．このように信号の発信者が受信者の認知システムを誤作動させて利益を得るプロセスは感覚便乗*とよばれる．

翼の裏側にある，口の中と同じ色をした皮膚パッチを仮親に誇示するジュウイチの雛．仮親はだまされて雛の数を錯覚し，たくさんの餌を運ぶ．

多面発現［pleiotropy］　同一の遺伝子が異なる二つ以上の形質に効果をもつこと．たとえば，ショウジョウバエの繁殖力を増加させる遺伝子が寿命を短くするなどの例が知られている．量的形質*の場合，多面発現は連鎖不平衡*とともに形質間の遺伝相関のおもな原因となる．連鎖不平衡は任意交配によってにわかに消失するが，多面発現効果は多面発現遺伝子（多面発現効果を発現する遺伝子）が集団から除去されない限り残存するので，遺伝相関をより安定化させると考えられる．ある遺伝子が，適応度を左右する2形質に多面発現効果をもち，その効果が適応度に対してトレードオフ*の関係にある場合，特に拮抗的多面発現という．

多様化した両賭け［diversified bet-hedging］
⇒ 両賭け戦略

単位価格［unit price］　⇒ コスト(2)

単為生殖［parthenogenesis, parthenogenetic reproduction］　処女生殖（virgin reproduction）ともいう．雌のみで子をつくる生殖様式のこと．卵が受精することなしに単独で胚発生して新個体ができる生殖様式のことである．類義語の無性生殖*との区分は必ずしも明確ではなく，分野によっても異なる．一部のミジンコ類やワムシ類，ナナフシ目の多くの種，アミメアリなどは，常に単為生殖のみで繁殖する**絶対単為生殖**（obligate parthenogenesis）の生物である．**条件的単為生殖**（facultative parthenogenesis）は，通常は有性生殖を行っている種において，雄と交尾できなかった雌が単為生殖で子を産むことをいい，ハイイロゴキブリ，カゲロウなどにみられる．季節によって有性生殖世代と単為生殖世代が交互に現れることを**季節的単為生殖**（seasonal parthenogenesis）といい，アブラムシ，カイガラムシ，ワムシ，ミジンコなどにみられる．通常は有性生殖を行っている種で，ごくまれに未受精卵が単為発生する現象を**偶発的単為生殖**（tychoparthenogenesis）といい，キイロショウジョウバエ*やカイコなど多くの昆虫類にみられる．ある種のアリやシロアリの女王は，生産するカースト*によって有性生殖と単為生殖を使い分ける**使い分け単為生殖**（conditional parthenogenesis）を行う．また，単為生殖で生じる個体の性別によって**産雌性単為生殖**（thelytoky），**産雄性単為生殖**（arrhenotoky），**産雌雄性単為生殖**（deuterotoky）に分けられる．単為生殖の遺伝学的メカニズムは多様であり，親の単純なクローン*とならないものもある．1）**アポミクシス**（apomixis）：減数分裂を回避して，体細胞分裂と同様に均等分裂によって二倍体の子を産む．子は遺伝的に親とまったく同じクローン*となる．タンポポの無融合種子形成，アブラムシの単為生殖など．2）**エンドマイトシス**（endomitosis）：減数分裂の前に染色体が倍加し，減数分裂によって二倍体の子を産む．3）**オートミクシス**（automixis）：減数分裂の後に，半数体となった卵核が極核と融合するなどして二倍体に核相を回復する．オートミクシスは核相回復のメカニズムにより，末端融合型，中央融合型，生殖核倍加型に分けられる．末端融合型では，減数分裂後にできた半数体の卵核が第二極体と融合して二倍体になる．子の遺伝子型のヘテロ接合度は急激に低下する．シロアリの単為生殖はこのタイプである．中央融合

型では，減数分裂後にできた半数体の卵核が第一極体と融合して二倍体になる．子のヘテロ接合度は高く維持される．ケープミツバチやアミメアリなどの産雌単為生殖はこのタイプである．生殖核倍加型では，半数体の核が倍加して融合する．子のヘテロ接合度はゼロになる．ボルバキアに感染したタマゴバチ属の産雌単為生殖などで知られる．

単一スケジュール［simple schedule］ ⇒ 成分

単一被験体法［single-subject design］　心理学の実験方法の一つで，同じ個体内で独立変数*（要因）の効果を示そうとする手続き．1個体内で独立変数を操作することで，その効果を確認する手続きであるので，**個体内比較法**(within-subject comparison，または**個体内デザイン** within-subject design)の一種である．代表的なものにABAデザインがある．この手続きでは，最初のフェーズ(A)では行動のベースライン(行動基線)を観察し，次のフェーズ(B)で独立変数を操作する．このとき，Bで生じた行動変化は操作した変数の結果であると考えられる．しかし，Bでの行動変化は，たまたま偶然その時期に他の要因が作用したのかもしれないし，単なる時間経過が原因かもしれない(たとえば，季節が移って気温が変わったのかもしれないし，観察期間が長くなってしまい疲労や飽きが生じているのかもしれない)．

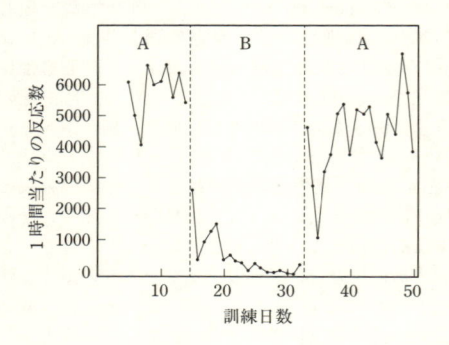

このため，再びベースライン(A)にして，元の行動レベルに戻ることを確認する．このような実験操作から，ABAデザインは**反転法**(reversal design)ともよばれる．たとえば，レバーを押して餌粒をもらっているラットがいるとしよう(図の左端フェーズA)．レバー押し行動がなくても餌粒を与えるとレバー押し行動が減少した(フェーズB)．無関係な餌粒を撒去すると再びレバー押し行動が増加した(右端のフェーズA)．このことから，レバー押し行動と餌粒の関連性がレバー押し行動の維持には重要であることが明らかである．なお，単一被験体法には，ABAデザインのほかに，ABAの後に再びBに戻す手続き(ABABデザイン)や，別の条件を付加する手続き(ABACデザイン)など，さまざまなものがある．

単一ユニット［single unit］ ⇒ 活動電位

短期記憶［short-term memory, STM］　保持間隔*によって区分される記憶のうち，短期記憶は比較的短い期間(数秒から数日)しか持続しない記憶である．繰返し思い出すリハーサル*がなされないと，その記憶は減衰し忘却される．短期記憶として記憶できる項目の数(記憶容量)には限界があり，7±2項目程度だといわれている(マジカル・ナンバー)．電話をかけるまでに憶えておく電話番号の記憶などは作業記憶*とよばれるが，これも一種の短期記憶にあたる．また，動物の記憶研究では，学習直後に形成され，新規のタンパク質合成を必要としない記憶も短期記憶と定義される．短期記憶はさらに神経細胞の持続的な電気的活動による初期成分(狭義の短期記憶)と，タンパク質の機能的修飾により保持される**中期記憶**(intermediate-term memory)に区別されるが，その区分が明確でない場合も多い．(⇒長期記憶)

短距離相互作用　［short-range interaction］　＝局所相互作用

単系統群［monophyletic group］ ⇒ 分岐図

単　婚［monogamy］　＝一夫一妻

探索行動［exploratory behavior］　動物が新しい環境におかれたとき，その場所に関する情報や知識を得るためにあたり一帯を調べて回る行動をさす．また，餌や交尾相手といった生存に必要な資源を獲得するなどの明確な目的をもつ探索をすることもある．視覚・聴覚・嗅覚・触覚などの感覚を用いて，能動的に移動しながら周囲の環境から情報を獲得していく行動である．特に視覚探索*においては，背景となる図形(妨害図形 distractor)のなかから標的となる図形(target，探索像*)を見つけ出す課題などをヒト以外の動物にも応用した研究が多数行われている．その結果，標的の種類などによって探索の効率が異なるといった，探索非対称性など特徴検出の仕組みとその進化的基盤が明らかになってきた．ヒトを含む霊長類では，対象に手で触れ，積極的に操作すること(exploratory manipulation)で，その対象に関してより多くの情報を獲得する．

探索像〔search image〕 鳥が昆虫などを捕食する場合，一度捕食に成功したものと同じ種類の昆虫の特徴に基づき形成される知覚像．昆虫の，周囲の背景に溶け込むような色彩や斑紋は捕食に対する防衛機能である（⇒擬態）．L. Tinbergenは，このような被食者の防衛機能に対抗して，捕食者である鳥は捕食効率を高めるために，遭遇した昆虫の知覚的特徴に基づく像を形成し，その昆虫と類似性の高いものを連続して捕食することで，捕食効率を高めていると考えた．（⇒視覚探索，注意）

単雌創設〔haplometrosis〕 ⇒コロニー創設
単純加重和〔simple weighted sum〕 ⇒血縁選択
単純グラフ〔simple graph〕 ⇒グラフ
単純経験則〔simple rules of thumb〕 個体を構成要素とする自己組織化*現象において，個々の個体が従う行動規則の概念．"目の子勘定"ともいう．シロアリの塚建設における個体の行動規則（⇒スティグマジー）に代表されるように，システム全体としては非常に複雑であっても，個体は局所的かつ単純な情報取得，行動しか行うことができないとされる．ただし，個体が単純なルールに従っているだけとするこの考えは，あくまでシステム全体，あるいは人間と比較したとき規定される相対的なものであることに注意すべきである．

単女王性〔monogyny, monogynous〕 ⇒多女王性
単食性〔monophagous〕 ⇒食性
ダンス〔dance〕 ⇒求愛ダンス，コンバットダンス，ミツバチのダンス
男性化〔virilization〕 ⇒雄性化
男性ホルモン〔male sex hormone〕 ＝アンドロゲン
淡蒼球〔globus pallidus〕 ⇒大脳基底核
単巣性〔monodomy〕 ⇒多女王性
断続知覚〔continuous perception〕 ⇒知覚
断続平衡説〔punctuated equilibrium〕 米国の古生物学者 N. Eldredge* と S. J. Gould* が 1972年に提唱した，化石にみられる形態変化には長期間の停滞と急速な変化というパターンがあるという主張とその説明理論（⇒大進化）．説明理論としては，進化的変化が種分化*のときに生殖的に隔離された小集団で集中的に起こること，長期間の停滞には発生的制約などを想定したが，現在ではあまり適切な説明とは考えられていない．そもそも化石記録においては一瞬にみえても集団遺伝学*的には十分に長い時間なので，自然選択*や遺伝的浮動*による説明と矛盾するものではなく，特別な理論は必要なかったともいえる．一方，断続平衡的なパターンが化石記録でよくみられることは事実であり，例としては示準化石があげられる．示準化石は地層の時代を決定するのに用いられる化石であり，通常ある時代が始まると突然現れ，その時代を通じて形態がほとんど変化せず，その時代の末期に絶滅してしまうというパターンをもつ．このように断続平衡は地質学的な長いスケールでの進化パターンであり，時間的変化が細かく追える化石では断続平衡的なパターンはみられないという報告もある．

タンデム産卵 ⇒タンデム飛行
タンデム動員〔tandem recruitment〕 ⇒動員行動
タンデム飛行〔tandem flight〕 尾つながり（tandem）ともいう．主としてトンボ目において，2頭がつながって飛んでいる繁殖行動をさす．タンデムという英語は"前後に馬を2頭つないだ馬車"を語源としており，二人乗りの自転車などにもこの言葉が使われてきた．トンボの場合，雄の腹部末端に把握器があるので，必ず前が雄，後ろが雌となる．大部分のトンボの繁殖行動においては精子置換*が行われるので，交尾相手の雌に再交尾させず，自分の精子で受精した卵を産ませるように，雄が進化させてきた配偶者防衛*行動の一つである．精子置換率の高い種や，繁殖場所などにおいて密度が高くなる種では，タンデム飛行が行われ，そのまま産卵に移行することが多い．

ノシメトンボのタンデム産卵．前が雄で，雌をつかまえている．配偶者防衛行動の一つである．

このときの産卵方法を**タンデム産卵**(連結産卵)という(前ページ図).雄が先頭であるため雄が飛行方向を選択できるが,飛行中に,体全体を振ったりブレーキをかけるように羽ばたいたりして雄に意思表示する雌の行動も知られるようになってきた.

タンデム歩行［tandem walking］　タンデムランニング(tandem running)ともいう.一部のアリの種でみられる,餌場や新しい営巣場所に巣仲間を誘導する際に行う2個体連結歩行.この方法はアリにおける最も原始的な動員方法と考えられている.前後2個体の連結は,前を行く個体が腹部

日本産トゲオオハリアリは巣の引っ越しの際にタンデム歩行を用いる.

や脚部から出しているにおい物質を後続の個体がたどるという行動と,後続個体が触角で定期的に前を行く個体の腹部をたたくという物理的な刺激の二つの要素により成り立っている(図).ほかに,婚姻飛行*後のシロアリの有翅虫でも同様の行動が確認されている.

タンデムランニング［tandem running］　⇌　タンデム歩行

単倍数性［haplodiploidy, haplo-diploidy］　=半倍数性

弾力的需要［elastic demand］　一般に,コスト*の増加に対して,動物が一回の実験セッション内で獲得する強化子*の総量(消費量)は減少するが,コストの変化率に比べて,消費量の変化率が大きい場合を弾力的需要という.行動経済学*では,コストの増加に対する強化子の消費の感度を測定するために,両者の変化率の比をもとに需要の価格弾力性を算出するが,弾力的需要のとき,この値は-1(ミクロ経済学の弾力性係数 $\eta=1$ と同じ)よりも小さくなる.ヒヒ,ラット,ハトなどの動物種を対象に,食物や薬物を強化子に用いたオペラント行動実験によると,一般に,広範囲のコストの増加に対して,強化子の価格弾力性は一定ではなく,非弾力的需要*から弾力的需要へと変化するのが一般的である.また価格弾力性は,経済的実験環境や別の強化子の有効性などから影響を受ける.たとえば,封鎖経済的実験環境*で,ある強化子と代替可能な別の強化子のコストが低い条件では,後者の選択率が高くなり,前者の弾力的需要への移行は早まる.

チ

地位依存選択 [status-dependent selection]
個体間の違い(体の大きさ, 順位, 資源占有能力*など)によって, 各個体がとるべき戦術*が決定される状況で働く選択圧. 個体が用いる戦術は, 個体の地位と, 遺伝的に決定されている反応基準*によって決定される. たとえば, 糞虫のエンマコガネの雄には, 角が顕著なタイプと角がないタイプの二型が存在する. 角のサイズは個体の体サイズによって決定される. すなわち, 大きな雄は角を発達させ, 闘争によって繁殖成功を得るが, 小さな雄はスニーカー(⇌サテライト)という代替戦術をとり, 角を発達させない. 異なる戦術間の利得は等しくならないために, 条件戦略*といえる. どの戦術を個体がとるかは遺伝的には決定されておらず, また戦術間の適応度の期待値は等しいとは限らない. 進化ゲーム理論*の枠組みで考えると, 戦術そのものが進化的安定戦略*となるのではなく, 反応基準のうち, ある戦術から異なる戦術に変更する値が進化的に安定な戦略となる.

地位伝達仮説 [badge signaling hypothesis]
個体群の中に年齢や性別によって連続的な羽色多型が存在する鳥で, S. Rowher が1970年代に提唱した仮説. イエスズメの胸の黒いパッチや, カオグロシトド(ホオジロ類)の黒い胸などは, 若い個体では相対的に黒みが薄く, 年長の個体, 優位な個体ほど黒みが増す. これは正直な信号*であり, 実験的に胸を黒くした個体は, 一時的に周囲の個体が誤認して順位が上がるようにみえても, より強い個体から攻撃されることが増えるので, 結局, 順位を上げることはできず, 正直な信号として機能していることがわかっている.

チェイスアウェイ選択 [chase-away selection]
H. Holland と W. R. Rice により提案された性選択*のモデルの一つであり(1998年), 雌の交尾にはコストが伴い, 雄は雌との交尾により適応度*が増加するという性的対立*の状況を考えたものである. 雄は雌に対して求愛によって, あるいは強制的に交尾しようとするが, 交尾に伴うコストのため雌では雄の求愛や強制に対する抵抗性が有利になり進化する. すると雄ではさらに強い求愛などをする個体が相対的に雌と交尾しやすいため有利になって進化し, 一方, そのような雄に対して雌ではさらに強い抵抗性が進化する. このように雌が, いわば雄を遠ざけるように進化し, 雄は雌を追いかけるように進化する(性的拮抗共進化 sexually antagonistic coevolution). 交尾に対する雌の抵抗性が進化する点では, ランナウェイ説*や優良遺伝子仮説*と対照的である.

遅延 [delay] 心理学では, 出来事(刺激や反応)と出来事の間に時間的空白がある場合, その空白(間隙 gap)をさす言葉として"遅延"が一般的に使われる(⇌遅延反応, 遅延見本合わせ, 遅延割引). なお, 類似した言葉として, 古典的条件づけ*の場合に用いられる"延滞(delay)"がある. 条件刺激の提示開始から無条件刺激の提示開始までにずれがあり, なおかつ無条件刺激提示時に条件刺激がまだ消失していない(提示され続けている)場合に, 延滞条件づけ*とよばれる(消失している場合は痕跡条件づけ*という).

遅延線 [delay line] 入力繊維の長短によって, 神経細胞への入力の到達時間が調節されている構造. L. A. Jeffress が, 音の水平位置を検出できるメカニズムとして提唱した(1948年). ジェフレスのモデル(図)では, 細胞 A には, 左耳か

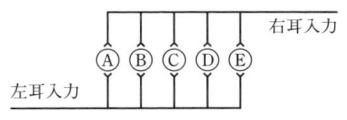

ジェフレスのモデル. 左耳からの信号は ABCDE の順で神経細胞に届く. 右耳からの信号は逆に EDCBA の順序で届く. 左右の耳の信号に時間差がなければ, C の神経細胞が同時に信号を受取る. 左耳が右耳より早ければ, その時間差を遅延線が吸収して, E の神経細胞が同時に信号を受取る.

らの情報が五つの細胞のなかで一番先に到着するが, 右耳からの情報は最後に到着する. 一方, 細胞 E には右耳からの情報が先に到着し, 左耳からの情報は遅れてやってくる. つまり, 入力線維が逆平行に走行することで, それぞれの耳からの入力の到着時間の遅れ(遅延)に逆向きの勾配ができる. こうして, 遅延線が形成される. ここに並

ぶ細胞が同時検出器*の性質をもつと、この五つの細胞は、右耳と左耳に入った音のタイミングの差を算出し、しかも、その差の大きさに従って並んでいることになる。メンフクロウ*の脳幹聴覚核の一つ層状核では、このメカニズムにより音の水平位置の地図がつくられている（⇌中枢性脳地図, 同時検出器[図]）。

遅延低減仮説［delay-reduction hypothesis］
並立連鎖スケジュール*を用いて二つの選択肢間の選好を測定した場合、選好が、選択期（並立連鎖スケジュールの初環）と結果受容期（同じく終環）の時間間隔の相対的関係によって決まることを予測するモデル。

$$\frac{R_1}{R_1+R_2} = \frac{T-t_1}{(T-t_1)+(T-t_2)}$$

ただし、数字は選択肢、R は選択反応数、T は選択期開始から強化子*提示までの平均時間、t は結果受容期開始から強化子提示までの平均時間を示す。上式は、$T>t_1$ および $T>t_2$ の場合の選択肢1の選択率の予測式であり、$T>t_1$ かつ $T<t_2$ の場合の予測値は1.0、$T<t_1$ かつ $T>t_2$ の場合の予測値は0となる。遅延低減仮説は、選択期から結果受容期への移行に伴って生じる刺激変化が、強化子提示までの遅延時間をどの程度低減するかにより選好が決定されることを予測する。たとえば、t_1 と t_2 の長さがそれぞれ10秒と30秒の場合、選択肢1の選択率の予測値は、選択期の平均時間間隔が20秒の場合は0.75、100秒の場合は0.55となる。（⇌初環効果）

遅延反応［delayed response］　通常の弁別学習*とは異なり、弁別刺激*が取除かれてからいくらかの時間が経過した（遅延）後に起こる弁別反応をさす。遅延の長さが異なると、弁別反応の正確さも変化していく。遅延反応課題は刺激痕跡すなわち記憶*を研究するために用いられてきた。古くは、空腹のサルの目の前で、二つの刺激物体のどちらか一方の下に餌（報酬*）を隠し、数秒の遅延（時間経過）の後にそれを取出させるという直接的な実験や、餌を刺激のすぐ下には隠さないが、たとえば空腹のハトをキーが三つ付いたオペラント実験箱*に入れ、色や形が異なる二つの弁別刺激のうち一つを真ん中のキーに示してすぐ消し、数秒の遅延の後で両側のキーを白く照らし、遅延前に真ん中にどちらの刺激が出たかによって左右どちらのキーをつつけば報酬が得られるかが決まるような実験が行われた。これら初期の実験は、記憶あるいは刺激痕跡を研究するという目的からすれば問題がある。というのは、動物が弁別刺激を見た時点で、遅延後にどこに反応すればよいかがわかるので、すぐにそちらを向き、そのまま体を固定しておいて遅延時間経過後にその方向に反応しさえすれば、記憶つまり頭を使わなくてすむからである。その後開発された遅延見本合わせ*法では、見本刺激（弁別刺激）と正反応の位置関係がランダムに変えられるので、このような問題点が解消された。

遅延見本合わせ　［delayed matching-to-sample, DMTS］　見本合わせ課題では、見本刺激に対応する比較刺激への反応が求められる。多くの場合、見本刺激への反応（観察反応*）によって比較刺激が提示されるが、比較刺激への反応が生起するまで見本刺激を提示し続ける場合を同時見本合わせ、観察反応によって見本刺激を除去すると同時に比較刺激を提示する場合をゼロ遅延手続き*という。これに対して、見本刺激除去と比較刺激提示の間に遅延時間（または保持時間）を挿入する場合を、特に遅延見本合わせとよぶ。たとえば、赤または緑の見本刺激に所定の観察反応が起きたと同時に見本刺激を除去し、その5秒後に赤と緑の比較刺激が提示されて見本刺激と同一の比較刺激への選択反応が求められる場合は、遅延時間5秒の遅延同一見本合わせ課題である（図）。二つのカップの

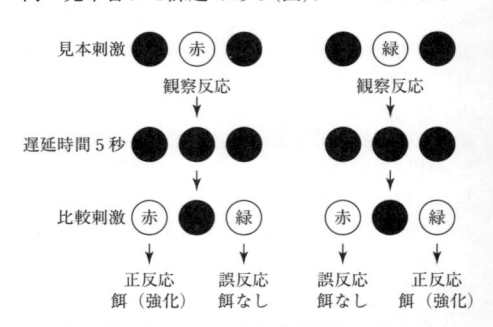

遅延同一見本合わせ課題の例。実験装置に取付けられた三つの反応キーに刺激が提示される。中央キーの色が見本刺激であり、左右キーの色が比較刺激である。左右どちらのキーに正しい比較刺激が提示されるかは、試行ごとに変化。

一方に餌を隠し、遅延時間の後に餌を隠した方のカップをサルに選ばせるような弁別課題では、遅延中に餌を隠したカップの前に居続けるなどの定位反応が出現することがある。遅延見本合わせ課題では、正しい比較刺激とその位置が試行間で擬

遅延割引［delay discounting］　時間割引(temporal discounting)ともいう．将来に得られる利益の価値が，得られるまでの時間的遅延に応じて割引かれること．たとえば1年後の1万円は，今手の中にある1万円よりも価値が低い．行動経済学*に由来する用語で，人工知能*における強化学習*理論でも価値関数*を定義するために導入されている．遅延のある利益 A は確実ではなく，手に入る確率 p が1より小さいので，その価値は期待値 $A×p$ にふさわしく割引くべきである，と考えるのである．これを回収リスク仮説(collection risk hypothesis)とよぶ．回収リスク仮説が正しいなら，割引かれた価値は時間の指数関数になるはずである．たとえば，1年で0.9倍に価値が下がるなら，2年の遅延では0.81倍まで価値は下がる．人間の金融経済における金利はこれに従って計算されている．しかし，ラットや鳥，ヒトを対象として異時点間選択(intertemporal choice, 図)の方法で調べてみると，指数関数ではうまく説明できない．G. Ainslie と H. Rachlin は，遅延時間を分母にした双曲線関数が現実の選択行動とよく一致することを示した(→エインズリーラックリン理論)．このことは，意思決定*が必ずしも経済的な合理性を備えていない根拠の一つと考えられている．

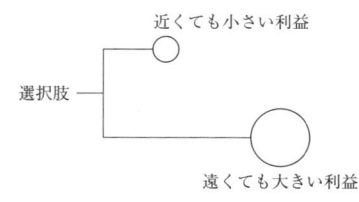

異時点間選択．遅延の異なる二つの選択肢を同時に示して，どちらがより多く選ばれるかを調べるもの．遠くに大きな利益を置いて，両者が等しく選ばれる点を実験的に探ることが多い．

知　覚［perception］　動物が感覚受容器を通して，外界の事象を把握する過程．刺激によって感覚受容器が興奮し，神経信号が神経系を通じて脳に伝わることで知覚が生じる．"感覚"や"認知"も"知覚"と同様，外界の事象を把握する過程を示す用語であるが，知覚は感覚情報の意識的な把握のことであり，感覚よりは上位の，認知よりは下位の心的概念である．感覚入力の違いは，連続的で量的に知覚される場合(断続知覚 continuous perception)と，より急激に質的に知覚される場合(範疇知覚 categorical perception)がある．範疇知覚の例としては，発話がよく知られており，音声を合成して連続的に変化させても，/ba/, /da/, /ga/ のいずれかの音に分類され知覚される．知覚は，知覚の対象に加え，空間的，時間的に接近する周辺の文脈との関係性を含めた一つのまとまりとして体制化する．体制化の要因には，空間的，時間的に接近しているものはまとまって見える(近接の要因，図a)，類似した性質のものはまとまって見える(類同の要因，図b)，単純で規則的な形にまとまりやすい(良い形の要因，図c)，同一方向に同じ速さで運動するものはまとまって見える(共通運命の要因，図d)，方向性に関して滑らかな経過または良い連続を示すものはまとまって見える(良い連続の要因，図e)，輪郭線によって囲まれた領域をつくるものはまとまって見える(閉合の要因，図f)，観察者の過去の経験や知識によって秩序化され，まとまって見える(過去経験の要因，図g)が知られている．

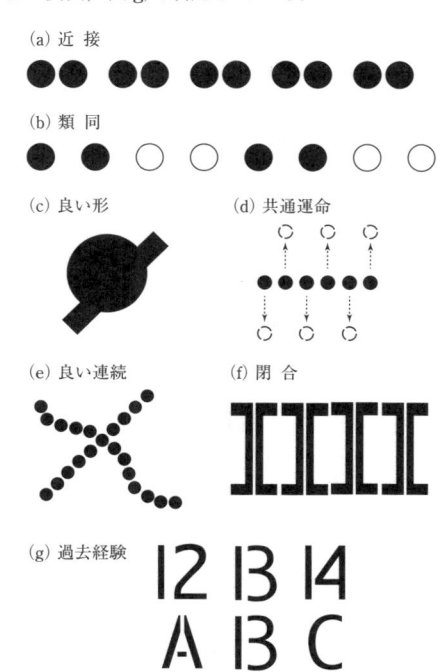

知覚の体制化のいろいろなパターン．たとえば図(g)では，上段の真ん中は13と見え，下段の真ん中はBと見えるだろう．

知覚学習［perceptual learning］　動物が経験や訓練の結果，知覚過程に変化が生じること．知覚学習は，色や形，音などの比較的単純なものの見分け（弁別*）から，写真や動画などのより複雑な刺激のカテゴリー分類まで多岐にわたる．また，視覚，聴覚，触覚，嗅覚，味覚のすべての感覚に関して生じる．知覚学習は鳴禽類のさえずり学習*のように初期経験も重要であり，知覚経験を生じる他の多くの学習とも相互に作用し，学習能力は生涯にわたって維持される．

置換繁殖虫［replacement reproductive］　⇌ 多女王性

地球科学［earth science］　⇌ 地質学

逐次改良理論［melioration theory］　選択行動を説明する理論の一つ．ある選択肢からの報酬と，その選択肢に費やした時間を考慮し，報酬／時間比が高かった方，すなわちコストパフォーマンスがよかった方をより選ぶようになるという考え方．これは図に示した天秤を思い浮かべると理解しやすい．両サイドの重りの大きさが報酬量，天秤の支点が時間配分点だと考える．まず図(a)から，たとえば最近の6分間において，選択肢AとBに等しく3分の時間を費やし（支点が中央），選択肢Aからは2回の報酬提示（大きい丸）が，一方選択肢Bからは1回の報酬提示（小さい丸）があったとする．このときの報酬／時間比は選択肢Aが2/3となり，選択肢Bの3分の1と比べ2倍になるというアンバランスが生じる（左側への傾き）．逐次改良理論はこのような場合，次の6分間では支点をずらして，選択肢Aへの時間配分を選択肢Bの2倍にすることによってアンバランスの解消を図ると予測する（図b）．逐次改良理論は，他の競合理論が説明できない現象を予測できる利点がある一方で，上の例のような計算が具体的に何分ごとに行われているのか曖昧である点が問題とされている．（⇌ 巨視的理論）

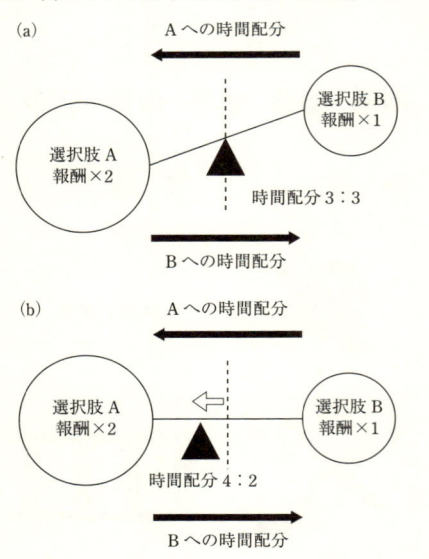

逐次的近似法［successive approximation］　＝ 逐次的接近法

逐次的接近法［successive approximation］　漸次的接近法，逐次的近似法ともいう．訓練者が強化基準を定め，手動で強化子*提示を行う反応形成*の代表的技法．訓練時にその時々の行動のなかでより形成したい行動に近い行動を徐々に強化する方法．自動化することが困難なため手動で行うことが一般的であるので，手動反応形成（hand shaping）という．オペラント実験箱*内で，ラットがレバーを押すたびに自動的に強化子である餌粒を与える連続強化*スケジュールを設定しても，訓練の初期では，レバー押し行動はほとんど起こらず，代わりに，箱の中をあちこち動き回り探索する行動が観察されるだろう（⇌ 行動変動性）．そこで，マガジン訓練*後，ラットがレバーに近づいたときに手動で強化子を与える．何回かこの基準で強化*をすると，レバー付近に滞在する頻度が上昇するだろう．そこで，次に，レバー付近で前足を上げる行動を強化基準にする．前足を上げる行動が増加したら，レバーより上に前足を上げる行動，レバーへ触る行動，レバーへ一定時間触り続ける行動と，順に強化基準を厳しくしていくと，やがては手動強化を行わずともあらかじめ設定したスケジュール要求（レバーを押す）を満たす行動を自発するようになる．

蓄積的文化進化［cumulative cultural evolution］　⇌ 文化進化

地質学［geology, geoscience］　語源的には土地を意味するギリシャ語起源のgeoと学問のlogiaを合わせたものである．この場合，土地は地球表層の地殻であり，その性質や構造，歴史を含んだ生成過程などを研究対象にする．こうした領域は，1807年のロンドン地質学会（Geological Society of London）の設立やC. R. Darwin*がビーグル号航海時に閲覧したC. Lyellの『地質学原理（Principles of Geology）』（全3巻，1830〜1833年）

の出版から確立していった．そこからさらに，層序学，岩石学，鉱物学，化石学，古生物学，古気候学などに特化，分化した．こうした関連領域を包含して，現在では**地球科学**(earth science)とよぶことも多く，資源探査や地震学・防災計画，地下空間利用，環境問題などとの関連が求められるようになっている．

地図感覚［map sense］　その場の情報だけを用いて，現在地と目的地の位置を把握する能力のこと．true navigation に必要(ナビゲーション*)．散在する目印の位置関係を記憶するモザイク地図 (mosaic map) と，環境勾配を利用する勾配地図 (gradient map) がある．たとえば，地域によって異なる地磁気成分(全磁力や伏角など)の勾配を利用すれば，現在置かれている場所と，目的地の位置をある程度正確に推測することができる．

知性［intelligence］　英語の intelligence に対応する日本語として，知性もしくは知能という言葉が使われる．ヒト以外の動物において知性を取上げた古典的代表例は，W. Köhler* によるチンパンジー研究である．Köhler は，チンパンジーによるさまざまな問題解決能力を，『類人猿の知恵試験』に著した．ドイツ語の原題では，intelligence に相当する Intelligenz という言葉が用いられている．原題全体を日本語に直訳すれば"類人猿の知性試験"となる．ただし，この本の英訳版の題名では mentality という言葉が使われ，和訳においても，先述の通り，知恵とされた．Köhler がチンパンジーの知性研究でおもに扱ったのは洞察*力である．すなわち，試行錯誤によって偶然に解決策にたどりつくのではなく，思考によって解決策を見いだす過程を問題にした．知性を現代的に定義すると，高次の認知機能の総称といえる．しかし，たとえばコンピュータ科学において人工知能*という語が意味する内容がヒトの認知機能と完全に重なるわけではないように，知性が意味する内容は学問領域によって異なる．ヒト以外の動物も含めた生物全般の知性を扱う学問として，比較認知科学がある．多様な動物種の認知を研究することを通して，知性の進化を描き出すことを目的にしている．

膣［vagina］　⇌ 生殖器

知能［intelligence］　⇌ 知性

チビアシナガバチ　属名 *Ropalidia*．スズメバチ科のアシナガバチ亜科に含まれ，アシナガバチ属 *Polistes* とは比較的近縁である．チビアシナガバチ属には生態が大きく異なる二つの亜属がある．イカリオラ亜属 *Icariola* は日本でみられるアシナガバチと同様に露出した巣を作り，少数または単独の女王によって巣が作られる独立創設型(⇌ コロニー創設)である．イカリエリア亜属 *Icarielia* はスズメバチと同様に巣盤をパルプの覆いで包んだ巣を作り，女王とワーカーが集団で巣を作り始める巣分かれ創設型(⇌ 分封)である．同属のなかに独立創設型と巣分かれ創設型を含む分類群は，社会性狩りバチのなかで特異である．チビアシナガバチ属の分布は熱帯アフリカ，南アジア，東南アジア，オーストラリアであり，日本には，琉球列島に独立創設型のオキナワチビアシナガバチ *Ropalidia fasciata* が生息している．また，ナンヨウチビアシナガバチ *R. marginata* が硫黄島に侵入定着しており，分布拡大が懸念されている．これも独立創設型で，米軍の物資に紛れ込んで侵入したと考えられている．チビアシナガバチ属は，属内の社会性の変異が大きいので，社会性進化をたどるうえで重要な分類群であると考えられる．

チャコウラナメクジ［terrestrial slug］　学名 *Lehmannia valentiana*．軟体動物腹足綱コウラナメクジ科に属する．戦後，急速に国内に広まった外来種であり，旺盛な繁殖力をもった農業害虫として知られる．雌雄同体であり，通常他個体との精子交換により卵を産む．寿命は1年程度．カタツムリの殻に相当するものが退化したと考えられる小さな"コウラ"を背部にもつ．乾燥に弱いため，負の走光性を示すなど，暗く湿った場所を好む．外界の認識は主として嗅覚に頼っており，脳には発達した嗅覚中枢がある．このため，におい弁別や嗅覚連合学習の神経機構を研究するための実験動物に使われている．嗅覚忌避連合学習においては，におい刺激と忌避性の味覚刺激を連合させるセッションを一回行うだけで，においに対する行動が変化する(忌避，あるいは誘因)学習が成立し，この記憶は2週間以上にわたって持続する．

チャープ［chirp］　⇌ 闘争歌

注意［attention］　動物が，環境内のさまざまな情報のなかから特定の情報のみを選択し，より深く処理を進める過程のこと．注意には指向，沪過，探索の三つの側面があり，一つの対象に集中する場合と複数の対象に分配される場合がある．注意の指向性には，特定の物体の特徴に向けられる"特徴に基づく注意"と，特定の場所に向けられる"空間的注意"がある．どちらの場合も注意

の広がりが大きいほど,また注意の焦点から遠ざかるほど,情報処理の効率は低下する.注意の沪過性とは,注意がフィルターとして機能し,注意が向けられた情報だけを抽出し(選択的注意 selective attention),注意が向けられなかった情報を抑制することをいう.複数の対象に関して同時に注意を分配することは非常に困難である.注意は視覚探索*課題を用いて検討されることが多い.注意の探索性に関して,標的の検出が,瞬時に検出可能な並列探索と,項目数に応じて探索時間が増加する逐次探索とがある.(→プライミング)

注意欠陥多動障害〔attention deficit hyperactivity disorder, ADHD〕 持続的注意の欠如や衝動性,異常に動きすぎる多動(hyperactivity)を徴候とする児童期の行動障害.生後7年以内に認められる.集中力が続かず,気が散りやすい,じっとしていることが苦手で落ち着きがない,思いついた行動を考える前に実行してしまうなどの特徴のため,落ち着いて座り,課題に取組むことが要求される学校の教室で最初に発見されることが多い.おもな症状が不注意である注意困難優位型,多動である多動-衝動性優位型,それらの混合である混合型に分類される.大きな知的な遅れはみられなくても,その子自身の学習や同じクラスのほかの子どもの教育を阻害するために,特別支援教育の対象となることもある.小学生の4~5%にみられ,女児より男児に多い.前頭前野により制御される,注意の能動的側面の機能低下がかかわっているとされ,ドーパミン*作動薬により症状が緩和する.

虫えい〔瘿〕〔gall〕 =虫こぶ

中央集権制御〔centralized control〕 自律分散制御*の対極に位置する制御方策.すなわち,一つの制御器(コントローラー)に入力情報を一元的に集約して,実装した制御則に基づいて効果器などの出力機器を動かす,いわゆる上意下達の制御方策である.ヒトなどの動物の"意識的"行動は脳という制御器による中央集権制御の実例である.また,現代のロボットのほとんどはこのような制御方策に従って身体の各稼働部位(自由度)が制御されているといっても過言ではない.この制御方策は,一つの制御器でシステムのふるまいの仕方を決めるため,システムの規模が比較的小さい場合には設計しやすいという利点がある.しかし,システムの規模が大きくなると強力な計算資源が要請され,ダイナミックに変動する環境に対して実時間適応能力を発現させるのはきわめて難しくなる.さらに制御器に何らかの異常をきたすと,システム全体にその影響が広がるため,耐故障性に致命的な問題をもつことが避けられない.(→自律分散制御)

仲介行動〔mediating behavior〕 媒介行動ともいう.オペラント行動*の2回の生起の間に生じ,2回目のオペラント行動の生起に対する弁別刺激*として機能する行動.仲介行動においては反応の系列が定型的に生じ,それにより2回目のオペラント行動が適切に遂行される.たとえば,ラットがレバーを押してから次にレバーを押すまでの間隔が一定の秒数以上の場合に強化が与えられる低反応率分化強化スケジュールにおいて,1回目のレバー押しの後に,尾を端から端まで噛んでいくといった行動が生じる場合がある.この場合,尾を噛む行動の間に時間が経過し,2回目のレバー押しが生じるタイミングが適切に保たれ強化されることになる.この尾を噛む行動が仲介行動である.仲介行動という用語は付随行動*と区別なく用いられる場合もあるが,付随行動であるか否かにかかわらず,2回目のオペラント行動の弁別刺激として機能する場合に仲介行動とみなされる.

中 隔〔septum〕 ⇌大脳皮質

中核種〔nuclear species〕 ⇌混群

中間行動〔interim behavior〕 スケジュール誘導性行動*のうち,強化子と強化子の間隔中の初期に頻繁にみられる行動.つまり,次の強化子が生じるまでにまだしばらく時間がある時間帯に生じる行動である.たとえば,餌粒を強化子として固定時隔1分スケジュールでラットのレバー押し行動を強化すると,装置内で水を飲むことが可能な状況では,強化子を得た直後の10秒程度の間に,水を飲む行動が頻発する.これが中間行動の例である.これに対して,強化子と強化子の間隔中の初期にはめったにみられないが,強化子の提示時間が近づくにつれて頻繁にみられる行動を,終端行動*とよぶ.

中間宿主〔intermediate host〕 ⇌寄生

中期記憶〔intermediate-term memory〕 ⇌短期記憶

中規模撹乱説〔intermediate disturbance hypothesis〕 ⇌競争排除則

昼行性〔diurnality〕 昼間,あるいは明暗サイクルの明期に活発に活動すること.昼行性,夜

行性*以外に，明け方や日の入り時に活動する薄暮活動性の動物(crepuscular animal)もいる．昼行性動物は，物の形や色，動きなどを認知する視覚が発達している．一方，夜行性動物は，視覚よりも嗅覚や聴覚機能など，光に依存しない感覚機能が発達している．メダカ，トカゲ，ウズラ，シマリスなどは昼行性の活動パターンを示す．しかし，活動パターンは必ずしも固定しているわけではない．たとえば，マウスの活動リズムを人工的な明暗サイクル下で記録すると，明確な夜行性を示すが，野外に放してリズムを記録すると必ずしも夜行性にならない．ある種の哺乳類では，季節により夜行性になったり昼行性になったりする変動がみられる．活動リズムは，概日時計*の活動に依存して現れ，哺乳動物では，脳の視床下部に存在する視交叉上核が概日時計として働いている．鳥類では，視交叉上核のほかに，松果体や網膜も活動を制御する概日時計の一部を形成している．

抽出［sampling］ ⇌ 統計学的検定

中心窩［fovea, fovea centralis］ 多くの脊椎動物では，錐体細胞とそれにつながる双極細胞や神経節細胞が網膜の一部分に密度高く集まっている領域がある．この領域を中心窩野(area centralis)とよぶ．"窩"とは丸い穴のことで，この領域の中心部の網膜組織が薄くなって窪んでいることから，この窪みを中心窩とよぶ(図)．ヒトの

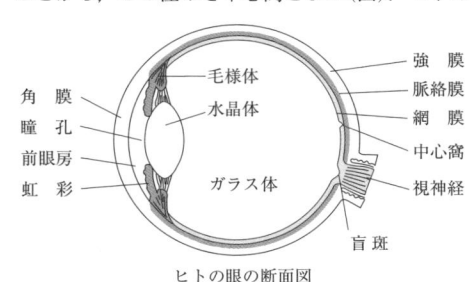

ヒトの眼の断面図

中心窩は直径 2.5 mm ほどで網膜面積の 2%にすぎないが，その中に，全神経節細胞の 3 分の 1 が含まれている．視覚対象を凝視したり，追跡するときは，対象物の像が中心窩に形成されるように眼球を動かすことで，視覚の精度が高くなる(中心視)．ただし，中心窩における光受容細胞は錐体*細胞がほとんどで，桿体*細胞が存在しないことから，中心視における光感度は低い．夜空の暗い星を見るときにまっすぐに眺めるよりも，少し視線*をそらして見た方がよく見えるのはこのためである．

中心窩野［area centralis］ ⇌ 中心窩

中心性［centrality］ ある頂点がネットワークの中心である度合い．代表的なものに次数中心性，近接中心性，媒介中心性，固有ベクトル中心性がある．次数中心性はどの程度他の頂点とつながっているか(次数)，近接中心性は他の頂点と平均的にどの程度近いかで定義される．媒介中心性は他の頂点間の最短経路にのるほど高い値を与えるとする指標で，固有ベクトル中心性は中心性の高い頂点とのつながりを低い頂点より重視する考え方を反映した指標である．

中心体(脳の)［central body］ ⇌ 昆虫の神経系
中心複合体［central complex］ ⇌ 昆虫の神経系
中枢性(脳)地図［centrally synthesized map］
計算性脳地図(computational map)ともいう．末梢感覚器では明示的にとらえられていない感覚情報が脳の情報処理の結果算出され，脳内で整然と表示されている構造．メンフクロウ*の中脳下丘外側核には，空間内の特定の領域からの音に反応する細胞が，反応する音の位置に従って整然と並び，聴覚空間の地図を形成する(⇌同時検出器)．内耳の音受容細胞は音の位置に感受性をもたないため，中脳における聴覚空間地図は脳の中でつくられたものである．その他の中枢性脳地図の例として，サルやネコの一次視覚野では，線分の特定の傾きに反応する神経細胞がコラム構造*をなし，それらが傾きに応じて風車状に配置された方位選択性地図をつくる(図)．また，コウモリの聴覚野においては，音源への距離，対象物と自身との相

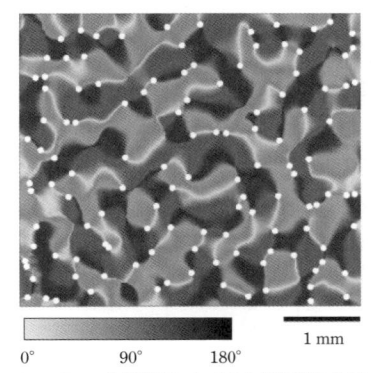

ニホンザル一次視覚野における方位選択性地図．方位選択性コラムの分布を光学測定法により可視化したもの．風車中心(白丸)を中心に異なる方位に反応するコラムが回転するように並ぶ．

対速度の情報が地図表示されている．中枢性脳地図の存在は，神経細胞を機能によって規則的に配置することが，脳の発達過程における副産物ではなく，情報処理上の利点をもつことを意味している．対語は投射性脳地図*．

中枢性パターンジェネレーター [central pattern generator, CPG] 歩行・遊泳・呼吸・咀嚼など，基本的な運動の時系列パターンを生成する神経回路．定型的運動パターン*の機構と考えられている．これら基本的な運動はいずれも周期的であり，拮抗する筋肉の活動が，互いに協調のとれた時系列をなすことが必要である．多くの場合，末梢からの感覚信号を遮断して，運動に伴う体性感覚*のフィードバック*を取去っても，基本的に同じ周期的な運動パターンが生成される．さらに，神経組織を身体から切り離して完全に孤立させた状態(in vitro 標本)でも，同じパターンが生成される．この場合，神経回路自身が発振する能力を自律的に備えており，一群の筋肉に時間がずれたパターンで収縮活動をひき起こす．脊椎動物の脊髄には歩行や遊泳の CPG があって手足や胴の筋肉を支配する．同様に，甲殻類・十脚目(カニやエビの仲間)の胃には，比較的少数のニューロンからなる神経節*が付属して，その中の CPG が胃の咀嚼運動を支配する．どちらの場合でも，CPG は複数の神経伝達物質の働きを受けて，いくつかの異なるパターンを生成することによって，多様な運動を実現している．

中性刺激 [neutral stimulus] 生得的行動*も習得的行動もひき起こさない刺激．古典的条件づけ*においては，通常，生得的行動を誘発する無条件刺激*を中性刺激とともに与える(対提示*する)ことによって，中性刺激が反応を誘発する条件刺激*となる．たとえば，メトロノームの音は犬にわずかな定位反射*をひき起こすにすぎず，繰返し聞かせるとまったく反応を誘発しない中性刺激となるが，これを聞かせてから肉粉を与える手続きを繰返すと，メトロノームの音は中性刺激から条件刺激に変わり，唾液を誘発するようになる．

中大脳 [deutocerebrum] ⇌ 昆虫の神経系

中立説 [neutral theory] 木村資生*により1968年に提唱された進化理論．生体高分子(DNA，タンパク質)にみられる突然変異*は中立なものが多いとするもので，これにより"中立説"とよばれる．その理由は，有利な突然変異の発生はもと

もと少なく，多く発生する有害な突然変異は子を残しにくいために早晩，集団から排除されるので，結局，残った突然変異は中立なものが多いとの考えである．ここでいう"中立"は"変異間の適応度が等しい"の意味であり，"機能をもたない中立"の意味ではないことに注意．中立説の以下の予測はデータで多く支持されている．1) 同じ生体高分子にみられる置換数は2種が分岐してからの時間に正比例する(分子時計*)．2) 同義置換(遺伝暗号* 表の3番目の塩基の変異)は非同義置換(遺伝暗号表の1番目と2番目の塩基の変異)よりも進化速度(単位時間当たりの DNA 配列の置換数)が数倍〜数百倍ロ高い．3) 偽遺伝子やイントロン*の進化速度はきわめて高い．また，中立説は分子系統学の扉も開いた．最初は分子時計に基づく UPGMA 法(多変量統計学の群平均法)が使われていたが，やがて分子時計を前提としない最大節約法，最尤法，ベイズ法などが開発され，行動生態学や進化生態学でもよく使われている．ちなみに，中立説のモデルは数学によって成り立ち，突然変異と遺伝的浮動と純化選択を要因とする確率論モデル(コルモゴロフ方程式，フォッカー・プランク方程式)を駆使する．

中立的 [neutral] ⇌ 適応

チューター [tutor] ⇌ 感覚学習期

チューリング・パターン [Turing pattern] ⇌ パターン形成

調音 [articulation] ⇌ 言語音

超音波 (音声) [ultrasound vocalization] ヒトの可聴域を超える高い周波数をもつ弾性振動波．ヒトの可聴域の上限が 20 kHz 程度であるため，それよりも高い周波数域の音声を超音波と定義する．ヒト以外の動物には超音波をソナーのように使ってみずからの位置などを把握したり(⇌ 反響定位)，個体間の音声コミュニケーションに利用したりするものがいる．たとえばコウモリは飛びながら超音波を発し，その反射を利用して餌となる昆虫の位置を知る．また，ラットやマウスなどの齧歯類は超音波を使って個体間コミュニケーションを行っている．たとえば，子が親や巣から離れたときに超音波を発し，みずからの位置を親に知らせ巣戻し行動を促す．雄マウスが発情した雌に出会ったときに超音波を用いて求愛歌を発することなども報告された．種により可聴域が異なるので超音波コミュニケーションにより捕食者から発見されにくくなるという利点がある．

聴覚 [audition] ⇒ 感覚皮質

聴覚受容 [auditory reception]　空気や水など動物を取囲む媒体を伝播した圧力波(疎密波)に対する感覚受容*. 生体を構成する細胞は，媒質の空気に比べて密度や剛性などの物性が異なるため，その界面でのエネルギー伝達効率は一般に非常に悪い. このミスマッチを整合する装置として，耳小骨や鼓膜・内耳の基底膜が機能し，音を有毛細胞の細胞膜の機械的変化に効率良く変換している. 有毛細胞は信号変換を行い，シナプスを介して聴神経の発生する活動電位を高い時間分解能で変化させる. 聴神経は音の疎密波のピークに合わせて活動電位を発生する. この活動電位の発生確率は，音の振幅が大きいほど高い. また，聴神経ごとに最も敏感な周波数が異なっており，音の周波数は活動を示す聴神経の組合わせのかたちで符号化される.

聴覚性驚愕反射 [acoustic startle reflex] ⇒ 驚愕反応

聴覚フィードバック [auditory feedback]　動作によって生じた結果を動作主体に知らせる信号を，フィードバックという. 聴覚情報としてフィードバックを得る場合，これを聴覚フィードバックという. 特に，発声制御の研究においては，発声中に聞こえている自身の声あるいはその音響的特徴の一部をさす. ヒトの発話研究では，聴覚フィードバックを100〜200ミリ秒遅延させると，流暢な発話が困難になり吃音のようになることが知られている. また聴覚フィードバックの基本周波数を変化させると，これを補償するように発声が変化する. したがって，ヒトは発声運動を適切に制御するために，聴覚フィードバックを利用して時々刻々の発声状態を把握していると考えられる.

長期記憶 [long-term memory]　保持間隔*によって区分される記憶のうち，永続的な記憶をさす. ほぼ無限の容量をもつとされる. 記憶される内容によって，宣言的記憶*と非宣言的記憶*に分けることができる. 引っ越し後の自宅の電話番号はなかなか憶えられないが，何度も思い出すことによって確かな記憶となるように，短期記憶の情報がリハーサル*を繰返すことにより，長期記憶に転送されると考えられている. 神経系では，神経細胞間をつなぐシナプス*の伝達効率の変化として実現されていると考えられている. 生物学では，新規のタンパク質合成を必要とし，学習時またはその直後にタンパク質合成阻害剤を投与すると失われる記憶成分を長期記憶と定義する場合も多い. (⇒ 短期記憶)

長期増強 [long-term potentiation, LTP]　海馬*の貫通線維路を高頻度に刺激すると歯状回の顆粒細胞へのシナプス伝達効率(synaptic efficacy)が長時間増大する現象. T. BlissとT. Lømoによりウサギで見いだされた. 哺乳動物に共通. 海馬の苔状線維からCA3領域(CA3)，シャファー側枝(Schaffer collateral)からCA1領域へのシナプス伝達でも同様の現象がみられる. D. O. Hebb*が提唱した学習がシナプスレベルで起こるというヘッブ則*に一致し，学習・記憶のメカニズムの一つと考えられる. 一般に，高頻度(20〜100 Hz)で数秒間刺激(テタヌス刺激 tetanus, tetanic stimulation)すると，伝達効率が一過性に増大するテタヌス後増強(post-tetanic potentiation, PTP)が発現するが，海馬ではそれだけでなく，さらにテタヌス刺激を繰返すことにより増大が長時間に及ぶ長期増強*が発現する. 発現にはNMDA型グルタミン酸受容体の関与がよく知られるが，その他のメカニズムも存在する(⇒ グルタミン酸受容体). 海馬における発見以来, 大脳皮質*や扁桃体*でも見つかっている. 無脊椎動物で見つかった異シナプス促通が長時間持続する長期促通*とは区別される.

長期促通 [long-term facilitation, LTF]　学習・記憶にかかわるような興奮性シナプス*における長時間にわたるシナプス伝達の増強現象のうち，無脊椎動物で見いだされた異シナプス促通(⇒ 促通)が長時間持続することをいい，哺乳動物における2個のニューロン間で起こる長期増強*と区別する. アメフラシのえら引っ込め反射*で起こる鋭敏化*は，侵害刺激を繰返し行うと長時間にわたり継続するようになる(長期の鋭敏化)が，このときの感覚ニューロンから運動ニューロンへのシナプス伝達における長期の促通をいう. この種の促通は，侵害刺激の情報を受けたセロトニン放出促通性介在ニューロンの当該シナプス前末端への作用で発現するが，繰返しの侵害刺激による長時間のセロトニン*の作用により，感覚ニューロン細胞内ではcAMP(cyclic AMP)濃度の上昇をきっかけとするタンパク質の新たな合成が起こり，シナプス前末端の形態が変化してその分岐数やアクティブゾーン(active zone)の数が増えることで長時間継続するようになる.

調教 [accustom, training] ⇒ 馴致

長距離相互作用［long-range interaction］⇌ 局所相互作用

超個体［superorganism］　機能的な分業を伴う社会性生物のコロニー全体を，生物の一個体になぞらえた呼称．たとえばアリでは，産卵を担う女王*とコロニー維持に必要な仕事を担うワーカー*が分化しており，ワーカー内でも個体により，こなす仕事が異なっている．これが器官分化を伴う多細胞生物の個体に似ているためこうよばれるが，多細胞生物の細胞同士はクローンだが社会性生物の個体同士ではそうではないので，超個体内には個体間の利益の対立が存在する．

聴衆効果［audience effect］　他個体に観察されることによって，観察された個体の行動に変化が生じること．他個体との交渉や他個体の行動とは関係なく，単に他個体の存在のみが関与する場合をさす．たとえば，熱帯魚のモーリーの一種では，雄1匹でいるときに2匹の雌から繁殖相手を選ぶ場合と，別の雄が観察者として存在している状況で雌を選ぶ場合とで，その選択に違いが生じることが知られている．聴衆の雄がいる場合には，もともと好みではなかった方の雌を選ぶことが多くなるのである．もともとの好みに従うと聴衆の雄と選択する雌が重なって精子間競争が生じるリスクがあるため，それを避けるという適応的意義があるのではないかと推測されている．

鳥獣保護法［Wildlife Protection and Hunting Act］　鳥類と哺乳類の保護管理や狩猟に関する基本的事項を定める法律．正式には"鳥獣の保護及び狩猟の適正化に関する法律"．狩猟法ともいう．鳥獣の捕獲を一般に禁止し，狩猟や有害捕獲など，捕獲が許される場合の詳細を定めるほか，鳥獣保護区や，都道府県を中心とした鳥獣行政について規定する．鳥獣被害の防止に関係するため，農林水産業とも関連が深い．狩猟は，49種類の狩猟鳥獣を対象に，猟期(冬)中に，銃，わな，網で捕獲するもので，狩猟免許が必要である．狩猟以外に捕獲をするには，人の安全や農林水産業への被害を防止するための有害捕獲，学術捕獲など，目的に応じた許可が必要．都道府県知事は，捕獲許可の基準や，鳥獣保護区の設定など，この法律の運用に関して，鳥獣保護事業計画を策定する．また，増えすぎるなど個体数管理を必要とする種について，知事は特定鳥獣保護管理計画を策定し，計画的な個体数調整(間引き)を行うことができる．

超正常刺激［supernormal stimulus］　K. Z. Lorenz*によって発見された概念．現実にはありえないような強い刺激が，その動物に固有の行動をより強くひき起こすとき，その刺激のことを超正常刺激という．N. Tinbergen*によるミヤコドリを用いた実験では，この鳥はふつう3卵しか産まないのに，巣の近くに人工的に5卵の巣を作ってやると，5卵の方から抱こうとする．またそばにミヤコドリの卵よりはるかに大きな卵を置くと，実際にはありえない大きさなのにその卵を抱こうとする(⇌ 鍵刺激[図])．自然界において，信号の発信者が受信者を操作して，自分の利益(適応度*)を増大させようとするときに，超正常刺激に対する受信者の反応が利用される．たとえばカッコウ*の雛が，宿主の雛より大きな口を開けて，赤い口内を見せ，さらに宿主の雛より大きな声で餌乞い*をすることによって，宿主の親からより多くの餌を引き出そうとするのも，超正常刺激の効果である(⇌ だまし[図])．

調整スケジュール［adjusting schedule］　時間的に先行するスケジュールのもとで得られた行動の結果に基づいて，後続するスケジュールのパラメータが変更される強化スケジュール．連動スケジュールでもスケジュール間での相互関係が認められるが，ここでは関係のある複数のスケジュールは基本的には同時に進行している．滴定スケジュール*は調整スケジュールの一つであり，選択された選択肢に応じて後続するスケジュールのパラメータが組織的に変更される．

頂点移動［peak shift］　ある刺激次元のうえで二つの弁別刺激を選び，一方の刺激(正刺激)のもとでは行動を強化*し，他方の刺激(負刺激)のもとでは強化しないという弁別訓練の後，この刺

実線：正刺激(S+)単独訓練後の般化勾配
点線：負刺激(S−)を加えた弁別訓練の後の般化勾配

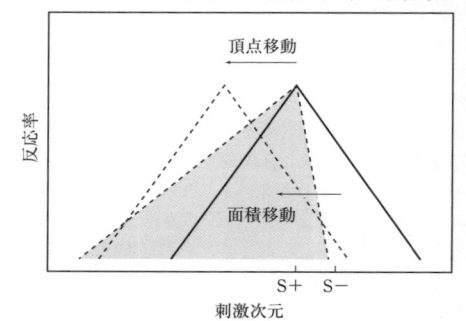

激次元上で般化勾配*を測定する．このとき反応率*が最大となる刺激，つまり般化勾配の頂点となる刺激は，多くの場合，正刺激そのものではなく，正刺激から負刺激側と反対の方向にずれる（図）．これを頂点移動とよぶ．たとえば光の波長次元において正刺激を550 nm，負刺激を560 nmとする弁別訓練を行い，その後さまざまな波長の光を提示して反応率を測定すると，反応率が最大となる色光は550 nmではなく，それより短波長の方向（たとえば540 nm）に，すなわち負刺激とは逆方向に移動する．頂点移動がみられない場合でも，般化勾配の形状が負刺激から遠ざかるようにひずむ面積移動（area shift）が観察されることもある（図）．頂点移動は多くの動物種，多くの刺激次元でみとめられている．（⇌次元内訓練，刺激般化）

超伝導量子干渉計　［superconducting quantum interference device, SQUID］　⇌脳磁図

聴導犬　［hearing dog］　⇌介助動物

跳躍器　［leaping organ, furculum］　叉状器ともいう．トビムシ*目（粘管目）の昆虫がもつ跳躍するための器官．体の後部，腹部第4節にある二股になった棒状の器官で，ふだんは腹部下面に寄せられ，腹面にある保持器によって引っかけられている（図）．捕食者などに遭遇した際には，この跳躍器が筋肉の収縮により後方へと勢いよく振り出され，大きくジャンプして逃げることができる．

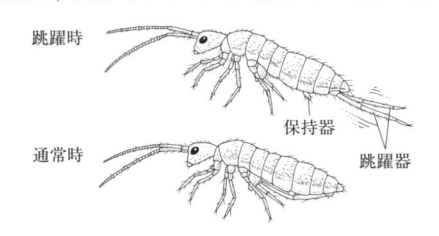

跳躍台　［jumping stand］　K. S. Lashleyによって開発された，ラットに同時弁別を訓練するための装置（図）．ラットを台に乗せ，ラットの正面の壁に二つの窓を左右に並べて設置する．それぞれの窓は正刺激と負刺激のカードで塞いでおく．ラットは，台の上に乗せられたら二つの窓のいずれかに飛びつくよう，あらかじめ訓練しておく．ラットが正刺激に飛びつく（正選択）とそのカードは倒れ，窓の向こう側で食物を報酬*として与える．逆に，ラットが負刺激に飛びつく（誤選択）と，このカードは固定されているので倒れず，ラットは下に落ちる．この装置には以下のような特徴がある．1) ラットは刺激に飛びつかなくてはならないので，刺激選択の前に必ず刺激をよく見る（多くの注意*を払う），2) 正選択の場合，正刺激に直接反応し，その裏側ですぐに報酬が与えられるため，刺激-反応-強化子（報酬）が時間的・空間的に近接している（⇌三項強化随伴性），3) 誤反応の結果与えられる罰*は報酬と著しく異なっており，般性強化子*となる可能性が小さい．これらの特徴により，ラットには通常困難といわれるような複雑な刺激の弁別もこの装置を用いることで可能になる．逆に問題点は，跳躍をラットに訓練するための予備訓練にかなりの時間と労力を必要とすることと，誤反応に対する罰が比較的強く，弁別訓練の途中でまったく反応しなくなる被験体が一定数出現することである．

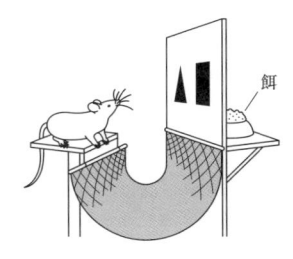

超優性　［overdominance］　ヘテロ接合体の方がホモ接合体よりも適応度が高い場合をさす．たとえば，ヒトに鎌状赤血球貧血を発症させる対立遺伝子*は劣性遺伝し，ホモ接合の個体に深刻な貧血症をもたらすが，野生型の対立遺伝子とヘテロ接合しているときには，貧血症を発症しないうえに，マラリアにかかりにくくなる．この対立遺伝子は，温帯地域にはほとんど存在しないが，熱帯のマラリア発生地においては超優性によって集団の中で一定の割合で維持されている．

調和的アルゴリズム　［coordinated algorithm］　自己組織化*に基づく巨視的構造の形成過程を説明するモデルの一つ．協調的アルゴリズム（cooperative algorithm）ともいう．ある巨視的構造を完成させるまでの作業工程を一連の部分的作業に分割したとする．ある段階に到達したことが次の段階に進むための質的な刺激（スティグマジー*）として働くならば，連鎖的な作業系列により最初から最後までの工程が規則的に進行する．この過程を調和的アルゴリズムとよぶ．たとえば狩りバチの仲間が作る六角形の房室がつながった巣の構造は，個々のハチ個体が巣の構造由来の刺激（スティグマジー）に対し，一定の反応規則に従い行動することの繰返しで建設される．このプロセス

は，最初の房室がひとたび建設されたならば，最後まで連鎖的に進行していく．この調和的アルゴリズムは房室の二次元構造パターンだけでなく，三次元構造パターンをも支配し，反応規則の種間差は最終的に構築される巣の巨視的構造の種特異性を生む．調和的アルゴリズムにおいては，ある段階への到達が作業者に対する行動制約として機能し，その結果，次の段階の構築へと向かわせる．

調和配偶［assortative mating］　＝同類交配
直接互恵性［direct reciprocity］　⇒互恵的利他行動
直接的適応度［direct fitness］　⇒血縁選択
直接的利益［direct benefit］　⇒雌の選り好み
直接の要因　⇒至近要因
直鼻猿類［haplorrhine］　⇒霊長類
貯食［food hoarding, food storing, food catching］　食物貯蔵ともいう．食物を集め，後で利用するために蓄えること．蓄えた食物を数分で消費してしまう種もあれば，1年以上の長期間蓄える種もいる．貯食は社会性昆虫*やシデムシなど昆虫類，鳥類，哺乳類など多くの動物でみられ，冬など食物が不足する時期への貯蓄や一時にあり余る食物の後利用などの機能がある．ミツバチの巣やドングリキツツキの貯蔵木（granary）のように1～数箇所に食物を集中貯蔵する場合（**集中貯蔵** larder hoarding）と，カラ類やカケス，ホシガラスなどのように多くの場所に食物を少しずつ**分散貯蔵**（scatter hoarding）する場合がある（⇒はやにえ）．シマリスのように両方を行う種もいる．ドングリキツツキは複数個体が共同で1本の貯蔵木当たり約1～3万の穴をつくり，その穴にドングリを蓄え防衛する（図）．一方，分散貯蔵の場合，食物の横取りは軽減されるが，隠した場所を記憶しておく必要がある．ハイイロホシガラスでは2千箇所以上に合計約3万個の種子を隠し，9カ月も後に隠した種子を正確に見つけることができる．このような鳥類では空間記憶をつかさどる海馬*が著しく発達している．ミツバチやシデムシなどの昆虫では，長期貯蔵に耐えるよう食物を物理・化学的に加工するものも多い．

貯蔵木［granary］　⇒貯食
直観的把握［subitizing］　⇒数
チョムスキー　**CHOMSKY**, Avram Noam 1928.12.7～　　米国の言語学者，マサチューセッツ工科大学教授．幼児の言語の獲得は不十分な事例でも進行することなどから，人間言語が生得的な基盤（普遍文法*）をもつことを初めて指摘した．また，言語が想念から生成され音列として発話されるまでの形式的な理論を変形生成文法理論としてまとめ，現代理論言語学の基礎をつくった．生物学にも多大な影響を与え，行動の遺伝的要因と環境要因についての議論を再燃させた．近年では言語の進化についても発言している．言語学者としての活躍と並行して政治学者としても多くの論説を発表している．主著に『文法の構造』（1957年），『デカルト派言語学』（1965年），『ミニマリスト・プログラム』（1995年）など．

地理情報システム［geographic information system, GIS］　位置や空間に関するさまざまな情報（地理情報）をコンピュータ上でデジタルデータとして作成，加工もしくは統合するなどして，より複雑な情報の分析や視覚的な表現を行う情報技術．これにより，行政の統計データ，土地利用，種の分布，といった複数のデータを重ね合わせて，データ間の関連性の分析や総合的な解釈を行うことが可能になった．動物行動の研究では，対象個体にGPS（global positioning system）受信機もしくは発信機を装着し，回収されたデータを地図上に示すことで，それまで把握が困難であった大型動物の行動範囲や渡り鳥の渡り経路などが明らかにされつつある．人工衛星など地上より離れた場所から観測を行うリモートセンシング（remote sensing）によって，より広域的で精度の高いラスタデータ（グリッド状に並んだピクセルの位置データ）が入手できるようになり，地理情報システムと統合的に利用することによって，生息地内の環境解析などだけでなく，生息地間の連結性や変遷などを取扱う研究も増えている．

ドングリキツツキは枯れ木にたくさんの穴をあけてドングリを貯蔵する．この貯蔵木は毎年使用される．

地理的傾斜［cline］　＝クライン
地理的勾配［cline］　＝クライン
治療的乗馬［therapeutic riding］　＝乗馬療法
陳述的記憶［declarative memory］　⇌宣言的記憶

鎮　静［sedation］　活動的な状態が外的圧力によって抑えられること．動物行動学の分野では，特に特定の物質・薬物などにより，心理的な興奮が抑えられ，鎮まる状態のことをさす．一般的な麻酔薬はすべて鎮静効果をもつ．そのほかにも，神経伝達物質*として広く脳内に分布しているノルアドレナリン*，ドーパミン*，アセチルコリン*，ヒスタミンなどの作用（受容体への結合やシナプス前細胞による再取込みなど）に影響する薬物には，鎮静効果をもつものが多い．類似語に"沈静（calming）"があるが，これは自然に落ち着くことを表し，鎮静とは異なる（⇌沈静効果）．

沈静効果［calming effect］　安寧効果ともいう．活動的な状態が自然な過程を経て落ち着くことをさす．強制的に活動が鎮められる"鎮静*"とは異なる．ヒトに対する沈静効果をもつ刺激として一般に知られている例として，香り（におい刺激）がある．ある特定の香りに落ち着く効果があることは経験的に知られており，アロマテラピーとして利用されている．香りの効果はイヌなどでも報告されているが，その神経行動学的メカニズムが示されるには至っていない．動物において沈静効果をもつ刺激としては，ブタなどで存在が指摘されている安寧フェロモン（calming pheromone）がある．もともとは母ブタが子を落ち着かせるために発する物質であるが，成長した後も安寧効果をもつので，養豚業への応用が期待されている．また，ウマは知らない場所でストレスを感じ興奮することがあるが，特定のヒト（管理者）との関係が良好ならば，このヒトの存在が沈静効果をもつことが報告されている．

チンパンジー［chimpanzee］　霊長目ヒト科に属す．学名 *Pan troglodytes*．生息域はアフリカの赤道付近である．熱帯雨林をおもな分布域とするが，乾燥疎開林にも適応している．2足で立った場合の身長は大人の場合で120 cm前後であり，ほぼ全身が黒い毛で覆われる．日中の大半は樹上で過ごし，果実や葉など植物性の食物を主食とするが，昆虫や小型哺乳類も食べる雑食性である．約20個体から150個体からなる複雄複雌の群れを形成する．ただし，群れの全員が集合することはほとんどなく，数個体からなる小集団に分かれて小集団間でメンバーが入れ替わったり，単独で移動したりする離合集散の社会を形成する．野生において多様な道具を使うことで知られ，知性や行動に関する研究が盛んに行われてきた．学習によって，手話や図形文字を使うこともできるようになる．同属別種のボノボと並んでヒトに最も近縁な現生種である．同じヒト科のゴリラ属，オランウータン属，およびテナガザル科テナガザル属と合わせて，類人猿*と総称される．

ツ

追従種[follower species] ⇌ 混群

追従反応 [following reaction, following response] [1]動物の子どもが動くものを見たときにそれを追いかけてついて歩く，あるいは目で追う反応．代表的な追従反応として離巣性鳥類の雛が，ふ化後に見た目をひくもの（親あるいは動く生物や人工物）を追いかける行動がある．感受期*にあたる，ふ化後数日間に観察され，追従の対象が特定のものに限定される現象を刻印付け（⇌ 刷込み）とよぶ．追従は幅広い対象に対して誘発されるが，種ごとにより好まれる特徴があり（これを生得的偏好（predisposition）とよぶ），環境に応じて追従対象が絞られる．霊長類では顔に類似した刺激を目で追う反応が知られている．[2]（おもに魚類で）周囲の物体の移動に対して同調して移動しようとする反応の一つであり，魚群の形成の一因と考えられる．

対提示[pairing] 二つの刺激を同時または時間的に接近させて与えること．古典的条件づけ*の学習を成立させる手続きとして使用されることが多い．

対連合学習[paired association learning] ⇌ 連合学習

痛覚[pain] ⇌ 痛み

痛覚脱失[analgesia] ⇌ 恐怖反応

塚[mound] シロアリ，アリ，アナジャコ，シオマネキ，ミミズ，モグラなどの仲間が，地表に土を丸く盛り上げた構造物をいう．多くの場合，塚の構築は防衛上の機能が大きい．社会性昆虫*のシロアリ，アリなどでは，塚の中で大集団が生活し，その中で産卵，育児，食物の貯蔵や加工などを行う．また，集団行動によって温度，湿度，空気などの無機環境を安定に保っている．特殊な機能をもつものとして，鳥類のツカツクリ類が大きな塚を作る．材料は腐葉土であり，その中に卵を埋め，腐葉土の発酵熱を利用して卵を温める．塚を作るのは通常は雄で，卵が正常に発育するよう，塚の温度が33〜38℃になるように管理している．

つがい[pair] おもに鳥類で繁殖期にみられる特定の雌雄の組合わせをよぶ．つがい関係は，一繁殖試行の間だけか，一繁殖期間中だけ継続することが多いが，ツル類やワシ類のように数年さらにはつがい相手が死ぬまで続くものもある．また，カモ類のように繁殖期の間はつがいで行動し，非繁殖期にはつがいをいったん解消するが，翌年以降も繁殖期ごとに同じ個体同士がつがいになるタイプもある．カモメ類では雌同士のつがいが生じ，共同して抱卵や（つがい外受精*で生まれた雛の）育雛を行うことが知られている．

つがい外交尾[extra-pair copulation] 婚外交尾，ペア外交尾ともいう．雄と雌がつがい関係をつくる動物において，配偶相手以外の異性と交尾をすること．鳥類では，つがい外交尾の存在はすでに1950年代から知られていた．当時はほとんどの鳥が一夫一妻*であるという先入観もあって，つがい外交尾をする個体は，病気かホルモンバランスの異常個体であったり，きわめて例外的な個体と考えられていた．今日ではつがい外交尾は珍しい現象ではなく，多くの種で普遍的にみられることがわかっている．鳥類では，つがい外交尾は繁殖期間中ランダムに生じているわけではなく，多くの場合，受精可能となる産卵の約10日前から始まり，産卵終了と同時にみられなくなる．つがい外交尾の成功率は，コロニー繁殖種，一妻多夫種や一部の協同繁殖種を除くと低く，雄が求愛する前につがい雄に排除されたり，あるいは雌が逃げたりする．しかし，雌はつがい雄以外の雄との交尾を必ずしも拒否しないためつがい外交尾が成立する．つがい外交尾はつがい関係を維持しながら，他の雌と交尾をして適応度を高める雄の繁殖戦略である．

つがい外子[extra-pair offspring] ⇌ つがい外受精

つがい外受精[extra-pair fertilization] つがい外交尾*による受精．つがい外の交尾によって生まれた子の父性をDNA指紋法などで調べたところ，つがい外交尾が実際につがい外受精に結びついていることが多く，一巣の中に父親が異なる雛が混在している．つがい外受精を種間で検討すると，つがい外交尾を含む乱婚*の機会が多い種ほど大きな精巣や貯精嚢および総排泄腔突起をも

つ．つがい外交尾によって生まれた子をつがい外子（extra-pair offspring）とよぶ．

つがいのきずな［pair bonding］　繁殖を目的とした雌雄の間に存在する強い親和的関係（⇒きずな）をいう．哺乳類では種全体の3〜5％しかつがいのきずなをもたないが，鳥類では90％以上の種でつがいのきずなをもつことが知られている．神経生物学的な研究対象としては生涯同じ繁殖相手と生活する一夫一妻制のプレーリーハタネズミ*が有名である（図）．同居，交配後に交配相手に対して強い嗜好性を示すが，個体認知に関してはオキシトシン*とバソプレッシン*が関与していること，また嗜好性の強化にドーパミン*が関与していることが示されている．これらは一夫多妻*制のハタネズミ（別種）にはみられない．また，プレーリーハタネズミの雄は，見知らぬ雄のみならず雌に対しても攻撃行動を示す．また，きずなの形成された雌の存在下でコルチコステロン*の減少が報告されている．これは他の一夫一妻制の動物でもみられる現象であり，きずなが形成されているパートナーの存在は社会緩衝作用*をもたらすと考えられる．鳥類のつがいのきずなは多くの場合一つの繁殖期のみで，次の繁殖期ではパートナーを交換する．

プレーリーハタネズミのつがい．生涯同じ相手と生活し，協力して育児をする．

使い分け単為生殖［conditional parthenogenesis］　⇒単為生殖

つきまとい行動［stalking］　⇒性的ハラスメント

2D-4D比［2D：4D ratio］　指比率（digit ratio）の一つ．ヒトの手の2番目の指（2D：人差指）と4番目の指（4D：薬指）の長さの比（2D/4D）を求めると，一般に男性の方が女性より小さい値となる（人差指の方が短い傾向にある）こと（図）．これは胎児期の男性ホルモン（アンドロゲン*）の影響であり，たくさんのアンドロゲンを浴びると2D：4D比は小さくなると考えられている．女性でも副腎から微量のアンドロゲンが分泌されるため，2D：4D比を調べれば胎児期のホルモン曝露量を推定できるとされている．さらに胎児期のアンドロゲンは，手指だけでなく脳にも作用して脳を男性化し，さまざまな行動に影響する（⇒脳の性分化）．自閉症や注意欠陥多動障害*の男児，またレズビアンの女性では2D：4D比が小さいことが知られており，これらの原因に少なくとも部分的には胎児期のアンドロゲンが関係していると考えられている．しかしながら，2D：4D比から個人の行動傾向の予測はできない．

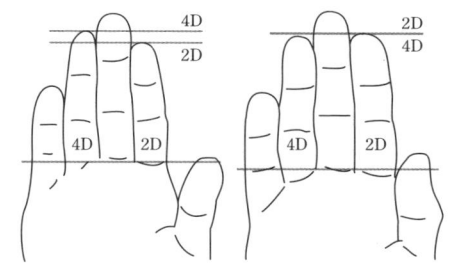

男性（左）と女性（右）の手指の長さの性差．男性は女性に比べて人差し指より薬指が長い傾向がある．

綱引きモデル［tug-of-war model］　⇒繁殖の偏り

ツバメ［barn swallow］　学名 *Hirundo rustica*．スズメ目ツバメ科に属する小鳥で，体長は17 cmほどで，背は光沢のある濃い藍色をしており，腹側は白い．喉と額が赤い色をしている．北半球の温帯地域の広い範囲で繁殖し，熱帯地域で越冬*する．人家や納屋などの人間由来の構造物に，泥や枯れ草などを用いて半椀状の巣を造り，繁殖を行う．人家に近い場所で繁殖を行う習性をもつため，観察が容易であり，行動研究のよい材料とされてきた．細く先のとがった翼と，最外側の尾羽が長くなることが大きな特徴である．この二又に分かれて見える長い尾羽は雄の質を表すとされ，雌が長い尾羽を好むことにより進化してきたと考えられ，性選択*研究の材料として注目されてきた．しかし，これらの傾向はヨーロッパ亜種で見いだされてきたものであり，近年の研究から，他の亜種では雌が長い尾を好まないといった研究結果も得られている．

壷嚢［lagena］　⇒耳石器

テ

定位 [orientation] ⇒ 定位行動，ナビゲーション

定位行動 [orientation behavior] 生物体が環境中の特定の方向に能動的に体軸を向けることを定位(orientation)といい，動物が特定の方向に向かう運動を定位行動という．また，特定の方向に向かう習性を走性* という．渡り鳥の渡り* の衝動は日照や温度，湿度などの変化が刺激となってひき起こされる．昼間飛ぶ渡り鳥は，太陽の位置や太陽光線の向きと体内時計で特定の方向を割り出すとされる．夜飛ぶ渡り鳥は，星座や地磁気を定位刺激として方向を決めている(⇒ 星座コンパス)．ミツバチやアリの採餌行動においては，太陽の方角や偏光が巣の方向への定位に使われる(⇒ 太陽コンパス)．ガ類の性フェロモン* などのにおい刺激はにおい源のごく近傍を除き，方向や距離を示すわけではない．風向や風速が変化すると，受容者からみてにおい源が正確に風上方向に存在するとは限らないからである．におい源へ向かう定位飛行においては，においを感知すると風上へと向かう走風性(anemotaxis)がひき起こされる．風上方向と飛行速度の決定には地表からの視覚情報が使われる．においの流れから逸脱すると風を横切る方向へのジグザグ飛行に変わり，においの流れに入ると風上へ向かう，この繰返しによってにおい源付近に達する．におい源の近傍に達するとにおい物質の濃度勾配や目標物の視覚，聴覚刺激など方向性が明確な定位刺激によって目標に達する．におい刺激は，遠距離において走風性や視覚目標に向かう定位行動をひき起こし，におい源への直接定位は濃度勾配が明確な至近距離で起こると考えられる．

定位的操作 [combinatorial manipulation] ⇒ 道具使用

定位反射 [orienting reflex] "おや，何だ？"反射(what-is-it reflex)ともいう．初めての刺激に対してみられる生得的行動* で，無条件反射* の一種である．たとえば，はじめてメトロノームの音を聞かされたイヌは，音源の方向に体を向けたり，耳をそばだてたりする．I. P. Pavlov* は，進行中のほかの反応を阻害するため，この現象を制止* の一種と考えた．定位反射は環境の変化に対する注意* を反映するものであり，やがて来るかもしれない脅威への対処を可能にするという意味でその生物学的意義は大きい．なお，定位反応(orienting response)というときは，体の向きを変えるなどの骨格筋運動に加え，呼吸や心拍，瞬きといった自律神経系活動の変化も含まれる場合が多い．

定位反応 [orienting response] ⇒ 定位反射

DNA デオキシリボ核酸(deoxyribonucleic acid)の略号．核酸の一種であり，4種類のデオキシヌクレオチドが鎖状につながるもの(図)．動物や植物や菌類において遺伝子* の本体であるが，ウイルスなどには，DNAではなくRNA* を遺伝子としているものがある．デオキシヌクレオチドは，デオキシリボースとリン酸と塩基からなるが，塩基にはアデニン，グアニン，シトシン，チミンの4種類があり，これをA, G, C, Tと略記する．この塩基配列が遺伝情報を担う．塩基の間はAとT，GとCとが互いに水素結合で対合して安定化する．そのためデオキシヌクレオチドが鎖状につながった高分子は相補的な塩基をもつ2本が対合して安定化した二重らせん構造をとっている．DNAを複製するときには，二重らせんがほどけてそれぞれに相補的な鎖がつくられる．またDNAにある情報を読取るには，二重らせんがほどけて，DNAにある塩基に相補的な塩基をもつ

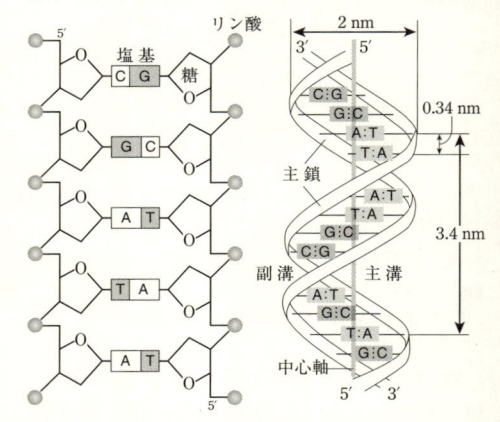

メッセンジャー RNA がつくられるが，これを転写(transcription)という．メッセンジャー RNA はリボソームへと移動し，そこでタンパク質が合成される．そのため DNA の塩基配列が，タンパク質のアミノ酸配列を指定するといえる．

DNA バーコーディング　[DNA barcoding]　短い DNA 断片の塩基配列によって種を同定するためのプロジェクト，またその手法をさす．色分けされた塩基配列が商品のバーコードのように見えることから名づけられた(図)．2004 年に設立された "生命のバーコード協会(Consortium for the Barcode of Life, CBOL)(事務局：スミソニアン自然史博物館)" が中心的な役割を担っている．動物ではミトコンドリア DNA* の COI 領域(シトクロム *c* オキシダーゼサブユニットⅠという酵素をコードする領域)のうち約 680 塩基対を用いて塩基配列の登録が進められており，カモ類や大型カモメ類などのいくつかの例外を除き，多くの分類群のほぼすべての種の識別が可能であることが示唆されている．対して植物では，葉緑体 DNA の rbcL や trnH-psbA スペーサー領域などを用いた解析が行われているが，属レベルの同定にとどまることが多く，種まで同定できるケースが少ないなど苦戦している．

図示化されたキビタキ(スズメ目ヒタキ科)の DNA バーコードの一部

TFT 戦略　[tit for tat]　＝しっぺ返し戦略

停空飛翔　[hovering]　空中の一点に静止する飛翔方法．求愛* の際や，空中から獲物を狙ったり，体重を支えることができない枝の先端にあるような餌を取る際におもに用いられる．体重が軽い昆虫ではハエ，トンボ，ガの仲間など多くの種が行うが，それに比べて体重の重い鳥類やコウモリの仲間では，力学的に複雑でエネルギーを要する運動であるため，長時間継続できる種は花蜜食のコウモリ(パラスシタナガコウモリなど)やハチドリなど，少数に限られる．

定型的運動パターン　[fixed action pattern]　固定的動作パターンともいう．本能行動において動物が生成する定型的な運動の時系列．異なる解発刺激* によってひき起こされたものでも，発現する文脈* が異なっていても，また何度も繰返されても，そのパターンの変異は小さい．トゲウオ* の性行動や，ハイイロガン* の卵転がし行動(図)などの研究に基づき，本能行動を特徴づける性質の一つとして N. Tinbergen* によって定義された(『本能の研究』1949 年)．一度始まれば解発刺激が途中で消失してもパターンは中断することがない．パターン全体が脳神経系の中枢で生成されて，トップダウンで一連の筋収縮を支配すると考え，反射の連鎖による逐次的な運動制御とは区別される．歩行や遊泳・呼吸などの基本的な運動，さらにこれらに由来する行動(魚類の求愛行動，哺乳類のくしゃみ・咳など)は，末梢からの感覚性フィードバックを遮断してもパターンが変わらない．そのため，中枢性パターンジェネレーター* により生成されていると考えられる．なお，反射により生起する運動も一概に排除するものではない．たとえば，除脳カエル(脊髄標本)の後ろ足のひっかき反射は，短時間の皮膚刺激に応じて起こるが，一連のパターンが完了するまで持続するため，定型的運動パターンとみなされる．

卵を転がして巣に戻すハイイロガン．この行動は定型化されていて，途中で卵を取除いても，最後まで転がすための動きをやめない．

定型的反応　[stereotyped response]　定型的運動パターン* と同様に，特定の刺激に対して一連の固定された行動を示す生得的行動* のこと．定型的運動パターンのなかでも比較的単純なものをさすことが多い．アメリカザリガニの逃避行動はその一例である．ウシガエルなどの天敵の攻撃を前方から受けると，ザリガニは腹部を屈曲して，後方へ素早く逃避する．後方から攻撃を受けた場合は，体の向きを反転させるために倒立して前転し，その後，腹部の屈曲，後方への逃避を示す．これらの固定的な反応は，人為的に電気刺激を与えることでいずれも再現することができる．頭部に電極を刺して電気刺激を加えるたびに，ザリガニは腹部の屈曲から後方への逃避までの固定的な反応を繰返し示し，その行動が変化することはない．

定向性非対称性　[directional asymmetry]　⇌ 左右性

抵抗反射　[resistance reflex]　⇌ 擬死

呈示　[presentation]　＝提示

提示［presentation］　動物の学習実験などにおいて，実験者が刺激を動物に与えること．また，動物個体が他個体に自己の身体あるいはその一部を見せたり，物体を与えたりすること．呈示と表記されることもある．

定常状態の行動［steady-state behavior］　動物の学習研究，特に単一被験体法*を用いるオペラント条件づけ*研究では，ある行動の原因を確かめたい場合，それに先立って，その行動を何日間か測定し，これが安定していること，すなわち定常状態の行動であることを確認する必要がある．これをベースラインとよぶ．ベースラインを測定する理由は，定常状態に至る前に実験条件に移行した場合，その後の行動変化が独立変数の効果によるものなのか，それ以外の要因の効果によるものなのかの区別ができなくなるからである．ある行動が定常状態であるか否かを判断する基準は，反応安定基準*とよばれる．

ディスタンスコール［distance call］⇌地鳴き

ディストレスコール［distress call］　未熟な個体が親から引き離されたときに発する声は哺乳類，鳥類，爬虫類など幅広い動物で観察される．特に鳥類では顕著である．動物が不快を感じたとき，あるいは母鳥などからの保護を求めるときに発する鳴き声．特に幼鳥で多く観察され，母親や仲間から離れて遭難（distress）したとき，身動きができないとき，知らないものが接近したとき，寒いとき，空腹のときなどに発せられる．また，捕食者に襲われたときにも発せられる．この場合，ディストレスコールは餌生物の身体の状態と相関しており，捕食者による捕獲から逃げる能力を示す正直な信号*となっている．

ディスプレイ［display］　誇示行動ともいう．社会的信号伝達の際の信号として特化した定型的な行動様式．ディスプレイの機能は以下のように多岐にわたる．威嚇・脅し（脅しのディスプレイ*）：ライバルに対して，誇示する個体の潜在的攻撃性を示す．服従：相手の攻撃を弱める．ねだり：雛の餌ねだりや求愛給餌*の際にみられる．性的（求愛）（求愛ディスプレイ courtship display，性的ディスプレイ sexual display）：つがい相手や潜在的配偶相手に対して用いられ，つがい形成，つがい維持，攻撃性の軽減，繁殖リズムの同期，交尾の促進などさまざまな機能をもつ．挨拶*：一時的に離れていた個体同士（親と雛，雄と雌）が出会った際に，攻撃性を軽減する．社会的：明確な性的，攻撃的意義をもたず，群れの統合などに関係する．ニューカレドニアに生息するカグーは夜明けに群れのメンバー全員（家族）で"ワン，ワン"と聞こえる声で合唱する．この合唱の正確な機能は不明だが，群れの統合と隣接なわばり群への示威的ディスプレイだと考えられる．捕食回避：モビング*やガゼル類の跳び跳ね行動*やチドリ類の擬傷*行動などのように捕食者攪乱や捕食者への信号となる行動で，捕食者に対して用いられる．ディスプレイには攻撃性などを直接に表すものもあるが，高度に儀式化*したものもある．もともと，個体の内的状況を表す転嫁行動*，転移行動*，意図的行動などから進化したと考えられている．多くのディスプレイは生得的で種特異的であるが，近縁種では互いに似通っている．

定足数［quorum］⇌定足数感知

定足数感知［quorum sensing］　クオラムセンシングともいう．生物が周囲の同種個体密度を感知し，密度が一定数（定足数 quorum）に達したときに特別な反応を示す現象．細菌やムネボソアリの仲間に例がある．この現象が知られる細菌では，細胞外に排出されるフェロモン*が現象に関与している．個体密度が高くなると環境で高濃度になったフェロモンが細胞内に入り転写制御因子に働き，特定のタンパク質の合成が促進される．緑膿菌などの病原菌は，宿主の免疫力が低下して菌数が増加したときにだけ宿主に病原性を発揮するものがいるが，それは定足数感知が病原因子の産生に関与するためではないかと議論されている．ムネボソアリの仲間では巣の引っ越しの際に，一定数の個体が新たな巣に移動を済ませたとき，移動速度の遅いタンデム歩行*から，大顎で仲間のワーカーをくわえて運ぶ移動速度の速い成虫運搬に行動が切り替わるが，行動切り替えのための定足数は異動先の巣内でのワーカー同士の接触頻度で感知されるのではないかと推測されている．

低反応率分化強化スケジュール［differential reinforcement schedule of low rate, DRL schedule］⇌高反応率分化強化スケジュール

デイビス　DAVIES, Nicholas Barry　1952. 5. 23〜　　鳥類学者．J. R. Krebs*とともに行動生態学*の創始者の一人．1976年，オックスフォード大学のエドワード・グレイ鳥類学研究所で学位を取得し，1979年，助手としてケンブリッジ大学動物学科に赴任．1995年に同学科教授に就任した．1994年より英国王立協会終身会

員．これまでにヨーロッパカヤクグリの行動生態学研究とカッコウ*と宿主の進化的軍拡競争*を主要な研究テーマに，この分野の牽引者として数々の優れた研究を発表してきた．ヨーロッパカヤクグリの配偶システム*と精子競争*に関する研究は，DNAを用いた父性*判定を世界で最初に取入れた野外研究であった．続くカッコウとその宿主の軍拡競争共進化に関する研究では，カッコウの卵の模様が宿主の識別によって進化した擬態であることや（⇌卵斑），カッコウの雛1羽が宿主の雛数羽分の鳴き声を出すことで仮親にたくさんの餌を運ばせていること，一方の宿主は近隣のなわばりの鳥たちと団結してカッコウに対して対抗していることなどをスマートな実験で証明した．カヤクグリについては『Dunnock Behaviour and Social Evolution』(1992年) を，托卵鳥については『Cuckoos, Cowbirds, and other Cheats』(2000年) を上梓し，動物行動学の醍醐味を広く世に知らしめた．鳥類の研究で有名なDaviesだが，ヒキガエルの性選択やジャノメチョウのなわばり行動に関する研究もある．Krebsらと記した2冊の行動生態学の入門書は有名である．

ディープホモロジー［deep homology］ ⇌ ホモロジー

T迷路［T maze］ ⇌ 迷路

デイリートーパー［daily torpor］ 日内休眠ともいう．小形の鳥類や哺乳類が，1日のうちのある時間帯に体温を環境温度に近いところまで低下させ，代謝によるエネルギー消費を節約している状態．体サイズが小さい恒温（内温）動物では，体表面から熱が奪われやすいため，1日中高い体温を維持すると非常にエネルギー負担が大きい．そのため，ハチドリや小形のコウモリ，齧歯類などは，非活動時間帯（ハチドリでは夜間，夜行性の哺乳類では昼間）に体温を低下させる．種によっては，毎日必ずデイリートーパーに入るとは限らず，餌の供給を制限されたときにのみ入るものもいる．また，デイリートーパーの状態から正常な体温に戻るときには一時的に高い熱産生が必要となる．（⇌ 休眠）

定和ゲーム［constant-sum game］ ⇌ ゼロ和ゲーム

ティンバーゲン **TINBERGEN**, Nikolaas 1907. 4. 15～1988. 12. 21 著名な動物行動学者で鳥類学者．よくNiko Tinbergenとよばれるが"ニコ"は通称，Tinbergenはオランダ語読みではティンベルヘン．オランダのライデン大学でセグロカモメを研究し，ついでジガバチの帰巣行動の研究を行った．第二次世界大戦中，ナチスドイツに占領されたオランダで，Tinbergenはユダヤ人職員を解雇するという大学の決定に抗議して，ドイツ軍の捕虜収容所で2年を過ごした．このエピソードは生涯にわたって多くの人に好かれ信頼された彼の人間性をよく表している．戦後米国，英国に招かれ，E. Mayr, D. L. Lack* らと親交を深めることで進化学，生態学へと研究の視野を広げた．そしてLackらの勧めで英国に移住，1951年に『本能の研究』(邦訳1957年)，1953年に『動物の社会行動』『セグロカモメの世界』など動物行動学の基礎となる数多くの著作を出版した．1962年にロンドン王立協会の会員に選出され，1966年にはオックスフォード大学の教授となり，D. MorrisやP. Bateson, R. Dawkins*など，多くの著名な動物行動学者を育てた．Tinbergenは動物の行動を研究するにあたって，当時の米国の心理学界で有力であった行動主義*に批判的だった．彼は動物の行動が単なる環境刺激への反応ではなく，動物のより複雑な内面の情動に起因すると考え，行動の生理的，現象的な側面だけでなく，進化的な側面の研究の重要性を強調した．そして動物の行動や性質はさまざまな次元から説明が可能であり，それらの説明は同時に成り立つこと，そのうちのどれか一つでも欠ければ完全な説明にはならないことに気づき，ある一つの生物現象を説明するには生物学の主要な四つの領域からの問題提起が必要だと考えた（⇌ ティンバーゲンの四つの問い）．これは動物行動学にとどまらず，生物学全般において，生物現象を解明するための重要なフレームワークである．1973年，K. Z. Lorenz*，K. R. von Frisch*とともにノーベル生理学・医学賞を受賞．1974年にオックスフォード大学を退職し，1988年に死去した．日本語に訳されている彼の本に『足跡は語る』(1967年，邦訳1977年)，『ティンバーゲン動物行動学』(1972年，邦訳1982年)，『自閉症 文明社会への動物行動学的アプローチ』(1972年，邦訳1976年)などがある．

ティンバーゲンの四つの問い ［Tinbergen's four questions］ 四つのなぜ，四つの質問，などともいう．動物行動学*の創始者の一人であるN. Tinbergen*が1963年に提唱した問題提起法．動物の行動を科学的に解明するうえで4種類のアプローチがあるとした．現在では生物現象一般に

当てはまるとされている．四つとは，① 生命科学的メカニズム，② 適応，③ 個体発生，④ 系統である（表）．〔原著ではそれぞれ機構(causation, mechanism)，生存価(survival value)，発達(ontogeny)，進化(evolution)〕．これらはつぎの二つ

	力学的機構	プロセス
至近要因	① 生命科学的メカニズム	③ 個体発生
究極要因	② 適 応	④ 系 統

の観点を独立に組合わせたものである．観点1：力学的機構(①と②：条件がそろえば繰返し起こりうる必然的帰結を伴う仕組み)の説明か，プロセス(③と④：時間的な前後関係およびそのパターン)の説明か．観点2：至近要因*(近接要因)すなわち個体の一生より短いスケールでの説明か(①と③)か，究極要因*(進化的要因)すなわち個体の一生より長い時間スケールでの説明か(②と④)．動物行動学の教科書では至近要因は"いかに(how)"という設問で究極要因は"なぜ(why)"という設問だとされることが多いが，この解釈は正確でない．具体例をあげて四つを説明しよう．鳴禽類が音声を学習できる理由に対する問いの答えとしては，①さえずり*によって神経系(脳)に聴覚学習回路が存在し，耳にした音声を記憶し，鳴管*を通る呼気を制御することで類似した音を産生できるから．② 学習によって獲得した多彩なさえずりによって雌に好まれ，より多くの子孫を残すことができるから．③ 個体が性成熟する前の一時期に脳の学習回路の可塑性が高くなるから(⇒感覚学習期)．④ 鳴禽類が属するスズメ目と系統的に最も近縁なオウム目との直近の共通祖先が音声学習能を獲得したから．この四つのアプローチは，生物現象を考えるうえでどの一つも省くことはできない．四つの問いに関するTinbergenの重要なメッセージとは，四つはレベルの異なるどれもが正当な設問であり対立仮説でないこと，そして四つそれぞれの観点で独立に研究を遂行できることである．しかし生物学が格段に進歩した現在では，それぞれの観点から研究を先鋭化させるだけでなく，四つを統合した生物の真の深い理解が求められている．

デオキシリボ核酸 ［deoxyribonucleic acid］ =DNA

手がかり ［cue］ ⇒信号

適 応 ［adaptation］ 自然選択*により生物が性質を進化させること．自然選択によりもたらされた性質は適応的(adaptive)であると表現される．自然選択は生息環境に適した性質をもたらすと考えられることから，一般的な文脈では生存や繁殖にとって都合がよいと思える性質や，ある問題を解決するために合目的な性質を生物が示すとき，それは適応的であると表現されることがある．しかしその性質が自然選択の産物であることに根拠がない場合にこのような言葉づかいをするのは進化生物学的には適切でない(たとえば，"農家が耐熱性品種に作付けを変えるのは地球温暖化に対する適応である"といった表現)．適応は1世代内では生じないので，環境条件に応答し1個体内で生じる表現形質の変化は状況により，学習*，順応(acclimatization)や表現型可塑性*などとよび，適応とは区別する．"適応的"には比較の含意があり，ふつうその性質をもたない(仮想される祖先的)状態と比較してもつ個体の適応度*が上がるなら，自然選択で進化するため適応的な性質であるとみなす．このとき適応度を上げる具体的な理由を適応的意義(adaptive significance)ないし適応価(adaptive value)とよぶ．反意語として，もってももたなくても適応度が変わらないような性質を中立的(neutral)であると表現する．実際の生物では，性質が適応的か中立的かの区別はしばしば難しい．性質が他の性質の副産物として進化した場合も考えられるからである．これを適応の副産物仮説(byproduct hypothesis)とよぶ．たとえば，クマムシが真空状態や強い放射線にも耐えるのは，宇宙空間に対する適応ではなく，乾燥のような地球上での極限環境に適応した結果の副産物と考えられる．なぜならクマムシが過去に宇宙空間を経験したとは考えにくいからだ．S. J. Gould*とR. C. Lewontinは，適応の副産物という考えをゴシック建築のアーチ(建物を支える機能をもつ適応)とアーチに挟まれたスパンドレル(副産物)にたとえている．適応の副産物として，個体の適応度を下げてしまうような非適応的(maladaptive)な性質さえ進化しうる．たとえば，雌の選り好み*による性選択で進化した雄の装飾的性質は，配偶には有利でもそれ自体は生存上不利になりうることが理論的に示されている(クジャクの雄の長く美しい尾羽は，雌の気をひくのに有効だが，捕食者から逃げるにはじゃまだろう)．この場合，たとえば繁殖期以外のステージに雄を観察すると，装飾をもつ個体はもたない個体より適応度が低いかもしれない．このような場

合の言葉づかいは難しい．装飾は性選択も含めた広義の自然選択で進化した，すなわち中立的ではないという意味で適応的性質だが，生存に関係する選択だけに注目すれば非適応的である．別のたとえでは，血縁選択*や群選択*で進化した利他行動*は，中立的でないという意味で適応的である．しかし利他行動は群れの他個体の個体適応度を上昇させる（群選択上または血縁選択上は適応的である）代わりに個体の適応度を下げるため，個体選択上は非適応的と解釈できるかもしれない．

適応価［adaptive value］⇌ 適応

適応主義［adaptationism, adaptationist paradigm］ 生物の適応的形質の進化要因を解明することを，進化生物学の主たる研究対象とする考え方．生命体にみられるような適応現象は，生命以外の単純系で生じることはほとんどないから，生物学が適応を主たる研究対象とすることは当然である．しかし，適応現象に注目するあまり，進化過程がすべて環境への適応を生むという誤解が暗黙のうちに広がったり，生物に広くみられる非適応的な形質への目配りが欠けてしまうという状況が生じることがある．それらを批判的に論じる際に，"適応主義"という用語が使われることが多い．適応主義的でない進化理論としては，木村資生*による分子進化の中立説*や，S. J. Gould*とN. Eldredge*による断続平衡説*などがある．1990年代以降は，ゲノムの解析や進化的発生生物学（エボデボ*）が進展し，系統的な制約や慣性，前適応*など，従来の適応主義的パラダイムでは扱いにくかった諸現象も進化生物学の研究課題として位置づけられるようになっている．

適応障害［adjustment disorder, maladjustment］⇌ 不適応行動

適応地形［adaptive landscape］ 生物個体群の表現型*の平均値とその個体群内の個体の平均適応度の関連性を示したグラフのこと．表現型と適応度*の関係を個体レベルで表した適応度関数を，個体群のレベルに拡張したもの．1種類の形質にのみ着目する場合は，x（横）軸にその形質の個体群平均値，y（縦）軸に適応度を示す，直線や曲線となる．二つ（以上）の形質の組合わせが適応度に与える影響を表現する際，x軸とy軸にそれぞれの形質の個体群平均値，z軸に平均適応度を配置するため，でこぼこした地形のように見える（図）．ある生物個体群が向かう進化の方向（平均適応度の高い部分）を考察する際に使用される．自然選択により生物は適応度のピークに向けて進化すると考えられる．しかし，左のピーク（B）に至った生物集団は，より適応度の高い形質値（A）があるにもかかわらず，そこへは進化していけないかもしれない．それは間に適応度の谷（C）があるからだ．S. G. Wright*はこの谷を乗越えAへと進化する原動力として遺伝的浮動*を考えた．

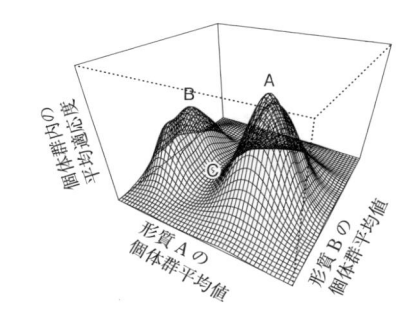

適応的意義［adaptive significance］⇌ 適応

適応度［fitness］ 生物の生存や繁殖における有利さの指標．個体群（集団）内における，適応度と性質の変異の間の相関が自然選択*であり，適応的進化（適応進化）において，進化がどのような方向に向かって起こるかを決める．したがって，性質の変異の間における，適応度の相対的な大小が進化の方向を決めることになる．また，適応度に個体群内での個体間の違いがなければ，適応的な進化は起こらない．適応度は，世代が不連続な場合には1個体が次世代に残す個体数である．世代が連続的な場合には，適応的な進化の指標として使うためには繁殖までにかかる時間の影響なども加味する必要があるため，たとえば個体数の増殖率への寄与で定義される．適応度は，1個体についても定義できるが，むしろ同じ遺伝子型の個体の期待値をさすことが多い．また，適応的な進化の指標としては，同じ個体群（集団）内の性質の変異の間の相対的な大小関係が重要であるため，1個体が次世代に残す個体数（**絶対適応度** absolute fitnessとよばれる）ではなく，絶対適応度を正の定数で割った**相対適応度**（relative fitness）が使われることも多い．正の定数としては，個体群での絶対適応度の平均や絶対適応度が最大の遺伝子型の絶対適応度の期待値などが使われる．相対適応度の分散は世代当たりの適応的進化の最大値を決め，選択の機会*とよばれることがある．こ

の分散が0なら適応的進化は起こらない．1個体が次世代に残す個体数は，一つの接合体が子である接合体を何個体残すかで表されるが，個体の発育段階における測定起点を変えて，1個体の成体が残す成体にまで到達した子の数とすることもある．世代が不連続な場合の適応度の表現である1個体が次世代に残す個体数は，成体に到達するまでの生存率に成体が残す子の数を掛けたものとみることができる．後者すなわち1個体の成体が残す子の数は，繁殖成功(reproductive success，繁殖成功度ともいう)とよばれる．適応度の二つの要素の一つとしての繁殖成功は個体の生涯全体にわたっての子の数をさすが，生涯に複数回繁殖する生物の場合には生涯全体ではなく生涯のうちの一部の時期に残した子の数を繁殖成功とよぶこともある．そのときには，生涯全体にわたっての子の数を，生涯全体であることを強調して**生涯繁殖成功**(lifetime reproductive success，生涯繁殖成功度ともいう)ともよぶ．有性生殖する個体群(部分的な単為生殖も起こらない場合)では，雌についての適応度の総計と雄についての適応度の総計は等しくなる．この，1頭の子は1頭の母親と1頭の父親だけをもつという内容はフィッシャー制約(Fisher condition)ともよばれ，性比*や性の役割では，頻度依存性をもたらす重要な役割をもつ．選択の原因あるいは一部である，適応度を低下させるような要因あるいは適応度の低下分をコスト*，適応度を上昇させる要因や上昇分を利益(ベネフィット*)とよぶ．個体のもつ性質の有利さの違いが子の世代では現れずに孫の世代で現れるような特別な場合には，適応度を1個体が残す孫の数のような量とすることがある．また，自然選択に類似しているとみられる現象では，生物個体以外のものについても適応度の概念を使うことがある．

適応万能論〔adaptationist programme〕 生物の進化はすべて適応が促進される方向に進む，あるいは生物の形質はほとんどすべてが適応的であるとする研究上の思想的枠組みのこと．批判的なニュアンスで使われる．すなわち，進化の時間軸を軽視し，現在は非適応的な形質でも進化の過程では重要な役割を果たす可能性があることを視野に入れていないという意味合いが込められている．ヴォルテールの喜劇的小説『カンディード』に登場する超楽天的なパングロス博士にちなんで，パングロス流パラダイム(Panglossian paradigm)と

もよばれる．

適応放散〔adaptive radiation〕 ある生物の系統が，種分化*を繰返し，個々の生態的地位(ニッチ*)に適応した多様な生物種が短期間で進化する現象(図)．競合種のいない環境(海洋島など)に祖先種がたどり着き，空白の生態的地位(これが生じることを**生態的解放** ecological releaseとよぶ)に子孫が適応し，分化することで起こる．ガラパゴス諸島におけるダーウィンフィンチ類では，初めに島にたどり着いた1種の祖先から，昆虫を専門に食べる細いくちばしの種や大きな植物種子を砕いて食べるくちばしの大きな種などが適応放散していった(⇌ ダーウィンフィンチ〔図〕)．環境の激変によって大量絶滅*が起こった場合も生態的地位に空白が生じるため，生き残った生物のなかから適応放散を遂げる系統が生じやすい．たとえば白亜紀末に(鳥以外の)恐竜類が絶滅したあと，新生代に入ると，哺乳類が恐竜の生態的地位を埋めるかのように多様化していった．新しい環境への進出や環境の激変がなくても適応放散は起こりうる．たとえば，新しい生態的地位を開拓するような革新的な形質が進化した場合，その形質をもつ系統が急速に多様化することがある．被子植物は，"花"という器官の"発明"によって昆虫をまねき寄せることが可能となり，それまで"風任せ"だった送粉の効率を大幅に高めることに成功した．生殖隔離*にかかわる形質である花の進化は種分化を促進しやすいため，この花の発明が，白亜紀における被子植物の急速な多様化の主要因となったと考えられている．

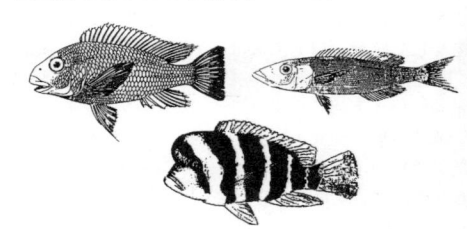

アフリカのタンガニーカ湖にすむカワスズメ類の適応放散．同じ湖の中で200種近い種が分化した．

敵対行動〔agonistic behavior〕 餌や配偶相手，なわばり*などをめぐって争う動物が示す，広く闘争にかかわる行動．身体的接触を伴う攻撃だけでなく，体(の一部分)の大きさなどを競う儀式的なディスプレイ*や脅し，服従*行動などまでが含まれる．たとえば，他のイヌに出会ったイヌが，

牙をむいてうなり声をあげる，ほえかかる，相手に飛びかかって咬みつく，という行動はすべて敵対行動に含まれる．

滴定スケジュール［titration schedule］　調整スケジュール*の一つ．心理物理学的測定法の一つに極限法がある．これは，強さや量が増加または減少するような順序で刺激を与え，それへの反応を調べることにより閾値*や主観的等価点を調べる方法である．極限法では被験者の反応にかかわらず一定の順序で刺激を与えるのに対し，滴定法では被験者の反応が変化するたびに刺激の増減を逆方向に変える．滴定スケジュールは，滴定法を強化スケジュールとして実現したものである．たとえば，10秒後に得られる20個の餌粒（遅延選択肢）と等価なすぐに得られる餌粒（即時選択肢）の数を求める場合，即時報酬量を1個から開始し，動物が遅延選択肢を選ぶごとに，1個ずつ増加させる．そして，たとえば，8個まで増加したときに選択が即時選択肢に切り替わると，即時報酬量を1個ずつ減らし，再度反応の切り替わり点を探る．

デグー［degu］　チリ北部に生息するヤマアラシ亜目の齧歯類．1〜2匹の雄と4〜6匹の雌，およびそれらの子からなる10匹程度の拡張家族で暮らす．昼行性で視聴覚コミュニケーションが発達している．尾をしなやかに動かして親和的な気分を表現する．また，親和的な状況での擬似闘争においては，後足で立ち上がり向かい合ってボクシングのように前足で押し合う．十数種類の鳴き声をもち，親和的な状況や敵対的な状況で発せられる．幼獣や求愛中の雄は，これらの鳴き声をつなぎ合わせて鳥のさえずりのような発声を行うこともある．

テストステロン［testosterone］　精巣から分泌されるアンドロゲン*の一つ．雌においても卵巣から分泌される．テストステロンは，骨格や筋肉の成長促進だけでなく，雄の攻撃性（⇌雄性攻撃行動）や雄性性行動*に関与している．マウスやラットでは，テストステロンの血中濃度が急激に増加する性成熟期以降に攻撃性や性行動を示すようになる．去勢*した雄にテストステロンを皮下投与することで，攻撃性が回復することから，雄型の行動発現を制御するホルモンでもある．周産期に分泌されるテストステロンには脳を雄性化*する作用がある．（⇌脳の性分化）

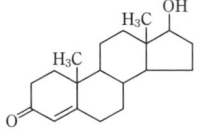

テタヌス後増強［post-tetanic potentiation, PTP］　⇌長期増強

テタヌス刺激［tetanus, tetanic stimulation］　⇌長期増強

データロガー［data-logger］　アーカイバルタグ（archival-tag）ともいう．メモリ・CPU・センサー・バッテリーからなる電子装置．首輪，テープ，吸盤などでシカ，ウミガラス，クジラ，カニなどに装着して，その行動と周辺の環境情報を記録する．近年，小型・高性能化が進み，アジサシなどの小型の海鳥にも装着可能となるとともに，センサーが多様化した．動物への影響を少なくするためにバッテリーサイズの制限があり，記録されるデータ量や期間はおもにこれに依存する．測定間隔は100分の1秒以下から1日程度，測定期間は数時間から1年以上まで幅広い．（⇌バイオロギング）

手伝い行動［helping］　⇌協同

手続き［procedure］　動物の行動を分析する実験心理学的な研究では，動物に対する実験者の環境操作の手順，あるいはその一部を，"手続き"とよんでいる．手順の一部を手続きとよぶとき，そのひとまとまりの環境操作は，すでに過去の研究で行動への制御過程や効果が充分に明らかにされているものをいい，しばしば"課題(task)"ともよばれる．ただし課題という用語が使われるときには，どちらかといえば制御過程よりも制御の効果に重点が置かれているといえる．

手続き記憶［procedural memory］　一連の運動の系列やスキルといった，何度も繰返すことによって学習される記憶のこと．非宣言的記憶*に含まれる．大脳辺縁系や小脳が関与すると考えられている．野球のバッティングやテニスのサービスのフォーム，サッカーのボールのキックの仕方など，ほとんどのスポーツにまつわる技術は手続き記憶である．

徹底的行動主義［radical behaviorism］　⇌行動主義

テトラヒドロカンナビノール［tetrahydrocannabinol, Δ^9-THC］　⇌カンナビノイド

テナガザル〔gibbon〕　霊長目テナガザル科に属する類人猿*で多くの種がある．体重5〜10kgで，雌雄の体格差はほとんどない．東南アジアの熱帯・亜熱帯雨林に生息し，長い腕によるブラキエーション（腕渡り）やジャンプで樹間を移動するが，枝の上を二足歩行する場合もある．尻だこがあり巣を作らず枝の上に座って寝る．なわばりをもち，通常一夫一妻で夫婦と子の家族生活をするが，成体2個体以上の群れやつがい外交尾*も報告されている．母親は通常3年に一度1子を産み，子は10歳前後に群れを出て新たな群れをつくる．寿命は25〜30歳くらいである．果実と若葉を好み，花や昆虫も食べる．果実の実った木をつぎつぎと移動しながら採食と休息を繰返し，日没よりもかなり早い時刻に日中の活動を終了する．テナガザルはうたうことで知られるが，歌は種や性により異なる．大部分の種が雌雄でデュエット*をうたうがソロをうたう種もある．歌はなわばり維持，求愛や夫婦・家族のきずなを強めるためなどにうたわれると考えられる．状況により音の組合わせを複雑に変化させてうたう．群れ間でデュエットの連鎖や雄の鳴き交わし*が起こる場合がある．群れ同士の接触は歌で回避されることが多く相手に危害を加えるような激しい争いの報告はない．

デフォルト・モード・ネットワーク〔default mode network〕　＝基底活動回路網

デブリス・キャリア〔debris carrier〕　＝ごみくず背負い

デーム間群選択モデル〔interdemic model〕　⇒群選択モデル

デーム内群選択モデル〔intrademic model〕　⇒群選択モデル

デュエット〔duet〕　2個体の動物が同調して音声を発する行動．バッタ類，カエル類，鳥類，哺乳類などさまざまな分類群でみられる．デュエットの機能は鳥類を中心に研究が進められてきた．たとえば，キバラマユミソサザイは，繁殖期，雄と雌が同調してさえずり，なわばり*を防衛する．一般に，デュエットは，単独の雄によるさえずり（ソロ）よりもなわばり防衛の効果が高いことが知られており，雄と雌の協力行動と解釈できる．ほかにも，雌雄はデュエットにより互いに配偶者を防衛している（配偶者防衛*）という仮説もある．

デュシェンヌスマイル〔Duchenne smile〕　⇒表情

転移 RNA〔transfer RNA，tRNA〕　⇒RNA

転位行動〔displacement behavior〕　⇒転移行動

転移行動〔displacement behavior〕　転位行動とも書く．攻撃するか逃げるかといった葛藤*や欲求不満*の状態において，その場の状況とは関係のない，体を掻いたりなめたりといった場違いな行動が出現すること．たとえば2羽のニワトリが闘争中に，闘争とは関係のない羽づくろいを突然行うことがある．サケ科魚類の性行動では，放卵が近い雌に対して雄は求愛を繰返し，同時に侵入者には激しい攻撃行動を示すが，この求愛と攻撃の動機づけ*が拮抗する状況で，雄はしばしば，本来雌のみが行う営巣行動と同じ運動を発現する．葛藤・欲求不満状態で出現する類似の行動型として，ほかに転嫁行動*と真空行動*があるが，転嫁行動は欲求行動の向かう対象が本来向かうものから転嫁すること，真空行動は対象の存在がない状態での行動発現をいう．K. Z. Lorenz*は水力学モデルを提案し，安全弁が過剰な圧力を外に逃すことによって機械の破壊をまぬがれるように，動物も行動すると主張した．他方，N. Tinbergen*は転移行動から社会的コミュニケーションの信号が進化すると主張して，この過程を儀式化*とよび，積極的な意味を認めた．

電解質コルチコイド〔mineralocorticoid〕　＝ミネラルコルチコイド

転嫁行動〔redirected behavior〕　葛藤*・欲求不満*の状態において，その原因となる行動の一つが出現するものの，向ける対象が本来向けるべきものから異なっている場合をいう．ニワトリの場合，つつく欲求を満たす敷ワラなどがないケージ飼いでは，その代わりにケージ内の他個体の羽毛をつつく行動を頻発する場合がある．ほかにもネコが他のネコを見つけて興奮し，その攻撃が飼い主に向く転嫁行動などがある．葛藤・欲求不満状態で出現する類似の行動型として，ほかに転移行動*（本来の欲求行動とは異なる行動の発現）と真空行動*（欲求の対象がない状態での行動の発現）がある．（⇒転嫁性攻撃行動，耳しゃぶり）

転嫁性攻撃行動〔redirected aggression〕　社会的順位の高い個体など，本来対象とする攻撃相手に攻撃ができず，物や順位のより低い個体を攻撃する行動．いわゆる八つ当たりに相当する．葛藤行動の一つで，葛藤*あるいは欲求不満*状態になった際の行動を向ける対象が異なる（⇒転嫁

行動).優位な個体からの攻撃以外にも,動物が自由な行動を制限されたりストレスを受けた場合や,飼育環境内に突然大きな音がした場合,あるいはイヌに訓練の際に強い口調で指示をしたときなどにも,近くにある物や劣位個体に転嫁的に攻撃をすることがある.ニワトリでは,実験などで行動を制限すると,飼育者に対して攻撃的になり,給餌中などに飼育者をつつこうとすることがある.

電気コミュニケーション［electrocommunication, electric communication］　エレクトロコミュニケーションともいう.弱電気魚*の行動の一つで,弱い電気を利用したコミュニケーション.持続時間数ミリ秒の短い電気パルスを出すパルス型の弱電気魚では,個々のパルスの長さ,パルスの時間パターンと頻度が種,性,社会行動的状況(求愛や威嚇など)により異なりコミュニケーション信号となる.数百ヘルツの連続的な波状発電を行うウェーブ型の弱電気魚は,発電そのものを断続的に停止したり発電周波数を大きく変化させることで同様な電気コミュニケーションを行う.発電に込められた情報のうち,時間情報は水中伝播中にもよく保存されるため電気コミュニケーションの時間精度は高い.同所的に生息する同属2種(*Campylomormyrus*)の弱電気魚のパルス長はそれぞれ0.1ミリ秒と2ミリ秒であり,時間精度の高いコミュニケーションが行動的隔離に寄与した好例である(図).

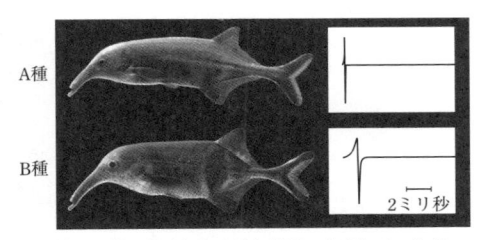

A種とB種の弱電気魚は同じ場所に生息しているが,混信は起こらない.交信に用いるパルスの長さが著しく異なるからである.

電気シナプス［electric synapse］　神経伝達物質*の化学的な放出と受容によらず,電流が直接に細胞から細胞へ流れ込むことで信号を伝達するシナプス*.化学シナプスに比べて複雑な構造を必要とせず,シナプスを介した信号の伝達速度が速い(0.1ミリ秒以内)ことが特徴である.ミミズやザリガニ,魚類の神経系において,素早い逃避反射を仲介する神経経路に,電気シナプスが発見されている.電気シナプスの実体は隣り合った細胞の細胞質をつなぐギャップ結合*で,これを通して電流が流れる.ギャップ結合は六量体タンパク質のコネクソンが対となって接続することで構築され,チャネルとして働く.チャネルの孔の直径は2~3 μmであり,神経伝達物質やCa^{2+}などの化学信号により開閉が制御される.

電気受容器［electroreceptor］　⇀遠心性コピー信号

電気定位［electrolocation］　弱電気魚*の行動の一つ.コウモリがみずから発した超音波のこだま音を聴き取って周囲の物体を感知する(反響定位*)ように,弱電気魚は弱い電気を尾部の電気器官から発生し,それによる電場を感知することによって環境の情報を得る.電気器官は,興奮性膜が非対称に存在する発電細胞が多数直列接続されたもので,数ボルト以下のパルスあるいは波状の発電を行う.電気器官による発電で,弱電気魚の周りには双極子状の電場が形成される(図).

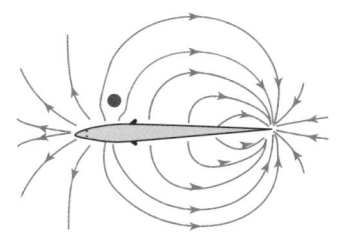

電流は体全体から流れ出し,矢印のように周囲の空間を通って尾部の発電器官にへ流れ込む.電気抵抗の高い物体があると電流はそれを避けて流れるので,体表の電流密度が変化する.魚はこの変化を検知して物体の情報を得ている.

電場の形と時間的性質は,それぞれ周囲の物体(たとえば図の●)の電気抵抗成分と電気容量成分によって変化を受ける.皮膚に埋め込まれた電気受容器と中枢の電気感覚系がこれらの変化を読み取ることにより,物体の大きさ,形状,距離,物理的性質などがわかる.発電能力をもたないサメやエイなどの魚類にも電気受容器と電気感覚系が備わり他の生物が発する微弱な電場に対し同様な電気定位を行う.電気定位は魚類のほかに,カモノハシ,一部の両生類,マルハナバチで報告されている.

電気的な結合［electrical coupling］　⇀ギャップ結合

転写［transcription］　⇀DNA

伝　承［transmission］　個体群や集団内で確立された文化的行動*が非遺伝的に世代を超えて継承されること．先行世代から後発世代が刷込み*や模倣*などの学習過程によって獲得する結果として，特定の行動が変異をしばしば伴いながら個体間で伝達され，行動の変異は世代を経るごとに蓄積されていく．文化進化*ともよばれる．鳥類ではミヤマシトドのさえずりの方言*の伝承，霊長類ではニホンザルの採餌習性の伝承などが知られている．

天井効果［ceiling effect］　人間や動物の行動には，"これ以上増加する余地がない"場合があり，実験的操作による影響を確認できないことがある．これを天井効果とよぶ．たとえば，ラットは甘味を好むために砂糖水の摂取量はもともと水に比べて多くなる傾向にある．"砂糖水をより好きになる"というような実験的操作によって摂取量を増加させようとしても，それ以上は摂取量が増加せず，その効果が検出できない場合があり，差が検出できない理由として天井効果の可能性が疑われる．

天　敵［natural enemy］　食ったり寄生することにより，ある種にとって大きな被害をもたらす他種生物．英語の"自然(天然)の敵"を略して"天敵"とよぶ．天敵には，ナナホシテントウのようにアブラムシなど他の昆虫を餌とする捕食者*，寄生バチ*のように寄主体内や体表面に卵を産み，最終的に寄主を殺して幼虫が生育する捕食寄生者*がある．天敵の採餌戦略や繁殖戦略，餌(寄主)との共進化*は行動生態学や進化生物学の研究材料として注目されてきた．性比理論では寄生バチが適応度*を最大化するために最適な性比*で卵を寄主に産みつけていること，E. L. Charnov の限界値定理(→ 採餌理論)では寄主の質や遭遇確率などに基づいて雌バチが産卵数を決定していることが明らかとなってきた．また，害虫に加害された植物が天敵をよぶために放出する情報化学物質，餌や寄主を探す過程での学習，体長 1〜2 mm の卵寄生バチの雌が子の生存を高めるために同種の個体に対して示すなわばり性攻撃行動*など，天敵の世界を通して，多様な行動や生態の進化が明らかになってきた．農業では，天敵の保護・強化により，害虫の発生を抑える保全的生物的防除が持続型農業や環境保全型農業の重要な技術として注目を集めている．

テンプレート［template］　＝鋳型

展望的符号化［prospective coding］　予見的符号化ともいう．どのような形で記憶が保存・利用されるか(符号化されるか)に関する仮説の一つで，回顧的符号化*と対比される．

ト

同一巣営巣 [joint nesting] ⇒ 共同営巣

同一見本合わせ [identity matching-to-sample, identity MTS] 見本刺激と同一の物理的性質をもつ比較刺激に対する反応が求められる見本合わせ課題．見本刺激が赤なら，赤と緑の比較刺激から赤を選択すると正答になり，見本刺激が緑なら，緑を選択すると正答になる．正しい比較刺激を選択した正答率が弁別*の指標として用いられる．ハトやサルなどの動物が，同異概念に基づいて"見本刺激と同一の比較刺激を選ぶ"学習をしたのか，"見本刺激が赤なら赤の比較刺激を選び，見本刺激が緑なら緑の比較刺激を選ぶ"という条件性弁別を学習したのかは，新しい刺激でテストしてみないとわからない．たとえば，同異概念に基づいているなら，図のような訓練課題を学習したハトは，初めて青い見本刺激を見たときに青と黄の比較刺激から青を選び，黄色い見本刺激を見たときに黄を選ぶことができるはずである．同異概念に基づかない単なる条件性弁別として課題を学習したハトは，こうした新しい見本刺激のときには正しく反応できないであろう．なお，見本刺激と同じ比較刺激ではなく，異なる比較刺激を選択することが要求される手続きを，異種見本合わせ*という．ハトのような動物では，異種見本合わせの方が同種見本合わせより学習が容易であることが多い．

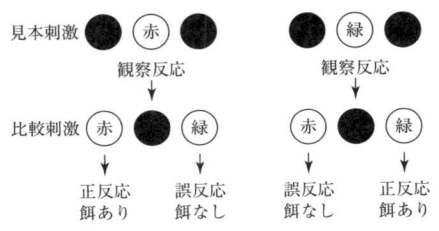

同一見本合わせ課題の例．左右どちらのキーに正しい比較刺激が提示されるかは，試行ごとに変化

動因 [drive] 飢えや渇きなどの生理的欲求が生じると，動物はそれを解消するために何らかの行動を起こすが，その行動をひき起こす内的な状態のことを動因という．心理学の多くの領域では，ヒトや動物の行動を，ある目標に向かって生じさせたり，維持させたりする内的過程として動機づけ*を仮定するが，動因と誘因(行動をひき起こす外的な刺激条件)はそれを構成する主要因とされる．たとえば，強化子*に食物や水を用いた動物のオペラント条件づけ*の実験では，通常，それらを制限した後に実験が開始されるが，その際，動因は飢えや渇きによる生理的な不均衡状態を，誘因は実験セッションの各試行で動物が獲得可能な食物や水をさす．このように，動因は行動をひき起こす内的な原因と考えられ，他方，動因操作*(食物や水の摂取制限)を通じて行動を生み出す個体内部に仮定された観察不可能な媒介変数*の一つとして取扱われてきた．そのため，行動の原因を外的環境に求める行動分析学*のように，動因という概念を用いない立場もある．

動員行動 [recruitment] 長時間利用できる餌や新たな営巣場所などの資源を見つけた際に，仲間をその場へと誘導する行動．社会性昆虫*の動員行動は1～数個体の仲間が情報を得た個体(スカウト)の後をついて歩くタンデム動員(tandem recruitment)，5～30個体の仲間が集団で動員されるグループ動員(group recruitment)，大規模な行列が形成される大量動員(mass recruitment)に大別される．いずれの動員様式においてもスカウトは直接接触による物理刺激や揮発性の化学刺激を介して仲間の動員を誘発する．また大量動員においては，餌場と巣場所をつなぐ道しるべフェロモン*によって行列が形成される．近年では，タンデム動員における教育行動や大量動員における自己組織化*現象の研究により，社会性昆虫の動員行動が非常に洗練されたシステムであることが示されている．

動因操作 [drive operation] 動物の動因*に変化を生じさせる操作のこと．典型的な操作として，食物や水などの無条件強化子*の遮断化*と飽和化*がある．遮断化は無条件強化子の獲得や接近の機会を制限することによって動因を高め，逆に，飽和化はそれの獲得や接近の機会を十分に与えることによって動因を低める．動物のオペラント条件づけ*の実験では，獲得される食物や水

などが強化子*として機能することを保証するために遮断化を行うことがある．具体的には，実験以前に，絶食や絶水などの一定の摂取制限の期間を設けたり，自由摂食時体重*より低い水準に体重を統制したりする．なお，動因は個体の内的な状態を説明するための媒介変数*であり，それ自体の高低を直接操作することはできない．そのため，たとえば，行動の原因を外的環境に求める行動分析学*のように，動因の変化を，遮断化や飽和化などの環境の操作に起因する強化子の効力の変化であると理解し，動因操作よりも確立操作*という概念を使用する立場もある．

動因低減説［drive reduction theory］ 動物の行動に報酬を与える（強化*する）ことによって学習させることができるのはなぜだろうか．1950年頃，C. L. Hull*らは，動物がもっている動因*（要求でもよい）が満たされて低下するときに学習が生じる，という動因低減説を提唱した．たとえば直線走路の出発箱に置かれたラットは，事前に餌を制限されているので，食べたいという要求とそれに基づく動因をもっている．走路を走る反応をして目標箱で報酬の餌を食べることができれば，動因が少し低下する．このとき走行反応が強化され，より速く走るようになり学習が進むと考えるのである．Hull ははじめ生理的な要求そのものの低減が強化力をもつと考えた（**要求低減説** need reduction theory）．しかしのちに，より幅広い状況に適用できる動因や動因刺激の低減を重視する立場に変わっていった．動因低減説は一時いわゆる新行動主義（⇌ 行動主義）の主流理論となり，広く適用されたが，その後問題点が指摘された．たとえば，発情した雌ネズミを強化子とする実験において，雄ネズミを射精前に引き離した場合，欲求は満たされないので動因は低下しない（つまり反応は強化されない）．にもかかわらず，雌に向かう走行速度は，雄に向かって走る場合に比べてずっと早かった．二つ目として，強化によって動因が低下するのではなく，逆に強くなっていくように思われる，いわゆる内発的動機づけとよばれる現象が見いだされた（⇌ 動機づけ）．三つ目に，動因のような媒介変数を行動の原因としない行動分析学*が急速に発展したことがあげられる．これらの理由により，動因低減説はしだいに影響力を失っていった．

等価関係（刺激の）［equivalence relation］ ⇌ 刺激等価性

等価性（刺激の）［equivalence］ ⇌ 刺激等価性

同期化（行動の）［synchronization, entrainment］ ⇌ 同調化現象

動機づけ［motivation］ 動物を何らかの行動に駆り立てる内部的な因子として動因*や欲求があり，外部的な因子として誘因*がある．これらの因子が相互作用しながら動物の行動をつくり出す過程の全体を動機づけとよぶ．ただし，内部的な因子（動因，欲求）のみをさして動機づけとよぶことも多い．動機づけを分類する基準の一つに，それが生得的か習得的か，というものがある．動因は生得的だが誘因は習得的，ということもありうるので，全体としての動機づけが生得的か習得的かを決定することは難しいが，動物は生得的な動機づけと，（生後の経験に基づいた）習得的な動機づけの両方をもつと考えて，前者を一次動機づけ（primary motivation），後者を二次動機づけ（secondary motivation）とよぶことが一般的である．一次動機づけに含まれるものの多くは個体の維持を目的としており，たとえば，摂食や飲水，体温調節などの動機づけが含まれる．これらはホメオスタシス*の維持と密接に関連しているが，性的な動機づけなど直接関連のないものもある．また，薄暗い部屋の中に置かれたサルにとって窓の外の景色を見ることや，ラットにとって複雑な迷路の中に放たれることは，道具的条件づけ*の強化子*として機能するという実験事実を考慮すると，知覚の変化を経験することや探索行動に対する動機づけも，動物は生得的に備えている可能性がある．これに対して，二次動機づけの例としては，多くの動物が食物を摂取するとき，のどの渇きをほとんど感じていなくとも，ある程度の量の水を摂取することがあげられる．この飲水は，食物の消化に引き続いて近い将来に起こる渇きに対する予期的な行動であり，その背景として経験に基づいて確立された動機づけだと考えられる．生得的-習得的とは異なる動機づけの分類として，動機づけられた行動とその目標の関係に基づくものがある．動物の行動が目標達成のための手段として機能している場合，これを**外発的動機づけ**（extrinsic motivation）とよぶ．道具的条件づけにおいて，空腹のラットが食物報酬を求めてレバーを押すのは，外発的動機づけの好例である．これに対して，行動することそれ自体が動物の目標となっている場合を**内発的動機づけ**（intrinsic motivation）とよぶ．知恵の輪のようなパズルをサル

に与えると，食物などの報酬を与えなくてもサルはこれを解くことに熱中する．さらに，正しく解けるまでの時間は試行を重ねるごとに短縮し，学習効果が認められる．この場合，パズルを操作する手指から生じる自己の運動感覚刺激や問題解決行動*それ自身が行動の目標となっていると考えられる．そのほか，ヒトに特有な社会的動機づけ*も知られているが，定説には至っていない．

同期発火連鎖［synfire chain］⇒脳-機械界面
逃 去［absconding］⇒分封
闘 魚［fighting fish］⇒ベタ
道具作製［tool manufacture］⇒道具使用
道具使用［tool use］　物や他個体または自己の形・位置・状態を効率的に変化させるため，環境基盤から切り離された物体を操作して用いることをさす．たとえばオマキザルがナッツを岩に打ちつけて割るのは，基盤面使用であって，厳密な意味での道具使用と区別する．多くは口や前肢の補助的手段として物を用いる．堅い殻や巣などに守られてそのままでは入手不可能な物でも，道具を使えば食べられるので適応的である．ヒト以外の動物における道具使用は，霊長類をはじめとする哺乳類，鳥類などで報告されているが，道具の種類や目的の多様性・柔軟性をみるとチンパンジーが最も道具使用にたけているとされる．適切な道具の選択や，目的に合うように素材の加工をするなどの**道具作製**(tool manufacture)を行う動物もいる．たとえば，カレドニアガラスはフック状の道具を作る(図)．道具を，目的を達成するために洞察*をもって使うという狭義の意味の道具使用を行うのは，ヒト以外の動物では類人猿などの高等哺乳類だけだとされる(⇒洞察［図］)．ゴリラやニホンザルなどでは，他個体を道具として用いる社会的道具使用もみられる(ゴリラが手の届かないドアの掛け金をはずすために，ヒトの観察者を使う．ニホンザルが自分の子どもをパイプに入らせて中の果物を取らせるなど)．石器を使った堅果割り(写真)が西アフリカの限定された地域のチンパンジーにしかみられないという例のように，道具使用には同種内でも地域差(文化)がみられることもあり，社会的学習が獲得の過程に関与している可能性が示唆されている．道具使用行動は，多様な**対象操作**(object manipulation)の一種として分類でき，物を他の物に関連づけて操作するという**定位的操作**(combinatorial manipulation)を基盤として出現する．道具使用の複雑性

は，必要な動作の精密さの要因や，関連づけられる物の階層性に着目した樹状構造分析などで定量化できる．

枝を使って餌をとるカレドニアガラス

一組の石を使ってアブラヤシの種を割るチンパンジー

道具的学習［instrumental learning］　レバーやキーなどの道具を操作する反応の結果に依存して，反応が増加したり減少したりすること．I. P. Pavlov*の発見した"反射の形成"という学習とは異なる"行為の形成"とよばれる学習である．"道具的"という名称は，たとえば，実験箱に設けられたレバーを押すという道具を操作する反応を用いていることから名づけられた．このような結果に依存する行動を**道具的行動**(instrumental behavior)またはオペラント行動*という．また，このような行動を形成・維持する操作を**道具的条件づけ**(instrumental conditioning)という．道具的条件づけは広義にはオペラント条件づけ*と同じ意味で用いられるが，狭義には，オペラント条件づけが反応の自発が制限されない手続き(フリーオペラント手続き*)を前提にしているのに対し，道具的条件づけでは，反応の自発が刺激の提示されたときに制限される手続き，すなわち1回の刺激提示に対して1回の反応のみが許されるという手続き(離散試行手続き*)を前提にしている．このような手続き上の違いは，行動に及ぼす影響も異なるので，両者を区別する必要がある．

道具的行為退行［instrumental act regression］
⇌ 退行

道具的行動［instrumental behavior］ ⇌ 道具的学習

道具的条件づけ［instrumental conditioning］ ⇌ 道具的学習

統計学［statistics］ ⇌ 推測統計学

統計学的検定［statistical test］　観察や実験によって得られたデータにみられる特徴が，偶然の効果を越えているか判断する際に広く用いられている方法．統計的検定，仮説検定法（hypothesis testing）ともいう．J. Neyman と E. Pearson が確立した．実際に得られるデータは有限個であるから，偶然により偏ったものとなることがある．たとえば表が出る確率が 1/2 のコイン投げにおいて，実際に 10 回投げたうち 4 回すなわち 2/5 が表だったとする．1/2 と 2/5 の間の差が偶然による偏りで，これを一般に抽出誤差（標準誤差*，sampling error）とよぶ．統計学的検定では，データにみられる特徴が偶然すなわち抽出誤差により起こる確率を，**検定統計量**（test statistic）を指標にして決め，単なる偶然であるかその特徴が実際に存在するのか判断する．以下に，検定の概念を独立 2 標本の平均値の検定を例に記す．いま，行動に関する 2 組のデータがあったとする．例として，一つはある動物種の成体における雌の，もう一つは雄の，それぞれ単位時間当たりの活動量の頻度分布だとする（図 1）．このようにデータとは実際に得られた観測値の集合であり，この集合を**サンプル**（sample，試料，標本）とよぶ．サンプルは有限の個体（観測値，測定値）からなり，その個数をサンプルの大きさ（sample size，サンプル数，サンプルサイズ）とよぶ．このサンプルに対し，データ収集の対象となる潜在的個体全体の集合を**母集団**（population）とよぶ．母集団が何かは質問（仮説）に依存する．たとえば質問（仮説）が"この動物種では雌雄で単位時間当たりの運動量の平均が異なるのではないか？"であるなら，母集団はその測定条件でこの動物種に属するすべての個体の活動量であり，個体は無数に生まれうるため，このような母集団は無限母集団とよばれる．母集団の性質を示す量を**母数**（parameter，パラメータ）という．質問（仮説）は母集団における平均に雌雄で差があるかどうかを問うており，この質問に直接対応する母数は母集団の平均である．しかしふつう母数は直接測ることはできない．そこでデータ収集を行うが，データ収集は母集団からその一部であるサンプルをランダムに取出す作業だ

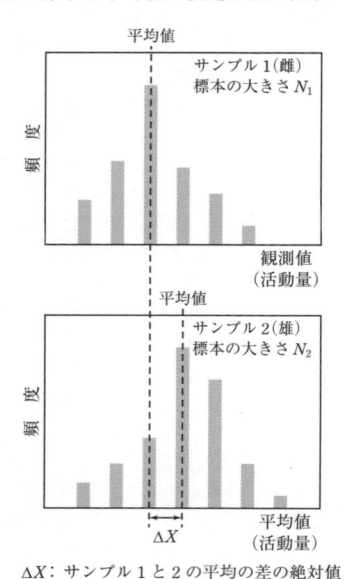

ΔX：サンプル 1 と 2 の平均の差の絶対値

図 1　サンプル 1 と 2 の観測値の頻度分布

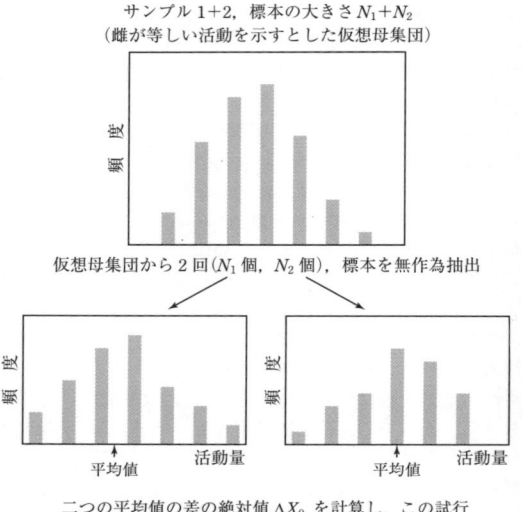

二つの平均値の差の絶対値 ΔX_0 を計算し，この試行実験を無限回繰返す．

図 2　帰無仮説が正しいとしたときに起こるであろう抽出誤差の概念図

とみて，サンプリング（抽出 sampling）とよぶ．統計学的検定（以下，検定）とは標本の元になった母集団の特徴をデータ（サンプル）により判断する作業である．母集団では雌雄の活動量は等しいか雌雄の活動量は異なるかのいずれかである．母集団では雌雄の活動量が等しいという主張は**帰無仮説**(null hypothesis)とよばれ，母集団では雌雄の活動量が異なるという主張が**対立仮説**(alternative hypothesis)とよばれる．ふつう帰無仮説は研究者の仮説を否定する内容となる．つぎに母集団の特徴（ここの例では雌雄の平均の差）を評価するための検定統計量を決める．**統計量**(statistic)とはサンプルすなわち観測値から得られた値をさし，それが検定に用いられる場合には特に検定統計量とよばれる．この例で明らかにしたい母集団の特徴とは雌雄間に活動性に差があるか否かであり，それは平均の差が0であるか異なるかで評価することができる．そこでここではサンプルでの雌雄の平均の差の絶対値（図1のΔX）を検定統計量として用いる．母集団での雌雄の平均の差が0であるすなわち帰無仮説が正しくても，検定統計量が0となるとは限らない．たまたま偏ったものがサンプルに入り，雌雄の平均に大きな違いがみられることもある．"帰無仮説が正しいときの検定統計量"（図2ではこれをΔX_0とおく）の確率分布は以下のように考えて求めることができる．雌のサンプルの大きさがN_1，雄のサンプルの大きさをN_2だったとする（図1）．雌雄の平均値の差が0である仮想母集団から，大きさN_1と大きさN_2のサンプルをそれぞれ無作為に抽出して，その平均の差の絶対値を求める（図2）．これを無限回繰返せば，帰無仮説が正しい場合の検定統計量（ΔX_0）の確率分布が求められる（図3）．つぎに，この確率分布に縦線を引き，帰無仮説が正しいときに起こりやすい部分（採択域）と起こりにくい部分（棄却域，すなわち対立仮説が正しいとき起こりやすい部分）に分ける．縦線より右側の面積の割合（図2の着色部分）はふつうαと表記され，これを**有意確率**あるいは**危険率**(significance level)とよぶ．ここでもしデータから計算された実際の検定統計量（ΔX）が棄却域に含まれたとしよう．これは帰無仮説が正しければ（母集団の雌雄の平均値に差がなければ）αあるいはそれ以下の確率でしか起こらない極端な結果が起こったということになる．このときには帰無仮説を誤っているものとして棄て，対立仮説を採用する．これを，"有意水準あるいは危険率がαで帰無仮説を棄却する"，"（対立仮説が）有意水準αで統計学的に

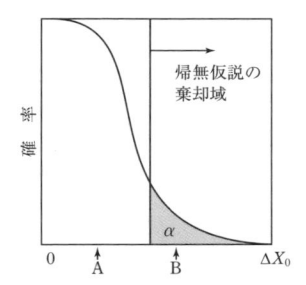

図3 帰無仮説が正しいとしたときの検定統計量（ΔX_0：平均の差の絶対値）の確率分布と第一種の誤りの概念図．面積αの割合は正しい帰無仮説を棄ててしまう（第一種の誤り）を犯す確率である．検定統計量ΔXがもしAのとき帰無仮説を採用（有意差なし）し，検定統計量ΔXがもしBのとき帰無仮説を棄てる（有意差あり）．

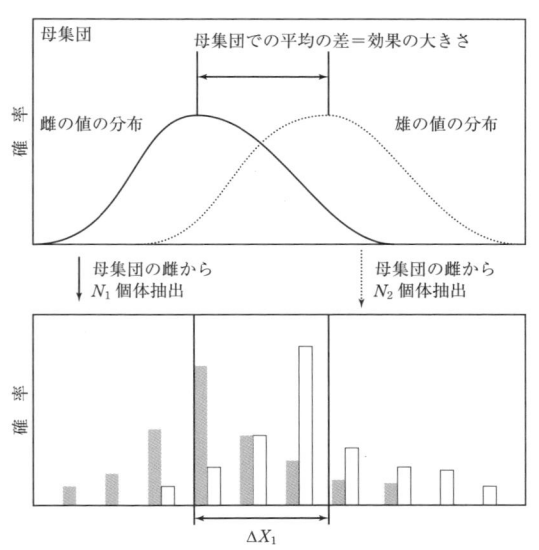

図4 対立仮説に基づいた試行実験

有意である", あるいは "有意水準 α で有意差*が検出された" と表現する. 棄却域に検定統計量が入るのは帰無仮説が正しいとすればまれにしか起こらない現象だから, それが起こったときには帰無仮説を棄て対立仮説を採用するのである (図3). 有意水準としては $\alpha=0.05$ がとられることが多いが, 得られたデータ (サンプル) から検定統計量 (ΔX) を計算し, この値で ΔX_0 の確率分布に縦線を引いたときの α の値 (これを有意確率あるいは P 値という) を検定結果 (有意か否か) とともに述べることもある. 帰無仮説とは, 図1で性により分布の位置に差があるようにみえるのは抽出誤差により, たまたま偏ったものを選んでしまったためで, 母集団では平均に差がないとする主張である. 対立仮説は, 母集団でも両性の平均に差があるとの主張である. ここで注意したいのは, 有意差があったことは対立仮説が絶対的真実であることを意味しないことだ. α の確率で, 棄てた帰無仮説が本当は正しい可能性があるからだ. そして, 逆に, 検定統計量が採択域に入り帰無仮説を棄却できない (有意でない) ことは帰無仮説が正しいことを意味しない. むしろ対立仮説を正しいとする証拠が不十分で, 帰無仮説と対立仮説のどちらが正しいか判断不能である (したがって何もいえない) と解釈すべきである. 検定では二つの誤りが起こる可能性がある. 一つは正しい帰無仮説を棄ててしまう, **第一種の誤り** (Type I error) である. その確率は有意水準で表される. もう一つは, 正しい対立仮説を採用しない誤りであり, **第二種の誤り** (Type II error) とよばれる. 帰無仮説の確からしさを評価するには, 第二種の誤りと**検出力** (power, statistical power) に注目する必要がある. 検出力とは正しい対立仮説を採用できる確率のことであり, 第二種の誤りを犯さない確率である. 母集団の値の分布がわかっている (もちろん実際にはほとんどない状況) としよう (図4). 母集団における雌雄は分散 (値の散らばり具合) は同じだが平均が異なるとする. つまり対立仮説が正しい. この差を母集団での**効果の大きさ** (effect size) とよぶ. 母集団からそれぞれサンプルの大きさ N_1 の雄の標本とサンプルの大きさ N_2 の雌の標本をランダムに抽出し, 各標本の平均値の差の絶対値をとる. この試行実験を無数に繰返すと, 図5の(b)のような検定統計量の確率分布が得られる. 一方, 帰無仮説が正しければ, 検定統計量の分布は図5の(a)のようになる. 縦線より右側が有意水準 α (ふつう5%) で帰無仮説を棄てて対立仮説を採用する部分である. 対立仮説が正しいケースではデータから真実 (母集団で雌雄の平均は異なるという対立仮説) が採用される確率は図5の(b)の面積全体に占める無色の部分の面積であり, これが検出力である. その他の部分 (灰色の部分) では, 対立仮説が正しく帰無仮説は誤りであるのに帰無仮説を採用しており, 第二種の誤りを犯している. 検出力は, 効果の大きさとサンプルの大きさに依存し, 同じ検定であれば, 一般に母集団での効果の大きさが大きいほど, サンプルの大きさが大きいほど高くなる. たとえば図5の(c)は母集団での効果の大きさは(b)と同じだがサンプルの大きさを数倍にしたときの検定統計量の分布である. サンプルが大きいと検出力は高くなることがわかる. 帰無仮説の正しさを評価するには, "どれほどわずかな母集団での効果でも有意差が検出可能なデータであったのか" をみる必要がある. さて, 上記に説明したような無作為抽出を無数に繰返して検定統計量の確率分布を算出する試行実験の結果は, 母集団での値の分布が理

(a) 帰無仮説が正しいとしたときの検定統計量 ΔX_0 の確率分布

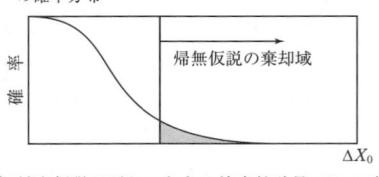

(b) 対立仮説が正しいときの検定統計量 ΔX_1 の確率分布 (サンプルサイズが小さいとき)

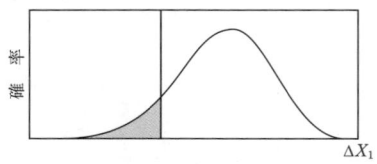

(c) 対立仮説が正しいときの検定統計量 ΔX_2 の確率分布 (サンプルサイズが大きいとき)

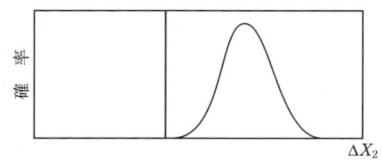

図5 第二種の誤りと検出力の概念図. B, C では線の左側の面積の割合は正しい対立仮説を採用しない誤り (第二種の誤り) を犯す確率で, 線の右側の割合が正しい対立仮説を採用できる確率 (=検出力) を表す.

論的な分布に従うと仮定を置き計算することが多かった．この仮定を置く検定法をパラメトリック検定(parametric test)とよぶ．最も頻用された仮定は等分散(どの群も分散が等しい)の正規分布をするというもので，パラメトリック検定を等分散の正規分布を仮定した方法をさして使うこともあった．計算機が進歩した現在では，非常に多数回の試行実験を行い，その結果を無限回と同じとみなして検定統計量の確率分布として用いることも多い(モンテカルロ検定など)．なお上記の検定の説明は，確率を多数回の試行の中で特定の結果が起こったものの割合と考える頻度論的な統計学に基づくものであるが，ベイズ統計学*では事後分布に基づいて検定を行う．ベイズ統計学は近年行動研究でも，複雑な問題を特に扱う階層的モデルを中心に使用されるようになった．

同系交配［inbreeding］　同一祖先に由来する遺伝子をもつ個体間の交配．おもに育種学分野で用いる．近親交配*は，同系交配の一部であり野外の生物を扱う研究で使われることが多い．何世代か遡れば血縁者間には必ず共通祖先がいるため，同系交配の定義は難しい．一般に近親交配は特に近い血縁，親子や兄弟姉妹間の配偶をさす．同系交配を繰返すと，遺伝子座がホモとなる確率が増し，すべての遺伝子座が等しく影響を受ける．育種分野ではこの現象を利用し，飼育個体群の均一化に利用する選抜を行う．一方，劣性有害遺伝子もホモ接合になるため，子の適応度を低下させる(近交弱勢*)．近交弱勢が強く働く場合には死亡する．鳥類では，一般に同系のつがいによる卵ふ化率が低下することが知られている．大陸よりも動物の移動分散が制約される島嶼においては同系交配の頻度が高く，近交弱勢が起こりやすい．

統計的検定［statiscal test］　⇄ 統計学的検定
同型配偶［isogamy］　⇄ 異型配偶
同型配偶子［isogamete］　⇄ 異型配偶
同型配偶子接合［isogamy］　⇄ 異型配偶
統計量［statistic］　⇄ 統計学的検定
凍結反応［freezing］　すくみ行動ともいう．心理ストレス(恐怖や不安)に対する動物の行動反応には，闘争(fight)，逃走(flight)，凍結(freeze)の3種類があるとされる(⇄ 闘争/逃走)．凍結反応を行うと，天敵*から発見されることを防ぐといった適応的意味があるが，逃げ損なうなどの非適応的側面もある．動物に電気ショックを与え，後日その実験装置内に再び動物を入れると，実際に電気ショックを与えなくても，電気ショックの到来を予測して凍結反応を示す．このラットに抗不安薬*を投与すると，凍結反応が減少することから，凍結反応が起こる原因は恐怖や不安であると考えられている．逃走と闘争には交感神経系*が，凍結反応には副交感神経系*がかかわると考えられている．なお，体を触れてもまったく動かないような場合は，不動*化または擬死*とよび，凍結反応と区別する．

統語構造［syntax］　⇄ 言語訓練
統語法［syntax rules］　統語論(syntax)ともいう．言葉は，意味をもつ単語を決まった規則に基づいて並べることで構成される．たとえば，日本語では，"私は1個のりんごを食べる"のように，主語，目的語，動詞の順に話すが，英語では，"I eat an apple"のように主語，動詞，目的語の順に話す．このような文章を構成する際の文法規則のことを統語法とよぶ．一方で，個々の単語と，個々の単語がもつ意味との対応関係を**意味規則**(semantic rules)とよぶ．すべての言葉は統語法と意味規則に基づいて構成されており，これらの規則を守ることで，ヒトは他者に自分の意図を正確に伝えることができる．言葉を話す動物はヒトだけであるが，統語法の原型は，オナガザルの鳴き声や，ジュウシマツ*のさえずりなど，サルや鳥などヒト以外の動物にもみられる．

統語論［syntax］　⇄ 統語法
洞察［insight］　見通しともいう．ゲシュタルト心理学*者のW. Köhler*は問題場面の関係(場の構造)を見抜くことをこうよんだ．洞察的な問題解決行動*の特徴として，1)問題状況の探索，2)問題解決が容易ではないことによって生じる情動反応(怒りやあきらめ)，3)行動の中断(ためらい)，4)突然始まり速やかに行われる解決，があげられる．また，再び同じ問題に直面した場合には，初回よりも迅速に問題解決行動が出現する．たとえば，Köhlerが観察したチンパンジーは，高いところにぶら下げられたバナナを見つけると，まずバナナに向かって無益な跳躍を繰返した．落ちつかなげに部屋の中を歩き回った後，急に箱の前に立ち止まると，箱をつかんで一目散にバナナの下に転がしていき，それによじ登り，跳び上がってバナナを得た(箱をつかんでからはよどみのない一連の行動であった，図)．翌日同じテストをすると直ちに箱を動かしてバナナを取った．Köhlerはこのほかに，紐ひき課題，回

り道課題*，道具の製作などをチンパンジーに課して，洞察的問題解決がみられるとした．なお，その後の研究により，こうした洞察的問題解決行動にも過去経験が重要な役割を果たしていることが指摘されている．

Köhlerの実施した洞察実験の一つ．チンパンジーは箱をバナナの下に運んでそれに登り，バナナをとった．

投資［investment］　経済学に由来する用語で，将来の生産能力を増加させるために，現在の資本（エネルギー，栄養，時間など）を投じる活動のこと．生物においては，将来の適応度を向上させるため，保有する資源を繁殖などのさまざまな活動に配分することをさす．動物みずからの生存率と子の生存率の変動度合いに応じて，繁殖活動に対する投資を変化させる．複数年にわたって繁殖するシジュウカラ*は，環境が良い年でも，育てられる最大数の卵は産まない．環境の悪い年に遭遇すると大きな投資はすべて失われるため，中くらいの投資を続けることが変動環境下では適応的と考えられる．このような子の生産の大小が予測不確実な環境下においては，現在の繁殖投資を低くし，生き残りに投資することが有利となるような投資の様式もある（→両賭け戦略）．一方，親の生存率に大きな変動がある場合，余力を残しても使わないまま死亡する可能性があるので，繁殖回数を減らし，一回の繁殖への投資を大きくする繁殖が有利となる．これは一回繁殖*とよばれる戦略であり，多回繁殖*と対をなす．

同時検出器［coincidence detector］　時間的一致検出器，または単に一致検出器ともいう．複数の入力が同時に到着したときにのみ活動するような神経細胞，あるいは同時到着の際に最大応答を示すような神経細胞．時間精度を問題にしなければ，ほとんどの神経細胞が多かれ少なかれこの性質を示すが，ミリ秒以下の時間精度をもつ神経細胞を同時検出器としてよぶことが多い．メンフクロウ*は左耳と右耳に達する音のタイミングの差で音源の水平位置を知る（→音源定位）．左右の聴覚神経は延髄に入り左右の蝸牛神経核に投射する．その信号の一部は蝸牛神経核の中の大細胞核へ入り，ここから出力する軸索が左右両側の層状核へ投射している（図）．反対側から層状核へ下から入り込む軸索は遅延線*の構造をもっている．入力の到着時間が10マイクロ秒の精度で一致しているときに最大の応答を示し，同時検出器として機能する．このような時間精度を実現するために，層状核細胞の樹状突起はごく短いか消失しており，また細胞膜も特別な電気生理学的性質をもつ．

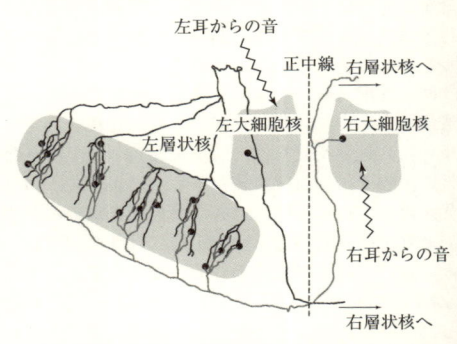

メンフクロウ層状核の神経回路．左耳の音は左の大細胞核へ，右耳は右の大細胞核へ届く．左右の耳に入った音の信号は，層状核で初めて出会うことになる．層状核の一つ一つの細胞（●）は，上から入る軸索（左耳の信号）と，下から入る遅延線（右耳の信号）の両方を受けることになる．遅延線のために，右耳の信号は正中線に近い細胞ほど早く，遠い細胞ほど遅れて届く．

同時条件づけ［simultaneous conditioning］　古典的条件づけ*を形成する際に，条件刺激*と無条件刺激*を同時に与え始める手続き．古典的条件づけでは，条件刺激を与えている時間が無条件刺激を与えている時間より短いことはまれなので，条件刺激と無条件刺激を与え始める時点と終了する時点が完全に一致する狭義の同時条件づけだけでなく，無条件刺激を与え終わった後に条件刺激を与え終わる手続きについても同時条件づけとよぶことが多い．いずれの場合も，二つの刺激の時間的接近という点では優れているにもかかわらず，順行条件づけ*と比較すると，生じる条件反応*は弱い．この事実は，逆行条件づけと並び，古典的条件づけが刺激の時間的接近のみによって生じるわけではないことを示唆している．

糖質コルチコイド［glucocorticoid］＝グルココルチコイド

同時的雌雄同体［simultaneous hermaphrodite］⇒雌雄同体

同シナプス促通［homosynaptic facilitation］⇒促通

同時弁別手続き［simultaneous discrimination procedure］　二つかそれ以上の複数の刺激を同時に提示し，ある特定の刺激（正刺激）を選択して反応したときにだけ強化する弁別課題（図）．K. S. Lashley がネズミに用いた跳躍台*の弁別手続きは，典型的な例である．同時弁別手続きでは，正刺激への反応は負刺激への無反応を意味するので，正刺激への反応が獲得されれば負刺激への反応（誤反応*）を抑制する必要がない．そのため，継時弁別手続き*でみられるような行動対比*や弁別後般化勾配*に頂点移動*がみられない．並立スケジュール*による同時選択では，一方の刺激に対する反応はある特定の強化スケジュールで強化され，もう一方の刺激に対する反応はそれとは異なるスケジュールで強化される．並立スケジュールは選択場面を構成しているので，動物の選択行動の研究に利用されている．（⇒マッチング法則）

ハトの同時弁別実験．この例では正刺激と負刺激（垂直と水平）の二つの刺激が左右同時に提示され，正刺激に反応すると餌で強化される．

同時見本合わせ［simultaneous matching-to-sample］⇒ゼロ遅延手続き

同時明滅［synchronized flashing］⇒集団発光

投射性（脳）地図［projectional map］　末梢感覚器における受容器の位置関係を保持したまま情報を脳に送ることで，脳内には感覚情報が整然と並んだ地図ができる．たとえば，体の各部からの触覚，圧覚の情報を扱う大脳皮質体性感覚野には，体表における位置関係を平行移動したような**体部位再現**（somatotopy）がみられる．親指からの情報を扱う領域の隣には人差し指領域が，その隣には中指の領域がというように並んでおり，これら指領域の隣には手の平が，その隣には腕が，さらに隣には肩からの情報が来るようになっている（図）．この構造はカナダの神経外科医 W. Penfield が，外科手術前の患者の大脳を局所電気刺激することで見いだした．また，視覚領野の多くには，視野*を投影したような**視野再現**（retinotopy，視野地図）が存在する．また，蝸牛神経核，下丘，内側膝状体，一次聴覚野には，反応する音の周波数に従って神経細胞が並ぶが，これも，内耳の有毛細胞が反応周波数に従って並ぶことを反映した投射性地図である．対語は中枢性脳地図*．

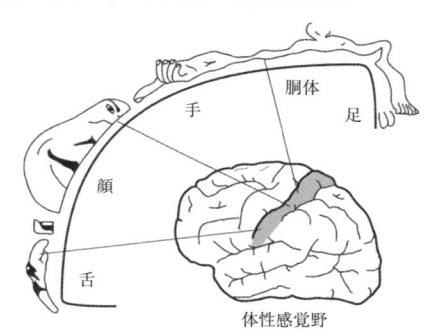

ヒトの体性感覚野における体部位再現．中心溝の後方（灰色部）には，体各部の相対位置関係を再現するように，体性感覚情報の地図表示がなされている．

投射ニューロン［projection neuron］　介在ニューロン*のうち，細胞体や樹状突起が存在する領域の外側に向けて，比較的長い軸索を伸ばす（投射する）ものをいう．どれほど遠くに軸索を伸ばすものを含めるのか，その定義は厳密ではない．脊椎動物の場合には一般に，他の神経核や皮質領域まで伸ばすニューロンをさす．無脊椎動物では，他の神経節まで軸索を伸ばすニューロンをさす．脊椎動物の脊髄，または無脊椎動物の腹髄のニューロンの場合，節を越えて伸びる長い軸索をもつものも投射ニューロンとよばれる．一方で，軸索を欠く介在ニューロン，または短い軸索を同じ領域の中だけに投射する介在ニューロンを，局在ニューロンまたは内在ニューロンとよんで区別する．

同種間攻撃行動［intra-species aggression］　同じ種の動物間における攻撃行動のこと．攻撃をする相手が捕食者のような敵である場合は，**異種間攻撃行動**（inter-species aggression）とよばれる．攻撃のみならず威嚇，逃避，回避などの儀式化*された行動パターンが観察される．同種間では，これらの行動を通じて，自分と他個体との優劣関係を決め，それ以上の致命的な攻撃行動に発展しなくなる．強固な順位*が存在するニワトリの集

団では，群編成直後は攻撃行動が多くみられるが，順位が決定した後は攻撃行動はほとんどみられない．安定後は，攻撃行動なしに優位な個体がより多く食べたり交尾するようになり，優劣関係に従って集団の生活が営まれる．(⇌ 同性間攻撃行動)

同種誘引 [conspecific attraction]　生息場所の選択において，同種個体の存在に誘引され，同種個体に積極的に接近する，またはその近隣に定着する性質のこと．哺乳類・鳥類・爬虫類・昆虫類など多くの生物で知られている．群れ生活や集団営巣* を行う種は集合性があり，明らかな同種誘引を示す．たとえば，集団営巣性の海鳥では，繁殖適地にその種の模型(デコイ)を設置すると，その種の個体が誘引され，営巣地が新設される．さらに，生息密度が高まることで不利益を受ける(密度効果)とされていた単独営巣やなわばり性のいくつかの種も同様な同種誘引を示す．たとえば，北米に生息するズグロモズモドキでは，人為的にさえずりを流すことで個体を誘引し，繁殖地の新設に成功している．なお，シジュウカラのような小型鳥類などが，捕食者に対するモビング時に他種の警戒声によって集まるなど，他種の存在(またはそれが発する信号)に誘引される性質は，他種誘引(heterospecific attraction)とよばれる．

同所性 [sympatry]　生物の二つの集団が地理的に同じ場所に分布する現象，あるいはその状態をいう．両集団は，交雑によって溶け合うことなしに同所的に生息しているときにだけ客観的に別種とみなされ，完全な種(good species)とよばれる．同所的に生息していても，生息場所が異なる場合，たとえば土壌層と樹冠層に分かれて生息する昆虫や食草が異なる昆虫などの場合は，異地的(allotopic)分布とよび，生息場所も同じ場合は同地的(syntopic)分布とよぶ．同所性の成立には二つの原因が想定されている．一次的な同所性の成立には，地理的な障壁なしに，異地的な分布や繁殖期の違いなどによって交雑が妨げられ，遺伝的に異なる二つの集団に分化する過程が含まれる．この過程は同所的種分化(sympatric speciation)とよばれる．二次的な同所性は，異所的に種分化した2種が分布を拡大して，生息地が地理的に重なることによって成立する．

同所的種分化 [sympatric speciation]　⇌ 種分化，同所性

動性 [kinesis]　無定位運動性ともいう．刺激に対して生じる動物のランダムで方向性のない動きのこと．方向性のある動きは走性* という．方向性はないが，この行動をとることにより，生存上望ましい対象に近づき，そうではない対象から遠ざかることができる．たとえば，ワラジムシは湿度が高い環境でないと生存できない．ワラジムシの移動速度は，湿度が高い場所ではゆっくりであるが，低い場所では速くなる．移動に方向性はないが，活発に動くことによって，偶然に湿度が高い場所にたどり着く可能性は高まる．このように刺激の強弱によって，方向性のない行動の速度が変化することをオルトキネシス(orthokinesis, 変速無定位運動性)という．また，刺激の強弱により，方向転換の頻度(その方向はランダム)が変化する場合をクリノキネシス(klinokinesis, 変向無定位運動性)という．(⇌ 走性, 向性)

統制オペラント手続き [controlled operant procedure]　⇌ 離散試行手続き

同性間攻撃行動 [intra-sex aggression]　同種の雄と雄，あるいは雌と雌の間における攻撃行動．ニワトリのように雌雄混合の群れで生活を営む動物においては，雌間よりも雄間での攻撃行動の方が多く観察される．イヌでは攻撃行動が同性間でより多く，また強く観察される．雄は自分の子孫を残すために雄と競争し，高い社会的順位を得た雄はより多くの雌と交尾する機会に恵まれ，自分の子孫を多く残すことができる．そのため，雄間の攻撃は傷を負わせるまでに激しいものもある．一方，雌間では餌などの資源をめぐって競争をする．そのため，雌間の攻撃で負傷することは少ない．一方，雌でも優劣の順位をもつ動物種(オオカミ*，ミーアキャット*，ハダカデバネズミ*)などでは雄間と同じくらいの雌間攻撃行動が観察される．(⇌ 同種間攻撃行動)

統制群 [control group]　対照群ともいう．注目している効果以外の要因を可能な限り実験群* とそろえた，比較対象とする対象群のこと．たとえば，ある薬剤が行動に及ぼす効果を実験により調べたい場合は，その薬剤を投与した群が実験群となり，偽薬を投与した群が統制群となる．

同性内選択 [intra-sexual selection]　C. R. Darwin* が提唱した性選択* 理論の一つのプロセス．雌による配偶相手の選り好みによる異性間選択が代表的であるが，同性内での競争によって成り立つ同性内選択がもう一つの柱である．同性内選択は，文字通り，同種の同性同士が配偶機会な

どの資源をめぐり，直接的または間接的に争うことで生じる性選択である．雄同士の競争（雄間競争）はその代表例である．たとえば，ゾウアザラシはハレムの雌（配偶相手）をめぐって，雄同士が直接的闘争により勝敗を決する．勝敗は体サイズに関連があり大きな雄の方が勝ちやすいため，そのような雄は適応度*が高くなる．その結果，雄は雌と比べて著しく体が大きくなるという，体サイズにおける性的二型*が進化したと考えられている．このように同性内の競争を背景とした進化的な説明が同性内選択（理論）であり，体サイズや装飾形質といった形態形質だけでなく行動など，生態を含め，広範な事象をも扱える一般性の高い理論である．

同性配偶 [homosexual mating] ホモセクシャル行動ともいう．野生および飼育下で，1500以上の種の動物で同性間性行動の存在が報告されている．大別すると，1) 同性間の性行動は存在するがまれである（原猿類），2) もっぱら同性とのみ性行動を行う"ゲイ"個体が一定の割合で存在する（家畜化されたヒツジ），3) 一般の個体が異性との配偶行動のみならず，同性とも性行動・配偶行動を行う，皆がいわゆるバイセクシュアル（両性愛）である（オオツノヒツジの雄，マカカ属のサル，類人猿），というパターンが存在する．周囲に異性が少ないなど異性配偶者を獲得しにくい状況や，飼育下などストレスの多い状況下では同性配偶行動が増えることが知られている．同性配偶が広くみられる種では，同性間の性行動が性行動全体の5割以上に達するケースもあり，連合形成やストレス軽減のコミュニケーション戦術として重要な役割を担っていると考えられている（イルカ，ボノボ）．鳥類では同性カップルを含む長期間の配偶関係（ガン，ハクチョウ，フラミンゴ，ミヤコドリ，カワウ，カモメ類，ペンギン

オオツノヒツジの雄同士のマウンティング．通常肛門性交であり，多くの場合上に乗った個体は射精にいたる．

類）やつがい以外の同性間で行われる性行動が知られている．

闘争 [fight] 何らかの資源をめぐって複数個体が相互に攻撃的に争うこと．争いの対象となる資源としては，配偶者，食物資源，なわばりなどがある．2個体間の闘争が一般的だが，集団間の闘争もある．配偶者をめぐる闘争は，性選択*理論の予測通り雄間で激しく，雄は闘争のための武器（大きな体格や，角，牙，犬歯など）を発達させ，闘争の結果死に至ることもある．他方，闘争のコストが非常に大きい場合には，タカハトゲームで説明されるように，儀式的闘争（儀式的ディスプレイ）が進化する．儀式的闘争の例としては，アカシカの咆哮合戦や平行歩き，多くの鳥類におけるなわばりをめぐるさえずりなどがある．

闘争遊び ➡ 遊び攻撃行動

闘争歌 [aggressive song] 闘争信号（aggressive signal）ともいう．発声器官もしくは発音器官をもつ動物において，同種間の闘争行動の際に発せられる歌もしくは発音．昆虫，特にコオロギを対象としてその神経機構が詳しく調べられている（図）．コオロギの雄の前翅には，クチクラが特殊

雄のコオロギが別の雄に出会い，威嚇鳴きを始めたところ．雄同士が遭遇すると多くの場合激しい攻撃を伴う闘争が起こる．闘争は，互いに触角を激しく打ち振るわせ，脚を踏ん張った前傾姿勢をとる威嚇から始まる．

化してできた鑢（やすり）とこれに接する摩擦片からなる摩擦器がある．雄はこの摩擦器を擦り合わせて音（鳴き声）を発する．摩擦器が一回擦り合わさり発音したものはシラブル*とよばれる．いくつかのシラブルが組合わさりチャープ（chirp）を構成する．雄が雌を呼び寄せる誘引歌（calling song）はチャープとそれに続くインターバルで構成されているが，闘争歌にはそのようなリズミカルな構成の発音が見られない．一方，コオロギの雌同士も餌や産卵場所を争って闘争することがある．コオロギの雌には発音器官がないのだが，闘争に勝利した雌は雄と同じように後翅を擦り合わせて敗者を威嚇して追い払う行動がみられることも

ある．これは，威嚇行動の一連の行動を制御する神経回路が雌雄ともに備わっていることを示唆する．（⇌ 雄間攻撃行動）

闘争か逃走か　[fight or flight, fighting or fleeing]　危険をひき起こす対象（天敵*やライバル個体など）に遭遇した動物の対処行動で，対象に対して攻撃を加えたり，対象から逃げたりすること．動物の学習に関する研究では，闘争反応と逃走反応に凍結反応*を加えて，種特異的防御反応*とよぶことがある．天敵が遠くにいて避けることができる場合は逃走反応が，近くにいるがまだ見つかっていない場合は凍結反応が，見つかって逃げ切れない状況にある場合は闘争反応が生じる．これらの反応は連続してみられることもある．ネコに追われたネズミが隅に追い詰められて逃げ切れなくなったとき，いきなり攻撃に転じる（窮鼠猫を噛む）のは，逃走反応から闘争反応への移行の一例である（図）．

窮鼠猫を噛む．（逃走反応から闘争反応へのスイッチ）

闘争信号　[aggressive signal]　⇌ 闘争歌
盗賊寄生　⇌ 海賊行動
同祖性　[identical by decent]　⇌ 血縁度
同祖性血縁度　[relatedness identical by decent]　近い共通の祖先から受け継いだまま の遺伝子（同祖遺伝子）に注目して計算される血縁度*．弱い選択，大きな集団などを仮定し，家系図を描くことで近似的に推定される．血縁度には方向性があり，まず利他行動*などの社会的行動を行う個体（自分）とそれを受ける個体（相手）を区別しなければならない．同祖性血縁度とは注目する遺伝子座における同祖遺伝子の比率（正確にはその期待値）であり，自分がもつ遺伝子全体を分母にする**生存置換血縁度**（life for life relatedness）と，相手がもつ遺伝子全体を分母にする**回帰血縁度**（regression relatedness）の二つがある．雌雄二倍体生物ではこれらの値は同じだが，半倍数性*の生物では異なる場合がある（⇌ 血縁度非対称性）．以下に生存置換血縁度の家系図情報による計算例を示す．まず共通祖先まで遡り，親子関係にある個体を双方向の矢印でつなぐ．ただし家系図より古い世代に共通祖先はいないと仮定する．血縁度は，同祖遺伝子が共通祖先から独立に伝わる経路をすべて考え，その確率を合計すればよい．雌雄二倍体生物では矢印一つを通過する度に確率が1/2になり，これは性に依存しない．図の"自分"からみた"兄弟姉妹"の血縁度は，同祖遺伝子を自分→母→兄弟姉妹という経路で共有する確率＝1/2×1/2＝1/4と，自分→父→兄弟姉妹という経路で共有する確率＝1/2×1/2＝1/4の合計で，1/2である．これで，同じ両親から生まれた兄弟姉妹の血縁度が，1本だけの線でつながる親子の間のそれと同じ1/2なのがわかる．自分からみた"いとこ"の血縁度は，自分→父→祖母→叔母（または伯父）→いとこ＝$(1/2)^4$＝1/16と，自分→父→祖父→叔母（または）伯父→いとこ＝$(1/2)^4$＝1/16の合計の1/8である．

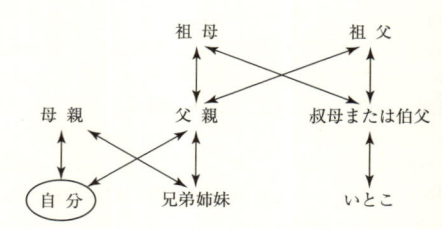

淘汰　[selection]　⇌ 自然選択
淘汰勾配　[selection gradient]　＝選択勾配
同地的　[syntopic]　⇌ 同所性
同調（心理学）　[conformity]　社会心理学*において他者の意見を聞くことで，自分の意見・行動をそれに合わせることを同調とよぶ．社会心理学者のS. Aschは，実験参加者に3本の線から見本の線と同じ長さの線を選ぶという課題を与えた．この課題は非常に簡単なもので，周囲に誰もいない状況で取組めば，ほぼ間違えることのない課題であった．ところが，ほかに5人程度の参加者（実際には実験者が雇った実験のサクラ）がいて，彼らが一貫して間違った判断をすると，参加者もその間違った回答に同調し，間違った回答をするようになった．このような同調をひき起こす社会的影響には，他者から嫌われたくない（グルー

プから排斥されたくない）という動機に基づく規範的影響と，正しくありたいという動機（皆が言っている回答の方が正しいに違いないという信念）に基づく情報的影響がある．規範的影響による同調は公的追従，情報的影響による同調は私的受容と考えられる．（⇌ミルグラムの服従実験）

同調化現象［synchronization phenomena］　リズミカルに振動している異なる要素が，互いに引き込み合い同調することによって集団全体でリズムが生じ，位相がそろった協調行動が発現すること．**同期化**(synchronization, entrainment)ともいう．時計細胞の約24時間周期のリズムが細胞間で同調し個体全体として時計が刻まれる現象をはじめとして，ホタルの発光周期が集団内で同調しいっせいに明滅する様子（⇌集団発光）や，コオロギやカエルの合唱が知られている．これらは非線形振動子の引き込み現象で説明される．またこれらとは機構が異なるが，音楽のリズムと同調したオウムやゾウのダンスや，テナガザルの雄と雌が交互に鳴き交わすデュエット*も同期化の例である．一方，ムクドリやシギの群れの飛行は空間的位相の同期化である（図）．鳥たちは近接する何

ハマシギの群飛

個体かの動きに基づいて飛ぶ向きや速さを決定し，群れは一体となって飛行する．この現象と物理学における臨界現象との類似点が指摘されている．同様の例としてはイワシやアジの群泳があげられる．また，ネズミなどの動物個体数の変動が地域間で同調することが例としてあげられる．植物集団では，ドングリなどの種子量の年変動が広い地理的範囲で同調する豊凶現象としても知られている．同調化現象を生み出すメカニズムとしておもに二つ考えられている．一つは，要素間で化学物質などのシグナル情報や移動を介した相互作用が働くことであり，カップリングとよばれる．二つ目は異なる要素の自律的振動が気候条件など

の共通した外的環境変動により揺さぶられることによって同調するという仮説で，モラン仮説(Moran effect)とよばれる．同期化は動的な協調行動を生み出し，重要な生物学的機能を担っていると考えられるが，まだわからないことが多い．

頭頂眼［parietal eye］　顱(ろ)頂眼ともいう．カナヘビ科，トカゲ科，オオトカゲ科，一部のイグアナ科などの有隣目のトカゲ類とムカシトカゲ目が頭頂部にもつ，光を受容する器官（図）．頭頂

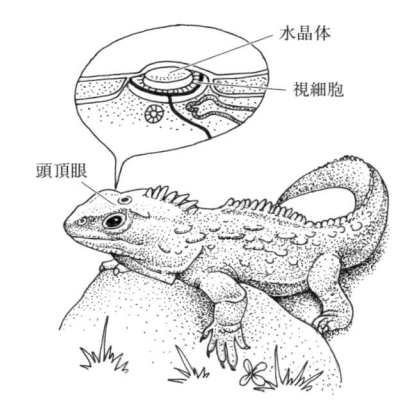

水晶体
視細胞
頭頂眼

顕著な頭頂眼をもつムカシトカゲ．頭頂眼は光受容器官で，照度や光線量を測ることができると考えられている．

骨の正中線上にある小さな孔にはまって存在する．通常の眼と似た構造を備えており，視細胞からなる網膜，水晶体，角膜などに類似した部位をもつが，光を感受するだけで像を形づくることはない．頭頂眼の上部の鱗は角膜に相当し，さまざまな度合いで半透明になっており，ムカシトカゲでは完全に透明である．頭頂眼は，絶滅した初期の脊椎動物が頭部背面にもっていた1対の光受容器官のうちの一つに起源すると考えられており，他の現生陸上脊椎動物では退化したと推察されている．その機能としては，照度や光線量を測ることにより，繁殖などの季節的な行動のタイミングの決定や日常の体温調節に役立てていると考えられている．また，イワカナヘビの1種 *Podarcis sicula* では，頭頂眼で偏光を感知し，方向定位に役立てていることが示されている．

盗聴(者)［eavesdrop, eavesdropper, illegitimate receiver］　単なる信号傍受ではなく，発信者の信号に対する受信者の反応から情報を受取り，それを利用することをいう．この場合，傍受者は

単に発信者に関する情報ではなく，発信者と受信者の社会的相互作用から情報を得ているという点で，通常の傍受者とは区別される．たとえば，ガラス越しに行われたベタ*（闘魚）の雄同士の威嚇合戦をマジックミラー越しに観察した他の雄は，観察していた戦いの勝者に対してより挑戦的に威嚇を行うのに対し，観察しなかった場合は双方を区別せずに同等に威嚇を行う．また，録音再生された架空のライバル雄のさえずりに対し，引き下がるように操作された雄とつがったシジュウカラの雌は，引き下がらないように操作された雄とつがった雌に比べ，つがい外交尾*の機会を求めてより頻繁に近隣のなわばりに侵入する．

頭頂野［parietal cortex］⇌ 連合皮質

同調リズム［rhythmic synchronization］ 多くの生物は，神経振動子（中枢性パターンジェネレーター*）の働きにより，歩行運動のような一定リズムのパターンを生成する．それとは別に，外部刺激のさまざまなタイミングに能動的に同調して，リズミカルな運動を生成できる生物もいる．たとえば，ヒトは楽曲に同調して行進やダンスをする．しかし，動物は一般にこのようなことを行わず，単純なリズムに合わせて何かを叩くことすらしない．これに関連して，"リズムへの同調能力は発声学習*の副産物である"という仮説がある．この説を裏づけるものとして，発声学習能力をもつオウムがさまざまなビートの音楽に合わせて自発的に踊ることを示した研究がある．また別の研究は，インターネットの動画サイトにある多数の"音楽に合わせて"踊る動物の映像を分析した結果，ほとんどの動物のダンスにおいてはリズムと運動の同調がみられなかったが，例外的に発声学習*能力をもつオウムやゾウなどでは同調がみられたと報告している．

疼痛性攻撃行動［pain-induced aggression］ 痛み刺激によって誘発・増強される攻撃行動．不快な状況が攻撃行動を増強することは，ヒトを含むさまざまな動物で知られている．動物に電気フットショックなどの痛み刺激を与えた直後に同種の個体と出会わせると，通常よりも高い攻撃行動を誘発することから，攻撃行動の動物モデルの一つとして用いられている．ただし，痛み刺激に誘発される攻撃行動は，行動パターンをみるとむしろ防御行動の要素が強いことから，怒りよりも恐怖に由来する，自己を守るための防御性の攻撃行動であるとされる．そのため，攻撃行動の評価には，より動物行動学的な手法であるなわばり性攻撃行動*試験が用いられることが多い．疼痛性攻撃行動は，同種だけでなく他種に対しても攻撃行動が増加する（たとえばイヌがヒトを咬む）．

同定可能ニューロン［identifiable neuron］ ＝ 同定ニューロン

同定ニューロン［identified neuron］ 同定可能ニューロン（identifiable neuron）ともいう．他のニューロンと区別できる形態的・機能的特徴を備え，同種の動物ならば，どの個体でも同じ部位にあるニューロン．微小電極を用いて神経活動を記録した後，細胞内に色素を注入し，その形態を顕微鏡下で調べることにより，一つ一つのニューロンを同定することができる．無脊椎動物（おもに節足動物，軟体動物，環形動物など）の中枢神経系では，これまでに多くのニューロンが同定されている．他方，脊椎動物の脳では，同様の形態をもつ細胞が膨大な数存在するので，同定は困難である．魚類の逃避行動にかかわるマウスナー細胞（Mauthner cell）がその唯一の例である．同定ニューロンを対象として研究を進めると，どの個体でも再現良く実験を繰返せるので，単一細胞のレベルで神経回路網を詳細に調べることが可能となる．

動的計画法［dynamic programming］ ＝ダイナミックプログラミング

動的適応［allostasis］ ＝アロスタシス

道徳性［morality］ ある選択を行う際に，経済的合理性や適応度ではなく，善悪によって判断する能力．道徳の存在も究極的には適応度*の向上によって説明されうるが，判断する人自身の主観は適応度の向上を目指していないことが多い．たとえば労働量に差がないにもかかわらず他者より過剰な報酬を得たときに，不公平であるとして受取りを拒否することは，非適応的で道徳的である．非適応的な道徳性がいかに進化しえたのか多くの議論がある．ヒト以外の霊長類においても公平感や利他性についての研究が行われており，たとえば，要求されれば他個体のために道具をとってやるなど，その萌芽が報告されている．ただしどのようなものが観察されるかは種により異なる．また，暴走列車を止め5人の命を救うために1人を線路に突き落としてよいかといった古典的な道徳パラドックスについては，ヒト以外での検証例はないようである．関連語として，社会集団による善悪の規範を示す倫理（ethics）がある．（⇌ 利他

行動)

等能性［equipotentiality］ ⇒ 誤行動

逃避［escape］ 環境内に存在する刺激を消失させたり，その刺激のある場所から移動したりすること．なお，現在は環境に存在しないがやがて出現する刺激を事前に避けるように行動することは回避(avoidance)とよび，逃避とは区別される．（⇒ 負の強化，逃避学習，回避学習）

逃避学習［escape learning］ 嫌悪的な刺激や場面にさらされた際，こうした刺激や場面をいち早く終了させるのに必要な反応が適切にとれるようになること．負の強化*の原理に従うオペラント条件づけ*の一つ．たとえば，多くの動物は，天敵*との遭遇を繰返すうちに，より効率的な逃げ方を学習する．実験的には，電気ショック等の嫌悪刺激を被験体へ与え，所定の反応を被験体が示した時点で嫌悪刺激の提示を終了するという訓練試行を繰返すのが基本的な手続きである．逃避のための道具的反応として，実験装置内の安全区画への移動やレバー押しが用いられる場合が多い．逃避成功率の上昇や逃避に要した時間の短縮が学習の指標となる．（⇒ 回避学習）

逃避行動(魚群の) ⇒ 散開的逃避，湧出効果

等皮質［isocortex］ ⇒ 大脳皮質

動物園［zoo］ 動物を飼育し一般に公開して展示を行う施設．陸上に生息する動物種をおもに飼育する施設をさすことが多く，水生動物をおもに飼育する水族館と区別される．日本においては博物館法が定める博物館の一種であるとされる．古くは王侯貴族が所有していたコレクションに起源をもつ．近代的な動物園は，18世紀に開園したパリのジャルダン・デ・プラントもしくはウィーンのシェーンブルン動物園が始まりとされる．日本における最初の動物園は，1882年に開園した上野動物園である．近代動物園における動物飼育の目的は，動物や環境の保護・保全活動，来園者に対する環境教育活動，動物の飼育下や野外における研究活動，来園者に対するレクリエーションの提供の四つとされる．分類学や形態学の観点からの展示が主流であったが，近年では動物の種特異的な行動に配慮する展示や，動物の生息環境を再現する展示（⇒ 生態展示，ランドスケープイマージョン）に注力する動物園が増えてきている．

動物介在介入［animal-assisted intervention, AAI］ 動物介在療法*，動物介在活動*，動物介在教育*の総称．

動物介在活動［animal-assisted activities, AAA］ 動物を用いて，生活の質(quality of life, QOL)向上，日常生活のやる気，レクリエーション，健康回復などに効果的な機会を提供する活動をいう．たとえば高齢者福祉施設でのイヌやネコとのふれあいなど．特別な訓練を受けた専門家とボランティア，そして特別な基準(健康状態や訓練度合い)を満たした動物(おもにイヌ)が，学校や病院，高齢者福祉施設などを訪問する形で行われることが多い．目標志向型ではなく，活動の詳細な記録を取る必要もなく，活動内容は自発的で実施期間や回数も自由である．対して，治療を目的とし，医療機関が実施するものを動物介在療法*，学校教育の場で教育効果の上昇を目的としたものを動物介在教育*という．日本でアニマルセラピーといわれる活動のほとんどが動物介在活動である．

動物介在教育［animal-assisted education, AAE; animal-assisted pedagogy, AAP］ 日本においては，学校などの教育現場に動物を介入させ，子どもの道徳的，精神的，人格的成長を促すことを目的に行われる活動をいう．具体的には動物と触れ合うなどにより生命尊重や相手を思いやる気持ちを育み，他者とのコミュニケーション能力や学習意欲の向上を図る．動物介在療法*に関する国際学会(ISAAT)では，普通学級もしくは特別支援学級において子どもの心の発達や療法的目標を定め，教師(社会教育学者，矯正の教育施設で働く教師も含む)が介入することと定義づけており，持込まれる動物は基準(健康状態や訓練度合い)を満たしており，実施者も専門家であることが求められている．

動物介在療法［animal-assisted therapy, AAT］ 精神的あるいは身体的な障害の治療に，動物を用いて，その治療効果を高めるもの．健康状態や訓練度合いなどの特別な基準を満たす動物を用い，治療方法の一部として組込まれる目標志向型のものである．医療・保健サービス専門家が行う，もしくは指導する．動物介在療法は身体的，社会的，情緒的，認知的機能の改善を促進するよう目標を立てて計画され，その活動過程は記録・評価される．ドイツや米国では保険適用となる動物介在療法が行われている．さらにドイツでは，2009年の時点で約17%の病院施設において動物介在療法が取入れられている．（⇒ 乗馬療法）

動物機械論［animal machine］　R. Descartes は『方法序説』第五部で，つぎのような主旨のことを述べた（1637年）．"人間は神ほど巧みにではないにしろ，精巧な自動人形を作ることができる．人間は言葉を話し，臨機応変な合理的対応ができるので，どれほど精巧な自動人形であっても，人間と人型機械とを見間違うことはない．ところが動物には理性がないので，たとえそれが猿のような高等なものでも，われわれは猿と猿型機械とを見分けることができない"．この判断を起点として，Descartes は動物のことをただ器官の巧みな配列によって動いているだけの機械のようなものだとみなした．正確には若干の留保もしていたとはいえ，それによって彼は，動物の感覚能力を否定した．たとえ動物が苦痛の声をあげているように聞こえたとしても，それは歯車のきしみ音と変わらない．当時，この発想は特に知識階級に大きな影響を与え，動物処遇の点で，より無神経な屠殺や生体解剖実験などというような，数多くの虐待を生み出すきっかけになったのである．

動物虐待［animal abuse, animal maltreatment, cruelty of animals］　動物，特に飼育動物に不要なストレス*を与えること．以下のような行為が動物虐待とみなされる．1) 故意に肉体的・精神的苦痛を与えること，残虐な方法で殺害すること．2) 給餌給水を怠り，衰弱あるいは死に至らしめること．3) その習性を無視した飼養管理により苦痛を与えること．4) 動物同士を闘わせて傷害を与えること．5) 動物をおとりに使うこと．6) 過酷な条件の輸送により苦痛を与えること．7) 動物に有毒な薬物を与えること．また，たとえばフォアグラの生産（ガチョウやカモに強制的に給餌し，脂肪肝にさせる）などは3)に該当するとして，欧米ではいくつかの国・地域で生産を禁じている．スペインの国技である闘牛は1)および4)に該当するとされ，スペイン国内でも禁止の動きがある．さまざまな国で動物虐待を禁止する法律が整備されており，日本においても『動物の愛護及び管理に関する法律』がある．（⇌ 動物福祉）

動物恐怖症［animal phobia］　ヘビ，クモ，イヌなど，特定の動物種に対し，強い心理ストレスを覚えること．本来，毒をもつ動物や鋭い犬歯をもつ肉食動物に警戒心を抱くことは正常であるが，自分に危害が及ぶ可能性のない剝製や標本，映像，絵画などに対しても強い恐怖感・嫌悪感を示す．動物恐怖症が発生する要因には，生得的なものと習得的なものがあると考えられる．霊長目の子どもは初めてみるヘビに対して強い恐怖感をもつ．捕食者や毒をもつ生物に対して，学習の機会がなくとも強い警戒心を抱く例はあらゆる動物種で報告されており，ヒトのヘビに対する恐怖感も生得的な性質であると考えられる．一方習得的な例としては，幼少期にイヌに咬まれた経験がトラウマ（心的外傷*）となり，すべてのイヌに対して強い恐怖感を抱くようになった例もあげられる．動物恐怖症が重度な場合にはパニック発作を起こし，実生活に支障が出る場合もあるので，何らかの治療が必要となる．（⇌ 行動修正）

動物行動学［ethology］　動物の行動を研究する学問のこと．さまざまな動物の行動の比較による研究手法から比較行動学*とよばれることもある．エソロジーという用語が使われることもある．動物の行動研究の始まりは，昆虫の行動を詳細に記述した J.-H. C. Fabre にまで遡るが，動物行動を科学的に説明しようとしたのは C. R. Darwin*が最初である．彼は 1862 年に書いた『人及び動物の表情について』で，動物と人間の表情や感情について比較研究を行った．その後，20 世紀になって鳥類の行動を観察した英国の J. Huxley や W. H. Thorpe*，ドイツの O. Heinroth らの貢献によって，動物の行動を科学的に探求することへの道が開かれた．米国では昆虫学者の W. M. Wheeler や霊長類学者の R. M. Yerkes*の行動学への貢献も重要である．この時期にオーストリアの地で環世界の概念を提出した J. von Uexküll も忘れてはならない（⇌ ウムヴェルト）．その後，動物行動学を学問分野として確立したのは，K. Z. Lorenz*，N. Tinbergen*，K. R. von Frisch*の三人であった．刷込み*や超正常刺激*，ミツバチの言語など，高校の教科書にも載っている生物学上の重要な発見は彼らの貢献による．動物の行動のどの部分が生得的なものであり，どの部分が学習による後天的なものであるのかが，彼らの大きな関心事であった．1970年代後半に行動生態学（社会生物学）が誕生し，行動の適応論的解釈が動物行動研究の大きな流れとなって以降，Lorenz らの動物行動学は古典的と称されることもあるが，その中身は決して古くはなく，行動の至近要因*（メカニズム）を探求する道しるべとして，現在も意義をもち続けている．

動物催眠［animal hypnosis］　⇌ 擬死

動物社会学［animal sociology］　⇌ 行動圏

動物心理学[animal psychology] 動物を対象とした心理学*のこと．動物行動の研究は古くから行われてきたが，動物心理学といえるのは行動主義心理学以降のことである（⇨行動主義）．行動を研究するのであれば，人間だけでなく動物でも研究できるし，より単純な動物によって人間の行動の法則が研究できると考えられた．動物モデルによる心理学の研究である．これは条件づけや学習などの基礎的な過程については成功をおさめたが，より高次な機能を問題にするとさまざまな動物による差異が問題になってきた．そこで，動物の比較研究によって心の進化的基盤を研究するという比較認知科学という研究領域ができた．一方，米国自然史博物館を中心として，さまざまな動物の行動を網羅的に比較するという T. C. Schneirla らの研究の流れが 1930 年代からあり，これは比較心理学とよばれることが多い．なお，動物心理学という名称は世界的に廃れつつあり，現在，動物心理学という名称を掲げている学術雑誌は日本動物心理学会の『動物心理学研究』のみである．（⇨比較認知）

動物の権利[animal rights] 動物と人間のかかわり方についての倫理的な概念の一つ．すべての人間について尊重される倫理的な権利を，動物にも認めるべきとする考え方．人間が動物と何らかのかたちでかかわる際，その目的が人間の利益であってはならず，動物自身の利益が目的とされなければならない．すなわち，動物の権利の概念のもとでは，畜産業や動物実験，動物展示など現代社会における人間による動物の利用の大部分が否定される．この点において，人間による動物の利用を認める動物福祉*の概念とは大きく異なっている．P. Singer が 1975 年に出版した『動物の解放』において，動物の権利についての運動が理論化された．背景とする哲学的根拠や実践的方法論の違いにより，動物の権利擁護者のなかでもいくつかの立場に分かれる．人種差別や性差別に対する反対運動の延長として論じられ，しばしば実力行使を伴う過激な運動に発展する．どんな権利をどの動物種まで認めるべきかは，議論の対象となっている．

動物媒[animal pollination, zoophily] ⇨花粉媒介

動物福祉[animal welfare] アニマルウェルフェアともいう．動物の身体的，心理的な幸福の状態．動物福祉への配慮は，動物を飼育するすべての者にとっての責務である．欧米諸国では 1960 年代頃から重要視されてきたが，近年は日本においても社会的要請が高まっている．動物愛護や動物の権利*の概念とは異なり，人間が動物を利用することを認め，科学的な知見に基づいて，以下の三つの側面から動物の幸福の状態を規定する．1) 動物の主観的経験：動物が感じる苦痛や快楽など，2) 生物学的機能性：動物がけがや病気にかかることなく，正常に発達し繁殖するといった身体の機能性が維持されること，3) 動物の本来の性質：飼育下において，その動物が自然環境で暮らすのと同じように生得的な本来の性質を発現することが可能な環境で飼育されること（⇨環境エンリッチメント）．五つの自由*や三つの R* も動物福祉を評価する重要な視点とされる．

動物霊魂論[soul of beast] 動物霊魂という概念は，17 世紀半ば少し前に立ち上げられた R. Descartes の動物機械論*への対抗的機能をもつものとして，その後百数十年にわたって用いられた．動物には霊魂があるのだろうか．あるとすれば，それは人間の霊魂とはどう違っているのだろうか．これをおもな問題意識として，多くの論者が動物霊魂の性質について考察した．動物の感覚能力を認めない動物機械論に対し，彼らは，概略的には動物に感覚能力を認めるという共通点をもっていた．動物は感じ，苦しむのだ．ただ動物には論理的な推論を行う能力が欠けており，自分の活動や感情に対する自己意識がないなどの限定性がある．またごく一部の論者を除き，動物霊魂論者は，人間の霊魂とは違い，動物霊魂に不滅性はないと考えた．動物霊魂論は，動物機械論が 18 世紀半ば過ぎにはすでに説得力を失っていたこともあり，その存在意義を喪失し忘れ去られていった．だがそれは，より常識的な動物処遇の姿勢を保護したという意味で重要な役割を果たした．

同胞種[sibling species] ＝姉妹種

盗蜜[nectar robbing, nectar theft] 植物の送受(授)粉に貢献することなく花から蜜を得る行動をいう．たとえば口吻の短いオオマルハナバチはタニウツギのような細長い花に正面からもぐると奥の蜜に口吻が届かない．そこで彼らは花の基部に噛みついて穴をあけ，外から口吻を差し込み蜜を吸う（図）．このとき花の葯や柱頭はハチの体表に触れにくく，花粉を運ばせたい植物からすれば不当に報酬を奪われることになる．そのため植

物のなかには花の基部を保護する頑丈な萼（がく）のように，盗蜜対策と思われる形質を備えるものもいる．盗蜜はほかにも，花弁のすき間から細い口吻を忍ばせるチョウや，繁殖器官に触れずに花に這い込む小さなアリのように非破壊的にも行われる．盗蜜はそれ自体が送受(授)粉に貢献しないだけではなく，報酬量の低下が植物にとって望ましい動物を遠ざけてしまったり，盗蜜者の開けた穴（盗蜜痕）を利用する二次的な盗蜜者を誘引することもある．なお，盗蜜と思われる訪花でも花粉がわずかながら運ばれる場合もある．ほかに適した送粉者がいなければ，送受(授)粉の貢献度が著しく低くても植物にとっては貴重な訪問となり，盗蜜という表現がそぐわない状況も生じうる．

タニウツギの花の基部に開けた穴から蜜を吸うオオマルハナバチ．花の側からすると，花粉を運んでもらえず蜜だけを盗まれる状況である．

盗蜜痕 ⇌ 盗蜜

冬　眠［hibernation］　動物が冬に対応するために代謝や活動を抑制した状態．休眠*の一種．狭義の冬眠は，低温下でも通常高い体温を維持する恒温（内温）動物のための用語であるが，低温では必然的に代謝や活動が低下する変温（外温）脊椎動物の越冬*にも用いられる．さらに，無脊椎動物の休眠のうち冬にみられるものを冬眠とよぶこともある．代表的な冬眠は，ヤマネ(図)やシマリスなど小形哺乳類にみられるもので，冬季に体温を環境温度に近いところまで低下させることに

冬眠中のヤマネは体温をまわりの環境温度近くまで下げて，深い眠りについている．

よって，エネルギー消費を節約している．体サイズの小さな恒温動物は体重当たりの体表面積が大きいために低温下での放熱量が大きく，餌が十分に得られない冬に高い体温を維持すると貯蔵栄養が枯渇してしまう．それを防ぐために冬眠が進化したと考えられる．冬眠中に環境温度が極端に低くなると，代謝が活性化されて体温を低いながらも一定のレベルに保つという点で，変温（外温）動物とは異なる．小形哺乳類の冬眠は光周性*や概年リズム*によって誘導される．一方，クマなどの大形哺乳類も冬眠するが，体温はあまり下がらず，出産などの活動も行うという点で小形哺乳類の冬眠とは異なる．

同　盟［alliance］　⇌ 連合
透明帯反応［zona reaction］　⇌ 受精
動揺病［motion sickness］　⇌ 嘔吐
等ラウドネス曲線［equal loudness curve］　⇌ 心理物理学

動力学モデル［dynamical model］　動力学（dynamics）とは物体の運動と力の関係を研究する古典力学の部門をいう．そこでは何らかの規則や法則に支配されていると予想される変数の時間変化に対して，微分方程式や，差分方程式などの数式を仮定することで，その時間変化の原理や隠された法則を理解しようとする．このことあるいはその数式を動力学モデルという．特に注目している現象に対して，複数の要因が関係しており，それらの間の因果関係が複雑であるような場合，動力学モデルを用いた理解が欠かせない．生物の研究でも動力学モデルは使われている．たとえば捕食-被食関係にある2種の生物の個体数に対するモデルとして，ロトカ・ボルテラ方程式*が知られているが，このモデルに基づく生物個体数は周期的振動を示す．これは野外でしばしば観察される生物個体数の振動に対して，捕食-被食作用を考慮すれば説明できるという仮説を提示している．実際には注目している現象に対して，モデル間の比較や，モデルと観察データとの比較によって，より良くデータを説明できるモデルを選択すべきである．モデルの選択と改良によって，より正しい理解に近づけるという信念が，動力学モデルを使う背後にある．

同類交配［assortative mating］　調和配偶，選択結婚，似たもの配偶ともいう．自身と相手の形質に応じて生じる集団内の非ランダムな交配様式の一つ．一般には，似た形質をもつ個体同士が選

択的に交配する現象をさす．北米にすむハクガンには集団内に白色型と青色型の2タイプがあり，白色型は白色型同士，青色型は青色型同士で交配する傾向がある．一方，異質な形質をもつ個体と選択的に交配することを負の同類交配(disassortative mating あるいは negative assortative mating)とよぶ．これに対応させ，一般的な同類交配を正の同類交配(positive assortative mating)とよぶこともある．正の同類交配は，極端な場合，集団の生殖的隔離や同所的種分化をひき起こす選択圧となる．同類交配が起こっているかどうかは，ハーディー・ワインベルグの法則*(ランダム交配)から予測した遺伝子型頻度と実際の遺伝子型頻度を比較することで検出できる．正の同類交配の場合は，ハーディー・ワインベルグ平衡よりもホモ接合度が高く，負の同類交配の場合には，ヘテロ接合度が高くなる．

通し回遊魚［diadromous fish］ ⇌ 回遊

遠吠え［howl, howling］ オオカミやイヌが発する音声信号の一つ．低音かつノイズが少ない倍音で構成され持続時間が長いという音響特性をもつ．森林など視覚や聴覚が使いにくい環境でも遠くまで届くため，離れた個体間のコミュニケーションに適している．成獣オオカミの場合，基本周波数は150～1000 Hz，音の高さの平均は300～670 Hz程度である．通常，低音から始まりそれが高音へと移行してそのまま数秒から十数秒程度持続するというパターンを示す．単独個体が発する遠吠え(solo howl)は，個体ごとの違いが大きいため，その音声には個体識別に有用な情報が含まれているとされる．この遠吠えは自分の居場所を知らせることで離れた群れを再構成する機能があると考えられる．一方，集団での遠吠え(chorus howl)では，一個体の発声に呼応するように複数個体の遠吠えが約30～120秒間複雑に吠え交わされる．これは群れの社会的同盟(⇌ 連合)の強化や異なる集団間でのなわばり*の維持といった役割があるとされる．

トガリネズミ［shrew］ ⇌ スンクス

ドーキンス **DAWKINS, Richard** 1941. 3. 26～ 英国の動物行動学者，進化生物学者．ケニアのナイロビ生まれ．オックスフォード大学でN. Tinbergen*のもと，行動の階層性や個体発達に関する研究で博士号を取得．利他行動*の進化をわかりやすく説明した『利己的な遺伝子』(1976年，邦訳初版は1980年『生物＝生存機械論』)で一躍脚光を浴び，『盲目の時計職人』(1986年，邦訳初版は1993年『ブラインド・ウォッチメイカー』)など，つぎつぎと発表された進化生物学*の啓蒙的著作は巧みな比喩と華麗な文体で多くの読者を獲得した．文化進化*の単位としてミーム*を提唱したことでも知られる．1995年，オックスフォード大学科学普及講座の初代教授に就任し，進化論を中心とした自然科学全般の普及と，擬似科学批判につとめた．創造論批判の一環として合理的無神論を展開し，神の存在を徹底的に否定した『神は妄想である』(2006年，邦訳2007年)は英語圏で大きな論争をよんだ．2006年に設立したドーキンス財団では，擬似科学批判のほかに，無神論者のカミングアウトを支援するキャンペーン活動も行っている．

得移失在方略 ＝win-shift lose-stay 方略
得移失留方略 ＝win-shift lose-stay 方略

毒 牙［fang, venom-conducting fang］ ヘビ類がもつ特殊化した歯で，獲物や天敵に毒を注入するために使用される．上顎の前方に位置する牙をもつクサリヘビ科やコブラ科のヘビ類を前牙蛇(ぜんがだ)，上顎の後方(口の奥の方)に牙をもつナミヘビ科などのヘビ類を後牙蛇(こうがだ)とよぶこともある．クモ類の上顎(鋏角)の末節にある牙や，ムカデ類の顎肢の先端にある爪も毒牙と称されることがある．ヘビ類の牙の形状はさまざまで，単純に大型化しているだけの種から，毒液を流すための浅い溝を表面に部分的にもつ種，深い溝を牙全体にわたってもつ種，さらには，牙の中に毒液を流す管を備え，注射針のような構造になっている種まである．通常は1対から3対程度の牙が生えており，折れると生え変わる．クサリヘビ科やコブラ科では，捕食の際には1対の牙のみが毒の

オオカミの集団での遠吠え

注入に使用されるが，1～2本の予備の牙がすでに備わっていることが多い．モールバイパー属は特に大きな牙をもち，口をほとんど開けずに口の側方から横後方に牙先を出して，狭い坑道の中などにいる獲物に毒液を注入することができる．

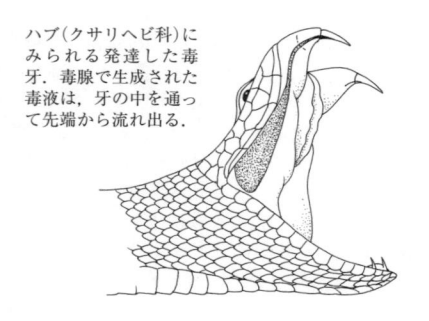

ハブ（クサリヘビ科）にみられる発達した毒牙．毒腺で生成された毒液は，牙の中を通って先端から流れ出る．

毒棘［venomous spine, venomous sting］
動物が防御のためにもっている毒のあるトゲのこと．特に魚類では，多くの種類（約225種）が毒棘をもっており，日本近海の魚では，オコゼ，ミノカサゴ，ハオコゼ，ゴンズイなどがよく知られている．おもに背びれや臀びれ，腹びれなどに毒棘があり，相手を刺したときに付属の毒腺から毒液を注入する．エイ類は長い尾をもっており，その先端に毒棘がある．刺されると強烈に痛いが死亡に至る例は少なく，わずかにアカエイやオニダルマオコゼでの死亡例が知られている．毒液の成分は未解明だが，熱で分解するので，火を通せばこれらの魚を食べることには問題はない．魚類以外ではオニヒトデ（図）が有名で，体の表面にたくさ

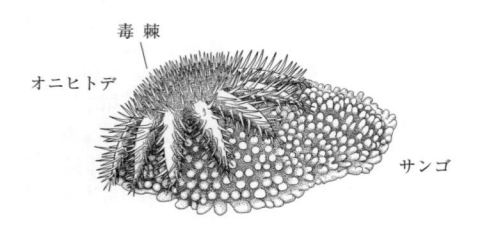

毒棘
オニヒトデ
サンゴ

んの毒棘が生えており，遺伝子配列がDNA分解酵素に似たタンパク質毒のプランシトキシンⅠ，Ⅱを主成分とする毒物質（オニヒトデ粗毒）をもっている．これがヒトの皮膚に刺さると激しく痛み，ときにはアナフィラキシーショックによって重症に陥る．昆虫類ではイラガ科やマダラガ科の幼虫が毒棘をもっている．背中に並んだ短い棘の付け根に毒液の入った袋があり，捕食者に襲われると（ヒトが触った場合も同様），毒液を相手の皮膚内に注入する．イラガ科の幼虫はすべて毒棘をもつが，マダラガ科の幼虫ではタケノホソクロバ，ウメスカシクロバ，リンゴハマキクロバなど，毒棘をもつ種は限られる．(⇌ 毒針毛)

得在失移方略［win-stay lose-shift］ ⇌ win-shift lose-stay 方略

独裁者ゲーム［dictator game］　人々の公正*感や利他性*の程度を調べるために，実験経済学*，進化心理学*などの分野で用いられる実験ゲーム．2人のプレイヤーを含むが，実質的には独裁者役のプレイヤーの行動だけを測定する．独裁者役に一定量の資源を与え，それを被分配者との間で好きなように分配させる．被分配者は独裁者が決定した通りの額を受取る．人間の合理性を仮定する経済学の予測は，独裁者が資源を独り占めにするというものである．また，最後通告ゲーム*の提案者と違い，このゲームの独裁者には自分の分配方法が相手に拒否されるという心配もない．そのため，独裁者のふるまいは純粋な利他主義の表れと考えられている．典型的な実験結果は，経済学の予測通り相手に何も渡さない人たちがいる一方，平等（かそれに近い）に分配する人たちもいるというものである．相手への分配額の平均値をとると，最後通告ゲームでの平均値より小さくなる．(⇌ 囚人のジレンマ)

毒針［sting, stinger］ ⇌ 毒針（どくばり）

毒針毛［urticating hair］　ドクガ科，カレハガ科，ヒトリガ科，イラガ科などのガの幼虫がもつ毒のある毛のこと．刺激毛ともいう．毒針毛は非常に短い毛で，皮膚に刺さるとヒスタミンなどの作用で激しいかゆみを伴う皮膚炎を起こす．ドクガに刺されると，ちくちくしてかゆくなるというのは，この毛の仕業である．ドクガ科では毒針毛は2齢幼虫からさなぎになる前の終齢幼虫まで，脱皮のたびに新しくつくられ，古いものは脱皮殻に付いたまま脱ぎ捨てられるが，終齢幼虫からさなぎになるときにはまゆの内側に毒針毛を保存している．そしてさなぎから成虫になるときに，この毒針毛を自分の腹の先にある長い毛の間に付着させてから，まゆをやぶって外に出る（ただし，雄成虫は毒針毛を付けずに羽化する）．雌成虫は卵を産みつけるとき，腹の先の毒針毛を含んだ毛を卵塊表面にすりつけて，卵塊を毛で覆う．ふ化した1齢幼虫は毒針毛をもたないが，卵塊に親が残していった毒針毛を自分の背中にのせるので，

ドクガは幼虫から成虫まで，毒針毛をもつことになる（例外的にマイマイガは1齢幼虫のときだけ，毒針毛をもつ）．毒針毛は，長さが0.1～0.2 mmほどで，片方の端は鋭く尖り，反対側の端は4～5本に分かれて広がっており，両端には小さな穴が空いている．この毛の中にヒスタミン，プロテアーゼ，エステラーゼなどが入っている．この毒針毛は，2齢幼虫では数百本ほどしかないが，大きくなるにつれて本数が多くなり，終齢幼虫では650万本に達する．毒針毛は，幼虫の体中に生えているわけではなく，ドクガ科では毒針毛は毒針毛叢生部に束になって生えていて，毒のない長い毛の合間に規則的に配列しているが，肉眼では毛が生えているようには見えず，斑紋があるだけで，個々の毛もほとんど粉のようにしか見えない．一方，カレハガ科の幼虫の毒針毛の束は胸部に集中して帯状の塊になることが多く，長くて，肉眼でも容易に毛のように見える．イラガ科のアオイラガ属の幼虫は，尾部に毒針毛の束があり，まゆの表面にもこれが付着するが，幼虫に触ってちくっと刺されるのは毒針毛ではなく毒棘*の仕業である（図）．新大陸に生息するタランチュラ類も腹部

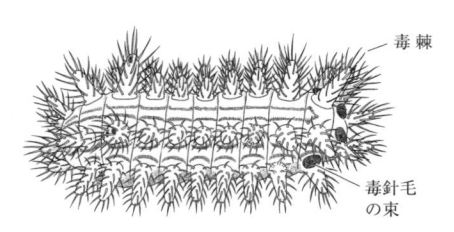

ヒロヘリアオイラガの幼虫

に毒針毛をもち，捕食者が間近に来ると発射する．鼻を近づけてにおいを嗅ぐような地上性哺乳類の鼻腔に吸い込まれて，捕食者撃退の効果をもつと考えられている．また暖かい海にすむ環形動物多毛類（ゴカイの仲間）に属するウミケムシ類もガ類の毒針毛と同じ機能をもつガラス繊維状の毛を全身にもっており，うっかり触ると，細かい毛が一面に刺さって，ドクガに触ったのと同じような症状が出る．

毒腺［poison gland］ → 毒針

ドクチョウ［heliconian butterfly］ チョウ目タテハチョウ科ドクチョウ亜科 Heliconiinae はドクチョウ族，ホソチョウ族，ヒョウモンチョウ族，オナガタテハ族の4族からなるが，一般的にいわゆる"ドクチョウ"という際には，ドクチョウ族をさす．ドクチョウ族は，南米に分布し，幼虫がトケイソウ科の植物を専食することで，有毒成分である青酸配糖体を体内に蓄積（あるいは合成）している．そのため，幼虫・成虫ともに鳥類などの捕食者から避けられている．成虫の体色は著しく多様化しているが，多くの種で赤や黄色，青が黒と組合わされた鮮やかな色彩をしており，捕食者に対して自身のまずさを知らせる警告色*の機能をもつと考えられている．そのため，化学物質などによる防御をもたない種によって警告色が擬態されている（ベイツ型擬態*）．また，同所的に生息する種同士で警告色が収れん*する現象（ミュラー型擬態*）もみられる．これらの擬態は，どちらもドクチョウで初めての報告がなされたものである．ドクチョウ属がみせるミュラー型擬態の精巧さは特に際立っており，体色パターンの多様化や擬態*，種分化*について遺伝学的，生態学的に最も精力的に研究されている生物群の一つである．

特徴正効果［feature-positive effect］ 継時弁別手続き*において，たとえば図のように，円形の色光と中心に黒点のある円形の色光を用いた場合，特徴のある黒点のある円形の色光を正刺激とした方が弁別学習*が促進されること．この現象は，黒点という特徴（区別刺激）が正刺激に含まれることから，特徴正効果とよばれる．この効果の説明として，"被験体は，強化と相関の高い部位に反応するように方向づけられる"とするサイン・トラッキング*説が提案された．ハトを被験体とした実験では，黒点が正刺激にあればハトは黒点をつつくので，黒点が負刺激にある場合に比べて，弁別行動の形成が促進されることになる．サイン・トラッキング説は，反応する場所と刺激提示が一致する場合には一定の妥当性はあるが，キーと刺激提示場所とを空間的に分離した場合にも特徴正効果はみられるので，特徴正効果の必要条件とはいえない．

特徴抽出［feature dection］ 画像や音声などのデータは，数値化して定量的な記述可能な形で扱うには複雑すぎることがある．そのようなデータを分析するために，それらが含む特定の要素に着目し，それを取出すことを特徴抽出という．

たとえば，いくつかの動物の音声を比較しようとする場合，録音した音声はマイクロホンを通じて得られた電圧の変化を表す波形として表現される．その場合，波形そのものを直接比較することは難しいが，音圧とその変調，音の持続時間などを抽出することは比較的容易である．さらに，音をソナグラム*で表現すれば，音の高さ（周波数）成分を取出し，周波数の変調をも抽出できる．これらは数値として扱えるため，音声の違いを比較できるようになる．

毒 嚢 [poison sac]　⇌ 毒針

特発性攻撃行動 [idiopathic aggression]　伴侶動物*における問題行動のうち，予測不能で，原因がわからない攻撃行動のことをさす．原因不明であることを示す"特発性"を冠した診断名が使用されるが，突然激しく攻撃的になることを表して**突発性攻撃行動**(sudden onset aggression，**爆発性攻撃行動**)，**激怒症候群**(rage syndrome)などともよばれる．スプリンガー・スパニエル，コッカー・スパニエルなどが好発犬種とされ，1～3歳齢のイヌで報告が多い．飼い犬から攻撃を受けた飼い主は，しばしば"突然咬まれた"と申し出るが，実際には決まったきっかけがあることや，飼い主が威嚇を認識できていないことも多い．また，脳疾患や真性てんかんにより突然の攻撃行動を示すこともあるため，他のタイプの攻撃行動や器質的疾患との鑑別診断が重要である．真の特発性攻撃行動である場合には，薬物により活動性を落とすことや口輪を常時装着し被害を最小限におさえることが人とともに生きる唯一の手段となり，安楽殺*処分を選択することもある．

毒 針 [sting, stinger]　刺針ともいう．外敵から身を守るための毒針や毒針毛*（棘毛）は動植物に広くみられるが，ここではハチ・アリ類（昆虫綱膜翅目）の毒針について述べる．膜翅目の毒針は進化の過程で産卵管（ovipositor）が変化したものなので，雌にしかない（真社会性の種では女王とワーカー）．毒針装置全体は腹部第7～10節から構成されていて，**毒腺**（poison gland）および**毒嚢**（poison sac）と結合している．毒針自体は腹部第8,9節由来の1本の**刺針軸**（stylet）と1対の**掘削刃**（lancets）からなり，**刺針鞘**（sting sheath）におさまっている．毒針はふだんは腹腔内に収容されている．ジガバチなど単独性の捕食者（狩りバチ）では産卵管は産卵の役割を失い，もっぱら寄主を麻酔する毒針として用いられる．ヒメバチなど捕食寄生性の種でも，寄主を麻酔するのに産卵管を用いることが多い．鳥などの捕食者から身を守るための武器としての使用は，捕食寄生者*の一部や単独性の狩りバチや花バチでみられるが，副次的機能の域を出ない．スズメバチやミツバチ*など真社会性の種にあっては，産卵・麻酔の機能はなく，もっぱら哺乳類などの外敵から巣や自身を守るための武器として使われる．また獲物を捕獲する際に刺し殺すのに使われることもある．ミツバチやシュウカクアリでは毒針の自切*がみられ，ミツバチでは敵の体に残った毒針に付属した毒嚢から放出されるフェロモンが巣仲間をリクルートし，コロニー防衛の効果を高めている．高度な社会性をもつハリナシバチ類では例外的に毒針は退化し，強力な筋肉と結合した大顎が武器として使われる．ほぼすべての種が真社会性であるアリ類の一部（ハリアリ亜科など）では，毒針は狩猟や防衛に使われている．しかし，ヤマアリ亜科では毒針は完全に退化し，尾端から放出されるギ酸（formic acid）が防御に使われる．

毒物質 [toxin]　それを受容した生物にとって有害となる物質．生物種によらずその物質がもつ化学構造で毒性が決まっている．ただし，毒性が異なる場合もある．たとえば，除虫ギクに含まれるピレスロイドは昆虫類，両生類，爬虫類に対して毒性が高く，哺乳類に対する毒性が低い．情報化学物質の場合，その物質をどのような状況でどのような生物個体が受容するかにより，その物質の生態的機能が決まる（⇌ 種間作用物質）が，毒物質にはそのような状況依存性がない．したがって，毒物質と情報化学物質とは天然化学物質のなかでも異なった機能群といえる．ただし，毒物質が同時に情報化学物質として機能する場合もありうる．たとえば，ジャコウアゲハはウマノスズクサ属を寄主植物とし，それに含まれる毒物質であるアリストロキア酸を幼虫が体内に蓄積する．この毒はさなぎ，成虫になっても存在し，防衛物質として機能している．このような場合，毒物質でありながら，同時に"情報の発信者にとって適応的に有利であり，受容者にとっては適応的に有利でない"情報化学物質（アロモン*）として機能しているということができる．

独立成分分析 [independent component analysis, ICA]　混合した多数の変数を，その観測値のみから独立なものに分解する統計的手法．多変量解析*の一手法としてもとらえられる．変数を

無相関な成分に分解する主成分分析と異なり，独立成分分析は各成分が相互に独立なものと仮定する．独立は無相関より強い概念である．独立であるなら無相関であるが，無相関であるからといって独立とは限らない．変数が正規分布に従うときのみ，無相関が独立となる．したがって，独立成分分析では各成分の分布として非正規なものを仮定する．典型的な応用例として，複数の話者が同時に話している発話を複数のマイクで録音し，それを一人一人の話者の発話に分解する音源分離がある．多くの状況では異なる話者の発話は統計的に独立とみなせるため，発話を話者ごとに分離することができる．それ以外にも応用範囲は広がっており，たとえば脳波＊や脳磁図＊などの生体計測データからその背景にある独立した情報を分離して解析することなどにも用いられている．

独立創設［independent founding］⇌ コロニー創設

独立対比［independent contrast］　種間比較により相関した進化的変化を分析する際の方法の一つで，末端種や分岐点の種の形質の値そのものを分析するのではなく，系統樹を分岐点とその直下の二つの分岐点ないしは末端種を結ぶV字型の部分に分解し，直下の二つの分岐点ないしは末端種の形質値の差をデータとして分析する（図）．この操作により，ある枝での進化的な変化が複数のデータ点に重複して反映されることが避けられ，統計的なデータ解析で仮定されることの多いデータ点の独立性が満たされやすくなる．系統樹の枝の長さにより形質の値の進化的変化の大きさを標準化することもよく併用される．J. Felsensteinによる独立対比の使用の提案(1985年)以降，種間比較による進化の分析において独立対比に基づく方法が広く使用されている．

独立変数［independent variable］　**実験変数**（experimental variable）ともいう．実験において実験者が意図的に操作する変数である．通常，独立変数は実験者が注目している要因であり，その要因が結果（従属変数＊）に及ぼす効果を調べることが実験の目的となる．たとえば薬剤の投与量や室温のように外的に操作できる実験要因や，性別や月齢等の実験参加個体を特徴づける要因が独立変数となる．

得留失移方略［win-stay lose-shift］⇌ win-shift lose-stay 方略

トークン強化子［token reinforcer］　**代用貨幣強化子**ともいう．トークンとは，典型的にはポーカーのチップのように，有形で触ることができて(tangible)貯蓄可能な条件強化子＊で，必要に応じてさまざまなバックアップ強化子(backup reinforcer)との交換を可能にすることで，般性強化子＊としての機能を保証する．ヒトの応用場面では，さまざまな行動をして与えられるトークンを，好きなときに，さまざまな"価格"のバックアップ強化子，たとえば，品物，器具や施設の優先利用権や特別な自由時間などと交換できるトークン・エコノミー・システムを，学校や病院，矯正施設などに導入して運用された．実験場面やヒト以外の動物を対象とした実験では，無条件強化子＊をバックアップ強化子とすることが多く，交換可能な無条件強化子の種類が少なくても，有形の条件強化子をトークン強化子とよぶ場合がある．

時計遺伝子［clock gene］　生物時計の基本的な振動機構を構成する遺伝子．これまでに概日時計＊に関係するもの以外は知られていないので，事実上，**概日時計遺伝子**（circadian clock gene）と同義語である．最初にキイロショウジョウバエ＊において *period* 遺伝子（*period* gene）が発見された．これは，動物の行動が特定の遺伝子によって調節されていることを示した初期の代表例である．キイロショウジョウバエでは，*period* の産物であるタンパク質と，もう一つの時計遺伝子 *timeless* の産物であるタンパク質が，自分自身の遺伝子の転写を抑制することで遺伝子発現の振動をつくり出している．この振動が概日時計の中心をなすが，ほかにも多数の時計遺伝子が関係している．ほか

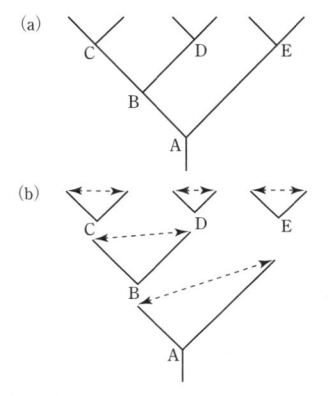

(a) 系統樹(6種の例)．(b) 系統樹を分割し，分割した系統樹の先の二つの種あるいは分岐点の値の差（点線と矢印で示す）をデータとして使用する．

の無脊椎動物においても，ある遺伝子の産物が，その遺伝子の転写を抑制するという負のフィードバックループが概日時計の中心となっている．時計遺伝子は時計以外にも機能をもつため，その変異体には成長速度など時計とは直接関係ない形質にも違いがみられる（⇄ 多面発現）．

時計細胞［clock cell］　⇄ 概日時計

トゲウオ［stickleback］　トゲウオ科はイトヨ属やトミヨ属など5属から構成され，日本北部を含む北半球の沿岸域や平地を中心に広く分布している冷水性の魚である．イトヨ属やトミヨ属には遡河型と淡水陸封型があり，淡水陸封型は遡河型から分化したと考えられている（⇄ 平行進化）．

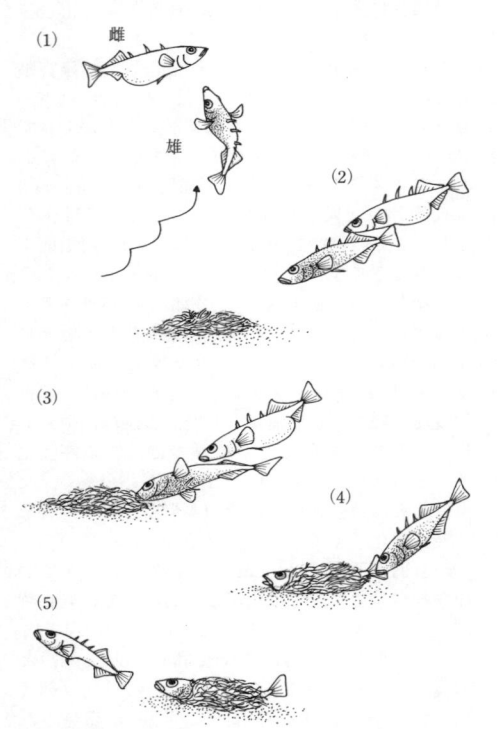

(1) 抱卵雌に求愛ジグザグダンスをする雄．野外観察の多くでは，雄は明解なダンスによる行動刺激で喚起しなくても，雌との求愛行動が成立する．(2) 雌を巣に誘導する雄．巣までの途中で他の雄に雌を奪われてしまうこともある．(3) 雌に巣の入口を示す雄．横に寝た雄の口先が巣の入口となる．(4) 巣内に入った雌に産卵を促すため，雄は雌の下腹部を小刻みにつつき，刺激を与える．この刺激がないと雌はほとんど産卵しない．(5) 雌が産卵を終えて巣から出た後，雄は放精のため巣に入る．この一連の行動連鎖を伴う配偶行動は，ほとんど5分以内で完了する．

また集団や型によって淡水陸封型となった年代の変異が大きいことがわかっている．北方の系統ということもあり，本州など低緯度の生息地においては，水温が一年中十数℃と低い湧水域におもに生息する．背にトゲがあるのが特徴で，また鱗の一種である鱗板が体側部に一列だけ並ぶが，この鱗板数には集団変異が著しい．いずれの種も，雄が水草などを使って巣を作り，そこに雌を呼び込んで産卵させ，子育ては雄が行う習性をもつ．C. R. Darwin*は進化理論の構築に，特にイトヨの示す美しい婚姻色*からもヒントを得ている．また，イトヨは，N. Tinbergen*によって，求愛ダンス*を中心とした繁殖行動（図）の解析を通して，動物行動学を確立する礎となった．わが国にはイトヨ属の太平洋型集団の遡河型と淡水残留型および日本海型と，トミヨ属のエゾトミヨ，淡水型，汽水型など，遺伝的・形態的・生態生活史的な多型*があり，たとえば日本海型イトヨは，いわゆるジグザグダンスをしない．この求愛ダンスは集団間や種間で異なり，種認知*に利用されている．さらに，つぎつぎと形態や行動の変異を生み出す遺伝子が自然選択との関連を検討しながら同定され，脊椎動物の進化および多様性の研究においてモデル生物となっている．こうした著しい変異の現状は，分類学的整理が必要となっている．一方，分布域の各地で河川改修，湧水枯渇，埋め立て，堰や落差工の建設による遡上阻害などによって生息地が激減しており，天然記念物などの指定がされ保全が必要な状況となっている．実際に，京都府と兵庫県に生息していたミナミトミヨは1960年代頃に絶滅した．

都市鳥［urban bird］　ツバメやハシブトガラスやスズメなど，農村や郊外にもすむが，都市でも多くみられる鳥類．つまり食物資源や巣場所などを都市環境の中で調達でき，人間生活に依存している鳥類のことをいう．これらは都市が出現する前は自然の生息場所に生息していたわけだが，人間が都市を形成するにつれて，都市に生活圏を移した鳥たちで，スズメやツバメのように人間の生活圏を離れては生息できないまでに密接に人間と共生している鳥たちもいる．キジバトやヒヨドリ，シジュウカラなどは都市環境に公園や緑地の緑が増えるにつれ，都市へと生息場所を拡大してきた鳥である．近年ではハヤブサやチョウゲンボウなど，自然条件下では崖地に生息する猛禽類も都市にすみ始め，都市の中で生態系ピラミッドを

形成するまでになっている．イエスズメ，ハッカチョウ，チョウショウバトなどは世界の多くの都市に外来種*として移入を果たしているが，これらはもともと都市環境への"前適応*"的な形質をもっていたのだと思われる．

突然変異［mutation］　遺伝情報の担い手である核酸に生じる構造変化．H. de Vries が提唱した．進化においては，新しい遺伝的変異を供給するうえで重要である．突然変異をもつ個体のことを**突然変異体**（mutant）もしくはそのまま突然変異といい，突然変異をもたない個体を**野生型**（wild type）という．突然変異には，塩基置換や塩基の挿入や欠失などの一つの遺伝子内の変化によるもののほか，ある部分が他の部分にコピーされる遺伝子変換，繰返し配列をもつ場合には繰返しの数の変化，染色体の部分的欠失，重複，逆位，挿入，転座，などの染色体異常によるものがある．さらにはゲノムを構成する染色体数の変化する異数性や半数性や倍数性などもあり，これを**ゲノム突然変異**（genomic mutation）という．突然変異は自然環境下でも低頻度で生じている．放射線や化学物質（突然変異源）にさらされると頻度が増加することがある．微生物や作物の改良を目的として，変異をつくり出すために突然変異を人為的に誘発することを**人為突然変異**（artificial mutation）という．

突然変異体［mutant］　⇒ 突然変異

突発性攻撃行動［sudden onset aggression］
⇒ 特発性攻撃行動

トノサマバッタ［migratory locust］　バッタ目バッタ科に属す．学名 *Locusta migratoria*．日当たりの良いイネ科植物の多い草原に生息する大型種で，高い飛翔能力をもつ．密度が高い環境で育ったものを**群生相**（集団相）とよび，密度が低い環境で育ったものを**孤独相**（単独相）とよぶ．この二つのタイプには能力や身体に差異が生じ，その違いを生み出す内分泌の仕組みについての研究が盛んである．本種やサバクトビバッタ*などは，中央アジアやアフリカなどで群生相が発生すると大群をなして移動し，飛蝗（ひこう）とよばれる．飛蝗は田畑の作物を襲い全滅させることもある．なおイナゴはイナゴをさすが，バッタ目イナゴ科の昆虫が大群で移動することはない．このため飛蝗に代わりトビバッタの名称も用いられる．（⇒ 群飛，相変異）

ドーパミン［dopamine, DA］　モノアミン神経伝達物質*の一種．運動や意欲，報酬に関与し，ヒトではその破綻が精神疾患や薬物中毒*，パーキンソン病に代表される運動機能障害として現れる．視床下部に局在し下垂体からの黄体刺激ホルモン*放出を抑制するドーパミン神経が知られるが，それ以外の脳内のほとんどのドーパミン神経の細胞体は，中脳に存在する．中脳黒質緻密部から線条体への投射経路は運動機能に，中脳腹側被蓋野から前頭前野，側坐核，扁桃体*へ向かう経路は情動や認知に関与する．側坐核では報酬の予期や薬物依存，前頭前野では注意や意志決定に関与する．W. Schultz はサルの腹側被蓋野ニューロンが予期した報酬と現実とのずれ，予期誤差信号を符号化することを示した（1997年）．強化学習*の研究分野で理論的に仮定されていた信号が現実の脳の中に見いだされた例として注目を集めた．シナプスに放出されたドーパミンはドーパミントランスポーターによってドーパミン神経の終末部に再び取込まれるが，コカインなどの麻薬はこの再取込みを阻害することによってドーパミンの作用を増強する．

トバルスキー　**TVERSKY**, Amos　⇒ カーネマン

トビケラ［caddisfly, sedge-fly］　トビケラ目 Trichoptera の昆虫．幼虫はイモムシ形で，川や池・湖などの陸水で過ごした後，完全変態してガに似た成虫になる．幼虫はイサゴムシともよばれる．約2億年前の三畳紀，チョウ目との共通祖先から分岐し，湿潤な陸域から山地の流水域へ侵入したと考えられている．幼虫の多くは，口器から絹糸を分泌し巣を作る．その様式から大きく 1) 蛹化時のみ砂礫でまゆを作る自由生活型，2) 河床の間隙や礫上に固着巣を作る造網型，3) さまざまな巣材で持ち運び式の巣を作る可携巣型に分けられる（⇒ 可携巣）．造巣場所や巣の形態・巣材の種類が非常に多様で，巣を見れば種・属レベルで判別できるほど種特異的なものが多い．吐糸行動と結びついた多様な造巣*行動によって，種レベルで特有な環境に適応し，新たなニッチを創出していったと考えられる（⇒ 適応放散）．

跳び跳ね行動［1］［stotting］　アフリカの草原でガゼルの仲間がリカオンなどの肉食獣に襲われたときに，全速力で走って逃げるのではなく，四肢を同時に地面について，そこから高く跳び上がるジャンプを繰返す．この行動をストッティングとよぶ．この行動は，仲間に危険を知らせる利他行動*といわれてきた．ところがよく観察する

と，高く跳ぶガゼルは外敵に襲われていないという．つまり，このジャンプは襲ってくる捕食者に自分の体力を誇示し，"俺はこんなに体力があるから，襲っても無駄だ．他のガゼルにしなさい．"と伝える自己防衛の行動であると解釈できる．ストッティングは，獲物の体力を見極めて狩りを行う追跡型の捕食者に対して行われ，はじめから獲物を定めて全速力で迫ってくるチーターのような捕食者には効果がないので行われない．このような捕食者に対する体力の誇示として，猛禽類に襲われた際に体力のあるヒバリは鳴き続けながら飛翔して逃げ切る例などが知られている．(⇒ハンディキャップの原理).

[2] [jumping display] 繁殖期の誇示行動の一つ (⇒ディスプレイ). ムンクイトマキエイでは繁殖のために海面近くに雌雄が集まり，雄が海面に跳び上がり，海面に着水するときの音や振動で体力のアピールをしているといわれている．また，背の高い草原に生息するインドショウノガンは，地面から高く跳び上がって翼を動かしながら着地することを繰返して，近くにいる雌へアピールしている．重要なのは，跳ぶという行動を使ったアピールは体力の正直な信号*になっており，だますことができない信号であることである．選ぶ側の性にとって，見極めたい体力を正直に表す行動が誇示の信号として選ばれてきたのである．

[3] [play jump] シカの子どもなどでみられる，四肢を同時に地面につけて，その場で跳び上がることを繰返すような行動．ときには，草原を全速力で走り，横っ跳びや，ストッティングのような四肢を使ってのジャンプを混ぜる．捕食者に追われたときに，相手をかわすような行動の練習にもみえる．これらは，遊びやエクササイズのようなものと考えられる．産まれた直後は隠れ型の防衛手段をとっているが，少し大きくなると逃走することで危険を避けるようになるので，このような行動で筋肉の発達を促したり，走る際の自分の動きを確かめたりしていると考えられる．

トビムシ [spring tail] 代表的な土壌動物で，跳躍器*を用いてぴょんぴょん飛び跳ねるのでこの名がある．節足動物門六脚上綱内顎綱粘管目．トビムシ類は厳密にいうと昆虫類ではなく，昆虫に近縁なグループである．内顎綱はこれも昆虫に近縁な他の二つのグループ（コムシ目とカマアシムシ目）を含む．昆虫では腹部に11の体節があるのに対して，トビムシでは6節しかない．体内の浸透圧調節に関連するといわれる粘管という特殊な器官をもち，触角に筋肉があるなど，昆虫とはかなり違った形態をもっている．世界で3000種以上が記載されており，日本国内では14科103属約360種が報告されている．

飛べない鳥 [flightless bird] 飛翔能力をもたない鳥のこと．ダチョウ，レア(図)，エミューなどの走鳥類とシギダチョウ類からなる古顎類やペンギン類がよく知られる．このほかカイツブリ類，ウ類，カモ類，ウミガラス類，ハト類，オウム類などの分類群で飛翔力のない種が存在し，クイナ類では島嶼性の種の約四分の一が飛翔力を失っている．地上性の捕食者のいない島

アメリカレア
（レア目レア科）

では飛んで移動する利益が少なく，飛翔器官を縮小することで生存に要するエネルギーを節約できるために飛べない鳥が進化しやすい．いずれの種も新生代の第三紀以降に飛翔性の鳥類から幼形成熟*(ネオテニー)を経て進化したとされ，胸骨の骨化が遅い分類群で進化しやすいと考えられている．竜骨を失うかほとんどなくしており，飛翔筋が縮小しているほか，風切羽が左右対称になっているものが多い．また，ダチョウやエミューのように地上を走ることや，ペンギン類のように潜水に特殊化したものがいる．

留卵 ⇒卵斑

共食い [cannibalism] 動物個体が同種の他個体を殺し，餌として部分的にあるいは全部を消費すること(図)．肉食者で多いが，雑食者やデトリタス食者でも観察される．高密度個体群や餌不足の状況において生じやすく，負の密度依存性*に

エゾサンショウウオの共食い

よる個体数調節*の要因である．共食いは運動能力や体サイズの差が大きな個体間で起こりやすいため，パイク（カワカマス）やサンショウウオ幼生，ヤゴなどのように，複数の齢・サイズ段階からなる個体群では重要な相互作用である．共食いが頻繁に起こる種では行動や生活史に多型が生じることがある．たとえば，エゾサンショウウオ幼生は，高密度下で一部の個体が大顎型に変化し積極的に共食いして早く成長するが，他の個体は防御形態を発現したり，捕食者と遭遇しないよう採餌を抑制するなどして成長が遅れる．共食いには，交尾の際に雌が雄を食う性的共食い*や，親による子食い（⇒フィリアルカニバリズム）など適応的意義を見いだしにくい事例も多い．

共倒れ型競争［scramble competition］　スクランブル型競争ともいう．1954年にA. J. Nicholsonが提唱した競争様式で，複数の競争者が資源を分け合う状態のことをいう．競争者の数が多く，個体当たりの資源の分け前が生存の必要量を下回った場合，競争している個体全員が"共倒れ"することからこの名前がある．これとは対照的に，競争者の一部だけが成長に十分な量の資源を独占し，残りの競争者は資源が得られず死んでしまう競争を，**勝ち抜き型競争**（contest competition）とよぶ．共倒れ型と勝ち抜き型の競争の違いは，横軸に競争前の個体数，縦軸に競争後の生存者数をとった，**競争曲線**（competition curve）で表現されることが多い（図）．生存者の数は最初は初期個体数の増加とともに増加するが，共倒れ型では，競争者間に競争力の差がない場合は，ある初期密度で個体群が一気に全滅して直角三角形になる．競争力にばらつきがある場合は，絶滅に時間の遅れが生じるために一山型になる．一方勝ち抜き型では，生存者数が資源でまかなうことのできる一定数の優占個体の数に達した時点で，生存者数の増加が止まり，飽和型の競争曲線になる．共倒れ型は一山型，勝ち抜き型は飽和型という対比は，競争曲線だけでなく，再生産曲線*においても使われることがあるが，これは間違いである．たとえばコクゾウムシの場合，資源をめぐる幼虫間の競争は一山型の競争曲線を描くことから共倒れ型と判断されるが，親虫の寿命が長いため，再生産曲線を描くと飽和型になる．A. Łomnickiは，競争曲線の形状についての現象学的（phenomenological）な定義ではなく，Nicholsonの定義に立ち返り，資源の分割様式に基づいて，競争者全部が資源を分け合えば共倒れ型，一部の競争者が独占すれば勝ち抜き型であると定義することを推奨している．（⇒消費型競争）

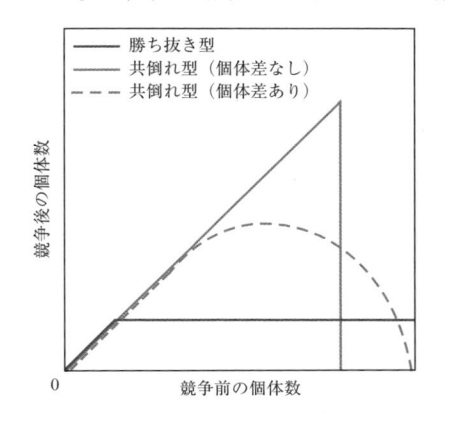

トラウマ［trauma］　＝心的外傷

トラファルガー効果［Trafalgar effect］　捕食回避行動が，捕食者の接近速度よりも速く，群れの個体間で伝播する行動をさす．みずから捕食者を確認していない個体でも，群れの他個体の行動に反応して捕食回避行動をとることが，ヒメハヤ（魚類）の仲間などで実験的に確かめられている．捕食者が近づく前に捕食回避行動をとれるため，この行動の適応的意義は大きい．トラファルガーの海戦（1805年）において，英国のネルソン提督は，前方に長く配列した自国艦船からの信号の伝達により，遠く水平線の彼方にいる敵の艦船の情報を得て勝利した．敵に関する警戒信号が，遠くの仲間から素早く伝達される点が似ているとして，英国の研究者により命名された．

ドラミング［drumming］　動物が対象をたたき，音を鳴らすこと．ゴリラが胸をたたいたり（図），ヤマドリが翼をはばたかせたりするように，自身の体をたたいて音を鳴らす行動のほか，キツツキのように木をつついて音を鳴らす行動も含まれる．発声器官を用いた音声コミュニケーションとは区別される．哺乳類や鳥類のほか，昆虫においてもドラミングが知られている．ドラミングの機能は動物種においてさまざまである．たとえば，キツツキはなわばりの保持者の存在を伝えるために木をたたいて音を鳴らす．コモリグモの雄は雌への求愛のためにドラミング（地面をたたく）を行う．そのほか，ドラミングには，個体間の優劣関係の指標や服従*の信号として機能するものもあ

る．また，捕食者*を特定したときにドラミングを行う動物もいて，同種他個体に捕食者の危険を知らせるという機能も知られている（警戒信号*）．さらに，ドラミングは捕食者に対して，行為者がすでに警戒態勢にあり，捕食者の攻撃を十分に回避できる状態にあることを知らせる信号（正直な信号*）としても用いられることがある．

ゴリラのドラミングは多様な文脈で多様な個体によってなされる．主としてシルバーバックが外敵や同種のライバルに対する威嚇誇示として行うが，同じ集団の個体に対してなされることもある．頻度は低いが雌も行う．子どもは社会的遊びの際に頻繁にドラミングする．

トランスジェニックマウス［transgenic mouse］ ⇄ 遺伝子改変

トランスセクシャル［transsexualism］ ⇄ 性同一性

トランスポゾン［transposon］ ⇄ 利己的遺伝因子

トリヴァーズ TRIVERS, Robert L. 1943. 2. 19〜　米国の進化生物学者，ラトガーズ大学教授．トリヴァーストも表記される．1960年代後半から70年代前半の社会生物学*の勃興期に，社会進化*に関する数多くの理論を発表し，社会生物学の発展に大きく寄与した．代表的な論文はそれぞれ，互恵的利他行動*(1971年)，親の投資*と性選択*(1972年)，トリヴァーズ-ウィラードの理論*として知られる親の社会的地位に伴う性比調節(1973年)，親と子の対立(1974年)，トリヴァーズ-ヘア仮説として知られる真社会性昆虫における性比調節(1976年)に関するものである．これらの理論に基づく著書に『Social Evolution(生物の社会進化)』(1985年)がある．1990年代以降は，ゲノム刷込み*など利己的遺伝因子*の多様なせめぎ合いに関する研究を行い，A. Burtとの共著『Genes in Conflict(せめぎ合う遺伝子)』(2006年，邦訳2010年)を著した．2007年クラフォード賞(生物科学)受賞．

トリヴァーズ-ウィラードの理論　［Trivers-Willard's theory］　状況依存性比配分(conditional sex allocation)，状況依存性比操作(conditional sex ratio manipulation)ともいう．環境要因などが雄と雌の適応度*に異なる影響を及ぼすとき，母親は状況に合わせて子の性比*を変えて産むと予測する理論．一夫多妻*制のアカシカでは，体長の違いは雌の適応度にはあまり影響しないが，雄では体の大きな個体ほど繁殖できる．群れの中の順位が高い雌ほど，より大きな個体を産むことができるため，順位の高い雌ほど高い割合で雄を産むことが報告されている．アオガラなどの鳥類では，配偶相手の雄の質や魅力が高いほど息子を高い割合で産む．逆に，寄生バチ*では産卵数を増加させるため，体サイズの増加は雄より雌の適応度に重要で，大きな寄主には高い割合で雌卵を産むことが知られている．また，これと同じ理論を，環境依存的性決定*の適応的説明や隣接的雌雄同体生物の性転換*の説明に応用することができる．

取締まり［policing］　＝警察行動

鳥の巣共生系［bird nest symbiosis］　多くの鳥の巣には，雛の成長に伴う羽鞘の屑や雛の食べ残した餌のかけら，また雛の糞など，特にケラチンやキチンなどのタンパク質に富む腐植質が堆積している．これらを目当てに腐植食の甲虫類やチョウ類がすみついている．猛禽類や魚食性の鳥の巣には，アカマダラハナムグリなど，これまでその生態がよくわかっていなかったコガネムシ類が多数生息している．またフクロウ類の巣には小型のガの仲間がたくさんすみつき，雛の糞や食物の残りなどをきれいに片づけることで，巣の衛生状態を良好に保っていることがわかっている．これらは巣を媒介にした鳥と昆虫の相利共生*関係である．しかしそれだけではなく，親鳥や雛に寄生するノミ類やダニ類なども生息し，さらにこうした動物を餌にするハサミムシやゴミムシなどの捕食性の昆虫類も生息している．鳥の巣それ自体が，複雑な相利共生，偏利共生，寄生関係を包含した，独立した生態系として機能している．

取巻き行動［retinue behavior］　取巻き反応(retinue response)，ロイヤルコート(royal court)，女王コート(queen court)ともいう．真社会性*のハチ・アリ類，シロアリ類において，ワーカー*

が女王を取巻く行動．取巻き個体は女王に触角や口吻で接触し，女王への給餌やグルーミング*，糞の処理を行う．ワーカーはこの行動を介して女王物質*を触角で受容し，口吻から摂取する．通常，交尾済みの女王は交尾していない女王よりも多くの取巻き個体をひきつける．女王の不在下では，産卵個体化したワーカーに対して，他のワーカーが取巻き行動を示すことがある．（⇨ カースト，階級分化フェロモン）

ミツバチのワーカーが女王を取巻き，触角で女王に接触する

取巻き反応［retinue response］ ＝取巻き行動

ドリンコメーター［drinkometer］ 液体の摂取を記録する装置．たとえば，水を制限したラットを実験用の箱に入れ，そこに水ボトルをさし，ラットの水飲み行動を記録するような実験に用いられる．よく使われる記録の方法は，水ボトルの先の金属製の飲み口にラットの舌が触れたことを電気的に検出して，水なめ行動（licking）の回数をコンピュータに記録するというものである．

ドルフィン・セラピー　　［dolphin-assisted therapy］ ⇨ イルカ介在療法

トールマン　TOLMAN, Edward Chace　1886. 4. 14〜1959. 11. 19　米国の心理学者．新行動主義の主要な学習理論家の一人．マサチューセッツ工科大学で電気化学を学び1911年に卒業．ハーバード大学大学院で心理学を学び1915年に博士号を取得．ノースイースタン大学で講師を務めた後，1918〜1954年にカリフォルニア大学バークレー校で心理学を教えた（講師，後に教授）．動物は目的をもって行動し，目標とそれに至る手段の関係を認知するという目的的な行動主義*を唱え，刺激と反応の機械的な連合に重きを置くC. L. Hull*派の行動主義を批判した．Hullに比べて弟子も少なく生前の影響力は小さかったが，比較認知科学の先覚者として，死後に再評価された．特に迷路*学習の実験結果に基づいて提唱した認知地図*の概念が有名である．1937年，米国心理学会会長．著書に『動物と人間における目的的行動』（1932年，邦訳『新行動主義心理学』1977年），『戦争への動因』（1942年），『心理学著作集』（1952年）がある．

奴隷使用［slavery］ ＝奴隷制

奴隷制［slavery］ 奴隷使用ともいう．社会性生物でみられる社会寄生*の特殊な形で，他種または同種の他コロニーからワーカー*を連行し，労働に使役する．寄主のワーカーが他コロニーに侵入し，ワーカーやさなぎを略奪して自コロニーに戻り，成虫となった他コロニーのワーカーは奴隷とよばれ，寄主コロニーの維持に必要な労働を担う．寄主のワーカーは奴隷を捕獲，運搬するために特殊な形態をしていて，自活能力がない場合もある．近年では，奴隷という話は差別的であるゆえ**略奪者**（pirate）という用語が使われることもある．

トレースアミン関連受容体　［trace amine-associated receptor，TAAR］ ⇨ フェロモン受容体

トレードオフ［trade-off］ 進化生態学，行動生態学，社会生物学で頻繁に使われる概念で，資源*（物質や時間）を一方に配分すると，他方がその分だけ少なくなるという制約原理のこと．制約条件の中で最適化を図るモデルや実証研究でよく使われる．たとえば，1個体が使える資源を，繁殖（産卵，産子など）と自己維持（体サイズ増加，生存など）に配分する割合に自然選択がかかるとする．変動する環境では繁殖に多く配分する方が有利となり，安定した環境では自己維持や自分の競争力（体サイズと比例する傾向あり）に多く配分する方が有利となる．このように，繁殖への配分と生存や競争力への配分がトレードオフになっている（繁殖のコスト）．ほかにも，卵のサイズと産卵数（大卵少産 vs. 小卵多産），体サイズと世代時間，生涯の繁殖回数（1回繁殖 vs. 多回繁殖），繁殖開始時期（早熟で体サイズ小 vs. 晩熟で体サイズ大），植物1株の花サイズと花数（大きな花を少数 vs. 小さな花を多数），採餌時間における採餌量と捕食リスクなど，多くの局面で使われる．ヒトやマウス，線虫において体内のさまざまなリズムにかかわる *clk-1* 遺伝子の突然変異体は，発生・成長が遅くなると同時に，寿命が長引く（つまり発生速度と寿命がトレードオフの関係を示す**拮抗的多面発現** antagonistic pleiotropy を *clk-1* 遺

伝子は示す）．このように老化の進化説でもトレードオフは注目を浴びている．

トレンチング［trenching, leaf-trenching］　植物の誘導的な化学防衛に対する昆虫の対抗行動の一つ．ある種の植物は，昆虫の食害に備えてラテックス，レジンといった粘着性の化学物質や毒性物質などを貯蔵し，食害に迅速な反応をして，貯蔵していた防御物質を管構造を通して食害部に移動させる．このような防御に対抗するために，昆虫は管構造を噛み切って（vein-cutting）化学物質の流れを遮断する．遮断方法は植物の管構造に応じて異なる．網目状の管構造をもつウリ科の葉を食べるとき，トホシテントウの成虫および幼虫は島状に溝をつくって管構造を破壊して，その範囲内を食べる（図）．トウワタ（キョウチクトウ科）

カラスウリの葉を食べるトホシテントウの幼虫．ウリ科植物の防衛成分であるククルビタシンは非常に苦く，植食動物の攻撃を受けると葉内で合成が誘導されて防衛が強化されるが，トホシテントウの成虫と幼虫は摂食前にあらかじめトレンチング（図中の→）を行って苦みが流入しないように加工し，苦みの少ない葉を食べる．

の葉の管構造は主脈から枝分かれしており，オオカバマダラの幼虫はその葉を食べる前に主脈の管を噛み切り化学物質の分泌を断つ．このようなトレンチングの形跡は，特徴的な食痕＊となり，生態調査に利用できる．

トンボ［dragonfly］　トンボ目（Odonata）昆虫の総称．ヤンマ，アカネなどの不均翅亜目とイトトンボ，カワトンボなどの均翅亜目に大別される．両亜目とも熱帯から寒帯まで広く分布し，多様な生息環境で生活している．幼虫，成虫ともに肉食で，幼虫はミジンコ，ミミズ，小魚などを捕食する．捕食は基本的に待ち伏せ型で，下顎を勢いよく伸展させて近づいてきた餌を捕まえる．また，大型のヤンマやサナエトンボなどは，より小型のトンボを捕食するため，トンボは捕食者としての狩猟行動と，被食者としての捕食回避行動を併せもっている．成虫は6本の脚をラクロスの網ポケットのように広げて，飛翔している小昆虫を空中で捕まえる（図）．トンボの繁殖行動には種間だけでなく，種内や集団内でも多様性がみられるため，進化・適応に関するさまざまな仮説を検証するのに好適なグループとなっている．たとえば，多くの種の雄は顕著ななわばり行動を示すが，その集団内には代替繁殖行動を示す雄が存在することが多い．精子置換＊がはじめて実証されたのは，アメリカカワトンボであるが，精子置換の程度も繁殖競争の強さによって可塑的に変化することがわかっている．産卵様式も植物組織内産卵，水面打水産卵など，種間で大きな多様性がみられる．また卵の生存率には水深，水温，流速などが影響することがわかっており，それぞれの産卵様式における産卵場所選択ではこれらの条件も重要となる．雌に色彩多型を示す種が多く，多型の頻度平衡を導く行動学的なメカニズムの存在が予想される．トンボは，移動分散の研究でもよく利用される．おもな移動の時期は成虫であるが，生まれた湿地や川からほとんど移動しない種から，熱帯赤道域から寒帯まで一世代で移動する種まであり，きわめて多様性が高い．同じ集団内には移動性の高い個体と低い個体がおり，そこには遺伝的な背景があることがわかってきた．近年は，温暖化による北極方向への移動の背景として，分布北上の前線付近では飛翔能力の高い個体が増加していることが指摘されている．

（左）雌が目の前を飛んでいる小さな昆虫（矢印）を狙い，脚を網のように下げて近づいているところ．（右）同じ雌が脚で作った網に引っかかった昆虫を口に運んでいるところ．

ナ

内役カースト［nurse］ ＝内勤カースト
内温性［endothermy］ ⇌ 恒温動物
内温動物［endotherm］ ⇌ 恒温動物
内勤カースト［nurse］　社会性ハチ目昆虫にみられる齢差分業*において，巣の内部で子の保育や餌の貯蔵などに従事する個体を内勤カーストないし内役カーストとよぶ．対義語として，巣の外部で採餌や防衛を担う個体を外勤カースト（forager，外役カースト）とよぶ．これらは，典型的にみられる二つの役割分担を表現した，おそらくドイツ語訳に由来する和製専門用語である．会社などの人間社会における営業係と事務係のような関係にたとえたものと想像される．しかし英語ではより具体的に，前者は保育係（nurse），後者は採餌係（forager）などとよばれるのがふつうである．ハチ目真社会性昆虫のワーカーではふつう若い個体が内勤になり老齢個体が外勤になる．この個体の齢に伴う役割の変化は，コロニーの生産性を上げる適応的行動であると解釈されている．危険な外勤を若い個体に担当させるコロニーは，労働力を早く失うことになるからである．

内群［in-group］　自分の所属集団を内群とよび，所属しない集団（外群 out-group）と区別する．社会心理学*では内集団とよばれ，集団間葛藤および仲間びいきの文脈から研究が行われてきた．M. Sherif によるサマーキャンプでの古典的研究では，二群に分けた少年たちの間に集団間競争関係を導入すると差別意識が生じた．内群をそれとして認知する最小条件はかなり小さく，抽象画の好みといった恣意的な基準で分けた集団であっても，内群成員への利他性*が高まるなど内集団ひいきが生じる．内集団ひいきの進化には，互いが互いを内集団成員と認知していることによる，互恵性*の期待の高まりがかかわるとする議論がある．一方，集団と自己を同一視することが内集団ひいきを導くとする社会的アイデンティティ理論も提唱されており，群選択仮説を補強するものとされている．

内耳［inner ear］　聴覚および平衡感覚*を受容する器官．複雑な形の管または袋状の組織であり，内部はリンパ液で満たされている．内壁にある有毛細胞が振動や加速を検出して電気信号に変換することで，音や姿勢変化を受容する．哺乳類では内耳は前庭（vestibula），半規管*，蝸牛（cochlea）に分けられる．前庭は袋状の室である耳石器*を有し，直線加速度を検出する．半規管は弧を描いて突出した細管であり，回転加速度を検出する．蝸牛はカタツムリ状に回転した管であり，内部の基底膜（basilar membrane）とよばれる膜組織の上に並ぶ有毛細胞が機械的振動を検出することで音を受容する．蝸牛の基部（入口）は高い周波数を，先端部（奥）は低い周波数を検出する．爬虫類・鳥類の蝸牛は回転せず直線的に，あるいは少し湾曲して突出している．両生類・魚類では蝸牛に相当する長い管はなく，袋状の室（嚢）の内部に音を検出する組織がある．

内集団［in-group］ ⇌ 内群
内制止［internal inhibition］ ⇌ 制止
内側嗅内皮質［medial entorhinal cortex］ ⇌ グリッド細胞

内的自然増加率［innate capacity for increase, intrinsic rate of natural increase］　生物種の繁殖力（増殖力）の代表的な指標である．ある生物種の個体群が安定齢構成になっていて，環境（食物や生息空間など）の収容力に制限がなく，寒さや捕食・病気などもない条件下で，その種が発揮する最大の増殖率を内的自然増加率 r とよび，r_0，r_{max} とも表記する．古くは増殖ポテンシャルともよばれた．人口論を説いた T. R. Malthus にちなんでマルサス係数（Malthusian parameter）ともよばれ，理論生物学では適応度の尺度の一つにもなっている．レスリー推移行列の固有方程式としてオイラー・ロトカ方程式 $\sum l_x m_x e^{-rx} = 1$ を得るので，ここから最大固有値として内的自然増加率が求められる．内的自然増加率に対して，現実の環境条件下での増加率 r_a が想定されるが，これは $r_a = 0$ のとき個体群サイズは変わらず，$r_a > 0$ なら増加傾向，$r_a < 0$ なら減少傾向となる．変動環境下での生物種，不連続世代をもつ生物種，絶滅危惧生物種などでは安定齢構成にならないので，内的増加率の代わりに，純増殖率をもって増加率の大小の比較に使うことが多い．

内発的強化子［intrinsic reinforcer］⇌ 自動的強化

内発的動機づけ［intrinsic motivation］⇌ 動機づけ

ナイーブ［naive］　一度も実験に用いたことのない(実験歴のない)動物のことで，たとえば"ナイーブなラット10匹を用いた"のように表現することがある．通常，論文などでは，実験に用いた動物種や系統，性別，実験開始時の年齢(月齢，日齢のときもある)や体重などと並んで，それまでの実験歴の情報も記載することになっている．実験歴があるということは，何らかの実験についての経験をもっていることになる．たくさんの被験体を用いて，グループ間で比較する実験では，事前の経験を等しくする必要があるので，ナイーブな被験体を用いることが多い．一方，同一個体内での条件比較実験には，そのような必要性は必ずしもないので，ナイーブでない被験体を用いる場合もある．ただしその場合にも，以前どのような実験に用いられたかを簡潔に記さなくてはならない．

内部寄生［endoparasitism］⇌ 寄生

内分泌系［endocrine system］　生体の機能をコントロールするためにさまざまな器官がホルモン*を介して連携する仕組み．生体の内部環境や外部環境の変化はこの内分泌系や神経系の反応をひき起こし，それにより環境に応じた生理機能や行動が発現する．たとえば食後や肥満時など生体内のエネルギーが過剰な場合には，増加した血糖値に反応して膵臓から分泌されるインスリンや，脂肪細胞から分泌されるレプチン*などのホルモンが脳に作用し，摂食行動が抑制される．

内抑制［internal inhibition］⇌ 制止

仲直り［reconciliation］⇌ 和解行動

仲間しゃぶり［sucking pen-mates］⇌ 耳しゃぶり

鳴き交わし［antiphonal calling, antiphonal vocalization］　ある個体の鳴き声に応答して，少なくとも別の一個体が鳴き返すこと．多くの鳥類や，哺乳類では霊長類，齧歯類，コウモリの一部などでみられる．ニホンザルはクーコール(coo call)とよばれる音声を鳴き交わす(⇌ コンタクトコール)．他個体の発声に対して，約0.8秒以内に鳴き返す行動が観察されている．ハダカデバネズミ*という群れで地下生活を送る齧歯類の一種は，0.2～0.3秒間隔で鳴き交わす．一定の時間間隔で鳴き交わすことによって，自身の発声が他個体に受信されたことが確認でき，多くの個体が発声している状況では特定の個体とのコミュニケーションが可能となる．鳴き交わす個体間の関係は親子，子同士，同じ群れに属する個体など多様で，この意味で雌雄間での同調発声であるデュエット*とは区別される．また，カエルやコオロギなどが集団で同調して発する音声(コーラス)は互いに無音区間を競って発声した結果生じたもので，鳴き交わしとは区別される．

鳴き鳥［songbird］⇌ 鳴禽類

なぐさめ行動［consolation］　攻撃行動後に，攻撃に参与しなかった個体(第三者個体)が被攻撃個体に向けて行う親和行動．なぐさめ行動は，大型類人猿，イヌ，カラスの仲間で報告されているが，葛藤後行動*が盛んに研究されているヒヒやマカクなどの真猿類では報告されていない．なぐさめ行動の機能に関する代表的な仮説が，被攻撃個体のストレスを低減させるというものであり，飼育チンパンジーを対象にした研究で支持されている．この仮説の前提は，第三者個体が被攻撃個体の情動状態を理解していることである．このために，なぐさめ行動は，ある程度の共感*性を兼ね備えている種において進化していると考えられる．別の可能性として，順位関係の厳しさがなぐさめ行動の生起に関係しているとも考えられている．被攻撃個体は，攻撃個体から再度攻撃されることが多い．ヒヒやマカクのなかで専制主義的な社会を形成する種では，第三者個体にとってこの攻撃に巻き込まれることはコストが高く，そのため，なぐさめ行動を行わないのかもしれない．

なだめ行動［appeasement］　群れで生活する霊長類(マカク，チンパンジーなど)において，攻撃行動に関与しなかった個体(第三者個体)が，攻撃個体に対して行う親和行動．宥和行動ともいう．なだめ行動によって攻撃・被攻撃個体間の対立関係が解消されることはないが，対立状態によって生じる社会的コストに，第三者個体が何らかの対処をしていると考えられている．しかし，研究例が少なく，その機能に関しては不明な点が多い．飼育下のチンパンジーの研究から，なだめ行動には攻撃個体と第三者個体間の社会関係を強化する機能があると考えられている．第三者個体がなだめ行動を行うことによって，攻撃個体の攻撃的傾向を減少させ，攻撃によって生じるコストを減らしているという仮説もある．

ナッシュ均衡［Nash equilibrium］　ナッシュ平衡ともいう．ゲーム理論*において，誰一人として自分の戦略を変更することでみずからの利得を増加させることができない状態のこと（図）．1950年にJ. F. Nashにより提唱された．複雑な計算と推論を完璧にこなせる合理的なプレイヤー同士がゲームをした場合，もし誰か一人でも戦略の変更により得をすることができるならば，そのプレイヤーは間違いなく戦略の変更を企てるはずなので，ナッシュ均衡でない状態はゲームの最終結果とはなりえないと考えられる．ナッシュ均衡

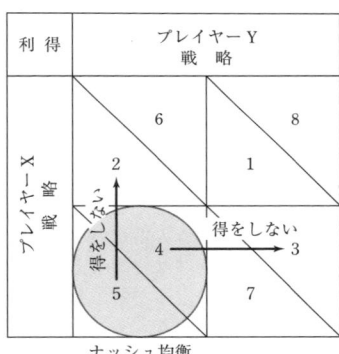

ナッシュ均衡の例．プレイヤーXとYの利得はそれぞれ斜線の左下，右上に書かれている．プレイヤーXが利得5を，プレイヤーYが利得4を得ている図中の丸で示された状態を考えると，プレイヤーXのみが戦略を変更するとその利得は2に，プレイヤーYのみが戦略を変更するとその利得は3となり，双方とも戦略の変更により得をすることはないので，当該状態はナッシュ均衡である．

はまったく同等の利得をあげられる別の戦略の存在を許容するが，進化を考えた場合，このような戦略は集団中に中立に侵入することができるため，より強い安定性の概念が求められる．これを達成したのが進化的安定戦略*の概念である．したがって進化的安定戦略ならばナッシュ均衡戦略であるが，逆は一般に必ずしも成り立たない．先手，後手が存在するようなゲームでは，ナッシュ均衡に相当する解概念としてシュタッケルベルグ均衡（Stackelberg equilibrium）がある．

ナッシュ平衡［Nash equilibrium］　⇌ナッシュ均衡

ナビゲーション［navigation］　航法ともいう．動物が移動する際に用いる情報処理のこと．地形などの特徴物（ランドマーク）や仲間が残したにおいを頼りにして移動するpilotingとよばれる単純なものや，地図感覚*を用いて現在地と目的地の位置関係を把握して移動するtrue navigationなどがある．サバクアリが用いることで有名な推測航法（path integration）は，往路の移動距離と方向を時々刻々，測定し，記憶することで，直線的に帰還する方法である．サバクアリは目印のない砂漠で餌を探し回り，餌を見つけると巣まで一直線に戻ることができる．移動方向を決めることを定位（⇌定位行動）といい，ナビゲーションとは区別することもある．定位には，遺伝的に移動方向が決まっているものや，太陽・星・空の偏光パターン・地磁気・波などの方位を示す情報を利用するもの（コンパス定位 compass orientation）がある．

ナルコレプシー［narcolepsy］　睡眠障害の一つであり，ヒトやイヌ，ウマでの発症が知られている．日中の過剰な眠気，情動脱力発作（カタプレキシー cataplexy），入眠時幻覚，睡眠麻痺（いわゆる金縛り）を4主徴とする．情動脱力発作とは笑い・喜び・驚きなどの情動の動きあるいは食事や遊びをきっかけに筋緊張が突然消失するもので，夢中で遊んでいる最中に突然眠り込んでしまったりする．情動脱力発作以外の症状は極端な寝不足などでも起こる可能性があり，特に動物では判断が難しいため，情動脱力発作が特異的な症状となる．診断には失神発作やてんかん発作などとの鑑別が重要であり，情動脱力発作時の脳波は，正常の覚醒時あるいはレム睡眠時の脳波に類似している．イヌでは散発例のほか，常染色体性の劣性型の遺伝形式の家族発症例がドーベルマン，ラブラドール，ダックスフンドの3犬種で知られている．イヌの散発例では，ヒトと同様，脳脊髄液中の睡眠覚醒オレキシンをつかさどる神経伝達物質の濃度が低下している．一方，遺伝的な原因も究明され，オレキシン受容体のOX2の変異が原因であることが示されている．

慣れ［habituation］　⇌馴化

なわばり［territory, territoriality］　動物が他個体を排除して占有する区域や空間のこと．なわばりをもつことによる利益が防衛コストを十分に上回る場合に形成される．多様な分類群で独立に進化した．他個体の排除方法には直接的な攻撃行動のほか，さえずり（鳥類）やマーキング（哺乳類）などもある．なわばり境界が確立すると，隣人同士は侵入を控え，相手を認識し互いに寛容になる傾向がある．この寛容さは隣人効果*とよばれ，社会性の高い個体間関係の一例である．なわばり

は機能からいくつかに分類できる．配偶者を得るための配偶なわばりでは，攻撃対象は同種の同性個体となる．餌を防衛する場合が採食なわばりである．子育てをする巣の周辺には子の捕食者に対する巣防衛なわばりが形成される．魚類の卵保護雄には，配偶，採食，巣の防衛，隠れ家の防衛などの単機能なわばりが重なった多重なわばりをもつものが多い（図）．ペアで繁殖する多くの小鳥類などは，複数の機能（目的）をもつ繁殖なわばり（全目的型なわばりともいう）をもつが，これも単機能なわばりが継時・同時的に重複したものと考えることができそうである．餌，繁殖巣，隠れ家などの生態的資源を防衛する場合，競争者や子の捕食者が多い群集では，それぞれの単機能なわばりはその資源の競争者などをも排撃する種間なわばりとなることが多い．

なわばり雄［independent］⇌レック

なわばり性攻撃行動［territorial aggression］
自分または親族や仲間の身体を守る防護性攻撃行動（protective aggression）と類似または一致することが多い．自分自身の身体や保有する資源を守る際に観察される．多くの動物種では，見知らぬ個体が自分のなわばり*内に侵入してきたり群れに近づいたりすると，まず警戒を高め，脅威が去らなければ防護性の攻撃行動がひき起こされる．なわばりをもつ動物はにおいづけ（マーキング）などによって明瞭な境界線をもち，その内側では強い防護性攻撃行動が示される．イヌでは，庭，家の中，車，あるいは自身の周囲をなわばりと認識し，これらに他個体が近づくと，群れの仲間に危険を知らせる吠え方（警戒咆哮）をして他個体の侵入を防ぐ．同じ個体に対してであっても，なわばりでない場所や守るべき人物がいない状況では攻撃行動が起こらない．イヌでは吠えや唸りによって侵入者（訪問者）がいなくなることを学習し，攻撃行動が強化*されている．

喃 語［babbling］ヒト乳幼児の言語獲得に先立ち，子音と母音の多様な組合わせが発声されるが，単語としては発話されない行動．通常生後5カ月以上で始まり，生後1年程度まで続く．鳥類では，幼鳥がさえずりの練習をする過程で発する不明瞭・非定型の音声のことをバブリングともいう．そのほか，マーモセット*やデグー*の不明瞭・非定型な発声にもバブリングという用語を用いる場合もある．

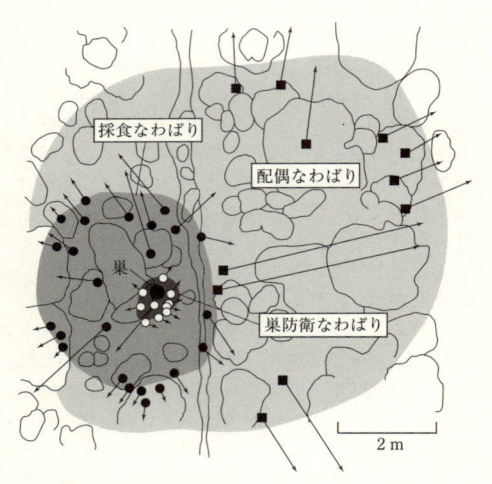

セダカスズメダイの三重なわばりの図
■ 同種の雄
● 餌が同じ競争者
○ 卵を捕食する敵

二

におい［odor, smell］ "嗅覚*" は英語で sense of smell と表現されるように，類義語である smell が知覚されるにおい全般を意味する言葉であるのに対し，odor は "強いにおい" や "不快なにおい" を意味するときに使われることが多く，"空気や水などの媒体中に拡散して生物の嗅覚で感知あるいは知覚される化学物質の状態" と定義できる．昆虫などの節足動物では，におい分子は触角に分布する嗅受容体細胞で受容される．一般の脊椎動物では，におい分子は嗅上皮や鋤鼻器*などの嗅覚受容器で受容される．嗅覚受容器で受容されたにおい分子の情報は，受容体細胞で電気信号に変換されたのち，受容体細胞の軸索によって脳の嗅球に伝わる．嗅球で処理された情報は，さらににおいの知覚を行う高次の脳部位に伝わり，最終的に嗅覚として認知される．線形動物である線虫 Caenorhabditis elegans にも嗅受容体は存在しており，嗅覚は動物にとって最も古い起源をもつ感覚と考えられている．嗅覚は視覚や聴覚とともに個体から離れたところに存在する環境の認知にも使われる．夜行性動物のように視覚信号が十分には使えない環境に生息する動物では，特に嗅覚系の発達がみられる．嗅覚は，餌の識別，毒物の認知，巣やなわばりの主張と識別，繁殖相手や親子の識別などに重要な働きをもち，危険を仲間に知らせる信号として使われる場合もある．このように，においには動物の生命維持や種の維持に欠かせない環境信号としての働きがある．

においづけ行動［scent marking］ ⇌ マーキング行動

二過程理論［two-process theory］ ＝二要因理論

肉食性［carnivorous］ ⇌ 食性

二次強化子［secondary reinforcer］ ⇌ 条件強化子

二次条件づけ［second-order conditioning］ 条件刺激*と無条件刺激*を繰返し一緒に与えることで古典的条件づけ*を形成した後，その条件刺激を無条件刺激の代わりに用いて，別の条件刺激と一緒に与えると，新たな古典的条件づけを形成することができる．このとき，実際の無条件刺激と直接一緒に与えられた条件刺激1に対して生じる条件づけを一次条件づけ，無条件刺激を直接用いずに，条件刺激1と一緒に与えられることで条件刺激2に対して形成される条件づけを二次条件づけとよぶ．たとえば，イヌの頭をなでて（条件刺激1）からおやつ（無条件刺激）をあげることを繰返すと，頭をなでることがイヌにとっての "ごほうび" になる．そのあと，"お利口" という言葉（条件刺激2）をかけてから頭をなでる（条件刺激1）ことを繰返すと，"お利口" という言葉もイヌにとっての "ごほうび" になる（図）．二つの条件刺激を一緒に与える際には無条件刺激は与えないため，二次条件づけの形成と同時に一次条件づけの消去*も進行する．二次条件づけが成立する前に一次条件づけが消去されるのを防ぐ目的で，条件刺激同士を一緒に与えるのに織り交ぜて，条件刺激1と無条件刺激を一緒に与える一次条件づけ試行を織り交ぜることがあるが，これはリフレッシャー試行とよばれる．（⇌ 高次条件づけ，感性予備条件づけ）

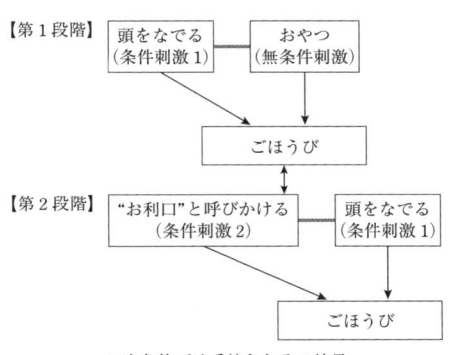

```
【第1段階】  頭をなでる    →  おやつ
            （条件刺激1）     （無条件刺激）
                    ↓         ↓
                    ごほうび

【第2段階】  "お利口" と呼びかける  →  頭をなでる
            （条件刺激2）            （条件刺激1）
                    ↓                  ↓
                    ごほうび
```

二次条件づけ手続きとその結果

二次スケジュール［second-order schedule］ ⇌ 高次スケジュール

二次性形質［secondary sexual trait］ ＝二次性徴

二次性徴［secondary sexual characteristic, secondary sex characteristic］ 二次性形質（secondary sexual trait）ともいう．雌雄異体の動物について，個体が雄であるか雌であるかを特徴づける

形質のうち，生殖腺以外に表れる特徴をさす．狭義には，生殖腺付属器官や外部生殖器をさすが，広義には，雄シカの角や，雄クジャクの飾り羽，トゲウオ雄の腹部の婚姻色*のような，生殖腺以外の性的二型*形質全般を含める．行動学では後者の意味で用いることが多い．広義の二次性徴は，おもに性選択*によってもたらされたものである．すなわち，角のような闘争にかかわる形質は雄同士が配偶の機会をめぐって争うのに有利となり，婚姻色のような形質は雌の誘引に機能する．トンボの雄の交尾器にトゲがついており，雌と交尾する際に他の雄の精子を掻き出すのも，精子競争*という同性内性選択による形質の例である．脊椎動物では，このような性徴発現にはホルモンの影響が大きく，ヒトにおける，男性の体毛，筋肉の発達，女性の豊かな皮下脂肪，乳房などもそのような例である．

二次性比 [secondary sex ratio]　⇒性比

二次多女王性 [secondary polygyny]　⇒多女王性

二次単女王性 [secondary monogyny]　⇒多女王性

二次動機づけ [secondary motivation]　⇒動機づけ

二者相互作用 [dyadic interaction]　⇒社会的相互作用

二重目隠し検査 [double-blind procedure]　＝二重盲検法

二重盲検法 [double-blind procedure]　二重目隠し検査ともいう．実施している実験操作やその意図を，実験対象者のみならず実験者や観察者にもわからないようにして行う実験手続き．実験対象者が実験操作の意図を察してそれに従う，もしくは反発するようにふるまう可能性を排除し，かつ実験者や観察者が無意識に実験の効果を高く見積る可能性(観察者バイアス)を排除するために行われる．ヒト以外の動物についても，実験者や観察者が無意識に与える手がかりが動物の行動に影響を及ぼしたり，行動の記録をゆがめたりすることがある(実験者効果*)．このため，そうした可能性が懸念される場合は，対象動物とかかわる実験者や観察者は，具体的な実験操作を知らない条件で実施することが求められる．たとえば，豊富な環境で飼育したラットと簡素な環境で飼育したラットの行動を比較する場合，観察者は当該の動物がどちらの群に属す個体かわからない状況で行動を記録し，後でどちらの群であったかを照合する．また，チンパンジーにリンゴの個数に応じた数字キーを押すよう訓練するならば，リンゴの入った容器を与える際，実験者は容器の中を見ないようにする．リンゴの個数以外の手がかり(正解キーへの視線移動など)を実験者が無意識にチンパンジーに与えてしまう可能性を除くためである．なお，こうした場合にも二重盲検という言葉が使用されることがあるが，チンパンジーは容器の中を見ることができるので，この場合は実験者盲検であるが，二重盲検とはいいえない．

似たもの配偶 [assortative mating]　＝同類交配

日内休眠 [daily torpor]　＝デイリートーパー

ニッチ [niche]　生態的地位(ecological niche)ともいう．ニッチとは，環境の中である生物種が占める生態学的な位置のことであり，その種の生息場所，出現時期や行動時間，資源の種類などの生息条件のことである．ニッチのとらえ方は，環境側からの見方と，生物側からの見方に大別できる．環境側からの見方の代表例がグリンネルニッチである．J. Grinnell は生態的なニッチという語を最初に提唱したが，ここではニッチは，ある種が生息し繁殖できるような生息場所の総体としてとらえられる．G. E. Hutchinson はこの考えをさらに進めて，多数の環境要素からなる多次元体としてのニッチを提唱している．一方，生物側からニッチをとらえるのが，C. S. Elton のニッチである．ここでは，ある生物種が群集中で果たす役割としてニッチはとらえられる．競争原理のもとでは，複数の種が同じニッチを占めることはできないので，群集中で共存する種は互いに異なるニッチを占めているということになる．

ニッチ構築 [niche construction]　生物は自身が生き残り，そして子孫を増やすために，代謝活動，さまざまな行動，環境選択などを行うが，結果としてニッチ*(生態的地位)を改変していくことをいう(類似の概念として環境エンジニアリングや生態系エンジニアリングがある)．生物による能動的な環境改変は普遍的にあるが，それが次の世代以降の進化に影響する場合は，新たなニッチの構築につながる．たとえば，動物では，生活の場や隠れ場を確保するための巣穴作り，産卵や育児のための巣室作り，餌を捕獲するための巣網作りなど，さまざまな物理的な環境改変を行ってニッチを構築している．サンゴ礁の形成はニッチ

構築の好例であり,サンゴは強固な外骨格をつくり,しかも群体で生活して,全体としてサンゴ礁という複雑なニッチを構築している(生態系エンジニアリング).サンゴ礁は複雑な構造物であり,そこを隠れ家や繁殖の場としてニッチを確保する魚類は多い.

西表島のサンゴ礁.サンゴ礁は多様な生物にニッチを提供している.

ニッチ分化[niche differentiation] ⇌ ニッチ分割

ニッチ分割[niche partitioning] 魚は水中にすみ陸上動物は陸にすむように,個々の生物種(厳密には個体)がすむ特有の環境や使う資源を抽象化してニッチ*(生態的地位)とよぶ.生態学の理論では,安定な環境では同じニッチをもつ複数の種は共存できない(競争排除則*).それゆえ,同じ地域に共存する生物種はニッチが異なると考えられる.すなわち環境は異なる生物(種)により複数のニッチに分けて使われているはずである.この状況をニッチ分割とよぶ.カゲロウの幼虫の例が有名で,日本語ですみわけ*とよばれる生息地分割や,複数種が共存する地域では形質の差が大きくなる形質置換*(ダーウィンフィンチ*の例が有名)もニッチ分割の一形態と理解されている.もとは分割されていなかった環境や資源が,進化の過程でいかに複数のニッチに分割されていくのかというニッチ分化(niche differentiation)の仕組みに関しては,さまざまな理論が提唱されている.多くの理論では,個々の種は過去には今より広いニッチを占有していたが,種が増えるにつれ,競争の悪影響が低減できるより狭いニッチをもつよう特殊化したと想像されている.ニッチ分割が進化した結果,今は競争が存在しないようにみえるがそれ自体が過去の競争の結果であるとする考えを,過去の競争の亡霊(ghost of competition past)とよぶ.一方,種の共存域では互いに他を避け合う行動が存在するためニッチが分割されるが,他種を除去するとニッチが瞬時に広がるような場合もある.たとえば北米のマルハナバチは種によって訪花する植物種が違うが,他種を取除くと訪花する植物種が増える.このような,他種がいないときに利用する(あるいは潜在的に利用可能な)環境や資源を基本ニッチ(fundamental niche)とよび,他種の存在下で利用するそれを実現ニッチ(realized niche)とよんで区別する.ふつうは後者の方がより狭い.しかし種の共存にニッチ分割が必須かどうかには論戦があり,たとえば環境攪乱があればニッチが等しい種も共存できるとする見解もある.

2D-4D比 =2D-4D(ツーディーフォーディー)比

二倍体[diploid] ヒトの体を構成する細胞は,配偶子である精子と卵子の受精に由来するので,配偶子に含まれる基本的なセットの2倍の染色体を保持している.このような生物体を二倍体といい,配偶子のように1セットのみ保持しているものを半数体という.多くの生物では生活環の中で半数体と二倍体の状態を交互に繰返しているが,どちらが優勢かは生物種によって異なる.また,何らかの原因で染色体のセットが増加したものが倍数体であり,植物では高頻度で存在する.

二母性マウス[bi-maternal mouse] 独立した二つの卵子のゲノム*をもたせた胚を二母性胚とよび,個体発生したものを二母性動物という.哺乳類では唯一,マウスで作製され,二母性マウスとよぶ.哺乳類では,雄の精子と雌の卵子が受精して,両者のゲノムからなる二倍体の次世代が誕生する.精子と卵子は通常,ゲノムを1組ずつもつが,哺乳類ではゲノム刷込み*機構により,生殖細胞形成過程で精子および卵子それぞれに特異的なゲノムの部位にDNAメチル化修飾が付与され,これが精子と卵子の決定的な機能差を与える.哺乳類ではこのようなゲノムに機能差のある精子と卵子の接合で生じた胚しか正常に発生しない.この制約を超えた二母性マ

二母性マウスのKaguya

ウスは以下の方法で生まれた．まず，精子形成過程で DNA メチル化を受ける第 7 および第 12 染色体上の父性修飾領域を欠損させたマウスを作製する．この遺伝子改変マウスの生まれたての新生雌個体の卵母細胞の核（新生マウスの卵母細胞ゲノムは母性メチル化をまだ受けていない）を取出し，成体の母性メチル化が完了したマウスの核と核移植技術で組合わせ，胚をつくる．この胚は約 40％が産子齢にまで発生し，繁殖能力をもつことも確認された．二母性マウスは民話にちなみ Kaguya と名付けられた（図）．

ニホンザル［Japanese macaque, Japanese monkey］　学名 *Macaca fuscata*．霊長目オナガザル科マカカ属に属す．日本の固有種．生息地を本州の下北半島を北限，鹿児島県屋久島を南限として，広く分布する．ヒト以外の霊長類として，世界で最も北方に生息するサルであり，雪山で生息できるなど寒冷地適応を果たしている（図）．民話での登場，伝統芸能としてのサル回しなど，日本人になじみが深い．近年は，森林の減少など生息地の撹乱もあり，里山に遊動域を広げ農作物を荒らす猿害をひき起こし社会問題にもなっている．複雄複雌の群れをつくる．雄は性成熟を迎えると群れから移出し，雄グループ，ヒトリザルとして暮らした後，他の群れに加入する．雌は出生群に残り，母系社会＊を構成する．母系間には強い順位関係がある．行動学上の研究として，古くは今西錦司＊らを中心とした京都大学のグループが，ヒト社会の動物モデルとして社会行動の観察を行い数多くの発見をした．宮崎県幸島における"イモ洗い"は，動物の文化的行動＊としては最初期の報告だった．物憶えが良く，オペラント条件づけ＊を用いた心理実験でも難しい課題をこなす．ヒトに近縁な系統であり，ゲノム，脳・神経，生理的基盤において共通な点が多いため，ヒトとの比較の観点からも動物モデルとして有用性が高い．

二名法［binomial nomenclature］　⇌ 分類学
入次数［indegree］　⇌ 次数
乳腺刺激ホルモン［mammotropin, mammotropic hormone］　＝黄体刺激ホルモン
ニューメロン［numeron］　⇌ カウンティング
ニューラルネットワーク［neural network］
神経ネットワーク，人工神経回路（artificial neural network），神経回路網モデル（neural network model）ともいう．実際の神経細胞の特性である樹状突起からの多入力とそれらの相互作用による活動電位の発生を模した素子を単位として，ネットワークを形成させた情報処理モデル．最も単純化したマカロック−ピッツ型神経素子は，多数の他の神経素子からの連続値として入力する．それぞれのシナプス強度を仮定した重み係数をかけ，総和を計算し，ある閾値以上であれば値をもつ非線形関数などをかけたうえで出力する．そのほか，実際の神経細胞に近いシナプス入力やイオンの流入出による膜電位やスパイク生成機構をもつモデル，一定の周期で活動電位を生成しそのタイミングや周期などを変数とする周期発火モデルなどさまざまな素子が提案されている．神経集団単位での平均発火率の説明，局所神経回路での同期現象の説明，シナプス可塑性からネットワーク上のスパイク列伝播の説明など，マクロからミクロの神経現象や情報処理を説明するモデルとして用いられる．

ニューロトロフィン［neurotrophin］　⇌ 神経栄養因子
ニューロン［neuron］　⇌ 神経細胞
ニューロン説［neuron doctrine］　⇌ カハール
二要因理論（回避学習の）［two-factor theory］
二過程理論（two-process theory）ともいう．電気ショックの到来がブザー音のような警告刺激によって予告される弁別型の回避学習＊を古典的条件づけ＊とオペラント条件づけ＊の二つの過程に分けて説明する理論．O. H. Mowrer によって提唱された．回避学習＊の訓練の初期段階では，被験体は，電気ショックの回避に失敗して条件刺激＊である警告刺激と無条件刺激＊である電気ショックの対提示を受け，恐怖・不安の古典的条件づけ＊が生じる．その後，警告刺激が喚起するようになった条件性の恐怖・不安が動因となり，

長野県地獄谷で温泉につかるニホンザル

それを低減すべく警告刺激を停止するための反応がオペラント条件づけ*によって形成されると考える．この理論に従えば，回避反応は，恐怖・不安を喚起する警告刺激（条件刺激）からの逃避反応として再定義される．

尿マーキング［urine marking］ ⇒マーキング行動

任意共生［facultative symbiosis］ ⇒共生

任意交配［random mating］ ⇒集団遺伝構造

人間中心主義［anthropocentrism］ 人間が最も知的に進化した動物であるという考え．現存する多様な種は，共通祖先から変化した結果であるが，人間中心主義は下等な生物から高等な人間に進化したという**自然の階梯**（ラテン語で scala naturae［図］）による誤った進化観に基づいていることが多い．動物は道具を使用するかなど，人間にとって重要な能力を動物が共有しているかを検討するという比較研究や，動物を人間よりも単純であると考え，人間を理解するためのモデル系として利用するのも人間中心主義である．（⇒擬人主義）

思想家 R. Lullus による自然の階梯（1304 年）

妊娠［pregnancy］ 哺乳類において，受精卵（胚）が雌の子宮内膜に着床し，胎盤が形成され，子として分娩されるまで発生すること．排卵後の卵巣*に形成される黄体*から分泌される黄体ホルモン*により維持される．妊娠中の雌は，通常とは異なる行動をとることがある．たとえば，管理者から逃げていた雌ヤギが，妊娠時には管理者が近づいても逃げなくなるなど，物事に動じなくなることがある．一方で，通常よりも神経質になる例も多数報告されており，妊娠時の行動は妊娠の段階や動物種，個体の気質により変化すると考えられる．妊娠初期に悪心を感じるつわり（悪阻）は，ヒトにのみ起こる．一部のヘビやサメは，卵ではなく子を産む卵胎生*であるが，これらの動物においては体内で受精するものの，胎盤形成がないため妊娠とはよばない．

認知［cognition, cognitive processes］ ヒトを含む動物が身の回りの情報を取入れて処理し，反応のために利用したり蓄積したりする心的過程のすべてを，広く認知とよぶ．知覚*，学習*，記憶*，推論*，思考，意思決定*，注意*，カテゴリ化などはすべて広い意味での認知に含まれる．狭い意味では，これらから知覚を除いたものを認知とよぶことがある．1970 年代前半までの心理学は行動主義*が主流で，観察不可能な認知過程は研究の対象ではなかった．しかし 1970 年代後半に入ると，客観的な反応指標を使って認知過程を類推する研究が盛んになった．認知研究の枠組みでは，認知は数認識，空間認識，言語情報処理といった多数の区画（モジュール）へと分割されており，各モジュールで処理される情報は別のモジュールからアクセスできず（情報被包性 information encapsulation），処理対象はそのモジュールに特化したものだけである（領域固有性*）と想定する（認知のモジュール性 cognitive modularity）．このような認知に対する考え方は，処理する対象の特性に応じて進化し，遺伝子に規定された処理過程がモジュールごとにあるという考え方と親和的である．行動主義のもとで発達した学習心理学では，生得的な処理過程よりも認知のさまざまな過程に共通する学習の一般法則に注目する傾向があるので，1970 年代以降の認知研究の考え方とは対照的である．

認知エンリッチメント［cognitive enrichment］ 環境エンリッチメント*のうち，動物がもつ認知能力を刺激しようとするもの．動物は，本来生息する野生環境の中でさまざまな認知能力を駆使して暮らしている．単調な飼育環境ではそうした認知能力を発揮する機会に乏しい．たとえば複雑な操作や道具使用*を要求される装置を用いた給餌や，コンピュータを用いた認知課題に自発的に取組む機会を与える（図），遠く離れたところで飼育されている同種他個体の様子をビデオで見せるなど，採食エンリッチメント*や社会エンリッチメ

ント，感覚エンリッチメントと組合わせて実施されることが多い．

タッチパネルの数字を順に触れる認知課題に取組むヒヒ

認知行動学［cognitive and behavioral science］ "認知"や"行動"という語の用法自体が，研究分野ごとに異なるため，認知行動という複合語についても統一的な定義があるわけではない．この語は，人間の心理療法においては心的外傷*やその他の障害の治療に関連して用いられることが多い．一方，動物行動学に関連しては，神経系における情報処理を進化生態学的な視点で扱う研究，および生態学的に有意な事象を神経情報処理の視点で扱う研究一般が，認知行動学の範疇とされることもある．行動主義*の流れを汲む心理学*においては，"認知"を外部から観測できない心的過程として研究対象から除外し，外部刺激に対する応答を"行動"として研究するという立場が支配的であった．しかし，ヒトと動物の別を問わず，心的過程を観測するための脳活動記録や，心的過程の計算機シミュレーションなどが可能になったことにより，"認知"を定量的に扱うことが可能になったため，この種の研究分野でも認知行動という表現が用いられることもある．

認知主義［cognitivism］ ⇌ 行動主義

認知神経科学［cognitive neuroscience］ 認知科学と神経科学(脳科学)との融合領域．認知科学では外界の事物が内部に表象され，これら表象を情報処理することによって行動や経験が生成すると推定し，この枠組みに合致した行動をヒトやヒトに近い霊長類を対象として解析する．認知科学の成果を受け，推定された表象や情報処理を担う脳領域を特定すること，その領域の神経活動を神経生理学やイメージングの技法を用いて記載すること，局所破壊実験・電気刺激実験・神経薬理学実験によって神経活動を操作すること，そしてこれらの知見をもとに情報処理の過程について数理的に妥当なモデルを構築すること，これら一連の研究を行うのが認知神経科学である．近年，機械学習や人工知能*の急速な発展を受けて，モデルの理論的な構築を先行させ，これに対応する神経科学的研究を探索的に進める戦略もとられる．いくつもの脳部位が協働して一つの認知機能を実現しているため，特定の部位の回路や細胞をいかに詳しく調べても，それだけでは不十分である．そのため，認知神経科学は脳のシステムを明らかにする研究領域(システム神経科学 system neuroscience)にならざるをえない．

認知心理学［cognitive psychology］ 客観データから心理過程を明らかにしようとする心理学の領域．客観性への重視から刺激と反応の関係を探ることに注力し，その間にある心*をブラックボックス化した行動主義*への反省と，計算機科学や人工知能研究の発展による情報処理過程への注目の高まりの中から生まれた．知覚など低次処理に対し，それらの情報を統合して顔として認識するなど，高次な処理を行うものを認知とよぶ．研究対象には，注意，記憶，言語，推論，問題解決，意思決定*などが含まれる．また社会心理学でも，他者理解や集団理解といった社会的認知の枠組みで研究が行われている．認知心理学の発想が進化理論と組合わさって生まれたのが進化心理学である．認知心理学が提唱する情報処理モデルについて，脳イメージング*により検証する，もしくは脳機能研究から認知モデルを考察する認知神経科学も盛んである．（⇌ 進化心理学）

認知生態学［cognitive ecology］ 対象動物の認知・知覚メカニズムに関する知見をもとに，対象動物が実際にそれらのメカニズムを通して受取っている情報を再構築し，環境中においてそれらの情報がどのように使われているのか，またそのような認知特性をもつことで他の生物とどのような相互作用をもたらすのかを推定する生態学分野．特に眼の光受容体の感受性や密度などの視覚生理学的知見をもとに，対象動物が知覚している物体の色や形，模様などがどのような機能を果たしているかを推論する研究が盛んである．魚類や鳥類，昆虫など，ヒトには見えない紫外線を色彩情報として用いている（⇌ 紫外線感受性）動物は多く，そのような対象を扱う場合には特に有効である．

認知地図［cognitive map］　心の中に形成された地図のこと．E. C. Tolman* の造語．交差点 A に来たら左折し，直進して三つ目の交差点 B を右折し，といったように目印とそれにまつわる行動をつぎつぎとつなげていく方法でも目的地にたどり着くことはできるが，この方法では近道を見つけることも，ある地点が通行止めになった場合に迂回することもできない．しかし，心の中に出発地と目的地の周辺にある目印や道の位置関係が地図のように記憶されていれば，近道や迂回も容易となる．

認知的不協和理論［cognitive dissonance theory］　社会心理学者の L. Festinger により提唱された，態度と行動の一貫性に関する理論．この理論によれば，人間は自分の行動と態度を整合させるように動機づけられている．そのため，行動と態度に不整合があることに気づくと不快感（認知的不協和）を覚え，それを軽減しようとする．この理論の検証として，新興宗教の教祖の預言が外れた後の信者の活動を調べた研究がある．新興宗教の信者は信仰のために多くの犠牲（入信時の喜捨など）を払っているため，教祖の預言が外れたとしても，すぐに信仰を捨てることができない．このため，教祖への疑念（態度）とその宗教にとどまるという行動の間に不協和が生じる．この不協和を解消するために，信者は自分たちの祈りによって預言された破滅が回避された（教祖は正しかった）と考えるようになり，ますます熱心に宗教活動（特に布教活動）を行うようになった．（⇌ 社会心理学）

認知的理論［cognitive theory］　連合学習* の枠組みで回避学習* を説明する一要因理論* や二要因理論* とは対照的に，予期という認知的な概念を導入して回避学習を説明する理論．回避反応は，"もしその反応をしないと嫌悪的な事象が到来する"，そして，"もしその反応をすれば嫌悪的な事象が到来しない"，という2種類の予期を被験体がもつことによって獲得されると仮定する．この理論では，いったん獲得された回避反応は，これら二つの予期の少なくとも一方と相容れない結果を被験体が経験し，予期が修正されるまで維持されると考える．この理論はいったん獲得されるとなかなか消去されずに持続する回避反応（回避パラドックス*）をうまく説明する．

認知のモジュール性［cognitive modularity］
⇌ 認知

認知バイアス［cognitive bias］　人間の思考にみられるさまざまな非合理性のこと．人間はしばしば非論理的な推論* や判断を下す．たとえば，ある人が外的に行動を強制されたことが明らかなときですら，行為者自身が望んで意図的に行動したと判断する根本的な帰属の錯誤は，よく知られた認知バイアスの例である．人間の推論や判断には数多くの認知バイアスが存在しているが，動物ではほとんどみられない．なぜ人間は非合理的な誤りを犯すのだろうか？　認知バイアスの源泉を考えるうえで示唆を与えてくれるのが，対称性バイアスである．人間の子どもは，りんごという物体が"りんご"という語でよばれていることを学ぶと，すぐに"りんご"という語はりんごという対象をさし示すことを理解する．だが，この当たり前にみえる推論は論理的には誤りである．$p \Longrightarrow q$ という命題が真であっても $q \Longrightarrow p$ が真であるとは限らないからである．興味深いことに，動物は対称性バイアスをもたず論理的に正しい推論を下すことがわかっている．対称性バイアスがもたらすメリットは明らかであろう．もし論理学者のように「"りんご"という語がりんごという対象をさし示すとは限らない」と考える子どもがいたら，対称性バイアスをもつ子どもと比べて，言語を獲得するために非常に長い時間をかけなければならないだろう．認知バイアスは自然・社会環境への適応の産物として進化したと考えられている．

ヌ，ネ

盗み寄生 ⇌ 労働寄生

ネオ・ダーウィニズム [neo-Darwinism]　C. R. Darwin* が 1859 年に発表した自然選択* 説に，生物計測学や集団遺伝学，古生物学などの成果を加味し，生物進化を総合的に研究する枠組み．1942 年，J. Huxley が進化総合説(⇌ 進化学統合)を唱える際，科学的基盤として定式化した．内容としては，Darwin の自然選択説と，メンデル遺伝学およびそれを個体群に適用する集団遺伝学* が基盤となっている．現在の進化生物学は，このネオ・ダーウィニズム(進化総合説)を基本として，分子生物学やゲノム科学，発生生物学などの新しい成果を包含する体系となっている．なお，進化総合説以前にも，19 世紀末に A. R. Wallace* や A. Weismann が主張した自然選択万能論的な進化理論がネオ・ダーウィニズムとよばれていた．進化総合説と直接の関係があるわけではないが，自然選択の力を強調する点は共通する．

ネオテニー [neoteny]　= 幼形成熟

ねぐら [roost]　鳥類やコウモリ類，ときにはオオカバマダラのような昆虫類が就寝のために休息する場所をいう．鳥類のような昼行性動物では夜間の休息場所，夜行性のコウモリ類では日中の休息場所がねぐらである．ねぐらの利用様式は種や個体群により多岐にわたり，季節的にも変化する．ねぐらの個体数は，単独やつがい，家族群などの小規模のものから，カラスやムクドリのように数百から数千羽，ときにはアフリカにすむコウヨウチョウやオーストラリアのオオコウモリのねぐらのように数十万個体に達するものもある．比較的規模の大きなものを集団ねぐら (colonial roost, colony) とよぶ．ねぐらを形成する利益は，捕食者回避，採餌効率の上昇，体温や水分の保持などがあげられる．コウモリは，樹洞や岩の隙間，枝や葉のほかに，他の動物が使えない真っ暗な洞窟を反響定位* によってねぐらとして利用できる．洞窟によってはコウモリによって微気候が変化し，繁殖や冬眠や休眠などの点で有利な環境がつくりだされる．葉を加工してテントを形成する種やわずかな隙間でも通過可能な扁平な頭骨をもつ種など，コウモリは生理的，行動的，形態的にねぐらに適応している．(⇌ 巣)

ネグレクト [neglect]　親が子の養育を行うのが通常である動物において，その養育を十分に行わず，子の正常な成育が妨げられているのを放置する状態をネグレクトとよぶ．積極的に子を殺すことはしないが，子が死に至るような事態を放置することをさす．鳥類のさまざまな種では，ふ化した雛同士が競争し，ある雛が他の雛をつつくなどして殺してしまうことがあるが，親は通常その競争に関与しない(⇌ きょうだい殺し)．これも，ネグレクトの一部と考えることができる．ヒトでは，親による子殺し* とともにネグレクトもみられ，児童虐待* の一形態とみなされる．満足に食事を与えない，体や衣服を清潔に保つ世話をしない，病気やけががあっても病院に連れていかない，などの行動が含まれる．被虐待児は，結果的に死に至る場合も，そうはならない場合もある．行動学的には，子殺しとともに，親による子に対する投資の配分の問題として考察することができる．

ネコ [cat]　= イエネコ

ネッカーキューブ [Necker cube] ⇌ 意識

熱殺蜂球 [heat-balling]　数百匹のニホンミツバチが，ミツバチを食べに巣にやって来たオオスズメバチやキイロスズメバチを取囲み，熱で殺すためにつくる蜂球のこと(図)．蜂球中心部の温度は 45〜47 ℃ となり，致死温度のわずかの違いを利用している(ニホンミツバチは 48 ℃ 程度まで耐えられる)．ただし蜂球内の二酸化炭素濃度が上がることも相乗的に効いているとされる．熱は羽ばたきは伴わない飛翔筋の収縮活動により発せられ，その発熱能力は筋肉 1 kg 当たり 600 W に及ぶ．攻撃が頻繁なときは，防戦のため巣の内部で発熱した状態で待ち構えるとともに，平常時の門衛蜂と異なり，蜜胃* 中に燃料用の蜜をあらかじめ用意して準備態勢をとる．外来種* のセイヨウミツバチも防戦時に緩い蜂球をつくることはあるが，個々のハチは発熱していても塊がルーズなため，致死温度までには上がらない．原産地の欧州には巣を攻撃するスズメバチがいないので，このような防戦戦略は発達しなかったものと考えら

れる．熱帯アジア産のトウヨウミツバチ，他種のミツバチでも類似の行動はみられるが，多くは刺針行動を伴い，やはり致死温度には達しない場合が多いようである．

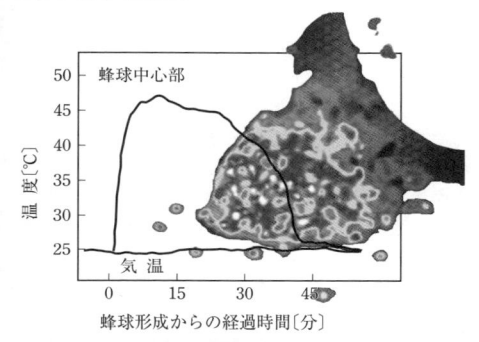

(上) 巣内に侵入したキイロスズメバチを数百匹のニホンミツバチが取囲んで熱殺しているところのサーモグラフィー写真．グラフは蜂球の形成開始からの蜂球内の温度の推移を示す．(下) 蜂球の様子．

ネットワーク［network］ ⇌ グラフ

ネットワーク樹［network tree］ 遺伝子型*の間の置換関係をネットワークとして表現することにより，多重置換の疑われる部位についても複数の置換関係を並列的に図示することができる無根系統樹の一種．最節約法や遺伝距離法などにより描かれる．遺伝距離の近い遺伝子型が多数出現する種内変異の解析などに有効である．ネットワークの樹形により集団のおおよその履歴を視覚的に推測できる点でも優れており，たとえば，花火型のネットワーク樹からはいっせいに放散 (図)，遺伝子型の消失による不連続なネットワーク樹からは過去の個体数減少の可能性が推測される．また，系統地理学 (phylogeography) における伝統的な解析手法の一つ，階層的クレード解析 (nested clade analysis) にもネットワーク樹が用いられ，ネットワークの内部節は比較的古く外部節は新しいとの仮定のもとに，各階層のクレードの新旧とその地理的分布によって種内や近縁種群の地理的分布形成の歴史的背景を推測することができる．

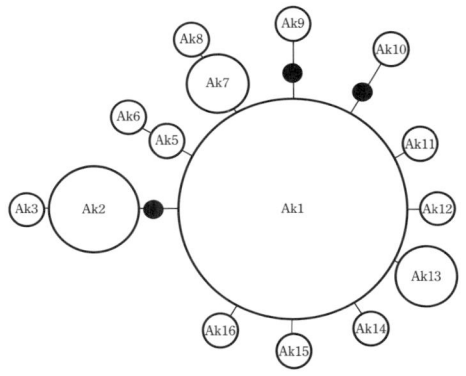

日本本土産コマドリ *Luscinia akahige* のミトコンドリア DNA 遺伝子型のネットワーク樹の例．シトクロム *b* 領域 1007 塩基の配列に基づく遺伝子型 (ハプロタイプ)．一斉放散した集団と推測される花火型の樹形を示す．円のサイズはサンプル数を，黒丸は観察されなかった遺伝子型を，遺伝子型をつなぐ線は長さによらず1塩基の置換関係を示す．(Seki *et al.* 2012 のデータより抜粋)

根回し［negotiation］ 個体同士に利害の対立が存在する場合には，一般的には闘争などの直接的な手段によって対立の解消を行う場合が多いが，闘争によって双方が傷つくのを回避することが互いに利益となる場合，事前に比較的直接的でない相互作用を介して個体間の利害の対立の解消を図ることを根回しという．ヒト以外では，ニホンザルやチンパンジーなど，群れ生活をおくり，群れ内での順位をめぐる競争の場面で直接の身体的闘争を避けるために雌や劣性雄を味方につけるための周到な根回しが行われる．

ノ

脳［brain］ 脊椎動物の頭部にある神経系の中枢のこと．大脳・間脳・中脳・小脳・延髄・橋に区分され，これに脊髄を加えたものを中枢神経系とよぶ（図a）．生命維持やさまざまな行動制御など神経作用の中心的な役割を担っている．ヒトにおいては，大脳皮質が大きく発達し，間脳と中脳は外側からは観察できない（図b）．さらに，言語をつかさどるとされる**言語野**（language area，ブローカ野およびウェルニッケ野）は左半球のみに存在する（⇌ 脳の言語システム）．大まかには，脳，特に脳全体量に対する大脳量の割合は進化的に後に出現した動物ほど大型化する傾向にある．脊椎動物の脳とは異なるが，類似の器官をもつものもいる．タコや貝などの軟体動物では神経系の中枢化がいっそう促進し，脳神経節・足神経節・内臓神経節の三つに大きく統合される．このうち，脳神経節が脊椎動物の脳に相当する．また，昆虫や甲殻類などの節足動物では神経系の中枢化はより進み，頭部神経節，胸部神経節，腹部神経節となる．このうち，頭部神経節が脳とよばれる場合がある．（⇌ 付録1）

(a) 脊椎動物脳の基本構造

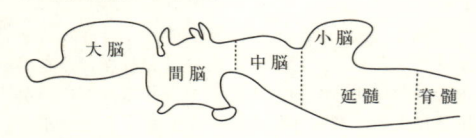

(b) ヒトの脳の外側面（左半球）

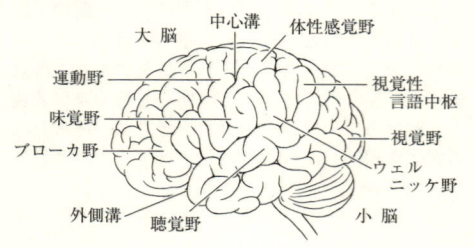

脳イメージング［neuroimaging］ 神経イメージングともいう．イメージングとは，さまざまな生命活動動態を可視化して行う画像計測全般をさすが，近年では特に，生きた細胞・臓器・個体などの活動や分子動態を，リアルタイムで観察する方法を意味する．細胞レベルでの神経イメージングとしては，遺伝子改変によって任意のタンパク質に蛍光タンパク質などを融合し，その細胞内動態をリアルタイムで記録するものや，カルシウムイオン濃度感受性蛍光プローブを用いてイオンの流入や流出を伴う神経活動を測るカルシウムイメージングなどが知られる．ヒトを含めた個体の脳全体の活動を，非侵襲的に（組織を傷つけずに）計測する方法も発展した．それぞれ時間分解能や空間分解能，原理に違いがあるが，神経活動を計測する機能的磁気共鳴画像法*（fMRI），脳磁図*（MEG）や脳電図（EEG），近赤外分光法*（NIRS，光トポグラフィー），受容体の活性測定ができる陽電子断層撮像法*（PET）などが広く使用されている（図）．

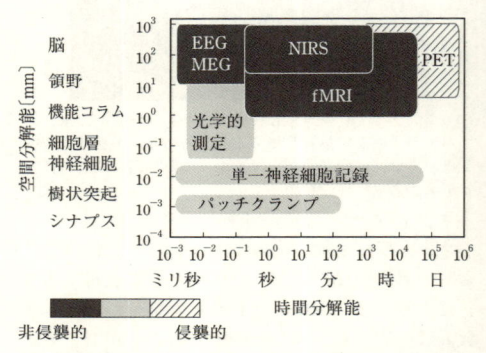

脳機能の測定手段と，それらの時間分解能，空間分解能および侵襲性

脳化指数［encephalization quotient］ ⇌ スンクス

脳−機械界面［brain machine interface，BMI］ ブレイン・マシン・インターフェイスともいう．脳活動を検出して機械を動かし（出力型）運動系を補償する，またはセンサーの出力を電気活動として脳を刺激し（入力型）感覚を生じさせるための仕組み．出力型は，脳波，脳磁図，機能的MRI，皮質脳波などのデータから脳活動復号化（decoding）を行い，結果を信号として利用する．脳−機械界面の開発のためには，記憶や概念，感覚が脳

でどのように情報表現されているかを解明する必要がある．このような基礎研究はおもにラット＊やマカクザル＊を対象に進められている．この過程で，少数の神経細胞の組合わせによる情報表現であるまばら符号化(sparse coding)，神経細胞の同期発火が雪崩のように伝わってゆき，時間情報の符号化がなされる同期発火連鎖(synfire chain)，特定の概念に対応して活動する概念細胞(concept cell)などの現象が発見されてきた．

脳磁図 [magnetoencephalogram, MEG] 脳の神経細胞の活動によって生じる磁界の変動を計測したもの．神経活動は局所的な電位変化を生み出すが，同時に電磁誘導により磁界の変動も生じる．磁界は脳実質や頭蓋骨を透過するため，それらの電気的特性の影響を受けることなく神経活動を計測することができる．頭蓋を透過して頭皮上に現れた磁界の変化を，**超伝導量子干渉計** (SQUID: superconducting quantum interference device) という高感度の磁気センサーを用いて計測する．SQUIDは超伝導状態を利用するために，脳磁図装置内部は液体ヘリウムなどで極低温に保たれている．なお，刺激や運動などの事象に関連して生じた一過性の磁界変動を，**事象関連磁場** (event-related field, ERF) という．

脳電図 [electroencephalogram] ⇨ 脳波

能動的回避 [active avoidance] 回避学習＊のうち，動物が何か行動を起こすことによって，嫌悪的な刺激や場面を事前に避けることを学習するもの．信号つき回避＊とシドマン型回避＊がある．

脳内自己刺激行動 [intracranial self-stimulation] ⇨ 自己強化

脳内麻薬 [endogenous opioid] ⇨ オピオイド

脳の可塑性 [neural plasticity in the brain] 脳内の神経細胞が外的な刺激により長期増強，長期抑圧などに代表されるシナプス＊の伝達効率など機能的，もしくはスパイン(神経細胞の樹状突起から出ている棘状の隆起で，興奮性シナプスの入力を受信する)の数の増減や樹状突起の形態の変化など解剖的(もしくは両方を伴う)に変化すること，また変化できる能力をいう．生後発達の脳の可塑性が特に高い時期を感受期＊(もしくは臨界期)といい，この時期には外界からの刺激を受けると，それに合わせるように神経回路が積極的に形成，修飾される．この例として，哺乳類の大脳視覚野の神経細胞がその左右の眼に対する視覚反応の優位性を視覚経験依存的に変化させる眼優位可塑性＊などが知られている．また，フクロウの音源定位＊や鳥の歌学習など行動レベルでみられる可塑性についても，これらの行動をつかさどる脳内の領域，神経回路において神経細胞の可塑的変化がみられることが明らかになっており，行動レベルの可塑性を裏づけるものとしても考えられている．

脳の言語システム [brain language system] 19世紀半ばより，脳損傷患者の症例研究から，言語にかかわる脳構造の理解が進んできた．左半球の下前頭回にあるブローカ野(Broca's area)と，側頭葉と頭頂葉の界面部にあるウェルニッケ野(Wernicke's area)とが，それぞれ言語の生成＊と理解に中心的な機能をもつと考えられてきた(⇨ 脳[図])．これらの構造を接続する神経線維の束を弓状束という．1980年代以降には脳イメージング＊の手法が発達し，言語機能の詳細な理解が進んでいる．その結果，現在ではブローカ野は，言語の生成のみならず動作の組合わせをつくり出す機能をもち，ウェルニッケ野は言語の理解のみならず概念の形成に重要であることがわかっている．弓状束に対応する線維束はヒトにおいて肥大化しているが，その他の類人猿＊では細く，マカクザル＊ではほとんどない．ブローカ野やウェルニッケ野に対応する部位がヒト以外の霊長類で存在するかどうかは議論が続いているが，ブローカ野に相当する細胞構築をもった部位は，マカクザルではきわめて痕跡的である．新規な音声を記憶し，さまざまな組合わせで再生する能力は言語機能の根幹であるが，これが可能な動物は霊長類ではヒト以外はいない．このため，発声学習＊をつかさどる鳥類の歌神経系＊は，脳の言語システムの生物学的なモデルとして注目されている．

脳の性分化 [brain sexual differentiation] 哺乳類の発生段階の脳は性的に未分化であり，多くの動物種において性ホルモン＊の影響を受けることで，雄型の脳，あるいは雌型の脳へと分化する．このことを脳の性分化とよぶ．つまり，動物の脳の性は基本的には性決定遺伝子などによらず，性腺＊由来のホルモンによってその性が決定し，性差＊が形成される．マウスやラットでは，雄の精巣から分泌されたアンドロゲンであるテストステロン＊が脳内の標的細胞に到達し，細胞に存在する芳香化酵素であるアロマターゼ＊によりエスト

ロゲン*に変換され，エストロゲン受容体に作用することで，脳が雄性化するとされる（アロマターゼ仮説 aromatase hypothesis，芳香化学説ともいう）．このアンドロゲンによる雄性化作用がなければ，脳は雌性化することから，脳の基本的な機能は雌型であると考えられている．この周産期の脳の性分化は成熟後の行動の性差の基本型となる．この基本型の脳構造に対して，性成熟*期以降に性腺から分泌される性ホルモンが作用し，雄型の行動や雌型の行動が誘起される．

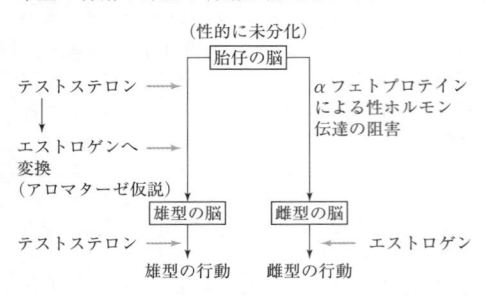

```
                    （性的に未分化）
                   ┌─────────┐
                   │ 胎仔の脳 │
                   └─────────┘
テストステロン ──→          αフェトプロテイン
                            による性ホルモン
エストロゲンへ ──→          伝達の阻害
変換
（アロマターゼ仮説）
                   ┌────────┐ ┌────────┐
                   │ 雄型の脳 │ │ 雌型の脳 │
                   └────────┘ └────────┘
テストステロン ──→     ↓        ↓  ←── エストロゲン
                   雄型の行動  雌型の行動
```

脳波 [electroencephalography, EEG] **脳電図** (electroencephalogram) ともいう．脳の神経細胞の活動によって発生する，持続的かつ自発的な電位変動のこと．頭皮上に電極を接着して導出し，増幅することによって記録される．脳波の周波数帯域ごとの変化から，覚醒や睡眠*などの覚醒水準を推定することができる．また，脳波は疾患や薬物の服用などによって変化するため，脳疾患の診断に臨床応用されている．また，頭皮ではなく脳表面に電極を留置することによってより高い精度で計測された脳波を，**皮質脳波** (electrocorticography, ECoG) という．てんかんの発作を記録したり病変部位を同定したりするために用いられる．この際，患者の同意を得て，一般的な認知処理過程を調べるための実験を行う場合もある．頭皮や頭蓋骨など電気的特性の影響を受けずに計測できるため頭皮上に電極を置いた場合よりも空間および時間的な精度が向上する．脳波は常に自発的に変化しているが，光や音などの特定の刺激や運動などの事象に関連して一過性の電位変動を生じる．よって，脳波を事象の開始時点に合わせて複数回加算平均することにより，事象に関連した電位変動を抽出することができる．これを**事象関連電位** (event-related potential, ERP) とよぶ．事象関連電位の波形は，刺激の種類や実験変数の操作に対して頭皮上の分布，振幅，潜時，極性が変化する．よって異なる条件下での事象関連電位を比較することによって，認知処理過程を推定することができる．脳波が神経活動の電位変動を計測する方法であるのに対し，fMRI，PET，NIRSは神経活動に伴う血液動態の変化から脳機能を計測する方法である（⇌ 脳イメージング）．最近では，脳波とそれらの方法を組合わせた同時計測による脳機能の評価が行われている．

脳由来神経栄養因子 [brain-derived neurotrophic factor，BDNF] ⇌ 神経栄養因子

農用動物 [farm animal] ⇌ 家畜

ノックアウトマウス [knockout mouse] ⇌ 遺伝子ノックアウト

ノート [note] ⇌ シラブル

のど袋 [gular skin，gular fold，gular pouch，gular sac] のどの一部が袋状やひだ状になったものや，のどの表面の皮膚が派手な色で目立つものをさす．のど袋は動物界のさまざまな系統にみられ，鳴き声を増幅させたり，派手な色で装飾し外観を目立たせることによって求愛したりライバルを遠ざけたりする働きがある．カエルの雄は皮膚の膜で包まれたのど袋を空気で膨らませ，音をその中で増幅させて雌を誘う．トカゲの雄はのどの皮膚がひだのようになって盛り上がり，これを使って求愛したり天敵やライバル雄を威嚇したりする．繁殖期のオオグンカンドリの雄は派手な赤色ののど袋を空気で大きく膨らませ目立たせることにより求愛する．セイウチの雄はのど袋に空気を入れて浮き袋として利用し頭を水上に出して寝るが，繁殖期には音を増幅させベルが鳴るような音を出して雌をひきつける．フクロテナガザルは雌雄ともにのど袋を膨らませ音を増幅させてデュエットをうたう．フランジ（頬のひだ）をもつオランウータン*の雄はのど袋を利用してロングコールという大声を出して雌をひきつける．

のど袋を膨らませて雌を呼ぶ雄ガエル

ノルアドレナリン［noradrenaline, NA］　ノルエピネフリン(norepinephrine)ともいう．モノアミン神経伝達物質*の一種．ノルアドレナリンから合成されるアドレナリン*と類似した機能をもち，受容体やトランスポーターもアドレナリンとノルアドレナリンを区別しないが，神経系ではおもにノルアドレナリンが使われている．脳においては，橋背外側部の青斑核*にノルアドレナリン神経が最も集まっている．ノルアドレナリンは個体に対し"闘争か逃走か*"のための警戒状態を強めると考えられる．受容体が心筋，血管平滑筋，瞳孔散大筋，立毛筋，膀胱括約筋などに分布しており，ノルアドレナリンを受容すると運動器に血流が送られ，鳥肌が立ち，排泄が抑えられるといった興奮状態を形成する．このような状態を即座に誘引することができるノルアドレナリン神経は，平常の覚醒時には規則正しい活動をし，レム睡眠時には停止する(⇌ 睡眠)．

ノルエピネフリン［norepinephrine］　＝ノルアドレナリン

ノンコーディング RNA　［non-coding RNA, ncRNA］　⇌ RNA

ハ

把握器 [clasper] ⇨ 生殖器

胚 [embryo] ⇨ 発生学

バイアス [bias] 二つの選択肢がある場面で，各選択肢から得られる強化率*が同一であったとしても，どちらか一方の選択肢に対して偏った選好がみられること．偏好ともいう．たとえば，左右のレバーで得られる強化率がどちらも1強化/分である場合，二つのレバーへの反応率の比は1:1になることが期待される（マッチング法則*）．だが，実際には，1:1.2のように，期待される値から逸脱することがある．マッチング法則の式では，左レバーでの強化率をr_L，右レバーでの強化率をr_R，左レバーへの反応率をR_L，右レバーへの反応率をR_Rとした場合の予測式，すなわち，$R_R/R_L=k(r_R/r_L)^a$において，kの値が1から逸脱する（先の例では$k=1.2$となる）ことを意味する．偏好の原因としては，装置のゆがみ，被験体の位置偏好，報酬の質的な差異，実際の強化率が手続き的に明記された値と異なることなどがある．

胚移植 [embryo transfer] ⇨ 人工授精

ハイイロガン [graylag goose] 学名 *Anser anser*．茶色がかった灰色をしており，くちばしは肉色．全長約80 cm，体重約3 kgでマガン属のなかでは最大種．ユーラシア大陸北部で繁殖し，ユーラシア大陸南部やアフリカ大陸北部で越冬する．一夫一妻*で繁殖し，非繁殖期は群れまたは家族群で過ごす．次の繁殖が始まるまで子は親元にとどまる．体が大きく，開けた環境にいるため野外での行動観察が容易であり，また人に馴れやすい性質のため，古くから行動学・生態学・生理学的研究の対象種となっている．動物行動学の祖であるK. Z. Lorenz*がハイイロガンを飼育して，刷込み*や超正常刺激*などの研究を行ったことは有名（図）．ハイイロガンが家禽化されたものがガチョウである．（⇨ 定型的運動パターン［図］）

ハイイロガンとともに泳ぐLorenz．人に刷込まれたハイイロガンは，人が立っているときよりも，水中にいるときの方が，より近くに寄ってくる．

ハイエナ [hyena] 食肉目ハイエナ科を構成する4種（ブチハイエナ，シマハイエナ，アードウルフ，カッショクハイエナ）の総称．アードウルフは一夫一妻*のペアで生活し，シロアリ食に特化している．他の3種はクラン（clan）とよばれる群れを形成する群居性であり，狩りと腐肉食を行う肉食である．この食性の違いは下顎の頑強さに影響し，アードウルフは他のハイエナと比べて華奢な下顎をもつ．ハイエナ科のなかで最も研究が進んでいるのがブチハイエナである．ブチハイエナは，個体数が最大80頭からなる群れを形成し，群れの中には非血縁個体が共存する．雄は出生群から分散し，移入先のクランでは雌よりも劣位となる．雌は出生群にとどまり，血縁個体が協力し合う母系社会を形成する．ブチハイエナの一腹子数は多くの場合2頭であり，誕生直後に幼獣間で激しい攻撃行動がみられる．その結果，幼獣の一方が死ぬこともある．雌の外部生殖器は肥大しており，外見上，雄の生殖器と類似した偽ペニス（pseudopenis）となっている．雌同士が出会ったときには，この"偽ペニス"を相互に確認する，儀式化*された挨拶行動*を行う．このほかにも，連合形成，仲直り行動などの葛藤解決行動，母系順位の継承など，複雑な社会行動*を行う．これらの行動は，マカクやヒヒなどの真猿類でみられる社会行動と類似しているため，ブチハイエナは洗練された社会的知性を備えていると考えられている．

バイオテレメトリー [biotelemetry] 生体遠隔測定ともいう．生物の位置・行動・生理情報を，生きたまま，離れた場所で収集するために，電波などで送る技術．飼育下および野外で利用され，水中では超音波*によって情報を送信する．また，医療用として体温，代謝や姿勢の監視などにも幅

広く応用されている．センサー，情報処理装置，バッテリー，送信機，受信機からなる．送信機は，動物の体表面に装着したり，体内に埋め込んだり，あるいは首輪や足輪に付けるなどして用いられる．受信は地上局や衛星によって行われる．得た情報を一時メモリーにためておき，定時に送信したり，受信側から指令を送ってデータを送信させたりもできる．携帯電話回線を利用したシステムも構築されている．(⇌バイオロギング)

バイオフィードバック［biofeedback］　おもに医学分野で用いられる用語で，ヒトの体内の生理状態などを情報として本人に見せ，フィードバックして自分の体内の現在の状態をリアルタイムで把握すること．脳波や血圧測定などが使われる．これまで知ることができなかった体内の状態を知ることで，意図的に制御することが可能であることも示された．たとえば自分の血圧状態を知ることで，興奮状態を安定させることもできる．リアルタイムのモニターシステムは動物の管理にも応用されている．たとえば運搬中の動物の心拍をモニターし，より安定した輸送を行うなどである．

バイオフィリア仮説［biophilia hypothesis］　生命もしくは生命に似たシステムに対する愛情のこと．ドイツの社会心理学者 E. S. Fromm が，生きているものすべてに対してひきつけられる心理的適応を表すための言葉として最初に用いた．米国の社会生物学者 E. O. Wilson* も，人間は潜在的に他の生物との結びつきを求める傾向があり，人間がもつ自然への深い愛情は生物学の根本を成す，とバイオフィリア仮説を支持した．人間が自然を好むのは進化の産物であると仮定されている．一般の人々が命の危険にさらされている家畜や野生動物の世話をしたり，家の周りに木や花を植えたりするのも，この仮説で説明される．

バイオミメティクス［biomimetics］　＝生物模倣学

バイオロギング［bio-logging］　動物に装着あるいは体内に埋め込んだ，メモリー・CPU・センサー（圧力，温度，加速度，光，画像，地磁気，GPS 位置情報など）からなるデータロガー*（小型電子情報記録装置）によって，動物の位置，行動，生理情報を記録し，解析する技術（図）．バイオテレメトリー*は位置や体温などの情報を電波で遠隔地から取得する技術のこと．日本の研究者グループが提唱した学術用語で，1970 年代から海生哺乳類や海鳥で利用され，彼らの海上での移動や採食行動，体温調節や代謝に関する研究が劇的に進んだ．ふつうは，再捕獲したり切り離したりしてデータロガーを回収してデータを得るが，衛星や携帯電話回線などを利用した通信システムでデータを取得することもできる（⇌バイオテレメトリー）．あごの運動，羽ばたき，捕食動作，移動，といった情報を秒・m 単位の細かい精度でしかも長時間記録することで，獲物の捕獲，パッチ内での探索，パッチ間の移動，季節移動*などさまざまなスケールでの行動を総合的に理解することを可能にした．

電波発信機とデータロガーを付けたアデリーペンギン．バイオロギングにより，刻々と変化する位置情報や体温などの生理情報を記録することが可能になった．

媒介行動［mediating behavior］　＝仲介行動

媒介変数［intervening variable］　直接観測できないが，独立変数*と従属変数*の関係を予測するために用いられる潜在的な変数．たとえば，水を摂取するための行動を説明する場合，水の遮断時間は独立変数，水を得るためのレバー押しの量が従属変数となる．ここでは"のどの渇き"という媒介変数が考えられる．B. F. Skinner* はそのような媒介変数を用いることは動物の行動を予測できる可能性を高めないため必要がない，それどころか，行動の原因を追究する妨げになると考えた．その一方で，N. E. Miller は複数の独立変数と従属変数が関係しているときには媒介変数を用いることで理論を簡潔にすることが可能であると主張した．上記の例でいえば，独立変数としては水の遮断時間のみならず食塩水の投与も考えられ，従属変数としてはレバー押しのみならず，水

が苦くてもどれだけそれを飲み続けるかなどの他の変数も考えられる．そのように水の摂取行動を説明する独立変数と従属変数が複数存在する場合に，"のどの渇き"という媒介変数はそれらの変数間の関係を記述するにあたり理論を簡潔にすることに貢献する．

配偶相手の探索［mate searching］　有性生殖する動物には，交配して受精が起こるためには，両性の個体が接近あるいは接触する必要があるものがいる．体内受精*の場合はもちろん，体外受精*でも精子の受渡しの際に両性が近くにいる必要がある場合である．その際に，近くにいる異性個体を見つける必要がある．探索は，雄が行う場合，雌が行う場合，両性とも行う場合がみられる．また，片方の性が発する信号を手がかりとしてもう一方の性が探索する事例では，性フェロモン*，光，鳴き声などの音など信号の種類は数多い．信号を発する性は雌の場合も雄の場合もあり，たとえば昆虫で雌が微量の性フェロモンを分泌し，雄がその探知に特殊化した大きな触角をもつなど，信号を発する側よりも探索する側の信号探知に特殊化した器官への投資が大きいと考えられる事例もある．

配偶行動［mating behavior］　動物が卵と精子を受精させるために行う，交尾や放卵・放精といった行動．求愛行動や配偶相手に対する選り好み（⇌配偶者選び）といった異性間の相互作用を伴う行動も，配偶行動に含めることが一般的である．より広義には，異性獲得をめぐる同性個体間の闘争行動や，配偶者防衛*，さらに交尾後に行われる，交尾後性選択*や精子競争*についても配偶行動であるとする場合もある．つまり，広義には，繁殖成功と密接に関係し，性選択を介して進化する行動一般を配偶行動とみなす．（⇌性選択，精子競争，配偶戦略）

配偶システム［mating system］　配偶様式ともいう．動物の交配パターンを，配偶相手の数を基準として分類したもの．雌雄ともに一頭の相手と配偶する場合を一夫一妻*，雄のみ複数の相手と配偶する場合を一夫多妻*，雌のみ複数の相手と配偶する場合を一妻多夫*，雌雄ともに複数の相手と配偶する場合を多夫多妻*という．ある個体群にどのような配偶システムが進化し，維持されるかは，おもに繁殖に必要な資源が時間的・空間的にどのように分布しているかにより決まる．ここでいう資源には，餌や営巣場所のような物質資源だけでなく，配偶相手そのものも含まれる．資源が，ある時期，ある場所に集中する場合には，競争に勝利した個体がそれを独占することにより，複数の異性と配偶して高い繁殖成功（⇌適応度）をあげることができる．なわばりをつくる動物では，物質資源をめぐる競争が生じる．競争に勝利した個体は，餌や営巣場所などに関して質の高い資源を占有し，複数の異性と配偶することがある．このとき，独占する資源量に対して何頭の異性を獲得できるかを説明するのが，複婚の閾値モデル*である．配偶可能な雌がある場所に集まっているなどの理由で異性そのものを独占できる場合，ハレムとよばれる状況が成立しうる．どれくらいの異性を独占できるかは，個体群性比だけでなく，実効性比（ある時点における繁殖可能な個体の雌雄比）と密接に関係する．配偶システムは，子の養育に必要な投資量とも密接に関係する．社会的一夫一妻の種では，両性による養育が不可欠であることが多い．しかし，動物全体ではそのような例はむしろ少数派であり，子の養育が必要ない，あるいは養育負担に著しい性差があることの方が多く，配偶システムは多様である．社会的一夫一妻の種でも，遺伝的一夫一妻であることはまれであり，つがい外交尾*が生じることが多い．

配偶子生殖［gametogony］　⇌有性生殖

配偶子認識［gamete recognition］　卵もしくは精子が，受精の際に相手を認識し，受精決定を行うことをさす．配偶子認識は自己・非自己認識，種認識に大別される．自己・非自己認識とは，自己から放出された配偶子を認識し，非自己の配偶子と受精をすることをさす．種認識とは，同じ種から放出された配偶子を認識し受精することをさす．いずれの場合も，精子と卵の相互作用（接着そして融合，精子の卵への走化性，卵による精子の侵入阻害など）が深く関与する．なかでも海産無脊椎動物の配偶子表面に局在するライシンやビンディンとよばれるタンパク質は，多型*に富み，卵と精子の接着の観点から種認識にかかわる．また，カタユウレイボヤの配偶子に存在するテミスとよばれるタンパク質は，種内で非常に多型に富み，自己認識に関与し自家受精を防ぐことにかかわるとされている．これらは配偶子同士の接着や，精子の卵に対する走化性に関係する．

配偶者選び［mate choice］　配偶者選択ともいう．一方の性が何らかの基準で配偶相手に対する選り好み（配偶者嗜好性 mate preference）を示

して行う，非ランダムな配偶．選り好みをするのは雌であることが一般的であり，雌の選り好み*と同義であることが多い．これは，繁殖に対する投資量と関連した繁殖戦略が，雄と雌では大きく異なるからである．雄は精子を低い生産コストで大量につくれるので，多数の雌と配偶することで高い繁殖成功をあげることができる．一方，雌は自身が生産する少数の卵に投資を集中させることで質の高い子を残し，孫以降の子孫数を増やすことで適応度を上昇させる．そのためには，病気にかかりにくいなどの遺伝的特徴をもっていたり（ツバメの雌は免疫力が高い雄を選ぶ），子の養育を精力的に，かつ上手く行うと期待される雄を選ぶ（鳥のバンの雌は脂肪蓄積が多く太った雄を選ぶ．そのような雄はより長時間抱卵してくれると考えられている）．なわばり*の質や婚姻贈呈*など，雌自身の生存や産子数増加，子の生存に有利となる物質利益も，選り好みの重要な基準となる．単に雌に好まれる（多くの異性にモテる）ことのみを基準として選り好みが行われることもある（⇌コピー戦術）．体内受精の動物では，産卵数の調節や精子の選択的利用などにより，配偶相手に対する選り好みが配偶中や配偶後に行われることがある（⇌交尾後性選択）．

配偶者嗜好性［mate preference］ ⇌配偶者選び

配偶者選択［mate choice］ ＝配偶者選び

配偶者防衛［mate guarding］ つがい相手が自身以外と配偶しないようにする行動．ふつうは雄が雌に対して行う．大きく交尾前ガード（pre-copulatory mate guarding）と交尾後ガード（post-copulatory mate guarding）に分けられる．雌が限られたタイミングでのみ交尾可能な場合や，最初の雄としか交尾しない場合には，あらかじめ雌を確保することが雄にとって適応的であり，交尾前ガードが進化する．ある種のヤドカリ*やカニ，ユスリカなどが交尾前ガードを行う（図）．これらでは雄が雌を抱きかかえるなどして交尾相手を確保する．交尾後ガードは，自身の精子が確実に受精に利用されるために行われる行動で，雌が多回交尾*する動物に進化している．トンボなどにみられるタンデム飛行*や，ギフチョウやムササビなどにみられる交尾栓*が知られている．キイロショウジョウバエ*では，交尾時に雄が特殊な物質（ペプチド）を精子と一緒に雌に注入し，それにより雌の再交尾の受容率が低下することが知られている．つがい相手に常に近接し，追尾し続ける"つきまとい行動"は，さまざまな動物にみられる配偶者防衛行動で，ライバル雄の接近を妨げる効果がある（⇌性的ハラスメント）．つきまとい行動は，雌の受精期間に集中的に行われるが，交尾前ガードと交尾後ガードの両方の機能をもつ可能性がある．（⇌精子置換，精子競争）

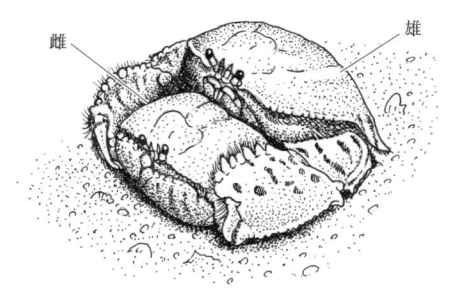

トラフカラッパの交尾前ガード．雄が雌を抱きかかえ，受精可能になるまで交尾相手を確保する．

配偶戦略［mating strategy］ 有性生殖をする動物が異性と配偶し，次世代に子を残すことに貢献する各個体の行動様式．ある個体が条件に応じて繁殖にかかわる行動様式を変化させる場合，"行動を条件的に変化させる"という形質を戦略（条件戦略）とよび，個体内の個別行動を戦術（ここでは特に配偶戦術）とよぶ．ムネアカルリノジコの成鳥雄は青い鮮やかな羽衣*をもつが，なわばりをめぐる闘争の際，鮮やかな羽衣の同性他個体（成鳥雄と若齢雄の一部）に激しい攻撃性を示す一方，地味な羽衣の同性他個体（若齢雄の一部）には寛容である．この条件的行動により，成鳥雄のなわばりの周囲には地味な雄が配置される．地味な雄とつがった雌はつがい外交尾*に積極的であるため，鮮やかな雄はこの条件戦略により高い繁殖成功を獲得すると考えられている．各戦術は個体の配偶戦略を構成する要素であり，戦術間の適応的有利性は必ずしも等しくなくてよい．雄によるサテライト*行動はその一例である．雄間闘争で劣位の雄は，優位雄とつがい雌の周囲を取巻く．この行動により期待される繁殖成功度は闘争に勝利して得られるより低いが，ゼロではないため，配偶戦略の一要素として進化，維持されていると思われる．相対的に有利な戦略は集団に広がり，やがて最も適応的な戦略が固定すると考えられるが，複数の戦略が集団中に維持されることもある．これを代替配偶戦略*という．潮間帯のカイメン

内で繁殖する等脚類のツノオウミセミの雄は，常染色体上の一遺伝子座三対立遺伝子により決まる大型，中型，小型の個体が集団中に共存し（図），これらは別個の配偶戦略を採用している．大型の雄は雄間闘争で繁殖場所（カイメンの小孔）と雌を直接確保する．中型の雄は雌に擬態して大型雄をだまし（⇌雌擬態），繁殖場所に侵入することにより，小型の雄は素早い動きで大型雄の防衛をかいくぐって繁殖場所に侵入することにより，配偶機会を得る（⇌サテライト）．複数の配偶戦略が集団中に維持されるには，各戦略の有利性は時間的，空間的変動を伴いながらも平均的には等価である必要がある．これを維持する機構として，たとえば少数派が有利な状況（負の頻度依存選択*）がかかわっていると考えられる．

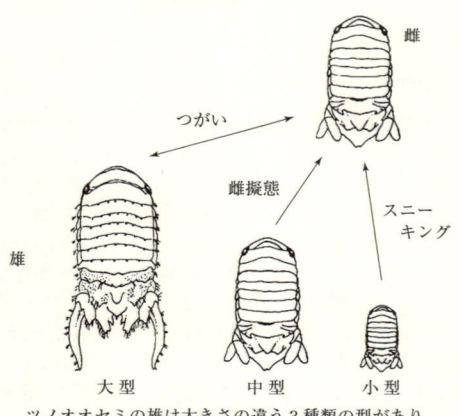

ツノオオセミの雄は大きさの違う3種類の型があり，それぞれに合った配偶戦略をとる．

配偶様式［mating system］　＝配偶システム

背景同調［background matching］　隠蔽色*の最も代表的なもので，体の色・明るさ・模様などが背景と同調している（似ている）ことで隠蔽効果を生む．理論的には，体色パターンは，捕食の危険が最も高い場所・時間において捕食者が見る背景に似ていることが重要である．背景同調にはライチョウの冬羽のように一色のものから，複雑な色斑パターンをもつカレイまで，背景の特性に対応してさまざまなものがある．すべてのカルガモが水辺の枯れ草に似た褐色模様をしているように，背景と同調した体色は，遺伝的に決まっていることがほとんどである．一方で，スズメガ類のなかには，イモムシの色が黒色になるか緑色になるかが生育環境（気温）に応じて決まる種もいる．また，

一生同じ体色である種もあれば，成長とともに変化する種もある．さらに，みずからの体色に似た背景を行動的に選ぶ種や，カメレオンやイカ・タコなどの頭足類に代表されるように，体色を生理的に変化させて背景と同調する種なども知られる．

配色［coloration］　生物のもつ色や模様のパターンのこと．ある生物がどのような配色をもつかはその種の生態と深いかかわりがある．目立つ色彩や模様は同種（異性や同性），異種（天敵や獲物）に対するさまざまな信号として機能し，背景に溶け込むような色や模様は天敵や獲物に対する隠蔽として機能する．たとえば繁殖期の鳥や魚がもつ派手な色と模様の婚姻色*は，同種の異性に対する誘引信号である．昆虫から哺乳類まで多くの生物にみられる斑紋状の模様は，背景と自身の体色を一致させて隠れる機能をもつ（背景同調*）．分断色*は，自身の形態の境界をあいまいにするように色を配した隠蔽模様で，背景と自分の身体の境界をわからなくさせて天敵の目をごまかす．海鳥類や青背の魚などにみられる，上面が暗色で下面が明色のカウンターシェイド*も，獲物や天敵に気づかれないようにする配色による隠蔽の一つである．

媒精［insemination］　⇌授精

排泄行動［excretion］　動物は体に必要な栄養素（水分含む）を食物として体外から取入れ，消化吸収という過程を経て必要なエネルギーや物質を得るが，この際に生じた不要なものを糞尿として体外へ排出する現象である．排ガス（屁）や発汗も排泄であるが，一般的には**排糞行動**（defecation）と**排尿行動**（urination）をさす．特定の場所で排泄する動物種と，排泄する場所を特定しない動物種が存在する．前者にはイヌ，ネコ，ウサギが，後者にはウシ，ヒツジ，ヒト以外の霊長目，鳥類があげられる．哺乳類において，排泄物は社会的な（特に生殖がかかわる）情報源としての機能も果たす．たとえば，イヌやネコの雄は，糞尿によってなわばり*を示すマーキング行動*を行う．雄ネコの尿スプレーは，ネコの飼育者にとって重大な問題行動の一つである．また，ウマやヤギにおいて，雄が雌の尿を嗅いだ直後にフレーメン*を行うのは，雌の尿中に含まれる情報物質を鋤鼻器とよばれる感覚器に送るためと考えられている．排泄は自律神経系*，特に交感神経系*により調節されているので，心理ストレスの簡易的な行動指

標として用いられることがある．たとえばラットの心理ストレスの一つの指標として排泄された糞の個数などが用いられている．

チーターの尿スプレーはなわばりを主張するマーキング行動である．

排尿行動〔urination〕⇌排泄行動
ハイブリッド〔hybrid〕⇌系統(2)
排糞行動〔defecation〕⇌排泄行動
排卵〔ovulation〕 卵巣*で成熟した卵胞が破れ，卵子が腹腔内へ出されること．発情周期*のある動物種では，卵胞の発育に伴って分泌が増加するエストロゲン*により，発情期に性腺刺激ホルモン*の一つである黄体形成ホルモン*の大量分泌が起こって卵胞が破れるきっかけとなる．この大量分泌は，ネコやウサギなどの交尾排卵動物では交尾によって起こる．排卵後の卵子が精子と受精し，子宮内に着床すると妊娠が始まる．

排卵周期〔menstrual cycle〕 ヒトの場合，月経周期ともいう．雌の卵巣*内での卵胞*の発育，成熟，排卵*，黄体*の形成・退行という一連の流れのこと．卵胞の発達は黄体が存在することで抑制されるため，周期の長さは黄体の退行様式に大きく依存する．妊娠が成立しない場合に黄体がすぐに退行する齧歯類などでは周期が短く，ラットやマウスでは4〜5日であり，不完全性周期とよばれる．それに比べて，妊娠が成立しない場合でも黄体が一定期間維持される霊長類や反芻獣の性周期は長く，2週間以上であることが多く，完全性周期とよばれる．排卵が自然に起こる動物は**自然排卵動物**(spontaneous ovulation animal)とよばれるが，フェレット，ウサギやネコといった周期的に排卵が起こらず交尾刺激でのみ排卵が起こる動物を**交尾排卵動物**(coitus-induced ovulation animal)とよぶ．

ハイリゲンベルク HEILIGENBERG, Walter Friedrich 1938.1.31〜1994.9.8 少年期を旧西ドイツのミュンスターで過ごす．オーストリアの動物行動学者K. Z. Lorenz*と隣人として出会って以来，動物行動学に傾倒する．ミュンスター大学とミュンヘン大学で動物学・植物学・物理学を学んだ後，Lorenzが所長を務めるゼーヴィーゼンのマックスプランク研究所で魚類の攻撃性の研究に携わる．1972年，T. H. Bullock*の招きにより，カリフォルニア大学サンディエゴ校に移籍．1994年の航空機事故で没するまで，弱電気魚*の行動，神経生理，神経解剖学の分野で大きな業績をあげた．特に有名な弱電気魚の混信回避行動*の研究では，正確な行動実験データをもとに構築された数理的モデルと神経生理学・神経解剖学的データを組合わせ，感覚入力から運動出力に至る複雑な中枢神経回路を解明した．おもな著書に，『Principles of Electroreception and Jamming Avoidance』(1977年)，『Electroreception』(1986年)，『Neural Nets in Electric Fish』(1991年)がある．

ハインド HINDE, Robert Aubrey 1923.10.26〜 英国の動物行動学者，ケンブリッジ大学名誉教授．1960年代にアカゲザルの行動研究を開始し，W. H. Thorpe*とともにケンブリッジ大学動物学部に本能研究と学習研究を統合する動物行動学研究部門を設立することに尽力した．以降，この研究部門は英国における動物行動研究の拠点として，行動生態学，神経行動学分野，ヒューマン・エソロジーの発展に大きく貢献した．著書に『Animal Behaviour(動物行動学)』(1966年)，『Biological Bases of Human Social Behaviour(人の社会行動の生物学的基礎)』(1984年)などがある．晩年は，宗教や戦争の科学的理解，戦争の廃絶に向けて活動している．

吐き戻し〔regurgitation〕⇌嘔吐
ハキリアリ〔leafcutter ant, leafcutting ant〕**養菌性アリ**(fungus-growing ant)ともいう．中南米にすむ"植物食性"のアリで，作物を加害する重要害虫を含む．"植物食性"には語弊があり，収穫した植物(ふつう葉と茎)を直接食べるのでな

く，植物体を粉砕した上に菌を接種し栽培したキノコ(担子菌類)を食べる．すなわち"農業"を行う昆虫なのである．女王は婚姻飛行*前に母巣の菌園から菌糸を一部切り取り頭部にある特別の器官に収納して旅立ち，コロニー創設時に新しい菌園に植え付ける．巨大な巣を作るグループを含み，ブラジルのハキリアリの一種のある平均的なコロニーでは，地中に1900を超える部屋をもち，掘り起こされ地上に積み上げられた土は40 tにも達したという．ワーカー数百万を超す巨大コロニーをもちサブカースト(⇌カースト)の間でフェロモンや物理振動など複数の方法を組合わせ複雑なコミュニケーションを示す種もいる一方で，ワーカー数百からなる比較的単純な小さな社会をもち，葉を食べるチョウ目昆虫の幼虫の糞を採集しその上にキノコを栽培する種まで多様である．葉を直接採取しないこれらの種を含めると14属から約230種が記載されている．

白 質 [white matter]　⇌大脳皮質

爆発性攻撃行動 [sudden onset aggression]　⇌特発性攻撃行動

博物誌 [natural history]　⇌自然史

薄暮活動性の動物 [crepuscular animal]　⇌昼行性

激しい選択 [hard selection]　⇌群選択モデル

羽 衣 [plumage]　⇌羽衣(うい)

ハゴロモガラス [red-winged blackbird]　学名 *Agelaius phoeniceus*．スズメ目ムクドリモドキ科に属す．"カラス"とあるがカラス*の仲間ではない．雄は全身真っ黒で，肩にエポレットとよばれる赤と黄色の羽をもつ．雌は褐色のムクドリ大の鳥である．おもに北米のヨシ原などの湿地帯に生息し，巣を見つけやすく，繁殖期の観察もしやすいため，ヨーロッパのシジュウカラ*同様，鳥の生態研究のモデル生物として，生理，遺伝，行動，生態まで，多数の論文が発表されている．一夫多妻*の繁殖システムをもつことでもよく知られている．ハゴロモガラスが属するムクドリモドキ科は南北アメリカ大陸に固有のグループで，托卵*で有名なカウバードや，南米にすみ吊り巣を作るオオツリスドリ(oropendola)など，多種多様な行動様式をもった行動学的にも興味深いグループである(⇌巣[図])．

場所学習 [place learning]　迷路課題をはじめとする空間学習*の実験において，迷路*の構造やランドマーク*の配置などの認知地図を学習す

ること．反応学習*と対比的に用いられる．たとえば，南から北に向かって進み，ある場所で東と西に道が分岐しているようなT迷路において，右に曲がることが正解で報酬が得られるとする．この訓練でラットはT迷路(⇌迷路[図])で右に曲がる，すなわち東に向かうことを学習する．場所学習の考え方においては，この訓練で学習されたのは"右に曲がる"という反応ではなく，"東側に報酬がある"という空間的知識である．そのため，迷路を180°回転させて北側から曲がり角に進入させた場合には，右ではなく左に向かって反応することを予測する．場所学習が生じていれば，過去に使用した経験のない経路を使ったショートカットなども可能となる．なお，ある特定の場所において報酬や罰を与えるという古典的条件づけ*手続きによって，その場所に対する選好や忌避が学習されることをさす場合もある．(⇌空間学習，空間記憶，認知地図，条件性場所選好)

場所細胞 [place cell]　場所ニューロン(place neuron)ともいう．動物が空間内のある特定の位置にいるときに活動電位*の発火頻度が増大する神経細胞．1971年John O'Keefeらによってマウスで報告され，その多くは海馬背側部に存在する．最も強い反応を起こす場所を**場所領域** (place field)とよび，場所領域は細胞によって異なる．動物が新しい環境に遭遇すると，数分以内に新しい場所領域が海馬*の錐体細胞に形成され，環境が変化しない限り維持される．場所細胞の活動は，動物が視覚的手がかりや探索経験に基づいてどこにいると"考えているか"を反映している．また，場所細胞は単に空間内の特定の位置を符号化しているだけでなく，次の瞬間にいるべき位置をも表現している．右から来たのか，それとも左から来てそこにいるのか，移動の経路や履歴によって活動が異なるのである．さらに霊長類の海馬からは，動物が今いる位置にかかわらず，その視線を部屋のどこに向けているか，によって活動を変える細胞も見つかっており，これは視線細胞(gaze neuron, gaze cell)とよばれる．このことは海馬がカーナビのような他者中心座標系の位置表現だけではなく，移動の経路や目的地のような出来事(エピソード)の要素も表現していることを示す．海馬が損傷すると空間記憶やエピソード記憶*の形成が阻害されることは，ラットからヒトまで広く報告されている．さらに，マウスの脳に遺伝子

操作を施し，海馬に限定してNMDA受容体（グルタミン酸受容体の一種）の機能を抑制すると，その結果，空間学習が阻害される．これらのことから，海馬の場所細胞の応答特性は長期増強*を通して変化し，この変化が空間やエピソードの記憶形成を担っていると考えられている．

場所ニューロン［place neuron］＝場所細胞
場所領域［place field］⇌ 場所細胞
パス解析［path analysis］⇌ 構造方程式モデル
バーストパルス［burst pulse］⇌ ホイッスル
パーセンタイルスケジュール　［percentile schedule］　自発された反応が，過去に自発された反応分布中のどこに位置するかで強化基準を定める強化スケジュール*．たとえば，ラットの1回のレバー押しの持続時間をより長くしたいとしよう．典型的にはレバー押し持続時間は短いため，仮に"6秒以上押し続けられたレバー押し行動"を絶対基準としてオペラントのクラスを設けても，要求を満たす行動の自発可能性は低い．パーセンタイルスケジュールでは，たとえば，過去50反応の持続時間の分布に対し，次に自発された持続時間が上位25％以内に位置する場合には強化を行うなどという相対基準を利用する．強化基準がみずからのこれまでの行動遂行に相対的に決定されるため，強化頻度を常に一定に保ち行動自発を維持しながら，分化強化*により反応形成*を行うことが可能である．

パーソナリティ［personality］＝行動特性
パーソナリティ障害［personality disorder］＝人格障害
バソプレッシン［vasopressin］　末梢血管を収縮させる作用をもつことからvaso（血管）＋press（圧迫）＝バソプレッシンという名前がつけられたが，腎臓で水の再吸収を活性化させて尿量を減少させる作用ももつため抗利尿ホルモン（antidiuretic hormone）ともいう．脱水時など体内の水分が少なくなると，それに伴う血漿の浸透圧上昇が刺激となり，脳内の視床下部のニューロンで産生されたものが下垂体後葉から分泌される．腎臓以外に脳にも作用していることが知られており，副腎皮質刺激ホルモン放出ホルモンと同様にストレス条件下で合成分泌が高まり下垂体前葉からの副腎皮質刺激ホルモン*分泌を誘起するなど，HPA軸*を中心とした生体のストレス反応*にも重要な役割をもつ．また脳内にも受容体が広く分布し，睡眠覚醒調節や摂食行動に加え，雄のなわばり行動や攻撃行動を促進する．また，プレーリーハタネズミでは一夫一婦*制の形成に必要であることが知られている．ブタ類はアルギニンがリシンに置換されたリシンバソプレッシンをもつが，それ以外のほとんどの哺乳類においてバソプレッシンはアルギニンバソプレッシンである．

ハダカデバネズミ　［naked mole-rat］　学名 *Heterocephalus glaber*．齧歯目デバネズミ科ハダカデバネズミ属．体長8〜9 cmの小型の齧歯類で平均31年の長寿命とがん耐性という特徴をもつ．アフリカのケニア，エチオピア，ソマリアの地下に分布．哺乳類ではきわめて珍しい真社会性*とよばれる分業制の集団社会を形成．最大300頭にもなる一つのコロニーの中で，繁殖に携わるのは1頭の雌（女王ともいう）と1〜数頭の雄（王ともいう）のみである．残りの個体は非繁殖個体として，巣の拡張，餌集め，子育て，敵の撃退など巣内の仕事に従事する．コロニー内では近親交配を繰返すため血縁度が著しく上昇しており，これが真社会性の形成を促したという説もあるが議論が続いている．近年，下位の非繁殖個体の視床下部室傍核におけるオキシトシン*ニューロン数が繁殖個体より多いことが判明し，真社会性の制御に関与するか今後の解析が待たれる．

哺乳類できわめてまれな真社会性動物であるハダカデバネズミ．体毛がなく前歯が突出していることから，命名されている．アフリカ東部の地下にトンネルを掘ってコロニーをつくって生息している．

働かないアリ［inactive worker］　アリでみられる，長時間の観察でもほとんど労働とみなせる行動をしないワーカー*のこと．これを説明する至近要因*として仕事に対する反応閾値の個体変異があげられている．（⇌ 反応閾値モデル）

働きアリ　⇌ ワーカー

パターン形成［pattern-formation］　空間的・時間的に一定の法則に従った規則正しいパターンが自律的につくられることをさす．パターン形成という言葉自体は学問を限定することなく一般的に広く使用されるが，生物学では，個体群，体表

や組織，細胞構造に観察される規則正しいパターンが自律的につくられる現象を示すことが多い．たとえば，動物の体表の規則正しい縞や水玉模様，毛根の位置の整列性，胚発生時における時空間的に規則だった体節の繰返しパターン，粘菌の集合パターン，体の左右非対称な遺伝子発現パターンなど，さまざまな局面で観察される．生物界においてパターン形成を起こす原理としてチューリング・パターン（Turing pattern）が有名である．英国の数学者 A. M. Turing は 1952 年，二つの拡散因子の拡散速度が異なり，ある一定の反応条件を満たすときには，自律的に縞や水玉の模様が安定に現れることを証明し発表した．さらにチューリング・パターンが生物界に実在する証明として，1995 年に近藤滋がタテジマキンチャクダイの体表面の模様（図）ができる過程をチューリングの理論を用いて説明した．現在では，多くのパターン形成過程において，細胞間コミュニケーションを担う分子が同定されつつあり，パターン形成をひき起こす分子実体の解明が急速に進んでいる．

タテジマキンチャクダイの模様にみられるチューリングパターン

ハチ［wasp, bee］　ハチ目（膜翅目）に属する昆虫．完全変態で全種が半倍数性*の性決定様式をもつ．世界で約 13 万種，うち日本では約 4 万種が記載されている．ミツバチ*，マルハナバチ，寄生バチ*など農業資材として重要な種を多く含む一方で，スズメバチのように衛生上危険を伴うものもいる．伝統的分類では，胸部と腹部の間にくびれがなく幼虫が食葉性であるハバチ亜目（広腰亜目，英名 sawfly）と，胸部と腹部の間がくびれるハチ亜目（細腰亜目）に分ける．ハチ亜目はさらに寄生バチ類と有剣類に分かれる．有剣類の針は産卵管が変化したもので，したがってハチの雄は針をもたず刺さない．有剣類のなかには幼虫の成長のためのタンパク質源として花粉を専門的に利用するようになったグループである花バチ（bee）がおり，それ以外の大多数のハチ亜目は肉をタンパク質源とするため狩りバチ（wasp，寄生バチの場合は parasitic wasp とよぶ）とよばれる．ただし寄生バチのなかにはタマバチの一部のように二次的に植物食に転じたものもいる．スズメバチやミツバチなど真社会性*を示すものが多く，全生物分類群のなかで不妊のカースト*が独立に進化した回数が最も多い分類群とされ，血縁選択*説の提唱者 W. D. Hamilton* が 3/4 仮説* を導く背景になった．

8の字ダンス［figure-of-eight dance］　⇒ ミツバチのダンス

罰（行動）　⇒ 処罰

罰（心理）［punishment］　報酬*に対応させて用いられる場合には，反応を弱める働きをもつ，反応直後に与えられる刺激をいう．この用語はおもに，離散試行手続き*で行われる道具的条件づけ*の場面で使用される．一方，フリーオペラント手続き*におけるオペラント条件づけ*の場面で，強化*に対応させて用いられる場合には，反応直後に刺激変化を与えることでその反応率が低下する事態・過程・手続きをいい，このときの刺激変化を罰子（punisher）とよんでいる（これが上述した報酬に対する罰に相当する）．しかし最近では，こうした混乱を避けることもあって，日本語ではそれぞれを弱化*，弱化子*ということが多くなった．

発火［firing］　⇒ 活動電位

パック［pack］　⇒ オオカミ

バックアップ強化子［backup reinforcer］　⇒ トークン強化子

バックプロパゲーション［back propagation］　⇒ 誤差逆伝播学習

羽づくろい［preening］　鳥がくちばしや脚を用いて，羽衣*を整えたりメンテナンスする行為．水浴びや砂浴び*と同様のクリーニング行動の一つで，常に外界に接している羽毛を良い状態に保ち，汚れを落とし，防塵性，防水性を維持する．羽づくろいの主目的は，尾羽の付け根に位置する尾（脂）腺より分泌した脂を全身の羽衣に塗ることであり，くちばしを使い羽 1 枚ずつをクシですくようにして行われる．また，くちばしで乱れた羽を整える行為には，離れた羽枝同士を再びつなぐ効果もある．また寄生虫や細菌によって傷んだ羽毛の表面を修復する効果があることが知られている．尾腺の脂だけでなく，一部の鳥類が用いる粉

綿羽*についても，羽づくろいにより塗布される．

罰子［punisher］　＝弱化子
発情間期［diestrus］　⇌発情周期
発情期［estrus］　⇌発情周期
発情休止期［anestrus］　⇌発情周期
発情後期［metestrus］　⇌発情周期
発情周期［estrous cycle］　繁殖期の未妊娠雌でみられる，雄の交尾行動を受入れる発情状態の定期的な繰返し．発情休止期（anestrus, 発情間期 diestrus），発情前期（proestrus），発情期（estrus），発情後期（metestrus）の四つのステージからなる．発情状態は卵胞ホルモン（エストロゲン*）に依存するため，多くの動物では発情周期と排卵周期*が一致する．季節に応じた繁殖期をもつ動物では，その繁殖期に1回だけ発情を示す動物種（シカ，オオカミなど）と一つの繁殖期に複数回の発情周期をもつ動物種（ウシ，ウマ，ヒツジなど）がいる．

発情前期［proestrus］　⇌発情周期
発生［development］　⇌個体発生
発声［vocalization］　動物行動研究において対象となる発声とは，一般には，哺乳類などの声帯*や鳥類の鳴管*の振動により産出される，空気，水などの媒体を伝わる粗密波のうち，対象動物種の可聴域に属するものをいう．しかし，クジラ類は声帯によらずにそのような波を出力するし，ヒトも声帯以外の唇などの振動による音声をもつ（⇌言語音）など例外があり，厳密な定義は難しい．音響コミュニケーションに用いられる音には，昆虫においてみられる翅や足の摩擦などによる振動音もあるが，通常，これらは発声の範疇に含まない．多くの動物種の発声パターンは生まれつきのもので，それ以外のパターンをあとから獲得できる（発声学習*能力をもつ）種は少ない．なお，齧歯類・カエル・クジラ類・コウモリなどでは20 kHzを超える超音波*で鳴く種もいて，発声を記録するためには，ヒトの聴覚域を超えた高音域の記録装置が必要である．（⇌発声行動）

発生学［embryology］　胚（embryo）の発生過程の記載やその機構解明を中心に生物個体の生殖や分化・成長を研究する生物学の一領域．アリストテレスの『動物発生論』を発端とする．19世紀に入ると，発生現象が生物進化の証拠と考えられた．その代表がE. H. Haeckelの"生物発生原則"（反復説，1866年）である．そして，1920年代のH. Spemannの両生類胚を使った形成体による誘導現象の発見およびその発生学領域での初のノーベル賞受賞は，胚を対象とする実験発生学の画期的な出来事であった．1950年代になると，発生現象を支える生体物質の関与や遺伝子の作用・情報発現との関連が追及されるようになる．そして，専門雑誌の創刊とともに，胚発生に限定せず，プログラムされた細胞死，老化，クローン，がん化なども含む発生現象全般を問題とする領域として**発生生物学**（developmental biology）の名が定着するようになった．現在では，生殖医療技術や再生医療などにも基礎的知見を提供している．

発声学習［vocal learning］　生まれつきもっているもの以外の発声パターンを，聴覚経験に基づき模倣によって獲得すること．たとえばオウムや九官鳥が"おはよう"という音のパターンを憶えて発声するようになることがあげられる．当然，ヒトにはこの能力があるが，ヒト以外の類人猿においては，発声学習能力の存在を明確に示す証拠は示されていない．ヒト以外では，スズメ目・オウム目・ハチドリの仲間，クジラ類など海生哺乳類の一部，コウモリの一部，ゾウの仲間が発声学習能力をもつことを示す科学的な証拠がある（もちろんどのような音声でも模倣できるというわけではない）．この能力の有無については，発声器官の構造によるという見方がある一方で，発声器官を制御する延髄の神経部位に対し，大脳皮質からの直接の連絡があることが決定的に重要であるとの説もある．**音声学習**（auditory learning）という場合には，発声学習に加えて，音声信号と行動との連合学習（たとえば，"おすわり"，という音声に対して座る），すなわち聴覚学習をさす場合もある．

発声行動［vocal behavior］　発声*すること．求愛やなわばり防衛（⇌なわばり性攻撃行動）などに関連した膨大な発声行動研究がある．このような個体間コミュニケーションにおいては，発声する個体は信号の送り手であり，また受け手となる個体が存在する．コウモリやクジラ類などの発声行動には，反響定位*という重要な役割もある．この場合，信号の送り手と受け手は同一である．他の状況での発声行動もしばしば観察される．たとえば，鳥類には単独で，かつ周囲の個体に聞こえないような大きさでさえずるものもいる．このような行動の適応的な意義は完全に明らかになっているわけではない．コミュニケーションや反響定位の手段には発声以外に，たとえば，視覚的な

ディスプレイ*や電気的な信号がある．発声を使うことの利点は，比較的遠方にまで信号を伝達できること（低周波音を使うゾウでは，1～数km離れた他個体の音声に対して応答するという報告がある）や遮蔽物を回避できることなどがある．

発生生物学［developmental biology］ ⇒発生学
発生的拘束［developmental constraint］ ⇒制約
発生的制約［developmental constraint］ ⇒制約
バッタ ⇒トノサマバッタ，サバクトビバッタ
発 達［development］ 受精卵または単為発生卵が成体になるまでの過程．特に出生までの期間を発生（個体発生*）とよんで区別することがある．発達過程にある個体は運動能力，生理機能の獲得に加え，情動や社会性を獲得する．初期の心理学や生物学では発達の規定因が遺伝など生得的なものか，学習など環境とのかかわりによるものなのか論争が展開された．現在では，遺伝と学習の両方が統合されるという考え方が主流である．発達という語のとらえ方にも分野による違いがある．医学では身長や体重が大きくなる身体機能的な成熟である"成長"との対比で使われ，言葉や運動を憶えることを"発達"という．心理学においては発達の構成要素として成長・成熟・学習を含めることもあり，その定義は一様ではない．共通する発達の定義としては，脳を含めた身体の機能や構造が分化，統合されて個体が機能上より有能に，また構造上より複雑に変化していく過程を意味している．

発達期［developmental period］ 動物の発達期はおおむねつぎのように分類される．まず哺乳類では出生前の時期を胎生期（fetal period，胎児期）または出生前期（prenatal period）とよび，この時期において身体の各器官が形成される．出生後数日から数週間の間，生存のすべてを母親に依存している時期を新生児期（neonatal period，新生仔期）とよぶ．その後視覚や聴覚などの五感が発達する移行期*を経て，社会化期*（鳥では特に感受期*ともよばれる）を迎える．この期間において動物は身体的発達のみならず種に特有の社会行動を獲得する．離乳後から性成熟*を迎える時期を若年期（juvenile period，弱齢期）とよび，生殖器官の発達が完了する性成熟期*を経て，成年期（adulthood）に至る．各ステージの期間は種によって異なり，たとえばイヌでは出生後2週間までを新生仔期，2～3週間までを移行期，3～12週間くらいまでを社会化期，その後性成熟を迎える6～12カ月齢までを若年期として分類する．他の哺乳類と比較してヒトを含む霊長類では，全般的に発達がゆっくりしている．たとえばチンパンジーでは，5歳頃に弟妹が産まれて離乳が完了するまでを母親に依存して過ごし，10歳前後に性成熟を迎える．（昆虫などの無脊椎動物に関しては変態*を参照されたい）

発達ストレス仮説 ［developmental stress hypothesis］ 鳴禽類*の歌（さえずり*）の質は，栄養条件のような発達時のストレス要因に左右されるため，配偶者選び*やなわばり*保持のような繁殖期における成鳥の歌発声は，発達にかかわる個体の質を宣伝する正直な信号*として機能しているだろう，とする仮説．この仮説が提唱された背景には，鳴禽類の歌形質とそれを支える歌学習能力が性選択*によって進化したと広く受入れられてきたにもかかわらず，他の多くの性選択形質とは異なり，個体のコンディションの変化を直接反映しにくい，という矛盾があった．これは，歌学習はおもに初期発達過程の学習臨界期（感受期*）に起こり，発声学習完了後には歌が固定化（結晶化*）するため，学習に依存して獲得された歌の特徴は以後変化を受けなくなることによる．本仮説によるならば，質の高い歌をさえずる個体は，ストレスの少ない条件下で生育しており，良好な歌学習に反映されるような良い神経発達を遂げてきたと考えることができる．

パッチ［patch］ ⇒パッチモデル，メタ個体群

パッチモデル［patch model］ いくつかの餌場やなわばり（これをパッチとよぶ）を想定し，それぞれのパッチに量や質に関するさまざまな条件の餌が与えられたとき，どのパッチをどのように利用したときに適応度*が最大となるかを解析するモデル．最適採餌理論*でよく用いられる．一般的には，各パッチでの餌供給量は有限であり餌の量は時間とともに減っていくため，特定のパッチにとどまって採餌を続けるよりもある時点で別のパッチに移動した方が有利である．また，パッチ間の移動には移動時間というコストがかかるため，餌の量や質が劣るパッチは避けるべきである．しかしこうした短期間の集合であっても，その群れの中で情報の交換が行われる可能性はあるので，情報センター仮説*と対立するものではない．

発電器官［electric organ］ ⇒弱電気魚
発電細胞［electrocyte］ ⇒弱電気魚

抜毛癖［trichotillomania, hair pulling］　動物が，自分の毛を抜き続ける行動．かゆいときに毛を噛むなどの行動は，正常行動としての身づくろいである．しかし葛藤＊・欲求不満＊状態では，葛藤行動の一つである転移行動＊としての抜毛行動が発現する．その状態が持続する場合には，時には常同化（⇌ 常同行動）して抜毛癖に発展する．自分の毛を抜き続け，重篤化すると出血を伴い，傷口から細菌感染が起こることもある．このような場合でも，一般に皮膚のアレルギー性の発疹は認められないのが特徴である．抜毛癖の原因は，過密飼育によるストレスなどさまざまなものが考えられている．マウスを用いた実験では，糖とトリプトファンの含有量が高い餌を摂取すると抜毛癖が多発することがわかっており，栄養状態の関与も示唆されている．（⇌ 自己指向性行動）

ハーディー・ワインベルグの法則［Hardy-Weinberg law］　ハーディー・ワインベルグ平衡（Hardy-Weinberg equilibrium）ともいう．自然選択・突然変異・移出入がなく，任意交配（自然交配）が行われている無限に大きい集団（個体群）では，世代が変わっても遺伝子頻度は変化しないという集団遺伝学の法則．進化が起こらない状況を想定しているため，現実には，個体の移動能力の大きさや交配がランダムに起こるわけではないことを考えるとこのような状況は生じにくい．単純な1対立遺伝子（A, a）をもつ2倍体の場合，対立遺伝子 A の遺伝子頻度を p，対立遺伝子 a の遺伝子頻度を q とすると（$p+q=1$），考えられる三つの遺伝子型の頻度は，それぞれ，AA では p^2，Aa では $2pq$，aa では q^2 になると予測される．実際に観測された遺伝子頻度が，ハーディー・ワインベルグ平衡から予測される遺伝子頻度と有意に異なる場合には，その集団（個体群）に何らかの自然選択圧，個体群の分断化，性選択などが生じていることを意味する．

ハーディー・ワインベルグ平衡［Hardy-Weinberg equilibrium］　⇌ ハーディー・ワインベルグの法則

ハト［pigeon, dove］　ハト目ハト科カワラバト属に属する鳥類の総称．野生種のカワラバト（dove）を家禽化したものがドバト（pigeon）である．伝令や愛玩を目的として，世界中でさまざまな品種がつくられている．全身が青灰色，翼はやや黒，脚が赤く，頸部は金属光沢のある緑紫色である．比較認知科学（動物心理学＊）や行動分析学などの心理学分野における行動研究の標準的なモデル動物として用いられている．特に鳥類の視覚能力の知見は，その多くがドバトを用いた研究から得られている．鳥類の脳研究にも広く用いられており，鳥類の脳機能・構造の理解は，ドバト研究によるところが大きい．

パニック［panic］　暴発行動（discharge）ともいう．恐怖などで極度に混乱した状態をさす用語であるが，きちんとした定義はまだない．また個人の心理状態だけでなく，群集心理の観点でも用いられ，予期しない突発的な危険に遭遇して，強烈な恐怖から群集全体が収拾しがたい混乱に陥るような状態をさす．パニック状態では，個人は目前の恐怖となる対象から逃避的な行動をとるが，その際に各個人は的確な判断ができなくなり，互いに模倣的な行動をする一種の同調現象が生じる．人だけでなく動物の場合も突然の大きな音などで強いストレス＊を感じたときに，そこからの逃避行動をとろうとする．たとえば犬や鳥などが大きな音の後に壁に何度も体当たりをする，といった暴発行動をとることが報告されている．ハキリアリ＊の一種の集団を使ったパニック実験がある．ガラスシャーレに多数のアリを閉じ込め，その直径の両端に小さな出口を空ける．通常の状態でア

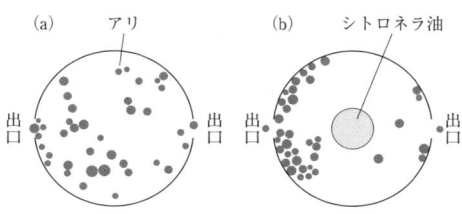

（a）アリ　　　　（b）シトロネラ油

出口　　　　　　　出口　　出口　　　　　　　出口

ハキリアリのパニック実験．●の大きさはアリの数を表す．嫌いなシトロネラ油を置くとアリは逃げ惑って片方の出口に殺到する．

リの退出を観察すると，ほぼ左右の出口を均等に使って出ていくが（図a），シャーレ中心部にアリが嫌うシトロネラ油を加えると，アリは逃げ惑って片方の出口に集中し，左右対称に出口が使われなかった（図b）．さらに同様の実験で，出口付近に円柱を置いて退出を邪魔したところ，円柱を置かないときより退出時間が短くなった．これは人間の場合も確認されており，出口付近の障害物によってパニックによる殺到が抑えられ，その結果個体同士の衝突数が減って脱出時間が短くなったためである．

パニック障害［panic disorder, PD］　動悸，

発汗，震え，息切れ，息苦しさ，胸痛，めまい，吐き気などといった身体的な症状を伴った，突如生じる強い恐怖，不安の発作である．パニック*発作が繰返されることによって特徴づけられる不安障害（⇌不安）．パニック発作に襲われると，今にも死にそうであると感じ，病院の救急救命室に助けを求める人もいるが，身体的には異常が見つからない．パニック障害を患う人の多くは，発作にまた襲われるのではないかという予期不安に苦しむ．この予期不安によって，パニック発作が起こりそうな場所や発作が起こったときに逃げられない場所に行くことに恐怖を感じる，広場恐怖を伴う人もいる．広場恐怖のために，外出を恐れて何年も自宅に引きこもってしまう人もいる．

ハブ［hub］　ネットワークにおいて，次数*の非常に大きい頂点をさす．たとえば日本国内の空港を頂点，定期航路を辺とする航空網のネットワークでは羽田空港や伊丹空港がハブである（図）．ネットワーク科学ではハブがしばしば重要な役割を果たすと考えられている．ハブをネットワークから除去するとネットワークが容易に分断されてしまうことや，ハブに相当する人物に優先的にワクチンを投与することが感染症の蔓延を防ぐうえで有効であることがいわれている．

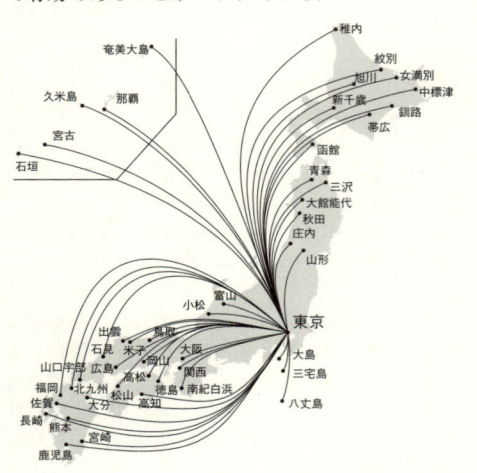

バブリング［bubbling］　⇌ 喃語

ハプロタイプ［haplotype］　ある領域におけるDNA配列の多型のこと．ミトコンドリアは1個体が1ゲノムをもつため，タンパク質コード領域であるかどうかを問わず，恣意的に区分されたある領域の配列がハプロタイプとなる．核ゲノムの場合，個体の倍数性により個体内に複数のハプロタイプが存在しうる．たとえば，二倍体では最大二つのハプロタイプ，三倍体なら最大三つのハプロタイプが1個体内に存在しうる．ハプロタイプの多型は，個体間の血縁度*，ハプロタイプ間や個体群間の系統関係などを推定する遺伝マーカーとして用いられる．

パブロフ　PAVLOV, Ivan Petrovitch　1849.9.26〜1936.2.27　ロシアの生理学者．条件反射*を発見し，それを通して大脳の働きを明らかにしようとした．1875年にサンクトペテルブルク大学を卒業し，内科医学学校（後の軍医学校）へ編入．1879年に同校卒業．1883年に"心臓の遠心性神経"に関する研究で医学博士号を取得し，翌年に軍医学校講師就任．ドイツ留学を経て1890年に同校薬理学教授．同年，消化活動に関する"偽の給餌"法を発表．これが後の条件反射の発見につながる．1891年創設された実験医学研究所で生理学部長，以後45年間在職．1897年『主要消化腺の働きについての講義』発表．1902年，大脳両半球の働きについての研究を開始．同年，門下生が初めて条件反射という用語を使って，北欧医師・自然科学者会議で発表．1903年マドリードで開催された国際生理学会議にて"動物における実験心理学および精神病理学"と題する講演を行う．1904年，消化腺の働きについての研究でノーベル生理学・医学賞受賞．1907年，ロシア科学アカデミー正会員，英国王立協会会員．主著に『動物の高次神経活動の客観的研究20年』（1923年），『条件反射学：大脳両半球の働きに就いての講義』（ロシア語原著および英訳1927年，邦訳1937年）がある．

パブロフ型恐怖条件づけ［Pavlovian fear conditioning］　＝恐怖条件づけ

パブロフ型条件づけ［Pavlovian conditioning］　＝古典的条件づけ

パブロフ戦略［Pavlov strategy，PAVLOV］　win-stay lose-shift戦略（略語WSLS），完璧なしっぺ返し（perfect tit-for-tat）ともいう．ゲーム理論*で用いられる戦略の一つ．この戦略はゲームの初回は協力する．自分の利得が満足をもたらす（高い）とそのまま同じ手番を続け，自分の利得が満足をもたらさない（低い）場合では手番をかえる．反復囚人のジレンマゲームのトーナメントにおいてしっぺ返し戦略*が協力関係を構築して利得を上げ優勝した．しかし，もし偶発的な誤りの

ために協力をしないことがあるとしっぺ返し戦略ではなく，パブロフ戦略が進化的安定戦略*になる．パブロフ戦略同士で協力的関係を築き上げ，利得が高くなるからである．社会科学実験において反復囚人のジレンマゲームを被験者に行わせたところ，ヒトはパブロフ戦略のような行動をとっているという報告がある．しかし，今のところ自然界ではパブロフ戦略のような行動をする生物は観察されていないようである．

パブロフの犬［Pavlov's dog］　字義通りにいえば，ロシアの生理学者 I. P. Pavlov* が研究に使用した犬のことだが，彼が発見した条件反射*という現象をさす象徴的比喩表現としてしばしば用いられる．メトロノームの音を聞かせてから肉粉を与えることを繰返すと，メトロノームの音が唾液分泌をひき起こすようになる．なお，パブロフの研究室では数百頭の犬が用いられており，その多くは雑種であった．

パペッツの回路［Papez's circuit］　⇒辺縁系

葉巻虫［leaf roller］　一般に葉巻虫とよばれるのは糸状の物質を利用して葉を巻くチョウ目ハマキガ科，キバガ科，ホソガ科，セセリチョウ科などの幼虫で，巻いた葉は葉巻タバコの形に似ているものが多い（図）．気象条件や天敵から身を守るリーフシェルター*の一つである．チョウ目では糸を紡ぐのは幼虫だけなので，葉を巻くのも幼虫だけである．若い葉から巻いたものは正常に展開した葉よりも柔らかく毒性が低い傾向がある．巻いた葉の内部で育つ幼虫が，巻いた葉を食べるか，外の他の葉を食べるかは，種や幼虫の齢，葉を巻いた時期によって異なる．巻いた葉の中に複数の同種および異種の幼虫が同居することもある．バッタ目ハネナシコロギスやハダニ類も糸で葉を巻く種がいる．また，葉巻型リーフゴールを作る虫たちは，糸を用いずに葉の正常な生長を阻害することで葉の全体や一部分を巻く（⇒虫こぶ）．甲虫目のオトシブミ*類やチョッキリ類も葉を巻いて揺籃*を作る．

ハマキガの幼虫の一種によって巻かれたイタヤカエデの葉．葉を綴っている白い糸（矢印）が見える．

ハミルトン　HAMILTON, William Donald　1936. 8. 1～2000. 3. 7　英国の理論生物学者，進化生物学者．ケンブリッジ大学セント・ジョンズカレッジを卒業し，ロンドン大学で博士号を取得した．1964 年に血縁選択*説と包括適応度*の理論を発表し，Darwin 以来の難問であった生物の利他的行動を個体の遺伝的利益という観点から説明した．Hamilton は，血縁者同士はある確率で遺伝子を共有しており，血縁者に対して利他的にふるまうことにより，遺伝子を共有した子孫を増やすことができることを数学的に証明した．当時，その理論は研究者からあまり受入れられなかったが，R. L. Trivers* や E. O. Wilson* らの支持により，しだいに受入れられるようになった．現代では，血縁選択説は高く評価され，それを基盤とした新しい理論の提唱や検証が行われている．血縁選択説を発表した当時，Hamilton はロンドン大学インペリアルカレッジの講師であったが，1978～1984 年にミシガン大学の進化生物学教授に，1984 年にオックスフォード大学の動物学教授に就任した．その間，1967 年に寄生バチ* などでみられる雌に偏った性比を説明する局所的配偶競争*仮説を，1982 年に性選択において雄の鮮やかな色彩が寄生虫耐性を示すというパラサイト仮説*を提唱した．両説とも進化生物学*に大きな影響を与えた．主著に『Narrow roads of gene land』（1996 年）．

ハミルトン則［Hamilton's rule］　血縁者間相互作用の進化方向に関する W. D. Hamilton* の予測．$br-c>0$ なら相互作用をもたらす形質は進化するとされる．もともとは利他行動*が血縁選

択*で進化するための集団遺伝学的条件を示したもの．利他行動を例に具体的に説明しよう．ふつう自然選択*は子どもの数を最大化させるプロセスである．たとえば，他個体の繁殖を援助することで自分自身は子どもの数（適応度）をc減らしてしまう利他行動を想定しよう（cを利他行動のコストという）．コストを伴うこのような形質は自然選択では進化しえないように思える．しかし，援助された個体がそのおかげで援助のないときよりb個体，子ども（適応度）を増やすとする（これを利他行動の受益者の利益という）とどうなるか．利他行動を行う個体と受益者の間の血縁度がrだとする．血縁選択理論では援助による受益者の適応度増加（子どもの増加分）は血縁度で重みづければ利他行動を行った個体の間接的適応度（すなわち子どもと同じ）とみなすことができるゆえ，利他行動の間接的利益（br）が利他行動の直接的コスト（c）を上回れば（$br>c$），血縁選択（一般化された自然選択）で利他行動は集団に広がっていく，すなわち進化すると考えられるのである．ハミルトン則は，以前は$b/c>1/r$と表記されることが多かったが，パラメータ推定値間の除算（b/c）の統計学的な扱いの難しさがA. Grafenに指摘されて以来，除算のない$br>c$または$br-c>0$で表記されることが多くなった．ハミルトン則は利他行動以外にも社会的相互作用一般に拡張できる．すなわち，相互作用をしたときの自身の適応度W'と相互作用をしないときの自身の適応度Wの差をcとおき（$c=W'-W$），相互作用があるときの相互作用の相手の適応度V'と，相互作用がないときの相手の適応度Vの差をbとおき（$b=V'-V$），相互作用する個体間の血縁度rとおいたとき，$br>c$を満たせば相互作用は進化するとハミルトン則は予測する．このとき相互作用が相手の適応度を下げ自身の適応度を上げる利己的行動であった場合はbもcも負の値となる．

場面設定子［occasion setter］　機会設定子ともいう．古典的条件づけ*において，条件刺激*と無条件刺激*の随伴関係の有無を知らせる第三の刺激のこと．たとえば，ランプ点灯時には音の後に肉粉が与えられるが，ランプ消灯時には音の後に肉粉は与えられないという場面におかれたイヌは，ランプ点灯時にのみ音に対して唾液分泌の条件反射*を示すようになる．この場合，条件刺激である音と無条件刺激である肉粉の随伴関係の存在を信号するランプを正の場面設定子とよぶ．逆に，ランプ点灯時には音に肉粉が後続せず，ランプ消灯時には音に肉粉が後続する場面では，ランプ消灯時にだけイヌは音に対して唾液分泌条件反射を示すようになる．このときランプを負の場面設定子とよぶ．場面設定子という言葉は本来，B. F. Skinner*がオペラント条件づけ*における弁別刺激*の働きとして，反応に結果が随伴する場面を設定する，と述べたことに由来する．P. C. Hollandはこの言葉を古典的条件づけにも拡張して，条件刺激に無条件刺激が随伴する場面を設定する第三の刺激をさすために用いた．つまり，オペラント条件づけの場合と同じく古典的条件づけにおいても三つの出来事の随伴関係（三項強化随伴性*）が学習されると主張した．

場面設定子（ランプ）→ 条件刺激（音）→ 無条件刺激（肉粉）

はやにえ［早贄］［impaling cache］　鳥のモズ類が，捕った獲物（カエルやトカゲ，昆虫など）を細い木の枝先や棘などに突き刺したもの（図）．はやにえは冬期の餌が欠乏する時期に貯食*として利用されると考えられる．干からびた獲物は長い場合は数カ月にわたって放置され，必ずしもすべてが利用されるわけではないので，貯食だけがはやにえの機能を説明するものではない．獲物を枝

カラタチの棘に刺されたカエル．モズは有刺鉄線の棘もはやにえによく利用する．

などに刺す行動は冬期だけでなく繁殖期にもみられる．この場合の小枝は雛に運ぶ餌を小さく引きちぎるためのフォークとして利用され，獲物が刺されている時間も数時間と短い．モズ類の一種では，はやにえを多くもっている雄は，少ない雄に比べ，早く雌とつがいになることが実験的に示された．はやにえが雄自身，もしくはなわばりの質の指標となり，雌による雄の選択基準となってい

る可能性がある．また，この種では毒をもつバッタを捕獲した後，毒性がなくなるまで放置して，その後食べるとの報告がある．

パラサイト仮説［parasite hypothesis］ 1982年に W. D Hamilton* と M. Zuk が発表した性選択*に関する仮説(the Hamilton-Zuk hypothesis of sexual selection)．寄生虫抵抗性を示す雄の形質に基づく雌の配偶者選び*によって，雄の派手な形質が進化すると主張する．この仮説は，三つの仮定に基づいている．1) 生存力の指標となる形質を雄が十分に発達させるかどうかは体調に依存する(体調の良い雄ほど派手になる)，2) 寄生虫抵抗性は遺伝する，3) 寄生虫は宿主の生存力に負の影響を及ぼす．彼らは，寄生者抵抗性を示す雄の第二次性徴をハンディキャップ形質とみなし，ハンディキャップ理論(⇒ハンディキャップの原理)を修正した仮説と位置づけた．寄生者や免疫力に関連する配偶者選びの別のメカニズムとして，MHC(主要組織適合遺伝子複合体*)の研究がある．

パラシューティング［parachuting］ 高所から飛び降りる際に，空気抵抗を利用して，自由落下よりも遅い速度で落下する方法．滑空*と異なり，水平方向への移動距離は落下距離よりも小さい(図)．コークィコヤスガエルなどのカエル類やグリーンアノールをはじめとする多くのトカゲ類でみられる．体が背腹方向に扁平であるなどの形態的特徴を伴うこともあるが，パラシューティングのための目立った形態的特殊化はみられないことが多い．落下中に方向を操作できるような場合は，降下角度にかかわらず滑空とみなす考えもあり，樹上性のナベブタアリ属の働きアリなどは，この定義に従うと滑空するとみなされる．

バラバシ-アルバートモデル［Barabási-Albert model］ Albert-László Barabási と Réka Albert が提唱した，成長(growth)と優先的選択(preferential attachment)という二つの性質を取入れたネットワークモデル(1999年)．成長とはネットワークにつぎつぎと新たな頂点が加わり，すでにある頂点のいずれかと結びつくことをさす．優先的選択とは，新たにネットワークに参入した頂点が次数の大きい頂点に確率的により結びつきやすいことをさす．バラバシ-アルバートモデルはスケールフリーネットワーク*である．

パラメータ［parameter］ ⇒ 統計学的検定
パラメトリック検定［parametric test］ ⇒ 統計学的検定

ハル HULL, Clark Leonard 1884. 5. 24〜1952. 5. 10 米国の心理学者．新行動主義の主要な学習理論家の一人(⇒行動主義)．病気のため鉱山技師の職を辞し，ミシガン大学に入学，心理学を学ぶ．1913年卒業．1918年に"概念発達の量的側面"に関する研究でウィスコンシン大学から博士号取得．同大学で適性検査の研究などを行った後，催眠・被暗示性の研究に従事．1927年に I. P. Pavlov* の『条件反射学』が英訳されると，条件づけ*に基づく行動理論の研究に着手した．1929年にイェール大学人間関係研究所教授に就任し，多くの弟子を育てた．動因低減説*を中心とするその理論体系は1940〜1950年代には心理学界で大きな影響力をもった．1936年，米国心理学会会長．主著に『行動の原理』(1943年，邦訳1960年)，『行動の本質』(1951年，邦訳1959年，『行動の基本』として再訳1980年)，『行動の体系』(1952年，邦訳1971年)がある．

バルーニング［ballooning］ ⇒ クモ
パレート分布［Pareto law］ ⇒ べき乗則
ハレム［harem, harem polygyny］ ⇒ 一夫多妻
ハーロウ HARLOW, Harry Frederick 1905. 10. 31〜1981. 12. 6 米国の心理学者．飼育アカゲザルを用いた実験的研究で知られている．共著論文を含めて323編の論文を発表し，1932〜1960年代は，およそ130編の学習や認知に関する論文，1958年以後は愛情に関する190余の論文を発表している．1930年にスタンフォード大学から博士号を取得した後，同年にウィスコンシン大学マジソン校に移り，ウィスコンシン一般テスト装置*を用いて，アカゲザルが多様な学習経験によ

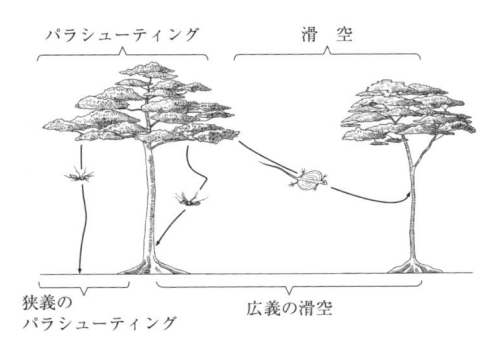

ナベブタアリのパラシューティング(左)とトビトカゲの滑空(右)の違い．落下中に方向を操作できる場合は，降下角度にかかわらず滑空とみなす場合(広義の定義)もある．

り学習成績がしだいに向上する現象を発見した．彼は，これはサルが学習する仕方・方法を学習した (learning to learn) ことによるとして，学習セット* という概念を提唱した．このような学習実験を行っているなかで，彼は，隔離飼育*を受けた子ザルが，飼育檻の金網に強くしがみついて手足の指に傷を負ったり，飼育檻のタオルにしがみつく，取替えるときに激しい悲鳴を上げることなどをきっかけとして，愛情の組織的研究を行った．この当時の米国心理学では，愛情は心理学の問題ではなく，また子の母に向けられる愛情は授乳やおむつの交換などにより二次的に形成されると考えられていた．ところが，Harlow らによる『愛情の本質(The nature of love)』(1958 年) に始まる多くの論文により，愛情も飢え*や渇き*あるいは痛み*などと同じく一次的要求であることが実証された．その後，彼は，愛情を，子から母，母から子，仲間間，異性間，父から子，に分類している(1965 年)．また，彼のもとで博士号を取得した研究者が，欲求階層説で知られる A. H. Maslow をはじめ，36 名を数えるなど，Harlow は教育者としても優れた成果をあげている．

Harlow と，代理母にしがみつくアカゲザルの子ども

般 化 [generalization] ⇌ 刺激般化

般化勾配 [generalization gradient] 刺激般化*がどの程度生じるかを決定する要因の一つは，最初に訓練された刺激とテスト刺激の間の差異ないし距離である．一般に両者の違いが小さいほど，テスト刺激に対する反応やその刺激のもとでの行動は増大する．このように，ある刺激次元のうえで刺激間の差に依存して観察される反応の量的変化を般化勾配とよぶ．たとえばハトの窓つつき反応を緑色光で訓練した後に，黄色光または赤色光でつつき窓を照らすと，波長が緑色に近い方の色である黄色光の方が，ハトはより頻繁に窓をつつく．般化勾配の急峻さは動物種，刺激次元によってさまざまである．ハトは光波長次元上では強い勾配を示すのに，音の周波数次元では平坦な勾配を示す(これは，光の波長の違いには敏感であるが，音の周波数の違いには敏感ではないことを意味する)．しかし音の有無に関する弁別や周波数の異なる二つの音の弁別を訓練すると，その後に観察される般化勾配は急峻なものとなる．(⇌ 次元内訓練，頂点移動)

半規管 [semicircular canal] 耳石器*とともに平衡感覚*を感受する感覚器．頭部を回転した場合に生じる角加速度を検出する．前庭，蝸牛とともに内耳を構成する．半規管は環状の細管であり内リンパ液で満たされている(図)．ヒトを含む

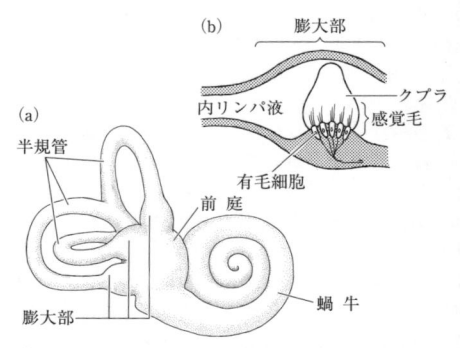

(a) 蝸牛・前庭と連続した感覚器である半規管．
(b) 半規管の膨大部の断面．感覚細胞は有毛細胞で，感覚毛の部分がゼラチン状の構造であるクプラに覆われており，姿勢の変化によって生じる内リンパ液の動きを検出する．

脊索動物のほとんどが半規管を三つもつため三半規管とよばれる．三つの半規管は直角に組合わさり，それぞれ前後軸・上下軸・左右軸の回転運動を検出する．各半規管の一端には径が膨らんだ膨大部があり，その内部に有毛細胞をもつ．有毛細胞の感覚毛*はゼラチン質の組織に覆われている．頭部が回転すると内リンパ液の流れが生じ感覚毛を押す．感覚毛が屈曲すると有毛細胞が神経興奮を起こす．

反響定位 [echolocation] こだま定位，生物ソナー(biosonar)ともいう．自身が発した音が，外界の物体(障害物や餌など)に反響し返ってきた音(こだま)を聴くことで物体の位置(反響音源)を把握する能力．一般的な動物が行う受動的な音源

位置の検知(音源定位*)では，音源の"方向"を認知するが，反響定位では，発声とこだまの時間差から反響音源までの"距離"も知覚している．さらに，こだまの音響的特徴から反響音源自体の詳細な情報を抽出することができ，音源の表面の形状や，音源が運動しているかなどを把握する動物もいる．コウモリやイルカに加え，ある種の鳥類(アブラヨタカ*，アナツバメ)もこの能力をもつ．使う音の音響的特徴(周波数や持続時間)は動物種により異なるが，多くは超音波*(20 kHzより高い音)を使用し，回折の少ない正確な音像を得ている．コウモリの聴覚神経系において発声とこだまの組合わせがどう読み解かれていくかを解明した研究は神経行動学の代表的な成果の一つである(図)．

コウモリの発声した超音波

昆虫からの反響音(こだま)．反響音の周波数や音圧は昆虫の羽ばたきなどにより変調される

パングロス流パラダイム [Panglossian paradigm] ⇌ 適応万能論

反射 [reflex] 特定の刺激によってひき起こされる動物の固定化された反応や行動のこと．意識されず，自動的，瞬間的に生じる．口の中に食物が入れば唾液分泌が生じ(**唾液反射** salivary reflex)，光がまぶしかったり，眼に風があたれば瞬きが生じ(**瞬目反射** blink reflex)，そして，大きな音が鳴れば飛び上がったりすくんだりする(**驚愕反射***)．これらの反射は生得的なものであるが，生後の経験や学習によって形成される反射もある．この場合，生得的なものを無条件反射*，後天的なものを条件反射*とよぶ．(⇌ 生得的行動，反射弓)

半社会性 [semisocial] ⇌ 側社会性ルート
半社会性ルート [semisocial route] ⇌ 側社会性ルート

反社会的人格障害 [antisocial personality disorder, APD] 他者の権利の軽視や侵害を特徴とする人格障害*．児童期あるいは青年期からみられ，成人期まで継続する．他人の希望，権利，感情を無視して，自身の利益のために嘘をついたり，詐欺を行う，衝動的に暴力をふるう，けんかや無断欠勤をする，債務を放棄する，定職につかない，薬物を乱用するといった，無責任で社会的規範から逸脱するような行為が頻繁にみられる．また，飲酒運転や速度超過など自身および他者の安全を考慮しない無謀な行動を繰返す．性的関係でも無責任で搾取的であり，複数の相手と関係をもち，一人の相手と長期的関係をもつことがない．内面的には，これらの行為に対する良心の呵責や，情緒的対人関係の欠如という特徴がみられる．

反射弓 [reflex arch] 反射*が生じる際に，刺激情報を効果器へ伝える神経回路．受容器，感覚神経(求心性神経)，シナプス，運動神経(遠心性神経)，効果器(筋肉など)の五つから構成される．感覚神経と運動神経の間に一つだけシナプスがある反射弓を単シナプス性，二つ以上のシナプスおよび一つ以上の介在ニューロンがある反射弓を多シナプス性とよぶ(図)．多シナプス性反射弓

(a) 単シナプス性

感覚神経　運動神経
シナプス
受容器　効果器

(b) 多シナプス性

上位の中枢
受容器　感覚神経
近傍の感覚神経
効果器　運動神経

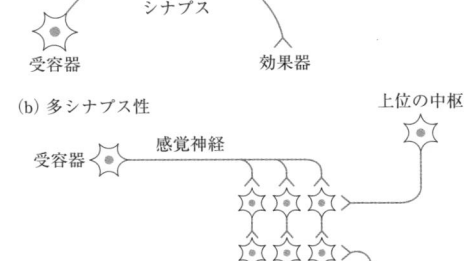

の場合，介在ニューロンを経由する過程で，脳など上位の中枢から信号が加わり情報の統合が起こる．その結果，同じように刺激しても，そのときの状態や環境に応じて反射を起こりやすくしたり，逆に起こらなくしたりと，柔軟に調整されている．統合された情報は運動神経を介して効果器に運ば

れる．効果器は通常筋肉であり，最終的に筋肉の収縮が起こることで反射が完了する．反射のなかでも，脊髄に反射中枢が存在するものを脊髄反射（spinal reflex）といい，脊髄反射をひき起こすための刺激の伝導路を脊髄の反射弓（spinal reflex arch）という．

反射鎖［reflex chain］　連鎖反射ともいう．ある行動を形成している，連続して生じる複数の反射*のこと．特定の刺激に対して反射が生じると，それが刺激となりまた別の反射をひき起こす，というように反射が数珠つなぎに生じることによってある行動が達成される．ネコを逆さにして高いところから落とした場合，まず，平衡感覚の異常が刺激となって，首の筋肉が収縮する反射が生じ，頭が通常の位置に戻る．さらに，この反射が刺激となって，胴体と四肢の筋肉を動かす反射が生じる．その結果，ネコの身体は通常の立ち姿を取ることとなり，無事に着地できる．

反射細胞［reflecting cell］　⇨ 体色変化
反射性瞬目［reflexive blink］　⇨ 瞬目
半就巣性［semialtricial］　⇨ 離巣性/就巣性
反証可能性［falsifiability］　仮説や理論が実験や観察によって間違っていると証明できる可能性をさす．1934年，科学哲学者のK. R. Popperが提唱した概念である．科学における仮説は，事実に対して検証可能な明確な予測をつくらねばならないとされ，その基準として用いられるものである．たとえば"すべての白鳥は白い"という仮説は，白くない白鳥という反例を示すことにより反証可能である．しかし，"黒い白鳥が存在する"という仮説は反例が論理的に存在しえないため，反証可能ではない．仮にそのときある特定の場所で黒い白鳥が見つけられなかったとしても，探さなかった場所で，あるいは未来に黒い白鳥が出てこないことは否定できないからである．

繁殖［reproduction, breeding］　生殖ともいう．動物が子をつくること．配偶子生産から，繁殖場所の準備，配偶相手の探索や選択，求愛*，交尾や放卵放精，受精*，産子，子の世話などの一連の過程を意味する．雌雄のどちらが求愛や子の世話を行うかは，卵と精子の生産効率の違いや系統的制約*，体内受精*か体外受精*かという受精様式，あるいは実効性比*などにより決まると考えられている．求愛行動は雌雄の繁殖のタイミングを調節するだけでなく，配偶相手が同種か他種かという種の認知メカニズムとして機能している場合も多い．雌雄の繁殖行動の多くは，アンドロゲン*やエストロゲン*などのホルモンによって制御されていることがよく知られている．一方，ショウジョウバエの雄は交尾の際，精子とともに特有のホルモンを雌に渡すことで，その雌が他の雄と再交尾しないようにするなど，一方の性が配偶相手の繁殖行動をコントロールすることもある（⇨ 性的対立）．個体が繁殖にどの程度投資するかは，成長や生存など他の生活史*形質とのトレードオフ*で決まると考えられている．

繁殖羽［breeding plumage］　⇨ 婚姻色
繁殖価［reproductive value］　生活史スケジュールの適応進化として，"いつ，どれだけの子を産むのが最適か？"は重要な問題である．これについて，R. A. Fisher*は『自然選択の遺伝学的理論』（1930年）で繁殖価の概念を提唱した．繁殖価 v_x は x 齢の個体が死ぬまでに平均して残す子の数（あるいは雌の子の数）と定義され，集団内でのその齢群の増殖に対する貢献度を示す．同時に，自然選択は繁殖価の差に依存してかかるので選択圧の尺度ともなる．v_x は安定齢構成集団を仮定して，オイラー・ロトカ方程式から導き出される．ここで，w は繁殖終了齢，m_t は t 齢個体の齢別産子数，l_t は t 齢までの生残率，r は内的自然増加率*である．

$$v_x = \sum_{t=x}^{w} m_t \left(\frac{l_t}{l_x}\right) e^{-r(t-x)} = m_x + \sum_{t=x+1}^{w} m_t \left(\frac{l_t}{l_x}\right) e^{-r(t-x)} = m_x + v_x^*$$

右辺第1項が x 齢での齢別産子数，第2項 v_x^* は残存繁殖価とよばれ，当座の繁殖と将来に生き

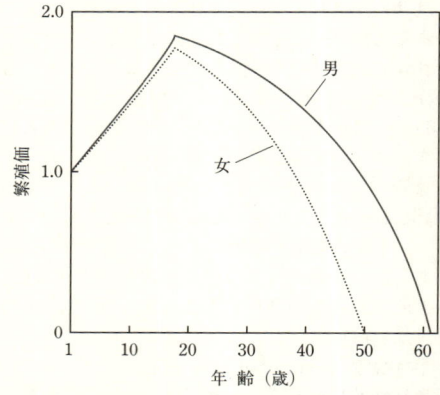

ヒトの繁殖価は10代後半にピークを迎え，その後は低下するが，下がる速さは男性の方がゆるやかである．

残って繁殖する価値とのトレードオフ*を示している．つまり，v_x^* が大きい環境では当座の繁殖を控える方が有利であり，v_x^* が小さい環境では今産むのが有利となる．ヒトを例にして模式図で示すと，出生時は $v_0=1$（純増殖率 R_0 に等しい；性比1:1を仮定）であり，繁殖開始齢を少し過ぎた17〜18歳に最高値となり，以後，低下していく（図）．繁殖を終える年齢になると $m_t=0$ となるので $v_x=0$ となり，これ以降の繁殖や生存にかかわる形質には自然選択はかからない．男性の方が女性よりも繁殖能力が歳をとっても残るので，人生の後半に大きな差が生じる．

繁殖干渉［reproductive interference］　不完全な種認識により生じる異種間の繁殖行為（求愛・交尾）によって，干渉を受けた種の繁殖成功度が下がる現象．この現象は，配偶システムや繁殖のメカニズム，生殖器官が似ている近縁種間で起こりやすいとされている．繁殖干渉は，資源競争のような密度依存的ではなく，頻度依存的に働き，その強さには正のフィードバックがかかる．つまり，干渉を受けた種は子孫が減った結果，子孫の世代ではより強力な干渉を受けることになる．たとえば，アズキゾウムシの雄は，近縁種であるヨツモンマメゾウムシの雌に執拗な求愛行動を示す．その結果，種間交尾に至らない行動であっても，ヨツモンの雌は産卵数の減少や寿命の低下など大きなコストを負う．2種を同数で同居させると，干渉が原因でアズキがヨツモンを駆逐してしまう．このように干渉の影響は，個体群レベルでの動態に強い影響力をもつ．繁殖干渉は，生物の分布様式を決定する機構，種分化をひき起こす重要な要因の一つとして考えられている．

繁殖期［breeding season, breeding period］　動物が繁殖をする時期．なわばり*形成や求愛ディスプレイ*に始まり（⇌婚姻色），交尾，受精，産卵，子や卵の保護など，一連の繁殖行動がみられる時期をいう．熱帯など季節の変化が小さい地域では繁殖期が明確に決まっていないことが多いが，季節がはっきりしている地域では，繁殖に適した気温，資源量が限られているため，繁殖期もおおよそ決まっている．気温や日長の変化，降雨などが繁殖開始の刺激となることがある．

繁殖擬態［reproductive mimicry］　信号*の受信者がミミック（擬態者）の形質をモデル（被擬態者）のそれと混同することで，ミミックが繁殖上の利益を得る擬態*の一種．たとえば，ハンマーオーキッドとよばれる Drakaea 属のランは，花の一部の形やにおいが Thynnid 属の特定のハチの雌のそれに似ているため，その種の雄が交尾を試みる．雄が"雌"を抱えて飛び立とうともがく際に，粘着質の花粉塊がその背部に貼りつけられる（図）．雄はやがてあきらめてその花を離れるが，別の花にも同じようにひき寄せられ，受粉が成立する．

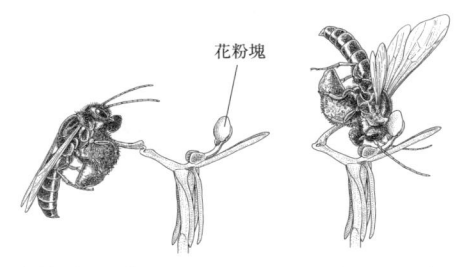

自種の雌に擬態するハンマーオーキッド（Drakaea 属）の花に対して交尾を試みる Thynnid 属の雄バチ（左）．ちょうつがい構造になっている花の一部が反転して，粘着性の花粉塊が雄の背中に貼りつけられる（右）．

繁殖行動［reproductive behavior, breeding behavior］　子孫をつくるための行動．生殖行動ともいう．配偶相手の探索*，発情，求愛，交尾，受精，産卵（出産），育児（育雛）の一連あるいは特定の過程をさす．ただし，生殖行動といった場合は，それらのうち配偶子の接合に重きを置いて使われる場合が多い．無性生殖*を行う生物では，分裂や出芽も含まれる．（⇌性行動）

繁殖成功［reproductive success］　⇌適応度
繁殖成功度［reproductive success］　⇌適応度
繁殖的グランドプラン仮説　［reproductive ground plan hypothesis］　社会性昆虫*におけるカースト分化*，特に繁殖分業の進化過程に関する仮説．社会性昆虫の不妊カーストや繁殖カーストは，社会性でない祖先種がもっていた個体発生の要素を一部省略したり順序を変えたりする微調節によって達成され，全体の形態形成の大きな仕組み（発生的グランドプラン）自体は変わっていないとする説．この仮説は，G. V. Amdam らにより提唱されたもので，特にミツバチの社会性についての研究が基礎となっており，ハチ目における社会性の獲得について当てはまるとされている．この仮説は，それ以前に M. J. West-Eberhard により提唱されていた"卵巣グランドプラン仮説"をもとに，祖先種の卵巣発達サイクルが社会進化

の過程で修飾され，ワーカーカーストが確立したとしている．実際の研究では，ミツバチにおいて卵巣の発達の程度と社会行動の相関が示されており，卵巣発達を制御するホルモン(ビテロジェニンやインスリンなど)や遺伝子発現が社会性の獲得に関与する証拠がいくつも提出されている．

繁殖的形質置換 [reproductive character displacement] ⇒ 生殖隔離の強化説

繁殖的分業 [reproductive division of labor] = 生殖的分業

繁殖の偏り [reproductive skew] 群れで生活する動物において，同性個体間にみられる繁殖成功度*の(不)均一性を表す指標．真社会性*の動物でみられるように1個体が繁殖を独占する場合や，高順位の少数個体のみが繁殖を行う場合，繁殖の偏りが強い社会であるという．その反対に，ライオン(⇌ プライド)やチンパンジーなどのように，雄，雌双方ともに群れ内の大部分の個体が繁殖をする場合，繁殖の偏りが小さい社会であるという．繁殖の偏りには，種間・種内で大きな違いがみられるが，この違いを還元的に説明するために，繁殖の偏りモデル(reproductive skew model)が提唱されている．繁殖の偏りモデルは血縁選択*理論を拡張した数理モデルであり，契約理論(transactional theory)と妥協理論(compromise theory)に大分される．契約理論では，優位個体と劣位個体が社会的な"契約"を結び，誰がどのくらい繁殖するかが，個体間の契約によって決められていると仮定する．契約理論の一つである譲渡モデル(concession model)では，劣位個体の存在が優位個体にとって繁殖上の利益をもたらすという仮定のもと，劣位個体が群れにとどまるように，優位個体が劣位個体に繁殖の一部を譲っていると予測する．また，妥協理論の代表的な仮説である綱引きモデル(tug-of-war model)では，優位個体と劣位個体間の競争によって繁殖の偏りが決定される．これらの数理モデルから導き出される予測の実証的な検証が1990年代から盛んに行われてきたが，数理モデルにおけるパラメータを実証研究で定量化することが難しい点が指摘されている．数理モデルと実証研究の乖離はあれども，多様な社会構造を統一的に理解する軸を提供したという点で，繁殖の偏りは行動生物学において重要な指標の一つとなっている．

繁殖の偏りモデル [reproductive skew model] ⇒ 繁殖の偏り

繁殖分業 [reproductive division of labor] ⇒ 生殖的分業

繁殖保険仮説 [fertility insurance hypothesis] 受精保証仮説(sperm replenishment polyandry, 精子補給仮説)ともいう．雌の多回交尾*の進化を説明する仮説の一つ．雄のなかには交尾に際して(先天的または後天的な原因で)射精に失敗する，あるいは正常な精子をほとんどもっていない雄がおり，そのような受精能力の低い雄と交尾する雌にとっては適応度における損失が非常に大きい．そこで複数の雄と交尾することにより雌は受精能力のある精子を確保する．また雌が精子を体内に貯蔵する昆虫などにおいても，産卵に伴って消費された精子を補給するために再交尾が行われる．

繁殖補償説 [reproductive compensation hypothesis] ⇒ 差別的投資説

繁殖力シグナリング [fertility signaling] 自らの繁殖能力に応じて変化する信号を使って，相手に自身の繁殖力を伝達する様式のこと．繁殖分業(生殖的分業*)を行う真社会性昆虫では，卵巣の発達した女王*の存在が他の女王やワーカーの行動に影響するため，卵巣の発達程度に応じたシグナルの存在が予想されていた．その後，複数のアリ種において体表炭化水素*の組成や組成比が卵巣発達に伴い一定の変化を示し，それを受容した巣仲間の行動や卵巣発達を制御していることが明らかにされている．

ハンス ⇒ 実験者効果

反芻 [rumination] ウシ，ヒツジ，シカ，カモシカ，キリンなど，偶蹄目の一部にみられる，一度飲み込んだ植物性の食物を定期的に口腔内に戻し，咀嚼して再び飲み込む行動．このグループは反芻亜目とよばれ，食道と本来の胃(第四胃)の間に前胃(第一胃，第二胃，第三胃)をもっている．反芻動物では第一胃と第二胃に自身では消化できないセルロース(植物の細胞壁の主成分)を分解してくれる微生物が共生*している．第一胃と第二胃で微生物が分解した残りをまた口腔内に吐き戻し，かみ砕いて飲み込む，ということを繰返して植物を消化するのである．反芻は，宿主である動物がストレスを感じているときや健康状態が悪いときには起こらないので，反芻獣の家畜の健康状態の簡易な行動的指標となりうる．

半数効果濃度 [effective concentration for 50% response, EC_{50}] ⇒ 用量

半数効果用量 ［effective dose for 50% response，ED$_{50}$］ ⇒ 用量

半数致死量 ［lethal dose 50，LD$_{50}$］ ⇒ 用量

半数倍数性 ［haplodiploidy，haplo-diploidy］ ＝ 半倍数性

ハーンスタイン **HERRNSTEIN**, Richard Julius 1930. 5. 20～1994. 9. 13 米国の実験（行動）心理学者．ハーバード大学心理学教授．ハンガリー系移民の両親のもとに米国ニューヨークで生まれる．ニューヨーク市立大学，ハーバード大学で学び，1955年に博士号取得．オペラント条件づけ*を体系化し，行動分析学*を創始したハーバード大B. F. Skinner*教授の直弟子で，1958年にハーバード大ハト実験室（Pigeon Lab.）にスタッフとして加わり，Skinnerとともに，多くの行動心理学者を育てた．彼の研究業績は，概念形成*から回避行動，選択行動，知能や犯罪の研究（遺伝的決定論の考え方）まで心理学の広範囲な領域にわたるが，さらに経済学や生物学との学際的領域である行動経済学*や行動生態学*にも及んでいる．彼の研究業績のうち，特に，1）オペラント条件づけに基づく選択行動研究の方法論の確立，2）この研究から見いだされたマッチング法則*の定式化とその理論的展開，3）行動の数理的分析への新たな展開，4）マッチング法則が示す行動の相対性という新たな行動の見方の確立，5）この見方から導出されるさまざまな依存症への新たな臨床的応用，6）経済学や生物学における最適化（最大化）理論に代わる逐次改良理論*の提案，という諸点が，行動研究における重要な貢献といえる．こうした研究業績は，彼の死後刊行された『マッチング法則：心理学と経済学の研究（The matching law：Papers in psychology and economics）』（1997年）にまとめられている．

ハーンスタインの双曲線関数 ［Herrnstein's hyperbola］ R. J. Herrnstein*は，並立スケジュール*において各選択肢の強化率*を操作した結果，相対反応率*と相対強化率が一致することを見いだした（マッチング法則*）．Herrnsteinは，これを，単一の操作体の場面に拡張した．たとえば，単一のレバーが提示される場面であっても，被験体は，レバーを押すという反応とレバーを押さないという反応の間の選択を行っていると考えることができるので，マッチング法則に従えば，$R_1/(R_1+R_o)=r_1/(r_1+r_o)$という式が成立することになる．ここで，$R_1$はレバー押し行動の頻度（反応率）を，$R_o$はレバー押し以外の行動（oはotherの意味．レバーを押さないで毛づくろいを行う行動など）の頻度を，r_1はレバー押し行動に伴う強化頻度を，r_oはレバー押し以外の行動に伴う強化頻度を表す．被験体が実験箱内で行える行動の頻度には限界があるので，実験箱内のすべての行動（R_1+R_o）を定数Aに置き換えて変形すると，先の式は，$R_1=A\cdot r_1/(r_1+r_o)$という双曲線の形になる（図）．この式は，強化率の増加に伴い反応率が漸近線に下方からしだいに近づく形で増加することを予測する．このことは，単一操作体場面を用いた過去の実験結果と一致する．

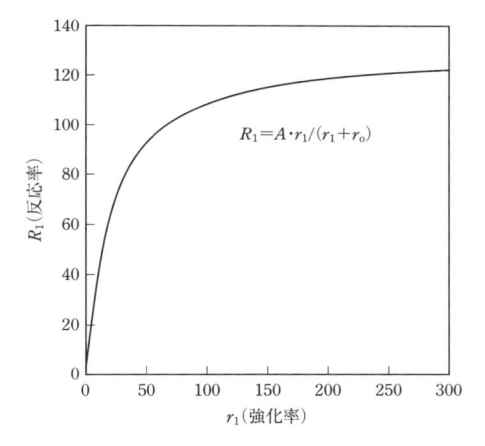

伴性遺伝 ［sex-linked inheritance］ ⇒ 性連鎖

般性強化子 ［generalized reinforcer］ 複数の無条件強化子*に基づく条件強化子*のこと．単一の無条件強化子とだけ結びついた条件強化子の機能は，その無条件強化子に対する確立操作*の影響を強く受けるが，複数の無条件強化子と結びついた般性強化子は，個々の無条件強化子に対する確立操作の影響を受けにくくなる．たとえば，料理のにおいや料理店の外観は，空腹時には，それに接近したり，手に入れる行動の強化子として機能するかもしれないが，満腹になれば強化子の機能は失われる．一方，さまざまな無条件強化子と交換可能な貨幣は，空腹という特定の確立操作に依存する程度が小さいので，どのような状況でも，ある程度の強化子としての機能を発揮する．人間社会の貨幣は般性強化子の典型であるといわれる．

晩成性 ［altricial］ 動物が未熟な状態で生まれ，生後に親の保護・給餌を必要とする性質．巣

内で子を育てる哺乳類や鳥類に多い．哺乳類では晩成性の多くは一産多子であり，妊娠期の体重の増加率は高いが，妊娠期間は短い．ネズミなどの小型哺乳類で晩成傾向が強い．幼獣は生後すぐに体温調整能力をもっており，早成性*の幼獣と成長率に明確な差はない．ヒトも晩成性でもある．鳥類ではスズメ目を中心に晩成傾向がみられる．晩成の鳥の卵は小型で，卵黄量も少ない．雛はふ化時には目が開いておらず，綿羽がまばらに生えるかまったく生えず，体温調整能力がない（図）．早成性の雛よりもふ化後の成長率が3〜4倍程度高い．コウノトリ目，サギ目，タカ目などの鳥類の雛は就巣性（留巣性）だが，巣を離れても生存でき，ふ化直後に開眼しているため，半晩成性といわれる．哺乳類・鳥類とも晩成種は食性が特化しているものが多く，子にとって餌の獲得が容易でないことからもっぱら親が子に給餌・授乳することで晩成の子の高いエネルギー要求を補う．（⇄ 離巣性/就巣性）

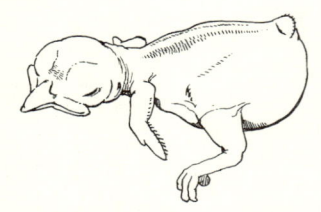

晩成性のスズメの雛．ふ化直後は目も開かず，羽もほとんどないため，親による手厚い保護が必要である．

半側空間無視　[hemispatial neglect, unilateral spatial neglect] ＝半側無視

半側無視　[hemineglect]　ヒトの大脳皮質，おもに右半球の後部頭頂葉（posterior parietal cortex）を含む領域の損傷によって生じる知覚障害で，損傷と反対側（つまり左側）の空間にある物体や，一つ一つの物体の左側，さらには自己の身体の左側に対する無視が生じるもの．半側空間無視（hemispatial neglect, unilateral spatial neglect）ともいう．左半球の同じ部位の損傷でも右側へ無視が生じるが，言語障害が伴うことが多いため症状は顕著に現れない．これは単なる視野狭窄ではなく，空間的な注意の完全な欠損を伴うことが特徴で，患者はあたかもそこには何もないかのようにふるまう．時計や家の絵を提示して紙に書き写すよう指示すると，図のように右側だけを書き上げて，それが不完全であることに気づかない．見知った町の景観を想起する場合でも，"どこに立っているか"を教示しておくと，その立ち位置から見て左側にあるはずの建物や広場などを思い出すことができない．また患者はしばしばこれらの病識（自覚症状）を欠損しており，自分の身体の左手を自己の一部ではないと主張することがある．頭頂葉は単に網膜に映った視覚像を表現しているのではなく，自分の体を含めた空間的な構造を表現しているのだと理解されている．

左の絵をモデルに，半側無視の患者が書き写したもの．患者は絵の左側が描かれていないことに気づかない．

反対条件づけ　[counter-conditioning] ＝拮抗条件づけ

反対称性　[anti-symmetry] ⇄ 左右性

反対色　[opponent color] ＝補色

反たかり行動　[contra-freeloading] ＝コントラ・フリーローディング

パンダ原理　[panda principle] ⇄ 前適応

範疇知覚　[categorical perception] ⇄ 知覚

ハンディキャップの原理　[handicap principle]　個体間での信号*が進化的に安定に成立するための条件を述べたもので，1970年代にA. Zahavi*が提唱した．たとえば，雄間に精子による受精能力に差があり，雌は受精能力の高い雄と交尾した方が有利だとする（A. Grafenによる例）．もし精子の受精能力の高い雄が何らかの信号を発するなら，雌はこの信号を出す雄と交尾すれば卵の受精率が上がり有利であり，信号を出す雄と交尾しやすいように進化するであろう．だが，精子の受精能力が高い雄でも低い雄でも同じように信号を出せるのであれば，信号を出した方が有利であるため，どの雄も信号を出すように進化して，結局，信号は精子の受精能力を示さなくなり信号としての機能を失う．そこで，信号が安定して成立するため

には，信号の発信にはコスト*を伴うこと，および（精子の受精能力のような）問題の性質の値が大きな個体よりも小さい個体の方がコストが大きいことが必要になる，というのがハンディキャップの原理である．信号にコストを伴うことやコストの大きさが信号の伝達内容と相関することが必要になるのが，逆説的であると考えられたこともある．ハンディキャップの原理は，雌の選り好み*など性選択*に関連して言及されることが多いが，適用範囲は性選択や交尾行動に限られるわけではない．また，上記の例で精子の受精能力にあたる性質の個体間の違いは，一部または全部が遺伝的な原因によってもまったく遺伝的な部分を含まなくてもよいが，交尾相手の選好性の理論モデルでは少なくとも一部は遺伝的な原因による場合が扱われていることが多い．

パンティング［panting］　浅速呼吸ともいう．哺乳動物でみられるあえぐような呼吸をさし，体温上昇を抑制するための熱交換の行動．汗腺の少ないイヌでは，体温が上昇した際にパンティングを示すのは一般的であり，口を開けて舌を出し，唾液を蒸発させることで熱を体外に放出している（図）．一般的に，小型犬よりも大型犬でみられる

口を開け舌を出してハッハッハッと浅く速い呼吸をすることをパンティングという．体温を下げるためや運動中の酸素吸入のために行う．

ことが多い．体温調節以外でも，心疾患や貧血により酸素が不足している場合や，緊張・強い不安*や恐怖により，自律神経が活発になった場合など認められる．たとえば，分離不安*のイヌでは，飼い主が外出準備を始めた時点で落ち着きなく歩き，パンティングや唾液過多を示すことは多く，雷恐怖症のイヌでも雷を予期させる空模様になると同様の行動反応を示す．ヒトにおける運動性の過呼吸やストレスに起因する過換気症候群の場合にもみられる．

汎適応症候群　［general adaptation syndrome, GAS］　生物がストレス*刺激にさらされたときに，刺激の種類によらず非特異的に全身で起こる反応．オーストリア出身のカナダの生理学者 H. Selye が提唱した概念で，時間の経過とともに，以下の三つの相を経て進行する．1) 警告反応期：ストレッサー（⇌ストレス）が加えられた直後に，生体防御のために起こる反応．警告反応期は，一時的に体温，血圧，血糖値の下降といったショック症状が出現し，抵抗力が低下するショック相と，それに引き続いて，体温，血圧，血糖値が上昇し，副腎皮質が肥大して，抵抗力が高まる反ショック相からなる．ストレッサーに抵抗するための準備が整えられる．2) 抵抗期：持続しているストレッサーに対し，抵抗力が正常時を上回って維持されており，生体が適応できている時期．しかし，それ以外のストレッサーに対しては抵抗力が低下している時期でもある．3) 疲憊期（ひはいき）：長期間続くストレッサーに生体が耐えられなくなって，抵抗力が再び低下する時期．体重減少，副腎の委縮，胃潰瘍などを併発し，死に至る危険性もある．

反転法［reversal design］　⇌単一被験体法

反　応［response］　行動分析学*でいう反応は，観察の対象もしくは従属変数として取上げられた，特定化された行動である．反応の定義の仕方には二つある．一つは反応型*（トポグラフィー）によって定義するもので，たとえば走る（高速での移動で肢が一時的に地面からすべて離れる），歩く（低速での移動で肢のどれか一本は地面についている）といった身体の移動にかかわる動作の違いで記述されるものである．もう一つは環境に対する機能によって定義するもので，たとえばクーラーのスイッチを入れる反応も，ドアを開ける反応も，部屋の気温を下げるという同一の環境に対する機能を有する反応と考える．さらに機能的な定義では，ドアをどのような反応型で開けても（たとえば手で開けても蹴り開けても）同じ機能を有する一つの共通の反応となるので，こうしたさまざまな反応型の反応群を同一の反応クラス*に属する反応とよんでいる．（⇌刺激）

反応安定基準［criterion of response stability］オペラント条件づけ*を用いた研究では，単一の個体が複数の実験条件を経験する単一被験体法*がよく用いられる．その場合，ある実験条件から別の実験条件へと移行するときに，反応が定常状

態にあることを確かめる必要があるが，その基準を反応安定基準とよぶ．反応安定基準をどのように定めるかは研究によって異なるが，定量的な反応安定基準を用いる場合，たとえば，その実験条件の最終数セッションの測定値が，上昇系列にも下降系列にもなく，変動が一定の範囲内に収まっていることが基準とされる．一方，定性的な反応安定基準として，視認（visual inspection）による方法がある．これは，セッション間での反応変動の方向と大きさを目で見て判断する方法である．実際には，いずれの方法を用いた場合でも完全な定常状態を得ることは難しく，反応安定基準の妥当性は，その基準に従って得られた結果の規則性と再現性の高さによって評価される．

反応閾値モデル［response threshold model］
心理学の信号検出理論*を，社会行動や配偶行動など動物行動一般に適用した考え．刺激に対し行動反応が起こる確率がリニアでなく，刺激がある閾値を超えると急に反応確率が上がる場合に適用される．たとえば，社会性昆虫*のワーカーがコロニー内部での労働の需要刺激に反応しその労働を開始したり，有性生殖をする動物の雄が雌が発するある刺激に反応し求愛行動を開始するような場合に適用されている．このような仕組みで，社会性昆虫ではコロニーの内部で必要とされる複数の仕事にいかに担当個体が充足されるか，性選択*の文脈では近親交配にも雑種交配にもならない配偶行動が実現されるかが議論の焦点である．社会性昆虫の労働充足の問題では，充足されないと仕事の需要刺激が上がるか，ある労働に従事すると次回からその労働に従事するための閾値が下がる（弱い刺激でも労働を開始するようになる）か（強化モデル reinforcement model），あるいは閾値に生まれつき個体変異がある場合に，コロニー全体の労働充足効率が上がることが知られている．極端な閾値モデルの仮定として，刺激が閾値以下なら行動はまったく起こらず，閾値を超えた場合100％起こるとする場合（論理関数型反応）がある．このような場合に，閾値に個体変異があると，一生働かないワーカーが一定率生じてしまうとする見解もある（→働かないアリ）．

反応学習［response learning］　ある特定の反応や身体的活動を行うよう行動が変化すること．特に空間学習*の研究において場所学習*と対置して用いられる．たとえば，南から北に向かって進み，ある場所で東と西に道が分岐しているような T 迷路（→迷路［図］）を考えてみよう．ここでは，右に曲がることが正解で報酬が得られるとする．この訓練でラットは T 迷路で右に曲がる，すなわち東に向かうことを学習する．反応学習の考え方においては，この訓練によって学習されたのは"曲がり角という刺激状況において右へ曲がる"という刺激と反応の結びつきであり，"東側に報酬がある"という空間関係に関する知識ではない．こうした選択が連続するような複雑な迷路においても，反応学習の考え方は適用可能である．これに従うと，迷路全体の空間地図を学習するのではなく，各曲がり角においてどちらに曲がるかという反応の学習が連鎖することでゴールまで移動することを学習すると解釈される．（→空間記憶，認知地図）

反応型［response topography］　反応トポグラフィーともいう．あるオペラントを構成する諸反応の物理的な特性．たとえば，ラットのレバー押し行動の実験では，レバーに設置されたスイッチが押されさえすれば等しくオペラント行動*の出現とみなす．しかしよく観察すると，レバーを右手で押したり，左手で押したり，あるいは強く押したり弱く押したり，長く押したり短く押したりしている．同じレバー押し行動でもこのように，個々の動作は毎回異なる．ここでみられた個々の動作を反応型とよぶ．このように，同じ行動といっても厳密には反応型の変動が存在するが，行動分析学*では，反応型にみられる動作の違いではなく，反応が生み出す共通の効果に基づくオペラントのクラスとして行動を定義する（→反応単位）．また，反応型にみられる変動性は反応形成*にとって必須の性質である（→行動変動性）．

反応間時間［interresponse time, IRT］　特定の反応が繰返し起こるときの，1回の反応から次の反応までの時間の長さ．たとえば，オペラント実験箱*の中でラットがレバー押し反応を繰返すとき，連続する2回の反応の間に経過した時間の長さを反応間時間として記録する．反応間時間の長さで1を割ると単位時間当たりの反応率*を計算するのと同じになるため，反応間時間を瞬間的な反応率の指標とすることもできる．オペラント行動の反応間時間が重要なのは，それを分化強化*することで反応率*に影響を与えられることによる．すなわち，ラットが長い時間をあけてレバーを押したときだけに強化すると，ペースのゆっくりした反応が起こりやすくなり，その逆も

同様である．この例の前者は低反応率分化強化スケジュールとよばれる手続きであり，その逆は高反応率分化強化スケジュール*である．他の強化スケジュール*でも特定の長さの反応間時間での反応が強化されやすいことがある．

反応間時間分布［interresponse time distribution, IRT distribution］　多数の反応間時間*を記録した後で，どの程度の長さの反応間時間がどれだけ起こったかを表す度数分布．反応間時間は連続量であるため，度数分布を調べるときには0秒以上3秒未満，3秒以上6秒未満，などのように階級を区切り，その階級に当てはまる反応間時間データの個数を数える．こうした反応間時間の分布は特定の強化スケジュール*で反応の訓練を行う前後で調べることが多い．たとえばラットのレバー押しを連続強化*する訓練の後で，6秒以上の反応間時間で起こったレバー押し反応だけを強化する訓練に移行したとする．この場合，訓練初期の反応間時間の分布では0秒以上3秒未満の度数が非常に多いが，訓練が進むにつれて3秒以上や6秒以上の長い反応間時間の度数が増えて分布の形が変化する．ただし，長い反応間時間は短いものに比べて起こりにくいので，機会当たりの反応間時間を計算して分布の形を補正することもある．

反応規格［reaction norm, norm of reaction］
＝反応基準

反応基準［reaction norm, norm of reaction］
反応規範，反応規格ともいう．ある遺伝子型の生物が，環境条件に応じてつくり出す表現型のパターンのこと．環境刺激で誘導される可塑的表現型の集合と考えることもできる．R. Woltereckによって最初に提唱された概念である．一次元の環境変数を考えた場合，環境傾度に対する反応基準の変化が急であるほど可塑的な（変化しやすい）形質であるといえる．また，異なる遺伝子型間でこの反応基準が異なる場合，遺伝子型によって環境刺激への応答が異なること（遺伝子-環境相互作用 gene-environment interaction）を意味する．反応基準が自然選択によって形成されたものかについては議論があるが，適応地形*の勾配に沿った反応基準のみが適応的であり，形質の平均値とは独立に，自然選択により進化可能であると考えられている．

反応規範［reaction norm, norm of reaction］
＝反応基準

反応休止［break］　反応している状態から反応しなくなる状態への急激な変化が現れたとき，特に反応しない状態をさして反応休止とよぶ．代表的なものは強化後休止*で，多くの場合，強化子提示直後にある程度の長さの休止が観察される．このほかには，強化子提示が反応回数に依存する比率スケジュール*においてスケジュール値がある程度以上高くなると（つまり一回の強化子を得るために多数回の反応が必要な場合には），反応遂行の途中で反応を止めてしまう反応休止がみられる（⇌ 比率負担）．

万能給餌器［universal feeder］　⇌ 給餌器

反応休止分化強化スケジュール［differential reinforcement schedule of pausing, DRP schedule］
＝他行動分化強化スケジュール

反応切替え率［switching rate］　単に切替え率（changeover rate）ともいう．複数の選択肢からなる並立スケジュール*場面において，たとえば選択肢Aから選択肢Bへ，あるいは選択肢Bから選択肢Aへといったように，直前の反応と異なる選択肢を選ぶことを反応切替えとよぶ．この切替えがどのぐらいの頻度で起こっているのかをみたのが反応切替え率であり，一般には切替え数/分で算出される．個体の選択行動を調べる場合には，個体は選択肢がもつ何らかの価値に基づいて選択を行っているという前提があるが，別の可能性として選択肢の切替えパターンが強化されているだけだということもありえ，このような仮説を調べる場合に切替え率が問題とされる．

反応クラス［response class］　環境との関係において行動（すなわち反応）がもつ機能（働き）により分類された反応*の区分．レスポンデント*，オペラント*，弁別オペラント*などの反応クラスがある（表）．またこれとは別に，環境に対して

反応クラス	先行刺激に支配される	後続刺激に支配される
レスポンデント	○	×
オペラント	×	○
弁別オペラント	○	○

同一の機能をもたらすさまざまな反応型*をもった反応群（機能による，反応の定義）を同一の反応クラスとよぶ用法もある．

反応形成［shaping］　行動形成，シェイピングともいう．動物の反応の特性を修正していく手続きのことで，新しい行動を獲得させること．た

とえば，レバー押し行動はラットが生まれつきもっている行動ではない．レバーを押すと餌粒が得られるように設定し，実験経験のないラットをレバーの備わった実験箱に入れても，この行動が生じる可能性は低い．つまり，ある行動をすると強化的な後続事象* が起こるように設定しても，その行動がほとんど自発されない場合には行動の後続事象が起こることもないので，後続事象による淘汰* が進まない．このような場合に逐次的接近法* や，パーセンタイルスケジュール* などの技法を利用して，反応形成を行うことが可能である．これらの技法自体も後続事象による淘汰の過程により実現する．一方，それらとは別に動物の生得的行動を利用した過程として自動反応形成* による反応形成も知られている．（⇌ 分化強化）

反応コスト [response cost]　負の弱化* の代表的な手続きの一つで，オペラント行動* の直後に，正の強化子を除去（消失や減少）することで，その行動の出現の頻度を減少させること．除去される強化子として，食物などの無条件強化子* のほか，お金や得点などの条件強化子* があげられる．実験的行動分析や応用行動分析の研究を中心に，ヒトがあるオペラント行動を起こすたびに，後に他の強化子と交換可能なトークン（代用貨幣）や得点が奪われる条件で，この手続きの有効性が確認されてきた．この手続きで個々に奪われた強化子は，一時的ではなく永続的に取戻せない点で，タイムアウト* と区別される．なお，間違われやすい用語としてコスト* があるが，これはある強化子を獲得するために要求されるオペラント行動量のことであり，個体がコストを満たすと正の強化子が提示されて，その行動の出現頻度は増加する．したがって，反応コストとは意味や用法が異なる．反応コストは，個体に対して損失をまねくが，コストのように負荷を与えるものではない．

反応時間 [reaction time]　感覚刺激が提示されてから反応が生じるまでの時間のこと．生理的反応や眼球運動の場合，反応時間よりも潜時* が一般的に用いられる遂行中の課題における処理速度の指標であり，課題に関する情報処理効率を示すと考えられる．人間の場合，ボタン押しが反応として利用されることが多いが，眼球運動や発声，その他の観察可能な行動も反応として利用される．以下に代表的なものをあげる．音や光の提示に対してボタンを押すなど，単一の刺激に対して反応する場合の反応時間を単純反応時間，赤い光には左のボタンを，青い光には右のボタンを押すなど，複数の刺激に対してそれぞれ異なる反応を行う場合の反応時間を選択反応時間，同時に提示される二つの光のうち，左が明るければ左のボタンを，そうでなければ右のボタンを押すなど，同時に提示される複数の刺激を比較し，反応する場合の反応時間を弁別反応時間という．個人の反応時間は課題中に注意がそれたりすることにより大きく変動するため，通常，複数の試行の反応時間の平均値など代表値を求める．

反応持続時間 [duration of response]　反応の開始から終了までの時間間隔．たとえばラットのレバー押しでは，レバーを押し下げたときが反応開始，それを戻したときが反応終了，そしてその間の時間が反応持続時間である．フリーオペラント手続き* を用いた実験では，反応は時間軸上の一点として扱われるため（反応の開始時点のみが考慮される），反応持続時間は通常無視される．反応持続時間が問題とされるのは，たとえばヒトの日常場面において，ある反応（机に向かって仕事に従事する）を一定時間行うことを分化強化* により制御できるかどうかが問われる場合である．このほかに，たとえばラットの摂食行動を観察すると，その摂食が集中する時期とそうでない時期とに分けられる．この摂食が集中しているひとまとまりを食事（meal）という反応として定義し，その反応（食事）持続時間が研究対象となる場合もある．

反応始動型 FI [response-initiated FI]　⇌ 連接スケジュール

反応遮断化 [response deprivation]　一般に，動物を自由接近事態（複数の反応に自由に接近できる事態）に置くといくつかのオペラント反応が生じ，それらの生起確率には差が生じるが，本来の生起確率以下に反応の出現を制限することを反応遮断化という．また，自由接近事態の生起確率の高低にかかわらず，より強く遮断化された反応がそうでない方の反応の強化子* として働くとする考えを反応遮断化理論という．今，ラットを用い，自由接近事態における手段反応（たとえば輪回し行動）の生起確率を O_i，随伴反応（たとえばサッカリン溶液の摂取）の生起確率を O_c とし，その後の実験で I 量の手段反応の完了に対して，C 量の随伴反応の機会が与えられたとする．この理論によると，$I/C > O_i/O_c$ の関係式が成立するならば，手段反応は強化され，先の O_i に比べて

反応は増える．たとえば，自由接近事態で，あるラットの輪回し行動が380回転で，サッカリン溶液の摂取が1200回であったとする．つぎに，実験で，この個体が30回転したら，回転かごにブレーキがかかり，10回のサッカリン溶液の摂取が可能な随伴性を配置したとする．この場合，30/10＞380/1200となり，先の式が満たされることから，輪回し行動は強化され，回転数は380回転よりも多くなると予測される．プレマックの原理*は，$O_i＜O_c$が成立する場合のみに強化子を予測するが，反応遮断化理論は，$O_i＞O_c$の場合でも，関係式が満たされる限りそれを予測できる点で優れている．なお，反応遮断化理論とミクロ経済学の効用最大化理論*は，選択*の問題を，環境の制約に合わせて個体が行動を配分する過程と理解する点で共通している．(⇌ 強化相対性)

反応単位 [response unit]　行動単位 (behavioral unit) ともいう．広義には，自然界で絶え間なく連続的に生起する行動をとらえ，量として記述可能な分節化を行うための，行動に関する見方のことであり，オペラント*やレスポンデント*はその代表的な単位である．狭義には，オペラント行動において後続事象による淘汰*を受ける単位をさす．オペラント条件づけの実験ではオペラントのクラスが手続き的に定義され，実際にクラス内の行動が後続事象による淘汰により修正可能である場合にオペラント行動とみなされる．これは単に，レバー押し行動をオペラント行動として扱う際には比較的明瞭であるが，ときには変動的な行動(⇌ 行動変動性)や創造的な行動など，1単位の遂行により時間幅を要する行動が手続き上はオペラント行動として扱われる場合もある．このような複雑な行動過程では，本当にそれらの行動が後続事象の淘汰を受けたのか，それとも何らかの別の単位で行動が淘汰された結果，二次的に複雑な行動の制御が達せられたのかが問題となる．

反応トポグラフィー [response topography] ＝反応型

反応般化 [response generalization]　⇌ 誘導

反応頻発 [burst]　＝反応連発

反応復活 [resurgence]　強化されたのちに消去*された反応が，その後に強化された別の反応が消去された場合に，再出現すること．反応復活は，つぎの三つの段階を経て形成される．第一は訓練段階で，ある行動Aが強化される．第二は除去段階で，行動Aは消去され，別の行動Bが強化される．第三は復活段階で，行動Bが消去される．この段階の行動Bの消去中における行動Aの再出現が反応復活と定義される．たとえば，R. Epsteinは，ハトのキーつつき行動を強化して消去し，つぎに羽を伸ばすといった別の行動を強化し消去を行った．そうすると羽を伸ばす行動の消去中に，以前に訓練されたキーつつき反応がみられた．反応復活の制御要因に関しては，たとえば，訓練段階で反応率*が高い反応ほどより復活しやすいこと，また消去の代わりに強化率のきわめて低い強化スケジュール*を用いた場合でも反応復活が生じることが示されている．

反応変動性 [response variability] ＝行動変動性

反応妨害 [response blocking]　反応妨害とは，回避行動の消去*を早めることを目的として実施する手続きである．たとえば能動的回避*課題での反応妨害手続きとは，単にその場所に一定期間閉じ込めて回避行動をできないようにしたり，閉じ込めている間に先行刺激だけを繰返し与え，不快な刺激は与えないというものである．このような反応妨害を受けた動物は，通常の消去手続きを受けた動物よりも，回避行動の消去が早い．(⇌ 氾濫法)

反応暴発 [burst]　＝反応連発

反応率 [rate of responding, response rate]　単位時間当たりの反応数．通常は，1分当たりの反応数をいう．行動実験において，独立変数*を操作したときに行動がどのように変化するかを調べる測度として用いられる．また，相対反応率*は，選択行動研究において二つの選択肢に対する選好を調べる測度として用いられる．(⇌ 局所反応率，走行反応率，全体反応率)

反応連鎖 [response chain] ＝行動連鎖

反応連発 [burst]　高率の反応が無反応(もしくは低率の反応)に挟まれて起こっているとき，高率の部分を反応連発(または**反応頻発**，**反応暴発**)という．たとえば，自動販売機にお金を入れてボタンを押しても商品が出なかったらどうするだろうか．ボタンを何度も押すという行動(反応連発)が起こるであろう．動物実験でも同じように，強化スケジュールを連続強化*から消去*に変えた直後に反応連発が観察されることが知られている．このように，消去により最終的に反応は起こらなくなるものの，消去導入直後はこの反応連発のために一時的に反応率は上昇する．この原

因として，強化子が提示されなくなったことへの葛藤*といった情動的な要因が指摘されている．

半倍数性 [haplodiploidy, haplo-diploidy] 雄が半数体（染色体数n）の胚から，雌が二倍体（$2n$）の胚からできる性決定*の仕組み．半数倍数性，単倍数性ともいう．昆虫ではすべてのハチ目，カイガラムシ類などの一部の半翅目，アザミウマ，アンブロシア甲虫で，昆虫以外では一部のダニやワムシなどにみられる．ハチ目昆虫ではふつう雌は受精卵から，雄は未受精卵が単為生殖*で無性的に生じるため，産雄性単為生殖ともよばれる．ミツバチではこの性決定に関与する遺伝子も特定されている（⇌ 相補的性決定）．半倍数性は，雄は父親をもたず，娘は父親の核ゲノムを完全に受継ぐなど奇妙な特徴をもたらし，いわゆる血縁度非対称性*を家族の間に生む．半倍数性はハチ目昆虫の不妊カーストの進化を血縁選択*で説明した W. D. Hamilton* の 3/4 仮説* の前提条件である．

反　復 [replication] ⇌ 擬似反復

反復 TMS [repetitive TMS, rTMS] ⇌ 経頭蓋磁気刺激法

反復率 [repeatability] ⇌ 行動の再現性

ハンフレイズのパラドックス ⇌ 部分強化効果

判別分析 [discriminant analysis] ⇌ 多変量解析

氾濫法 [flooding] フラッディングともいう．恐怖反応*をひき起こす刺激を動物に与え続けて，それらの恐怖刺激から逃げられないようにする手続．氾濫法は系統的脱感作*と違って最初から最も強い恐怖反応*をひき起こす強度の刺激を与える．この手続きにより最終的には恐怖反応を示さなくなると考えられ，ヒトの恐怖症の行動療法としても使用されることがある．（⇌ 反応妨害）

半離巣性 [subprecocial] ⇌ 離巣性/就巣性

伴侶動物 [companion animal] コンパニオンアニマル，愛玩動物ともいう．人間社会の中で，人間と密接な関係をもって飼育されている動物をさす．従来は，動物は所有物あるいは愛玩物として飼育され，ペット（pet）とよばれていたが，高齢化や少子化に伴い，飼育動物への価値観に変化がみられている．屋内飼育が増えるだけでなく旅行にも同伴する，動物の死に際して深刻なペットロス*となることがあるなど，家族の一人，社会の一員として位置づけられるようになり，日本では 1985 年頃より伴侶動物あるいはコンパニオンアニマルとよばれている．伴侶動物の条件として，人と共に暮らし，その動物の獣医学，習性や行動，人と動物の共通感染症が解明されていることがあげられ，代表的なのはイヌとネコである．現在は，このような伴侶動物がなぜ人間社会に独特のニッチを獲得してきたかの比較認知科学，あるいは進化論的研究が多くなされるようになってきた．

ヒ

PET［positron emission tomography］ ＝陽電子断層撮像法

BOLD信号［blood oxygen level dependent signal］ ⇌ 機能的磁気共鳴画像法

被核［putamen］ ⇌ 大脳基底核

比較行動学［comparative ethology］ ある特定の行動や類似した行動パターンを種間や個体群間で比較することにより，その行動の機能や進化過程を推察する学問．たとえば，営巣中のカモメ類の多くは，雛がふ化した後の卵殻を巣の外へ捨てに行く．この行動は，目立つ卵殻を巣内から取り除くことによって，捕食者に巣を発見されにくくする機能をもつと推察されているが，その根拠の一つに，捕食者から襲われにくい場所に営巣する近縁種は卵の殻捨て行動（卵殻除去*）を行わないことがあげられる．また，クジャクの雄が飾り羽を広げて雌に求愛する儀式化*された行動は，近縁種の類似した行動との比較に基づき，求愛中に地面に落ちている物をつつく動作がもととなって進化してきたと推察されている（下図）．比較の際には，対象種の系統関係や生活環境などの情報を対照させることが重要である．現在では，種間や個体群間の比較は動物行動学*や進化生物学では基本的なアプローチとなっており，比較行動学という用語をあえて使うことは少ない．

比較刺激［comparison stimulus］ ⇌ 見本合わせ

比較心理学［comparative psychology］ ⇌ 比較認知

比較認知［comparative cognition］ 動物種間の行動を比較することにより，さまざまな認知*過程の至近要因*（メカニズムと発達過程・学習過程）と究極要因*（生存価と進化過程）を探究する研究領域．母体となったのは，ヒト以外の動物とヒトの行動を比較し，おもに学習*の一般法則を探究してきた比較心理学（comparative psychology）である．比較心理学研究では，種間の共通性を重視したために，ラットなど比較的少数種の動物をモデルとして使う傾向があった．1960年代に計算機科学などの影響で認知研究が盛んになると，比較心理学でも動物の認知研究が盛んになった．1980年代には，認知が進化の過程でどのように適応を遂げてきたかを探るために，より広範囲の種を対象とするようになった．日本ではさまざまな学問分野の方法論を総合的に利用する学際領域を"○○科学"とよぶことがあるため，動物行動学*などとの学際領域であることを意識して，比較認知研究を比較認知科学（comparative cognitive science）とよぶことがある．

比較認知科学［comparative cognitive science］ ⇌ 比較認知

比較法［comparative method］ ⇌ 系統種間比較法

皮下授精［hypodermic insemination］ 外傷性授精（traumatic insemination），節足動物では血体腔授精（hemocoelic insemination）ともよばれる．雄が鋭い形状の交尾器を用いて，雌の生殖器以外の体表面を突き刺し，雌体内に精子を注入する授精方法．精子は雌体内を移動し，卵巣や子宮に到達して卵と受精する．皮下授精によってのみ繁殖するトコジラミ（次ページ図）が最も顕著な例であ

(a) (b) (c) (d)

現生の近縁種の求愛行動と比較することにより推定された，クジャクの儀式的求愛行動の進化過程．もともとは，地面の餌や小石をついばむ動作が雌を引きつける行動で，尾羽は付随的に持ち上げられるだけだったのが，やがて，くちばしは地面に向けるだけの定型的な動作になり，尾羽が求愛の信号として強調されるようになった．（⇌ 比較行動学）

るが，ヒラムシなどの扁形動物，ワムシ，ゴカイ，ウミウシなどの軟体動物，線虫，ネジレバネ，クモなど他の分類群でも知られている．皮下授精は雄にとって有利な配偶形態と考えられている．たとえば，求愛*を必要とせず，交尾*への雌の同意も不要であることから，雄は効率良く多くの雌への授精が可能となる．また，雌による受精コントロールを回避することができ，雌体内で精子が直接卵まで到達することで他の雄との精子競争*に有利になるという可能性も指摘されている．雌にとっては傷害を受けることで病気に感染するリスクが増大し，また傷を治すための投資により生産卵数が減少するなどのコストがある．一方，外傷によるコストを軽減するような雌側の対抗適応も知られている．カタツムリ類など同時的雌雄同体*の動物でも皮下授精がしばしばみられるが，双方が配偶相手に交尾器を突き刺して相互に両性の役割で配偶するだけでなく，雄役だけを担い，相手からの授精を拒むような行動を示す種類も知られている．（⇌性的対立）

雌の血体腔にペニスを挿入するトコジラミの雄

光遺伝学［optogenetics］　オプトジェネティクスともいう．光を用いて，特定の脳領域や特定の神経細胞のみを神経発火レベル（ミリ秒の速さ）で直接的に活性化・抑制化させる手法．光遺伝学はその名の通り，光学（optics）と遺伝学（genetics）の二つの分野が融合した領域で，2006年にK. Deisserothらによって哺乳類の神経科学分野に導入された．光に応答する光受容体（オプシン）を，遺伝子工学の手法を用いて目的の神経細胞のみに発現させ，そこに光を当てることによって神経活動を操作する．代表的な光受容体であるクラミドモナス由来のチャネルロドプシン2（ChR2）は，青色光に応答して開口する陽イオンチャネルであり，チャネルロドプシン2を発現する神経細胞を脱分極（活性化）させる．また，高度好塩好アルカリ性菌由来のハロロドプシン（NpHR）は黄色光に応答して，塩化物イオンを神経細胞内に流入させ，過分極（抑制化）させる．極細の光ファイバーを挿入することで，行動中の動物の脳の深部にも光を当てることが可能である．たとえば，マウスの腹側被蓋野（VTA）のドーパミン神経のみにチャネルロドプシン2を発現させて光刺激を与えると，動物は刺激を受けた場所を選好するようになる（条件性場所選好）ことから，VTAドーパミン神経の活性が条件づけに十分条件であることが示されている．光遺伝学は広義には，神経活動に応答して発光するタンパク質を特定の神経細胞に発現させて観察するなどの，さまざまな技術が含まれる．

光スイッチ説［Light Switch Theory］　⇌捕食回避

光トポグラフィー［optical topography］　⇌機能的近赤外分光法

ヒキガエル［toad］　ヒキガエル科 Bufonidaeに属するカエル類の総称．英語では，無尾目をfrogとtoadとに言い分け，ヒキガエル科以外にもtoadとよばれる種がいる．約500種からなり，南北アメリカ大陸およびアフリカからユーラシア大陸周辺と汎世界的に分布する．日本には4種5亜種が生息するが，このうちオオヒキガエルは中南米原産の移入種で，害虫駆除の目的で南・北大東島や石垣島，小笠原諸島などに持ち込まれた．オーストラリアに持ち込まれたオオヒキガエルでは，相対的に長い足をもつ移動能力の高い個体が数十年間のうちに進化し，分布域を急速に拡大している．ヒキガエル類の皮膚にはブファジエノリドと総称される強心ステロイドなどを含む毒腺があるため，多くの捕食動物は食べない．ヨーロッパヒキガエルにおける餌や捕食者の認知の研究は有名で，特定の形や大きさ，動き方の物体を提示することで，捕食反応や対捕食者姿勢を実験的にひき起こすことができる．たとえば，横に長い小さい長方形の物体を長辺方向に一定範囲の速度で動かすと，これを餌とみなして捕食反応が起こる．

ひきこみ［entrainment］　リズムを含んだ外部刺激から一定の周期性を抽出し，次にその刺激が起こるタイミングを予測しながら運動すること．たとえば強いビートを含む音楽を聴くと，歩調や指のタッピングのリズムが自然に音楽のリズムに合う現象．ひきこみと定義されるためには，運動と外部刺激のリズムの誤差はリアルタイムで修正され，外部刺激のリズムに合わせて運動が調整さ

れることで一定の関係を保っていることが必要である．(⇌ 同調，同調化現象)

非矯正手続き [non-correction procedure] ⇌ 矯正手続き

ピーク手続き [peak procedure] ＝ピーク法

ピーク法 [peak method] ピーク手続き(peak procedure)ともいう．動物の時間知覚の研究法の一つで，ある決まった時間(設定時間)の経過後に生じた最初の反応を強化*する固定時隔スケジュール*をもとに開発された．標準的な固定時隔スケジュールと異なるのは，試行開始の合図があること，プローブ*試行がときどき挿入されること，の2点である．たとえば，設定時間を30秒としたラットの実験では，試行開始を告げる音刺激から30秒経過後の最初のレバー押し反応に対して餌粒が与えられる(強化される)が，プローブ試行では餌粒が与えられない．プローブ試行の長さは設定時間の3倍(この例では90秒)に設定されることが多く，この間，反応は一切強化されない．ラットはプローブ試行と通常試行を区別できないため，プローブ試行での反応は期待の大きさを反映していると考えることができる．プローブ試行での反応を測定すると，設定時間付近を頂点(ピーク)とした山型の曲線となり，ピーク位置や曲線形状を動物の時間知覚の行動指標として用いることができる．ピーク曲線はヒト，サル，ラット，ハトなどで類似している．なお，設定時間が長くなればピーク位置が移動し，ピーク曲線の広がりは大きくなる．たとえば，設定時間が60秒のときのピーク曲線は30秒のときのピーク曲線よりも，ピーク位置・曲線の広がりともに約2倍になる．したがって，設定時間を100に変換してグラフ化すると，設定時間にかかわらずピーク曲線は一致することになる(図)．これは動物の時間知覚の尺度が相対的であることの根拠として示される．このように相対化すると同じ曲線になることをスカラー特性*とよぶ．(⇌ 時間弁別)

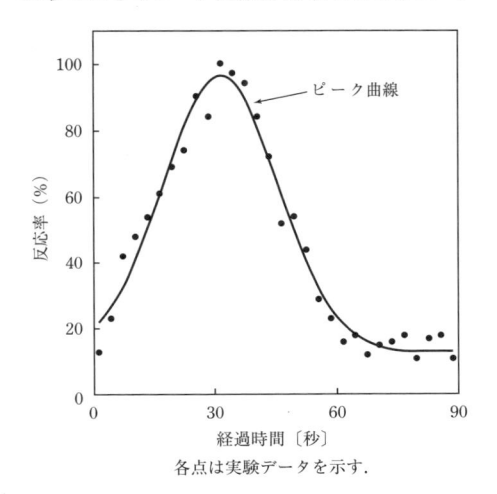

非言語コミュニケーション [nonverbal communication] 言語*によらない情報伝達様式．ヒト以外の動物では，ヒトの言語特徴すべてを含むコミュニケーション様式は見つかっておらず，動作，音声，におい，色など，さまざまな非言語コミュニケーションが使われている．ヒトにおいても，日常のコミュニケーション場面では，言語とともに，非言語である顔の表情，声色(トーンやイントネーション)，目の動き，姿勢，ジェスチャー，相手との距離などが，情動*，状態，性別，社会的地位*などさまざまな情報を伝達している．

飛蝗 [migratory locust] ⇌ 相変異

非視覚光受容系 [non-visual photoreceptive system] 視覚以外の光反応をつかさどる光受容系の総称．眼球外光受容系(extraocular photoreceptive system, EOP)ともいわれるが，哺乳類網膜のアマクリン細胞や水平細胞に光受容能があることが発見されて以来，この呼称が使われるようになっている．魚類，爬虫類，鳥類などでは，脳の松果体にメラトニン*を分泌する光受容細胞があり，睡眠覚醒リズムをつかさどる．哺乳類の松果体は脳の深部にあって光受容能は消失しているが，光の情報は光感受性の水平細胞などから送られ，メラトニンを分泌する．無脊椎動物では，チョウ類の交尾器に存在する4個の紫外線受容細胞が交尾や産卵行動を調節する機能をもつことが知られている．ほかにも，甲殻類，昆虫，軟体動物の腹足類などの神経節内，サソリやカブトガニの尾部，ミミズの体表などにも光感受性神経細胞が存在するが，機能は明らかではない．

皮質脳波 [electrocorticography] ⇌ 脳波

微視的分析 [molecular analysis] ⇌ 巨視的分析

微視的理論 [molecular theory] ⇌ 巨視的理論

尾状核 [caudate] ⇌ 大脳基底核

微小電極 [microelectrode] 細胞のサイズに合わせて小さく作った電極一般をいう．ガラス管微小電極と金属微小電極に大別される．ガラス管微小電極は細胞に刺すことをおもな目的として，

図

各点は実験データを示す．

ホウケイ酸ガラスや石英でできた直径 1〜2 mm の管を材料とし，高熱を加えて引っ張ることで工作する．先端部に内径が 1 μm 以下の開口部をもつ，微小で鋭利なピペットの形状となる．管内に 2〜3 mol/L の KCl 溶液を充填するのが通常である．シナプス電位や活動電位*などの膜電位を記録するほか，細胞内へ電流を流して膜電位を操作する実験にも用いられる．細胞内染色に使う場合は，蛍光色素などを電解質に溶解し，圧力を加えて，あるいは電気泳動的に注入する．一方，金属微小電極は，タングステンなど融点の高い金属を電解研磨することで先端を細くし，ガラスなどで周囲の表面をコートして製作する．あるいは，合成樹脂で被覆したニクロムやタングステンの微細なワイヤー(直径 50 μm 程度)を束ねて用いることもある．金属電極は，神経細胞の近傍に置いて，活動電位を細胞外から記録するために用いられる．認知神経科学の研究にとって必須の道具である．

微小脳［microbrain, minibrain］ 小型・軽量の体での生活に適した節足動物などの高等無脊椎動物の小さな脳*を，哺乳類の大きな脳と対比して微小脳とよぶ．微小脳を構成する神経細胞*の数は 100 万個に満たず，ヒトの脳が 1000 億もの神経細胞から構成されるのに比べてはるかに少ない．しかし微小脳は節足動物の多彩な行動をつかさどることでその生存と繁栄に貢献しており，哺乳類の巨大脳とは異なる選択圧を受けて進化した小型・軽量・低コストの情報処理の傑作ともいえる．(⇌ 神経節，昆虫の神経系)

非消費効果［non-consumptive effect］ 捕食者の存在が被食者の行動を変えることで，被食者の適応度に影響を与える効果．植物を食べるバッタは，植物上にクモがいるだけで身を潜めたり，食べる時間を短縮したり，周囲の植物に移動するなど，捕食回避行動を示す．これによりバッタの摂食量が減り，成長率が下がったり飢餓による死亡率が増えることがある．この結果，植物の被食量が減るというクモから植物へのトップダウン栄養カスケードが生じる(⇌ 栄養カスケード)．

ビショップ・カニングスの定理 ⇌ 進化的安定戦略

非随伴的強化［noncontingent reinforcement］ 行動とは無関係に強化子が提示されること．反応と独立した(response-independent)強化ともよばれる．時間スケジュール*は，非随伴的強化を実現する強化スケジュールである．非随伴的強化がもつ効果として，迷信行動*とよばれる行動を生み出すことがあげられる．迷信行動は，ある行動の後に強化子が偶然提示されることによって形成される．非随伴的強化のほかの働きには，反応を減少させる作用がある．たとえば，動物のあるオペラント反応を維持している強化に加え，それに随伴しない強化を与えると，その反応の反応率を減少させることができる．この理由として，反応と強化との結びつきが，非随伴的強化子によって弱められることが考えられる．

ヒステリシス［hysteresis］ ＝履歴効果

非生殖カースト［non-reproductive caste］ ⇌ カースト

非宣言的記憶［non-declarative memory］ 記憶している内容について言語化できないような記憶のこと．運動スキルなどの手続き記憶*，プライミング(先行刺激が後続する刺激の処理に影響すること)，条件づけによって獲得した記憶などが含まれる．多くの場合，その獲得には何度も記憶する内容を経験すること，つまり学習する必要がある．その性質上，無意識的な記憶(潜在的記憶)も含まれる．(⇌ 宣言的記憶)

非対称資源占有能力仮説［RHP asymmetry hypothesis］ ⇌ 先住効果

日髙敏隆(ひだか としたか) 1930.2.26〜2009.11.14 動物行動学者．わが国における動物行動学*の設立者．子どもの頃より昆虫が好きで，動物の死体に集まるシデムシやアゲハチョウの蝶道の観察を行う．東京大学に学び，アゲハのさなぎの色彩の内分泌決定機構に関する研究で学位取得．東京農工大学の講師〜教授時代(1959〜1975 年)には，アメリカシロヒトリやアゲハチョウなどの配偶行動の研究を行う．この時期には K. Z. Lorenz* 著『ソロモンの指環』，『攻撃』などの訳書により，ヨーロッパで興った動物行動学をわが国に紹介．京都大学教授時代(1975〜1993 年)には，日本動物行動学会を創立(1982 年)し，会長を 12 年間務める．また国際動物行動学会議をアジアで初めてわが国で開催

(1991年)し，わが国における動物行動学の発展に寄与．この時期には『エソロジーはどういう学問か』(1976年)，『動物の行動』(1982年)などを執筆するとともに，Lorenz著『動物行動学』，行動生態学の名著R. Dawkins*の『利己的な遺伝子』を翻訳．晩年は滋賀県立大学学長(1995～2001年)や総合地球環境学研究所所長(2001～2007年)を務める．こうした中，『チョウはなぜ飛ぶか』(1975年，毎日出版文化賞)，『春の数えかた』(2001年，日本エッセイスト・クラブ賞)など，動物の行動や習性，ものの見方に関する多数の著書を著し，動物行動学の裾野を広めるとともに，一般の人々の自然に対する認識にも大きな影響を与えた．

非弾力的需要［inelastic demand］　一般に，コスト*の増加に対して，動物が一回の実験セッション内で獲得する強化子*の総量(消費量)は減少するが，コストの変化率に比べて，消費量の変化率が小さい場合を非弾力的需要という．代替可能な別の強化子がない場面では，単一の強化子の消費を調べると，開放よりも封鎖経済的実験環境*の方が，非弾力的需要が維持されやすい．

必須共生［obligate symbiosis］　⇌ 共生
ヒット［hit］　⇌ 信号検出理論
ピット器官［pit organ］　ボア科，ニシキヘビ科，クサリヘビ科マムシ亜科に属するヘビに存在する赤外線を視覚情報として受容する**赤外線受容器**(infrared receptive organ)．特に夜行性の種で発達している．ボア科やニシキヘビ科のヘビでは上唇板に存在しており，**口唇窩**(labial pit)とよばれる．ボア科では鱗と鱗の隙間に，ニシキヘビ科では鱗に穴が空いたような形態を示す．マムシ亜科では鼻孔と眼の間に左右1対で存在しており，**頬窩**(loreal pit)とよばれる(図)．おもな組織構造

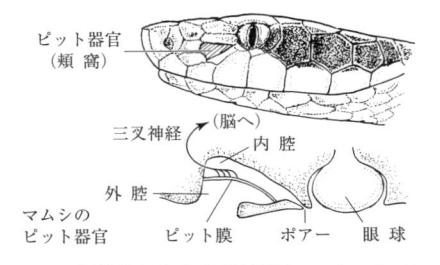

として，赤外線が入力する外腔(anterior air chamber)と，外腔を通過した赤外線を"像"として受容するピット膜(pit membrane)が認められる．受容した赤外線の情報は，ピット膜に投射する三叉神経によって脳の視覚領域へと入力される．0.001～0.003℃の温度差を識別することができるため，夜間に獲物である哺乳類や鳥類などの存在を温度情報によって視覚的に認知していると考えられる．

ピット膜［pit membrane］　⇌ ピット器官
非適応的［maladaptive］　⇌ 適応
ヒト［*Homo sapiens*］　⇌ 人種
非通し回遊魚［non-diadromous fish］　⇌ 回遊
非独立創設［dependent founding］　⇌ コロニー創設

ヒトと動物のきずな［human-animal bond, HAB］　ヒトと動物の間における，互恵的な個体間の結びつき．双方の健康と幸福に不可欠な，ヒトと動物や環境における，心理的，精神的，身体的相互作用を含む．最近では，特にイヌやネコといったペットに関して，屋内飼育が増えていることから，ヒトと動物(ペット)のきずなはますます強く深くなっている．核家族化，少子高齢化，さらには高度情報化社会によるヒト同士のかかわりの希薄化などがその理由と考えられている．このきずなの形成には愛着*が関与するが，愛着度合いが過度であったりすると，死別などにより心身に悪影響が出ることがある(⇌ ペットロス)．18世紀英国の療養所にて，動物が精神疾患患者に良い効果をもたらすことが示され，ヒトと動物のきずなに関する研究が始まった．1970年代には米国デルタ協会が獣医学，精神医学，心理学など学際的に研究を始め，その結果が動物介在介入*として生かされている．

一腹子数［litter size］　⇌ 一腹卵数
一腹卵数［clutch size］　クラッチ(clutch)ともいう．鳥類において，1回の営巣で1羽の雌が巣に産み込む卵の数．哺乳類における一腹子数(litter size)に相当する．(⇌ 産卵数)

雛混ぜ［brood mixing, amalmagation］　雛を連れている親鳥同士が出会うと，双方の雛が混じってしまい，別れるときに雛はどちらかの親に適当について行ってしまうこと．ツクシガモやカナダガンなど，一部のガン・カモ類でよくみられる．このとき，より多くの雛を獲得するのは，優位な雌だという研究もあり，連れている雛を多くすることで，捕食者に襲われたときに全体として被害を軽減するうすめ効果*を期待した行動だと考えられている．スズメ目などの小鳥と違って，雛へ

の給餌など，雛の世話がほとんどいらない早成性のガン・カモ類で進化した行動である．brood mixing という用語は，カワスズメ*科など卵保護をする種類の魚で，保護されている卵塊が複数の雄によって授精されている場合にも用いられる．

避難場所 ⇌ 隠れ家

ヒポセラピー［hippotherapy］＝乗馬療法

ヒューベル HUBEL, David Hunter 1926.2.27～2013.9.22 カナダ出身の米国の神経生理学者．哺乳類の大脳視覚野*における情報処理機構とその発達可塑性に関する研究に対して，Torsten Nils Wiesel（スウェーデン出身の米国の神経生理学者．1924.6.3～　　　　）とともに1981年度のノーベル賞生理学・医学賞を受賞した．彼らは1958年に出会い，ジョンズ・ホプキンス大学，ハーバード大学で共同研究を進めた．当初，彼らは麻酔下のネコの第一次視覚野に微小電極*を刺入して単一ニューロン活動を導出していた．しかし，網膜の神経節細胞に大きな反応をひき起こすようなスポット状の視覚刺激を見せても，皮質の細胞の多くは反応しないことに当惑していた．写真（下）のようにスライドをスクリーンに映写して刺激として用いていたのだが，ある日，映写機にスライドを差し入れる瞬間に大きな活動が現れることに気づいた．スライドの縁の線が反応をひき起こしたのである．網膜は世界を点の集まりとしてとらえているが，脳は線で描かれた世界を見ているのである．この発見がきっかけとなって，第一視覚野のニューロンが特定の傾き（方位）の線分に対して選択的な応答を示すこと，同じ方位選択性を示すニューロンが集まってコラム構造*をつくっていること，さらに左右の眼のどちらからより強い入力を受けるかに応じた眼優位性コラムがあること，眼を覆って視覚を剥奪するとこれらのコラム構造の発達が阻害されること，この阻害効果は幼弱期にしか働かず感受期*が認められることなど，脳における感覚情報処理に関する重要な知見をつぎつぎに明らかにした．神経回路がみずからの活動によって自己を組織化していくことを明快なかたちで示し，現在の神経科学の潮流をつくり上げたのである．主著に『Eye, Brain, and Vision』（1988年）．

表現型［phenotype］　特定の遺伝子型*が発現することによってもたらされる観察可能な生物の特性のこと．メンデル遺伝学では，遺伝子型と対応させて，ある遺伝子型が発現した結果として生じる観察可能な生物の特性を表現型という．たとえば，古典的なエンドウの粒形の遺伝では，丸 A が優性，角 a が劣性なので，三つの遺伝子型 AA, Aa, aa の表現型はそれぞれ，丸，丸，角となる．このように，対立遺伝子間の優性や遺伝子座間の相互作用によっていくつかの異なった遺伝子型が同一の表現型を発現させる．逆に，同じ遺伝子型であっても，環境要因の違いなどによって異なった表現型を発現する場合があり，反応基準*もしくは表現型可塑性*とよばれている．特に，多くの遺伝子の量的な効果によって連続的な変異を示す量的形質では，環境要因の作用が形質値の量的な差異として現れるため，同じ遺伝子型をもつ個体であっても，ある範囲の異なった形質値をもつのがふつうである．計測可能な生物の特性を広く意味する"形質（trait）"とは異なり，"表現型"は，もともと"遺伝子型"と対応関係をもつ遺伝学上の概念だったが，近年の進化生態学や行動生態学では，特定の遺伝子型に対応させることなく，形質とほとんど同じ意味で使われる場合が少なくない．

表現型可塑性［phenotypic plasticity］　生物が

Hubel（左）と Wiesel（右）

実験室の風景

環境要因に応答して異なる表現型*を可塑的に発現すること，またはその能力のこと．遺伝子型*が同じであっても環境条件に応じて異なる表現型を示すことをいい，同種内の遺伝的な変異によるものは含まない．その生物がどのような表現型可塑性を示すかは，環境値（温度や湿度，餌量など）に対してどのような表現型値をとるかで表すことができ，環境値と表現型値の関係を反応基準*という．表現型可塑性のなかでも，不連続に表現型が変化するものを特に表現型多型*という．その場合，反応基準はS字曲線（シグモイド）を描く．バッタの相変異*や社会性昆虫のカースト*などが表現型多型の代表的例である．連続的な表現型可塑性では，反応基準はなだらかな正または負の相関を示すことになる．進化過程でその生物が受けてきた選択圧の影響を受け，反応基準の形が変化することが知られ，同種内であっても遺伝子型が異なると異なる反応基準を示すことが知られている．環境に対する応答は，多くの場合選択の過程を経て獲得されているため，適応的な可塑性がよく知られているが，その一方で，適応的ではなく単に物理化学的な性質に従っただけの非適応的な可塑性も知られる．

表現型選択［phenotypic selection］ ⇒自然選択

表現型多型［polyphenism］ 多型*の一種であり，遺伝子型*が同一の生物が，環境条件に応じて不連続な表現型*を発現すること．環境変異に起因する連続的・不連続的表現型変異をすべて含む表現型可塑性*の特殊な場合と考えることもできる．季節多型*や行動多型*，可塑性，齢差分業などを含み，**環境多型**（environment-induced polymorphism）や条件依存的多型*とよばれることもある．一個体が二つ以上の代替表現型を発現するか否かで，個体内表現型多型と個体間表現型多型に分類される．バッタの相変異*のように，形態と行動が同時に変化する例も多い．不連続な表現型が生じる原因はいくつか考えられる．たとえば，ある生物が環境条件に応じて連続的に表現型を変える能力をもっていても，自然状態で経験する環境条件が不連続である場合には，結果として不連続な表現型を示すことがある（一部の季節多型の例など）．たとえば，アブラムシなどは個体密度（連続的に変わる）が一定の閾値を超えたときに，翅が形成される（不連続的に変わる）と考えられる．

表現型分散［phenotypic variance］ ⇒遺伝率

標識再捕獲法［mark-recapture method, capture-recapture method］ 野外において動物の個体群サイズ（個体群を構成する個体の数．⇒個体群生態学）を推定するため生態学で用いられる方法の一つ．一部の個体を生け捕りにして標識をつけ調査地に放し，その後の再度捕獲することで個体数を推定する．動物は動き回り物陰に身を隠すこともあるので，調査地内の全個体数を直接カウントすることはふつうきわめて困難である．そこでこの方法が採用されることが多い．最も基本的なモデルであるペテルセン法（Petersen method, リンカン法 Lincoln method ともいう）について述べる．この方法は閉鎖系（死亡や出生も含む期間内における調査地内外への個体の出入りがない）が条件である．また捕獲率は全個体一定であると仮定している．まず，調査地から M 個体捕獲し標識を付けて調査地に戻す．標識した個体とそうでない未捕獲の個体が調査地内で十分混じったあと二度目の捕獲調査を行う．二度目の調査で捕獲された n 個体の中の m 個体に標識が付いていたとすると，調査地における全個体数は $M \times n/m$ と推定される．なぜなら，最初に捕獲された M 匹は全体の n 分の m 匹にすぎなかったと考えられるからだ．実際の野外個体群では閉鎖系の仮定が満足されることはほとんどないので，開放系にも適用でき個体数と同時に個体の移入率や移出率も推定する Joly-Seber 法などが開発されている．

標準ニューロン［canonical neuron］ ⇒ミラーニューロン

表情［emotional expression］ 身体の状態や動きによる感情の表出．体の姿勢や動き，顔の筋肉の緊張状態や動き，生理的表出反応（赤面，涙），声の調子などを含む．狭義には顔の表情（facial expression）のみをさす．ヒトの非言語コミュニケーション*において重要な役割を担っている．特定の表情は，特定の感情状態（怒り，悲しみ，恐れ，驚き，嫌悪，幸福感など）に密接に結びついている．表情とその解釈の仕方は文化を問わず比較的普遍的であるが，社会的文脈に応じてバリエーションも大きい．特定の表情を自発的につくることで，特定の感情状態がひき起こされることもあり，表情と感情のフィードバック的な結びつきが示唆される．逆に，笑顔で怒るのは難しかったりもする．また，表情は意識的に完全に抑制す

ることが難しく，わずかな表情手がかりによって感情状態が現れる．たとえば，軽いストレスや葛藤状態にあると，身体接触（鼻や髪を触る，など）の回数が増える．怒りや嫌悪を隠そうとしても，眉や鼻のわずかな筋肉の動き（微表情）が瞬間的に表出されることがある．作り笑いは目の表情がないことから，真の笑顔（デュシェンヌスマイル Duchenne smile）と区別される．ヒト以外の霊長類においても表情は重要なコミュニケーション手段である．ヒトに近縁なチンパンジーにはヒトに似た表情が多く（たとえば笑顔；図），表情の進化的連続性が示唆される．一方，ヒト以外の霊長類と，ヒトは目と目の周辺の表情を特によく発達させている（眉の傾きや視線*の向きなど）．

ヒトの笑顔：口角が上がり，目じりが下がり，上と下の歯並びが見える

チンパンジーの笑顔：口角が上がり，下の歯並びが見える．上の歯並びはあまり見えず，目を閉じることはあるが目じりは下がらない

表情模倣 ⇌ 模倣

費用対効果分析［cost-benefit analysis］＝コストベネフィット解析

漂鳥［wandering bird, nomadic bird］　渡り*をする鳥のうち，特に渡りの距離の短いものをさして漂鳥という．これは，繁殖のために熱帯地域から日本へ渡ってくる夏鳥，シベリアから越冬のために渡ってくる冬鳥，渡りを行わずに1年中同じ場所に生息する留鳥*などと対比的な用語といえる．科学的な定義ではないが，日本の鳥学界では日本国内に繁殖地と越冬地をもち両者を季節的に移動する鳥種を漂鳥と定義している．ただし実際には，多くの鳥種が長短さまざまに渡っており，何をもって渡りの距離を短距離とするかの基準はない．また，この国内移動＝漂鳥とする定義は日本独自のもので，しばしば漂鳥の英語として用いられる wandering bird または nomadic bird には，この意味は含まないようである．またヒヨドリなどは留鳥とされながらも実際には渡りを行ってお

り，同地点で1年中観察されていても夏と冬で個体が入替わっているケースは多い．

標的形質［target character］　⇌ 雌の選り好み

平等主義者［egalitarian］　個体間の非対称性が小さい動物社会の性質を広義にさす用語．たとえば，順位関係にみられる平等主義者は，個体間に順位関係が一見すると存在しないようにみえる社会，もしくは個体間に順位関係が存在するものの，劣位個体から優位個体への攻撃が少なくない社会と定義される．繁殖に関しては，個体間で繁殖成功の差が小さく，繁殖の偏り*が小さい社会をさす．反対語として，個体間の順位関係が明瞭な専制主義者という用語が用いられる（⇌ 専制主義）．

標本［sample］　⇌ 統計学的検定

標本誤差［sampling error］　多くの実験や観察においては母集団の全数調査が困難であり標本抽出を行うことになる．標本抽出により生じる推定値の母集団の母数からのずれを標本誤差とよぶ．たとえば母集団の平均が知りたい場合，標本データの平均値をその推定値として用いることになるが，その推定値は母集団の平均値からずれが生じる．適切な標本抽出を行えば，標本の大きさ（データ数）を大きくすることで標本抽出による誤差は小さくなる．

***period* 遺伝子**［*period* gene］　⇌ 時計遺伝子

比率スケジュール［ratio schedule］　オペラント条件づけ*において，1強化当たりに要求する反応回数（比率とよぶ）を定める強化スケジュールの総称．強化ごとに回数を一定にするかどうかにより，固定比率スケジュール*と変動比率スケジュール*に大別される．（⇌ 時隔スケジュール）

比率負担［ratio strain］　オペラント条件づけ*において，比率スケジュール*で1強化子を得るために必要な反応数が多く，強化基準が厳しい場合には，反応休止*が頻繁に生じるようになる．そのような休止が生起するほどの比率負荷のことを比率負担とよぶ．典型的に休止の増加は比率負担の指標として使われる．強化子提示直後には強化後休止*が生じることが知られているが，比率負担の指標として使用する休止は，強化後休止以外のものとして区別される．比率による負担の生起例を以下の二つの条件例で考えてみよう．たとえば反応対強化子比が20：1の固定比率スケジュール（FR20）の場合には，動物は，強化後休止の後，次の強化子提示まで高反応率で安定した

遂行を行うパターンを典型的に示す．しかしFR200になれば，強化後休止の後，反応を開始しても，次の強化子提示までの間に何度か長く休止する期間が生じるかもしれない．この休止は典型的な比率負担の効果といえるだろう．

非連合学習［nonassociative learning］　複数の出来事の随伴関係の学習である連合学習*に対し，単一の出来事の学習，すなわち馴化*と鋭敏化*をさすことが多い．ただし，広義には，連合学習以外のすべての学習を意味することがある．この場合は，馴化や鋭敏化に加えて，観察学習*，刷込み*，運動技能の学習など，一般に条件づけ*とはみなされない学習すべてを包括する言葉として使用されることがある．

非連続説［noncontinuity view］　⇒学習の連続説

疲労［fatigue, tired］　定義的には，ある一定期間，心理的あるいは身体的な活動を連続して行った結果生じる，その後の身体的，行動的な活動の一時的な低下のこと．倦怠感（だるい感覚）あるいは休息の欲求を伴うことが多い．基本的には，一定期間の休息により疲労は回復する．身体的な疲労のメカニズムとして，筋肉中にグルコースの代謝産物である乳酸が蓄積されることが直接の原因とも考えられているが，ラットの筋肉中に乳酸を投与しても運動パフォーマンスが変わらない実験結果もあり，これを否定する考えもある．ヒトにおいては，疲労の感じ方には心理的な要因が大きい．たとえばある仕事に従事した際，その仕事が成功であったか失敗であったかにより，それに従事した時間やかけた労力が同じであっても，疲労の感じ方が異なることがしばしばある．ヒトにおいて疲労は，痛み，発熱とともに，生体の3大警告的感覚とみなされている．

敏感化［sensitization］　＝鋭敏化

敏感期［sensitive period］　＝感受期

瓶首効果［bottleneck effect］　ボトルネック効果，遺伝的瓶首効果（genetic bottleneck effect）ともいう．集団サイズの縮小によって，集団が保持している遺伝的多様性*が低下すること．いったん瓶首効果を経験した集団は，その後に個体数が回復しても，外部からの遺伝子の流入（遺伝子流動*）や十分な量の突然変異*が起こらない限りは，集団の遺伝的多様性は減ったままであり，環境に対する適応能力の低下や，近親交配による近交弱勢*によって適応度が低下することが懸念

される．少数の個体から，新たな集団が形成される場合も同様に集団の遺伝的多様性が低下するが，この場合は創始者効果*とよばれる．

品種［variety, breed, race］　同種内における，ある特徴をもった個体群．多くは遺伝的な特徴をもつ．動物の分類は，単位の大きい順に，門・綱・目・科・族・属・種となる．イヌを例にとると，脊椎動物門哺乳綱食肉目イヌ科イヌ族イヌ属イヌ（学名は属名と種名で構成される．たとえばイヌ属は Canis 属であり，オオカミが Canis lupus lupus，ディンゴが C. l. dingo，イヌが C. l. familiaris）となる．品種として分類されるゴールデンレトリバー，柴犬，チワワなどはさらに下位の分類であり，すべて学名が C. l. familiaris である．外見，大きさ，行動様式に大きな違いがあるが，交配が可能である．家畜は，同じ種から異なった用途に応じて異なった方向へ選択的交配*をしたため，品種が多い．

頻度依存性仮説［rate dependency, rate dependence hypothesis］　オペラント条件づけ*における動物のそもそもの反応の頻度が，薬物投与による反応の変化を決めるという仮説．たとえば，ハトに対して餌を強化子*として固定比率スケジュール*と固定時隔スケジュール*を用いてキーつつき行動を訓練すると，固定比率スケジュールの方が固定時隔スケジュールよりも反応頻度が高くなるとする．このハトに中用量のペントバルビタールを投与すると，二つのスケジュー

ル間で薬理効果が異なり，固定時隔スケジュールではキーつつき行動が減少し固定比率スケジュールでは増加した．頻度依存性仮説では，この薬理効果の違いは，薬物投与前のキーつつき行動の頻度の違いが影響したと考える．この仮説においては，反応率*に変化を生じさせる要因(強化スケジュール*，弁別刺激*，訓練経歴，罰*の有無)が薬理効果に影響を与えると考え，一方反応率が同じになるような二つの要因のもとでは薬理作用に違いがみられないと考える．

頻度依存選択［frequency-dependent selection］ある表現型(または遺伝子型，対立遺伝子)の相対適応度が，集団中の他の表現型に対する相対頻度(割合)により決定されることで生じる進化過程をさす．種間，異性間，同性内の行動的な相互作用の多くに頻度依存的な側面があるため，動物行動がもたらすきわめて一般的な選択圧である．相対頻度の増加に伴って相対適応度が増加する場合を正の頻度依存選択，相対頻度の増加に伴って相対適応度が減少する場合を負の頻度依存選択とよぶ．正の頻度依存選択の場合，多数派の相対適応度が常に高いので，新たな変異体の集団への侵入を妨げる選択圧となる．捕食者などの学習を介したミュラー型擬態*の進化や警告色の進化に関与する．一方，負の頻度依存選択は，最も一般的な平衡選択*であり，少数派の相対適応度を常に高くすることで集団内の遺伝的な多様性あるいは多型の進化・維持を促進する．超優性*などの平衡選択も，まれな対立遺伝子の適応度が高くなるという意味でこれに該当する．

フ

不安［anxiety］ 将来に起こりそうな危険や苦痛の可能性を感じて生じる不快な情動．恐怖（fear）と混同しがちだが，恐怖はその対象が明確である場合に，不安は対象が漠然としている場合に用いる．未知の危機を事前に回避する適応的な行動である反面，過度な不安は行動や社会生活に障害をもたらす（不安症）．動物の不安状態を直接的に知ることは困難だが，行動指標や生理指標を用いて間接的に観察することができる．ラットやマウスなどの齧歯類は身を隠せない新奇の空間に出るのをためらう習性がある．突然新奇の空間に置かれるとストレスホルモンであるグルココルチコイドが分泌される．並行して警戒的な探索行動を始めることがあり，不安を測る指標として用いられている．発汗，動悸，呼吸促進，血圧上昇なども指標となる．

VI スケジュール ＝変動時隔スケジュール
VR スケジュール ＝変動比率スケジュール
V 字型飛翔隊形［V-shaped flight formation］ 楔形飛翔隊形（wedge flight formation）ともいう．ガン・カモ，ツル，カモメ，ペリカン，ウなどの大型の鳥類は，渡り*や採餌のために長距離を群れで飛行する際に，進行方向に対して斜め後方に後続の個体が連なって紐状の隊形（skein ともよばれる）を形成する場合がある（写真）．V 字型がよく知られているが，"枝"が非対称な鉤形，折れ曲がりがなく線的なものなど，形は多様である．規模も数個体から数百を超えるものまであり，大型の群れになると，紐状の構造が時間空間的に大きく揺らぎ，群れの先頭から後方に向かって波動が伝播する場合がある．こうした隊形は動的で，先頭個体の入替わりのほか，群れ同士の合体・融合や分裂もみられる．こうした紐状の隊形が形成される理由は，流れ場を利用した飛行コストの節約にあると考えられている．空気中を高速で鳥が飛行すると，翼の上側では後方に，翼の下側では前方に向かうような管状の渦が生じる（図）．その流れ場は，個体の真後ろでは下降成分（downwash），進行横方向に翼長程度の距離をおいた斜め後方では上昇成分（upwash）をもつため，その揚力によって，斜め後方に位置する個体は飛行に必要なエネルギー消費を 10% 以上節約できるという見積もりもある．一方，先頭の個体は後続と比較して負荷が高いため，先頭の入替わりは集団的な負荷分散であると解釈できる．

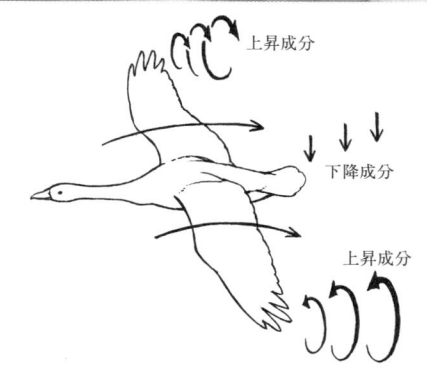

飛行に伴って翼の先端部から後方に向けて渦が発生する．後方の気流は下向きの速度成分を，翼の長さ程度の間隔を置いた斜め後方では上向きの速度成分をもつ．

フィックの法則［Fick's Law］ A. E. Fick が 1855 年に発見した物理法則で，物質が拡散によって移動する様子を記述するもの．拡散による物質の移動は，物質の濃度の高い場所から低い場所へ向かって起こる．物質の移動とともに濃度の空間分布は変化し，やがて定常状態に至る．フィックの第一法則は，定常状態を扱い，物質の移動速度が濃度勾配に比例することを表す．比例定数は拡散係数とよばれ，移動する物質に特有な値をとる．この関係は，物質の移動速度を J，濃度を ρ，拡散係数を D，距離を x と置くと，$J=-D\cdot\partial\rho/\partial x$ の式で表すことができる．第二法則では，物質の濃度の分布が時間とともに変化する非定常状態を扱い，数式として $\partial\rho/\partial t=D\cdot\partial^2\rho/\partial x^2$ のように表せる．この式を**拡散方程式**（diffusion equation）とよぶ．拡散方程式は，濃度を個体群密度と読み替えて数理生物学に応用され

ている. たとえば，拡散係数に個体群密度への依存性をもたせて種の空間分布を算出したり，外来生物が新しい土地に侵入して広がる様子の推定に利用されている.

フィッシャー Fisher, Ronald Aylmer 1890. 2. 17〜1962. 7. 29 英国の統計学者・生物学者で，統計学の確立者の一人であり，分散分析*や最尤法，ベイズ統計学の発展で近年再び注目を集めているフィッシャーの情報量などでも知られる．また，集団遺伝学の開祖の一人でもある．Fisher は，生物の進化のさまざまな面で理論的な業績を残している．行動とその進化については，1：1性比の理論により性比の研究に画期をもたらすとともに，性比を含めた異型配偶*に伴う現象に働く頻度依存選択*の重要性を示して，その後の研究に強い影響を与えた．また，性選択においては今日まで強い影響を及ぼすランナウェイ説*の理論を提案している．そのほかにも，警告色*や擬態*，血縁選択*においてもその後の研究の発展を促進したり先取りする研究を行った．Fisher はケンブリッジ大学で応用数学を学び，経済学者のケインズとも交流があった．第一次大戦後にロザムステッド農業試験場で研究員となり，ここで統計学に関する著書『Statistical Methods for Research Workers（研究者のための統計学的方法）』（1925年），『The Design of Experiments（実験計画法）』（1935年）や，ネオ・ダーウィニズムの成立に最大級の貢献をした『The Genetical Theory of Natural Selection（自然選択の遺伝学的理論）』（1930年）などのいずれも古典となる著書を執筆した．統計学分野では，後に標準的方法になる仮説検定法（⇌統計学的検定）を確立した E. Pearson らの統計学に対しては批判的な立場をとり，大論争をひき起こした．

フィッシャー性比 [Fisherian sex ratio] 多くの有性生殖生物でみられる1：1性比を，適応的観点から説明する理論．提唱者の R. A. Fisher* にちなみにこうよばれる．性比*が雄に偏った集団では，雄同士の雌をめぐる競争が激しく，雄の平均繁殖成功（⇌適応度）は雌より低くなるため，雌を高い割合で産む遺伝子が選択される．一方，雌が多く存在する集団では，雄は複数の雌と交配することができるため，雄を高い割合で産む遺伝子が選択される．このような頻度依存選択*により，性比が1：1からずれた集団では，そのずれを元に戻すような自然選択*による性比調節（sex ratio regulation, sex ratio compensation）が起こると考えられる．この理論は，血縁個体同士が相互作用を起こさないほど大きな集団であり，集団中の個体がランダムに交配する場合に成り立つ（⇌局所的資源競争，局所的配偶競争）．

フィッシャー制約 [Fisher condition] ⇌適応度

フィッシャー説 [Fisherian runaway hypothesis] ⇌ランナウェイ説

フィッシャー・マラー仮説 [Fisher-Muller hypothesis] ⇌性の2倍のコスト

VTスケジュール ＝変動時間スケジュール

フィードバック [feedback] 動力学モデルを用いて変数間の相互作用を考える際に，ある変数に由来する作用が直接，あるいは複数の変数を経て，その変数自身に影響を与える場合に，その働きをフィードバックとよぶ．このうち，正のフィードバック（positive feedback）とは元の変数が大きい値をもつことが，ますます値を大きくする効果をもつ場合，あるいは小さいことがますます小さくする効果をもつような場合をよぶ（図a）．反対に負のフィードバック（negative feedback）とは変数の大きな値を小さくする働きや，小さな値を大きくする働きをよぶ．負のフィードバックは状態を安定に維持する働きがあると考えられており（図b），一方で正のフィードバックは，状態からのずれを拡大するため，不安定化させる働きがあると考えられている．正のフィードバックと負のフィードバックの両方を合わせもつ化学反応系が，空間的に一様な分布から規則的な周期構造を自己組織的に形成することが，動力学モデルを用いた研究で知られている．

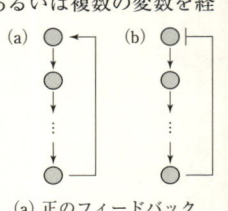

(a) 正のフィードバック
(b) 負のフィードバック

フィードフォワード機構 [feed forward mechanism] システムを実際に動かすことで得られる目標軌道と実現軌道との誤差を入力に戻す（フィードバック*）ことなしに，予測に基づいて企画した運動軌道を実現する制御機構．フィードフォワード制御（feed forward control, 前向き制御），などともよばれる．フィードバック制御では，オンラインでの出力結果と目標軌道とのずれを即座に修正できるという利点があるが，誤差をフィードバックするまでに時間遅れがある場合や

フィードバック信号と制御出力の関係(ゲイン)が非線形である場合では,システム不安定化や振動現象が現れ,特に突発的な外部入力や物理的衝突などの外乱に弱い制御になってしまう.このような場合,外乱に対するシステムの挙動をあらかじめ予測し,予測を打ち消すような制御を行うことで外乱に強い制御を実現することができる.また,手先を目的の位置へと素早く動かす運動では,フィードバックから制御するまでの時間が非常に短い.このような運動制御を実現する機構として,目標軌道を実現するための運動出力系列を計算する逆ダイナミクスをフィードバック誤差信号によって学習することでフィードフォワード制御が実現されているという数理モデルが提案されている.また,このフィードフォワード機構の学習が小脳の神経回路によって実現されている可能性が,心理物理実験やサルを使った神経生理学的研究によって示唆されている.

フィードフォワード制御 [feed forward control] ⇌ フィードフォワード機構

フィネアス・ゲージの症例 [case of Phineas Gage] 脳は精神の座であり,脳の部位ごとに働きが異なる(脳の機能局在),ということを最も印象的に語る具体的な事例としてよく取上げられる19世紀の症例.鉄道工夫であったゲージ(P. P. Gage)は,1848年の工事中の発破事故により,鉄製のバールが左顔面から頭頂部へ貫通するという大けがを負った.この事故によってゲージは左眼と左半球の前頭葉(frontal cortex)(左右両半球とする説もある)を失ったにもかかわらず,数カ月後には回復し社会復帰を遂げたが,1860年には死亡した.事故当初から診断にあたったJ. M. Harlow*医師が彼の死後に記した報告によれば,この事故を境にゲージの人格が大きく変化した.勤勉で責任感があり部下たちに好かれていたゲージの人格は失われて,気まぐれで礼儀知らず,計画を立てては捨てさる行動を繰返した,と記載されている.その後は酒に溺れ,みずからをネタとする見世物で糧を得たと信じられているが,馬車の御者として健常な生活をしたとの記録もある.ゲージの物語には多くの歪曲が加えられ,事実誤認も多い.人格の変化がどれほど病的で深刻なものであったか,人格の変化が脳の損傷の直接の結果であったのか,現在,それを正確に判断することは困難である.脳をめぐる大衆文化の課題として,現在にも通じる重要な教訓を与えるが,脳科学への寄与は必ずしも大きなものではない.

フィリアルカニバリズム [filial cannibalism] 親個体が自分の子を食うこと.魚類でよくみられる.子を殺すことは直接的な適応度の低下を意味するが,子を食うことで得た栄養が将来の繁殖につながる場合には適応度を高める.そのためフィリアルカニバリズムはしばしば条件依存的で,捕食者がいる場合など子の成長が期待できない状況で生じやすい.また,一部の子を食うことで他の子の生存率が上がるような場合にも適応戦略となりうる.たとえば,親が卵を保護するハゼの仲間では,卵塊の一部を食うことで残りの卵に酸素がいきわたり卵の生存率が上がる.

フィールドサイン 野生動物の生活痕,生息痕跡.足跡(print)や歩行パターン(track),食痕*,糞やペリット(鳥が口から吐き出す不消化物の塊),抜け毛や羽毛,巣*やねぐら*のほか,けもの道,爪痕,角研ぎ痕,泥浴び跡(ぬた場),モグラ塚などがこれに含まれる.フィールドサインは,その場所でどんな動物がどのような行動をとったかを物語るものであり,野生動物の生態や生息状況を調査・解明するうえで重要な手がかりとなる.たとえば左右対称の歯型がついたみずみずしい木の葉が地面に散らばっていたとしたら,それは前夜にムササビが頭上の木で食事をした証拠である(図).このように種特異的なフィールドサインが

ムササビの食痕.葉を両前脚で持ち,折り曲げてかじるので,かじり痕が左右対称になる.葉はホオノキ.

ある一方で,丸い入口をもつ樹洞のように複数の動物が同じように利用してよく似たフィールドサインを残す場合もある(次ページ図).そこで野外調査の際は,複数のフィールドサインに周辺の環境なども加えた複合的な判断が必要となる.また草食動物の糞や食痕の調査には植物学の知識も欠かせない.フィールドサイン法は,調査区域を詳細に踏査してフィールドサインを見つけ出し,そ

こから生息する動物種を確認する生物調査法で，おもに大型および中型哺乳類の調査に用いられる．ことに夜行性の動物種についてはナイトセンサス法(夜の林道を車で走って活動個体を探索する方法)とともによく行われる．フィールドサインは一種の和製英語であり，英語では animal tracks and signs とよび，field sign は屋外看板の意味になる．

ムササビがねぐらとして今現在も使用中の樹洞．縁は磨かれたように滑らかで，すぐ下の樹の幹には爪痕や樹皮のはがれた痕が多数ついている．樹種はケヤキ．

フィンドレイ型手続き [Findley procedure] ⇌ 切替えキー手続き

封鎖経済的実験環境 [closed economy] オペラント行動実験を一つの経済システムと考える行動経済学*の主要な概念の一つ．実験で獲得した強化子*以外に，それと同じか，または，それと代替可能な別の強化子をコスト*なしで動物に与えない実験環境のこと．それらを与える開放経済的実験環境*と対比される．封鎖経済的実験環境で，強化子に食物を用いたオペラント行動実験において，動物は，一回の実験セッション内でコストを支払い，すべての食物を獲得しなければならない．そのため，獲得した食物の量と一日当たりの総消費量は一致する．封鎖環境と開放環境を比較した行動経済学研究によると，一般に，コストが増加すると獲得した食物の量と反応率はともに減少するが，不労で食物を与えない封鎖環境の方が，開放環境に比べて減少の度合いが小さい傾向がある(⇌ 非弾力的需要)．なお，不労で食物を与えない封鎖環境では，実験セッション内の強化子の希少性が保証されている．そのため，さまざまな種類(食物や薬物など)の強化子の効力を測定する実験や，選択場面で複数の強化子間の機能的な関係(代替や補完関係など)を調べる実験に適している．

風媒 [wind pollination, anemophily] ⇌ 花粉媒介

風味 [flavor] ⇌ 条件性風味選好

風味嫌悪学習 [flavor aversion learning] においと味が合わさった感覚を風味とよぶ．ある風味をもつ食物を摂取させたのちに不快な気分を経験させると，動物はその風味に対して嫌悪反応を示すようになる，という学習．通常の飲食物で，においと味を分離して扱うことは難しい．市販のジュースなどを用いた味覚嫌悪学習*の研究は，厳密には風味嫌悪学習である．また，このような学習を行った場合，におい刺激と味刺激を要素的に処理し，別個に扱っているのか，あるいは，これら二つの刺激を統合的に処理し，新しい一つの刺激として扱っているのか，という問題も生じてくる(形態的学習*)．(⇌ 食物嫌悪学習，要素間連合)

フェイディング [fading] ＝溶化手続き

フェニルアラニン [phenylalanine] アミノ酸の一種で，血中で過剰になると中枢神経系での髄鞘形成が妨げられる．フェニルアラニンをチロシンへと変換する酵素を遺伝的に欠損する代謝障害として，フェニルケトン尿症が知られている．この障害をもつ乳児が，フェニルアラニンを多く含む食事を摂取すると，チロシンへの変換ができずフェニルアラニンの血中濃度が上昇し，脳が正常に発達できずに重篤な精神遅滞をひき起こす．食事制限を行うことで正常な発達が可能で，ある程度成長し，髄鞘の発達が終われば食事制限は緩和できる．胎児期は，母親の正常な代謝により守られるが，母親もフェニルケトン尿症の場合は，母親も妊娠期に食事制限をしなければならない．高濃度のフェニルアラニンは母親の脳には損傷を与えないが，胎児の脳に障害をひき起こすことになる．

フェロモン [pheromone] 生物の体内で産生され，体外に分泌放出されて，同種の他個体に特異的な行動や生理的変化をひき起こす化学物質の総称．1959 年に P. Karlson と M. Lüscher が，ギリシャ語の pherein(運ぶ)と horman(刺激する)を合わせて提唱した造語．カイコガの雌が雄を誘引する性フェロモン*として単離されたボンビコールが，同定された最初のフェロモンである．フェロモンの研究は昆虫で進んでおり，社会性昆虫のコロニー維持，個体間の通信と認知，定位行動*などに重要な役割をもつ．哺乳類でもマウス，

ウサギをはじめブタでもフェロモン分子が同定されてきた(表). フェロモンはその作用方式から, リリーサーフェロモン(releaser pheromone, 解発フェロモン)とプライマーフェロモン(primer pheromone, 起動フェロモン)に大別できる. リリーサーフェロモンとはフェロモンを受容した動物の行動を変化させるもので, 性フェロモン, 警報フェロモン*, 集合フェロモン(⇌ 集合性), 道しるべフェロモン* などが含まれる. プライマーフェロモンとはフェロモンを受容した動物の内分泌を変化させて性成熟や個体の成長などに影響を与えるもので, 女王バチが分泌する女王フェロモン, 哺乳類でその存在が予想されている性周期同調フェロモンなどが含まれる. フェロモンに似た作用を示すものとして, 異種生物の間で他個体に生理的, 行動的変化をひき起こす種間作用物質* がある.

フェロモン受容体 [pheromone receptor] 　細胞に存在して細胞外のフェロモン* を化学情報として選択的に受容する物質の総称. 脊椎動物のフェロモン受容体候補分子として, 2種の鋤鼻受容体(vomeronasal receptor, VR), トレースアミン関連受容体(trace amine-associated receptor, TAAR), ホルミルペプチド受容体様タンパク質(formyl peptide receptor-like protein, FPR)が同定されている. いずれも7回膜貫通型の分子構造をもち, Gタンパク質と共役する受容体である. 同じく化学受容体である嗅覚受容体(olfactory receptor, OR)と類似した分子構造をもつ. 昆虫のフェロモン受容体は独立したファミリーは形成せず, 化学受容体である味覚および嗅覚受容体ファミリーに属している. 嗅覚受容体をもつ嗅細胞の特性からの考察として, フェロモン受容体細胞に関しても一つのフェロモン受容体細胞は多重遺伝子群のなかから1種類の遺伝子のみを発現し, 異なるフェロモン受容体を発現する細胞の軸索は異なる上位中枢に投射するものと予想されている.

フォトプシン [photopsin] ⇌ オプシン
不確実性 [uncertainty] ⇌ リスク感受性
不完全性周期 [incomplete estrous cycle] ⇌ 完全性周期
不完全変態 [hemimetabolism, incomplete metamorphosis] ⇌ 変態
伏臥 [sternal recumbent] ⇌ 横臥
副嗅覚系 [accessory olfactory system] ⇌ 鋤鼻系
副嗅球 [accessary olfactory bulb] ⇌ 嗅球
副交感神経系 [parasympathetic nervous system] 　全身の器官を交感神経系* と相反的に支配する自律神経系*. 解剖学的には神経系として独立した形態をもたず, 中脳から眼に伸びる動眼神経, 延髄から涙腺や唾液腺に伸びる顔面神経や多くの呼吸循環器官および消化器官に伸びる迷走神経, 脊髄末端から膀胱や直腸, 生殖器に伸びる骨盤神経などに混在して走っている. 副交感神経はこれらの臓器に働き, 瞳孔の収縮, 唾液の分泌, 心拍数・血圧の低下, 気管支の収縮, 消化器系の活性化などをひき起こす. 副交感神経系の神経繊維は脳幹から出た後, 分布する臓器近傍もしくは臓器内で神経節* とよばれる神経細胞体の集まりで神経を乗換える. 脳幹から神経節までの繊維(節前繊維)の終末からも神経節から臓器までの節後繊維の終末からもアセチルコリン* が分泌されて神経伝達物質として働く.

脊椎動物のフェロモン分子

	動物種	効果	認識器官
揮発性			
デヒドロ-*exo*-ブレビコミン	マウス	雄に対する攻撃行動を誘発	鋤鼻器/嗅上皮
2-ヘプタノン	マウス	発情期を延長	鋤鼻器/嗅上皮
メチルチオメタンチオール(MTMT)	マウス	雌を誘引	嗅上皮
ジメチルジスルフィド	ハムスター	雄を誘引	鋤鼻器
アンドロステノン	ブタ	雌のロードシス* を誘発	嗅上皮
メチルブテナール	ウサギ	子ウサギの吸飲行動を誘発	嗅上皮
不揮発性			
ソデフリン	イモリ	雌を誘引	鋤鼻器
スプレンディフェリン	カエル	雌を誘引	嗅上皮
アフロディシン	ハムスター	雌の交尾行動を誘発	鋤鼻器
眼窩外涙腺由来ペプチド1(ESP1)	マウス	雌のロードシス* を促進	鋤鼻器
主要尿タンパク質(MUP)	マウス	雄に対する攻撃行動や個体識別	鋤鼻器

複合スケジュール［compound schedule］　二つ以上の構成要素からなる強化スケジュール*．複数の強化スケジュールは，同時に提示される場合(並立スケジュール*)，継時的に提示される場合(連鎖スケジュール*)，交互に提示される場合(多元スケジュール*)などさまざまである．たとえば，並立VI VIスケジュールのもとでは，二つの反応キーや反応レバーに対して，それぞれ独立のVI(変動時隔)スケジュールが同時に動いている．動物は，それら二つに対して自由に反応を配分できる．どちらの選択肢においてもプログラムされたスケジュール値(時間)が満たされた後の最初の反応に対して強化子*が提示される．このように複合スケジュールは，選択行動研究などで広く用いられる．(⇌ 複雑スケジュール)

複 婚［polygamy］　おもに鳥類の配偶システム*を分類するときに，1雄1雌の関係である単婚(monogamy)に対して，複数の同性が関係するつがい関係に用いられる．本来，一夫一妻以外のすべての配偶システム*(一夫多妻，一妻多夫，多夫多妻)をさすが，一夫多妻*に用いられることが最も多い．重要なのはどちらの性が複数であっても，雄と雌の間に一定の期間継続するつがい関係と，雛が生まれた後の親子関係(子育て)が存在することである．ゴクラクチョウ類やキジ類のレック*システムは複婚と混同されることがあるが，雄と雌の間につがい関係が存在しないので，厳密にいうと複婚ではない．

複婚の閾値モデル［polygamy threshold model］　一夫多妻の閾値モデル(polygyny threshold model)ともいう．米国の鳥類学者，G. H. Oriansが1969年に提出したモデル．繁殖時の直接利益とコストに基づき，雌が特定の条件で一夫多妻*を選択することを説明する仮説．雄が，餌や営巣場所などの資源に関して質や量の異なるなわばりをもつとき，雌は以下の選択に迫られる．① 資源量や質が高いなわばりを所有する雄と社会的一夫一妻を形成する，② 資源量や質が低いなわばりを所有する雄と社会的一夫一妻を形成する，③ 資源量や質が高いなわばりを所有する既婚雄と社会的一夫多妻を形成する．質の高いなわばりを所有する雄が独身のときには，雌は常に①の選択肢をとるべきであるが，そのような雄がすでにつがいを形成しているとき，雌は②か③で，より高い繁殖成功が期待される選択肢を選ぶべきである．③を選択するかどうかの閾値は，②を選択したときに期待される繁殖成功度である．たとえば，一夫多妻の第二雌となり，第一雌と資源を分け合う状況でも，なわばり内に豊富な餌があれば，質の低いなわばりで資源を独占し，一夫一妻で繁殖するより高い繁殖成功が期待できる．

複雑系［complex system］　数理模型などを用いてダイナミクスを考えたとき，システムに含まれる変数の数が多くなると，少数変数のシステムとは質的に異なるふるまいを示しうることが提唱され，複雑系とよばれている．多数の生物種からなる群集の生態学や，多数の生体分子からなる細胞システムなども複雑系としてとらえるべきである．

複雑スケジュール［complex schedule］　二つ以上の単純な強化スケジュール*の組合わせからなるスケジュール．類似のものとして，複数のスケジュールを継時的もしくは同時的に組合わせる複合スケジュール*があるが，最近では複雑，複合の区別をつけずに，両者とも複合スケジュールとして扱う用例が増えている．特に複雑スケジュールといったときには，二つ以上のスケジュールの論理的，条件的な組合わせを表すことが多く，論理積スケジュール*や調整スケジュール*などがある．たとえば，固定時隔30秒，変動比率10回からなる論理積スケジュールのもとで反応が強化されるには，実験開始から最低30秒が経過しており，かつ最低10回の反応が要求される．このように，さまざまな強化スケジュールを組合わせることで，複雑な反応-強化子間の強化随伴性を実験的につくり出すことができる．(⇌ 複合スケジュール)

副産物仮説［byproduct hypothesis］　⇌ 適応

服 従［obedience］　社会性の高い動物種では，

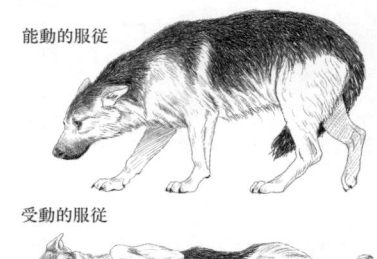

能動的服従

受動的服従

一方の威嚇行動*や攻撃行動に対して他方が服従行動を示すことにより，それ以上の争いに発展しないことが頻繁に観察される．これにより階層（ヒエラルキー）が確立し，群れの統制が保たれる．威嚇行動の際に示される姿勢とは正反対の姿勢をとることで明瞭な階級の違いが表れる（C. R. Darwin*の"正反対の原理"）．服従行動の多くは視覚シグナルにより示され，たとえばイヌやウマでは，優位な個体に直視されると，劣位な個体は視線をそらす．また，イヌが頭を下げ，低い位置で尾を振りながら他個体に近寄るような行動は能動的服従行動とよばれ，それに対し，首・腹などの弱い部位をさらけ出し仰向けになる行動は受動的服従行動とよばれる（図）．聴覚シグナルによる服従行動もあり，イヌにおいては威嚇時に発せられる低い唸り声に対し，高く澄んだキャンキャン鳴く声がそれにあたる．

副腎性雄性化症候群 ［adrenal virilism syndrome］ → 雄性化

副腎皮質刺激ホルモン ［adrenocorticotropic hormone, ACTH］ ストレス*反応をつかさどる HPA 軸*を構成するペプチドホルモンで，下垂体前葉から分泌される（→ホルモン）．ストレス刺激に反応して視床下部から下垂体門脈に放出された副腎皮質刺激ホルモン放出ホルモン*により刺激され，血中に分泌される．副腎皮質刺激ホルモンは副腎皮質に作用してグルココルチコイド*の合成分泌を誘起する．下垂体でプロオピオメラノコルチンという大きなタンパク質から切り出されてつくられる．この前駆体タンパク質からはモルヒネ*様作用をもつ内因性オピオイド*に分類される β-エンドルフィン*という分子と，色素細胞を刺激するメラノトロピンとよばれる分子も切り出される．

副腎皮質刺激ホルモン放出ホルモン ［corticotropin-releasing hormone, CRH］ 視床下部室傍核や扁桃体で産生される神経ペプチド．ストレス刺激に反応して合成分泌され，内分泌系や行動制御系でのストレス反応の中心的な役割を担う．HPA 軸*活性化の端緒となり，全身性のストレス反応をひき起こす．一方，脳内への投与実験や遺伝子組換え動物を用いた実験などから，中枢で作用し，不安行動やうつ型行動の誘起，摂食抑制など多様なストレス性行動を誘起することが明らかにされている．さらに近年では副腎皮質刺激ホルモン放出ホルモンとその受容体が腸や胎盤などの末梢組織でも発現することが報告されている．分子の同定以前は corticotropin-releasing factor (CRF) とよばれており現在もこの名前が併用されるが，これは副腎皮質刺激ホルモンの分泌を促進する因子という意味であるため広義にはバソプレッシン*なども含まれる．

副腎皮質ホルモン ［adrenocortical hormone, adrenal corticoid, adrenocorticoid］ コルチコイド (corticoid) ともいう．副腎皮質で生成分泌されるステロイドホルモン*の総称．ストレス*を受けたとき，また，緊張状態や運動時に分泌される．ミネラルコルチコイド*とグルココルチコイド*に大別される．副腎皮質は外側から球状帯，束状帯，網状帯という三つの層で構成されており，球状帯ではミネラルコルチコイド，束状帯ではグルココルチコイドが合成される．また，微量ながらアンドロゲン*やエストロゲン*などの性ステロイドも網状帯で合成される．主要なミネラルコルチコイドはアルドステロン*であり，電解質代謝に働く．齧歯類などはコルチコステロン*を主たるグルココルチコイドとしてもつが，ヒトではコルチゾール*がおもに働く．グルココルチコイド活性はコルチゾールがコルチコステロンより数倍強い．グルココルチコイドは強い抗炎症作用や免疫抑制作用をもつため化学的に合成されたいわゆる合成ステロイド剤が臨床の現場で汎用されているが，消化管潰瘍や感染症の誘発，高血圧，筋力低下，白内障などの副作用もある．

複数回交尾（雌の）［multiple mating, multiple copulation］ 雌が一繁殖期に異なる雄と何回も配偶関係を結ぶこと．雌雄間に一定期間継続するつがい関係が存在する場合は，一妻多夫*という．さまざまな動物群で知られ，つがい外交尾*も複数回交尾の一つである．

複数レベル選択 ［multilevel selection］ 遺伝子，個体，群れ，個体群など複数の生物学的階層に，同時に自然選択*が働く状況．自然選択は，ふつう性質の個体差が個体の適応度*に影響する状況（個体選択*）をさすが，類似の力学的プロセスをそれ以外の複数の階層にも拡張した考え．たとえば，子の性比は雌：雄＝1：1が集団内での個体選択では最適だが，もし集団間で競争が働く（たとえば，よく増えた集団が移住者を出し分布を広げやすい）場合は，個体選択以外にも，雌に偏った性比に有利に働く群選択*も作用する．この例は性比配分という個体形質が個体とそれ以

外の階層の生存や増殖に影響する状況である．寄生バチの仲間に実例がある．局所的配偶競争*は群選択の特殊例であるとも解釈できる．同様のことは個体とそれ以下の階層間にもありうる．また，ある階層にしか存在しない性質(たとえば，集団にしか存在しない集団サイズや個体間平均距離)が他の階層における存在(たとえば個体や遺伝子)の適応度に影響する状況も，複数レベル選択理論は扱う．

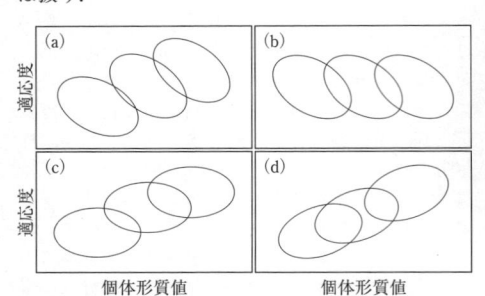

個体と集団の間の関係からみた複数レベル選択．各集団内の個体形質と適応度の分布を丸で示した．それぞれの図には3集団がいる．縦軸は個体適応度である．(a)個体選択と群選択が逆方向，(b)個体選択だけが作用，(c)群選択だけが作用，(d)個体選択と群選択の両方が同じ向きに作用．ただし，以上の見方には異論もある．たとえば，(b)ではどの集団に属すかで形質値が同じ個体の適応度に差が生じ(集団の効果)，逆に(d)では個体形質に自然選択が働いているだけだが，形質の平均値が集団間で違うため群選択が作用しているようにみえるだけという意見もある．

腹側被蓋野［ventral tegmental area］　⇌ 大脳基底核，報酬系

腹部神経節［abdominal ganglion］　⇌ 昆虫の神経系

父系社会［patrilineal society］　⇌ 母系社会

不公平回避［inequity aversion］　⇌ 公正

🎥 **フサオマキザル**［tufted capuchin monkey, brown capuchin monkey］　学名 *Cebus apella*．霊長目オマキザル科に属す．頭部の両側に逆立った黒い房毛をもつ．顔は明るい灰褐色，胴体は淡黄褐色や焦げ茶色の体毛で覆われる．中南米の森林地帯に広く生息する．食性は雑食で，昆虫類や鳥類の卵，果実，種子などを食べる．社会的に寛容で，子育てには母親だけではなく群れの他個体も協力する(⇌ 協同繁殖)．手先が器用で，木や岩などの上にヤシなどの堅い種子を置き，石でその殻を割って核を食べることで知られる(図)．また表情が豊かで，交尾時のやりとりのレパートリーも幅広い．霊長類のなかでも特に多様な知性を示すことで知られ，視知覚や道具使用*などの物理的知性から，協力行動や不公平回避・向社会性などの社会的知性の研究まで，幅広く心理学的研究に用いられている．近縁種には，集団での狩りによって得た肉を共有することで知られるノドジロオマキザル(*Cebus capucinus*)がいる．

岩の上に堅果を置き，石を使って殻を割ろうとしているフサオマキザル

負刺激［negative stimulus］　⇌ 継時弁別手続き

腐食性［saprophagous］　⇌ 食性

付随行動［adjunctive behavior］　付属行動(collateral behavior)ともいう．部分強化スケジュール*での訓練が原因で生じる行動であるが，強化子*によって強化されるのではなく，学習の副産物として生じる行動のこと．強化子によって強化されるオペラント行動*とも，刺激によって誘発されるレスポンデント行動*とも異なる第三の行動に分類される．たとえばスケジュール誘導性多飲行動やスケジュール誘導性攻撃は付随行動の代表的な例である．(⇌ スケジュール誘導性行動，仲介行動)

父性［paternity］　子の実の父である度合い．雄はみずからの父性を確保するため，精子置換*をはじめ，配偶者防衛*行動や多回交尾*を行う．精子置換とは雌の体内に先に入っている雄の精子を，後から交尾した雄が物理的に取除いたり，ブロックして受精に使われないようにする現象や行動をいう．配偶者防衛行動は，雄が受精可能な配偶者のそばにいて，雌に接近する他の雄を排除する行動である．配偶者防衛行動は，つがいとなった雌を同性のライバルから守る行動だが，雄が守るのは雌そのものではなく，実質的にはみずからの父性である．多回交尾は交尾頻度を上げることでつがい雌の貯精腺(嚢)に多くの精子を挿入し，たとえつがい外交尾があったとしても，その精子

の受精確率を自分の精子の圧倒的な量で下げてしまう父性防衛行動である.

父性効果［paternal effect］⇌ 母性効果
浮性卵［pelagic egg］⇌ 体外受精
付属行動［collateral behavior］＝付随行動
付属腺［accessory gland］⇌ 生殖器
フタホシコオロギ［two-spotted cricket］ 学名 *Gryllus bimaculatus*. バッタ目コオロギ科に属す. 亜熱帯を原産地とし, 飼育が容易で通年繁殖が可能なため, 行動や生理などの研究材料として広く用いられる. 特に音声コミュニケーション, 闘争行動, 概日リズム*などの神経機構の研究が盛んである. 雄コオロギは前翅をこすり合わせて発音し, 歌を奏でる. 誘引歌は遠くの雌を誘うために発せられ, 求愛歌は接近した雌を交尾に誘う歌である. 威嚇歌は雄同士が出会ったときに闘争行動の一部として発せられる (⇌ 闘争歌). 歌の音声は前脚の鼓膜器官で受容され, 胸部神経節および脳で処理されて歌として認知されると, 音源への定位行動*が解発される.

物質的利益仮説［material benefits hypothesis］ 配偶相手を選ぶ際に, 餌や営巣場所といった, 物質利益を基準としているとする仮説. 物質利益を基準に配偶相手を選ぶことで, 自身の生存率の向上や産子数の増加, 子の成長速度や生存率の上昇などが期待でき, 適応度が上昇する. 一般に, 一方の性(多くの場合, 雄)がなわばりを保持し, つがい相手となる異性を誘引する場合, なわばり内の餌や営巣場所などの資源が, つがい相手や子に適応的利益をもたらす. また, ガガンボモドキなど動物界のさまざまな分類群でみられる婚姻贈呈*は, 交尾前の求愛時に, 求愛個体が相手に餌などを与える行動であり, 物質的利益仮説を支持する行動の一つと考えられる. (⇌ 性選択, 配偶者選び, 優良親仮説, 優良遺伝子仮説, セクシーサン仮説, 性的対立)

物体の永続性［object permanence concept］ "ものは視界から隠れて見えなくても存在し続ける" という物体に関する基本概念. J. Piaget は, 生後8カ月前後の乳児は視界から見えなくなったおもちゃに対して, まるで消えてなくなったような反応を示すという観察から, 乳児はこの概念をもっていないと考えた. しかしその後, 注視時間を指標とした実験によって, 生後3〜4カ月の乳児も, 物が部分的に隠れて見えないと隠れた部分を補って知覚する能力があることが確かめられた.

ヒト以外の動物においても研究が進められており, たとえばイヌやネコの目の前で餌やおもちゃを小箱に入れて隠すと, その箱を他の箱と区別するし, 小箱の位置を多少動かしても正しい箱を選ぶことができる.

物理的制約［physical constraint］⇌ 制約
物理的防御［physical defense］ 物理的な構造を用いて自身の身を守ること. 植物では, とげや微小な毛により植食者から身を守ることが知られている. 動物でもヤマアラシやハリモグラなどは体表の針毛により捕食者から身を守る. 一部のチョウ目幼虫などの体表にも毛が密生する. ドクガなどの幼虫の針毛には毒物質*が含まれており, 化学的防御*の機能も併せもつ. 甲殻類の甲羅のような節足動物の硬化した外骨格や, 貝の殻, アルマジロなどの体毛が角質化した鱗状の構造も物理的防御形質である. また, 草食動物の角も天敵からの防衛に使用される場合には物理的防御形質とみなされる. 捕食者の存在により, 物理的防御形質が誘導される事例も知られている (誘導防御 induced defense). エゾアカガエルのオタマジャ

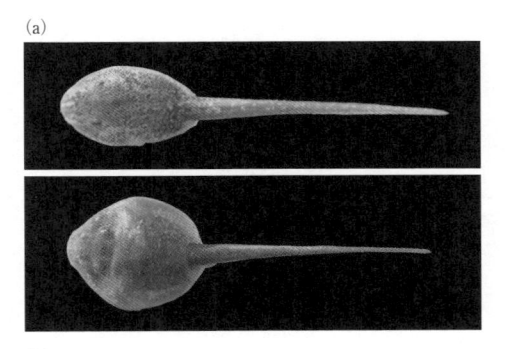

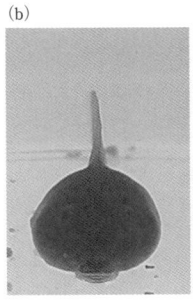

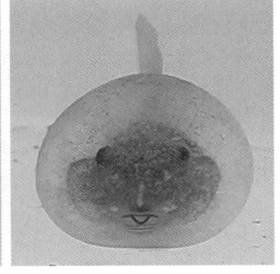

エゾアカガエルのオタマジャクシ. サンショウウオ幼生からの捕食危機にさらされると, ふつうの状態(a上, b左)から皮下組織を肥厚し, 頭胴部を極端に膨らませた防御型(a下, b右)に形態を変化させて, 捕食を物理的に防ぐ.

クシやミジンコは，天敵の存在下では捕食されにくいように形態を変化させる（前ページ図）．一般に，防御形質の発達にはコストがかかり，成長や繁殖との間にトレードオフ*の関係がみられる．

不適応行動［maladaptation behavior］　ヒトや動物が環境に適応できず，みずからに不利益な結果を生む方向に行動してしまうこと．自分の置かれている環境で安定した体の内部環境が保たれていて（⇒ホメオスタシス）みずからの欲求を満たすために合理的かつ効果的な行動がとれる状態を適応とよぶのに対して，不適応とはその逆であり，生命維持のために不利な状態といえる．ヒトでは不適応行動は**適応障害**（adjustment disorder, maladjustment）といわれるストレス性精神疾患の症状の一つとしてとらえられる場合がある．すなわち環境のさまざまなストレス因子が原因で不安，抑うつなどの情緒的不安定や，不眠，食欲不振，全倦怠感，頭痛，吐き気などの自律神経性の症状を呈し，さらに攻撃的になったり引きこもり，多動となったりする．イヌでも無駄吠え，咬み癖などが環境への不適応行動としてあげられる．（⇒異常行動）

不動［immobility］　動かない状態，もしくは同じ場所にとどまること．逃避不可能な強制水泳試験や尾懸垂試験において，マウスやラットは最初活発に泳ぎ回ったりもがいたりするが，逃げられないことを学習すると動かなくなり（不動状態），強制水泳場面では顔を水面に出して静かに浮かぶ．学習性無力感*ともよばれ，危険を察知したときに見せる動物の凍結反応*とは区別される．不動状態の強さはうつ様状態を反映するとされ，実際に抗うつ薬*は不動時間を減少させる．一方，逃げられない状況であることを学習した動物が，エネルギーの消費を抑えるための適応行動として不動を示すという考え方もある．

不等組換え［unequal recombination］　⇒遺伝的組換え

腐肉食者［scavenger］　＝スカベンジャー

不妊［sterility］　性的成熟齢に達した個体が生殖能力を失う現象．自然に存在するものとしては，無脊椎動物ではアリやシロアリなどの社会性昆虫のワーカーカーストに例がみられ，**不妊カースト**（sterile caste, neuter caste）という．不妊個体は，それがもつ遺伝子を将来の遺伝子プールに残すことができないので，自然選択理論上の難題だった．しかし不妊性は限定的であることが多い．ともに雌である女王*とワーカー*の間の形態的分化の進んだアリでも，卵巣が消失するなど内部形態的にワーカーが完全に不妊なのは一部の分類群だけで，多くの種ではワーカーも女王ほどではないが産卵能力を保持している．しかしそれらはふつう交尾能力を失っており，雄に育つ未受精卵が産めるだけである．下等シロアリの場合は，それ以上脱皮しない成虫ステージであるにもかかわらず不妊なのはふつう兵隊カーストだけであり，ワーカーはふつう脱皮し生殖カーストに分化可能な若虫である．シロアリではふつう両性ともに兵隊にもワーカーにもなる．一方，脊椎動物では，病理的に解釈されるものを除き生涯不妊の例はまれである．ただし一時的なものは散見される．ヒトでも思春期に妊娠しにくくなる青年期不妊や，閉経*が知られ，その進化機構は人間行動生態学のテーマになっている．放射線を用い人為的に不妊化した個体（ふつうは雄）を野外に大量に放つことで害虫などを防除する方法を不妊虫放飼法ないし不妊化雄法とよび，ラセンウジバエやウリミバエなどで地域個体群を根絶させた実績がある．

不妊カースト［sterile caste, neuter caste］　⇒不妊

負の強化［negative reinforcement］　反応によって刺激事象が消失することで，反応の生起頻度がその後，増加すること．たとえば，オペラント実験箱*を用いた行動実験において，ラットのレバー押し反応によって電撃が除去されるとする．このとき，レバーを押す回数が増加したならば，これは負の強化である．なお，反応に対して電撃のような嫌悪刺激を除去する操作が負の強化ではなく，そうした操作の結果，反応の生起頻度が増加してはじめて負の強化とよべる．負の強化には，今現在環境内に存在している嫌悪刺激を消失させたり，それから逃れたりする逃避*と，来たるべき嫌悪刺激の出現を防ぐ回避がある．（⇒正の弱化，正の強化，負の弱化）

負の強化子［negative reinforcer］　⇒強化子

負の継時的対比効果［successive negative contrast effect］　⇒欲求不満

負の弱化［negative punishment］　負の罰ともいう．反応によって刺激事象が消失することで，反応の生起頻度がその後，減少すること．**省略**（omission）ともいう．たとえば寒い部屋を赤外線ランプで暖めているときに，ヒヨコが羽をばたつかせるたびにランプを消すようにする．その結果，

羽ばたき反応が減少するならば，これは負の弱化である．なお，反応に対して刺激事象を消失させる操作が負の弱化ではなく，その操作の結果，反応の生起頻度が減少してはじめて負の弱化とよべる．（→正の弱化，正の強化，負の強化，タイムアウト）

負の性的刷込み［negative sexual imprinting, reverse sexual imprinting］　→ウェスターマーク効果

負の転移［negative transfer］　ある場面での学習が別の場面での学習に影響を及ぼすことを広く転移というが，このうち促進的なものを正の転移，妨害的なものを負の転移という．たとえば，イヌに障害物競技の訓練を行ったことで，その後行った服従訓練がうまくいかなくなったとすると，前者から後者への負の転移が起こったということになる．また，古典的条件づけ*場面で，条件刺激*を弱い無条件刺激*と繰返し一緒に与えた後，その条件刺激を強い無条件刺激と一緒に与えると，条件刺激を弱い無条件刺激と一緒に与えることを前もって行わなかった場合と比較し，条件づけの形成が遅れることがある．つまり，弱い無条件刺激を用いた条件づけ試行が後の強い無条件刺激を用いた条件づけ試行を妨害する．G. Hall と J. M. Pearce によって発見されたこの現象は，（ホール・ピアスの）負の転移とよばれる．（→訓練の転移）

負の罰［negative punishment］　＝負の弱化

部分強化［partial reinforcement］　間欠(的)強化（intermittent reinforcement）ともいう．すべての行動を強化する連続強化*に対して，一部の行動を強化する手続き．たとえばハトがオペラント実験箱*のキーをつついたとき，そのすべてに対して餌粒を与えるのではなく，一部のつつき行動に対して餌粒を与えることが部分強化である．どのような場合に行動を強化するかによって，部分強化には数多くの形式がありうる．ある回数の行動が起こったときに強化*する比率スケジュール*，ある時間が経過した後の最初の行動を強化する時隔スケジュール*，反応間隔や反応持続時間が，ある基準値を越えたら（あるいは下回ったら）強化する分化強化スケジュール*など，いくつかのグループに分類できる．グループ内でさらに変法が存在するし，個別のスケジュールを組合わせた複雑なスケジュールも構成できるので，強化スケジュールは無数にありうる．強化スケジュールは行動研究の道具立てとして使われるほか，ヒトを含む動物の自然場面での行動を理解する概念としても用いられる．

部分強化効果［partial reinforcement effect, PRE］　部分強化消去効果（partial reinforcement extinction effect, PREE）ともいう．反応に対して強化子*が毎回与えられる連続強化*で維持された反応よりも，強化子が部分的に（たとえば，何回かに1回）与えられる間欠強化で維持された反応のほうが消去*されにくいこと．連続強化の方が強化子の提示確率が高いので，直感的には消去抵抗は強くなると予想されるが，実際には間欠強化スケジュールの方が消去抵抗が強い．発見者 L. G. Humphreys の名にちなんで，ハンフレイズのパラドックスともよばれている．部分強化効果を説明する理論として，訓練時と消去時の弁別のしやすさが反応減少の違いをもたらすとする弁別仮説や，訓練時と消去時の刺激の類似度が小さい場合ほど反応が減少するという般化減少仮説がある．しかし，その後，変化抵抗*の研究が進展するにつれて，部分強化効果は，同一被験体内ではなく異なる被験体間の比較を行った実験や，消去抵抗の測度に消去時の反応数を用いた実験など，限られた場面で成立する現象であることが示唆されている．

部分強化消去効果［partial reinforcent extinction effect］　＝部分強化効果

部分作動薬［partial agonist］　→アゴニスト

部分的アゴニスト［partial agonist］　→アゴニスト

普遍文法［universal grammar］　米国の言語学者 A. N. Chomsky* が1960年代に提唱した，生成文法*の中核をなす考え方．ヒトは言語獲得のための特別な機能（すなわち言語獲得装置*）を脳内にもっており，その初期状態を普遍文法とよぶ．普遍文法はヒトという種に生得的に備わっており，それが学習者が身を置く言語環境から得られる刺激との相互作用によりしだいに変容し，最終的に個別言語に変化すると考えられている．ヒトに獲得可能な言語はすべてこの初期状態から派生すると考えられるため，普遍という言葉が使われている．普遍文法の構造を明らかにすることは，言語学がそれぞれの個別言語の特徴を独立に記述するだけではなく，それらの特徴がなぜ存在し，他の言語とどのように関連づけられるのかを普遍文法によって説明できることを意味する．つまり，

ティンバーゲンの四つの問い*のうち，個体発生の観点からの説明を言語に加えることになる．

プライス PRICE, George Robert 1922. 10. 6〜1975. 1. 6　集団遺伝学史上最も簡潔な式とも称されるプライスの共分散式"形質平均値の世代間変化は形質値と相対適応度の共分散に等しい"を導いた米国の研究者(1970年)．共分散をグループ間とグループ内の成分にさらに分割することで，血縁選択*と群選択*の関係を解明する方向性を示したほか，R. A. Fisher*の自然選択の基本定理を厳密に証明した(1972年)．進化的安定戦略*の原理を先に着想したのも W. D. Hamilton*とこの Price であることを J. Maynard Smith*自身が認めている．しかし，並び称される近代進化生物学の二人の重鎮と違い，Price の業績が広く評価されたのは彼の死後である．数奇な人生を歩み，米国で化学者，科学ジャーナリスト，IBM 社の画像解析コンサルタントなどを経た後，1967年に癌治療で得た保険金で渡英した．集団遺伝学者としてのキャリアはその後の数年にすぎない．最晩年は無神論者からキリスト教徒に転じ，私財でホームレスの救済に励んだ後，みずからもホームレスになり最後は自殺した．追悼式に参列したのは Hamilton, Maynard Smith と彼が援助した数人のホームレスだけだったと伝記『親切な進化生物学者，ジョージ・プライスと利他行動の対価』(2010年)は伝える．

プライド(ライオンの)[pride]　ライオンの群れの呼称．プライドは2〜3頭の成雄と5〜6頭の雌，それと子どもたちから構成されることが多い．雌は出生群に居残り，血縁関係を基盤とした母系社会を形成する．一方，雄は複数頭で連合*を形成して群れから分散し，他の雄が居住する他のプライドを乗っ取ることによって，繁殖機会を得る．雄の連合は非血縁個体が含まれることもある．プライドを乗っ取った雄の繁殖戦略として子殺し*が起こる．

プライマーフェロモン[primer pheromone]
⇒ フェロモン

プライミング[priming]　ある刺激に先行する刺激(プライム刺激)の潜在的な記憶が，後続する刺激に対する反応に影響すること．先行刺激の提示により，後続する刺激に対する反応が促進される場合(正のプライミング)と抑制される場合(負のプライミング)がある．前者は単に先行刺激の提示によって生じるのに対し，後者は通常，提示された先行刺激を無視することによって生じる．先行刺激が視覚刺激ならば，後続刺激も視覚刺激のときに最も大きな効果が得られる．同じ刺激の反復提示による促進効果は反復プライミング(直接プライミング)という．先行する刺激と後続する刺激の知覚的形態が同一でない場合にも，プライミング効果は得られる．探索像*はこの例である．一方，机という単語の提示により，椅子という単語に対する処理が促進されるなど，意味的に関係する刺激によって生じる効果を意味プライミング(間接プライミング)という．

プラスティックソング[plastic song]　おもに鳴禽類*の幼鳥がさえずり*をうたい始める時期の，特定の音節(シラブル*)をもち始めたさえずりのこと．この時期のさえずりがもつシラブルは最終的な成鳥の歌に含まれるような特徴をもつことが多いが，シラブルの配列の順序は成鳥にみられるような規則性はまだない場合が多く，不安定な状態であり，固定化(結晶化*)されていない．(⇒ さえずり学習)

フラストレーション[frustration]　=欲求不満
フラッディング[flooding]　=氾濫法
プラトー[plateau]　⇒ 学習曲線
プラハ宣言[The IAHAIO Prague Declaration]　ヒトと動物の関係に関する国際組織(IAHAIO)が3年に1回開催する国際会議において，1998年にプラハで発表された宣言をいう．プラハ宣言は動物介在活動/療法のガイドラインであり，正の強化*により(つまりたたくなどの苦痛を使わずに)訓練され，適切に飼育管理された家畜のみを用いること，かかわる動物への悪影響を避け，動物にも有益であること，かかわる人々は安全の確保，危機管理，健康状態，守秘義務，訓練の準備などを確実にしていることを述べている．2001年にリオデジャネイロで発表されたリオ宣言(The IAHAIO Rio Declaration)は学校環境にペットを持込むうえでのガイドラインであり，持込まれる動物の基準(特別な訓練，健康状態，適性飼育など)，保護者や学校関係者へのインフォームドコンセント，動物を持込むカリキュラムの明確な学習目的などを述べている．

フランジ[flange]　⇒ オランウータン
フリーオペラント回避　[free-operant avoidance]　=シドマン型回避
フリーオペラント訓練　[free-operant training]
⇒ フリーオペラント手続き

フリーオペラント手続き [free-operant procedure] 自由オペラント手続きともいう．動物の学習行動を測定する方法には，離散試行手続き*とフリーオペラント手続きの2種類がある．離散試行手続きは，迷路*を用いた実験に代表されるように，試行が開始すると動物が反応を起こし，試行が終了すると，次試行までの間に試行間間隔*が挿入される．したがって，動物の反応は1試行当たり1回に制限される．一方，フリーオペラント手続きとは，オペラント実験箱*を用いた実験に代表されるように，実験セッションが試行ごとに区切られておらず，動物は実験セッション中，自由にオペランダム*(キーやレバー)に反応することができる．オペラント条件づけ*研究では，従属変数として，反応率*という単位時間当たりの反応の生起頻度が重視されるため，フリーオペラント手続きがよく用いられる．このフリーオペラント手続きを利用した訓練を，フリーオペラント訓練(free-operant training)という．

フリッシュ von FRISCH, Karl Ritter 1886. 11. 20～1982. 6. 12 オーストリアの動物行動学者．ミツバチのダンス*言語の存在を世に知らしめたことで有名だが，動物行動学*にいち早く自然選択*理論を導入した研究者でもある．ミツバチ*が色を見分けることを明らかにした動物の色覚研究の草分けで，ミツバチ研究以前には魚類でも類似の感覚生理学を研究した．動物行動学を確立した功績から，1973年，K. Z. Lorenz*，N. Tinbergen*とともにノーベル生理学・医学賞を受賞した．受賞理由は個体的および社会的行動様式の組織化と誘発に関する研究．ミュンヘン大学(ドイツ)，ヴロツワフ大学(ポーランド)，グラーツ大学(オーストリア)などで教鞭をとった．

フルアゴニスト [full agonist] ⇌ アゴニスト

ブルジョア戦略仮説 [bourgeois strategy] ⇌ 先住効果

ブルース効果 [Bruce effect] 妊娠した哺乳類の雌が，その相手となった雄とは別の雄と同居したり尿に触れるなどの曝露経験により，妊娠が中断される現象．中断は，受精卵の着床前に起こる場合も着床後に起こる場合もある．曝露の種類や期間により効果の大きさは異なる．H. M. Bruce が最初にマウスで発見し(1959年)，これまでおもに齧歯類のいくつかの種において実験条件下で報告されているが，野生下のゲラダヒヒでも同様の現象が観察されている．ブルース効果の適応的な意味として，雄にとっては，雌の妊娠が不成立に終わるとすぐに次の交尾・妊娠が可能になるので，自分の交尾機会を増やせる．また，尿でマーキングすることにより，他の雄の繁殖を抑制できることが考えられる．雌にとっては，妊娠の不成立は直接的には損失であるが，新たに優れた雄の子を残せる可能性があり，また，そのままなら生じたかもしれない雄による子殺しを，損失の小さい段階で回避する効果もあると考えられている．

ブレイン・マシン・インターフェイス [brain machine interface, BMI] ＝脳-機械界面

ブレーク・アンド・ラン [break and run] ⇌ 固定比率スケジュール

プレパルス抑制 [prepulse inhibition] ⇌ 驚愕反応

プレマック PREMACK, David 1925. 10. 26～ 米国の心理学者．認知的不協和理論*を唱えた社会心理学者 L. Festinger に影響を受けた．その知的系譜をたどると，社会心理学*の父である K. Lewin を経て，ゲシュタルト心理学*の創始者である W. Köhler* に行きつく．Köhler の全体論的思考，チンパンジーの道具使用*の研究，洞察*という学習原理などが，Premack の研究と発想の基盤にあるといえる．プレマックの原理*の発案者である．ネズミは，回転かごと水飲み装置の組合わせで，回転かごを回して水を飲むようにもなるし，水を飲むことで回転かごを回すようにもなる．食物や水や電撃という報酬*や罰*で行動が規定されるわけではなく，ある行動と別の行動との関係が学習行動を規定することを実証した．人間の知性の起源に目を向けて，色のついたプラスチック片を媒体として，チンパンジーの Sarah (サラ)たちに人工言語を教える研究をした．チンパンジーにおける因果律や推論の研究に進み，そこから心の理論*という用語を創り出して，他者の心を理解する社会的知性の研究領域を開拓した．心の理論がどのように発達するかをヒトの乳児で研究した．この世界には自分の力で動くものと自分の力では動かないものがあり，動かないものが他の力で動くといった場合に，乳児はそこに，助ける，邪魔をするといった意図性*や社会的因果性を読み取ると主張した．

プレマックの原理 [Premack principle] 何が強化子*として機能するかを予測するために D. Premack* が提唱したもので(1959年，1965年)，

生起確率の高い反応は，生起確率の低い反応を強化し，生起確率の低い反応は生起確率の高い反応を弱化するという原理のこと．彼は，ある反応（手段反応）の結果として，水などの強化刺激ではなく，水を飲むなどの別の反応（随伴反応）に従事する機会が与えられることが強化子として機能すると考えた．これを確かめるには，まず，自由接近事態（複数の反応に自由に接近できる状況）でみられる各反応従事時間や生起頻度を測定し，それらを生起確率の尺度上に順序づける．つぎに，生起確率の低い（高い）反応に，生起確率の高い（低い）反応を随伴させたときに，前者の反応が増える（減る）ことを示せばよい．たとえば，彼はラットやサルを用いた実験より，手段反応と随伴反応の関係は交換可能であること，生起確率の大・中・小のすべての組合わせで，より生起確率の高い反応は，より生起確率の低い反応を強化することを報告した．しかし，その後，この原理に反する事実も報告され，反応遮断化*理論が生み出された．

フレーメン［flehmen］ フレーメン行動ともいう．哺乳類でみられる，においに反応して上唇を引き上げる表情を示す行動．ウマ，ウシ，シカ，ヤギ，ヒツジ，ゾウ，ネコ科の動物，イヌ，コウモリなどでみられる．ウマ，シカ，ヤギなどでは雄が雌の尿や膣分泌物のにおいをかいでいるときに観察される．これらの動物では顕著に上唇を大きくまくり上げるため（図上），獣医畜産分野ではウマやヤギの雄のフレーメンを雌の発情を調べる指標として利用している．ネコ科の動物では舌を動かして顔をしかめる程度の反応にとどまるため，ウマなどに比べるとあまり顕著ではない（図下）．この行動の生理学的意義は不明であるが，フェロモン*の受容と関係が深いとされる鋤鼻器官*に多くのにおい物質を取入れる機能があると考えられている．しばしば"ウマが笑っている""ネコが恍惚と思いにふけっている"などと表現されるが，動物の感情との関連性は証明されていない．

フレーメン行動［flehmen］ ⇌ フレーメン

プレーリーハタネズミ［prairie vole］ 学名 *Microtus ochrogaster*. 哺乳類としては珍しい一夫一妻*制の齧歯類．北米大陸に分布する．近縁種の乱婚*性のハタネズミとの比較研究から，一夫一妻制を維持する神経科学的な知見が数多く得られている．これまで，オキシトシン*やバソプレッシン*受容体の脳内分布の差異，バソプレッシン受容体のプロモーター領域の差異が婚姻形態に関連することが知られている．また，プロモーター領域のメチル化の度合いが個体レベルでの性行動に関連することも解明された．神経ホルモンと行動の関連を研究するためのモデル動物として注目されている．

ブローカ野［Broca's area］ ⇌ 脳の言語システム

プログラム細胞死［programmed cell death］ ⇌ アポトーシス

プロゲステロン［progesterone］ ⇌ 黄体ホルモン

プロスタグランジン［prostaglandin, PG］ 細胞膜中のリン脂質由来のアラキドン酸から合成され，傍分泌や内分泌により作用する生理活性物質の総称．AからJまでの10種類が同定されており，各群はさらに細分される．動物の全身組織，器官に広く発現し，その作用は種類によってさまざまである．生成後貯蔵されずすぐに分泌され，代謝も速やかに行われる．その作用機序は十分には解明されていないが，主要なプロスタグランジンとして PGE_2 と $PGF_{2\alpha}$ があげられる．PGE_2 は炎症反応の仲介物質として働き，末梢血管を拡張させる．また脳内で合成された PGE_2 は視床下部で発熱・痛覚誘発因子として働く．$PGF_{2\alpha}$ は雌の繁殖機能において黄体*退行や子宮収縮，排卵*などの重要な役割をもつため，畜産分野では排

ウマのフレーメン

トラのフレーメン

卵・発情の同期剤として，ヒトの臨床現場では陣痛誘起のための子宮収縮薬として利用されている．さらに近年，PGD_2 が脳内で睡眠誘起物質として働くことが明らかとなり，注目を集めている．

プロスペクト理論 [prospect theory]　D. Kahneman* と A. Tversky によって 1979 年に提唱された記述的な効用理論．伝統的経済学が採用していたそれまでの期待効用理論は，これに対比して**規範的理論**(normative theory)とよばれる．彼らによれば，全体的な効用は利得と損失にかかわる価値関数と確率についての加重関数の積の総和によって求められる．この理論の長所は，心理学的な実験によって得られてきた価値関数*と加重関数を導入することで，期待効用理論では説明できない選択行動をうまく定式化できることにある．提唱者の一人 Kahneman は，2002 年のノーベル経済学賞を受賞した．（⇨ 行動経済学，神経経済学）

ブロッキング [blocking]　阻止ともいう．古典的条件づけ*場面で，条件刺激*A と B を同時に無条件刺激*と一緒に与えると，各条件刺激に対する条件反応は，一つだけの条件刺激を使って条件づけを行った場合よりも弱くなる．これを隠蔽*というが，このとき，条件刺激 A と無条件刺激を一緒に経験させることをあらかじめ十分に行っておき，そのあと，上記の隠蔽処置（条件刺激 A と B を無条件刺激と一緒に与える）を行うと，条件刺激 B に対する条件反応は通常の隠蔽の場合よりもさらに弱まる．L. Kamin はこの現象をブロッキングとよんだ．たとえば，無言で頭をなでてからおやつを与えることを繰返すと，頭をなでることが"ごほうび"となる．このイヌに対して，"お利口"という言葉をかけながら頭をなで，おやつを与えることを繰返しても，"お利口"という言葉は"ごほうび"になりにくい．この現象は古典的条件づけを説明するための学習モデルの試金石として現在まで用いられ続けている．

ブロック　**BULLOCK**, Theodore Holmes　1915. 5. 16〜2005. 12. 20　神経生理学・比較生理学・動物行動学を統合したニューロエソロジー（神経行動学*）の創始者の一人．1946 年から没年までカリフォルニア大学ロサンゼルス校とサンディエゴ校に在籍．無脊椎動物・脊椎動物のほぼすべての分類群に属する 50 種以上の動物種を実験材料に，末梢神経系のシナプス機構，中枢神経系の統合機能，神経信号の符号化様式，赤外線受容器，電気受容器などを発見し数百件の論文を出版した．"神経科学は動物学の一部分にすぎず，動物行動学・進化学・生態学の視点なしでは視野狭窄に陥る"と述べ，実験に適したモデル動物に対象が限られていた伝統的な神経生理学に大きな影響を与えた．A. Horridge との大著『Structure and Function in the Nervous System of Invertebrates』(1965 年)は，無脊椎動物神経生物学のバイブルといわれる．中国大陸で生まれ少年期を中国で過ごし異文化への理解が深く，"自分（の国籍）は一に世界市民，二に米国市民"が口癖で，研究室で育てた百数十名の科学者の大半が米国以外の国籍保持者であった．

プローブ [probe]　探り針のことであり，心理学では，被験体がある行動を遂行している最中に別の刺激や試行を投入し，そのときの被験体の反応を調べる手続きという意味で用いられる．たとえば，水迷路（⇨ 迷路[図]）を用いて空間学習課題を行っているときに，逃避目標である逃避台を突然水中から取除く．そして，ラットが以前に逃避台があった位置に泳いでとどまる程度を観察することにより，逃避台の位置についての記憶が保持されている程度などを分析することができる．

プロラクチン [prolactin]　＝黄体刺激ホルモン

プロンプト [prompt]　促進子ともいう．オペラント行動*の訓練において，形成しようとしている行動の前に与えて，その行動の出現を促す操作をいう．反応プロンプトと刺激プロンプトに大別されるが，前者には，言語的教示，モデリング（お手本を示す，⇨ 観察学習），身体的誘導（手を添えて行動を促す）などがある．ヒト以外の動物では，身体的誘導が最も使用され，これは身体的プロンプトともよばれることがある．犬の前足を持って"お手"を教えたり，後背部を下に押しつけるようにして"お座り"を教えたりする場合がこれである．刺激プロンプトは，刺激を訓練者が指で示したり，持って振ったり，動物の近くに寄せたりすることで，その刺激への反応を促すもので，方向づけプロンプトともよばれることがある．プロンプトにより出現した行動には，餌などの強化子*を与えて強化する．また，プロンプトは訓練が進むにつれて徐々に取去ったり（溶化手続き*），別のものに置き換えたりする．たとえば，イルカの訓練では吻先を棒（ターゲット棒と

いう)の先に触れることを訓練した後，この棒を少しずつ高くして，それに向かって伸びをする，ジャンプをするといった行動を促す(図)．最終的には棒をボールに置き換え，ジャンプしてそれにタッチするという芸を完成させる．

イルカ訓練におけるプロンプトの使用例．ターゲット棒にタッチすることを教えた後，ターゲット棒を徐々に高く掲げることでジャンプ行動を促す．

文化 [culture] 生物学の文脈では"生物の表現型に影響を及ぼす情報体系のうち，遺伝的経路によらずに次世代に伝承されるもの"と定義される．霊長類，鳥類，哺乳類などの動物で広くみられる現象であるが，文化が最も発達している生物はヒトである．ヒトの生活習慣，たとえば住居の形態や衣服のデザイン，身体装飾，調理法，儀式などは，文化的現象の典型である．ヒトの文化は，生物的な遺伝に匹敵する情報量を次世代に伝え，また表現型に大きな影響を及ぼしていることから，ヒトの世代間情報は二重に伝承されているとされる．文化的現象は生態学的には，環境に影響を与えてみずからのニッチを改変しているとみることもできる(ニッチ構築*)．文化システムと遺伝システムが相互にどのように影響しているか(遺伝子と文化の共進化)については，さまざまな見解があるが，まだ定説は構築されていない．(⇌ ミーム)

分化強化 [differential reinforcement] 特定の行動型だけを強化すること．たとえば，ラットにレバー押し訓練を実施するとき，一定の角度で押したときにだけ餌粒を与えることで，その角度のレバー押し行動だけを強化できる．分化強化は，行動の強さや形だけでなく，その空間的性質(たとえば，左と右のどちらのレバーを押すか)や時間的性質(反応間時間*や反応持続時間*)についても実施可能である．なお，分化強化を徐々に行うことで，最初にはまったく(あるいはほとんど)みられなかった新しい行動をつくり上げるのが反応形成*である．

分化強化スケジュール [differential reinforcement schedule] 分化強化*を行うスケジュールの総称をいうが，一般には反応の時間的性質，特にある反応と次の反応との反応間時間*やその逆数にあたる反応率*に対する分化強化を行うものをさすことが多い．たとえば反応の時間的性質に依拠したものとして，強化直前の短い時間枠での反応率を問題とする高反応率分化強化スケジュール*や低反応率分化強化スケジュール，一定時間反応がないことを問題とする他行動分化強化スケジュール*がある．

文化形質 [cultural trait] ⇌ ミーム

分化結果効果 [differential-outcome effect] 刺激の弁別学習*を行うときに，異なる正反応に対して異なる強化子*を与えると弁別成績が良くなること．たとえばオペラント実験箱*の中で，ある音声刺激が提示されたときには左レバーを押し，別の音声刺激が提示されたときには右レバーを押すことをラットが学習する場合を考える．このとき，どちらも同じ強化子を提示するよりも，左レバーでの正反応に対しては餌粒を与え，右レバーでの正反応に対してはショ糖溶液を与えるほうが学習が早い．また，安定した水準で弁別反応が起こるようになったときの弁別率も高い．さらに，弁別刺激を与えてから弁別反応の実行までの間に遅延期間を設けた場合の忘却*も起こりにくくなる．このような分化結果効果は，強化子の種類だけでなく，提示場所や提示確率を変えた場合にもみられる．

分化条件づけ [differential conditioning] 古典的条件づけ*において，2種類の条件刺激*に対して，一方の条件刺激は一貫して無条件刺激*と一緒に与え，他方の条件刺激は一貫して無条件刺激なしで与えるということを繰返すと，無条件刺激と一緒に与えられた条件刺激に対してのみ条件反応が生じるようになる現象．異なる条件刺激の間で条件反応が転移する刺激般化*とは逆の現象といえる．分化条件づけが成立し，無条件刺激と

一緒に与えられる条件刺激に対してのみ条件反応が生じるようになった後，さらにこの手続きを繰返すことで，無条件刺激が伴わない条件刺激に対して制止条件づけ*が生じることがある．

文化進化[cultural evolution] 個体間で文化伝達*が起こるときに，集団における文化的形質の分布や種類が時間とともに変化すること．集団中の1個体によって新たにもたらされた形質が，文化伝達によって他個体に伝播していく過程などが含まれる．集団が複数の分集団から構成される場合には，それぞれ独立に文化進化が起こり，分集団に固有の文化的行動*が生じることがある．一般に，文化伝達の起こりやすさには形質によって違いがあるため，文化進化においても自然選択に相当する過程が作用する．また，長期の継続的な文化進化により，文化形質の機能性や複雑性が徐々に増大することを，**蓄積的文化進化**(cumulative cultural evolution)という．文化伝達は哺乳類鳥類を含む比較的多くの動物でみられるが，蓄積的文化進化はほぼヒトに限られると考えられている．なお，文化進化との対比のため，集団における遺伝子頻度の時間変化をさす語として，特に**遺伝進化**(genetic evolution)が用いられることがある．(⇌ミーム)

分化全能性[totipotency] ⇌細胞分化

文化的行動[cultural behavior] 模倣*などの社会的学習*を通じて，他個体から獲得される行動のこと．生得的な行動や，試行錯誤などの個体学習を通じて獲得される行動と対比される．特に，同種の集団間で行動のレパートリー*に相違が認められる場合には，それぞれの集団で異なる文化的行動*が継承されている可能性がある．大型類人猿，ハンドウイルカ，鳥類(カレドニアガラス)などで，このような事例が報告されている．なかでも，アフリカの野生チンパンジー7集団の行動レパートリーを比較した研究では，一部の集団ではよく観察され，他の集団ではまったく観察されない行動パターンのうち，その違いが集団間の生態学的条件の違いによって説明できないものが，39種類同定されている．たとえば，タンザニアのマハレ山塊のチンパンジーは"オオアリ釣り(図)"をするが，この行動はウガンダのキバレ森林やブドンゴ森林，コートジボワールのタイ森林のチンパンジーではまったくみられない．(⇌文化進化，文化伝達，ミーム)

文化伝達[cultural transmission] 文化伝播，社会伝達(social transmission)ともいう．特定の個体が示す形質が，模倣などの社会的学習*を通じて他個体に獲得されること．形質が生得的である場合や，試行錯誤などの個体学習を通じて獲得される場合は含まない．特に，形質が親から子へ伝達される場合を**垂直伝達**(vertical transmission)，親世代の個体から子世代の非血縁個体に伝達される場合を**斜行伝達**(oblique transmission)，同世代内で伝達される場合を**水平伝達**(horizontal transmission)という．ヒトではさまざまな形質が文化伝達されており，なかでも言語はその代表例といえる．ヒト以外の動物でも文化伝達の事例が知られている．たとえば，宮崎県幸島のニホンザルの群れでは，ある1個体がサツマイモを海水などで洗う"イモ洗い行動(sweet potato washing)"を始めたところ，それが個体間で文化伝達され，徐々に群れの中に広がっていったとされている．また，鳥類のさえずり学習*も文化伝達の一種であり，同一種の地域集団間でさえずり*の"方言*"がみられることがある．(⇌文化進化，文化的行動，ミーム)

文化伝播[cultural transmission] ＝文化伝達

分岐図[cladogram] 系統学においてある共通祖先から生じた子孫群(単系統群 monophyletic group)の姉妹群関係を表示する樹状図．ある共有派生形質*によってまとめられた生物群を互いに**姉妹群**(sister group)関係にあるとよぶ．姉妹群である複数の生物群は，それらに独自の共通祖先を共有する単一の単系統群を構成する．共通祖先の特定されていないAとBが姉妹群関係にあるとき，それらの祖先子孫関係には"AがBの祖先である"，"BがAの祖先である"，および"AでもBでもないXがAとBの祖先である"という三つの可能性がある．祖先を特定する必要がな

木の枝や蔓などを巣穴に差し込んでアリを"釣る"チンパンジー

い姉妹群関係は祖先子孫関係よりも緩やかな順序関係である．この理由により，祖先子孫関係を表示する**系統樹**(phylogenetic tree)と姉妹群関係を表示する分岐図とは区別される（図）．分岐図は比較法の根幹である．比較生態学的な議論を進めるには，信頼できる分岐図の樹形（姉妹群パターン）とその分岐図のもとで復元された祖先形質状態が不可欠である．複数の生物で観察される生態学的・行動学的な形質がどのように相関しているかあるいはいかに関連しているかという仮説を比較してテストするためには，それらの生物群の系統仮説があらかじめ立てられている必要がある．分岐図のうえで，ある仮想祖先での獲得に遡って帰着できる共有派生形質なのか，それとも複数の系統において別々に獲得された形質（ホモプラシー*）なのかでは，その形質がたどってきた進化の説明が大きく異なるからである．

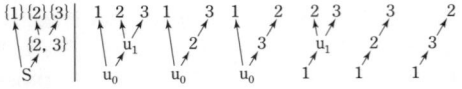

左図はある生物群 $S=\{1,2,3\}$ に関する分岐図であり，末端生物群{1}，{2}，{3}の間のある姉妹群関係を表示している．具体的には，末端群{2}と{3}は群{1}とは共有されない仮想祖先{2,3}を共有する姉妹群である．また，この分岐図全体の仮想祖先はSによって示されている．分岐図の枝はこれらの姉妹群が構成する階層関係を表示している．この分岐図における仮想祖先が実際に何であるのかを指定した樹形図を系統樹とよぶ．仮想祖先{2,3}に相当する可能性のあるものは2または3またはそのいずれでもない u_1 である．また根本の仮想祖先Sに相当するものは1または1ではない u_0 である．これらの可能性の組合わせをすべて図示すると，実線の右側に示した計6個の系統樹となる．これらの系統樹は左の分岐図から導かれるすべての場合である．系統樹の枝は，分岐図の枝とは違って祖先と子孫の間の由来関係を表している．

分　散〔dispersal〕　移動分散ともいう．生物個体が移動して別の場所にたどり着くこと．特に動物の若い個体や幼生が出生地から離れて散らばっていくプロセスが重視される（幼期分散 natal dispersal，出生分散ともいう）．その場合も風に乗って分散するクモの子や海流に運ばれて分散する海産動物の幼生にみられる受動的な分散と，餌や配偶者を求めたり，ある程度成長した個体が種内競争や捕食者，近親交配を避けるべく能動的に分散する場合がある．どのように分散するかは個体の適応度と密接に関係することから，自然界にはさまざまな分散の仕方が観察される．生活史の一部としてのサケの回遊（回帰性*）や鳥の渡り*も分散に含める場合がある．

分散試行効果〔trial-spacing effect〕　試行分散効果ともいう．古典的条件づけ*を形成する際には，条件刺激*と無条件刺激*を一緒に与えること（条件づけ試行）を繰返す．このとき，用いる刺激や与える回数が同じであっても，試行の間の時間間隔を長くとることで，形成される条件づけは強くなる．この現象を分散試行効果という．この現象のメカニズムとして，大きく二つが考えられている．一つは，試行間の間隔が短いと，背景刺激（訓練文脈）と無条件刺激の結びつきが強まり，その結果，背景刺激による条件刺激の隠蔽*が生じてしまうという説明である．二つ目の説明は，試行間の間隔が短いと，前の試行の無条件刺激が及ぼす後作用(aftereffect)が次の試行の条件刺激に対する条件づけを妨害するというものである．このため，試行間隔を長くすることで隠蔽や後作用の影響が減じ，条件づけが生じやすくなるのである．なお，ヒトの記憶研究や運動技能学習などでも，訓練の間隔をあけることで成績が向上する現象がみられ，これらも広義には分散試行効果に含められる．

分散貯蔵〔scatter hoarding〕　⇒貯食

分散分析〔analysis of variance, ANOVA〕　観測データから興味のある要因の効果，および要因間の交互作用の効果の有無を判定するための統計学的検定*の一手法．測定値の全体の分散を，その分散を生じさせていると考えられるいくつかの要因に分解して分析することから分散分析とよばれている．注目している要因の効果を調べる場合は，観測された水準間の平均値の変動は誤差変動のみから生成されたものだという帰無仮説のもと，統計学的検定を行う．具体的には水準の平均値の分散を誤差変動の推定値と比較し，前者が誤差のみから生じたと考えられる可能性は十分に小さいとみなせる場合に，その要因の効果は有意であると判断される．要因が一つの場合を一元配置の分散分析とよび，要因が二つある場合は二元配置の分散分析とよぶ．通常の分散分析では誤差は正規分布から生成されると仮定されるが，近年ではより一般的な誤差の分布も扱えるよう拡張された一般化線形モデル*もよく用いられている．分散分析の結果ある要因が有意であったと判定された後に，どの水準間で有意な差があるかなどの詳細な検討をするためにさらなる検定を行う場合がある．そのように分散分析の後に行われる検定を

事後検定(post hoc test)とよぶ．目的と状況に応じたさまざまな事後検定の方法が提案されている．

分子進化速度　[molecular evolutionary rate]　⇌ 分子時計

分子進化時計　[molecular evolutionary clock]　＝分子時計

分子時計　[molecular clock]　分子進化時計(molecular evolutionary clock)ともいう．タンパク質のアミノ酸配列やDNAの塩基配列にみられる種間の違いは，それぞれの種で突然変異がアミノ酸や塩基を置換することにより，時間とともに増大する．一定時間内に起こるアミノ酸や塩基の置換数を，分子進化速度(molecular evolutionary rate)という．分子進化速度が一定であると仮定すると，2種間で相同な配列を比較したときにみられる置換数は，両者が共通祖先から分岐して以降の経過時間と比例する．この場合には，種間のアミノ酸や塩基の置換数を調べることにより，系統進化における分岐年代を推定できる．このような性質を分子時計と表現する．E. Zuckerkandl と L. Pauling は，ヘモグロビン α 鎖のアミノ酸配列を種間で比較し，2種間でみられるアミノ酸の置換数と，化石から推定される両者の分岐年代とが，ほぼ比例することを示した．ただし，分子進化速度の一定性は常に成り立つわけではないため，適用には注意が必要である．

分集団　[subpopulation]　⇌ 群選択モデル

糞食　[coprophagy]　自己もしくは他個体の糞を食べること．ウサギや齧歯動物の仲間，一部の葉食の霊長類などでは，糞を食べることで細菌やビタミン，ミネラルなどの栄養素を再吸収していると考えられている．一方で，飼育下の類人猿・オマキザルなどの霊長類やイヌなどでも糞食が報告されている．類人猿などの場合，野生環境下ではみられないか非常に低頻度でしか観察されないため，飼育下における異常行動として記載されることが多い．（⇌ 異嗜）

吻伸展反射　[proboscis extension reflex]　＝吻伸展反応

吻伸展反応　[proboscis extension response, PER]　吻状の口器をもつミツバチ，ハエ，チョウなどの動物が，触角や口器などへの味覚刺激に対し吻を伸展させて液状の餌を吸い上げようとする摂食反応．1921年 D. E. Minnich により記載された．吻伸展反射(proboscis extension reflex)と よばれてきたが，動物の空腹度などにより制御されることから現在では吻伸展反応とよばれる．ミツバチなどでは吻伸展反応を用いた古典的条件づけ* が成立する．たとえばにおいを嗅がせた直後に砂糖水を飲ませる訓練を数回行うと，においを嗅がせただけで吻伸展反応を示すようになる．ミツバチの条件づけを用いた研究から，昆虫の脳の一次嗅覚中枢である触角葉(antennal lobe)や連合中枢であるキノコ体(mushroom body)が，においの学習・記憶* にかかわることが示された．においだけでなく，視覚刺激に対して吻伸展反応が起こるよう条件づけることもできる．

噴水効果　[fountain effect]　＝湧出効果

分巣　[budding, fission]　⇌ 分封

分断色　[disruptive coloration]　視覚的に偽の境界線をつくり出すような斑紋パターンのことで，生物の体やその一部のもつ本当の輪郭や，形の検出，および認知を妨げる機能をもつ．自然界では，隠蔽色* による捕食回避* の一手段として広くみられる．視覚に依存した捕食者は，被食者の色，明るさ，模様の分布パターンだけでなく，被食者の体型や輪郭なども手がかりとしている．輪郭検出には，色や明るさの急激な変化(高いコントラスト)が用いられる．分断色は，このような捕食者の輪郭検出能力を逆手に取った隠蔽色といえる．分断色は一般に地色とのコントラストが高い，比

分断色をもつナミシャクの一種 *Xanthorhoe fluctuata* は，木の幹にとまると幹の模様にまぎれて非常に見つけにくい．

較的大きな斑紋からなり，生息地の背景に近い色で構成される地色に対して，コントラストの高い斑紋が本来の輪郭とは異なる位置に，あるいは輪郭を横断するような形で配置される(図)．捕食者の視覚システムは斑紋の輪郭をおもに検出してしまい，被食者本来の輪郭検出がこれらのノイズに阻害されてしまうと考えられる．背景同調*が，生息地における背景の色や明るさ，模様パターンに紛れ込むような比較的コントラストの低い模様で構成されることが多いのと対照的である．しかし，分断色は背景同調とまったく相反するわけではなく，本来の輪郭部分を構成する地色，あるいは複数ある斑紋のうちの少なくとも一部が背景の色や明るさと同調している場合，分断色の効果はさらに強められる．分断色にかかわる研究の歴史は古く，その成果は戦闘服や戦闘機の隠蔽のために施される迷彩模様というかたちで応用されている．

分断選択［disruptive selection］⇌ 自然選択

分布様式［dispersion pattern］　生物集団には個体間の相互作用に応じて，さまざまな個体の空間分布がみられる．下図(a)の**集中分布**(clumped distribution)は特定の場所にかたまって分布するもので，**塊状分布**(contagious distribution)ともよばれる．植物や菌類の固着性生物では種子や胞子の飛翔分散距離が限られて，生息が水分や栄養塩などの要求するニッチの分布に依存している場合，この分布になることが多い．また，社会性をもち群れで生活する動物の場合も，群れ内の個体は血縁同士で協力し合い，群れ間では非血縁者との間で排斥し合えば，この集中分布になることが多い．これに対して，血縁・非血縁にかかわらず，個体間の競争が強く，なわばりで生活する場合には，図(b)の規則的な**均等分布**(regular distribution)

(なお"一様分布"は統計学ではまったく違う意味になるので要注意)となることが多い．例としては，アユなどのなわばり所有者の分布や，アズキゾウムシなどの豆粒当たりの産卵数分布などがあげられる．図(c)は図(a)と(b)の中間の様式を示すもので，ある個体の位置が他の個体の位置と特に関係せず，見かけ上は不規則な分布である(**ランダム分布** random distribution．ポアソン分布 Poisson distribution という)．例としては，風で散布された種子からの芽生えの空間分布などが考えられる．生物の空間分布は，ランダム分布を理論分布(帰無仮説)として，そこから集中分布ないしは均等分布に有意に偏っているかを，χ^2適合検定や森下正明のI_δ指数で解析することが多い．I_δ指数は格子内の混み合い度をもとに計算し，平均値のバイアス*を受けないために，生態学では有用である．最近では，複雑系科学の観点から，カオス*とフラクタルの視点でスケールフリーの統計解析(両対数座標でプロットして解析)なども行われている．

分娩［delivery］　哺乳類など胎生*の動物において，妊娠末期に胎子を子宮内から排出すること．妊娠末期にどのように分娩が開始するかはまだ不明な点が多いが，ヒトではまず子宮筋のリズミカルな収縮と子宮頸部の拡張がみられる．分娩が進むにつれてオキシトシン*が大量に分泌されるようになり，これによって子宮がより収縮され，分娩がさらに促される．胎子の排出後には胎盤や臍帯が排出される．草食などの食性にかかわらず，多くの動物種の母は分娩後にこれを食べる．栄養を補ったり，血のにおいを消して捕食者から狙われにくくするためだと考えられている．

分封［swarming］　社会性昆虫*の繁殖法の

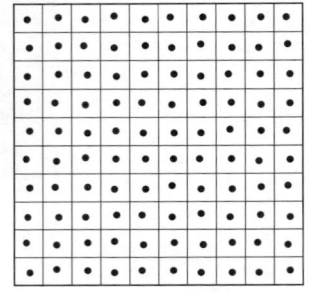

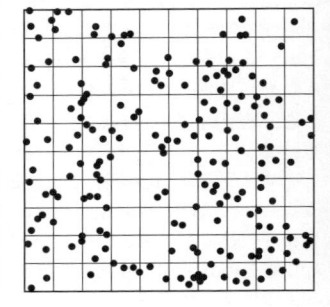

(a) 集中分布　　　　　(b) 均等分布　　　　　(c) ランダム分布

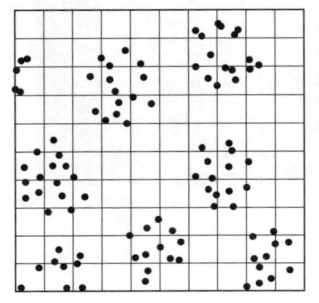

いろいろな分布様式

一つで，ハチでは分蜂(swarming)，アリでは分巣(budding, fission)ということが多い．巣分かれ(fission)ともいう．ただし日本語と英語の対応は明確ではない．女王が一部のワーカーとともに巣から離れ，新しいコロニーをつくること(⇌コロニー創設)．ミツバチの場合は，繁殖期になると多数の雄バチと数匹の新女王が養成され，新女王羽化の数日前に最初の分封が起こる．出ていくのは旧女王で，群勢に余裕があれば第二，第三回目の分封(処女王分封)が続く．巣を出るワーカーの数は半数程度で，出巣後は近くの木の枝などに分封蜂球(swarming cluster)が形成され，この間に新しい営巣場所を探す．探索バチは候補地を入念に調査し，蜂球に戻ってダンスでその場所を知らせる．候補場所が複数の場合はダンスの時間や強度が調整メカニズムとなって候補地が絞られる．分封の有無や回数を決めているのはワーカーで，女王に主導権はない．餌資源環境の悪化が原因でコロニー全体が引っ越す場合も，外見上同様の行動をとるが，その場合は逃去(absconding)とよぶ．巣分かれによる繁殖は，グンタイアリなどのアリの一部，熱帯性のアシナガバチ，ハリナシバチやシロアリの一部などでもみられる．

分　蜂［swarming］　⇌ 分封

分封蜂球［swarming cluster］　⇌ 分封

文　脈［context］　動物がある対象を学習するとき，その背景にあるさまざまな事象のこと．"学習時の文脈でのみ，その行動は現れる"のように用いる．実験室実験においては，動物を入れておく実験箱，温度や湿度，そこに漂うにおいや実験を行う人間などの物理的な刺激，そして，空腹や覚醒などの学習を行う動物の生理的状態なども文脈となる．また，学習を行う時間や時期，そしてそれ以前に経験した事柄も文脈としてみなすことができる．このような文脈は，動物の学習や知覚にさまざまな影響を与えている．文脈それ自体がある事象と結びつくといった学習が生じたり（文脈条件づけ*），その文脈下でのみ学習された内容が想起される，といった働きを示す場合がある(⇌場面設定子，状態依存学習)．

文脈条件づけ［contextual conditioning］　動物の周りの環境，特に実験事態においては，動物を入れておく実験箱などに対し，何らかの反応・行動を条件づけること．ラットを初めて入る実験箱に入れ，そこで電気ショックによる痛みを経験させる．再び実験箱にラットを入れると，凍結反応*（すくみ行動）などの恐怖反応* を示すようになる．これは，実験箱を条件刺激*，電気ショックを無条件刺激* とした文脈恐怖条件づけである．また，恐怖だけでなく，実験箱に対する選好も条件づけることが可能である(条件性場所選好*)．(⇌恐怖条件づけ，場面設定子，文脈)

粉綿羽［powder down feather］　サギ・ヨタカ・ハト・オウムの仲間やカグーなど，一部の鳥類にみられる羽で，羽軸や羽枝はもろく，鳥が羽づくろいする際にくずれて粉状になる．その粉を全身に塗ることで，羽に防水や防汚機能をもたせていると考えられている．他の羽と異なり換羽* せず，伸長し続ける．

分離声［separation call］　⇌ 母子分離

分離比のゆがみ［segregation distortion］　⇌ マイオティックドライブ

分離不安［separation anxiety］　伴侶動物* における問題行動の一つであり，愛着をもつ相手との分離や，分離を予期することで不安* が高まり，吠え・破壊的行動・不適切な排泄行動* などの行動学的不安徴候やパンティング*・嘔吐・下痢・震え・舐性皮膚炎などの生理学的症状がみられる．ヒトの幼児にみられる分離不安に相当すると考える研究者もいる．社会的親和行動の強いイヌで認められることが多く，ネコでは少ない．最も多いのは，留守番にかかわる不安であり，飼い主の外出に対する馴化* 不足や，飼い主のライフスタイルが変化し突然長時間の留守番を経験することが要因となる．分離不安で，みられる行動はいずれも非特異的なものであるため，それらが分離時以外には生じないことや，不安に由来することを確認する必要がある．治療には，留守番中に動物が安心できる場所を用意し，分離に対する系統的脱感作* および拮抗条件づけ* を行う．抗不安作用をもつ三環系うつ薬のクロミプラミンがイヌの分離不安治療薬として国内で認可を受けている(2012年現在)．

分類学［taxonomy, systematics］　生物を一定の基準で分け，おのおのをまとめて体系化し，類縁関係や多様性を探究する生物学の一領域．一つのカテゴリーに分類された生物の集合を分類群(タクソン taxon)とよび，動物・植物とともに国際命名規約を用い名が付けられている．アリストテレスの『動物誌』やテオフラストスの『植物誌』などでの記述が学問的な発端である．歴史的には

分類基準として，主として有用性を重視する**人為分類**(artificial classification)が用いられ，しだいに客観的な形質を基準とする**自然分類**(natural classification)が主流を占めるようになった．そして，リンネの『自然の体系』第10版(1758年)の**二名法**(binomial nomenclature)による学名の誕生が分類学を促進した．19世紀の類縁関係の探究は，進化論の誕生の契機の一つとなった．20世紀に入り，遺伝子解析が研究手段として活用できるようになり，遺伝子構造の差異から遺伝的距離を数値化・図式化し，分岐や系統などを提示する領域が生まれた．現在では，生物多様性や遺伝子資源における野生生物の理解などからも分類学の成果が期待されている．

へ

ペア外交尾［extra-pair copulation］　＝つがい外交尾

閉経［menopause］　性成熟している哺乳動物の雌の卵巣*機能が加齢に伴って衰退して，最終的に性周期*（ヒトは月経周期）が停止すること．おもにヒトで，大型類人猿のゴリラやオランウータン，マカカ属のサルであるカニクイザルやニホンザルでもまれにみられることがある．また，寿命*の長い一部のゾウやクジラでも報告がある．ほとんどの動物は閉経前に寿命に達してしまうため，自然界において閉経が動物の行動に影響を及ぼすことはきわめてまれである．ヒトでは40～45歳頃から卵巣機能の低下が始まり，月経周期の不規則化，月経血量の減少，無排卵，黄体期の短縮が起こる．閉経が近づきこれらの症状が現れてから，閉経後の最初の1年くらいの期間は周閉経期（perimenopause）と定義され，日本では更年期とよばれる．ヒトの閉経年齢には個人差があるが世界的な平均は49～50歳とされる．ゴリラでは約40歳，マカカ属では約25歳で閉経するとの報告があるが，サルの場合はいずれも最大寿命の年齢に近いため閉経後の余命はヒトほど長くない．生殖年齢を終えても生存することの適応的意義としておばあさん仮説*があるが，定説ではない．

平衡感覚［sense of balance, sense of equilibrium, equilibrioception］　重力軸に対する動物の体軸の変位とその時間変化を検出するように特殊化した機械受容*の一つ．機械的変位を受容細胞がボール状あるいは筒状の構造を備え，その中に密度の高い耳石（otolith）を収容している場合，また，その中を動く液体の運動を検出する場合など，その機構は動物によってさまざまである．いずれの場合も，重力軸に対して精密な機械的配置が実現することはありえない．それを補正するように，受容器から感覚ニューロン，そして中枢の一次処理にあずかる神経回路は高い可塑性を備えている．たとえば，ザリガニの平衡感覚器は脱皮のたびに耳石を捨て，新たに取込んだ砂粒を用いて機械受容を行う．体軸に沿って左右に体を傾けると，眼柄がその傾きを相殺する向きに曲がって，両眼は水平を保とうとする．人工的に片方の耳石を取除くと眼柄の代償性運動は不完全になるが，その後数週間を経て，ゆっくりと回復する．この場合，視覚が平衡感覚の補正のための参照となる情報を提供すると考えられている．

平行進化［parallel evolution, parallelism］　種内の個体群間あるいは近縁種間において，同じ祖先形質から独立に類似の形質が進化すること．たとえば，硬骨魚類であるイトヨは，鱗板の発達した降海型の祖先集団から鱗板の退化した陸封型へと，北半球の各地で独立に進化するという平行進化を起こしている（図）．そのため陸封個体群同士

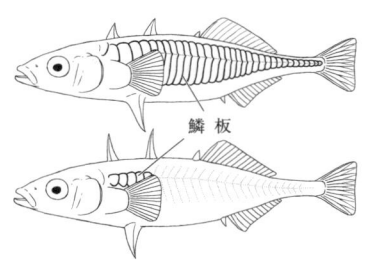

降海型（上）と陸封型（下）のイトヨ．陸に閉じ込められた陸封型は，場所が異なっていても鱗板が退化するという共通の形態を進化させた．

は形態的にはそっくりでも単系統群ではない．鱗板の退化は捕食圧の低下とカルシウムの不足に応じた適応進化の結果である．退化に寄与したのは *Eda* とよばれる遺伝子である．日本を除く各地の陸封個体群がもつ *Eda* の対立遺伝子*は，配列の類似から起源が単一であることがわかっている．つまりこの *Eda* 対立遺伝子は，一つの陸封個体群で生じたのちに，降海型イトヨとのまれな交雑を介して各地の陸封個体群に伝播し，自然選択*によって頻度を増して固定した（適応進化を起こした）と考えられる．このように形質の遺伝的基盤が明確な場合は問題にならないが，平行進化を収れん*と区別することはしばしば困難である．（⇒アナロジー，ホモプラシー，ホモロジー）

平衡選択［balancing selection］　形質に対し相反する自然選択*が働くこと．拮抗的選択ともよぶ．遺伝的多型*（異なる表現型をコードする対立遺伝子の集団における共存）の維持を説明す

る原理としてしばしば用いられる．たとえば，ヒトの鎌状赤血球遺伝子は発現すれば貧血症状をひき起こすため負の選択を受けるが，同時にマラリアに罹患しにくくすることから，マラリア流行地域では正の選択を受ける．鎌状赤血球遺伝子は不完全優性を示し，ヘテロ型の適応度が最も高くなる超優性*が生じることもあり，マラリア流行地域では野生型遺伝子と共存している．しかし適応を下げる効果と上げる効果が単に相殺されるだけでは，遺伝的多型を維持する積極的な力にはなりえないという議論もある．なぜならこのような実質"選択上中立"な遺伝子は，有限集団では遺伝的浮動*によりいずれ一つが固定し，多型が喪失されてしまう運命にあるからだ．そのため平衡選択は突然変異と遺伝的浮動の二つからなる中立説*で予測されるよりも高頻度に遺伝的多型が存在する場合に限り有効な説明原理とされる．その有力な仕組みとしては，負の頻度依存選択*がある．また，選択の方向が短時間でしばしば変化することが，多型維持の仕組みの一つであることがダーウィンフィンチ*の野外研究で示唆されている．具体的には餌が豊富な年と乏しい年で，くちばしの形状に対する自然選択圧が逆転するのである．これは長期的にみれば平衡選択とみなせるが，個々の世代では選択は一方向に作用するため，ふつう平衡選択の範疇には入れない．

平衡電位［equilibrium potential］ ⇒ "全か無か"の法則

平衡斑［macula］ ⇒ 耳石器

ベイズ統計学［Bayesian statistics］　ベイズの定理*を用いた統計へのアプローチで，ネイマン-ピアソン流の統計と対比される．従属変数 y を独立変数 x の効果（β）から説明しようとする回帰分析を例に考える．ネイマン-ピアソン流統計では，標本データ（y と x）から最小二乗法などで標本での β を推定する．標本 β の確からしさは，母集団での β がゼロであるといった帰無仮説を検定することで確認する．ベイズ統計では，初めに母集団での β がどのようなものと考えられるか，事前確率分布を設定する．そして標本データを加味することで，母 β の分布推定がどのように変化するか，事後確率分布をベイズの定理により求める．すなわち母集団について予断をもってのぞむことを認め，予断をデータで更新していく態度といえる．事前確率を設定することが主観的であるとの批判などで一時期は避けられたが，マルコフ連鎖モンテカルロ法（MCMC法）により事後確率分布を計算する統計パッケージの開発もあり，再び注目を受けている．

ベイズの規則［Bayes' rule］ ＝ベイズの定理

ベイズの定理［Bayes' theorem］　ベイズの規則（Bayes' rule）ともいう．事象Aが生じたときに事象Bが生じる確率を条件つき確率といい，$P(B|A)$で表す．Aが生じる確率$P(A)$，Bが生じる確率$P(B)$，そしてBが生じたときにAが生じる条件つき確率$P(A|B)$がわかれば，$P(B|A)$を求めることができる．すなわち，

$$P(B|A) = \frac{P(A|B)P(B)}{P(A)}$$

となり，これをベイズの定理という．ここでBをある仮説（雛はカッコウである）とし，Aを仮説にかかわる情報（雛の発育が良い）としてみる．当初，雛の10％はカッコウだと考えていたとする．これを**事前確率**（prior probability）とよび，$P(B)$に該当する．雛の発育が良い確率$P(A)$と，カッコウの雛であったときに発育が良い確率$P(A|B)$がわかれば，巣内の雛の発育が良かったときに，この雛がカッコウである確率，すなわち$P(B|A)$をベイズの定理から求めることができる．つまり事前確率（10％の確率でカッコウ）を，発育が良いという事象を加味して見直すことができる．この見直された確率を**事後確率**（posterior probability）とよぶ．（⇒ ベイズ統計学）

ベイズ法［Bayesian method］ ⇒ 系統学

兵隊カースト［soldier caste］ ⇒ ワーカー

兵隊精子［soldier sperm］　みずからは授精力をもたず，他個体由来の精子を動けなくしたり殺したりすることを目的として形成される精子．R. R. Baker と M. A. Bellis により1988年に提唱されたが，兵隊精子をつくるよりも授精力をもつ通常の精子をつくる方が精子競争において有利であるとする反論も出ていた．一方，チョウ目には授精力をもたない不動の精子があることはよく知られていて，カジカ科魚類でも他個体由来の精子の侵入を防ぐための精子があることがわかった．兵隊精子が進化するには，複数の相手精子を倒す必要があるとする Baker と Bellis の想定とは異なり，1対1で相手精子を不動化するだけでも効果があるとするモデルも提案されている．このモデルによれば兵隊精子の進化条件は大きく緩和されるため，体内受精を行う多くの動物で兵隊精子が進化している可能性がある．なお，Baker と Bellis は

ベイツ型擬態［Batesian mimicry］　化学物質などによる特別な防御をもたない種（ミミック，すなわち擬態者）が，同地域に生息する警告色*の種（モデル，すなわち被擬態者）と似通った体色をもつ現象（⇌ 擬態）．警告色の種を忌避するように条件づけ*られた捕食者（警告信号の受信者）は，実際には防御をもたないミミックも襲わない．ミミックはモデルのもつ警告色による捕食回避*という利益を得る．このタイプの擬態は，アマゾンの熱帯雨林で生物の採集を行っていた英国人博物学者 H. W. Bates による発見にちなんでベイツ型擬態とよばれる．進化の機構としての自然選択*を提唱した C. R. Darwin* は自身の理論を強力に支持する事例として，この発見を非常に喜んだといわれている．系統的に大きく離れた生物間でのこのような類似は，自然選択によって最もうまく説明することができるからである．ベイツ型擬態のミミックが擬態による利益を得られるのは，捕食者がモデルの警告色に条件づけられていることが前提なので，モデルと同地域に生息している（少なくとも，捕食者を共有している）ことが必要であると考えられる．トラフアゲハの雌には，警告色のアオジャコウアゲハに似た擬態型と雄と同じ黄色型があるが，擬態型はアオジャコウアゲハの分布域外ではみられない．ただし，モデルが存在しない地域においても擬態型のミミックが安定的に生息している例もある．また，チョウ類においてはこの例のように一方の性（基本的に雌）のみが擬態する例がみられる．ベイツ型擬態は，系統発生的に遠い種間でもみられる．身近な例として，毒針をもつスズメバチやアシナガバチに擬態するトラフカミキリやスカシバ（ガの一種）の仲間などがあげられる（図）．

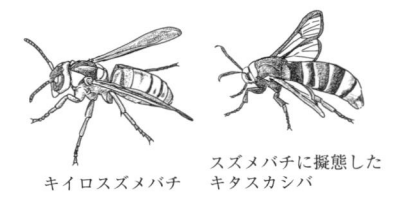

キイロスズメバチ　　スズメバチに擬態したキタスカシバ

ベイトマン勾配［Bateman gradient］　交尾回数すなわち交尾した異性の個体数を説明変数（x）とし，適応度*を目的変数（y）にとったデータについての回帰直線の傾きのこと．雌雄別々に計算される．この傾きは方向性選択*を表しており，正であれば交尾回数が多い方が有利であり，負なら交尾回数が多いことは不利である．交尾回数を横軸，適応度を縦軸にしたグラフで表されることも多い．雌では交尾回数が0から1に増えると適応度が上昇するが2ないしそれ以上に増えても適応度はほとんど変わらず，雄では交尾回数にほぼ比例して適応度が上昇するというパターンはよくみられ，この場合，雄の方がベイトマン勾配が大きい．実際には，交尾回数に最適値があり，ある回数までは大きいほど適応度が高いが，それを超えると適応度が低下する場合（たとえば交尾のコストがあるときなど）もあるので，ベイトマン勾配の値の比較だけでは両性に働く交尾回数への選択の比較は不十分なこともある．また，雌の交尾回数と雄の交尾回数の間には総数が等しいという制約（フィッシャー制約）があることが多いので，雌の交尾回数の分布が変わると雄の交尾回数にも影響があることに注意して比較する必要がある．

並立オペラント［concurrent operant］　⇌ 並立スケジュール

並立スケジュール［concurrent schedules］　並列スケジュールともいう．選択行動の研究において，被験体に複数の操作体*を提示して，各操作体への反応を異なる強化子や異なる強化スケジュールに従って強化する手続きのこと．そこで出現しているオペラント行動を並立オペラント（concurrent operants）ということがある．たとえば，被験体に二つのキーを提示して，一方のキーに対する反応は変動時隔60秒スケジュール（VI60″）により餌粒で強化し，もう一方のキーに

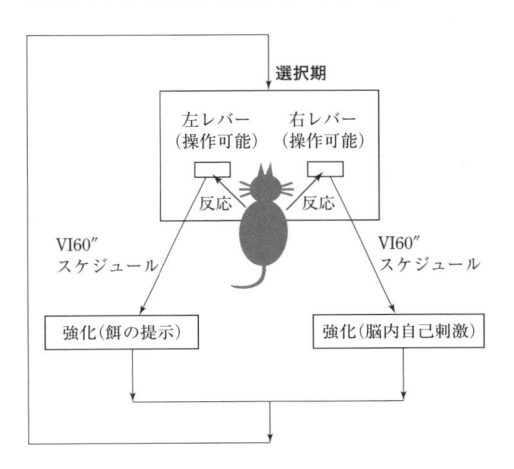

対する反応はVI60″スケジュールにより脳内自己刺激で強化する手続きがこれに相当する(前ページ図).この場合は,餌粒と脳内自己刺激という異なる強化子間の被験体の好み(選好)が研究の対象となる.一方,二つの選択肢のもたらす強化子は同一として,強化率のみを操作することもできる.たとえば,一方のキーに対する反応はVI60″スケジュールにより餌粒で強化し,もう一方のキーに対する反応はVI30″スケジュールにより同じ餌粒で強化するような場面である.この場合は二つの選択肢の強化率比が実験的に操作されたときの反応率比の変化がおもな研究対象とされ,マッチング法則*などをはじめとする数多くの興味深い現象が見いだされてきた.

並立連鎖スケジュール[concurrent chain schedules]　被験体に二つの操作体*を提示し,各操作体への反応を異なる強化スケジュールにより強化する並立スケジュール*において,スケジュールの要求が満たされたときに,強化子の代わりに強化スケジュールを提示する手続きのこと.たとえば,左右のキーに対する反応にそれぞれ変動時隔60秒スケジュール(VI60″)を適用し,左のキーのVI60″の要求が満たされたときには固定時隔15秒スケジュール(FI15″)が提示され,右のキーのVI60″の要求が満たされたときにはVI15″

が提示されるスケジュールがこれに相当する(図).これにより,"毎回15秒間の遅延後に強化される強化場面(FI15″)"と"あるときは1秒後,あるときは60秒間後など,ランダムな遅延時間の後に強化される強化場面(VI15″)"の間の選択を,被験体に行わせることができる.このとき,二つの操作体に対して最初に並立して適用する二つのスケジュールを初環(initial link),どちらかのスケジュールが満たされたときに提示するスケジュールを終環(terminal link)という.一方の操作体で終環を提示している間は他方の操作体を操作不能にし,終環の提示が終わると,再び,初環を再開する.多くの研究では,終環に提示される2種類のスケジュール(強化子が与えられる場面)自体に対する選好が興味の対象であり,初環での相対反応率が選好の指標とされる.一方,終環の強化スケジュールの種類は同一として,終環における強化率のみを操作した場合,初環の選択率は遅延低減仮説*により説明される.(⇌初環効果)

並列スケジュール[concurrent schedules]　⇌並立スケジュール

べき乗則[power law]　xの関数yがxのべき乗に従うとき,yとxの関係はべき乗則であるという.xの尺度を変えてもこの関係は成り立つ.べき乗則はさまざまな自然現象や経済現象に現れる.地震のマグニチュードと発生回数の関係(グーテンベルグ・リヒター則 Gutenberg-Richter law),英文中の単語の使用頻度の順位と出現確率の関係(ジップ則 Zipf law),所得の分布(パレート分布 Pareto law)はべき乗則の例としてよく知られる.また,生物の世界では,種の体重と脳重量,心拍数,代謝量といったさまざまな量の間にべき乗則がみられ,アロメトリー*とよばれる.(⇌スケールフリーネットワーク)

ベタ[fighting fish]　スズキ目オスフロネムス科ゴクラクギョ亜科ベタ属に属する全長5 cm前後の小型淡水魚で,タイのメコン川流域からマレー半島にかけて約50種が記録されている.雄が水面に泡を吹き付けて泡巣(bubble nest)を作り,雌を呼び込んで産卵させ,泡の中に卵を埋め込んで,ふ化した仔魚が泳げるようになるまで保護する(次ページ図).雄は子の捕食者および他の雄に対する防衛行動(なわばり行動)を示す.この性質があることから,水槽に2匹の雄を入れて闘わせるという遊びのために飼育されるようになり,**闘魚**とよばれている.観賞魚として,より攻撃性が強

く，より鮮やかな体色をもつ雄が品種改良されてきた．闘争行動や繁殖行動の研究に用いられている．

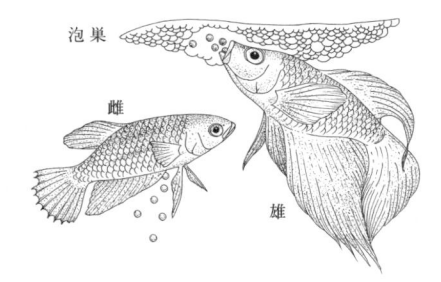

ベタの産卵．雄は底に落ちた卵を口で拾って水面にある泡巣まで運ぶ．雌も産み終わると卵を拾って運ぶ．

隔たりの次数［degree of separation］ ⇒社会ネットワーク理論

ペッカム型擬態［Peckhamian mimicry］ ＝攻撃擬態

ペット［pet］ ⇒伴侶動物

PET［positron emission tomography］ ＝陽電子断層撮像法

ペットと住める集合住宅　ペット（特に伴侶動物*であるイヌやネコ）と住むことが許可されているアパートやマンションをいう．設備が整っているものでは，建物全体の入り口に足洗い場や汚物捨て場，ドア脇にリードフックが設置されていたり，室内の床が滑りにくい素材であったり，ペット用の寝場所などがあらかじめ設置されていたり，建物そのものがペットと住めるよう整備されている．しかし設備が義務付けられているわけではない．

ペットロス［pet loss］　共に暮らしたペットを喪失することと，それを悲しみ嘆くことをいう．ペットロス症候群という言葉が用いられて誤解が広がっているが，病気や症状を意味するのではなく，喪失体験とそれに伴う悲嘆反応を意味する．ペットとのかかわり方や愛着度合いなどにより個人差があるが，喪失にショックを受け，あるいは否認し，何をしていても失ったペットのことを思い，怒りや自分に対する罪悪感を抱く．その背景にはペットとヒトとの強いきずな形成が考えられる（⇒ヒトと動物のきずな）．最終的にはその喪失を受入れ，前向きに生活を営めるようになる．この過程は自然なものであるが，悲嘆の状態が長く続くと身体的にも精神的にも悪影響を与える．欧米では1980年代から，ペットを失った人々への社会的支援，ペットロス・サポート（たとえば大学や民間の愛護団体による電話相談やカウンセリンググループが設置されている）が行われている．

ペットロボット［pet robot］　動作することにより人を和ませたり楽しませたりするエンターテイメントロボットのうち，容姿が動物に似たものをいう．1999年に販売されたイヌ型ロボットAIBO（図）は，自律可動し，かつ使用者とコミュニケーションをとることができるという点が画期的で，ペットロボットという新たな分野を確立した．会話型コミュニケーションロボットや本物のヒヨコのような仕草が楽しめるロボットなどもある．産業技術総合研究所が1993年から開発を進めているアザラシ型ロボットPAROは，話しかけられた単語を識別し，声をかけたりなでたりすると鳴いたり頭や脚を動かしたりする．生きた動物を持ち込めない施設や，動物を飼えない人向けに，ロボット介在療法/活動に関する調査研究も行われている．

イヌ型ロボットAIBO

ヘッブ　HEBB, Donald Olding　1904. 7. 22～1985. 8. 20　カナダの心理学者．学習の基盤となるヘッブ則*，記憶の基盤となる細胞集成体など，現在の神経科学の基盤となる先駆的アイデアに，純粋に思弁のみによって到達した．主著に『行動の機構』（1949年）など．

ヘッブ型シナプス［Hebb synapse］ ⇒ヘッブ則

ヘッブ則［Hebb rule, Hebbian rule］　1949年に D. O. Hebb* によって提唱された，シナプス可塑性の機構に関する法則．シナプス*での伝達は，送り手（シナプス前ニューロン）から受け手（シナプス後ニューロン）に向けた一方的なものである．1）受け手が繰返し活動電位*を発生させたとき，送り手も同期して活動していた場合には，両者をつなぐシナプスを強めよう．他方，2）送

り手が活動しても,受け手が活動電位を発生しない場合には,シナプスを弱めよう.このようなルールでシナプス伝達の強さを変えるなら,神経活動に応じて記憶の痕跡を回路の中に書込むことができるだろう.Hebbは理論的な考察からこのような提案を行った.この提案から20年以上も後になって海馬の長期増強*が発見され,これがHebbの予想と一致したため,大きな注目を集めた.それ以後,予想された法則性をヘップ則とよび,さらに,この法則に従って修飾を受けるシナプスをヘップ型シナプス (Hebb synapse) とよぶようになった.哺乳類の海馬*では,CA1錐体細胞の興奮と同時に刺激されたシャーファー側枝からのシナプス入力には長期増強*が生じるのに対し,同期して刺激されなかった入力には長期増強がみられない.このような海馬の長期増強は,実際のシナプスの可塑性がヘップ則に従っていることを示す直接的な証拠とされている.

ペテルセン法 [Petersen method] ⇌ 標識再捕獲法

ヘテロ接合 [heterozygous] ⇌ 対立遺伝子

ベナール対流 [Bénard convection] 物理現象における自己組織化*の著名な例.H. Bénardによって発見された.液体や気体を薄い層状にして下から均一に熱すると,温度勾配の上下差が一定の値を超えたときにそれまで熱伝導によっていた伝熱が対流による伝熱に変化する.このとき対流

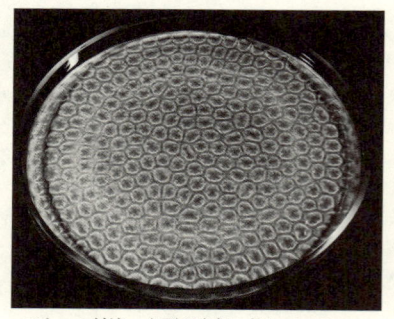

ベナール対流.上面が空気に接しているシリコーン油で5℃の温度勾配を与えたもの.

は,中心部が上向きの流れをもつ正六角形の小区画(ベナール・セル)に分割されて生じ,流体全体としては細胞状の構造を示すに至る(図).味噌汁を熱したときや雲の構造などにみられる.

ベネフィット [benefit] 利益ともいう.もともと経済学における用語であり,経済学では,ある行動をとることによる効果を意味する.そのため,ベネフィットに伴う"費用(コスト*)"と常に並立させて,コストベネフィット解析*において用いられる.動物行動学においては,厳密にはコストもベネフィットも適応度*の変化と比例関係にある量であるべきだが,多くの研究ではより柔軟に適応度と関連が深いもの(しばしばこれをパフォーマンスとよぶ)をこうよんでいる.たとえばベネフィットは餌や,なわばりの広さ,繁殖の機会,生存率などである.それらに対応して,コスト(C)はベネフィット(B)を増大させるために必要な餌の探索努力,なわばりの監視時間などの投資量の形をとる(⇌ 投資).一般に,コストが増大すれば,ベネフィットは増加すると仮定される($dB/dC>0$).(⇌ 最適理論)

ペリプラノン B [periplanone B] ⇌ ワモンゴキブリ

ベルグマン則 [Bergmann's rule] 恒温(定温)動物では,一般に同じ種であっても,寒冷な高緯度地域,もしくは高標高域に生息する個体の方が,温暖な低緯度地域,もしくは低標高域に生息する個体よりも体重が重くなるという傾向.大きなカップと小さなカップに入れた熱いミルクを想定するとわかりやすい.大きなカップのミルクは冷めにくく,小さなカップのミルクは冷めやすい.これは大きいカップは単位体積(体重)当たりの表面積の割合が小さくなり,熱の放散を低く抑えることができるためである.寒冷地域に生息する動物の体温保持に対する適応と考えられる.鳥類での顕著な例はワシミミズクで,高緯度地域の雄は2.8 kg,雌4.2 kgに達する個体があるのに対し,低緯度地域では雄1.5 kg,雌1.8 kgと,同一種で2倍以上の差が認められる.異なる種間でもこの法則に合致する例があり,クマの仲間が代表である.最大のホッキョクグマの体重は200〜600 kgであるのに対し,マレーグマの平均体重は25〜65 kgと10倍近い差がある.昆虫類は恒温動物ではないが,コオロギ類などで北へ行くほど小型の個体が生息する例が知られている.この緯度的な傾斜(クライン*)はベルグマン則で説明されるメカニズムではなく,北へ行くほど日が短くなって成長のために栄養摂取できる時間が少ないためと考えられている.

ヘルパー [helper, helper-at-the-nest] 魚類,鳥類,哺乳類などで群れをつくって生活する協同繁殖*種にみられる,繁殖個体の営巣や子育てを

手伝う個体(図).多くの場合,ヘルパーは非繁殖個体(生殖齢に達しているかどうかにかかわらず)をさすが,自身も繁殖しながら他個体の繁殖を手伝う場合もヘルパーとよぶ.機会があれば繁殖するので,一生繁殖しない真社会性*昆虫やハダカデバネズミ*の非繁殖カーストとは区別される.ヘルパーは親元から分散しなかった子(philopatric offspring)であるというのが典型であるが,エナガのように繁殖に失敗した個体が近くの血縁個体の繁殖を手伝う例や(redirect helping),ミドリモリヤツガシラのように繁殖個体と血縁のないヘルパーが主体である種もいる.鳥類ではヘルパーに

ニューカレドニアに生息する固有種のカグーは両親と数羽のヘルパー(年長の兄弟姉妹)で雛を世話する.外敵が近づくとこの写真のように雛の周りに皆が集まって防衛する.

なる性は雄が多いが,セイシェルヨシキリのように雌のみのもの,ハイガシラゴウシュウマルハシのように両性ともヘルパーになるものとさまざまである.一方の性だけがヘルパーとなる種では,ヘルパーになる性に性比*が偏ることが知られているが,セイシェルヨシキリのように,既存ヘルパー数や餌条件に応じて,母親が産む子の性比調節を行う種もある.哺乳類ではジャッカルやリカオンのようなイヌ科動物,ミーアキャット,魚類ではタンガニーカ湖のシクリッド類などでみられる.

ペレット・ディスペンサー〔pellet dispenser〕⇌ 給餌器

ベロウソフ・ジャボチンスキー反応〔Belousov-Zhabotinsky reaction〕 BZ反応と略す.化学現象における自己組織化*の著名な例.(再)発見者の名にちなむ.酸化還元反応の周期性が反応溶液の継続的な色変化(鉄の錯体が触媒の場合は赤⇌青)を伴う.実験の容易さもあり学校の授業で行われることも多い.もともとはクエン酸回路を模倣した実験系で発見されたもので,化学反応の過程(FKNモデル)に自己触媒反応を含むため,反応速度の非線形性が周期性を生み出す.浅い容器で行うと,同心円状の空間パターンが創発する(図).

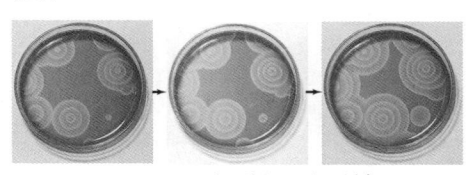

ベロウソフ・ジャボチンスキー反応

便益要因〔benefit factor〕⇌ コスト(2)

辺縁系〔limbic system〕 ヒトの情動をつかさどる脳内ネットワークとして提案された一群の脳部位の総称.J. Papezは1937年,視床下部,帯状回皮質,海馬*からなる回路が情動反応を仲介すると提案した.その後の1949年,P. MacLeanはこのパペッツの回路(Papez's circuit)を拡張し,扁桃体*や眼窩前頭皮質(orbitofrontal cortex)を含めて辺縁系とよんだことから,その後はこの語が情動の座を表すものとして広く受入れられるようになった.しかし研究の進展とともに,どの部位を情動の座に加え,どの部位を排除するか,その基準がきわめて不明瞭であることが判明した.たとえば,海馬は現在では情動の部位であるというよりは記憶(エピソード記憶*,空間記憶*)の座として理解されている.実際,情動に基づく行動はいくつもの要素からなるので,どの脳部位であれその働きを情動とそれ以外(たとえば知的判断)とに分けて考えることは,意義あることとは考えられていない.また,海馬を情動の座の一つとする考えは現在では受入れられていない.歴史的語彙とみなすべきだろう.

変温動物〔poikilotherm, allotherm〕⇌ 恒温動物

変化抵抗〔resistance to change〕 環境条件が変化した場合の行動の抵抗性(行動の変化しにくさ)と定義される.変化抵抗を測定する手続きとして,まず複数の強化スケジュール*が継時的に提示される多元スケジュール*で動物を訓練する.反応が各スケジュールで安定した後,反応を減少させる操作(反応減少操作)を行う.反応減少操作として,強化子*を与えない消去*や,実験前に給餌を行う先行給餌などがある.反応減少操作導

入時のベースライン反応に対する反応減少の割合が変化抵抗とされる．これまでの研究から，強化率*の高いスケジュールで維持されている反応ほど変化抵抗が強いこと（両者の間に正の相関関係があること），また変化抵抗はベースライン反応とは独立しており，変化抵抗と強化率の結びつきは，弁別刺激*のもとで多くの強化子が提示されたためという刺激-強化子随伴性に依存することが明らかにされている．変化抵抗は，反応率とともに，J. A. Nevin により提唱された行動モメンタム*という概念の一要素を構成している．（⇌ 部分強化効果，消去抵抗）

偏好［bias］ ⇌ バイアス

偏光コンパス［polarized light compass］ ⇌ 太陽コンパス

変向無定位運動性［klinokinesis］ ⇌ 動性

変速無定位運動性［orthokinesis］ ⇌ 動性

ベンゾジアゼピン［benzodiazepine］ ジアゼピン環とベンゼン環から構成される向精神薬の総称．抑制性神経伝達物質である γ-アミノ酪酸*（GABA）の作用を増強させることで，抗不安（不安を下げる），鎮静，催眠（眠くなる），筋弛緩，抗けいれん作用などの薬理作用をもつ．代表的なものにジアゼパム*がある．比較的安全性が高いとされるが，長期間服用すると身体依存や耐性*，離脱症候群が生じる．中枢神経では，$GABA_A$ 受容体上の GABA の結合部位とは異なるアロステリック部位に結合する（ベンゾジアゼピン結合部位）．ベンゾジアゼピンが結合すると，GABA の $GABA_A$ 受容体への親和性が高まり，受容体の開口頻度が上昇して Cl^- の流入が多くなることで，神経細胞をより強く抑制させる．

変態［metamorphosis］ 動物の正常な個体発生*の過程における大規模な形態の変化．どの程度の変化であれば変態とよばれるかは分類群によって異なる．成長に脱皮を伴う昆虫や甲殻類のほか，浮遊性の幼生から固着性の成体に発生するウニのような無脊椎動物に普遍的であるが，脊椎動物でもオタマジャクシからカエルへの個体発生は変態とよばれることがある．昆虫では完全変態（holometabolism, complete metamorphosis. 幼虫と成虫の間にさなぎ期がありさなぎの体内では幼虫の器官が分解され成虫の器官へと再構成される）を行う分類群（甲虫やチョウなど）と不完全変態（hemimetabolism, incomplete metamorphosis. さなぎ期がなく幼虫は成虫と形態が似ている）を行う分類群（バッタやセミなど）がある．栄養成長に特化してひたすら資源を蓄積する幼生期とその資源を繁殖活動に投資する成体の時期を分けることで時間的な役割分担を行うばかりでなく，幼生と成体が異なる形態と生理システムをもつことで異なる資源（食物やすみ場所）を利用することを可能にしている．たとえば完全変態のチョウでは幼虫は植物の葉を摂食し，成虫は花蜜や樹液などを摂取することで発育段階間での資源競争を避けている．また幼虫と成虫が同じ資源を利用することが多い不完全変態の昆虫においても，トンボなどでは幼虫は水中生活，成虫は地上・空中生活を行うことで異なる生態的地位（ニッチ*）を利用している．

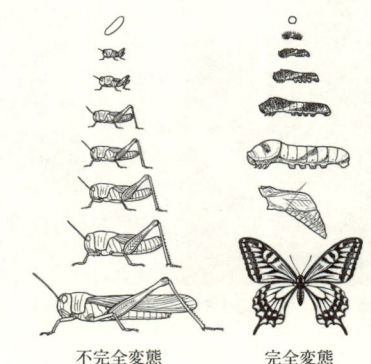

不完全変態　　　　　完全変態

不完全変態のバッタの幼虫は翅はないが成虫とよく似ている．完全変態するチョウの幼虫である青虫は，さなぎ期を経て，形態が大きく異なる蝶（成虫）に変化する．

変動間隔スケジュール［variable-interval schedule］ ＝変動時隔スケジュール

変動時隔スケジュール［variable-interval schedule, VI］ 変動間隔スケジュールともいう．時隔スケジュール*のうち，時間間隔の設定を強化*ごとに変動させるもの．設定時間の平均値とともに表記する．たとえばハトがオペラント実験箱*のキーをつつくと，前回の強化の終了時点から平均して60秒経過するまでは強化せず，平均60秒経過後の最初のキーつつきを強化するスケジュールは "VI60″" と表記する．設定時間の変動分布に決まりはないが，等比級数や等差級数に従っていくつかの値を求め，それらを不規則な順番で実施することが多い．瞬間ごとの強化確率を近似的に等確率にする特別な算出法を利用して設定時間を定めることもある．このスケジュールの

もとで十分に訓練すると，ほぼ一定の，中程度の頻度で行動が出現する．この安定性のため，薬物の行動効果を調べる研究などで，行動のベースラインをつくるスケジュールとして利用される．一般に，平均設定時間が長いほど，反応率*は低下する．

変動時間スケジュール［variable-time schedule, VT］　オペラント条件づけ*の強化スケジュール*のうち，動物の行動にではなく，経過時間そのものに依存して強化子*を与えるものを時間スケジュール*とよぶ．変動時間スケジュールは代表的な時間スケジュールの一つで，実験セッション中に不規則な間隔で強化子を与える．たとえば，ラットをオペラント実験箱*に入れて餌粒を強化子として変動時間30秒で強化する場合には，レバーを押すかどうかといった行動とは無関係に，平均して30秒の経過ごとに餌粒を提示する．餌粒を与える間隔は不規則に変動し，5秒になることも120秒になることもあるが，平均すれば30秒になるように間隔を設定する．これに対し，時間の間隔が常に一定であるものが，固定時間スケジュール*である．なお，変動時隔スケジュール*も不規則な間隔が関係する強化スケジュールであるが，これは時間の経過後に"反応する"ことが必要であり，変動時間スケジュールとは区別される．

変動性［variability］　⇄ 行動変動性

扁桃体［amygdala］　哺乳類の側頭葉内側部，海馬*の吻側に位置する脳部位で，情動行動を仲介する中枢の一つと理解されている．解剖発生学的には皮質に由来する領域と皮質下に由来する領域が複雑に入れ子になった複合領域である．J. Le Doux はラットを用いた恐怖条件づけ*を実験系として扁桃体の機能を詳細に解析し，扁桃体を構成する一連の神経核の働きを明らかにした．扁桃体の中の外側核とよばれる構造が大脳皮質の感覚野・連合野そして海馬から信号を受け，扁桃体の中の中心核を通して情動行動を出力する．従来，辺縁系*という名前でよばれていた情動の神経基盤に関する研究は，現在，扁桃体と眼窩前頭皮質に焦点が絞り込まれている．（⇄ クリューバー・ビューシー症候群）

変動比率スケジュール［variable-ratio schedule, VR］　ある回数の行動が起こったときに強化*するが，その回数を強化ごとに不規則に変動させる強化スケジュール*．平均回数を用いて表記する．たとえばラットのレバー押しで，何回目かのレバー押しを強化するが，平均して100回の行動に対して1回強化を行うスケジュールはVR100と表記する．比率の変動分布に決まりはないが，等比級数や等差級数に従っていくつかの値を決め，それらを不規則な順番で実施することが多い．行動ごとの強化確率を近似的に等確率にする特別な算出法を利用して値を決めることもある．変動比率スケジュールのもとで十分に訓練すると，多くの動物種において，ときおりの短い休止を除いてほぼ一定の，しかも非常に高い反応率で行動が出現する．長い強化後休止*は出現しないため，固定比率スケジュール*に比較して平均反応率は高くなる．1強化当たりの要求反応回数が多いほど，反応率は低下する．（⇄ 変動時隔スケジュール）

弁別［discrimination］　ある刺激のもとでの行動と他の刺激のもとでの行動に違いがあるとき，その個体はそれらの刺激を弁別しているという．ある刺激への反応率*が他の刺激への反応率と異なる場合や，ある刺激のもとではある特定の反応が生じ他の刺激のもとではそれとは異なる反応が生じる場合などである．特定の反応を自発する手がかりになっている刺激を弁別刺激*という．（⇄ 刺激性制御）

弁別閾［differential threshold］　⇄ 閾刺激

弁別オペラント［discriminated operant］　弁別刺激*により制御された反応クラス*．オペラントとは，同じ結果を生み出すような反応の集合に付けられた名前である．たとえば，ラットを用いたオペラント条件づけ*研究で用いられる実験箱では反応用レバーが設けられるが，反応用レバーを手で押しても，口でくわえても，あるいは足で押しても，いずれの場合も強化子(餌粒)が提示される．これらは，手，口，足という反応型*が異なっていても，いずれも強化子提示という共通の結果を生み出すものであることから，同じ反応クラスに属しているという．弁別オペラントとは，このような反応クラスが弁別刺激により制御されていることである．弁別刺激の制御とは，たとえば，ブザー音が鳴ったときに反応する（レバーを押すなど）と強化子が提示され，クリック音が提示されたときに反応しても強化子が提示されないという分化強化の手続きにより，ブザー音とクリック音に対して，異なる反応が生じることである(弁別行動の形成)．（⇄ 弁別，弁別学習）

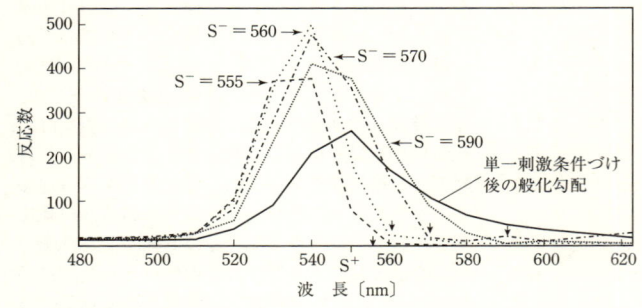

弁別後般化勾配 ハトで得た光の波長次元上の般化勾配．単一刺激条件づけでは，550 nm の光（図中の S⁺）だけを提示して，それに反応するように訓練された．継時別訓練では，550 nm を正刺激（S⁺），555 nm，560 nm，570 nm，590 nm のそれぞれを負刺激（S⁻）とする弁別訓練が行われた．図中の↓はそれぞれの般化勾配における S⁻ である．

弁別学習［discrimination learning］ 経験によって刺激を区別（弁別）するようになることで，**刺激弁別学習**（stimulus discrimination learning）ともいう．たとえば，飼い主がスーツを着ているときは飛びかかってじゃれたら叱られるが，カジュアルな服装のときはそうしても叱られるどころか喜んで一緒に遊んでくれる，という経験をしたイヌは，飼い主の服装を弁別して，適切な行動を行うよう学習するであろう．弁別学習は，この例のように行動の結果に基づいてなされる場合（オペラント条件づけ*における弁別学習）もあれば，行動とは無関係に，刺激と結果刺激との関係でなされる場合（古典的条件づけ*における弁別学習）もある．後者の例として，飼い主がドッグフードの缶を開ける音はイヌのよだれをひき起こすが，ビール缶を開ける音ではよだれが生じないことがあげられる．つまり，古典的条件づけによる弁別学習では，ドッグフードの缶を開ける音の後にはドッグフードが与えられ，ビールの缶を開ける音の後にはそれが与えられないことで，前者でよだれを流すようになる．なお，弁別学習には，上の２例のように二つ以上の刺激のうちどちらか一つだけがその試行*で与えられるという継時弁別手続き*と，二つ以上の刺激が一緒に与えられるという同時弁別手続き*がある．継時弁別手続きはオペラント条件づけでも古典的条件づけでも実施されるが，同時弁別手続きでは，動物の刺激選択行動が結果を左右するので，オペラント条件づけでのみ実施される．

弁別行動［discriminative behavior］ ⇌ 弁別刺激

弁別後般化勾配［postdiscrimination generalization gradient］ ある刺激次元上の単一刺激に対して反応を条件づけた後に，その刺激次元上のさまざまな新しい刺激を提示して得られた般化勾配*を単一刺激条件づけ後般化勾配とよぶのに対して，刺激間の弁別学習*後に得られた般化勾配を弁別後般化勾配という．一般にすべての刺激に対して無強化の手続きが用いられるが，正刺激への反応だけを強化しながら得た勾配は特に**維持性般化勾配**（maintained generalization gradient）とよばれる．無強化の手続きは広い範囲の般化をみるのに適するが，その際，消去がゆっくりとなだらかに起こるよう変動時隔スケジュール*であらかじめ訓練し，無強化による効果が均一になるようにすべての刺激をバランスよく反復提示する．同一刺激次元上の正刺激と負刺激の継時弁別後に無強化の手続きを行うことで頂点移動*とよばれる現象をみることができる（図）．

弁別刺激［discriminative stimulus］ 反応を自発*する手がかりとなる刺激．オペラント条件づけ*の枠組みでは，反応の自発とその結果としての強化子の提示，さらに反応の自発の手がかりとしての弁別刺激という三つの側面が重要であり，これを三項強化随伴性*とよぶ．たとえばハトのキーつつき反応を例にとると，赤色の刺激が提示されているときに偶然キーをつつくと穀物（強化子）が提示されたとしよう．このような強化随伴性を経験することで，やがてハトは赤色の刺激が提示されるとキーつつき反応を自発するようになる．これがオペラント条件づけの成立であり，このとき赤色という刺激は反応を自発する手がかり（弁別刺激）となっている．このように刺激を区別させるためには，一方の刺激のもとで反応すると強化子が提示され，他方の刺激のもとで反応しても強化子が提示されないという分化強化*の手続きが用いられ，前者の刺激を正の弁別刺激，後者を負の弁別刺激という．このような手続きを用いると，やがて正の弁別刺激のもとでは反応し，負の弁別刺激のもとでは反応しないという二つの刺

激に対して異なる反応が形成される．これを**弁別行動**(discriminative behavior)の形成という．正の弁別刺激を S^+ あるいは S^D（エスディーと読む），負の弁別刺激を S^- あるいは S^Δ（エスデルタと読む）と略記する．これらの略号の違いは，もともとは実験者による刺激の操作（S^+, S^-）とその刺激の働き（機能）（S^D, S^Δ）を表していたが，最近では特に区別して使われていない．（⇌ 継時弁別手続き，同時弁別手続き，弁別オペラント）

片利共生［commensalism］　＝偏利共生

偏利共生［commensalism］　片利共生とも書く．相互作用する生物種間の関係を表す用語の一つであり，一方の生物種が他方を利用することで利益を得るが，他方には利益も害も生じない状況をさす．ハジラミ，ダニ，カニムシなどの小型節足動物が異種の昆虫の体表面に付着して移動する**運搬共生**（phoresy）が例としてあげられる．異種の生物の体内をすみ場所や隠れ場所にする**すみこみ共生**（inquilinism）もよく知られた例であり，ナマコとその消化管の中に隠れすむカクレウオの関係などがこれにあたる．しかしいずれの例においても利用される側の生物種の利害にまったく影響がないのかどうかを判断するのは難しく，したがって寄生* や相利共生* との厳密な区別も困難な場合が多い．

変量効果［random effects］　＝ランダム効果

ホ

ポアソン回帰［Poisson regression］ ⇌ 一般化線形モデル

ポアソン分布［Poisson distribution］ ⇌ 分布様式

保育［nursing, care giving］ ⇌ 親による子の保護

ホイッスル（イルカの）［whistle］　ハクジラ類の多くの種がコミュニケーション*に用いる連続鳴音．イルカの鳴音はパルス音とホイッスルに大別される．パルス音は幅広い周波数帯域を含み，反響定位*に用いられるクリック(click)とコミュニケーションに用いられるバーストパルス(burst pulse)がある．ホイッスルは狭い周波数帯域をもち変調を伴い，ピィー，ピュイーといった口笛のような音に聞こえる．他個体の位置を確認し，群れのまとまりを保つ機能がある音（コンタクトコール contact call）とされる．離ればなれになった母子が互いの位置を確認するときや，子どもが母親に乳をねだる音（餌乞い声）としても使われる．ホイッスルは種や個体群によって異なる特徴をもつ．マイルカ科の一部では，個体ごとに固有の抑揚をもつホイッスル（シグネチャーホイッスル signature whistle）があり，発信者が誰かという情報が含まれるとされる．ホイッスルによる鳴き交わし*や，他個体のシグネチャーホイッスルを模倣*することがある．

ボイド［Boid］　1987年にC. Raynoldsによって発表された理論で，三つの単純なルール，1) 引き離し(Separation：一定距離より近づかない)，2) 整列(Alingment：仲間と速度と方向を合せる)，3) 結合(Cohesion：集団の重心へ向かう)，に基づいて個体が行動を決定する．この単純な規則によって鳥や魚の群れを表現できることから，映画に応用され，CGで膨大な数のクリーチャーを表現することに使われている．Boidは，Birdroidの略称である．

母音［vowel］ ⇌ 言語音

訪花［flower visit］　種子植物の花に動物が訪れること．特に植物の有性繁殖において花粉媒介*を担う動物（送粉者）が吸蜜*や花粉採集・採食するために花を訪れる現象．花粉媒介を伴わない盗蜜*の行動も広義には訪花に含まれる．花粉媒介者の訪花の行動は，花形態（花弁形状や雌雄ずいの位置）によって影響を受け，結果として植物は効率の良い花粉授受を実現している．たとえば，ハチ類が飛来して訪花する際には，花の形状や花弁上の色彩パターンによって適切な侵入方向と着地地点へと誘導され，着地後は花粉授受が確実に起こる吸蜜の姿勢をとるように導かれると理解されている．訪花は，花蜜*や花粉を採食する動物と，花粉媒介者を必要とする植物の生態的相互作用が，花という場で生じる現象である．

妨害図形［distractor］ ⇌ 探索行動

包括適応度［inclusive fitness］　血縁者が相互作用するときの最適な適応戦略を予測するため，個体適応度の代わりに進化生態学でしばしば使用される概念．W. D. Hamilton*が血縁選択*説の中で提唱した．包括適応度は"個体自身が残した子"を通した直接的適応度(W_0-c)と，"自身の働きかけによる血縁者の適応度増加分"（ハミルトン則のパラメータ b）と"自身と血縁者の間の血縁度"の積である間接的適応度(br)の合計である（⇌ 血縁選択）．個体は適応進化の結果，包括適応度を最大化するようにふるまうであろうと予測する．この概念を使い，さまざまな新予測が導かれ，行動生態学・社会生物学が活性化した．たとえば，血縁者間の競争が雌雄どちらかの性でより強い場合，競争の少ない方の性に偏った性比が進化するという局所的配偶競争*や局所的資源競争*の理論や，ハチ目社会性昆虫のコロニーでは生産する繁殖カーストの性比をめぐり女王とワーカーが対立するであろうとするR. L. Trivers*とH. Hareの予測，同じく社会性ハチ目のコロニーでは女王の多回交尾によりコロニー内の血縁度が低下するとかえってワーカーの利己的産卵が抑制されるというワーカーポリシング*はその代表である．

傍観者効果［bystander effect］ ⇌ 社会的抑制

忘却［forgetting］　憶えていた記憶を思い出せないこと．忘却が生じるのは，減衰，干渉*，検索の失敗などが原因だと考えられている．減衰は，記憶痕跡が時間とともに減衰していくという

考え方である．つまり，記憶している内容に関する情報自体が消失していくと考える．これに対して干渉は，他の記憶によって対象となる記憶が干渉(抑制)されるという考え方である．この場合は，その記憶情報自体は失われるわけではない．同様に，検索の失敗では，忘却によって記憶が失われるのではなく，思い出す際の検索が失敗することによって思い出せないと考える．

防御性の攻撃行動 [defensive aggression] ⇒ 恐怖攻撃行動

防御的条件づけ [defensive conditioning] ラットなどの齧歯類は捕食者*やそのにおいなどにさらされると防御反応を示す．防御的条件づけとは，もともと防御反応を示さない刺激に対して防御反応を示すようにする手続きのことをいう．たとえば，ネコのにおいがついた首輪をラットに提示し，その後においのない同じ首輪を提示すると防御反応を示す．そのほかに，おがくずなどが敷き詰められた飼育箱に金属棒を入れ，ラットが金属棒に触れたときに電気ショックを与える．その後，再び金属棒を飼育箱に入れると，その金属棒をおがくずで埋めようとする行動が生じるようになる．これは**条件性防御埋め込み**(conditioned defensive burying)行動とよばれており，防御的条件づけによって生じる行動の一つである．(⇒ 恐怖条件づけ，嫌悪条件づけ，恐怖反応)

方言 [dialect] 同種の鳥にみられるさえずり*の地域差のことで，ヒトの方言と同等である．シラブル*数やフレーズ数が少ない鳥種で発生する場合が多い．方言の出現様式として，歌でなわばり防衛を行う鳥種において，隣り合うなわばりやその地域での歌の構成要素(⇒ シラブル)の共有，ひとつたいの歌の共有，特定の歌要素の出現頻度の共有などがみられる．方言が発生する要因は複数あると考えられている．歌学習をする種では学習の時期や学ぶ相手を反映して方言が生まれやすい．雄のみが歌をうたう種では方言の発生に雌の歌に対する好みも反映される場合がある．アカエリシトドのように森林地帯と草原でトリルの出現頻度が変わるなど，生息場所の環境が方言を発生させる場合もある．地理的隔離もその要因となりうる．方言はときとして歌の"文化"や流行を反映する．また，種分化*の要因ともなりうる．

芳香化学説 [aromatase hypothesis] ⇒ 脳の性分化

方向性選択 [directional selection] ⇒ 自然選択

防護性攻撃行動 [protective aggression] ⇒ なわばり性攻撃行動

放射状迷路 [radial maze, radial-arm maze] 開発者 D. Olton にちなんでオルトン迷路(Olton maze)ともよばれる．ラットなどを対象に空間学習*や空間記憶*の研究に用いられる実験装置で，中央のプラットホームから放射状にアームが伸びた構造をしている．8方向放射状迷路が代表的で，プラットホームから8本のアームが放射状に設置されている(図)．典型的な実験としては，各アームの先端に餌を置き，装置内の探索を行わせる．訓練が進むと，"一度自分が餌を取った場所には二度と入らない"ようになっていく．こうした実験は，空間手がかりに基づいた参照記憶*，およびみずからの行動に合わせて柔軟に書き換えが行われる作業記憶*の研究に用いられる．

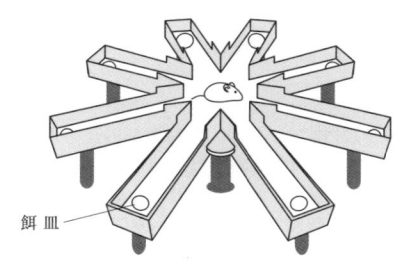

餌皿

8方向放射状迷路

放射性同位体 [radioactive isotope, radioisotope] 元素の同位体のうち，原子核が不安定で放射性壊変(放射線崩壊)を起こすものをいう．放射性壊変には α 崩壊，β 崩壊，γ 崩壊などがある．一定時間に崩壊する確率は核種によって異なっており，たとえば炭素14(^{14}C)では約5730年，リン32(^{32}P)では約14.3日で元の核種が半減する(これを半減期という)．崩壊時に発生する放射線を測定することにより物質レベルの追跡ができるため，社会性昆虫*のコロニー内における食物の受渡しの追跡など，物質移動や代謝研究に関連する研究に用いられる．放射性同位体は人体に危険な放射線を発するため，法律によりその利用が厳格に管理されている．そのため，放射性同位体の代わりに濃縮した安定同位体を用いる場合もある(⇒ 安定同位体分析)．

報酬 [reward] 反応に随伴して提示される刺激であり，反応を強める働きをもつもの．たとえば，空腹なハトやラットにとって食物は報酬と

なる．この用語はおもに離散試行手続き*による道具的条件づけにおいて用いられてきた．一方，フリーオペラント手続き*をおもに用いるオペラント条件づけ*において，自発された反応に随伴して刺激を提示する操作，あるいは操作の結果として反応が変化する過程を強化*とよぶが，自発された反応に随伴して提示される刺激を(正の)強化子*という．報酬と強化子は同じ意味で使われる場合もあるが，厳密には，強化子が反応を強めるものである一方，報酬は反応にではなく個体に向けられるものであり，"個体に報酬を与える"という用例にみられるように"個体を強化する"という意味になる．しかし"個体を強化する"という表現は，何を強めるのか曖昧なため，現在では，反応を強める働きを意味する強化子という用語が用いられる．食物や水などの刺激は，空腹やのどが渇いているときには強化子としての働きをもつと考えられるが，本来そのような働きがあるかどうかは，行動に随伴させてみることで初めて確認できる．

報酬系 [reward system] 食物・隠れ場所・性行動の対象など，ヒトや動物が追及する一連の報酬*に応答して活動を高める脳部位を包括的に報酬系とよぶ．J. Olds と P. Milner はラットの視床下部に刺激電極を植え込み，ラット自身がレバーを押すことで通電するようにしたところ，自発的なレバー押し行動が著しく増えることを報告した．その後，中脳の腹側被蓋野(ventral tegmental area, VTA)のドーパミン作動性ニューロンが重要であることが判明し，これが投射する大脳線条体の側坐核(nucleus accumbens)や前頭葉の眼窩回皮質(orbitofrontal cortex)も併せて報酬系とよぶようになった．W. Schultz はサルのVTAニューロンを解析し，その活動が予期と実報酬のずれ(報酬を予想外に得た驚き，予想に反して得られなかった失望)に応じて変化することを示した．強化学習*の研究から理論的に予測されていた変化が，現実に脳内に見いだされたものとして注目された．なお，一般に快楽中枢(pleasure center)とよばれることがあるが，これには問題が多い．第一に，報酬の予期や評価に関する脳部位は報酬系を含めて脳内に広く，単一の"中枢"があると考えるのは妥当ではない．第二に，報酬系は受動的回避*学習や，社会的ストレスによる抑うつ症状の発現にとっても重要であることが判明しており，快楽の追求だけにかかわるものではない．報酬系は，遅延割引*など神経経済学の課題，懲罰と共感*に関する社会神経科学上の課題においても注目されている．進化的には脊椎動物すべてに相同な部位であり，生存にかかわる多様な意思決定に重要な機能を果たしている．

報酬予測誤差 [reward prediction error] 得られるだろうと期待された報酬量と，実際に得られた報酬量との差．機械学習の理論的研究が進むなかで，1990年代より急速に発達した強化学習*理論の，中心的な概念として注目された．この理論では，現在の状態や選びとる選択肢の一つずつに対して，どれほど価値があるのか，その推定値(価値関数*とよぶ)を計算する．価値は，その状態(その選択肢)の結果として，将来にわたってどれくらいの報酬が得られるか，で計りとる．機械は(そして動物や人間も)価値関数を予測し，毎回の経験を通して予測を更新し続けなくてはならない．すなわち，予期よりも多い報酬が来た場合(正の誤差)には予測を引き上げ，予測を下回った場合(負の誤差)には予測を減少させるのである．この誤差信号はまた，行動の強化子として用いることができる．予測より良い結果が得られる行動を強化し，予測を下回れば回避する．この理論をさらに拡張した強化学習のアルゴリズムとして，アクター・クリティック・アルゴリズム(actor-critic algorithm)が提案されている．これは決定にかかわるエージェント(アクター)と評価をするエージェント(クリティック)が別々のニューロン群として存在すると考えるものである．神経系では中脳のドーパミン細胞の活動が報酬予期誤差信号を表現しており，ドーパミン分泌量として大脳皮質や大脳基底核の広い領域に作用することで強化学習が行われるという仮説が有力である．

報酬率 [reward rate] ⇌ 全体強化率
飽食の効果 ⇌ 食うもの-食われるものの関係
紡錘状回 [fusiform gyrus] ⇌ 相貌失認

放　精 [sperm release, spawning] 水中にすみ体外受精*をする魚類や無脊椎動物(サンゴ，貝，ウニなど)の雄が，精子を体外に放出すること．雌は未受精卵を放出し(放卵*，産卵)，水中で精子と出会って受精する．多くの魚類では放卵と放精がほぼ同時に起こるため，放精も含めて産卵とよぶこともよくある(⇌ 産卵行動)．たとえば，ペア産卵は雌1尾と雄1尾が，グループ産卵(群れ産卵)は1尾の雌と複数の雄がほぼ同時に放

卵放精する行動のことをいう．交尾(体内受精)する動物の雄が精子を雌の体内に放出する場合は，放精ではなく，射精*ということが多い．

抱　接［amplexus］　⇌ カエル合戦
放　電［discharge］　⇌ 活動電位
暴発行動［discharge］　⇌ パニック
方法論的行動主義　［methodological behaviorism］　⇌ 行動主義

抱　卵［incubation］　親が卵を抱える行動．鳥類について使われる場合が多い．鳥類では卵を温めて胚発生を促す必要があるので，多くの種では体温を効率良く伝えるために腹羽が抜けて皮膚の裸出した抱卵斑 (incubation patch, brood patch) が生じる (右図)．ニシキヘビなどごく一部のヘビでは，雌親が卵を包むようにとぐろを巻き，筋肉を震わせて出した熱で卵を温める (下図)．それ以外の分類群では，捕食者から卵を守ることが目的であり，エビの仲間の雌親がふ化まで卵を腹脚に保持する行動，カメムシ目の親が卵に覆い被さる行動，ムカデの仲間の親が卵塊を腹部に抱える行動などがそれにあたる (⇌ 親による子の保護).

メジロの抱卵斑．卵を温めるために腹部の羽が抜けている．

インドニシキヘビの抱卵．筋肉を震わせて卵を温める．

放　卵［egg release, spawning］　動物の雌が卵を体外に放出する行動のこと．水中にすむ魚類や無脊椎動物 (サンゴ，貝，ウニなど) の多くは体外受精*で，雌は未受精卵を放出し，水中で精子と出会って受精する．産卵ともいう (⇌ 産卵行動).鳥類や爬虫類などが交尾したのちに，体内受精した受精卵を体外に産み出す場合は，放卵よりも産卵ということが多い．体外受精の場合は，交尾に対応する用語として放卵放精が使われる．また，交尾して体内受精する甲殻類 (エビ・カニ類など) では，交尾後に産卵した受精卵を雌が腹部に抱え (この状態を抱卵*という)，ふ化直前になった卵を腹部から放出する行動のことを放卵とよび，放卵後すぐに幼生がふ化して水中に泳ぎ出す．

抱卵斑［incubation patch, brood patch］　⇌ 抱卵

方　略［strategy］　[1] 意思決定*やゲームにおいて，意思決定者やプレーヤーが与えられた選択肢の選び方をあらかじめ定めておく一連の計画のこと．単純なものとして，常に一方の選択肢を選択する方略や，どの選択肢を選ぶのかランダムに決定する方略がある．囚人のジレンマ*ゲームで用いられる方略としてしっぺ返し方略*(オウム返し方略，TFT 方略ともいう．TFT は tit for tat の略) が有名である．これは，初回は協調し，次回から相手の前回の行動を繰返す方略で，囚人のジレンマゲームにおいてどの方略が強いかを競った大会で優勝するなど，その強さが証明されている．なおその大会で上位得点を記録した方略はすべて，みずから積極的に裏切らないというルールを採用していた．[2] 生態学では自然選択*で進化した性質を strategy とよび，戦略と訳される．(⇌ 行動戦略)

飽　和　⇌ 飽和化
飽和化［satiation］　心理学分野では特定の刺激への接触が十分であることを飽和という．多くの場合，餌や水といった刺激に対して用いられ，動物を餌や水などが十分に与えられた状態に置くことを飽和化という．飽和化されると，動物は餌や水などを摂取しなくなる．オペラント条件づけ*の実験においては，強化子*として用いる刺激への飽和化によって，その刺激の強化子としての効力が弱まる．たとえば，餌を強化子として用いてラットのレバー押し行動を条件づける場合，条件づけの実験前に餌を十分に与えておくことにより，餌の強化子としての効力は減少する．その結果，レバー押し行動の訓練は困難になる．これは確立操作*の代表的な手続きの一つである．なお，たとえば幼児が強化子として用いられるシールをすでにたくさん持っているためにそのシールの強化子としての効力が弱いというような，餌や水以外の刺激に対しても飽和化という用語は用いられる．(⇌ 遮断化)

頬窩［loreal pit］　⇒ピット器官
補間［completion］　⇒アモーダル補間
母系社会［matrilineal society］　雌の血縁系統によって，群れが維持されている社会形態のこと．雌は生まれた群れにとどまり繁殖をする．雄は性成熟に伴い生まれた群れを離れ，他の群れに加入したり，新たな群れを形成していくような生活史を示す．たとえば，ニホンザル*の社会は完全な母系社会としてよく知られている．その逆は父系社会（patrilineal society）とよばれる．チンパンジーや南米に生息するクモザルなどは父系社会を形成する．野生動物の群れについて，それが母系なのか父系なのかを知るのは，実は容易なことではない．どのメンバーが群れを出るのかを正確に知るには，正しく個体識別をし，長期的に観察を繰り返す必要がある．

母系順位継承　［maternal rank inheritance, matrilineal rank inheritance］　群れ生活*を営む動物では，群れの中に順位といった優劣関係がある（⇒順位制）．しかも，多くの動物種では，雌が群れに残り，雄が出ていくような母系社会*が一般的である．母系社会の場合，高順位の母親の子は高順位となり，低順位の母親の子は低順位となる．餌の奪い合いなど，子同士の闘争時には母親からの援助を受けやすい．高順位の母親の援助を得られる子は，結果的に闘争時の競合に優位に立てることが多く，それを繰り返す結果，子の順位が定着すると考えられている．したがって，順位は母親-娘間で引き継がれることが多く，これを母系順位継承とよぶ．個体識別を伴う長期的な社会関係の観察が続けられている霊長類ではよく知られている．たとえば，60年以上の長期観察記録のある，宮崎県の幸島に生息するニホンザル群では，はっきりとした家系単位の順位が確認できる．高順位家系などのように，家系単位で順位関係を表現することもある．子が順位を継承するためには，闘争時の順位を学習していると予測されている．しかし，高順位家系はそもそも体格が大きいなど身体的に有利に立ちやすい形質を受け継いでいる可能性もあり，社会的学習*により形成されるものか，受け継いだ有利な形質により形成されるものなのか，詳しいメカニズムは未解明である．

保護［conservation］　⇒保全
歩行パターン［track］　⇒フィールドサイン
保護色［protective coloration, protecting color］＝隠蔽色

保持間隔［retention interval］　記憶内容を憶えていること，言い換えると記憶情報を内的に持続させていることを保持とよび，その期間を保持間隔とよぶ．その期間の長短は，記憶を分類する際の一つの重要な側面である．たとえば，保持間隔の短い記憶は短期記憶*であり，長い記憶が長期記憶*である．

母子間のきずな［mother-infant bonding］　母と子が出産と育児を通して相互にコミュニケーションをとることにより生じる母子間の分かちがたい関係性．きずな*の形成には神経系や内分泌系の可塑的変化が関与する．きずな形成として多く研究されてきたものに鳥類の刷込み*がある．ふ化した雛は生後初めて目の前で動くものを母として認識・記憶し，巣立つまでの間そのきずなをもとに母親に寄り添って生活する．この背景には動くものに接近する行動に関する神経機構，動くものを記憶する神経機構，記憶の臨界期を制御する神経機構の三つが関与している．また，母親側のきずな形成に関する神経機構についてはヒツジを用いた研究がある．出産後24時間以内に母ヒツジの嗅球でオキシトシン*が分泌され，子のにおいを記憶し，それを手がかりに，自分の子に選択的な母性行動を示すようになる．母子分離*などによりきずなを強制的に奪うと，母子双方にストレス応答が生じ，分離時だけでなく，子の長期的な行動変化の引き金となる．

ポジトロンCT　＝陽電子断層撮像法
ポジトロン断層法　＝陽電子断層撮像法
母子分離［maternal separation］　生後間もない頃や離乳前など，子が母親の存在を必要とする時期に母子が分離すること．自然界での母子の死別も母子分離といえる．分離時に母子が互いを呼ぶために音声を発するが，これを分離声（separation call）という．母性行動は子の発達とともに徐々に低下していくが，自然な離乳よりも早くに，適切な母性行動を受けられないよう母子分離すると，子の社会性が正常に発達しないことが示されている．有名なH. F. Harlow*の実験ではアカゲザルの子を母親から離した結果，成長後の社会性が著しく低下し，交尾行動を行う社会能力さえも損なわれることを見いだした（⇒代理母）．また，齧歯類においても，離乳前の母子分離は子の不安行動や攻撃行動を上昇させる．このような子の情動性の不安定化はミルクなどで栄養面を補っても生じるので，母性行動*を通して形成される母子

間のきずな*の存在が子の正常な発達に重要であると考えられている．(→隔離飼育，異常行動)

補充生殖虫［supplementary reproductive］ ⇒ 多女王性

母集団［population］ ⇒ 推測統計学，統計学的検定

保守的な両賭け［conservative bet-hedging］ ⇒ 両賭け戦略

歩哨行動［sentinel behavior］ 社会的に緊密な群れを形成する鳥類（協同繁殖種）や哺乳類において，捕食者の警戒を専門に行う見張り行動．歩哨行動を行っている個体は，自分が警戒していることを知らせる信号（たとえば特別な音声）を発する．この信号が存在する間，他個体は採食行動に専念できる．歩哨行動はコスト*を伴う利他行動*の一種とみなせるが，大きなコストを被りながら行うわけではない．協同繁殖*するミーアキャット*の研究では，避難場所に近い個体や，空腹でない個体が行うことが報告されている（図）．このように，歩哨行動はコストが小さい協力行動であると考えられている．

ミーアキャットの歩哨行動．見張り役がいることで，ほかの仲間は食事に専念できる．

補償反応［compensatory responses］ 生理的なバランスを乱す刺激（たとえば古典的条件づけ*における無条件刺激*）を与えた際，即座にひき起こされる反応にやや遅れて表れる副次的な反応で，先行する反応とは逆の性質をもつ．たとえば，薬物によって血圧の上昇がひき起こされた場合は，その後，この変化をあたかも打ち消すかのように，血圧の下降が生じる．恒常性維持機能（ホメオスタシス*）に関与している．また，薬物を無条件刺激とした古典的条件づけ*では，しばしばこの補償反応が条件づけられる．(→条件補償反応)

捕食［predation］ ある生物が他の生物（被食者）を殺して食べること．捕食対象は他種であることが多いが，同種の場合（共食い*）もある．競争*や共生*とは異なり，捕食では一方が利益を得て他方が損失を被る．この点で寄生*に似ており，特に昆虫では区別が明確でないが，捕食者*の方が被食者より体サイズが大きく，被食者は殺される場合が多い．宿主*を殺す寄生は捕食寄生とよばれる．また，植物の一部や生物遺体などの有機物を食べる行為は植食およびデトリタス食として区別されるが，植食も広義の捕食に含まれる場合がある．自然環境下で捕食者・捕食寄生者*としてある生物の死亡原因となる生物を天敵*という．捕食は，被食者を発見し，捕獲し，食べるという過程を経て行われる．特に被食者を捕獲する際の攻撃的な行動は，捕食性攻撃行動，または捕食性反応といって，その他の攻撃行動と区別される．

補色［complementary color］ 反対色（opponent color）ともいう．色を知覚する際に生じる，互いに混ざり合うことのない，相容れない色同士．色覚を担う光受容体はその感受波長域によって複数のタイプがあるが，複数の受容体から信号を受取る神経節細胞の働きにより，特定のタイプ同士が互いの信号入力を抑制することによって生じる．ヒトでは赤-緑と青-黄（赤＋緑）の2経路が存在し（左図），色相環では中立色である白/灰色を挟んで相対している（右図）．赤の補色は緑であり，青の補色は黄である．黄色は明るさの知覚にも用いられているため，反対色の青は暗く知覚され，心理的に冷寒さを生じさせる（暖色に対する寒色）．色覚型*によって受容体の組合わせは異なるが，アゲハチョウや鳥類でも存在することが確認されている．色順応*と大きくかかわっていることから，色相の識別の閾値を狭めるだけでなく，色の識別が環境光に影響されない効果をもっていると考えられる．

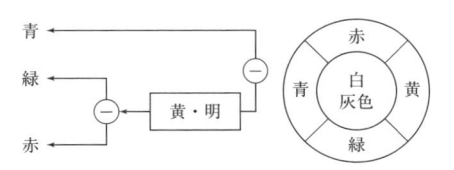

捕食回避［predator avoidance］ 被食者が，特別な形質や行動によって捕食者の攻撃を逃れ，捕

食や致命的な負傷を避けること．その方法は，捕食者に発見される確率を下げるためのもの（一次防衛）と，捕食者に発見されてしまった場合に食べられてしまうのを避けるためのもの（二次防衛）の二つに大別される．一次防衛の例として，背景同調*や分断色*などの体色や斑紋によるカモフラージュ*，隠れ家*に隠れたり，周囲を警戒するなどの行動があげられる．ただし，カモフラージュの効果を維持するには動かずにいることが必要であるし，頻繁に隠れたり，警戒した場合も，採餌や配偶などを行う機会が減少してしまうという機会費用*を伴う．二次防衛の例としては，捕食者からの逃走行動がおもなものだが，単に捕食者から速やかに遠ざかるだけではなく，さまざまな行動や形質によって捕食者による捕捉をさらに困難にする例がみられる．たとえば，ガの仲間が捕食者（コウモリ）の接近に応じて急激な方向転換やでたらめな動きをみせる．また，被食者の羽（翅）色が暗色と鮮やかな色との組合わせで構成されている場合，ふだんは隠している鮮やかな部位を突然現すことで捕食者を惑わす，はばたき時のちらつきで飛翔の軌跡を捕捉しにくくする，急に飛翔を止めて派手な部分を隠すと捕食者が見失ってしまうなどの目くらまし効果があると考えられている（閃光色 flash coloration）．偽の頭部のような自己擬態*や比較的小さな目玉模様*は，捕食者の攻撃を誘引し，捕食者の予想と逆の方向に逃げることを可能にしたり，致命的な負傷を避ける機能があると考えられている．一方で，有毒物質や硬い組織による防御を行ったり，そのような防御をもつことを派手な体色などの警告信号によって捕食者に知らせ，捕食行動を抑制させる例もみられる（警告色*）．防御をもたないのに警告色に擬態*する生物もいる．さらに，威嚇やモビング*によって，逆に捕食者を追い払う生物もいる．以上のような二次防衛は，一次防衛に比べてより進んだ捕食段階で行うものなので，捕食者の攻撃を受けて負傷や死亡するリスクが高い．捕食は，被食者にとっては生か死かという適応度*に直接かかわる問題であるため，それを避けるためのさまざまな防衛形質を進化させる重要な選択圧として作用してきた．たとえば，カンブリア紀にみられる生物の爆発的多様化も，眼をもった捕食者が初めて出現したことに対して，被食者が眼や硬い組織を獲得するという対抗進化*が起こった結果であるとする"光スイッチ説（Light Switch Theory)"が有力な仮説の一つある．

捕食寄生者［parasitoid］　寄生性の生物は**真正寄生者**(true parasite)と捕食寄生者に区別される．前者にはノミ，ダニ，回虫などが含まれ，寄生対象生物の体液や血液を摂取するがそれらを殺しはしない．一方，後者は parasite に接尾語である-oid（似ているが実際は異なるの意）が付けられた合成語で，寄生された生物が最終的に必ず食い殺される点で大きく異なる．このため，多くの節足動物の天敵*となっている．前者のホストは宿主*，捕食寄生者のホストは寄主とよぶ（英語では両者とも host）．一般に，寄生生活を送るのは未成熟期，寄生期に利用する寄主は1個体のみ，親世代は自由生活者，という特徴をもつ．分類群としてはハチ目（寄生バチ*）とハエ目（寄生バエ*）が大部分を占めるが，甲虫目にも捕食寄生者となるグループがある．定義を拡大解釈するならば，マメゾウムシのような種子食者も捕食寄生者とみなすことができる．なお，一部の線虫，細菌やウイルスなどの病原性生物も捕食寄生者に近い生活史をもつ．捕食寄生性の昆虫では，寄生する寄主の発育段階に応じてタイプ分けし，寄主の卵期，幼虫期，さなぎ期，成虫期に寄生するものを，それぞれ卵寄生者，幼虫寄生者，さなぎ寄生者，成虫寄生者，とよぶ．体表上など寄主の外部に寄生するものを外部寄生者，寄主体内で発育するものを内部寄生者という．前者の寄主は隠れた状態にある生物（潜葉虫，まゆ，食材性甲虫など）であることが圧倒的に多い．また，寄主1個体にただ1個体のみが発育するタイプを単寄生者，複数個体が寄生可能なタイプを多寄生者とよぶ．前者では，過寄生*時に寄主をめぐる幼虫間闘争が生じるため，雌バチが既寄生寄主への重複産卵を避ける（寄主識別*）ことも多い．他方，寄主産卵後も寄主が継続して発育する場合を飼い殺し(koinobiont)型寄生，寄生後は寄主が完全に永久麻酔され寄主の発育が停止する場合を殺傷(idiobiont)型寄生の寄生様式とよぶ．外部寄生者の大多数は後者である一方，内部寄生性の幼虫寄生者には殺傷型が多く含まれ，寄主幼虫の若齢期に寄生を開始することで寄主を先取りする．飼い殺し型寄生者では，寄主の免疫や発育を制御する必要が生じるが，それらの役割を共生ウイルスに托している場合が多い．また，捕食寄生者に捕食寄生するものを高次捕食寄生者（あるいは高次寄生者，二次寄生者）という．

捕食寄生性［parasitoidal］ ⇒食性

捕食行動［predatory behavior］　ある生物（捕食者）が他の生物（被食者）を殺して食べる（捕食する）行動（図）．捕食行動は，飢えや子どもからの餌乞い*によって誘発される．子の餌乞いによって誘発された場合，捕獲後すぐに被食者を殺さず生きたまま子に与えるチーターのように，捕食行動が変化することもある．捕食行動には，被食者を探索し捕獲する狩猟行動*と，被食者の方から近づいてくるのを待つもの（⇒待ち伏せ型捕食者）がある．いずれの場合も，十分に近づくまで被食者に気づかれないように，周囲の環境に溶け込むカモフラージュ*や無害の動物に見せかける擬態*をするものが多い（⇒攻撃擬態）．入手可能な餌を食べるのがふつうだが，栄養要求性などに応じて餌の切り替えを行うものもいる（⇒最適採餌理論）．ヘビなどは餌を丸呑みするため，口の大きさによって食べられる餌が決まる（gape-limited predator）．一方，ヒゲクジラ類のように触手やえらなどで自分よりはるかに小さい餌を漉しとって食べる沪過摂食*を行うものもいる．

インパラに対するチーターの捕食行動

捕食痕［predation mark］ ⇒食痕

捕食者［predator］　他の生物（被食者）を殺して食べる（捕食）ことでみずからのエネルギーを得る生物．被食者より体が大きい場合が多いが，例外もある（ピラニアなど）．比較的限定された生物のみを食べるスペシャリスト*と，さまざまな生物を食べるジェネラリスト*がいる．他の生物からも捕食される捕食者（ラッコなど）は中間捕食者，他の生物から捕食されず食物連鎖の頂点に位置する捕食者（シャチなど）は頂点捕食者とよばれる．

捕食者のにおい［predator odor］ ⇒嫌悪刺激

捕食者−被食者相互作用［predator-prey interaction］＝食うもの−食われるものの関係

捕食者飽食［predator swamping］ ⇒うすめ効果

捕食性［predatory］ ⇒食性

補助犬［assistant dog］ ⇒介助動物

母　数［parameter］ ⇒統計学的検定

母性経験［maternal experience］　養育経験（parental experience）ともいう．出産や育児の経験をさす．母性行動*の開始と維持に大きく影響する．たとえば，出産経験のない雌のラットは，出産後，完全な母性行動を発現するまでに数日を要することがあるのに対して，すでに何度か出産を経験したラットでは，出産後ただちに母性行動を示す．また，出産経験がなくとも，雌マウスに子を繰返し触れさせると徐々に巣戻し行動や毛づくろいなどをするようになり，最終的には母親と同伴の母性行動を示すようになる．つまり出産を伴わない育仔経験も母性行動の発現に重要なのである．これら出産や母子間の相互作用により生じる経験は親個体の内分泌ホルモン動態や神経活動を長期的に変化させ，記憶として保持されると考えられている．

母性効果［maternal effect］　親個体は子の表現型にさまざまな影響を与えるが，このうち，単に両親から遺伝的に受け継がれるような形質ではなく，母親自身が特定の表現型や遺伝型をもっていること，あるいは母親自身の特定の行動をとることが原因となって子の形質に及ぼされる影響を総称する（父親の影響は父性効果 paternal effect という）．母親の繁殖行動は子の生育と密にかかわっており，母胎を介して子へ及ぶ影響や，母親がいつどこにどれだけの子を産むかによって生じる影響など，多様な現象が母性効果には含まれる．胎生の動物では，妊娠期の母親に加わるストレス*によって，子の神経内分泌系や行動に影響が生じることがある．また，子へのグルーミング*頻度のような母性行動は，ラットでは，遺伝よりも母性行動を受ける経験を通じて子に受け継がれる傾向がある．鳥類の場合，同一個体の卵であっても，卵の重さや卵黄の組成などに変異があり，ふ化雛の生育を左右することが報告されている．これは母鳥が，自身の栄養条件や，つがい相手の質，子のきょうだい間競争などに応じた子や繁殖への価値づけに基づき，雛の表現型を操作している可能性を示す（⇒差別的投資）．

母性行動［maternal behavior］　母親が子に示す行動．哺乳類の雌は乳腺が発達しており，授

乳*を行う．これは哺乳類以外の動物にはみられない特殊な行動で，このことから"母性行動"という言葉は哺乳類に限定して使われることがある．それ以外の動物，たとえば養育する魚類や鳥類，昆虫類では"親個体の子への行動"，"養育行動"という言葉を使う．哺乳類の母性行動には，胎盤の除去，子の清掃や排泄を促すために子をなめるグルーミング*，授乳，巣戻し，巣作りに加え，他の個体を子から遠ざけるための母性攻撃行動が含まれる．一連の母性行動は未熟な子の生存率を上昇させ，最終的には自己の遺伝子を次世代へと継承させる繁殖戦略の重要な要素である．母性行動は妊娠出産過程の内分泌ホルモン濃度の変動や出産や母性経験*により発現・維持される．

母 川 [natal stream] ⇒ 母川回帰

保 全 [conservation] 自然環境や生態系，そこに生息する生物種や個体群を破壊や絶滅の危機から守ること．近年，多くの生物種が乱獲や生息域の破壊のために絶滅の危機に瀕している．こうした生物種を守ることは環境の資源的価値や持続可能性を維持するために必要不可欠である．本来の生息地や自然環境を保全する生息域内保全と，保護センターや動物園をはじめとする飼育環境で行う生息域外保全がある．生息域外保全では，国や地域ごとに定められた種の保存計画に基づいて個体群管理がなされ，アラビアオリックスなど個体数の維持が軌道に乗った種については，本来の生息域への再導入*も実施されている（⇒再導入

種）．保全対象を生態系全体としてとらえ環境や生物の多様性を維持することが重要であり，生息域が広く生態系の頂点に位置するアンブレラ種 (umbrella species) や，生物量は小さくとも生態系の維持に重要な役割を担うキーストーン種 (keystone species) を保護することで，結果的に環境全体を守る方針がとられる．

保全遺伝学 [conservation genetics] 野生生物の絶滅リスクに影響する遺伝的要因を解明し，絶滅リスクを最小化するために必要な遺伝的管理方法を議論する学問分野．特に有効集団サイズ*が小さい生物集団は，近親交配*による近交弱勢*や，遺伝子の多様性の低下など，絶滅リスクを高める遺伝的要因が多いため，保全遺伝学の主たる対象となる．たとえば，森林などの生息地が道路や宅地などで分断化され，生物集団が小集団に分かれて隔離されてしまった場合は，小集団の遺伝的多様性*が矮小化することを避けるために，生物の通り道である"回廊"をつくることで集団間の遺伝子交流を図るなどの管理方法が検討される．また，遺伝子の地域固有性の保全も重要なテーマとされる．たとえば，日本の本州と四国に広く分布するツキノワグマは，ミトコンドリアDNA*の分析から，東日本グループ，西日本グループ，および南日本グループに分化していることが明らかとなっており，地域ごとに遺伝子の固有性を考慮した保全単位の設定が必要と考えられている．一方，遺伝的多様性の消失を最小化する対策と遺伝子の固有性を保全する対策は二律背反

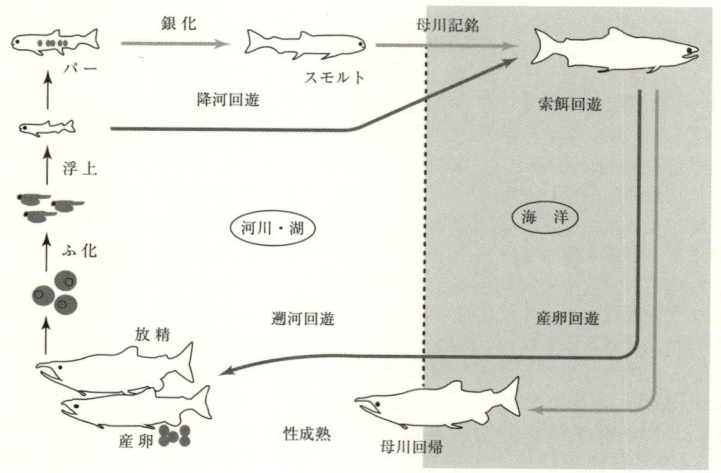

川でふ化したサケは，海水適応能を獲得すると川を下って海に出る（降河回遊）．浮上直後から川を下るタイプと，しばらく川や湖で成長して体が銀白色となる銀化を経てから下るタイプがあるが，いずれも降河回遊時に生まれた川のにおいを記憶する（母川記銘）．数年後，川のにおいを嗅ぎ分けて母川へ戻り，放精・産卵する．（⇒母川回帰）

となる場合もある．たとえば北米のフロリダパンサー（フロリダ半島に生息するピューマの亜種個体群）は集団サイズが極端に小さくなり，遺伝子の多様性が低下したため，テキサス州に生息する近縁亜種の個体が導入され，浸透交雑によって遺伝子の多様性の回復が図られた．この場合，フロリダパンサーの遺伝子の固有性は損なわれたと解釈できる．（⇌生物多様性，集団遺伝学，分子遺伝学，系統学）

母川回帰［homing］ 遡河回遊魚が生まれた川（母川 natal stream）に戻ること（⇌回遊）．サケ*は川で生まれ，海に降りるときに，その川の何らかの因子が感覚神経系に刷込まれる（記銘という．⇌刷込み）．数年間の索餌回遊により成長したのち，生殖腺の成熟開始が引き金となり，親魚は大海原において自分がいる位置を割り出す定位能力および母国の方向を割り出し回帰する航海能力（⇌ナビゲーション）を用いて母国の沿岸まで戻っていく．稚魚期に記銘した因子を想起（recalling）し，多くの川のなかから母川を識別して遡上する（前ページ図）．稚魚が記銘する母川の因子は，母川のにおいであるという嗅覚仮説（olfactory hypothesis）が，1950年代に米国で提唱された．母川のにおい物質は長い間不明であったが，河床の付着微生物の集合体が産生するアミノ酸が水中に溶け込んでおり，その組成ごとに異なっていることがわかってきた．サケはその組成に基づき作成した人工アミノ酸河川水を識別できた．

保全対策依存種［conservation dependent, CD］⇌絶滅危惧種

ボディーパターン［body pattern］ ⇌体色変化

ボディーランゲージ［body language］ 全身あるいは身体の一部の動作を使って行われる非言語コミュニケーション*（図）．身振り言語，身体言語ともいう．音声を使わずに個体間で意思疎通を図る手段であるが，音声言語を強調したり補助したりする役割もある．多くの動物における攻撃的場面，性行動の場面，遊びや親和性を示す場面，母子のやりとりで観察される．ヒトのジェスチャーや手話のようなサイン言語（sign language）の場合，送り手が特定の合図やシンボルに応じた動作を行うことによって，受け手に事物を指し示したりメッセージを伝えたりする．動作とメッセージの対応関係は学習により獲得されるため，文化差や地域差が生じる．他方，姿勢，顔の表情，目の動きのような手がかりを通して，送り手の感情，意図，注意，内的状態が相手に伝わることもある．この場合，送り手が情報伝達の意図をもっていないことが多いため，メッセージの内容や意味は受け手の解釈に依存し，多義的になることもある．

若いチンパンジーが優位個体に奪われた食物を取戻そうと腕を伸ばしている様子

ボトルネック効果［bottleneck effect］ ＝瓶首効果

ボノボ［bonobo］ 学名 *Pan paniscus*．サル目ヒト科に属し，チンパンジー*とともにヒトに最も近い生物種．ピグミーチンパンジーともよばれていたが，チンパンジーと区別するためにボノボというよび方が一般的になっている．コンゴ盆地の中央部のみに生息し，チンパンジーの生息地とはコンゴ川で隔離されている．約100万年前にチンパンジーと分岐し，別種として分類されているが，飼育下での交雑も多く報告されている．チンパンジーにきわめてよく似るが，やや体重が軽く，体つきがほっそりしており，子どものときから顔が黒い（次ページ図）．熱帯雨林を中心に生息し，果実，若葉，草本類の髄などを主食とする．30〜50頭程度の父系の集団で生活し，雌が性成熟に達する前に集団間を移籍する．雌が授乳期間中や妊娠期間中といった受胎の可能性のない時期にも擬似発情を示して雄と交尾し，このため発情雌をめぐる雄間の性的競合が緩和されている．また，雌同士，雄同士，大人と子どもといったさまざまな組合わせで，性器の接触を伴う行動が挨拶や遊びに用いられる．類人猿で唯一，雌が雄と同等以上の地位を保つほか，集団内，集団間の交渉がチンパンジーと比べると平和的で，異なる集団が融

チンパンジー(左)とボノボ(右)の母子．最もわかりやすい違いは子どものときの顔の色(ボノボの方が黒い)．

合して一緒に移動・採食することもある．

ホバリング［hovering］ ⇌ 停空飛翔

ホームレンジ［home range］ ＝行動圏

ホムンクルス［homunculus］ 哺乳類の大脳新皮質の体性感覚野において，処理にあずかる脳内の区画が身体の部位に対応するかたちで機能局在しているパターン．本来は中世ヨーロッパの錬金術によってつくられた人造人間をさす言葉だが，脳科学に転用されて用いられている．ヒトの場合，手足の指，顔面や唇が，末梢の大きさに対してはるかに大きい区画を備え，漫画の人物のように誇張されたホムンクルスが描かれる．他の哺乳類でも同様で，たとえばハダカデバネズミ*の体性感覚*にあずかる大脳新皮質では，歯と口の周辺が特に大きい(図)．誇張された部位は，よ

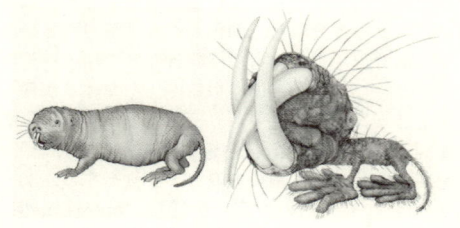

ハダカデバネズミの実際の身体(左)に比べて脳の中にあるホムンクルスは口の周りと手足の指が著しく誇張されている．

り精細にその体部位の体性感覚を処理して表現していることを表している．(⇌ 大脳皮質，感覚皮質)

ホメオスタシス［homeostasis］ 生体内部環境の恒常性もしくは外部環境の変化に対してその恒常性を維持しようとする機構．20世紀初頭に米国の生理学者 W. B. Cannon によって提唱された．生物の体温，心拍数，ホルモンレベル，体液バランスなどは，通常一定の範囲内でのレベルを維持している．生命の維持にはこの内部環境が保たれていることが必須であり，生物の体には外界からのさまざまな刺激(⇌ ストレス)に対し内部環境の恒常性を維持しようとする機構が存在する．Canon はこの恒常性を表現するためにギリシャ語の homeo (同じ)，stasis (状態，とどまる)という二つの言葉を組合わせたホメオスタシスという言葉を用いた．ホメオスタシスはおもに免疫系，自律神経系，内分泌系により維持・制御されており，これら三つの系の間で情報伝達が行われる間脳視床下部がホメオスタシスの中枢であると考えられている．

ホメオティック遺伝子［homeotic gene］ ⇌ ホメオボックス

ホメオティック突然変異［homeotic mutation］ ⇌ ホメオボックス

ホメオドメイン［homeodomain］ ⇌ ホメオボックス

ホメオボックス［homeobox］ ショウジョウバエの触角が生える場所に脚が生えるなど，体の一部が他の部分に転換する現象であるホメオーシス (homeosis) をひき起こすような変異をホメオティック突然変異 (homeotic mutation) とよぶ．ショウジョウバエで最初に発見され，その原因となる遺伝子群はホメオティック遺伝子 (homeotic gene) と命名された．ホメオティック遺伝子は正常発生においては体軸に沿って体節の性質を決定する遺伝子*である．ホメオティック遺伝子や類似の形態形成遺伝子にはホメオボックスという保

存性の高い180塩基対からなるDNA*領域があり，ホメオボックスがコードする60アミノ酸残基の配列はホメオドメイン(homeodomain)とよばれる．ホメオボックスをもつ遺伝子（ホメオボックス遺伝子）の産物（ホメオドメインタンパク質）は転写調節因子として機能する．ホメオボックス遺伝子は多重遺伝子ファミリーを形成し，染色体上にクラスターとして存在している．クラスター内の遺伝子の並び順と，発生時に体軸に沿って発現する順序はほぼ一致する．またホメオボックス遺伝子は広く脊椎動物，無脊椎動物，酵母，高等植物に見いだされ，進化的に保存された遺伝子群である．

ホモ・エコノミクス［*Homo economicus*］⇌ 行動経済学

ホモセクシャル行動［homosexual behavior］＝同性配偶

ホモ接合［homozygous］⇌ 対立遺伝子

ホモプラシー［homoplasy］　成因的相同ともいう．鳥もコウモリもよく似た翼をもち，空を飛ぶ．鳥とコウモリは，進化の過程で哺乳類と爬虫類が分岐し，鳥類が誕生した後，それぞれ翼を獲得し空を飛べるようになった．このように進化の過程で別々に獲得されたにもかかわらず，互いに似た形質をもつことをホモプラシーとよぶ．また，鳥とコウモリがそれぞれ独立に翼を獲得し，空を飛べるようなった過程，すなわち，ホモプラシーに至る進化の過程のことを，収れん*進化とよぶ．これに対し，共通の祖先に由来する形質のことをホモロジー*とよぶ．鳥の翼とコウモリの翼は，空を飛ぶための翼としてはホモプラシーの関係にあるが，いずれも前肢が変形してできたものであり，前肢としてはホモロジーの関係にある（下図）．一方昆虫の翅は，鳥やコウモリの翼とホモプラシーの関係にあるが，えらもしくは側背板より生じたと考えられており，その発生由来も異なる．

ホモロジー［homology］　相同ともいう．異なる生物種の間で，形態や機能などの形質が共通の祖先に由来する場合，これをホモロジーとよぶ．たとえば，モンシロチョウの翅と，トンボの翅は相同である．また，鳥の翼とヒトの腕も形態的には大きく異なるが，いずれも前肢より発生することから，これもホモロジーの関係にある．これらの互いに相同な関係にある体の部位を，**相同器官**(homologous organ)とよぶ．一方で，昆虫の翅と鳥の翼は由来が異なることから，ホモプラシー*，あるいはアナロジー*とよばれる（図）．遺伝子やタンパク質の場合，類縁度に応じて，ホモロジーが高い，あるいは低いという言い方をすることもある．ヒトの眼は神経組織から，軟体動物のタコの眼は表皮から形成され，由来は異なるが，いずれも*Pax6*とよばれる共通の遺伝子の働きによって形成される．このような遺伝子を調べることで明らかとなる広範囲の生物種間に存在するホモロジーのことをディープホモロジー(deep homology)とよんだりもする．

ポリジーン［polygene］⇌ 量的形質
ポリシング［policing］＝警察行動
ポリネーション［pollination］＝花粉媒介

ホールデン　**HALDANE**, John Burdon Sanderson　1892.11.5～1964.12.1　英国生まれの発想豊かな生物学者．生命の起源に関する科学的理論の最初の提唱者として知られており，酵素の反応速度論にも業績を残した．R. A. Fisher*やS. G. Wright*とともに集団遺伝学の開拓者で，進化の総合説の確立にもE. MayrやT. H. Huxleyとともに大きな業績を残した．その一方で，し

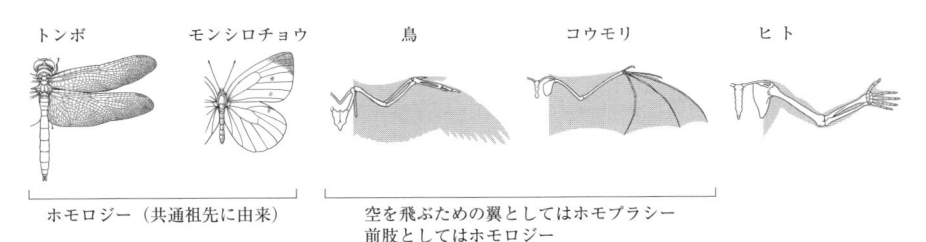

| トンボ | モンシロチョウ | 鳥 | コウモリ | ヒト |

ホモロジー（共通祖先に由来）

空を飛ぶための翼としてはホモプラシー
前肢としてはホモロジー

ホモプラシー（似ているが由来が異なる）

ホモロジー（形態は大きく異なるが共通祖先に由来）

ホモプラシーとホモロジー

しばしば個性的な言動で注目を浴びた．なかでも『Daedalus or Science and the Future（ダイダロス，あるいは科学と未来）』（1923年）は科学の未来を予測したものとして有名であり，20世紀におけるトランスヒューマニズム（科学の発展による人間の生活と人間そのものの向上を信じる思想）の先駆者とされる．オックスフォード大学を卒業．1922年にはケンブリッジ大学に移り，1932年以降はロンドン大学で研究を行った．Haldaneの有名な著書『The Causes of Evolution（進化の要因）』（1932年）はメンデルの法則を基本として自然選択*による進化を数学的に説明したもので，ネオ・ダーウィニズム総合説の代表的著作として知られる．彼は1928年に旧ソビエト連邦を旅行し，共産主義にひかれるようになり，1937年に英国共産党に入党，反ナチスのレジスタンス運動を指導した．戦後は英国共産党の機関紙"モーニングスター"の編集長も務めている．しかしソビエトの生物学界で，エセ科学者Lyssenkoが権力を振るい始め，旧知の遺伝学者N. I. Vavilovがスターリン独裁の犠牲となって悲劇的な最後を遂げたことを知るに及び，1950年に党を去っている．Haldaneの名を冠した規則・法則はいくつもある．1922年に"動物の雑種第一代で不妊になるといった異常は異型接合の性にのみ出現する"ことを発見した．これはホールデンの規則（Haldane's rule）とよばれる．また"動物の性質はその大きさによりほぼ規定される"（たとえば体の小さい昆虫は空気が体内に拡散するだけで呼吸できるが，体の大きい動物は心臓や血管，赤血球などの循環システムが必要になる）という独自の見方を示した（1928年）．これはホールデンの原理とよばれることがある．1937年にはH. J. Mullerとともに"遺伝的に平衡状態にある集団では突然変異による集団適応度の減少率は個体当たりの総突然変異率に等しく，個々の遺伝子の有害度には依存しない"ことを示した．これは現在ホールデン・マラーの原理とよばれている．1940年に出したエッセイ『Possible worlds』では，"宇宙はわれわれが想像する以上に奇妙などころか，想像できる以上に奇妙なのだ"との名言を残している．これはホールデンの法則（Haldane's law）とよばれることもある．Haldaneは多くの優れた研究者を育てた．なかでも有名なのはJ. Maynard Smith*である．Maynard Smithは，大学のパブでゼミをしていたとき，メモに向かって計算式を書きつけて

いたHaldaneが，突然，学生たちに向かって，溺れた人を助けるために命を投げ出す場合の遺伝学的根拠について，"2人の兄妹，4人の甥，8人のいとこのためなら喜んで命を差し出すぞ"と叫んだという．血縁選択*理論のひらめきに関する逸話を伝えている．Haldaneは1957年に大学を辞し，インドに移住．インド統計大学，オリッサ州立生物学研究所で教授を務め，オリッサ州ブバネシュアルで72歳の生涯を閉じた．

ホールデンの規則 [Haldane's rule] ⇌ ホールデン

ボールドウィン効果 [the Baldwin effect] 個体の学習によって獲得されていた行動傾向が，獲得形質の遺伝ではなく，自然選択の積み重ねによって，集団の生得的な行動傾向として組込まれること．米国の心理学者J. M. Baldwinによって19世紀末に提唱された学習と進化をつなぐメカニズムである．仮想的な例で説明する．赤い実と青い実のうち，赤い実の方が栄養価が高いとする．この傾向が持続するとすれば，赤い実を選ぶことを学ばなければならない個体よりも，そもそも赤い実を好む性質を生まれつきもった個体の方が有利である．世代が進むにつれ，学習によって習得された選択が，遺伝的に組込まれるようになる．これがボールドウィン効果であり，遺伝的同化*とよばれる現象の一部である．

BOLD信号 [blood oxygen level dependent signal] ⇌ 機能的磁気共鳴画像法

ボルバキア [wolbachia] 学名*Wolbachia pipientis*．節足動物やフィラリア線虫などの細胞内に広く共生しているαプロテオバクテリア綱に属する細菌の一種．接触や共食いなどによる感染はきわめてまれで，基本的に母から子に卵巣を通じて伝わる．ボルバキアは，フィラリア線虫やトコジラミ，寄生バチ*の一種とは相利共生*関係を築き，宿主の生存・繁殖に必須となっている．一方，多くの節足動物にとってボルバキアは必須ではないが，細胞質不和合，雄殺し，雌化，単為生殖化などの巧妙な方法で宿主の生殖を操作することにより母から子への垂直伝播率を高めている．雄殺しを起こすボルバキアが蔓延し，個体群性比*が著しく雌に偏ったせいで，ホソチョウの一種では雄ではなく雌がレック*をつくるという，通常のパターンとは性の役割が逆転した現象がみられる．リュウキュウムラサキでは雄殺しに対する抵抗性遺伝子をもったものが出現し急激に広

まったことが観察されている．節足動物に同様の生殖操作（細胞質不和合，単為生殖化，雌化）をひき起こす細菌として，分類学的に離れたバクテロイデス門に属するカルディニウム（*Cardinium*）がいる．（⇌ 宿主操作，利己的遺伝因子，マイオティックドライブ）

ホール・ピアスの負の転移　⇌ 負の転移

ホルミルペプチド受容体様タンパク質 [formyl peptide receptor-like protein, FPR]　⇌ フェロモン受容体

ホルモン [hormone]

内分泌細胞から体液中に分泌され，標的細胞の受容体を介して特定の生理活性をひき起こす微量な化学物質の総称．ギリシャ語で"興奮させる"という意味をもつ"ormo"から命名された．初めて発見された生理活性を示すホルモンは27個のアミノ酸からなるセクレチン（secretin）である（1902年）．おもなホルモンとして，脳にある視床下部からは性腺刺激ホルモン放出ホルモン*，成長ホルモン放出ホルモン，ソマトスタチン*，副腎皮質刺激ホルモン放出ホルモン，甲状腺刺激ホルモン放出ホルモンなどが分泌され，また下垂体からは性腺刺激ホルモン*，成長ホルモン*，副腎皮質刺激ホルモン*，甲状腺刺激ホルモン，オキシトシン*，バソプレッシン*などが分泌される．末梢臓器からは性腺ホルモン*，副腎皮質ホルモン，副腎髄質ホルモン，甲状腺ホルモン*，インスリンなどが分泌される．これらホルモンの多くは脳にも作用し，性行動，母性行動，摂食行動などを制御することが知られている．

本能 [instinct]

一般に，動物の内部に想定される，行動をひき起こす生得的なメカニズムや衝動をいう．本能の定義は研究者により異なり，この概念を否定する学者もいる．たとえば生理学者 I. P. Pavlov* は，本能は反射にすぎないと論じ，動物行動の記述には用いるべきでないとした．その一方で，多くの動物行動学者は本能という概念の意義を認めている．たとえば O. Heinroth は，動物の本能行動を種に特有な衝動行動と表現し，その研究を推し進めた．また，K. Z. Lorenz* は，遺伝的に決定された定型的運動パターン*を本能行動とし，行動に快感情が付随する点が反射とは異なるとした．彼や N. Tinbergen* は，学習の機会を与えない隔離実験によって，純粋な本能行動を抽出することができるとした．しかし，こうした本能論には，行動発達における遺伝と経験の複雑な相互作用を軽視しているとの批判もある．（⇌ 本能的逸脱，進化心理学）

本能的逸脱 [instinctive drift]

道具的条件づけ*の過程で，実験者が意図した行動（標的オペラント）を動物がある程度学習した後に，その行動がしだいに本能的行動へと変容すること．本能的漂流ともよばれ，この結果定着する行動が誤行動*である．たとえば，コインを貯金箱に入れるように訓練されたアライグマの場合，コインが1枚の場合にはこれを貯金箱に入れることで食物報酬を受取ることができたが，コインが2枚になるとこれらをこすり合わせることに夢中になり，貯金箱に入れることができなくなってしまう．このこすり合わせ行動は，自然環境でアライグマが食物に対して示す完了反応*の一部である．つまり，本能的逸脱は，実験者が計画し，動物に要求した標的オペラントと強化子*の間の随伴性*と，その強化子を処理するために種特異的に進化してきた動物の行動システムとの間に矛盾が生じ，後者が勝る過程と解釈される．逆にいえば，実験者が意図した通りの行動を動物が学習できた場合というのは，実験者が計画した随伴性が，幸運にもその種の行動システムと矛盾しなかったことを意味する．（⇌ 行動システム分析）

本能的漂流 [instinctive drift]　⇌ 本能的逸脱

ボンビコール [bombykol]　⇌ 性フェロモン

翻訳（遺伝子の） [translation]

DNA に書かれた遺伝情報は，まずメッセンジャー RNA に転写される．その情報をもとに選んだアミノ酸をつなぐことでタンパク質をつくり出す過程のこと．真核生物の遺伝子は核内にあり，そこで転写されてつくられたメッセンジャー RNA は，核から細胞質にあるリボソームに移動し，そこで翻訳が行われる．翻訳においては，三つの塩基に対して一つのアミノ酸を対応させるようになっている（⇌ 遺伝暗号）．これは転移 RNA の三つの塩基のそれぞれに対合するような転移 RNA が選ばれてメッセンジャー RNA の対応部位と対合し，その転移 RNA に結合したアミノ酸が一つずつつながることによってアミノ酸の鎖が伸びる．

マ

マイオティックドライブ［meiotic drive］　分離比のゆがみ（segregation distortion）ともいう．減数分裂を経て配偶子形成が行われるとき，ある対立遺伝子*が，みずからが入った配偶子の比率を他の対立遺伝子より高くするような性質．その代表的な機構として，毒物質をつくる遺伝子をコードする部分とその毒に耐性をもつ部分とが強く連鎖したものがある．毒をつくることで正常型の対立遺伝子を排除するとともに，みずからには毒が効かないようになっている．ショウジョウバエやマウス，アカパンカビなどでみられる．性染色体上にマイオティックドライブがあると，子の性比がゆがむ．

マイクロ RNA［micro RNA, miRNA］　⇌ RNA

マイクロサテライト解析［microsatellite analysis］　ゲノムを構成する DNA は 4 種類の塩基（G, A, T, C）の配列によって遺伝情報を保持しているが，その中には 1〜6 塩基程度の短い配列が連続反復している部位があり（たとえば，2 塩基からなる GA というモチーフが GAGAGAGA....と連続して反復するなど），マイクロサテライトとよばれている．この部位の反復数は個体レベルで変異に富み，親から子へ遺伝するため，個体識別や親子判定を行うための情報となるほか，集団の遺伝的多様性や集団間の遺伝的分化の評価にも用いられている．

マイクロセファリン［microcephalin］　⇌ 言語遺伝子

マイクロチップ［microchip］　動物の個体識別などを目的とした電子標識器具．イヌの鑑札のように動物の体表に装着する方式，ブタの耳標のように動物の体表に付着させる方式，動物の体内に直接埋め込む方式などがあるが，一般的には専用の挿入器でイヌやネコなどの背側頸部皮下に埋め込んで使用する．マイクロチップには，国コード，動物種コード，メーカーコード，個体番号からなる 15 桁の番号が記録されており，読み取り器（リーダー）により個体識別を行う．直径 2 mm，全長約 12 mm の円筒形で，全表面は生体適合ガラスで覆われ，哺乳類，鳥類，爬虫類，両生類，魚類に使用可能である．2004 年より国内への動物の輸入時には，マイクロチップの装着が義務づけられている．また，生態系に特殊性のある島国や，狂犬病*予防に力を入れている国などでは，飼育犬におけるマイクロチップ装着の義務化が多くみられる．日本ではまだ装着率はあまり高くないが，災害時の動物保護に役立つため，今後普及していくことが予想される．

マイナーワーカー［minor worker］　⇌ カースト

マウス［mouse］　ハツカネズミ（common house mouse）ともいう．学名 *Mus musculus*．齧歯目ネズミ科に属す．マウスという英語名は，大型のネズミのラット*とは区別して小型のネズミの総称でさまざまな種を含むが，研究では一般にハツカネズミをさす（図）．野生種は，毛色が背中はアグーチ色とよばれる茶系で，腹側は白から濃い色まで亜種ごとの多様性がある．*M. musculus* 種は，多くの亜種に細分類されているが，遺伝的特徴により少なくとも domesticus, musculus, castaneus の三つの亜種グループに分けられる．野生ではおもに家屋・倉庫や農場などで生息するが，アカネズミ属やクマネズミの侵入により生息地を奪われやすい．雄はなわばり*をもち，複数の雌と交尾をする一夫多妻*である．古くから愛玩用に飼育・繁殖されており，家畜化*が進んだものから C57BL/6 などの実験用系統が各種つくられた．また，野生マウスから樹立された系統もある．マウス系統は幅広く研究に用いられ，行動学や神経科学の研究でも，学習・記憶能力，活動性*，不安様行動，攻撃行動，社会行動*，繁殖行動*，感覚機能などを調べる多くの行動テストが開発されている．ハツカネズミ属には *M. spretus*（アルジェリアハツカネズミ）や *M. spicilegus*（ツカツクリハツカネズミ）などの別種もあり，これからも研究用系統が樹立されている．

マウスナー細胞［Mauthner cell］　⇌ 同定ニューロン

マウント行動［mounting behavior］　雄の代表的な行動．哺乳類，鳥類など幅広い動物種でみられる多くの動物で共通の雄型性行動である．性的受容*を示した雌に，背後から乗駕（マウント）す

る．哺乳類ではこの状態から，膣内へのペニスの挿入であるイントロミッション*へと続く．また，イヌや霊長類では雌が雌へマウントするなど，同性間におけるマウント行動も観察されており，これは性行動ではなく，相手との優劣関係や順位を確認する意味の行動といわれている．

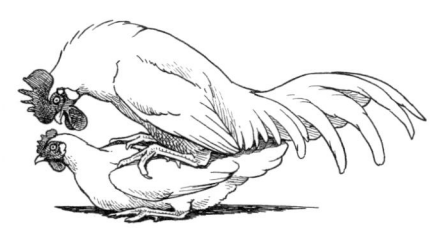

ニワトリのマウント行動．うずくまった雌鶏に雄鶏が乗りかかる．

前向き制御［feed forward control］ ⇌ フィードフォワード機構

マガーク効果［McGurk effect］ ヒトが音声（特に子音）に接するとき，聞いて得られる聴覚情報と，話者の顔面（特に唇の周辺）を見て得られる視覚情報が相互作用して，音韻の知覚を生じていることを実験的に示した現象．発見者（H. McGurkとJ. MacDonald）にちなんで，マガーク・マクドナルド効果ともよばれる．広く知られた例では，GA（ガ）と発音している動画の上にBA（バ）の音を重ねて，被験者に提示する．眼を閉じればBAと聞こえるが，眼を開けて聞くとDA（ダ）あるいはTHA（ザ）のように知覚される．聴覚からBAの破裂音をとらえるが，この音に伴うはずの唇の運動が視覚的には欠損している．異なる感覚モダリティーである聴覚と視覚が統合することで音韻の知覚が生じるが，実験的に統合が損なわれたため，正しく音韻を知覚できないと考えられている．運動失認を抱える患者がしばしば対話に困難を覚えるのも，同様の理由による．

マカクザル［macaque］ 霊長目オナガザル科マカカ属に属すおよそ20種のサルで，多様な環境に適応し，北アフリカおよびアジアに広く分布する．雑食性で，果実，種子，木の葉，昆虫などを食べ，食べ物を一時蓄えることができる頬袋をもつ．複数の雄と複数の雌からなる群れで生活し群れ内で序列がある（順位制*）．雄は性成熟に達すると生まれた群れを離れるが，雌はとどまる．多くの音声や表情を使い分け種内コミュニケーションをとり，母指対向性が発達し物を器用に操作することができる．霊長類のなかでは実験動物として扱いやすいため，行動，形態，認知，ゲノムなどの研究だけでなく，ヒトの高次脳機能や疾患を解明するための生物医学的研究対象ともなっている．

マガジン訓練［magazine training］ マガジンとは餌粒の入った容器のことであり，**給餌装置訓練**ともいう．実験経験のない動物を対象にオペラント条件づけを実施する場合，オペランダム*である反応キーなどへの反応形成*を行う前に，強化子*（餌粒など）が提示されると，速やかにこれを摂取することを学習させる必要がある．この学習を訓練することをマガジン訓練という．マガジン訓練では，強化子となる餌粒が出ると同時に，給餌装置の駆動音が生じて給餌場所を照らす．動物は，最初のうちは驚愕反応*を示してすぐには餌粒に近づこうとはしないが，やがて餌粒を摂取する．これを繰返すうちに，餌粒が提示されるとすぐに食べるようになる．このような行動が安定して観察されるようになれば，マガジン訓練は十分になされたと判断し，訓練の次の段階である反応形成へと移行する．マガジン訓練を円滑に行うには，体重が制限されているなど，あらかじめ，動物を強化子が剝奪されている状態にする必要がある（⇌ 遮断化）．

マキャベリ的知性仮説［Machiavellian intelligence hypothesis］ ⇌ 社会脳仮説

マーキング行動［marking behavior］ 嗅覚に依存した個体間コミュニケーションの役割をもつ行動のこと．哺乳類で広くみられる．**においづけ行動**（scent marking）と同じ意味をもち，尿，糞便，体表からの分泌物を，なわばり*を主張したい環境につけてなわばりの主張や確保をする．マーキング行動は昆虫でも認められる．野生のネコ科の動物では，なわばり周囲の突起物や樹木に対して後ろ向きに尿を振りかける**尿マーキング**（urine marking）を行う．尿マーキングは**スプレーマーキング**（spray marking）ともよばれ，ネコが家の壁や家具に向かって尿を吹きかける行動は，野生ネコ科動物のスプレーと同じ意味をもつ．シカなどの偶蹄類の雄は頭部などの皮脂腺を，コビトマングースでは肛門周囲を樹木などにすりつける行動をとってマーキングする（図）．陸地に上がったカバが尻尾を振りながら糞を周囲にまき散らすのもマーキング行動の一つとされる．イヌやマウスも尿マーキングを行うが，自身のマーキン

グ跡には再度マーキングすることは少なく，他個体が残したマーキングの上からマーキングを行うカウンターマーキング（counter marking）という行動を示す．

オグロジカのマーキング行動

コビトマングースのマーキング行動

マークテスト［mark test］⇌ 自己認識

魔性の女［femme fatale］　ホタルの *Photuris* 属の雌は，別種のホタルの雌とよく似たタイミングで光を発し，そこに誘引された別種の雄を捕食する．この *Photuris* 属の雌を魔性の女とよぶ．*Photuris* 属の雌は，別種の雄を捕食することにより，自分では合成できない，クモや脊椎動物などによる捕食に対する防御物質としての作用をもつステロイドの一種（ルシブファギン）を獲得できる．ルシブファギンは卵を介して母から子へも送られる．

増田惟茂（ますだ これしげ）　1883. 12. 29〜1933. 8. 7　心理学者．1908 年に東京帝国大学文科大学の心理学専修を卒業し，同大学の大学院に進む．卒業論文の"意志作用の比較心理学的研究"は 8 回に分けて『哲学雑誌』（1908〜1909 年）に掲載されたが，これは 3 種類の小鳥を使ったわが国で最初の比較心理学の実験的研究論文である．1911 年頃にはキンギョやコイを用いた弁別学習実験を行い，1915 年に『心理研究』に掲載された．1922 年には東京帝国大学の助教授となり，実験心理学＊の研究・指導に携わる．動物心理学会の創設された 1933 年に亡くなったが，わが国における比較心理学の開拓者である．主著に『実験心理学序説 前編』（1926 年），『心理学研究法』（1934 年），訳書に S. J. Holmes『動物心理学』（原著 1911 年，邦訳 1914 年）などがある．

マタタビ［matatabi, silvervine］　日本，中国，韓国などに自生する，マタタビ科マタタビ属のつる性落葉木本．学名 *Actinidia polygama*．この植物に高濃度で含まれるマタタビラクトンとアクチニジンは，ネコに，嗅ぐ，なめる，噛む，頭をこすりつける，体をすりつけたりくねらせたりする，といった興奮気味の酔っぱらったような特有の反応をひき起こす．ほかにも，穴を掘ったり，引っかいたり，毛づくろいをする動作や，よだれを垂らすなどの反応もみられる．マタタビと同様の反応をネコにひき起こす植物としては，同属のキウイのほか，キャットニップ（和名イヌハッカ），キャットミントがある．こういった反応・行動は，主嗅球を介して起こり，3 カ月齢以前の若い個体ではみられず，発情した雌の行動に似ているが，雄でも雌でもみられる．ネコの反応強度は，個体，集団により違いがあり，遺伝的な差異によるとされる．また，ライオンやヒョウなどの大型ネコ科動物も同様の反応を示す．

待ち伏せ型捕食者［sit-and-wait predator］　みずから餌を追い回すのではなく，動きを止めて餌が近づいてきたところを捕まえる捕食者のこと．待ち伏せ場所は必ずしも固定的ではなく，よい待ち伏せ場所を求めて移動する場合も多い．アリジゴクの巣（図）とクモの網＊は，近づいた餌が逃避するのを妨害することで捕獲を助けるトラップである．ハナカマキリのように，隠蔽または擬態によって餌から見つかりにくくする（⇌ 攻撃擬態

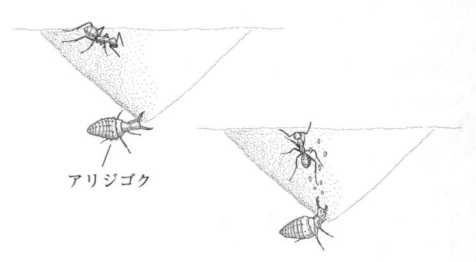

アリジゴク

アリジゴクの巣の断面図．アリジゴクはウスバカゲロウの幼虫で，砂地の場所にすり鉢状の穴を掘り底に潜る．餌が巣に近づくと，アリジゴクは砂を餌に投げつけ，巣の底に落として捕まえる．

[図])種がいる一方,ワニガメ(舌先にある肉質の器官)やアンコウ(誘引突起)のように餌を誘引するための器官を発達させている種もみられる.一部の昼行性のクモでは,紫外線を反射する糸で網を飾って餌を誘引することが知られている.フェロモン類似物質を用いてガを誘引するナゲナワグモや発光信号をまねて他種のホタルを誘引する Photuris 属のホタル(≒魔性の女)のように,餌生物のコミュニケーションに介入して捕食する種もみられる.

マッチング法則[matching law] 対応法則ともいう.並列スケジュール*において,相対反応率*が相対強化率と一致する現象のこと.左レバーへの1分当たりの反応率をR_L,右レバーへの1分当たりの反応率をR_Rとしたとき,たとえば,左レバーでの強化率(r_L)が1強化/分,右レバーでの強化率(r_R)が3強化/分である場合に,右レバーへの相対反応率{$R_R/(R_R+R_L)$}が,右レバーでの相対強化率,すなわち,$r_R/(r_R+r_L)=0.75$に一致することをいう.これを式で表すと,$R_R/(R_R+R_L)=r_R/(r_R+r_L)$となる(図aにマッチング法則に基づく実験データの分析例を示す).しかし,この式は,バイアス*や,強化率操作に対する相対反応率の感度を考慮していない.そこで,相対反応率の代わりに,反応率比を用いる方法が提案された.すなわち,先の式を比の形に書き換えて,バイアス(k)と反応率の感度(a)というパラメータを加えると,$R_R/R_L=k(r_R/r_L)^a$となる.これを一般化マッチング法則または一般化対応法則(generalized matching law)という.この式の両辺の対数をとればaを傾きとしてkをy切片とする一次式となるので,実験結果からaとkの値を容易に推定することができる(図bに一般化マッチング法則に基づく同じデータの分析例を示す).aとkの値が1の場合(これを完全マッチングあるいは完全対応という),この式は先の相対反応率の式と一致する.しかし,実際の実験ではaやkが1から逸脱することが多く(過小マッチング*,過大マッチング*,バイアス*),厳密な意味でマッチング法則が成立する($a=1$ かつ $k=1$となる)ことはむしろ例外的である.

マティエル・ゴールドベーターモデル[Martiel-Goldbeter model, M-G model] ゴールドベーター・マティエルモデルともいう.社会性*のアメーバ,キイロタマホコリカビ(細胞性粘菌)の懸濁液において観察される,細胞内cAMP(サイク

(a) マッチング法則による分析

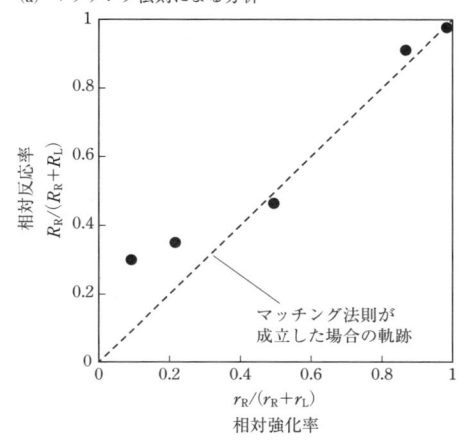

(b) 一般化マッチング法則による分析

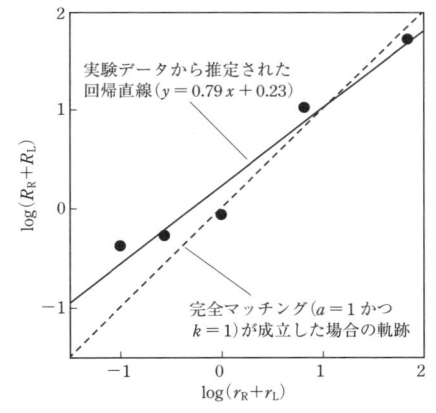

マッチング法則と一般化マッチング法則による実験データの分析例.(a)は並列スケジュールを用いた実験におけるある一人の被験者の選択行動を,マッチング法則{$R_R/(R_R+R_L)=r_R/(r_R+r_L)$}に従って表示したものである.すなわち,反応数と強化数を相対反応率と相対強化率に換算し,それぞれを縦軸と横軸にとりプロットした.点線は,マッチング法則が予測する理論的な軌跡を表す.この分析は直感的にわかりやすいが,法則からの逸脱をうまく分析することができない.一方,(b)は同じデータを一般化マッチング法則{$R_R/R_L=k(r_R/r_L)^a$}に従って表示したものである.すなわち,反応数と強化数を反応比と強化比に換算し,それらの値を対数値(底10)に変換した後で,それぞれを縦軸と横軸にとりプロットした.この分析は,$R_R/R_L=k(r_R/r_L)^a$を,両辺の対数をとることにより,$\log(R_R/R_L)=a\cdot\log(r_R/r_L)+k$という一次式($y=ax+k$)に変換してデータに適用したことに相当する.これにより,aとkの値を,直線回帰を用いて簡単に推定することが可能になる.この実験データでは,回帰式の傾き(a)が0.79となったことから過小マッチングが見いだされ,また,y切片(k)が0.23となったことから一方の選択肢に対するバイアスが見いだされたと考えられる.

リックAMP）と細胞外cAMPの振動についての3変数，もしくは2変数の連立常微分方程式．細胞外cAMPの上昇に伴う一過的な細胞内cAMPの生成，cAMPの細胞外への分泌，細胞外ホスホジエステラーゼによる細胞外cAMPの分解の反応速度を記述する数理モデルである．ある濃度以上の細胞外cAMPの上昇に対して細胞内cAMPが上昇する興奮性，これが集団で自律的に繰返される振動性，持続的な細胞外cAMP上昇に対してcAMPの合成が抑制される調節機構を半定量的に説明できる．完全な調節（perfect adaptation）についての受容体の2状態モデル（レセプターボックス）を組入れているが，その分子的基盤は明らかになっていない．また，方程式の非線形性のおもな起源として受容体の二量体形成を仮定している．拡散項を加えて偏微分方程式に拡張することで，cAMPの波*の空間パターンの数値解析と説明にも用いられる．

まばたき［eyeblink］ ＝瞬目

まばら符号化［sparse coding］ ⇌ 脳‐機械界面

マフィア仮説［Mafia hypothesis］ 1979年にA. Zahavi*が提唱した，托卵*鳥と宿主の軍拡競争*に関する仮説で，寄生卵を排除した宿主に対し，寄生者の親が報復のために残された宿主の卵をすべて破壊し，宿主に次に産む卵の受入れを強制する戦略．カッコウのように寄生雛が宿主の巣を独占するタイプの托卵者では（⇌ 托卵［図］），報復への対応としての寄生卵を受入れたところで宿主にとって適応度上の利益はなく，進化しえないことが指摘された．というのも，報復を受けた宿主が次に托卵された際，受入れに転じて寄生雛を育てたとしても，自身の雛はすべて殺されてしまうため，宿主は結局のところ子を残すことはできないからである．しかし，托卵鳥の雛が宿主の雛と一緒に育つようなシステムでは，宿主は報復によって受入れに転じても子を残すことができる．マダラカンムリカッコウ（図）やコウウチョウといった，寄生雛が宿主の巣を独占せず，宿主雛と同時に育てられる托卵鳥において，托卵鳥によるマフィア戦略が実際に確認されている．

自分の産んだ卵が宿主のカササギによって捨てられた後，巣から宿主の雛をくわえ出すマダラカンムリカッコウ

まぶた［eyelid］ ⇌ 瞬目

マーモセット［marmoset］ 霊長目マーモセット科に属する．同科に属するタマリン類と同様に，体重1kg未満と非常に小型で体格の性差は小さい．中南米に分布し，熱帯雨林や森林周縁部に生息して，昆虫，樹脂や樹液，果実や果汁などを食物とする．群れサイズは3〜15頭で，群れの構成は単雄単雌，複雄単雌，単雄複雌，複雄複雌などさまざまであるが，雌雄のペアとその子からなることが多い．群れは非血縁成体を含むこともあるが，基本的に繁殖は優位な雄と雌に独占されており，劣位雌が出産した場合，優位雌による子殺し*がみられることがある．雌は約1年で，雄は約1年半で性成熟するが，雄も雌も生まれた群れにとどまるとも，両性ともに群れから離れるともいわれる．繁殖雌は体重が30gほどの子を，およそ6カ月の間隔で多くの場合一度に2匹産む．出産後，雌は1〜2週間ほどでまた発情・排卵し，授乳中も次の子を妊娠する．マーモセット類は，母親だけでなく，父親や兄姉個体も乳児を背負ったり食物を分配したりして子育てに参加する協同繁殖*を行う．乳幼児以外の個体に対しても，食物分配行動などの向社会行動*が，他の霊長類に比べよく観察される．また世界で最初に遺伝子改変された霊長類としても有名である．

コモンマーモセット *Callithrix jacchus*

まゆ［cocoon］ 昆虫がさなぎ期に入る直前に自身を取囲むように形成する覆い状の構造体．一般に，チョウ目（ガ類）に代表されるような幼虫

が吐く糸で形成されるものがよく知られる．完全変態の昆虫にみられるが，通常は不完全変態であるカイガラムシには雄が完全変態をする種類があり，それらもまゆを形成する．まゆをつくることを営繭（えいけん）といい，まゆには動くことができないさなぎ期に外敵や悪天候などから身を守る機能があると考えられる．自身が分泌する物質や糸を使用してつくるが，体毛のような体の一部や周囲にある土，砂，枯れ葉などを素材として利用する場合がある．チョウ目以外では，ハチ目やアミメカゲロウ目なども糸を吐いて営繭する．一部の昆虫（イラガやハバチなど）では糸で形づくられたまゆを分泌物で固めることによって頑強なまゆをつくる．またコガネムシ科のように糞を使ってまゆを形成する甲虫類もあり，それらのまゆをしばしばまゆ玉とよぶ．

マーラー **MARLER**, Peter Robert 1928. 2. 24〜　英国に生まれ，植物学・動物学でそれぞれ博士号を得た後，W. H. Thorpe* の研究助手として鳥の歌研究を始めた．米国に移り，カリフォルニア大学バークレー校，ロックフェラー大学，カリフォルニア大学デイビス校の教授を歴任する．この間，鳥類や霊長類のコミュニケーション研究を発展させ，神経科学・内分泌学などと融合する端緒を開いた．行動の基礎に学習する本能があることを指摘し，学習する本能とは何かという大きな研究課題を神経生物学に提供した．F. Nottebohm, 小西正一*, R. Seyfarth, D. Chenny など多くの研究者の指導者としても知られる．

マラーのラチェット [Muller's ratchet] ⇌ 性の2倍のコスト

マルコフ過程 [Markov process]　環境や動物行動が時々刻々と確率的に遷移する，いわゆる確率過程の一つで，未来（時刻 $t+1$）に起こる出来事の確率が，現在（時刻 t）の状態によって決まるが，過去（時刻 $t-1$ 以前）からは独立であるものをいう．鳴禽のさえずり* を音素の列として表現する場合など，行動の連鎖（sequence, 系列ともいう）を遷移行列の形で記述することがあるが，このときにはマルコフ過程を前提としている．過去と未来の間に相関がない過程や，記憶がない過程と表現されることもあるが，現在の状態の中に過去に関する完全な情報が存在している，とみなすこともできる．過去の状態に依存しているように見える現象でも，階層的モデルを組み，個体の状態を表す変数を導入することによってマルコフ過程として扱うことができるのは，このためである．強化学習* では，環境とエージェントとの相互作用がマルコフ過程なら，価値関数* を最大化する最適な方略が存在することが理論的に示されている．（⇌ 隠れマルコフモデル）

マルコフ連鎖モンテカルロ法 [Markov chain Monte Carlo method; MCMC] ⇌ 系統学

マルサス係数 [Malthusian parameter] ⇌ 内的自然増加率

マルチユニット活動 [multi-unit activity] ⇌ 活動電位

回り道課題 [detour task]　ある地点から別の地点に行く際に，障害物などの理由である道筋を使うことができず，迂回するような別の道筋を選択することが要求される課題のこと．問題解決能

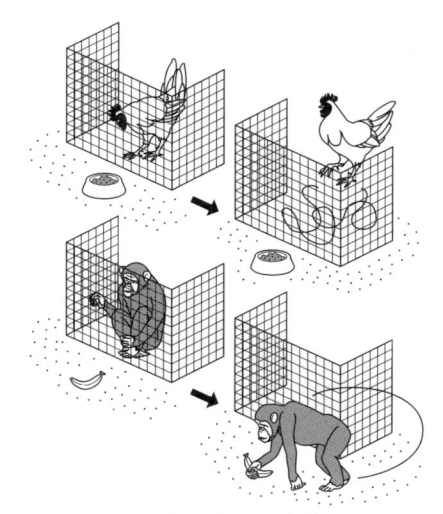

ニワトリは迂回すれば餌にたどり着けることになかなか気づかないが，チンパンジーは簡単にこの問題を解決できる．

力の種間比較や発達的比較などを行う際に用いられる．W. Köhler* は，チンパンジーの洞察力を調べる目的でこの課題を行い，ニワトリやイヌに比べてチンパンジーが容易に回り道課題を解決することを示した（図）．

慢性中毒 [chronic poisoning] ⇌ 薬物中毒

ミ

ミアキス [*Miacis*]　暁新世後期から始新世（約6000万年前から3000万年前）にかけて生息していた小型の樹上性肉食哺乳類の属名．現在は絶滅しており，おもに北アメリカ大陸やヨーロッパ周辺で化石試料が見つかっている．*Miacis* 属には15種ほどが知られており，その多くは現生の食肉目の共通祖先と考えられている．なかでも *M. cognitus* という種は，おもに歯の特徴から現生のオオカミやイヌを含むイヌ亜目に分類される．サイズは約30 cm，重量は10 kg未満と小型である．頭部の幅は狭く細長い形態をしているが，相対的な脳重量は大きい．現生の食肉目よりも多い42本または44本の歯をもち，上顎第四小臼歯と下顎第一臼歯が裂肉歯(scissor tooth)になっている．短い四肢，細長い胴体，長い尾をもち，現生のテンやイタチのような形態をしていたと推測される．樹上生活に適応するように後肢が長く発達し，四肢の先には5本の指と鉤爪が備わっている．樹上を俊敏に移動しながら小型の哺乳類，爬虫類，鳥，昆虫類などを捕食していたと考えられる．

ミーアキャット [meerkat]　アフリカ南部カラハリに生息する食肉目マングース科に属する．学名 *Suricata suricatta*．名前にキャットと付いているがネコの仲間ではない．トンネル状の巣を作り，夜や，高温となる日中は巣穴の中で過ごす．捕食者への警戒や日光浴するときに二本足で直立する姿は愛嬌があり有名である（⇒歩哨行動［図］）．鋭い爪をもち，地中に生息する節足動物を掘り出して食べる．ミーアキャットは家族を基本とする群れを形成し，そのサイズは40頭を超すこともある．繁殖の偏り*が強く，群れのなかでは優位個体のペアが優先的に繁殖する．劣位個体は他個体の子の世話をするヘルパー*となり，優位個体の子への給餌や子守りなど，さまざまな手伝い行動を行う．手伝い行動によってヘルパーはコストを伴うが，包括適応度*の上昇，または群れサイズが増加することによる直接的な利益を得ることができる．1990年代から英国ケンブリッジ大学などの研究者による長期研究が行われ，協同繁殖*する哺乳類のなかで最も詳細に研究されている種となっている．協同繁殖以外にも，捕食者に対する歩哨行動が利己的な意思決定によって行われていること，異なる捕食者に対して警戒音を使い分けていること，ヘルパーが子に対して餌の食べ方を教えることなど，行動生態学における新発見が相ついで報告されている．

味覚 [taste, gustation, taste sense]　味覚はほとんどの動物に存在し，食行動の最終段階において，それを食べられるか食べられないかを判断する感覚である．味覚の受容器官は，無脊椎動物においては単一あるいは複数の感覚神経系細胞が集積したものである．脊椎動物では表皮性の細胞群と感覚神経繊維とが集合した複合感覚器官で味蕾(taste bud)とよばれる．哺乳類の味蕾は，支持細胞，うま味・甘味・苦味受容体を発現するII型細胞，酸・塩味受容体を発現するIII型細胞からなり，舌を中心として軟口蓋や咽頭にも分布する．ナマズなどの魚では，味蕾は口腔上皮ばかりでなくえらや体表面すべてに存在し，アミノ酸などに鋭敏に応答する．ナマズはこの体全体で味を感じる能力を使い，餌の存在の感知，探索，ついばみ，口腔への取込み，嚥下からなる一連の採餌行動を行うことができる．脊椎動物の味蕾は顔面，舌咽，迷走神経(⇌副交感神経)のいずれかに支配され，II型細胞から神経伝達物質*としてATPが放出される．味覚神経は延髄の孤束核に情報を運び，ヒトではここより間脳を経由して新皮質の味覚野に投射する毛帯系が中心であり，味の認知識別やおいしさの判断に強く関与している．齧歯類では，孤束核から小脳下の結合腕核に情報が運ばれ，ここより毛帯系経路と視床下部にいく内臓辺縁系路に分かれる．魚類では後者が主流で，味覚は摂餌

行動などの本能行動と体内の恒常性維持に強く関与している．

味覚嫌悪学習［taste aversion learning］　ガルシア効果（Garcia effect）ともいう．初めて食べる食物の摂取後，吐き気や嘔吐などを経験することにより，その食物のもつ味を手がかりとしてその摂取を避けるようになる学習のこと．1950年代，ラットを用いて放射線の生体への影響を研究していたJ. Garciaが偶然発見した現象である．現在では，食物の味を条件刺激*，有害物質を無条件刺激*とした古典的条件づけ*の一種としてみなされている．この学習が成立すると，その味がする食物の摂取を避けるようになるだけでなく，味自体が吐き気や不快反応をひき起こすようにもなる．また，一度の経験により学習が成立する（一試行学習），食べてから数時間経過したのちに中毒症状を経験しても学習が成立する（長期遅延学習），消去が生じにくい（消去抵抗*が大きい）などの特徴をもつ．このような特徴は，この現象が発見された1950年代当時には非常に珍しいものであり，古典的条件づけ*とは質的に異なる学習であるという主張がなされたこともある．（⇌ 食物嫌悪学習，風味嫌悪学習，選択的連合）

見かけの競争［apparent competition］　2種の被食者が共通の捕食者を介して負の影響を与え合う間接効果*（図）．捕食者の個体数は被食量に依存して増加するので，一方の被食者は捕食者の個体数を増加させ，間接的に他方の被食者に対する捕食圧を増大させる．資源をめぐる直接的な消費型競争*とは異なり，低密度においても生じる間接的な競争である．

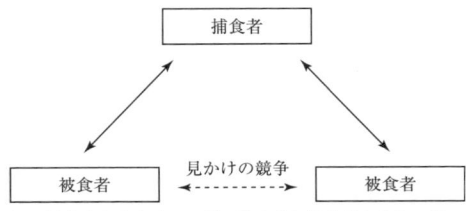

同じ捕食者を共有する2種の被食者が捕食者を介して負の影響を与え合う．実線は直接効果，破線は間接効果を表す．

🔊 **右利きのヘビ仮説**［right-handed snake hypothesis］　巻き型の逆転を伴う左巻きカタツムリの進化が，多数派である右巻きのカタツムリを捕食することに特化したヘビ類からの選択圧によって促進されたとする仮説．カタツムリの巻き型は，基本的に種ごとに右巻きか左巻きかのどちらかに固定されており，その多くは右巻きである．少数ながらも複数の分類群が知られている左巻きの種は，右巻きの種から巻き型の逆転を伴って進化してきたと考えられる．ところが，一般に巻き型の異なる個体同士の交尾には不具合が起こるため，右巻き集団中に出現したばかりの左巻き突然変異個体は子孫を残すことがほぼできず，淘汰を受けて集団中から排除されると予想される（正の頻度依存選択*）．自然選択の理論上進化できないはずの左巻きカタツムリの存在を説明するため，細将貴らは右利きのヘビ仮説を唱え，多くのセダカヘビ類が右側に多くの歯を備えた特殊な下顎をもち，右巻きカタツムリの軟体部を殻から引き出すことに特化していることを明らかにした．例外的に左右同数の歯をもつ種はナメクジの専食者であり，セダカヘビ類の分布する東南アジアにおいて左巻きのカタツムリが高い頻度で進化していることから，仮説は支持されたといえるが，左巻きのカタツムリはセダカヘビ類の分布しない地域にもいるため，謎のすべてが解明されたわけではない．

三毛猫　⇌ 限性遺伝

水迷路［water maze］　⇌ 迷路

道しるべフェロモン［trail pheromone］　アリなどの社会性昆虫*が餌場や獲物を見つけて，巣に戻る際にそこまでの経路の道しるべとして分泌するフェロモンのこと．同種の仲間はそれをたどることで餌場や獲物に達することができる．テキサスハキリアリでは尾端の分泌線から放出するピロール環をもつエステル（4-メチル-2-ピロールカルボン酸メチル）が，キイロシケアリではアルキルピラジンが，それぞれ道しるべフェロモンとして利用されている（図）．ハチでは集合フェロモン作用をもつ物質が道しるべフェロモンに似た効果を示す．セイヨウミツバチは，餌場を発見すると腹部末節の分泌腺（ナサノフ腺 Nassanof gland）から仲間を餌場に誘引するフェロモンを分泌する．また，餌場を占有する習性をもつオオスズメバチは，仲間の働きバチを餌場に誘引する作用をもつフェロモン物質を餌場に付けることが

4-メチル-2-ピロールカルボン酸メチル

アルキルピラジン

知られている．

蜜胃［honey stomach, crop］　ミツバチ*などの花バチ類，アリ類，狩りバチ類などが，花から集めた蜜などを持ち帰る際に一時的にためておく袋状の構造（図）．食道の一部が伸縮性の高い膜状となって膨らむもので，空のときはそれとわからないくらいに縮んでいる．ミツバチでは中腸に続く連絡部分に前胃弁（proventriculus）があり，ここを通過した蜜のみが自身のエネルギー源として利用され，蜜胃内の蜜は吐き戻されてコロニーに共有される．この特徴から，蜜胃を"社会の胃袋（social stomach）"と形容することがある．ミツバチの場合，ためられる蜜の量は，最大 40 μL 程度で，自身の体重の約半分に匹敵する．またミツバチの場合は蜜だけでなく，巣を冷却したり，幼虫に給餌するための水の運搬にも使われる．蜜胃の壁上には伸縮性の感覚神経が分布しており，蜜胃の拡張程度に応じて情報が脳に伝えられることにより，蜜胃内の蜜の容量をモニターできる．ミツバチが採餌の際，花までの距離に応じた必要量の飛行燃料蜜を積載して出巣することが可能なのは，このためと思われる．

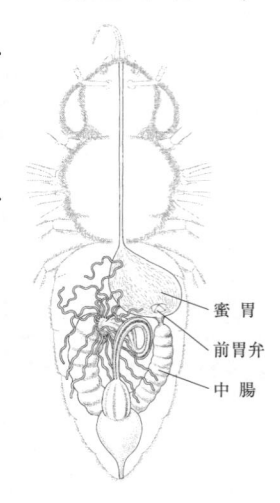

身づくろい［grooming］　＝グルーミング

蜜食性［nectarivorous, melliphagous］　植物の蜜腺*から分泌される糖液（蜜）をおもに採食（吸蜜*）する性質．また蜜をおもな食物とする動物を特に蜜食動物（nectarivore）とよぶ．蜜食に特化した多くのチョウ目種の成体をはじめ，多様な昆虫種，ハチドリ類などの鳥類が専門的に蜜食性を示し，さらに一部の哺乳類や有袋類（フクロミツスイ）にも蜜食性がみられる．植物が分泌する糖液のうち，花の内部に生じる花蜜*を採食する蜜食動物は，植物の有性繁殖における花粉媒介*を担っている場合が多い．また，花の外部の葉などから分泌される花外蜜*を吸蜜するアリ類などは，葉などを食害する植食性動物を防除している

と考えられている．蜜食性は，動物にとっては単なる食物の嗜好性と理解できると同時に，動植物相互作用の視点からは，植物が動物に担わせる労働への報酬として蜜を与える背景で発達してきた動物の食性とも理解できる．

蜜食動物［nectarivore］　⇌蜜食性

蜜腺［nectary, nectar gland］　種子植物において，体表から糖液（蜜）を分泌する組織もしくは器官．花の内部に生じる蜜腺を花蜜腺（floral nectary），葉や茎など花以外の部位に生じる蜜腺を花外蜜腺とよぶ（⇌花外蜜）．蜜腺の位置は，吸蜜*する動物の姿勢はもとより行動にも影響を与えるので，植物は蜜腺の位置によって，吸蜜できる動物を限定したり，異なった役割を動物に担わせたりしていると理解できる．たとえば，ツリフネソウのように細長い萼筒（筒状になった萼）の最深部である距の内部に位置する花蜜腺は，長い口器をもつマルハナバチ類などのみに花蜜*を与え，効率の良い花粉媒介を実現している（⇌花粉媒介［図］）．またアカメガシワの葉の各所に生じる花外蜜腺は，花外蜜でアリ類などをよび寄せ，各所を徘徊させ，葉を食害するチョウ類の幼虫などを排除させて防衛的効果を発揮していると考えられている．

三つのR（動物実験における）［the 3Rs for animal experimentation, WGTA］　動物実験を実施する際に，動物福祉*の観点から守るべき三つの基準のこと．1959年のW. M. S. RussellとR. L. Burchによる著作『人道的な実験手技に関する原則』において初めて示され，以後動物実験の基本原則として定着した．日本においても，2006年に改正された"動物の愛護及び管理に関する法律（動愛法）"に盛り込まれた．それぞれの英単語の頭文字をとって"3R"とよぶ．1) 代替（Replacement）：高次の動物での実験を培養細胞などの in vitro の実験系に置き換えること，2) 削減（Reduction）：科学的情報を得るのに必要最小限の数まで使用する動物の個体数を減らすこと，3) 改善（Refinement）：実験動物の苦痛を低減すべく実験方法や飼育環境，安楽殺*手技を改善すること．近年では，これに研究者側の倫理的側面や社会的責任を重視する"責任（Responsibility）"を加えて，4Rと称することもある．

密度依存性［density dependence］　個体群密度が増加するにつれ，死亡率や出生率，移住率が変化し1個体当たり一定時間当たりの個体群増殖

率が変化する現象．きわめて多くの生物でみられ，個体以上の階層の現象を理解するために必要な基本的概念の一つ．日本では密度効果(density effect)とよばれることが多いが，国外では密度依存性または密度依存効果(density dependent effect)とよぶのがふつうである．密度が増すと増殖率が上がることを正の密度依存性(アリー効果*ともよばれる)といい，密度が増すと増殖率が減ることを負の密度依存性という．密度依存性を起こす具体的要因は，配偶効率の変化，資源*の枯渇，病気の流行などさまざまである．負の密度依存性を数理化したものにロジスティック方程式*がある．負の密度依存性は環境において生物が増えすぎないようにブレーキをかける効果であると直感的には理解されるが(適度に働く場合は実際そうである)，理論上は効果が出るのに時間がかかる(遅れの効果)場合や，効果が強すぎる場合などでは，個体群密度を必ずしも安定化させるとは限らず，むしろ変動の原因にさえなる．密度依存性は個体の性質とも密接に関係する．高密度になると移動するバッタ類の相変異*やサンショウウオ幼生の共食い多型(→共食い*)の出現，ミジンコの密度依存的な休眠卵の形成は負の密度依存性を生む機構であるが，これらは密度依存的な選択圧のもとで進化した適応戦略であると考えられる．日本語の密度効果は広義にはこれら個体群密度の変化によって起こる生物の性質の変化すべてをさす．

密度効果 [density effect] ⇌密度依存性

ミツバチ [honeybee] 　ミツバチ科を代表する社会性昆虫*．構成種数は9種と少ない．在来種のニホンミツバチ Apis cerana japonica は赤道直下からインド，中国まで広く分布するトウヨウミツバチの1亜種で，1990年以降北海道を除く全国の特に都市部で大幅に増えている．一方産業養蜂種のセイヨウミツバチ Apis mellifera は，南アフリカからスカンジナビア半島までの広域に分布し，26の亜種を擁する．日本には明治初期に導入され，採蜜や花粉媒介*目的に数十万群が飼育されてきたが，最近では減少傾向で，天敵のオオスズメバチや寄生ダニのせいで野生化できないでいる．2種はともに閉鎖空間に複数の巣板からなる巣をつくり，群は1匹の女王，1～4万匹の働きバチ，それに繁殖期には数千匹の雄バチからなる．分蜂(分封*)による繁殖を行い，新女王は婚姻飛行*中に10～20匹の雄と交尾，それらの精子をランダムに用いて1日に数百から2000個近い受精卵を産む．したがってこれらの受精卵から育つ雌の働きバチは，母親は女王であるが父親は多様な異父姉妹の集団である．雄は受精しないままの卵から発生する一倍体($n=16$)であるが，近親交配の雄は二倍体*となり，ふ化直後に殺されてしまう．巣内，特に育児域の温度は35℃に調節されるため発育期間は一定で，セイヨウミツバチの働きバチの場合，卵が3日，幼虫とさなぎ期を経て21日で羽化する．働きバチは加齢に伴い従事する仕事が変わる(齢差分業*)．掃除に始まり，育児などの内勤を経て，最後は外勤となって蜜や花粉の採集にあたる．働きバチの寿命は夏期で約1カ月，越冬期は半年．これに対し女王はローヤルゼリー*のみを食物として数年を生きる．

ミツバチのダンス [dance of the honey bee]
収穫ダンスともいう．K. R. von Frisch* によって，良い餌場の位置を巣の仲間に伝達するための記号化された言語であることが発見された．花蜜，花粉，水，分封(分蜂)時の新しい巣の候補場所などコロニー*にとって必要な資源に対して行われる．翅を上下に振動させながら尻を振って直進する成分(尻振り走行 waggle run)と円を描いて元の位置に戻ってくる成分(return run)からなる．およそ100～200m程度の餌場に対しては，軌跡が円を描く円ダンス(round dance, 円形ダンス, 円舞)を行い，それよりも遠い餌場の場合は軌跡が8の字を描く8の字ダンス(figure-of-eight dance, 尻振りダンス waggle dance)を行う．尻振り走行の向きと反重力方向との角度が太陽に対する巣から餌場までの角度を，尻振り走行の継続時間やインターバルが餌場までの距離を表す(図)．セイヨ

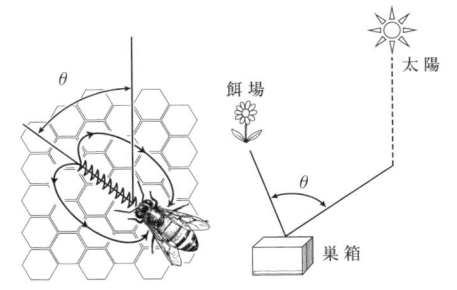

8の字ダンスの軌跡と餌場の方向．左：ミツバチは尻振り走行(シグザグ部)後，戻りの経路を左右交互に通るので軌跡が8の字になる．右：反重力方向を太陽の位置として尻振り走行の向き(θ)は巣から餌場への方向を示している．

ウミツバチだけでなく他の *Apis* 種でも観察される.

見通し［insight］⇌ 洞察

ミトコンドリア DNA［mitochondrial DNA, mtDNA］真核生物の細胞に存在する細胞内小器官のうちで，ミトコンドリアと葉緑体は原核生物の共生によって生じたものである．そのため，原核生物の DNA の一部を現在でも保持しており，それぞれ，ミトコンドリア DNA，葉緑体 DNA とよばれている．真核生物の核ゲノム DNA が線状の分子であるのに対して，ミトコンドリア DNA は原核生物の DNA と同様に環状であることが多い．大多数の動物においては，ミトコンドリア DNA は大きさが 16 kb 前後であるのに対して，植物では数百 kb から千 kb を超えるものまで，多様なサイズが知られている．動物のミトコンドリア DNA は塩基レベルの変異が多いため，集団間や種間の遺伝的な類縁関係の解析に用いられている．また，有性生殖において，子には母親のミトコンドリアのみが伝わる(母系遺伝)ために，ミトコンドリア DNA の塩基配列変異は母系を過去にたどる解析に好適であり，家系解析にも用いられている．

緑ひげ遺伝子［green beard gene］利他行動*をコードする遺伝子が，同じ遺伝子を保持する他個体を選んで利他行動を発現させることを緑ひげ効果(green beard effect)とよび，そのようなふるまいをする遺伝子を緑ひげ遺伝子という．**遺伝的認識システム**(genetic recognition system)ともよばれる．この効果があれば利他行動は血縁者に向けたものでなくても進化しうると，血縁選択*説の提唱者 W. D. Hamilton* が 1964 年に主張した．緑ひげの名は，利他行動をコードする遺伝子が，同時に世にも珍しい緑色のひげをコードするのなら，ひげの色を頼りに利他行動を行う相手を選ぶことができると述べた Hamilton のたとえに由来する．この仕組みは，$br-c>0$ で定式化された血縁選択説の特殊解である．なぜなら利他行動をコードする遺伝子座に関しては，血縁度 r が通常の最高値の 1 になるからだ．しかし，当初この仕組みは非現実的と考えられた．なぜなら単一の遺伝子がその運搬者に対し，1) 個体の表現型(たとえば非常に珍しい緑色のひげを生やすなど)を通し，その遺伝子の存在表明を行わせ，2) 他個体の存在表明を認知させ，3) 利他行動を向けさせる，という三つの機能を同時にもつことが，緑ひげ効果が生じる必要条件だからである．またこの遺伝子は，嘘の存在表明をする(緑ひげは生やすけれど利他行動はしない)寄生的突然変異遺伝子の侵入に対し脆弱である．緑ひげ遺伝子が進化するには，けっして嘘がつけない存在表明が必要である．このような理論的疑義にもかかわらず，21 世紀に入り粘菌のキイロタマホコリカビで実例(*cstA* 遺伝子)が発見された．またヒアリでは，このようなふるまいを示す密接に連鎖した遺伝子群(*Gp9* とその連鎖遺伝子群)が見つかっている．

緑ひげ効果［green beard effect］⇌ 緑ひげ遺伝子

ミネラルコルチコイド［mineralocorticoid］**鉱質コルチコイド，電解質コルチコイド**ともいう．副腎皮質の球状帯で合成・分泌されて電解質代謝作用をもつステロイドホルモン*の総称．代表的なミネラルコルチコイドとしてアルドステロン*が知られている．分泌はおもにレニン-アンギオテンシン系によって制御されている．腎臓の遠位尿細管や大腸でナトリウムイオンとカリウムイオンの輸送を調節してナトリウムイオンと水を保持する作用をもつ．グルココルチコイド*と共有する受容体が脳内に豊富に存在するが(⇌ グルココルチコイド受容体)，ミネラルコルチコイドの脳内での役割について多くは明らかになっていない．

みの〔蓑〕虫［bagworm moth］チョウ目ミノガ科の幼虫の総称で，世界中に分布している．幼虫が小枝や葉の繊維などを材料に作る筒状(封筒状)の巣を蓑(みの)という．若齢幼虫は分散後にみずから蓑を作り，蓑に入ったまま移動(携筒性)し，頭部だけを出して餌を食べる(⇌ 可携巣)．種によっては脱皮も蓑の中で行う．蓑が壊れると，周辺の材料を用いて糸を紡いで修復する．成虫は顕著な性的二型*を示し，雌は翅や口器などさまざまな器官が退化して，羽化しても蓑から出ず，卵も蓑の中に産む．雄は翅があり，蓑に入ったままの雌と交尾する．蓑はみの虫の体がすっぽり収まる筒状(寝袋状)の筒巣で，携帯可能である．筒巣は，周囲の材料を用いて環境に溶け込むように作られるので，隠蔽効果も期待できる．みの虫は，蓑で隠蔽的擬態(カモフラージュ*)をしているといえる．チョウ目ヒロズコガ科の幼虫は，みの虫のように体内から分泌する糸を紡いでふたのような可携巣を作る．チョウ目のシャクガ科やアメカゲロウ目のクサカゲロウ科の幼虫などにも隠

薮のために周囲の植物片を身体に付着させるものがいるが（⇒仮装），これらはみの虫とはよばない．

見張り行動［vigilance］　ヴィジランス，スキャニング（scanning）ともいう．動物が捕食者を特定するために行う警戒行動で，おもに頭を上げて周囲を見渡す行動をさす（図）．群れで生活する鳥類，哺乳類の多くがこれを行う．見張り行動は原則的には対捕食者行動*の一つであるが，同様の行動はしばしば同種の競争者を監視する際や，配偶者防衛*の際にも観察される．見張りをしている間は，採食や睡眠，グルーミング*など他の活動を行うことができないので，見張り行動には時間の消失というコスト（ヴィジランスコスト vigilance cost）がある．これは群れ*を形成することで分担される．また，見張り行動により捕食者を特定する確率も，群れサイズとともに増加するという報告もある．捕食者を特定すれば，警戒声*などによって群れ全体に捕食者の存在を伝えることができるので，結果として捕食を回避することにつながる．協同繁殖種など，緊密な社会集団を形成する動物で，見張り行動を専門とする個体がいる場合，この行動を特に歩哨行動*という．

シジュウカラガンの見張り行動．群れの中で3羽が餌を探す一方，2羽が首を上げて周囲を警戒している．

身振り言語［body language］　＝ボディーランゲージ

見本合わせ［matching-to-sample］　動物に見本となる刺激と比較となる刺激を与えて，その関係に基づいて適切な反応に餌を与えたり，不適切な反応に餌を与えないことで訓練する手続き，あるいはそうした課題．動物の知覚・概念・記憶といった能力を調べるときに使用される．たとえば，実験者とチンパンジーのそれぞれの手元に，鍵と人形が一つずつある状況で，実験者が鍵を手に取って見せたときチンパンジーも鍵を選べば餌を与え，人形を見せたときには人形を選ぶように訓練する方法は見本合わせである．このとき実験者がチンパンジーに見せる刺激を見本刺激（sample stimulus）といい，チンパンジーの手元にある鍵と人形を比較刺激（comparison stimulus）という．この場合，見本刺激と同じものを比較刺激から選ぶことになるので，同一見本合わせ*とよばれる．なお，鍵のときはリンゴ，人形のときはバナナが正解というように，正しい見本刺激と比較刺激の組合わせを実験者が勝手に決めている場合は恣意的見本合わせ*（象徴見本合わせ）とよぶ．また，見本刺激が与えられているときに比較刺激が与えられる手続きを同時見本合わせ*，見本刺激が消失してから比較刺激が与えられる手続きを遅延見本合わせ*として区別することもある．

見本刺激［sample stimulus］　⇒見本合わせ

耳かじり［ear biting］　⇒耳しゃぶり

耳しゃぶり［ear sucking］　耳かじり（ear biting）ともいう．離乳後の子ウシや子ブタが，他個体の耳をしゃぶったり，かじったりする行動．強い吸乳欲求をもっている子ウシを母ウシから早期に引き離して，バケツ哺乳などにより吸乳行動を制限して育てると，仲間の体などを吸引するようになる．吸乳欲求が満たされない場合に生じる葛藤*行動の一つであり，葛藤行動のうち転嫁行動*に分類される．耳しゃぶりのほかに，他個体の尾をしゃぶったりかじったりする尾かじり（⇒異常行動［図］），他個体の腹を鼻で押したりしゃぶったりする仲間しゃぶり（sucking pen-mates），柵やパイプなどの物をかじったりする柵かじり（bar biting）も，同様の行動である．いずれの行動も常同化して常同行動*に発展することが多い．他個体の尾や耳をかじることで負傷させ，問題行動になることもある．

ミミック［mimic］　⇒擬態

耳ふり行動［ear flapping］　ゾウ*などが耳をパタパタとふる行動で，暑い時に多く観察される．耳の表皮からの蒸発による放熱を促しており，体温調節の機能がある．ヒトと異なり発汗機能が発達していない多くの動物においては，表皮からの蒸発や，呼吸器からの蒸発によって体温を調節している．なかでも，ゾウの薄くて大きい特徴的な耳は，温暖な地域で耳からの放熱を促すために進化したものであるとされている．事実，野生下のアフリカゾウの観察記録から，耳ふり行動は気温

の上昇に伴って増加し，気温が下がる時期や雨季などでは減少することがわかっている．また，耳を広げる行動と耳ふり行動は負の相関関係にあり，耳を広げる行動が観察されるときに，耳ふり行動はあまりみられない．

（左）耳を閉じた状態，（右）耳を広げた状態．耳ふり行動はこの二つの状態を短時間で繰返す．

ミーム [meme]　文化伝達*の単位，または模倣*の単位という概念を表す言葉として，R. Dawkins*が1976年の著書『利己的な遺伝子』で提案した．厳密な定義は立場により異なる．基本的には，遺伝において遺伝子が果たす役割を，文化伝達において果たす存在としてとらえており，この意味では**文化形質**(cultural trait)という語に近い．一方，Dawkinsは遺伝子とミームとの間により高度な類似性を想定しており，特にミームを遺伝子と同様にみずからのコピーを生産する**自己複製子**(replicater)とみなしている．また，後の著書においては，脳に蓄えられた情報として明確な構造をもつミームと，その"表現型効果"，あるいは"ミーム産物"とを区別するべきだとしており，ミームと文化形質は必ずしも同義ではない．ミーム学(memetics)においては，遺伝子(対立遺伝子*)間の自己複製率の違いに基づく自然選択と同等の過程が，ミーム間の自己複製率の違いに基づいて作用しうるという点が重視される．(⇒ 文化進化，文化的行動，利己的遺伝子)

ミーム学 [memetics]　⇒ ミーム

ミュラー型擬態 [Müllerian mimicry]　同地域に生息する複数種の被食者が，互いによく似た警告色*に収れん*する現象のこと．捕食者がこれらの被食者を一般化するため，学習過程での被食リスクを被食者間で共有することができる．そのため，異なる警告色をもってそれぞれ独立に捕食者を"教育"するよりも被食リスクを軽減できる

と考えられる．たとえば，捕食者が警告色を学習するのに一定回数の捕食経験が必要である場合，2種の被食者(餌としての質は同じものと仮定する)の警告色がよく似ていて，捕食者が両者を区別しないならば，被食リスクは異なる警告色をもつ場合の半分になると期待される．これは，うすめ効果*の一種ととらえることができる．このタイプの擬態は，発見者のドイツ人博物学者F. Müllerにちなんでミュラー型擬態とよばれる．この論文において，Müllerはこのタイプの擬態の機能を数理モデルを用いて示しており，数理モデルを用いて適応度を検討した最も古いものといわれている．例としては，南米に生息するドクチョウ*(Heliconius属)が有名で，なかでも，H. erato と H. melpomene の翅パターンにみられる地理変異の同調は印象的である(図)．両種ともに翅

H. erato(上)と H. melpomene(下)のミュラー型擬態における平行進化．地域により翅の模様は異なるが，同じ地域では別の種である2種の翅の模様がそっくりに進化している．両種とも毒があり，同じ模様をまとうことで捕食者に毒があることを早く学習させる効果がある．

パターンは地域ごとに大きく異なるが，各地域における両種の翅パターンはそっくりである．ハチの仲間が共通の体色パターン(黄色と黒の縞)をもつこともミュラー型擬態の例である．どの被食者も化学物質などで防御をしているミュラー型擬態は，防御をしていないミミック(擬態者)が一方的に利益を得るベイツ型擬態*と対置されることが多い．しかし，ミュラー型擬態においても，すべての種が同じ防御レベルをもっていることはまれであり，防御レベルの低い種は擬態によってより多くの利益を得ると考えられる．したがって，防御レベルの低い種をミミック，より高い種をモデル(被擬態者)ととらえれば，両タイプの擬態は連続的な現象として統一的に扱うことができる．

味蕾 [taste bud]　⇒ 味覚

ミラーニューロン [mirror neuron]　1990年代にマカクザル*の前頭部および側頭・頭頂接合部にて発見された神経細胞*で，サルが物をつかむときと，そのサルが他のサルやヒトが物をつか

むのを見たとき，どちらでも活動するという特徴をもつ．これに先立ち，サルが物をつかむとき，つまむとき，手首を回転させるとき，それぞれの行動に対応して特異的に活動する神経細胞が見つかっており，これらを**標準ニューロン**（canonical neuron）とよんだ．ミラーニューロンはこうした運動機能に加えて感覚機能も同時に備えているところが，これまでの神経細胞の概念を塗り替えるものである．ミラーニューロンはヒトの発話（話すとき，聞くとき）に関するもの，嫌悪感（嫌悪を感じるとき，嫌悪の表情を知覚するとき）にかかわるものなどが見つかっている．ミラーニューロンは当初ものまねを可能にするニューロンであると想定され，ゆえにミラー（ものまね）ニューロンとよばれたが，そもそもマカクザルはものまねをしない．ものまねよりもむしろ，他者の行動を自己の行動としてとらえ，その意味を理解する機能が大切であり，そのために進化したと考えられている．なお，霊長類以外では鳴禽類（ヌマウタスズメ，ジュウシマツ*）において，特定のさえずりをうたう際，また，そのさえずりを聞く際に同一の神経細胞が活動することがわかった．これらもミラーニューロンとしての特性を備えているといえる．

ミルグラムのスモールワールド実験［Milgram's small world experiment］ ⇒ 六次の隔たり

ミルグラムの服従実験［Milgram obedience experiment, Milgram experiment］ 日本ではアイヒマン実験ともよばれている．社会心理学者のS. Milgramにより実施された実験で，非人道的な命令に人間がいかにたやすく従ってしまうかを示したもの．実験参加者は，実験者が雇ったサクラとペアにされ，学習に罰が与える影響を検討すると称する実験に参加した．参加者の役割は，サクラが暗唱課題で間違うたびに，電気ショック生成機のボタンを押してサクラに罰を与えることであった．この機械には，軽いショックから非常に強いショック（450 V）のボタンがついており，実験者はサクラが間違うたびに電圧を上げるように指示した．実験実施前のおおかたの予測は，サクラが苦痛を訴え始める150 V程度で参加者は実験の継続を拒むというものであった．実際，多くの参加者はサクラが苦痛を訴え始めると，実験を続けることに懸念を表明した．それにもかかわらず，大多数は実験者の指示に従い450 Vまで電圧を上げるというショッキングな結果となった．これは権威への服従傾向を示す証拠と考えられている．（⇒ 社会心理学，同調）

民　族［ethnicity］ ⇒ 人種

ム

むかごモデル［propagule pool model］⇌ 群選択モデル

無関係性の学習［learned irrelevance］　"刺激と刺激"あるいは"反応と刺激"の間に関係がないということの学習．ヒトでは比較的容易に思われる学習であるが，動物の場合は，その可否も含めて検討すべき問題が多い．古典的条件づけ*の場面では，条件刺激*の提示時と非提示時とで無条件刺激*が与えられる確率に差がない条件(真にランダムな統制*手続き)を設定すると，両刺激が無関係であることが学習される可能性がある．こうした無関係性の学習は，後に異なる条件づけを行った際，その獲得が阻害されることによって示される．また，逃避・回避学習*の場面においても，被験体の反応とは関係なく嫌悪刺激を開始・終了することで，反応と逃避・回避の成否が無関係であることが学習される可能性がある．こうした無関係性の学習は，後に異なる逃避・回避学習の課題を与えた際，その獲得が阻害されることによって示される．この現象は，学習性無力感*として知られる．

無行動分化強化スケジュール［differential reinforcement schedule of zero behavior］ ＝ 他行動分化強化スケジュール

無誤反応学習［errorless learning］　継時弁別手続き*を用いると，正刺激(その刺激のもとでの反応が強化*される)に対する反応の増加とともに，負刺激(その刺激のもとでの反応が消去*される)に対する反応が減少して学習が完成する．したがって，弁別学習*が完成するまでに負刺激への反応(誤反応)がかなり生じる．弁別学習には，正刺激へ反応する学習だけではなく，負刺激への誤反応を抑制する学習過程が含まれている．しかし溶化手続き*を用いると，ほとんど誤反応なしに短期間で弁別が完成する．これを無誤反応学習といい，溶化手続きは弁別学習を促進するための方法として用いられている．一般的な継時弁別手続きでは，反応が消去される負刺激提示中に，ハトなどの動物は頻繁に攻撃反応を示す．こうした攻撃反応が，無誤反応学習では減少することが知られている．また，無誤反応学習によって弁別を獲得した後の般化勾配*には頂点移動*が生じにくいといわれる．負刺激提示中に間違った反応をして強化を受けられないことが嫌悪的に働いて逃避反応や攻撃反応をひき起こす場合など，発達障害児の行動修正*にも適用されている．

無作為化［randomization］　統計学的な手法の一つであり，行動生物学では，無作為に(ランダムに)シャッフルしたデータの統計量の分布を評価するランダム並べかえ(random permutation)がよく使われている．きわめて多くの回数の並べかえ操作が必要なので，計算機を用いる．たとえば二次元空間上で，ある動物の雄・雌20個体の配置が観測されたときに，最近傍個体が異性である確率 p の推定値 p_0 が得られたとしよう．これと比較するために，"雄・雌の配置は最近傍個体の性とは無関係に決まる"というランダムモデルのもとでの確率 p を得たいときに，無作為化を使用する．個体の位置を変えずに雄・雌という"ラベル"だけを付けかえる操作を反復によって，p の確率分布 $f(p)$ が得られる．この $f(p)$ と観測された p_0 を比較することで，観測された配置がランダムから逸脱しているかどうかを判定できる．

虫検出ニューロン［prey-selective neuron］⇌ 視蓋

無志向歌［undirected song, US］⇌ さえずり

虫こぶ［gall］　虫えい〔瘿〕，ゴールともいう．昆虫などがかじったり卵を産みつけることで植物の組織に異常な発達を起こさせ，植物の一部が本来とは異なる形になった構造物．根，茎，葉，果実などさまざまな器官にできる．虫こぶ内で幼虫が植物から栄養をとって育つ．虫こぶ形成生物はハチ目タマバチ類，ハエ目タマバエ類やミバエ類，カメムシ目アブラムシ類やキジラミ類，アザミウマ目アザミウマ類といった昆虫をはじめ，ダニ，線虫，菌，細菌，マイコプラズマ，ウイルスなど多様である．たとえばアブラムシ幹母は芽への摂食刺激で虫こぶを形成し，幹母はその中でコロニーをつくる．タマバエでは雌が産卵した場所に虫こぶが形成され，幼虫がその中で成長する．虫こぶの形成成功や幼虫の生存は植物上の位置に影響を受ける．虫こぶを利用する利益は大きいが植

物の成長過程を変化させて形成するため，形成可能なほんの短い時期を逸すると作り直すのはきわめて難しい．アブラムシでは同種他個体や異種の虫こぶを乗っ取る行動も記録されている．虫こぶ内には同居者，えい食者（おもに虫こぶを食べて生活する生物），共生者などの他生物がすみこむこともある．形成生物の利用後に虫こぶにすみこむ生物は，再利用者または二次利用者とよばれ，広い分類群の生物が記録されている．

(a)

(b)

エゴノネコアシ(a)とその内部(b)．(a)エゴノキの樹上に生じた奇妙な形の虫こぶで，ネコの足を連想させることからこの名がついた．(b)エゴノネコアシアブラムシがすむ．黒色の羽の生えた有翅世代が見える．そろそろ虫こぶの先端が開いてアシボソに移住する時期も近い．

無条件強化子［unconditioned reinforcer］ 無条件性強化子，一次(性)強化子（primary reinforcer）ともいう．水，食物，性的快楽を伴う刺激など，多くの動物にとって生まれつき強化子*としての役割を果たす刺激．また，過去の経験がなくても強化子としての機能をなす刺激．一方，経験により強化子としての機能をもつようになった刺激を条件強化子*という．たとえば，オペラント実験箱*を用いた行動実験において，空腹のハトがつつき反応を示した直後に餌である穀物を繰返し提示した結果，つつき反応の頻度が増加したならば，穀物は無条件強化子であるといえる．しかし，ハトが満腹ならば，穀物の提示はつつき反応の頻度に影響を及ぼさないだろう．こうした状況では，餌は強化子としての役割を果たしているとはいえない．すなわち強化子という概念は，機能的に定義されるものである．（⇌ 確立操作）

無条件刺激［unconditioned stimulus, unconditional stimulus, US, UCS］ 無条件反応を誘発する刺激*のこと．たとえば，空腹のイヌに与えた肉粉は，過去の経験とは無関係に唾液分泌を増加させる．また，四肢に強い触覚刺激を与えると，肢の関節は大きく曲がる．前者は食餌性の反射*の一例であり，食物の咀嚼や消化を助けるために生じると考えられている．他方，後者は防御性の反射の一種であり，有害な刺激から逃れるために生じると考えられている．このように，無条件刺激には生体にとって好ましい報酬的なものと，生体にとって好ましくない嫌悪的なものの両方がある．

無条件性強化子［unconditioned reinforcer］ ＝無条件強化子

無条件反射［unconditioned reflex, unconditional reflex, UR, UCR］ 生体に備わった反射*のうち，生得的なものをいう．空腹のイヌに肉粉を与えると，唾液を出す．これは唾液分泌反射という無条件反射の好例であり，肉粉という刺激*に誘発されたレスポンデント行動*の一種である．心拍や発汗といった自律神経の支配下にある内臓筋や腺の活動を含む．類似の用語として無条件反応（unconditioned response, unconditioned responding, unconditional response）があるが，こちらは反射よりも複雑な行動も含み，より広い意味で用いられることが多い．なお，電撃への恐怖反応*，解発刺激*による本能的行動などはその好例である．

無条件反応［unconditioned response, unconditioned responding, unconditional response］ ⇌ 無条件反射

無性生殖［asexual reproduction］ 有性生殖*の対語．類義語の単為生殖*との区分は必ずしも明確ではなく，分野によって異なる．1）発生学では，配偶子によらない生殖様式を総じて無性生殖とよび，配偶子である卵を出発点とする単為生殖は有性生殖に含まれる．細菌の分裂，および腔腸動物などの出芽，高等植物の地下茎やむかごに

よる栄養生殖*などがある．生じた新個体は親個体と同一の遺伝情報をもつ．2）進化生物学や遺伝学の立場では，遺伝的な組換えがなく，つくられる子が親と遺伝的に完全に同じ（クローン*）となるような生殖様式を無性生殖として扱う．したがって，アポミクシスのように減数分裂を回避した単為生殖は無性生殖に区分される．3）広義には無配偶生殖（agamogenesis），つまり雄による授精を介さないあらゆる生殖様式を無性生殖に含める．この場合，すべての単為生殖は無性生殖に含まれる．

無定位運動性［kinesis］ ⇌ 動性
無配偶生殖［agamogenesis］ ⇌ 無性生殖
群 れ［group］ 同種の複数の個体が，限られた広さの空間内で生活し，互いにかかわり合っている状態．英語では動物によって呼称が異なる．動物の群れ一般（group），魚類（school），鳥類（flock），草食動物（herd），イヌ科動物（pack），サル類（troop），ライオン（pride），ヘラジカ（pang），昆虫（colony）．なお，餌台に集まる鳥のような，環境条件の変化による群がりは集合*であり群れとは区別する．ニホンザル*のように社会的順位が形成されたり，ミツバチ*のように役割分担が形成されるなど，高度な社会構造*が観察されることもある．一方で，マイワシなどのようにただ多くの個体が集まっているだけで社会的関係は希薄だと思われる群れも存在する．ウシやウマやヒツジなど，先祖が群れをつくる被捕食者であった家畜は，家畜化*された後も群れを形成する欲求は強く残っており，これらの動物は孤立することに対して**隔離ストレス**（isolation stress）を感じる．
群れ生活［group living］ 2個体以上の動物がある程度空間的まとまりをもって一緒に生活すること．群居性ともいう．群れを形成する利点として，捕食される側の動物としては，特定の個体が狙いをつけられにくい（これをうすめ効果*という），ある一個体が捕食されれば他の個体は捕食を免れる，役割分担により捕食される危険性を減らす（たとえば，プレーリードッグやアラビアチメドリのように見張り役を設定し適宜交代する，ジャコウウシのように成体が円陣を組んで子を守るなど）などが考えられる．一方，捕食者側からすると，構成員の1頭が狩りに成功すれば全員が食物を得られる，獲物を捕獲しやすくなる（たとえばライオンの群れのように待ち伏せ役を設定するなど）が考えられる．また，低温環境下においては抱卵*中のコウテイペンギンのように体を互いに接触させることにより体温の低下を防止できる．群れ生活のコストには，資源の奪い合い，捕食者から見つかりやすくなる，病気や寄生者に感染しやすくなる，近親交配*が促進される，などがある．利益とコストの釣り合いによって最適な群れサイズが決まる．（⇌ 情報センター仮説，利己的集団仮説）

群れの効果［group effect］ ⇌ 群選択モデル

ジャコウウシの群れ

メ

鳴管［syrinx］　下部喉頭(inferior larynx, 下喉頭)ともいう．鳥の発声器官のことで，哺乳類の喉頭に相当する．多くの鳥類は気管と気管支が2本に分かれる分岐点に鳴管が位置する気管-気管支型鳴管をもつ(図)．発声は鳴管による発信音と気管末端に位置する鼓室で共鳴することで行われる．気管支の壁には**鼓膜**(medial tympaniform membrane)があり，鳴管の筋肉が膜緊張度を調節している．亜鳴禽類では，鼓膜は空気の流れでは振動しないが，鳴禽類*では気管支腔に空気圧が上がると鼓膜が振動する．空気圧は鎖骨間の気嚢の働きにより上がる仕組みになっている．鳴禽類ではこの部位が機能しなくなるとうたえなくなる．鳴管の筋肉のうち，背側の筋肉は各気管支の上端部の空気弁を操作するのに重要な役割をもつ．これが発声のタイミングに重要である．腹側の筋肉は周波数制御を担っている．鳥種によっては左右の鳴管で別の発声をするという複雑な制御をしている．

(図: 気管，鳴管の筋肉，気管，気管支，気管支，鳴管，鼓膜)

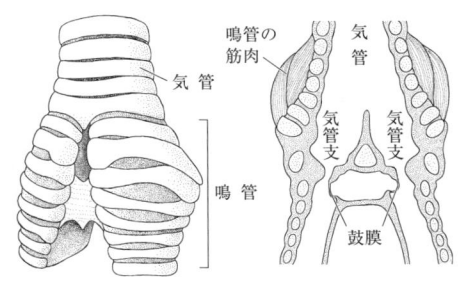

鳴禽類［passerine bird］　歌鳥，鳴き鳥(songbird, oscine bird, passerine)ともいう．さえずり*(歌ともよぶ)を学習する小鳥の総称として使われる．系統分類学上は，スズメ目スズメ亜目に属する鳥たちをさす場合が多い．野外で一般にみることができるスズメ，シジュウカラ*や，飼い鳥としてなじみ深いカナリアや九官鳥，文鳥なども含まれる．鳥類のおよそ半数が鳴禽類にあたる．世界中に広く分布し，生息域や生態はさまざまであるが，幼鳥期にさえずりを学習し，なわばりの防衛や求愛場面においてうたう，という共通点がある．カナリアやウグイスがさえずりを学習することは古くから知られており，幼鳥期にさえずりの師匠をつける文化もある．スズメ目のなかには，さえずりを学習しない系統(亜鳴禽類)がある一方，鳥類のなかにはオウム目(インコ，オウムを含む)，ハチドリ目が発声学習*をすることが知られている．鳴禽類，オウム目，ハチドリ目は，系統分類上離れていることから，発声学習は独立に進化したとされていた．しかし，近年の分子遺伝学の手法を用いた新しい系統分類により，鳴禽類と亜鳴禽類を含むスズメ目とオウム目が共通の祖先から分かれたことがわかり，発声学習はその共通祖先とハチドリ目でそれぞれ進化し，亜鳴禽類は発声学習を失った系統であるとされる．鳴禽類のさえずりのように発声学習をする動物は非常に少なく，鳴禽類を対象とした研究は，ヒトの言語習得のモデルとして神経機構の解明や進化の観点からも多角的に進められている．

迷信行動［superstitious behavior］　ある行動とある事象との間に因果関係*がないにもかかわらず，ヒトをはじめとする動物は，あたかもその行動によってその事象をつくり出すかのように振舞うことがある．この行動を迷信行動とよぶ．たとえば雨乞いの踊りと雨との間には因果関係はないが，長い日照りで雨乞いを続けていると，雨乞いに続いて雨が降る確率が高くなり，そこに誤った因果関係をみてしまう．動物でも，迷信行動と考えられる例を実験的につくり出せる．たとえばハトに同じ時間間隔で無条件に餌粒を与える(固定時間スケジュール*)と，個体ごとに，くるくる回ったり，首を突き出したり，体を振ったりという，さまざまな行動が観察されるようになる(⇌偶発的強化)．B. F. Skinner*は，これらの行動がその直後にたまたま提示された餌粒(強化子*)によって形成されたオペラント行動*と考え，ヒトが迷信やジンクスを信じる行動も同じ仕組みで形成されたと考えた．一方，一定間隔で餌粒(無条件刺激*)を提示する手続きは時間条件づけ*ともよばれる古典的条件づけ*の一つでもあり，上のようなハトの行動をこれによって生成されたスケジュール誘導性行動*の一種であるとする見解もある．

メイナード=スミス **MAYNARD SMITH, John**
1920.1.6～2004.4.19 英国の進化生物学者．最初は工学を専攻し，航空機設計会社に勤務した後，ロンドン大学で生物学を学んだ．ロンドン大学に勤務した後，サセックス大学に移った．ゲーム理論*を進化生物学*にいち早く応用し，儀式的闘争，利他行動*，有性生殖*などの生物の行動や進化における理解困難な問題を数理的に分析することを可能にし，以後のこの研究分野の隆盛をもたらした．特に，ゲーム理論における新しい均衡である進化的安定戦略*（ESS）を考案したことは重要である．進化的安定戦略は経済学に進化ゲーム理論として導入され，多くの経済現象を分析することにも成功している．著書には，『進化とゲーム理論』(1982年)，『生物学のすすめ』(1986年)がある．ロンドン王立協会会員であり，2001年に京都賞を受賞した．

明瞭度［salience］ 環境中の刺激には，目立つものもあればあまり目につかない，聞こえにくいものもある．明瞭度は，刺激の目立ちやすさやさまざまな内的処理に与える効果の程度を表す変数である．一般的には物理的強度（明るさ，音圧など）が強いものほど明瞭度が高く，物理的強度が弱いものほど明瞭度は低い．明瞭度の違いは学習の速度にも影響する．たとえば明瞭度の高い刺激と低い刺激を同時に提示し，その後に肉粉を提示するような古典的条件づけ*を行うと，明瞭度の高い刺激に対してより強い条件反応*が獲得される．明瞭度を決める要因としては物理的強度が重要ではあるが，過去の訓練経験によって重要な出来事の予測信号となった刺激などは明瞭度が高くなるなど，経験的な要因を含めることもある．

迷路［maze］ スタート位置とゴール位置が存在し，ゴールまでの道が直接には見えない空間状況を迷路とよぶ．迷路課題は動物の空間学習*や場所学習*と反応学習*の関連などの研究に広く用いられる．E. C. Tolman*の認知地図*・潜在学習*研究のように複雑な迷路もあるが，より単純な形のものが使われることが多く，代表的なものに放射状迷路*，モリス型水迷路（Morris water maze），T迷路（T maze）などがある（図）．モリス型水迷路では，円形のプールの中に小さな円形のプラットホームを設置して足がつくようにし，ラットやマウスをプールの中で泳がせることでプラットホームの位置を探索させる．T迷路では，動物は右方向と左方向の選択を行うことでどちらに報酬があるかを学習する．（→空間学習，空間記憶）

(a) モリス型水迷路

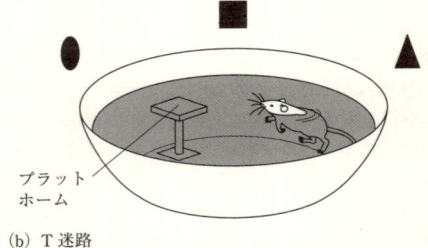

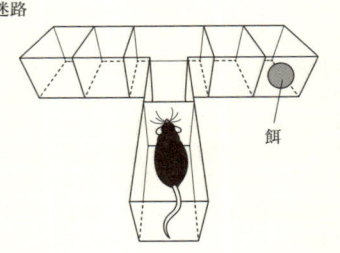

プラットホーム

(b) T迷路

餌

メジャーワーカー［major worker］ →カースト

雌擬態［female mimicry］ 女形（おやま）仮説ともいう．雄が雌と同等または似た外観をもつこと．雌擬態の適応的意義は，繁殖における雄の代替戦術*であると考えられることが多い．スニーカー（サテライト*）は雄の代表的な代替戦術であるが，雌擬態を伴うケースも多い．たとえばなわばり内で産卵する雌を雄が防衛するブルーギルなどでは，雌に擬態した雄がなわばり雄からの攻撃を回避し，産卵場所に侵入して授精を成功させることが知られている．また，鳥類の羽衣成熟遅延（→体色変化）を示す種では，成熟雄の容姿をとらないことで他の雄からの攻撃を回避・低減する可能性が指摘されている．ただし，厳密には雌擬態はだまし*の手法であり，視覚信号としての雌という信号を発することを想定している．これには受信者が雌であると認識することが必要である．地位伝達仮説*（成体の雄とは異なる外観をもつことで，劣位の雄であると伝達し，他の雄からの攻撃を低減する）などでは，受信者が雄と認識していることを前提としており，雌擬態仮説とは異なる．

雌擬態雄［faeder］ →レック

雌による隠れた選り好み［cryptic female choice］ →交尾後性選択

雌の選り好み [female choice, female preference]　雌が，雄の特徴によって，その雄との間の子の数や子の生存率などの適応度*の成分を変えること．典型的には，雄と交尾する確率を変えたり，その雄の精子で子が受精される確率を変えることなどが含まれる．もともとは雄と交尾する確率を変えることをさしていたが，現在では交尾後の過程にまで拡張されており（交尾後性選択*），交尾後から卵の受精までの選り好みは"隠れた雌の選り好み"とよばれる．また，雌が子の保護をする動物において，子への保護の程度を父である雄の特徴により変えることを差別的投資*とよぶ．特に生存などにおいて不利である雄の特徴に対して交尾の確率が高くなるような選り好みは，雄にみられる装飾的形質や誇張的形質などの性的二型*の進化の要因としても注目され，1980～90年代にかけて，ランナウェイ，ハンディキャップなどに基づく理論モデルが提案されてきた．雌の選り好みには雄との血縁関係に基づくものも含まれ，血縁度が低い雄との交尾確率が高いと近親交配回避*となる．近親交配回避は，近交弱勢*による不利さを避けることができるが，一方では子への血縁度が低下する．子への血縁度低下によるマイナスを近交弱勢がないことによるプラスが上回ったときに有利になる．この条件は個体群の存続などの場合の条件とは異なる．また，中間的な血縁度の雄との交尾確率が高いという例もある．雌の選り好みの対象となる雄の性質を**標的**(target)ないし**標的形質**(target character)とよぶ．雄の特徴および雌がその雄と交尾したかどうかという情報だけからは雄間競争だけが作用した場合と区別することができないことが多い．**雄の選り好み**(male choice, male preference)や同じ個体群内で雌の選り好みと雄の選り好みが同時にみられる(mutual choice, mutual preference)例もあり，雌の選り好みにも雌間での変異がみられることがある．雌の選り好みは，選り好みを行わない場合に比べて，交尾確率の低下や繁殖の遅れなどの適応度低下というコストをもたらすことが多いと考えられている．雌の選り好みによる利益は，その雌自身の適応度が増加する**直接的利益**(direct benefit)と子の質が改善することによる**間接的利益**(indirect benefit)に分けられる．直接的利益に比べて間接的利益は小さい傾向があると考えられている．

メダカ [medaka, ricefish]　メダカの語源である"目高"が示す通り，メダカは頭部上部に大きな目をもち，視覚に依存した行動が発達していると考えられている．"メダカの学校"といわれるように同種同士で集合行動（ショーリング shoaling）を示す特徴がある．通常はメダカ集団内の各個体の向きはランダムであるが，水流や敵の接近など外界環境に依存して，個体の向きがそろう群れ行動（スクーリング schooling）が誘起される．メダカの生殖行動は一連の定型的な行動ステップによって構成されている．まず雄が雌に近づき，雌の下に定位する（求愛定位）．その後，雄は雌の下で円を描いて素早く遊泳し，元の位置に定位する（求愛円舞）．その後，雄は背びれと尻びれで雌を抱え（交叉），互いに生殖口の部分を近づけて，放卵，放精に至る（抱接）．雌は雄に対して拒否行動を示すこともあり，雌に配偶相手の好みがあると考えられている．メダカの雄は互いの優劣の順位がつかない場合，尾部で相手に打撃を与える（闘い行動）．雄は抱接中のペアを妨害したり（妨害行動），雄が雌から離れて妨害する雄を追い回すこともある（追い払い行動）．

メタ記憶 [metamemory]　自身の記憶の有無について認知すること，あるいはその知識のこと．メタ認知*の機能の一つ．あることについて憶えていることを認知することや，自身の記憶能力についての知識などが含まれる．たとえば，"商品を注文した記憶は確かだ"と認知することや，"5桁の数字なら一定時間憶えておけるが，初めて聞いた歌の歌詞をすべて憶えることはできないだろう"と判断することなどである．メタ記憶をもつことによって，メモを取るなどの記憶を補助する行動がひき起こされる．動物の実験例を一つあげると，マカクザルを，見本合わせ*などの記憶課題に取組ませ，その最中に一定の割合で（たとえば全試行の2/3），途中で続けるかやめるかどうかを選ばせる．それ以外の場合は（全試行の残り1/3），その課題は強制的に継続される．そうすると，サルがみずから課題の継続を選択した場合の方が，強制的に課題を行わされた場合よりも正答率が高い．このことは，サルが，自身の記憶が確かであるというメタ記憶によって課題の継続を選択する可能性を示唆している．

メタ個体群 [metapopulation]　meta は上を意味し，個体の移動分散により結ばれる複数の小個体群（分集団，小集団）からなる個体群（集団）である．小個体群が集まったものという意味で，個体

群の個体群(population of populations)とよばれることもある．個々の小個体群は頻繁に絶滅しつつも，メタ個体群は存続し続けることがある．メタ個体群という用語はR. Levins (1969)が使い始めたものである．生息場所が散在している場合によくみられ，散在する個々の生息場所はパッチ(patch)ともよばれる．空間的な構造をもたず内部が均一な個体群やメタ個体群を構成する個々の小個体群での自然選択による進化の条件は，メタ個体群全体における条件とは異なることがある．

メタ集団［metapopulation］ ⇌ 群選択モデル

メタ認知［metacognition］ 自身の認知過程や認知能力について認知すること，およびその知識のこと．ある課題に対して自身が取る方略*の選択や制御などにも関与する．たとえば，"この文庫本を読破するには数日かかるだろう"，"私は英語のリーディングは得意だがリスニングは苦手なので，より多くの勉強時間が必要だ"などと認知することである．また，自身だけではなく，他者やより一般的な認知能力について認知することも含まれる．たとえば，"彼は数学が得意なので，この問題をあっさり解くだろう"といった判断や，"多くの人にとって，マンガの内容を理解することは，専門書の内容を理解することよりも容易である"などと認知することである．メタ認知には前頭連合野が重要な役割を果たすと考えられている．

目玉模様［eye-spot］ 動物がもつさまざまな体色パターンのうち，コントラストの高い円形状(しばしば，コントラストの高い複数の同心円で構成される)の模様が，目玉に似て見えるものを目玉模様，あるいは眼状紋とよぶ．鳥類，爬虫類，魚類，昆虫類などにみられるが，特にチョウ目昆虫や熱帯性の魚類において顕著である．目玉模様の機能については，おもに捕食回避*の観点から説明がなされているが，配偶者選び*における効果(目玉模様の多い雄の方が雌に交尾相手として選ばれやすい)も報告されている．目玉模様がどのようにして捕食回避に役立っているのかについては，"脅し仮説"と"はぐらかし仮説"の二つの説明がある．前者はさらに，目玉模様が捕食者自身(たとえば鳥類)にとっての捕食者(たとえばヘビ)の目玉模様に似ているために避けるというもの(眼の擬態*，図a)と，模様が目玉に似ていること自体に意味はないというものがある．一般に捕食者は，目新しいものは餌メニューになかなか加えようとしない(新奇恐怖*)ため，自然界ではあまりみられないような非常に目立つ目玉模様をもつと捕食されにくくなると考えられる(派手な信号*)．反対に，"はぐらかし仮説"は，目玉模様に捕食者の注意を引きつけることによって，致命的な部分への攻撃を避けて，逃げる機会を増やすというものである(図b)．両仮説における目玉模様の機能は正反対であるが，どちらの仮説に対しても，事例は少ないものの支持する報告がある．おおまかに，目玉模様が体サイズに対して相対的に大きく体の中心部にみられる場合は脅しの機能，相対的に小さく外縁部に見られる場合ははぐらかしの機能をもつというパターンがみられる．(⇌ 自己擬態)

(a) ツマベニチョウの幼虫の目玉模様

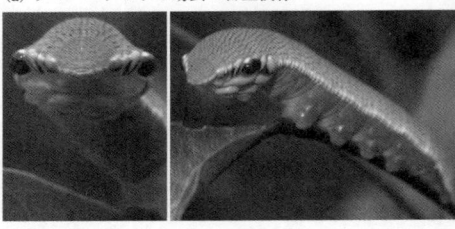

(b) ヒメウラナミジャノメの目玉模様

メッセンジャーRNA［messenger RNA, mRNA］ ⇌ RNA

メラトニン［melatonin］ ＝N-アセチル-5-メトキシトリプタミン．昆虫から存在する進化的に保存されたホルモン．脊椎動物では脳の松果体(pineal gland)から分泌され，分泌量が夜間に多く昼間に少ないという明確な概日リズム*を示す．血中のメラトニン濃度も夜間に高いが，夜間に光を照射すると劇的に減少する．このように，メラトニンは視交叉上核にある中枢の時刻を，末梢に伝える役割を担っている．メラトニンを投与すると行動のリズムがリセットされる．哺乳類では，眼の網膜で受取られた光の情報は体内時計の中枢である視交叉上核を経由して松果体に至り，松果

体でメラトニンが合成され分泌される．鳥類では，松果体が頭骨を介して入ってきた光を直接受容し，メラトニンの合成が抑制される．

メレジトース［melezitose］ ⇒ 甘露

免疫系［immune system］ 微生物などの異物（抗原）が接触・侵入した際に，これらを排除するために働く生体防御機構．免疫系の本質は，自己由来の物質と外来性の異物を認識し，非自己を排除することにある．免疫系は抗原非特異的に働く**自然抵抗性**（**自然免疫** natural immunity）と，抗原特異的に働く**獲得免疫**（acquired immunity）とに大別される．自然抵抗性には，汗で異物が流されるなどといった皮膚や粘膜などにおける単純な異物排除機構や，体内に侵入した異物を白血球の一つであるマクロファージが貪食し分解するなどといった非特異的な異物破壊機構が含まれる．一方獲得免疫には，侵入した抗原に対する特異的な抗体を産生して異物の排除を行う機構（**液性免疫** humoral immunity）と，リンパ球が主体となって特定の異物を排除する機構（**細胞性免疫** cellular immunity）が含まれる．一度獲得免疫が成立すると，再び同じ抗原をもつ異物が侵入した際には効率良く抗体の産生や異物の破壊が行われる．

面積移動［area shift］ ⇒ 頂点移動

メンデル遺伝［Mendelian inheritance］ 優性の法則，分離の法則，独立の法則の3法則からなる，遺伝学の古典的理論のこと．発見者のG. J. Mendelの名にちなんで，単に"メンデル遺伝"という．優性の法則は，同じ遺伝子座にある二つの対立遺伝子*のうち片方の性質のみが発現されること．分離の法則は，繁殖の際に同じ個体がもつ二つの対立遺伝子は別の配偶子（卵または精子）に分かれ，交配によって他個体の配偶子と受精することで，二つの対立遺伝子からなる遺伝子型が生じること．独立の法則とは，二つ以上の遺伝子（別の遺伝子座にある遺伝子）の遺伝を同時に考慮するとき，ある遺伝子のどちらの対立遺伝子が特定の配偶子に配分されるかは，ほかの遺伝子の対立遺伝子のどちらが配偶子に配分されたかに影響されないことである．ただし独立の法則は，二つの遺伝子座が別の染色体にある場合のみに成立する．同じ染色体にある場合を連鎖といい，二つの遺伝子座の特定の対立遺伝子同士が高い頻度で同じ配偶子に運ばれる．

メンデル集団［Mendelian population］ 個体群（集団）のことであるが，特に，構成する個体同士が相互に交配可能で同じ遺伝子プールを共有する，外部からは隔離されたものをさす．集団遺伝学で使われる用語である．個体の交配が重要な特徴であるので，有性生殖する個体群についていうのがふつうである．

メンデルの法則［Mendel's law］ ⇒ 遺伝

メンフクロウ［barn owl］ 学名 *Tyto alba*．フクロウ目メンフクロウ科に属す．白いハート型の顔面，金茶色の羽毛，短い尾をもつ中型（体長40〜50 cm）のフクロウ．和名はその顔面の形状からつけられ，英名は納屋（barn）の屋根裏などにしばしば営巣することにちなむ．ホウホウと鳴くことはなく，甲高い金切り声をあげることから hissing owl あるいは screech owl とよばれることもある．日本には生息しないが，北南米，ヨーロッパ，アフリカ，アジアの広い範囲に分布する．日暮れ時に，草地や砂漠など開けた場所で狩りをすることが多い．優れた音源定位*能力をもち，実験室でのテストでは聴覚情報だけを使って完全な暗黒の中で狩りを行うことが示されている．この能力を支える神経メカニズム（遅延線*，同時検出器*，中枢性脳地図*）は，脊椎動物の感覚情報処理の神経メカニズムのなかで最も深い理解が得られている．他の種のフクロウと同様，メンフクロウは飛ぶときにほとんど音を立てない．フクロウの羽毛がもつ特殊な構造的特徴がそれを可能にしているが，その一つは羽毛の前縁部に，飛翔時に生じる乱気流を抑えるための微小構造があることである．この構造を模擬したものが，新幹線における騒音防止技術に応用されている．

羽を広げ，正面から見たときに体が大きく見えるようにする frontal display とよばれる警戒行動を示している．

モ

網状説 [reticular doctrine] ⇒ カハール
盲点 [blind spot] ⇒ 埋め込み
盲導犬 [guide dog] ⇒ 介助動物
網膜神経節細胞 [retinal ganglion cell] ⇒ 視蓋
モーガン MORGAN, Conwy Lloyd 1852. 2. 6～1936. 3. 6　英国の動物心理学者．王立鉱業学校にて T. H. Huxley から生物学を学び，卒業後は助手を務めた．南アフリカの大学で5年間，物理科学や英文学などの講師を務めながら，C. R. Darwin* の著作を初め多くの生物学文献を読破したが，その中にサソリの自殺行動に関する G. J. Romanes の報告があった．これに興味をもった彼は実験を行い，ストレス下におかれたサソリが自分自身を刺す行動は，意図的な"自殺"ではなく不快な刺激を取除くための反射的運動の結果であることを明らかにした．1883 年に英国ブリストル大学講師に着任．後に同大学の心理学の初代教授となる．ヒヨコの毛虫嫌悪学習や試行錯誤学習* など鳥類の雛を用いた体系的研究のほかに，彼自身の飼い犬が門の掛金を外す操作を獲得する様子を観察した報告などが有名である．こうした研究から，動物の行動を逸話的な資料に基づいて擬人的に解釈することを批判し，より節約的な説明を行うべきとの見解（いわゆるモーガンの公準*）を示した．主著に『動物の生活と知能』(1890 年)，『習慣と本能』(1896 年)，『比較心理学入門』(1894 年)，『動物行動』(1900 年)，『本能と経験』(1912 年) などがある．

モーガンの公準 [Morgan's canon]　ロイド・モーガンの公準 (Lloyd Morgan's canon) ともいう．C. L. Morgan* が提起した，動物行動の過度な擬人化に対する戒め（⇒ 擬人主義）．彼は『比較心理学入門』(1894 年) の中で，"ある行為が心的尺度において低次の能力による結果だと解釈できるときは，高次の心的能力の結果として解釈してはならない" と述べている．科学における説明の簡潔性，すなわち節約* の法則 (law of parsimony) の一つとして理解することもできるが，心的能力の高低と説明の複雑さとは必ずしも対応しない．たとえば，イヌがドアの掛金を速やかに外して部屋から出たという事例を観察した場合，掛金の仕組みをイヌが洞察* して開けた（高次の心的能力）とするよりも，掛金をたまたまある方向に動かしたときに開いたという経験の繰返しによってイヌが試行錯誤学習* した（低次の心的能力）と理解すべきであるというのがモーガンの公準であるが，洞察の方が試行錯誤学習よりも，説明において複雑であるとはいえない．

模擬卵 [artificial egg] ＝擬卵
目的模倣 [emulation] ⇒ 社会的学習
目的論 [teleology]　目的論とは，生物のもつ属性や機能は特定の"目的"を達成するために存在しているとみなす主張である．ギリシャ時代から連綿と継承されてきた目的論という観念の系譜は時代ごとに異なる発現をしてきた．19 世紀の生物進化観のもとでは，C. R. Darwin* の『種の起源』(1859 年) が出版される前から，自然神学的な完全適応，すなわちすべての生物はそれが生息する環境に完璧に適応するように神によって創られた存在であるという考えが広まっていた．生物が完全無欠の合目的性をもつという前提は当時の目的論の思想的な基盤をなす．一方，今日の進化学では，ある環境のもとでの遺伝子型間の適応度の差によって相対的に生じる適応を生む自然選択の考えが基本である．しかし，完全適応を支えてきた進歩主義，すなわち進化はある方向に向かって進歩しているという主張，はその痕跡を残している．たとえば適応可能性あるいは進化可能性という概念は，ある生物の環境変化に対する応答能力をさしており，目的論を暗に含んでいるとみなすこともできるだろう．一方，さまざまな因果要因が生物のもつ属性に与える影響を考えるとき，ある属性の"機能 (function)"がどのように進化したかを考察することは重要である．かつての目的論は最終的に到達する終着点への完全適応を問題にしたのに対し，現在の進化学は相対適応にいたる形質進化の途上に関心があるとみなすならば目的論はより現実的な機械論に転換することが可能である．

目標勾配 [goal gradient] ⇒ 誘因
目標志向性 [goal-directedness] ⇒ 過剰学習
目標追跡 [goal tracking] ＝ゴール・トラッキ

ング

モザイク進化［mosaic evolution］　ある機能にかかわる複数の身体的要素が，異なる時代に現れたにもかかわらず，結果的にまとまりのとれた一つの適応的なシステムを形成する進化．ある生物種や系統にみられる機能系を，適応論的立場に寄り添ってみるならば，それを構成する各要素は，共通の選択圧により，互いに関連し同調しながら進化したと解釈することができる．しかし，古生物学，比較解剖学，発生学などから得られる証拠により，そうした複数の要素が，時間的ずれをもち進化した事例もある．たとえば，人類の下肢は直立二足歩行に適応した結果，他の霊長類にはみられない派生的特徴を多くもつ．歩行時に完全に真直ぐ伸びる股関節や膝関節，土踏まずなどである．そのうち，土踏まずは，股関節や膝関節にみられる特徴よりも200万年程度遅れて進化したと近年では，考えられている．モザイク進化を仮定することで，自然選択で説明するにはあまりに見事であるような形質，たとえば眼球などの進化についても，インテリジェントデザイン説*によらずに説明することができる．

モダリティー［modality］　⇒感覚受容

モーダル補間［modal completion］　⇒アモーダル補間

モチーフ［motif］　ネットワークに含まれやすいつながりのパターンをさす．たとえば図(a)のような三角形は人間関係のネットワークのモチーフの一つである（⇒クラスター係数）．有向グラフである食物網，遺伝子発現調節ネットワークではそれぞれ図(b)，図(c)（フィードフォワードループ）のパターンがモチーフとなっている．モチーフか否かはコンフィグレーションモデル*に含まれるモチーフ数との比較によって判定される．

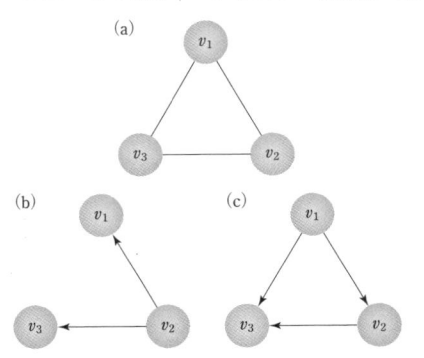

モデル［model］　⇒擬態

戻し交配［backcross］　2個体の交配の結果生まれた子を，親個体と交配すること．あるいは，親個体そのものでなくても，異なった系統や種間の交配で生まれた個体を，親の系統や種と交配させること．すべての遺伝子座で，優性対立遺伝子がホモ接合した個体P_1と劣性対立遺伝子がホモ接合した個体P_2を交配親とすると，子（F_1）の表現型はP_1と同一になる．このF_1個体をP_2と戻し交配させると，得られた子（BC_1）の表現型は，F_1で生じた配偶子の遺伝子型と等しくなる（図）．

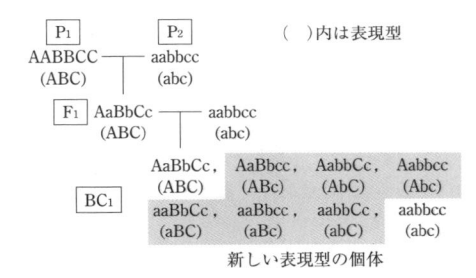

		（　）内は表現型
P_1　AABBCC (ABC)	P_2　aabbcc (abc)	
F_1　AaBbCc (ABC)	aabbcc (abc)	
BC_1　AaBbCc (ABC)　AaBbcc (ABc)　AaBbCc (AbC)　Aabbcc (Abc)		
aaBbCc (aBC)　aaBbcc (aBc)　aabbCc (abC)　aabbcc (abc)		

新しい表現型の個体

このことを利用して，遺伝子間の組換え価を求め，連鎖地図を作成することができる．戻し交配を繰返すことで，ある親系統の形質に，もう片方の系統が保持していた形質の一部のみが遺伝した個体が生じる．これを利用して好ましい形質を導入するのが，戻し交配育種である．また，雑種が戻し交配を繰返すことで，ある系統・種が，他の系統・種の遺伝子の一部を保持するようになることを，浸透交雑（introgressive hybridization）という．

モノアミン酸化酵素［monoamine oxidase, MAO］　ミトコンドリア外膜に存在し，ドーパミン*，ノルアドレナリン*，アドレナリン*，セロトニン*といったモノアミン神経伝達物質*を分解する酵素．A型とB型がある．複数の遺伝子多型の存在が報告されており，遺伝子型と攻撃性や反社会性との関連が指摘されているが，明らかではない．MAO Aの阻害剤は最初期に開発された抗うつ薬*である．モノアミン量の低下はうつ病の一因なので，MAOを阻害しモノアミンの分解を抑えることでモノアミン量が増加し，抗うつ効果が現れると考えられる．MAOは細胞内での分解を行うが，ノルアドレナリンやドーパミンは細胞外でカテコール-O-メチルトランスフェラーゼ（catechol-O-methyltransferase, COMT）に

よっても分解される．

モノアミン神経伝達物質　[monoamine neurotransmitter]　古くから知られる神経伝達物質で，ドーパミン*，ノルアドレナリン*，アドレナリン*，セロトニン*などの総称．いずれもアミノ酸から合成される．モノアミン神経伝達物質は多くの動物で存在が知られており，また共通の機能をもつことから，進化的に保存された古い神経伝達物質である．これらを含む神経細胞は脳内の進化的に保存された部位に局在し，そこから他の脳部位に長い神経投射をすることからもその進化的に保存された特性がうかがえる．

モノアラガイ　[pond snail]　腹足綱有肺亜綱基眼目に属する軟体動物の一種．学名 *Lymnaea stagnalis*．漢字では物洗貝と書く淡水産の巻貝である．日本の野生下では *Radix auricularia* をよく見かけるが，実験生物学分野で世界的に用いられているのは，和名でヨーロッパモノアラガイとよばれる *Lymnaea* である（図）．ヨーロッパでは池の中にある草に付着して生きている．継代飼育がしやすい，日本国内の大学の多くで飼育されている *Lymnaea* は，オランダのアムステルダム自由大学から輸入されたものである．咀嚼リズムや呼吸リズムをつくり出す中枢性パターンジェネレーター*（すなわち脳の中のニューロン群）が同定され，神経レベルでの解析が進んでいる．雌雄同体*であるため，産卵行動に関する内分泌学的研究が進められている．卵は数十個が寒天質の細長い袋に入った塊になっている．さらには寄生虫に関する研究も多い．貝の巻き方は基本的には右巻きであるが，左巻きのものもごくわずか存在するため，巻き方についての発生生物学の研究も進んでいる．

モビング　[mobbing]　擬攻，擬攻撃ともいう．被食者が捕食者に接近し，ステレオタイプ化したディスプレイと警戒声*（モビングコール mobbing call ともいう）で騒がしくわめきたてる行動．鳥類および哺乳類でみられる．捕食者からの逃避行動とは対照的で，おもに被食者が捕食者を追い払うことで捕食を回避する効果をもつ．小鳥が昼間，枝で休息しているフクロウに対して行う例（図）がよく知られており，複数の個体，複数の種がモビングに加わる．カリフォルニアジリスはガラガラヘビに対して砂をかけ，尾を立ててモビングを仕掛ける．自分自身の捕食者のみならず，子の捕食者に対してもモビングを行う．また，いくつかの鳥類ではカッコウなどの寄生者に対してもモビングを行い，托卵を妨げる．モビングは捕食者（あるいは寄生者）を退ける効果のほか，同種他個体に捕食者の特徴を学習させる効果（社会的学

エナガによるフクロウへのモビング．エナガたちは昼間フクロウのとまっている所にやってきて，まわりで騒ぎ立てるが，実際にフクロウを攻撃することはなく，常に一定の距離をおいている．（→モビング）

習*）をもつ．

モビングコール［mobbing call］ ⇌ モビング

模倣［imitation］ **模倣学習**（imitative learning）ともいう．他個体の行為と類似の行為をみずから再現すること．遺伝的には伝わらない動作や技能を社会的場面で学習し，世代を超えて伝達，蓄積することを可能にする．音の出し方をまねる**音響模倣**（acoustic imitation）と体の動かし方をまねる**身体模倣**（bodily imitation）に二分できる．他個体が発する音声を模倣学習するのは，霊長類ではヒトだけである．霊長類以外で音響模倣を行う動物種としては，鳥，クジラ，イルカなどが知られている．ただし，ヒト以外の動物の音響模倣は絶対音感的な情報処理に基づいている．身体模倣については，他個体の行動を真の模倣（⇌ 観察学習）によって忠実に再現するのはヒトだけである．チンパンジーをはじめとする大型類人猿は，真の模倣を行うことは困難であるが，目的模倣によって他個体が行う道具の製作や使用法を学習する（⇌ 社会的学習）．ただし，生後間もない時期にのみみられる**表情模倣**（新生児模倣 neonatal imitation）は，ヒトだけでなく，チンパンジーやサルの新生児でも報告されている（図）．

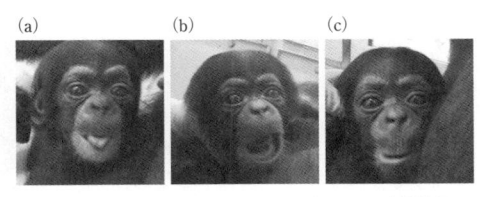

チンパンジー（*Pan troglodytes*）の新生児による表情模倣．(a) 舌の突き出し，(b) 口の開閉，(c) 唇の突き出し．

模倣学習［imitative learning］ ⇌ 模倣
モラン仮説［Moran effect］ ⇌ 同調化現象
モリス型水迷路［Morris water maze］ ⇌ 迷路
モルヒネ［morphine］ モルフィンともいう．麻薬の一つで，代表的なオピオイド*．ケシの未熟果に含まれるアヘンの主成分であるアルカロイドの一種．ギリシャ神話に出てくる夢の神モルペウス（Morpheus）にちなんで名づけられた．強力な鎮痛作用をもつことから，重度の痛みをやわらげるために使用される．この場合，中枢神経系と末梢神経系にあるオピオイド受容体に作用することで，痛み情報（侵害刺激）の神経伝達を抑制し，鎮痛作用を発揮する．また激しい咳や下痢の改善作用ももつ．依存性があり，身体依存と精神依存を起こす．モルヒネの鎮痛効果は，持続的な投与を行うと耐性が生じて，薬物に対する感受性が低下する．オピオイド受容体のなかでもμ受容体に高い親和性をもつ．

モルフィン［morphine］ ⇌ モルヒネ
モルミロマスト［mormyromast］ ⇌ 遠心性コピー信号

モンシロチョウ［cabbage butterfly］ チョウ目（鱗翅目）アゲハチョウ上科シロチョウ科に属する．学名 *Pieris rapae*．食草はキャベツ，ハクサイ，カラシナなどのアブラナ科植物．幼虫はアオムシ（青虫）とよばれ，昆虫の生態や生活環を学習する教材としてよく利用されている．成虫は雌雄ともに白っぽく見えるが，翅に紫外線を当てると雌の翅は紫外線を反射し，雄の翅は紫外線を吸収するので，紫外線視覚をもつモンシロチョウは，この紫外線反射の違いで雌雄を区別していると思われる（⇌ 紫外線感受性［図］）．モンシロチョウはもともと森林に覆われていた日本列島には生息していなかった．弥生時代になって，日本で農耕が始まり，アブラナ科の栽培植物が大陸から渡来したときに，それらの植物とともに，移入・定着した史前帰化生物と考えられている．

問題解決行動［problem-solving behavior］ より好ましい状態があるにもかかわらず，その状態に至ることができない状況（問題状況）において，その好ましい状態を可能にする行動のこと．通常，問題の解決は環境の操作によって行われる．たとえば，空腹のチンパンジーが，棒を使って飼育室の外にあるバナナを取る場合，素手では入手できない餌が問題状況を構成する．この問題状況は，棒でバナナをかき寄せるという問題解決行動によって解消される（図）．W. Köhler* は，問題構造の理解（洞察*）による問題解決こそ本当の問題解決であるとした．

問題行動［behavior problems］ ⇌ 行動障害

問題箱［puzzle box, problem box］　仕掛けを外すことで開くことのできる装置．動物の問題解決行動*の研究に用いる．E. L. Thorndike* は空腹のネコを木箱に閉じ込め，その前に餌の魚を置いた(図)．ネコは木箱の中で暴れるが，たまたまある行動を行う(たとえば，天井からぶら下がった紐を引く)と，扉が開いて外に出ることができる．この装置により，彼はネコが試行錯誤学習*によって問題を解決することを報告し，その学習の仕組みを効果の法則*として定式化した．このように，動物を中に入れるタイプの問題箱のほかに，中に入った品物(たとえば餌)を取出すために仕掛けを外す必要のある容器についても問題箱とよぶことがある．Thorndike はネコのほかイヌやヒヨコを対象とした実験では前者を用いているが，オマキザルの場合には後者を使用している．

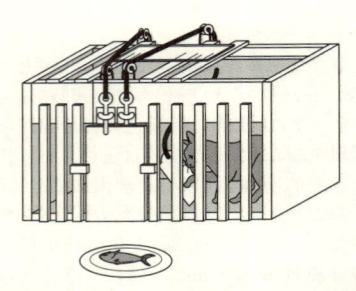

ヤ

ヤーキーズ　**YERKES, Robert Mearns**　1876. 5.26〜1956.2.3　米国の比較心理学者．1902年にハーバード大学で博士号を取得したのち，同大学の教員となって比較心理学を担当．クラゲ，ミミズ，カエル，マウスなど多様な種を用いた研究を行った．1909年にI. P. Pavlov*を紹介する論文を書いたことや，弁別学習の難易度と動機づけの関係を表したヤーキーズ・ドッドソンの法則でも知られる．1916年に米国心理学会会長となり，第一次世界大戦中は米国の心理学者の先頭に立って，陸軍式知能検査の開発に携わった．1924年にイェール大学に移り，1930年にはイェール霊長類学研究所をフロリダのオレンジパークに設立し，初代の所長となった（現在はヤーキーズ国立霊長類センターとしてジョージア州アトランタのエモリー大学に設置）．1942年に退職．主著に『ダンシング・マウス：動物行動の研究』（1907年），夫人との共著『大型類人猿』（1929年）がある．

薬物自己投与　[drug self-administration]　動物がある薬物を自発的に摂取するか否かを調べる手法で，薬物の依存性の評価によく用いられる．薬物を強化子*としたオペラント条件づけ*である．たとえば，光が点灯した直後に動物がレバーを押すと，頸静脈に挿入したカテーテルから薬物が微量投与されるとする．薬物に報酬*効果がある場合，レバー押し行動の頻度が高くなる．用いられる強化スケジュール*としては，レバーを特定の回数押すごとに薬物が投与される固定比率スケジュール*と，テストが進むにつれて要求されるレバー押し数が上昇する比率累進スケジュールがある．固定比率スケジュールは薬物自己投与の獲得や過剰摂取の評価に，比率累進スケジュールは動物の薬物に対する意欲の評価に用いられる．また，ひとたび自己投与を獲得した動物は，一定期間の消去*（薬物が出ない条件）を行っても，再び少量の薬物を与えたり，薬物と関連づけられた環境やストレスにさらすと，レバー押しを再発することがある．この現象は，退薬後の渇望の再燃を反映した薬物探索行動とされる．

薬物中毒　[drug poisoning, drug intoxication]　あらゆる物質は量が増えれば毒作用を発現する．中毒とは，物質を一定量以上摂取した結果起こる，病的状態を意味する．薬物中毒とは，薬物によってひき起こされる一時的もしくは持続的な障害をさすが，一般に医薬品以外の化学物質による障害も含む．成因として，1) 体内での薬物量の増加（過量投与，薬物間の相互作用や，病態・年齢などによる代謝・排泄機能の低下などによる）と，2) 生体側の薬物感受性の増大（アレルギーなど）があげられる．これらが長期にわたる摂取の結果起こった場合を**慢性中毒**（chronic poisoning）といい，短期間の摂取による場合を**急性中毒**（acute poisoning, acute intoxication）という．たとえば酒（エチルアルコール）を一度に多量に摂取した場合，泥酔状態から死に至ることもあるが，これらはアルコールの急性中毒症状の一つである．一方，長期反復摂取後の肝硬変やコルサコフ精神病は慢性中毒症状の一つである．薬物中毒はヒトに限ったものではなく，すべての動物に起こりうる．たとえば，C. R. Darwin*は『The Descent of Man』（1871年）でヒトと動物との異同を論じるなかで，ヒヒが大量飲酒の翌日，二日酔い類似の症状を示し，酒類を忌避したことや，クモザルがブランデーで酩酊した後，二度とアルコールに手を出さなくなった逸話にふれ，"多くの人間より賢い"と述べている．このように，薬物中毒は多くの場合，強力な嫌悪刺激として機能する（⇌ 味覚嫌悪学習）．口語的には，"アル中"や"ニコチン中毒"など，化学物質（薬物）摂取を渇望する状態をさして用いられることがあり，近年では"インターネット中毒"など，やめたくてもやめられない行為についても用いられることがある．しかしこれらの渇望が中毒に起因するという考えは，上記の定義からしてもおかしく，"中毒"という用語をこの意味で使用するべきではない．

薬物弁別手続き　[drug discrimination procedure]　薬物の効果を動物がどのように感じているかを調べる手続き．薬物投与の有無の区別（薬物溶液と溶媒だけの弁別）ができるかを検討する．一般に，二つのレバーが左右についているオペラント実験箱*を用いる．たとえば，薬物溶液を注射されたときは左レバーを押すと餌粒（強化子*）

が与えられ，溶媒を注射されたときは右レバーを押すと餌粒が与えられるという訓練を行う．学習が成立した場合，動物は薬物溶液と溶媒とを弁別できるといえる．薬物溶液の濃度を体系的に変化させてテストすることで，薬物に関する自覚効果が発現する閾値を検討できる．また，どのアンタゴニスト*を投与すると薬物弁別が阻害されるかによって，標的となる受容体を検討できる．なお，ある薬物を他のどの薬物と似ていると感じているかについても刺激般化*の現象を利用した般化試験で確認できる．たとえばコカインで学習させた後に別の薬物（アンフェタミン*など）を投与し，どちらのレバーを押すかを検討する．コカインと同じ側のレバーを押した場合，アンフェタミンはコカインと同じ弁別刺激*効果をもつといえる．

夜行性［nocturnality］　夜間に活発に行動すること．動物は毎日繰返し訪れる昼夜の環境変動を概日時計*を使って予知することで，空間的，時間的なすみわけ*を実現している．一般に夜行性動物は明所視が衰えている代わりに暗所視や嗅覚，聴覚など，光に依存しないコミュニケーション方法を発達させている．夜行性動物のムササビは昼間，暗闇のねぐらで寝ているが，きわめて正確な概日時計をもっており，毎日夕方にごく短い時間光を浴びるだけで概日時計がリセットされて夜に活動する．昼間洞窟などで過ごすコウモリも夜行性動物であるが，夜間活動することで昼行性*の鳥類と空中空間を時間的にすみわけているという考え方もある．また動物の活動時間は概年時計（→概年リズム）の影響も受けており，季節によって昼行性，夜行性が逆転する動物が知られている．たとえばふだん昼行性のホシムクドリやルリノジコは渡りの時期になると夜間に活動するようになる．

ヤコブソン器官［Jacobson's organ］　＝鋤鼻器

野生型［wild type］　⇌　突然変異

野生児［feral child］　生後間もなく母親や人間社会から隔離された環境で成長した子どものこと．1799年にフランスで発見された"アヴェロンの野生児"の例が有名である．発見時，少年は11，12歳と推定されたが，感覚や知覚の機能が未発達であり，教育を受けても言葉を話すことはできなかったという．野生児の例は，人間が人間らしく育つために，発達初期の正常な知覚経験がいかに重要であるかを示す事例として紹介されてきた．しかし，これまで報告された事例のなかには，たとえば1920年にインドで発見された"アマラとカマラ"の例など近年になってその信憑性に疑念がもたれているものもある．

野生絶滅種［extinct in the wild, EW］　⇌　絶滅危惧種

野生復帰［reintroduction］　⇌　再導入

ヤドカリ［hermit crab］　節足動物門甲殻亜門十脚目に属し，同目のカニとエビの中間的な形態をもつ一群の動物．多くは巻貝の殻の中にすむが，ヤシガニやタラバガニのように殻をもたない種もいる．殻は堅固で防衛に役立つ反面，狭い殻は成長を抑制する．ヤドカリは殻への好みを示し，不適切なサイズの殻や破損した殻，きちんと巻かないアマオブネガイのような種の殻を嫌う．野外に適切な殻が落ちていることは少なく，ヤドカリはしばしば他個体を襲ってその殻を奪う（図）．殻を

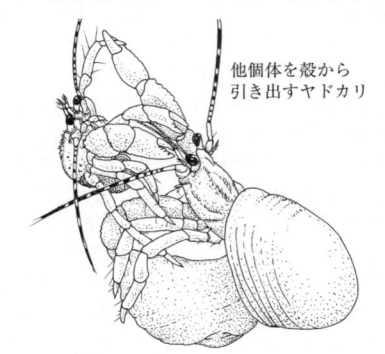

他個体を殻から引き出すヤドカリ

奪われた個体は攻撃個体が放棄した殻に入るので，これは一種の交換である．小さい殻をもつ大型個体が，大きすぎる殻をもつ小型個体を襲って殻交換すると，両者は適切な殻をもつことになり，相利的結末となる．しかし組合わせによっては，小型個体が不利益を被ることもある．ヤドカリは弱った巻貝を襲って直接殻を入手することもある．こうして新しい殻を入手した個体は，それまでもっていた殻を放棄するが，別の個体がこれを利用することがあり，結果として一つの殻の導入が連鎖的な引っ越しをひき起こし，その周辺の複数個体の住宅事情が改善されることもある．

ユ

有意確率 [significance level] ⇒ 統計学的検定

有意差 [significant difference] 観測でも実験でもデータには必ず誤差が含まれる．仮説を検証する際に，比較するデータの差が誤差のみから生じている可能性が，一定の水準(**有意水準** level of significance)より低い場合に，有意な(意味のある)差があるという．差は多くの場合は平均値の差をさすが，中央値などの他の統計量を考える場合もある．"観測された差が誤差のみから生じた"という仮説は統計的仮説検定において**帰無仮説**(null hypothesis)とよばれ，それを否定できてはじめてその差が有意であるといえる．帰無仮説が正しい場合に観測された値以上の差が生じる確率を危険率という．通常，有意水準は5%あるいは1%と設定する，すなわち危険率が5%あるいは1%未満であるとき有意差があるとする．二群間の差を検定する方法として，代表的なものにはt検定がある．三群以上の差の検定をする際は，はじめに分散分析*を用い，その後の事後検定により特定の群間の有意差を検討することが多い．

有意水準 [level of significance] ⇒ 有意差

優位性攻撃行動 [dominant aggression] アルファシンドローム(alpha-syndrome)ともいう．動物が認識している自身の社会的地位*が脅かされることによって生じる，あるいはその順位を誇示するために示す攻撃行動．社会性の高い動物種では集団内に社会的順位が存在し，その順位に従って食物や繁殖相手，休息場所への優先権が得られる．通常は優位個体による威嚇行動*に対して劣位個体が服従行動を示すことで争いが避けられるが，順位が不安定な場合や劣位のチャレンジが高くなる場合に優位性攻撃行動が生じる．優位性には雄性ホルモン(アンドロゲン*)が影響するため，雌に比べて雄の方が，また去勢雄に比べて未去勢雄の方がこの攻撃を起こしやすい．多くの場合，体を傷つけるような強い攻撃には発展せず，威嚇行動や服従行動を示すことで，収束する．これまでイヌの飼い主に対する攻撃行動の多くは優位性攻撃行動と診断されていたが，動物種の異なるイヌとヒトとの間に社会的順位が成立するのかどうかは疑問視されている．

優位劣位の階層性 [dominant-subordinate hierarchy] ⇒ 順位制

誘引 [attraction] 動物の行動の方向性が刺激源へと向かう現象のこと．**誘引行動**(proceptive behavior)あるいは**誘引性**(proceptivity)ともいう．代表的な例として，動物が生存に必須な餌，繁殖に必須である配偶相手や産卵場所に引き寄せられる現象があげられる．餌や配偶相手から放出される誘引刺激が情報となり，動物はその発生源(刺激源)へと引き寄せられる．多くの場合，誘引物質はにおい*やフェロモン*などの化学物質であるが，光のような物理的信号の場合もある．産卵場所への誘引には，産卵場所に生息する微生物や他の生物からの代謝産物が関与する．このような動物の単純な移動行動には，刺激源の方向と動物の行動に明瞭な関係がみられる走性*と，動物の移動と刺激源の方向に一定の関係がみられないまま最終的に特定の場所に誘引される無定位運動性(⇒ 動性)が認められる．特定の昆虫を誘引して受粉を行う虫媒花から放出される化学物質は，特定の昆虫にのみ効果がある場合が認められる．

誘因 [incentive] 何らかの行動に従事している動物の目標であり，行動を強化*する機能をもつ．したがって，報酬*とほぼ同義に用いられることが多い．動因*や欲求*のような動機づけ*の内部的因子が行動を目標の方向に"押す力"にたとえられるのに対し，動機づけの外部的因子である誘因は，行動を目標へと"引っ張る力"にたとえられる．たとえば，空腹のラットが走路の一方の端(スタート地点)からもう一方の端(ゴール地点)に置かれた食物報酬を目指して走るとき，空腹を動因とし，食物を誘因として，ラットは走路を走ることを動機づけられている，という．このように，誘因によって行動が動機づけられることを**誘因動機づけ**(incentive motivation)とよび，その力の大きさを**誘因価**(incentive value)という．動物が誘因に接近すればするほど，誘因動機づけは強まる．したがって，先述のラットの例では，十分に訓練されたラットの走行スピードは，スタート地点を出発するとき最も遅く，ゴール直前で最大になる．これを行動の**目標勾配**

(goal gradient)とよぶ．走路を走るラットの例からもわかるように，誘因動機づけは学習に基づく過程であり，生得的に誘因価が与えられている刺激はほとんど存在しないと考えられる．驚くべきことに，生命の維持に必須な水でさえ，学習されなければ誘因価をもたない．たとえば，ラットを離乳*後も流動食のみを用いて育て，水を摂取する経験を奪う．この動物を脱水状態にし，近くに水の入った皿を置いても，水を飲もうとしない．しかし，脱水状態のもとで水を摂取することを繰返し経験させると，水は渇き動因下で誘因価をもつようになり，飲水行動を動機づけることができるようになる．このように，ある刺激が誘因価を獲得する学習過程を誘因学習(incentive learning)という．

誘引歌［calling song］ ⇌ 闘争歌
誘因価［incentive value］ ⇌ 誘因
誘因学習［incentive learning］ ⇌ 誘因
誘引行動［proceptive behavior］ ⇌ 誘引
誘引性［proceptivity］ ⇌ 誘引
誘因動機づけ［incentive motivation］ ⇌ 誘因
有機体［organism］ ⇌ 行動主義
夕暮れのコーラス［dusk chorus］ ⇌ 夜明けのコーラス
融合遺伝［blending inheritance］ ⇌ 遺伝
有向グラフ［directed graph, digraph］ ⇌ グラフ

融合コロニー性［unicoloniality］ 一部の多女王性(1コロニーに女王が複数)で多巣性(1コロニーが複数の巣をもつ)のアリにみられる特徴．ふつうアリが示すような同種コロニー間の敵対性あるいはコロニー識別行動がみられず，個体が巣間を自由に移動し，結果，個体群全体が単一のコロニーを形成する現象．アルゼンチンアリやツヤオオズアリのような侵略的外来アリの多くにみられる特徴だが，エゾアカヤマアリのような在来アリにもみられることがある．石狩浜のエゾアカヤマアリの融合コロニーは発見当時世界最大のアリのコロニーとされた．しかし一般に，野生動物では個体群の境界確定が難しいこともあり，融合コロニー性と空間規模の大きな多女王・多巣性との区別は必ずしも明瞭でない．そこで，融合コロニー性は一つのコロニーが個体群(自然に相互作用できる範囲の同種集団)を超えた広い空間に分布することと定義される場合もある．実際，ヨーロッパに侵入したアルゼンチンアリの融合コロニーは，ポルトガルからイタリアまで6000 kmにわたり断続的に広がっているが，これはアリが自然に相互作用できる範囲をはるかに超えている(にもかかわらず，端と端の巣を人為的に接触させると融合してしまう)．融合コロニー性アリではしばしば巣仲間同士の血縁度*がゼロ近くになるにもかかわらず，真社会性*が維持されていることは血縁選択理論上の問題とされている．融合コロニー性の直接的要因はコロニー識別(⇌ 血縁認識)を可能にするにおい標識(ラベル)をコードする遺伝子の多様性消失にあるのではないかと議論され，アルゼンチンアリではこの考えを支持する証拠もあるが，その一般性は不明である．また在来アリを駆逐する侵略性との因果関係も議論されているが確固とした答えは出ていない．

有効集団サイズ［effective population size］
集団遺伝学において，集団のサイズが小さいことによって生じる確率性の効果(遺伝的浮動*)が同等であるような標準的構造をもつ集団の大きさ．N_eで表す．遺伝的浮動が強いときほど有効集団サイズが小さい．その結果，有利な遺伝子が失われたり不利な遺伝子が広がることがあり，遺伝的多様性が消失しやすくなる．集団サイズが世代ごとに変動するときには，その調和平均値が有効集団サイズになり，それは集団サイズの算術平均値や幾何平均値より小さい．2性をもつ種で，一部の雄が多数の雌と交配するときなどには，有効集団サイズは実際の個体数より小さい．逆に，集団が複数の分集団に分かれて遺伝的組成が違ってくる状況では，有効集団サイズは個体数より大きくなる．

湧出効果［fountain effect］ 噴水効果ともいう．魚などの群れが捕食者から逃避するときに示す行動の一つ．捕食者の接近に伴い，複数の群れに分かれて，捕食者の後方に回り込む形で移動し，再び群れを形成する(図)．群れの状態を大きく乱

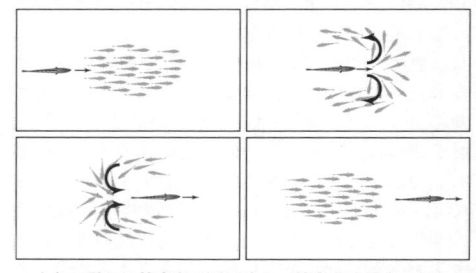

小魚の群れに捕食者が近づくと，捕食者の後方に回り込むように移動し，再び元の群れの形に戻る．

すことなく捕食者から逃れ，その後速やかに元の群れの状態に戻ることができる．小型で移動速度が遅く，単なる逃避では捕食者から逃げ切ることが難しい種にとって重要な集団行動である．

優性遺伝［dominant inheritance, dominant hereditary］　二倍体の生物の遺伝子座に二つの対立遺伝子 a, b があり，それぞれがつかさどる表現型が，A, B であるとする．この遺伝子座における遺伝子型 aa, ab, bb のうち，ホモ接合体の aa と bb はそれぞれ表現型 A と B を発現するが，ヘテロ接合体 ab が A と B の中間の形質ではなく，表現型 A のみを発現したときに，対立遺伝子 a は対立遺伝子 b に対して優性，対立遺伝子 b は対立遺伝子 a に対して劣性であるという．ヘテロ接合体が AB 双方の形質を示すとき，対立遺伝子 a, b は共優性である．遺伝学の用語である"優性"，"劣性"は，対立遺伝子の発現型形質における機能や適応度の優劣とは関連がなく，ただ単にヘテロ接合時にどちらの表現型形質が発現するかで決定されるものであることに注意が必要である．

雄性化［masculinization］　男性化（virilization）ともいう．雄（男性）の性徴が正常に発達あるいは誘導されること．また，雄性ホルモン（アンドロゲン*）による雄性的な徴候が雌（女性）に出現することや，内分泌攪乱物質による汚染によって雌に雄（男性）の性徴が誘導される（たとえば貝類の雌に雄のペニス様の突起物が生じる）などの異常現象も雄性化とよぶ．おもな例として，女性におけるひげの密生，恥毛の男性型変化，多毛，音声の低音化，陰核の肥大，三角筋の発達などがある．この場合は，アンドロゲンあるいはその作用をもつホルモンの投与による外因性アンドロゲン過剰，先天性の副腎過形成（副腎性雄性化症候群 adrenal virilism syndrome）や卵巣腫瘍などによる内因性アンドロゲン過剰がおもな原因になる．また，発育段階における環境要因（水温や pH，飼育密度，接餌量など）によって雄性の生殖器官をもつ個体へと性別が定まることをさして雄性化ともいう．例として，ふ化温度で性別が決定する爬虫類，トラフグやヒラメなどの海産養殖魚などにおいて，雄性として発生する場合などがあげられる．性転換*魚のように，性成熟後に雄になる場合には雄性化とはいわない．

雄性攻撃行動［male aggression］　なわばりや餌資源をめぐって，雄が，同じ群れに属さない他の雄に示す攻撃性のこと．雌に対しての雄の攻撃行動は比較的少ない．同じ群れ内における地位を争う雄間攻撃行動*とは攻撃性の強さや行動様式が異なる場合が多い．代表的な攻撃行動は相手に激しく咬みつく行動であるが，マウスやラットでは尾を激しく叩きつける行動（tail rattle），相手の脇腹へ体をぶつける行動（side way）などもあげられる．なわばりをもつ雄は特に激しい攻撃行動を示す．

雄性性行動［male sexual behavior］　異性と遭遇した際に示す，雄の性行動．ディスプレイ行動，求愛歌発声，などに始まり雌が受容を示すことでマウント行動*，スラスト運動，イントロミッション*，射精*と続く．雄性性行動の発現には性成熟による精巣からのアンドロゲン分泌が必要である．アンドロゲン*は脳内でアンドロゲン受容体に作用，あるいはアロマターゼによりエストロゲン*に変換され，エストロゲン受容体に作用することで，雄性性行動を発現する．これらの行動開始には雌からの性シグナルの受容が鍵刺激となる．

有性生殖［sexual reproduction］　配偶子生殖（gametogony）ともいう．二つの個体間で遺伝情報を交換して，遺伝的に親とは異なる新個体を生産する生殖様式のこと．1）発生学では，配偶子による生殖と定義される．したがって，性の分化が明確でない単細胞生物の配偶子生殖や，配偶子形成を伴う単為生殖*も有性生殖に含まれる．動物の配偶子の大きさに差異がある場合，大きい方の配偶子を卵，小さい方の配偶子を精子とよぶ．2）進化生物学では，遺伝子のセットが2個体間で混ぜ合わされ，親とは遺伝的に異なる子がつくられる生殖様式を有性生殖と定義する．したがって，単為生殖のなかでも実質的にクローン繁殖となるアポミクシスは無性生殖*として扱われる．一般的に配偶子形成の過程で，減数分裂の際の染色体の交差による遺伝的組換えが生じ，染色体間の組合わせがシャッフルされることにより，配偶子の遺伝的多様性が生まれる．また，雌雄の配偶子の融合によって遺伝子の多様な組合わせができる．短期的な増殖率を考えると，無性生殖が有利にもかかわらず，なぜ多くの生物が有性生殖を行っているのかは進化生物学上の難題とされている．（⇌ 性の2倍のコスト）

雄性先熟［protandry］　⇌ 性転換

雄性ホルモン［male sex hormone］　＝アンドロゲン

尤度 [likelihood] ⇒ 系統学

遊動 [ranging behavior]　哺乳類が定まった巣*やねぐら*を構えず、広い地域を移動しながら生活すること。一定期間を通じた遊動範囲を行動圏*(または遊動域)という。

誘導 [induction]　ある反応への訓練の結果が他の反応へ波及する反応般化(response generalization)現象の一種で、ある強化スケジュール*における行動の頻度(反応率*)が、他の条件における強化子の提示頻度(強化率*)と同じ方向に変化すること。通常、二つの成分を用いた多元スケジュール*において観察される。たとえば、ハトを赤の弁別刺激*のもとでは変動時隔1分の強化スケジュールで、緑の弁別刺激のもとでも変動時隔1分の強化スケジュールで訓練し、これをベースラインとする。行動が安定した後に実施するテストにおいて、赤の弁別刺激のもとでは変動時隔1分のままだが、緑の弁別刺激のもとでは変動時隔5分に条件を変化させる(この場合、緑の成分では強化子の提示頻度が低下している)。その際に、ハトがキーをつつくオペラント行動*の頻度は、強化頻度がベースラインから減少した緑の弁別刺激のもとでは減少する。一方、赤の弁別刺激のもとではベースラインと同じであるにもかかわらず、しばしばオペラント行動の頻度が変化する。もし赤の弁別刺激のもとでの行動の頻度も減少した場合に、これを誘導とよぶ(図a)。なお、この例のように変化が反応数の減少である場合を負の誘導とよぶ。逆に、反応数の増加である場合を正の誘導とよぶ。たとえば図bのように、緑の成分での強化子の提示頻度を変動時隔10秒に増加させた際に赤の成分での反応数も増加した場合である。また、誘導とは反対に、行動の頻度の変化の方向が強化子の提示頻度の変化と反対である場合は、対比(行動対比*)とよぶ。

誘導防御 [induced defense] ⇒ 物理的防御

優良遺伝子仮説 [good genes hypothesis]　良い遺伝子仮説、良質遺伝子仮説ともいう。雌の選り好み*において、遺伝的な原因により適応度*の成分が優れた雄を、雌が選ぶことである。広義には、雌に好まれる標的形質をもつ雄を交尾相手として選び、その雄との子がやはり雌に好まれる標的形質をもつために交尾成功が大きい(フィッシャー的利益とよばれる。⇒ ランナウェイ説、セクシーサン仮説)ことと雌が標的形質に依存した交尾成功以外の適応度の成分(生存力 viability, general viability あるいは雄の質 quality とよばれる)が高いことの両方を含む。だが、標的形質に依存した交尾成功については含まず、遺伝的に生存力が高い雄を選ぶことだけをさすことも多い。雄の適応度成分に遺伝的な変異が存在すれば、それが高い雄と交尾することにより、雌は子において間接的な利益を得ることができる。だが、生存力(雄の質)は適応度の成分であるため、それ自体に遺伝的変異を減少させる力である自然選択の1タイプである方向性選択が働く。雌の選り好み*の間接的な利益がもたらされるためには、生存力の遺伝的変異の維持が重要である。その機構として病気に対する抵抗性のような時間的に変動し頻度に依存する選択をもたらす要因や偏った突然変異が考えられている。そのような性質をもつ生存力と雄の標的形質の間に相関が生じる(代表的にはハンディキャップの原理*による)か、そのような生存力自体が雄の標的形質でもあることが必要である。なお、生存力についての優良遺伝子仮説においても、雌の選り好みと雄の標的形質の遺伝相関を介した正のフィードバックのような、ランナウェイモデルで考えられている過程も働いている。したがって、ランナウェイ説により進化した性質と優良遺伝子仮説で考える過程により進化した性質の二つに分けられるわけではない。(⇒ 性選択)

優良親仮説 [good-parent hypothesis]　雄による子の保護あるいは雄による栄養分の雌への提供などを介して雌の選り好み*の直接的利益がある場合に、雌自身の適応度*が大きくなるような選り好みが進化するという仮説である。良い父親仮説ともいう。特に、雄が子の保護を行う場合(雌

	成分A (赤)	成分B (緑)
ベースライン	変動時隔1分	変動時隔1分
テスト(a)	変動時隔1分	変動時隔5分
強化子の頻度	変化せず	減少
行動の頻度	減少	減少

負の誘導の例

テスト(b)	変動時隔1分	変動時隔10秒
強化子の頻度	変化せず	増加
行動の頻度	増加	増加

正の誘導の例

誘導の例：灰色部分の強化子の頻度と行動の頻度の変化の方向が一致している

は子の保護をする場合もしない場合もありうる）を扱うことが多い．雌の選り好みにより，雌の直接的利益が得られる状況を扱っている点で，複婚の閾値モデル*などとも共通しており，雌の適応度が大きくなるような自身の選り好みが進化すると理論的に予測される点でも共通している．また，雄側が自分と交尾した場合に期待される直接的利益の大きさを反映した信号を発信するという内容を含めることもある．優良遺伝子仮説*で考えているような，雄の生存力（雄の質）と相関した標的形質が雄の交尾成功に影響する場合や，雄の標的形質と親としての子の保護の量の間にトレードオフ*などの関係がある場合には，必ずしも雌自身の適応度が大きくなるような選り好みが進化するとは限らない．（⇌性選択，ハンディキャップの原理）

優良精子仮説［good-sperm hypothesis］ "雌が複数の雄と交尾することに伴い，精子競争*が起こる．精子競争の能力に雄間で遺伝的な変異があり，加えて精子競争能力の高い雄は生存力（雄の質）も高ければ，優良遺伝子仮説*と同様の過程が起こる．このような状況では，雌が複数の雄と交尾することが有利になる．"以上が優良精子仮説である．優良精子仮説は，優良遺伝子仮説を，雌が複数の雄と交尾する状況で隠蔽的な雌の選り好み*に適用したものである．これに対して，精子競争の能力に雄間で遺伝的な変異があり，複数の雄と交尾することにより雌は精子競争の能力が高い雄との子をもつことになり，雌の息子は精子競争の能力が高いために有利であるという内容は，**sexy-sperm仮説**とよばれる．優良精子仮説と異なり，複数の雄と交尾することにより雌自身の適応度にコストが生じると，ランナウェイ説*の理論において雌の選り好みにコストが伴う場合に該当するため，複数の雄との交尾は理論的には進化しない．（⇌性選択，ハンディキャップの原理）

誘惑行動 ⇌雌性行動
宥和行動［appeasement］ ⇌なだめ行動
ユニット発火［unitary discharge］ ⇌活動電位
指比率［digit ratio］ ⇌2D-4D比
夢［dream］ 睡眠*中の主観的感覚体験で，人間の場合，レム睡眠中の8～9割，徐波睡眠中でも1～2割の時間は夢を見ている．レム睡眠中は運動神経出力が遮断されるため，夢の中の行動は実行されないが，遮断機構に異常があると，夢の中の行動を現実に実行してしまう．動物でも同様な実験があり，ネコの脳幹部の遮断機構を破壊すると，レム睡眠時に獲物に飛びかかるなどの行動（夢幻行動）が出現する．このことから，レム睡眠が存在する哺乳類や鳥類は夢を見ると考えられる．また，徐波睡眠は記憶を強化するが，覚醒中の学習時とよく似た脳活動が徐波睡眠中に観察（リプレイ）され，徐波睡眠中の夢の存在を示唆する．より下等な脊椎動物や無脊椎動物にはレム睡眠がないため，夢の存在は確認できないが，睡眠と記憶の関連はショウジョウバエなどでも認められること，睡眠中も脳活動が存続することから，夢のようなものがあるかもしれない．

ゆらぎ［fluctuation］ 実験や観察で得られた時系列データに対して，時間や集団についての平均を用いてその値や変化を考えるとき，平均値からのずれをゆらぎとよぶ．時間的なゆらぎと空間的（あるいは個体間）ゆらぎの2種類がありうる．たとえば複数個の細胞からなる組織全体が分化する過程を理解したいときに，組織全体にわたって平均化した遺伝子発現量を用いて考えた方が，分化の特徴をとらえやすいかもしれない．この場合，個々の細胞の遺伝子発現*の平均値からのずれは，ゆらぎとして理解される．近年ではゆらぎが全体のダイナミクスに本質的な影響を与える可能性も指摘されている．（⇌対称性のゆらぎ）

緩い選択［soft selection］ ⇌群選択モデル

ヨ

夜明けのコーラス［dawn chorus］　鳥類が夜明けにいっせいに行うさえずり*活動．熱帯雨林から砂漠までさまざまな環境でみられる．日本でも，春から初夏にかけて，都市から山地にいたるさまざまな環境で，日の出とともにいっせいに小鳥がさえずる．また，日の入り時にも活発にさえずる（夕暮れのコーラス dusk chorus）種も多い．さえずり活動を始める時間帯は，概日リズム*によってある程度決まっているが，社会的要因によっても影響を受ける．たとえば，なわばりの侵入者が早い時間帯にさえずりを開始すると，保持者も早い時間帯からさえずるなどの調整が知られている．夜明けのコーラスの時間帯は種によって異なり，高い場所でさえずり，目が大きく，受容する光量が多い鳥ほど早い時間帯にさえずりを開始する傾向がある．では，なぜ鳥は薄明時にさえずるのだろうか？　これにはさまざまな説明があるが，おもに 1) 明け方は光量が乏しく，採餌活動を行うのが困難なため，さえずり活動に集中する，2) 風音や他種の地鳴き*声などのノイズの少ない明け方にさえずることで，より広範囲に効果的に音声を伝えている，という二つの仮説がある．

良い遺伝子仮説［good genes hypothesis］　＝ 優良遺伝子仮説

良い父親仮説［good-parent hypothesis］　⇒ 優良親仮説

養育［nursing, care giving］　⇒ 親による子の保護

養育経験［parental experience］　⇒ 母性経験

幼羽［juvenile plumage］　⇒ 羽衣

溶化手続き［fading procedure］　フェイディング(fading)ともいう．H. S. Terrace は，赤色と緑色の継時弁別のごく早い時期に，負刺激の明るさと提示時間をハトが反応できないほど弱く短くし，徐々に強く長くしていった．たとえば，赤が正刺激の場合，あらかじめ赤に反応するよう訓練しておく．その後，負刺激の緑をハトがほとんど見えないほど暗くして短時間提示し，徐々に明るくしていく．このとき，提示時間がごく短いので，ハトは緑に反応できない．その後，今度は緑の提示時間を赤と同じになるまで徐々に長くしていく．ハトは緑で強化されたことがないので，緑への反応がほとんど起こらないまま弁別が完成する（無誤反応学習*）．この方法は，フェイド-インの溶化手続きとよばれている．一方，フェイド-アウトの溶化手続きは，重ね合わせ(super imposition)法ともいい，すでに弁別が完成している刺激の上に弁別が困難な刺激を重ね合わせて提示し，弁別を維持しながら古い刺激を徐々に除去していく方法である．たとえば b と d のアルファベットの弁別学習*が困難な発達障害児に，アルファベットを一部に含む漫画の弁別を学習させた後，徐々にそれ以外の部分を除去していく（図）．最後に b と d を提示すると，ほとんど誤反応なしに弁別を形成することができる．

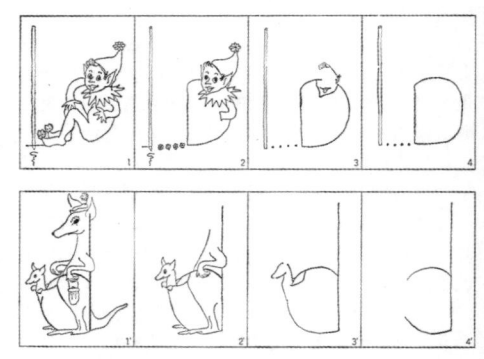

N. W. Bybel と B. C. Etzel が b と d のアルファベットの弁別学習に用いた刺激 (1973 年)

幼期分散［natal dispersal］　⇒ 分散

要求低減説［need reduction theory］　⇒ 動因低減説

陽極開放電位［anode break response］　⇒ 閾電位

養菌性アリ［fungus-growing ant］　⇒ ハキリアリ

幼形成熟［neoteny］　ネオテニーともいう．性的に成熟した個体でありながら，非生殖器官において未成熟な形態的特徴や行動的特徴をもち続ける現象．たとえば両生類は幼生の間えら呼吸を行い，その後変態*して肺もしくは皮膚呼吸に切

り替えるが，アホロートル（図）など一部の有尾両生類では変態をせずにえらを残したまま性成熟し，一生を水中で生活する種や個体が存在する．これらは形態学的な幼形成熟の例としてあげられる．また，イヌでは性成熟後も親しい個体同士の間で遊び行動が頻繁にみられるなど，若年期に特徴的な行動パターンが成熟後も消失しない．このような行動学的な幼形成熟は，イヌやネコをはじめとした伴侶動物*において顕著に認められる．

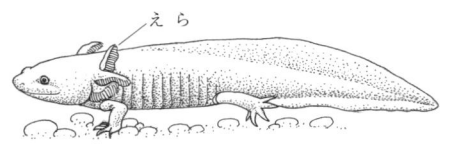

アホロートル（メキシコサラマンダーの幼形成熟個体）．成体になっても幼生期のえらをもっている．

幼児期健忘 [infantile amnesia, childhood amnesia] 幼児期に体験したことの記憶が形成されない，あるいは思い出せないこと．一般に3歳以前に起きた出来事の記憶に生じるといわれている．原因として，幼児期は言語的能力が未発達であるため記憶の体制化がうまくなされないとする考え方や，記憶の固定にかかわる脳領域が未発達であるために，長期記憶*として情報が保持されないとする考え方などがある．

養子取り [adoption] 自分自身の子ではない同種の子に継続的な給餌や保護を行う現象のこと．魚類，鳥類，哺乳類などでみられる．早成性*の鳥の雛が自発的あるいは偶発的に巣を離れてほかの成鳥に育てられる例，哺乳類で本来の親がいなくなった幼獣を親以外の成獣が世話する例，ダチョウ，カモ類などで，一巣の雛の全部が乗っ取られた結果生じるものなどがある．また成鳥が隣りの群れの雛を餌でおびき寄せて誘拐し，群れのヘルパー*にしてしまうオオツチスドリの例など（図），保護する側の操作によるものもある．托卵*のように寄生された子を育てる場合や，雄が雌の婚外子を世話するものは養子取りには含まない．また協同繁殖*をする動物にみられるヘルパーなど，血縁選択*や互恵的利他行動*で説明できるものも含まないが，他親による保護（alloparental care）は含まれる．

幼若ホルモン [juvenile hormone, JH] 脱皮を抑制して幼虫の形態を維持させる昆虫ホルモンであり，脱皮ホルモン（molting hormone）の一つであるエクジソン（ecdysone）とともに変態*・成長を制御する．すなわち，通常は幼若ホルモンが脱皮を抑制して幼虫の状態にとどめているが，幼虫が十分に発育した後，幼若ホルモン存在下で同時にエクジソンが分泌されると幼虫の脱皮が起こる．さらに発育が進んで幼若ホルモン濃度が低下し，エクジソンのみが存在する状態になると，さなぎへの変態が起こる．幼若ホルモンは幼虫の脳後方にあるアラタ体（corpora allata）とよばれる部位から分泌される（図）．また，成虫では生殖器官の成熟に関与することが明らかになっている．一方のエクジソンはエクジステロイド（ecdysteroid）とよばれるステロイド類に属するホルモン前駆体であり，前胸腺からの分泌後に代謝されて機能を発揮する．

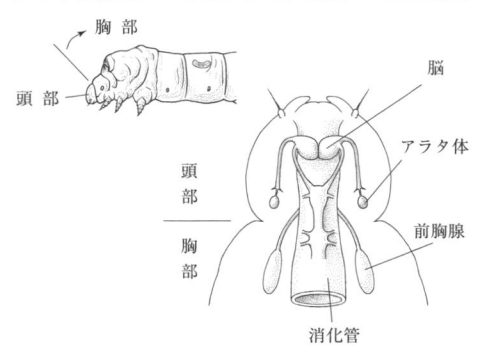

オオツチスドリの成鳥が，自分の群れに引き入れるために，他の群れの雛を餌で誘引しているところ

陽性強化訓練 [positive reinforcement training] ＝正強化トレーニング

要素間連合 [within-compound association] 事象内学習（within-event learning）ともいう．日常生活において，純音やノイズといった単純な刺激だけを受けることはむしろ少ない．食物を食べ

るときにも，嗅覚と味覚という異なる属性の刺激を同時に経験しているだろう．このように，異なる属性や特徴からなる複合刺激を経験したときに，複合刺激内の刺激要素間に形成される連合を要素間連合とよぶ．R. A. Rescorlaは，ラットやハトの古典的条件づけ*研究において，色と線分から構成される視覚的複合刺激を見せてから餌を与えるなどの手続きを用いて，条件刺激を構成している要素間にも連合が形成されていることを示した．こうした連合は，条件刺激と無条件刺激の間に形成される連合とは異なって，刺激の同時提示時に強く形成される．また，道具的条件づけ*における同時弁別課題において，同時に提示される弁別刺激間に形成される連合をさすこともある．

要素的学習 [elemental learning] ⇌ 形態的学習

陽電子断層撮像法 [positron emission tomography, PET] ポジトロン断層法，ポジトロンCTともいう．放射線を利用して身体の血流や代謝機能を調べる方法．陽電子を放出する放射性物質を血中に注入し，体内から放出される放射線（ガンマ線）を外部から計測する．脳内の局所血流量（regional cerebral blood flow, rCBF）が神経活動に伴って変化することを利用して，脳活動を調べることができる．また，体内に存在するさまざまな物質の一部を放射性同位体*に置換することで，局所的な代謝量や神経伝達物質*の放出量を計測することができる．放射性同位体には，陽電子を放出して崩壊する原子核種である ^{15}O, ^{13}N, ^{11}C, ^{18}F などが用いられる．崩壊に伴って線量が減少し信号が弱くなるので（たとえば ^{15}O は2分で半減），これを考慮に入れた実験計画が必要である．また，他の脳活動計測法に比べて時間解像度が低く，1回のスキャンに1分程度かかる．弱いものの放射線被曝があるため，同一被験者を頻繁に計測することは医療上必要な場合を除いて認められない．

用不用説 [use and disuse theory] ⇌ ラマルキズム，進化

揺籃〔ようらん〕[leaf cradle] オトシブミ科の母虫が，卵・幼虫・蛹などを乾燥や天敵の攻撃から防ぐために寄主植物の葉を巻いて作る巣のこと．完成後に地上に切り落とされる場合も多く，それが古人の巻き文に似ていることから"落とし文"と俗称される．母虫はこの中に1〜数個，ときには10個以上の卵を産みつける．幼虫は内部を食べて成長し，成熟すると揺籃の中（オトシブミ*類）あるいは脱出して土の中（チョッキリ類）でさなぎになる．母虫は，オトシブミ類では葉の一部を大顎で噛み切って幾何折紙の一技法である"らせん折"を巧妙に取入れた独特の方法で円筒形の揺籃（図）を，チョッキリ類では1〜数枚の葉を葉巻状に巻いた単純なものから，ときには数十枚の葉を複雑に加工して10 cmを超す大形の揺籃を作る．チョッキリ類のなかには，自身は揺籃を作らず，他のオトシブミやチョッキリの揺籃中に産卵する労働寄生*種もある．寄主植物の葉で揺籃状の巣を作る植食性昆虫はほかにもみられるが，どれも幼虫自身が作る点でオトシブミ科のものとは異なる（⇌リーフシェルター）．

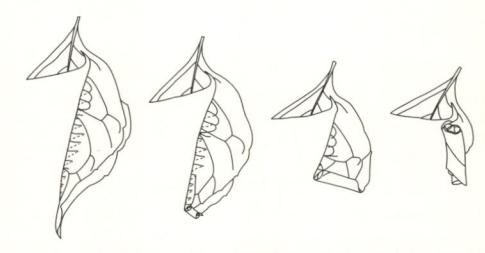

エゴツルクビオトシブミの揺籃作りの過程．オトシブミは器用に葉を巻いて，卵や幼虫を保護する巣（揺籃）を作る．

ツノハシバミの枝に作られたナミオトシブミの揺籃．長さ2〜4 cm．

用量 [dosage, dose] 薬物や化学物質の一定の分量．薬理学では，体内に入った薬物の量/体重（mg/kg）という形で表記することが多い．薬物の用量・濃度とそれによって生じる生物学的効果との関係を示す曲線を，**用量反応曲線**（dose-response curve）という（図）．このとき，横軸は薬物の用量もしくは用量の対数（log），縦軸は測定された薬理効果（反応）もしくは効果が認められた個体の割合となっており，薬物の作用強度，最大効力，反応の変化勾配などを知ることができる．

集団のうち50%の個体で効果が認められる用量を半数効果用量(effective dose for 50% response, ED_{50})といい，投与した個体の半数が死亡する用量を半数致死量(lethal dose 50, LD_{50})という．一方，最大効力の50%の効果を示す薬物の濃度のことを半数効果濃度(effective concentration for 50% response, EC_{50})という．

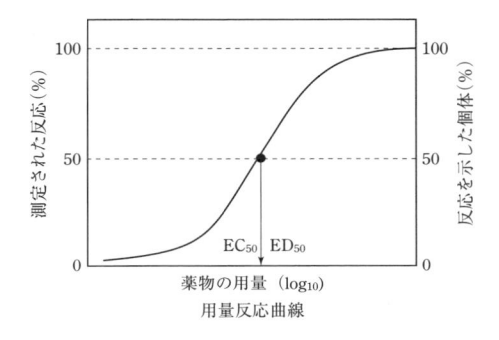

用量反応曲線

用量反応曲線[dose-response curve] ⇌ 用量
抑制[inhibition] ⇌ 制止
抑制性シナプス[inhibitory synapse] シナプス伝達によって，後細胞の興奮性が低下し，活動電位*の発生を抑制する方向に作用するとき，そのシナプスを抑制性シナプスとよぶ．後細胞の膜電位に電位変化が生じる場合，それを抑制性シナプス後電位(inhibitory postsynaptic potential, IPSP)とよぶが，必ずしも細胞膜の分極を強める(過分極性の)電位であるとは限らない．GABA(γ-アミノ酪酸*)やグリシン(アミノ酸の一種)などを伝達物質とする場合が多い．シナプス後細胞表面にある受容体と特異的に結合し，後細胞のCl^-イオンやK^+イオンの透過性を高めることよって，活動電位の発生を抑制するもの．S. R. Cajal*によりニューロン説が提唱された20世紀当初は，興奮性シナプス*だけが想定されていた．その後，興奮性シナプスだけでは脳は活動度が高まる一方であって情報処理の機能を果たすことができないと指摘され，抑制性シナプスが理論的に予測されるようになった．この存在を実証したのがJ. C. Ecclesであり，彼は脊髄の反射弓*の解析から抑制性シナプスとシナプス前抑制の双方を見いだし，その業績によって1963年のノーベル賞をA. F. Huxley, A. L. Hodgkinと共同受賞した．
抑制性シナプス後電位[inhibitory postsynaptic potential, IPSP] ⇌ 抑制性シナプス

ヨークト・コントロール手続き[yoked-control procedure] ＝連結制御手続き
予見的符号化[prospective coding] ＝展望的符号化
欲求[desire] 特定の動因*によってつくり出され，動物の行動を動機づける内部的因子(⇌動機づけ)．たとえば，空腹動因は食物に対する欲求をつくり出し，食物を獲得するための欲求性の行動*や完了反応*を動機づける．この場合，動物が食物を摂取する完了反応により，欲求は満足し，空腹動因は低下する．動物は，欲求が満足するときに快の情動(hedonics)を経験する．逆にいえば，快の情動を喚起する刺激に対して，動物は欲求をもつ．たとえば，空腹のラットに対して道具的条件づけ*を行い，レバーを押して食物報酬を得るように訓練したとき，報酬*を得たときに経験する快の情動が大きくなればなるほど，報酬に対するラットの欲求も増大していくようにみえる．しかし実際には，欲求と快の情動は異なる脳の回路で処理される相互に分離可能な過程である．たとえば，ラットの視床下部外側野を通過するドーパミン*ニューロンの軸索を破壊すると，このラットを空腹にしたときの食物に対する欲求性の行動は著しく低下するが，このラットの舌の上に直接食物を置いてやると，舌鼓をうつような快の表情*を破壊前と同様に示す．逆に同じニューロンの軸索を(今度は破壊せずに)刺激すると，舌の上に食物を置いたときの快の表情は変化しないが，食物に対する欲求性の行動が上昇する．したがって，欲求をつくり出すうえでドーパミン投射回路は重要であるが，快の情動そのものはドーパミン投射回路による支配を受けていないし，欲求とも独立な過程である．

欲求性の行動[appetitive behavior] 動物が目標を探索する行動であり，完了反応*に接続する．目標への到達が，動物の行動を欲求性の行動から完了反応に切り替える．たとえば，ラットは空腹になると一般活動性(general activity)を上昇させ，休みなく食物を探索する．これが欲求性の行動である．食物を発見すると，完了反応としてそれを摂取する．そこで満腹になるほど十分な食物が得られれば，再び空腹になるまで欲求性の行動は示さない．完了反応がステレオタイプ的であるのに対して，欲求性の行動には状況に応じて変化する柔軟性があり，一度中断してもまたそこから開始することができる．また，欲求性の行動は，

必ずしも活動的な行動ばかりではない．たとえば，ウスバカマキリ，カエルアンコウ，カメレオンのように，待ち伏せによって狩りをする待ち伏せ型捕食者*は，カモフラージュ*して獲物が来るのをじっと待ち，獲物が射程内に入ったときのみ，攻撃を示す(たとえば，カマキリであれば前肢を素早く打ちおろす)．自然環境における動物は欲求性の行動をしている間に学習を行う．食物を探索するラットは，どの道筋を通ると食物にたどり着き，どの道筋がそうではないのか，学習し記憶する．実験室においては，食物を求めて全力で走路を走る，迷路*の正しい道筋を記憶する，レバーを押す，などの行動を動物に訓練することができるが，このような道具的行動*は欲求性の行動の一形態である．中性的な刺激と嗜好性刺激*を対提示する古典的条件づけ*において動物が示すサイン・トラッキング*やゴール・トラッキング*もまた，欲求性の行動である．

欲求不満［frustration］　フラストレーションともいう．動物は，期待した結果が得られなかった場合や期待したほど好ましいものではなかった場合，一緒にいた他個体への攻撃行動や血中ストレスホルモンの濃度上昇を示すが，このような行動的・生理的反応の背後に存在すると考えられている情動である．動物が欲求不満の状態を嫌うことは，ラットに餌を報酬とした道具的条件づけを訓練した後に消去すると，その場から逃げ出そうとすることからわかる．また，欲求不満は欲求性の行動*を抑制する効果をもつ．ラットの迷路課題の報酬を，大好物のふすま粉の団子からあまり好まないヒマワリの種に切り替えると，最初からヒマワリの種を報酬として訓練した対照条件のラットよりも成績が悪化し，誤反応数が増大したり，ゴールに到達するまでに時間がかかるようになったりする．これを負の継時的対比効果(successive negative contrast effect)という．また，欲求不満は強化の到来を予告する弁別機能を獲得することもあり，これが部分強化効果*の生起メカニズムの一つと考えられている．

ヨハンソンの生物的運動　⇨生物的運動

弱い紐帯の強み［strength of weak ties］　社会学者M. Granovetterが提唱した，人間関係のネットワークにおいて弱い紐帯は強い紐帯よりも強い情報収集力があるとする説(1973年)．紐帯(⇨グラフ)の強さは二人間の接触頻度や接触期間などで計られる．強い紐帯関係にある人というのは，社会環境が近い(職場の親友，同年代の親友，同地域の親友)ことが多いと予想され，弱い紐帯関係の人に比べてもっている情報の重複が多い．そのために弱い紐帯関係の人にアクセスする方が情報収集としてはよい．たとえば，求職活動において弱い紐帯関係の知り合いから有用な情報を得た人は，家族や親友といった強い紐帯関係から得た人に比べて多いことが実証的に調べられた．

3/4仮説［3/4 hypothesis］　不妊のカースト*がハチ目昆虫になぜ多いのかを血縁選択*で説明したW. D. Hamilton*の仮説(1964年)．ハチ目昆虫は半倍数性なので同父母姉妹が互いに3/4という高い血縁度で結ばれている．これは親子間の血縁度1/2より高いため，他の条件が同じならば，ハチ目の雌には子を残す代わりに妹を残す性質が進化しやすいとするもの(図)．本説はハチでは雌

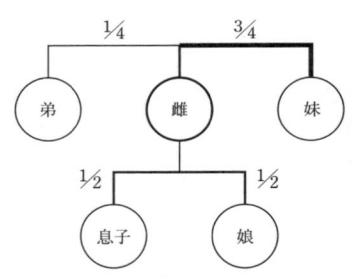

ハチ目昆虫の雌(中央の個体)からみた血縁度の非対称性

だけが，雌雄二倍体のシロアリでは両性が不妊カーストになる理由も説明している．しかしこの説には問題があった．ハチ目の雌にとって弟の血縁度は1/4しかなく(血縁度非対称性*)，もし性比*が1:1なら，雌からみた弟と妹の血縁度は平均すると1/2となり，親子間と変わらなくなるからである．したがって3/4仮説が成立するには，繁殖を完全に放棄する強い利他行動*を行う個体は性比をコントロールして血縁度の高い雌に偏らせる必要がある．R. L. Trivers*とH. Hareは，ここに不妊カーストの進化機構の対立仮説である血縁選択説と親による子の操作説を検証する鍵が存在するとした．血縁選択説が主張するように不妊ワーカーが自身の包括適応度*を最大化しているのなら性比は雌:雄=3:1になると予測される．一方，子の不妊化が親(女王)の適応戦略ならば，予測される性比は親にとって最適な雌:雄=1:1となる．この主張以来，社会性昆虫の性

比の研究は社会生物学*の焦点となった．理論の弱点が，逆に血縁選択の研究を活性化させたのである．ただしワーカーによる性比制御は，3/4仮説の理論上の必要条件でない．まずは雄を産む能力を保持したまま雌を産むことを止めた後で二次的に完全不妊が進化する場合には，性比を制御しなくても3/4仮説が成り立つからである．3/4仮説には実証的観点からの批判もあった．本説は単女王性の女王が1匹の雄とだけ交尾していることが成立条件だが，多くの真社会性ハチ目はこの条件を満たしていない．しかし，ハチ目昆虫の系統樹を用いた比較研究で，不妊カーストの進化の初期状態においては3/4仮説の前提が成立したと報告されている．

ラ

ライオン [lion]　学名 *Panthera leo*. 食肉目ネコ科. ネコ科ではトラにつぐ大型種で, 雄で体重 150～270 kg, 雌で 110～180 kg に達する. 被毛は淡褐色から暗褐色の単色で, 尾に房毛があり, 雄は成長につれてたてがみが発達する. サハラ以南のアフリカとインドの一部に生息し, 熱帯雨林を除く多様な環境を利用する. プライド*とよばれる集団は血縁関係*にある複数の雌とその子ども, そして単独または複数の雄の群れ*からなり, 最大 30 頭程度になる. 季節的な繁殖期をもたないものの, 集団内の雌の発情・出産は同期し協同繁殖*を行う. 成長し出生集団を出た雄はなわばり*をもたずに放浪しつつ他プライドの雄と闘争し, 前の雄の追放に成功すると子殺し*によって繁殖機会を得る. ライオンは協同狩猟により大型獣も獲物にするが, 個体当たりの餌摂取量は必ずしも協同狩猟によって増えず, 高度な社会性にはむしろ子殺しへの雌の対抗戦略や他集団からのなわばり防衛が関連している.

ライト　WRIGHT, Sewall Green　1889.12. 21～1988.3.3　米国の集団遺伝学者, 進化学者. ロンバート大学とイリノイ大学で学んだ後, ハーバード大学バシィー研究所, 米国農務省畜産研究所, シカゴ大学, ウィスコンシン大学マディソン校において研究, 教育を行った. モルモットなどを用いた一連の育種実験により, R. A. Fisher* が主張する単一の遺伝子に対する選択圧ではなく, 相互作用しあう遺伝子ネットワークに対する選択圧が, 進化の過程で重要であるという考えをもつようになった. 近親交配実験を行う過程で, 経路分析の手法を開発したほか, 個体群の初期の遺伝的な変異が, 選抜の過程で小規模な分集団間の変異に置き換えられていくことに気がついた. 1931 年に遺伝子の相互作用に働く選択と分集団構造がもたらす進化過程を組合わせて, 進化の**三相平衡推移説**(three-phase shiftingbalance theory)を提唱した. この説によれば, 最初小さな分集団に分断された個体群は, 遺伝的浮動*により, それぞれの分集団がそれぞれ特有の遺伝的組成をもつようになる. その後, 分集団内に起こる選択によって各分集団間の差異が大きくなる一方, 分集団間の個体の移動により, 分集団間での選択が起こり, より適応度の高い分集団が生き残るようになる. 現実世界では, 遺伝的浮動と集団内・集団間の選択は順不同に, そして時として同時に働き, 進化の過程はより複雑なものとなる. Fisher と J. B. S. Haldane* とともに, 進化の総合説の構築に貢献した (⇌ 進化学統合). 1966 年に米国国家科学賞, 1980 年にダーウィン・ウォレスメダル受賞. 主著『集団の進化と遺伝 vol. 1～4』(1984 年).

ライト-フィッシャーモデル　[Wright-Fisher model]　⇌ 遺伝的浮動

ラジカル対機構 [radical pair mechanism]　⇌ 磁気感覚

ラチェットの原理　⇌ 性の 2 倍のコスト

ラック　LACK, David Lamberd　1910.7.16～ 1973.3.12　英国の著名な鳥類学者. ロンドン生まれ. ケンブリッジ大学で自然科学を学び, 大学を卒業すると高校の生物教師となった. 教師の仕事の合間に休暇を取って, ガラパゴス島へ赴き, ダーウィンフィンチ*を研究した. その後, 米国で E. Mayr のもとで過ごした. 戦争が始まると英国に戻り, 英国軍のレーダー部隊に勤務. 戦後, Lack は高校教師には戻らず, ガラパゴス諸島での研究業績が認められた結果, オックスフォード大学エドワード・グレイ野外鳥類学研究所をまかされ, 死去するまで所長を務めた. 1948 年にケンブリッジ大学で博士号を取得. 当時盛んに議論されていた動物の個体数の調節機構について, シジュウカラ*で得られたデータから, 個体群が密度依存的に調節されていることを示し, 動物生態学分野に大きな影響を与えた. また 1968 年に著した『Ecological adaptations for breeding in birds』で鳥の生活史戦略研究を大きく発展させた. ガラパゴスでのダーウィンフィンチの研究は, その後の Grant 夫妻らによるダーウィンフィンチの記念碑的な研究の基礎となっており, ガラパゴス諸島の鳥類相に関する研究は R. MacArthur と E. O. Wilson* による島嶼生物学の確立に大きく寄与した. 英国生態学会の会長を務め, 1972 年にダーウィン・メダルを受賞. 『ロビンの生活』(1943 年, 邦訳 1973 年), 『ダーウィンフィンチ

(1946年，邦訳1974年)，『進化——ガンカモ類の多様な世界』(1974年，邦訳1976年)など，鳥類学と進化について多くの一般書がある．

ラット [Norway rat, brown rat] 学名 *Rattus norvegicus*. ドブネズミともいう．ラットとは，もともと中型の齧歯目ネズミ科クマネズミ属 (*Rattus*) を示す語だが，日常的にラットといった場合，実験動物として家畜化されたドブネズミをさすことが多い．小型の齧歯目であるハツカネズミをマウス*とよび，ラットと対比されることが多いが，英名で rat, mouse という名前がついていても生物学的分類に基づいていないことも多い．野生種は茶色もしくは灰色の体毛をもつが，実験動物として最もよく使われているアルビノは1800年代初期に見つかったものをもとに繁殖させたとされている．現在，実験動物として使用されているラットにはいくつもの系統がつくられているが，最初のものは，米国に持ち込まれた実験用ラットが1906年にウィスター研究所に導入され，H. H. Donaldson によって確立された Wistar 系である．1925年には R. W. Dawley により，Wistar 系の雌と他の雄を交配して Sprague-Dawley (SD) 系がつくられた．さらに1915年，J. A. Long と H. M. Evans は野生で捕えたラットと Wistar 系雌を交配し，白毛に黒頭巾斑をもつ Long-Evans (LE) 系がつくられ(図)，特に行動学実験などで頻繁に使われている．これらのほかにもさまざまな疾患モデル系統がつくられ，医学研究で重要な役割を果たしている．マウスに比べて遺伝子組換えが難しいという難点があるが，マウスよりも性格がおとなしいため扱いやすく，大きさも適当であること，外科処置にも耐性が高いこと，そしてこれまで蓄積された情報の多さから需要は多い．また，マウスに比べると明らかに知能が高く，学習・記憶などの研究に適している．

Long-Evans 系ラット

Lana(チンパンジーの名) ⇒ 言語訓練

ラビング [rubbing] [1] 複数個体が体をこすり合う社会行動．クジラ類の多くの種は，体，胸びれ，吻，頭などで社会的接触を行う．そのうち接触部に摩擦が伴うものをラビングという．胸びれで相手の体をこすったり，体をこすりつけ合ったり，胸びれを交互にこすり合ったりする(図)．特に胸びれと体がこすれる場合を flipper rubbing または petting とよび，体表面をケアする衛生的機能ときずな*の形成・維持といった社会的機能をもつと考えられ，その点で霊長類の社会的グルーミング*や鳥類の相互羽づくろいに相当するといわれる．役割の交代が起こることもある．flipper rubbing は雄同士，雌同士，母子間でよく起こる．また，闘争後に起こると次の闘争までの時間が延長することから，なだめまたは仲直りの機能があるといわれる．交尾前に生殖孔付近をこすることがあり，性的な行動の一部としても行われる．[2] 対象物に体をこすりつける行動．野外では海底の砂利や砂・海藻など，飼育下では水槽の壁や床などが対象物となる．self rubbing, object rubbing ともよぶ．

flipper rubbing の様子．写真上のイルカが胸びれで下のイルカの腹をこすっている．

ラマルキズム [Lamarckism] ラマルク主義ともいう．フランスの博物学者 J. B. Lamarck (1744～1829年) が主著『動物哲学』(1809年) で提唱した進化理論．生物種が不変ではなく変遷するという主張としては最も早いものの一つで，進化論の元祖と位置づけられる．一方で進化が生じるメカニズムとしては，生物がよく使用する器官は発達し(用不用説 use and disuse theory)，それが次の世代に受け継がれること(獲得形質の遺伝)を主要因とみなしていた．現在ではこのどちらも誤っていたことが明らかになっている．Lamarck の進化論は啓蒙思想の影響を強く受けている．すなわち，生物は時間が経つにつれてより進んだ形に発展し，進歩していくという考え方である．こ

れによれば一番古い時代に登場した生物が，現在は一番進化した生物となっていることになる．Lamarck自身，1789年のフランス革命に熱烈に賛同して，みずからの貴族の称号を破棄し，終生にわたって革命を擁護していた．

ラマルク主義 [Lamarckism] ＝ラマルキズム
ラモン=イ=カハール ⇒ カハール

卵殻除去 [egg shell removal]　卵殻捨て行動 (shell-disposal behavior) ともいう．多くの鳥類は卵がふ化するとしばらくして卵殻を巣から運び出す．一般に卵殻の内側は目立つ白色をしているため，卵殻を巣内に放置すると巣の雛や卵の捕食率を高めてしまうことから，卵殻除去が進化したと考えられている．N. Tinbergen* らによるユリカモメの研究例が有名である(図)．親鳥が卵殻を捨てる場所が巣から遠いほど，捕食者に巣が見つかる確率が低下する．一方，遠くに卵殻を捨てに行くほど巣を離れる時間が長くなるため，巣が捕食の危険にさらされる．そこで親鳥は巣が捕食される確率を最も低くする最適な距離まで卵殻を捨てに行くと考えられている．また，コロニー性のユリカモメでは単独繁殖を行う鳥種よりも，卵殻を巣内にとどめておく時間が長い．これはふ化直後の濡れた雛が同種他個体に捕食されることから，雛の羽毛が乾くのを待つためであると考えられている．除去行動の有無と型には種差と個体差が大きく，卵殻を親鳥が食べることがあるほか，ガンカモ類・ミツユビカモメなどは卵殻を放置することが多い．

卵殻を捨てるユリカモメの親．卵殻は目立つので，捕食者に巣が見つからないように，離れた場所に捨てに行く．

卵殻捨て行動 [shell-disposal behavior] ＝卵殻除去

卵形嚢 [utricle] ⇒ 耳石器

乱婚 [promiscuity]　雄と雌がともに不特定多数の相手と性関係をもつように見える配偶システム．集団で繁殖行動を行う動物に多い．鳥類ではクジャクなどのキジ類，ゴクラクチョウ類，南米のマイコドリ・カザリドリ類などレック* 集団をつくる種で知られている．乱婚の動物では，雌雄間のつがい関係は存在しないか，短時間しか持続しない．交尾相手が互いに複数で規則性のある場合(多夫多妻* や複雄複雌の配偶システム)にも乱婚という言葉が使われることがある．乱婚では，どちらかの性が卵や子の世話をするか，両性ともまったく世話をしない．

卵生 [oviparity]　雌親が子を卵の形で産む現象．卵は母親の体外で発生・成長する．母親の体内で卵(胚)がある程度発生してから子として生まれてくる胎生* と区別される．一部のアザミウマやアブラムシ* のように，昆虫では状況に依存して卵生と胎生の両方を行うものがいる(アブラムシは有性生殖期は卵生で，無性生殖期は胎生で子を産む)．

卵巣 [ovary]　雌の体内で卵子をつくる器官(図)．エストロゲン* など性腺ホルモン* を分泌する内分泌器官でもある．哺乳類では個々の卵子はそれぞれが卵胞* という球状の細胞塊に含まれている．卵胞は下垂体からの性腺刺激ホルモン* により発達する．卵胞が大きくなるにつれ，そこから分泌されるエストロゲン量も増加するが，これにより発情状態となって雄を受入れるとともに排卵* が誘起される．卵子が排卵された後，卵胞は黄体へと変化して黄体ホルモン* が分泌され，妊娠の維持に役立つ．

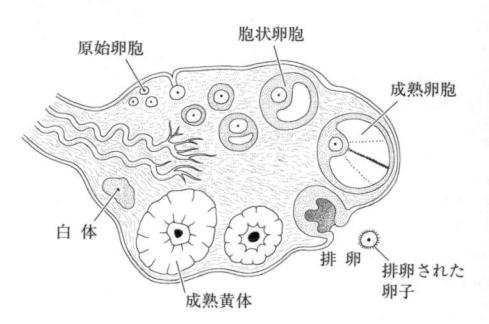

卵胎生 [ovoviviparity]　卵生と胎生との中間的な状態で，母親は卵ではなく子を産むが，体内で発生過程にある胎児に栄養や水分，酸素の供給をしない繁殖様式をさす．しかしながら，母体内での胎児への栄養や水分の補給の程度や，その構造や仕組みの発達の度合いにはさまざまな段階があることなどから，現在では卵胎生という用語は

使用されない傾向にあり，殻をもつ卵を産む場合を卵生*，子を産む場合を胎生*と二分化で表現することが多い．昆虫では幼虫産生性（卵ではなく幼虫を産む）という．脊椎動物においては，サメやエイを含む軟骨魚類，硬骨魚類のウミタナゴやグッピー*，爬虫類のうちトカゲやヘビを含む有鱗目の約20％，両生類のうち無尾類（カエル類）と有尾類（サンショウウオ類）のごく一部および無足類（アシナシイモリ類）の半数以上が卵胎生（胎生）である．無脊椎動物では，アブラムシ類，ニクバエ類，ゴキブリ類などの昆虫や，サソリ類に卵胎性（胎生）がみられる．卵胎生（胎生）は，さまざまな動物群において並行して何度も進化したと考えられており，たとえば，有鱗目ではマムシやコモチカナヘビでみられるように卵生から卵胎生（胎生）への進化は100以上の系統で独立に起こったと推定されている．

ランダムグラフ［random graph］ ⇌ ランダムネットワーク

ランダム効果［random effects］ 変量効果ともいう．一般化線形モデル*など線形の構造をもつ説明変数の加重和（線形予測子）をもつ統計モデルを作るときに使う概念で，実験者が意図している実験処理の効果（固定効果 fixed effects とよばれる）以外に，応答変数のばらつきを与える要因がもたらす効果．たとえば，複数の個体にある実験処理を施し，各個体から複数回の観測値を得たとしよう．このときの観測データには測定時などの誤差以外に，この個体差が原因となるばらつき（過分散 overdispersion）が生じる．この効果を無視して統計モデルを当てはめると偏った推定になることがある．近年の統計モデリングでは，推定結果に偏りが少なくなるように，このランダム効果をうまく組込むようになっている．

ランダム統制群［random control group］ 古典的条件づけ*の成否を判定する際に用いられる対照群の一つで，条件刺激*と無条件刺激*をランダムな順序で与える（提示する）ことをいう．通常，提示の回数は実験群を構成する各刺激の提示回数と同じである．たとえば，音と電撃を10回対提示することによって音への恐怖反応*を形成しようとする実験群に対し，ランダム統制群では，音と電撃を各10回バラバラに混ぜて提示する．もしも，実験群でランダム統制群より大きな条件反応*がみられたなら，実験群で古典的条件づけが生じたと結論づけることができる．ランダム統制群の使用によって，条件刺激を繰返し与えただけで反応が増大した可能性や，無条件刺激の繰返し提示によりその他の刺激に対する反応が増大した可能性（擬似条件づけ*）を，それぞれ排除することができる．（⇌ 真にランダムな統制）

ランダムドリフト［random drift］ ＝遺伝的浮動

ランダム並べかえ［random permutation］ ⇌ 無作為化

ランダムネットワーク［random network］ つながり方に明確な規則性をもたないネットワーク（⇌ グラフ）のことをさすこともあるが，P. Erdös と A. Rényi によって導入されたランダムグラフ（random graph）の意味で使われ，エルデシューレニィモデル（Erdös-Rényi model）ともいう．頂点数 N のランダムグラフは，$N(N-1)/2$ 個ある頂点のペアの組合わせについて独立に，確率 p で頂点間に辺を結ぶ操作を行うことで生成される．生成されるグラフの形は試行ごとに異なる．グラフの辺の数は平均 $N(N-1)p/2$ 本で，p の値が高いほど平均的な辺の数は増える．頂点数が十分大きいときに平均次数が有限の値であるような p（$=cN^{-1}$，c は定数でここでは $c>1$）において，典型的な生成例を考えると，グラフの次数分布はポアソン分布に従い，スモールワールドであり，クラスター係数*はほぼ0となる．ランダムグラフの拡張版として，任意の次数分布を実現するコンフィグレーションモデル*がある．ランダムグラフやコンフィグレーションモデルはしばしば現実世界のネットワークとの比較に用いられる．

ランダム分布［random distribution］ ⇌ 分布様式

乱動間隔スケジュール［random-interval schedule］＝乱動時隔スケジュール

乱動時隔スケジュール［random-interval schedule, RI］ 乱動間隔スケジュールともいう．前回の強化*の終了から，ランダムな時間が経過した後の最初の行動を強化するスケジュール*．すなわち一定の単位時間が経過すると，ある確率で強化可能状態となり，強化可能状態となった場合は，行動が生じれば直ちに強化するが，強化可能状態とならなかった場合は，次の単位時間が経過するまで何も起こらない．強化可能状態となるまでの時間の期待値とともに表記する．たとえば1秒経過するたびに $p=0.01$ の確率で強化可能状態となるのであれば，その状態になるまでの時間

の期待値は100秒なので，RI 100秒と表記する．結果的に変動時隔スケジュール*に似た手続きとなるが，あらかじめ設定時間を用意しておくのではなく，ランダムな設定時間を強化のたびに生み出す点で変動時隔スケジュールとは異なる．設定時間をランダムに変動させるために，コンピュータ言語の擬似乱数発生を利用することが多い．乱動時隔スケジュールで維持される行動は変動時隔スケジュールで維持される行動と類似している．

乱動比率スケジュール [random-ratio schedule, RR] 1反応当たりの強化確率が定められている強化スケジュール*．1回の強化に必要な反応数(比率)の期待値を用いて表記される．たとえばラットがレバーを押すたびに$p=0.02$，すなわち50分の1の確率で強化する乱動比率スケジュールはRR 50と表記する．変動比率スケジュール*に似た手続きではあるが，変動比率スケジュールのようにあらかじめ用意しておいた不規則な要求反応数の系列を用いるのではなく，行動が生じるたびにそれを強化するかどうかを確率的に決定する点で異なる．このような確率的な強化操作を行うために，コンピュータ言語の擬似乱数発生を利用することが多い．乱動比率スケジュールで維持される行動は変動比率スケジュールで維持される行動と類似している．宝くじなどの賭け事は一種の乱動比率スケジュールとみなすことができる．(⇆乱動時隔スケジュール)

ランドスケープイマージョン [landscape immersion] 動物の飼育施設だけでなく，来園者エリアも含めて一体的なデザインを行うことで，動物が生息する野生環境を訪れたかのような経験をさせる，動物園*における動物展示技法．たとえば，来園者通路の周囲にアフリカの森林や村を再現し，希少動物の保護の重要性を訴えるパネルを設置する．その園路を通った後でゴリラの放飼場をあえて樹木越しに見せる．そうすることで，来園者に実際にアフリカの森でゴリラに出会ったかのような経験を与え，保護の重要性を認識させることができる．人工的な見栄えの物や，来園者のエリアと動物のエリアを隔てる境界を巧妙に隠し，あたかも野生環境の中にいるような経験を与える．音響や映像を用い，よりストーリー性を帯びた展示にする場合もある．近年，多くの動物園で実施され，日本でも大阪市天王寺動物園やよこはま動物園ズーラシアなどでランドスケープイマージョンを意識した展示が作られている．(⇆行動展示，環境エンリッチメント，生態展示)

ランドスケープゲノミクス [landscape genomics] ⇆集団遺伝構造

ランドマーク [landmark] 空間内を移動する際に，目的地までの距離や方向の手がかりとなるような，外部環境に存在する参照点．認知地図*の構築において重要な役割を果たす．N. Tinbergen*による古典的な研究において，ジガバチの巣の周辺に松かさを円形に配置し，ジガバチが餌を取りに巣を離れた後に松かさの位置を移動させたところ，巣の位置ではなく移動した松かさの位置に戻ってきた．これは松かさがランドマークとして機能したことを示す．動物種によって用いやすいランドマークの種類は異なり，またランドマークのもつ情報をどのような方略*で用いるかが異なる．たとえば正方形状に配置された四つのランドマークの中央に報酬がある場合，人間は"正方形の中央に報酬がある"と考えるが，ハトは四つのランドマークそれぞれと報酬位置の方向・距離の情報を学習する傾向が強い．(⇆空間学習，空間記憶)

ランナウェイ説 [runaway hypothesis] 配偶者選び*がなぜどのようにして進化したのかについてのR. A. Fisher*による説(1915年)．たとえば雄が長い尾をもつような鳥の集団で，雌の間には，より長い尾をもつ雄を配偶相手として好む傾向があると想定する．その集団で，他の雌以上に強い選択性を示す雌は，結果として平均以上に長い尾の息子を産むことになる．彼らはより多くの雌によって配偶相手として選ばれ，多くの孫をつくることになる．その結果，選択性の強い雌の遺伝子は，より多くの孫をもちその選択性も広まることになる．その集団では，雄の装飾形質(この場合には長い尾)とその形質に対する雌の好みとは，一緒になって集団内に広がり急速に高い値へと進化する．進化遺伝学的な研究によると，このようなFisherのランナウェイ過程の結果，装飾形質を大きくしたり小さくしたりする進化的なサイクルを生み出したり，異なる装飾形質がつぎつぎと移り変わって流行するという進化が生じることが示されている．

卵斑 [egg marking] 卵模様(egg pattern)ともいう．鳥の卵の殻の色や模様．卵殻腺にて産卵直前にポルフィリンや胆汁緑素などの色素が沈着して形成される．元来，卵殻の強度を上げる機能

があると考えられるが，色味や模様などが信号としても機能する．砂礫地に直接産卵する種や，開放的な巣を作る種では隠蔽色*となっており，捕食を避ける機能があると考えられる．また，母系遺伝するため，雌が自身の産んだ卵と，他個体の卵を識別するためにも用いられる．特に托卵*鳥の宿主では，寄生を避けるために卵識別能力が発達しており，托卵鳥の卵の擬態を進化させる動因となっている．カッコウやカッコウハタオリでは，異なる種の宿主に托卵する雌間で卵斑が大きく異なっており，特定の種の卵にのみ擬態する母系の系統が種内に形成されている（図）．スズメなどでは，一腹の最後に卵斑が他と大きく異なる留卵とよばれる卵を産むが，すでに托卵を受けているかのように見せかけて托卵者の機先を制する同種内での托卵への対抗戦略ではないかと考えられている．

アオジの巣に托卵されたホオジロ卵擬態のカッコウ卵（上）と，ホオジロの巣に托卵されたアオジ卵擬態のカッコウ卵（下）．おそらくカッコウの母親が産む宿主を間違えたのだろう．

卵 胞 [follicle, ovarian follicle]　卵巣*に存在する卵母細胞とそれを取囲む卵胞上皮細胞の集団．発育段階に応じて原始卵胞，二次卵胞および卵胞に大別される．卵胞からはエストロゲン*が分泌され，雌性副生殖器（卵管，子宮，膣など）の発育促進，二次性徴*の発現などをひき起こす．卵胞の発育に従い血中のエストロゲン濃度は増加する．十分に発育した卵胞から分泌される大量のエストロゲンが刺激となって下垂体前葉からの黄体形成ホルモン*（LH）の一過性大量分泌（LHサージ）がひき起こされ，このLHサージによって卵胞からの排卵*が誘起される．排卵後の卵胞は黄体化し，卵巣は卵胞期から黄体期*に移行する．

卵胞刺激ホルモン　[follicle-stimulating hormone, FSH]　⇌ 性腺刺激ホルモン

卵胞ホルモン　[folicle hormone]　= エストロゲン

卵模様　[egg pattern]　⇌ 卵斑

リ

利益 [benefit] =ベネフィット

リオ宣言 [The IAHAIO Rio Declaration] ⇒ プラハ宣言

利害対立 [conflict of interest] ⇒ 進化的利害対立

リクルーター・ジョイナーモデル [recruiter-joiner model] 群れ生活*によって生じる利益を多く得る個体(リクルーター)と，収支に応じて群れに参加するか単独生活をするかを選択する個体(ジョイナー)間の社会交渉を分析する数理モデル．社会的採餌や繁殖の偏り*に関して用いられる．群れを形成する個体は，群れ生活によって餌資源や繁殖機会などの利益を得ることができる．その利益は，群れの構成個体間で均等に分配されるわけでなく，優位個体が利益の大部分を得る．この際，優位個体が利益を完全に独占できる場合とできない場合が考えられる．前者の場合，優位個体は利益の一部を劣位個体に譲渡することによって，劣位個体を群れにとどめて群れを維持することができる．後者の場合，利益の分布は個体間の競争によって決定される．これらの仮定のもと，リクルーターおよびジョイナーの収支を分析することによって，各個体の適応的な行動選択，群れの安定性，個体が行動選択した結果として生じる群れサイズなどを数理的に予測することができる．

リクルート行動 [recruitment behavior] 招集行動ともいう．社会性昆虫*のなかでも特に高度社会性昆虫とよばれることがあるアリ，ミツバチとシロアリにしばしばみられる，餌場や引っ越し先などに仲間を導く行動．他個体を直接運搬する行動から，道しるべフェロモン*を用いた化学的なもの，タンデム歩行*のように物理・化学的な刺激の両方を使ったもの，ミツバチのダンス*のように抽象化された言語を用いるものまでさまざまである．狩りバチなどの他の社会性昆虫では，まれにしかみられない．また巣が攪乱されたときに幼虫などを運ぶ行動を除くと，アリにもリクルート行動をしない種は多い．

Rico (イヌの名) ⇒ 言語訓練

利己性 [selfishness] ⇒ 利己的行動

利己的遺伝因子 [selfish genetic element] ゲノム上で転移する遺伝因子(transposable element)はトランスポゾン(transposon)として多く知られており，その実態はウイルス由来の遺伝子が宿主ゲノムに組込まれたものである．カット&ペーストでゲノム上を移動する．RNAウイルス由来の場合は逆転写酵素で宿主ゲノムに組込まれることから，レトロトランスポゾン(レトロポゾン)とよばれ，こちらはコピー&ペーストで移動する．これらの遺伝因子(宿主のDNAに組込まれた後は領域または因子となる)は，宿主に対する病毒性は発揮しないが，宿主の資源(核酸，DNA複製酵素系など)にただ乗りして宿主ゲノム上でみずからのコピーを増やすため，利己的遺伝因子とよばれる．ゲノム上にコピーを飛ばすときに，周辺の遺伝領域を伴って転移するので，宿主ゲノム上で遺伝子重複をもたらしたり，宿主遺伝子の調節領域にコピーが挿入されたりすると代謝系を大きく変えることもあり，宿主のゲノム進化には少なからず影響を与える．また，レトロポゾンは元の遺伝領域は残るので，ある分類群の分子系統樹を作成するときには，系統分岐の順序関係を決めるのに大いに役立つ．トランスポゾンを発見したB. McClintockは1983年にノーベル生理学・医学賞を受賞した．

利己的遺伝子 [selfish gene] 自然選択*の単位が遺伝子であることを示すために，英国の進化生物学者，R. Dawkins*が1976年の同名の著書で提唱した比喩的概念．包括適応度*の概念や利他行動*の進化を直観的に理解できるため，生物学界を超えて広く一般にも知られるようになった．進化理論の数理的解析に習熟していない野外生物学者たちの観察的研究を刺激し，従来の集団選択(⇒ 群選択)や自然の予定調和的なイメージからは予想しにくいさまざまな行動(同種内の子殺し*，資源競争，だまし*行動，配偶者選び*など)を発見するきっかけとなった．反面，生物個体は利己的にふるまうように進化するといった誤解も招き，哲学者なども巻き込んだ論争をひき起こした．Dawkinsはこの概念をさらに発展させ，表現型は当該の生物個体に限定されず造作物や宿

主にも及ぶとする"延長された表現型*"概念や, 自己複製子があればこの宇宙のどこでもダーウィン的進化過程が生じるとする"普遍的ダーウィン理論"などを唱えている. (⇌ ミーム)

利己的行動 [selfish behavior] 個体の適応度*を上げ, 他個体の適応度を下げる性質(⇌ 社会進化)を利己性(selfishness)とよび, それが行動に現れたものを利己的行動とよぶ. 利他行動*の反意語. 適応度はふつうその集団平均値に対する相対適応度として定義されるので, 個体選択*により進化する適応形質は, その性質をもたない同種他個体の相対適応度を下げるという意味で, 少なくとも集団に広がる過程においては原理的にすべてが利己的である. 遺伝情報の複製単位である遺伝子に着目すれば, このことはより明瞭になることから, R. Dawkins* は自然選択説の比喩として"利己的遺伝子*"という概念を提唱した. 一方, 攻撃行動や共食い*のように, 行動を示した個体と他個体の適応度に与える影響の因果関係が直接的で明白な場合だけをさして利己的行動とよぶ場合もある. しかしこのような性質でも, 定義に厳密に従うとそれが真に利己的かどうかは自明でない場合もある. 攻撃はしばしば自身の適応度にコストをもたらす(⇌ タカハトゲーム)し, 共食いが実は利他行動とみなせる状況も考えられるからだ.

利己的集団仮説 [selfish-herd hypothesis] 動物の群れ形成は, 個体が捕食される危険を低下させようと利己的に行動することで生じるとする理論. 1971年に W. D. Hamilton* が最初に提唱した. この理論では, 捕食される危険の高い危険領域(domain of danger)を隣り合う個体との距離に応じて想定し, 各個体がその領域を小さくしようと利己的に位置を移動することで群れ形成が生じると考える. この理論は, 単独個体や群れの周辺部の個体は, 群れの中心部の個体より危険が大きく, 群れの中心へ移動した方が食べられる危険が小さくなるため, 捕食される危険が大きいと群れが大きく高密度になることや, 優位な個体は群れの中心部に位置することなどを予測する. 実際 GPS(地理情報システム*)を装着したヒツジを牧羊犬に追わせたところ, 予測通りに群れの中心に移動する行動が観察されたなど, これらの予測は定性的には多くの動物で支持されており, 捕食回避の観点からは, 群れが利己的な行動をする個体の集合であるという考えは一般に受入れられている. (⇌ 群れ生活)

利己的処罰 [selfish punishment] ⇌ 処罰

利己的な餌 [selfish prey] 敵に襲われると動かなくなる行動を不動*とよぶ. 複数の生物が同じ資源上で共生する状況では, 動く餌に反応する捕食者は, 動かない餌に興味を失う. その結果, 捕食者の興味は近くで動く別の個体に移り, 不動行動を採用した個体は生存できる. つまり, 動かない個体は隣人を犠牲にする利己的な餌といえる. この原理は異種の個体間でも作用する. 動かなくなる少数の利己的な餌が入り込むことで群集サイズにも影響を及ぼす. 同様の, 自身が捕食されないための個体の利己的な行動で形成されうる形質には, 群れがある(⇌ 利己的集団仮説).

離散試行訓練 [discrete-trial training] ⇌ 離散試行手続き

離散試行手続き [discrete-trial procedure] 離散試行訓練(discrete-trial training)ともいう. 試行*を明確に規定し, 反応*の機会を統制する手続き. 統制オペラント手続き(controlled operant procedure)ともよばれる. 反応は1試行につき基本的に1反応ずつ試行間間隔*によって分離されており, 離散変数として記録される. 反応の測度としては, 一つ一つの反応の属性である正誤(の確率)や, 潜時*, 走行時間, 強度などが用いられる. おもに走路や迷路など, 試行の際に動物がその場面に運ばれるタイプの実験装置が用いられるが, オペラント実験箱*においても装置内の刺激状態を変えることで可能である. 一方, オペラント実験箱において多く用いられるフリーオペラント手続き*では, 反応の機会は制限されず, いつでも自由に反応できる. 測度はおもに反応率*や選択肢間の時間分配である. 離散試行手続きの長所は, 反応間の時間や, 前の強化*と次の反応の間の時間を統制できることである. 離散試行手続きとフリーオペラント手続きの違いについて日常の例で考えると, ある人のマラソンという活動について調べるとき, 決まった期日に開かれる(定期的な場合もある)大会などで走ってもらい, その大会での順位や記録などを調べるのは離散試行手続きにあたり, 一方, 好きなときに走ってもらい, どのくらいの頻度で(たとえば週何回の割合で)走っているかを調べるのはフリーオペラント手続きに相当するといえばイメージしやすいかもしれない.

利潤率 [profitability] ⇌ 最適採餌理論

梨状様皮質［piriform cortex］⇌ 感覚皮質

リスク［risk］ 学問領域によって定義は異なるが，大きくつぎの四つにまとめられる．1) 生命や健康に対して望ましくない危害を与える事象，2) 望ましくない事象の程度とそれが起こる確率の積，3) 環境の不確実性，4) 利得や損失が起こる確率．日常生活では1)の定義が浸透しているが，リスク心理学では2)の定義が，生態学では3)の定義が，経済学や意思決定研究においては4)の定義が用いられている．3)の，環境の不確実性とは，たとえば降雨や雪解けの後生じる一時的な水たまりに繁殖するサンショウウオにとってはその水がいつまで持続するか不確実であることや越冬する植物の種子にとって来春の発芽に十分な降雨があるか不確実であることなどである．2)，3)，4)の定義においては，確率が要素として含まれている．4)の定義におけるリスクは，利得がある場合にも適用され，必ずしも損失面だけを扱っているわけではない．なお，経済学者のF. H. Knightは，事前に確率分布についての情報はあるが実現値がわからないような場合を"リスク"とよび，一方，実現値だけでなく確率分布についての情報もわからない場合を"不確実性"として区別することを提唱した(1921年)．

リスク回避［risk aversion］＝嫌リスク

リスク感受性［risk sensitivity］ 採食行動*における動物の意思決定*を特徴づける行動形質(戦術*または戦略*)の一つ．自然界では，餌がいつでも確実に手に入るとは限らない．量Aの餌が確率$p<1$で手に入ると予測できる場合，この餌にはリスクがあるという．長い目で見れば，量の期待値($A \times p$)が餌の良さを最もよく表すと考えることが合理的である．しかし期待値と等しい量($A \times p = B$)の餌を確実に与える選択肢を用意し，どちらがより多く選ばれるかを調べてみると，必ずしも等しくはならない．動物のエネルギー備蓄の状態や他種との資源競合の状況に応じて，選択には偏りが生じる．一般に，備蓄が少なく確実な量では餓死の危険があるとき，リスクがあっても大きな餌の選択肢を選ぶ傾向が強まる．これは**エネルギー経費則**(energy budget rule)として知られ，リスク感受性はその場の状況に応じて変化する戦術であると考える．他方，資源競合の恐れが少ない生態的地位にある種は，リスク回避を戦略としてとる場合がある．ボノボ*は近縁種のチンパンジー*に比べて高いリスク回避を示すが，これはボノボが植物食に偏る採餌を行うためだと考えられている．行動経済学・神経経済学でもほぼ同じ意味で用いられるが，確率pについて信頼度の高い推定をもつことができない場合，**不確実性**(uncertainty)とよび，単にリスクがある事態とは区別される．なお，捕食者におそわれる事態も捕食リスクとよばれるが，これは採餌のリスクとはまったく別である．

リスク嫌悪［risk aversion］＝嫌リスク
リスク志向［risk proneness］＝好リスク

リスク分散［risk spreading］ 生物が生存・繁殖するうえで，環境の不確実性(uncertainty)により失敗する可能性があるときの対処法の一つで，複数の投資先に資源を分散させること(両賭けbet-hedgingともいう)．昆虫の母親が複数のパッチの寄主植物に分散して産卵することや，魚類で雄が卵保護をする種では雌が複数の雄の巣に産卵することなどが該当する．毎世代どこかのパッチは災害や大型動物による捕食などで壊滅するので，常に子どもの一部が死滅するコストを払うことになるが全滅を免れることができる．リスクに対処する他の方法としてリスク回避(⇌嫌リスク)がある．

リズム［rhythm］ 生命活動には長短さまざまなリズム現象がみられる．周期は，1年，1月，1日から，数時間，分単位，秒単位，ミリ秒単位まである．多くのリズムは環境が変化しなくても発現するので，内発的である．たとえば，1日単位のリズムは24時間ぴったりではなく，正確には1～2時間ほどずれた固有周期を示し，それゆえ"概"日リズムとよばれる．概日リズム*は外的環境の日周変動に同調することができ，そのため正確な24時間周期を刻む．つまり，内発的な固有周期性と外的要因による変調性との二面性をもっている．概日リズムは，個体レベルの活動性に現れるが，細胞レベルの遺伝子発現調節ですでに認められる．一方，短周期であるミリ秒単位のリズムは，たとえば神経細胞の膜電位における興奮や発振現象である．これは膜電位依存性のイオンチャネルに基づくことが知られている．生物リズムの特性は，化学反応が時計であることと，刺激によりかき乱されても元の周期と振幅に復帰することである．個体は細胞というリズム体の，生物集団は個体というリズム体の集団挙動とみることができる．脳波*，心臓の拍動や細動，ホタルの集団発光*，植物の一斉開花結実などは，その

例である．細胞をはじめとする生命システムには多くの場合，時間スケールの異なる別の周期性が共存する．したがって生命システムは，単一周期のリズム体というよりは多重周期のマルチリズム体としてとらえられるべきである．興味深いのは，多重な周期性が全体としてどのように組織化されているかである．

理想自由分布 [ideal free distribution, IFD] 動物個体が，複数の生息地全体について完全な情報をもち，生息地間を自由に移動して，最も好ましい生息地を選ぶと仮定したときの，生息地全体における個体の理論的分布のこと．ある生息地内の動物の密度が増加すると，その生息地の好適性は減少すると仮定する．進化的安定戦略*の結果として理想自由分布は一意に定まり，個体が分布するすべての生息地において各個体は同一の利得を得ると期待される．（⇌ 生息場所選好）

離巣性 [precocial] ⇌ 離巣性/就巣性

離巣性/就巣性 [precocial-altricial spectrum] 早成性/晩成性ともいう．ふ化直後の雛あるいは誕生直後の新生動物の状態および発達レベルを示す用語．元来鳥類の特性を示す言葉だが，哺乳類にも用いられている．鳥類において離巣性(precocial)とは，雛がふ化直後にすでに自分で歩き巣を離れることが可能なほど発達した感覚・運動器官をもつことを示す（ツカツクリ，キジ，ガン・カモ類など）．就巣性(altricial)は生後またはふ化後，しばらくの間自分では動けず巣にとどまり，親から給餌を受ける必要があるような未熟な状態で生まれてくる性質をいう（スズメ目など）．器官発達に加えて巣離れや採餌・給餌を基準とした中間の分類として半離巣性(subprecocial)・半就巣性(semialtricial)を用いる場合もある．哺乳類では，有蹄類，霊長類は離巣性，齧歯類，食虫類などが就巣性に分類される．ヒトは成熟した感覚器官と未熟な運動器官をもち親の世話を必要とすることから"二次的就巣性"として他の霊長類と区別して扱う場合がある．

理想専制分布 [ideal despotic distribution, IDD] 理想自由分布*の自由移動に関する仮定を変えて，先住個体の攻撃行動によって侵入個体がある生息地に自由に入れない場合の，パッチ状の生息地全体における個体の理論的分布のこと．理想専制分布の理論では，侵入個体にとっての生息地の見かけの好適性を考え，見かけの好適性が高い生息域を侵入個体が選択すると仮定する．見かけの好適性は真の好適性に比例し，先住個体が多く生息地の密度が高いほど低下する．平衡状態では，見かけの好適性がすべての生息地で等しくなる一方で，真の好適性は必ずしも生息地間で等しくならず，密度の高い生息地の好適性が高いことが予想される．（⇌ 生息場所選好）

利他 [altruism] ⇌ 社会行動

利他行動 [altruistic behavior] 個体の適応度*を下げ，他個体の適応度を上げる性質(⇌ 社会進化)を利他性(altruism)とよび，それが行動に現れたものを利他行動とよぶ．**自己犠牲**(self-sacrifice)ともいう．利己的行動*の反意語．アリのワーカーにみられる不妊*性は利他性の最たる例だとされる．その存在が自然選択*説では説明が困難に思えるため，C. R. Darwin*以来の進化生物学上の難問とされ，血縁選択*説などを生んだ．定義に厳密に従うと，ある性質が利己的か利他的かは直感に反する場合もある．たとえば，貯穀害虫にみられる未成熟個体を共食い*する行動は，一見利己的行動のようにみえるが，周囲の個体(自身の子も含む)の密度を下げることが，もし同じ穀物貯蔵庫にすむ同種個体群の存続確率を高めるならば，利他行動とみなせるという意見もある．また，雌に偏った性比*で子どもを産む母親は，同じ交配グループのなかでは雌雄等数で産む母親より適応度(この場合，孫の数で測れる)が低いが，交配グループの他の母親の適応度(孫数)を増加させるので利他的とみなせる．このように，背景の環境条件を抜きに性質が利己的か利他的かを判断するのは好ましくない．

利他性 [altruism] ⇌ 利他行動

離脱症候群 [withdrawal symptom] ＝離脱症状

離脱症状 [withdrawal symptom] 退薬症状，離脱症候群，禁断症状(abstinence symptom)ともいう．依存性のある薬物などを長期間にわたって使用もしくは乱用した後に，急に中断または減量することで生じるさまざまな症状．身体依存の一つ．退薬から数時間〜数日後に出現し，身体症状は数日間で回復するが，離脱症状に伴う情動不安や抑うつ症状は数週間にわたって続く．薬物によって，その離脱症状は異なる．たとえば，たばこに含まれるニコチンの離脱症状には，たばこを吸いたいと強く思う(渇望)，イライラや集中力の低下，落ち着かない，不安，頭痛，眠気などがある．一方，アルコールの離脱症状には，手や指のふるえ，自律神経系*の過活動による頻脈や発汗，

神経過敏や不安，激越*，気分の落ち込み，睡眠の障害，吐き気などがみられる．このような状態になると，離脱症状が現れないようにするためにその薬物を摂取するようになり，身体依存が悪化していくという悪循環に陥る．重篤なアルコール離脱症状には，失見当識，幻覚，けいれん発作などがあり，命にかかわる場合もある．適切な減薬スケジュールに従って，身体症状を緩和する薬を併用することで，離脱症状を抑えることは可能である．

利他的処罰［altruistic punishment］ ⇌ 処罰

利得行列［payoff matrix］ 集団中に複数の戦略*があり，各個体はある戦略を採用しているとする．2個体が出会い，各個体の戦略に応じて社会的相互作用を行った結果，利益やコストが生じる．これを利得とよび，自分と相手の戦略ごとの利得を行列で表したものを利得行列という．n 種類の戦略があるなら $n \times n$ の利得行列となる．2者間関係が非対称な場合（たとえば男女や階層）も利得行列で表すことができる．利得が適応度*に関係すると進化ゲーム（⇌ ゲーム理論）が適用可能となる．

離乳［weaning］ 哺乳類の子がおもに母乳を飲んで生活している状態（⇌ 授乳）から，自立して生活できるようになること．子は離乳に向けて徐々に本来の食性のものを食べるようになる．コアラやパンダなど草食動物を中心に母親の糞を食べる行動もみられるが，これは植物を消化できる微生物などを母から受け継いで腸内環境を整えるためだと考えられている．母は離乳に向けて子の授乳をしだいに避け，子を追い払うようになる．離乳後はつぎの出産に向けて再び発情周期*が回り始める．

リハーサル［rehearsal］ 記憶した内容を何度も思い出すこと．記憶情報を短期記憶*として保持しておくためになされる．リハーサルが行われることにより，記憶情報は短期記憶から長期記憶*へと移行するとされている．単純に反復して想起するだけのものは維持リハーサルとよばれ，情報をより深く処理し，他の記憶に関連づけるようなリハーサルは精緻化リハーサルとよばれる．短期記憶から長期記憶への転送にかかわるのは，精緻化リハーサルである．

リーフゴール［leaf gall］ ⇌ リーフシェルター

リーフシェルター［leaf shelter］ おもに昆虫の幼虫が生育に厳しい気象条件や天敵から身を守るために葉で作られた構造物．芽や若い葉を加工して作ったリーフシェルターは，内部に当たる光が少ないため植物が光合成で被食防御物質を十分に生産できず，正常展開葉よりも柔らかくて毒性物質が少ない傾向がある．チョウ類の幼虫は糸を紡いで複数枚の葉をつづり合せたり，葉を巻いたりする．ツムギアリの成虫は，幼虫の紡ぐ糸を用いて複数の葉をつづり合わせ，コロニーのためのリーフシェルターをつくる（⇌ 造巣［図］）．ハネナシコロギスやハダニ類なども糸をつづってシェルターを作る．アブラムシ類やタマバエ類，タマバチ類などは葉の組織の成長を異常にすることで葉の形を変え，糸を使わずにリーフシェルターを作る（リーフゴール leaf gall）．自分自身でシェルターを作らなくても，シェルターの利用で利益が得られるため，しばしば同種他個体や異種生物など多様な生物がすみこむ（⇌ ニッチ構築）．

リボ核酸［ribonucleic acid］ =RNA

リボザイム［ribozyme］ ⇌ RNA

リボソーム RNA［ribosomal RNA, rRNA］ ⇌ RNA

リモートセンシング［remote sensing］ ⇌ 地理情報システム

略奪行動［piracy］ ⇌ 海賊行動

略奪者［pirate］ ⇌ 奴隷制

粒子遺伝［particulate inheritance］ ⇌ 遺伝

粒子群最適化法［particle swarm optimization, PSO］ 鳥や魚，昆虫などの生物の集団行動にヒントを得た多点探索型の最適化法の一つ．複数の個体を同時に動かし，個体レベルで獲得する情報と群れ全体で共有する情報を組合わせることで解探索空間における最適解を求めるアルゴリズムである．個体 i は解空間を動き回りながら，それまでに自身が発見した最良解の値 V_i とその位置 P_i を更新する．また，常に全個体の情報を比較し，そのなかで最もよい解の値 V_G とその位置 P_G を共有する．個体 i の移動方向は①自身がもつ現在の方向ベクトル，② P_i への方向ベクトル，③ P_G への方向ベクトル，を合成することで逐次更新される．ただし，①には定数 C_1 が，②③には重みづけ係数 C_2, C_3 および一様乱数がかけ合わされる．C_1 が支配的な場合は慣性的な動きになるため解空間探索範囲が広くなるが，C_2, C_3 が支配的な場合は準最良解，最良解周辺の空間を探索することになる．C_1, C_2, C_3 間のバランスを適切に調整したり，時間的な変化を加えることで広い探

索空間の中から最良解を求めることができる．この方法は発見的手法であり，解析的に求めるアルゴリズムではないため，求められた解が真に最適解であるという保証がない．しかしながら，手法そのもののわかりやすさ，適用範囲の広さ，実用上問題がない程度の最良解が比較的容易に求められる，といった特性から，特に工学分野で使われることが多くなってきている．

留鳥［resident］　一年中同じ地域に生息する鳥種のこと．一般には，渡り*を行わず同地域で繁殖し越冬*するものをいう．ただし，繁殖していた個体は南に渡り，同種の北方の繁殖集団が南下して越冬しているような場合においても，種としては同じ地域で通年観察されることから留鳥として扱う．そのため，留鳥の定義は空間スケールや地域ごとに異なっており，国内で季節移動を行う漂鳥*であっても広域的には留鳥として扱われる．日本国内ではおよそ150種程度が一年を通して観察される留鳥であるとされている．近年，シジュウカラ，ヒヨドリなどいくつかの鳥種では北方の個体群において季節移動をしない個体が認められるようになった事例が報告されており，この現象を留鳥化とよぶことがある．

領域一般性［domain generality］　⇌ 領域固有性

領域固有性［domain specificity］　認知活動は領域ごとに特化した機能をもつモジュールによって実現されるという考え方．それぞれのモジュールは独自の神経メカニズムをもち，特定の情報に対して高速に動く．また，モジュールで処理される情報やその制約条件は，進化の過程で形成された種特異的なものであり，生得的に組込まれていると考える．たとえば，ヒトにおける言語などの認知能力の進化と発達を説明する考え方の一つである．対となるものが領域一般性（domain generality）の概念であり，認知活動は領域にかかわらず共通のメカニズムによって実現されるという考え方である．

両賭け［bet-hedging］　⇌ リスク分散

両賭け戦略［bet-hedging］　生息環境の不確実性に対処するために生物が採用する生存・繁殖戦略の一つである．世代間で環境が不規則に変動する場合，複数世代にまたがる幾何平均適応度（各世代内の個体間で適応度の算術平均をとり，その値を世代間で幾何平均したもの）が高い戦略（遺伝子型）ほど生き残る確率が高い．世代内算術平均適応度の世代間変動が小さいほど世代間幾何平均適応度は高くなる．つまり世代間で繁殖成功度が変動しないほどよい戦略である．その理由は，親が良い環境で大量繁殖できたとしてもその子が悪い環境で繁殖に失敗すればその家系は絶滅するからである．たとえば繁殖期である夏の気温が変動するとして，暑い夏でも冷夏でも最適ではないがそれなりの繁殖成功を収める中間型1タイプだけを生産する戦略を保守的な両賭け（conservative bet-hedging）といい，暑い夏に適したタイプと冷夏に適したタイプを混ぜて生産し，両者の平均で中間的な適応度を達成する戦略を多様化した両賭け（diversified bet-hedging）とよぶ．どちらの戦略が進化するかは環境の変動幅が一つの中間型表現型でカバーできる範囲であるか否かに依存するが，通常はカバーしきれないことが多いので多様化した両賭けの方が一般的な戦略である．両賭けの実例としては多回繁殖*（休眠種子や休眠卵の生産とその不斉一な発芽・ふ化を含む），雌の多回交尾*，出生地からの移動分散と分散先での繁殖などがあげられる．

両側回遊［amphidromy］　⇌ 回遊

両眼競合［binocular rivalry］　一つの物体を両眼で見たとき，右眼の視覚像と左眼の視覚像が脳内で競合し，一方が他方を排除する現象．霊長類の左右の眼の視野は大きく重複しており，一つの物体は左右の眼の網膜上に二つの光学像を結ぶ．ここで，右眼と左眼に異なる色や模様をもった物体像を実験的に写し込むと，われわれの脳は矛盾した（色や模様の一貫しない）情報を与えられることになる．しかし，われわれはどちらか一方の色（あるいは模様）のみを知覚し，二つを同時に感じ

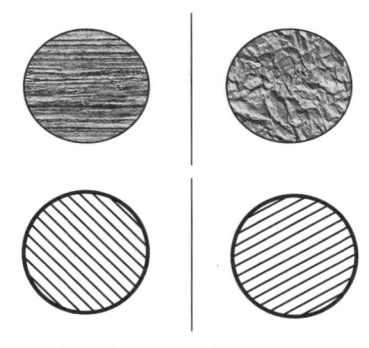

中央の線上に仕切り板を立て，右眼では右の円板を，左眼では左の円板を見よ．

取ることはない(図).知覚する色はいつでも一つだが,その色は数秒あるいは数十秒ごとに入れ替わる.この知覚を意図的に操作することは不可能である.このことは,われわれの知覚が受容した刺激に従属していないことを意味する.刺激を手がかりにして,脳は妥当な像の知覚を生成しているのである.

両眼視差 [binocular disparity]　⇌ 奥行き知覚

猟 犬 [hunting dog]　⇌ 狩猟犬

利用行動 [utilization behavior]　前頭皮質,特に前頭前野背外側を含む領域の損傷によって生じる症状で,社会的な文脈での意思決定*の障害を主とするもの.1983年F. Lhermitteは,損傷をもつ患者の行動が周囲にある物体に強く依存し,その場の社会的状況を無視しているかのような行動を示す例をあげた.たとえば,机の上に注射器を置き,Lhermitteが尻を向けてズボンを下ろすと,患者は注射器を手にして尻に注射をしようとする.注射器がどのような用途に用いられるか,その理解はまったく正常だが,医者の尻にそれを打つ行動は明らかに社会的に妥当な文脈から逸脱している.同様に,机にいくつかの眼鏡を置くと二つでも三つでも眼鏡を重ねてかけた,と報告されている.患者はさらに医者のしぐさ(祈る姿勢,人を指さす動作など)を忠実になぞるなど,模倣行動を示すことも知られている.

良質遺伝子仮説 [good genes hypothesis]　＝優良遺伝子仮説

両親による子の保護 [biparental care]　雄親と雌親の両方が子の保護を行うこと.鳥類に例が多いが,哺乳類の一部(霊長類など),魚類(カワスズメ科など),両生類(ヤドクガエル科)や一部の節足動物(シデムシ科モンシデムシ属)などでも知られている.これらの分類群の多くは,一夫一妻*の配偶システムをもつ.分類群によっては,雌雄で子の保護におけるおもな役割分担が決まっているものがある.たとえばカササギでは,抱卵をもっぱら雌親が担当し,給餌や外敵からの防衛はおもに雄親が担当する.(⇌ 親による子の保護,片親による子の保護)

量的遺伝学 [quantitative genetics]　身長や体重など,連続的に変化する量的形質に関する遺伝学.エンドウマメの形など質的形質を扱うメンデル的遺伝では単一の遺伝子が形質(表現型*)に影響を与えるが,量的遺伝においては,多数の遺伝子(ポリジーン)の効果が相加的に働くと考えられ

る.仮に遺伝子A, B, Cが身長に対して2,対立遺伝子a, b, cが1の効果をもつとすると,遺伝型$AABBCC$は12,$aabbcc$は6,$AaBbcc$は8の効果をもつ.かかわる遺伝子が多くなれば,遺伝の効果は正規分布を描く.このような遺伝の効果(遺伝分散 genetic variance)が,表現型の分散に占める割合を遺伝率*とよぶ.広義の遺伝率は相加的効果のほか,非相加的効果(dominance)やエピスタシス(epistasis)の効果も含んだ遺伝分散が表現型分散に占める割合を示す.狭義の遺伝率は相加的遺伝の効果だけを取出したものであり,行動遺伝学で遺伝率というときは,こちらをさしていることが多い.(⇌ メンデル遺伝)

量的遺伝モデル [quantitative genetic model]　量的遺伝学*に立脚した進化モデルのこと.集団における遺伝子頻度の変化として進化を表す集団遺伝学のモデルと異なり,形質の統計的な解析から表現型レベルにおける小進化を予測する.そのために,遺伝変異を遺伝的な要因によって現れる形質の分散として表し,表現型に作用する選択圧を個体の適応度と形質の相関関係としてとらえる.遺伝的応答Rは,選択による一世代当たりの平均形質値の変化で,遺伝率h^2と選択差Sから$R=h^2S$と予測される.選択差は,方向性選択*の強さを表すパラメータで,形質値と相対適応度の共分散に等しい.選択が二つ以上の形質に作用するとき,形質間の相関が各形質の進化に影響を与える.多数形質に拡張した量的遺伝モデル$\Delta \bar{z}=\mathbf{G}\beta$は,表現型進化の一般的公式として知られている.ここで,$\Delta \bar{z}$は各形質の遺伝的応答を成分として表す遺伝的応答の列ベクトル,$\mathbf{G}$は相加遺伝分散共分散行列で,相加遺伝分散と形質間の遺伝共分散を表記した分散共分散行列である.各形質に作用する自然選択の強さは,選択勾配*の列ベクトルβによって表されている.選択勾配は,相対適応度の形質値に対する偏回帰係数に等しく,野外生物を対象とした測定方法の研究も進んでいる.P. Grantらによるダーウィンフィンチ*の研究はその代表例であり,くちばしの計量形質の選択勾配βや遺伝共分散行列$\mathbf{G}$を野外調査によって推定し,実際に観測された形質応答とモデル予測を比較検証する試みが行われた.

量的形質 [quantitative trait, quantitative character]　量的な値をとり,個体間の変異も量的である性質.生物の体やその一部の重さや長さなどが典型的な例だが,行動を定量化したものも量

的形質とみることができる．餌を食べる前に味わう時間の長さや交尾時間などが行動的な量的形質の例である．個体間の変異は遺伝的影響と非遺伝的な環境による影響が合わさったものであるのがふつうであり，一つ一つは小さな効果をもつ多くの遺伝子座による影響を受けることが多く，ポリジーン的（polygenic）形質ともよばれる．一つの個体群内の個体間の性質の変異の大きさは分散で表され，表現型分散とよばれる．表現型分散は，遺伝的な原因による部分である遺伝分散と，非遺伝的な原因による部分である環境分散よりなり，遺伝分散の表現型分散に対する割合は遺伝率*とよばれる．また，二倍体などでは遺伝分散はさらに相加遺伝分散と優性分散などに分けられる．複数の量的形質の関係も，遺伝的原因によるものと非遺伝的要因によるものに分けられ，共分散を個々の形質の分散で標準化した，遺伝相関や環境相関が使われる．これらの分散や相関に関する量は，血縁個体の形質の値の類似や人為選択*への反応などにより推定される．量的形質の遺伝に関する研究は量的遺伝学*とよばれている．

量的形質遺伝子座［quantitative trait loci, QTL］　量的形質座位ともいう．G. J. Mendelの実験で有名なソラマメの花色は赤，白，ピンクという離散的な表現型形質が1個の遺伝子座における対立遺伝子の組合わせで決定されている．これに対して，生物体のサイズや成長速度のように，遺伝的な要因が関与しているにもかかわらず，連続した量的な形質として表現型が発現するものも多い．このような量的形質に影響を与える遺伝子座が量的形質遺伝子座であり，一般には一つの形質に対して複数の遺伝子座が関与している．量的形質遺伝子座の数やゲノム上の位置を特定するには，まず，注目する形質について，それぞれ差異が大きくなるように（たとえば，身長の高い家系と低い家系），純系の複数家系を選抜によって作成し，両者を交配させる．純系同士の交配なのでF_1個体はすべて同質の遺伝子組成をもつが，戻し交配*やF_2を得ることで，両家系の保持する遺伝子がさまざまに組合わされた個体を作成できる．これらの個体の遺伝子型と表現型形質の関連（association）を解析することで，量的形質に関与する遺伝子座の数やゲノム内の位置を推定することができる．

量的形質座位［quantitative trait loci］　⇌ 量的形質遺伝子座

量的効果の法則［quantitative law of effect］
⇌ 効果の法則

リリーサーフェロモン［releaser pheromone］
⇌ フェロモン

履歴効果［hysteresis］　ヒステリシスともいう．生物やシステムのある状態が，それを決める環境が変化したにもかかわらず，過去の状態であり続けることがある．このように，過去の環境の効果が履歴として残ることをいい，生物学のさまざまな現象に広くみられる．たとえば，生物がある環境変化に応答して行動するとき，その行動が過去の記憶によって左右されることがある．これは，過去の記憶が，履歴効果として認知バイアス*をつくり出すことによる．たとえば，雄同士が闘争する動物（野生ヤギ類やカブトムシなど）で，一度，争いに勝った個体の方が，負けた個体よりもその後の争いに勝ちやすい傾向がある．あるいは，富栄養化した湖沼生態系において，栄養塩濃度をある程度低下させても，植物プランクトンが優占する状態から，貧栄養湖のような水草が優占する状態に戻りにくいことがある．これは，植物プランクトンが水草の増加を抑制するという履歴効果が働くからである．このような履歴効果は，現在の状態を保持しようとする安定化メカニズムとして働く．一方，状態を決める環境が大きく変化すると，過去の状態から新しい状態への急激な遷移がみられることがあり，現象論的な言葉では

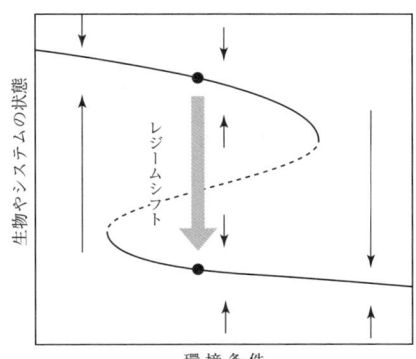

ある同じ環境条件において，複数の安定な状態が存在するとき，履歴効果が生まれる．実線は安定状態を，点線は不安定状態を示す．細い矢印は環境から受ける力（システムを安定化させる力）を表す．●が示すように，中程度の環境条件のときに複数の安定な状態が存在し，どちらの安定な状態になるかは過去の環境条件に依存して決まる．レジームシフトとは一方の安定状態から他方の安定状態に移る現象をいう．

レジームシフト(regime shift)，あるいは理論的な言葉ではカタストロフ(catastrophe)とよばれる(図)．(⇌ 勝ちぐせ負けぐせ)

臨界密度［critical density］ ⇌ 渋滞

リンカン法［Lincoln method］ ⇌ 標識再捕獲法

鱗食魚［lepidophagous fish］ ＝スケールイーター

隣人嫌悪効果［nasty neighbor effect］ ⇌ 隣人効果

隣人効果［dear enemy effect］ 親敵効果ともいう．なわばり行動を示す動物個体が，近くになわばりを張る個体に対して，遠くから来た個体にするよりも攻撃的にふるまわないこと．鳥で発見されたが，その後他の脊椎動物やツムギアリなどの昆虫でもみられることがわかった．"隣人"に対するこのような寛容性は，同じ隣人と繰返し行ったなわばり闘争などの相互作用の結果，学習される行動と考えられている．その適応的な意義は，なわばりを確立した隣接個体同士の闘争行動のコストを減らすことと考えられている．逆に，隣接した場所にすむ個体に対し遠方から来た個体よりも強い攻撃性を示す行動を，隣人嫌悪効果(nasty neighbor effect)とよび，実例はアミメアリやシュウカクアリの仲間にみられる．その適応的意義は，資源をめぐる競争において，隣人は潜在的な脅威だが遠くから来た個体はそうではない状況が想像されている．餌などの資源に仲間を招集するリクルート行動＊を行うアリでは，"隣人"に特に注意する必要があるが，遠くから来た個体は単に仲間からはぐれた個体かもしれない．隣人に対する攻撃性の強化も，やはり繰返し相互作用による学習が必要とされる．

隣接的雌雄同体［sequential hermaphrodite］ ⇌ 雌雄同体

ル

類人猿［ape］　ヒト以外のヒト上科霊長類をさす通称名．尾椎を含めて尻尾がないのが特徴．テナガザル科を小型類人猿，ヒト以外のヒト科を大型類人猿とよぶこともある．類人猿のほとんどは，熱帯地域の森林に生息する．小型類人猿のすべてと大型類人猿のうちオランウータン*属は東南アジアに，チンパンジー*属とゴリラ*属はアフリカに分布する．いずれの種も，絶滅が危惧されている．類人猿の社会は，テナガザル*の雌雄ペア型やチンパンジーの複雄複雌・離合集散型など多様である．類人猿の社会生態や行動，生理，遺伝，形態などの基礎研究は，ヒトの生物学的理解および人類進化の解明に貢献している．特に，チンパンジーの道具使用*や数記憶能力などが示すように，類人猿には非常に高度な認知能力があり，人類の言語や心の進化などを探る認知科学的研究が広く行われている．一方，かつては生物医学研究にも広く利用されてきたが，制限されつつある．

累進時隔スケジュール　［progressive-interval schedule］　⇌ 累進スケジュール

累進スケジュール［progressive schedule］　一般に単一スケジュールでは，スケジュール進行中にスケジュールの設定値を変化させることはないが，累進スケジュールでは，設定値を段階的に変化させる．代表的スケジュールは，累進比率スケジュールと累進時隔スケジュールである．累進比率スケジュール(progressive-ratio schedule, PR)では，スケジュール進行に伴い，反応要求数(スケジュール値)を段階的に変化させる．1回強化子を提示するたびに一定量ずつ値を増加する方法が典型的で，この場合，値を5ずつ増加させるスケジュールをPR 5と表記することがある．反応要求数増加に伴って生じる，反応率の低下，強化後休止*期間の延長，最終的には反応の消失などに注目して，強化子の効力や，スケジュール下の行動に及ぼす薬物や生理学的要因の影響などを調べるために利用される．累進時隔スケジュール(progressive-interval schedule, PI)では，スケジュール進行に伴い，強化子提示時隔(スケジュール値)を段階的に変化させる．強化子を1回提示する度に一定時間ずつ延長する方法が典型的であり，強化子提示時隔延長に伴って生じる反応率の低下，強化後休止*の延長，反応間時間*の延長と分布の変化などが累進時隔スケジュール下の行動の特徴である．累進時隔スケジュールを用いた研究は多くはないが，動物の選好や時間弁別*を調べるために使われた例がある．いずれの累進スケジュールにおいても強化子提示ごとに値を変えるのが一般的であるが，各スケジュール値で複数回強化子を提示したり，時間や反応率安定

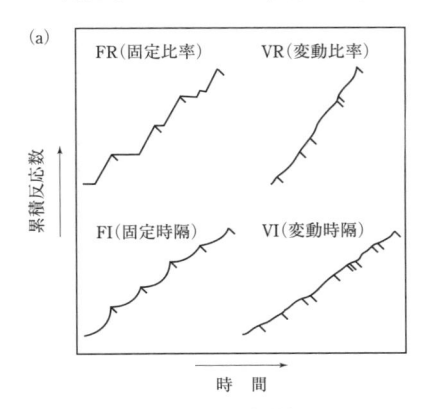

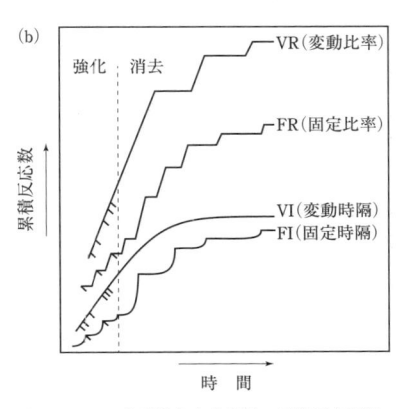

累積記録(G. Reynolds による)　(a) FR, VR, FI, VI スケジュールでの典型的な安定状態の累積反応記録．(b) 各スケジュールを消去に切り替えた後での典型的な累積反応記録．累積記録上にみられる右下に向かう短い線は，そこで強化子が出現したことを示している．

を基準にする場合もある．変化の方向は増加させるのが一般的だが逆転(reverse)させる場合もある．通常，値の変化幅は一定で，具体的な幅は研究目的に応じて設定されるが，場合によっては幾何級数的に値が増加することもある．

累進比率スケジュール　［progressive-ratio schedule］　⇌ 累進スケジュール

累積記録［cumulative record］　横軸に経過時間，縦軸に累積反応数をとった，オペラント反応*の変容過程の表示法．縦軸は反応数の累積を表すので，常に記録は上昇する．得られた記録は**累積反応曲線**(cumulative response curve)とよばれ，横軸に対する傾きは，時間当たりの反応数，すなわち反応率*を表すことになるので，この累積曲線は刻々の反応率の変化を読み取るために用いられる．なお，反応の累積記録と同時に，強化子*などの刺激の提示を図中に表す工夫がなされている(前ページ図)．

累積記録器［cumulative recorder］　オペラント反応率を視覚的に記録する器械(図)．記録用紙に設置されたペンが時間の経過とともに軌跡を描く．反応がみられない場合は，水平な線が描かれる．個体が反応を示すとペンが右上方向に一定の幅で移動する．連続した反応がみられる場合は，勾配が急な線が描かれる．また，反応に対して強化子が提示された場合は，短い斜線が記される．異なる強化スケジュールのもとで示される反応パターンの相異を図示でき，固定比率スケジュール*や固定時隔スケジュール*のもとでは，強化後の休止とその後の高反応率が特徴的である．また，変動比率スケジュール*や変動時隔スケジュール*のもとでは，通常休止はみられず，安定した高反応率が特徴的である．(⇌ イベントレコーダー)

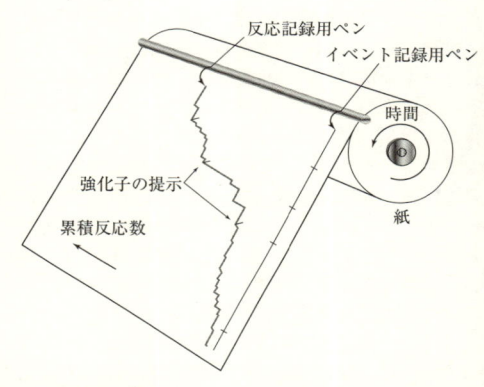

累積査定モデル　［cumulative assessment model］　⇌ 資源占有能力

累積反応曲線［cumulative response curve］　⇌ 累積記録

ルッカリー［rookery］　⇌ コロニー

ルール支配行動［rule-governed behavior］　⇌ 随伴性支配行動

レ

冷血動物［cold-blooded animal］⇌ 恒温動物

齢差分業［age polyethism］⇌ 行動多型，カースト

霊長類［primates］　霊長目 Primates. 哺乳類の目の一つで，ニホンザル*やチンパンジー*，ヒトなどを含む．曲鼻猿類(strepsirrhine)と直鼻猿類(haplorrhine)の二つのグループに分けられる．かつては，直鼻猿類に含まれるメガネザルと曲鼻猿類とで原猿類(Prosimian)としていたが，現在は分類名としては使われない．ヒト以外の霊長類の多くは熱帯や亜熱帯地域に分布するが，ニホンザルのように温帯や亜寒帯地域に生息するものもいる．拇指(親指)が他の指に対して対向して把握能力が高い．眼が顔の前方を向いて両眼視野が前方で重なりが大きく，また視交叉における半交叉が発達して，立体視を含む視覚に優れる．大脳の発達が顕著である．ヒト以外の霊長類は，その遺伝的近さから，ヒトのモデル動物として実際に広く用いられており，行動や生理，遺伝，形態などの基礎研究ばかりでなく，特にマカクザル*などは生物医学研究にも利用されている．ただし，いずれの種も高度な社会性や認知能力をもつこともあり，利用には高度な倫理的配慮を必要とする．

レヴィ飛行［Lévy flight］　レヴィ歩行(Lévy walk)ともいう．ランダムな探索行動パターンの一つ．まれに長距離直線移動を示す(図)．直線移動の距離が裾の長い分布(べき分布．⇌ べき乗則)に従い，二つの直線移動間の角度が一様分布に従う．異常拡散やスケールフリー性(⇌ スケールフリーネットワーク)といった特徴をもつ．目標物(餌，配偶者，生息場所など)の位置情報をもたない状況下でいかに効率よく探索するかという課題に対し，レヴィ飛行の探索効率が定式化された．目標物の密度が低い条件下ではレヴィ飛行は他のランダムな探索行動よりも効率が良い．そのため最適採餌理論*に基づき探索行動中の動物はレヴィ飛行を行うと予測された．近年，動物の移動の軌跡を高解像度で長時間記録することが可能となり(⇌ バイオロギング)，さまざまな動物種に対し室内実験や野外観察が行われた．理論予測の通り，多くの動物がレヴィ飛行のパターンを示すことが報告されている．たとえば，昆虫類ではショウジョウバエやミツバチ，鳥類ではペンギン，魚類ではマグロやサメ，哺乳類ではシカやクモザル，さらにヒトなどの報告例がある．

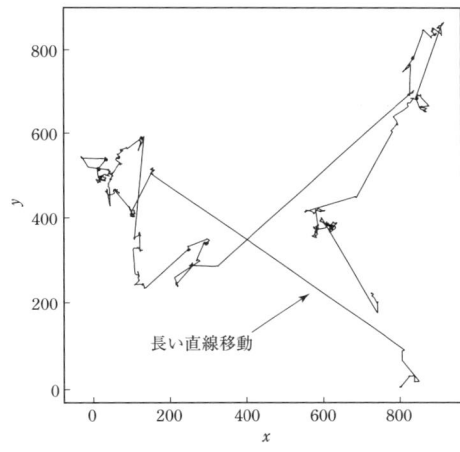

レヴィ飛行のシミュレーションの例(単位は任意)

レヴィ歩行［Lévy walk］⇌ レヴィ飛行

レジームシフト［regime shift］⇌ 履歴効果

レスコーラ・ワグナーモデル［Rescorla-Wagner model］　R. A. Rescorla と A. R. Wagner によって考案された古典的条件づけ*の数理モデル．無条件刺激*の到来や非到来についての予測と実際の出来事の不一致に基づいて，動物がそれらの連合強度*を更新していくことを表現している．その最大の特徴は"共有連合原理(shared associative principle)"とよばれる足し算の発想を導入した点にある．すなわち，無条件刺激の到来についての予測は，その試行で与えられたすべての条件刺激がもつ連合強度*の総和と対応する．この仮定を採用したことによって，隠蔽*や阻止(ブロッキング*)といった刺激間競合の現象を簡単に説明することができる．また，随伴性空間*と同様の説明を行うことも可能であり，このモデルを叩き台として，現在もなお多様な連合学習*モデルが提出されている．なお，近年は大脳基底核のドーパミンニューロンの活動とこのモデルによ

る予測が一致することが示されており，神経科学という異なる領域で再び脚光を浴びつつある．

レスポンデント ⇌ レスポンデント行動

レスポンデント行動［respondent behavior］B. F. Skinner*の用語で，刺激によって誘発される行動をいう．自律神経の支配を受ける内臓筋や腺の活動だけでなく，骨格筋運動であっても反射的・非随意的にひき起こされる行動も含む．随意的で自発的なオペラント行動*に対する概念であり，動物行動の場合には，行動に後続する結果によってその後の行動変容（頻度の増大など）が生じないときに，その行動をレスポンデント行動とすることが多い．なお，レスポンデント行動を誘発する刺激には，生得的なもの（無条件刺激*）と，古典的条件づけによってその機能を獲得したもの（条件刺激*）がある．

レスポンデント条件づけ［respondent conditioning］＝古典的条件づけ

劣位［subordinate］　群れ生活を営む動物の2個体のうち順位が下の個体．個体間の順位関係は，角や牙などを使った直接的な闘争や，儀礼的なディスプレイ*行動，挨拶行動*，一方が近づいた際の場所の譲り渡しのような文脈で顕在化する．また，性，年齢などで明らかに決まる場合もある．たとえば霊長類では，マウント行動*でマウントされる側，他個体が近づいたときに場所を譲る側が劣位である．イヌでは，服従*行動として知られている腹を見せてひっくり返る側が劣位である（図）．競争的な出会いの最初は2個体間に

ひっくり返って腹を見せる劣位のポーズ

闘争があるかもしれないが，劣位個体は続いて起こる出会いの過程を通して優劣関係を学習し，闘争せずに優位個体に従うようになる．

レック［lek］　複数の雄が採餌や営巣と関係ない場（アリーナ arena とよばれる集団求愛場）に集まり，ごく小さいなわばりを保持し，順次やってくる雌と交尾するために踊るなどして自身をアピールする状況（図）．雌は複数のなわばりを訪れ，特定の雄と交尾する．雌の好みには偏りがあり，雄の繁殖成功分布はきわめて偏る（つまり少数の雄が交尾のほとんどを独占する）ことが一般的である．レック型の配偶システムがみられる種は少なく，なわばりを維持したり，雌を直接獲得することが経済的に見合わないときにのみレックが進化すると考えられる．雄が特定の場に集合する理由として，雌との遭遇率が高いところ（ホットスポット）に集まっている，集合することで雌への宣伝効果が高まるといった仮説が提案されている．

フウチョウのレック．多くの雄が踊り場（アリーナ）に集まりディスプレイをして競い合う．そこへ雌がやって来て，気に入った雄と交尾する．

レックは雌にとって，雄を選ぶ時間コストを節約できるという利益があり，配偶者選び*を介した性選択が促進される．雄が口腔内で子を養育する（⇌口内保育）カワスズメ科では，雄が放精のための空間（spawning arena）に集まり雌に求愛する．雌はそこを訪れ，卵を受精させる．受精卵は雄の口腔内に保持され，雌はその場を去り，子の養育をいっさい行わない．昆虫では，食草などの資源がパッチ状に分布するところに雄が集中し，雌の接近を待つタイプのレックと，雄が大集団で群飛*しながら雌と交尾するタイプのレックに大きく分けることができる．レックをつくる種の雄には，代替戦略*が進化することがある．エリマキシギの雄には，小さななわばりを保持し，雌にアピールする"なわばり雄（independent）"，なわばり雄の周囲を取巻き，なわばり雄の隙をみて雌と交尾する"サテライト*雄"が存在する．これらの戦略と羽衣*は強く相関しており，一遺伝子座二対立遺伝子で制御されている遺伝形質である．

これらに加え，"雌擬態雄(faeder)"が存在することが近年判明した(⇒雌擬態)．雌擬態雄は外見上，雌と区別することが難しいが，精巣サイズが大きく，スニーカー(⇒サテライト)としてふるまうと考えられている．

レッドリスト [red list]　絶滅のおそれが高い野生生物の名称，およびそれぞれの絶滅リスクの程度を示すカテゴリーなどの情報を示したリスト．国際自然保護連合*(IUCN)が作成している．レッドリストを公表後，掲載種の生態，分布，現在の生育状況，絶滅の要因などのより詳細な情報を盛り込まれたレッドデータブックが作成される．日本では環境省が国内野生生物種のレッドリストおよびレッドデータブックを編纂している．(⇒絶滅危惧種)

レパートリー [repertoire]　動物がふるまうことのできる行動のパターン．ジェスチャーや発声など多くの行動には生得的に決まったパターンが存在する．ジェスチャーのレパートリーはエソグラム*，音声のレパートリーはソナグラム*を用いて表現することが多い．

レパートリーマッチング [repertoire matching]　鳴禽類*がなわばり防衛の際に，近隣の同種個体のさえずり*に反応して，近隣個体の歌と似た歌レパートリー*をさえずること．鳴禽類には，1個体が数種類のさえずりレパートリーを保持する種もいる．一部の種は，類似したさえずりレパートリーを近隣の個体同士で共有している．共有されたさえずりは，個体がその地域で歌学習し育ったという信頼できる信号になる．その地域でなわばりを確立し，維持している個体は，近隣者のなわばりに侵入する確率が低い．一方で，さえずりを共有していない個体は，なわばり侵入の危険が高い新奇個体と識別される．ウタスズメでは，さえずりを共有している個体よりもしていない個体に，より攻撃的に反応するという報告がある．これらの仕組みから，地域特有のさえずりが近隣個体で共有され，さえずりの方言*が生じる．

レプチン [leptin]　末梢の脂肪細胞から分泌され，食欲を抑制するホルモン*．ギリシャ語の"痩せ"を意味するleptosにちなんで命名された．レプチンの遺伝子は*ob/ob*マウスとよばれる肥満を呈する突然変異マウスの肥満原因遺伝子として同定された．このマウスにレプチンを補充すると体脂肪の減少がみられる．視床下部内の食欲を制御する領域に受容体が存在し，それらの領域に存在する数種の摂食抑制因子分泌性のニューロンを刺激することで摂食抑制に働く．血中のレプチン濃度は体脂肪量に比例するため，体脂肪の優れた指標としても着目されている．また，レプチン抵抗性といわれるレプチンの作用障害が肥満や糖尿病の大きな原因の一つであると考えられている．

レム睡眠 [REM sleep]　⇒睡眠

連結産卵　⇒タンデム飛行

連結スケジュール [yoked schedule]　連結制御手続き*のこと．ただし連結スケジュールを連接スケジュール*の意味で使う場合もある．

連結制御手続き [yoked-control procedure]　ヨークト・コントロール手続きともいう．行動の原因を明らかにする実験技法の一つで，ペアにされた2個体に対して，ある一点を除き，同一の処置を施すこと．ヨーク(yoke)とは本来，くびき(2頭の牛の首を横につなぐ道具)のことであり，実験操作において2個体が結合されている(yoked)状態を意味している．この手続きは，反応とその結果の学習，すなわちオペラント条件づけ*の要因統制法としてしばしば用いられる．この場合，ある動物個体の反応の結果を，他個体に対しても同時に与える手続きになる．たとえば2匹のラットをペアにし，それぞれ別のオペラント実験箱*に入れる．このように連結された二つの箱を連動箱(yoked boxes)とよぶことがある．ラットAがレバー押し反応をして餌粒を得ると，ラットBにも自動的に餌粒が与えられる．これによって，餌粒を与える回数やタイミングが2匹の間で均等になるが，反応と結果に随伴性*があるのはラットAだけである．このため，ラットAの方がラットBよりもレバー押し反応が多ければ，餌粒を与えられることで単純に活動性が高まったためにレバー押し反応が生じたのではなく，反応と結果の随伴関係が重要である(オペラント条件づけが生じた)と結論できる．連結制御手続きは，上記のような個体間だけでなく，同一個体内でも用いることができる(たとえば，随伴性のある日に得られた餌粒の回数とタイミングを記録しておき，それと同じように翌日，餌粒を与えるといった手続きになる)．

連合 [coalition]　同盟(alliance)ともいう．群れ生活*を営む動物において，2個体以上の複数の個体が，一時的に共同して敵対的闘争に参加すること．1頭でなく連合を形成することで，連

合した個体は本来の順位関係を超えて優位に立てることがある．たとえば，複数の雄と複数の雌が群れを構成するチンパンジー*などでは，第1位の雄は，食物や，発情した雌に対するアクセスにおいて，他の雄に対して優位にふるまう．しかし，雄間での身体的な優劣関係には圧倒的な差がないことも多く，第1位雄と第2位雄の間にそれほど差がないような状況も発生する．こういった場合，第2位雄と第3位雄が一時的に協力して，第1位雄に向かっていくことがある．この結果，第1位雄よりも優位にふるまえる状況が生まれる．こうした，有名な事例は，F. de Waalが『Chimpanzee politics（邦題：政治をするサル）』で，生々しく描いて話題となった．霊長類ではよく研究されてきたテーマであり，チンパンジーの雄間の連合 (coalition)やニホンザルの闘争時の雄間，家系間の同盟(alliance)などが，よく知られている．coalitionとallianceには用法的な区別ははっきりとないようだが，チンパンジーの研究ではcoalitionの表現が多いようである．

連 合（心理学）　⇨ 連合学習

連合学習［associative learning］　出来事と出来事の随伴関係の学習をいう．動物の学習においては，条件づけ*（古典的条件づけ*とオペラント条件づけ*の総称）と同義である．18～19世紀の英国の経験論哲学者たちは，人間の知識は観念と観念の連合によって形成されると考えた．これを**連合主義**(associationism，連想主義)とよぶ．彼らは，さまざまな連合の法則（たとえば類似したものや，時間的・空間的に近接したものは結びつきやすい）を提出したが，実証的研究は行われなかった．しかし，I. P. Pavlov*の条件反射*の研究によって，動物は二つの出来事が時間的に近接していれば，その結びつきを学習することが示された．条件反射に代表される古典的条件づけでは，条件刺激*（メトロノームの音）と無条件刺激*（肉粉）の間に連合が形成されると想定されている．一方，オペラント条件づけでは，反応（レバー押し）と結果（餌粒）の間に連合が形成されると考えられている．なお，こうした連合学習はヒトでもヒト以外の動物でも生じるが，ヒトの場合には条件づけ以外のさまざまな場面でも，連合による学習がみられる．たとえば，英単語とそれに対応する日本語を憶えるような課題は，**対連合学習**(paired association learning)とよばれており，これも連合学習の一種である．（⇨ 非連合学習）

連合記憶［associative memory］　ある事象と別の事象の間に生じる結合やそれらの関連性についての記憶のこと．刺激に対する反応，ある刺激と別の刺激の関係，ある場所とそこで起こった出来事に関する記憶など，あらゆる記憶の基盤といえる．神経細胞間のシナプス結合の強度変化が，連合記憶の神経メカニズムに相当すると考えられている．

連合強度［associative strength］　出来事の結びつきの強さのことで，条件づけ*の手続きによって増加する．一般に，古典的条件づけ*では，条件刺激*（メトロノームの音）と無条件刺激*（肉粉）の連合強度は，条件反応*（唾液分泌）の量を決定する．一方，道具的条件づけ*では，反応（たとえば，レバー押し）と結果（餌粒）の連合強度は，その後の反応の多寡を決定する．消去*などの手続きによって減少すると考えられるが，その過程については研究者によってさまざまな見解の違いがある．

連合主義［associationism］　⇨ 連合学習

連合主義者［associationist］　人間や動物の複雑な精神活動の源として，単純な観念の間に形成される結びつきである"連合"を重視する哲学者，心理学者をさす．こうした考え方の萌芽は古代ギリシャに遡るが，17～18世紀にJ. Lockeをはじめとする英国の経験論哲学者らによって大きく発展した．Lockeは，人間は生まれたときには白紙の石板（タブラ・ラサ*）であり，経験によって形成される単純な観念がこれに書き込まれていくこと，単純な観念が互いに連合して複雑な観念が形成されていくと考えた．こうした連合が形成される条件として，D. Humeは"類似""近接""因果"などを主張した．連合主義の考え方は，のちの行動主義心理学の重要な基礎となり，古典的条件づけ*や道具的条件づけ*といった現象を扱う際に，刺激と反応の連合や刺激同士の連合によって人間や動物の学習行動を説明する立場の理論的背景を与えることとなった．

連合皮質［association cortex］　哺乳類の大脳新皮質において，特定の感覚受容や運動制御の機能に特化しない機能をもつ領域を総称する語．前頭野(frontal cortex)や頭頂野(parietal cortex)をさしていうことが多い．そのニューロンは，特定の刺激に対して必ず同じ応答を示すことはなく，また特定の運動に伴って必ず同じ活動を示すこともない．しばしば複数の感覚モダリティー（視覚や

聴覚など)の刺激提示に応答するが，意図や情動，葛藤や選択など，高次の精神機能に相関した活動がみられる．その損傷は明らかな運動障害など，すぐに目に見える症状を伴わないが，利用行動*や過度の模倣など，重篤な行為障害をひき起こす．(⇌感覚皮質，大脳皮質，フィネアス・ゲージの症例)

連 鎖［chain］　⇌行動連鎖

連鎖交尾［chain copulation］　アメフラシ*類は同時雌雄同体動物で，背中の中央に両性生殖門が開いている．精子は生殖門から右体側に伸びる輸精溝を通って前方に運ばれ，頭部にあるペニスから外部に出る．春の配偶時には後方から他個体に近づいてペニスを生殖門に差し入れ，前が雌役，後ろが雄役となって交接する．この状態でさらに別個体が交接することもでき，数珠つなぎとなるので連鎖交尾とよばれる．

連鎖スケジュール［chained schedule］　複合スケジュール*の一つ．単一のオペランダム*に対し複数のスケジュール成分を，各成分に対応した弁別刺激*を提示しつつ継時的に実施し，最終成分の反応要求を満たしたときに初めて強化子を提示する．chain. と略記．たとえば chain. FR 5 FI 60 秒 (連鎖 固定比率 5 固定時隔 60 秒)では，反応が 5 回あったら刺激(たとえば照明光の色)を変化させ，スケジュールも FI 60 秒に変え，FI 60 秒の要求を満たすと強化子を提示し，再びこの連鎖を反復する．最終成分完了まで強化子を提示しない点で多元スケジュール*と異なり，成分の変化を示す手がかり(弁別刺激)が存在する点で連接スケジュール*と異なる．成分の変化，すなわち連鎖の進行を示す弁別刺激は，条件強化子*としての機能をもつようになる．成分の数や反復回数は研究目的に応じて設定される．

連鎖反射［reflex chain］　＝反射鎖

連鎖不平衡［linkage disequilibrium］　複数の遺伝子座間における対立遺伝子の組合わせ(ハプロタイプ)の集団内頻度が，各遺伝子座は独立であると仮定し個々の対立遺伝子頻度から計算される値からずれること．この現象は，それらの遺伝子座が同一染色体の近くに位置し，遺伝的に連鎖しているために発生するほか，複数の祖先集団が混合したのちに十分な組換えが行われていないこと，異なった遺伝子座に存在する特定の対立遺伝子の組合わせが適応度をあげることなどによってもひき起こされる．

連接スケジュール［tandem schedule］　連結スケジュール*ともいう．複合スケジュール*の一つ．単一のオペランダム*に対し複数のスケジュール成分を，各成分に対応した弁別刺激*を提示せずに継時的に実施し，最終成分の反応要求を満たしたときに初めて強化子を提示する．tand. と略記．たとえば tand. FR 5 FI 60 秒(連接 固定比率 5 固定時隔 60 秒)では，5 回反応するとスケジュールを FI 60 秒に変え，FI 60 秒の要求を満たすと強化子を提示するが，途中，スケジュールの変化を示す手がかり(弁別刺激)は提示しない．最終成分完了まで強化子を提示しない点で混合スケジュール*と異なり，成分の変化を示す手がかりが存在しない点で連鎖スケジュール*と異なる．成分の数や反復回数は研究目的に応じて設定される．tand. FR 1 FI x 秒は反応始動型 FI (response-initiated FI) とよばれることがある．

連想主義［associationism］　⇌連合学習

連続逆転課題［serial discrimination reversal］　はじめ通常の弁別学習*を行い，学習*が完成した後，それまでの正刺激(強化子*あり)を新たに負刺激(強化子なし)にすると同時に元の負刺激を新たに正刺激とする，つまり刺激と強化の関係を逆転して同様に訓練を続ける．それを学習したら，再度逆転して元に戻し，学習後また逆転するというように弁別の逆転を繰返す学習課題を，連続逆転課題という．ラットを用いて逆転を繰返すにつれてみられる一般的特徴としては，初期の逆転では前の弁別よりも多くの試行を要する傾向があるが，逆転を繰返すとしだいに学習が早くなり，ついには 1, 2 回の誤反応の後に完全に学習するようになるという．この行動の基礎には，"win-stay, lose-shift"つまり，強化子*を得たらその反応を続け，強化子がなかったらもう一方の反応に切り替えるという方略(パブロフ戦略*)が獲得されたと考えられる．このような逆転の促進現象(progressive improvement, PI)は，魚類以下ではみられないことから比較認知*的研究の対象にもなっている．

連続強化［continuous reinforcement, CRF］　部分強化*と異なり，ある基準を満たしさえすれば，そのすべての行動を強化すること．強化は，正の強化子の提示，または負の強化子(嫌悪刺激*)の除去によって行う．たとえばハトがオペラント実験箱のキーをつつくたびに餌を提示するという操作は，キーに取付けたスイッチを作動さ

せるという基準を満たすすべての行動を強化する．したがってこの手続きは連続強化である．また，短時間の電撃をある頻度で与えられているラットがレバーを押すことによって，レバー押しのたびに電撃から一定時間だけ逃れられるという操作も連続強化である．なお行動と強化との比率が1の固定比率スケジュール*は連続強化に相当する．

連続査定モデル [sequential assessment model]
⇌ 資源占有能力

連動スケジュール [interlocking schedule]
複雑スケジュール*の一つ．単一のオペランダム*への反応に対し，経過時間や反応数など複数の基準に基づき強化子提示を決定するが，これらの基準は，ある関数に従って相互に変化する．図の(a)は，試行開始時からの経過時間に比例してFR(固定比率)の反応要求数が減少し，FI(固定時隔)の定義値である60秒経過後にはゼロになるように定義された連動 FR 200 FI 60 秒の模式図である．破線は仮想的な反応の累積記録*を意味し，図のどの場所であれ，破線が影の部分に進入すると強化子が提示される．両成分の関係は，(b)や(c)のように，任意に定義することが可能である．

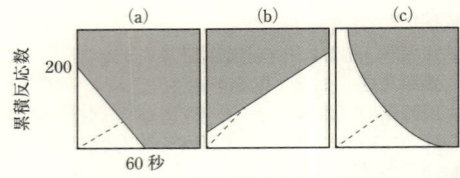

比率スケジュールと時隔スケジュールの組合わせにより，強化子提示の時隔，反応要求数，反応間時間*を同時あるいは個別に統制することができる．*interlock* と略記されることがある．

連動箱 [yoked boxes] ⇌ 連結制御手続き

ロ

ロイド・モーガンの公準 [Lloyd Morgan's canon] ＝モーガンの公準

ロイヤラクチン [royalactin] ⇌ローヤルゼリー

ロイヤルコート [royal court] ＝取巻き行動

ロイヤルゼリー [royal jelly] ＝ローヤルゼリー

老化 [senescence] 老衰，加齢(aging)ともいう．多細胞生物のさまざまな機能が高齢において低下すること．多細胞生物の年当たりの死亡率は，生後しばらくは高いがそれから低くなり再び年齢とともに増大する．このとき高齢における死亡率の上昇を老化の定量的指標とする．特に繁殖齢を過ぎるとさまざまな故障が生じやすくなる．DNAなどの分子の修復能力の低下，コラーゲン分子の架橋度の変化，細胞の分裂能力の低下などによって老化を定義することもある．老化のメカニズムとしてはさまざまなレベルでの非可逆的変化の蓄積が考えられている．他方で，系統ごとに老化の程度が異なること，それが繁殖活動の年齢パターンと相関すること，実験的に選抜することで老化の程度は大きく変化することなどから，進化によって決まる側面があることがわかる(⇌老化の進化)．

老化の進化 [evolution of secescence] 老化の程度やパターンには，進化の結果生じた側面があるという考え．実験室内で寿命の長い系統や早期の繁殖力が高い系統を選抜すると，寿命が大きく異なる系統をつくり出すことができる．また多数の種間で平均寿命を比較すると，体サイズの影響(大きい種ほど長寿命)を差引いた後も，種間で寿命に大きな違いがある．環境や生活様式によってそれぞれに特有の齢別生存率のパターンが進化したと考えられている．その進化プロセスとしては，第一に，ゲノムの複製ミスから有害遺伝子は常に生じて自然選択によって除去されるが，繁殖齢を過ぎてから有害性が表現されるものは除去されにくく，そのため繁殖齢を過ぎると年間生存率が低下すること，第二に，生存率改善と繁殖とは限られた資源を奪い合うトレードオフ*の関係にあり，急速な繁殖が必要な状況では生存率が低下する生活史が選ばれる，などが考えられている．

老衰 [senescence] ⇌老化

労働カースト [worker caste] ⇌ワーカー

労働寄生 [cleptoparasitism, kleptoparasitism] 他種を宿主*とし，その活動や労働力を利用して繁殖やその他の活動をする行動全般をさす．盗み寄生ともいう．しかし，宿主に卵や幼体の保護，養育を依存しない場合を労働寄生，依存する場合を社会寄生*とすることが多い(表)．労働寄生のタイプは多様で，宿主の簡単な行動を利用するものから，宿主の資源や労働力の搾取と利用，さらに宿主の巣へのすみこみに特殊化した複雑な行動まである．たとえば，泳行する他種の魚類を利用して移動するコバンザメの行動や，カモメ類などのように他種の個体の餌を奪う海賊行動*，またイソウロウグモ科などにみられる他種の巣に侵入して生活するすみこみ寄生があり，さらにハチ類の一部の種では他種の巣に産卵し，宿主の卵を幼

労働寄生の分類

卵，幼体の保護・養育＼利用形態	寄生種成体の宿主の巣へのすみこみ				
	なし			あり	
	宿主の労働力のみ利用する	宿主が得た資源を利用する	宿主が巣に蓄えた資源を利用する	宿主が蓄えた資源や労働力を利用する	宿主の排除が起こる
宿主に卵や幼体の保護・養育を依存しない(労働寄生)	一部の移動手段	海賊行動	一部の托卵	盗食寄生 すみこみ寄生	一部のすみこみ寄生
宿主に卵や幼体の保護・養育を依存する(社会寄生)	奴隷制	—	托卵	永続的社会寄生	一時的社会寄生，一部の永続的社会寄生

虫の餌として利用する托卵*行動もある.

労働供給曲線［labor supply curve］ ⇌ 後屈労働供給曲線

沪過摂食［filter feeding］　水中のプランクトンや微小粒子をこし取る特別な摂食器官をもった動物が行う摂食様式．たとえばクジラ類のうち，ヒゲクジラ亜目に属する種は上顎にクジラヒゲとよばれる特有の器官を備えている．クジラヒゲの主成分はケラチンタンパク質で，内側が繊毛状になった三角形状クジラヒゲ200〜300枚程度が隣り合って生え，口腔内にフィルターが形成されている（図）．沪過方式，クジラヒゲの長さ，厚さ，

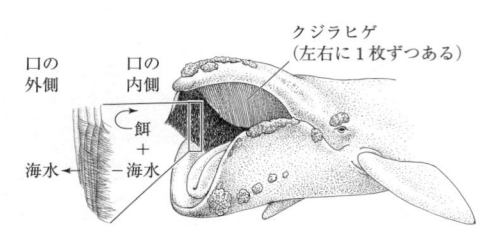

セミクジラのクジラヒゲと沪過摂食の仕組み

繊毛の細かさなどは科レベルで異なり，それぞれの摂餌生態と密接にかかわっている．また鳥類では，フラミンゴ類や一部のカモ類（ハシビロガモなど）は，くちばしの縁に板歯（lamellae）とよばれる櫛のような器官をもち，舌をポンプのように使って水を取込み，板歯を沪過装置として使って，水面のプランクトンを効率良くこし取る．動物プランクトンでは尾索類のオタマボヤやサルパなどが沪過摂食を行う．これらはみずからつくった微細なネットを用いて水中に懸濁する数 μm 程度の微小粒子を集めて食べる．一方，他の粒子食動物プランクトンは，水流をつくることによって能動的に餌粒子を捕捉して摂食する．かつて，ミジンコやケンミジンコなどの微小甲殻類は，口器周辺付属肢の細かい刺毛によって餌粒子をこし取っていると考えられていた．しかし，高速度撮影によって，これら付属肢刺毛は沪過装置ではなく，水流を起こすためのパドルであることが明らかになった．このため，近年ではこれらの動物プランクトンを**懸濁物食者**（suspension feeder）と総称される．

六次の隔たり［six degrees of separation］
1967年に社会心理学者 S. Milgram は，米国で無作為に選んだ住民について東部ボストン在住の面識のない目標人物まで，知人伝いに手紙をリレーして届けるには何人経由すればよいかを調べた（ミルグラムのスモールワールド実験）．結果はたった6人ほどを仲介するだけで届くというものであった．D. J. Watts らは電子メールを使ってより大規模な実験を行い，仲介者数はやはり5〜7人程度と非常に小さかったことを示した．（⇌ エルデシュ数）

ロコモーション［locomotion］　生物学におけるロコモーションとは，動物が能動的にみずからの力で身体を位置移動させる運動をさす．歩行，走行，這行，腕渡り，木登り，跳躍，飛翔，遊泳などはすべてロコモーションである．一方，位置移動を伴わない運動や，浮遊など能動的ではない移動はロコモーションには含まない．一般的に，動物はその種に独自のロコモーションを行う能力を生まれつきもっている．動物にとってロコモーションの能力は生存可能性にかかわるものであり，そのためロコモーションやそのメカニズムは進化のなかで大きな選択圧を受ける．特に，生息環境，身体の形やサイズ，生活様式，生態的地位がロコモーションに与える影響は大きい．たとえば，身体サイズの大きな動物（ゾウなど）では，慣性が大きいため敏捷な動きが困難となり，また，体重のわりに筋の断面積が小さい（筋力が小さい）ため，相対的な跳躍力が低下する．一方，小型の昆虫などでは空気抵抗が無視できない要素となる．長距離を移動する種（渡り鳥など）では，距離当たりのエネルギーコストが小さいロコモーションメカニズムをもつことが多いが，捕食者から瞬時に逃げなければならない動物は，コストが高いが非常にすばやいロコモーションを行う．ロコモーションが生息環境，身体の形やサイズ，生活様式，生態的地位の選択や獲得に影響を与えているととらえることもできる．あるロコモーション様式を最適化するために身体が形づくられ，新しいロコモーション様式の獲得が新たな生息環境への進出や，生活様式の獲得につながることもある．たとえば，系統が異なるサメとイルカの外見の類似は，水中でのロコモーションに適応した結果であり，ヒトの現在の身体形態や生態的地位は，直立二足歩行というロコモーション様式を獲得したことによると考えられる．

ロジスティック回帰［logistic regression］ ⇌ 一般化線形モデル

ロジスティック方程式［logistic equation］　個

体数の増加を表す基本的なモデルであり，時間とともにシグモイド曲線を描く特徴をもつ．個体群密度を N とし，内的自然増加率* を r，環境収容力* を K とすると，ロジスティック方程式とよばれる以下の微分方程式が想定される（h を Verhulst 定数ともよぶ）．

$$\frac{dN}{dt} = rN\left(1-\frac{N}{K}\right) = rN - \frac{r}{K}N^2 = rN - hN^2$$

ベルギーの数学者 P.-F. Verhulst が最初に発表し（1838年），米国の人口学者 R. Pearl がスウェーデンの人口やショウジョウバエ実験個体群に適合することを検証した（1920年）．数理的に解くと，$N_t = K/\{1+\exp(a-rt)\}$（ただし，$e^a = K/N_0 - 1$；N_0 は初期値）を得る．Runge-Kutta 法などで数値計算してもよいが，いずれもシグモイド型の個体群動態が得られる．変形すると，

$$\frac{1}{N}\frac{dN}{dt} = r\left(1-\frac{N}{K}\right)$$

となり，これを個体当たりの増加率とよぶ．この右辺は右下がりの一次関数なので，この方程式は個体当たりの増加率が三つの前提条件のもとに成り立っていることがわかる．1) 密度増加に対して個体当たりの増加率は直線的に減少する．2) 密度増加の悪影響はどの個体にも等しくかかる．3) 密度効果による悪影響は密度増加に比例して瞬時に現れる（時間遅れがない）．自然界ではこのような前提はほとんど成立しないが，この三つの条件を緩和するだけで，自然界にみられるさまざまな動態（減衰振動や安定振動など）が発生する．したがってロジスティック方程式の価値は記述のためではなく，論理装置の基礎的数理モデルとして，より複雑なモデルに組込まれることで威力を発揮するといえよう．なお，差分型ロジスティック方程式も開発されており，$N_{t+1} = \lambda N_t/\{1+aN_t^b\}$ などがある（$\lambda \equiv e^r$：λ を純増殖率* とよぶ）．こちらも昆虫の実験個体群の動態に適用されてきた．R. May がこれを使って密度効果のべき乗パラメータが $b \gg 1$ のときに，カオス* が発生することを発表したことで，複雑系科学で注目を浴びた．

顱〖ろ〗頂眼〔parietal eye〕 ＝頭頂眼

ROC 曲線〔ROC curve〕 受信者動作特性曲線（receiver operating characteristic curve）の略称．信号検出理論* における基礎となるグラフである．たとえば，ノイズの中で刺激として何らかの弱い信号を提示する試行を繰返し，被験者に信号の有無の感じ方を答えさせ，有無を判断させる実験を考える．すると，横軸に刺激が提示されたかどうかの感じ方，縦軸にその頻度の割合をとったグラフ上には，実際に刺激が提示された場合とそうでない場合での二つの確率分布ができる．この課題においては，信号があるときに信号があるとみなすヒット（正報）と信号がないのに信号があるとみなす誤警報（false alarm, FA）がありうる．そこで，先のグラフの横軸の各点について，縦軸を正報率，横軸を誤警報率とした別のグラフ上に値をプロットすると，ROC 曲線が描かれる（図）．曲線下の面積で信号検出力（図中の灰色部分）が評価できる．

ロトカ・ボルテラ方程式〔Lotka-Volterra equation〕 このモデルには，捕食‐被食関係の個体群動態を表すものと競争関係にある2個体群動態を表すものの2種類がある．いずれも各種の個体数の増加率を微分方程式で表現している．捕食‐

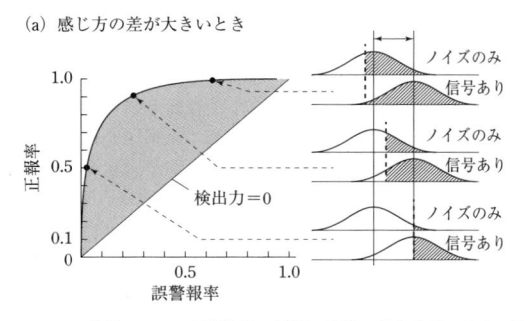

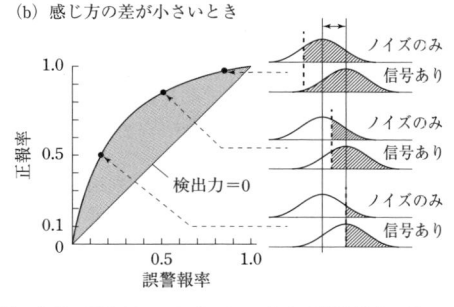

(a) 感じ方の差が大きいとき　　(b) 感じ方の差が小さいとき

ROC 曲線 -----は被験者の判断の基準．分布全体のうち，斜線の部分の面積が"ノイズのみ"のときは誤警報率，"信号あり"のときは正報率を表す．この図において，感じ方の差が小さい(b)ときに正報率を 0.9 にすると誤警報率は 0.6 になってしまうが，感じ方の差が大きい(a)ときには正報率を 0.9 にしても誤警報率は 0.3 程度に収まっている．

被食のモデルを餌密度(V)と捕食者密度(P)で表すと以下のようになる．

$$\frac{dV}{dt} = rV - aVP$$

$$\frac{dP}{dt} = baVP - dP$$

餌の増加率は，餌が指数成長する項 rV (r は内的自然増加率*)と，捕食により減少する項 aVP (a は捕食効率)からなっている．一方，捕食者*は，餌の摂食により増加する項 $baVP$ (b は転換効率)と，自然死亡の項 dP (d は死亡率)からなっている．捕食者と被食者は，捕食者が1/4周期の時間遅れを伴って振動する(図)．このモデルにはさま

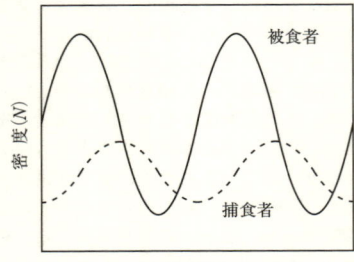

捕食-被食のロトカ・ボルテラ方程式のふるまい．餌の密度と捕食者の密度はともに周期振動するが，捕食者の振動が少し(¼周期)遅れるのが特徴．

ざまな改良版があり，たとえば餌に密度効果を組込むと，2種の振動はやがて収束する．競争モデルでは，2種それぞれのロジステックモデルに，他種の存在による増加率の目減りを加えた微分方程式になる．

$$\frac{dN_1}{dt} = \frac{r_1 N_1 (K_1 - N_1 - \alpha_2 N_2)}{K_1}$$

$$\frac{dN_2}{dt} = \frac{r_2 N_2 (K_2 - N_2 - \alpha_1 N_1)}{K_2}$$

ここで，N_1, r_1, K_1 は，それぞれ種1の密度，内的自然増加率，環境収容力であり，α_2 は種2から種1への競争係数である(N_2 以下は省略)．$\alpha<1$ の場合は種内競争が種間競争よりも強く，$\alpha>1$ では種間競争が強いことを意味する．2種が共存できる条件は，2種の競争係数の積が1よりも小さい場合($\alpha_1 \alpha_2 < 1$)であり，言い換えると，種間競争が種内競争よりも弱い場合に共存可能になる．このモデルでは，個々の種の環境収容力が時間的に不変であるという前提がある点に注意する必要がある．

ロードシス［lordosis］　最も特徴的な雌特異的な性行動．多くの哺乳類で観察できる．雄のマウント行動*によって雌の脇腹と背中が，それぞれ前肢，腹部で刺激されることで誘起される．一種の反射的行動である．ラット，ハムスターでは，首と頭部を持ち上げ，脊椎を湾曲させ，一定時間不動化する．マウスでは完全な不動化がみられないことが多い．発情しているラットやハムスターでは，背中への人為的な触覚刺激，たとえばヒトの指でつつくなどでも観察できる．ブタではアンドロステノンという雄フェロモンによって雌がロードシスを示すようになる．マウスでも ESP1 がロードシス反射を誘起する物質として報告された．(⇌性的受容，性フェロモン)

ロードシス商　［lordosis score, lordosis quotient］　⇌性的受容

ロドプシン［rhodopsin］　網膜の光受容を担う代表的な視物質*．桿体*細胞中に多量に存在するため，この名を与えられたが，ロドプシンスーパーファミリーに属する物質は視細胞の外に広く発現している．視紅(visual purple)ともいう．ロドプシンはタンパク質であるオプシン*と補因子のレチナールからなる．光を浴びると，まずレチナールが光異性化とよばれる構造変化を起こす．それにより熱反応が生じてタンパク質全体の構造変化が起こり，ロドプシンは暗状態から活性状態へと変化する．

ロボティクス［robotics］　ロボットに関するさまざまな技術を研究する学問分野．ロボットが外界の情報を知覚するためのセンサ技術や，外界に働きかけるためのアクチュエータ技術，さらには，それらを制御するための制御理論や人工知能*についての研究が含まれる．ロボットは，人間や動物と同様に，環境に対して(半)自律的にふるまうことが求められる．そこでは，従来の人工知能研究のようなシンボル化された静的な空間ではなく，連続的でかつダイナミックに変化する環境の中でいかに知的にふるまうかが大きな課題となる．ロボティクスではこれらの課題に対して，人間や動物を対象とした行動生物学や認知科学，神経科学，生理学などの知見をもとに，工学的にその機能を再現する応用指向の研究と，解析的アプローチでは十分に理解できない行動原理を，仮説に基づくモデル化と検証を通して構成的に解明しようとする基礎研究を行っている(**構成論的ア**

プローチ constructive approach). 特に後者では，身体をもって環境と物理的に相互作用する身体性の要素と，他者とのかかわりのなかで生まれる社会性の要素が，知的な行動の発現において重要な役割を担っていることが指摘されており，これらの研究を通して人間や動物の行動原理がさらに深く理解できることが期待される．

ローヤルゼリー［royal jelly］ ロイヤルゼリー，王乳などともいう．ミツバチの育児ワーカーが下咽頭腺と大顎腺からの分泌物を混合した乳状液のこと．育児ワーカーはふ化後3日目までの雌幼虫にローヤルゼリーを与える．その後も継続してローヤルゼリーを与えられた幼虫は女王に，ワーカーゼリーとよばれる栄養価の低い餌を与えられた幼虫はワーカーになる．ローヤルゼリーにはペプチドの一種であるロイヤラクチン（royalactin）が含まれる．このペプチドは有糸分裂の活性化や血中の幼若ホルモン*の増加をひき起こし，女王の特徴である大きい体や発達した卵巣の形成を促す．ローヤルゼリーには糖，アミノ酸，タンパク質，脂肪酸なども豊富に含まれ，女王に特異的な栄養代謝の状態をつくり出している．（⇌ カースト）

ローレンツ **LORENZ**, Konrad Zacharias 1903. 11. 7～1989. 2. 27 動物行動学*の創始者．1903年，ウィーン近郊のアルテンブルクに生まれる．はじめコロンビア大学で，のちにウィーン大学医学部で学び，医師の資格を得て解剖学研究所で1933年まで助教授を務めた．さらにウィーン大学で動物学を学び，1933年に動物学で二つ目の博士号を取得し，1940年にケーニヒスベルク大学の心理学の教授となった．1941年にドイツ軍に軍医として徴収されたが，軍務についてすぐに旧ソ連軍の捕虜となり，1942年から48年まで捕虜収容所で過ごした．復員してしばらくは職がなく，捕虜生活中に書き溜めた原稿を出版したりしていた．1950年にマックスプランク協会はゼーヴィーゼンに行動心理学ローレンツ研究所を設立．Lorenzは1957年にミュンヘン大学動物学科の名誉教授となり，1958年に行動心理学ローレンツ研究所に移籍した．1973年，N. Tinbergen*，K. R. von Frisch*とともにノーベル生理学・医学賞を受賞．同年にマックスプランク研究所を退職．1974年にオーストリアに戻り，オーストリア科学アカデミー動物社会科学研究所の所長をしながら，研究と執筆活動を続けた．彼の生物学上の業績として，LorenzはTinbergenとともに，動物の本能行動を説明するための生得的解発機構*（リリーサー）の概念を発展させた．また自然界に通常存在しないような大きな卵や偽のくちばし（超正常刺激*）が，鳥の生得的・固定的な行動パターンをより強く引き出すことも発見した．もう一つ動物行動学への大きな貢献は"刷込み*"の発見である．刷込みの発見は，飼っていたガチョウ（ハイイロガン*）の雛に母親と間違われた体験に端を発したものである．Lorenzはこのように動物の行動をひたすら観察するという古典的な手法を用いて，動物行動学を科学のまな板に乗せ，それまでの既成の生物学領域では扱えなかった動物の行動を直接研究する分野を誕生させた．彼は動物の行動は種を維持するためにあると考えていたので，後年，E. O. Wilson*をはじめとする行動生態学者には批判された．しかし動物の行動が生物の他の形質と同様，自然選択のターゲットになることを多くの人に理解させた功績は大きい．戦争中の一時期，ナチス党員だったことに対して批判されることもあるが，晩年にはオーストリア緑の党を支持し，1984年にはドナウ河畔の森を伐採して建てられることになった水力発電所に反対する草の根運動の象徴となるなど，自然保護運動にも積極的にかかわっている．『攻撃——悪の自然誌』（1963年，邦訳1970年）をはじめとして，『人 イヌにあう』（1953年，邦訳1968年），『文明化した人間の八つの大罪』（1973年，邦訳1973年），『ソロモンの指環』（1949年，邦訳1963年）など，彼の一連の著作は，人間論，文明論として，社会的にも大きな影響を残している．

論理積スケジュール［conjunctive schedule］複雑スケジュール*の一つ．単一のオペランダム*に対して，複数の単一スケジュール成分を設定し，そのすべての要求が満たされたときに強化子を提示する．conj. と略記．たとえばconj. FI 10秒 FR 5（論理積 固定時隔10秒 固定比率5）では，一つの反応レバーに，FI 10秒とFR 5を重ねて設定し，前回の強化子提示から10秒以上経過してから生じた反応に対して，それ以前に最低4回の反応が生じている場合にのみ次の強化子を提示する．単一のFRやFIでは，何らかの一過性の要因が生み出した高反応率や低反応率が持続される場合があるが，conj. FI FRでは，強化間間隔と反応率の両方を一定の範囲に統制しつつ，その変化を見ることができる．

論理和スケジュール［alternative schedule］
複雑スケジュール*の一つ．単一のオペランダム*に対して，複数の単一スケジュール成分を設定し，そのうち，どれでも最初に要求を満たした成分に従って強化子を提示する．alt.と略記．たとえば alt. FR 50 FI 90 秒（論理和 固定比率 50 固定時隔 90 秒）では，一つの反応レバーに FR 50 と FI 90 秒を重ねて設定し，90 秒経過する以前でも反応数が 50 回に達すれば強化子を提示するし，反応数が 50 回未満でも 90 秒経過後の最初の反応には強化子を提示する．前試行の強化子を FI に従って提示した場合も，FR に対する反応数が次試行に持ち越されることはない．したがって，定義上は二つのスケジュールが重なっているが，個々の強化子は，実質的にはどれか一つの成分に従って提示される．alt. FR FI では，反応率が高くなれば強化間間隔は短縮されるので，時間当たりの強化子提示数と 1 強化子当たりの反応数との間に，一方が増えると他方がその分減るトレードオフの関係があることになる．

ワ

矮雄〖わいゆう〗[dwarf male] 雌より極端に小さい雄のことで，さまざまな分類群で知られている．雌の体表や体内に寄生して生活する例も多く，複数の雄が寄生して一妻多夫になることもある．深海魚のミツクリエナガチョウチンアンコウなどの未成熟雄は，雌を見つけると体表に咬みついて離れず，やがて組織が癒着して雌から栄養をもらうようになる（図）．これを性的寄生（sexual parasitism）とよぶこともあるが，異性と出会う機会が少ない深海においては，雌にとっても寄生雄の精子を確保できるという繁殖上の利点がある．雌としては雄の精巣を成熟させるだけの栄養を与えればよく，雄は雌の約10分の1の体長にしかなれない．海底にすむボネリムシ（ユムシ動物の一種）では，雌と接触した幼生は雄に性分化し，雌の体内で寄生生活を送るようになる．雌と出会わなかった幼生は雌に性分化*する．固着性の甲殻類である蔓脚類でも雌に付着する矮雄が知られており，餌が少なく成長が遅い環境で矮雄が生じやすいと考えられている．

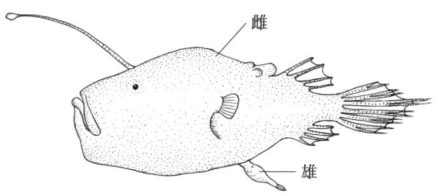

ミツクリエナガチョウチンアンコウの雌の腹部に付着した雄．雄は雌に咬みついたまま一生を過ごす．

Y路実験（アリの）[Y-shaped cardboard bridge experiment] アリの採餌行動における，1) 集団的経路選択機構，および，2) 個体の経路学習能力を測定する目的で，下図(a)のような，巣と餌を結ぶ分岐経路上での採餌実験が試行されてきた．このような分岐経路実験を，一般的にY路実験とよぶ．1)に関しては，図(b)のように初期に少数の個体が偶然使用した経路が，道しるべフェロモン*の分泌・追随の連鎖によって自然に定着する，いわゆる化学走性由来の自己強化過程が確認され，2)に関しては，過去の餌獲得の履歴に依存した，個々のアリによる学習効果が確認されてきた（図c）．Y路実験は，条件分岐と選択のセットからなる論理的な実験系であり，分岐の形状や給餌スケジュールなど，その仕様を適宜拡張することで，個から集団までさまざまなレベルの，アリの意思決定の様態を定量化することが可能である．そのため，社会性昆虫としてのアリの特性を研究するために欠かせない基本的手法とされている．

ワーカー[worker] 労働カースト（worker caste），アリでは職蟻（ergate）ともいう．労働者という意味の英語がその名に与えられた，真社会性動物にみられるカースト*の一つで，繁殖以外

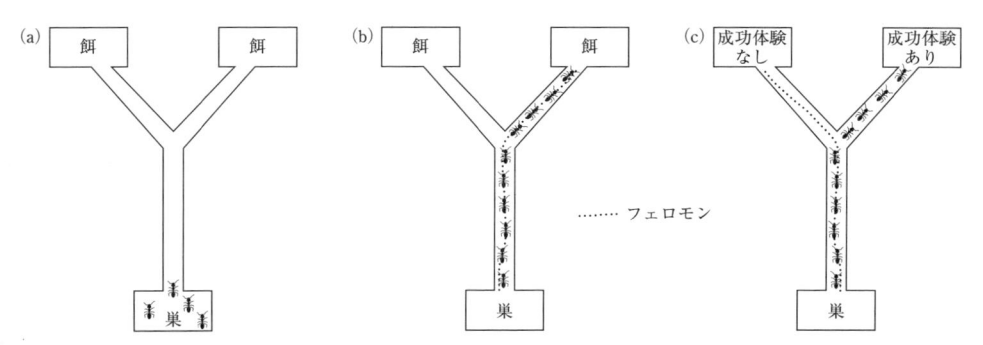

(a) 最も単純なY路分岐実験系．側壁の設置や"歩道橋"形式にすることで，経路以外には脱出できない．
(b) 左右同等の経路であっても，初期に偶然選ばれた経路が走化性による自己増強過程によって最終的に生き残る．
(c) 過去の採餌の成功体験が，走化性より強い影響を及ぼすことが一部の種で確認されている．

の活動を全般的に担うものをさす．古典的な実例はハチ(働きバチ)，アリ(働きアリ)，シロアリ(働きシロアリ)にあるが，近年ではデバネズミ，テッポウエビ，アンブロシア甲虫にもその存在が示唆されている．ワーカーは女王*や王に対する反意語として用いられるため，真社会性である一部のアブラムシ，一部のアザミウマや一部の寄生バチの非繁殖カーストをワーカーとよぶことはあまりない．なぜなら，これらでは不妊個体は繁殖以外の労働を全般的に担うワーカーではなく，防衛機能に特殊化した兵隊カースト(soldier caste)だからである．しかし不妊カーストの実際の機能には論争が多く，実はゴールアブラムシの一部の種では"兵隊"が巣の掃除も行うことが知られている．また近年，餌場と巣が同じであるワンピース型の社会構造*をもつシロアリでは他個体による子の養育行動は存在せず，これらにおける不妊カーストは防衛を担う兵隊だけであるとの見解もある．アリなどの高度真社会性昆虫の研究では，ワーカーは機能でなく形態的に定義される場合もあるので注意が必要である(⇌カースト)．

和解行動［reconciliation］ 群れで生活する動物(霊長目，食肉目など)においてみられる，攻撃行動直後に攻撃個体と被攻撃個体が行う親和行動．個体間の対立状態を解消する**対立解決行動**(conflict resolution, **葛藤解決**ともいう)の一種．仲直りともいう．和解行動には，当事者個体間の攻撃が再発する確率を減少させるという機能，攻撃によって上昇した当事者個体のストレスレベルを減少させるという影響があり，社会関係の修復という社会的効果があると考えられている．すべての攻撃行動の後に和解行動が起こるわけではなく，攻撃個体と被攻撃個体間の社会関係が，当事者にとって重要である場合に高頻度で起こる．たとえば，血縁個体間で起こった攻撃行動では，非血縁個体間で起こった攻撃行動よりも高頻度で和解が起こる傾向がある．また，攻撃後に和解行動が起こる確率は種によって異なり，平等主義者*の種では高く専制主義者の種では低い．

ワーカーポリシング［worker policing］ グンタイアリやミツバチなどのコロニー*ではワーカーは低い血縁度*で結ばれているだけだが，にもかかわらず高い社会的結束が保たれており，その進化的機構を包括適応度*の概念で説明した理論．半倍数性*である真社会性ハチ目では，多くの種でワーカーが単為生殖で雄をみずから産む能力を保持している．このとき，育てるべき雄の選択肢を血縁度の高い順にあげると，単女王性で女王が1雄と交尾している場合，①自身の子(血縁度 $r=0.5$)，②他のワーカーの子($r=0.375$)，女王の子($r=0.25$)となる(図 a)．一方，女王が多数の雄と交尾している場合は，①自身の子($r=0.5$)，②女王の子($r=0.25$)，③他のワーカーの子($r≒0.125$)の順となる(図 b)．後者の場合は，包括適応度最大化の原理に従えば，血縁度の低い雄を育ててしまうことにつながる他ワーカーによる雄生産を，ワーカーが互いに監視・妨害し合う行動(ワーカーポリシング)が進化するため，結果として女王だけが産卵できるようになる．ワーカー間の利害対立が，結果としてワーカーの不妊性を維持させるのである．ただしハチ目昆虫においてワーカーポリシング行動を進化させた進化的な要因としては，低い血縁度よりもワーカーによる産卵が与えるコロニー全体の生産性に与えるコスト(ワーカー産卵のコスト)の方が重要であるとする見解もある．

(a) 女王1回交尾

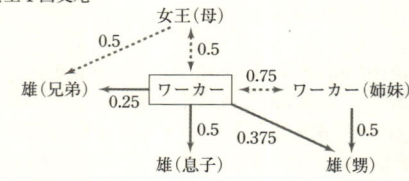

(b) 女王無限回交尾

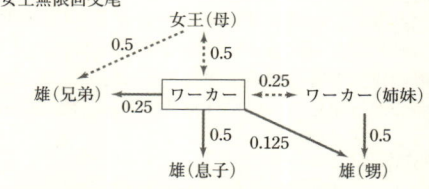

ハチ目社会性昆虫の家族間の血縁関係．ワーカーにとって甥の血縁度は女王の交尾回数で変化するが，息子または兄弟の血縁度は変わらない．

ワーキングメモリ［working memory］ ＝作業記憶

Washoe(チンパンジーの名) ⇌言語訓練

渡り［migration］ 季節的な長距離移動のこと．鳥類の多くや哺乳類(トナカイなど)，昆虫の一部(オオカバマダラなど)などにみられる．英語の migration には，魚やウミガメなどの回遊*も含まれる．渡りをすることによって，一年を通して好ましい食物条件のところで過ごすことができ

る．鳥の渡りは季節的な往復移動であり，春の渡りは繁殖地に向けての北上，秋の渡りは越冬地に向けての南下である．渡りをする鳥のことを**渡り鳥**（migratory bird）という．日本に冬に渡ってくるハクチョウやガンなどを冬鳥，夏になると渡ってくるツバメなどを夏鳥というが，生物学的な区分ではない．渡りには直線的で単純な南北移動もあれば，大きな迂回経路をたどるものもある．また，同じ種でも春と秋で経路が異なる場合もある．種による違いは，体サイズや主食となる動植物の分布の違いと，同じ種の季節による違いは，関連地域の気象条件の季節的変動と関係している．渡る方角を定めるのには，太陽の位置，星座，地磁気，地形，風向などが利用される（→ 太陽コンパス，星座コンパス）．近年，人工衛星を利用した衛星追跡*の技術によって，渡りについての研究は飛躍的に進展している．

渡り鳥［migratory bird］ → 渡り

ワトソン WATSON, John Broadus 1878. 1. 9〜1958. 9. 25 （古典的）行動主義*の提唱者．米国のサウスカロライナ州トラベラーズレストに生まれた．その後，家庭の事情から同州グリーンヴィルに移り住み，同地にあったファーマン大学で苦学しつつ修士号を取得した．その後，奨学金を得てシカゴ大学に進み，J. Dewey, J. R. Angell, J. Loeb などのそうそうたる哲学者，心理学者のもとで学び，1903年に博士号を取得する．博士論文は同年『Animal Education（動物の教育）』として出版された．1908年ジョンズ・ホプキンス大学に移り，実験心理学および比較心理学の教授を務める．1913年, *Psychological Review* 誌に行動主義者宣言ともよばれる Psychology as the Behaviorist Views It と題する論文を発表し，そこで行動主義的心理学のプランを明らかにした．その中で，意識を対象とした内観に基づく報告をベースとする当時の心理学的方法論に反対し，客観的に観察可能な行動を対象とし，そうした行動の予測と制御を目指す研究の必要性を主張して，特に当時の主流であった W.M. Wundt や E.B. Titchener の構成主義と対立した．1920年に大学を辞した後は広告業界に転身するとともに，行動主義，ならびに幼児や子供の心理学的な育て方に関する啓蒙書を執筆した（たとえば『行動主義の心理学』1930年，邦訳1980年）．ヒトとそれ以外の動物とを同一の地平におき，公共性をもつ客観的データを得ることができる対象としての行動を強調した考え方は，その後の米国心理学界の動向に大きな影響を与える一方で，意識，感情，認知といった心理学の重要なテーマを否定する考え方に対してさまざまな反発を生み出すこととなった．

ワニ［crocodile］　ワニ目の総称．現生種は25種とする見解もある．おもに熱帯域に分布するが，冬季に水が凍るような地域にも生息する．全長5mを超える種もあり，人間を襲って食べた例も複数種で実在する．水中が生活の中心であり，耳や鼻の穴を閉じることができる．陸上での歩行も巧みで，ジョンストンワニは短距離であれば馬の疾駆のように四肢を同時に宙に浮かせて跳躍して走ることができる．爬虫類だが系統的にはトカゲやヘビなどよりも，むしろ鳥類に近い．爬虫類のなかでは最も社会性が高く，音声による個体間のコミュニケーションが発達している．どの種も親による卵や子の世話を何らかのかたちで行う．雌親は陸上に塚状の巣を作り，多くの種ではふ卵期間中は巣を見張る．アメリカアリゲーターでは，ふ化した子ワニが出す声を聞きつけて，雌親が巣を掘り起こし，子ワニをくわえて水場へ運び，しばらくの間保護する．雄による子の世話が観察されている種もある．獲物を狩るときには複数個体で協力し合う種も存在する．現在知られている限りでは，すべての種が温度依存型の性決定様式をもつ．たとえば，イリエワニでは，ふ卵温度が32℃前後では雄となり，それよりも低温と高温では雌になる．

輪回し行動［wheel running］　ドラム状の回し車（回転かご activity wheel, running wheel）の中に動物を入れたときに生じる走行のこと（図）．動物がこの装置内で歩いたり走ったりすると回し車が回るので，その回転数や走行距離を計測し，運動量を扱うことができる．ラットやマウスを1日この装置に入れておくと30〜40 km程度走行することもある．ある行動（たとえば，レバー押し）を行うと輪回し行動が可能となる，という状況に置くと，その行動は増加する．つまり，輪回し行動はオペラント条件づけ*の正の強化子として機能することが知られている．実験装置として

は，回し車のみのものだけでなく，回し車の横に小部屋がついたものもあり，そこで餌や水を摂取させることも可能である．おもにラットやマウスなどの齧歯類が被験体として用いられ，運動生理学的な研究だけでなく，概日リズム*や活動性ストレスなどの研究にも使用される．

ワモンゴキブリ［American cockroach］　学名 *Periplaneta americana*. ゴキブリ目ゴキブリ科に属す．熱帯，亜熱帯に広く分布する世界的害虫種．体長 30〜45 mm で日本における屋内性ゴキブリのなかで最も大型である．飼育の容易さ，衛生害虫としての重要性，また頑強な大型昆虫で脳ニューロンからの活動記録が容易であることから，生理，行動，生態などの研究に用いられ，性フェロモン*によるコミュニケーション，嗅覚，逃避行動，概日リズム*，学習・記憶などの研究に貢献してきた．成熟した雌はペリプラノン B（periplanone B）を主成分とする性フェロモンを放出する．雄の触角には性フェロモンの受容に特化した受容ニューロンが多数あり，それらの興奮は脳の嗅覚中枢の性フェロモンの処理に特化した領域に伝えられ，フェロモン源に向かう定位行動*がひき起こされる．

(a) グリマスをみせる雌のチンパンジー．この表情がヒトのスマイルに対応するとされる．(b) 母親との遊びでプレイ・フェイスをみせるチンパンジーの乳児．この表情がヒトのラフに対応するとされる．

笑い［laugh, smile］　ヒトの笑いは，口角や頬の上昇，特徴的な発声などを伴う感情表出行動である．J. van Hooff は，ヒトの笑いを"発声のないスマイル"と"発声を伴うラフ"に大きく二分し，それぞれと進化的起源が同じ表情・音声がヒト以外の霊長類*にみられると論じた．スマイルは，優位個体への恐怖や服従を示す歯を露出させた表情（グリマス*，図上）と，ラフは，遊びにおいて見られる口を丸く開けた表情（プレイ・フェイス，図下）と対応するとされる．ヒトに近縁な類人猿*では，プレイ・フェイスにしばしば発声が伴う．チンパンジー*の笑い声は，呼気と吸気の両方で交互に発声されることが多く，"アーハーアーハー…"または"ハハハハハ…"と聞こえる．群れの仲間との社会的遊びにおいて，腹や首筋を指や口でくすぐられたり，追いかけっこで追いかけられたりするときによく笑い声を発する．ヒトとは異なり，多数のチンパンジーが笑いの対象を共有していっせいに笑うことはない．笑い声の伝染（contagious laughter）も起こっていないと思われる．また，おかしな表情などの"おどけ"的行動への笑いや，他者の失敗などへの"嘲笑"もみられない．ヒトの新生児は，睡眠中にほほ笑みの表情を見せることがある．おもにレム睡眠中に外的刺激なしに生じるため，**自発的微笑**（spontaneous smiling, neonatal smiling）とよばれる．チンパンジーの新生児も，レム睡眠中にこの表情を見せる．ただし，チンパンジーの母親がこの表情に対して，ヒトの養育者のように喜びなどの反応を示すことはないようだ．

付　録

付録 1. さまざまな動物の脳神経系図譜 ⋯⋯ 579

付録 2. 行動生物学年表 ⋯⋯⋯⋯⋯⋯⋯⋯⋯ 582

付録 3. 関連動画一覧（🎥）⋯⋯⋯⋯⋯⋯⋯ 591

付録1　さまざまな動物の脳神経系図譜

1　無脊椎動物の脳・神経系

　脳の原型となる頭部神経節は，プラナリア（扁形動物）のような左右相称動物において初めて現われた．左右相称動物は旧口動物の系統と新口動物の系統に分かれ，前者からは節足動物や軟体動物などが，後者からは脊椎動物などが進化した．無脊椎動物のなかで最も複雑な体制，行動，脳を進化させたのは節足動物と軟体動物であるが，節足動物（昆虫や甲殻類など）の脳は小型ながらも構造が複雑で，微小脳とよばれる．一方，軟体動物のうちタコやイカなどの頭足類は無脊椎動物のなかで最も大きな脳をもち，その大きさは小型哺乳類の脳に匹敵する．

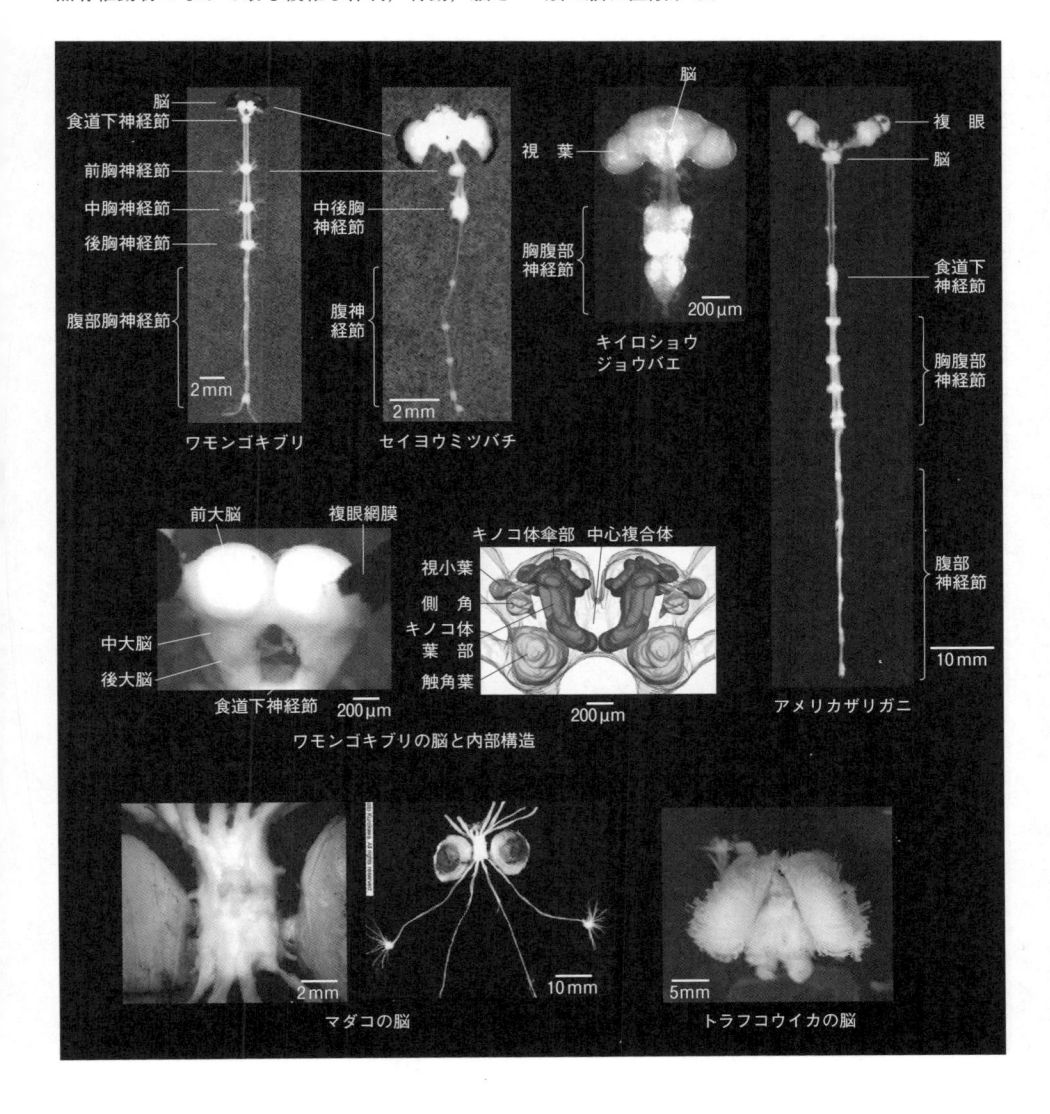

2 脊椎動物の脳

脳の構造は魚類から哺乳類まで相同で，はっきりした対応関係がある．キンギョの脳は，一番先端の嗅球から始まって，大脳(終脳)・間脳・中脳・小脳・延髄・脊髄へ続く，一本の管のようなつくりをしている．この管はところどころで肉厚になってキノコのように突出しているが，大脳もそのような突出構造の一つである．さらに中脳から背側には視蓋が，間脳から腹側には網膜や視床下部を，延髄から背側に小脳と迷走葉を，それぞれ突出させている．迷走葉は味覚に特化した構造で，一部の魚類だけがもっている．

構成は同じだが，これらの突出物のサイズは，系統的にもまた種によっても大きく異なる．鳥類と哺乳類では大きな大脳が中脳と延髄の上に覆いかぶさって，小脳は脳の後ろ側に，中脳(視蓋)は脳の腹側に追いやられている．間脳は覆われて外側からは見えない．同じ鳥類でも，ハシブトガラスがカワラバトに比べて巨大な大脳をもつこと，しかし中脳(視蓋)や小脳の大きさには著しい差異がないことに注意．この傾向は哺乳類でも同様で，イヌよりカニクイザルでは，大脳が脳全体に占める割合が大きい．

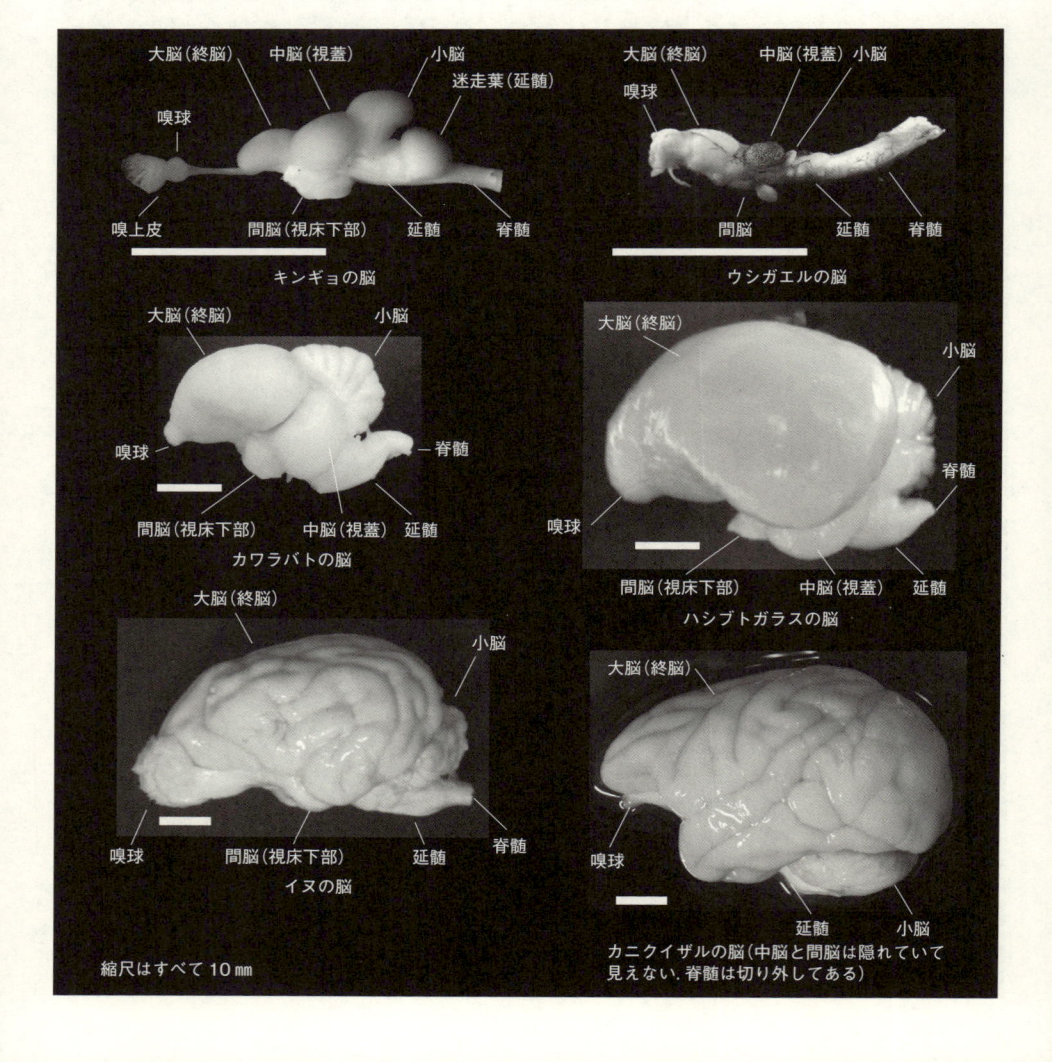

キンギョの脳

ウシガエルの脳

カワラバトの脳

ハシブトガラスの脳

イヌの脳

縮尺はすべて10 mm

カニクイザルの脳(中脳と間脳は隠れていて見えない．脊髄は切り外してある)

1. さまざまな動物の脳神経系図譜

3 ヒトの脳

(a) 外景

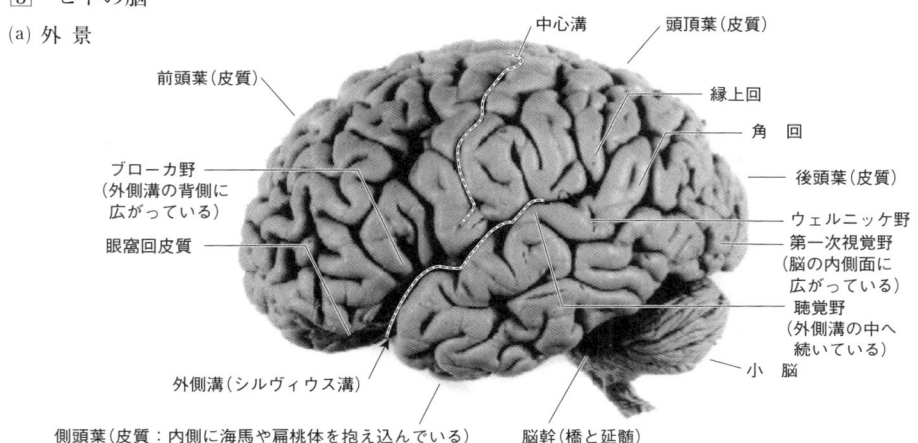

（図：ヒトの脳の外側面）

ラベル：
- 前頭葉(皮質)
- 中心溝
- 頭頂葉(皮質)
- 縁上回
- 角回
- 後頭葉(皮質)
- ブローカ野(外側溝の背側に広がっている)
- ウェルニッケ野
- 第一次視覚野(脳の内側面に広がっている)
- 眼窩回皮質
- 聴覚野(外側溝の中へ続いている)
- 外側溝(シルヴィウス溝)
- 小脳
- 側頭葉(皮質：内側に海馬や扁桃体を抱え込んでいる)
- 脳幹(橋と延髄)

　大脳は，大きく肥大してしわ状に折りたたまれた皮質に覆われている．しわの外側に出た部分を回(gyrus)，内側に隠れた部分を溝(sulcus)とよぶが，大きな回や溝は個人ごとのばらつきが少ない．外側溝(シルヴィウス溝)によって側頭葉と前頭葉が，中心溝によって頭頂葉と前頭葉が分けられる．側頭葉の内側には海馬や扁桃体など重要な部位が包み込まれているが，これらは皮質を切り外さねば見ることができない．視覚・聴覚・嗅覚などの感覚情報処理系，運動・意図・計画・価値などの行為実行にあずかる領域は，これらの皮質の異なる部位に局在している．たとえば言語の理解にかかわるウェルニッケ野は側頭葉の背側にあり，発語に重要なブローカ野は運動野の腹側にある．

(b) 内景

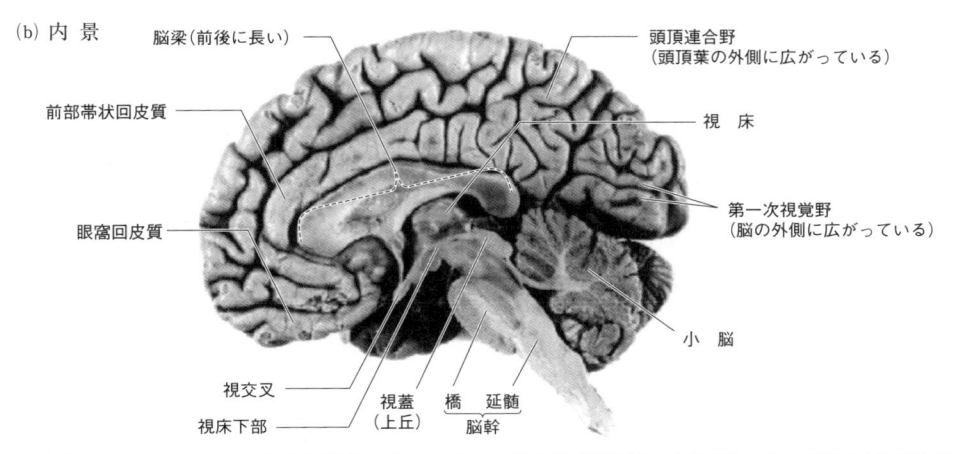

（図：ヒトの脳の正中断面）

ラベル：
- 脳梁(前後に長い)
- 頭頂連合野(頭頂葉の外側に広がっている)
- 前部帯状回皮質
- 視床
- 第一次視覚野(脳の外側に広がっている)
- 眼窩回皮質
- 小脳
- 視交叉
- 視蓋(上丘)
- 橋
- 延髄
- 視床下部
- 脳幹

　左右の脳は，脳梁という神経繊維の束でつながっている．脳梁から下の構造を正中断面に沿って切り分け，脳の右半球を内側から見た図．大脳の内側にも発達した大脳皮質の構造がある．小脳が延髄の上にカリフラワーのように伸び出た構造である．中脳とその突出物である視蓋が小さい．視交叉(視神経の交叉部)の上に視床下部がある．眼球が視神経を介して間脳につながっており(ここでは視神経を切断し，眼球を取外してある)．等々，すべての脊椎動物の脳に共通する特徴や，ヒトの脳で特に際立っている特徴を，この図から読み取ることができる．

付録2　行動生物学歴史年表

- 行動生物学に関連する主要な研究や著作のなかから年代を特定できるもののみを取上げた．
- 専門誌の創刊については国際誌に，学会の設立については国内の学会に，受賞については ノーベル賞とクラフォード賞に限った．
- ㋧ 動物行動学・行動生態学関連, ㋚ 動物心理学関連, ㋠ 神経生理学関連を示す.
- ＊印, ⇌印は本体中に見出し語があることを示す.

年		行動生物学にかかわる出来事	年	行動生物学を牽引した著作
B. C. 4世紀		動物520種の生殖，形態，習性の記述と分類(Aristoteles)	B. C. 4世紀	『動物誌』(Aristoteles)
A. D. 1世紀		動物の習性の記述(Plinius)	A. D. 1世紀	『自然誌』(Plinius)
			1551	Gesner, C. 『動物誌』(〜1587)
1637		動物機械論＊の提唱(Descartes, R.)	1637	Descartes, R. 『方法序説』
1649		心身二元論の提唱(Descartes, R.)	1649	Descartes, R. 『情念論』
			1651	Hobbs, T. 『リヴァイアサン』
17世紀末		人間の本性，自然状態，経験の役割についての哲学的議論(〜18世紀)	1690	Locke, J. 『人間知性論』
			1739	Hume, D. 『人間本性論』(〜1740)
			1748	de La Mettrie, J. O. 『人間機械論』
			1749	Buffon, G.-L. 『博物誌』(〜1778)
			1755	Condillac, E. 『動物論』
1758		二名法による動植物の学名の誕生と分類体系の確立(von Linné, C.)	1758	von Linné, C. 『自然の体系』(第10版)
			1759	Smith, A. 『道徳感情論』
			1789	White, G. 『セルボーンの博物誌』
			1794	Darwin, E. 『ズーノミア』
			1798	Malthus, T. R. 『人口論』
1809		進化における用不用説の提唱(Lamarck, J. B.)	1809	Lamarck, J. B. 『生物哲学』
			1817	Cuvier, G. 『動物界』
1822		恐竜の化石の発見(Mantell, G.)	1826	Müller, J. 『視覚の比較生理学』
			1833	Müller, J. 『人体生理学ハンドブック』(〜1840)
1850	㋠	神経の信号伝達速度の測定(von Helmholtz, H.)		
1852	㋠	色覚＊の3原色説の提唱(von Helmholtz, H.)		
1856		ネアンデルタール人の化石の発見	1856	von Helmholtz, H. 『生理光学ハンドブック』(〜1866)
1858		リンネ協会での進化論(自然選択＊説)の発表(Darwin＊, C. R. & Wallace＊, A. R.)		
			1859	Darwin＊, C. R. 『種の起原』
1860		生命の自然発生説の否定(Pasteur, L.)		
1861		始祖鳥の化石の発見		
	㋠	ブローカ野＊の発見(Broca, P.)		

2. 行動生物学歴史年表

年		出来事	年	著作
			1863	Huxley, T. H. 『自然における人間の位置』
				Wundt, W. M. 『人間および動物の心について』
			1864	Flourens, M. 『比較心理学』
1865		メンデルの法則*の発見(Mendel, G. J.)		
			1866	Haeckel, E. H. 『一般形態学』
			1869	Wallace*, A. R. 『マレー諸島』
1871	行心	性選択*の概念の提唱(Darwin*, C. R.)	1871	Darwin*, C. R. 『人間の由来』
1872	行心	動物の行動における初期経験の役割についての先駆的研究(Spalding, D.)	1872	Darwin*, C. R. 『人間と動物における感情表現』
1874	神	ウェルニッケ野*の発見(Wernicke, C.)		
			1876	Wallace*, A. R. 『動物の地理的分布』
			1878	Wallace*, A. R. 『熱帯の自然』
1879		ライプツィヒ大学に最初の心理学研究室創設(Wundt, W. M.)	1879	Fabre, J.-H. C. 『昆虫記』(〜1907)
			1882	Romanes, G. J. 『動物の知能』
			1883	Galton, F. 『人間の能力と発達の研究』
			1884	Romanes, G. J. 『動物の心の進化』
1885		定向進化説の提唱(Eimer, T.)		
1888	神	ニューロン説*の提唱(Ramón y Cajal*, S.)		
1889	行心	走性*の概念の提唱(Loeb, J.)	1889	Loeb, J. 『脳の比較心理学と比較生理学』
			1890	James, W. 『心理学原理』
1891		ジャワ原人の化石の発見(Dubois, E.)		
1894	行心	モーガンの公準*(動物行動の解釈における節約原理)の提唱(Morgan*, C. L.)	1894	Morgan*, C. L. 『比較心理学入門』
	行	生物統計学の確立(Pearson, K.)		
1898	心	問題箱*を用いたネコでの試行錯誤学習*の研究報告(Thorndike*, E. L.)		
1900		メンデルの法則*の再発見・再評価(de Vries, H. ら)		
1901		突然変異*説の提唱(de Vries, H.)	1901	Maeterlinck, M. 『ミツバチの生活』
	行	Biometrika(生物統計)創刊		
1902	心	条件反射*の研究の開始(Pavlov*, I. P.)		
1904	心	賢いウマ・ハンス*事件		
1906	神	Golgi, C., Ramón y Cajal, S. ノーベル生理学・医学賞受賞(神経組織の構造の研究)	1906	Jennings, H. P. 『下等動物の行動』
1908	行	遺伝におけるハーディ・ワインベルグの法則*の提唱(Hardy, G. H. & Weinberg, W.)	1908	Washburn, M. 『動物の心』
				McDougall, W. 『社会心理学入門』
			1910	Heinroth, O. 『ガンカモ科鳥類の行動学』
1911	心	学習における効果の法則*の提唱(Thorndike*, E. L.)	1911	Thorndike*, E. L. 『動物の知能』
1913	心	行動主義*宣言(Watson*, J. B.)		
	心	チンパンジーの問題解決行動*についての実験的研究(〜1920)(Köhler*, W.)		

年		出来事	年	著作
1914		第一次世界大戦(～1918)		
	行心	ミツバチの色覚*の研究報告(von Frisch*, K. R.)		
1915	行	配偶者選択の進化におけるランナウェイ説*の提唱(Fisher*, R. A.)		
			1916	Yerkes*, R. M.『サルと類人猿の心的生活』
1917	心	問題解決行動における洞察*の概念の提唱(Köhler*, W.)	1917	Köhler*, W.『類人猿の知恵試験』
1918	行	量的遺伝学*の確立と分散分析*法の確立(Fisher*, R. A.)		
1921	心	Journal of Comparative Psychology 創刊		
1924		アウストラロピテクス・アフリカヌスの化石の発見(Dart, R.)	1924	Heinroth, O. & Heinroth, K.『中央ヨーロッパの鳥』(～1934)
			1925	Fisher*, R. A.『研究者のための統計学的手法』
1926		ショウジョウバエの実験で遺伝子説を確証(Morgan, T. H.)		
1927	行心	ミツバチの紫外線感覚*の実験報告(Kühn, A.)	1927	Pavlov*, I. P.『条件反射学』 von Frisch*, K. R.『ミツバチの生活から』
1929		北京原人の化石の発見(斐文中)	1929	Lashley, K. S.『脳の機序と知能』
	行心	ミツバチの形態視の実験報告(Hertz, M.)		Yerkes*, R. M.『ゴリラの心』
	神	脳波*測定の最初の報告(Berger, H.)		畠山久重『動物の心の進化』
1930	行	性比*理論の提唱(Fisher*, R. A.)	1930	Fisher*, R. A.『自然選択の遺伝学的理論』 Watson*, J. B.『行動主義の心理学』 Elton, C. S.『動物生態学』
1932	神	Sherrington, C. S., Adrian, E. D. ノーベル生理学・医学賞受賞(神経細胞の機能に関する研究)	1932	Tolman*, E. C.『動物と人間における目的的行動』 Haldane, J. B. S.『進化の要因』
	心	認知地図*の概念の提唱(Tolman*, E. C.)		
		ホメオスタシス*の概念の提唱(Cannon, W. B.)		
1933		ナチスの迫害を逃れ，研究者の米国や英国などへの亡命(～1939)		
	心	日本動物心理学会設立		
1934	行心	環世界*の概念の提唱(von Uexküll, J.)	1934	von Uexküll, J.『生物から見た世界』 Gause*, G. F.『生存競争』
1935	行心	刷込み*の概念の提唱(Lorenz*, K. Z.)	1935	Guthrie, E. R.『学習の心理学』 Fisher*, R. A.『実験計画法』
		生態系の概念の提唱(Tansley, A. G.)	1936	Oparin, A. I.『生命の起源』 Piaget, J.『知能の誕生』 黒田亮*『動物心理学』
1937	行	集団遺伝学*の確立	1937	Dobzhansky, T. G.『遺伝学と種の起源』
	行心	Zeitschrift für Tierpsychologie (動物心理学誌)創刊(1986～ Ethology)		Katz, D.『動物と人間』
1938	心	オペラント条件づけ*の概念の詳述(Skinner*, B. F.)	1938	Skinner*, B. F.『個体の行動』
	行心	生得的解発機構*の概念の提唱(Lorenz*, K. Z. & Tinbergen*, N.)		
1939		Butenandt, A. F. J. ノーベル化学賞受賞(性ホルモン*の研究)		

2. 行動生物学歴史年表

年		出来事	年	著作
			1940	Cott, H. B.『動物の適応的色彩』
1941		第二次世界大戦（〜1945）	1941	今西錦司*『生物の世界』
			1942	Huxley, J.『進化：現代的統合』
				Walls, G. L.『脊椎動物の眼とその適応放散』
			1943	Lack*, D. L.『ロビンの生活』
				Hull*, C. L.『行動の原理』
			1944	Portman, A.『人間はどこまで動物か』
				Schrödinger, E.『生命とはなにか』
				Simpson, G. G.『進化の速度と様式』
				矢田部達郎『動物の思考』
1946	行心	ミツバチのダンス*と太陽コンパス*の研究報告（von Frisch*, K. R.）	1946	Lack*, D.『ダーウィンフィンチ』
			1947	川村多実二『鳥の歌の科学』
			1948	Kinsey, A. C.『男性における性行動』
1949	神	シナプスの可塑性についてのヘッブ則*の提唱（Hebb*, D. O.）	1949	Hebb*, D. O.『行動の機構』
	行	ニホンザルの社会行動*の研究の開始（今西錦司ら）		Lorenz*, K. Z.『ソロモンの指環』
				Romer, A. S.『脊椎動物の体』
				今西錦司*『生物社会の論理』
1950年代	心	言語獲得における普遍文法*の提唱（Chomsky*, A. N.）		
1950	神	遠心性コピー*の概念の提唱（von Holst, E. & Mittelstaedt, H.）	1950	Lorenz*, K. Z.『動物行動学』
1951	心	愛着*の概念の提唱（Bowlby, J.）	1951	Bowlby, J.『乳幼児の精神衛生』
				Tinbergen*, N.『本能の研究』
				Hayes, C.『密林から来た養女』
				今西錦司*『人間以前の社会』
			1952	本城市次郎『動物の感覚』
1953		レム睡眠*の発見（Aserinsky, E. & Kleitman, N.）	1953	Lorenz*, K. Z.『人 イヌにあう』
		DNAの二重らせん構造の発見（Watson, J. D. & Crick, F. H. C.）		Tinbergen*, N.『動物の社会行動』『セグロカモメの世界』
	行	ニホンザルのイモ洗い行動*の発見		Kinsey, A. C.『女性における性行動』
	行	Animal Behaviour 創刊		Odum, E. P.『生態学の基礎』
		日本生態学会設立		
1954	心神	快楽中枢（脳内報酬系）の発見（Olds, J. & Milner, P.）	1954	伊谷純一郎『高崎山のサル』
1955	心	味覚嫌悪学習*の最初の報告（Garcia, J. & Koelling, R. A.）		
			1956	Thorpe*, W. H.『動物の学習と本能』
				田中良久『動物心理学』
			1957	Chomsky*, A. N.『文法の構造』
				Skinner*, B. F.『言語行動』
1958	心	子ザルの社会的隔離*飼育（代理母*）実験の最初の報告（Harlow*, H. F.）	1958	Elton, C. S.『侵略の生態学』
	行心	刷込みの臨界期*の実験報告（Hess, E.）		Scott*, J. P.『動物の行動』
	心	Journal of the Experimental Analysis of Behavior 創刊		Hebb*, D. O.『行動学入門』

年		出来事	年	著作
1959	行	カイコの性フェロモン*（ボンビコール）の特定(Butenandt, A. F. J.)	1959	伊藤嘉昭『比較生態学』
	神	大脳皮質の機能局在についての研究報告(Penfield, W.)		
	神	視覚ニューロンの神経生理学的研究の開始(Hubel*, D. H. & Wiesel, T. N.)		
	行	個体群生態学におけるIδ指数とCλ指数の提唱（森下正明）		
	心	Skinnerの著作『言語行動』への批判(Chomsky*, A. N.)		
1959	行心	マウスでのブルース効果*の発見(Bruce, H. M.)		
1960	心	野生チンパンジーでの道具使用*行動（アリ釣り）の発見(Goodall*, J.)	1960	Griffin, D. R.『コウモリとヒトの反響定位』
				Adamson, J.『野生のエルザ』
1961	神	von Békésy, G. ノーベル生理学・医学賞受賞（聴覚における蝸牛の機能の研究）	1961	Dethier, V. G. & Stellar, E.『動物の行動』
	心	選択反応におけるマッチング法則*の発見(Herrnstein*, R. J.)		河合雅雄『ゴリラ探検記』
	心	条件づけにおける本能的逸脱*の報告(Breland, K. & Breland, M.)		伊谷純一郎『ゴリラとピグミーの森』
				Thorpe*, W. H.『鳥の歌』
1962		Wilkins, M. H. F., Crick, F. H. C., Watson, J. D. ノーベル生理学・医学賞受賞（核酸の構造の発見と遺伝情報伝達におけるその役割の研究）	1962	Wynne-Edwards, V. C.『動物の移動分散と社会行動』
	行	群選択*説の提唱(Wynne-Edwards, V. C.)		Carson, R.『沈黙の春』
1963	行	利他行動の進化における血縁選択*説の提唱(Hamilton*, W. D.)	1963	Lorenz*, K. Z.『攻撃』
	行	動物行動の理解のためのティンバーゲンの四つの問い*(Tinbergen*, N.)		桑原万寿太郎『動物と太陽コンパス』
			1964	Schaller, G. P.『ゴリラの季節』
1965	行心	鳴禽類のさえずり（歌）学習における聴覚性フィードバックの重要性の発見と鋳型*仮説の提唱（小西正一*）	1965	von Frisch*, K. R.『ミツバチのダンス言語と定位』
	神			
	心	学習におけるプレマックの原理*の提唱(Premack*, D.)		
1966	心	チンパンジーでの手話学習実験の開始(Gardner, R. A. & Gardner, B. T.)	1966	Williams*, G. C.『適応と自然選択』
	心	チンパンジーでの図形文字を用いた認知実験の開始(Premack*, D. & Premack, A.)		Masters, W. H. & Johnson, V. E.『ヒトの性的反応』
		タンザニア・マハレ山塊での野生チンパンジー研究の開始（西田利貞）		Hall, E.『かくれた次元』
				桑原万寿太郎『動物の体内時計』
				Hinde*, R. A『動物行動学』
1967	心	学習性無力感*の実験の最初の報告(Seligman*, M. E. P & Maier, S. F.)	1967	MacArthur, R. H. & Wilson*, E. O.『島の生物地理学』
	心	認知心理学*の成立(Neisser, U.)		Morris, D.『裸のサル』
	神	Granit, R., Hartline, H. K., Wald, G. ノーベル生理学・医学賞受賞（網膜の光受容における生理学・化学的過程の研究）		Neisser, U.『認知心理学』

2. 行動生物学歴史年表

年		出来事	年	著作
1968	行	進化の中立説*の提唱(木村資生*)	1968	Wickler, W.『擬態』
	行	共有地の悲劇*の概念の提唱 (Hardin, G.)		Ehrlich, P. R『人口爆弾』 Wright*, S. G.『集団の進化と遺伝』 (～1978)
1970	心	学習の生物学的制約における準備性*の概念の提唱(Seligman*, M. E. P.)	1970	Eibl-Eibesfeldt, I.『愛と憎しみ』 Monod, J.『偶然と必然』
	行	精子競争*の概念の提唱(Parker, G. A.)		坂上昭一『ミツバチのたどったみち』
1971	行	互恵的利他行動*の概念の提唱 (Trivers*, R. L.)	1971	Goodall*, J.『森の隣人』 Harlow*, H. F.『愛のなりたち』 Tiger, L. & Fox, R.『帝王的動物』 Wilson*, E. O.『昆虫の社会』 Skinner*, B. F.『自由と尊厳を超えて』
1972	行	進化の断続平衡説*の提唱 (Eldredge*, N. & Gould*, S. J.)		
	行	親の投資*の概念の提唱 (Trivers*, R. L.)		
	神	三位一体脳*の概念の提唱(MacLean, P.)		
	心	条件づけにおけるレスコーラ・ワグナーモデル*の提唱 (Rescorla, R. A. & Wagner, A. R.)		
		Journal of Human Evolution 創刊		
1973	行	Lorenz*, K. Z., Tinbergen*, N., von Frisch*, K. R. ノーベル生理学・医学賞受賞(動物行動の研究)	1973	Jerison, H. J.『脳と知能の進化』 Dewsbury, D. A.『比較心理学』 西田利貞『精霊の子供たち』
	行	進化的安定戦略*(ESS)理論の提唱 (Maynard Smith*, J. & Price*, G. R.)		
	行	進化における赤の女王仮説*の提唱 (van Valen, L.)		
	神	海馬のシナプス長期増強*の発見 (Bliss, T. & Lømo, T.)		
		ワシントン条約採択(1975発効)		
1974	心	オペラント反応における反応遮断化*理論の提唱 (Timberlake, W. & Allison, J.)	1974	Eibl-Eibesfeldt, I.『比較行動学』 Lack*, D. L.『進化―ガンカモ類の多様な世界』
	神心	ハトにおける記憶の両眼間転移の発見(渡辺茂)		
	心	不確実状況下での判断のヒューリスティクスとバイアス*の概念の提唱 (Tversky, A. & Kahneman*, D.)		
		アウストラロピテクスの化石人骨ルーシーの発見		
1975	行	社会生物学*の確立(Wilson*, E. O.)	1975	Wilson*, E. O.『社会生物学』
	行	社会生物学*論争が起こる		Pianka, E. R.『進化生態学』
	行	性選択におけるハンディキャップの原理*の提唱(Zahavi*, A.)		日高敏隆*『チョウはなぜ飛ぶか』 Alcock, J.『動物の行動』 Seligman*, M. E. P.『うつ病の行動学』
1976	行	利己的な遺伝子の概念と文化進化*におけるミーム*の概念の提唱 (Dawkins*, R.)	1976	Dawkins*, R.『利己的な遺伝子』 Ewert, J. P.『神経行動学』 Premack, A.『チンパンジー 読み書きを習う』
	行心	最適採餌理論*の提唱(Charnov, E. L.)		佐藤方哉『行動理論への招待』
	行	*Behavioral Ecology and Sociobiology* 創刊		

年		出来事	年	著作
1977	(心)	チンパンジーでの図形文字を用いた実験(のちの“アイ・プロジェクト”)の開始(京都大学霊長類研究所)	1977	Gould*, S. J.『ダーウィン以来』『個体発生と系統発生』 Morris, D.『マン・ウォッチング』 Leakey, R. & Lewin, R.『オリジン』
1978		Simon, H. A. ノーベル経済学賞受賞(コンピュータ・シミュレーションによる思考や問題解決の研究)	1978	Krebs*, J. R. & Davies*, N. B.『行動生態学』 Wilson*, E. O.『人間の本性について』 Baker, R. R.『渡りの進化生態学』 杉山幸丸『ボッソウ村の人とチンパンジー』 Lorenz*, K. Z.『文明化した人間の八つの大罪』
	(行)(心)	認知行動学* の提唱(Griffin, D. R.)		
	(心)	心の理論* の概念の提唱と問題提起(Premack*, D. & Woodruff, G.)		
	(行)(心)(神)	メンフクロウの音源定位* における脳地図の発見(小西正一*)		
	(心)	オウムでの言語学習・認知実験の開始(⇀ 言語訓練)(Pepperberg, I. M.)		
	(行)(心)	*Behavioral and Brain Sciences* 創刊		
	(行)	*Ethology and Sociobiology* 創刊(1997～ *Evolution and Human Behavior*)		
1979	(心)	チンパンジーの手話実験に対する疑義(Terrace, H. S.)	1979	Terrace, H. S.『ニム』 Heinrich, B.『マルハナバチの経済学』 Alexander*, R. D.『ダーウィニズムと人間の諸問題』
	(行)(心)	選択行動におけるプロスペクト理論* の提唱(Kahneman*, D. & Tversky, A.)		
	(行)	精子置換* の発見(Waage, J.)		
			1980	Gould*, S. J.『パンダの親指』
1981	(神)	Hubel*, D. H., Wiesel, T. N., Sperry, R. W.　ノーベル生理学・医学賞受賞(視覚野の研究と大脳両半球の機能分化の研究)	1981	Sebeok, T. A. & Rosenthal, R. (eds.)『賢いハンス現象』 Fagan, R.『動物の遊び行動』 Ehrlich, P. R. & Ehrlich, A. H.『絶滅のゆくえ』 西田利貞『野生チンパンジー観察記』 Krebs*, J. R. & Davies*, N. B.『行動生態学を学ぶ人に』
1982	(行)	性選択におけるパラサイト仮説* の提唱(Hamilton*, W. D. & Zuk, M.)	1982	Dawkins*, R.『延長された表現型』 Maynard Smith*, J.『進化とゲーム理論』 de Waal, F.『政治をするサル』 Leyhausen, P.『ネコの行動学』 Kahneman*, D., Slovic, P. & Tversky, A. (eds.)『不確実状況下での判断』
	(行)	日本動物行動学会設立		
1983	(行)(心)	*Journal of Ethology* 創刊	1983	Fossey, D.『霧のなかのゴリラ』 木村資生*『分子進化の中立説』
			1984	Axelrod, R. M.『協力行動の進化』 青木重幸『兵隊を持ったアブラムシ』
1985	(心)	チンパンジーでの数使用の実験と色カテゴリーの実験の報告(松沢哲郎)	1985	Trivers, R. L.『生物の社会進化』

年		出来事	年	著　作
1986	(行)(心)	*Ethology* 創刊（*Zeitschrift für Tierpsychologie* の後続誌）	1986	Dawkins*, R.『盲目の時計職人』
				Goodall*, J.『野生チンパンジーの世界』
				Stephens, D. W. & Krebs, J. R.『採餌理論』
				Martin, P. & Bateson, P.『行動研究入門』
				伊藤嘉昭『狩りバチの社会進化』
			1987	Byrne, R. & Whiten, A. (eds.)『マキャヴェリ的知性』
				Pearce, J. M.『動物の認知学習心理学』
				Alexander, R. D.『道徳システムの生物学』
				上田恵介『一夫一妻の神話』
			1988	Hubel*, D. H.『眼・脳・視覚』
				Daly, M. & Wilson, M.『人が人を殺すとき』
			1989	岩橋統・山根爽一『チビアシナガバチの社会』
1990	(行)	Ehrlich, P. R., Wilson*, E. O. クラフォード賞受賞（それぞれ，分断された個体群の研究，社会生物学* の提唱と島の生物地理学的研究）	1990	粕谷英一『行動生態学入門』
	(行)	*Behavioral Ecology* 創刊		
			1991	松沢哲郎『チンパンジーから見た世界』『チンパンジー・マインド』
				Diamond, J.『第3のチンパンジー』
				Heinrich, B.『ワタリガラスの謎』
				正高信男『ことばの誕生』
1992	(行)(心)	進化心理学* の成立（Barkow, J. H., Cosmides, L., Tooby, J.）	1992	Barkow, J. H., Cosmides, L., Tooby, J. (eds.)『適応する心』
		ラミダス猿人の化石の発見（諏訪元）		Griffin, D. R.『動物の心』
	(心)	自動車を利用したカラスのクルミ割り行動の発見（仁平義明）		McGrew, W. C.『チンパンジーの物質文化』
				本川達雄『ゾウの時間ネズミの時間』
1993	(行)	Benzer, S., Hamilton*, W. D. クラフォード賞受賞（それぞれ，ショウジョウバエの行動遺伝学*・分子遺伝学的研究，利他行動* の進化の研究と血縁選択* 理論の提唱）	1993	Ridley, M.『赤の女王』
			1994	Pinker, S.『言語を生みだす本能』
				Weiner, J.『フィンチの嘴』
				Savage-Rumbaugh, E. S.『カンジ』
				Wright, R.『モラル・アニマル』
				Buss, D.『欲望の進化』
				山極寿一『家族の起源』
				小西正一*『小鳥はなぜ歌うのか』
				Nesse, R. M. & Williams*, G. C.『病気はなぜ，あるのか』
			1995	渡辺茂『認知の起源をさぐる』
				Baker, R. R.『精子戦争』
				Dawkins*, R.『遺伝子の川』
1996		クローンヒツジ ドリー誕生	1996	Mithen, S.『心の先史時代』
	(神)	ミラーニューロン* の発見（Rizzolatti, G.）		

年		出来事	年	著作
			1997	Byrne, R. & Whiten, A. (eds.)『マキャヴェリ的知性Ⅱ』
				Zahavi*, A. & Zahavi, A.『生物進化とハンディキャップ原理』
				Maynard Smith*, J. & Szathmáry, E.『進化する階層』
				Diamond, J.『銃・病原菌・鉄』
				Herrnstein*, R. J.『マッチング法則』
				Williams*, G. C.『生物はなぜ進化するのか』
1998	心	Animal Cognition 創刊	1998	Greenberg, G. & Haraway, M. H. (eds.)『比較心理学ハンドブック』
				Shettleworth, S. J.『認知・進化・行動』
1999	行	Maynard Smith*, J., Mayr, E., Williams*, G. C. クラフォード賞受賞 (それぞれ, 進化のゲーム理論*の研究, 進化の総合学説の提唱, 進化における適応プロセスの研究)		
	神心	ジュウシマツの歌の生成文法*の報告 (岡ノ谷一夫)		
		日本進化学会設立		
2000	神	Kandel, E. R. ノーベル生理学・医学賞受賞 (ニューロンにおける記憶の生理的基盤の研究) (⇌アメフラシの学習)	2000	長谷川寿一・長谷川眞理子『進化と人間行動』
				Povinelli, D.『類人猿の素朴物理学』
			2001	Sykes, S.『イヴの7人の娘たち』
				Ainslie, G.『誘惑される意思』
2002	行心	Kahneman*, D. ノーベル経済学賞受賞 (意思決定*行動の研究)	2002	Pepperberg, I. M.『アレックス研究』
2003		ヒトゲノムの全塩基配列確定	2003	Premack*, D. & Premack, A.『心の発生と進化』
				Parker, A.『眼の誕生』
				岡ノ谷一夫『小鳥の歌からヒトの言葉へ』
2004	神	Axel, R. & Buck., L. B. ノーベル生理学・医学賞受賞 (におい受容体と嗅覚システムの研究)	2004	Dawkins*, R.『祖先の物語』
	心	イヌ (ボーダーコリー) 250 語習得の報告 (Kaminski, J., et al.)		桑村哲生『性転換する魚たち』
		ホモ・フロレシエンシスの化石の発見		
			2006	Burt, A. & Trivers*, R. L.『せめぎ合う遺伝子』
2007	行	Trivers*, R. L. クラフォード賞受賞 (動物の社会行動の進化の研究)	2007	Miklósi, A.『イヌの行動・進化・生態』
2008	行心	日本人間行動進化学会設立	2008	Tomasello, M.『ヒトのコミュニケーションの起源』

付録3　関連動画一覧

本辞典中，🎥マークを付けた項目は，インターネット上で有用な関連動画を見ることができます．これらは2013年10月現在，自由に閲覧できますが，将来，変更および削除される可能性があります．

以下に，項目とURLを示しました．「動物行動の映像データベース（通称MOMO）」のサイトで公開されている動画については，動画のタイトル，登録者名，映像データ番号を記しました．有効にご活用下さい．

例：

> MOMOの場合，「動物行動の映像データベース（http://www.momo-p.com/）」のサイトの検索ボックスに動画のタイトルまたは映像データ番号を入力すると目的の動画を見ることができます．

ページ数	項目名	動画のタイトル	登録者名	映像データ番号
p.9	蟻浴び	フサオマキザルの蟻浴び行動，	森本 陽，	momo131006ca01b

p.228　社会的慣性　Narwhal Tooth（イッカク），http://www.youtube.com/watch?v=gqlAM6zmxxw
　　　　　　　　　　　動画のタイトル　　　　　　　　　　　　　　URL

> MOMO以外のサイトで見られる動画は，URLを示してあります．GoogleやYahoo!などの検索エンジンで動画のタイトルを検索するか，ウェブブラウザのアドレスバーにURLを直接入力すると目的の動画を見ることができます．

p.1	挨拶行動	ウミネコのつがい間で行われる「あいさつ儀式」，柴田佳秀・佐久間文男・MOMO委員会，momo070409lc01b
p.4	遊　び	犬の遊び行動，菊水健史，momo121224dn01b
		カマキリで遊ぶネコ，鏑木友紀恵，momo081223un01b
		雪の塊で遊ぶニホンザル，御園佑子，momo050331mf01b
p.4	遊び攻撃行動	犬の遊び攻撃行動，菊水健史，momo131017un01b
		Rats tumbling around and play fighting each other?（ラットの遊び攻撃行動），http://www.youtube.com/watch?v=VGI1EoqbIlg
p.6	網	カメムシを捕えるゴミグモの網，中田兼介，momo121129co01b
		ゴミグモの求愛，中田兼介，momo071001co01b
		オオヘビガイの摂餌行動，石田 惣，momo030208si01b
p.7	網そうじ	ゴミグモの網掃除，中田兼介，momo080110co01b
p.7	アメフラシ	紫の汁を出すアメフラシ，西 浩孝，momo120428ak01b
p.9	蟻浴び	フサオマキザルの蟻浴び行動，森本 陽，momo131006ca01b
p.18	異 嗜	イヌの食糞行動，松田 海・藪田慎司，momo111021cf01b
p.19	意思決定	カモの採餌と水飲の意志決定（実験の映像）1，森 貴久，momo010929dv01b
		カモの採餌と水飲の意志決定（実験の映像）2，森 貴久，momo010929dv02b
p.20	異常行動	「異嗜」「常同行動」の動画参照
p.24	一夫一妻	「挨拶行動」「つがいのきずな」の動画参照
p.35	隠蔽色	タツナミガイの隠ぺい的な形態と色彩，広瀬祐司，momo040930da01b
p.39	歌	子と遊びながら歌う，井上陽一，momo090425hm02b
p.43	栄養交換	ヤマトシロアリの若齢幼虫によるつつき行動とワーカーによる栄養交換，川津一隆，momo120529rs02b
		幼虫から栄養液を搾取するコガタスズメバチの成虫，石田 惣，momo031025va01b
		オオスズメバチ成虫の栄養交換，石澤直也，momo060110vm01b
p.44	餌乞い	ツバメの給餌，鏑木友紀恵，momo051206un01b

付　録

p.53	オウム	Movie S1：Synchronization to music in experimental trials at three tempi 　［A. D. Patel, *et al*., 'Experimental evidence for synchronization to a musical beat in a nonhuman animal', *Current Biology*, **19**(10), 827-830(2009)の supplemental data より］． 　　http://www.cell.com/current-biology/supplemental/S0960-9822(09)00890-2 Snowball(TM) - Our Dancing Cockatoo, 　　http://www.youtube.com/watch?v=N7IZmRnAo6s
p.55	雄間攻撃行動	トムソンガゼルの闘争，依田 憲，momo061226gt01b キタゾウアザラシの雄間闘争，川島美生・藪田慎司，momo030627ma01b
p.55	オトシブミ	「揺籃」の動画参照
p.56	尾振り行動	イモリの求愛行動動画　Japanese fire belly newt courtship video, 　　http://www.youtube.com/watch?v=O-YCdrXOf2I
p.57	オペラント実験箱	An example of a Skinner Box, http://www.youtube.com/watch?v=MOgowRy2WC0
p.58	オペラント条件づけ	Operant conditioning, http://www.youtube.com/watch?v=I_ctJqjlrHA
p.65	海賊行動	ゴミグモが網に飾った食べ残しのゴミを食べるヤマトシリアゲ，中田兼介，momo060710pj01b クロオオアリ？によるクサグモが捕獲した餌の横取り，石田 惣，momo030522cj01b オオヘビガイの粘液糸を食べるクマドリゴカイ，石田 惣，momo031205pc01b
p.66	解発刺激	ティンバーゲンの実験—イトヨの闘争行動を解発する鍵刺激，政田智啓・石田 惣・佐藤ミチコ・安曽潤子・定政美喜子，momo050707ga01b ウミネコのヒナのくちばしつつき行動：模型を使った実験4（くちばしのみ），柴田佳秀・佐久間文男・富田直樹・MOMO委員会，momo070616lc04b
p.69	カエル合戦	アズマヒキガエルの配偶行動「蛙合戦」，西 浩孝，momo120307bj01b アズマヒキガエルの解除音，西 浩孝，momo091009bj01b
p.70	化学的防御	ミイデラゴミムシのガス噴射， 　　http://www.youtube.com/watch?v=6ZEqvDj0r2M
p.71	鍵刺激	「解発刺激」の動画参照
p.75	可携巣	ニンギョウトビケラの筒巣づくり，岡野淳一，momo130415gs01b
p.81	滑　空	Gliding snake（トビヘビ），http://www.youtube.com/watch?v=3vhgC_g1cmU
p.85	花粉媒介	トラマルハナバチの採蜜行動，鏑木友紀恵，momo070402un02b
p.87	カラス	カタツムリを樹上から落として割るカレドニアガラス，田中啓太，momo130926cm01a
p.92	観察学習	「社会的学習」の動画参照
p.96	甘　露	ツノロウムシの甘露分泌，高木一夫，momo040112cc01b
p.99	擬　死	フタホシコオロギの擬死（屈曲タイプ），西野浩史，momo130516gb01b フタホシコオロギの擬死（伸展タイプ），西野浩史，momo130516gb02b フタホシコオロギの擬死（自重負荷をかけたときのカタレプシー），西野浩史，momo130516gb03b Victor is DEAD（ハトの擬死），http://www.youtube.com/watch?v=_TbpSSqZ7Eo Possum Playing Dead（オポッサムの擬死）， 　　http://www.youtube.com/watch?v=nE9n2yfQS04
p.102	寄生者	Zombie snails（カタツムリに寄生して，鳥に捕食させる寄生虫ロイコクロデリウム）， 　　http://www.youtube.com/watch?v=EWB_COSUXMw
p.103	寄生バチ	寄生蜂の Host feeding（寄主摂食）行動，大八木 昭，momo071002un01b
p.104	擬　態	タコの大変身，瓜generation田知史，momo040202os01b 「隠蔽色」「攻撃擬態」「繁殖擬態」「ベイツ型擬態」の動画も参照
p.109	求愛給餌	ウミネコの求愛給餌，松丸一郎，momo121008lc02b

3. 関連動画一覧

p.109	求愛（行動）	シオマネキの1種における求愛ディスプレイ（ウェイビング）の変化とペア形成，古賀庸憲，momo040129ud01b
		セトヌメリの産卵行動-1：求愛編，安房田智司・木村幹子・佐藤成祥・坂井慶多・阿部拓三・宗原弘幸，momo100213co01a
		「尾振り行動」「くちばしたたき」「さえずり」「性的飾り」などの動画も参照．ほか，MOMOにて"求愛"で検索するとたくさんの動画があります．
p.110	求愛さえずり	「さえずり」の動画参照
p.110	求愛ダンス	コトドリの求愛ダンス，柴田佳秀，momo051005mn01b
		オドリハマキモドキの求愛ダンス，高木一夫，momo031220lj01b
p.110	嗅　覚	「性フェロモン」「定位行動」の動画参照
p.112	吸　蜜	アオスジアゲハの吸蜜，中田兼介，momo080510gs01b
		オオスカシバの吸蜜，鏑木友紀恵，momo070911un01b
		「花粉媒介」の動画も参照
p.118	強制交尾	雄グッピーの強制交尾行動，佐藤　綾，momo130818pr02b
p.118	強制巣立ち	巣内にいるヤブサメの雛へ攻撃を試みるツツドリ，上沖正欣，momo110607co01b
p.122	恐怖条件づけ	「条件抑制」の動画参照
p.130	くちばしたたき	
		ガラパゴスアホウドリの求愛ディスプレイ，依田　憲，momo061130pi01b
p.130	クマノミ	クマノミの秘密基地，http://www.nationalgeographic.co.jp/video/video_title.php?category=1&embedCode=FpOWtiOgdIK7tnFPR8wZ6qipHgS26DUS
p.135	グルーミング	「自己グルーミング」「社会的グルーミング」「相互グルーミング」の動画参照
p.150	結晶化ソング	ジュウシマツの歌の発達：クリスタライズドソング（120日齢），鈴木研太，momo080925ls04b
p.158	攻撃擬態	Eaten Alive by a Mantis - Wildlife On One：Enter The Mantis - BBC，http://www.youtube.com/watch?v=FUKyETJZqM8
p.161	公　正	Equal Pay for Monkeys，http://www.youtube.com/watch?v=-dMoK48QGL8
p.168	口内保育	satanoperca leucosticta mouth brooding 26.07.010 - 3，http://www.youtube.com/watch?v=vJE1wwwTGwQ
p.169	交　尾	カルガモの交尾，鏑木友紀恵，momo060420un01b
		トゲオオハリアリの交尾行動，中田兼介，momo010709ds01a
		交尾，小川秀司，momo090430ma03b
		「雌雄同体」「精子置換」の動画も参照
p.169	交尾拒否	モンシロチョウの求愛と交尾拒否，鏑木友紀恵，momo070430un02b
		モンキチョウの交尾拒否行動，西　浩孝，momo120425ce01b
p.178	古典的条件づけ	
		「パブロフの犬」の動画参照
p.183	婚姻贈呈	Mating Empidid Dance Fly with Nuptial Gift オドリバエの交尾から別れまで，http://www.youtube.com/watch?v=51IvxtfRV9g
p.186	コンバットダンス	
		餌資源を巡るアカマタの闘争，森　哲，momo031023ds01b
		交尾期とは異なる時期に観察されたシマヘビのコンバットダンス，西海　望，momo120403eq01b
p.189	採食行動	アデリーペンギンの同調潜水行動，佐藤克文，momo030605pa01a
p.191	サイホウチョウ	
		Tailor bird，http://www.youtube.com/watch?v=DmfWUsU8VEo
p.193	さえずり	ジュウシマツの求愛行動，鈴木研太，momo081015ls01b
		ジュウシマツの歌行動(US)，鈴木研太，momo081015ls02b
		縄張り宣言／求愛するメジロ，鏑木友紀恵，momo070116un01b
		モズのさえずり，菊地　健，momo070327un01b
p.193	さえずり学習	ジュウシマツの父親の歌行動，鈴木研太，momo081015ls03b

p.196	サテライト	クモハゼ・ネストホルダー雄によるスニーキング防衛行動，竹垣 毅，momo121121bf01b
		タナゴのオスの追い払い行動とスニーキング，清水 稔，momo051008ro02b
p.197	サブソング	ジュウシマツの歌の発達：サブソング（63日齢），鈴木研太，momo080925ls02b
p.197	左右性	ハクセンシオマネキのはさみ振り(Lateral-circular waving)，村松大輔，momo091127ul01a
		「右利きのヘビ仮説」の動画も参照
p.199	産卵行動	モリアオガエルの産卵，笹邊幸人，momo090701ra01b
p.204	視覚探索	視覚探索課題をするハト，後藤和宏・大瀧 翔，momo121110cl01b
p.208	刺激置換モデル	
		Autoshaping with grain vs. water USs（餌粒と水を無条件刺激にした自動反応形成），http://www.youtube.com/watch?v=50EmqiYC9Xw
p.211	試行錯誤学習	ペットボトルの蓋を開けるカラス（実験），中野（押久保）かおる・藪田慎司，momo070409cc02b
p.212	自己グルーミング	
		自己毛づくろい，座馬耕一郎，momo050302pt07a
		仔ジカの毛づくろい，關 義和・佐々木 優・猪俣須恵，momo070619cn04b
		つまみ上げ，座馬耕一郎，momo060407pt20a
p.220	自動反応形成	Autoshaping a pigeon's keypeck CR（ハトの自動反応形成），http://www.youtube.com/watch?v=cacwAvgg8EA
p.228	社会的学習	カラスの「観察学習」と問題解決，中野（押久保）かおる・藪田慎司，momo070409cc01b
p.228	社会的慣性	Narwhal Tooth（イッカク），http://www.youtube.com/watch?v=gqlAM6zmxxw
p.229	社会的グルーミング	
		ドバトの相互羽づくろい，鏑木友紀恵，momo080530un01b
		毛づくろい集団，座馬耕一郎，momo060407pt12a
		タイワンザルの毛づくろい，吉田 洋，momo100116mm02b
p.239	雌雄同体	ニシキマイマイの交尾，西 浩孝，momo011109es01b
p.243	授 乳	授乳，西田利貞，momo050404pt02a
		シカの2頭同時授乳，山田一憲，momo090917cn01b
		ゼニガタアザラシの授乳（陸上），小林由美ほか（ゼニガタアザラシ研究グループ），momo041207pv02b
p.250	条件刺激	「パブロフの犬」の動画参照
p.251	条件反射	「パブロフの犬」の動画参照
p.252	条件抑制	Conditioned suppression of a rat's lever pressing（条件抑制法によるラットの恐怖条件づけ実験），http://www.youtube.com/watch?v=ZlZekx1P1g4
p.254	常同行動	常同行動をするエゾリス，コバ ユキ，momo050713sv02b
p.279	スキナー	「オペラント条件づけ」「反応形成」の動画参照
p.283	刷込み	Konrad Lorenz – Imprinting，http://www.youtube.com/watch?v=eqZmW7uIPW4
		Konrad Lorenz Experiment with Geese，http://www.youtube.com/watch?v=2UIU9XH-mUI
p.288	精子競争	「精子置換」「タンデム飛行」「配偶者防衛」の動画参照
p.289	精子置換	ニホンカワトンボの交尾，松丸一郎，momo080525mc01b
		コウイカの精子除去行動，和田年史，momo040729se01a
p.295	性的飾り	クジャクの求愛，中島みどり，momo050927pc01b
p.296	性的共食い	Mantis mating and cannibalism(#246)，http://www.youtube.com/watch?v=2I4m_UXQS3Q
p.299	性フェロモン	ゴマダラカミキリの配偶行動1．メス抽出物を塗布したガラス棒に交尾を試みるオス，深谷 緑，momo050921am01b
		リュウキュウクロコガネの配偶定位実験(1)，深谷 緑，momo040305hl01a

p.302	精　包	トビムシが精包授受のときにみせる儀式的な行動とメスの精包に対する異なる対応，Marek W. Kozlowski and Shi Aoxiang，momo040414db01a
p.316	相互グルーミング	対角毛づくろい，座馬耕一郎，momo060407pt13a
p.316	操作網	ニールセンクモヒメバチ幼虫に操作されて網を強化するギンメッキゴミグモ，髙須賀圭三，momo130617rn01b
p.317	そうじ行動	ホンソメワケベラのそうじ行動，桑村哲生，momo120719ld01b
p.319	造　巣	巣を紡ぐツムギアリ，http://www.youtube.com/watch?v=lm5y3SMwsVg
p.325	ソーンダイク	「問題箱」の動画参照
p.328	体色変化	「タコ」の動画参照
p.330	代替戦術	アオリイカ雄の体サイズ依存代替交接行動，和田年史，momo051121sl01b 「サテライト」の動画も参照
p.336	托　卵	ヤマガラに育てられるシジュウカラの雛，鈴木俊貴・土屋祐子，momo080103un01b 「強制巣立ち」「だまし」の動画も参照
p.338	タ　コ	Octopus camouflage：Roger Hanlon. Phil Parker：Mind Brain and Body，http://www.youtube.com/watch?v=kKx3Wzr1ZRA Coconut-carrying octopus，http://www.youtube.com/watch?v=1DoWdHOtlrk メジロダコ Octopus marginatus 串本 須江，http://www.youtube.com/watch?v=gk2OyEjAOtQ 「擬態」の動画も参照
p.340	だまし	暗い巣の中で，ジュウイチの雛が持つ"嘴"パッチに，2回誤って給餌を試みるルリビタキの宿主，田中啓太，momo060120cf02a 宿主のオオルリに翼の裏側の"嘴"パッチをディスプレイするジュウイチの雛，田中啓太，momo060120cf01b
p.343	タンデム飛行	アカトンボ（コノシメトンボ？）の連結打水産卵，鏑木友紀恵，momo061005un01b クロイトトンボの連結産卵，鏑木友紀恵，momo080811un01b
p.349	注　意	selective attention test（選択的注意の実験．白いシャツを着たチームが，バスケットボールを何回パスしたかを数えて下さい．），http://www.youtube.com/watch?v=vJG698U2Mvo
p.354	超正常刺激	ハクガンの卵認識：模造卵による実験，柴田佳秀，momo060129ac01b
p.356	貯　食	アグーチの貯食行動，小汐千春，momo060301dp01b ムツトゲイセキグモの捕食行動と貯食行動，佐川弘之，momo090915os01b Through the Lens：Acorn Woodpecker（ドングリキツツキ），http://www.youtube.com/watch?v=rKrXQfw7dJw
p.359	つがいのきずな	イシヨウジの挨拶行動，曽我部 篤，momo031218ch01b
p.360	定位行動	ゴマダラカミキリの配偶行動2．メスの臭いと色によるオスの配偶定位，深谷 緑，momo050921am02b
p.361	停空飛翔	ウスバキトンボのホバリング，鏑木友紀恵，momo080925un01b
p.361	定型的運動パターン	「解発刺激」「超正常刺激」の動画参照
p.362	ディスプレイ	ペアパートナー間で行われるミスジチョウチョウウオの側面誇示，藪田慎司，momo041211cl01a
p.368	デュエット	デュエットソングの開始部，井上陽一，momo090425hm01b
p.373	道具使用	ギニア・ボッソウのチンパンジーによるナッツ割り行動，松沢哲郎ほか，momo011122pt03a リーフグルーミング，座馬耕一郎，momo050302pt04a
p.381	同性配偶	同性個体とつがい外交尾を行うアデリーペンギン，酒井嘉子，momo080117pa01b
p.381	闘争歌	♀をめぐって闘争するコオロギの♂同士，角（本田）恵理，momo041210te01b
p.384	同調リズム	「オウム」の動画参照

p.387	盗蜜	ヒヨドリの採蜜とスズメの盗蜜，鏑木友紀恵，momo060406un01b
p.391	ドクチョウ	ドクチョウの一種 *Heliconius erato phyllis* の求愛，Andre Luis Klein，momo090807he01a
p.394	トゲウオ	イトヨのジグザグダンスと巣口への誘導(1)，政田智啓，momo051015ga02b
		メスを追い払うファンニング中のイトヨのオス，田上優希・田上雅文，momo051103ga09b
p.395	トビケラ	キタガミトビケラの筒巣装飾，大八木 昭，momo080331un01b
		「可搬巣」の動画も参照
p.396	共食い	Knight Anole Cannibalism，Ruben Regalado，momo131010ae01b
p.397	ドラミング	ニシローランドゴリラ・シャバーニのドラミング Western Lowland Gorilla Drumming，http://www.youtube.com/watch?v=FJMZRfavpbY
p.400	トンボ	「精子置換」「タンデム飛行」「配偶者防衛」の動画参照
p.402	鳴き交わし	ササゴイの鳴き交わし，三上かつら，momo120324bs02a
p.408	ニホンザル	温泉に入るニホンザル，御園佑子，momo050331mf03b
p.418	ハイイロガン	「刷込み」の動画参照
p.421	配偶者防衛	オオシオカラトンボの打水産卵と産卵警護，鏑木友紀恵，momo080902un01b
p.423	ハキリアリ	ハキリアリの採集行動1．葉の切り取り，小汐千春・村上貴弘，momo061130ac01b
		ハキリアリの採集行動2．葉の運搬，小汐千春・村上貴弘，momo061130ac02b
p.430	パブロフ	「パブロフの犬」の動画参照
p.431	パブロフの犬	Video 1（作成者：drbrianpsych）(I. P. Pavlov の条件反射実験の再現動画)，http://www.youtube.com/watch?v=yRLfRRNoZzI
p.437	繁殖擬態	Sexual Encounters of the Floral Kind-02 Hammer Orchid and Wasps（ハンマーオーキッド），http://www.youtube.com/watch?v=Hv4n85-SqxQ
p.443	反応形成	BF Skinner Foundation - Pigeon Turn（B. F. Skinner によるハトの回転行動の反応形成），http://www.youtube.com/watch?v=TtfQlkGwE2U
p.457	V字型飛翔隊形	
		マガンのV字型飛翔隊形と，群れを伝搬する揺らぎ，早川美徳，momo131007un01b
p.464	フサオマキザル	
		「蟻浴び」の動画参照
p.465	物理的防御	エゾアカガエルのオタマジャクシ（普通の形），http://www.youtube.com/watch?v=SUkoj7A5aus
		エゾアカガエルのオタマジャクシ（防御型），http://www.youtube.com/watch?v=Dy2aPCFLvcw
p.468	プラスティックソング	
		ジュウシマツの歌の発達：プラスティックソング（78日齢），鈴木研太，momo080925ls03b
p.470	フレーメン	ウマのフレーメン反応，関 美香・宮崎郁恵・村原宏輔・本村利紀，momo030613ec01b
p.473	文化的行動	オオアリ釣り，座馬耕一郎，momo050302pt03a
p.481	ベイツ型擬態	ツユクサの花に訪れるミツバチとハナアブ，丑丸敦史，momo040115ac01b
p.482	ベタ	ダンボブラカットの繁殖，http://www.youtube.com/watch?v=qki8iyytK2o
p.492	放精	オオイカリナマコの放精，藪田慎司，momo010725sm01b
p.493	抱卵	ハヤブサの育雛：保温と給餌，松村俊幸，momo040120fp01b
		カイツブリの風送り行動，松丸一郎，momo080928tr01b
p.493	放卵	アカテガニの放卵，西 浩孝，momo100731sh01b
p.495	歩哨行動	「ミーアキャット」の動画参照
p.495	捕食回避	トゲヒシバッタの擬死(control)，本間 淳，momo040902cj01b
		トゲヒシバッタの擬死(treatment)，本間 淳，momo040902cj02b
		コノハチョウの閃光色，辻 和希，momo131010un01b
p.504	マウント行動	タイワンザルのマウンティング，吉田 洋，momo100116mm04b
p.505	マガーク効果	McGurk Effect（with explanation），http://www.youtube.com/watch?v=jtsfidRq2tw

3. 関連動画一覧

p.506	マタタビ	マタタビパーティー，http://www.youtube.com/watch?v=2Vsh9kKdNVU
p.508	ま　ゆ	ブランコをするコマユバチの繭，高木一夫，momo050102bn01b
		蚕の繭作り 幼虫から産卵までの記録，
		http://www.youtube.com/watch?v=q0W5-JJrkpI
		イラガのマユ作り，http://www.youtube.com/watch?v=QBYNvv7D0FQ
p.510	ミーアキャット	
		ミーアキャット，驚きの暮らしぶり，
		http://www.nationalgeographic.co.jp/kids/video/meerkat/
p.511	右利きのヘビ仮説	
		イワサキセダカヘビによるカタツムリ（右巻き）への捕食成功，細 将貴，
		momo070216pi02b
		イワサキセダカヘビによるカタツムリ（左巻き）への捕食失敗，細 将貴，
		momo070216pi03b
p.513	ミツバチのダンス	
		ミツバチの8の字ダンス，岡田龍一，momo121226am01b
p.521	迷信行動	B. F. Skinner, Behaviorism and Your Superstitious Beliefs
		http://www.youtube.com/watch?v=X6zS7v9nSpo
p.522	雌擬態	繁殖アマゴにおける条件的メス擬態，鹿野雄一，momo050119rm01a
		産卵床に侵入し産卵に参加するブルーギルの"メス擬態オス"，中尾博行，
		momo040130lm02b
p.529	問題解決行動	「社会的学習」の動画参照
p.530	問題箱	thorndike-puzzle box（E. L. Thorndike の問題箱の再現動画），
		http://www.youtube.com/watch?v=BDujDOLre-8
p.532	ヤドカリ	ヤドカリの殻闘争，今福道夫，momo130810pf04b
p.540	揺　籃	ミヤマイクビチョッキリ *Deporaus nidificus* の揺籃形成行動（オトシブミ科，鞘翅目，
		昆虫綱），櫻井一彦，momo050323dn01b
p.545	ラビング	ミナミハンドウイルカのラビング行動，酒井麻衣，momo070721ta01a
p.551	利己的集団仮説	
		Movie S1〜S3：GPS data for the sheep and the dog during herding event
		［A. J. King, *et al*., 'Selfish-herd behaviour of sheep under threat', *Current Biology*, **22**
		(14), R561-R562 (2012) の supplemental data より］，
		http://www.cell.com/current-biology/supplemental/S0960-9822(12)00529-5
p.560	累積記録	「オペラント条件づけ」の動画参照
p.560	累積記録器	「オペラント条件づけ」の動画参照
p.562	レック	faeder courtship（エリマキシギの雌擬態雄による交尾），
		http://www.youtube.com/watch?v=TSKeKSFziJA
p.574	渡　り	ツルの北帰行，繁宮悠介，momo060327fg01b
p.575	ワトソン	The Little Albert Experiment（J. B. Watson によるアルバート坊やの実験），
		http://www.youtube.com/watch?v=9hBfnXACsOI
p.576	笑　い	チンパンジーの笑い声，松阪崇久，momo130810pt01b

索　引

欧文索引…………601
人名索引…………625
生物名索引………629

索 引 凡 例

1. 欧文索引には，見出し語に付した外国語（原則として英語）および解説文中の術語に付した外国語，略号を収録した．人名は欧文索引に収録せず，人名索引を設けた．
2. ページを示す数字のうち，**太字体**はその語が見出し語として収録されていることを，**細字体**は解説文中に含まれていることを表す．
3. ページを示す数字の後に付した a，b は，a が左段に，b が右段にあることを示す．t は付録年表にあることを示す．
4. 語の配列は原則としてアルファベット順とした．人名索引は姓で並べた．
5. 二単語以上からなる語句は，まず第一語のみのアルファベット順で配列し，第一語が同一のものは第二語以降のアルファベット順に従って配列した．ハイフンはスペースと見なして配列した（例1）が，anti-，extra-，intra-，non-，post-，pre- についてはつながれた語を一語として配列した（例2）．

   例1 behavior analysis   例2 postreinforcement pause
      behavior-based model   post-tetanic potentiation
      behavior genetics   posttraumatic stress disorder

6. 数字で始まる語，語中に数字を含む語は，原則として数字を無視して配列した．
   例：5-hydroxytriptamin → hydroxytriptamin として配列
7. ウムラウト(¨)，アクサン(´) などは無視して配列した．
8. ギリシャ文字については，α は A の，β は B の先頭に配列した．
ギリシャ文字を語中に含む語についても同様の読み換えに従って配列した．
9. 化合物の異性体や結合位置などを表す α-，β-，γ- などはこれを無視して配列した．
   例：γ-aminobutyric acid → A に配列

欧文索引*

A

α 246 b
α individual 246 b
AAA(animal-assisted activities) **385** a
AAE(animal-assisted education) **385** b
AAI(animal-assisted intervention) **385** a
AAP(animal-assisted pedagogy) **385** b
AAT(animal-assisted therapy) **385** b
Aβ(amyloid β peptide) **7** a
abdominal ganglion 185 b
abnormal behavior **20** a
absconding 477 a
absolute fitness 365 b
absolute threshold 17 b
abstinence symptom 553 b
accessory gland 290 b
accessory olfactory bulb 111 a
accessory olfactory system 260 a
accustom 248 a
acetylcholine **4** a
acoustic imitation 529 a
acoustic startle reflex 113 b
acquired behavior 298 a
acquired immunity 525 a
acrosome reaction 242 a
Act on Conservation of Endangered Species **244** a
ACTH(adrenocorticotropic hormone) **463** a
action potential **82** b
action value **80** a
active avoidance **415** a
active zone 353 b
activity **82** b
activity wheel 575 b
actor-critic algorithm 492 b
acute intoxication 531 b
acute poisoning 531 b
AD(Alzheimer dementia) **11** b
ad lib. weight 237 a
ad libitum sampling **5** a
ad libitum weight 237 a
adaptation 89 b, **364** a
adaptationism **365** a
adaptationist paradigm **365** a
adaptationist programme 366 a
adaptive 364 b
adaptive landscape **365** a
adaptive radiation **366** b
adaptive significance 364 b
adaptive value 364 b
addiction **223** a
additive color mixing 184 b
additive genetic variance 31 a
ADHD(attention deficit hyperactivity disorder) **350** a
adjunctive behavior **464** b
adjusting schedule **354** b
adjustment disorder 466 a
adolescence 291 b
adoption **539** a
adrenal corticoid 463 b
adrenal virilism syndrome 535 a
adrenaline **5** a
adrenocortical hormone **463** b
adrenocorticoid 463 b
adrenocorticotropic hormone 463 a
adult plumage 36 a
adulthood 428 a
adventitious reinforcement **128** b
aerial perspective 55 a
aestivation **86** b
affect grid 254 a
affective disorder 107 a
affiliative 230 a
affiliative behavior 274 b
African clawed frog **6** a
African clawed toad **6** a
African gray parrot 54 a
aftereffect 474 b
agamogenesis 520 a
age polyethism 165 b
agent-based model 177 a
aggregation **235** b
aggregation effect 236 a
aggregation pheromone 235 b
aggression 158 b
aggressive mimicry **158** b
aggressive signal 381 b
aggressive song **381** b
agility training **3** b
aging 567 a
agitation **148** a
agonist **2** b
agonistic behavior **366** b
agreeableness 100 b
AI(artificial intelligence) **270** a
Ainslie-Rachlin theory 43 a
air pecking **325** b
AL(artificial life) 270 a
alarm call **141** a
alarm pheromone **146** a
alarm signal **141** a
alate female 256 b
aldosterone **11** b
alien species **68** b
all-or-none law **307** a
Allee effect **9** b
allele **332** b
allele frequency **332** b
allelochemical 240 b
allelopathy **12** a
Allen's rule **12** b
allergen 12 a
allergy **12** a
alliance 563 b
allogenic ecosystem engineer 91 a
allogrooming 229 b
allolactating 120 b
allometry **13** a
allomone **13** b
allomothering **14** a
alloparent **14** a
alloparental behavior **14** a
alloparental care 59 b, 539 b
allopatric speciation 20 b, 244 b
allopatry **20** b
allopreening 229 b
allospecies 223 a
allostasis **13** a
allostatic load 13 a
allosteric site **14** b
allosucking 120 b
allotherm 157 a
allotopic 380 a
allozyme polymorphism 31 a
alpha 246 b
alpha individual 246 b
alpha-syndrome 533 a
alt. 572 a
alternation of generation **303** b
alternative hypothesis 375 a
alternative schedule **572** a
alternative splicing 44 b
alternative strategy 330 b
alternative tactic **330** b
altricial **439** b, 553 a
altruism 225 b, 553 b
altruistic behavior **553** b
altruistic punishment 259 b
Alzheimer dementia **11** b
Alzheimer's disease 11 b
amalmagation 451 b
American clawed lobster **8** a

＊ 人名は人名索引をご利用ください。

American cockroach **576** a
American lobster **8** a
γ-aminobutyric acid **7** a
amodal completion **8** b
amphetamine **15** b
amphidromy **68** a
amplexus **69** b
amygdala **487** a
amyloid β peptide **7** a
anadromy **68** a
analgesia **122** b
analogy **5** b
analysis of variance **474** b
anaphylaxis **12** a
ancestral character **324** b
ancestral reconstruction **146** a
androgen **15** a
anemonefish **130** b
anemophily **85** b
anemotaxis **360** a
anestrus **427** a
animal abuse **386** a
animal-assisted activities **385** b
animal-assisted education **385** b
animal-assisted intervention **385** a
animal-assisted pedagogy **385** b
animal-assisted therapy **385** b
animal hypnosis **99** a
animal machine **386** a
animal maltreatment **386** a
animal phobia **386** a
animal pollination **85** b
animal psychology **387** a
animal rights **387** a
animal sociology **162** b
animal tracks and signs **460** a
animal welfare **387** a
anisogamete **18** b
anisogamy **18** a
anode break response **18** a
anomaly **162** b
ANOVA (analysis of variance) **474** b
ant **9** a
ant colony optimization **10** a
antagonist **14** b
antagonistic coevolution **105** a
antagonistic pleiotropy **399** b
antenna **258** b
antennal lobe **475** b
anterior air chamber **451** a
anterograde amnesia **308** a
anthropocentrism **409** a
anthropomorphism **101** b
antidepressant **156** b
antidepressant drug **156** b
antidiuretic hormone **425** a
antimone **14** b
anting **9** b
antiphonal calling **402** a
antiphonal vocalization **402** a
anti-predator behavior **332** a
anti-predator defense **332** a

anti-predator strategy **128** b
antisocial personality disorder **435** b
antisymmetry **198** a
anxiety **457** a
anxiolytic **170** b
APD (antisocial personality disorder) **435** b
ape **559** a
aphid **6** a
apomixis **341** b
apoptosis **6** b
aposematic coloration **142** a
aposematism **142** a
apostatic selection **4** a
apparent competition **511** a
apparent death **99** a
appeasement **402** b
appetite **258** b
appetitive behavior **541** b
appetitive conditioned stimulus **211** b
appetitive conditioning **211** b
appetitive stimulus **211** b
applied behavior analysis **163** b
arbitrary matching-to-sample **201** b
arc **132** b
archival-tag **367** b
area centralis **351** a
area shift **355** a
Area X **49** a
arena **562** a
arms race **137** a
aromatase **13** a
aromatase hypothesis **416** a
arrhenotoky **341** b
articulation **153** b
artificial classification **478** a
artificial egg **125** a
artificial insemination **269** b
artificial intelligence **270** a
artificial life **270** a
artificial mutation **395** a
artificial neural network **408** b
artificial selection **262** a
asexual reproduction **519** b
aspect diversity **4** a
assistant dog **64** b
association cortex **564** b
associationism **564** a
associationist **564** b
associative learning **564** b
associative memory **564** b
associative strength **564** b
assortative mating **388** b
atavism **311** a
attachment **1** a
attachment figure **1** b
attention **349** b
attention deficit hyperactivity disorder **350** a
attention seeking **93** b
attraction **533** b
audience effect **354** a

audition **90** a
auditory feedback **353** a
auditory learning **427** b
auditory reception **353** a
Australian zebra finch **126** a
autism **222** b
autogenic ecosystem engineer **91** a
autogrooming **212** b
automaintenance **220** b
automatic reinforcement **220** a
automimicry **105** a, **212** a, **243** b
automixis **341** b
autonomic ganglion **268** a
autonomic nervous system **261** a
autonomic thermoregulation **164** b
autonomous decentralized control **261** a
autopoiesis **56** a
autoshaping **220** b
autotomy **216** a
aversive conditioning **152** b
aversive control **152** b
aversive reinforcer **152** b
aversive stimulus **152** a
avoidance **384** b
avoidance learning **67** a
avoidance paradox **67** b
awareness **19** a
axon **267** a

B

babbling **404** b
back propagation **174** b
backcross **527** b
background matching **422** a
backup reinforcer **393** b
backward-bending labor supply curve **158** a
backward chaining **108** b
backward conditioning **108** a
badge signaling hypothesis **345** a
bagworm moth **514** b
balancing selection **479** b
ballooning **131** b
bar biting **515** b
Barabási-Albert model **433** b
barn owl **525** b
barn swallow **359** b
basal ganglion **331** a
basilar membrane **401** b
bat **171** a
Bateman gradient **481** a
Batesian mimicry **481** a
Bayes' rule **480** b
Bayes' theorem **480** b
Bayesian method **145** b
Bayesian statistics **480** a
BDNF (brain-derived neurotrophic factor) **266** a
bee **426** a

欧文索引

begging 44 b
begging call 44 b
behavior analysis 167 a
behavior-based model 167 b
behavior genetics 162 a
behavior learning theory 73 b
behavior modification 163 b
behavior problems 164 a
behavior systems 163 a
behavior-systems analysis 163 a
behavior theory 73 b
behavior therapy 163 b
behavioral chain 168 a
behavioral contrast 165 a
behavioral cost 175 a
behavioral disorder 164 a
behavioral economics 162 b
behavioral exhibition 165 b
behavioral flexibility 166 b
behavioral history 168 a
behavioral isolation 295 a
behavioral mimicry 162 a
behavioral momentum 168 a
behavioral plasticity 166 b
behavioral polymorphism 165 b
behavioral price 175 a
behavioral sampling method 167 a
behavioral stochasticity 166 a
behavioral strategy 164 b
behavioral syndrome 164 a
behavioral theory of timing 165 b
behavioral thermoregulation 164 b
behavioral trait 166 a
behavioral type 166 a
behavioral unit 445 a
behavioral variability 167 b
behaviorism 163 b
Belousov-Zhabotinsky reaction 485 a
Bénard convection 484 a
benefit 484 a
benefit factor 175 a
Bengalese finch 236 a
benzodiazepine 486 a
Bergmann's rule 484 b
best-of-a-bad-job 218 a
BeT (behavioral theory of timing) 165 b
bet-hedging 555 a
bi-maternal mouse 407 b
bias 418 a
big five 100 b
bill clapping 130 a
bill clattering 130 a
bill fencing 130 a
bill scissoring 130 a
billing 130 a
binocular disparity 55 a
binocular rivalry 555 b
binomial nomenclature 478 a
bio-logging 419 a
bioacoustics 300 a
biodiversity 300 b
biofeedback 419 a

biogenic amine 293 b
biological clock 301 a
biological constraints on learning 73 a
biological diversity 300 b
biological motion 300 b
biological species 234 b
biological species concept 300 a
bioluminescence 301 a
biomagnification 258 b
biomimetics 301 b
bionics 301 b
biophilia hypothesis 419 a
biosonar 434 b
biotelemetry 418 b
biparental care 556 a
bipolar affective disorder 315 b
bipolar disorder 315 b
bird nest symbiosis 398 b
birth order 242 b
birth rate 303 b
biting 86 b
blackout 14 a
blending inheritance 25 b
blind spot 41 a
blink reflex 435 a
blocker 14 b
blocking 471 b
blood-brain barrier 134 b
blood oxygen level dependent signal 106 b
blueprint 1 b
BMI (brain machine interface) 414 b
bodily imitation 529 a
body color change 328 b
body language 499 a
body pattern 328 b
Boid 490 a
boldness 166 a
bombykol 299 b
bond 102 a
bonding 102 a
bonobo 499 b
bottleneck effect 455 a
bourgeois strategy 310 a
brain 414 a
brain-derived neurotrophic factor 266 a
brain language system 415 b
brain machine interface 414 b
brain sexual differentiation 415 b
branch length 144 b
break 443 b
break and run 178 a
breed 455 b
breeding 436 a
breeding behavior 437 b
breeding color 183 a
breeding period 437 a
breeding plumage 183 a
breeding season 437 a
breeding value 31 a
Broca's area 415 b
broken wing behavior 101 a

broken wing display 101 a
broken wingruse 101 a
brood mixing 451 b
brood parasite 337 a
brood parasitism 336 b
brood patch 493 a
broodiness 237 a
brown capuchin monkey 464 a
brown rat 545 a
Bruce effect 469 a
bubble nest 482 b
budding 477 a
Bufonidae 448 b
bulbus glandis 170 a
burst 445 b
burst pulse 490 a
byproduct hypothesis 364 b
bystander effect 232 a

C

cabbage butterfly 529 b
caddis case 75 a
caddisfly 395 b
caddisfly case 75 a
cadherin 83 b
cainism 119 a
call 221 a
calling song 381 b
calming effect 357 a
calming pheromone 357 b
calming signal 87 a
camera eye 87 a
camouflage 87 b
cAMP wave 201 b
canalization 277 b
canine aggression 31 b
canine tooth 86 b
cannabinoid 95 a
cannibalism 396 b
Cannon-Bard theory 253 b
canonical neuron 517 a
capture-recapture method 453 b
caravanning 284 b
care giving 59 b
carnivorous 257 a
carotenoid 88 a
carrying capacity 91 b
Case of H. M. 47 a
case of Phineas Gage 459 a
caste 77 a
caste differentiation 78 b
caste pheromone 62 a
caste-regulatory pheromone 62 a
castration 124 b
catadromy 68 a
catalepsy 99 b
cataplexy 403 b
catastrophe 558 a
catecholamine 83 a

categorical perception   347 b
caudate   331 a
causal relationship   33 a
causality   33 b
causation   33 a
cavity   243 a, 243 a
CB (cannabinoid)   95 a
CD (conservation dependent)   305 a
ceiling effect   370 a
cell differentiation   192 a
cell division   192 b
cellular automaton simulator model   306 a
cellular immunity   525 a
central body   185 b
central complex   185 b
central pattern generator   352 a
central-site nester termite   262 a
centrality   351 b
centralized control   350 a
centrally synthesized map   351 b
cerebral cortex   331 b
cetacean   129 b
chain   168 a
chain.   565 b
chain copulation   565 a
chained schedule   565 a
chameleon   87 b
changeover   313 b
changeover delay   313 b
changeover-key procedure   125 a
changeover rate   443 b
chaos   70 a
character displacement   143 b
chase-away selection   345 a
CHC (cuticular hydrocarbon)   331 b
cheat   340 b
chemical defense   70 b
chemical mimicry   70 b
chemoreception   70 b
chemoreceptor trigger zone   53 b
chemotaxis   318 b
chewing   324 a
child abuse   220 a
childhood amnesia   539 a
chimera   107 b
chimeric animal   107 b
chimney   243 a
chimpanzee   357 b
chirp   381 b
choice   311 b
cholesterol   182 b
chorus howl   389 b
chromacy   206 a
chromatic adaptation   33 a
chromatophore   328 b
chronic poisoning   531 b
CI (computational intelligence)   270 a
cichlid   89 a
circadian clock   63 b
circadian clock gene   393 b
circadian rhythm   64 a

circannual rhythm   66 a
cladogram   473 b
clan   418 b
clasper   290 b
classical behaviorism   163 b
classical conditioning   178 a
classical fear conditioning   122 a
cleaner   318 a
cleaner fish   317 b
cleaning behavior   317 b
cleaning station   318 a
cleptoparasitism   567 b
clever Hans   219 a
click   490 a
clicker training   132 b
cline   131 b
cloaca   320 b
clock cell   64 a
clock gene   393 b
clone   137 a
closed economy   460 a
clumped distribution   476 a
cluster coefficient   132 a
clutch   451 b
clutch size   451 b
coalition   563 b
cochlea   401 b
cocoon   508 b
cocoon web   316 b
COD (changeover delay)   313 b
codon   25 b
coefficient of relatedness   149 a
coercive sex   118 a
coevolution   117 a
cognition   409 b
cognitive and behavioral science   410 a
cognitive bias   411 b
cognitive dissonance theory   411 a
cognitive ecology   410 b
cognitive enrichment   409 b
cognitive map   411 a
cognitive modularity   409 b
cognitive neuroscience   410 a
cognitive processes   409 b
cognitive psychology   410 b
cognitive theory   411 a
cognitivism   164 a
cohort   303 b
cohort life table   302 b
coincidence detector   378 a
coital lock   169 b
coitus   169 a
coitus-induced ovulation animal   423 a
cold-blooded animal   157 a
collateral behavior   464 b
collection risk hypothesis   347 a
collective intelligence   236 a
collision avoidance behavior   203 a
collision-sensitive neuron   203 b
colonial life   238 b
colonial nesting   238 a
colonial roost   412 a

colony   182 b, 412 a, 520 a
colony founding   182 b
color adaptation   33 a
color change   328 b
color circle   207 a
color constancy   33 a
color diagram   207 a
color sphere   206 b
color vision   205 b
coloration   422 b
column   181 a
column structure   181 a
columnar structure   181 a
combat dance   186 a
combinatorial manipulation   373 a
command neuron   261 b
command system   261 b
commensalism   489 a
commitment   308 a
common ancestor   144 b
common cuckoo   81 b
common house mouse   504 b
Common Platanna   6 a
communal breeding   121 a
communal defense   121 b
communal nest   120 a
communal nesting   120 a, 322 b
communication   180 b
community ecology   257 b
companion animal   446 b
comparative cognition   447 a
comparative cognitive science   447 b
comparative ethology   447 a
comparative method   146 a
comparative psychology   447 a
comparator hypothesis   186 a
comparator theory   186 a
comparison stimulus   515 b
compass orientation   403 b
compensatory responses   495 a
competence   154 b
competition   118 a
competition curve   397 a
competitive aggression   116 b
competitive exclusion principle   119 a
complementary color   495 b
complementary sex determination   322 a
complementary sex determiner   322 a
complete estrus cycle   94 b
complete metamorphosis   486 a
completion   8 b
complex schedule   462 b
complex system   462 b
component   301 b
compound schedule   462 a
compromise theory   438 a
computational intelligence   270 a
computational map   351 b
computational neuroscience   185 a
concept cell   415 a
concept formation   65 b

欧文索引　605

conceptual behaviorism　163 b
concession model　438 a
Concorde effect　184 b
Concorde fallacy　**184** b
concurrent chain schedules　**482** a
concurrent operants　481 b
concurrent schedule with fixed relative rate of reinforcement　**320** a
concurrent schedules　**481** b
conditional discrimination　251 a
conditional discrimination procedure　251 a
conditional discrimination task　251 a
conditional knockout mouse　28 a
conditional parthenogenesis　341 b
conditional polymorphism　**249** b
conditional polyphenism　**249** b
conditional reflex　**251** b
conditional response　252 a
conditional sex allocation　398 b
conditional sex ratio manipulation　398 b
conditional stimulus　250 a
conditional strategy　**251** b
conditioned aggression　**72** a
conditioned compensatory responses　252 a
conditioned consummatory response　96 b
conditioned defensive burying　491 a
conditioned emotional response　250 b
conditioned flavor preference　**251** a
conditioned inhibition　288 b
conditioned inhibitor　**250** a
conditioned opponent-process theory　**250** b
conditioned place preference　**250** b
conditioned reflex　**251** b
conditioned reinforcement　**249** b
conditioned reinforcer　**249** b
conditioned responding　252 a
conditioned response　252 a
conditioned stimulus　**250** a
conditioned suppression　252 a
conditioning　**251** b
conditioning theory　73 b
cone　**276** a
configural learning　**144** b
configuration model　**186** b
conflict　**82** a
conflict of interest　265 a
conflict resolution　574 a
conflict theory　**151** a
conformity　**382** b
confounder　172 a
confounding factor　172 a
confounding variable　**172** a
confusion　73 b
confusion effect　**74** a
congestion　237 a
conj.　571 b
conjoint schedule　**123** b

conjugate reinforcement　**122** b
conjunctive schedule　571 b
conscientiousness　100 b
consciousness　**18** b
consequence　**161** b
conservation　**498** a
conservation dependent　305 a
conservation genetics　**498** b
conservative bet-hedging　555 b
consilience　37 a
consolation　**402** b
consolidation　**177** a
consonant　153 b
conspecific attraction　380 a
constant frequency pulse　98 b
constant-sum game　307 a
constraint　**302** a
constructive approach　571 a
consummatory response　**95** b
contact call　490 a
contagious distribution　476 a
contagious laughter　576 b
contagious yawning　2 b
contest competition　397 a
context　**477** a
contextual analysis　138 b
contextual conditioning　**477** a
contiguity　**304** a
contingency　**276** b
contingency-governed behavior　**277** a
contingency of reinforcement　199 a
contingency-shaped behavior　277 a
contingency space　276 b
continuity view of learning　**73** a
continuous perception　347 b
continuous reinforcement　565 b
contra-freeloading　**185** b
control group　380 b
controllability　**328** a
controlled operant procedure　551 b
convergence　**240** a
coo call　402 a
cooperation　**120** a, 225 b
cooperative algorithm　355 b
cooperative breeding　**121** a
coordinated algorithm　355 b
coping style　166 a
coprophagy　475 a
copulation　**169** a
copulatory organ　290 b
copulatory plug　**170** a
copulatory tie　169 b
corollary discharge　50 a
corpora allata　539 b
corpus luteum　**52** a
corpus luteum hormone　53 a
correct rejection　**286** a
correction procedure　118 b
correlated selection　218 a
correlation　**315** a
corticoid　463 b
corticosterone　**181** b

corticotropin-releasing factor　463 b
corticotropin-releasing hormone　**463** a
cortisol　**182** a
cost　**175** a
cost-benefit analysis　**175** b
counter-adaptation　327 b
counter-conditioning　**105** a
counter-evolution　**327** b
counter marking　506 a
counter-shading　**69** a
counting　**69** b
counting behavior　69 b
courtship (behavior)　**109** b
courtship chain　**110** a
courtship dance　**110** a
courtship display　362 a
courtship feeding　**109** a
courtship song　39 b, **110** a
covariance structure　**161** b
covert behavior　**309** a
CPG (central pattern generator)　**352** a
CR (conditioned reflex)　**251** b
CR (critically endangered)　305 a
crater illusion　**136** a
crawfish　**198** a
crayfish　**198** a
crèche　**135** b
crepuscular animal　351 a
crevice　243 a
CRF (continuous reinforcement)　**565** b
CRF (corticotropin-releasing factor)　463 b
CRH (corticotropin-releasing hormone)　463 a
criterion of response stability　**441** b
critical density　237 b
critical period　93 a
critically endangered　305 a
crocodile　**575** b
crop　**512** a
cross-fostering experiment　**88** a
cross-sectional study　**53** a
crow　**88** a
cruelty of animals　**386** a
crypsis　35 b
cryptic coloration　**35** b
cryptic female choice　170 a
cryptic species　**35** a
cryptobiosis　**133** a
cryptochrome　206 b
crystallization　**150** a
crystallized song　**150** a
CS (conditioned stimulus)　**250** a
CS preexposure effect　309 a
csd (complementary sex determiner)　322 a
CSD (complementary sex determination)　**322** a
cue　269 a
cultural behavior　**473** a
cultural evolution　**473** a
cultural trait　516 a

cultural transmission **473** b
culture **472** a
cumulative assessment model **210** a
cumulative cultural evolution **473** a
cumulative record **560** a
cumulative recorder **560** a
cumulative response curve **560** a
cuticular hydrocarbon **331** b
cuttlefish **16** b
cyclic AMP wave **201** b

D

DA(dopamine) **395** a
daily torpor **363** a
dance of the honey bee **513** b
darting **215** b
Darwinian medicine **263** a
Darwin's finches **335** a
DAT(dolphin-assisted therapy) **32** b
data-logger **367** b
dauer larva **330** a
dawn chorus **538** a
2D：4D ratio **359** a
dear enemy effect **558** a
death feigning **99** a
debris carrier **180** a
deception **340** b
decision making **19** a
declarative memory **307** a
deduction **49** b
deductive method **49** b
deep homology **501** b
default mode network **105** b
defecation **422** b
defensive aggression **121** b
defensive conditioning **491** a
definitive host **102** b
degree **215** b
degree distribution **215** b
degree of separation **232** a
degree sequence **215** b
degu **367** a
delay **345** b, **345** b
delay discounting **347** b
delay line **345** b
delay of reinforcement **115** a
delay of reinforcement gradient **115** b
delay-reduction hypothesis **346** a
delayed conditioning **50** b
delayed matching-to-sample **346** b
delayed plumage maturation **328** b
delayed response **346** a
delivery **476** b
demand-supply theory **245** a
demographic stochasticity **30** b
dendrite **267** a
density dependence **512** b
density dependent effect **513** a
density effect **513** a

deoxyribonucleic acid **360** b
dependent founding **182** b
dependent rank **246** b
dependent variable **237** a
depletion model **167** b
deprivation **233** b
depth cue **55** a
depth perception **55** a
descent with modification **264** a
descriptive statistics **276** a
desensitization **246** b
Desert locust **197** a
desertion **18** a
desire **541** b
despot **310** b
despotic distribution **310** b
despotic hierarchy **310** b
despotism **310** b
detour task **509** b
deuterotoky **341** b
deutocerebrum **185** b
development **176** b, **428** a
developmental biology **427** b
developmental constraint **302** b
developmental period **428** a
developmental stress hypothesis **428** b
diadromous fish **68** a
dialect **491** a
diapause **112** b
diazepam **201** a
dictator game **390** b
diestrus **427** a
differential allocation **197** b
differential conditioning **472** b
differential-outcome effect **472** b
differential reinforcement **472** a
differential reinforcement schedule **472** b
differential reinforcement schedule of high rate **169** a
differential reinforcement schedule of low rate **169** a
differential reinforcement schedule of other behavior **338** b
differential reinforcement schedule of pausing **338** b
differential threshold **17** b
differential reinforcement schedule of zero behavior **338** b
diffusion equation **457** b
digging **5** a
digit ratio **359** a
digraph **132** b
dilution effect **39** a
diminishing returns **234** b
dioecy **239** b
diploid **407** b
direct benefit **523** a
direct fitness **148** b
direct reciprocity **173** a
directed forgetting **211** b

directed graph **132** b
directed song **193** b
directional asymmetry **198** a
directional selection **217** b
disassortative mating **389** a
discharge **83** a, **429** b
discrete-trial procedure **551** b
discrete-trial training **551** b
discriminant analysis **340** b
discriminated operant **487** b
discrimination **487** b
discrimination learning **488** a
discrimination reversal task **108** a
discriminative behavior **489** a
discriminative stimulus **488** b
dishabituation **339** a
disinhibition **339** b
dispersal **474** a
dispersion pattern **476** a
displacement behavior **368** b
display **362** a
disruptive coloration **475** b
disruptive selection **218** a
dissipative structure **198** b
distance call **221** a
distance method **145** b
distraction display **101** a
distractor **342** b
distress call **362** a
disturbance **73** b
diurnality **350** b
diversified bet-hedging **555** b
DMTS(delayed matching-to-sample) **346** b

DNA barcoding **361** a
dog **16** a
dog-dog aggression **31** b
dolphin-assisted therapy **32** b
domain generality **555** a
domain specificity **555** a
domestic animal **80** a
domestic cat **16** a
domestic dog **16** a
domestication **80** b
dominance hierarchy **246** b
dominance rank **246** b
dominant **246** b
dominant aggression **533** a
dominant hereditary **535** a
dominant inheritance **535** a
dominant rank **246** b
dominant-subordinate hierarchy **246** b
dopamine **395** a
dormancy **112** b
dorsal pallium **331** b
dosage **540** b
dose **540** b
dose-response curve **540** b
double-blind procedure **406** a
dove **429** a
DP(dynamic programming) **331** a
draft animal **202** a

dragonfly **400** a
dream **537** b
DRH schedule (differential reinforcement schedule of high rate) **169** a
drinking nectar **112** b
drinking water **33** b
drinkometer **399** a
drive **371** a
drive operation **371** b
drive reduction theory **372** a
drive regression **327** b
DRL schedule (differential reinforcement schedule of low rate) **169** a
DRO schedule (differential reinforcement schedule of other behavior) **338** b
DRP schedule (differential reinforcement schedule of pausing) **338** b
drug discrimination procedure **531** b
drug intoxication **531** a
drug poisoning **531** a
drug self-administration **531** a
drumming **397** b
DS (directed song) **193** b
Duchenne smile **454** a
duet **368** a
duration of response **444** b
dusk chorus **538** a
dust-bathing **282** b
dwarf male **573** a
dyadic interaction **230** b
dynamic programming **331** a
dynamical model **388** b

E

ear biting **515** b
ear flapping **515** b
ear sucking **515** b
ear wiggling **215** b
early weaning **315** b
earth science **349** a
eavesdrop **383** b
eavesdropper **383** b
EC_{50} (effective concentration for 50% response) **541** a
ecdysone **539** b
ecdysteroid **539** b
echolocation **434** b
ECoG (electrocorticography) **416** a
ecological character displacement **143** b
ecological exhibition **294** b
ecological life span **245** a
ecological niche **406** b
ecological release **366** b
ecological speciation **244** b

ecological validity **294** a
ecosystem engineer **91** a
ectoparasitism **102** a
ectothermy **157** a
ED_{50} (effective dose for 50% response) **541** a
edge **132** a
EEG (electroencephalography) **416** a
effect of prior residence **310** a
effect size **376** b
effective concentration for 50% response **541** a
effective dose for 50% response **541** a
effective population size **534** b
efference copy **50** a
egalitarian **454** b
egg marking **548** b
egg pattern **548** b
egg release **493** a
egg shell removal **546** a
ejaculation **233** a
elaiosome **241** b
elastic demand **344** b
electric communication **369** a
electric organ **233** a
electric synapse **369** a
electrical coupling **109** a
electrocommunication **369** a
electrocorticography **416** a
electrocyte **233** a
electroencephalogram **416** a
electroencephalography **416** a
electrolocation **369** b
electromyogram **127** a
electroreceptor **50** a
element **261** a
elemental learning **144** b
Eleonora cockatoo **54** a
elephant **315** a
embryo **427** a
embryo transfer **269** b
embryology **427** a
emergent property **320** b
Emery's rule **48** b
emesis **53** b
EMG (electromyogram) **127** a
emission **222** a
emotion **253** b
emotional behavior **253** b
emotional contagion **254** b
emotional expression **453** b
empathy **116** a
emulation **228** b
EN (endangered species) **304** b
encephalization quotient **284** b
endangered **305** a
endangered species **304** b
endemic species **180** b
endocrine disrupter **92** a
endocrine system **402** a
endogenous opioid **56** b
endomitosis **341** b

endoparasitism **102** a
endorphin **51** a
endotherm **156** b
endothermy **157** a
energetic war of attrition **210** a
energy **47** a
energy budget rule **552** a
energy flow **47** b
entrainment **383** a, **448** b
entropy **51** b
environment-induced polymorphism **453** a
environmental capacity **91** b
environmental enrichment **91** a
environmental hormone **92** a
environmental sex determination **91** b
EOP (extraocular photoreceptive system) **449** b
epideictic display **238** b
epigenetic polymorphism **29** a
epigenetics **47** b
epinephrine **5** a
episodic-like memory **48** a
episodic memory **48** a
epistatic variance **31** a
EPSP (excitatory postsynaptic potential) **171** a
EQ (encephalization quotient) **284** b
equal loudness curve **273** b
equilibrioception **479** a
equilibrium potential **307** a
equipotentiality **173** b
equivalence **209** a
equivalence relation **209** a
Erdös number **49** b
Erdös–Rényi model **547** b
ERF (event-related field) **415** a
ergate **573** b
ERP (event-related potential) **416** a
error **179** b
errorless learning **518** a
escape **385** a
escape (from natural predation) **46** a
escape learning **385** a
ESD (environmental sex determination) **91** b
ESP1 (exocrine gland secreting protein 1) **300** a
ESS (evolutionarily stable strategy) **264** b
essential value of reinforcement **113** b
establishing operation **74** b
estivation **86** b
estradiol **46** a
estrogen **46** b
estrogen receptor **46** b
estrogen synthase **13** b
estrous cycle **427** a
estrus **427** a
estrus cycle **289** b
ESU (evolutionarily significant unit) **265** a

ethics 384 b
ethnicity 272 a
ethogram 46 b
ethology 386 b
eusocial 271 b
eusocial aphid 271 b
eusociality 271 a
euthanasia 15 b
event recorder 32 a
event-related field 415 a
event-related potential 416 a
evo-devo 48 b
evolution 262 b
evolution of language 154 b
evolution of secescence 567 a
evolution of signals 270 b
evolution of sociality 226 a
evolutionarily significant unit 265 a
evolutionarily stable strategy 264 b
evolutionary anthropology 264 a
evolutionary arms race 137 a
evolutionary biology 264 a
evolutionary conflict of interest 265 a
evolutionary developmental biology 48 b
evolutionary game theory 151 b
evolutionary medicine 263 a
evolutionary psychology 263 b
EW (extinct in the wild) 305 a
EX (extinct) 305 a
exadaptation 314 a
excessive grooming 76 a
excitatory conditioning 289 a
excitatory postsynaptic potential 170 b
excitatory synapse 170 b
excitement 148 a
excretion 422 b
exocrine gland secreting protein 1 300 a
exon 44 a
exotic animal 44 a
experimental economics 218 b
experimental group 218 b
experimental psychology 219 a
experimental variable 393 b
experimenter effect 218 b
expert system 270 a
explicit memory 143 a
exploitation competition 255 a
exploratory behavior 342 b
exploratory manipulation 342 b
explosive breeding assemblage 69 b
extended phenotype 50 b
external fertilization 327 a
external inhibition 288 b
exteroceptor 213 a
extinct 305 a
extinct in the wild 305 a
extinction 249 a, 304 b
extinction schedule 249 a
extrafloral nectar 70 a
extrafloral nectary 70 a

extraneous variable 255 b
extraocular photoreceptive system 449 b
extra-pair copulation 358 b
extra-pair fertilization 358 b
extra-pair offspring 359 a
extraversion 100 b
extrinsic motivation 372 b
extrinsic reinforcer 67 a
eye contact 217 a
eye-spot 524 a
eyeblink 248 b
eyelid 248 b

F

F_1 145 a
FA (fluctuating asymmetry) 328 a
FA (false alarm) 569 b
facilitation 323 b
factor analysis 340 b
facultative brood parasitism 337 b
facultative parthenogenesis 341 b
facultative siblicide 119 b
facultative symbiosis 117 b
faculty of language 154 a
fading 538 b
fading procedure 538 b
faeder 563 b
fairness 161 a
false alarm 107 a, 569 b
falsifiability 436 a
familiarization 274 a
family group 135 a
fang 389 b
farm animal 80 b
fatigue 455 a
FCN schedule (fixed consecutive number schedule) 178 a
fear 457 a
fear conditioning 122 a
fear-induced aggression 121 b
fear learning 122 a
fear response 122 a
feature dection 391 b
feature-positive effect 391 b
fecundity 200 a
feed forward control 458 b
feed forward mechanism 458 b
feedback 458 b
feeder 44 b, 112 a
feeding 47 a, 111 a
feeding behavior 189 a
feeding enrichment 188 b
feeding habit 256 b
feeding mark 259 a
feigning death 99 a
female behavior 215 b
female choice 523 a

female mimicry 522 b
female preference 523 a
femme fatale 506 a
feral child 532 a
fertility insurance hypothesis 438 b
fertility signaling 438 b
fertilization 242 a
fetal period 428 a
FI (fixed-interval schedule) 177 b
Fick's Law 457 b
fictive locomotion 79 a
fictive respiration 79 a
fictive swimming 79 a
field of view 223 b
field sign 460 a
fig-wasp 21 a
fight 381 b
fight or flight 382 a
fighting fish 482 b
fighting or fleeing 382 a
figure-of-eight dance 513 b
filial cannibalism 459 b
filial imprinting 59 a
filling-in 41 a
filter feeding 568 a
Findley procedure 125 a
firing 83 a
Fisher condition 366 a
Fisher–Muller hypothesis 299 a
Fisherian sex ratio 458 a
fission 477 a
fitness 365 b
five-factor model 100 b
five freedoms 23 b
fixed action pattern 361 a
fixed consecutive number schedule 178 a
fixed effects 547 a
fixed-interval schedule 177 b
fixed-ratio schedule 178 a
fixed-time schedule 177 b
flange 60 b
flash coloration 496 a
flash expansion 198 b
flavor 251 a
flavor aversion learning 460 b
flehmen 470 a
flightless bird 396 b
flipper rubbing 545 b
flock 520 b
flooding 446 b
floral nectar 86 a
floral nectary 512 b
flower visit 490 a
fluctuating asymmetry 328 a
fluctuation 537 b
fMRI (functional magnetic resonance imaging) 106 a
fNIRS (functional near-infrared spectroscopy) 106 a
focal animal sampling 176 b
folicle hormone 46 b

欧文索引　609

folk psychology　325 a
follicle　549 b
follicle-stimulating hormone　291 b
follower species　184 a
following reaction　358 a
following response　358 a
food aversion learning　257 a
food catching　356 a
food chain　258 a
food chain length　258 a
food deprivation　234 a
food habit　256 b
food hoarding　356 a
food recognition　257 b
food sharing　257 b
food storing　356 a
food web　257 b
for the good of the species　244 b
forager　401 a
foraging habitat selection　45 a
foraging site selection　45 a
foraging theory　189 a
forced copulation　118 a
forced fledging　118 b
forced trial　118 a
forgetting　490 b
formic acid　392 b
formyl peptide receptor-like protein　461 a
forward chaining　247 b
forward conditioning　247 a
fosterling　196 a
founder effect　318 a
fountain effect　534 b
fovea　351 a
fovea centralis　351 a
FOXP2　153 a
FPR (formyl peptide receptor-like protein)　461 a
FR (fixed-ratio schedule)　178 a
fratricide　119 a
free-feeding weight　237 a
free-operant avoidance　221 a
free-operant procedure　469 a
free-operant training　469 a
free-running rhythm　64 a
free trial　118 a
freezing　377 a
frequency characteristics　239 b
frequency-dependent selection　456 a
frequent copulation　335 b
frog　448 b
frontal cortex　459 a, 564 b
fruit fly　97 a
frustration　542 a
FSH (follicle-stimulating hormone)　291 b
FT (fixed-time schedule)　177 b
full agonist　3 a
functional analysis　106 b
functional column structure　181 a
functional laterality　198 a
functional magnetic resonance imaging　106 a
functional MRI　106 b
functional near-infrared spectroscopy　106 a
functional response　128 b
functional tolerance　329 b
fundamental niche　407 b
fundatrix　95 a
fungus-growing ant　423 b
furculum　355 a
fusiform gyrus　321 b

G

GA (genetic algorithm)　28 b
GABA (γ-aminobutyric acid)　7 a
GABAergic neuron　7 a
gall　518 b
game theory　151 b
gamete recognition　420 b
gametogony　535 b
ganglion　267 b
gap junction　109 a
gape-limited predator　497 a
Garcia effect　511 a
GAS (general adaptation syndrome)　441 b
Gause's law of competitive exclusion　119 a
gaze　216 b
gaze avoidance　217 a
gaze cell　424 b
gaze following　216 b
gaze neuron　424 b
gender　202 b
gender dysphoria　297 b
gender identity　297 b
gender identity disorder of childhood　297 b
gene　26 a
gene-environment interaction　443 a
gene expression　28 a
gene flow　28 a
gene frequency　26 b
gene knockout　27 b
gene modification　26 b
gene pool　333 a
gene selectionism　176 b
gene targeting　26 b
general activity　541 b
general adaptation syndrome　441 b
general viability　536 b
generalist　202 b
generalization　209 a
generalization gradient　434 a
generalized linear mixed model　23 b
generalized linear model　23 b
generalized matching law　507 a
generalized reinforcer　439 b

generation　303 b
generation time　303 b
generative grammar　291 b
genetic algorithm　28 b
genetic assimilation　29 b
genetic bottleneck effect　455 a
genetic code　25 b
genetic compatibility　29 b
genetic conflict　151 a
genetic correlation　28 b
genetic diversity　29 b
genetic evolution　473 a
genetic factor　26 a
genetic introgression　29 a
genetic loci　26 b
genetic marker　31 a
genetic monogamy　24 b
genetic polymorphism　29 a
genetic recognition system　514 a
genetic recombination　28 b
genetic relatedness　149 a
genetic variance　556 b
genetic variation　30 b
genetics　26 a
genital lock　169 b
genitalia　290 b
genome　150 b
genomic imprinting　151 a
genomic mutation　395 a
genotype　26 b
genotype-specific polymorphism　29 a
genotypic sex determination　27 a
genotyping　27 a
geo-locator　203 a
geographic information system　356 b
geology　348 b
geoscience　348 b
Gestalt psychology　148 a
ghost of competition past　407 a
gibbon　368 a
gill-withdrawal reflex　48 b
GIS (geographic information system)　356 b
giving-up decision　125 b
gliding　81 a
GLM (generalized linear model)　23 b
GLMM (generalized linear mixed model)　23 b
global interaction　123 b
global positioning system　356 b
globus pallidus　331 a
Gloger's rule　136 b
glomerulus　111 a
glottis　293 b
glucocorticoid　133 b
glucocorticoid receptor　134 a
glutamate receptor　134 b
glutamic acid　134 a
go/no-go discrimination procedure　179 a
go/no-go successive discrimination training　179 a

goal-directedness 76 a
goal gradient 534 a
goal tracking 182 a
Goldbeter-Martiel model 507 a
Golgi tendon organ 213 a
gonad 291 b
gonadal hormone 292 b
gonadotropin 291 b
gonadotropin-releasing hormone 292 a
gonopore 290 b
good genes hypothesis 536 b
good-parent hypothesis 536 b
good species 380 a
good-sperm hypothesis 537 a
gorilla 181 b
GR (glucocorticoid receptor) 134 a
grain feeder 112 a
granary 356 a
grandmother hypothesis 56 a
graph 132 a
gravitaxis 318 b
gravity effect 300 b
gray matter 331 b
gray wolf 54 b
graylag goose 418 a
great tit 214 b
green beard effect 514 a
green beard gene 514 a
greeting behavior 1 a
gregarious habit 235 b
gregarious insect 235 b
gregarious phase 321 a
grid cell 132 b
grimace 133 b
grin 133 b
groomee 229 b
groomer 229 b
grooming 135 a
grooming hand-clasp 316 b
group 135 a, 520 a
group attack behavior 238 b
group effect 135 a, 138 b
group living 238 b, 520 a
group recruitment 371 b
group selection 137 b
group selection model 138 a
growth 294 b, 433 b
growth hormone 294 b
growth hormone releasing inhibitory hormone 325 b
GSD (genotypic sex determination) 27 a
guide dog 64 b
guild 125 b
gular fold 416 b
gular pouch 416 b
gular sac 416 b
gular skin 416 b
gun dog 246 a
guppy 130 a
gustation 510 b
Gutenberg-Richter law 482 b
gynandromorph 108 a

gyne 256 a
gyrus 581 a

H

HAB (human-animal bond) 451 b
habit formation 76 a
habitat choice 293 a
habitat preference 293 a
habitat selection 293 a
habitat use 293 a
habituation 246 b
habituation-dishabituation procedure 247 a
hair pulling 429 a
Haldane's law 502 a
Haldane's rule 502 a
Hamilton's rule 431 b
hand shaping 348 b
handedness 97 b
handicap principle 440 b
haplo-diploidy 446 a
haplodiploidy 446 a
haplometrosis 183 a
haplorrhine 561 a
haplotype 430 a
hard selection 138 b
Hardy-Weinberg equilibrium 429 a
Hardy-Weinberg law 429 a
harem 25 a
harem polygyny 25 a
hawk-dove game 336 a
hearing dog 64 b
heat-balling 412 b
Hebb rule 483 b
Hebb synapse 484 a
Hebbian rule 483 b
hedonic stimulus 321 a
hedonics 541 b
heliconian butterfly 391 a
helper 484 b
helper-at-the-nest 484 b
helping 120 a
hemimetabolism 486 a
hemineglect 440 a
hemispatial neglect 440 a
hemocoelic insemination 447 b
herbivorous 257 a
herd 520 a
heredity 25 a
heritability 31 a
hermaphrodite 239 a
hermit crab 532 b
Herrnstein's hyperbola 439 a
heterochrony 177 a
heterospecific attraction 380 a
heterosynaptic facilitation 323 b
heterozygous 332 a
hibernation 388 a
hidden Markov model 75 a
higher-order conditioning 159 b

higher-order schedule 160 b
higher vocal center 160 a
hippocampus 66 b
hippotherapy 255 a
hissing owl 525 b
hit 269 b
hole 243 a
hollow 243 a
holometabolism 486 a
home range 162 b
homeobox 500 b
homeodomain 501 a
homeosis 500 b
homeostasis 500 a
homeotherm 156 b
homeotic gene 500 b
homeotic mutation 500 b
homicide 195 a
homing 499 a
homing ability 62 a
homing instinct 104 a
Homo economicus 162 b
homoiotherm 156 b
homologous organ 501 b
homologous recombination 29 a
homology 501 b
homoplasy 501 a
homosexual mating 381 a
homosynaptic facilitation 323 b
homozygous 332 b
homunculus 500 a
honest signal 252 b
honey stomach 512 a
honeybee 513 a
honeydew 96 a
hopping 215 b
horizontal transmission 473 b
hormone 503 a
horse 40 b
horse back riding therapy 255 a
horse-shoe bat 98 b
host 240 b, 318 a
host discrimination 101 a
host feeding 103 b
host manipulation 241 a
host regulation 241 a
house musk shrew 284 a
hovering 361 a
howl 389 a
howling 389 a
HPA axis 215 a
HPG axis 214 b
5-HT (5-hydroxytriptamin) 306 b
hub 430 a
hue 207 a
human-animal bond 451 b
human behavioral ecology 263 b
humoral immunity 525 a
hunger 37 b
hunting behavior 246 a
hunting dog 246 a
HVC (higher vocal center) 160 a

I

hybrid 145 a
hybrid zone **159** a
hybridization **159** a
hydrophily 85 b
5-hydroxytriptamin 306 b
hyena **418** b
hyperactivity **350** a
hyperpolarization **85** a
hypersensitivity 12 a
hyperstriatum ventrale caudale 160 a
hypodermic insemination **447** b
hypothalamus-pituitary-adrenal axis
 215 a
hypothalamus-pituitary-gonadal axis
 214 b
3/4 hypothesis **542** b
hypothesis testing **374** a
hysteresis **557** b

ICA (independent component analysis)
 392 b
icon 98 b
ID (intelligent design) **34** a
IDD (ideal despotic distribution) **553** a
ideal despotic distribution **553** a
ideal free distribution **553** a
identical by decent **149** a
identifiable neuron **384** b
identified neuron **384** b
identity matching-to-sample **371** a
identity MTS (identity matching-to-sample) **371** a
idiobiont **496** b
idiopathic aggression **392** a
IEG (immediate early gene) **188** b
IFD (ideal free distribution) **553** a
illegitimate receiver **383** b
imitation **529** a
imitative learning **529** a
immediate early gene **188** b
immobility **466** a
immune system **525** a
impaling cache **432** b
imprinting **283** b
impulse 83 a
impulsive choice **254** b
impulsivity **254** b
in-group **401** a
inactive worker **425** b
inbred strain 145 a
inbreeding **126** b, **377** a
inbreeding avoidance **126** b
inbreeding coefficient **126** b
inbreeding depression **126** b
incentive **533** b
incentive learning **534** a
incentive motivation **533** b
incentive value **533** b

incest avoidance **126** b
incisor tooth 86 b
inclusive fitness **490** b
incomplete estrous cycle 94 b
incomplete metamorphosis **486** a
incubation **493** a
incubation patch **493** a
indegree **215** b
independent **562** b
independent component analysis
 392 b
independent contrast **393** a
independent founding **182** b
independent variable **393** b
index 98 b
indirect benefit **523** a
indirect effect **94** a
indirect fitness **148** b
indirect reciprocity **94** b
individual-based model **177** a
individual distance **175** b
individual selection **176** a
induced defense **465** b
induction **106** b, **536** a
inductive method **106** b
industrial melanism **157** b
inelastic demand **451** a
inequity aversion **161** a
infanticide **174** a
infantile amnesia **539** a
inference **278** a
inferential statistics **276** a
inferior larynx **521** a
infochemical **240** a
information center hypothesis **255** b
information encapsulation **409** b
infrared receptive organ **451** a
inheritance **25** a
inhibition **288** a
inhibition of delay **50** b
inhibitory conditioning **288** b
inhibitory learning **339** b
inhibitory postsynaptic potential **541** a
inhibitory synapse **541** a
initial link **482** b
initial-link effect **256** b
injury feigning **101** a
innate behavior **298** a
innate capacity for increase **401** b
innate releasing mechanism **298** a
inner ear **401** a
inquilinism **42** a, **489** b
insemination **242** a
insight **377** b
instantaneous sampling **167** a
instinct **503** a
instinctive drift **503** b
instrumental act regression **327** b
instrumental behavior **373** b
instrumental conditioning **373** b
instrumental learning **373** b
intelligence **349** a

intelligent design **34** a
intention **31** b
intentionality **31** b
inter-species aggression **379** b
intercommunication **180** b
interdemic model **138** b
interference **93** a
interference competition **255** a
interim behavior **350** b
interlock **566** b
interlocking schedule **566** a
interlocus sexual conflict **296** a
intermediate disturbance hypothesis
 119 a
intermediate host **102** b
intermediate-term memory **342** b
intermittent reinforcement **467** a
internal fertilization **330** b
internal inhibition **288** b
International Union for Conservation of Nature and Natural Resources **172** b
interneuron **63** a
interpretant **98** b
interreinforcement interval **316** a
interresponse time **442** b
interresponse time distribution **443** a
intersexual selection **292** a
interspecific comparison **146** a
interstitial cell-stimulating hormone
 52 b
intertemporal choice **80** a, **347** a
intertrial interval **211** a
interval schedule **204** a
intervening sequence **34** a
intervening variable **419** b
intracellular parasitism **102** a
intracranial self-stimulation **212** b
intrademic model **138** a
intradimensional training **210** a
intradimensional transfer **210** a
intragenomic conflict **151** a
intraguild predation **125** b
intralocus sexual conflict **296** a
intra-sex aggression **380** b
intra-sexual selection **380** b
intra-species aggression **379** b
intraspecific brood parasitism **337** b
intraspecific mutualism **322** b
intrinsic motivation **372** b
intrinsic neuron **63** b
intrinsic rate of natural increase **401** b
intrinsic reinforcer **220** b
introgressive hybridization **527** b
intromission **34** a
intron **34** b
invasive alien species **273** b
invasive species **273** b
investment **378** a
IPSP (inhibitory postsynaptic potential)
 541 a
irritable aggression **84** b
IRT (interresponse time) **442** b

IRT distribution **443** a
isocortex **331** b
isogamete **18** b
isogamy **18** b
isolated rearing **74** a
isolating mechanism **74** a
isolation **74** a
isolation stress **520** a
iteroparity **336** a
ITI (intertrial interval) **211** a
IUCN (International Union for Conservation of Nature and Natural Resources) **172** b

J

Jacobson's organ **259** b
jam **237** a
James–Lange theory **253** b
jamming avoidance response **184** b
Japanese horned beetle **85** a
Japanese macaque **408** a
Japanese monkey **408** a
Japanese quail **39** a
Japanese tit **214** b
Japanese yellow swallowtail **2** b
JH (juvenile hormone) **539** b
Johnston's organ **260** b
joint attention **121** a
joint nesting **120** a, 120 a
jumping display **396** a
jumping stand **355** a
juvenile hormone **539** b
juvenile period **428** a
juvenile plumage **36** a

K

K-selection **11** a
kairomone **68** b
kakapo **54** a
Kanizsa illusion **8** b
kaolin **53** b
key stimulus **71** a
keystone predation **94** b
keystone species **498** b
kin discrimination **149** b
kin infanticide **174** a
kin recognition **149** b
kin selection **148** b
kinesis **380** a
kinship **148** a
kleptoparasitism **567** b
klinokinesis **380** b
Klüver–Bucy syndrome **133** b
knockout mouse **27** b
Knollenorgan **50** a

knothole **243** a
koinobiont **496** b

L

labial pit **451** a
labor supply curve **158** a
lactation **243** b
lactogen **52** b
lagena **216** a
Lamarckism **545** b
lancets **392** a
landmark **548** b
landscape genomics **238** a
landscape immersion **548** a
language **153** a
language acquisition **154** a
language acquisition device **153** b
language area **414** a
language gene **153** a
language production **154** b
language training in nonhuman animals **153** b
larder hoarding **356** a
last concern **305** a
latency **309** b, 310 a
latent inhibition **309** a
latent learning **308** b
latent variable **161** b
lateral asymmetry **197** b
lateral giant fiber **261** b
lateral hypothalamic area **258** b
lateral inhibition **323** b
lateral line **323** a
lateral line organ **323** a
lateral line system **323** a
lateral pallium **331** b
lateral recumbent **52** a
laterality **197** b
laugh **576** a
law of effect **157** a
LC (last concern) **305** a
LC (locus ceruleus) **299** a
LD_{50} (lethal dose 50) **541** a
leader species **184** a
leaf cradle **540** a
leaf gall **554** b
leaf miner **43** b
leaf mining **43** b
leaf roller **431** a
leaf-rolling weevil **55** b
leaf shelter **554** a
leaf-trenching **400** a
leafcutter ant **423** b
leafcutting ant **423** b
leaping organ **355** a
learned aggression **72** a
learned helplessness **72** b
learned irrelevance **518** a
learning **72** a

learning curve **72** a
learning in *Aplysia* **7** b
learning set **72** b
learning theory **73** b
learning through error back propagation **174** b
learning to learn **72** b, 434 a
lek **562** a
lepidophagous fish **280** b
leptin **563** b
lethal dose 50 **541** a
level of significance **533** a
levels of selection **313** a
Lévy flight **561** a
Lévy walk **561** a
LG (lateral giant fiber) **261** b
LH (limited hold) **287** a
LH (luteinizing hormone) **52** b
LHA (lateral hypothalamic area) **258** b
lie **52** a
life cycle **285** a
life for life relatedness **149** a, 382 a
life history **285** a
life history characteristic **285** a
life history evolution **285** a
life history trait **285** a
life span **245** a
life table **302** b
lifetime reproductive success **366** a
Light Switch Theory **496** a
likelihood **145** b
limbic system **485** b
limited hold **287** a
Lincoln method **453** b
line **145** a
linear perspective **55** a
linear predictor **24** a
linkage disequilibrium **565** a
lion **544** a
litter size **451** b
livestock **80** b
LL selection **213** b
Lloyd Morgan's canon **526** a
local enhancement **228** a
local interaction **123** b
local interneuron **63** b
local mate competition **124** a
local reinforcement rate **123** b
local resource competition **124** a
local resource enhancement **124** a
local response rate **124** a
lock and key hypothesis **290** b
locomotion **568** b
locomotor activity **82** b
locus ceruleus **299** a
logistic equation **568** b
logistic regression **24** a
long-range interaction **123** b
long-term facilitation **353** b
long-term memory **353** a
long-term potentiation **353** b
longevity **245** a

欧文索引

longitudinal study　53 a
lordosis　**570** b
lordosis quotient　295 b
lordosis score　295 b
loreal pit　451 a
Lotka-Volterra equation　**569** b
Louisiana crayfish　**8** b
love　**1** a
LTF (long-term facilitation)　**353** b
LTP (long-term potentiation)　**353** b
luciferase　301 b
luciferin　301 b
luteal phase　**52** b
luteinizing hormone　**52** b
luteotropic hormone　**52** b

M

macaque　**505** a
Machiavellian intelligence hypothesis
　　　　　　　　　　　232 b
macroevolution　**329** b
macula　216 a
Mafia hypothesis　**508** a
magazine training　**505** b
magnetic compass　**206** b
magnetic resonance imaging　206 b
magnetic sense　**206** b
magnetoencephalogram　415 a
main olfactory bulb　111 a
maintained generalization gradient
　　　　　　　　　　　488 b
major depression　107 a
major histocompatibility antigen　245 b
major histocompatibility complex
　　　　　　　　　　　245 b
major worker　77 b
maladaptation behavior　**466** a
maladaptive　364 b
maladjustment　**466** a
male aggression　**535** a
male choice　523 a
male contest　55 a
male-male aggression　55 a
male-male competition　55 a
male preference　523 a
male sex hormone　15 a
male sexual behavior　**535** b
Malthusian parameter　401 b
mammotropic hormone　52 b
mammotropin　52 b
manic-depressive illness　315 b
manipulandum　317 a
manipulative parasite　118 a
MAO (monoamine oxidase)　**527** a
map sense　**349** a
marginal value theorem　190 b
mark-recapture method　**453** b
mark test　214 a
marking behavior　**505** b

Markov chain Monte Carlo method
　　　　　　　　　　　146 a
Markov process　**509** a
marmoset　**508** b
Martiel-Goldbeter model　**507** a
masculinization　**535** a
masquarade　**78** b
mass extinction　333 b
mass provisioning　111 b
mass recruitment　371 b
masturbation　**201** a
matatabi　**506** b
matching law　**507** a
matching-to-sample　**515** a
mate avoidance　169 b
mate choice　**420** b
mate choice copying　**179** b
mate guarding　**421** a
mate preference　420 b
mate refusal posture　169 b
mate rejection　**169** b
mate searching　**420** a
material benefits hypothesis　**465** a
maternal behavior　**497** a
maternal effect　**497** b
maternal experience　**497** b
maternal rank inheritance　**494** a
maternal rejection　**18** a
maternal separation　**494** b
mating　**169** a
mating behavior　**420** a
mating plug　**170** a
mating rate　**296** a
mating strategy　**421** b
mating success　292 a
mating system　**420** a
matrilineal rank inheritance　**494** a
matrilineal society　**494** a
Mauthner cell　384 b
maximization　**190** a
maximizing　**190** a
maximum likelihood method　145 b
maze　**522** a
McGurk effect　**505** a
MCMC (Markov chain Monte Carlo
　　　　　　method)　146 a
mechanoreception　**97** b
medaka　**523** a
medial entorhinal cortex　133 a
medial pallium　331 b
medial tympaniform membrane　521 a
mediating behavior　**350** b
meerkat　**510** a
MEG (magnetoencephalogram)　415 a
meiosis　192 b
meiotic drive　**504** a
melatonin　**524** b
melezitose　96 b
melioration theory　348 a
melliphagous　**512** a
meme　**516** a
memetics　516 a

memory　**97** a
Mendelian inheritance　**525** a
Mendelian population　**525** a
Mendel's law　25 b
menopause　**479** a
menstrual cycle　**423** a
messenger RNA　10 b
metabolic tolerance　329 b
metacognition　**524** a
metamemory　**523** b
metamorphosis　**486** a
metapopulation　138 a, **523** b
metestrus　427 a
methodological behaviorism　163 b
M-G model (Martiel-Goldbeter model)
　　　　　　　　　　　507 a
MHC (major histocompatibility
　　　　　complex)　**245** b
Miacis　**510** b
micro RNA　10 b
microbrain　**450** a
microcephalin　153 a
microchip　**504** b
microelectrode　**449** b
microevolution　**252** b
microsatellite analysis　**504** a
migrant pool model　138 a
migration　**68** a, **574** b
migration loop　68 a
migratory bird　575 a
migratory locust　**395** a
Milgram experiment　**517** a
Milgram obedience experiment　**517** a
mimesis　78 b
mimic　104 b
mimicry　**104** b
mind　**174** a
mineralocorticoid　**514** b
minibrain　**450** a
minor worker　77 b
miRNA (micro RNA)　10 b
mirror neuron　**516** b
mirror self-recognition　214 a
misbehavior　**173** b
mite　**339** b
mitochondrial DNA　**514** a
mitosis　192 b
mitral cell　111 a
mix.　184 a
mixed color　**184** b
mixed ESS　**184** a
mixed schedule　**184** a
mixed-species flock　**183** b
mixed-species group　183 b
mixed strategy　**184** a
mobbing　**528** a
modal completion　**8** b
modality　89 b
model　104 b
model egg　**125** a
molar analysis　**124** b
molar theory　**124** b

molecular analysis   124 b
molecular clock   **475** a
molecular evolutionary clock   **475** a
molecular evolutionary rate   **475** a
molecular theory   124 b
molt   **89** a
molting   **95** b
molting hormone   **539** b
momentary maximizing theory   **247** b
monoamine neurotransmitter   **528** a
monoamine oxidase   **527** b
monocarpy   **22** b
monocistronic mRNA   10 b
monodomy   **339** a
monogamy   **24** b
monogyny   **338** b
monophagous   **257** a
monophyletic group   **473** b
mood disorder   **107** a
morality   **384** b
Moran effect   **383** b
Morgan's canon   **526** a
mormyromast   **50** a
morphine   **529** a
morphological cline   **131** b
Morris water maze   **522** a
mosaic evolution   **527** a
mosquito swarming   **84** a
mother-infant bonding   **494** b
motherese   **154** a
motif   **527** a
motion sickness   **53** b
motivation   **372** b
motor activity   **82** b
mound   **358** a
mounting behavior   **504** b
mouse   **504** b
mouthbrooding   **168** b
MRI (magnetic resonance imaging)
   206 b
mRNA (messenger RNA)   10 b
mtDNA (mitochondrial DNA)   **514** a
mucus net   **6** b
mucus sheet   **6** b
mucus trap   **6** b
mudbug   **8** b
Müllerian mimicry   **516** a
Muller's ratchet   **299** a
mult.   **337** b
multilevel selection   **463** b
multimodal perception   **336** b
multiparasitism   **71** b
multi-unit activity   **83** a
multiple copulation   **463** b
multiple mating   **463** b
multiple schedule   **337** b
multiple-site nester   **262** a
multivariate analysis   **340** b
muscle spindle   **213** a
mushroom body   **185** b, **475** b
mutant   **395** a
mutant mouse   **28** a

mutation   **395** a
mutual grooming   **316** a
mutualism   **225** b, **322** a
mutualism at a nest hole   **275** b
myrmecophiles   **337** a

N

NA (noradrenaline)   **417** a
naive   **402** a
naive psychology   **325** a
naked mole-rat   **425** b
narcolepsy   **403** b
Nash equilibrium   **403** a
Nassanof gland   **511** b
nasty neighbor effect   **558** b
natal dispersal   **474** a
natal plumage   **36** a
natal stream   **499** a
native species   **192** b
natural classification   **478** a
natural enemy   **370** a
natural history   **217** a
natural immunity   **525** a
natural life span   **245** a
natural selection   **217** a
nature versus nurture controversy
   38 b
nausea   **53** b
navigation   **403** a
ncRNA (non-coding RNA)   10 b
near-infrared spectroscopy   **106** a
near threatened   **305** a
Necker cube   **19** a
nectar gland   **512** a
nectar robbing   **387** b
nectar theft   **387** b
nectarivore   **512** a
nectarivorous   **512** a
nectary   **512** b
need reduction theory   **372** a
negative automaintenance   **220** b
negative punishment   **466** a
negative reinforcement   **466** b
negative reinforcer   **113** b
negative sexual imprinting   **38** a
negative stimulus   **144** a
negative transfer   **467** a
neglect   **412** b
negotiation   **413** b
neighbor-joining method   **145** b
neobehaviorism   **163** b
neocortex   **331** b
neo-Darwinism   **412** a
neonatal imitation   **529** a
neonatal period   **428** a
neonatal smiling   **576** b
neophilia   **265** b
neophobia   **265** b
neostriatum   **331** a

neoteny   **538** b
nepotism   **148** b
nerve cell   **267** a
nerve growth factor   **266** a
nest   **275** a
nest building   **319** a
nest construction   **319** a
nest parasitism   **336** b
nest web   **243** a
nested clade analysis   **413** b
nesthole   **275** b
nesting   **320** a
nestmate discrimination   **282** b
nestmate recognition   **282** b
nestmate recognition pheromone
   283 a
net   **6** b
net reproductive rate   **248** a
network   **132** a
network tree   **413** a
neural coding   **268** a
neural network   **408** a
neural network model   **408** b
neural plasticity in the brain   **415** a
neuroecology   **267** b
neuroeconomics   **266** b
neuroethology   **266** b
neuroimaging   **414** a
neuromodulator   **267** a
neuromuscular junction   **221** b
neuron   **267** a
neuron doctrine   **84** a
neuropeptide   **268** a
neuroticism   **100** b
neurotransmitter   **268** a
neurotrophin   **266** a
neuter caste   **466** a
neutral   **364** b
neutral stimulus   **352** a
neutral theory   **352** a
NGF (nerve growth factor)   **266** a
niche   **406** a
niche construction   **406** b
niche differentiation   **407** a
niche partitioning   **407** a
nictitating membrane   **248** b
NIRS (near-infrared spectroscopy)
   106 a
nitric oxide   **23** a
nitrogen monoxide   **23** a
NMDA receptor   **47** b
nocturnality   **532** a
node   **132** a
nomadic bird   **454** a
nonassociative learning   **455** a
non-coding RNA   10 b
non-consumptive effect   **450** a
noncontingent reinforcement   **450** a
noncontinuity view   **73** b
non-correction procedure   **118** b
non-declarative memory   **450** b
non-diadromous fish   **68** a

non-kin infanticide　174 a
non-reproductive caste　77 a
nonverbal communication　449 b
non-visual photoreceptive system
　　449 b
noradrenaline　417 a
norepinephrine　417 a
norm of reaction　443 a
normative theory　471 a
Norway rat　545 a
note　261 a
novelty　265 b
novelty seeking　265 b
NREM sleep　277 b
NT（near threatened）　305 a
nuclear magnetic resonance　206 b
nuclear magnetic resonance imaging
　　206 b
nuclear species　184 a
nucleus accumbens　331 a, 492 a
null hypothesis　375 a, 533 a
number　76 b
numerical response　128 b
numeron　69 b
nuptial coloration　183 a
nuptial flight　183 b
nuptial gift　183 a
nurse　401 a
nursing　59 b
nurture via nature　39 a

O

obedience　462 b
object　98 b
object manipulation　373 a
object permanence concept　465 a
object regression　327 b
object rubbing　545 b
obligate brood parasitism　337 b
obligate parthenogenesis　341 b
obligate siblicide　119 b
obligate symbiosis　117 b
oblique transmission　473 b
obliterative shading　69 a
observational conditioning　333 a
observational learning　92 b
observing response　92 b
Occam's razor　305 a
occasion setter　432 a
Ockham's razor　305 a
octopus　338 a
ocular dominance　95 b
ocular dominance column　95 b
ocular dominance plasticity　95 b
odd prey effect　74 a
oddity-from-sample　20 a
oddity matching-to-sample　20 a
oddity MTS　20 a
oddity task　19 b

odor　405 a
OFS（oddity-from-sample）　20 a
oilbird　6 a
olfaction　110 b
olfactory bulb　110 b
olfactory cortex　90 b
olfactory epithelium　110 b
olfactory hypothesis　499 a
olfactory nerve　110 b
olfactory receptor　461 a
oligophagous　257 a
Olton maze　491 b
omission　466 b
omission training　256 a
omnivorous　257 a
one-factor theory　22 b
one-piece nester termite　262 a
one-trial learning　73 b
one－zero sampling　167 a
ontogenesis　176 b
ontogeny　176 b
open economy　67 b
open-ended learning　67 b
openness to experience　100 b
operandum　57 a
operant　57 a
operant aggression　72 a
operant behavior　57 a
operant conditioning　58 a
operant experimental chamber　57 b
operant level　58 b
operant response　57 a
operational sex ratio　219 b
opiate　56 b
opioid　56 b
opium　56 b
opponent color　495 b
opponent-process theory　320 b
opportunity cost　97 b
opportunity for selection　312 b
opsin　56 b
optic lobe　185 b, 203 a
optic tectum　203 a
optical topography　106 a
optimal diet menu model　190 b
optimal foraging behavior　190 b
optimal foraging model　189 a
optimal foraging theory　190 b
optimal group size　191 a
optimal outbreeding theory　62 b
optimal patch use model　190 b
optimality theory　191 a
optimization theory　190 b
optogenetics　448 b
OR（olfactory receptor）　461 a
orangutan　60 a
orbitofrontal cortex　485 b, 492 a
organism　163 b
orientation　360 a
orientation behavior　360 a
orienting reflex　360 b
orienting response　360 b

origin of sex　298 b
ornament　295 a
ornamentation　295 a
oropendola　424 a
orthokinesis　380 b
oscillation　235 b
oscine bird　521 a
Othello syndrome　219 b
other-regarding preference　160 b
otolith　216 a, 479 a
otolith organ　216 a
outbreeding　62 b
outbreeding depression　62 b
outcome devaluation　46 a
outdegree　215 b
out-group　401 a
ovarian follicle　549 b
ovary　546 b
over grooming　76 a
overall reinforcement rate　311 a
overall response rate　311 b
overcrowding　86 a
overdispersion　547 a
overdominance　355 a
overexpectation effect　76 b
overlapping generations　303 b
overlearning　75 b
overmatching　79 b
overshadowing　34 b
overt behavior　155 a
overtraining　75 b
overtraining extinction effect　76 a
overtraining reversal effect　76 a
oviparity　546 b
oviposition　199 b
ovipositor　392 a
ovoviviparity　546 b
ovulation　423 a
oxytocin　54 b

P

pack　54 b, 520 a
pain　21 a
pain-induced aggression　384 a
pair　358 a
pair bonding　359 a
paired association learning　564 a
pairing　358 a
pallium　331 b
panda principle　314 b
pang　520 a
Panglossian paradigm　366 a
panic　429 b
panic disorder　429 b
panting　441 a
paper wasp　3 a
Papez's circuit　485 b
parachuting　433 a
parallel evolution　479 b

parallelism **479** b
parameter **374** b
parametric test **377** a
parapatric speciation **245** a, **304** a
parapatry **304** a
parasite **102** b
parasite hypothesis **433** a
parasitic **257** a
parasitic colony founding **183** a
parasitic wasp **103** a
parasitism **102** a
parasitoid **496** b
parasitoid fly **103** a
parasitoid wasp **103** a
parasitoidal **257** a
parasocial route **322** b
parasympathetic nervous system **461** b
paraventricular nucleus **2** b
parent-offspring conflict **59** a
parental care **59** b
parental effect **60** a
parental effort **60** a
parental experience **497** b
parental investment **60** a
parental manipulation **60** a
Pareto law **482** b
parietal cortex **564** b
parietal eye **383** b
parrot **53** b
parsimony **305** a
parthenogenesis **341** b
parthenogenetic reproduction **341** b
partial agonist **3** a
partial reinforcement **467** a
partial reinforcement effect **467** b
partial reinforcement extinction effect **467** b
particle swarm optimization **554** b
particulate inheritance **25** b
passerine **521** a
passerine bird **521** a
passive avoidance **243** a
patch **524** a
patch model **428** b
paternal effect **497** b
paternity **464** b
path analysis **161** b
path integration **403** b
patrilineal society **494** a
pattern-formation **425** b
PAVLOV **430** b
Pavlov strategy **430** b
Pavlovian conditioning **178** a
Pavlovian fear conditioning **122** a
Pavlov's dog **431** a
payoff matrix **554** a
PD (panic disorder) **429** b
PD (personality disorder) **263** b
PD (prisoner's dilemma) **236** b
peafowl **129** a
peak method **449** a

peak procedure **449** a
peak response output **190** b
peak shift **354** b
Peckhamian mimicry **159** a
pectinate nail **129** a
pedigree **150** b
pelagic egg **327** a
pellet dispenser **112** a
PER (proboscis extension response) **475** a
percentile schedule **425** a
perception **347** a
perceptual learning **348** a
perfect tit-for-tat **430** b
performance **275** b
perimenopause **479** a
period gene **393** b
periodical cicada **235** a
periplanone B **576** a
personality **100** a, **166** a
personality disorder **263** b
PET (positron emission tomography) **540** a
pet **446** b
pet loss **483** a
pet robot **483** b
Petersen method **453** b
petting **545** b
PG (prostaglandin) **470** b
phase coding hypothesis **268** b
phase polymorphism **321** a
phase polyphenism **321** a
phasic response **89** b
phenotype **452** b
phenotypic plasticity **452** b
phenotypic selection **217** b
phenotypic variance **31** a
phenylalanine **460** b
pheromone **460** b
pheromone receptor **461** a
philopatric offspring **485** a
phobia **122** a
phoneme **153** b
phoresy **489** b
photoperiodism **160** b
photopsin **56** b
phototaxis **318** b
phylogenetic comparative method **146** a
phylogenetic constraint **146** a
phylogenetic drift **242** b
phylogenetic history **145** a
phylogenetic inertia **146** a
phylogenetic reconstruction **144** b
phylogenetic tree **144** b, **474** a
phylogenetics **145** b
phylogeny **144** b
phylogeography **413** b
physical constraint **302** b
physical defense **465** b
physiological life span **245** a
PI (proactive interference) **247** b

PI (progressive improvement) **565** b
PI (progressive-interval schedule) **559** b
pica **18** b
pigeon **429** a
piloting **403** a
pineal gland **524** b
pinniped **98** a
piracy **64** b
pirate **399** b
piriform cortex **90** b
pit membrane **451** b
pit organ **451** a
place cell **424** b
place field **424** b
place learning **424** a
place neuron **424** b
plastic song **468** b
plateau **72** a
play **4** b
play behavior **4** b
play fighting **4** b
play jump **396** a
playing possum **99** a
pleasure center **492** a
pleiotropy **341** a
pleometrosis **183** a
plesiomorphy **324** b
plumage **36** a
poikilotherm **157** a
point of subjective equality **273** b
poison gland **392** a
poison sac **392** a
Poisson distribution **476** b
Poisson regression **24** a
polarized light compass **332** b
policing **142** b
pollination **85** b
pollinator **85** b
polyandrogyny **340** a
polyandry **23** a
polycistronic mRNA **10** b
polydipsia **333** b
polydomy **339** a
polyethism **165** a
polygamy **340** a, **462** a
polygamy threshold model **462** b
polygenic **557** a
polygynandry **340** a
polygyny **24** b, **338** b
polygyny threshold model **462** a
polymorphism **337** b
polyphagous **257** a
polyphenism **453** a
polyspermy **339** a
polyspermy block **242** a
pond snail **528** a
population **135** a, **276** a, **374** b
population biology **176** a
population coding hypothesis **268** b
population ecology **176** a
population genetic structure **238** a

population genetics **237** b
population of populations **524** a
population regulation **176** a
population viscosity **138** b
portable case **75** a
position habit **22** a
position preference **22** a
positive punishment **298** b
positive reinforcement **298** b
positive reinforcement training **286** a
positive reinforcer **113** b
positive stimulus **144** a
positive transfer **139** a
positron emission tomography **540** a
post hoc test **475** a
post-conflict behavior **82** a
post-copulatory mate guarding **421** a
post-copulatory sexual selection **170** a
postdiscrimination generalization gradient **488** a
posterior parietal cortex **440** a
posterior probability **480** b
postmating reproductive isolation **290** a
postreinforcement pause **113** b
post-tetanic potentiation **353** b
posttraumatic stress disorder **64** b
potential reproductive rate **309** b
potentiation **315** a
poverty of stimulus **154** a
powder down feather **477** b
power **376** b
power law **482** b
PR (progressive-ratio schedule) **559** b
prairie vole **470** b
PRE (partial reinforcement effect) **467** b
preadaptation **313** b
precocial **553** a
precocial-altricial spectrum **553** a
precocious **319** a
precommitment **308** a
pre-copulatory mate guarding **421** a
predation **495** b
predation mark **259** a
predator **497** a
predator avoidance **495** b
predator odor **152** a
predator-prey interaction **128** b
predator swamping **39** a
predatory **257** a
predatory behavior **497** a
predisposition **358** a
PREE (partial reinforcement extinction effect) **467** b
preening **426** b
preference **307** b
preference pulse **308** b
preference reversal **307** b
preferential attachment **433** b
pregnancy **409** a
Premack principle **469** b

premating reproductive isolation **290** a
premature fledgling **118** b
prenatal period **428** a
preparedness **248** a
prepulse inhibition **113** b
presentation **362** a
presenting **215** b
presynaptic inhibition **221** b
prey-selective neuron **203** a
price yielding maximal response rate **190** a
pride **468** a, **520** a
primacy effect **259** a
primary motivation **372** b
primary polygyny **338** b
primary reinforcer **519** a
primary sex characteristic **21** b
primary sex ratio **299** b
primary sexual characteristic **21** b
primary sexual trait **21** b
primates **561** a
primer pheromone **461** a
priming **468** a
primitively eusocial insect **3** a
principal component analysis **340** b
print **459** b
prior probability **480** b
prisoner's dilemma **236** b
private event **309** b
proactive inhibition **247** a
proactive interference **247** a
probability of reinforcement **116** a
probe **471** b
problem box **530** a
problem-solving behavior **529** b
proboscis extension reflex **475** a
proboscis extension response **475** a
procedural memory **367** b
procedure **367** b
proceptive behavior **533** b
proceptivity **533** b
procrastination **194** a
producer-scrounger game **288** a
proestrus **427** a
profitability **190** b
progesterone **53** a
programmed cell death **6** b
progressive improvement **565** b
progressive-interval schedule **559** b
progressive provisioning **111** b
progressive-ratio schedule **559** b
progressive schedule **559** a
projection neuron **379** b
projectional map **379** a
prolactin **52** b
promiscuity **546** a
prompt **471** b
propagule pool model **138** b
proprioceptor **213** a
Prosimian **561** a
prosocial behavior **160** a
prosopagnosia **321** b

prospect theory **471** b
prospective coding **370** b
prostaglandin **470** b
protandry **297** a
protecting color **35** b
protective aggression **404** b
protective coloration **35** b
protective mimicry **78** b
protocerebrum **185** b
protogyny **297** a
proventriculus **512** a
provisioning **111** a
proximate cause **207** a
proximate factor **207** a
PRP (postreinforcement pause) **113** b
PSE (point of subjective equality) **273** b
pseudo-conditioning **100** a
pseudo pregnancy **105** b
pseudocopulation **99** b
pseudocyesis **106** a
pseudopenis **418** b
pseudoreplication **100** b
pseudospawning **100** a
PSO (particle swarm optimization) **554** b
psychic blind **133** b
psychological trauma **272** a
psychology **273** a
psychophysics **273** b
PTP (post-tetanic potentiation) **353** b
PTSD (posttraumatic stress disorder) **64** b
puberty **291** a
public good provision game **157** b
public goods dilemma **158** a
punctuated equilibrium **343** a
punisher **234** a
punishment **234** a, **259** b, **426** a
pupa **196** b
puppy training school **218** b
pure line **145** a
pure strategy **248** a
putamen **331** a
puzzle box **530** a

Q

QTL (quantitative trait loci) **557** a
qualia **129** a
quality **536** b
quantitative character **556** b
quantitative genetic model **556** b
quantitative genetics **556** a
quantitative law of effect **157** a
quantitative trait **556** b
quantitative trait loci **557** a
quasisocial **322** b
queen **256** a

618 欧文索引

queen court 398 b
queen pheromone 256 b
queen substance 256 b
quiescence 112 b
quorum 362 b
quorum sensing 362 b

R

r–K selection 11 a
r–selection 11 a
rabies 116 b
race 272 a, 455 b
radial-arm maze 491 b
radial maze 491 b
radical behaviorism 164 a
radical pair mechanism 206 b
radioactive isotope 491 b
radioisotope 491 b
rage syndrome 392 a
random control group 547 a
random distribution 476 b
random drift 30 b
random effects 547 a
random genetic drift 30 b
random graph 547 b
random-interval schedule 547 b
random mating 238 a
random network 547 b
random permutation 518 b
random-ratio schedule 548 a
randomization 518 b
ranging behavior 536 a
rank hierarchy 246 b
rank order 246 b
rapid eye movement 277 b
rate dependence hypothesis 455 b
rate dependency 455 b
rate of reinforcement 116 a
rate of responding 445 b
ratio schedule 454 b
ratio strain 454 b
rCBF (regional cerebral blood flow)
            540 a
reaction norm 443 a
reaction time 444 a
readiness potential 41 b
realized niche 407 b
reasoning 278 a
recall 189 b
receiver operating characteristic curve
            569 b
recency effect 266 a
receptive field 246 a
receptor potential 89 b
reciprocal altruism 173 a
reciprocal schedule 316 a
reciprocity 173 a
recognition 191 b
reconciliation 574 a

recruiter-joiner model 550 a
recruitment 371 b
recruitment behavior 550 a
recurrent migration 68 a
recursion 188 a
red list 563 b
Red Queen's hypothesis 2 a
red swamp crayfish 8 b
red-winged blackbird 424 a
redirect helping 485 a
redirected aggression 368 b
redirected behavior 368 b
reference memory 199 a
reflecting cell 328 b
reflex 435 a
reflex arch 435 b
reflex chain 436 a
reflexive blink 248 b
regime shift 558 a
regional cerebral blood flow 540 a
regression 23 b, 327 b
regression relatedness 149 a, 382 a
regular distribution 476 a
regurgitation 53 b
rehearsal 554 a
reinforcement 113 a
reinforcement delay 115 a
reinforcement density 311 b
reinforcement learning 113 a
reinforcement model 442 a
reinforcement probability 116 a
reinforcement relativity 115 a
reinforcement schedule 114 b
reinforcer 113 b
reintroduction 191 b
relatedness 149 a
relatedness asymmetry 149 b
relatedness identical by decent 382 a
relative fitness 365 b
relative rate of responding 320 a
relative rate of response 320 a
relative size 55 a
releaser 67 a
releaser pheromone 461 a
releasing stimulus 66 b
REM sleep 277 b
remote sensing 356 b
repeatability 166 a
repeatability of behavior 166 b
repertoire 563 a
repertoire matching 563 a
repetitive TMS 145 b
replacement reproductive 338 b
replicator 516 a
replication 100 b
representational design 294 a
reproduction 436 a
reproduction curve 189 b
reproductive behavior 437 b
reproductive caste 77 a
reproductive character displacement
            143 b

reproductive compensation hypothesis
            197 a
reproductive division of labor 291 a
reproductive ground plan hypothesis
            437 b
reproductive interference 437 a
reproductive isolation 290 a
reproductive mimicry 437 a
reproductive organ 290 b
reproductive skew 438 a
reproductive skew model 438 a
reproductive success 366 a
reproductive value 436 b
Rescorla-Wagner model 561 b
resident 555 a
"resident always wins" rule 310 a
resident-intruder paradigm 231 b
resistance reflex 99 b
resistance to change 485 b
resistance to extinction 249 a
resource 209 a
resource allocation 210 b
resource competition 174 a
resource defence 210 b
resource holding potential 210 a
resource holding power 210 a
resource value asymmetry hypothesis
            310 b
respondent behavior 562 a
respondent conditioning 178 a
response 441 b
response blocking 445 b
response chain 168 a
response class 443 b
response cost 444 a
response deprivation 444 b
response generalization 536 a
response-initiated FI 565 b
response learning 442 a
response rate 445 b
response threshold model 442 a
response to selection 313 b
response topography 442 b
response unit 445 a
response variability 167 a
resting membrane potential 289 b
resting potential 289 b
restriction fragment length
            polymorphism 31 a
resurgence 445 a
retention interval 494 b
reticular doctrine 84 a
retinal ganglion cell 203 a
retinotopy 379 b
retinue behavior 398 b
retinue response 398 b
retroactive inhibition 108 b
retroactive interference 108 b
retrograde amnesia 108 a
retrograde signal 108 b
retrospective coding 63 a
retrospective revaluation 186 b

欧文索引

reversal design 342 a
reversal learning 76 a
reverse empathy 254 b
reverse sexual imprinting 38 a
reversion 311 a
reward 491 b
reward prediction error 492 b
reward rate 311 b
reward system 492 a
RFLP (restriction fragment length polymorphism) 31 a
rheotaxis 319 a
rhodopsin 570 b
RHP (resource holding potential) 210 a
RHP asymmetry hypothesis 310 b
rhythm 552 b
rhythmic inertia 94 a
rhythmic synchronization 384 a
RI (random-interval schedule) 547 b
RI (retroactive interference) 108 b
ribonucleic acid 10 b
ribosomal RNA 10 b
ribozyme 11 a
ricefish 523 a
right-handed snake hypothesis 511 a
risk 552 a
risk aversion 155 b
risk proneness 172 a
risk sensitivity 552 a
risk spreading 552 b
ritual combat 186 a
ritualization 99 b
robotics 570 b
ROC curve 569 b
rod 95 a
role 251 b
rookery 182 b
roost 412 a
root 144 b
rough-and-tumble play 5 a
round dance 513 b
royal court 398 b
royal jelly 571 a
royalactin 571 a
RR (random-ratio schedule) 548 b
rRNA (ribosomal RNA) 10 b
rTMS (repetitive TMS) 145 b
rubbing 545 a
rule-governed behavior 277 a
rumination 438 b
runaway hypothesis 548 b
running rate 316 a
running wheel 575 b

saccule 216 a
salience 522 a
salivary reflex 435 a
salmon 195 a
sample 374 b
sample size 374 b
sample stimulus 515 b
sampling 375 a
sampling all occurrences of some behaviors 163 a
sampling error 374 a, 454 b
sanction 259 b
sand-bathing 282 b
saprophagous 257 a
Sarah 174 b
satellite 196 a
satellite male 196 a
satellite species 184 a
satellite-tracking 42 a
satiation 128 b, 493 b
sawfly 426 a
scala naturae 409 a
scalar expectancy theory 278 a
scalar property 278 b
scale eater 280 b
scale free network 281 a
scallop 279 b
scan sampling 280 a
scanning 515 a
scatter hoarding 356 a
scavenger 278 a
scent marking 505 b
schadenfreude 254 b
Schaffer collateral 353 b
schedule 114 b, 280 a
schedule-induced attack 280 b
schedule-induced behavior 280 a
schedule-induced polydipsia 280 b
schedule of reinforcement 114 b
school 520 a
scissor tooth 510 a
scotopsin 56 b
scramble competition 397 a
screech owl 525 b
sea hare 7 b
search image 343 a
seasonal migration 103 b
seasonal parthenogenesis 341 b
seasonal polymorphism 104 a
seasonal polyphenism 104 a
second-order conditioning 405 a
second-order schedule 160 a
secondary monogyny 338 b
secondary motivation 372 b
secondary reinforcer 250 a
secondary sex characteristic 405 b
secondary sex ratio 299 b
secondary sexual characteristic 405 b
secondary sexual trait 405 b
secretin 503 a
secure base 1 b
sedation 357 a

S

S-R association 45 a
S-R theory 45 a
S-S association 45 b

sedge-fly 395 b
seed dispersal 241 b
segregation 283 b
segregation distortion 504 a
selection 217 a
selection by consequences 161 b
selection differential 218 a
selection gradient 312 a
selection pressure 217 b
selective association 312 b
selective attention 350 a
selective copulation 262 a
selective serotonin reuptake inhibitor 312 a
self-consciousness 214 a
self-control 213 a
self-control choice 213 b
self-directed behavior 212 a
self-directed displacement behavior 212 b
self-grooming 212 b
self-injurious behavior 215 a
self-organization 213 b
self recognition 214 a
self reinforcement 212 a
self rubbing 545 b
self-sacrifice 553 b
self-shadow 69 a
selfing 126 b
selfish 225 b
selfish behavior 551 a
selfish gene 550 b
selfish genetic element 550 b
selfish-herd hypothesis 551 a
selfish prey 551 b
selfish punishment 259 b
selfishness 551 a
SEM (structural equation model) 161 b
semantic memory 32 b
semantic rules 377 b
semelparity 22 b
semialtricial 553 a
semicircular canal 434 b
semisocial 322 b
semisocial route 322 b
senescence 567 a
sense of balance 479 a
sense of equilibrium 479 a
sensitive period 93 a
sensitization 42 b
sensorimotor learning phase 89 a
sensory adaptation 89 b
sensory bias 90 b
sensory cortex 90 a
sensory drive 90 b
sensory exploitation 90 b
sensory hair 90 b
sensory learning phase 89 a
sensory preconditioning 93 b
sensory reception 89 b
sensory receptor 89 b

sensory reinforcement **90** a
sensory trap **90** b
sentinel behavior **495** a
separation **229** b
separation anxiety **477** b
separation call **494** b
septum **331** b
sequential assessment model **210** a
sequential hermaphrodite **239** b
serial discrimination reversal **565** b
serial learning **147** a
serial order learning **147** a
serial position curve **147** a
serial position effect **147** a
serial probe recognition task **147** b
serotonin **306** b
service animal **64** b
service dog **64** b
session **304** b
SET (scalar expectancy theory) **278** a
sex allocation ratio **299** b
sex change **297** a
sex determination **286** b
sex difference **287** b
sex hormone **302** a
sex-limited inheritance **155** a
sex-limited trait **155** a
sex linkage **303** a
sex-linked inheritance **303** a
sex pheromone **299** b
sex ratio **299** a
sex ratio compensation **458** b
sex ratio regulation **458** a
sex-related aggression **286** a
sex role **302** b
sex-role reversal **303** a
sex role reversal in parental care
  179 b
sex-specific gene expression **297** b
sex stereotyping **291** a
sex steroid hormone **302** a
sexual antagonism **296** a
sexual behavior **287** a
sexual cannibalism **296** a
sexual conflict **296** a
sexual differentiation **301** b
sexual dimorphism **296** b
sexual display **362** a
sexual harassment **297** a
sexual imprinting **295** b
sexual isolation **295** a
sexual jealousy **219** b
sexual maturity **291** a
sexual motivation **296** a
sexual orientation **295** b
sexual ornament **295** a
sexual parasitism **573** a
sexual receptivity **295** b
sexual reproduction **535** b
sexual selection **292** a
sexually antagonistic coevolution
  345 b

sexually antagonistic selection **296** a
sexually dimorphic nucleus **287** b
sexually selected infanticide **174** a
sexually-selected sperm hypothesis
  292 b
sexy son hypothesis **303** a
sexy sperm **292** b
sexy-sperm hypothesis **292** b
shading **55** a
shaping **443** b
shelf **243** a
shell-disposal behavior **546** a
shelter **74** b
shoaling **523** b
short-range interaction **123** b
short-term memory **342** b
shrew **284** a
shuttle box **234** b
siblicide **119** a
sibling conflict **119** a
sibling species **223** a
side way **535** b
Sidman avoidance **221** a
sign **98** b
sign language **499** a
sign stimulus **71** a
sign tracking **192** b
sign vehicle **98** b
signal **269** a
signal detection analysis **269** a
signal detection theory **269** a
signal interceptor **271** a
signal-to-noise ratio **269** b
signal transduction **89** b
signal transfer **180** b
signaled avoidance **270** b
signaled shock procedure **270** b
signalling trait **269** a
signature whistle **490** a
significance level **375** b
significant difference **533** a
silent bared-teeth display **133** b
silkworm moth **62** b
silverback **181** b
silvervine **506** b
simple graph **132** b
simple rules of thumb **343** a
simple schedule **301** b
simple weighted sum **149** a
simultaneous conditioning **378** b
simultaneous discrimination procedure
  379 b
simultaneous hermaphrodite **239** a
simultaneous matching-to-sample
  306 a
single nucleotide polymorphism **31** a
single-subject design **342** a
single unit **83** a
sister group **473** b
sister species **223** a
sit-and-wait predator **506** b
six degrees of separation **568** a

size-advantage model **297** a
skein **457** a
Skinner box **57** b
slavery **399** b
sleep **277** a
slow wave sleep **277** b
small toy dog **172** b
small-world network **232** a
smell **405** a
smile **576** a
snapping **86** b
sneaker **196** a
sneaking male **196** a
SNP (single nucleotide polymorphism)
  31 a
SNR (signal-to-noise ratio) **269** b
social affiliation **230** a
social anxiety **232** b
social anxiety disorder **233** a
social approach-avoidance test **233** a
social behavior **225** b
social bonding **102** a
social brain **232** b
social brain hypothesis **232** b
social buffering **224** b
social conflict **228** a
social context **231** b
social Darwinism **228** a
social defeat **231** a
social deprivation **229** b
social evolution **226** a
social exchange **173** a
social facilitation **230** b
social foraging theory **189** b
social grooming **229** b
social group **226** a
social inertia **228** b
social information **230** a
social inhibition **231** b
social insect **227** a
social intelligence hypothesis **232** b
social interaction **225** b, **230** b
social interaction test **233** a
social isolation **229** b
social learning **228** a
social loafing **231** b
social mimicry **229** a
social motivation **231** a
social motive **231** a
social network analysis **232** a
social network theory **232** a
social organization **225** a
social parasitism **225** a
social physiology **227** b
social psychology **226** b
social reinforcement **229** a
social selection **227** b
social signal **226** a
social status **230** b
social stomach **512** a
social stress **230** a
social structure **225** b

欧文索引

social system 225 a
social transmission 473 b
sociality **226** b
socialization **224** a
socialization period **224** b
society **224** a
sociobiology **227** a
sociobiology controversy **227** b
sociogram **324** a
sociomatrix 324 a
sociophysiology **227** b
sodefrin 299 b
soft selection 138 b
solar compass **332** b
soldier caste 574 a
soldier sperm **480** b
solitary phase **321** a
solo howl 389 a
somatic sense **330** a
somatostatin **325** b
somatotopy 379 a
song **39** b, **193** a
song learning **193** b
song nuclei **40** a
song system **40** a
songbird 521 a
sonogram **324** b
soul of beast **387** b
sound communication 61 b
sound localization **60** b
sound spectrogram **324** b
sound transmission **61** b
sparse coding 415 a
sparse coding hypothesis 268 b
spatial learning **128** a
spatial memory **128** a
spawning **492** b, **493** a
spawning arena **562** b
spawning behavior **199** b
specialist **283** a
speciation **244** b
species **234** b
species concept **240** b
species recognition **244** a
species selection **242** b
species-specific defense reaction 243 a
speech sound **153** a
sperm ampulla **302** a
sperm competition **288** b
sperm displacement **289** a
sperm precedence **289** b
sperm release **492** b
sperm replenishment polyandry 438 b
spermatophore **302** a
sphragis 170 b
spider **131** a
spike **83** a
spinal reflex **436** a
spinal reflex arch **436** a
spiteful behavior **20** b
splicing **34** b

spontaneous activity **82** b
spontaneous blink **248** b
spontaneous ovulation animal 423 a
spontaneous recovery **222** b
spontaneous smiling **576** b
sporting dog 246 a
spray marking 505 b
spring tail **396** a
squid **16** b
SQUID (superconducting quantum interference device) 415 a
SS selection 254 b
SSDR (species-specific defense reaction) **243** a
SSRI (selective serotonin reuptake inhibitor) **312** a
stabilizing selection 218 a
stable isotope analysis **14** b
Stackelberg equilibrium 403 a
stalking 297 a
Star Logo **281** b
startle reflex 113 a
startle response **113** a
state-dependent learning **253** a
state diagram 253 a
state notation system **253** a
state value **80** a
statistic 375 a
statistical power **376** b
statistical test **374** a
statistics **276** a
status-dependent selection **345** a
steady-state behavior 362 a
stellar compass **288** a
stem mother **95** a
stereotyped behavior **254** a
stereotyped response **361** b
stereotypy **254** a
sterile caste **466** a
sterility **466** a
sternal recumbent **52** a
steroid hormone **282** a
stickleback **394** a
stigmergy **281** b
stimulus **207** b
stimulus class **207** b
stimulus control **208** a
stimulus discrimination learning **488** a
stimulus enhancement 228 a
stimulus equivalence **209** a
stimulus generalization **209** a
stimulus-induced aggression 84 b
stimulus-response association 45 a
stimulus-response habit 45 b
stimulus-response theory 45 a
stimulus sampling theory **208** a, 208 a
stimulus-stimulus association 45 b
stimulus substitution model **208** b
sting **392** a
sting sheath 392 a
stinger **392** a
STM (short-term memory) **342** b

stochastic behavior 166 b
stochasticity **74** b
stock 145 a
stomatogastric ganglion **156** a
stotting **395** b
strain **145** a
strange situation procedure 1 b
strategic ejaculation **233** a
strategy **164** b, **493** b
strength of weak ties **542** a
strepsirrhine 561 a
stress **282** a
stress-coping model **282** a
stress response **282** a
stressor 282 a
striatum 331 b
strong AI **270** a
strong AL **270** a
structural coloration **161** a
structural equation model **161** b
stump 243 a
stylet **392** a
subcaste 77 b
subesophageal ganglion **185** b
subitizing **77** a
subordinate **562** a
subpallium 331 a, 331 b
subpopulation **138** a
subprecocial **553** a
subsocial 271
subsocial route **3** b
subsociality **3** a
subsong **197** a
substance dualism **174** a
substantia nigra **331** a
substractive color mixing **184** b
succession **73** b
successive approximation **348** b
successive delayed matching-to-sample **143** a
successive discrimination **144** a
successive discrimination procedure **144** a
successive negative contrast effect **542** a
sucking nectar **112** b
sucking pen-mates **515** b
sudden onset aggression **392** a
suicidally exploding ant **222** a
sulcus **581** a
sun compass **332** b
super imposition **538** b
superconducting quantum interference device 415 a
superior colliculus **203** a
supernormal stimulus **354** b
superorganism **354** a
superparasitism **71** b
superstitious behavior **521** b
supplementary reproductive **338** b
supraesophageal ganglion **185** b
surrogate mother **333** a

survivorship 303 b
survivorship curve 293 a
suspended animation 75 b
suspension feeder 568 a
swarm intelligence 138 b
swarm robotics 140 a
swarming 139 a, 476 b
swarming cluster 477 a
swarming luminescence 239 a
sweet potato washing 473 b
switching rate 443 b
syllable 260 b
symbiont 118 a
symbiosis 117 b
symbol 253 b
symbol grounding 270 a
symbolic matching-to-sample 201 b
sympathetic nervous system 157 a
sympatric speciation 245 a
sympatry 380 a
symplesiomorphic character 123 a
symplesiomorphy 324 b
synapomorphic character 123 a
synapse 221 b
synaptic efficacy 353 b
synaptic plasticity 49 a
synaptic transmission 323 b
synchronization 383 a
synchronization phenomena 383 a
synchronized flashing 239 a
synchronous flashing 239 a
synesthesia 116 a
synfire chain 415 a
synomone 222 a
syntax 154 a, 377 b
syntax rules 377 b
syntopic 380 a
syrinx 521 a
system neuroscience 410 b
systematic desensitization 146 b
systematics 477 b

T

T maze 522 a
TAAR (trace amine-associated receptor) 461 a
tabula rasa 340 a
tactic 165 a
tactical deception 310 b
tail chasing 54 a
tail flip 216 a
tail rattle 535 b
tail wagging 56 b
tailorbird 191 b
taming 248 a
tand. 565 b
tandem 343 b
tandem flight 343 b
tandem recruitment 371 b

tandem running 344 a
tandem schedule 565 b
tandem walking 344 a
target 523 a
target character 523 a
task 367 b
taste 510 b
taste aversion learning 511 a
taste bud 510 b
taste sense 510 b
taxis 318 b
taxon 477 b
taxonomy 477 b
TCI (temperament and character inventory) 265 b
teaching 117 b
telencephalon 331 b
teleology 526 b
temperament 100 a
temperament and character inventory 265 b
temperature-dependent sex-determination 91 b
template 17 a
temporal caste 77 b
temporal conditioning 204 b
temporal difference method 113 a
temporal discounting 347 a
temporal discrimination 205 a
temporal polyethism 165 b
temporal social parasitism 22 a
terminal behavior 238 b
terminal link 482 b
termite 261 b
terrestrial slug 349 b
territorial aggression 404 b
territoriality 403 b
territory 403 b
test statistic 374 a
testis 293 a
testosterone 367 a
tetanic stimulation 353 b
tetanus 353 b
tetrahydrocannabinol 95 a
thanatosis 99 a
Thatcher illusion 195 b
the Baldwin effect 502 b
the evolutionary synthesis 263 a
the Hamilton-Zuk hypothesis of sexual selection 433 a
The IAHAIO Prague Declaration 468 b
The IAHAIO Rio Declaration 468 b
the modern synthesis 263 a
the principle of parsimony 305 a
the principles and parameters theory 153 a
the 3Rs for animal experimentation 512 b
the tragedy of the commons 122 b
thelytoky 341 b
theory of mind 174 b

theory of reinforcement of reproductive isolation 290 a
theory of systems and control 286 a
therapeutic riding 255 a
therapy 305 b
thermoregulatory behavior 164 b
thermotaxis 318 b
thirst 88 b
thoracic ganglion 185 b
threat 17 a
threat behavior 17 a
threat display 55 b
three-phase shiftingbalance theory 544 a
three-term contingency (of reinforcement) 198 b
threshold 17 b
threshold potential 17 b
threshold stimulus 17 b
threshold value 17 b
thyroid hormone 160 b
tick 339 b
time allocation 205 a
time budget 205 a
time schedule 204 b
timeout 332 a
timing 143 a
Tinbergen's four questions 363 b
tip 144 b
tired 455 a
tit for tat 220 b
titration schedule 367 a
TMS (transcranial magnetic stimulation) 145 b
TO (timeout) 332 a
toad 448 b
token reinforcer 393 b
tolerance 329 b
tonic response 89 b
tool manufacture 373 a
tool use 373 b
torphallaxis 43 a
totipotency 192 b
toxin 392 b
trace amine-associated receptor 461 a
trace conditioning 185 a
track 459 b
trade-off 399 b
Trafalgar effect 397 b
trail pheromone 511 b
training · 139 a, 248 a
training device 139 b
trait 452 b
trait group selection model 138 a
transactional theory 438 a
transcranial magnetic stimulation 145 b
transcription 361 a
transfer of learning 73 a
transfer of training 139 a
transfer RNA 10 b
transgenic mouse 26 b
transition period 18 b

transitivity 132 a
translation 503 b
transmission 370 a
transposable element 550 b
transposition 22 a
transposon 550 b
transsexualism 297 b
trauma 272 b
traumatic insemination 447 b
TRC (truly random control) 273 a
trenching 400 a
trial 211 a
trial-and-error learning 211 a
trial-spacing effect 474 b
trichotillomania 429 a
tritocerebrum 185 b
triune brain 199 a
Trivers-Willard's theory 398 b
tRNA (transfer RNA) 10 b
troop 520 a
trophic cascade 42 b
trophic egg 43 a
trophic level 258 a
trophic position 258 a
tropism 161 a
true imitation 228 a
true navigation 403 b
true parasite 496 b
truly random control 273 a
TSD (temperature-dependent sex-determination) 91 b
tufted capuchin monkey 464 a
tug-of-war model 438 a
Turing pattern 426 a
tutor 89 a
two-factor theory 408 b
two-fold cost of sex 299 a
two-process theory 408 b
two-spotted cricket 465 a
tychoparthenogenesis 341 b
tympanal organ 180 a
Type I error 376 b
Type II error 376 b

U

UCR (unconditional reflex, unconditioned reflex) 519 b
UCS (unconditional stimulus, unconditioned stimulus) 519 b
ultimate cause 111 a
ultimate factor 111 a
ultimatum game 188 a
ultrasound vocalization 352 b
ultraviolet light 203 b
ultraviolet receptor 203 b
ultraviolet sensitivity 203 b
umbrella species 498 b
Umwelt 41 a
uncertainty 552 b

unconditional reflex 519 b
unconditional response 519 b
unconditional stimulus 519 b
unconditioned reflex 519 b
unconditioned reinforcer 519 a
unconditioned responding 519 b
unconditioned response 519 b
unconditioned stimulus 519 b
undermatching 76 a
undirected song 193 b
unequal recombination 29 a
unicoloniality 534 b
unihemisheric sleep 98 a
unilateral spatial neglect 440 a
unintended receiver 271 a
uniparental care 79 b
unit of selection 329 b
unit price 175 b
unitary discharge 83 a
universal feeder 112 a
universal grammar 467 b
UR (unconditional reflex, unconditioned reflex) 519 b
urban bird 394 b
urination 422 b
urine marking 505 b
urticating hair 390 b
US (unconditional stimulus, unconditioned stimulus) 519 b
US (undirected song) 193 b
use and disuse theory 545 b
utility 171 b
utility maximizing theory 171 b
utilization behavior 556 a
utricle 216 a
UV (ultraviolet light) 203 b
UV sense 203 b
UV sensitivity 203 b

V

V-shaped flight formation 457 a
vacuum activity 266 a
vagina 290 b
value 80 a
value function 80 a
variable-interval schedule 486 b
variable-ratio schedule 487 a
variable-time schedule 487 a
variety 455 b
vasopressin 425 a
vegetative propagation 43 a
vegetative reproduction 43 a
vein-cutting 400 a
venom-conducting fang 389 b
venomous spine 390 a
venomous sting 390 a
ventral tegmental area 331 a, 492 a
ventromedial nucleus of hypothalamus 258 b

vertex 132 a
vertical transmission 473 b
vestibula 401 b
VI (variable-interval schedule) 486 b
viability 536 b
vicarious conditioning 333 a
vicarious extinction 333 a
vicarious species 223 a
vigilance 515 a
vigilance cost 515 a
virgin reproduction 341 b
virilization 535 a
vision 90 a
visual cell 214 a
visual field 223 b
visual illusion 194 b
visual inspection 442 a
visual pigment 222 b
visual purple 570 b
visual search 204 b
vitalism 286 b
viviparity 330 a
VMH (ventromedial nucleus of hypothalamus) 258 b
VNO (vomeronasal organ) 259 b
vocal behavior 427 b
vocal cords 293 b
vocal folds 293 b
vocal learning 427 b
vocalization 427 a
voice print 324 b
voluntary blink 248 b
vomeronasal organ 259 b
vomeronasal receptor 461 a
vomeronasal system 260 a
vomit 53 b
vowel 153 b
VR (variable-ratio schedule) 487 a
VR (vomeronasal receptor) 461 a
VT (variable-time schedule) 487 a
VTA (ventral tegmental area) 492 a
VU (vulnerable) 305 a
vulnerable 305 a
vulva 290 b

W

waggle dance 513 b
Wallace effect 290 a
wandering bird 454 a
war of attrition 207 a
warm-blooded animal 156 b
warm-seeking behavior 164 b
warm-up 38 a
warning call 141 a
warning coloration 142 a
warning signal 141 a, 142 a
warning stimulus 141 b
wasp 426 a
water consumption 33 b

water intake 33 b
water pollination 85 b
weak AI 270 a
weak AL 270 a
weakly electric fish **233** a
weaning **554** a
web 6 b
web cleaning behavior **7** a
Weber's-Fechner's law 17 b
Weber's law 17 b
wedge flight formation 457 a
Wernicke's area 415 b
Westermarck effect **38** a
WGTA (the 3Rs for animal experimentation) **512** b
WGTA (Wisconsin General Test Apparatus) **36** a
what-is-it reflex 360 a
wheel running **575** b
whistle **490** a
white ant **261** b
white matter 331 b
wild type 395 a

Wildlife Protection and Hunting Act **354** a
win-shift lose-stay 430 b
win-stay lose-shift 430 b
wind pollination 85 b
winner-loser effect **80** b
wintering **47** a
Wisconsin General Test Apparatus **36** a
withdrawal symptom **553** b
within-compound association **539** b
within-event learning 539 b
within-session change 38 b
within-subject comparison 342 a
within-subject design 342 a
WOA (war of attrition) **207** a
wolbachia **502** b
wolf **54** b
worker **573** b
worker caste 573 b
worker policing **574** a
working animal **202** a
working memory **194** a

Wright-Fisher model 30 b
WSLS 430 b

Y, Z

Y-shaped cardboard bridge experiment **573** b
yawning **2** b
yoked boxes 563 b
yoked-control procedure **563** b
yoked schedule **563** b
zebra finch **126** a
zebrafish **305** a
zero-delay procedure **306** a
zero-sum game **306** b
Zipf law 482 b
zona reaction 242 a
zoo **385** a
zoophily 85 b

人 名 索 引*

A

Adamson, J.　586 t
Adrian, E.D.　584 t
Ainslie, G.　43 b, 347 a, 590 t
Ainsworth, M.　1 b
Albert, R.　433 b
Alcock, J.　587 t
Alexander, R.D.　**12** a, 60 a, 588 t, 589 t
Allee, W.C.　9 b
Allen, J.A.　12 b
Allison, J.　587 t
Amdam, G.V.　437 b
Angell, J.R.　575 a
Aoki, S.(青木重幸)　6 a, 588 t
Aristoteles　582 t
Asch, S.　382 b
Aserinski, E.　585 t
Axel, R.　110 b, 590 t
Axelrod, R.M.　173 b, 220 a, 588 t

B

Baker, R.R.　480 b, 588 t, 589 t
Baldwin, J.M.　502 b
Bales, R.F.　230 b
Bandura, A.　92 b
Barabási, A.-L.　232 a, 281 a, 433 b
Barkow, J.H.　589 t
Bates, H.W.　38 b, 481 a
Bateson, P.　111 a, 207 b, 363 b, 589 t
Bateson, W.　26 a
Bellis, M.A.　480 b
Bénard, H.　484 a
Beni, G.　138 b
Benzer, S.　97 a, 589 t
Berger, H.　584 t
Bernard, C.　286 b
Bliss, T.　353 b, 587 t
Bolles, R.C.　73 a
Bonner, J.T.　286 a
Bowlby, J.　1 b, 585 t
Brambell, R.　23 b
Breland　73 a
Breland, K.　586 t
Breland, M.　586 t
Broca, P.　582 t
Brothers, L.　232 b
Brown, W.L.　143 b
Bruce, H.M.　469 a, 586 t
Brunswik, E.　294 a

Buck, L.B.　110 b, 590 t
Bucy, P.　133 b
Buffon, G.-L.　582 t
Bullock, T.H.　**471** a
Burch, R.L.　512 b
Burley, N.　197 b
Burt, A.　398 a, 590 t
Buss, D.　589 t
Butenandt, A.F.J.　299 b, 584 t, 586 t
Byrne, R.　310 b, 589 t, 590 t

C

Cajal → Ramón y Cajal
Cannon, W.B.　500 b, 584 t
Caro, T.M.　117 a
Carson, R.　586 t
Charnov, E.L.　136 a, 190 b, 370 b, 587 t
Chenny, D.　509 a
Chomsky, A.N.　291 b, **356** b, 467 b, 585 t, 586 t
Clayton, N.　48 a
Condillac, E.　582 t
Cook, R.G.　65 b
Cope, E.D.　264 b
Cosmides, L.　589 t
Cott, H.B.　585 t
Crespi, B.　271 b
Crick, F.H.C.　26 a, 585 t, 586 t
Cuvier, G.　582 t

D

Daly, M.　589 t
Dart, R.　584 t
Darwin, C.R.　101 b, 117 b, 228 a, 237 b, 263 a, 264 a, 292 a, **335** a, 386 b, 463 a, 481 a, 582 t, 583 t
Darwin, E.　582 t
Davies, N.B.　136 a, 310 a, **362** b, 588 t
Dawkins, R.　50 b, 184 b, 363 b, **389** a, 516 a, 550 b, 587〜590 t
Dawley, R.W.　545 a
Deecke, L.　41 b
Deisseroth, K.　448 a
Descartes, R.　340 b, 386 a, 582 t
Dethier, V.G.　586 t
Dewey, J.　575 a
Dewsbury, D.A.　587 t
Diamond, J.　589 t, 590 t
Dickinson, A.　48 a

Dobzhansky, T.G.　263 b, 584 t
Donaldson, H.H.　545 a
Driesch, H.　286 b
Dubois, E.　583 t
Dunbar, R.　232 b
de L.Mettrie, J.O.　582 t
de Queiroz, A.　146 b
de Saussure, F.　153 a
de Vries, H.　395 a, 583 t
de Waal, F.　116 a, 564 a, 588 t

E

Eccles, J.C.　541 a
Ehrlich, A.H.　588 t
Ehrlich, P.R.　117 b, 587〜589 t
Eibl-Eibesfeldt, I.　587 t
Eimer, T.　264 b, 583 t
Eldredge, N.　**49** b, 242 b, 329 b, 343 a, 365 a, 587 t
Elton, C.S.　406 b, 584 t, 585 t
Emery, C.　48 b
Emlen, S.　288 a
Epstein, R.　445 b
Erdös, P.　49 b, 547 b
Estes, W.K.　208 a
Evans, H.M.　545 a
Eward, P.W.　263 a
Ewert, J.P.　203 a, 298 t, 587 t

F

Fabre, J.-H.C.　299 b, 386 b, 583 t
Fagan, R.　588 t
Fantz, R.L.　247 a
Felsenstein, J.　393 b
Ferster, C.B.　279 a
Festinger, L.　411 a
Fetterman, J.　165 b
Fick, A.E.　457 b
Fisher, R.A.　237 b, 263 b, 264 b, 271 a, 436 b, **458** a, 501 b, 544 a, 548 b, 584 t
Flourens, M.　583 t
Ford, E.B.　263 b
Fossey, D.　588 t
Fox, R.　587 t
Franks, N.R.　227 b
Freud, S.　327 b
Frisch → von Frisch
Fromm, E.S.　419 a
Fuller, J.L.　281 b

＊ 姓で配列し, アルファベット順とした. 数字はページを示し, a は左段, b は右段, t は付録年表中にあることを示す.

626　人名索引

G

Gallistel, C.R.　69 b
Galton, F.　583 t
Garcia, J.　511 a, 585 t
Gardner　154 a
Gardner, B.T.　586 t
Gardner, R.A.　586 t
Gause, G.F.　69 a, 584 t
Gelman, R.　69 b
Gesner, C.　582 t
Gibbon, J.　278 a
Giraldeau, L.-A.　288 t
Gloger, C.W.L.　136 b
Golgi, C.　84 a, 583 t
Goodall, J.　**130** b, 586 t, 587 t, 589 t
Gould, S.J.　**134** b, 242 b, 314 a, 329 b, 343 a, 364 b, 365 a, 587 t, 588 t
Grafen, A.　432 a, 440 b
Granit, R.　586 t
Granovetter, M.　542 a
Grant, P.　556 b
Grassé, P.-P.　281 b
Greenberg, G.　590 t
Griffin, D.R.　101 b, 586 t, 588 t, 589 t
Grime, J.P.　285 b
Grinnell, J.　406 b
Guhl, A.M.　228 b
Guthrie, E.R.　304 a, 584 t

H

Haeckel, E.H.　264 b, 427 a, 583 t
Haken, H.　213 b
Haldane, J.B.S.　237 b, 263 b, **501** b, 544 b, 584 t
Hall, E.　586 t
Hall, G.　467 a
Hamilton, W.D.　148 b, 150 a, 173 b, **431** b, 433 a, 490 b, 514 a, 542 b, 551 a, 586 t, 588 t, 589 t
Haraway, M.H.　590 t
Hardin, G.　122 b, 587 t
Hardy, G.H.　583 t
Hare, H.　490 b, 542 b
Harlow, H.F.　36 a, 67 a, 72 b, 229 b, 333 a, **433** b, 494 b, 585 t, 587 t
Harris-Warrick, R.M.　256 b
Hartline, H.K.　324 a, 586 t
Hasegawa, M. (長谷川眞理子)　590 t
Hasegawa, T. (長谷川寿一)　590 t
Hatakeyama, H. (畠山久重)　584 t
Hauser, M.D.　117 a
Hayes, H.　153 b
Hayes, C.　585 t
Hebb, D.O.　84 b, **483** b, 585 t
Heiligenberg, W.F.　**423** b
Heinrich, B.　588 t, 589 t
Heinroth, K.　584 t
Heinroth, O.　386 b, 503 b, 583 t, 584 t
Hennig, W.　123 a

Herman, L.M.　154 a
Herrnstein, R.J.　65 b, 157 a, **439** a, 586 t, 590 t
Hertz, M.　584 t
Hess, E.　585 t
Hidaka, T. (日高敏隆)　**450** b, 587 t
Hinde, R.A.　130 b, **423** b, 586 t
Hobbs, T.　582 t
Hodgkin, A.L.　541 a
Holland, H.　345 a
Holland, P.C.　432 b
Hölldobler, B.　37 a
Holling, C.S.　128 b
Honjo I. (本城市次郎)　585 t
Horridge, A.　471 b
Hubel, D.H.　95 b, **452** a, 586 t, 588 t, 589 t
Hull, C.L.　73 b, 304 a, 399 a, **433** b, 585 t
Hume, D.　564 b, 582 t
Humphrey, N.　232 b
Humphreys, L.G.　467 b
Hursh, S.R.　113 b, 245 a
Hutchinson, G.E.　406 b
Huxley, A.F.　541 a
Huxley, J.　131 b, 263 b, 386 b, 412 a, 585 t
Huxley, T.H.　198 b, 501 b, 526 a, 583 t

I, J

Imanishi, K. (今西錦司)　**32** b, 408 a, 585 t
Itani, J. (伊谷純一郎)　585 t, 586 t
Ito, Y. (伊藤嘉昭)　285 a, 586 t, 589 t
Iwahashi, O. (岩橋 統)　589 t

Jacobson, L.　259 b
James, W.　325 b, 583 t
Jeffress, L.A.　345 b
Jenner, E.　81 b
Jennings, H.P.　583 t
Jerison, H.J.　587 t
Johannsen, W.　26 a
Johansson, G.　300 b
Johnson, V.E.　586 t
Johnston, C.　260 b

K

Kahneman, D.　**83** b, 471 a, 587 t, 588 t, 590 t
Kamin, L.　471 a
Kaminski, J.　590 t
Kandel, E.R.　7 b, 48 b, 590 t
Karlson, P.　460 b
Kasuya, E. (粕谷英一)　589 t
Katz, D.　584 t
Kawai, M. (河合雅雄)　586 t
Kawamura, T. (川村多実二)　585 t
Kettlewell, H.B.D.　157 b
Killeen, P.　165 b

Kimura, M. (木村資生)　**107** b, 587 t, 588 t
Kinsey, A.C.　585 t
Kleitman, N.　585 t
Klüver, H.　133 b
Knight, F.H.　552 b
Koelling, R.A.　585 t
Koffka, K.　152 a
Köhler, W.　22 b, **152** a, 349 a, 377 b, 509 b, 529 b, 583 t, 584 t
Konishi, M. (小西正一)　17 b, 61 a, **178** b, 298 b, 586 t, 588 t, 589 t
Konopka, R.　97 a
Kornhuber, H.　41 b
Kramer, G.　332 b
Krebs, J.R.　**136** a, 362 b, 588 t, 589 t
Kühn, A.　584 t
Kuroda, A. (黒田 亮)　**136** b, 584 t
Kuwabara, M. (桑原万寿太郎)　586 t
Kuwamura, T. (桑村哲生)　590 t

L

Lack, D.L.　335 b, 363 b, **544** b, 585 t, 587 t
Lamarck, J.B.　262 b, 545 b, 582 t
Langton, C.G.　270 a
Lashley, K.S.　355 a, 379 a, 584 t
Le Doux, J.　487 a
Leakey, L.S.B.　130 b
Leakey, R.　588 t
Lefebure, L.　288 a
Levins, R.　524 a
Lewin, K.　82 a
Lewin, R.　588 t
Lewontin, R.C.　364 b
Leyhausen, P.　588 t
Lhermitte, F.　556 a
Locke, J.　340 b, 564 b, 582 t
Loeb, J.　161 a, 575 a, 583 t
Łomnicki, A.　397 b
Lømo, T.　353 b, 587 t
Long, J.A.　545 a
Lorenz, K.Z.　59 a, 158 b, 354 b, 368 b, 386 b, 418 b, 423 b, 503 b, **571** a, 584 t〜588 t
Loveland, D.H.　66 a
Luisi, L.　56 a
Lüscher, M.　460 b

M

MacArthur, R.H.　11 a, 36 b, 586 t
MacDonald, J.　505 a
MacLean, P.　174 a, 199 a, 485 t, 587 t
Maeterlinck, M.　583 t
Maier, S.F.　586 t
Majerus, M.E.N.　157 b
Malthus, T.R.　38 b, 401 b, 582 t
Mantell, G.　582 t
Marler, P.R.　17 b, **509** a
Martin, P.　111 a, 207 b, 589 t

人　名　索　引　　627

Masataka, N.（正高信男）　589 t
Maslow, A.H.　434 a
Masters, W.H.　586 t
Masuda, K.（増田惟茂）　**506** a
Matsuzawa, T.（松沢哲郎）　154 a, 588 t, 589 t
Maturana, H.R.　56 a
May, R.　70 a, 569 b
Maynard Smith, J.　151 b, 264 b, 310 a, 336 a, 502 a, **522** a, 587 t, 588 t, 590 t
Mayr, E.　33 b, 74 a, 240 b, 263 b, 300 a, 501 b, 544 b, 590 t
Mazur, J.E.　194 a
McClintock, B.　550 b
McDougall, W.　583 t
McGrew, W.C.　589 t
McGurk, H.　505 a
Mendel, G.J.　25 b, 26 a, 31 a, 237 b, 525 a, 583 t
Michener, C.D.　3 b, 227 a, 271 b, 322 b
Miklósi, A.　590 t
Milgram, S.　517 b, 568 a
Miller, N.E.　419 b
Miller, R.R.　186 b, 304 a
Miller, R.S.　255 a
Milner, B.　47 a
Milner, P.　492 a, 585 t
Minnich, D.E.　475 a
Mithen, S.　589 t
Mittelstaedt, H.　585 t
Molisch, H.　12 a
Money, J.　297 b
Monod, J.　587 t
Moran, N.　12 a
Morgan, C.L.　305 a, **526** a, 583 t
Morgan, T.H.　26 a, 584 t
Morgenstern, O.　151 b
Morishita, M.（森下正明）　586 t
Morris, D.　363 b, 586 t, 588 t
Motokawa, T.（本川達雄）　589 t
Mowrer, O.H.　22 b, 408 b
Müller, F.　516 b
Muller, H.J.　502 a
Müller, J.　582 t

Okanoya, K.（岡ノ谷一夫）　590 t
O'Keefe, J.　424 b
Olds, J.　492 a, 585 t
Olton, D.　491 b
Oparin, A.I.　584 t
Orians, G.H.　462 a
Owen, R.　5 b

P

Papez, J.　485 b
Parker, A.　590 t
Parker, G.A.　207 a, 210 a, 233 b, 288 b, 587 t
Pasteur, L.　582 t
Patterson, F.　154 a
Pauling, L.　475 a
Pavlov, I.P.　178 a, 249 a, 250 a, 252 a, 288 a, 339 b, 360 a, **430** b, 431 a, 503 a, 564 a, 583 t, 584 t
Pearce, J.M.　467 a, 589 t
Pearl, R.　569 a
Pearson, E.　374 a, 458 a
Pearson, K.　583 t
Peckham　159 a
Pei, W.（斐 文中）　584 t
Peirce, C.S.　98 b, 253 b
Penfield, W.　586 t
Pepperberg, I.M.　154 a, 588 t, 590 t
Pfungst, O.　219 a
Piaget, J.　465 a, 584 t
Pianka, E.R.　587 t
Pinker, S.　589 t
Plinius　582 t
Pliskoff, S.S.　320 a
Polis, G.A.　125 b
Popper, K.R.　436 a
Portman, A.　585 t
Poulton, E.　142 a
Povinelli, D.　590 t
Premack　154 a
Premack, A.　586 t, 587 t, 590 t
Premack, D.　174 a, 587 t, **469** b, 586 t, 588 t, 590 t
Price, G.R.　264 b, 336 a, **468** a, 587 t
Prigogine, I.　198 b, 213 b

Q, R

Queller, D.C.　12 a

Rachlin, H.　43 b, 347 a
Ramón y Cajal, S.　**84** a, 583 t
Raven, P.H.　117 b
Raynolds, C.　490 a
Rényi, A.　547 b
Rescorla, R.A.　178 b, 540 a, 561 b, 587 t
Rice, W.R.　345 a
Ridley, M.　589 t
Rizzolatti, G.　589 t
Romanes, G.J.　101 b, 526 a, 583 t

Romer, A.S.　585 t
Rosenthal, R.　588 t
Rowher, S.　345 a
Rugaas, T.　87 a
Rumbaugh　154 a
Russell, W.M.S.　512 b

S

Sakagami, S.（坂上昭一）　587 t
Salloway, F.J.　242 b
Sato, M.（佐藤方哉）　587 t
Sauer, F.　288 a
Savage-Rumbaugh, E.S.　154 a, 589 t
Schaller, G.P.　586 t
Schmitt, O.　301 b
Schneirla, T.C.　387 a
Schrödinger, E.　585 t
Schultz, W.　395 b, 492 a
Scott, J.P.　**281** b, 585 t
Sears, R.R.　327 b
Sebeok, T.A.　588 t
Seeley, T.D.　227 b
Seligman, M.E.P.　72 b, 73 a, 248 a, **305** b, 586 t, 587 t
Selye, H.　282 a, 441 b
Seyfarth, R.　509 a
Sherif, M.　401 a
Sherman, P.　12 a
Sherrington, C.S.　584 t
Shettleworth, S.J.　248 b, 590 t
Shimp, C.P.　247 b
Sidman, M.　221 a
Silberberg, A.　114 a
Simon, H.A.　83 b, 588 t
Simpson, G.G.　263 b, 585 t
Singer, P.　387 a
Skinner, B.F.　57 b, 73 b, 128 b, 161 b, 167 a, 211 b, 251 b, 276 a, **279** a, 419 b, 432 b, 439 a, 521 b, 562 a, 584 t, 585 t, 587 t
Slovic, P.　588 t
Smith, A.　582 t
Smith, B.　33 a
Smith, V.L.　218 b
Snapper, A.G.　115 a, 253 a
Sober, E.　37 b
Solomon, R.L.　305 b, 320 b
Spalding, D.　59 a, 583 t
Spemann, H.　427 a
Spencer, H.　226 b, 228 a, 264 b
Sperry, R.W.　198 a, 588 t
Stanley, S.M.　242 a, 329 b
Stebbins, G.L.　263 b
Stellar, E.　586 t
Stephens, D.W.　589 t
Stubbs, D.A.　320 a
Sugiyama, Y.（杉山幸丸）　588 t
Sutton, W.S.　26 a
Suwa, G.（諏訪 元）　589 t
Sykes, S.　590 t
Szathmáry, E.　590 t

N, O

Nash, J.F.　403 a
Nathanson, D.　33 a
Neisser, U.　586 t
Nesse, R.M.　263 a, 589 t
Nevin, J.A.　168 a, 486 a
Neyman, J.　374 a
Nicholson, A.J.　397 a
Nihei, Y.（仁平義明）　589 t
Nishida, T.（西田利貞）　586～588 t
Nottebohm, F.　509 a

Ockham, W.　305 a
Odum, E.P.　585 t
Oka, N.（丘 直道）　**54** b

T

Tanaka, Y.（田中良久） 585 t
Tansley, A.G. 584 t
Terrace, H.S. 538 a, 588 t
Thompson, P. 195 b
Thorndike, E.L. 157 a, 211 a, **325** b, 530 a, 583 t
Thorpe, W.H. 228 a, **325** a, 423 b, 585 t, 586 t
Tiger, L. 587 t
Timberlake, W. 587 t
Tinbergen, L. 343 a
Tinbergen, N. 67 a, 99 b, 354 b, 361 b, **363** a, 386 b, 503 a, 546 a, 548 b, 584〜587 t
Titchener, E.B. 575 a
Tolman, E.C. 73 b, 276 a, 308 b, 317 a, **399** a, 411 a, 522 a, 584 t
Tomasello, M. 590 t
Tooby, J. 589 t
Trivers, R.L. 59 a, 60 a, 173 a, 184 b, **398** a, 431 b, 490 b, 542 b, 587 t, 588 t, 590 t
Turing, A.M. 426 a
Turkheimer, E. 162 a
Tversky, A. 83 b, 471 a, 587 t, 588 t

U, V

Ueda, K.（上田恵介） 589 t
Uexküll → von Uexküll

van Hooff, J. 133 b, 576 a
van Valen, L. 587 t
von Békésy, G. 586 t
von Fieandt, K. 136 a
von Frisch, K.R. 332 b, 386 b, **469** a, 584〜587 t
von Helmholtz, H. 582 t
von Holst, E. 585 t
von Linné, C. 272 a, 582 t
von Neumann, J. 151 b
von Uexküll, J. 41 a, 386 b, 584 t
Van Valen, L. 2 a
Varela, F. 56 a
Vavilov, N.I. 502 a
Verhulst, P.-F. 569 a

W

Waage, J. 289 a, 588 t
Waddington, C.H. 29 b, 277 b
Wagner, A.R. 561 b, 587 t
Wald, G. 586 t
Wallace, A.R. **38** b, 142 a, 412 a, 582 t, 583 t
Walls, G.L. 585 t
Walts, D.J. 232 a
Ward, P. 196 b, 255 b
Washburn, M. 583 t
Watanabe, S.（渡辺 茂） 589 t
Watson, J.D. 26 a, 585 t, 586 t
Watson, J.B. 163 b, 167 a, **575** a, 583 t, 584 t
Watts, D.J. 568 b
Weinberg, W. 583 t
Weiner, J. 589 t
Weismann, A. 264 b, 412 a
Wernicke, C. 583 t
Wertheimer, M. 152 a
West-Eberhard, M.J. 12 a, 227 b, 437 b
Westermarck, E.A. 38 a
Wheeler, W.M. 3 b, 43 a, 322 b, 386 b
Whewell, W. 37 a
White, G. 582 t
Whiten, A. 310 b, 589 t, 590 t
Wickler, W. 587 t
Wiesel, T.N. 95 b, 452 a, 586 t, 588 t
Wilkins, M.H.F. 586 t
Wilkinson, G.S. 173 b
Williams, G.C. **36** b, 137 b, 263 a, 305 a, 586 t, 589 t, 590 t
Wilson, D.S. **37** a, 138 a
Wilson, E.O. 11 a, **36** b, 42 a, 143 b, 227 a, 271 b, 419 a, 431 b, 586〜589 t
Wilson, M. 589 t
Wimberger, P.H. 146 a
Wolpe, J. 146 b
Woltereck, R. 443 a
Woodruff, G. 174 b, 588 t
Wright, R. 589 t
Wright, S.G. 237 b, 238 a, 263 b, 365 b, 501 b, **544** a, 587 t
Wundt, W.M. 163 b, 575 a, 583 t
Wynne-Edwards, V.C. 137 b, 238 b, 244 b, 586 t

Y, Z

Yamagiwa, J.（山極寿一） 589 t
Yamane, S.（山根爽一） 589 t
Yanega, D. 271 b
Yatabe, T.（矢田部達郎） 585 t
Yerkes, R.M. 386 b, **531** b, 584 t

Zahavi, A. **196** b, 255 b, 271 a, 440 b, 508 a, 587 t, 590 t
Zajonc, R.B. 230 b
Zuckerkandl, E. 475 a
Zuk, M. 433 a, 588 t

生物名索引

あ

アイベックス　283 a
アオガラ　398 b
アオサギ　119 b
アオジャコウアゲハ　481 a
アオリイカ　16 b, 328 b
アカイカ　16 b
アカウシアブ　162 a
アカウミガメ　91 b
アカエリシトド　491 a
アカゲザル　333 a, 433 b, 494 b
アカコッコ　223 b
アカシカ　55 b, 381 b, 398 b
アカネ　400 a
アカハラ　223 b
アカハライモリ　57 a, 299 b
アカヒゲ　223 b
アカマタ　186 a
アカマダラハナムグリ　398 b
アゲハ　2 b
アゲハチョウ　2 b, 205 b, 206 a
アサギマダラ　259 a
アザミウマ　227 a, 446 a, 546 b
アザラシ　98 a
アジ　383 a
アジアゾウ　315 a
アジサシ　109 a, 135 b, 367 b
アシジロヒラフシアリ　43 a
アシナガバチ　3 a
アシナシイモリ　111 b, 547 a
アズキゾウムシ　437 a
アデリーペンギン　135 b, 182 b, 419 b
アードウルフ　418 b
アナツバメ　6 a, 435 a
アナホリフクロウ　275 b
アノールトカゲ　30 a
アブラコウモリ　171 a
アブラバチ　241 a
アブラムシ　6 a, 95 a, 96 a, 137 a,
　　　146 b, 227 a, 271 a, 322 a, 341 b,
　　　453 a, 518 b, 546 b, 547 a
アブラヨタカ　6 a, 435 a
アフリカサバンナゾウ　315 a
アフリカゾウ　515 b
アフリカツメガエル　6 a
アホウドリ　130 a, 238 a
アホロートル　177 a, 539 a
アマクサアメフラシ　7 b
アマノガワテンジクダイ　197 a
アマミトゲネズミ　27 a
アミメアリ　341 b, 342 a, 558 b

アメフラシ　7 b, 565 a
アメリカアカオオカミ　54 b
アメリカアリゲーター　575 b
アメリカイソシギ　303 a
アメリカウミザリガニ　8 a, 156 a
アメリカカワトンボ　289 a, 400 a
アメリカザリガニ　8 a, 361 b
アメンボ　39 a
アユ　183 a
アライグマ　503 b
アラビアオリックス　62 b, 498 a
アラビアチメドリ　520 b
アラビアヤブチメドリ　196 b
アリ　9 a, 10 a, 96 b, 146 b, 182 b,
　　　256 a, 282 b, 322 a, 332 b, 337 a,
　　　338 b, 341 b, 344 a
アリグモ　162 a
アリゲーター　92 a
アリジゴク　506 b
アルーキバタン　54 a
アルジェリアハツカネズミ　504 b
アルゼンチンアリ　534 a
アルマジロ　465 b
アワノメイガ　341 a
アワヨトウ　14 b
アンコウ　507 a
アンブロシア甲虫　256 a, 446 a, 574 a

い

イエイヌ　16 a
イエスズメ　174 a, 345 a, 395 a
イエネコ　16 a
イエニソサザイ　174 a
イカ　16 b, 87 a, 328 b
イグアナ　328 b
イサゴムシ　395 b
イソギンチャク　131 a
イチジクコバチ　21 a, 120 a
イッカク　228 b
イトトンボ　289 a, 400 a
イトヨ　394 a, 479 b
イヌ　16 b, 57 a, 455 a
イヌ科　170 a
イヌビワコバチ　21 a
イヌワシ　119 b
イネクビボソハムシ　180 b
イモリ　57 a, 183 a
イラガ　391 a, 509 a
イリエワニ　575 b
イルカ　129 a, 381 b, 435 b, 490 a,
　　　545 b

イワカナヘビ　383 b
イワシ　383 a
イワツバメ　238 a
イワヒバリ　109 b, 340 a
インドクジャク　129 a
インドショウノガン　396 a
インドニシキヘビ　493 a
インパラ　135 a

う, え

ウ　43 a
ウグイ　183 a
ウシガエル　165 a, 203 b
ウシツツキ　317 b
ウスタレカメレオン　87 b
ウズラ　39 a, 127 a
ウタスズメ　193 b
ウタツグミ　193 b
ウデナガカクレダコ　338 a
ウマ　40 a, 316 a, 470 a
ウミウシ　71 a
ウミガラス　367 b
ウミケムシ　391 a
ウミスズメ　238 a
ウミタナゴ　547 a
ウミホタル　301 a
ウロコフウチョウ　110 a
エイ　547 a
エゴノネコアシアブラムシ　519 a
エゾアカガエル　465 b
エゾアカヤマアリ　534 a
エゾトミヨ　394 b
エナガ　192 a, 485 a, 528
エミュー　396 b
エリマキシギ　337 b, 562 b
エレファントノーズ　50 a
エンマコガネ　345 a

お

オイカワ　183 a
オウギハチドリ　296 b
オウチュウ　65 a
オウム　53 b, 384 a
オオアリクイ　283 a
オオカバマダラ　103 b, 139 a, 243 b,
　　　400 a
オオカミ　5 b, 24 b, 54 b, 57 a, 275 a,
　　　389 a, 455 b
オオガラゴ　124 a

630　生物名索引

オオグンカンドリ　416 b
オオコウモリ　171 a, 412 a
オオシモフリエダシャク　157 b
オオジャクガ　299 b
オオズアリ　77 b
オオスズメバチ　511 b
オオツチスドリ　539 b
オオツノヒツジ　381 a
オオツリスドリ　275 a, 424 a
オオナマケモノ　335 a
オオヒキガエル　448 b
オオヘビガイ　6 b
オオマルハナバチ　387 b
オオムシクイ　223 b
オオヨシキリ　337 a
オグロジカ　506 a
オコゼ　390 a
オシドリ　24 b
オーストラリアアシカ　98 a
オタマボヤ　568 a
オットセイ　25 a
オトシブミ　55 b, 540 b
オドリバエ　183 a
オニヒトデ　390 a
オポッサム　99 a
オマキザル　464 a
オマールエビ　8 a
オランウータン　60 a, 416 b, 479 a
オワンクラゲ　301 a

か

カ　84 a
カイガラムシ　96 a, 341 b, 509 a
カイコ　341 b
カイコガ　62 b, 299 b
カイチュウ　102 b
カウバード　424 a
カエル　99 a, 327 a, 383 a, 416 b, 547 a
カオグロシトド　345 a
カオマダラクサカゲロウ　180 a
カカポ　54 a
ガガンボモドキ　183 b
カグー　362 b, 485 a
カクレウオ　489 b
カクレクマノミ　131 a
カケス　9 b
カゲロウ　139 a, 341 b, 407 a
カササギ　556 a
カザリドリ　546 b
ガジュマルコバチ　21 a
ガゼル　395 b
カタツムリ　86 b, 103 a, 239 b, 327 b, 336 a, 511 a
カツオドリ　119 b
カッコウ　81 b, 327 b, 337 a, 354 b, 363 a, 549 b
カッコウナマズ　337 a
カッコウハタオリ　549 b
カッショクハイエナ　418 b
ガーデンイール　275 b

カナダガン　451 b
カナリア　67 b, 193 b
カニ　216 b, 367 b
カニクイザル　479 a
カニハゼ　275 b
カニムシ　489 b
カブトエビ　133 a
カブトガニ　324 a
カブトムシ　85 a
カマキリ　296 b
カマドウマ　243 a
カミツキガメ　92 a
カメムシ　146 b
カメレオン　87 a, 329 a
カモ　451 b
カモノハシ　27 a, 369 b
カモメ　238 a
カラ　243 a, 275 b
カラス　9 b, 87 b, 412 a
ガラパゴスウミイグアナ　157 a
ガラパゴスコバネウ　181 a
ガラパゴスフィンチ　335 b
カラフトマス　195 a
狩りバチ　183 b, 392 b, 426 b
カリフォルニアジリス　528 b
カリヤサムライコマユバチ　14 a
カルディニウム　503 a
カレドニアガラス　373 b
カレハガ　391 a
カワ　182 b
カワカマス　397 a
カワスズメ　88 b, 168 b, 229 a, 259 b, 280 b, 337 a, 366 b
カワスズメ科　562 b
カワセミ　275 b
カワトンボ　289 a, 290 b, 400 a
カワラバト　203 b, 429 a
カワラヒワ　131 b
ガン　451 b
カンガルーネズミ　34 a

き

キイクロシケアリ　511 b
キイロショウジョウバエ　29 a, 97 a, 341 b, 393 b, 421 a
キイロタマホコリカビ　201 b, 507 a, 514 b
キクイムシ　236 a
キクガシラコウモリ　98 b, 171 a
キジ　546 b
キシノウエトカゲ　216 b
キジバト　394 b
寄生バエ　103 a
寄生バチ　68 b, 103 a, 426 b, 502 b
キタオットセイ　98 a
キツツキ　243 a, 275 b, 397 b
キツツキフィンチ　335 b
キツネ　57 a, 275 b
キバハリアリ　9 a
キバラマユミソサザイ　368 a

吸虫　102 a
キョクアジサシ　103 b
キリギリス　180 a, 183 a, 302 a
キンイロジャッカル　54 b
キンカチョウ　126 a, 193 a
ギンガハゼ　275 b
キンギョ　299 b
ギンザケ　195 a

く，け

クサグモ　316 b
クジャク　129 a, 295 a, 546 b
クジラ　129 b, 367 a, 479 a, 568 a
グッピー　130 a, 179 b, 547 a
クビナガカイツブリ　109 b
クマ　275 a
クマノミ　130 b
クマムシ　133 a, 364 b
クメジマハイ　186 a
クモ　6 b, 7 a, 71 a, 131 b
クモザル　494 a
クモヒメバチ　316 b
クラゲ　303 b
クロオオアリ　117 b, 283 a
クロサバクヒタキ　110 a
クロシジミ　117 b
グンタイアリ　9 a

ケアリ　9 a
ケダニ　339 b
ケープミツバチ　342 a
ゲラダヒヒ　469 a
ゲンジボタル　239 a, 265 a, 301 a
ケンミジンコ　568 a

こ

コアジサシ　109 a
ゴイサギ　129 a
コウイカ　16 b
コウチョウ　508 b
コウテイペンギン　135 b
コウノトリ　104 b, 130 b
コウモリ　171 a, 352 b, 363 a, 435 a
コウヨウチョウ　412 a
コオロギ　31 a, 99 a, 183 a, 381 b, 383 a
ゴキブリ　547 a
コクゾウコバチ　19 b
ゴクラクチョウ　546 b
ココスフィンチ　335 b
コサメビタキ　192 a
ゴジュウカラ　275 b
コナダニ　339 b
コノハムシ　79 a
コハナバチ　182 b
コビトマングース　120 b, 505 b
コビレゴンドウ　130 b
コブシメ　328 b

生物名索引　631

コマドリ　223 b
コマユバチ　241 a
ゴミムシ　398 b
コムシクイ　223 b
コモチカナヘビ　547 a
コモリグモ　131 b, 397 b
コモンマーモセット　508 b
コヨーテ　54 b
ゴリラ　**181** b, 397 b, 479 a
コロンビアジリス　87 a
コンゴクジャク　129 a
ゴンズイ　390 a

さ

サイホウチョウ　**191** b
サギ　119 b, 182 b, 328 b
サキシマハブ　186 a
サクラマス　195 a
サケ　183 a, **195** a, 327 a
ササラダニ　339 b
サシガメ　71 a
サソリ　71 a, 526 a, 547 a
サソリモドキ　71 a
ザトウクジラ　129 b
サナエトンボ　400 b
サナダムシ　102 a, 102 b
サバクアリ　9 a, 403 b
サバクトビバッタ　**197** a
サメ　547 a
ザリガニ　**198** a, 361 b
サルパ　568 a
サンゴ　327 a
サンコウチョウ　192 a
サンショウウオ　177 a, 397 a, 547 a
サンショクツバメ　238 a

し

シオマネキ　109 b, 197 b
シカ　367 b, 396 a
ジガバチ　392 a, 548 b
シギ　383 a
シギダチョウ　396 b
シクリッド　88 b
シシバナヘビ　99 a
シジミチョウ　212 a, 337 a
シジュウカラ　164 a, **214** b, 229 a, 394 b
シジュウカラガン　515 a
シタナガフルーツコウモリ　171 a
シデムシ　337 a
ジネズミ　284 a
ジバクアリ　9 a, **222** a
シマハイエナ　418 b
シマヘビ　186 a
シマリス　66 a, 388 a
ジャイアントパンダ　314 a
シャカイハタオリドリ　120 a
シャクトリムシ　79 a

ジャコウアゲハ　392 b
ジャコウウシ　520 b
ジャコウネズミ　284 a
シャチ　130 a
ジャノメチョウ　363 a
ジュウイチ　341 a
シュウカクアリ　322 b, 392 b, 558 b
ジュウシマツ　193 a, **236** a, 261 a, 517 a
ショウジョウバエ　27 a, 290 b
ショウドウツバメ　5 b, 275 b
ジョンストンワニ　575 b
シラミ　102 a
シリアゲムシ　183 a
シロアリ　146 b, 182 b, 256 a, **261** b, 337 a, 338 b, 341 b
シロオビアゲハ　337 b
シロザケ　195 a
シロチョウ　169 b
シロチドリ　101 b, 319 a
ジンドウイカ　16 b

す～そ

スカシバ　162 a, 481 b
スカンク　71 a
スグモリモズ　71 a
スジシロモドキ　14 b
スズメ　282 b, 337 b, 394 b, 549 b
スズメバチ　71 a, 182 b, 337 b, 392 b, 426 a
スチールヘッド　195 a
スマトラオランウータン　60 a
スルメイカ　16 b, 103 b
スンクス　**284** a

セアカゴケグモ　296 b
セイウチ　98 a, 416 b
セイシェルヨシキリ　485 a
セイヨウオオマルハナバチ　273 b
セイヨウミツバチ　183 a, 412 b, 511 b, 513 a
セグロアシナガバチ　3 a
セグロカモメ　71 b
セグロジャッカル　121 a
セーシェルヨシキリ　124 a
セダカヘビ　511 b
セトウチマイマイ　239 a
ゼブラフィッシュ　**305** a
セミ　235 a

ゾウ　**315** a, 479 a, 515 b
ゾウアザラシ　120 b, 381 a
ゾウリムシ　318 b
ソードテイル　90 b

た

ダイオウイカ　16 b
タイセイヨウサケ　195 a

タイワンリス　107 a
ダーウィンフィンチ　318 b, **335** a, 480 a, 544 b
タカ　119 b
タコ　87 a, **338** a
ダチョウ　396 b
タテジマキンチャクダイ　426 a
ダテハゼ　275 b
ダニ　102 b, **339** a, 446 a, 489 b
タヌキ　202 b, 275 a, 283 b
タビネズミ　137 b
タマオシコガネ　288 a
タマシギ　23 a, 109 b
タマバエ　241 b, 518 b
タマバチ　241 b, 426 b
タマホコリカビ　227 a
タラバガニ　532 b
タランチュラ　391 a
タンチョウ　110 a, 287 a

ち～て

チーター　423 a, 497 a
チドリ　101 b
チビアシナガバチ　**349** a
チモールキンカチョウ　126 a
チャイロキツネザル　135 b
チャイロスズメバチ　337 a
チャイロタビネズミ　70 a
チャコウラナメクジ　**349** b
チャドクガ　235 b
チョウゲンボウ　203 b, 394 b
チョウショウバト　395 a
チョッキリ　55 b, 540 b
チンパンジー　133 b, 214 a, 316 a, **357** b, 373 b, 377 b, 413 b, 454 a, 473 b, 494 a, 499 b, 529 b, 564 a, 576 a

ツェツェバエ　102 b
ツカツクリ　319 a, 358 a
ツカツクリハツカネズミ　504 b
ツキノワグマ　259 a, 498 b
ツクシガモ　451 b
ツノウミセミ　422 a
ツノゼミ　96 b
ツバキシギゾウムシ　137 b
ツバメ　44 b, 139 a, 193 a, 337 b, **359** b, 394 b, 421 b
ツマグロガガンボモドキ　183 b
ツムギアリ　9 a, 319 b, 339 a, 554 b, 558 a
ツメバケイ　311 a
ツヤオオズアリ　534 a

ディンゴ　455 b
テカギイカ　16 b
テキサスハキリアリ　511 b
デグー　**367** a
テッポウエビ　256 a, 275 b, 574 a
テナガザル　24 b, 40 a, **368** a

デバネズミ　256 a, 425 b, 574 a
テリカッコウ　337 b
デンキウナギ　313 b
テンジクダイ　168 b
テントウムシ　99 a

と

トウキョウダルマガエル　35 a
トウゾクカモメ　65 a
トウヨウミツバチ　513 a
トカゲ　57 a, 216 a, 416 b, 547 a
トガリネズミ　284 a
トキソプラズマ　241 a
ドクガ　391 a, 465 a
ドクチョウ　142 a, **391** a, 516 b
トクノシマトゲネズミ　27 a
ドクフキコブラ　71 a
トゲアリ　183 a
トゲウオ　67 a, 71 a, 99 b, 101 b, 183 a, **394** a
トゲオオハリアリ　344 a
トゲダニ　339 b
トコジラミ　448 a, 502 b
トナカイ　103 a
トノサマガエル　35 a
トノサマバッタ　**395** a
ドバト　429 a
トビケラ　6 b, 75 a, **395** b
トビトカゲ　81 b, 433 a
トビバッタ　395 a
トビムシ　355 a, **396** a
ドブネズミ　545 a
トホシテントウ　400 a
トミヨ　394 a
トムソンガゼル　141 a, 212 b
トラ　470 a
トラフアゲハ　481 a
トラフカミキリ　481 a
トラフカラッパ　421 b
トリパノソーマ　102 b
トリパノソーマ原虫　102 b
ドングリキツツキ　120 a, 356 a
トンケアンマカク　133 b
トンボ　291 a, 343 b, **400** a

な 行

ナイチンゲール　67 b
ナガレヒキガエル　35 a
ナゲナワグモ　507 a
ナナフシ　162 a, 341 b
ナベブタアリ　433 a
ナマコ　489 b
ナマズ　317 b, 510 a
ナミアゲハ　2 b
ナミチスイコウモリ　171 b

ニクバエ　547 a
ニシキヘビ　493 a

ニセクロスジギンポ　317 b
ニッポンヒラタキノコバエ　301 a
ニホンイモリ　299 b
ニホンカモシカ　202 b
ニホンザル　133 b, 175 b, 229 b, 242 b, 408 a, 413 b, 473 b, 479 a, 494 a
ニホンジカ　202 b
ニホントカゲ　328 b
ニホンミツバチ　412 b, 513 a
ニワシドリ　109 b

ヌマウタスズメ　517 a

ネコ　16 a, 506 b
ネムリユスリカ　133 a

ノシメトンボ　343 b
ノドジロオマキザル　64 b, 464 b
ノビタキ　66 a
ノミ　102 b

は

ハイイロアザラシ　98 a
ハイイロオオカミ　54 b, 120 a
ハイイロガン　71 a, 284 a, 361 b, **418** a
ハイイロゴキブリ　341 b
ハイイロジャノメチョウ　310 a
ハイイロホシガラス　128 a, 356 b
ハイエナ　65 a, **418** a
ハイガシラゴウシュウマルハシ　485 a
ハイギョ　87 a
パイク　397 a
ハオコゼ　390 a
ハキリアリ　9 a, **423** b, 429 b
ハクウンボクハナフシアブラムシ　272 a
ハクガン　389 a
ハクジラ　129 a
ハクセキレイ　196 b
ハクビシン　283 b
ハゲワシ　278 a
ハゴロモガラス　**424** a
ハサミムシ　398 a
ハシビロガモ　568 a
ハシブトガラス　394 b
ハシブトダーウィンフィンチ　335 b
ハシボソガラパゴスフィンチ　335 b
ハジラミ　489 b
ハゼ　459 b
パーソンカメレオン　87 a
ハタオリドリ　229 a
ハダカデバネズミ　402 a, **425** b, 500 a
ハチ　71 a, 183 a, 256 a, 338 b, **426** a
ハチクイ　275 b
ハチドリ　363 a
ハッカチョウ　395 a
ハツカネズミ　135 b, 504 b
発光キノコ　301 a
発光ゴカイ　239 a

バッタ　197 a, 321 a, 395 a
ハト　325 b, 332 b, **429** a
ハナアブ　337 a
ハナカマキリ　158 b
ハナシャコ　203 b
花バチ　183 b, 392 b, 426 a
ハヌマンラングール　170 a, 174 a
パーネルケナシコウモリ　98 b
ハバチ　509 a
ハブ　186 a, 390 a
ハマキガ　431 b
ハマシギ　383 a
ハマダラカ　102 b
ハマトビムシ　318 b
ハムレット　173 b, 220 a
ハモグリバエ　44 a
ハヤブサ　394 b
ハリガネムシ　241 a
ハリサシガメ　180 b
ハリナシバチ　182 b
ハリモグラ　465 b
ハワイミツスイ　318 b
バン　337 b, 421 a
パンダ　314 a
ハンドウイルカ　154 a

ひ, ふ

ヒアリ　9 a, 514 b
ヒキガエル　35 a, 69 b, 298 a, **448** b
ピグミーチンパンジー　499 b
ヒゲクジラ　129 a
ヒゲコウモリ　98 b
ヒトデ　43 a, 137 a
ヒトリガ　171 a
ヒナタクサグモ　164 b
ビーバー　50 b
ヒメアマツバメ　174 a
ヒメグモ　131 b, 316 b
ヒメバチ　392 a
ヒメハヤ　397 b
ヒメマルカツオブシムシ　66 a
ヒョウ　506 b
ヒョウアザラシ　98 a
ヒヨケザル　81 b
ヒヨドリ　394 b
ヒロヘリアオイラガ　391 a

フィラリア線虫　502 b
フウチョウ　110 b, 562 b
フクロウ　243 a, 275 b, 525 b, 528 b
フクロウオウム　54 a
フクロテナガザル　416 b
フクロミツスイ　512 a
フクロムシ　103 a
フクロモモンガ　81 b
フサオマキザル　9 b, 107 a, **464** b
フジツボ　335 a
ブタオザル　142 b
フタホシコオロギ　**465** a
フタモンアシナガバチ　3 a, 111 b

生物名索引

ブチハイエナ　121 a, 418 b
フトアゴヒゲトカゲ　287 a
ブラウントラウト　195 a
プラナリア　43 a
フラミンゴ　88 b, 135 b, 568 a
ブルアント　9 a
ブルーギル　327 a, 522 b
プレーリードッグ　275 b, 520 b
プレーリーハタネズミ　359 a, 425 b, **470 b**
フロリダパンサー　499 a
糞　虫　337 a
フンバエ　191 b, 207 a

へ，ほ

ベ　タ　**482** b
ベニザケ　195 a
ヘ　ビ　71 a, 186 a, 547 a
ベ　ラ　327 a
ペリカン　120 a
ベルディングジリス　148 b
ペンギン　130 a, 396 b
ホオジロ　101 b
ホオズキカメムシ　236 a
ホシガラス　356 a
ホシムクドリ　66 a, 67 b, 532 a
ホソチョウ　502 b
ホタル　383 a, 506 a
ホタルイカ　16 b
ホタルミミズ　301 a
ボタンヅルワタムシ　272 a
ホッキョクグマ　484 b
ボネリムシ　92 a, 573 a
ボノボ　133 b, 154 a, 287 a, 381 a, 499 b, 552 b
ボリビア　182 b
ボルネオオランウータン　60 b
ボルバキア　**502** b
ホンソメワケベラ　259 b, 317 b, 318 b

ま

マイコドリ　287 b, 546 b
マウス　27 a, 352 b, **504** b
マカクザル　195 a, **505** a, 516 b
マクジャク　129 a
マスノスケ　195 a
マダコ　328 b
マダニ　102 a, 339 b
マダラカンムリカッコウ　508 b
マダラチョウ　71 a
マツノハバチ　235 b
マムシ　451 a, 547 a
マメゾウムシ　105 a
マーモセット　**508** b
マラリア原虫　102 a
マルハナバチ　125 a, 182 b, 369 b, 426 a

マルミミゾウ　315 a
マレーグマ　484 b
マングース　274 a

み

ミーアキャット　120 a, 120 b, 121 a, 495 a, **510** a
ミイデラゴミムシ　71 a
ミイロタテハ　337 b
ミジンコ　133 a, 341 b, 466 a, 568 a
ミソサザイ　193 b
ミゾハシカッコウ　120 a
ミツクリエナガチョウチンアンコウ　573 a
ミツツボアリ　322 b
ミツバチ　141 a, 146 b, 203 b, 205 b, 206 a, 216 b, 282 b, 332 b, 392 b, 426 a, 446 a, 475 b, 512 a, **513** a
ミドリモリヤツガシラ　485 b
ミナミゾウアザラシ　98 a
ミナミトミヨ　394 b
ミナミハナフルーツコウモリ　171 b
ミニチュアホース　64 b
ミノカサゴ　390 b
ミミイカ　16 b
ミミックオクトパス　338 a
ミヤコドリ　167 b, 354 b
ミヤマシトド　370 a

む～も

ムカシトカゲ　383 b
ムカデ　71 a
ムクドリ　139 a, 332 b, 337 b, 412 a
ムササビ　81 a, 275 b, 459 b, 532 a
ムシクイ　288 a
ムシクイフィンチ　335 b
ムジホシムクドリ　109 b
ムネアカリノジコ　421 b
ムネボソアリ　9 a, 362 b
ムンクイトマキエイ　396 a
メジロ　192 a, 493 a
メジロダコ　338 a
メダカ　**523** a
メボソムシクイ　223 a
メンフクロウ　60 a, 351 b, 378 b, **525** b
モウコノウマ　40 b
モグラ　5 b
モ　ズ　109 b, 318 b, 432 b
モノアラガイ　**528** a
モモンガ　81 b, 243 a, 275 b
モーリー　354 a
モリアオガエル　199 b
モンシデムシ　44 b, 278 a
モンシロチョウ　169 b, 203 b, 205 b, **529** b

や　行

ヤ　ガ　288 a
ヤ　ギ　201 a
ヤコウタケ　301 a
ヤシガニ　532 b
ヤツメウナギ　331 a
ヤドカリ　**532** b
ヤドクガエル　71 a, 142 a
ヤドリアリ　337 a
ヤドリバエ　103 a
ヤブサメ　101 b
ヤブモズ　110 a
ヤマアラシ　465 b
ヤマアリ　9 a
ヤマトシリアゲ　65 a
ヤマトシロアリ　78, 183 a, 256 b
ヤマネ　275 b, 388 b
ヤモリ　328 b
ヤリイカ　16 b
ヤンマ　400 a
ユスリカ　84 a, 139 a
ユリカモメ　546 a
ヨウム　54 a
ヨツモンマメゾウムシ　437 a
ヨーロッパアシナガバチ　230 a
ヨーロッパカヤクグリ　340 a, 363 a
ヨーロッパシジュウカラ　214 b
ヨーロッパヒキガエル　448 b

ら～わ

ライオン　120 a, 174 a, 506 b, **544** a
ラット　352 b, 355 a, **545** a
ラボードカメレオン　87 b
リカオン　24 b, 120 a, 121 a, 275 a
リ　ス　275 a
リビアヤマネコ　16 b
リーフィーシードラゴン　79 a
リュウキュウムラサキ　502 b
ルリノジコ　288 a, 532 a
レ　ア　396 b
レンカク　174 a
ロイコクロデリウム　103 a
ロブスター　8 a
ワシミミズク　484 b
ワタリバッタ　139 a
ワ　ニ　57 a, **575** b
ワニガメ　507 a
ワムシ　133 a, 341 b, 446 a
ワモンゴキブリ　**576** a
ワライカワセミ　228 a
ワラジムシ　380 b

掲載図出典

p.2	あくび	写真提供：Teresa Romeo 氏
p.4	アジリティートレーニング	写真提供：竹内利明氏・奈良聡美氏
p.4	遊 び	写真提供：菊水健史氏
p.12	アレロパシー	写真提供：多田多恵子氏
p.13	アレン則	（ニホンザル）Erni/shutterstock.com，（タイワンザル）写真提供：高木昌興氏
p.13	アロメトリー	J. S. Huxley, "Problem of relative growth", p.276, JHU Press (1993).
p.20	異常行動	写真提供：青山真人氏
p.30	遺伝的同化	写真提供：安西 航 氏
p.39	歌	写真提供：菊水健史氏
p.44	絵かき虫	写真提供：多田多恵子氏
p.54	オウム	写真提供：(Alex) Arlene Levin-Rowe 氏，(Snowball) Irena Schulz 氏
p.60	オランウータン	写真提供：金森朝子氏
p.61	音源定位	写真提供：小西正一氏
p.63	概日時計	海老原史樹文・吉村崇編，"時間生物学"，p.7，化学同人 (2012).
p.64	介助動物	写真提供：公益財団法人 日本盲導犬協会
p.68	回 遊	浦和茂彦，さけます資源管理センターニュース，**5**, 3-9 (2000).
p.80	家畜化	写真提供：青山真人氏
p.84	カハール	S. Ramón y Cajal, "Histologie du syeteme nerveux de l'homme et des vertebretes, vols.1 and 2", A. Maloine. Paris (1911).
p.85	カブトムシ	写真提供：本郷儀人氏
p.86	夏 眠	P. H. Skelton, "A complete guide to the freshwater fishes of southern Africa", Southern Book Publishers, Halfway House, South Africa (1993).
p.91	環境収容力	嶋田正和ら著，"動物生態学-新版"，第4章 個体群の動態(1)，海遊舎 (2005).
p.99	擬 死	写真提供：(a)(b) 西野浩史氏，(c) オキナワアオガエル，佐久間 聡 氏，(d) 動画「Pigeon pretended to be dead」より，http://www.youtube.com/watch?v=3RXMG04v8g，(e) セイブシシバナヘビ，ネブラスカ大学リンカーン校のホームページ (http://www.unl.edu) より「Western Hognose snake playing dead」，(f) Johnruble
p.99	儀式化	N. Tinbergen, "Study of instinct", Oxford Univ Pr (T) (1991).
p.107	キメラ	（ニワトリ）D. Zhao, *et al.*, *Nature*, **464**, 237-242 (2010). （カシワマイマイ）USDA APHIS PPQ Archive, USDA APHIS PPQ, Bugwood.org
p.111	給 餌	写真提供：土田浩治氏
p.112	給餌器	写真提供：井垣竹晴氏
p.119	きょうだい殺し	写真提供：上田恵介氏
p.126	キンカチョウ	(a) 写真提供：池渕万季氏，(b) *Nature*, **380** (1996).
p.132	クライン	H. Nakamura, *Jpn. J. Ornithol.*, **46**, 95-100 (1997) の図を改変.
p.133	グリッド細胞	T. Hafting, *et al.*, *Nature*, **436**, 801-806 (2005).
p.135	クレイシ	Ruth Hallam/123RF.com
p.136	クレーター錯視	写真提供：日本ガイシ「NGK サイエンスサイト」
p.137	軍拡競争	写真提供：東樹宏和氏
p.141	警戒声	グラフ提供：鈴木俊貴氏
p.142	警告色	feathercollector/123RF.com
p.145	系 統(1)	E. H. P. A. Haeckel, "Árbol de la vida según" (1866).
p.147	系列プローブ再認課題	A. A. Wright, *et al.*, *J. Exp. Psychol., Learn Mem. Cogn.*, **16**, 1043-1059 (1990).
p.158	後屈労働供給曲線	J. Allison, "Behavioral economics", Praeger (1983) より改変.
p.165	行動対比	G. S. Reynolds, *J. Exp. Anal. Behav.*, **4**, 57-71 (1961) より改変.
p.166	行動展示	写真提供：小倉匡俊氏
p.178	小西正一	写真提供：藤田多恵子氏

p.180	ごみくず背負い	写真提供：那須義次氏
p.188	採食エンリッチメント	写真提供：小倉匡俊氏
p.190	最大反応率価格	R. W. Foltin, *J. Exp. Anal. Behav.*, **62**, 293-306 (1994) より改変.
p.193	さえずり	写真提供：岡ノ谷一夫氏
p.194	さえずり学習	グラフ提供：鈴木研太氏
p.195	サッチャー錯視	P. Thompson, *Perception*, **9**(4), 483-484 (1980).
p.197	サバクトビバッタ	写真提供：田中誠二氏
p.198	散開的逃避	B. L. Partridge, *Scientific American*, **246**, 114-123 (1982) より改変.
p.201	自慰行為	写真提供：青山真人氏
p.202	cAMPの波	写真提供：澤井 哲 氏
p.204	紫外線感受性	写真提供：蟻川謙太郎氏
p.214	自己認識	写真提供：平田 聡 氏
p.216	視 線	写真提供：狩野文浩氏
p.219	実験者効果	Bildarchiv Preußischer Kulturbesitz, Berlin (R. U. Schneider, "Das buch der verrückten experimente", p.66, C. Bertelsmann (2004)).
p.219	嫉 妬	http://alexromanelli.blogspot.jp/2011/04/lotello-di-domingo-e-muti-pasqua-su-rai.html
p.232	社会ネットワーク理論	D. P. Croft, *et al.*, "Exploring animal social networks", Princeton University Press (2008).
p.233	弱電気魚	写真提供：川崎雅司氏
p.235	周期ゼミ	写真提供：伊藤 啓 氏
p.236	集合性	写真提供：藤崎憲治氏
p.239	雌雄同体	写真提供：浅見崇比呂氏
p.245	寿 命	C. E. Finch, "Longevity, senescence, and the genome", University of Chicago Press (1990) の図を改変.
p.245	需要供給理論	R. W. Foltin, *J. Exp. Anal. Behav.*, **62**, 293-306 (1994) より改変.
p.259	食 痕	写真提供：多田多恵子氏
p.260	鋤鼻器	http://www.neuro.fsu.edu/~mmered/vomer/ (©Dr. Michael Meredith and NeuroScience Program FSU) より改変.
p.260	鋤鼻系	椛秀人著, "細胞工学別冊 脳を知る", p.92, 秀潤社 (1999).
p.277	睡 眠	A. Kales, J. D. Kales, *N. Engl. J. Med.*, **290**, 487-499 (1974) の図を改変.
p.279	スキナー	BF Skinner Foundation (R. U. Schneider, "Das buch der verrückten experimente", p.96, C. Bertelsmann (2004)).
p.284	刷込み	P. L. Broadhurst, "The science of animal behaviour", Peoguin Books Ltd (1963).
p.287	性 差	写真提供：折笠千登世氏
p.289	精子置換	R. L. Smith 編, "Sperm competition and the evolution of animal mating systems", p.254, Fig.2 (J. K. Waage), Academic Press Inc. (1984) より改変.
p.290	生殖器	R. L. Smith 編, "Sperm competition and the evolution of animal mating systems", p.255, Fig.3 (J. K. Waage), Academic Press Inc. (1984) より改変.
p.296	性的二型	E. J. Temeles, *et al.*, *Science*, **289**, 441-443 (2000).
p.317	操作網	写真提供：髙須賀圭三氏
p.318	そうじ行動	写真提供：桑村哲生氏
p.319	造 巣	写真提供：辻 和希 氏
p.321	相反過程理論	Solomon & Corbit (1974) より改変.
p.324	ソシオグラム	島田将喜氏
p.329	体色変化	写真提供：池田 譲 氏
p.333	代理母	University of Wisconsin Archives, USA (R. U. Schneider, "Das buch der verrückten experimente", p.151, C. Bertelsmann (2004)).
p.334	大量絶滅	石川統ほか編, "生物学辞典", p.1432, 東京化学同人 (2010).
p.342	単一被験体法	L. J. Hammond, *J. Exp. Anal. Behav.*, **34**, 297-304 (1980) より改変.
p.343	タンデム飛行	写真提供：渡辺 守 氏
p.351	中枢(性)脳地図	写真提供：藤田一郎氏
p.356	貯 食	写真提供：上田恵介氏
p.361	DNAバーコーディング	Barcode of Life Database systems http://barcodinglife.org/index.php/databases

p.366	適応放散	T. D. Kocher, *et al.*, *Mol. Phyl. Evol.*, **2**, 158(1993).
p.367	デグー	写真提供：高村幸江氏
p.369	電気コミュニケーション	写真提供：川崎雅司氏
p.373	道具使用	写真提供：林 美里 氏
p.378	同時検出器	M. Konishi, *Trends Neurosci.*, **9**, 163-168(1986)より改変.
p.379	投射性(脳)地図	T. Resmussen, W. Penfield, *Res. Publ. Assoc. Res. Nerv. Ment. Dis.*, **27**, 346-361 (1947)より改変.
p.389	遠吠え	写真提供：伊藤珠恵氏
p.396	共食い	写真提供：岸田 治 氏
p.400	トレンチング	写真提供：多田多恵子氏
p.400	トンボ	H.-R. Dagmar, R. Georg, "Juwelenschwingen-Geheimnisvolle libellen", p.56, Splendens-Verlag(2007).
p.407	ニッチ構築	写真提供：酒井一彦氏
p.407	二母性マウス	写真提供：河野友宏氏
p.408	ニホンザル	写真提供：地獄谷野猿公苑
p.409	人間中心主義	Raimundus Lullus, "Die leiter des auf-und abstiegs"
p.410	認知エンリッチメント	写真提供：小倉匡俊氏
p.413	熱殺蜂球	(グラフ) M. Ono, I. Okada, M. Sasaki, *Experientia*, **43**, 1031-1032(1987). (写真)佐々木正己氏
p.414	脳イメージング	渡邊正孝著, "思考と脳―考える脳のしくみ", サイエンス社(2005).
p.416	のど袋	Braian. gratwicke, "Dendropsophus microcephalus"
p.418	ハイイロガン	写真提供：Nina Leen/Time Life Pictures/Getty Images
p.419	バイオロギング	写真提供：綿貫 豊 氏
p.422	配偶戦略	Dr. Stephen Shuster
p.423	ハイリゲンベルク	写真提供：川崎雅司氏
p.425	ハダカデバネズミ	写真提供：新井奈月氏・三浦恭子氏
p.426	パターン形成	写真提供：中村哲也氏
p.431	葉巻虫	写真提供：多田多恵子氏
p.433	パラシューティング	R. Dudley, *et al.*, *Annu. Rev. Ecol. Evol. Syst.*, **38**, 179-201(2007)より改変.
p.434	ハーロウ	University of Wisconsin Archives, USA (R. U. Schneider, "Das buch der verrückten experimente", p.150, C. Bertelsmann(2004)).
p.440	半側無視	E. Kandel, *et al.*, "Essentials of neural science and behavior", Appleton and Lange (A Simon & Schuster Co.)(1995).
p.447	比較行動学	R. Schenkel, *Ornithol. Beobacht.*, **53**, 182(1956).
p.450	日高敏隆	写真提供：日高喜久子氏
p.452	ヒューベル	(HubelとWiesel)ノーベル賞公式ホームページより, http://www.nobelprize.org/ (実験室の風景) J. G. Nicolls, *et al.*, "From neuron to brain, 3rd edition", p.613, Sinauser Associates Inc(1992).
p.457	V字型飛翔隊形	写真提供：早川美徳氏
p.459, 460	フィールドサイン	写真提供：多田多恵子氏
p.461	フェロモン	東原和成著, "化学受容の科学", p.42, 化学同人(2012).
p.464	フサオマキザル	写真提供：藤田和生氏
p.465	物理的防御	写真提供：岸田 治 氏
p.475	分断色	H. B. Cott, "Adaptive coloration in animals", Methuen Young Books(1940).
p.483	ペットロボット	写真提供：ソニー株式会社
p.484	ベナール対流	写真提供：三澤信彦氏
p.485	ヘルパー	写真提供：上田恵介氏
p.485	ベロウソフ・ジャボチンスキー反応	日本化学会編, "楽しい化学の実験室", p.58, 東京化学同人(1993).
p.488	弁別後般化勾配	H. M. Hanson, *J. Exp. Psychol.*, **58**, 321-334(1959).
p.499	ボディーランゲージ	A. S. Pollick, F. B. M. de waal, *PNAS*, **104**, 8184-8189(2007).
p.500	ボノボ	写真提供：古市剛史氏
p.500	ホムンクルス	J. Alcock, "Animal behavior, 9th ed.", p.131, Sinauer Associates(2009).
p.507	マッチング法則	M. Takahashi, T. Shimakura, *The Psychological Record*, **48**, 171-181(1998).

p.508	マーモセット	写真提供：齋藤慈子氏
p.516	ミュラー型擬態	http://www.ucl.ac.uk/taxome/jim/Mim/ermelmim.html
p.517	ミルグラムの服従実験	Collection of Alexandra Milgram. Reproduced by kind permission of Alexandra Milgram(R. U. Schneider, "Das buch der verrückten experimente", p.164, C. Bertelsmann(2004)).
p.519	虫こぶ	写真提供：多田多恵子氏
p.520	群れ生活	写真提供：高坂雄一氏
p.524	目玉模様	写真提供：(a) 佐藤文保氏(久米島ホタルの会), (b) 有田忠弘氏
p.525	メンフクロウ	写真提供：藤田一郎氏
p.528	モノアラガイ	写真提供：伊藤悦朗氏
p.528	モビング	竹井秀男(上田恵介著, "鳥はなぜ集まる？ ―群れの行動生態学―", p.98, 東京化学同人(1990))
p.529	模 倣	M. Myowa-Yamakoshi, *et al.*, *Dev. Sci.*, **7**(4), 437-442(2004).
p.534	湧出効果	B. L. Partridge, *Scientific American*, **246**, 114-123(1982)より改変.
p.538	溶化手続き	日本行動分析学会編, "ことばの獲得", p.40～41, 川島書店(1983).
p.540	揺 籃	写真提供：鈴木邦雄氏
p.545	ラット	写真提供：近藤保彦氏
p.545	ラビング	写真提供：酒井麻衣氏
p.549	卵 斑	写真提供：北村俊平氏(兵庫県立 人と自然の博物館)
p.559	累積記録	G. S. レイノルズ著, 浅野俊夫訳, "オペラント心理学入門―行動分析への道―", p.25, サイエンス社(1978).
p.560	累積記録器	G. S. Reynolds, "A primer of operant conditioning", Glenview, Illinois： Scott, Foresman and Company(1968).
p.562	レック	上田恵介著, "♂♀のはなし 鳥", p.156, 技報堂出版(1993), 竹井秀男原図を改変.
p.576	笑 い	写真提供：松阪崇久氏
p.579～581 付録1		写真提供：(トラフコウイカ, マダコ)池田 譲 氏, (アメリカザリガニ, キイロショウジョウバエ, セイヨウミツバチ, ワモンゴキブリ)水波 誠 氏, (イヌ)菊水健史氏, (カワラバト, ハシブトガラス)伊澤栄一氏, (ウシガエル)中川秀樹氏, (カニクイザル)藤田一郎氏, (キンギョ)山本直之氏, (ヒト)金子武嗣氏

第 1 版 第 1 刷 2013 年 11 月 22 日 発行

行動生物学辞典

Ⓒ 2013

| 編集代表 | 上 田 恵 介 |
| 発 行 者 | 小 澤 美 奈 子 |

発　行　株式会社 東京化学同人
東京都文京区千石 3 丁目 36-7（☎ 112-0011）
電話 (03) 3946-5311・FAX (03) 3946-5316
URL：http://www.tkd-pbl.com/

ISBN 978-4-8079-0837-0
Printed in Japan
無断複写，転載を禁じます．

整版・印刷	日本フィニッシュ株式会社
イラスト	内田博子・梅村有美
	大片忠明・菊谷詩子
	小石貞夫・小石可絵
	小堀文彦・箕輪義隆
	安永一正
製　　本	株式会社青木製本所
本　文　紙	北越紀州製紙株式会社
表紙クロス	日本ビニル工業株式会社